Ludwig Narziß und Werner Back
Die Bierbrauerei

Beachten Sie bitte auch
weitere interessante Titel
zu diesem Thema

Narziß, L., Back, W.

Die Bierbrauerei
Band 2: Die Technologie der Würzebereitung
8. Auflage

2009
ISBN: 978-3-527-32533-7
Set: ISBN 978-3-527-31776-9

Narziß, L.

Abriss der Brauerei
7. Auflage

2004
ISBN: 978-3-527-31035-5

Eßlinger, H. M. (ed.)

Handbook of Brewing
Processes, Technology, Markets

2009
ISBN: 978-3-527-31674-8

Ludwig Narziß und Werner Back

Die Bierbrauerei

Band 1: Die Technologie der Malzbereitung

Achte, überarbeite und ergänzte Auflage

unter Mitarbeit von

Martina Gastl, Mathias Keßler, Stefan Kreisz,
Martin Krottenthaler, Elmar Spieleder, Martin Zarnkow

WILEY-VCH Verlag GmbH & Co. KGaA

Autoren

Prof. Dr. Ludwig Narziß
Liebigstr. 28 a
85354 Freising

Prof. Dr. Werner Back
Technologie der Brauerei I
der TU München-Weihenstephan
Weihenstephaner Steig 20
85354 Freising

Dr. Martina Gastl *

Dr. Mathias Keßler

Dr. Stefan Kreisz

PD Dr. Martin Krottenthaler *

Dr. Elmar Spieleder

Dr. Martin Zarnkow *

---

* Lehrstuhl für Brau- und Getränketechnologie
  der TU-München-Weihenstephan

8. überarbeitete und ergänzte Auflage 2012

**Bibliografische Information
der Deutschen Nationalbibliothek**
Die Deutsche Nationalbibliothek verzeichnet diese
Publikation in der Deutschen Nationalbibliografie;
detaillierte bibliografische Daten sind im Internet
über http://dnb.d-nb.de abrufbar.

© 2012 Wiley-VCH Verlag & Co. KGaA,
Boschstr. 12, 69469 Weinheim, Germany

Satz K+V Fotosatz GmbH, Beerfelden
Druck und Bindung betz-druck GmbH,
Darmstadt
Umschlaggestaltung Formgeber, Eppelheim

Printed in the Federal Republic of Germany

Gedruckt auf säurefreiem Papier

ISBN 978-3-527-32532-0

Vorwort zur 8. Auflage

Die Mälzereitechnologie hat seit der letzten Bearbeitung des Buches keine bedeutenden Veränderungen mehr erfahren, mit Ausnahme der Steigerung der Größe der Keim- und Darreinheiten. Doch sind in den 11 Jahren der Literaturrecherche viele wissenschaftliche Arbeiten zu verzeichnen, die weiter zur Kenntnis der biochemischen Abläufe beitragen. Es erfuhren auch die mikrobiologischen Gegebenheiten beim Mälzungsprozess die verdiente Berücksichtigung vor allem im Hinblick auf das noch nicht vollständig gelöste Thema „Gushing des Bieres".

Im Kapitel 9 wurde ein Abschnitt „Eigenschaften des Malzes und Bierqualität" eingefügt. Er soll das Verständnis des Mälzers für den Brauer und umgekehrt vertiefen. Die Literatur hierfür nimmt im Wesentlichen Bezug auf unsere Bücher „Abriss der Bierbrauerei" und „Ausgewählte Kapitel der Brauereitechnologie".

Das Kapitel 10 „Sonder- und Spezialmalze" wurde um den Bereich „Malze aus anderen Getreide- und Pseudogetreidearten" (Dr. Martin Zarnkow) ausgeweitet.

Wir danken dem nunmehr kleiner gewordenen Häuflein an Mitautoren, von denen einige noch am Lehrstuhl für Brau- und Getränketechnologie tätig sind, während andere bei ihrem Wechsel in die Industrie ihre Beiträge hinterlassen haben oder von ihrer neuen Stelle noch hilfreich zur Seite standen: Dr. Martina Gastl auf den Gebieten: Neue Braugerstensorten, Brauweizen sowie durch viele Erkenntnisse aus ihrem breiten Verantwortungsbereich am Lehrstuhl, Dr. Matthias Kessler (Stärke, Stärkeabbau, Braugerstenanbau und Sortenverbreitung), Dr. Stefan Kreisz sah den 1999er Text kritisch durch und brachte Beiträge zur Biochemie des Mälzens, Professor Dr. Martin Krottenthaler half bei vielen Einzelthemen und Dr. Elmar Spieleder lieferte Ausarbeitungen über „Reduzierende Substanzen", „Maillard-Reaktion" und „Maillard-Produkte". Dr. Martin Zarnkow war weiterhin durch seine Kenntnis und seinen Zugang zur Literatur unentbehrlich. Herr Dipl.-Ing. Florian Schüll stellte Material aus seiner im Abschluss befindlichen Dissertation zur Verfügung.

Bei allen diesen Kapiteln wurden auch die Ergebnisse von Arbeiten des Lehrstuhls für „Technologie der Brauerei I", nunmehr Lehrstuhl für „Brau- und Getränketechnologie Weihenstephan" eingebracht. Hierfür dürfen wir unserem Nachfolger, Herrn Prof. Dr. Thomas Becker herzlich danken.

Für die Unterstützung von anderen Institutionen sowie aus der Industrie bedanken wir uns ebenfalls: Dr. Klaus Hartmann war von der Mälzereipraxis aus hilfreich, Herr Dr. Markus Herz, LFL (Pflanzenbau und Pflanzenzüchtung) formulierte das Thema „Berechnung des Malzqualitätsindexes" zur Bewertung von Neuzüchtungen nach dem neusten Stand und vermittelte die Liste der Saatgutvermehrungsflächen, Herr Dirk Rentel vom Bundessortenamt die Liste der seit den 1950er Jahren zugelassenen Braugerstensorten. Hierdurch wird eine Verbindung der noch gültigen älteren Untersuchungen mit der „Jetztzeit" hergestellt. Herr Professor Dr. Franz Meussdoerffer trug zu den Themen „Maillard-Reaktion" und Karamellmalzbereitung bei und Herr Dr. Stefan Schildbach (Fa. Eumann) zu den Methoden der Wiederverwendung von Weichwasser.

Das Kapitel „Vermälzung anderer Getreide- und Pseudogetreidearten" basiert auf der Dissertation von Dr. Zarnkow an der Universität Cork und auf den Ergebnissen von ausgezeichneten Diplomarbeiten von Dipl.-Ing. Andrea Faltermeier, Dipl. Braumeister Jörg Helbing, Dr. Christina Klose, Dr. Alexander Mauch und Dipl.-Ing. Alicia Munoz-Insa. Einen ganz wesentlichen Anteil hatte Frau Prof. Dr. Elke A. Arendt, an der Universität Cork, die es u.a. Frau Faltermeier ermöglichte, noch wichtige CLSM-Bilder von Kornschnitten anzufertigen. Herr Hermann Reichenwaller hat die Keimungsbilder der einzelnen Körnerfrüchte mit großer Sorgfalt hergestellt. Allen Mitwirkenden und Förderern sei für ihre Beiträge herzlich Dank gesagt.

Den Firmen Bühler, Braunschweig und Schmidt-Seeger, Beilngries danken wir für das zahlreiche, z.T. eigens für dieses Buch angefertigte Bildmaterial.

Für die wirklich gute Zusammenarbeit danken wir dem Verlag Wiley-VCH: für die erwiesene Geduld und für die Hilfe bei kniffligen Problemlösungen, z.B. bei der Zusammenführung mehrerer Literaturströme.

So wünschen wir der neuen Auflage eine wiederum gute Akzeptanz. Wir glauben, dass sie nicht nur den heutigen Stand der Kenntnis der Mälzereitechnologie repräsentiert, sondern darüber hinaus auch einen Beitrag zur Erarbeitung von neuen, physiologisch interessanten Produkten bietet.

Dezember 2011   *Ludwig Narziß*   *Werner Back*

Vorwort zur 7. Auflage

Die stetige Entwicklung der Mälzereitechnologie seit der letzten Auflage 1976 machte wiederum eine Neubearbeitung notwendig, um den heutigen Kenntnisstand zu vermitteln.

Im Kapitel „Braugerste" wurden relevante Themen wie Gerstenzüchtung, Sortenidentifizierung, Sorten- und Jahrgangseinflüsse, witterungsbedingte Schäden etc. verstärkt. Die Darstellung der Sorten stellt naturgemäß eine „Momentaufnahme" dar. Die Ausführungen über Brauweizen wurden, der steigenden Bedeutung gemäß, erweitert.

Die Inhaltsstoffe der Gerste, wie die beim Mälzungsvorgang interessierenden Enzyme, erfuhren eine ausführliche Schilderung. Biochemische Grundlagen fanden soweit Berücksichtigung, als es für das Verständnis der Vorgänge bei der Keimung und beim Darren notwendig schien.

Der praktische Teil enthält, wie auch bei den früheren Autoren Prof. Leberle und Schuster üblich, die Beschreibung herkömmlicher und bewährter moderner Maschinen, Anlagen und Verfahrensweisen.

Die Zahl der Tabellen, Übersichten und Bilder wurde zur Wahrung der Anschaulichkeit wesentlich erhöht.

Das Buch ist einmal als Unterlage für die Studierenden der Fachrichtung Brauwesen gedacht, doch geht es in seinem Inhalt zum Teil über das in der Vorlesung Gebotene hinaus.

Es soll zum anderen dem in der Mälzerei Tätigen einen Überblick über den derzeitigen Stand von Forschung und Technologie auf dem Gebiet des Mälzens geben und ihm gleichzeitig Nachschlagewerk und Ratgeber sein.

Des weiteren soll das Buch den Brauer anregen, sich mit den Gegebenheiten seines Hauptrohstoffs noch mehr als bisher zu befassen und auch die Probleme des Mälzers besser zu verstehen. Die Kapitel über Gersten-, Weizen- und Malzbewertung zeigen immer wieder die Zusammenhänge zwischen Malz- und Bierqualität, Umweltrelevanz und Kosten auf.

Internationale Mälzungsmethoden fanden ebenfalls Berücksichtigung.

Es wird zunehmend schwieriger, ein derartiges Buch ohne die Mithilfe von fachkompetenten Persönlichkeiten abzufassen. So gebührt für diese Auflage mein aufrichtiger Dank: Herrn Prof. Dr. Fischbeck und Herrn Ltd. Landwirtschaftsdirektor Dr. Baumer für ihre Unterstützung im Kapitel Braugerste;

Herrn Privatdozent Dr. Hackensellner für die Korrektur und die Erweiterung der Ausführungen über Trocknungsvorgänge und Energiewirtschaft, gerade durch die Änderung von technischen Einheiten eine große Hilfe und Absicherung! Den mit Mälzereieinrichtungen befaßten Firmen Bühler Braunschweig, Hauner Diespeck, Künzel Kulmbach, Lausmann Regensburg und Seeger Plüderhausen für die Übersendung von Material. Die Herkunft der Bilder ist jeweils vermerkt.

Ich danke meinem Nachfolger, Herrn Prof. Dr. Back sowie seinen Mitarbeitern Dr. Forster, Dr. Sacher und Dr. Thum für den steten Informationsfluß über die am Institut laufenden Arbeiten sowie für die eingehenden Diskussionen.

Dank gilt meinen langjährigen Mitarbeitern, Frau Akad. Direktorin Dr. Reicheneder und Herrn Prof. Dr. Miedaner sowie den vielen Assistenten und Helfern aus 30 Jahren Lehre und Forschung in Weihenstephan.

Zu den Literaturzitaten der 6. Auflage kamen noch mehr als 60% neue hinzu: aus in- und ausländischen Brauerei-Journalen, Symposiums-, Kongreß- und sonstigen Forschungsberichten, soweit mir diese zugänglich waren. Die Basis stellten naturgemäß Weihenstephaner Arbeiten dar, besonders des Lehrstuhls für Technologie der Brauerei I. Die häufige Benennung von Veröffentlichungen des eigenen Instituts soll keine Überbewertung eigener Ergebnisse bedeuten, befaßten sich doch von „meinen" 49 Doktoranden 1964–1998 mehr als die Hälfte ausschließlich oder teilweise mit Mälzerei-/Malzthemen. Dasselbe gilt für die mehr als 200 Diplom-, Studien- und Semesterarbeiten.

Dank sei den Fördergremien: der Gesellschaft zur Wissenschaftsförderung der Deutschen Brauwirtschaft, der Wissenschaftlichen Station für Brauerei in München, der Arbeitsgemeinschaft Industrieller Fördervereinigungen u. a.

Dem Verlag Ferdinand Enke und seinen Mitarbeitern sowie der Setzerei Jung danke ich für die angenehme wie konstruktive Zusammenarbeit.

Möge die neue Auflage eine gleich gute Aufnahme finden wie ihre Vorläufer!

Freising-Weihenstephan, im November 1998   *Ludwig Narziß*

Inhaltsverzeichnis

Vorwort zur 8. Auflage *V*

Vorwort zur 7. Auflage *VII*

Einleitung *1*

1 **Die Braugerste** *5*

1.1 Allgemeines *5*

1.2 Gerstenanbau *9*
1.2.1 Die Entwicklung der Gerste *9*
1.2.2 Ansprüche an Klima und Boden *11*
1.2.3 Die Fruchtfolge *13*
1.2.4 Die Düngung *13*
1.2.5 Pflege der Gerste während des Aufwuchses *14*
1.2.5.1 Krankheiten und Schädlinge *15*
1.2.5.2 Lagerung der Gerste *16*
1.2.6 Besondere Anbautechniken *16*
1.2.6.1 Integrierter, kontrollierter und ökologischer Anbau *16*
1.2.6.2 Mischgerstenanbau *17*
1.2.7 Die Gerstenernte *17*
1.2.8 Die Gerstenzüchtung *18*
1.2.8.1 Sommergersten *23*
1.2.8.2 Wintergersten *25*
1.2.8.3 Nacktgersten *26*
1.2.9 Die Jahrgangseinflüsse auf die Malzanalysendaten von Sommergersten *27*
1.2.10 Gerstenherkünfte und Sorten *33*

1.3 Die Gestaltskunde des Gerstenkorns *35*
1.3.1 Der Keimling *35*
1.3.2 Der Mehlkörper *36*
1.3.3 Die Umhüllung *40*

1.4   Chemische Zusammensetzung des Gerstenkorns   *41*
1.4.1   Der Wassergehalt der Gerste   *42*
1.4.2   Kohlenhydrate   *42*
1.4.2.1   Stärke   *42*
1.4.2.2   Cellulose   *49*
1.4.2.3   Hemicellulose und Gummi   *49*
1.4.2.4   Niedermolekulare Kohlenhydrate   *53*
1.4.3   Eiweißstoffe und ihre Bausteine   *53*
1.4.3.1   Aminosäuren   *55*
1.4.3.2   Peptide und Proteine   *59*
1.4.3.3   Eigenschaften der Proteine   *62*
1.4.3.4   Die Eiweißkörper der Gerste   *64*
1.4.3.5   Proteide (zusammengesetzte Eiweißkörper) in Gerste   *65*
1.4.3.6   Der Eiweißgehalt der Gerste und seine Bedeutung   *66*
1.4.3.7   Die Ermittlung der einzelnen Eiweißarten
           und deren Abbauprodukte   *70*
1.4.4   Fette   *71*
1.4.5   Phosphate   *72*
1.4.6   Mineralstoffe   *74*
1.4.7   Vitamine   *74*
1.4.8   Phenolische Substanzen   *75*
1.4.9   Sauerstoff, Radikale, Anti- und Pro-Oxidantien   *79*

1.5   Enzyme der Gerste und des Malzes   *82*
1.5.1   Allgemeines   *82*
1.5.2   Einteilung der Enzyme   *82*
1.5.3   Struktur der Enzyme   *83*
1.5.4   Wirkungsweise der Enzyme   *84*
1.5.5   Wirkungsbedingungen   *86*
1.5.6   Nachweis und Bestimmung der Enzymaktivität   *89*
1.5.7   Bildung der Enzyme (Enzymbiosynthese)   *89*
1.5.8   Enzyme der Mälzerei- und Brauereitechnologie   *93*
1.5.8.1   Esterasen   *94*
1.5.8.2   Carbohydrasen   *96*
1.5.8.3   Peptidasen   *102*
1.5.8.4   Sonstige Enzyme   *104*
1.5.8.5   Enzyme mikrobiellen Ursprungs   *107*

1.6   Die Eigenschaften der Braugerste und ihre Beurteilung   *107*
1.6.1   Äußere Merkmale der Gerste   *108*
1.6.1.1   Aussehen und Farbe   *108*
1.6.1.2   Geruch   *109*
1.6.1.3   Reinheit   *109*
1.6.1.4   Kornausbildung   *112*
1.6.1.5   Spelzenbeschaffenheit   *112*
1.6.1.6   Einheitlichkeit   *112*

1.6.2   Mechanische Untersuchung   *113*
1.6.2.1   Hektolitergewicht   *113*
1.6.2.2   Tausendkorngewicht   *114*
1.6.2.3   Gleichmäßigkeit   *114*
1.6.2.4   Beschaffenheit des Mehlkörpers   *115*
1.6.2.5   Keimfähigkeit der Braugerste   *116*
1.6.2.6   Keimenergie   *117*
1.6.2.7   Keimindex   *117*
1.6.2.8   Wasserempfindlichkeit   *117*
1.6.2.9   Quellvermögen   *118*
1.6.3   Chemisch-technische Untersuchung   *118*
1.6.3.1   Wassergehalt   *118*
1.6.3.2   Eiweißgehalt   *119*
1.6.3.3   Extraktgehalt der Gerste   *119*
1.6.4   Systematische Beurteilung der Gerste   *120*

2   **Das Wasser**   *121*

2.1   Die Zusammensetzung des Wassers   *122*

2.2   Die Härte des Wassers   *123*

2.3   Der Wasserbedarf des Mälzereibetriebes   *125*

3   **Die Vorbereitung der Gerste zur Vermälzung**   *127*

3.1   Die Annahme der Gerste   *127*

3.2   Der Transport der Gerste   *129*
3.2.1   Mechanische Fördermittel (Stetigförderer)   *129*
3.2.1.1   Förderschnecken   *130*
3.2.1.2   Rohrschnecken (Drehmantelschnecken)   *131*
3.2.1.3   Trogkettenförderer (Redler)   *132*
3.2.1.4   Schwingförderer oder Förderrinnen   *133*
3.2.1.5   Band- oder Gurtförderer   *133*
3.2.1.6   Becherwerke   *135*
3.2.2   Pneumatische Förderanlagen   *136*
3.2.2.1   Saugluftförderanlagen   *137*
3.2.2.2   Druckluftförderanlagen   *139*
3.2.2.3   Dichtstromförderung   *140*
3.2.2.4   Kombinationsmöglichkeiten, Vor- und Nachteile
            des pneumatischen Transports   *142*
3.2.3   Fallrohre und Umstellungsvorrichtungen, Entstaubung   *142*

3.3   Das Putzen und Sortieren der Gerste   *143*
3.3.1   Die Reinigung der Gerste   *146*
3.3.1.1   Vorreinigungsmaschinen   *146*
3.3.1.2   Entgranner   *150*

3.3.1.3   Magnetapparat   *150*

3.3.1.4   Steinausleser   *152*

3.3.1.5   Trieur   *153*

3.3.2   Die Entstaubung   *156*

3.3.2.1   Staubkammern   *156*

3.3.2.2   Fliehkraftabscheider   *157*

3.3.2.3   Staubsammler mit Filter   *158*

3.3.2.4   Staubexplosionen   *162*

3.3.3   Die Sortierung der Gerste   *162*

3.3.3.1   Staubexplosionen   *163*

3.3.3.2   Plansichter   *167*

3.3.3.3   Plansichter mit runden bzw. achteckigen Siebscheiben   *170*

3.3.3.4   Kontrolle der Sortierung   *171*

3.3.3.5   Veränderung der Gerste durch Putzen und Sortieren   *171*

3.3.4   Automatische Waagen   *172*

3.3.5   Reinigung und Pflege der Anlagen   *173*

3.4   Die Lagerung und Aufbewahrung der Gerste   *173*

3.4.1   Die Keimruhe der Gerste   *173*

3.4.1.1   Fundamentalkeimruhe   *175*

3.4.1.2   Wasserempfindlichkeit   *176*

3.4.1.3   Quellvermögen   *177*

3.4.1.4   Veränderung von Keimenergie und Wasserempfindlichkeit   *177*

3.4.2   Die Lagerbedingungen der Gerste   *178*

3.4.2.1   Feuchtigkeitsgehalt   *178*

3.4.2.2   Temperatur   *179*

3.4.2.3   Einfluß der Lagerung auf die Verarbeitung
der Gerste und erreichbare Malzqualität   *181*

3.4.3   Die Technik der Gerstenlagerung   *182*

3.4.4   Die Trocknung der Gerste   *189*

3.4.4.1   Trocknungswirkung der Luft   *189*

3.4.4.2   Gerstentrockner   *200*

3.4.4.3   Vakuumtrockner   *204*

3.4.4.4   Malzdarre   *205*

3.4.4.5   Trocknen im Silo   *207*

3.4.4.6   Trocknen in Kistenpaletten   *207*

3.4.4.7   Kaltlufttrocknung der Gerste   *208*

3.4.5   Die Lagerung der Gerste   *208*

3.4.5.1   Bodenlagerung   *208*

3.4.5.2   Rieselspeicher   *209*

3.4.5.3   Bodenbelüftung   *209*

3.4.5.4   Allgemeines zur Silolagerung   *210*

3.4.5.5   Holzsilos   *211*

3.4.5.6   Stahl-Betonsilos   *211*

3.4.5.7   Silos aus Stahlblech   *213*

3.4.5.8   Belüftung der Gerste im Silo   *214*
3.4.5.9   Voraussetzung der Silolagerung   *216*
3.4.5.10   Kapazität einer Siloanlage   *217*
3.4.6   Veränderungen der Gerste während der Lagerung   *218*
3.4.7   Tierische und pflanzliche Schädlinge der Gerste   *218*
3.4.7.1   Mikroorganismen   *218*
3.4.7.2   Tierische Schädlinge   *221*
3.4.7.3   Andere Schädlinge   *224*

4   Die Keimung   *225*

4.1   Die Theorie der Keimung   *226*
4.1.1   Allgemeines über die Vorgänge bei der Keimung   *226*
4.1.2   Die Gestaltsveränderungen des Keimlings   *226*
4.1.3   Umsetzungen im Mehlkörper   *227*
4.1.4   Der Stärkeabbau bei der Keimung   *236*
4.1.4.1   Allgemeines   *236*
4.1.4.2   β-Amylase   *241*
4.1.4.3   α-Amylase   *244*
4.1.4.4   Saccharase   *247*
4.1.4.5   Maltase   *249*
4.1.4.6   Grenzdextrinase   *249*
4.1.4.7   R-Enzym   *251*
4.1.4.8   Verfolg des Stärkeabbaus mit Hilfe analytischer Methoden   *252*
4.1.5   Der Abbau der Hemicellulosen und Gummistoffe   *254*
4.1.5.1   Allgemeines zum Abbau der Stütz- und Gerüstsubstanzen   *254*
4.1.5.2   Enzyme des β-Glucan-Abbaus   *255*
4.1.5.3   Enzyme der Pentosan-Hydrolyse   *261*
4.1.5.4   Abbau der Hemicellulosen und Gummistoffe   *262*
4.1.5.5   Beurteilung der Cytolyse   *267*
4.1.6   Der Eiweißabbau   *270*
4.6.1.1   Allgemeines   *270*
4.1.6.2   Endopeptidasen   *270*
4.1.6.3   Exopeptidasen   *273*
4.1.6.4   Quantitativer Verlauf der Eiweißlösung   *278*
4.1.6.5   S-Methyl-Methionin, Prolin, Amine   *285*
4.1.7   Der Abbau der Phosphate   *287*
4.1.7.1   Allgemeines   *287*
4.1.7.2   Phosphatasen   *288*
4.1.7.3   Phosphatabbau bei der Keimung   *290*
4.1.7.4   Beurteilung des Phosphatabbaus   *291*
4.1.8   Der Fettstoffwechsel während der Keimung   *291*
4.1.8.1   Allgemeines   *291*
4.1.8.2   Lipasen   *292*
4.1.8.3   Lipidabbau   *295*

4.1.9   Enzyme des Oxido-Reduktasenkomplexes *300*
4.1.9.1   Allgemeines *300*
4.1.9.2   Katalase *300*
4.1.9.3   Peroxidase *301*
4.1.9.4   Polyphenoloxidasen *304*
4.1.9.5   Sonstige Oxidasen *304*
4.1.10   Die Polyphenole während der Keimung *305*
4.1.11   Sonstige Stoffgruppen *307*
4.1.12   Die Entwicklung der Mikroorganismenflora
           während der industriellen Mälzung *311*

4.2   Die Praxis der Keimung *313*
4.2.1   Die Erscheinungen am einzelnen Gerstenkorn *314*
4.2.1.1   Wurzelkeime *314*
4.2.1.2   Blattkeim *315*
4.2.1.3   Auflösung des Korns *316*
4.2.1.4   Maßstab für den Auflösungsgrad *319*
4.2.2   Die Erscheinungen im Haufen *320*
4.2.3   Die Keimbedingungen *322*
4.2.3.1   Keimtemperaturen *322*
4.2.3.2   Keimgutfeuchte *323*
4.2.3.3   Verhältnis von Sauerstoff zu Kohlensäure *324*
4.2.3.4   Keimdauer *325*
4.2.3.5   Sonstige Maßnahmen *326*

5   Das Weichen der Gerste *327*

5.1   Theorie des Weichens *327*
5.1.1   Allgemeines *327*
5.1.2   Die Wasseraufnahme des Korns *328*
5.1.3   Die Sauerstoffversorgung des Korns *333*
5.1.4   Die Reinigung der Gerste *337*

5.2   Praxis des Weichens *339*
5.2.1   Die Weicheinrichtungen *339*
5.2.1.1   Weichbehälter herkömmlicher Bauart *339*
5.2.1.2   Fassungsvermögen *341*
5.2.1.3   Flachbodenweichen *342*
5.2.1.4   Aufstellung der Weichen *347*
5.2.1.5   Weichraum *347*
5.2.1.6   Wasser-Zu- und -Ableitung *347*
5.2.1.7   Pumpen *348*
5.2.1.8   Zufuhr der Druckluft *349*
5.2.1.9   Entfernung der Kohlensäure *350*
5.2.1.10   Sprühvorrichtungen *352*
5.2.2   Die Technik des Weichens *353*

5.2.2.1   Herkömmliche Weicharbeit   *353*
5.2.2.2   Moderne Weichverfahren   *354*
5.2.2.3   Vergleich der Wirkungsweise des konventionellen
und des pneumatischen Verfahrens   *358*
5.2.2.4   Andere, bekannte Weichverfahren   *360*
5.2.2.5   Die Sprühweiche   *361*
5.2.2.6   Analytischer Vergleich von Sprühweiche,
Pneumatischer Weiche und Tauchweiche   *362*
5.2.2.7   Variationsmöglichkeiten bei der Pneumatischen Weiche   *364*
5.2.3   Die Beurteilung der Weicharbeit   *365*
5.2.3.1   Weichgrad   *365*
5.2.3.2   Aussehen und Geruch des Weichgutes   *366*
5.2.4   Der Wasserverbrauch beim Weichen   *366*
5.2.4.1   Wasserbedarf   *366*
5.2.4.2   Wiederverwendung des Weichwassers   *371*
5.2.5   Verluste beim Weichen   *374*
5.2.6   Die Pflege und Instandhaltung der Weiche   *375*

6   Die verschiedenen Mälzungssysteme   *377*

6.1   Die Tennenmälzerei   *377*
6.1.1   Der Mälzungsraum, die Tenne   *377*
6.1.2   Die Führung des Tennenhaufens   *378*
6.1.3   Die Keimbedingungen auf der Tenne   *381*
6.1.4   Arbeitsaufwand und Weiterentwicklung der Tennenmälzerei   *381*

6.2   Die pneumatische Mälzerei   *382*
6.2.1   Allgemeines   *382*
6.2.2   Die Belüftungseinrichtungen   *382*
6.2.2.1   Reinigungsanlagen   *382*
6.2.2.2   Temperiereinrichtungen   *383*
6.2.2.3   Künstliche Befeuchtung der Luft   *389*
6.2.2.4   Wasserverbrauch   *392*
6.2.3   Das Kanalsystem   *393*
6.2.3.1   Frischluftkanal   *393*
6.2.3.2   Rückluftkanal   *393*
6.2.3.3   Abluftkanal   *394*
6.2.4   Die Ventilatoren   *394*
6.2.4.1   Radialventilatoren   *394*
6.2.4.2   Axialventilatoren   *395*
6.2.4.3   Saugventilation   *395*
6.2.4.4   Druckventilation   *395*
6.2.4.5   Messung der Druckverhältnisse   *396*
6.2.4.6   Luftmengen   *396*
6.2.5   Die automatische Steuerung der Temperaturen   *397*
6.2.6   Der Bedarf an elektrischer Energie pneumatischer Anlagen   *398*

6.2.6.1   Energiebedarf der Keimkastenventilation   *398*

6.2.6.2   Bedarf an elektrischer Energie   *399*

6.3   Die Keimanlagen der pneumatischen Mälzerei   *399*

6.3.1   Die Trommelmälzerei   *399*

6.3.1.1   Aufbau der Galland- Trommel   *400*

6.3.1.2   Belüftungseinrichtungen   *401*

6.3.1.3   Haufenführung in der Trommel   *402*

6.3.1.4   Die Keimbedingungen in der Trommel   *404*

6.3.2   Die Kastenkeimtrommel   *404*

6.3.2.1   Aufbau der Kastenkeimtrommel   *404*

6.3.2.2   Belüftungseinrichtungen   *405*

6.3.2.3   Haufenführung und Keimbedingungen   *405*

6.3.3   Die Kastenmälzerei   *406*

6.3.3.1   Keimraum   *407*

6.3.3.2   Keimkasten   *407*

6.3.3.3   Belüftungseinrichtungen   *412*

6.3.3.4   Haufenführung bei konventioneller Mälzung (Druckbelüftung)   *418*

6.3.3.5   Keimung bei fallenden Temperaturen   *422*

6.3.3.6   Besonderheiten bei der Führung des Keimkastens   *425*

6.3.3.7   Keimbedingungen   *431*

6.3.3.8   Haufenziehen   *433*

6.3.4   Die Wanderhaufenmälzerei   *438*

6.3.4.1   Keimapparat   *438*

6.3.4.2   Belüftungseinrichtungen   *442*

6.3.4.3   Haufenführung und Keimbedingungen
in der Wanderhaufenmälzerei   *442*

6.3.5   Der Umsetzkasten   *443*

6.3.5.1   Keimkasten   *443*

6.3.5.2   Belüftungseinrichtungen   *446*

6.3.5.3   Haufenführung und Keimbedingungen   *446*

6.3.6   Runde Keimkasten   *447*

6.3.6.1   Gebäude   *447*

6.3.6.2   Horde   *448*

6.3.6.3   Schneckenwender   *448*

6.3.6.4   Be- und Entladegerät   *449*

6.3.6.5   Größe   *449*

6.3.6.6   Belüftungseinrichtungen   *450*

6.3.6.7   Haufenführung und die Keimbedingungen   *450*

6.3.6.8   Runde Keimkasten   *450*

6.3.6.9   Reinigung und Pflege der Keimkästen   *451*

6.3.7   Besondere Mälzungssysteme   *452*

6.3.8   Die Keimdarrkasten   *453*

6.3.8.1   Rechteckige Keimdarrkasten   *453*

6.3.8.2   Rechteckige Weich-, Keim- und Darrkasten   *455*

6.3.8.3   Statische Turmmälzerei   *457*

6.3.8.4   Unimälzer   *458*

6.3.8.5   Zusammenfassende Betrachtungen   *462*

6.3.9   Kontinuierliche Mälzungssysteme   *463*

6.3.9.1   „Domalt"-System   *463*

6.3.9.2   Kontinuierliche Saturnmälzerei   *464*

6.4   Spezielle Mälzungsmethoden   *465*

6.4.1   Das Kohlensäurerastverfahren   *466*

6.4.1.1   Anreicherung von CO_2 *467*

6.4.1.2   Kohlensäurerastverfahren nach Kropff   *468*

6.4.2   Das Wiederweichverfahren   *468*

6.4.3   Andere physikalische Verfahren zur Beeinflussung
           der Keimung   *470*

6.4.3.1   Mechanische Bearbeitung von Gerste oder Weichgut   *470*

6.4.3.2   Die Bestrahlung mittels Mikrowellen   *470*

6.4.4   Die Verwendung von Gibberellinsäure
           und anderen Aktivatoren   *470*

6.4.4.1   Gibberellinsäurebehandlung zur Beschleunigung
           der Umsetzungen beim Mälzen   *471*

6.4.4.2   Gibberellinsäure in Verbindung mit Warmwasser-
           oder Wiederweiche   *473*

6.4.4.3   Verarbeitung entspelzter Gerste   *474*

6.4.4.4   Verarbeitung abgeschliffener Gerste   *475*

6.4.4.5   Quetschen von Weichgut niedrigen Wassergehaltes   *478*

6.4.4.6   Andere Wuchsstoffe   *479*

6.4.5   Der Einsatz von Starterkulturen   *479*

6.4.6   Der Zusatz von Enzymen (Cellulase, β-Glucanase)
           beim Mälzen   *482*

6.4.7   Die Verwendung von Hemmstoffen   *484*

6.4.7.1   Kaliumbromat   *484*

6.4.7.2   Weichen in ammoniakalischer Lösung   *485*

6.4.7.3   Anwendung von Säure beim Mälzen   *485*

6.4.7.4   Abcisinsäure   *487*

6.4.7.5   Zusatz von Bakteriziden oder Fungiziden   *487*

6.4.7.6   Sonstige Mälzungszusätze   *487*

6.4.8   Schlußfolgerungen   *488*

6.5   Das fertige Grünmalz   *488*

7   Das Darren des Grünmalzes   *491*

7.1   Allgemeines   *491*

7.2   Die Theorie des Darrens   *491*

7.2.1   Die physikalischen Veränderungen   *492*

7.2.1.1   Entwässerung des Grünmalzes   *492*

7.2.1.2   Volumenänderung   *492*
7.2.1.3   Gewicht des Grünmalzes   *493*
7.2.1.4   Farbe   *493*
7.2.2   Die chemischen Veränderungen   *493*
7.2.2.1   Wachstum   *493*
7.2.2.2   Enzymatische Phase   *494*
7.2.2.3   Chemische Phase   *494*
7.2.3   Die Beeinflussung der Enzyme beim Darren   *495*
7.2.3.1   Stärkeabbauende Enzyme   *495*
7.2.3.2   Peptidasen   *498*
7.2.3.3   Hemicellulasen   *504*
7.2.3.4   Lipase   *506*
7.2.3.5   Phosphatase   *507*
7.2.3.6   Enzyme des Oxido-Reduktasenkomplexes   *509*
7.2.3.7   Unterschiede zwischen hellem und dunklem Malz   *512*
7.2.4   Die Veränderungen der Stoffgruppen   *513*
7.2.4.1   Kohlenhydrate   *513*
7.2.4.2   Stickstoffverbindungen   *517*
7.2.4.3   Veränderung der Lipide   *524*
7.2.4.4   Organische Säuren – Oxalat und Phosphat   *524*
7.2.4.5   Bildung von Aromastoffen beim Schwelken und Darren   *526*
7.2.4.6   Die Aromastoffe und ihre Beeinflussung beim Schwelk-
           und Darrprozeß   *534*
7.2.4.7   Einfluß des Schwelkverfahrens auf Farbe
           und Aromasubstanzen des Malzes   *537*
7.2.4.8   Einfluß der Darrung auf die Farbe
           und den Aromastoffgehalt des Malzes   *544*
7.2.4.9   Veränderung von organischen Schwefelverbindungen
           beim Darren   *549*
7.2.4.10   Verhalten der Polyphenole beim Schwelken und Darren   *555*
7.2.4.11   Sonstige Veränderungen beim Darren   *556*
7.2.4.12   Glasigkeit des Malzes   *562*

7.3   Praxis des Darrens   *564*
7.3.1   Allgemeines   *564*
7.3.2   Einteilung der Darren   *565*
7.3.3   Die Einhordenhochleistungsdarren   *565*
7.3.3.1   Darrhorde   *566*
7.3.3.2   Belüftungseinrichtungen   *568*
7.3.3.3   Heizeinrichtung   *571*
7.3.3.4   Wichtige Daten   *576*
7.3.4   Die Keimdarrkasten   *577*
7.3.4.1   Rechteckiger Keimdarrkasten   *577*
7.3.4.2   Rechteckiger Weich-, Keim- und Darrkasten   *578*
7.3.4.3   Statische Turmmälzerei   *578*

7.3.4.4	Vergleich zwischen den rechteckigen Flachbauten und den Turmmälzereien	*579*
7.3.5	Runde Einhordenhochleistungsdarren	*580*
7.3.6	Gekoppelte Einhordenhochleistungdarren	*580*
7.3.7	Zweihordenhochleistungsdarren	*581*
7.3.7.1	Zweihordendarre mit übereinanderliegenden Horden	*581*
7.3.7.2	Zweihordendarren mit nebeneinanderliegenden, rechteckigen oder quadratischen Horden	*583*
7.3.7.3	„Triflex-Darre"	*585*
7.3.8	Kontinuierlich arbeitende Darren	*587*
7.3.8.1	Bauliche Ausführung	*587*
7.3.8.2	Belüftung der Darre	*587*
7.3.9	Die „klassischen" Mehrhordendarren	*589*
7.3.9.1	Heizapparat	*591*
7.3.9.2	Horden	*591*
7.3.9.3	Belüftungseinrichtungen	*591*
7.3.9.4	Wender	*592*
7.3.9.5	Leistungsdaten	*593*
7.3.9.6	Vertikaldarre	*593*
7.4	Der Trocknungsvorgang	*593*
7.5	Der Darrvorgang bei den einzelnen Darrkonstruktionen und Malztypen	*600*
7.5.1	Allgemeines	*600*
7.5.2	Die Arbeitsweise der Einhordenhochleistungsdarren	*600*
7.5.2.1	Helles Malz	*600*
7.5.2.2	Dunkles Malz	*606*
7.5.2.3	Mittelfarbige Malze	*611*
7.5.3	Die Arbeitsweise der Keimdarrkasten	*611*
7.5.4	Die Arbeitsweise der Zweihordenhochleistungsdarren mit übereinanderliegenden Horden	*615*
7.5.3.1	Zweihordendarre mit nur einem Ventilator	*615*
7.5.3.2	Darren mit getrenntem Schwelk- und Darrventilator	*616*
7.5.5	Zweihordendarren nach dem Luftumkehrsystem	*616*
7.5.6	Die Arbeitsweise der Triflex-Darre	*618*
7.5.7	Die kontinuierlich arbeitende Vertikaldarre	*620*
7.5.8	Die Arbeitsweise der „klassischen" Zweihordendarren	*621*
7.5.8.1	Helles Malz	*621*
7.5.8.2	Dunkles Malz	*623*
7.6	Kontrolle und Automatisierung der Darrarbeit	*625*
7.6.1	Überwachungsmaßnahmen	*625*
7.6.2	Die Automatisierung der Darrarbeit	*625*
7.7	Maßnahmen zur Energieeinsparung	*626*
7.7.1	Brennstoffwärmeaufwand beim Darren	*627*

7.7.2   Wärmeeinsparung durch Vorwärmen der Einströmluft   *627*
7.7.2.1   Anordnung des luftgekühlten Kondensators   *628*
7.7.2.2   Kreuzstromwärmeübertrager   *628*
7.7.2.3   Wärmepumpen   *630*
7.7.3   Die Veränderung des Feuchtigkeitszustandes
           der Trocknungsluft   *631*
7.7.3.1   Entfeuchtung der Einströmluft   *631*
7.7.3.2   Verwendung von Mischluft   *631*
7.7.4   Höhere Wassergehalte im Darrmalz   *631*
7.7.5   Die Isolierung der Darre   *632*
7.7.6   Zweihorden- bzw. Luftumkehrdarren   *632*
7.7.7   Kraft-Wärme-Kopplungsanlagen   *633*

7.8   Die Nebenarbeiten beim Darren   *635*
7.8.1   Das Beladen der Darre   *635*
7.8.2   Das Abräumen der Darren   *638*
7.8.3   Die Pflege und Instandhaltung der Darre   *639*
7.8.4   Andere Verfahren zum Trocknen und Darren von Malz   *640*

7.9   Die Behandlung des Malzes nach dem Darren   *641*
7.9.1   Das Abkühlen   *641*
7.9.2   Das Entkeimen   *642*
7.9.2.1   Klassische Entkeimungsmaschine   *642*
7.9.2.2   Entkeimungsschnecken   *643*
7.9.2.3   Pneumatische Malzentkeimung   *644*
7.9.2.4   Malzkeime   *645*
7.9.2.5   Verarbeitung der Malzkeime   *646*
7.9.3   Das Polieren des Malzes   *646*

7.10   Die Lagerung und Aufbewahrung des Darrmalzes   *647*
7.10.1   Allgemeines   *647*
7.10.2   Vorgänge bei der Lagerung des Malzes   *647*
7.10.3   Die Dauer der Lagerung   *650*
7.10.4   Die Durchführung der Malzlagerung   *650*
7.10.4.1   Bodenlagerung   *650*
7.10.4.2   Malzkästen   *650*
7.10.4.3   Silolagerung   *650*
7.10.4.4   Mischzellen   *651*
7.10.4.5   Entmischung   *651*
7.10.4.6   Abgabesilos   *655*
7.10.5   Zusätzliche Maßnahmen   *655*

8   **Der Malzschwand**   *657*

8.1   Allgemeines   *657*

8.2   Der Weichschwand   *658*

8.3   Der Atmungs- und Keimschwand   *659*
8.3.1   Ausmaß des Atmungs- und Keimschwandes   *659*
8.3.1.1 Atmungsschwand   *659*
8.3.1.2 Keimschwand   *660*
8.3.2   Der Einfluß der Mälzungsbedingungen
         auf den Atmungs- und Keimschwand   *660*
8.3.2.1 Feuchtigkeitsniveau   *660*
8.3.2.2 Keimtemperatur   *660*
8.3.2.3 Keimzeit   *661*
8.3.2.4 Zusammensetzung der Haufenluft   *661*
8.3.2.5 Charakter des zu erzeugenden Malzes   *661*
8.3.2.6 Beschaffenheit und Gleichmäßigkeit der eingeweichten Gerste   *662*
8.3.3   Technologische Möglichkeiten zur Verminderung
         des Mälzungsschwandes   *662*
8.3.3.1 Verkürzung der Keimdauer   *662*
8.3.3.2 Anwendung von Kohlensäure in der Haufenluft   *663*
8.3.3.3 Wiederweichverfahren   *664*
8.3.3.4 Keimung bei fallenden Temperaturen   *665*
8.3.3.5 Wuchs- und Hemmstoffe   *665*

8.4   Die Ermittlung des Malzschwandes   *667*
8.4.1   Die Berechnung des Malzschwandes   *668*
8.4.1.1 Berechnung aus den Gewichten von Gerste und Malz   *668*
8.4.1.2 Berechnung aus den Tausendkorngewichten   *669*
8.4.2   Die Feststellung der einzelnen Schwandfaktoren   *670*

9   **Die Eigenschaften des Malzes**   *673*

9.1   Die Beurteilung des Malzes   *673*
9.1.1   Äußere Merkmale   *673*
9.1.1.1 Reinheitsgrad   *673*
9.1.1.2 Farbe des Malzes   *674*
9.1.1.3 Geruch des Malzes   *674*
9.1.1.4 Geschmack des Malzes   *674*
9.1.2   Die mechanische Analyse   *674*
9.1.2.1 Tausendkorngewicht (TKG)   *674*
9.1.2.2 Sortierung des Malzes   *675*
9.1.2.3 Hektolitergewicht   *675*
9.1.2.4 Spezifisches Gewicht   *675*
9.1.2.5 Sinkertest   *676*
9.1.2.6 Schnittprobe   *676*
9.1.2.7 Härte bzw. Mürbigkeit   *677*
9.1.2.8 Blattkeimwachstum   *680*
9.1.2.9 Keimfähigkeit   *680*
9.1.3   Die chemisch-technische Analyse des Malzes   *681*
9.1.3.1 Wassergehalt   *681*

9.1.3.2   Extraktergiebigkeit *681*

9.1.3.3   Verzuckerungszeit *682*

9.1.3.4   Ablauf der Kongreßwürze *682*

9.1.3.5   Farbe der Kongreßwürze *683*

9.1.3.6   Geruch und Geschmack der Maische *684*

9.1.4   Untersuchung der cytolytischen Lösung *684*

9.1.4.1   Mehl-Schrotdifferenz *685*

9.1.4.2   Viskosität der Kongreßwürze *686*

9.1.4.3   Bestimmung der β-Glucane *687*

9.1.5   Untersuchung der proteolytischen Lösung *689*

9.1.5.1   Eiweißgehalt des Malzes *689*

9.1.5.2   Löslicher Stickstoff und Eiweißlösungsgrad *689*

9.1.5.3   Fraktionierung der Stickstoffsubstanzen *690*

9.1.5.4   Bestimmung des niedermolekularen Stickstoffs *691*

9.1.6   Untersuchungen des Stärkeabbaus *692*

9.1.6.1   Endvergärungsgrad *692*

9.1.6.2   Verkleisterungstemperatur *693*

9.1.6.3   Zuckerverteilung *693*

9.1.6.4   Jodwert der Labortreber *694*

9.1.6.5   Bestimmung der Enzymaktivitäten *694*

9.1.7   Sonderuntersuchungen *695*

9.1.7.1   Viermaischenmethode nach *Hartong-Kretschmer* *695*

9.1.7.2   Acidität der Kongreßwürze *697*

9.1.7.3   Untersuchung der Polyphenole *697*

9.1.7.4   Analyse des DMS-Vorläufers (DMS-P) *698*

9.1.7.5   HMF bzw. TBZ *699*

9.1.7.6   Analyse umweltrelevanter Substanzen *699*

9.1.7.7   Schlußfolgerungen *700*

9.1.8   Die Berechnung des Malzqualitätsindexes (MQI)
             für Gersten-Neuzüchtungen *701*

9.2   Zusammenhänge zwischen Malzqualität, Prozeßablauf,
             Bierqualität und Kosten beim Brauprozeß *703*

9.2.1   Malzqualität und Prozeßablauf *703*

9.2.2   Malzeigenschaften und Bierqualität *704*

9.2.2.1   Farbe und Biertyp *705*

9.2.2.2   Geruch und Geschmack *706*

9.2.2.3   Geschmacksstabilität des Bieres *708*

9.2.2.4   Bierschaum *710*

9.2.2.5   Kolloidale Stabilität *712*

9.2.2.6   Filtrierbarkeit *713*

9.2.3   Malzqualität und Kosten beim Brauprozeß *714*

10   **Sonder- und Spezialmalze**   *717*

10.1   Malze aus anderen Getreidearten und aus Pseudogetreide   *717*
10.1.1   Brauweizen   *720*
10.1.1.1   Allgemeines   *720*
10.1.1.2   Bedarf an Brauweizen und Problematik der Beschaffung   *720*
10.1.1.3   Geeignete Sorten   *721*
10.1.1.4   Anbaugegebenheiten   *722*
10.1.1.5   Zusammensetzung und Analyse des Brauweizens   *723*
10.1.1.6   Die Vermälzung des Weizens   *725*
10.1.1.7   Die Analyse des Weizenmalzes   *734*
10.1.1.8   Der Einfluss von Weizenmalz auf den Biergeschmack   *737*
10.1.2   Roggen (*Secale cereale* L.)   *738*
10.1.2.1   Allgemeines   *738*
10.1.2.2   Anbaubedingungen   *738*
10.1.2.3   Zusammensetzung des Roggens   *739*
10.1.2.4   Die Vermälzung des Roggens   *739*
10.1.2.5   Analyse des Roggenmalzes   *743*
10.1.2.6   Weitere Verarbeitung des Roggenmalzes   *744*
10.1.3   Triticale   *744*
10.1.3.1   Allgemeines   *744*
10.1.3.2   Anbaubedingungen   *745*
10.1.3.3   Zusammensetzung   *745*
10.1.3.4   Vermälzung   *746*
10.1.3.5   Analysendaten der Triticalemalze   *750*
10.1.3.6   Weitere Verarbeitung des Triticalemalzes   *751*
10.1.4   Dinkel (*Triticum spelta* L.)   *751*
10.1.4.1   Allgemeines zu Dinkel   *752*
10.1.4.2   Botanik und Anbau   *752*
10.1.4.3   Zusammensetzung   *753*
10.1.4.4   Vermälzung   *755*
10.1.4.5   Weitere Verarbeitung zu Würze und Bier, Biereigenschaften   *757*
10.1.5   Emmer   *757*
10.1.5.1   Allgemeines   *757*
10.1.5.2   Eigenschaften, Anbau, Ernte   *758*
10.1.5.3   Zusammensetzung des Emmers   *758*
10.1.5.4   Vermälzung   *759*
10.1.5.5   Verarbeitung zu Würze und Bier, Eigenschaften von Bier   *762*
10.1.6   Einkorn   *762*
10.1.6.1   Allgemeines   *762*
10.1.6.2   Eigenschaften, Anbau, Ernte   *763*
10.1.6.3   Chemische Zusammensetzung des Einkorns   *763*
10.1.6.4   Die Vermälzung von Einkorn   *764*
10.1.7   Tetraploider Hartweizen (Kamut)   *765*
10.1.7.1   Allgemeines   *765*

10.1.7.2   Vermälzung von Kamut   766
10.1.7.3   Verarbeitung zu Würze und Bier   769
10.1.8   Hafer (*Avena sativa* L.)   769
10.1.8.1   Allgemeines   769
10.1.8.2   Zusammensetzung des Hafers   769
10.1.8.3   Die Vermälzung des Hafers   770
10.1.8.4   Verarbeitung zu Würze   774
10.1.8.5   Bier   774
10.1.9   Kleinkörnige Hirsen   775
10.1.9.1   Perlhirse (*Pennisetum glaucum* (L.) R. Br.)   775
10.1.9.2   Kolbenhirse (*Setaria italica* (L.) P. Beauv.)   775
10.1.9.3   Foniohirse (*Digitaria exilis*)   776
10.1.9.4   Teff (*Eragrostis tef* (Zucc.) Trotter)   776
10.1.9.5   Fingerhirse (*Eleusine coracana* (L.) Gaertn.)   780
10.1.9.6   Rispenhirse (*Panicum miliaceum* L.)   780
10.1.10   Mais (*Zea mays* L.)   783
10.1.10.1   Allgemeines   783
10.1.10.2   Zusammensetzung   784
10.1.10.3   Vermälzung   785
10.1.10.4   Verarbeitung von Maismalz, Beschaffenheit
              von Maismalzbieren   788
10.1.11   Reis (*Oryza sativa* L.)   789
10.1.11.1   Allgemeines   789
10.1.11.2   Zusammensetzung von Reis (poliert)   790
10.1.11.3   Vermälzung   790
10.1.11.4   Weitere Verarbeitung des Reismalzes, Bierbeschaffenheit   793
10.1.12   Sorghum (*Sorghum bicolor* L.)   793
10.1.12.1   Allgemeines   793
10.1.12.2   Zusammensetzung von Sorghum   794
10.1.12.3   Das Vermälzen von Sorghum   797
10.1.12.4   Weitere Verarbeitung und Biereigenschaften   800
10.1.13   Tritordeum (hexaploid)   800
10.1.14   Wildreis (*Zizania aquatica* L.)   802

10.2   Pseudogetreide (Pseudozerealien)   803
10.2.1   Körneramarant (hauptsächliche Arten:
              Amaranthus cruenteus, *A. hypochondriacus* und *A. caudatus*)   803
10.2.1.1   Allgemeines   803
10.2.1.2   Zusammensetzung   803
10.2.1.3   Vermälzung   803
10.2.1.4   Weitere Verarbeitung zu Würze und Bier   806
10.2.2   Buchweizen (*Fagopyrum esculentum* Moench)   807
10.2.2.1   Allgemeines   807
10.2.2.2   Inhaltsstoffe   807
10.2.2.3   Vermälzung   808

10.2.2.4   Weitere Verarbeitung zu Würze und Bier   *810*
10.2.3   Quinoa (*Chenopodium quinoa* Willd.)   *811*
10.2.3.1   Allgemeines   *811*
10.2.3.2   Inhaltsstoffe   *811*
10.2.3.3   Vermälzung   *812*
10.2.3.4   Weitere Verarbeitung zu Würze und Bier   *814*
10.2.4   Schlußfolgerungen zu den Kapiteln Malze aus anderen
           Getreidearten und Pseudozerealien   *815*

10.3   Spitz- und Kurzmalze   *816*

10.4   Grünmalze   *818*

10.5   Karamellmalze   *819*

10.6   Röstmalz   *823*

10.7   Brühmalz   *827*

10.8   Sauermalze   *829*

11   **Die Kleinmälzung**   *831*

11.1   Die Statistik-Mälzung   *835*

Anhang   *837*

Literaturverzeichnis   *847*

Sachregister   *879*

Einleitung

Unter Mälzen ist das Keimenlassen von Getreidearten unter künstlich ge-schaffenen bzw. gesteuerten Umweltbedingungen zu verstehen. Das Endpro-dukt der Keimung heißt Grünmalz; durch Trocknen und Darren wird es zu Darrmalz.

Der Zweck des Mälzens ist hauptsächlich die Gewinnung von Enzymen.

Je nach der technischen Verwendung der enzymhaltigen Keimprodukte sind bei der künstlich durchgeführten Keimung zwei Wege zu unterscheiden:

1. Die Keimung hat nur den Zweck, ein möglichst enzymreiches Produkt zu erzeugen. Die Entwicklung des Getreidekorns und die bei der Keimung ablaufenden chemisch-bio-logischen Umwandlungen sind dabei von untergeordneter Bedeutung.
2. Die Keimung wird so geführt, daß nur eine gewisse Menge an Enzymen entsteht, die bei der Keimung bestimmte Umwandlungen der im Getreidekorn aufge-speicherten Reservestoffe hervorrufen. Eine zu geringe oder eine übermäßige Enzym-bildung oder -wirkung während der Keimung ist unerwünscht und setzt den Wert des Keimproduktes für den jeweiligen Verwendungszweck herab.

Die einfachere Aufgabe ist die Herstellung möglichst enzymreicher Malze, wäh-rend die Beschränkung der Keimung im Sinne einer Anpassung an unter-schiedlich hohe Qualitätsansprüche zweifellos größere Probleme aufwirft.

Enzymreiche Keimprodukte finden Verwendung in der *Brennerei* in Form von Grünmalz zur Verzuckerung der stärkehaltigen Rohmaterialien (Roggen, Mais, Kartoffeln), in der *Textilindustrie* zum Entschlichten der Gewebe, in der *Bäckerei* zur Erhöhung der Backfähigkeit der Mehle und zur Erzielung einer schönen Brotfarbe. Auch auf dem weiten Feld der *Nahrungsmittelindustrie* findet Malz als Enzymträger, aber auch wegen seiner wertvollen Inhaltsbestandteile Anwen-dung zur Bereitung von Malzextrakten, Malzpräparaten oder Malzkaffee.

Die wichtigste Rolle spielt das Malz bei der Herstellung des Bieres. Es muß nach den unter 2 geschilderten Gesichtspunkten hergestellt werden. Als „Brau-malz" findet es entweder ausschließliche (in Deutschland, Norwegen, Schweiz) oder überwiegende Anwendung, z.B. in Verbindung mit „Rohfrucht" (Reis, Mais, Gerste, Zucker). Es zeichnen sich jedoch auch Bemühungen ab, den Ein-satz von Malz weitergehend zu beschränken und die Malzenzyme durch Enzy-me, die aus anderen Quellen gewonnen wurden, zu ersetzen.

Die Bierbrauerei Band 1: Die Technologie der Malzbereitung. Achte Auflage.
Ludwig Narziß und Werner Back.
© 2012 WILEY-VCH Verlag GmbH & Co. KGaA. Published 2012 by WILEY-VCH Verlag GmbH & Co. KGaA

Nach wie vor sind jedoch bis zum heutigen Zeitpunkt die Eigenschaften der für die Bierbereitung fast ausschließlich verwendeten Darrmalze von grundlegender Bedeutung für die wesentlichen Merkmale des Bieres. So sind Farbe, Geschmack, Haltbarkeit und Schaum des Bieres weitgehend vom Charakter des verwendeten Malzes abhängig und durch seine Qualitätsmerkmale festgelegt. Es soll daher im Rahmen der Ausführungen dieses Buches vornehmlich die Herstellung von Braumalzen Behandlung finden.

Zur Malzbereitung können theoretisch die meisten Getreidearten verwendet werden, da sie alle gleiche oder ähnliche Stoffgruppen enthalten, bei der Keimung entsprechende Enzyme bilden und somit ähnliche Abbauprodukte liefern. Dennoch hat sich für die Herstellung von Braumalz die Gerste am geeignetsten erwiesen, und zwar aus folgenden Gründen:

1. Die Gerste ist weniger anspruchsvoll an Klima und Bodenbeschaffenheit als z. B. der Weizen. Sie findet in mittleren Breiten selbst unter ungünstigen Witterungsgegebenheiten noch entsprechende Vegetationsbedingungen;
2. Ihre Keimung ist verhältnismäßig leicht zu regeln;
3. Die sich bei der Keimung bildende Enzymmenge ist im Verhältnis zu den hierbei vor sich gehenden Änderungen der Stoffgruppen günstig;
4. Die Spelzen der Gerstenmalze liefern eine Filterschicht beim Trennen der Extraktlösung (Würze) von den Rückständen (Trebern);
5. Die geschmacklichen und sonstigen technologischen Eigenschaften der Gerstenbiere sind denen anderer Rohmaterialien überlegen.

Der Weizen ist – wie auch die Nacktgerste – als spelzenlose Frucht schwieriger zu vermälzen. Er erlaubt, je nach Konzeption derselben, keine volle Ausnutzung der Mälzereianlagen. Weizenmalz findet zu 50–100% bei der Herstellung von Weizenbier (Weißbier) oder in beschränktem Umfang bei (obergärigen) Bierspezialitäten Verwendung. Eine eigene Brauweizenzüchtung ist im Hinblick auf die geringen Anteile am gesamten Weizenanbau (in Bayern 2,5%, in der Bundesrepublik 0,6%) nicht lohnend. So werden Chargen mit Eiweißgehalten von unter 12% für Brauzwecke bevorzugt, wobei durch eine begleitende Forschung jeweils Sorten mit einem ausgewogenen Enzympotential ausgewählt werden. Weizen wird auch zu „Diastasemalz", also zu einem besonders enzymreichen Produkt verarbeitet, das auch einen höheren Eiweißgehalt haben kann.

Der Roggen ist noch problematischer zu vermälzen als der Weizen. Er vermag wohl den Weizen im Gehalt an einer Reihe von Enzymen zu übertreffen, doch ist der Zellwandabbau meist unzulänglich und verursacht Schwierigkeiten beim Brauprozeß.

Triticale ist ebenso enzymstark wie Roggen. Seine Eignung für obergärige Spezialbiere ist erwiesen, doch bis heute nicht genutzt.

Gerste, Weizen, Roggen und Triticale sowie die frühen Getreidearten wie Dinkel, Emmer und Einkorn enthalten Gluten und sind daher für Zöliakie-Kranke nicht geeignet. So hat die Suche nach glutenfreien Getreidearten für Mälzungs- und Brauzwecke zu weiteren Getreidearten wie Hafer oder zu sog. Pseudo-Zerealien geführt, die in gesundheitlicher Hinsicht positive Eigenschaften besitzen und die zu funktionellen Lebensmitteln verarbeitet werden können. Sie finden auch in der Brauindustrie Eingang, als Malz, aber auch als Rohfrucht, wo diese für die Bierbereitung zugelassen ist: Hirse, Sorghum, Buchweizen, Quinoa oder Amarant finden für die Bereitung von besonderen Bieren weltweit vermehrte Beachtung.

Dinkel und Emmer werden ebenfalls vermälzt und in derzeit geringen Mengen für entsprechende Spezialbiere verwendet.

Die Gerste ist demnach unbestritten das beste Braumaterial, wenn auch der technologische Fortschritt in Mälzerei und Brauerei die Verarbeitung anderer Getreidearten ohne weiteres zulassen würde.

Darüber hinaus sind nicht alle Gersten für den Mälzungs- und Brauprozeß in gleicher Weise geeignet. Eine gute Braugerste hat vielmehr eine Reihe von Anforderungen zu erfüllen, wenn das hieraus erzeugte Malz befriedigen und bei problemloser Verarbeitung ein einwandfreies Bier liefern soll.

1
Die Braugerste

1.1
Allgemeines

Gerste zählt mit zu den ältesten Kulturpflanzen der Welt. Sie wird der Familie der Gräser zugeordnet *(Hordeum vulgare)*.

An der *Blüte,* von der an der reifen Frucht nur noch wenige Reste vorhanden sind, werden u. a. folgende, um eine Spindel gruppierte Teile unterschieden:

a) Der Fruchtknoten: zwei federförmige Narben, die den Blütenstaub zur Befruchtung aufnehmen; in jeder Gerstenblüte befinden sich 3 Staubgefäße, die Blütenstaub oder Pollen erzeugen.

b) Zwei kleine Schüppchen an der Basis des Fruchtknotens, die bei anderen Blüten der Blütenhülle (Perigon) entsprechen.

c) Zwei Hochblätter (Spelzen), die ursprünglich lose um den Fruchtknoten liegen, mit ihm aber verwachsen, sobald er sich durch die (Selbst-)Befruchtung vergrößert. Sie sind zu unterteilen in die innere (auch hintere oder obere) Spelze und in die äußere (untere oder vordere) Spelze, die auch die Grannen trägt. Gersten, bei denen die Spelzen nicht mit der Frucht verwachsen, werden Nacktgersten genannt.

d) Die rückgebildeten Hüllenspelzen: zwei kleine, schmale spitzige Blättchen, von borstenartiger Beschaffenheit an der Basis der unteren Spelze. Sie bleiben an der inneren Spindel und sind daher am gedroschenen Korn nicht mehr erkennbar.

e) Die Basalborste, ein kleiner Teil der Ährenspindel, die sich an der Basis der Frucht findet.

Je nach der Verteilung der Blüten und Ährchen lassen sich mehrzeilige und zweizeilige Gersten unterscheiden:

Die mehrzeilige Gerste besitzt auf jedem Ährchenabsatz drei Blüten, so dass um die Ährenspindel sechs Blüten angeordnet sind. Die Ähre zeigt damit sechs Körnerreihen um die Achse.

Die zweizeilige Gerste *(Hordeum distichon)* ist aus der mehrzeiligen dadurch hervorgegangen, dass von den drei auf einer Seite der Ährenspindel gelegenen Blüten nur eine, und zwar die mittlere, zur Entwicklung kommt. Es sind daher längs der Spindel nur zwei Körnerreihen vorhanden, die der zweizeiligen Gerste ihren Namen geben.

Die *mehrzeilige* Gerste kann, je nach der Länge des Spindelglieds eingeteilt werden:

Die Bierbrauerei Band 1: Die Technologie der Malzbereitung. Achte Auflage.
Ludwig Narziß und Werner Back.
© 2012 WILEY-VCH Verlag GmbH & Co. KGaA. Published 2012 by WILEY-VCH Verlag GmbH & Co. KGaA

1) In einen lockerährigen Typ mit einer Spindelgliedlänge über 2,8 mm, dessen Ähren vom Rücken her zusammengedrückt sind und dessen Mittelkörper eng an der Spindel anliegen und senkrecht übereinanderstehen. Die Seitenkörner dagegen stehen etwas von der Ährenspindel ab und sind etwas verschoben übereinander angeordnet. Bei oberflächlicher Betrachtung erscheint die Ähre vierzeilig, obwohl an jeder Spindelstufe drei Ährchen stehen [1].

2) In einen dichtährigen Typ (Spindelgliedlänge unter 2,1 mm), bei dem die Körner des Drillings gleichmäßig ausgebildet sind und die Ähre einem regelmäßig gebauten 6strahligen Stern gleicht. Die Körner stehen in den Zeilen senkrecht und schnurgerade übereinander. Es ergibt sich der Eindruck einer sechszeiligen Gerste.

Nur das Mittelkorn erhält infolge seiner bevorzugten Stellung in der Ähre eine symmetrische Ausbildung. Die Seitenkörner erfahren dagegen durch das raschere Wachsen des Mittelkorns einen Druck, der ein langsameres, die Form beeinflussendes Wachstum zur Folge hat. Die Seitenkörner werden durch die krumm verlaufende Furche in zwei unsymmetrische Hälften geteilt und deshalb auch als „Krummschnäbel" bezeichnet.

Gerstenproben, in denen sich solche Krummschnäbel finden, stammen aus einer mehrzeiligen Gerste oder wurden mit einer solchen vermischt. Nachdem die Krummschnäbel schwächer sind als die Mittelkörner, weisen diese Gersten ein niedrigeres Hektolitergewicht auf. Für die Bedürfnisse europäischer Braumalze sind mehrzeilige Gersten weniger gut geeignet, da die Seitenkörner eine raschere Wasseraufnahme beim Weichen und damit ein anderes Keimbild zeigen als die Mittelkörner. Ungleiches Keimgut und ungleiches Darrmalz ist die unvermeidliche Folge. In überseeischen Ländern werden eiweiß- und enzymreichere mehrzeilige Gersten zu Malzen verarbeitet, die als Zusatz zu rohfruchthaltigen Maischen Verwendung finden.

Die mehrzeiligen Gersten werden häufig als Wintergersten angebaut.

Die *zweizeilige Gerste* ist die eigentliche Braugerste. Sie wird hauptsächlich als Sommergerste kultiviert, während sich die zweizeilige Wintergerste noch nicht im gleichen Maße durchsetzen konnte.

Die flache Ähre der zweizeiligen Gerste zeigt eine völlig symmetrische Form sämtlicher Körner.

Die zweizeilige Gerste wird wiederum in zwei große Hauptgruppen unterteilt.

1) Die nickende Gerste: Die Ähre ist lang, schmal und hängt während der Reife. Die einzelnen Körner liegen nicht dicht, sondern locker aneinander.

2) Die aufrechtstehende Gerste: Die Ähre ist dicht, breit und steht während der Reifezeit in der Regel aufrecht, die einzelnen Körner liegen eng aneinander.

Zur Charakterisierung der heute fast ausschließlich angebauten nickenden Gersten dienen folgende morphologische Merkmale:

a) Die Behaarung der Basalborsten mit langen geraden (Typ A) oder mit kurzen gekräuselten Haaren (Typ C);

b) die Seitennerven des Rückenspelzes können teils glatt, teils mit einzelnen Zähnchen versehen sein, deren Zahl, Größe und Konstanz je nach Sorte wechselt;

c) die Behaarung der Bauchfurche;

d) die Schüppchen unterscheiden sich je nach Größe, Form und Behaarung nach den einzelnen Sorten (Abb. 1.1).

Diese Merkmale, evtl. ergänzt durch das jeweils unterschiedliche Verhalten der einzelnen Sorten gegenüber dem Schädlingsbekämpfungsmittel DDT (Dichlor-Diphenyl-Trichloräthan) ermöglichten bis anfangs der 1980er Jahre eine Identifizierung von Sorten [2, 3].

Die große Zahl an Neuzüchtungen und deren Verwandtschaft untereinander erfordert jedoch besser differenzierende, genauere Methoden zur Unterscheidung der Braugerstensorten.

Im Bereich der Europäischen Union wird heutzutage fast ausschließlich die nickende, lockerährige zweizeilige Gerste angebaut; es dominiert hierbei der Typ A (Basalborste mit langen, geraden Haaren, keine oder nur geringe Zahnung der Seitenrückennerven).

Als neue Methoden für die Sortendifferenzierung haben sich eingeführt:

a) Die Gel-Elektrophorese der alkohollöslichen Proteinfraktion (Hordein, s. Abschnitt 1.4.3.4), die eine Einzelkornanalyse ermöglicht [4, 5, 6]. Dabei finden sowohl saure als auch alkalische Gele Anwendung [6].

b) Die Aleuronfärbung als Ergänzung der vorerwähnten Elektrophoreseschritte [6].

c) Die immunchemische Bestimmung eines Antigens, das für eine Gruppe speziell von Wintergersten spezifisch ist [7].

d) Bei der Polymerase Chain-Reaction (PCR) werden definierte Abschnitte aus der DNA eines Getreidekorns, die z. B. für ein bestimmtes Enzym codieren, nach entsprechender Amplifizierung elektrophoretisch aufgetrennt. Hierbei ergeben sich sortenspezifische Banden. Eine weitere Differenzierung derselben ist in einem zweiten Schritt mit Hilfe von Restriktionsenzymen möglich [8]. Der Vorteil der DNA-Bestimmung mittels PCR ist, dass sich hier Veränderungen durch den Mälzungsprozeß nicht auswirken [9].

Zur Unterscheidung und Kennzeichnung der Gersten wurde in früheren Jahren ihre Herkunft herangezogen, da sich gerade die aus einem milden Klima stammenden und unter günstigen Witterungsverhältnissen aufgewachsenen und geernteten Gersten für Brauzwecke gut geeignet erwiesen und eine gleichmäßige, wünschenswerte Auflösung vermittelten. Für diese Gegenden waren jeweils bestimmte „Landgersten" typisch, die aber letztlich Gemische von biologisch recht verschiedenen Formen darstellten. Sie unterschieden sich im Pflanzen- und Ährenwuchs, ja sogar in der Reife. Sie wurden im Laufe der Jahrzehnte durch neugezüchtete Gerstensorten ersetzt, die heute für den Braugerstenanbau und den Markt bestimmend sind.

Dennoch ist neben der Sorte auch die Herkunft von nicht zu unterschätzender Bedeutung. Die sortenbedingten Eigenschaften der Gerste werden nämlich alle mehr oder weniger auch von den umweltbedingten Gegebenheiten wie Bodenverhältnisse, Klima, Düngung usw. mit beeinflußt. So vermögen oftmals charakteristische Gerstensorten eines bestimmten Landes in einem anderen Gebiet ihre günstigen Eigenschaften nicht bzw. nicht voll zu entfalten. Die Vegetationszeit und das Klima während derselben spielen eine bedeutsame Rolle für den Eiweißgehalt, die Mehlkörperstruktur, das Enzymbildungsvermögen, kurz,

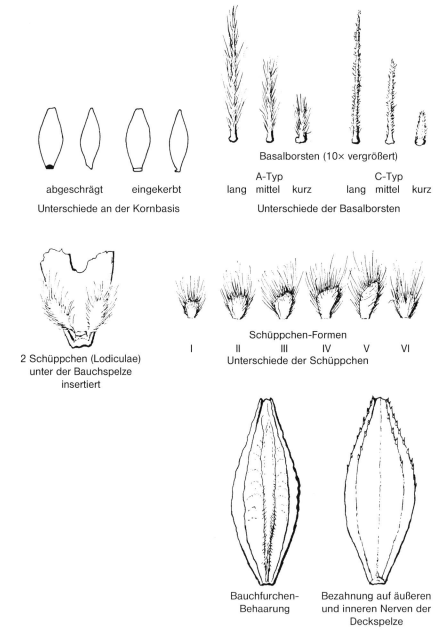

abgeschrägt   eingekerbt

Unterschiede an der Kornbasis

Basalborsten (10× vergrößert)

A-Typ   C-Typ

lang mittel kurz   lang mittel kurz

Unterschiede der Basalborsten

2 Schüppchen (Lodiculae)
unter der Bauchspelze
insertiert

Schüppchen-Formen

I   II   III   IV   V   VI

Unterschiede der Schüppchen

Bauchfurchen-
Behaarung

Bezahnung auf äußeren
und inneren Nerven der
Deckspelze

Abb. 1.1 Äußere Merkmale von Braugersten.

die spätere Qualität und die Verarbeitungsfähigkeit der Gersten. Die Witterung bei Abreife und Ernte bestimmen die Keimfreudigkeit des Gutes.

1.2
Gerstenanbau

1.2.1
Die Entwicklung der Gerste

Die *Aussaat* der Gerste soll in Abhängigkeit von Klima und Boden möglichst früh erfolgen (in Deutschland Mitte bis Ende März), da hierdurch die Voraussetzung für eine lange Vegetationszeit geschaffen wird. Die *Saatmenge* beträgt durchschnittlich 150 kg/ha. In der modernen Landwirtschaft wird heute aber überwiegend mit Körnern pro m^2 gerechnet. Je nach Saatzeitpunkt und gewünschter Bestandesdichte (Ähren je m^2) beträgt die Aussaatstärke 250–450 Körner pro m^2. Die Bestandesdichte sollte zur Erreichung eines maximalen Ertrages bei gleichzeitiger Bewahrung eines hohen Vollgersteanteils zwischen 600 und 800 Ähren pro m^2 betragen. Die Reihenentfernung sollte nicht mehr als 14 cm betragen [10, 11].

Da die Gerste bei Temperaturen von über 5 °C keimt, bilden sich bei einer Lufttemperatur von 7–9 °C und einer Bodentemperatur von ca. 6 °C im Laufe von 3–4 Tagen Wurzeln; der Blattkeim erreicht nach 6–8 Tagen die Erdoberfläche und bildet dicht unterhalb derselben einen Bestockungsknoten, aus dem neben dem primären Halm noch mehrere sekundäre Halme hervortreten. Die „Bestockung" ist stark bei geringer Saatdichte, tiefer Temperatur, hoher Feuchte und kräftiger Düngung. Aus dem Bestockungsknoten entwickeln sich die sog. Kronen- oder Adventivwurzeln, die das Hauptwurzelsystem bilden. Der zweite Knoten bildet sich nach einem nur wenige Millimeter langen Halmglied aus. Dieses, wie auch das verhältnismäßig kurze folgende Halmglied ist sehr elastisch. Jedes Halmglied ist etwa so lang wie die Summe der darunterliegenden; das sechste trägt meist die Ähre. Die Blätter, die sich aus den Knoten entwickeln, bestehen aus Blattspreite und Blattscheide. Die erstere wächst aus dem Knoten und dient als Stütze für die Zwischenglieder (Internodien). Die aufeinanderfolgenden Blattspreiten stehen sich 180° gegenüber. Die Dicke der Halmwandung nimmt von unten nach oben ab. Die einzelnen Entwicklungsstadien der Gerste zeigt Abb. 1.3a (s. Abschnitt 1.2.9).

Das Strecken der Triebe bis zur Ausbildung der Blütenstände wird als „*Schossen*" bezeichnet. Das Austreten der Ähre aus der Blattscheide stellt einen genau erfaßbaren Abschnitt, das „*Ährenschieben*", dar.

Die Gerste blüht in der Regel Anfang bis Mitte Juni; die *Blüte* dauert 8–10 Tage, sie verlängert sich aber bei Regenwetter. Bei der Befruchtung platzen die Antheren in der Regel vor dem Öffnen der Blüte, so dass die Kornbildung zumeist auf Selbstbefruchtung zurückzuführen ist.

Die Nährstoffzufuhr durch die Wurzeln der Gerstenpflanze kommt bereits einige Wochen vor der Reife zum Erliegen. Um so stärker setzt die Einwanderung der in den Halmen, Scheiden, Blättern und Spelzen vorhandenen löslichen Stoffe in die Frucht ein. Ihr zunächst noch halbflüssiger Inhalt wird fester, das Chlorophyll verschwindet und es tritt die gelbe Farbe der Reife auf. Mit vollendeter Stoffeinlagerung erfolgt eine Umsetzung der niedermolekularen Produkte zu hochmolekularen Eiweißen, Fetten und Kohlenhydraten.

Es sind vier Reifestadien zu unterscheiden, die allgemein aus den Mittelkörnern der Ähre festgestellt werden und die auch zahlenmäßig als Vegetationsstadium ihren Ausdruck finden (s. a. Abschnitt 1.2.9):

a) *Grün- oder Milchreife* (Veg.-Stadium 75): Das Korn hat seinen größten Umfang erreicht, da bereits alle Zellen gebildet sind. Deren Inhalt ist noch dickflüssig und milchartig; Spelzen und Bestand sind noch grün. Die Eiweißeinlagerung ist in den Monaten Mai und Juni am stärksten, es nimmt jedoch bei fortschreitender Stärkeeinlagerung der relative Anteil der Kohlenhydrate zu. Die Zeit der Milchreife ist etwa Ende Juni bis Anfang Juli.

b) *Gelbreife* (Veg.-Stadium 85): Trotz weiterer Stoffeinlagerung schrumpft das Korn etwas; es ist zäh und knetbar. Die gelbe Reifefarbe stellt sich ein, die Spelzen werden strohfarbig. Das Korn ist trotzdem leicht über den Fingernagel zu biegen.

c) *Vollreife* (Veg.-Stadium 90): In der letzten Woche wandern noch Stärke und auch etwas Eiweiß ein; das Korn schrumpft jedoch weiter und wird hart und zäh. Der Halm beginnt abzusterben, auch die oberen Knoten schrumpfen ein. In diesem Stadium, das 6–7 Wochen nach dem Ährenschieben gegeben ist, kann die Gerste geerntet werden (Ende Juli bis Anfang August).

d) *Totreife* (Veg.-Stadium 95): Der Inhalt des Korns ist vollkommen hart und damit bruchempfindlich. Stoffliche Umwandlungen erfolgen nicht mehr. Es besteht die Gefahr des Ährenknickens. Trotzdem ist dieser Zeitpunkt für den Mähdrusch am günstigsten [12].

Nach dem Überschreiten der Milchreife vermindert sich in der Regel die vorher bereits vorhandene Keimbereitschaft des Embryos. Die damit eingeleitete Phase der Keimruhe erreicht bis zur Vollreife ihr Maximum, wobei erhebliche Sortenunterschiede bestehen. Auch die Witterungsbedingungen (besonders die Temperaturen) während der Abreife spielen eine erhebliche Rolle. Wie noch zu zeigen sein wird, sind die Ursachen der Keimruhe sehr komplex (s. Abschnitt 3.4.1). Neben hormonalen Substanzen (Abscisin) im Embryo, die als Antigibberelline aufgefaßt werden können, haben auch keimhemmende Wirkstoffe phenolischer Natur in den Spelzen und in der Fruchtschale sowie die Struktur der Frucht- und Samenschale eine Bedeutung. Die Dauer der Keimruhe ist abhängig von dem Zeitraum, der zum Abbau der keimhemmenden Effekte erforderlich ist. Dabei kann der schon abklingenden primären Keimruhe eine sekundäre Keimruhe folgen. Auf die Keimruhe des Getreidekorns kann auch durch die Lagerbedingungen entscheidend Einfluß genommen werden. Das Stadium nach Beendigung der Keimruhe wird als Vegetationsstadium 99 bezeichnet [13].

Die sogenannte Notreife tritt ein, wenn z. B. durch Trockenheit die Reifeprozesse vorzeitig abgebrochen werden. Dies äußert sich in einem geringeren Stärke- und höheren Eiweißgehalt. Die enzymatischen Aktivitäten sind noch teilweise gegeben, die Keimruhe ist nur wenig ausgeprägt.

Ein harmonischer Verlauf des Wachstums und der Reife ist für eine gute Braugerstenqualität von großer Bedeutung. Bei günstigen Boden- und Klimabedingungen wird diesen Anforderungen in unseren Breiten in der Regel entsprochen.

1.2.2
Ansprüche an Klima und Boden

Die Sommergerste ist die Kulturart mit der größten ökologischen Streubreite. Die hohe Blattbildungsrate und die schnelle Kornbildung sowie ein relativ geringer Wasserbedarf ermöglichen es, dass auch in kurzen Vegetationszeiten und bei geringer Wasserverfügbarkeit ansprechende Erträge realisiert werden können. Daher ist die Sommergerste in den Mittelgebirgslagen eine bevorzugte Fruchtart und in der Lage, mit der Wintergerste zu konkurrieren. Auch Frost bis −6 °C kann von der Sommergerste in der Bestockungsphase verkraftet werden.

Die geringe Wasserabgabe über die Blattfläche im Vergleich zu anderen Getreidearten erklärt den geringen Wasserbedarf. Dieser liegt je 100 kg/ha Ertrag bei 2,5–3,0 l/m². Bei einer Wasserverfügbarkeit von 150 l/m² durch Bodenwasservorrat und Niederschläge während der Vegetationszeit, kann sich der Ertrag auf 50–60 dt/ha belaufen.

Das Ertragsniveau wird maßgeblich von der Vegetationsdauer beeinflußt. Bei einer Dauer von 110 Tagen sind Kornerträge von 60 dt/ha möglich, bei 140 Tagen können über 80 dt/ha erzielt werden. Die Vegetationsdauer wird vom Aussaattermin, von der Temperatur, vom Wasserstreß und von der Nährstoffversorgung beeinflußt. Je früher die Aussaat stattfindet, desto länger die Vegetationsdauer. Höhere Temperaturen führen erst ab 35 °C zur Notreife und somit zu einer Verkürzung der Vegetationsperiode. Wasserstreß beschleunigt die Abreife. Ein Mangel an Nährstoffen beschleunigt die Entwicklung während des Schossens und während der Kornausbildung.

In der Zeit nach der Aussaat und vor dem Schossen findet die Bestockung statt. Sie bestimmt die Anzahl der ährentragenden Halme. Eine kühle Witterung führt zu einer langsamen, aber stabilen Entwicklung von Seitentrieben mit Ährchenanlagen. Zu hohe Temperaturen führen zu einem schnelleren Übergang in das Schossen und somit zu einer geringeren Bestockung.

Der Übergang in die Schossphase wird durch die Temperatursumme bestimmt. Diese beträgt bei Sommergerste 500 °C-Tage ab dem Feldaufgang (die Summe der Durchschnittstemperatur aller Tage, an denen diese mindestens 6 °C beträgt).

Dennoch ist ein zeitiges Frühjahr wünschenswert, um eine baldige Aussaat der Sommergerste zu ermöglichen. Nach der Saat ist eine feuchte, nicht zu kühle Witterung günstig. Während der Zeit des Schossens sowie kurz vor und nach dem Ährenschieben ist ein hoher Wasser- und Nährstoffbedarf gegeben (Ende Mai – Anfang Juni), der bei kühler Witterung eine gleichmäßige Entwicklung fördert. Trockenes Wetter beim Ährenschieben kann auf leichten Böden ein Steckenbleiben des Wachstums zur Folge haben, das zu Ertragsminderungen und u. U. zu einem geringeren Brauwert der Gerste führt. Vom Ährenschieben ab soll warmes und trockenes Wetter vorherrschen, um eine gute Assimilationsleistung und damit die Entwicklung zu extraktstarken und keimfähigen Gersten zu ermöglichen.

Während mehrzeilige Sommer- und Wintergersten auf geringeren Bodenqualitäten befriedigende Vegetationsbedingungen vorfinden, bevorzugt die Braugerste aufgrund ihres schwachen Wurzelsystems einen lockeren, milden, möglichst kalk- und humushaltigen, garefähigen Lehmboden sowie eine mäßige Feuchtigkeit von 400–600 mm Jahresniederschlag. Es ist jedoch die Eignung des Bodens vom jeweils herrschenden Klima abhängig: So brauchen Anbaulagen mit guten und schweren Lehm- bzw. Lößlehmböden ein möglichst trockenes Klima, damit sich der Boden ausreichend erwärmen und mit Luft versorgen kann. Eine gute Wasserhaltefähigkeit des Bodens ist bei Braugerste ein entsprechender Ersatz für Niederschläge. Je leichter und durchlässiger ein Boden ist, desto reichlicher können die Niederschläge sein (800–900 mm). So wachsen auch auf Muschelkalk- und Juraböden ausgezeichnete Braugersten, während sehr leichte Böden und Sandböden in Trockengebieten sowie sehr schwere tonige Böden in Niederschlagsgebieten für den Braugerstenanbau ungeeignet sind, wie auch Braugerste gegen Verkrustung der Böden empfindlich ist [3, 14].

Die Sommergerste wurde in den letzten Jahren aus ihren klassischen Anbaugebieten z. T. durch Wintergerste und Weizen verdrängt und ist jetzt stärker auf leichteren Böden und in höheren Lagen zu finden [15].

Dennoch mußte die Braugerste aus wirtschaftlichen Überlegungen (z. B. Maisanbau) auch aus diesen Gebieten weichen.

Klima und Bodenbeschaffenheit beeinflussen nicht nur den Zeitpunkt der Aussaat der Gerste, sondern auch den der Ernte. Die durch beide Daten bestimmte *Vegetationszeit* hat einen Einfluß auf die Mälzungs- und Brauqualität der Gerste. Kurze Vegetationszeiten (100–112 Tage), hervorgerufen durch späte Aussaat, durch heißes und trockenes Wetter während des Aufwuchses und nach der Blüte bis zur Reife, erbringen eiweißreichere Gersten mit geringen Extraktgehalten, niedriger Enzymkapazität und führen so zu knapp gelösten Malzen, die eine Reihe von Verarbeitungsschwierigkeiten während der Bierbereitung verursachen können. Eine lange Vegetationszeit (125–140 Tage), wie sie bei feuchter, kühler Witterung – vor allem auch im Bereich maritimen Klimas – resultiert, liefert zwar Gersten von längerer Keimruhe und entsprechender Wasserempfindlichkeit; diese sind jedoch meist eiweißärmer, extraktstärker und enzymreicher und führen in der Regel zu hochgelösten Malzen. Es wurde sogar eine klare Abhängigkeit zwischen Vegetationszeit und dem Gehalt der Malze an Endo-Enzymen (s. Abschnitt 4.1.4.3) sowie dem Niveau einiger wesentlicher Malzanalysendaten gefunden [16].

Aus diesen Gegebenheiten leitet sich auch die über den Sorteneinfluß dominierende oder diesen verstärkende Wirkung des Anbauortes ab [17–19].

1.2.3
Die Fruchtfolge

Sie ergibt sich aus der Notwendigkeit, in der Landwirtschaft eine Reihe von Früchten nebeneinander anzubauen, um die anfallenden Arbeiten zu verteilen und um das Risiko der wechselnden Jahreswitterung, der Pflanzenseuchen, des Schädlingsbefalls sowie der jeweils arteneigenen Verunkrautungsneigung abzuschwächen. Es hat sich erwiesen, dass eine bestimmte Anbaufolge in der Felderwirtschaft aus Gründen der Gesundheit von Boden und Pflanze erforderlich ist. Wenn möglich, soll die „Vorfrucht" nicht nur unschädlich für die folgende Frucht sein, sondern sogar eine ertragssteigernde Wirkung haben.

Die Gerste ist in der Fruchtfolge eine mit sich selbst mäßig verträgliche Pflanzenart [14], wobei diese Eigenschaft bei Sommergerste wesentlich ausgeprägter auftritt als bei Wintergerste. Sie wird vorwiegend nach Winterweizen oder Winterroggen angebaut. Nur in einzelnen Regionen mit durchlässigen, leichteren Böden findet Braugerste noch eine günstige Folge nach Hackfrüchten (Futterrüben, Kartoffeln). Hülsenfrüchte und Klee sammeln Stickstoff und sind daher als Braugerstenvorfrucht mit Ausnahme stickstoffarmer Böden ungeeignet. Die Gersten würden hier zu eiweißreich und neigen darüber hinaus zum „Lagern" [10]. Heute überwiegt Weizen als Vorfrucht. Es ist unter bestimmten Bodengegebenheiten sogar möglich, Sommergerste nach Weizen zweimal nacheinander als sog. „abtragende Frucht" anzubauen.

Die weniger vorfrucht- und saatzeitempfindliche Wintergerste kann gut nach Raps, Hülsenfrüchten und Frühkartoffeln, aber auch noch mit Erfolg nach Weizen angebaut werden. Sommer- und Wintergerste sind jedoch ihrerseits ungünstige Vorfrüchte für andere Getreidearten.

1.2.4
Die Düngung

Nachdem die Gerste ein sehr zartes Wurzelsystem hat, welches nicht tief in den Boden eindringt, müssen die notwendigen Nährstoffe ausreichend und in einer leicht aufnehmbaren Form zur Verfügung stehen. Die relativ kurze Vegetationszeit der Gerste erfordert es auch, dass diese Nährstoffe vorzeitig vorhanden sind.

Die *Stickstoffgabe* kann relativ hoch sein (früher 30 kg/ha, heute 60–80 kg/ha), wenn diese nicht zu spät ausgebracht wird, ausreichend Kali und Phosphor vorhanden sind und standfeste Gerstensorten zur Aussaat kamen. Auch Bodenbeschaffenheit, Vorfrucht und Klima spielen bei der Bemessung der Stickstoffgabe eine Rolle. Die nicht ausgewaschenen Stickstoffreserven des Bodens üben einen bedeutsamen Einfluß auf den späteren Eiweißgehalt der Gersten aus. Bodenuntersuchungen dienen u. a. der Erfassung des Vorrats an mineralisiertem Stickstoff (N_{min}), der im Verein mit der Berücksichtigung relevanter Witterungselemente und der einschlägigen Bodenkennzahlen einen Hinweis gibt, wieviel Stickstoff noch eingesetzt werden muß, um Ertrag und Qualität günstig zu gestalten [20]. Der Temperaturverlauf im Monat Januar vermag Hinweise zu geben: niedrige Temperaturen unterbinden Umsetzungen im Boden, wodurch vergleichsweise höhere Eiweißgehalte hervorgerufen werden können. Es sollten somit zur Bemessung der Stickstoffdüngung u. a. die Wintertemperaturen als Beurteilungsmerkmal herangezogen werden [19]. Im maritimen Klima werden höhere N-Gaben vertragen als im kontinentalen Bereich. Je reichlicher und je später der Stickstoff als Kopfdünger zum Einsatz kommt, um so höher wird der Eiweißgehalt der Gerste.

Phosphor (50–60 kg/ha P_2O_5) fördert die Bestockung und den Vollgersteertrag. Dies ist insbesondere auf Standorten mit langsamer Erwärmung im Frühjahr und mit Frühjahrstrockenheit der Fall.

Auf den gleichen Standorten bewährt sich auch eine gute *Kalium*versorgung, um den Streß durch Trockenheit abzumildern. Eine hohe Kaliumversorgung wirkt sich durch eine intensive Stärkeeinlagerung positiv auf das spezifische Gewicht der Gerste aus. Die empfohlene Menge liegt bei 120–140 kg/ha K_2O. Weiter empfiehlt sich eine Magnesiumdüngung von 30–40 kg/ha MgO.

Kalk: Gerste reagiert empfindlich auf niedrige pH-Werte, daher ist der Versorgung mit Kalk besondere Aufmerksamkeit zu schenken. Ein zu hoher pH-Wert führt zu einer Ertragsdepression. Dies ist auf Lehmböden ab pH 6,5 und bei Sandböden erst ab pH 6,0 der Fall. Es wird empfohlen, 500–1000 kg/ha CaO während der Saatbettbereitung auszubringen. Durch die Kalkung wird aber die Verfügbarkeit von Spurenelementen wie z. B. Mangan herabgesetzt, so dass hier mit einer Blattdüngung zu reagieren ist. Ein hinreichender Kalkgehalt im Boden macht die Gerstenspelze fein [10].

Des weiteren spielen noch einige andere Mineralien eine wichtige Rolle.

Eine Übersicht vermittelt Tab. 1.1.

Durch sachgemäße Düngung konnten die Erträge nicht unwesentlich gesteigert werden. Sie betragen in günstigen Lagen über 50 dt/ha, in maritimen Anbaugebieten über 60 dt/ha.

1.2.5
Pflege der Gerste während des Aufwuchses

Sie beinhaltet die mechanische Bearbeitung des Bodens zum Zwecke der Lockerung und der Unkrautbekämpfung. Unkräuter können auch durch sachgemäße Düngung und durch entsprechende Fruchtfolge sowie durch Einsatz chemischer Mittel (meist in Form von Spritzmitteln) bekämpft werden.

Tab. 1.1 Ausreichende Nährstoffgehalte für Sommergerste [22].

Stadien	N	P	K	Ca	Mg	S	Mn	Zn	Cu	Bo	Mo
	in % der TS						in ppm (g/kg TS)				
EC30/31	2,8–5,0	0,35–0,60	3,0–5,5	0,50–1,00	0,15–0,30	>0,4	30–100	6–12	20–60	0,1–0,2	6–12
EC37	2,0–4,0	0,3–0,5	2,5–4,5	0,45–1,00	0,12–0,30	>0,35	25–100	5–10	15–60	0,1–0,3	5–10

1.2.5.1 Krankheiten und Schädlinge

Gegen *Insektenschädlinge* wie Drahtwurm, Fritfliege, Engerlinge, Getreidehalm-
fliege erbringt das Beizen des Saatgutes eine genügende Sicherheit. Einige *Pilzkrankheiten* werden ebenfalls durch Beizen unterdrückt wie z. B. Hartbrand und
Streifenkrankheit.

Mehltau gilt heutzutage als eine der am einfachsten zu bekämpfenden Pilzerkrankungen, da sie leicht zu erkennen ist und bestimmte Fungizide erfolgs-
versprechend eingesetzt werden können. Moderne Braugerstensorten weisen
meist das sehr effektive mlo-Resistenz-Gen auf.

Eine immer häufiger auftretende Krankheit ist Rhynchosporium. Sie tritt verstärkt unter feuchten Bedingungen auf und ist schwer zu bekämpfen, da sie
kaum frühzeitig erkennbar ist. Vereinzelt haben neue Sorten eine genetische
Resistenz, die hier einen sehr guten Schutz bietet.

Weitere Krankheiten, die immer stärker in den Fokus rücken, sind Netzflecken und Ramularia. Resistente Sorten sind nicht bekannt, es gibt aber Sorten,
die weniger anfällig sind.

Einen Überblick über die Resistenzen bzw. Toleranzen der meist verbreiteten
deutschen Sorten (seit Zulassungsjahr 1996) gibt Tab. 1.2.

Auch dem in feuchten Jahren auftretenden *Gelbrost* kann durch entsprechende Züchtung begegnet werden.

Der *Zwergrost* tritt gegen Ende der Vegetationszeit auf und kann vor allem in
trockenen Jahren Ertragsschäden bewirken.

Tab. 1.2 Krankheitsbonitur (BSA 2009) der am meisten verbreiteten Sorten.

Sorten-bezeichnung	Jahr der Zulassung	Mehltau	Netzflecken	Rhynchosporium	Zwergrost
Grace	2008	4	4	5	4
Streif	2007	2	5	5	4
Quench	2006	2	5	4	6
Marthe	2005	2	4	5	5
Sebastian	2005	6	4	5	3
NFC Tipple	2004	2	4	5	3
Belana	2003	5	4	5	4
Braemar	2002	2	5	6	4
Annabell	1999	7	5	6	5
Pasadena	1998	5	5	6	3
Barke	1996	2	5	5	4
Scarlett	1996	8	5	5	–

1 = fehlend, 2 = sehr gering bis gering, 3 = gering, 4 = gering bis
mittel, 5 = mittel, 6 = mittel bis stark, 7 = stark, 8 =stark bis sehr
stark, 9 = sehr stark.

1.2.5.2 **Lagerung der Gerste**

Die Lagerung der Gerste, d.h. ein Niederlegen der Halme zu den verschiedensten Zeitpunkten der Vegetation, ist von großer wirtschaftlicher und qualitativer Bedeutung. Gelagerte Bestände bringen im Durchschnitt niedrigere Erträge als aufrechtstehende; die Qualität wird beeinträchtigt, da der Transport der Nährstoffe und Assimilate gehemmt oder zeitenweise unterbrochen werden kann. Schlechte Kornausbildung und ein höherer Anteil an Schrumpf- und Schmachtkörnern sind die Folge, ebenso niedrigere Hektoliter- und Tausendkorngewichte. Ferner bieten liegende Getreidebestände pilzlichen Schädlingen, insbesondere Schwärzepilzen, gute Entwicklungsmöglichkeiten. Lagerfrucht entsteht unter bestimmten klimatischen Bedingungen (reichlich Niederschläge), die in Verbindung mit hierfür unzweckmäßiger Düngung (z.B. zuviel Stickstoff) eine schlechtere Ausbildung der Halmfestigungsgewebe hervorrufen können. Eine zu hohe Saatgutdichte kann infolge mangelnder Lichteinwirkung die unteren Halmteile schwächen und eine geringere Wurzelentwicklung zur Folge haben. Die Vorfrucht hat dagegen nur einen indirekten und verhältnismäßig geringen Einfluß auf die Standfestigkeit. Leguminosen wirken jedoch lagerfördernd.

Die Sorte wirkt sich in verschiedenerlei Hinsicht aus, so auf Wurzelausbildung, die Strohstärke, Bestockungsfähigkeit, auf Halmaufbau und Halmgliederung und auf die chemische Zusammensetzung der Pflanze.

Eine gute Standfestigkeit haben kurzstrohige Gersten. Das Merkmal der Kurzstrohigkeit kann auch durch Halmverkürzungsmittel dargestellt werden. Während CCT (Chlorcholinchlorid) bei Gerste keine Wirkung zeigte [23, 24], waren Präparate auf Ethylenbasis positiv, vor allem bei Wintergersten.

1.2.6
Besondere Anbautechniken

1.2.6.1 **Integrierter, kontrollierter und ökologischer Anbau** [25]

Aus Gründen des Schutzes von Verbrauchern und Umwelt wurden die im Abschnitt 1.2 geschilderten Methoden des Gerstenanbaus modifiziert. Bei Anbauverträgen werden heutzutage folgende Anbaugegebenheiten unterschieden:

„Integrierter Anbau": Er stimmt die Standortgegebenheiten und die Produktionstechniken so aufeinander ab, dass bei hoher Umweltschonung ein höchstmögliches ökonomisches Ziel erreicht wird. Diese Anbaumethode schont die Umwelt, doch die ökonomischen Gesichtspunkte dominieren in der Anwendung dieses Anbausystems. Integrierter Braugerstenanbau ist z.B. in Bayern Standard.

„Kontrollierter Vertragsanbau" ist integrierter Anbau, wobei zwischen den Vertragspartnern vereinbarte Anbauregeln durch neutrale Stellen kontrolliert werden. Auch hier wird das Ziel verfolgt, mit vertretbaren ökonomischen Ergebnissen umweltschonend zu produzieren.

„Ökologischer Anbau" verzichtet weitgehend auf den Einsatz chemischer Betriebsmittel auf der Gesamtfläche des Betriebes. Ökologische Belange haben Priorität.

Rohstoffe aus dem ökologischen Anbau sind die Voraussetzung zur Herstellung von sog. „Öko-Bieren".

1.2.6.2 Mischgerstenanbau

Der Gedanke ist, nicht nur eine hochwertige Braugerstensorte, sondern ein Gemisch aus 4–5 technologisch gleichwertigen Sorten anzubauen. Damit sollen Schimmelpilz-, Bakterien- und andere Infektionen auf dem Feld abgeschwächt oder gar vermieden werden. Es ergibt sich nämlich von Sorte zu Sorte eine geringere Bestandsdichte und damit je nach Resistenz bzw. Toleranz der jeweiligen Sorten eine geringere Befallsneigung.

Es ergaben sich Ertragsvorteile im Mischanbau von 0,4–3,3 dt/ha gegenüber den Mittelwerten beim Einzelsortenanbau. Die beste Einzelsorte erreichte jedoch um 1,4 dt/ha mehr als der Mischanbau.

Weiterhin wurde bei den Mischsorten auf eine Fungizidbehandlung verzichtet und gegenüber dem Einzelsortenanbau um 32–45% weniger Pilzbefall festgestellt, wodurch ein Mehrertrag von 1,2 dt/ha resultierte. Dies konnte aber eine zusätzliche Anwendung von Fungiziden nicht entbehrlich machen, da diese immerhin einen Mehrertrag von 4–8 dt/ha vermittelte. Der Sortenmischeffekt wurde gegenüber der Fungizidwirkung überschätzt [26–29].

Es war eine größere Breitenresistenz der Mischung gegeben, es bestand eine geringere Gefahr von frühzeitigem Resistenzeinbruch.

Das Mälzungsverhalten und die resultierende Malzqualität waren bei den Sortenmischungen vergleichbar mit den Mittelwerten aus sortenreinen Gersten [30]. Es zeigte sich sogar, dass die Malze aus Mischsortenanbau günstigere Ergebnisse erzielten als Malze, die aus einer Mischung der eigenständigen Sorten hergestellt worden waren. Sie übertrafen weiterhin entsprechende Mischungen aus getrennt gemälzten, dann aber verschnittenen sortenreinen Malzen [31]. Dies ist insofern erklärbar, als identische Wachstumsbedingungen einen größeren Einfluß auf die letztliche Malzqualität ausüben als die verschiedenen Sortencharakteristiken.

Diese Ergebnisse vermochten jedoch keine Einführung in die landwirtschaftliche Praxis zu bewirken (mit Ausnahme der damaligen DDR), da Organisationsfragen wie z. B. der Aufnahme und Lagerung dieser Ware, die Trennung der Partien über die Mälzerei bis zu den verarbeitenden Brauereien nicht gelöst waren und letztlich unkontrollierbare Verhältnisse befürchtet wurden. Man denke dabei auch an die analytische Kontrolle des Spektrums der angebauten Sorten (s. Abschnitt 1.1).

1.2.7
Die Gerstenernte

Nach der alten Erntemethode sollte die Gerste in der Totreife geschnitten werden, in Puppen gut austrocknen und nach dem trockenen Einbringen in der Scheune 4–6 Wochen liegen, damit sie im ungedroschenen Zustand einen

Schwitzprozeß durchmachen konnte. Hierdurch erreichte die Gerste die volle Mälzungsreife, d.h. sie überwand die Keimruhe. Meist wurden jedoch aus arbeitstechnischen Gründen die Gersten mit Gras- oder Bindermähern zu früh geschnitten, so dass das Vegetationswasser durch längeres Stehen in Puppen abgegeben werden mußte. Ein zu frühes Einfahren barg die Gefahr, dass die Gerste über den üblichen Schwitzprozeß hinaus sich stark erhitzte, braunspitzig wurde und in Geruch und Keimfähigkeit litt. Bei guter Austrocknung auf dem Feld war diese Gefahr nicht gegeben, selbst nicht bei nachfolgender Beregnung, da dieses „Quellwasser" wieder leicht abgegeben wurde.

Beim Mähdrusch muß der Schnitt zum Zeitpunkt der Totreife erfolgen, eine Voraussetzung, die deswegen erfüllbar ist, weil die meisten Braugerstensorten gegen Halmknicken und Kornausfall weniger empfindlich sind. Nachdem in der Totreife keine Wasserführung zwischen Pflanze und Korn mehr besteht, ist der Wassergehalt der Gerste nur mehr von Außeneinflüssen abhängig. Es soll daher beim Mähdrusch sowohl der Wassergehalt der Körner als auch die herrschende Luftfeuchte beobachtet werden, um bei sehr trockener Gerste eine Beschädigung des Gutes zu vermeiden.

Wenn auch bei der Ernte zur Zeit der Totreife die natürlichen Trocknungsgegebenheiten weitgehend ausgenützt werden, so kann sich jedoch bei feuchter Witterung ein Wassergehalt von 17 bis 20% ergeben. Dieser wird am besten unmittelbar nach dem Drusch auf 14–15% künstlich abgesenkt, da nur unter dieser Voraussetzung die Gerste während des Erfassungszeitraumes gefahrlos gelagert werden kann. Kurz nach der Ernte, infolge der bei der Nachreife auftretenden Feuchtigkeitsabscheidung bedarf es einer zusätzlichen Lüftung oder Umlagerung (s. Abschnitt 3.4.3).

Unter diesen Voraussetzungen gelingt es, auch unter den Gegebenheiten des Mähdruschs einwandfreie Braugerste zu erzielen. Die Kornverluste sind bei Mähdrusch geringer als bei den alten Methoden (bis 150 kg/ha).

Der *Hektarertrag* schwankt zwischen 5 dt – bei ungünstigen Anbauverhältnissen (Entwicklungsländer) und geringer Bearbeitung – und 80 dt in den besten Lagen und bei hoher Anbaukultur. In den Braugerstengebieten Europas werden im Durchschnitt 30–50 dt/ha erreicht. Winterbraugersten liegen um 10–15% höher.

1.2.8
Die Gerstenzüchtung

Die Züchtung neuer Braugerstensorten hat zum Ziel:

a) Landwirtschaftliche Faktoren: Resistenzen bzw. Toleranzen gegen Krankheiten und Schädlinge (damit weniger Pflanzenschutzmaßnahmen durchgeführt werden müssen, was eine wirtschaftlichere Produktion erlaubt), Standfestigkeit und Ertrag sind die klassischen Zuchtziele aus Sicht der Landwirtschaft. Durch die Diskussion um den Klimawandel ist der Aspekt der Trockenstreßtoleranz hinzugekommen.

b) Mälzungs- und brautechnologische Faktoren: niedriger Eiweiß-, hoher Extraktgehalt, eine klimabezogene Keimruhe, gute Kornausbildung, niedriger Spelzengehalt, gute Lösungseigenschaften (Cytolyse, Proteolyse, Amylolyse), gute Braueigenschaften, einwandfreie Bierqualität.

Das ursprünglichste und einfachste Verfahren zur Züchtung einer Gerstensorte ist die Pflanzenauslese (Formenkreistrennung). Sie ging von den Landsorten aus, wie sie seit langem in den bekanntesten Braugerstenlagen angebaut wurden, so z. B. an der Saale, in der Pfalz, in Franken oder Niederbayern. Diese Landsorten enthielten naturgemäß eine Fülle von unterschiedlichen Gerstenformen: lang- und kurzährige, locker- und dichtährige, grob- und feinspelzige, früh- und spätreife Formen. Diese wurden nun durch Auswahl voneinander getrennt, die Körner der Auswahlpflanzen in gut vorbereitete gleichmäßige Böden ausgelegt und während der Vegetationsperiode auf Wuchseigentümlichkeiten, Anfälligkeit für Krankheiten und Standfestigkeit geprüft und ungeeignete Gersten ausgeschieden. Diese Arbeiten, die jahrelang wiederholt werden müssen, werden „Züchtung durch Formen- oder Linientrennung" genannt, wobei unter „Linie" jeweils die Nachkommenschaft einer homozygoten Pflanze zu verstehen ist.

Mit Hilfe dieser einfachen Formenauslese wurde eine Reihe hervorragender Braugerstensorten gewonnen, die jahrzehntelang Anbau fanden, z. B. die „Hadogerste", die eine Auslese aus „Hanna" darstellte.

Durch eine Auslese von Pflanzenformen können jedoch keine neuen Sorten mit noch gesteigerter Leistungsfähigkeit erhalten werden. Dies war erst durch *Züchtung mittels Kreuzung* möglich, da diese es erlaubte, die wertvollen Eigenschaften verschiedener Sorten in einer neuen Pflanze zu vereinigen. Die Züchtung durch Kreuzung erfordert die Kenntnis der Vererbungsgesetze, der Eigenschaften der zu kreuzenden Eltern und der überhaupt erreichbaren Zuchtziele. Es bedarf langjähriger mühsamer Kleinarbeit zur Erzeugung von Zuchtpflanzen, die die gewünschten guten und wertvollen Eigenschaften der Eltern vereinigen. Die bewährten Sorten „Isaria" und „Wisa", von denen die erstere in den Jahren vor und nach dem Kriege und die letztere von 1955–1967 im Braugerstenanbau dominierte, waren noch aus einfachen Kreuzungen hervorgegangen, wogegen die heutigen Sorten das Ergebnis von Mehrfachkreuzungen darstellen. Hierdurch ist es möglich, in kürzerer Zeit die angestrebten Leistungs-, Qualitäts- und Gesundheitsmerkmale, die auf mehrere Varietäten verteilt sind, in einer Sorte zu vereinigen.

Der klassischen Pflanzenzüchtung von der Kreuzung, beginnend über die phänotypische Selektion des jungen Zellmaterials bis hin zu den Leistungs- und Qualitätsprüfungen an mehreren Versuchsorten kommt nach wie vor die größte Bedeutung für die Entwicklung von Braugerstensorten zu. Das Ziel ist es, hochertragreiche, gesunde Gersten zu züchten, die allen Anforderungen der gesamten Verarbeitungskette gerecht werden. Eine besondere Aufgabe für die Züchter stellt die Entwicklung von Sorten mit einer großen ökologischen Streubreite dar, die nicht nur der Globalisierung der Märkte, sondern auch den Veränderungen des Klimas gerecht werden müssen.

Der Fortschritt in der Biotechnologie ermöglicht neue Zuchtmethoden für die Gerste, die zum einen eine Beschleunigung der Züchtung erlauben und eine höhere genetische Reinheit. Die sogenannte Dihaploidtechnologie ermöglicht eine Sortenreinheit von neuen Kreuzungen innerhalb kürzester Zeit. Hinzu kommt die Markertechnologie, um neue Eigenschaften schnell und zielgerichtet in gute Braugerstensorten einzüchten zu können.

Weitere Möglichkeiten, bestimmte Eigenschaften in eine Gerste einzubringen, bieten geeignete Mutanten als Kreuzungseltern. Zur Auslösung einer Mutation werden am häufigsten Röntgen- oder γ-Strahlen sowie Ethylmethansulfonat, Diethylsulfat, Nitrosoharnstoff und Natriumazid angewendet [32].

Von brautechnologischer Bedeutung sind Mutanten, die durch genetische Blockierung die Biosynthese von Catechin und Proanthocyanidin (s. Abschnitt 4.1.10) im Gerstenkorn hemmen [33, 34]. Diese „Procyanidin-freien" Gersten liegen, ausgehend von der Mutante ant 13-13 über die Sorte Gallant mit der nunmehr verbesserten Sorte Caminant in der dritten Generation vor. Die aus diesen Gersten hergestellten Malze vermitteln eine wesentliche Verbesserung der kolloidalen Stabilität des Bieres. Anfängliche Schwierigkeiten, die sich hinsichtlich Ertrag und Empfindlichkeit gegenüber ungünstigen Witterungsbedingungen wie auch durch unzulängliche Cytolyse beim Mälzen ergaben, konnten z. B. bei Caminant beseitigt werden. Die Anfälligkeit dieser Gersten gegen Mikroorganismenbefall (z. B. Fusarien, s. a. Abschnitt 1.6.1.3, 3.4.7) in feuchten Vegetationsperioden bedarf noch weiterer Überprüfungen, ebenso die grundlegende Frage der Bedeutung der Polyphenole für die Geschmacksstabilisierung des Bieres [35, 36].

Andere Mutanten zielen auf Gersten ab, die keine Lipoxygenase-Aktivität (LOX-1) besitzen. Über die Linie 112 wurde berichtet [619, 620], dass sie nur mehr 1/3 der Alterungskomponente des Bieres, des t-2-Nonenal (s. Abschnitte 4.1.8 und 9.2) einer konventionellen Gerste aufwies und so zu entsprechend geschmackstabileren Bieren führte. Befürchtungen, dass der Mangel an Lipoxygenase-Aktivität zu Pilz- und anderen Infektionen und damit zu Ernteausfällen Anlaß geben würde, konnten nicht bestätigt werden. Es waren in den agronomischen Eigenschaften (Aufwuchs, Ertrag, Krankheitstoleranz) sowie im Mälzungsverhalten und in der Malzqualität keine Unterschiede erkennbar [37].

Gentechnologie eröffnet neue Möglichkeiten, Gene von anderen Arten oder Gattungen in die Gerste zu transformieren, um so deren Eigenschaften zu verbessern. So gelang es, ein wohldefiniertes Gen von *Trichoderma reesei*, das für eine hitzestabile Endo-β-Glucanase (s. Abschnitt 1.5.8.2) codiert, in eine Zellkultur einzuführen [38]. Das Malz aus einer derartigen Gerste verzeichnete einen rascheren Würzeablauf, niedrigere β-Glucangehalte in Würze und Bier sowie eine höhere Extraktausbeute. Hierbei stellt sich jedoch die Frage, wie weit der β-Glucanabbau beim Mälzen bzw. Maischen getrieben werden soll, da Glucandextrine bestimmten Molekulargewichts für die Vollmundigkeit des Bieres einen Beitrag leisten können. Das obengenannte Ergebnis zeigt, dass eine genetische Veränderung von Gerste wohl möglich ist, dass aber diese Technik noch nicht vollständig ist und viele, noch verbliebene Schwierigkeiten gelöst werden müssen, bevor sie eine Routinemethode der Pflanzenzüchtung wird 39]. Diese Schwierigkeiten werden sicher in den kommenden Jahren gelöst. Es stellt sich aber die Frage, welche Gene in eine Braugerste eingeführt werden sollen. Die begrenzten Kenntnisse über die Struktur und die Biosynthese des Arabinoxylans lassen einen direkten Eingriff auf die Dicke und Abbaufähigkeit der Endospermzellwände noch nicht zu. Dasselbe gilt für eine Einflußnahme in die Stärkesynthese [40]. Eine Modifikation der B- und D-Hordeinfraktionen könnte einen weitergehenden Abbau derselben bei der Keimung ermöglichen, was zu einer verstärkten Freisetzung der Stärke führt, doch steht dem wiederum die Erhaltung eines guten Bierschaums entgegen. Nachdem der Eiweißabbau ohnedies bei den neuen Gerstensorten zu weit geht, ist kaum ein Bedarf an einer gentechnologischen Intensivierung der Eiweißlösung gegeben. Eine Erhöhung der Grenzdextrinaseaktivität durch die Einbringung entsprechender Gene könnte eine bessere Vergärbarkeit der Würze erbringen, doch stellt sich die Frage, ob dies – mindestens bei Suden mit 100% Malz – erwünscht ist.

Dagegen könnten durch genetische Manipulation die Resistenzeigenschaften der Gerste (oder des Weizens) z. B. gegen Mikroorganismen wie Schimmelpilze und Bakterien verbessert werden. Ein weiteres, lohnendes Ziel wäre auch die Verbesserung der Resistenz gegen Pflanzenkrankheiten und Schädlingsbefall, um so den Einsatz von Pflanzenschutzmitteln verringern zu können.

Eine Frage ist, wie stabil die durch den Gentransfer gewonnenen neuen Eigenschaften sind; vor allem aber interessiert dabei, ob nicht andere Charakteristika eine Beeinträchtigung erfahren oder das bei Braugersten bewährte Gleichgewicht der verschiedenen Enzymgruppen der Cytolyse, Proteolyse und Amylolyse gestört wird.

Als nicht zu unterschätzender Faktor ist die Abneigung weiter Bevölkerungskreise gegen den Verzehr von „genmanipulierten" Nahrungsmitteln zu werten. Hierdurch darf die Forschung nicht beeinträchtigt werden, um den wissenschaftlichen Fortschritt nicht zu hemmen. Es bedarf aber einer besonders sorgfältigen Aufklärung und des Beweises der Unschädlichkeit, wenn die Produkte aus derartigen Rohstoffen angenommen werden sollen. Bei Bier ist die Bevölkerung in Deutschland und einigen anderen Ländern noch kritischer als bei anderen Nahrungsmitteln.

Besondere Bedeutung kommt im Rahmen molekularbiologischer Untersuchungen der Genlokalisierung bei Gerste zu. Hierbei können Marker-Gene, die für bestimmte Eigenschaften, wie z. B. Enzymsysteme, aber auch für die Mehlkörperstruktur verantwortlich sind, lokalisiert werden. Es dürfte dann schon bei der Kreuzungszüchtung einfacher sein, gewünschte Spezifikationen gezielt in die Gerste einzubringen [41–43].

Wie die Abb. 1.2 zeigt, lassen sich durch die Genomanalyse eine Reihe von Gersten- und Malzeigenschaften zucodieren: Rohproteingehalt, löslicher N, Eiweißlösungsgrad, Vz 45 °C, Viskosität, Malzhärte, Friabilimeterwert, Extraktgehalt, Endvergärungsgrad, Malzqualitätsindex sowie Mehltauresistenz und Repenswuchstyp. Dies ist um so bemerkenswerter, als am Zustandekommen z. B. des Friabilimeterwertes oder der Viskosität mehrere Faktoren wie Mehlkörperstruktur, Zellwandbeschaffenheit, β-Glucangehalt, β-Glucanaseaktivität, β-Glucansolubilaseaktivität und wahrscheinlich auch Arabinoxylan nebst zugehörigen Enzymsystemen beteiligt sind.

Ein Gen, bezeichnet als B 72-5 mit unbekannter Funktion, wird beim Weichen und bei der Keimung gebildet. Mittels PCR bestimmt, war es bei Brau-

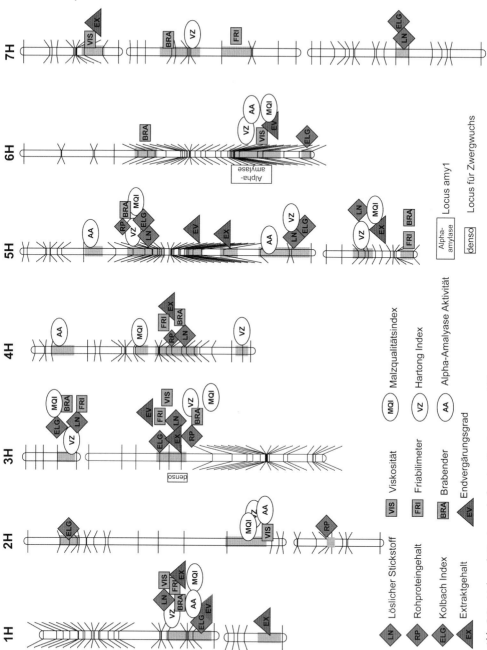

Abb. 1.2 Malzqualitätseigenschaften im Gerstengenom [43].

gersten 128× so stark vertreten wie bei Futtergersten. Somit können schon in einem frühen Stadium der Prüfung von Neuzüchtungen ungeeignete Gersten mittels PCR ausgeschieden werden [44].

Während bei den älteren Sorten noch die äußeren Kornmerkmale als Bestimmungsfaktoren der Auslese dienten, wurde seit 1953 in zunehmendem Maße die Kleinmälzung herangezogen, um frühzeitig Anhaltspunkte über Malzextrakt, Lösungsfähigkeit und Enzympotential der Malze zu gewinnen (s. Kapitel 11). Es zeigte sich auch, dass Gersten von hoher landwirtschaftlicher Eignung (Standfestigkeit, Krankheitsresistenz und somit von guten Ertragsgegebenheiten) bei hoher Brauqualität erzielt werden konnten, wie sie die heute fast ausschließlich angebauten Gerstensorten darstellen. Naturgemäß liegt der Schwerpunkt der Braugerstenzüchtung auf dem Gebiet der Sommergersten.

Aber auch die Züchtung von Winterbraugersten führte in den letzten 20 Jahren zu erheblichen Fortschritten.

Es ist bedeutsam, dass die Versuche zur Vorhersage der Malzqualität so früh wie möglich beginnen, d. h. wenn die genetische Stabilität der Neuzüchtungen gewährleistet ist. Dies ist erst in den Stadien F5–F7, d. h. also 5–7 Jahre nach der Kreuzung oder Selektion der Fall. Nachdem hier aber noch keine „Kleinsude" im 1 kg-Maßstab durchgeführt werden können, so ist es möglich, stattdessen über eine durch mathematische Auswertung abgesicherte gaschromatographische Analyse der Malzaromastoffe eine Aussage über mögliche Geschmacksabweichungen zu treffen [45–51].

Jede Gerstensorte hat ihren eigenen geschützten Namen, der in einem besonderen Sortenregister mit allen typischen Merkmalen der Sorte – die genetisch bedingt sind – wie Aufwuchs, Reifung, Ertragsfähigkeit, Kornausbildung, Brauwerteigenschaften usw. genau beschrieben ist (Sortenschutzgesetz).

1.2.8.1 Sommergersten

Einen Überblick über die Saatgutvermehrungsflächen gibt Tab. 1.3, woraus sich die Bedeutung des sich allerdings relativ rasch wandelnden Sortenspektrums ableiten läßt. Einen noch genaueren Eindruck über die Sortenbewegungen vermittelt die im Anhang aufgeführte Tabelle. Die relativ große Zahl an Sorten erklärt sich daraus, dass jedes Jahr 2–4 Neuzulassungen das Sortiment bereichern, während auf der anderen Seite wieder einige am Auslaufen sind. Je nach Gegend vermögen sich auch manche Sorten, die allgemein an Interesse verloren haben, noch über einige Zeit zu halten. Eine Sortenvielfalt ergibt Probleme bei der aufnehmenden Hand, die bei starker gleichzeitiger Anlieferung eine Trennung erschweren. Die Sommerbraugersten zeichnen sich durch hohe Extraktgehalte sowie eine hohe Enzymkapazität aus, die eine sehr gute, im Falle der Proteolyse eher eine zu weitgehende Auflösung vermittelt. Sorten, die ein ausgewogenes Enzymmuster haben, was sich in hohem Eiweißlösungsgrad, weitgehender und homogener Zellwandlösung sowie hohem Endvergärungsgrad äußert, lassen sich knapper vermälzen, ohne dass deswegen eine dieser Eigenschaften leidet. Die Vz 45 °C ist aus Gründen, die in Abschnitt 9.1.7.1 ge-

Tab. 1.3 Vermehrungsflächen (ha) für Sommergerste in Deutschland.

Sorte	2009	2008
Marthe	3359	5578
Quench	2425	2227
Braemar	913	1512
Streif	867	161
Grace	528	–
NFC Tipple	492	812
Sebastian	226	362
Annabell	128	346
Belana	59	984
Andere + Futtergersten	3524	6110
Gesamt	**12521**	**18092**

Tab. 1.4 Wichtige Malzanalysenmerkmale aus 8 Versuchsorten (Bundessortenamt).

Mittelwert von Wert	Sorte				
Merkmal	Grace	Marthe	Pasadena	Quench	Streif
Extrakt [%, wfr.]	82,8	82,8	81,9	83,1	82,2
Friabilimeter [%]	94,2	92,0	86,9	93,2	88,5
Ganzglasige [%]	0,0	0,1	0,3	0,1	0,2
Viskosität [mPa×s]	1,448	1,448	1,458	1,461	1,466
Rohprotein [%, wfr.]	9,9	10,0	9,9	9,4	9,9
lösl. N [mg/100 g]	770	755	719	728	799
Eiweißlösungsgrad [%]	48,9	47,8	45,8	48,8	50,8
Endvergärungsgrad [%]	81,5	82,7	81,4	81,5	81,9
Farbe [EBC]	3,8	3,5	3,6	3,7	3,7
H_2O Aufnahme [%]	40,9	42,3	42,5	41,8	42,4
Mälzungsschwand [%]	9,3	10,6	10,7	9,9	10,0

schildert werden, aus dem Bewertungsschema für die Zulassung neuer Sorten herausgenommen worden.

Die wichtigsten Sorten zeigt anhand ihrer analytischen Kennzahlen Tab. 1.4.

Die Werte für α-und β-Amylase bzw. Diastatische Kraft werden bei der Wertprüfung für das Bundessortenamt nicht erfaßt. Sie werden im Abschnitt 4.1.3.6 wiedergegeben.

Am günstigsten ist es naturgemäß, wenn sich die in einer Gegend angebauten Sorten hinsichtlich Enzymkapazität und Lösungsfähigkeit nur wenig unterscheiden. Dies ist bei den heutigen Braugerstensorten, wie Tab. 1.4 zeigt, weitgehend der Fall. Probleme können sortentypische Unterschiede in der Keimruhe bereiten, die sich vor allem bei ungünstiger Witterung bei der folgenden Mälzung durch Inhomogenität, vor allem bei der Zellwandlösung äußern.

Die Züchtungsfortschritte seit den 1980er Jahren sind erheblich, wie sich aus Tab. 1.5 ableiten läßt [49].

Tab. 1.5 Vergleich der Züchtungsfortschritte bei Sommergersten.
Ergebnisse der Frühvermälzungen 1981–2000, 2005–2009 [33 c].

	1981 bis 1985	1986 bis 1990	1991 bis 1995	1996 bis 2000	2005 bis 2009	Trend
Extrakt Malz TrS. [%, wfr.]	81,1	81,4	81,1	82,6	82,1	↑
Viskosität (8,6%) [mPa×s]	1,507	1,496	1,461	1,458	1,464	↓
Friabilimeter Mürbigkeit [%]	79,7	81,2	87,9	89,2	88,2	↓
Rohprotein Malz [%, wfr.]	10,4	10,5	10,4	9,8	10,0	(↓)
löslicher Stickstoff [mg/100g Malz TrS.]	670	712	738	733	727	(↑)
Eiweiß-Lösungsgrad [%]	41,1	42,6	44,4	46,9	45,5	(↑)
Endvergärungsgrad [%, schb.]	81,2	80,7	81,8	83,2	82	(↑)
a-Amylase [ASBC, wfr.]	43	45	56	55	57	↑

Der Extraktgehalt stieg um 1–1,5% an, Friabilimeterwert und Viskosität der Kongreßwürze als Maßstab der Cytolyse zeigten eine stetige Verbesserung, wobei auch der Eiweißlösungsgrad eine deutliche Erhöhung erkennen ließ. Die a-Amylase-Aktivität und mit ihr der Endvergärungsgrad nahmen ebenfalls zu.

1.2.8.2 Wintergersten

Sie sind überwiegend mehrzeilig; für Brauzwecke sind jedoch nur zweizeilige Sorten geeignet, die unter günstigen Witterungsbedingungen und bei zurückgenommener Stickstoffdüngung normale Eiweißgehalte aufweisen. Diese ermöglichen hohe Extraktgehalte und eine gute Zellwandlösung. Eine sehr gute Wintergerste war die britische Sorte „Maris Otter"; die neuen deutschen Sorten Malwinta und Wintmalt zeigen ein ausgeglichenes Enzympotential.

Im Hinblick auf eine problemlose Mehlkörperlösung (Filtrierbarkeit) und auf den Biergeschmack sollte der Eiweißgehalt 10,5% nicht überschreiten [45, 46]. Daten über Wintergerstenmalze sind in Tab. 1.6 aufgeführt [50, 52].

Die unter Variation der Mälzungsbedingungen erzielten (Mälzung bei konstanter und fallender Keimtemperatur, Keimgutfeuchte 43%, jedoch stets bei einer Weich-/Keimzeit von 6 Tagen) Ergebnisse zeigen, dass hohe Extraktgehalte erreicht wurden, die Cytolyse bezüglich der Mürbigkeit nach dem Friabilimeter das Niveau der Sommergersten erreichte, doch die Viskositätswerte, vor allem diejenigen bei der 65 °C-Würze, etwas erhöht waren. Dies wird auch durch den β-Glucangehalt der 65 °C-Würze bestätigt (s. Abschnitte 4.1.5 und 9.1.4.2). Die Mälzung bei fallenden Temperaturen hatte bei allen Auflösungskennzahlen bessere Werte zu verzeichnen (s. a. Tab. 6.3). Sehr hohe Aktivitäten erreichte die a-Amylase, was sich auch in hohen Endvergärungsgraden äußerte.

Nachdem der Sommergerstenanbau aus Gründen der Erlössituation seit Jahren deutlich rückläufig ist (s. a. Tab. 1.7 und 1.8), kann sich bei ungünstiger

Tab. 1.6 Ergebnisse der Malze aus den Sorten Malwinta und Wintmalt (Ernte 2007).

		Mittelwert (N = 6)			
	Sorte	Malwinta	Malwinta	Wintmalt	Wintmalt
	WKZ	6	6	6	6
	WG	43	43	43	43
	Temperatur	18–14 °C	14 °C	18–14 °C	14 °C
		6 d/18–14 °C/43%	6 d/14 °C/43%	6 d/18–14 °C/43%	6 d/14 °C/43%
Wassergehalt [%]		4,3	4,3	4,1	4,1
Extrakt [%TS]		81,3	81,6	81,9	81,7
Protein [%TS]		9,5	9,7	9,8	9,9
lösl. N mg/100 g [Malz TS]		657	634	670	639
ELG [%]		43,5	41,3	42,9	40,9
Viskosität (8,6%) (VZ 65 °C) [mPa×s]		1,57	1,71	1,57	1,65
Viskosität (8,6%) [mPa×s]		1,52	1,56	1,51	1,54
Friabilimeter [%]		90	84	90	83
Teilglasige (>2,2 mm) [%]		1,1	3,3	1,6	3,8
Ganzglasige [%]		0,2	0,1	0,1	0,1
β-Glucan mg/l (VZ 65 °C) [mg/l]		367	530	374	514
Endvergärung [%]		83,4	82,3	83,2	82,0
α-Amylase [ASBC]		62	64	71	67
β-Amylase [betamyl U.]		1237	1106	1077	1076

Witterung ein Versorgungsengpaß bei Sommer-Braugerste ergeben. In diesem Falle wird auf geeignete Wintergerstensorten zur Bedarfsdeckung zurückgegriffen. Für die Landwirtschaft besteht jedoch bei ausreichender Sommergerstenernte nicht immer Absatzsicherheit für Winter-(Brau-)Gerste. Nachdem jedoch die Ergebnisse mit den Malzen aus den beiden Sorten Malwinta und Wintmalt bezüglich der Malzeigenschaften, der Verarbeitungsmerkmale und der Bierqualität günstig waren, ist es vorstellbar, dass Wintergerstenmalze zukünftig einen bestimmten Anteil der Schüttung für ein weites Spektrum an Biersorten ausmachen werden.

1.2.8.3 Nacktgersten

Diese haben ein gewisses brautechnologisches Interesse; deswegen werden auch Neuzüchtungen immer wieder sporadisch untersucht. Sie liefern, selbst unter Berücksichtigung der fehlenden Spelzen geringere Erträge als normale Sorten; sie sind bruchempfindlich beim Mähdrusch. Dieser kann eine Verletzung des Embryos verursachen, so dass die Keimfühigkeit leidet. Bei hohen Mälzungsverlusten vermitteln sie überaus hohe Extraktgehalte; die unter gleichen Bedingungen erzielte Auflösung ist knapper als bei bespelzten Gersten.

Diese Ergebnisse wurden in einer Reihe von weiteren Versuchen in Europa und Kanada bestätigt. Es ergaben sich wohl Extraktwerte, die um 3–5% höher lagen, doch waren sowohl Cytolyse als auch Proteolyse ungenügend (letztere z. T. durch die Entfernung des Blattkeims). Niedrigere Werte an Amylasen führten zu niedrigeren Endvergärungsgraden. Bei höheren Darrtemperaturen waren stärkere Enzymverluste zu verzeichnen als bei bespelzten Gersten [47].

Die Vermälzbarkeit der Nacktgersten hängt auch deutlich von deren Aufwuchsbedingungen ab. Eine längere Keimzeit sowie Keimbedingungen, die eine langsamere, aber gleichmäßige Auflösung begünstigen, vermitteln bessere analytische Werte [48].

Allgemein gilt: Eine Vielzahl von Untersuchungen, die über Jahrzehnte hinweg in den am Gerstenanbau interessierten Ländern getätigt wurden, zeigte, dass Extraktgehalt, Eiweißlösung, Vz 45 °C, der Gehalt an verschiedenen Enzymen, der Endvergärungs-, β-Glucan- und Tannoidegehalt genetisch fixiert sind und damit von der Sorte abhängen. Auch tendieren manche Sorten stärker dazu, Eiweiß zu „sammeln" als andere. Es können aber die Umweltbedingungen nach Klima und Vegetationszeit einen dominierenden Einfluß ausüben. Gersten, die über eine ausgewogenes Enzymspektrum verfügen, sind hiervon mindestens im Hinblick auf die Malzauflösung, aber auch bezüglich des Extraktgehalts weniger stark betroffen als andere.

1.2.9
Die Jahrgangseinflüsse auf die Malzanalysendaten von Sommergersten

Wie im vorhergehenden Abschnitt insbesondere in Abb. 1.2 und Tab. 1.4 gezeigt werden konnte, sind die Merkmale der Zellwandlösung und mehr noch des Eiweißabbaus bei der Keimung in hohem Maße sortenabhängig. Es hat aber den Anschein, dass früh und mittel abreifende Sorten unabhängig von der Eiweißlösung tendenziell knappere Kennzahlen der Zellwandlösung ergeben als später abreifende Sorten. Dies kann zu Problemen führen, eine ausgewogene Auflösung nach diesen beiden Merkmalen zu erzielen und die gewünschten Malzspezifikationen zu erfüllen.

Es sind generell die Merkmale wie Zellwand- und Eiweißabbau sowie des Stärkeabbaus (z. B. Endvergärungsgrad) und des Malzextraktes stark vom Jahrgang und damit von den Witterungsbedingungen abhängig. In den folgenden Säulendarstellungen soll auf die Wechselwirkungen zwischen Witterung einerseits und Kornstruktur sowie Enzymkraft andererseits eingegangen werden. Die Wachstumsstadien der Gerste, wie sie in Abschnitt 1.2.1 besprochen wurden, sind in Abb. 1.3 dargestellt.

So wirken hohe Frühjahrstemperaturen insbesondere bei Trockenheit auf die Cytolyse im Sinne einer Viskositätssteigerung ein. Sehr groß ist der Temperatureinfluß zwischen Ährenschieben und Milchreife, wobei wiederum die Viskosität eine Steigerung erfährt. Es sind aber hier nicht nur strukturbildende Vorgänge (wie Dicke der Zellwände, Höhe des Eiweißgehaltes, Füllung der Zellen mit Stärke) maßgebend, sondern auch solche, die das spätere Enzympotential festlegen. Dagegen sind unterdurchschnittliche Temperaturen und erhöhte Niederschläge zwischen Milch- und Gelbreife niedrigen Viskositätswerten förder-

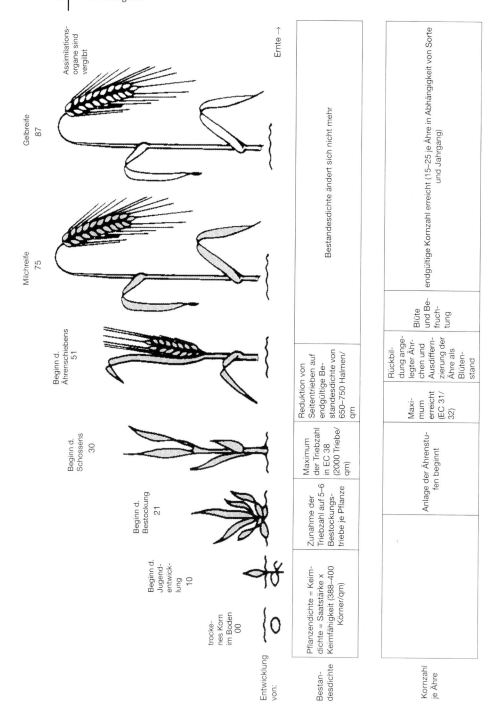

	Mitt März	Anfang April	Ende April	Mitte Mai	erstes Junidrittel	Anfang Juli	zweite Julihälfte	Anfang August
1000-Korngewicht					Beginn der Kornfüllung	Starke Zunahme des 1000-Korngewichtes (ca. 50% des Endwerts)		Stagnation und schließlich Abbruch der Photosynthese
ertragsfördernde Witterung	Keimwurzeln erscheinen bei Temp.-Sum. v. 38°Cd	tendenziell kühl	tendenziell warm	tendenziell kühl	tendenziell warm und sonnig (kein frühes Lager). Wasserbedarf hoch (taube Körner). Spätfrost gefährlich!	tendenziell kühl	mäßig warm, nicht heiß, ausreichend Bodenfeuchte, sonnig (Assimilation!)	sehr warm, trocken (kein Lager)
Nährstoffbedarf	keiner	sehr niedrig	mittel bis hoch	hoch bis sehr hoch	mittel bis hoch	gering bis mittel	keiner	
Temperatursummen zw. Stadien [°Cd]	147	194	225	255	417	318	193	
üblicher Zeitraum	Mitt März	Anfang April	Ende April	Mitte Mai	erstes Junidrittel	Anfang Juli	zweite Julihälfte	Anfang August

Abb. 1.3 a Wachstumsstadien bei Gerste.

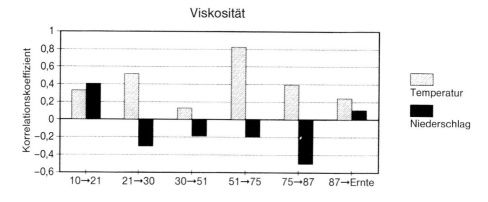

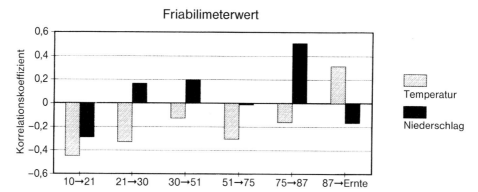

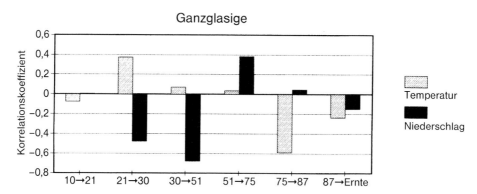

Abb. 1.3 b Richtung und Stärke des Einflusses von Temperatur und Niederschlag während der einzelnen Wachstumsstadien der Sommergerste auf die Merkmale der Cytolyse.

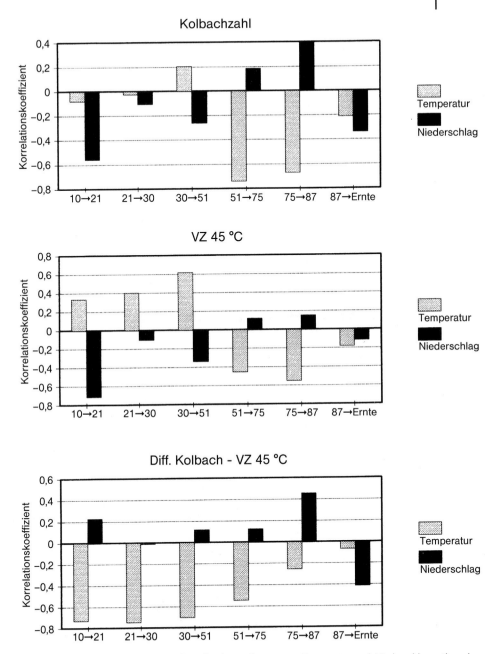

Abb. 1.3c Richtung und Stärke des Einflusses von Temperatur und Niederschlag während der einzelnen Wachstumsstadien der Sommergerste auf die Merkmale der Proteolyse.

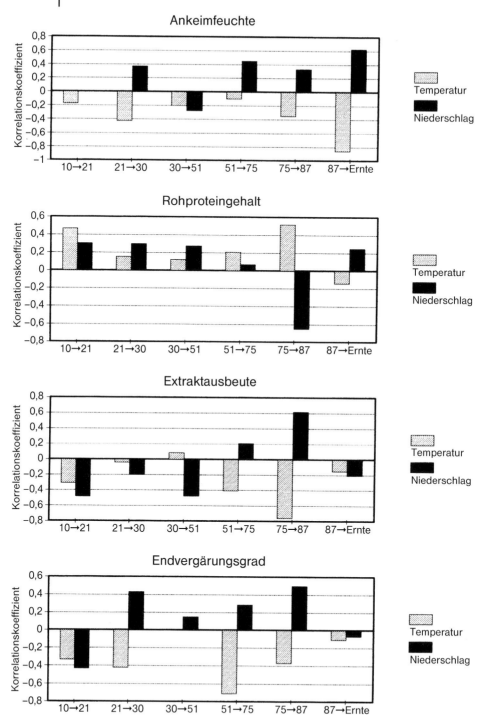

Abb. 1.3d Richtung und Stärke des Einflusses von Temperatur und Niederschlag während der einzelnen Wachstumsstadien der Sommergerste auf allgemeine Malzmerkmale.

lich, da sich hier ein mürber, stärkereicher Mehlkörper mit dünnen, leicht auflösbaren Zellwänden ergibt. Ähnliches gilt für die die Mürbigkeit darstellende Friabilimeteranalyse. Zusätzlich sind hohe Temperaturen und geringe Niederschläge zwischen Gelbreife und Drusch einer geringen Keimruhe und Wasserempfindlichkeit günstig, wodurch wiederum der Zellwandabbau positiv beeinflußt wird. Starke Trockenheit und hohe Temperaturen zwischen dem Beginn der Bestockung und dem Ährenschieben rufen dünne, an Trieben arme Bestände hervor, die im Falle von kräftigen Niederschlägen nach dem Ährenschieben zu Zwiewuchs neigen. Diese nachkommenden Triebe ergeben Ähren, die entweder nicht mehr abreifen oder doch zumindest zu Körnern von ungenügenden Lösungseigenschaften führen.

Auch zwischen den Kennzahlen der Eiweißlösung und den Witterungsbedingungen in den einzelnen Wachstumsstadien der Gerste bestehen statistisch erfaßbare Beziehungen. So senken hohe Niederschläge während der Jugendentwicklung der Gerste den Eiweißlösungsgrad, eine Verschlechterung, wie diese auch bei Friabilimeterwerten und Viskosität eintritt. Entscheidend für die Stärke der Eiweißlösung sind nach Abb. 1.3 b die Temperaturen zwischen Ährenschieben und Milchreife und – wenn auch in geringerer Gewichtung – zwischen Milch- und Gelbreife. Hier wirken niedrige Temperaturen bei gleichzeitig steigenden Niederschlägen günstig, weil wiederum die Mehlkörperstruktur und die Enzymkapazität des Malzes positiv beeinflußt werden. Die Vz 45 °C wird durch hohe Frühjahrstemperaturen, insbesondere in der Phase des Schossens gesteigert. Hier wirken sich höhere Rohproteingehalte für dieses Merkmal günstig aus; im weiteren Fortgang der Vegetation sind niedrige Temperaturen und überdurchschnittliche Niederschläge positiv, wie hierdurch auch die Mürbigkeit positiv beeinflußt wird. Die interessante Spanne zwischen Eiweißlösung und Vz 45 °C ist bei extraktreichen, eiweißarmen Gersten bzw. Malzen stärker ausgeprägt. Die geringere Spanne wäre im Hinblick auf die technologische Variationsmöglichkeit erwünscht. Sie wird wohl auch durch Regen zwischen Gelbreife und Ernte verringert, kann aber Qualitätsmängel wie Schimmelpilzbesatz, aufgeplatzte Körner, verlängerte Keimruhe und höhere Eiweißgehalte zur Folge haben [55].

Eine selbstverständliche Grundlage für die positive Entwicklung der Merkmale von Cytolyse und Proteolyse ist eine möglichst 100%ige Keimfähigkeit, eine dieser nahe kommende Keimenergie und eine geringe Wasserempfindlichkeit. Diese Eigenschaften sind die Voraussetzung, dass der Mälzer die heute bekannten technologischen Möglichkeiten ausnützen kann.

1.2.10
Gerstenherkünfte und Sorten

Deutschland hat derzeit einen Braugerstenbedarf von 2,7 mio t/Jahr. Hiervon werden nur 55–70% aus eigenem Anbau gedeckt, wobei dies zum Teil sehr stark von einem Jahr zum anderen schwanken kann. Somit sind die Anbaugebiete der Europäischen Union, aber auch des übrigen Europas von Bedeutung, um die Lücken zu schließen. In ernte- oder qualitätsschwachen Jahren werden auch Gersten aus überseeischen Ländern eingeführt.

In Deutschland bauen mit Ausnahme von Brandenburg, Saarland und den Stadtstaaten alle Bundesländer Sommerbraugerste an. Bayern, Baden-Württemberg und Rheinland-Pfalz stellen zusammen über 60% der Fläche dar. Weitere wichtige Anbaugebiete sind Sachsen und Thüringen. Die verbreitetsten Sorten sind Marthe, Braemar, Belana und Quench.

Ein Beispiel für die Jahre 2008 und 2009 gibt Tab. 1.7.

In Europa nimmt Frankreich den *ersten* Platz ein, gefolgt von Großbritannien und Deutschland. Die Tschechische Republik und Dänemark sind mittlerweile wichtige Braugerstenlieferanten für Europa geworden.

Einen Überblick über die Sommergersten in Europa der Jahre 2008 und 2009 gibt Tab. 1.8.

Zu den verbreitetsten Sorten in Europa zählten 2009 Xanadu, Sebastian, Prestige, Marthe, Quench und NFC Tipple. Da es in den vergangenen Jahren zu einer starken Konsolidierung in der Malz- und Brauindustrie gekommen ist, sind starke Bestrebungen seitens der aufnehmenden Hand das Sortenportfolio stark zu straffen. Moderne Braugerstenzüchter sind daher bemüht, ihre Sorten in allen wichtigen Erzeugerländern zu plazieren. Da in Frankreich die Zentralen zwei der weltweit größten Mälzer beheimatet sind, wird das europäische Sortenbild sehr stark von Frankreich beeinflußt. Weiterhin gelten Deutschland und Dänemark als wichtige Referenzmärkte.

Nachdem sich das Sortenspektrum naturgemäß durch die Einführung neuer Sorten, z. T. aus eigener Züchtung, z. T. aus den Qualitäten aus anderen Staaten laufend ändert, sei hier auf die Berichte der einzelnen Länder oder der EBC verwiesen [58].

Tab. 1.7 Anbauflächen von Sommerbraugerste [56].

Bundesland	2008		2009	
	Fläche [1000 ha]	Anteil [%]	Fläche [1000 ha]	Anteil [%]
Bayern	142	32	116	33
Baden-Württemberg	74	17	58	16
Rheinland-Pfalz	58	13	49	14
Thüringen	48	11	38	11
Sachsen	40	9	34	10
Hessen	26	6	18	5
Niedersachsen	25	6	15	4
Sachsen-Anhalt	15	3	12	3
Mecklenburg-Vorpommern	6	1	4	1
Nordrhein-Westfalen	6	1	5	1
Schleswig-Holstein	5	1	3	1
Gesamt	**444**	**100**	**352**	**100**

Tab. 1.8 Sommergerste in Europa [57].

Land	Anbaufläche Sommergerste [1000 ha]		Produktion [mio. t]		Anteil Braugerste [%]	
	2008	2009	2008	2009	2008	2009
Dänemark	586	455	2,5	2,6	30	47
Deutschland	534	427	2,58	2,2	60	55
Finnland	614	600	1,96	2,1	15	25
Frankreich	529	530	3,5	3,6	70	72
Großbritannien	609	747	3,89	4	51	50
Irland	147	155	1,2	0,98	34	–
Niederlande	43	34	0,27	0,28	70	78
Österreich	101	94	0,47	0,33	49	55
Polen	1030	953	2,88	3	–	–
Schweden	397	340	1,74	1,8	–	25
Slowakei	194	179	0,85	0,6	43	50
Spanien	2860	2600	9,4	6,4	7	–
Tschechien	341	320	1,6	1,4	50	53
Ungarn	131	126	0,5	0,3	–	–

Von *überseeischen Ländern* für den deutschen bzw. europäischen Markt im Falle der Unterdeckung an einheimischer Braugerste kommen Australien, seltener Kanada und die USA in Frage.

1.3
Die Gestaltskunde des Gerstenkorns

Das Gerstenkorn ist eine Schalenfrucht, mit der beim reifen Korn die beiden Hüllspelzen verwachsen sind.

Die drei Hauptteile des Korns sind:
a) der Keimling (Embryo),
b) der Mehlkörper (Endosperm),
c) die Umhüllung (Spelzen, Frucht- und Samenschale).

1.3.1
Der Keimling

Er ist mit dem Schildchen und dem Aufsaugeepithel der lebende Teil des Gerstenkorns. Der Keimling liegt am unteren Ende auf der Rückenseite und besteht aus den Anlagen der künftigen Achsenorgane, des Wurzel- und des Blattkeims. Am Blattkeim ist die Stammanlage und die Blattanlage zu unterscheiden, die, aus vier embryonalen Blättern bestehend, von der Blattkeimscheide umgeben ist.

Die Wurzelanlage ist mit der untersten Spitze, der Wurzelhaube, in die Wurzelscheide eingehüllt. Aus ihr entsteht der spätere Wurzelkeim.

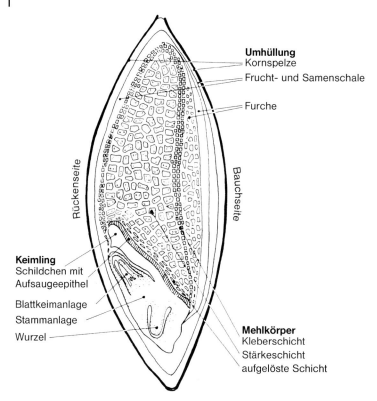

Abb. 1.4 Längsschnitt durch ein Gerstenkorn.

Der Keimling macht rund 3% des Gewichts des Gerstenkorns aus. Die Embryozellen sind reich an Eiweiß, Fett, einfachen Kohlenhydraten wie Saccharose und Raffinose, Mineralstoffen und B-Vitaminen [59].

In engem organischen Zusammenhang mit dem Keimling steht das Schildchen (Scutellum), das an den Mehlkörper angrenzt und die Aufgabe hat, dem wachsenden Keimling die im Mehlkörper vorrätigen Nährstoffe zuzuleiten. An der dem Mehlkörper zugewandten Seite befindet sich eine Lage senkrecht angeordneter pallisadenförmiger und sehr dünnwandiger Zellen, das Aufsaugeepithel (s. a. Abb. 1.4). Es ist mit den darunterliegenden Geweben des Schildchens fest verwachsen und steht in enger Berührung mit den Zellen des angrenzenden Mehlkörpers, ohne mit diesem verwachsen zu sein.

1.3.2
Der Mehlkörper

Er liegt unmittelbar neben dem Keimling und stellt für ihn einen Speicher an Nährstoffen dar. Er besteht im wesentlichen aus zwei leicht zu unterscheidenden Lagen, den stärkeführenden und den fettführenden Zellen.

Die ersteren bilden den Kern des Mehlkörpers. Die in den stärkeführenden Zellen vorhandenen Stärkekörner sind in das Protoplasma eingebettet und von einer Membran aus Hemicellulosen umgeben. Die Zwischenräume zwischen den Zellen sind mit eiweiß- und gummiartigen Stoffen mehr oder weniger ausgefüllt. Dies geht aus den Abb. 1.5 und 1.6 hervor. In den dicht gepackten Zellen sind deutlich die großen und die kleinen Stärkekörner zu sehen [60]. Abb. 1.7 gibt einen Einblick um den Randbereich eines Gerstenkorns: Aleuron und Subaleuronschicht sowie stärkeführende Zellen. Der Gehalt an Eiweiß und Enzymen nimmt gegen die äußeren Partien des Korns hin zu. In der reserveeiweißführenden Schicht sind die Stärkekörner am kleinsten. Von den von der Furche ausgehenden Bündel- oder Strahlen-(„sheaf"-)Zellen sind die stärkeführenden Zellen radial angeordnet (Abb. 1.8).

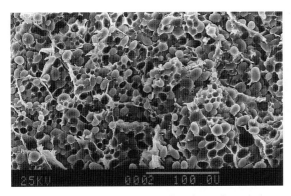

Abb. 1.5 Längsschnitt durch die Zellen des Endosperms. Zellwände, große und kleine Stärkekörner und ihre Abdrücke in der Proteinmatrix, Balkenlänge = 100 μm.

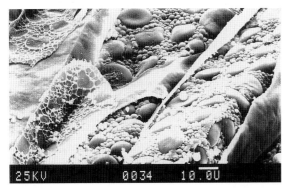

Abb. 1.6 Angeschnittene Endospermzellen. Aufgeklappte Zellwände mit Proteinmatrix und Abdrücke der großen und kleinen Stärkekörner, Balkenlänge = 10 μm.

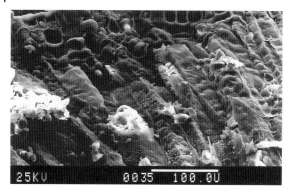

Abb. 1.7 Randbereich eines kurz geweichten Gerstenkorns.
Aleuronschicht, Subaleuronschicht und stärkeführende Zellen.
Letztere zeigen die Größenverteilung der Stärkekörner.

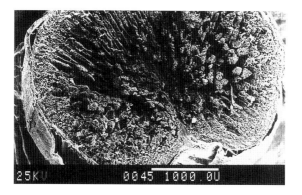

Abb. 1.8 Querschnitt durch ein Gerstenkorn, Balkenlänge = 100 μm.

Am Rand des Mehlkörpers befindet sich eine dreifache Schicht rechteckiger, dickwandiger Zellen, die Aleuron- oder Kleberschicht. Sie macht rund 10% des Korngewichts aus. Die Abb. 1.9 und 1.10 zeigen eine dichte Packung von Cytoplasma und komplexen, runden „Aleuronkörnern". Diese bestehen hauptsächlich aus Eiweiß [61], Lipiden, Phytinsäure und Mineralstoffen. Komplexe Polyphenole kommen ebenfalls in den Aleuronzellen vor. Manche dieser Polyphenole sind bei einigen Gerstensorten für eine Blaufärbung in der Aleuronschicht verantwortlich. Die Zellwände des Aleurons sind dick und bestehen aus 67% Arabinoxylan, 26% β-Glucan und kleineren Anteilen von Phenolen und Eiweiß [62]. In der Nähe des Keimlings weist die Aleuronschicht nur eine Zelllage auf. Im Gegensatz zu den toten Zellen des stärkeführenden Mehlkörpers leben die Zellen der Aleuronschicht und vermögen zu atmen. Hier entwickelt sich während der Keimung der Großteil der hydrolytischen Enzyme.

Zwischen dem stärkeführenden Gewebe des Mehlkörpers und dem Keimling liegt eine verhältnismäßig dicke Schicht leerer, zusammengedrückter Zellen,

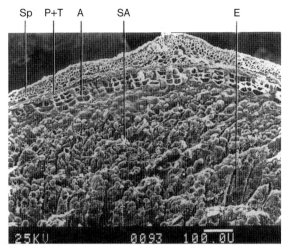

Abb. 1.9 Querschnitt durch den Außenbereich des Korns, Balkenlänge = 1000 µm.
Sp = Spelze; P = Pericarp; T = Testa; A = Aleuronschicht; SA = Subaleuronschicht; E = Endosperm.

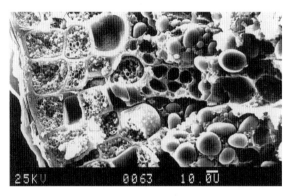

Abb. 1.10 Schnitt durch die Aleuronschicht, Balkenlänge = 10 µm.

die aufgelöste Endospermschicht. Der ursprüngliche Inhalt dieser Zellen wurde vom Keimling in dem der Reife vorausgehenden Stadium verbraucht. Je mehr sich der Keimling entwickelte, um so stärker ist diese Schicht.

Abbildung 1.11 gibt einen Einblick in den Grenzbereich zwischen den Endospermzellen und den Epithel-(Parenchym-)zellen des Schildchens.

Eine besondere physiologische Bedeutung haben die in den Zellen mehr oder weniger stark konzentrierten Mitochondrien. Sie sind als Sitz und Ausgangspunkt von Enzymen zu betrachten. Die Mitochondrien, die sich hauptsächlich im Aufsaugeepithel, aber auch in der Aleuronschicht [63] befinden, vermehren sich bei der Keimung durch Teilung. Ihre Zahl nimmt vom Schildchen bis zu den intakten Partien des Endosperms ab.

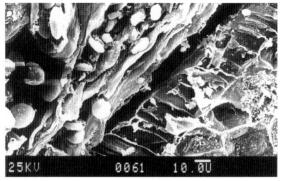

Abb. 1.11 Grenzschicht Schildchen/Endosperm,
Balkenlänge=10 µm.
Rechts das Schildchen mit seinen Epithelzellen. An der Spalte
zwischen Schildchen und Endosperm die ausgelaugten Zellen
des Endosperms.

Im Mehlkörper spielen sich alle biologischen und chemischen Veränderungen des Gerstenkorns ab. Solange der Keimling lebt, werden die Reservestoffe des Mehlkörpers abgebaut und umgewandelt, so dass sie teilweise vom Keimling veratmet oder zum Aufbau neuer Zellen verwendet werden können. Aus wirtschaftlichen Gründen soll der Mehlkörper beim Mälzen sowenig wie möglich verbraucht werden. Durch den Trocknungs- und Darrprozeß werden die Abbauvorgänge abgebrochen und es beginnt die technische Ausnützung des Mehlkörpers durch den Brauprozeß mit Hilfe der vorgebildeten Enzyme.

1.3.3
Die Umhüllung

Sie besteht aus den Spelzen, der Fruchtschale und der Samenschale. Diese schützen das Korn während des Wachstums am Halm, verhindern weitgehend die Aufnahme von Wasser und begrenzen die Ausdehnung des Keimlings bei der Ausreifung. In Abb. 1.9 sind die einzelnen Schichten von Spelze, Frucht- und Samenschale gut erkennbar.

Die *Spelzen* machen 8–13% des Korngewichts aus. Sie gliedern sich in die innere Bauchspelze und die sie überlagernde Rückenspelze. Letztere mündet in die Granne, die jedoch beim Dreschen abgeschlagen wird.

Sie enthalten hauptsächlich Cellulose, die nicht wasserlöslich ist und die auch während des Mälzungs- und Brauprozesses unverändert bleibt. Weiterhin sind reichlich Hemicellulosen vorhanden, die ihrerseits wiederum größere Anteile an Pentosanen und Lignin aufweisen. Mengenmäßig bedeutsam ist auch der Anteil an Kieselsäure, qualitativ wichtig ist der Anteil der Polyphenole, die sich bei ungeeigneter Verfahrensweise beim Mälzen und Brauen durch einen herben Geschmack sowie durch eine Verschlechterung der kolloidalen Stabilität des Bieres nachteilig auswirken können.

Die *Fruchtschale* (Perikarp), das äußere Hüllblatt, ist aus der Wand des Fruchtknotens hervorgegangen. Während der Vegetation am Halm sind zwei Schichten unterscheidbar, die innere weist eine grüne Farbe durch Chlorophylleinlagerungen auf, die für die Photosynthese wichtig ist. Bei der Reifung des Korns degenerieren beide Gewebelagen, so dass die Fruchtschale als Ganzes eine relativ dünne Schicht toter Zellen von immerhin rund 3% des Korngewichts darstellt. Während die Semipermeabilität der Fruchtschale nicht klar erwiesen ist, ist die *Samenschale* halbdurchlässig. Sie wurde aus den Überresten des Samenknospenkerns und des Embryosackes gebildet. Die beiden Zellagen sind durch je eine Kutikula, eine dickere zum Perikarp und eine dünnere zur Aleuronschicht, abgegrenzt. Diese beiden sind reich an phenolischen Substanzen, die mit Sauerstoff reagieren und so dessen Zutritt zur Aleuronschicht oder zum Keimling während der Keimung beschränken können [64]. Die Semipermeabilität der Testa ermöglicht zwar den Durchtritt von Wasser, nicht dagegen der darin gelösten Ionen, während Gase wie Sauerstoff und Kohlendioxid, gelöst oder ungelöst passieren können. Die Samenschale enthält bedeutende Mengen an phenolischen Substanzen, davon auch Procyanidine [65], die wiederum an Biertrübungen beteiligt sein können.

Mikroorganismen wie Schimmelpilze, Bakterien u.a. kommen nicht nur auf der Spelze vor, sondern sie sind auch zwischen dieser und dem Perikarp angesiedelt und von dort mechanisch oder beim Weichen nur schwer zu entfernen.

1.4
Chemische Zusammensetzung des Gerstenkorns

Die Gerste besteht aus 12–20% Wasser und entsprechend zu 88–80% aus Trockensubstanz. Im einzelnen ist folgende durchschnittliche Zusammensetzung gegeben (Tab. 1.9).

Tab. 1.9 Chemische Zusammensetzung der Gerste in % [66].

	lufttrocken	wasserfrei
Wasser	14,5	–
Stärke	54,0	63,2
sonstige N-freie Extraktstoffe	12,0	14,0
Eiweiß	9,5	11,1
Rohfaser	5,0	5,9
Fett	2,5	2,9
Mineralsubstanzen	2,5	2,9

1.4.1
Der Wassergehalt der Gerste

Für den Mälzer ist der Wassergehalt der Gerste zunächst aus wirtschaftlichen Gründen von Bedeutung, dann aber auch im Hinblick auf die Behandlung der Gerste während der Lagerung. Kurz nach dem Schnitt besitzt reife Gerste einen Wassergehalt, der von den Witterungsbedingungen bei der Reife und Ernte bestimmt wird. In warmen trockenen Gegenden liegt der Wassergehalt bei 12–14%, in kühleren, feuchten Gebieten bei 16–20%, oftmals sogar höher. Gerste, die mittels Mähdrescher geerntet wurde, weist häufig einen höheren Feuchtigkeitsgehalt auf. Im Laufe einer sachgemäßen Lagerung, vor allem durch Trocknen, wird der Wassergehalt der Gerste erniedrigt. Handelsgerste soll nicht über 14,5% Feuchte aufweisen. Der Wassergehalt einer Gerste stellt aber nicht nur eine relative Verminderung der Gerstentrockensubstanz dar: Feuchte Gersten lassen sich nur schlecht lagern und neigen zu dumpfem, muffigem Geruch. Sie erreichen die volle Keimenergie nur langsam, bleiben lange Zeit wasserempfindlich und können Schaden an ihrer Keimfähigkeit leiden (s. Abschnitt 3.4.1). Auch besteht die Gefahr eines Befalls durch Schimmelpilze und Bakterien.

Um die Zusammensetzung von Gersten (oder auch von Malz) miteinander vergleichen zu können, wird die Menge der einzelnen Inhaltsstoffe stets auf die Trockensubstanz berechnet. Der Wassergehalt z. B. von Gerstenproben steht immer in Wechselwirkung mit der Feuchte der umgebenden Luft. Es ist daher beim Versand von Proben zur Untersuchung auf eine dichte Verpackung zu achten.

1.4.2
Kohlenhydrate

Zu den Kohlenhydraten der Gerste zählen im wesentlichen die Stärke, die Cellulose, die Hemicellulosen und Gummistoffe sowie die wasserlöslichen Zucker- bzw. Abbauprodukte der verschiedenen Polysaccharide.

1.4.2.1 **Stärke**
Die Stärke ist das wichtigste Kohlenhydrat der Menge und der Bedeutung nach. Die Stärke entsteht über aufbauende Enzyme aus niedermolekularen Zuckern, die ihrerseits durch den bekannten Vorgang der Assimilation gebildet werden. Die Hauptmenge der Stärke liegt in den Samen und unterirdischen Speicherorganen als Reservestärke vor. Sie kann bis zu 85% der Trockensubstanz betragen; im Gerstenkorn beträgt ihr Anteil zwischen 55 und 66%, im Weizenkorn zwischen 53 und 70%.

Zweck der Stärkeanhäufung im Korn ist die Anlage eines Nährstofflagers für den Keimling während der Zeit seiner ersten Entwicklung, bis sich die Würzelchen im Boden verankert haben und er über diese bzw. über die grünen Blätter Aufbaustoffe erzeugen kann.

Die Ablagerung der Stärke in den Samen erfolgt in Form von Stärkekörnern, deren Struktur für die einzelnen Pflanzenarten charakteristisch ist. Ihr feiner Bau besteht aus Sphärokristallen, die sich aus radial angeordneten, feinsten Kriställchen, den Trichiten, zusammensetzen.

Die Stärkekörner der Gerste treten in zwei unterschiedlichen Größen auf. Die runden, linsenförmigen Großkörner haben einen Durchmesser von 25–30 μm; die mehr oder weniger kugeligen Kleinkörner (1–5 μm) umgeben die Großkörner. Obgleich 90% der Stärkekörner in zweizeiliger Gerste klein sind, machen sie jedoch nur 10% des Gesamtgewichts der Stärke im Mehlkörper aus [67].

Die Menge der Kleinkörner nimmt normalerweise mit dem Eiweißgehalt der Gerste zu. Sie enthalten selbst mehr Eiweiß als Großkörner, haben einen höheren Amylosegehalt als diese, außerdem verkleistern und verzuckern sie schwerer [68].

Dies dürfte teilweise auf einen höheren Gehalt an Haftproteinen, aber auch auf den höheren Mineralstoffgehalt der Kleinkörner (KIeinkörner ca. 0,16%, Großkörner ca. 0,13%) zurückzuführen sein [69]. Auch spielen Gerüststoffe und Lipide eine Rolle [70]. Die Schichtung um den Kern ist, durch die Entstehung des Stärkekornes bedingt, konzentrisch und infolge unterschiedlichen Wassergehalts sichtbar. Die Hülle des Stärkekorns ist vom Inneren verschieden: außen befinden sich mehr und höher kondensierte Bestandteile, auch sind in den Außenzonen der konzentrischen Schichtung mehr Mineralstoffe lokalisiert.

Die chemische Zusammensetzung der Stärkekörner ist nicht einheitlich. Die Hauptmenge, etwa 98%, umfaßt chemisch reine Stärke mit der Bruttoformel $(C_6H_{10}O_5)_n$. Der Rest besteht aus Eiweiß, Fett, Faserstoffen und Mineralstoffen wie Phosphaten und Kieselsäure. Die reine Stärke baut sich aus Glukose-Einheiten auf. Hierbei sind zwei strukturell verschiedene Kohlenhydrate zu unterscheiden, die sich rein darstellen und voneinander trennen lassen: die Amylose und das Amylopektin.

Die *Amylose* (Normal- oder n-Amylose) macht je nach Gerste 17–24% der Gerstenstärke aus. Kleine Stärkekörner können bis zu 40% Amylose enthalten.

Sie befindet sich gewöhnlich im amorphen Bereich der Stärkekörner und besteht aus langen, nahezu unverzweigten spiralig gewundenen Ketten von 60–20 000 Glukoseresten. Das Molekular-Gewicht der verschieden langen Moleküle schwankt zwischen 10 000 und 500 000. Der Aufbau der Amylose (a-1 → 4-Glucan) aus Glukoseresten in a-1 → 4-Bindung zeigt Abb. 1.12.

Zwei Glukoseeinheiten in a-1 → 4-Bindung bilden das Disaccharid Maltose. Es stellt das Endprodukt des Stärkeabbaues durch die β-Amylase dar (s. Abschnitt 4.1.4). Das Trisaccharid Maltotriose besteht aus 3 Glukosemolekülen (G3), die nächsthöheren Spaltprodukte heißen Tetraose (G4), Pentaose (G5), Hexaose (G6) usw.

Der Sechsring der Glukose liegt in einer „Sesselform" vor [51]. Damit ergibt sich eine schraubenförmige Windung (Helix) der Amylosekette (Abb. 1.13).

Eine Schraubenwindung besteht aus 6–7 Glukoseeinheiten; Amyloseketten liegen als Doppelhelices vor, je nach Anordnung als Amylose A und Amylose B [76].

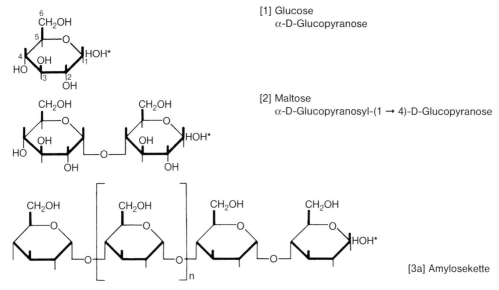

[1] Glucose
α-D-Glucopyranose

[2] Maltose
α-D-Glucopyranosyl-(1 → 4)-D-Glucopyranose

[3a] Amylosekette

Abb. 1.12 Aufbau der Stärke (*=aktives Zentrum).

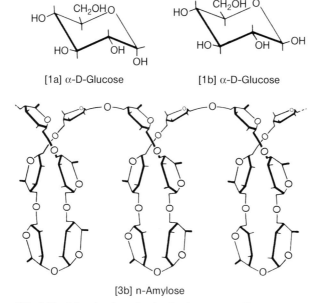

[1a] α-D-Glucose   [1b] α-D-Glucose

[3b] n-Amylose

Abb. 1.13 Schraubenform der Amylosekette (Darstellung aus Gründen der Übersichtlichkeit nicht in Sesselform, sondern als ebene Sechserringe).

Tab. 1.10 Jodfärbung und Kettenlänge.

Kettenlänge Glukoseeinheiten	Zahl der Helixglieder	Färbung mit Jodlösung
über 45	8	blau
40	7	blau, purpur
36	6	purpur
31	5	rot
12	2	schwach rot
unter 9	1,5	keine

Amylose gibt mit Jod eine Blaufärbung; diese kann zum Nachweis der Stärke angewendet werdet. Das Jod lagert sich in die Hohlräume langer Ketten ein. Es bildet sich eine Einschlußverbindung, die eine starke Lichtabsorption aufweist.

Die Färbung des Komplexes ist eine Funktion des Polymerisations- bzw. Abbaugrades. So beträgt das Absorptionsmaximum bei 12 Glukoseresten 490 nm, bei 30 Resten 537 nm und bei über 80 Resten 610 nm. Dies entspricht etwa folgender Intensität der Jodfärbung [77] (Tab. 1.10).

Somit geht die blaue Färbung der Amylose bzw. die rote des Amylopectins (gegeben durch die spiralig gewundenen Glukoseketten) bei der Hydrolyse durch Säuren oder Enzyme über die Zwischenstufen in die farblose bzw. gelbe der Maltose oder der niedrigen Dextrine über. Dies wird in einem späteren Kapitel (s. Abschnitt 4.1.4) bzw. in Band 11 ausführlich behandelt. Die Jodreaktion gibt nur zuverlässige Ergebnisse, wenn sie bei Zimmertemperatur durchgeführt wird. Beim Erwärmen verflüchtigt sich das Jod und es kommt zu irreführenden Farberscheinungen. Ebenso wird die Schärfe der Jodreaktion durch bestimmte Substanzen wie Eiweiß, Polyphenole, Alkalien oder organische Lösungsmittel beeinträchtigt.

In rein wäßriger Lösung liegt Amylose in einem ungeordneten Knäuel (Random-Coil) vor, das keine Strukturen erkennen läßt [71]. Amylose ist in der Lage, mit komplexierenden Stoffen, wie zum Beispiel Jod oder Butan-1-ol helikale Strukturen auszubilden [71]. Eine Helix, in die z. B. ein Jodmolekül paßt, umfaßt dabei 5–7 Glukoseeinheiten [72].

Über längere Lagerzeiten in rein wäßriger Lösung neigt Amylose dazu, zu retrogradieren, d. h. einen helikalen Komplex mit einem weiteren Amylosemolekül zu bilden [73]. In höher konzentrierten Lösungen bilden sich Gele aus [74]. Des weiteren kann Amylose mit Lipiden Komplexe eingehen. Diese verursachen insbesondere in der Stärkeindustrie Trübungsprobleme. Dies wird durch hohe Schmelztemperaturen und eine geringe enzymatische Angreifbarkeit bedingt. Die Bedeutung im Brauprozeß ist noch nicht gänzlich geklärt.

Das *Amylopectin* (Iso- oder i-Amylose) macht 76–83%, in Kleinkörnern nur ca. 60% der Stärke aus; es besteht neben Glukoseketten in a-1 → 4-Bindung auch aus Verzweigungen in a-1 → 6-Bindung (Abb. 1.14).

[4] Isomaltose
(α-D-Glucopyranosyl-α1 → 6-D-Glucopyranose)

[5] Amylopectinkette

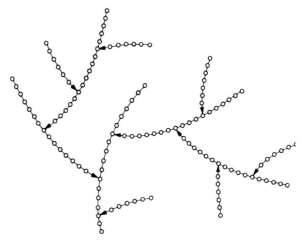

[6] Amylopectin (Ausschnitt)

Abb. 1.14 Aufbau des Amylopectins.

Zwei Glukosereste in α-1 → 6-Bindung stellen das Disaccharid Isomaltose (Pannose) dar. Aus diesem Grund heißt die α-1 → 6-Bindung „Isomaltosebindung".

Durch die α-1 → 6-Bindungen ist das Amylopectinmolekül wie ein Baum verzweigt. Die durchschnittliche Kettenlänge beträgt 22–25 Glukoseeinheiten, demnach sind 4–5% aller Bindungen α-1 → 6-Bindungen. Auch hier ist die räumliche Anordnung der Glukosereste helixartig.

Die Ketten des Amylopectins werden in drei Typen unterteilt, abhängig davon, wie sie in das Molekül eingebunden sind. Die A-Ketten sind mit dem reduzierenden Ende mit dem restlichen Molekül verbunden. Die B-Ketten sind ebenfalls über eine glykosidische Verbindung mit einer anderen Kette verbunden, tragen aber im Gegensatz zu den A-Ketten weitere Seitenketten [78]. Die C-Kette verfügt über das einzige reduzierende Ende des Moleküls und über Seitenketten. Abbildung 1.15 zeigt eine schematische Darstellung eines Amylopectinmoleküls [79]. Darin sind die Anordnungen der A- und B-Ketten zu erkennen.

Am äußersten Rande des Moleküls bilden A- und kurze B-Ketten Doppelhelices aus. In Nacktgerste machen die Ketten mit einem Polymerisationsgrad von 5–17 einen Anteil von über 50% aus. Die Ketten mit einer Länge von 18–34 machen 31,4–36,0% aus und die Ketten mit einem Polymerisationsgrad von 35–67 stellen den Rest [80].

Die Anordnung der einzelnen Ketten innerhalb des Amylopectinmoleküls ist bis heute Gegenstand der Forschung. Das Cluster-Modell aus dem Jahre 1972 ist im wesentlichen bis heute akzeptiert. Cluster bestehen aus linearen Seitenketten, die zu Helices ausgebildet sind und somit kristalline Strukturen darstel-

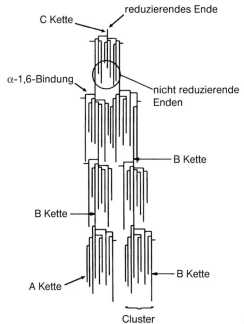

Abb. 1.15 Amylopectinmolekül.

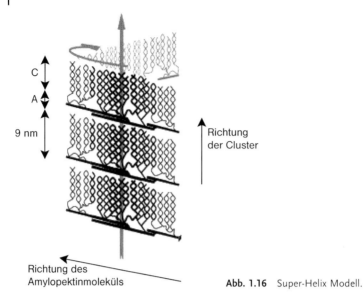

C

A

9 nm

Richtung
der Cluster

Richtung des
Amylopektinmoleküls

Abb. 1.16 Super-Helix Modell.

len. Diese Cluster gehen auch in das neueste Modell, die Super-Helix ein (Abb. 1.16) [81]. Die Cluster sind nahezu rechtwinklig zu den langen B-Ketten angeordnet, die im Gegensatz zu vorherigen Modellen ausschließlich in den amorphen Lamellen des Moleküls liegen. Mehrere amorphe und kristalline Lamellen bilden ein Blocklet [82], welches nach dem Modell der Super-Helix aus einem einzigen Amylopectinmolekül bestehen könnte [81].

Amylopectin führt im Gegensatz zu Amylose zu weniger viskosen Lösungen, was auf eine sehr kompakte Form in wäßrigen Medien schließen läßt. Auf Grund des hohen Verzweigungsgrades wird Amylopectin von β-Amylase nur zu 58–64% hydrolisiert, bei der gleichzeitigen Wirkung von Pullulanase kann eine vollständige Hydrolyse erfolgen [83].

Eine Komplexierung mit Jod ist auf Grund der kürzeren Ketten nur in einem geringen Maße möglich.

Von diesem Aufbau leiten sich die Eigenschaften des Amylopectins ab: es hat ein Molekulargewicht, das etwa 10-mal höher als jenes der Amylose ist (1–6 Mio.), entsprechend 6000 bis 40 000 Glukoseresten. Amylopectin enthält ca. 0,23% Phosphat in esterartiger Bindung, das für die Verkleisterung verantwortlich zu sein scheint. Mit Jod färbt sich Amylopectin violettrot bis rein rot.

Die physikalischen Eigenschaften der Stärke sind wie folgt darzustellen:
- Spezifisches Gewicht 1,63 in wasserfreiem und 1,5–1,6 in lufttrockenem Zustand;
- Spezifische Wärme 0,270;
- Verbrennungswärme 4140 kcal/kg (17322 kJ/kg);
- Optisches Drehvermögen 201–204.

Das Verhalten der Stärke in Wasser bzw. beim Erwärmen ist für die Zwecke der Bierbereitung von großer Bedeutung (s. Band II, Technologie der Würzebereitung). So sind die Stärkekörner in kaltem Wasser zunächst unlöslich, quellen aber und nehmen hierdurch mechanisch Wasser auf. Beim Erwärmen des Wassers auf 50 °C wird die Quellung verstärkt, bis sich bei etwa 70 °C eine Zerstörung der Struktur des Stärkekorns, eine kolloidale Lösung der Inhaltsbestandteile und im weiteren Verlauf eine Verkleisterung ergibt. Dabei ist von Interesse, dass z. B. die Stärke von Gersten kühlerer Landstriche früher verkleistert als solche von Gersten wärmerer Gegenden.

Bei langsamem Erhitzen verliert die Stärke zunächst Wasser (10–20%), ohne sich sonst merklich zu verändern. Bei rascher Temperatursteigerung kann eine teilweise Verkleisterung der Stärke eintreten. Ein Entzug der restlichen Wassermengen kann nur über Verdampfung derselben geschehen (100–120 °C). Selbst bei den Darrtemperaturen für dunkle Malze färbt sich die Stärke nicht. Ihre Bräunung beginnt erst bei 150–160 °C. Die Zersetzungstemperatur der Stärke liegt bei 260 °C. Sie bläht sich dann auf, wird flüssig und verkohlt unter Gasentwicklung. Dies ist für die Röstmalzerzeugung von Bedeutung.

1.4.2.2 Cellulose

Ihre Hauptmenge findet sich in den Spelzen, in Spuren im Keimling sowie in der Frucht- und Samenschale. Sie stellt die Gerüstsubstanz der Zellwände dar. Im Mehlkörper selbst ist keine Cellulose vorhanden. Sie baut sich wie die Hemicellulosen aus Glukose-Einheiten auf, die in β-1 → 4-Bindung miteinander verknüpft sind. Grundbaustein der Cellulose ist daher nicht Maltose, sondern das Disaccharid Cellobiose.

Cellulose ist geschmack- und geruchlos, von allen Reagentien schwer angreifbar, unlöslich in Wasser und auch gegen enzymatische Einflüsse ziemlich widerstandsfähig.

Sie tritt nicht in den Stoffwechsel des Korns ein und verbleibt in den Spelzen, in denen sie noch durch Lignin verstärkt ist. Die Cellulose verläßt die Mälzerei unverändert und spielt in den Spelzen beim Abläutern als Filterschicht eine Rolle. Analytisch wird sie als Rohfaser in einer Menge von 3,5–7% der Gerstentrockensubstanz bestimmt.

1.4.2.3 Hemicellulose und Gummi

Hemicellulose und Gummi sind maßgeblich am Aufbau der Zellwände im Mehlkörper beteiligt und bestimmen deren Festigkeit. Hemicellulose ist auch in der Umhüllung des Korns vorhanden. Im Gegensatz zu Cellulose, die im Endosperm nicht nachzuweisen ist, läßt sich Hemicellulose in verdünnten Alkalien lösen; sie ist aber ebenfalls in Wasser unlöslich. Die Gummistoffe dagegen sind in heißem Wasser löslich. Sie unterscheiden sich von den Hemicellulosen nicht in ihrem Aufbau, sondern nur in ihren Molekulargewichten.

Die Hemicellulosen und Gummistoffe machen etwa 10% der Gerstentrockensubstanz aus. Ihre Menge schwankt mit dem Reifegrad der Gerste, ist aber auch von den klimatischen Bedingungen während des Aufwuchses abhängig [84]. Bei saurer Hydrolyse liefern die Hemicellulosen nicht nur Glukose wie die Cellulose, sondern auch Pentosen (Xylose und Arabinose) sowie Uronsäuren. Je nach dem Vorkommen im Mehlkörper und in den Spelzen sind zwei verschiedene Hemicellulosen nachweisbar:

- Typ „Spelz" besteht aus wenig β-Glucan, reichlich Pentosan und wenig Uronsäuren.
- Typ „Endosperm" enthält reichlich β-Glucan, wenig Pentosan und keine Uronsäuren [87].

Hemicellulosen sind mit Proteinen über Esterbindungen (zwischen Carboxylgruppen endständiger Aminosäuren und Hydroxylgruppen des Kohlenhydrats) verknüpft [85] und damit wasserunlöslich. Das Molekulargewicht dieser Makromoleküle kann bis zu 40×10^6 betragen. Durch verdünnte Natronlauge oder durch die Wirkung von Enzymen (Esterasen) werden sie in lösliche Form übergeführt. Das Molekulargewicht von freigesetzten β-Glucanen ist ca. 2×10^6 [86].

Wasserlösliches *Gersten-β-Glucan* hat ein Molekulargewicht von ca. 400 000. Es setzt sich zusammen aus Glukoseresten, die in β-1 → 4- (70–74%) und in β-1 → 3-Bindungen (26–30%) miteinander verknüpft sind [88–90]. Die Sequenz derselben ist jedoch nicht regelmäßig [91]. Beim unvollkommenen Abbau liegen die Disaccharide Cellobiose und Laminaribiose vor (Abb. 1.17).

Die *Pentosane* unterscheiden sich je nachdem, ob sie in den Spelzen oder im Mehlkörper vorkommen.

Die erstere Fraktion besteht aus Xylose-Einheiten in β-1 → 4-Bindungen. Daneben sind Seitenketten aus Xylose, Arabinose und Glucuronsäure gegeben.

Die einzelnen Pentosen, das sich aus Xylose aufbauende Disaccharid Xylobiose und die Glucuronsäure sind in Abb. 1.18 dargestellt.

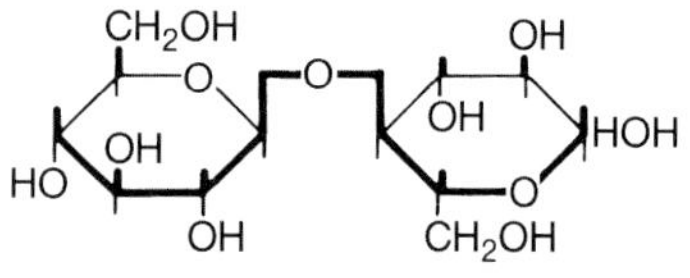

[7] Cellobiose

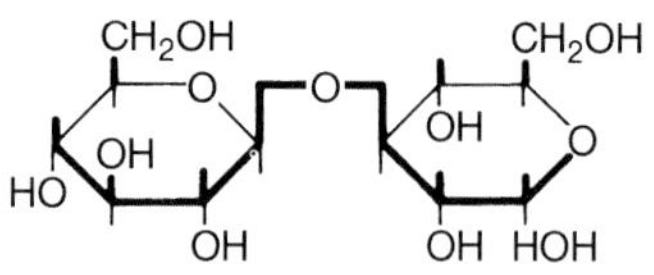

[8] Laminaribiose

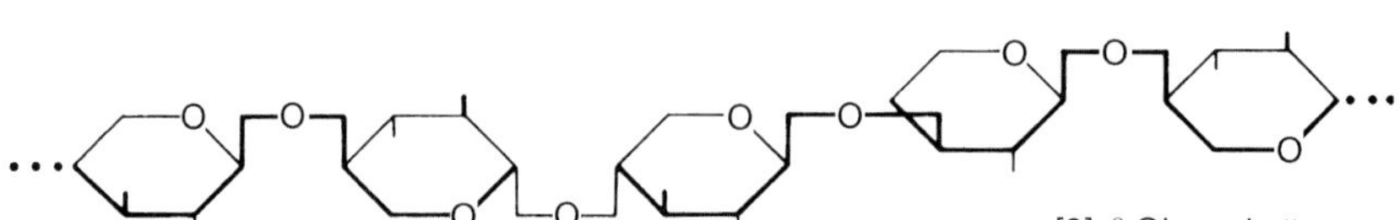

[9] β-Glucankette

Abb. 1.17 Aufbau des β-Glucans.

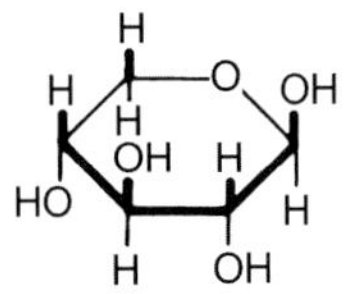

[10] Xylose
β-D-Xylopyranose

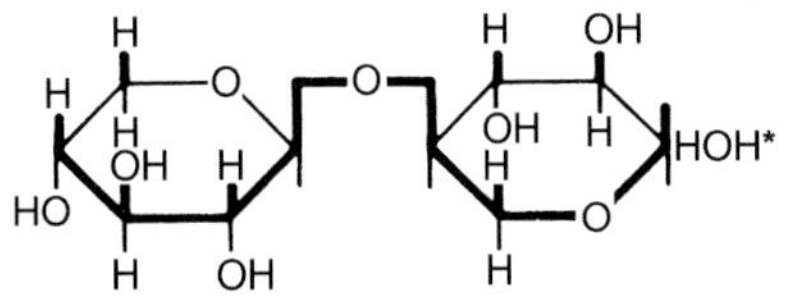

[11] Xylobiose
β-D-Xylopyranosyl-1 → 4-D-Xylose

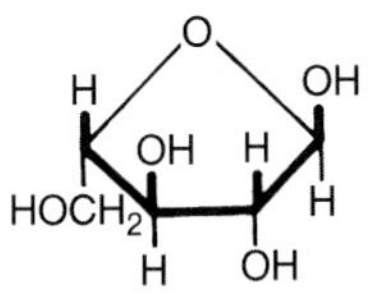

[12] Arabinose
β-L-Arabinofuranose

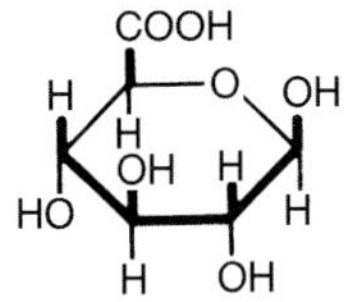

[13] β-D-Glucuronsäure   **Abb. 1.18** Am Aufbau der Spelzenpentosane beteiligte Zucker.

Die Spelzen-Fraktion der Pentosane ist aus Abb. 1.19 zu ersehen [92]. Demgegenüber haben die aus dem Mehlkörper stammenden Pentosane eine einfachere Zusammensetzung (Abb. 1.20).

Die Pentosanketten der Zellwände des Mehlkörpers enthalten Ferulasäure
[93–95]. In der Aleuronschicht liegt der Gehalt sogar wesentlich höher [95]. Ferulasäure (s. Abschnitt 1.4.8) ist über eine Esterbindung an Arabinose gebunden. Hierdurch sind Quervernetzungen über jeweils zwei Ferulasäuremoleküle
von Arabinoxylanketten gegeben, aber auch über die Aminosäure Tyrosin zwischen Pentosanen und Proteinen [96].

Das Molekulargewicht der Hemicellulosen dürfte wie oben erwähnt in weiten
Grenzen, vor allem je nach den Aufwuchsbedingungen der Gerste, aber auch in
Abhängigkeit von der jeweils angewandten Extraktionsmethode schwanken.

Die wasserlöslichen Gummistoffe machen etwa 2% der Kornsubstanz aus
[97]. Sie haben bei geringerem Molekulargewicht eine Zusammensetzung, die

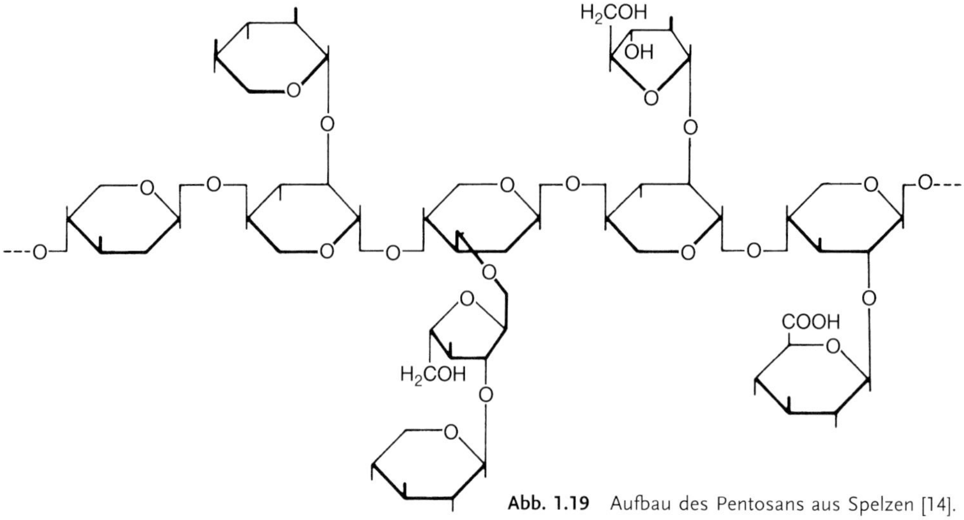

Abb. 1.19 Aufbau des Pentosans aus Spelzen [14].

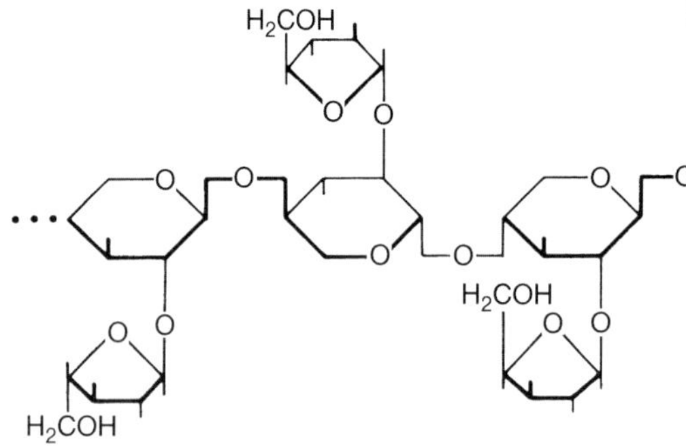

Abb. 1.20 Aufbau des Pentosans aus dem Mehlkörper [15]

etwa dem der Mehlkörper-Hemicellulosen entspricht, von denen sie sich wahrscheinlich durch ihre Anordnung im Endosperm unterscheiden [98].

Die Bestimmung der Gummistoffe erfolgt nach Lösung derselben in warmen (40 °C) Wasser oder durch Extraktion mittels Papain [99] und anschließender fraktionierter Fällung mit Ammonsulfat. In Kongreßwürze, Würze und Bier wird β-Glucan mittels Fluoreszenz-Messung einer spezifischen β-Glucan-Calcofluorverbindung bestimmt [100, 101], wobei Moleküle über 10 000 D erfaßt werden. Eine differenzierte Analyse der Molekulargewichte von β-Glucanen erfolgt mittels Gelfiltration über Polyacrylamid/Agarogele [102], wobei die β-Glucane selbst durch eine Doppel-Enzym-Methode [103] bestimmt werden. Durch ihre hohe Viskosität kommen ihnen schaumpositive Eigenschaften zu. Auch sind sie für die Vollmundigkeit eines Bieres von Bedeutung. Hemicellulosen und Gummistoffe werden durch eine Reihe von Enzymen abgebaut, die dem Cytase- oder Hemicellulase-Komplex (s. Abschnitt 1.5.8.2) zugehören.

Durch die Auflösung bzw. Perforierung der Zellmembranen und der hiermit bewirkten Schwächung des Gerüstes verliert das Korn an Festigkeit und wird zerreiblich. Die dabei entstehenden Abbauprodukte tragen, soweit sie nicht bei der Keimung veratmet oder zum Aufbau der Keime verwendet werden, zum Extraktgehalt des Malzes bei.

Daneben sind in der ungemälzten Gerste Fructosane (1,6 bis 1,9%) vorhanden.

Pectine sind nach bisherigen Untersuchungen in der Gerste nicht nachweisbar.

1.4.2.4 Niedermolekulare Kohlenhydrate

Niedermolekulare Kohlenhydrate kommen bereits im ruhenden Gerstenkorn vor, so die Saccharose (Rohr- oder Rübenzucker) in einer Menge von 1–2%, die in überwiegender Menge im Keimling und in der Aleuronschicht zu finden ist. Auch Raffinose, die etwa ein Drittel der Saccharose ausmacht, ist neben Glucodifructosen (Kestose und Isokestose) dort lokalisiert. Im Mehlkörper kommen in geringer Menge noch Maltose, Glukose und Fructose vor. Eine Darstellung der wichtigsten Zucker bringt Abb. 1.21.

1.4.3
Eiweißstoffe und ihre Bausteine

Als wichtige Träger des biologischen Geschehens sind sie von großer technologischer Bedeutung. So üben sie einen erheblichen Einfluß auf alle Arbeitsvorgänge bei der Bierbereitung aus und sind insbesondere maßgebend für die Vermälzbarkeit der Gerste, für die Ernährung der Hefe sowie für Schaum, Geschmack und Stabilität des Bieres.

Das Eiweiß wird aus dem Stickstoff des von den Pflanzen aufgenommenen Ammoniaks und organischen Säuren gebildet, die beim oxidativen Abbau der Kohlenhydrate intermediär entstehen. Der Aufbau der so erhaltenen ersten Bausteine, der Aminosäuren, zu den höher organisierten Eiweißstoffen geht über ein System aufbauender Enzyme, unter Gegenwart von ATP (Adenosintriphosphat), Ribonucleinsäuren und Ribosomen vor sich (s. Abschnitt 1.5.7).

Eiweiß befindet sich in der Kornumhüllung (ca. 7% des Anteils an Spelz, Frucht- und Samenschale) im Keimling (ca. 40% des Keimlingsgewichts) und im Mehlkörper.

Im Mehlkörper sind die Eiweißstoffe an drei unterscheidbaren Stellen abgelagert:

a) in der Aleuronschicht als Klebereiweiß;

b) unter der Aleuronschicht am äußeren Rand des Mehlkörpers als physiologisches oder Reserveeiweiß;

c) im Mehlkörper als histologisches oder Gewebeeiweiß.

[16] Fructose
β-D-Fructofuranose

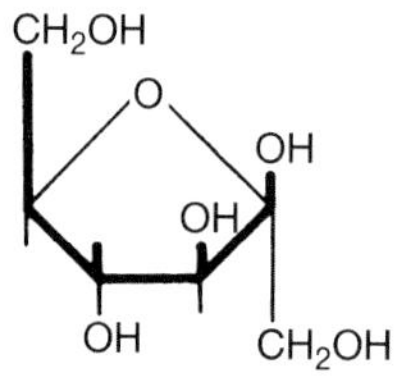

[17] Saccharose
α-D-Glucopyranosyl-
$(1 \rightarrow 2)$-β-D-Fructo-
furanosid

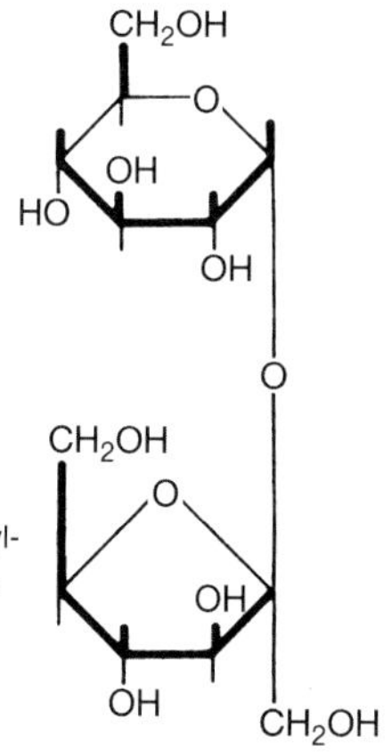

[18] Raffinose
α-D-Galactopyranosyl-
$(1 \rightarrow 6)$-D-Gluco-
pyranosyl-$(1 \rightarrow 2)$-
β-D-Fructofuranosid

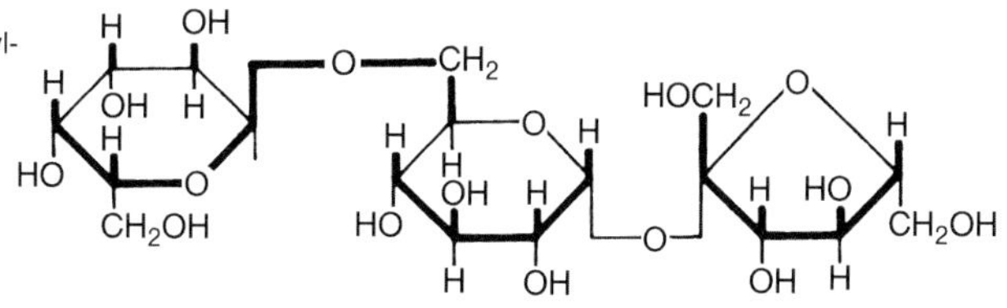

Abb. 1.21 Freie Zucker der Gerste.

Das *Klebereiweiß* der Aleuronschicht, das sich unter der Frucht- und Samenschale ausdehnt, wird beim Keimprozeß z. T. angegriffen; die unveränderte Menge findet sich zusammen mit dem Rest des histologischen Eiweißes in den Trebern.

Das *Reserveeiweiß* bedingt infolge seiner wechselnden Mengen überwiegend den verschieden hohen Eiweißgehalt der Gersten. Es wird während des Mälzens zum Großteil abgebaut.

Das *Gewebeeiweiß* ist als Überrest des Protoplasmas vornehmlich in den Membranen der Endospermzellen eingelagert und ist zusammen mit Hemicellulosen und Gummistoffen am Zusammenhalt der Zellen beteiligt. Es erschwert mit zunehmender Menge die Auflösung.

Der *chemische Aufbau* der Eiweißstoffe ist naturgemäß durch die Größe der Moleküle und die unterschiedliche Verknüpfung der Aminosäuren bzw. durch die verschiedenartige Anordnung der Peptidfäden sehr verwickelt. Die Elementaranalyse der wichtigsten pflanzlichen und tierischen Proteine ergibt folgende Grenzwerte [104]:

- C = 50–52%
- H = 6,8–7,7%
- N = 15–18% (meist 16–17%)
- S = 0,5–2,0%

Dazu kommen noch häufig P, gelegentlich auch Fe, Ca und Halogene, ganz selten noch einige andere Elemente.

Aus dem Anteil des Stickstoffs am Gersten-Eiweiß von 16–17% errechnet sich auch jener Faktor 6,25, der es erlaubt, aus dem mittels der Stickstoffbestimmung nach *Kjeldahl* gefundenen Stickstoffgehalt den Eiweißgehalt zu berechnen. Dieser „Rohprotein"-Gehalt umfaßt auch zahlreiche nichtproteinische Substanzen, so u. a. Nucleotide.

Eine genaue Einteilung der Eiweißstoffe ist infolge der noch weitgehend unbekannten chemischen Struktur und des inneren Aufbaus nicht möglich. Sie werden daher meist nach ihren physikalisch-chemischen Eigenschaften sowie nach ihrem Vorkommen eingeteilt.

1.4.3.1 Aminosäuren

Es sind zwar über 130 Aminosäuren bekannt, doch kommen nur etwa 20 regelmäßig in Proteinen vor.

Alle Aminosäuren haben als charakteristisches Merkmal die Aminogruppe – NH$_2$ und die Carboxylgruppe – COOH. Die Aminogruppe nativer Aminosäuren steht fast ausnahmslos in α-Stellung, d. h. sie ist an das gleiche Kohlenstoffatom wie die Carboxylgruppe gebunden. Wie die Formel zeigt, ist hier neben einem Wasserstoffatom auch ein organischer Rest verknüpft, der für jede Aminosäure typisch ist (Abb. 1.22).

Weiterhin lassen sich die Aminosäuren noch in einer L- und D-Form darstellen, je nachdem ob die Aminogruppe in der Formel rechts (D-) oder links (L-Form) steht. Die Aminosäuren der Proteine gehören ausnahmslos der L-Reihe an.

Die Carboxylgruppe der Aminosäuren kann ein Proton abgeben, die basische Aminogruppe ein solches aufnehmen. Die Aminosäuren sind daher amphoter, d. h. sie können mit Säuren oder Laugen Salze bilden.

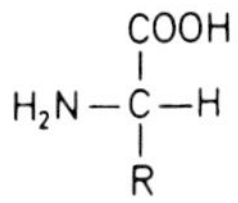

```
        COOH              COOH
         |                 |
H₂N — C — H          H — C — NH₂
         |                 |
         R                 R
[19] L-Aminosäure    [20] D-Aminosäure
```

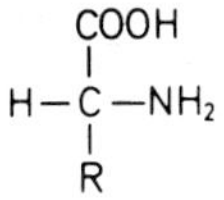

Abb. 1.22 Konfiguration der Aminosäuren.

Im Zusammenhang mit diesem amphoteren Charakter von Aminosäuren steht der „isoelektrische Punkt" (I.P.). Hier liegt die Aminosäure als „Zwitterion" vor. Das Proton der Carboxylgruppe ist dabei abdissoziiert und an den Stickstoff der Aminogruppe gewandert, so dass die Carboxylgruppe eine negative Ladung, die Aminogruppe aber eine positive Ladung trägt. Elektropositive und elektronegative Ladung gleichen sich innerhalb des Moleküls aus, so dass es neutral erscheint und im elektrischen Feld auch keine Kathoden- oder Anodenwanderung stattfindet.

Bei Aminosäuren mit nur einer Amino- und Carboxylgruppe liegt der I.P. im schwach sauren Bereich (pH 5,5–6,0), da der saure Charakter der Carboxylgruppe den basischen der Aminogruppe etwas überwiegt.

Fügt man einer wäßrigen Aminosäurelösung, in der die Aminosäure als Zwitterion vorliegt, Säure zu, so lagert sich ein H^+-Ion an die negativ geladene Carboxylgruppe an, so dass die Aminosäure als positiv geladenes Kation vorliegt. Durch Zugabe von Lauge wird das abdissoziierte H^+-Ion neutralisiert und die Aminosäure wird zu einem negativ geladenen Anion (Abb. 1.23).

In Tab. 1.11 sind die wichtigsten in Gerste und Malz vorkommenden Aminosäuren dargestellt. Die Aminosäuren können demnach in einzelne Gruppen eingeteilt werden:

Neutrale Aminosäuren enthalten im Molekül eine gleiche Anzahl von Amino- und Carboxylgruppen; die basischen Aminosäuren besitzen eine zusätzliche Aminogruppe, die sauren eine zweite Carboxylgruppe, die in Gerste großenteils als Säureamid vorliegt. Die *Oxyaminosäuren* enthalten eine Hydroxylgruppe, sie besitzen also noch eine zusätzliche Gruppe, die z. B. Esterbindungen eingehen kann. *Aromatische Aminosäuren weisen* einen entsprechenden Substituenten auf, *cyclische Aminosäuren* sind durch ihren in den Ring eingebauten Aminostickstoff charakterisiert, wodurch eine sekundäre Aminogruppe entsteht (früher „Iminogruppe" genannt).

Cystein hat eine verhältnismäßig reaktionsfähige SH-Gruppe im Molekül, auf deren Verbindungen noch zurückzukommen sein wird. β-Alanin, α-Aminoadipinsäure, γ-Aminobuttersäure und Pipecolinsäure sind selten in Proteinen anzutreffen; sie kommen aber in der Gerste vor [76].

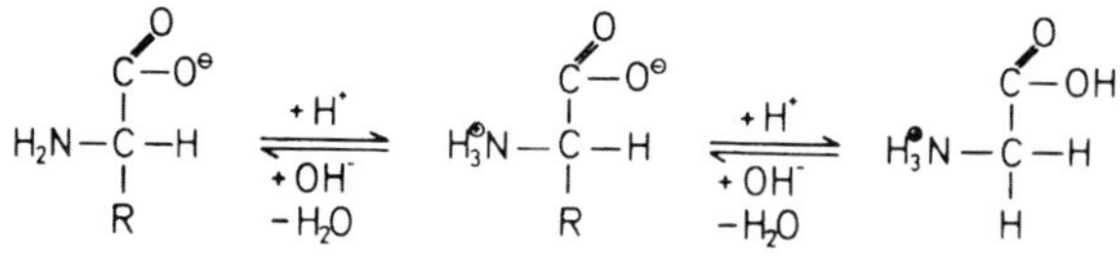

[21] Aminosäure-Anion
(bei Zusatz von OH⁻-Ionen)

[22] Aminosäure am
isoelektrischen Punkt

[23] Aminosäure-Kation
(bei Zusatz von H⁺-Ionen)

Abb. 1.23 Ionen-Bildung von Aminosäuren.

Tab. 1.11 Aminosäuren und Amide in Gerste und Malz.

Neutrale Aminosäuren

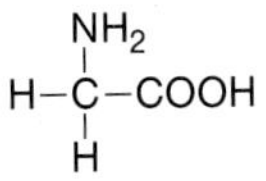

$$NH_2$$
$$H-C-COOH$$
$$H$$

Glycin

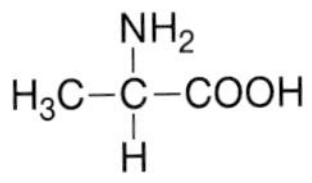

$$NH_2$$
$$H_3C-C-COOH$$
$$H$$

α-Alanin

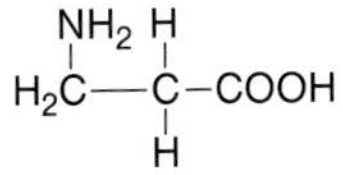

$$NH_2 \quad H$$
$$H_2C-C-COOH$$
$$H$$

β-Alanin

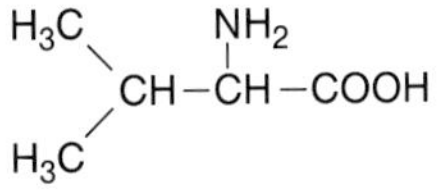

$$H_3C \quad NH_2$$
$$CH-CH-COOH$$
$$H_3C$$

Valin

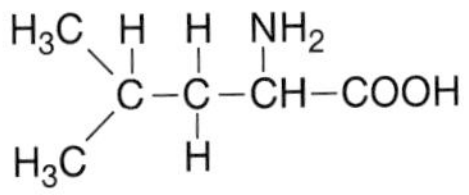

$$H_3C \quad H \quad H \quad NH_2$$
$$C-C-CH-COOH$$
$$H_3C \quad H$$

Leucin

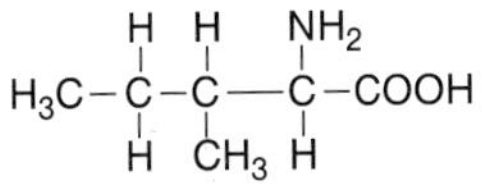

$$H \quad H \quad NH_2$$
$$H_3C-C-C-C-COOH$$
$$H \quad CH_3 \quad H$$

Isoleucin

$$NH_2 \quad H \quad H$$
$$H-C-C-C-COOH$$
$$H \quad H \quad H$$

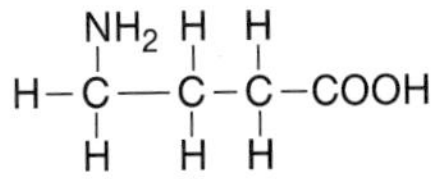

γ-Aminobuttersäure

Saure Aminosäuren

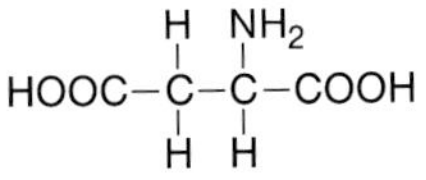

$$H \quad NH_2$$
$$HOOC-C-C-COOH$$
$$H \quad H$$

Asparaginsäure

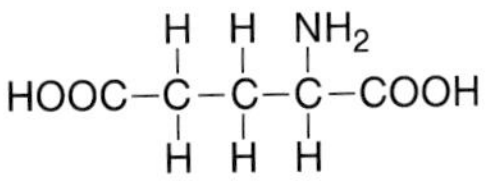

$$H \quad H \quad NH_2$$
$$HOOC-C-C-C-COOH$$
$$H \quad H \quad H$$

Glutaminsäure

$$H \quad H \quad H \quad NH_2$$
$$HOOC-C-C-C-C-COOH$$
$$H \quad H \quad H \quad H$$

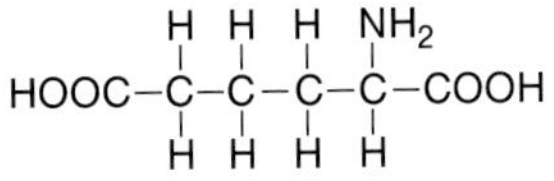

α-Aminoadipinsäure

Basische Aminosäuren

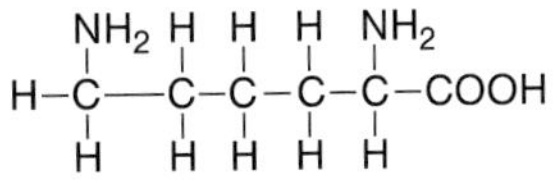

$$NH_2 \quad H \quad H \quad H \quad NH_2$$
$$H-C-C-C-C-C-COOH$$
$$H \quad H \quad H \quad H \quad H$$

Lysin

$$HN$$
$$\quad C-NH_2$$
$$HN \quad H \quad H \quad H \quad NH_2$$
$$C-C-C-C-COOH$$
$$H \quad H \quad H \quad H$$

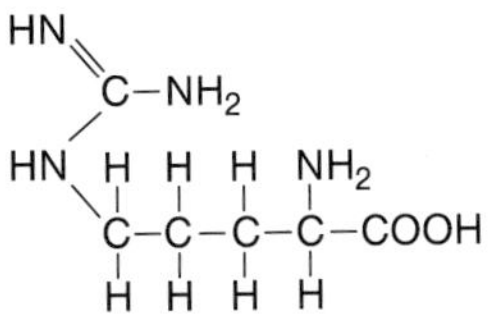

Arginin

Tab. 1.11 (Fortsetzung)

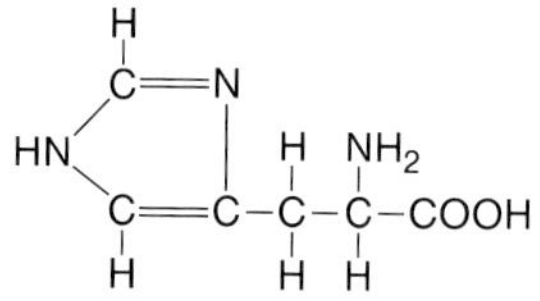

Histidin

Aromatische Aminosäuren

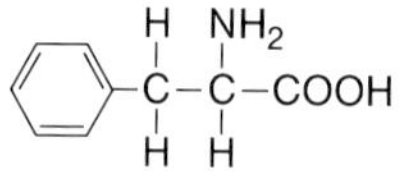

Phenylalanin

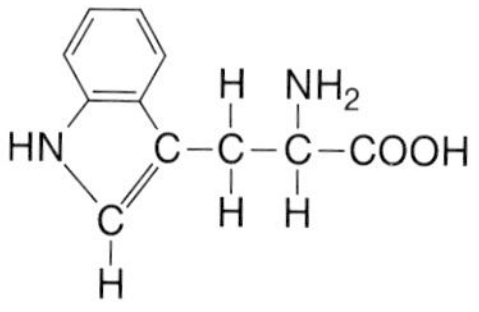

Tryptophan

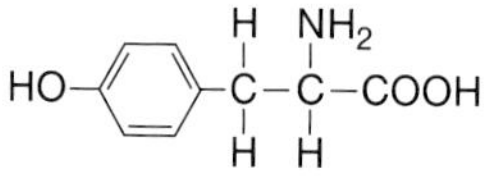

Tyrosin

Schwefelhaltige Aminosäuren

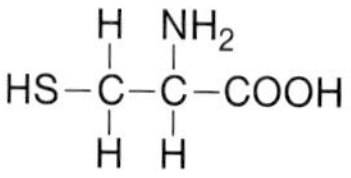

Cystein

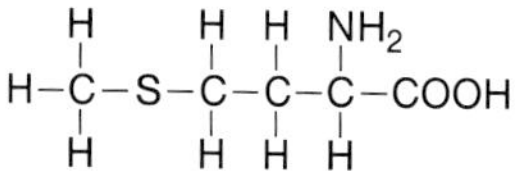

Methionin

Cylische Aminosäuren

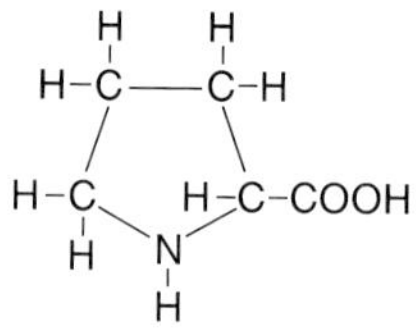

Prolin

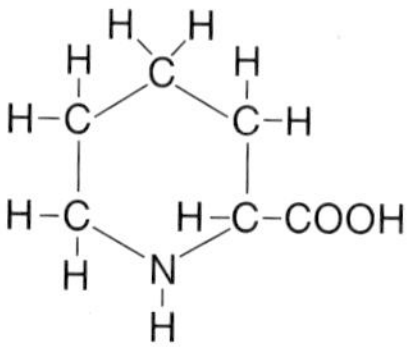

Pipecolinsäure

Oxyaminsäuren

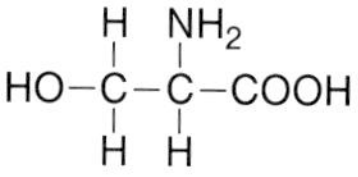

Serin

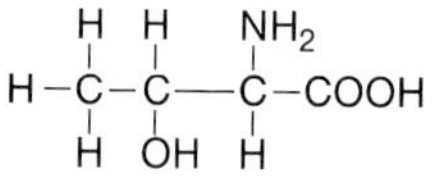

Threonin

Amide

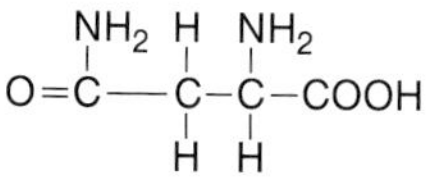

Asparagin

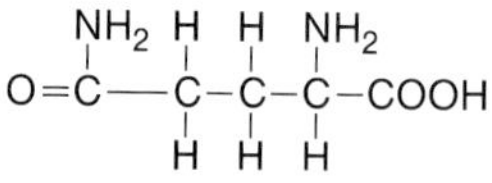

Glutamin

1.4.3.2 **Peptide und Proteine**

Durch Kondensation der Aminogruppe einer Aminosäure mit der Carboxylgruppe einer anderen entsteht unter Wasserabspaltung ein Peptid. Die Peptidbindung O=C–N–H läßt sich wieder hydrolytisch spalten (Abb. 1.24).

Zwei Aminosäuren bilden ein Dipeptid, durch Fortsetzung der Kondensation entsteht ein Tripeptid, Tetrapeptid usw.

Ein Peptid, welches bis zu 10 Aminosäuren enthält, wird als *Oligopeptid* bezeichnet, Verbindungen, die aus mehr Aminosäuren bestehen, nennt man *Polypeptide*. Ab einem Molekulargewicht von 10 000 (Ketten länge ca. 100 Aminosäuren) spricht man von Proteinen.

Diese Einteilung löst die bisherigen Trivialnamen wie „Proteosen" und „Peptone" ab (die aufgrund der folgenden Schilderung nicht haltbar waren).

Richtigerweise kann nur dann von einem Polypeptid gesprochen werden, wenn es sich um eine definierte, lineare, peptidartig verknüpfte Aminosäurekette handelt, die praktisch nur Peptidbindungen enthält. Die Struktur ist systematisch, da jeder Aminosäurerest immer die drei Atomgruppen (NH, CH und CO) enthält. Somit sieht ein Polypeptid schematisch wie folgt aus (Abb. 1.25).

Mehrere Polypeptidfäden können sich nun durch eine kovalente Verknüpfung der funktionellen Gruppen einzelner Aminosäureseitenketten zu Proteinmolekülen vereinigen. Durch vier Strukturen wird die Konstitution eines Proteins bestimmt: Die Primär-, Sekundär-, Tertiär- und Quartärstruktur.

Die 18–20 verschiedenen Aminosäuren, die ein derartiges Polypeptid bilden, liegen hier angedeutet durch die Reste 1–4, in einer bestimmten Reihenfolge (Sequenz) vor, die naturgemäß unzählige Möglichkeiten für den Aufbau einer derartigen Polypeptidkette darstellen. Diese Aminosäuresequenz wird als *Primärstruktur* eines Polypeptids oder *Proteins* bezeichnet. Sie ist streng geordnet. Bereits der Ersatz einer Aminosäure aus der Kette durch eine andere könnte

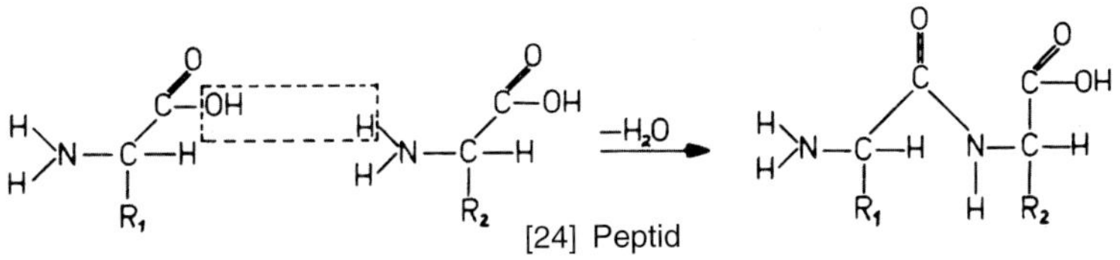

Abb. 1.24 Aufbau eines Peptids aus zwei Aminosäuren.

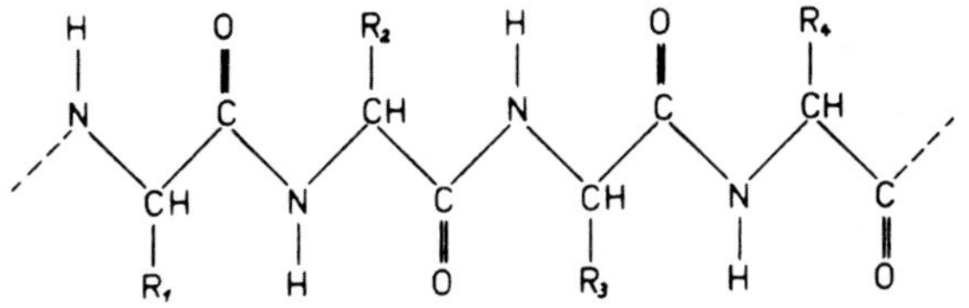

[25] Polypeptidkette

Abb. 1.25 Struktur einer Polypeptidkette.

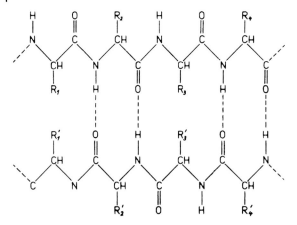

Abb. 1.26 Wasserstoffbrücken zwischen zwei Ketten.

bei physiologisch wirksamen Proteinen, z.B. bei Enzymen, zu einem Verlust der Aktivität führen.

Die *Sekundärstruktur* entsteht durch die Ausbildung von Wasserstoffbrücken zwischen dem Wasserstoff der *Aminogruppe* und dem Sauerstoff der Carboxylgruppe der Peptidbindungen. Die Bindungsenergie beträgt zwar nur ein Zehntel des Wertes von kovalenten Bindungen, sie genügt aber, um den Polypeptidketten eine bestimmte räumliche Struktur aufzuprägen (Abb. 1.26).

Bei Wasserstoffbrücken innerhalb einer Polypeptidkette entstehen schraubenförmige „helikale" Strukturen. So ist z.B. bei der häufig vorkommenden a-Helix eine Wasserstoffbrückenbildung von jeweils einer Peptidbindung zur drittnächsten gegeben.

Bei der Ausbildung von Wasserstoffbrücken zwischen verschiedenen Polypeptidketten kommt es zur sog. „Faltblattstruktur", bei der die Ketten eine zickzackförmige Fläche bilden, aus der die Seitenketten nach oben und unten herausstehen (Abb. 1.27).

In der *Tertiärstruktur* falten sich die Polypeptidspiralen zu Schleifen oder Knäueln, wobei wiederum Wasserstoffbrücken, vor allem aber kovalente Bindungen wie Disulfidbrücken die Form festigen. Das Zustandekommen der letzteren läßt sich anhand der Oxidation von Cystein zu Cystin verfolgen (Abb. 1.28).

Diese Reaktion ist auch bei einer Oxidation von hochmolekularen Eiweißkörpern in Würze und Bier möglich. Hierdurch vergrößert sich das Molekulargewicht, das so erhaltene Proteinindividuum verliert an Löslichkeit und neigt zur Ausfällung.

Neben den angegebenen Bindungsmöglichkeiten spielen auch noch die ionogene und die hydrophobe Bindung eine Rolle. Letztere bilden sich aus den apolaren Seitenketten verschiedener Aminosäuren (Abb. 1.29).

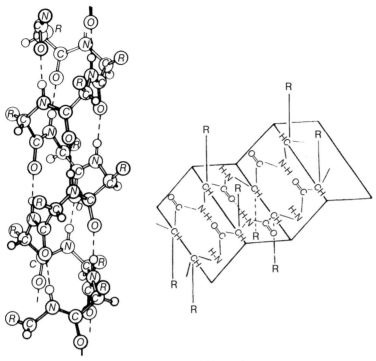

[26] α-Helix   [27] Faltblattstruktur

Abb. 1.27 Sekundärstruktur von Polypeptiden [77].

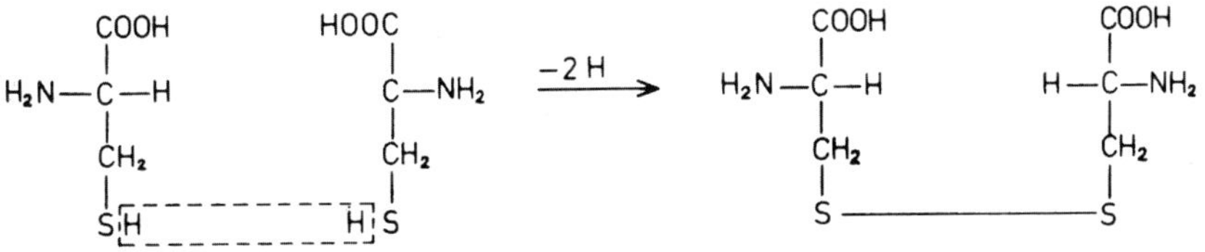

$$H_2N-\underset{\underset{S-H}{\overset{\overset{COOH}{|}}{C}-H}}{\underset{|}{CH_2}} \qquad \underset{\underset{H-S}{\overset{\overset{HOOC}{|}}{C}-NH_2}}{\underset{|}{CH_2}} \qquad \xrightarrow{-2\,H} \qquad H_2N-\underset{\underset{S}{\overset{\overset{COOH}{|}}{C}-H}}{\underset{|}{CH_2}} \qquad H-\underset{\underset{S}{\overset{\overset{COOH}{|}}{C}-NH_2}}{\underset{|}{CH_2}}$$

[28] Cystein   [29] Cystin

Abb. 1.28 Oxidation von Cystein zu Cystin.

Die Tertiärstruktur eines Proteins ist aus Abb. 1.30 ersichtlich.

Zwischen sekundärer und tertiärer Struktur läßt sich oft keine klare Grenze ziehen. Deshalb faßt man sie neuerdings auch unter dem Begriff „Kettenkonformation" zusammen.

Einfache Proteine bauen sich lediglich aus gefalteten Polypeptidketten auf. Die meisten Eiweißkörper enthalten jedoch mehrere derartiger tertiär geordneter Gebilde, die zur *Quartärstruktur* ineinandergefaltet sind, ohne dass sich hier kovalente Bindungen (wie Disulfid-Brücken) ausbilden.

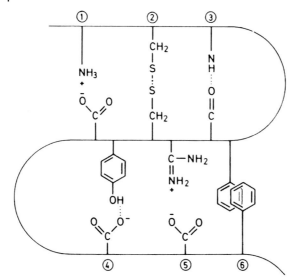

Abb. 1.29 Bindungstypen in Proteinketten. ① und ⑤: Elektrostatische Wechselwirkungen, ②: Schwefelbrücke (kovalente Bindung), ③ und ④: Wasserstoffbrücken, ⑥: hydrophobe Bindung. Entnommen aus [107].

Zur Stabilisierung der Proteinstruktur trägt auch das Adsorptionswasser bei. Die zahlreichen CO- und NH-Gruppen der Polypeptide sind hydrophil und lagern das sog. Hydratationswasser an. Proteinlösungen stellen somit eine wäßrige Lösung in einer Flüssigkeit dar (Emulsoid).

1.4.3.3 Eigenschaften der Proteine

Das Molekulargewicht der Eiweißkörper liegt allgemein zwischen 10 000 und mehreren Millionen. Infolge der Größe dieser Moleküle zeigen die Proteine in Lösung die physikalisch-chemischen Eigenschaften von Kolloiden. Sie diffundieren nicht durch Membranen, also auch nicht durch Zellwände. Sie sind durch Aufnahme oder Abgabe von Wasser quellbar oder entquellbar und spielen dadurch eine große Rolle im Wasserhaushalt der lebenden Zellen. Unter dem Einfluß von Säuren und vor allem von Alkali nimmt die Quellung stark zu und kann selbst zur Lösung führen. Neutralsalze wirken entquellend.

Die kolloidalen Lösungen (Emulsionskolloide) sind optisch aktiv. Auch sind derartige Lösungen viskos, und zwar um so stärker, je mehr höhermolekular und je stärker gequollen das enthaltene Eiweiß ist. Als oberflächenaktive Substanzen haben sie einen positiven Einfluß auf den Bierschaum.

Wie die Aminosäuren, so sind auch die Proteine amphoter. Im *isoelektrischen Punkt (I.P.)* sind sie elektrisch neutral. Der I.P. tritt bei jeder Eiweißart bei einem anderen pH auf und ist eine charakteristische, durch die Anzahl der sauren und basischen Aminosäuren bedingte Eigenschaft, die auch in technologi-

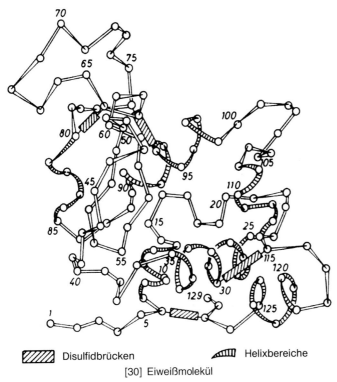

Abb. 1.30 Räumliche Darstellung der Tertiär- und Sekundärstruktur eines Lysozym-Moleküls. Nach *Bragg*, entnommen
aus [106]. Loc. cit.

scher Hinsicht wichtig ist. Im I.P. ist die Hydratation des Proteins am geringsten, wodurch sich die Löslichkeit stark erniedrigt.

Durch Erhitzen von Proteinlösungen tritt eine *Denaturierung* bzw. eine Koagulation der Eiweißkörper ein. Die Denaturierung entspricht dem Übergang von
dem hochgeordneten Zustand der Proteinemulsionen in einen ungeordneten:
Dabei wird die definierte Sekundär- und Tertiärstruktur des Proteins weitgehend entfaltet; hierbei tritt eine teilweise Sprengung von Disulfidbindungen
ein, Wasserstoffbrücken werden zerstört, wie das Molekül auch das durch die
hydrophilen Gruppen polar gebundene Hydratationswasser verliert.

Diese erste Phase der Denaturierung wird durch Erhitzen, durch Absenken
des pH (z.B. auf den isoelektrischen Punkt), durch Einwirkung von Gerbstof-
fen, Metallen, Alkohol, Salzen, starken Säuren und Alkalien, durch Oxidation,
durch Adsorptionskräfte sowie durch mechanische Einflüsse (z.B. lebhafte Bewegung) ausgelöst.

Die zweite Phase, die eigentliche *Koagulation,* stellt einen kolloidchemischen
Vorgang dar. Durch Überschreiten einer bestimmten Konzentration z.B. in Gas-
oder Flüssigkeitsoberflächen lagern sich die denaturierten Teilchen zu makro-

molekularen Partikeln zusammen. Sie erscheinen zunächst als optale Trübung, die sich zu Flocken zusammenballt und somit z. B. zu der Erscheinung des „Bruches" am Ende des Würzekochens führt (s. Bd. II).

1.4.3.4 Die Eiweißkörper der Gerste

Ihre Hauptmenge im Gerstenkorn, aber auch im Malz besteht aus hochmolekularen, überwiegend wasserunlöslichen phosphorfreien Eiweißkörpern, deren Systematisierung nach *Osborne* [108] immer noch einen guten Überblick vermittelt. Demnach sind vier große Gruppen gegeben:

a) *Albumine* sind hochmolekulare, in reinem Wasser, aber auch in verdünnten Salzlösungen lösliche Proteine. Sie koagulieren aus ihren Lösungen bei etwa 52 °C wieder weitgehend; sie können auch durch Aussalzen z. B. mit Ammonsulfat gefällt werden. Elektrophoretisch können bis zu 8 [109], nach anderen Autoren [110] sogar 16 verschiedene Komponenten unterschieden werden, deren I.P. zwischen pH 4,6 und 5,8 liegt.

Neuere Untersuchungen mit Hilfe der dünnschichtisoelektrischen Fokussierung haben eine noch größere Zahl von wasserlöslichen Proteinen ergeben [111].

Zu den Albuminen zählt auch das Protein Z, welches beträchtliche Mengen an β-Amylase binden kann und deshalb für die gebundene Form der β-Amylase verantwortlich ist [113, 114]. Das Protein Z übersteht den Mälzungs- und Brauprozeß relativ unverändert; es behält seine immunchemischen Eigenschaften wie auch sein Molekulargewicht von rund 40 kDa. Es ist für kolloidale Trübungen ebenso verantwortlich wie für den Bierschaum [115].

Das Molekulargewicht der Albumine beträgt im Mittel 70 000 [112]. Zwei Albuminfraktionen lassen eine β-Amylaseaktivität erkennen. Diese ist möglicherweise durch β-Amylase gegeben, die mittels Disulfidbrücken an Albumin gebunden ist. Das Albumin der Gerste, das rund 4–12% der Eiweißkörper ausmacht, wird auch als „Leucosin" bezeichnet.

Ebenfalls zu den Albuminen werden die Lipidtransferproteine LTP1 und LTP2 gezählt. Sie bewirken den Transfer von Lipiden zwischen Membranen in vitro und sind in der Aleuronschicht reichlich vorhanden. Gersten-LTP1 ist charakterisiert durch einen IP von 9; es weist eine Molekularmasse von 9,7 kDa auf, LTP2 eine solche von 7 kDa [116]. Das Lipidtransferprotein erfährt – wie das Protein Z – beim Mälzen und Brauen nur geringe Veränderungen und trägt wie dieses zum Bierschaum, aber auch zu kolloidalen Trübungen bei [117].

b) *Globuline:* in reinem Wasser unlöslich, sind sie mit verdünnten Salzlösungen extrahierbar. Die Hitzekoagulation tritt erst bei höheren Temperaturen – von etwa 90 °C ab – ein. Eine elektrophoretische Auftrennung in vier Komponenten zeigt große Unterschiede innerhalb der Molekulargewichte [118, 119]:

α-Globulin   26 000
β-Globulin   100 000
γ-Globulin   166 000
δ-Globulin   300 000

Der I.P. liegt zwischen pH 4,9–5,7. Eine besondere technologische Bedeutung wird dem β-Globulin zugeschrieben. Der sehr niedrige isoelektrische Punkt von 4,9, der meist beim Würzekochen nicht erreicht wird, sowie der hohe Gehalt an Schwefel könnten für Trübungserscheinungen im abgefüllten Bier verantwortlich sein. Die Globuline der Gerste werden auch „Edestin" genannt.

Häufig werden diese beiden Fraktionen (Albumine und Globuline) als „salzlösliche Proteine" zusammengefaßt, da sie unter den üblichen technologischen Bedingungen fast immer gemeinsam in Lösung gehen und auch in ihrem physikalisch-chemischen Verhalten viele Ähnlichkeiten aufweisen. Immunologische Untersuchungen ergaben, dass die salzlöslichen Proteine mindestens aus 14–15 Komponenten bestehen [120].

c) *Prolamine:* Sie sind in reinem Wasser und in Salzlösungen unlöslich, dagegen löslich in 50–90%igem Ethylalkohol und in einigen mit Wasser verdünnbaren Alkoholen. Sie liefern bei der Hydrolyse viel Prolin und Glutaminsäure. Das Prolamin der Gerste, das „Hordein", wurde elektrophoretisch und chromatographisch in fünf Komponenten aufgeteilt [90], von denen das δ- und ε-Hordein als Bestandteil reversibler und irreversibler Biertrübungen vermutet wurden [122].

Es wurden auch einige Hordein-Abkömmlinge im Bierschaum gefunden, so das ε-1-Hordein mit einer Molekularmasse von 17 kDa [91a] sowie zwei weitere, vom Hordein stammende Proteine, die in den 7–17 kDa-Banden und im 40 kDa-Band der SDS-Elektrophorese auftraten [124].

Mittels Flachgelelektrophorese [6] können im sauren Bereich (pH 4) 7 und im alkalischen Bereich 14 Banden festgestellt werden. Dies ist für die Sortenerkennung bedeutsam. Durch Elektrophorese (A-PAGE und SDS-PAGE) konnten bis zu 33 Banden gefunden werden, deren unterschiedlicher Abbau beim Mälzen aber keinen Hinweis auf die Mälzungsqualität einer Gerste gab [125].

Die Prolamine scheinen größtenteils Speicherproteine zu sein. Sie haben Molekularmassen von 15–100 kDa. Sie werden in vier Gruppen eingeteilt, abhängig von ihrer Größe und Aminosäure-Zusammensetzung:

- A-Hordeine: Mit 15–25 kDa scheinen sie keine echten Speicherproteine zu sein, da sie auch andere Proteine, wie z.B. Inhibitoren von Proteasen und α-Amylasen enthalten.
- B-Hordeine: Sie machen mit bis zu 80% den Hauptanteil der Hordeine aus und sind reich an schwefelhaltigen Aminosäuren. Das Molekulargewicht liegt zwischen 32 und 45 kDa.
- C-Hordeine (49–72 kDa): Sie sind schwefelarm; sie enthalten nur die Hälfte Cystein wie das B-Hordein. Ihr Anteil liegt bei 10–20%.
- D-Hordeine (<5%) weisen ein Molekulargewicht von 100 kDa auf.

B-und C-Hordeine werden hauptsächlich für die elektrophoretische Gerstenidentifizierung herangezogen. Die A- und B-Hordeine ergeben dagegen nur einheitliche Banden [126, 127].

d) *Gluteline* (Glutenine): Die in neutralen Lösungsmitteln und in Alkohol unlösbaren Eiweißkörper sind in Alkalien, allerdings nur unter wesentlicher Strukturveränderung, löslich. Auch das Glutelin konnte bisher in vier verschiedene Fraktionen aufgeteilt werden [128]. Bei Weizenglutelin ergab eine elektrophoretische Trennung in Polyacrylamidgel 14 Banden, die ebenfalls der Sortenidentifizierung dienen können [129].

Die genuinen Eiweißkörper der Gerste zeigen nach Tab. 1.12 folgende Aminosäurezusammensetzung [130]:

Albumine und Globuline stammen wahrscheinlich in erster Linie aus den Resten des Cytoplasmas und anderen Gruppen, die an der Genese des Korns beteiligt sind. Auch Enzyme (s.o.) kommen in diesen bei den Fraktionen vor, die vornehmlich im Keimling lokalisiert sind. Prolamine und Gluteline stellen Reserveproteine dar; sie sind in der Subaleuronschicht und in den Zellwänden zu finden.

1.4.3.5 Proteide (zusammengesetzte Eiweißkörper) in Gerste

Es handelt sich hierbei um Eiweißstoffe, die noch andere, nicht eiweißartige Komponenten enthalten. Zu diesen zählen: Phosphoproteide (Protein + Phosphat), Glycoproteide (Protein + Zucker), Lipoproteide (Protein + Lipoid), Chromoproteide (Protein + Farbkomponenten), Nucleoproteide (Protein + Nucleinsäure).

Glycoproteide haben durch ihr Molekulargewicht sowie durch ihre Oberflächenviskosität Bedeutung für die Schaumhaltbarkeit des Bieres [131].

Tab. 1.12 Aminosäurezusammensetzung der Osborne-Fraktionen der Gerste [130].

	Albumine	Globuline	Prolamine	Gluteline
Asparaginsäure	10,2	8,6	1,7	4,9
Threonin	4,7	4,8	2,1	4,2
Serin	6,4	6,5	4,6	6,7
Glutaminsäure	13,8	12,9	35,3	24,2
Prolin	7,4	6,8	23,0	14,2
Glycin	9,7	9,5	2,2	6,4
Alanin	8,2	8,3	2,3	5,6
Cystin	3,8	3,0	1,9	0,5
Valin	6,3	6,8	3,9	7,2
Methionin	2,0	1,4	0,9	1,3
Isoleuein	3,3	3,1	3,6	4,0
Leucin	5,9	7,5	6,1	7,5
Tyrosin	3,4	2,7	2,3	1,7
Phenylalanin	2,6	3,3	5,8	4,0
Histidin	1,7	2,2	1,2	2,0
Lysin	4,3	4,7	0,5	2,8
Arginin	4,5	7,0	2,0	2,5
Tryptophan	1,8	0,9	0,6	0,3
Amidgruppen	14,0	9,6	34,9	23,6

Der Kohlenhydratanteil kann entweder O-glycosidisch an Serin, Threonin oder γ-Hydroxylysin oder N-glycosidisch an Asparagin gebunden sein. Auch Ferulasäure scheint bei der Verknüpfung der Strukturen eine Rolle zu spielen (s. a. Abschnitt 1.4.2.3).

Von den oben aufgeführten Proteiden kommt den Nucleoproteiden größte Bedeutung zu. Ihre nichteiweißartige Komponente wird von den *Nucleinsäuren* dargestellt, die 0,2–0,3% der Gerstentrockensubstanz ausmachen. Sie sind aus *Nucleotiden* aufgebaut, die sich wiederum jeweils aus einer Stickstoff-Base, einer Pentose und Phosphat zusammensetzen. *Nucleoside* nennt man dagegen die Verbindungen aus Stickstoff-Basen und Pentosen (Abb. 1.31).

Die Struktureinheiten der Nucleinsäuren sind also immer N-Base, Pentose und Phosphat. Nucleinsäuren mit Desoxyribose als Bausteine sind die Desoxyribonucleinsäuren (DNS). Nucleinsäuren mit Ribose werden Ribonucleinsäuren (RNS) genannt. Beide sind von sehr großer physiologischer Bedeutung, z. B. als genetischer Code beim Aufbau der Proteine (s. Abschnitt 1.5.7).

Zu den wichtigsten Stickstoffbasen gehören die Purinderivate Adenin und Guanin, ferner die Pyrimidinderivate Cytosin, Thymin und Uracil.

1.4.3.6 Der Eiweißgehalt der Gerste und seine Bedeutung

Wie schon eingangs erwähnt, wird der Eiweißgehalt einer Gerste aus dem Gesamtstickstoff durch Multiplikation mit 6,25 errechnet. Dieser „Rohprotein-

Pentosen:

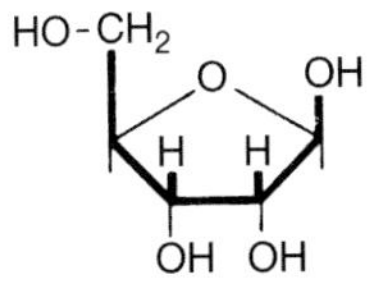

[31] β-D-Ribose 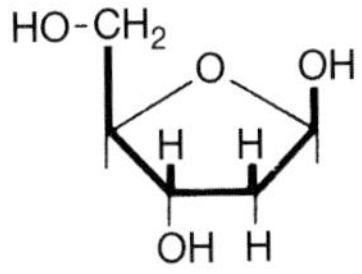   [32] β-D-Desoxyribose

Purinderivate:

Pyrimidinderivate:

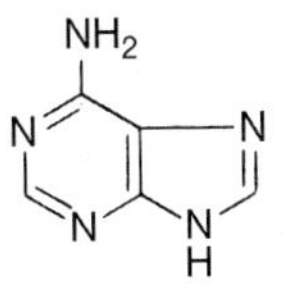

[33] Adenin 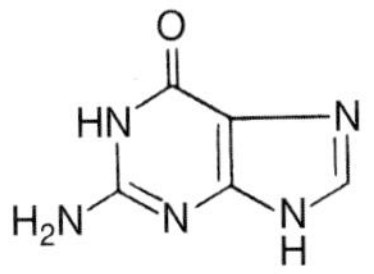   [34] Guanin 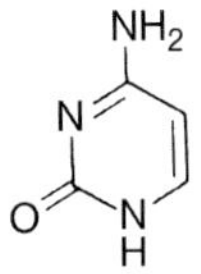   [35] Cytosin 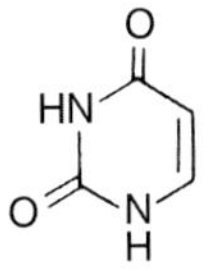   [36] Uracil 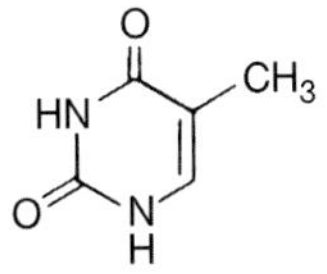   [37] Thymin

Nucleosid: Nucleotid:

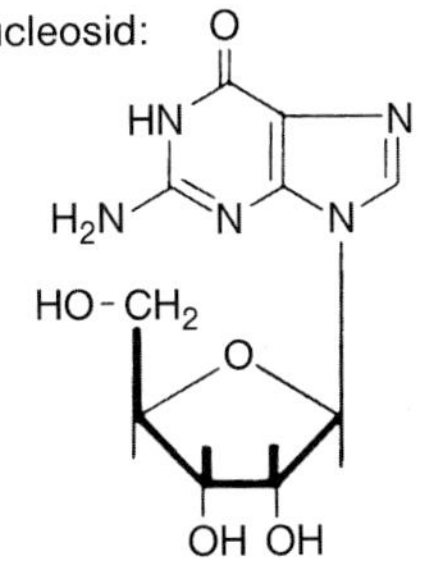

[38] Guanosin   [39] Adenosin-5-phosphat
(Adenosinmonophosphat)

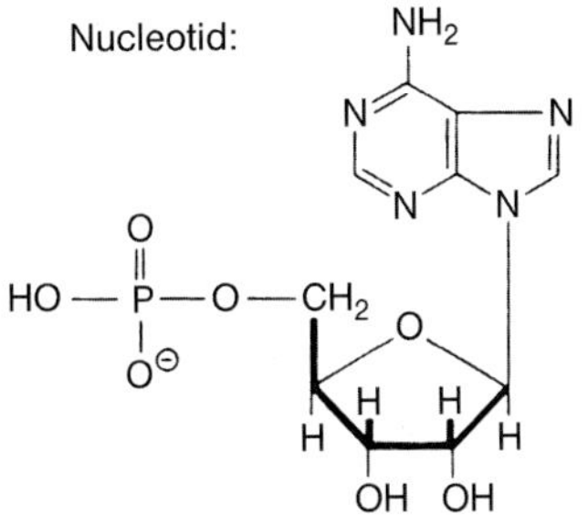

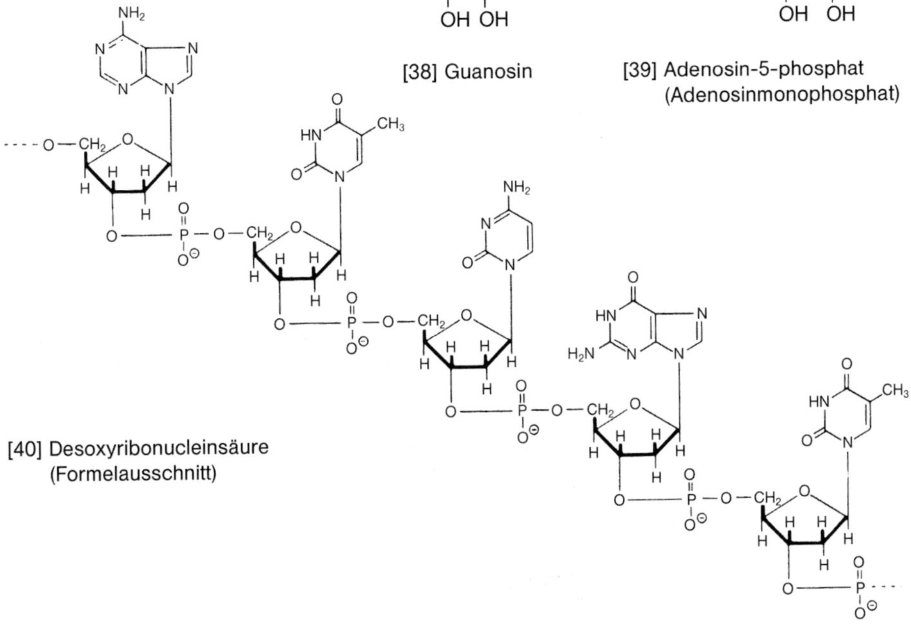

[40] Desoxyribonucleinsäure
(Formelausschnitt)

Abb. 1.31 Aufbau der Nucleinsäuren.

gehalt" kann infolge des schwankenden Stickstoffanteils der verschiedenen Eiweißstoffe nur einen Durchschnittswert darstellen.

Die Menge des Gesamtstickstoffs der Gerste beträgt, auf wasserfreie Substanz berechnet, etwa 1,30–2,15%, der Eiweißgehalt somit etwa 8,0 bis 13,5%. Normalerweise liegen die wasserfreien Werte für Braugersten bei 1,45–1,85% Stickstoff bzw. 9,0–11,5% Eiweiß.

Eiweißreiche Gersten haben für die Verarbeitung in Mälzerei und Brauerei eine Reihe von Nachteilen aufzuweisen. So entspricht einem höheren Eiweißgehalt immer ein niedrigerer Gehalt an Stärke, was sich negativ auf das Extraktniveau des Malzes auswirkt. Seit Jahren wurde die Auffassung vertreten, dass ein um 1% höherer Eiweißgehalt eine Minderung des Malzextraktes um rund 0,6% bewirke [132].

Dennoch läßt sich diese Beziehung nicht immer verallgemeinern. Je nach Jahrgang, Sorte, Düngung etc. ist der Extraktverlust bei einer Steigerung des Proteingehaltes verschieden hoch. *Sorten* mit hohem Tausendkorngewicht, hohem Sortierungsanteil über 2,8 mm und niedrigem Spelzengehalt können trotz höherem Eiweißgehalt auch hohe Extraktwerte verzeichnen. Andere Sorten, die spelzenreicher und kleinkörniger sind, liefern selbst bei niedrigen Stickstoffmengen nur ein mittleres Extraktniveau [133–136].

Der *Jahrgang* spielt durch die Auswirkungen klimatischer Bedingungen eine bedeutende Rolle (s. Abb. 1.3 a, Abschnitt 1.2.9): Einmal über die Dauer der Vegetationszeit, die die Einlagerung von Assimilaten in die Körner beeinflußt, zum anderen über die Witterung, die diese Einlagerung fördert oder durch Hitze und Trockenheit abschwächt bzw. die durch Niederschläge die je nach Zeitpunkt die Stickstoffmobilisierung und -aufnahme aus dem Boden nach niedrigeren oder höheren Eiweißgehalten bestimmen [137].

Die Erfahrung, dass eiweißreichere Gersten langsamer Wasser aufnehmen als eiweißarme, ließ sich anhand definierten Sortenmaterials nicht bestätigen [138]. Einen Einfluß auf die Wasseraufnahme dürften vor allem die Witterungsgegebenheiten während der Reife und Ernte spielen. Notreife Gersten nehmen meist langsamer Wasser auf als solche von ausgeglichener Vegetationszeit; nachdem diese ersteren auch in vielen Fällen einen höheren Eiweißgehalt verzeichneten, ergab sich eine nach den obigen Werten nicht haltbare Relation Eiweißgehalt: Wasseraufnahme. Es ist jedoch bewiesen, dass eiweißreiche Gersten einer intensiveren und entsprechend schwandreichen Vermälzung bedürfen, um eine gleichgute cytolytische Lösung zu ermöglichen [139, 140]. Derartige Malze liefern wiederum mehr lösliches Eiweiß, das sich zwar unter bestimmten Bedingungen (Verteilung der Fraktionen) positiv auf die Schaumeigenschaften – doch weniger günstig auf die Stabilität – und bei hopfenbetonten Bieren abträglich auf den Gesamtcharakter auswirkt [141]. Für die Herstellung typischer, dunkler Biere sind eiweißreichere Gersten (um 12%) wegen der günstigeren Disposition zur Ausbildung färbender und aromatischer Substanzen gut geeignet.

Eiweißarme Gersten gelten als die feinere Brauware, die für die Herstellung hellster Pilsener Malze und Biere bevorzugt wird; für derartige Typen sollte der

Eiweißgehalt auf jeden Fall unter 11% liegen. Sehr eiweißarme Gersten (unter 9%) können zu einer Verarmung an jenen Stickstoffsubstanzen führen, die für Schaum und Vollmundigkeit des Bieres einerseits sowie für die Hefeernährung andererseits bedeutsam sind.

Die Höhe des Eiweißgehaltes einer Gerste wird durch die Sorte, vor allem aber durch die Umweltfaktoren bedingt [142, 143]. Als besonders wichtig gelten die Witterungsverhältnisse während Aufwuchs und Reife, die Vegetationszeit, die Vorfrucht und die Düngung (s. Abschnitt 1.2.5, 1.2.9).

Es ist jedoch auch die *Kornstruktur* von großer Bedeutung. Glasige Körner besitzen meist einen erheblich höheren Eiweißgehalt als mehlige, ohne dass ein hoher Eiweißgehalt die Erscheinung der Glasigkeit nach sich ziehen müßte. Dies zeigt folgende Aufstellung:

mehlige Körner	8,6–14,1% Eiweiß
halbglasige Körner	10,7–15,2% Eiweiß
glasige Körner	12,4–16,6% Eiweiß

Die Glasigkeit des Mehlkörpers hängt demnach nur bedingt vom Eiweißgehalt ab; unter ungünstigen klimatischen Bedingungen, z. B. bei heißem und trockenem Wetter während der Aufwuchs- und Reifezeit, werden eiweißreiche Gersten meist glasig, während unter günstigen Verhältnissen solche Gersten mehlig sein können. Den größten Anteil an der Glasigkeit scheint das Hordein zu haben.

Unter gleichen Bedingungen können sich einzelne Gerstensorten im Eiweißgehalt deutlich unterscheiden. So neigen einige Sorten stets zu höheren, andere wiederum zu niedrigeren Werten. Häufig werden die letzteren durch einen hohen Spelzengehalt hervorgerufen [144].

Aber auch die einzelnen Ähren einer Sorte, eines Ackers oder selbst die einzelnen Körner einer Ähre unterscheiden sich im Stickstoffgehalt oftmals wesentlich. Die oberen Körner einer Ähre sind meist eiweißreicher als die der unteren Ährenhälfte [145]. Dies zeigt auch Tab. 1.13, Abschnitt 1.6.1.6.

Großkörnige Gersten enthalten in einer Gewichtseinheit prozentual weniger Eiweiß als mittel- oder kleinkörnige:

I. Sorte	10,7% Eiweiß
II. Sorte	11,3% Eiweiß
III. Sorte (Abputz)	12,9% Eiweiß

Es läßt sich demnach Rohgerste durch Entfernen des Abputzes auf einen günstigeren Eiweißgehalt „sortieren".

Die *Menge der einzelnen Proteine* im Gerstenkorn und die Form ihrer Ablagerung richtet sich primär nach den Umwelteinflüssen und dem Reifestadium, aber auch nach der Gerstensorte. So streben die stickstoffhaltigen Substanzen einem vom Gesamtstickstoffgehalt und vom Grad der Reife abhängigen Gleichgewichtszustand zu, der von äußeren Einflüssen und den Entwicklungen während der Vegetation abhängig ist. Wird dieser Zustand bis zur Ernte noch nicht erreicht, so stellt er sich nach längerer Lagerzeit nachträglich noch ein und ändert sich dann nicht mehr.

Die jeweilige Zusammensetzung des so gebildeten Gerstenstickstoffs ist nicht immer gleich, sondern hängt im einzelnen ab:

a) Bei einer bestimmten Gerstensorte von der Höhe des *Gesamtstickstoffs* [146, 147]. Wird dieser größer, so nimmt der salzlösliche Stickstoff (Albumin + Globulin + Abbauprodukte) zwar absolut zu, wird aber prozentual geringer. Der Prolamingehalt steigt absolut und prozentual an, während das Glutelin prozentual gleich hoch bleibt. Es erhöht sich demnach im gleichen Verhältnis wie der Gesamtstickstoff.

b) *Die Gerstensorte* läßt deutliche Unterschiede erkennen. So zeigten deutsche Gersten eines Jahrgangs einen Sorteneinfluß auf den Anteil des wasserlöslichen Stickstoffs (Albumin + Abbauprodukte), der noch in vermehrtem Umfang auf das Prolamin wirkte, auf das Glutelin jedoch ohne eindeutigen Effekt blieb [148, 149].

c) *Die Witterungsverhältnisse* vermögen sich in jedem Stadium auf das „Eiweißmuster" auszuwirken: Günstige Bedingungen, die eine lange Vegetationszeit ermöglichen, erhöhen den Glutelingehalt auf Kosten der übrigen Eiweißgruppen. Wird dagegen nach einer günstigen Jugendentwicklung der Gerste der weitere Aufwuchs durch plötzlich auftretende Trockenheit gestört, so erfährt der Glutelingehalt eine Verringerung.

Auch bei der Reife sind die Veränderungen der Stickstoffzusammensetzung stark von den Witterungsbedingungen abhängig. Bei sehr hoher Temperatur erfolgt bereits auf dem Halm eine Erhöhung des löslichen Stickstoffs, wenn gleichzeitig keine Austrocknung stattfindet. Bei weniger extremen Verhältnissen tritt eine solche Zunahme erst bei der Lagerung der Gerste ein. Überreife am Halm führt fast immer zu einer Zunahme des salzlöslichen Stickstoffs, ebenso künstliches Trocknen der Gerste. In ähnlicher Weise hängt auch der Prolamingehalt von den Witterungsverhältnissen ab.

d) *Die Anbaugegebenheiten:* Der Anbauort ist gleichermaßen von der Witterung wie auch von den Faktoren des Anbaus abhängig. Das Prolamin zeigt keine merkliche Reaktion auf eine stärkere Stickstoffdüngung, weder der Menge noch der Zusammensetzung seiner Komponenten nach. Dagegen übt der Anbauort einen bedeutsamen Einfluß auf beide Momente aus [150].

Neben den vier Eiweißhauptfraktionen sind noch eine Vielzahl von *Abbauprodukten* der verschiedensten Größe vorhanden, die bei einer Reihe von Untersuchungen unter dem Begriff „wasserlöslicher" oder „salzlöslicher Stickstoff" mit erfaßt werden.

Die Menge des präexistierend (d.h. im ruhenden Korn) löslichen Stickstoffs liegt bei 120–175 mg/100 g Gerstentrockensubstanz und damit zwischen 6,5 und 10% des Gesamt-Stickstoffs. Hiervon entfallen 16–60 mg oder 1/7–1/4 auf die niedermolekulare, formoltitrierbare Fraktion, die wiederum zu 50–90% aus α-Amino-Stickstoff besteht. Wintergersten aus feuchten Jahrgängen enthalten mehr präexistierend lösliches Eiweiß, Sommergersten verzeichnen eine umgekehrte Tendenz [151].

1.4.3.7 Die Ermittlung der einzelnen Eiweißarten und deren Abbauprodukte

Diese kann nach einer Reihe von Methoden erfolgen. So sind die Fällungsreaktionen nach *Schjerning, Osborne-Bishop, Lundin* und *Myrbäck* bekannt und finden z.T. auch heute noch Anwendung. Hochmolekulare Abbauprodukte der Albumine und Globuline werden durch die Färbung mit Coomassie-Blau erfaßt. Die hier erhaltenen Fraktionen sind aber nicht einheitliche Stickstoffkörper, sondern Gemische verschiedener Proteine und Polypeptide.

Durch Einsatz von Ultrazentrifugen gelang es, einen tieferen Einblick in die Größenverhältnisse der Eiweißsubstanzen zu gewinnen als dies mit Hilfe von Fällungsreaktionen möglich war. Auch die Verfahren der Osmose, der Diffusion und des Lichtstreuungsvermögens erwiesen sich zur Bestimmung von Fraktionen nach dem Molekulargewicht als geeignet. Eine weitere Differenzierung erlaubt die Elektrophorese, die Immunelektrophorese, die Chromatographie auf Cellulose-Ionenaustauschern sowie die isoelektrische Fokussierung. Eine weitere Methode zur Bestimmung von Molekularfraktionen stellt die Gelfiltration dar.

Die niedermolekularen Abbauprodukte, z. B. die einzelnen Aminosäuren, werden heutzutage durch Hochdruckflüssigchromatographie (HPLC) zuverlässig ermittelt. Eine Methode zur summarischen Bestimmung des α-Amino-Stickstoffs auf der Basis der Ninhydrinfärbung oder Reaktion mit Trinitrobenzolsulfonsäure (TNBS) erarbeitete die European Brewery Convention (EBC). Die Formoltitration (Formol-Stickstoff-Bestimmung) erfaßt nicht nur Aminosäuren, sondern auch reaktionsfähige Carboxylgruppen der Peptide und Proteine.

1.4.4
Fette

Gerste enthält zu 2–2,5% der Trockensubstanz in organischen Lösungsmitteln lösliche Fettstoffe (Lipide). Diese sehr inhomogene Stoffgruppe läßt sich grob einteilen in neutrale Lipide (in Gerste ca. 70%) und polare Lipide. Zu den ersteren gehören freie Fettsäuren (>C12), Mono-Ditriacylglyceride, Sterine, Sterinester, Carotinoide, Wachse und Tocopherole, zu letzteren Glycolipide (ca. 1/3) und Phospholipide (ca. 2/3). Der Keimling und die Aleuronzellen sind reich an Triacylglyceriden, die in Form von Öltröpfchen (Sphärosomen) vorliegen, während im Endosperm die Phospho- und Glycolipide überwiegen.

Beim Mälzen werden die Fette teilweise abgebaut, sie werden größtenteils veratmet, dienen aber auch dem Aufbau neuer Zellen in Blatt- und Wurzelkeim. Bei einwandfreier Läuterarbeit geht nur ein kleiner Teil der Fettstoffe in die Würze über, der sich u. U. auf die Geschmacksstabilität der Biere auswirken kann [152]. Auch schaumnegative Effekte sind beobachtet worden.

Die *Acylglyceride* bauen sich aus Glycerin und den verschiedenen Fettsäuren auf. Glycerin kann als dreiwertiger Alkohol Mono-, Di- und Tri-Ester bilden. Monoglyceride liegen zu ca. 0,5%, Diglyceride zu ca. 3%, Triglyceride dagegen zu ca. 95% vor [118]. In Triglyceriden können eine, zwei oder drei verschiedene Fettsäuren verestert sein. Damit ist die Zahl der möglichen Triglyceride durch die Kombination der verschiedenen Fettsäuren sehr groß (Abb. 1.32, 1.33). In Gerste und Weizen macht jedoch die Linolsäure ca. 56% aus; zusammen mit Palmitinsäure (ca. 22%) und Ölsäure (11 bzw. 14%) rund 89–96% der Fettsäuren in den Acyllipiden [119]. Während der Keimung erfolgt ein Abbau in die einzelnen Komponenten (s. Abschnitt 4.1.8).

Zu den *polaren Lipiden* zählen die Phospholipide (Phosphatide) wie Lecithin, Kephalin u. a. Bei diesen Verbindungen ist Glycerin mit zwei Fettsäuren und mit Phosphorsäure verestert, welche noch mit Cholin oder Ethanolamin (auch

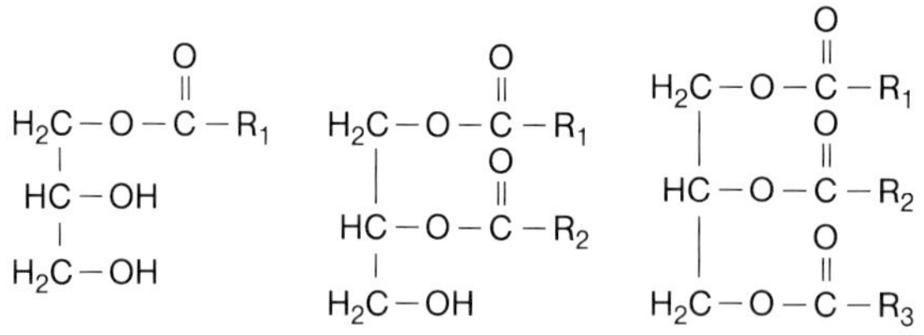

$$
\begin{array}{c}
\underset{\displaystyle \text{H}_2\text{C}-\text{O}-\overset{\textstyle \text{O}}{\overset{\|}{\text{C}}}-\text{R}_1}{} \\
\text{HC}-\text{OH} \\
\text{H}_2\text{C}-\text{OH}
\end{array}
$$

[44] Monoglycerid   [45] Diglycerid   [46] Triglycerid
(R_1, R_2, R_3: Fettsäurereste)

Abb. 1.32 Aufbau der Glyceride.

[41] Linolsäure $CH_3 \cdot (CH_2)_4 \cdot CH = CH \cdot CH_2 \cdot CH = CH \cdot (CH_2)_7\ COOH$

[42] Ölsäure $CH_3 \cdot (CH_2)_7 \cdot CH = CH \cdot (CH_2)_7 \cdot COOH$

[43] Palmitinsäure $CH_3 \cdot (CH_2)_{14} \cdot COOH$

Vereinfachte Formel

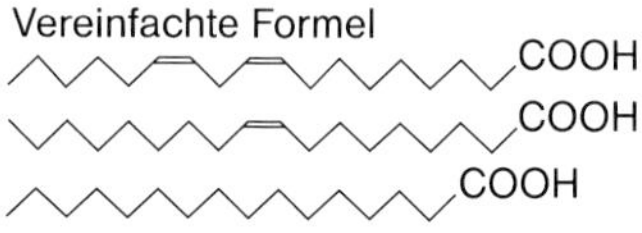

[41] Linolsäure   [42] Ölsäure   [43] Palmitinsäure

Abb. 1.33 Die wichtigsten Fettsäuren.

Serin) verbunden ist. Sie haben wichtige physiologische Funktionen, z. B. für die Durchlässigkeit der Zellwände. Glycolipide enthalten neben zwei Fettsäuren noch Mono- und Disaccharide, seltener Tri- und Tetrasaccharide.

Lipide und höhere Fettsäuren können auch in die helicalen Strukturen, vornehmlich der Amylose [155], aber auch des Amylopectins eingelagert sein. Diese Clathrate erschweren die Angreifbarkeit der Stärke beim Maischen [156].

Zu den Lipiden gehören auch die sog. *Gerstenbitterstoffe* oder *Bitterharze*, die ihren Sitz hauptsächlich in den Spelzen haben. Sie zeichnen sich durch einen äußerst kratzigen, zusammenziehenden Geschmack aus und besitzen eine antiseptische Wirkung. Es kommt daher auch aus geschmacklichen Überlegungen der Spelzenfeinheit einer Gerste Bedeutung zu. Die Bitterstoffe sind in heißem Wasser unter alkalischen Bedingungen leichter löslich als die Gerbstoffe. Von harten Wässern werden folglich mehr unedle Substanzen ausgelaugt als von weichen.

1.4.5
Phosphate

Der Phosphatgehalt einer Gerste hängt naturgemäß von der Höhe der Phosphatdüngung ab, vor allem wenn die Stickstoffgabe nicht entsprechend gesteigert wird. Es steht jedoch eine höhere Phosphatdüngung nicht im Verhältnis zum Anstieg der Phosphate in der Gerste [157]. Der Phosphatgehalt der Gerste ist in erster Linie eine Sorteneigenschaft [158]. Normale Werte liegen bei 260–350 mg P pro 100 g Gerstentrockensubstanz [159].

Etwa die Hälfte der Phosphate liegt in Form des Phytins vor, das ebenfalls zu den Lipiden zählt. Das Phytin (Myo-Inosit-Hexaphosphat) macht etwa 0,9% der Gerstentrockensubstanz aus und setzt sich zusammen aus dem Ringzucker Inosit und Phosphorsäureresten.

Im Getreidekorn liegt die Phytinsäure als Ca- und Mg-Salz vor. Physiologisch sind sowohl die Phosphatreste als auch die Mg^{2+}-Ionen für die Keimung von Bedeutung. Bei der Hydrolyse während der Keimung liefert das Phytin den Hauptteil der sauren Bestandteile, nämlich primäre Phosphate und damit auch die größte Menge der Puffersubstanzen, durch die während der Keimung und später auch in Würze und Bier der Säurespiegel weitgehend konstant gehalten wird.

Organische Phosphorverbindungen spielen bei vielen Stoffwechselprozessen eine bedeutende Rolle. Die Nucleinsäuren, die an der Eiweißsynthese beteiligt sind, wurden schon erwähnt (s. Abschnitt 1.4.3.5).

Das Nucleotid Adenosinmonophosphat (AMP) verdient besondere Beachtung. Es kann sich noch mit einem oder zwei Phosphorsäureresten verbinden und so in das Adenosindiphosphat (ADP) bzw. Adenosintriphosphat (ATP) (Abb. 1.34) übergehen. Die Bindung zwischen zwei Phosphatresten ist dabei besonders energiereich. Bei vielen biochemischen Umsetzungen wird die freigesetzte Energie dazu benutzt, ATP aus ADP oder AMP aufzubauen. Umgekehrt kann durch die Abspaltung von einer oder zwei Phosphatgruppen aus dem ATP Energie freigesetzt und für den Aufbau anderer energiereicher Verbindungen genutzt werden. ATP dient demnach als wichtigster Energiespeicher und Energieüberträger bei den biologischen Stoffumwandlungen, wie sie z.B. bei der Keimung auftreten.

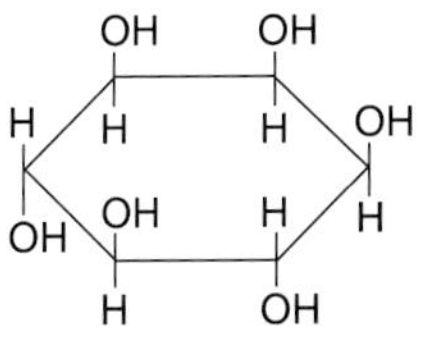

[47] Myoinosit (früher: Mesoinosit)

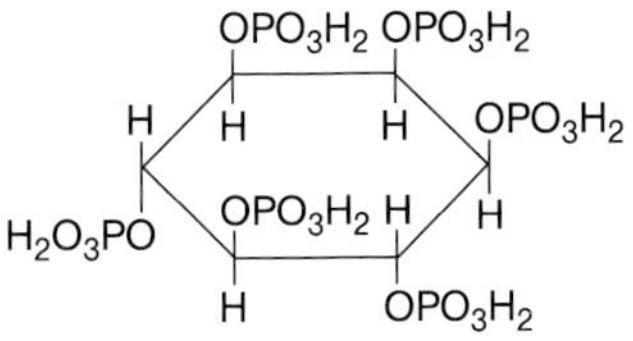

[48] Phytinsäure

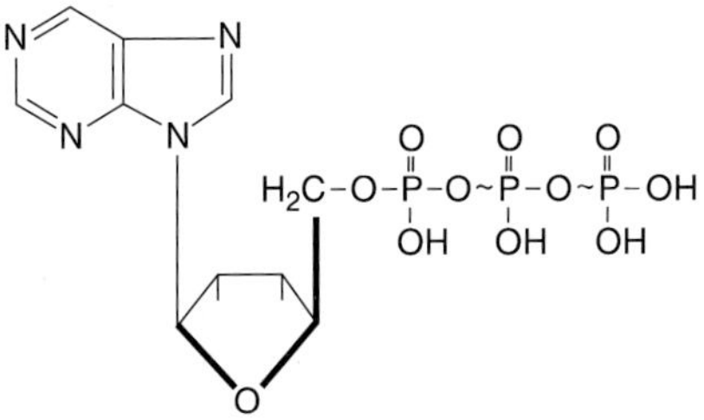

[49] Adenosintriphosphat

Abb. 1.34 Die wichtigsten Phosphorverbindungen der Gerste.

1.4.6
Mineralstoffe

Ihre Gesamtmenge beträgt 2,5–3,5% der Trockensubstanz. Je nach den Düngungsverhältnissen, den Klima- und Bodengegebenheiten können die einzelnen Anteile schwanken.

Diese Mineralstoffe sind für die Keimung, aber auch für die spätere Gärung von großer Bedeutung.

Die Substanzen werden zwar in der Asche des Gerstenkorns bestimmt, entstammen aber etwa zu 80% organischen Verbindungen. Beim normalen Verlauf der Keimung, aber auch beim Maischprozeß geht die Spaltung der mit anorganischen Stoffgruppen vereinigten organischen Verbindungen in ihre verschiedenen Anteile vor sich.

Die Asche der Gerste setzt sich etwa folgendermaßen zusammen:

P_2O_5	35,0%	} 56%
K_2O	21,0%	
SiO_2	26,0%	
MgO	8,0%	
CaO	3,0%	
Na_2O	2,5%	
SO_3	2,0%	
Fe_2O_3	1,5%	
Cl	1,0%	

Die Hauptmenge der Mineralstoffe besteht somit aus Kali und Phosphorsäure, d.h. aus Kaliumphosphaten. Diese können in Form von primären, sekundären und tertiären Phosphaten vorliegen und bilden ein chemisches Puffersystem, wobei vor allem die primären, sauren Phosphate eine bedeutsame Rolle zur Erhaltung der Acidität spielen.

Auch Spurenelemente, die in hohem Maße auf das biologische Geschehen einzuwirken vermögen [160] wie z.B. Zink, Mangan und Kupfer, sind in der Gerste vorhanden.

Zu diesen zählen auch Spurenelemente, die über die Umwelt in das Korn gelangen können: Cadmium (0,03–0,07 ppm), Arsen (0,003–0,018 ppm), Chrom (0,04–0,13 ppm) und Zink (18–32 ppm), während Blei, Quecksilber und Selen nicht nachweisbar waren [126]. Schwermetalleintrag in den Boden, z.B. über den Klärschlamm, kann deutlich höhere Werte vermitteln, die bei Blei 0,4–0,8 ppm, bei Quecksilber 0,005–0,03 ppm, bei Cadmium 0,65–0,95 ppm und bei Chrom 0,075–0,3 ppm erreichen können [162].

1.4.7
Vitamine

Die Vitamine sind für die Lebensprozesse der Keimung, des Hefewachstums und der Gärung von überragender Bedeutung. So sind sie auch am Aufbau mancher Enzyme beteiligt (prosthetische Gruppen). Von den Phosphatiden ist ein Hydrolyseprodukt, der Myo-Inosit (früher: Meso-Inosit), ein Wuchsstoff für die Hefe. Gerste und Malz sind reich an Vitaminen, die in den lebenden Geweben des Keimlings und der Aleuronschicht lokalisiert sind. Auch Vitamin C ist vorhanden, seine Menge wird durch reichliche Kali- und geringere Stickstoffdüngung gefördert. Von den Vitaminen des B-Komplexes ist das Vitamin B_1 (Thiamin) in der Gerste in einer Menge von 1,2–7,4 mg/kg TrS vorhanden, Vitamin B_2 (Riboflavin) erfährt während der Keimung eine Steigerung auf den $1\frac{1}{2}$fachen Wert der Gerste (1–3,7 mg/kg). Der Gehalt an Nikotinsäure beträgt 80–150 mg/kg, der von Vitamin B_6 (Pyridoxin) nur 3–4 mg/kg. Daneben sind noch Vitamin H (Biotin) mit 0,11–0,17 mg/kg, Pantothensäure mit 3–11 mg/kg, Folsäure und α-Aminobenzoesäure vorhanden [163, 164].

1.4.8
Phenolische Substanzen

Zu diesen zählen sowohl einfache Phenolcarbonsäuren als auch monomere Polyphenole und polymere Polyphenole. Wenn auch ihre Menge in Gerste mit 0,1–0,4% der Trockensubstanz gering ist, so können sie doch auf eine Reihe von Eigenschaften des Bieres wie z. B. Farbe, Stabilität, Schaum und Geschmack einen Einfluß ausüben.

Die in der Gerste nachgewiesenen Phenolcarbonsäuren lassen sich in die Gruppen der Hydroxyzimtsäuren, der Hydroxycumarine und der Hydroxybenzoesäuren einteilen. Die ersteren liegen überwiegend als Derivate vor, wie die Ester der Kaffee-, Chlorogen-, Cumar- und Ferulasäure mit Zuckern; die Hydroxybenzoesäuren umfassen 2-Hydroxybenzoesäure, Gentisin-, Protocatechu- und Vanillinsäure [167, 168]. Ferulasäure kann auch über eine Esterbindung an Arabinose gebunden sein [166]. Sie ist damit Bestandteil der Arabinoxylane der Zellwände (Abb. 1.35). Es sind aber auch Quervernetzungen mit Arabinoxylanen und Ferula- bzw. Diferulasäure sowie Arabinoxylanen und Proteinen

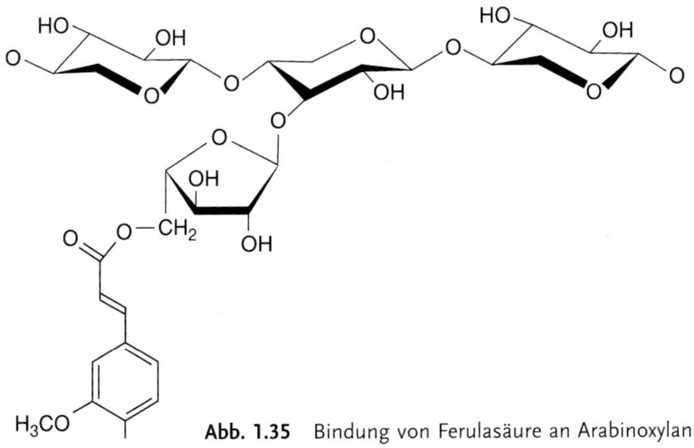

Abb. 1.35 Bindung von Ferulasäure an Arabinoxylan [131].

möglich (s. Abschnitt 1.4.2.3). Die Rolle der phenolischen Substanzen im reifenden Korn bzw. im Erntegut erklärt sich in einer Schutzwirkung gegen Witterungseinflüsse und Schädlingsbefall. Dies erklärt sich im besonderen für die Ferulasäure, die in einer freien und einer gebundenen Form vorliegt. Die freie Form ist in der Aleuronschicht und im Mehlkörper eingelagert. Die gebundene Form ist als Glycosidester in Spelzen, Testa und wiederum im Aleuron gegeben. Ihre Rolle in den äußeren Schichten des Korns besteht in der Abwehr von Insekten und im Schutz gegen das Eindringen von Schimmelpilzen. Die Ester-Form in den Aleuronschichten spielt dagegen eine bedeutende Rolle als Keimungsinhibitor zur Verhütung von Auswuchs am Halm. Dies geschieht durch Abfangen von Sauerstoff durch die Aktivität von Polyphenoloxidasen [169]. Die kondensierten Polyphenole wie Catechin und andere Flavonole spielen eine wichtige Rolle gegen Schimmelpilze [170]. Die bedeutendsten Flavanoide in Gerste sind mengenmäßig vier trimere und zwei dimere Formen (am höchsten Procyanidin B3), zusätzlich zu Catechin. Die absolute Konzentration ist jeweils abhängig von Sorte und Anbauort. Das Verhältnis von einem Polyphenol zu einem anderen soll eine Identifikation von Sorten und sogar von Herkunft, unabhängig vom Jahrgang ermöglichen [171].

Die Phenolcarbonsäuren scheinen selbst in kleinen Mengen eine stimulierende Wirkung auf die Keimung auszuüben (s. Abschnitt 3.4.1). Die wichtigsten sind in den folgenden Formeln dargestellt (Abb. 1.36).

In Gerste kommen ferner Flavan-3,4-diole vor, die durch Erhitzen mit Salzsäure in Anthocyanidine übergeführt werden, die in der Natur als Blütenfarbstoffe anzutreffen sind. Sie werden in der Brauereiliteratur auch als „Anthocyanogene" bezeichnet. Es handelt sich um Flavan-3,4-diole wie Leucocyanidin oder Cyanidinogen oder Delphidinogen, die im Korninnern, vor allem in der Aleuronschicht vorliegen, wobei die Hordeinfraktion ein Träger der Anthocyanogene zu sein scheint [172]. Je höher der Eiweiß- und folglich der Hordeingehalt,

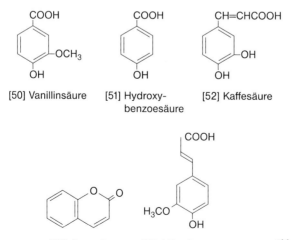

[50] Vanillinsäure   [51] Hydroxy-   [52] Kaffesäure
                           benzoesäure

[53] Cumarin   [53a] Ferulasäure   **Abb. 1.36** Phenolcarbonsäuren.

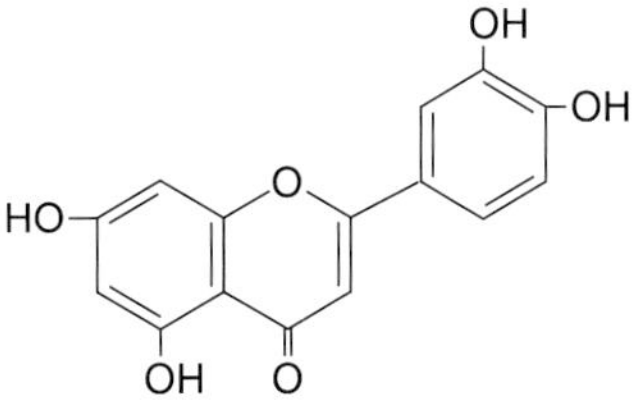

[54] Flavon 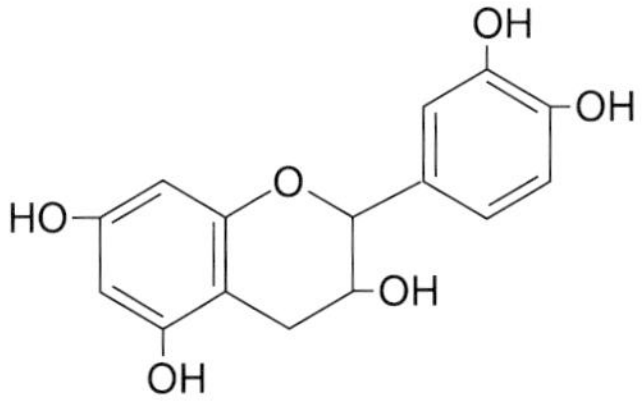   [55] Flavan-3-ol D (+) Catechin 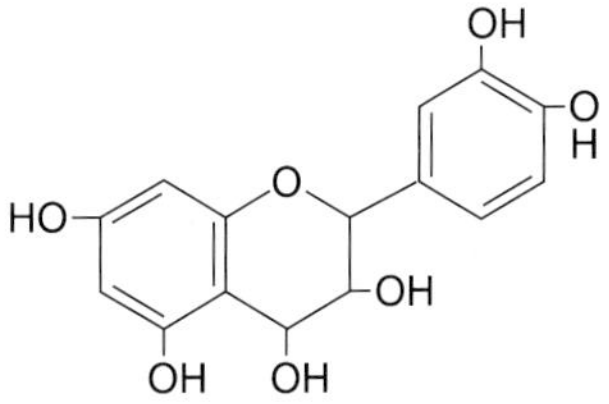   [56] Flavan-3,4-diol
Leucocyanidin,
Cyanidinogen

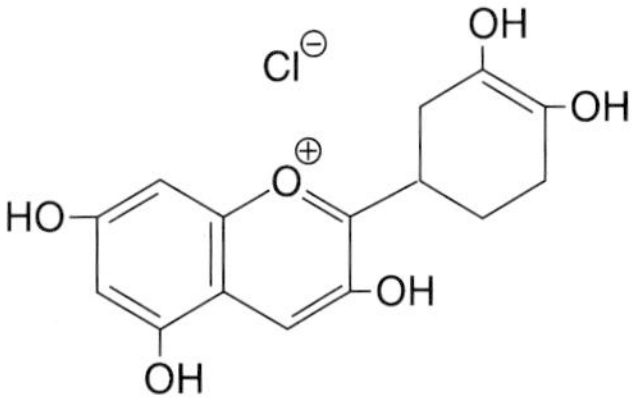

[57] Cyanidinchlorid 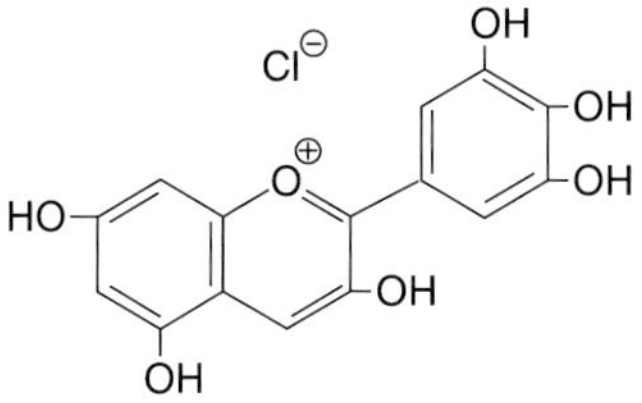   [58] Delphinidinchlorid

Abb. 1.37 Flavonoidgerbstoffe.

um so niedriger ist die Menge an Anthocyanogenen [35, 173]. Bei einigen Gersten, vorzugsweise Wintergersten mit grünviolett gefärbten Körnern, konnten freie Cyanidine bzw. Delphinidine nachgewiesen werden [151]. Procyanidinfreie Gersten wurden durch Mutationen aus Braugersten gewonnen. Bei diesen Gersten wird die Biosynthese von Catechin und Cyanidinogen („procyanidinfreie Gersten") gehemmt. Sie enthalten nur Spuren von diesen Polyphenolen (s. Abschnitt 1.2.8) [33, 34].

Cyanidinogen und Delphinidinogen gehören systematisch zu den Flavonoidgerbstoffen, die als Abkömmlinge des Flavons die in Abb. 1.37 aufgeführten Strukturen zeigen. Die Flavan-3,4-diole können bei der Flavonoidbiosynthese in Flavan-3-diole (z. B. Catechin) übergehen [174].

Cyanidinogen und Delphidinogen bilden unter Wasserabspaltung färbende Pigmente wie Cyanidin und Delphinidin. Sie wurden daher als Leukoanthocyanogene bezeichnet. Die sehr aktiven Flavan-3,4-diole sind wie auch Flavan-3-diole noch keine eigentlichen „Gerbstoffe", da das Molekül zu klein ist, um dehydratisierende Eigenschaften z. B. auf Proteine zu entwickeln. Die Flavandiole und Catechin können jedoch zu höhermolekularen Gruppen kondensieren [165]. Es zeigt sich, dass Verbindungen aus Flavandiolen weiter polymerisieren können (Abb. 1.38), während Catechin als Endgruppe dieser Art von Molekülvergrößerung ein Ende zu setzen vermag. Es sind eine Reihe von anderen Reaktionen gegeben, die auf dem Wege der Kondensation, der Polymerisation oder auch der Oxidation zu Verbindungen höheren Molekulargewichts führen können.

Diese Oligomeren werden als Proanthocyanidine bezeichnet. Als „kondensierte Gerbstoffe" tragen sie zum adstringierenden Geschmack von Früchten bei.

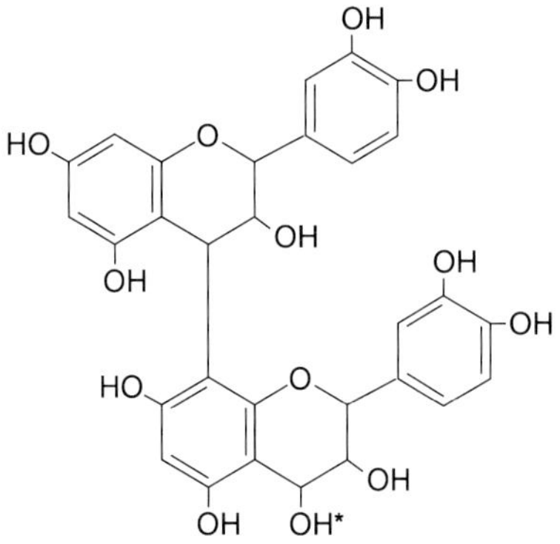

[59] Biflavan, Procyandinin B$_3$
mit einer aktiven OH-Gruppe (*)

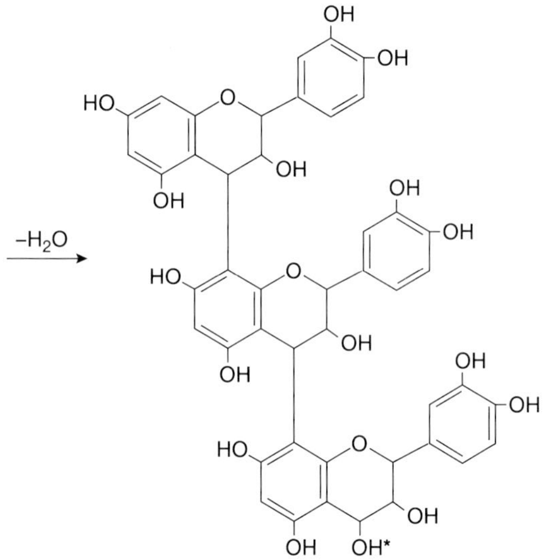

[60] Triflavan, Trimer

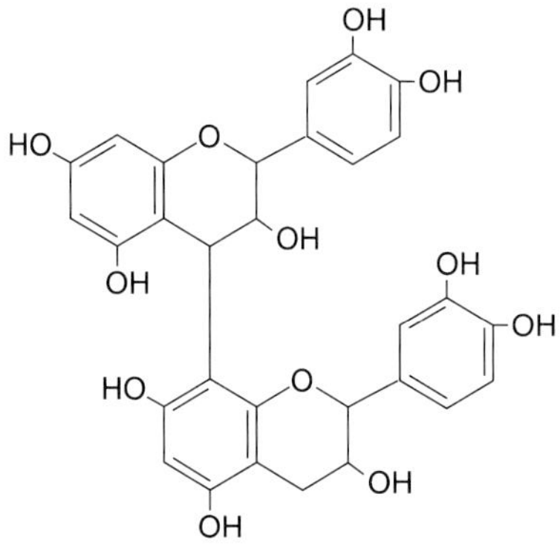

[61] Biflavan, Procyandinin B$_1$
ohne aktive OH-Gruppe

Abb. 1.38 Kondensation von Polyphenolen.

Löslich sind diese Proanthocyanidine bis zu einem Molekulargewicht von ca. 7000, entsprechend ca. 20 Flavonol-Einheiten. Es sind aber auch unlösliche polymere Formen gegeben, die an die Eiweiß-/Polysaccharidmatrix gebunden sind [175]. Unter den löslichen Polyphenolen ist es die Gruppe der Tannoide [176, 177] mit einem Molekulargewichtsbereich von 600–3000, die eine eiweißfällende Wirkung, aber – auf Grund ihrer Oxidierbarkeit – auch reduzierende Eigenschaften haben [179]. Eine bedeutsame Rolle spielen die Polyphenole der Gerste bei der Ausbildung kolloidaler Trübungen im fertigen Bier.

Die *Menge der phenolischen Substanzen* in der Gerste von 100–400 mg/kg verteilt sich wie folgt: 80% Flavanole, 13% Flavonole, 5% Phenolcarbonsäuren und 2% apolare Substanzen [178]. Sie hängt sowohl von der Sorte [177] als auch von den Umweltbedingungen ab [140, 171, 180]. Vor allem maritime Gersten zeichnen sich durch hohe Polyphenol- und Tannoidegehalte aus [181]. Weiterhin spielt der Eiweißgehalt eine sehr große Rolle: Je niedriger derselbe ist, um so höher liegt das Niveau der Polyphenole [35, 182]. Gerbstoffreiche Gersten neigen meist zu einer stärkeren Zufärbung während des Mälzungs- und Brauprozesses, auch kann eine Beeinflussung des Biergeschmacks gegeben sein [35, 183].

Phenolische Substanzen sind Antioxidantien. Sie haben die Fähigkeit, nicht nur als Wasserstoff- oder Elektronendonatoren zu wirken, sondern auch durch ihre stabilen Zwischenprodukte die Oxidation, z. B. von Fettsäuren zu verhüten [184–186].

Dieses „antiradikalische Potential" (analysiert mittels DPPH) ist mehr spezifisch für die Polyphenole als die „reduzierende Kraft" (FRP, Ferricyanid-Reduktions-Potential), die ihrerseits Melanoidine und Reduktone umfaßt, die beim Darren gebildet werden [169, 187].

Ein Einfluß der Düngung auf ARP und FRP konnte nicht festgestellt werden; die Merkmale sind genetisch verankert [184]. Das ARP korrelierte mit dem Gesamtpolyphenolgehalt, die dominierende Substanz war Ferulasäure, gefolgt von Catechin [184].

1.4.9
Sauerstoff, Radikale, Anti- und Pro-Oxidantien

Beim Mälzen, wie auch bei der Würze- und Bierbereitung kommt reduzieren-den/antioxidativ wie auch prooxidativ wirkenden Substanzen eine große Bedeutung zu. Sie nehmen Einfluß auf die Reaktionen bei den einzelnen Prozessen, die Zusammensetzung der Inhaltssubstanzen und damit auf die Eigenschaften des Endproduktes „Bier".

Sauerstoff ist ein geruchloses, geschmackloses und farbloses Gas, das im molekularen Zustand (O_2) paramagnetische Eigenschaften besitzt [208]. Eine Aktivierung des Sauerstoffs kann sowohl auf physikalischem als auch auf chemischem Weg erfolgen. Dadurch wird die Reaktivität des Sauerstoffs erhöht, was zu Radikalreaktionen führen kann [193, 196].

In seinem Grundzustand besitzt Sauerstoff zwei ungepaarte Elektronen mit parallelem Spin und liegt somit als Triplett vor. Werden diese Elektronen auf physikalischem Weg (Licht) angeregt (Aktivierungsenergie ca. 22 kcal/mol), wird die Anzahl der Elektronen nicht verändert, jedoch ändert sich ihr Spin von parallel nach antiparallel. Dadurch entsteht Singulett-Sauerstoff ($^1O_2$), der zur Lipidperoxidation führen kann [196, 208].

Bei einer chemischen Sauerstoffaktivierung wird durch Ein-Elektronen-Reduktion das Superoxidradikal-Anion ($O_2^{\bullet-}$) gebildet, das in einem sauren Milieu zum größten Teil in das sehr reaktive Hydroperoxyl-Radikal ($HO_2^{\bullet}$) übergeht. Durch einen Zwei-Elektronenübergang auf den Sauerstoff wird das Wasserstoffperoxid gebildet, das in Anwesenheit von Metallionen zum extrem reaktiven Hydroxyl-Radikal abgebaut wird. Der Zusammenhang zwischen den reaktiven Sauerstofformen ist in Abb. 1.39 dargestellt [188].

Ein allgemeines Merkmal von Radikalreaktionen ist, dass sie sich in Kettenreaktionen fortsetzen [192, 208]. Nach der Bildung von Peroxy-($RO_2^{\bullet}$), Alkoxy-($RO^{\bullet}$) oder Alkyl-Radikalen ($R^{\bullet}$) als ersten Schritt, sind diese gekennzeichnet durch die Phasen des Kettenwachstums, der Kettenverzweigung und des Ketten-

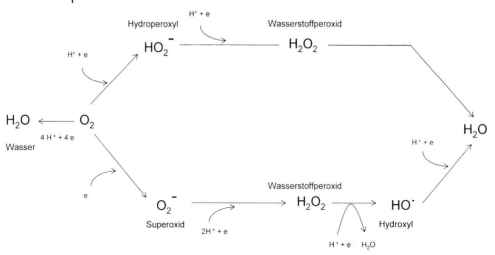

Abb. 1.39 Zusammenhang zwischen Sauerstoff und reaktiven Sauerstoffformen.

Fenton – Reaktion:	Haber – Weiss – Reaktion

$$Fe^{2+} + H_2O_2 \rightarrow Fe^{3+} + OH^{\bullet} + OH^-$$

$$\underline{Fe^{3+} + H_2O_2 \rightarrow Fe^{2+} + O_2^- + 2H^+}$$

$$2\,H_2O_2 \xrightarrow{Fe} OH^{\bullet} + OH^- + O_2^- + 2H^+$$

$$M^{(n+1)+} + O_2^- \rightarrow M^{n+} + O_2$$

$$\underline{M^{n+} + H_2O_2 + H^+ \rightarrow M^{(n+1)+} + H_2O + OH^{\bullet}}$$

$$O_2^- + H_2O_2 + H^+ \xrightarrow{M^{n+} = Fe^{2+},\,Cu^+} H_2O + O_2 + OH^{\bullet}$$

Abb. 1.40 Fenton- und Haber-Weiss-Reaktion.

abbruchs [193]. Der Oxidationsprozeß wird schließlich beendet, indem zwei Radikale miteinander zu stabilen Produkten reagieren [194].

Es wurde festgestellt, dass auch Metalle wie Eisen und Kupfer, selbst wenn sie nur in Spuren auftreten, an der Bildung der aktiven Sauerstoffformen beteiligt sind. Dabei katalysieren sie die Bildung von Hydroxyl-Radikalen ($HO^{\bullet}$) aus Wasserstoffperoxid (H_2O_2) und den Superoxid-Anionen ($O_2^{\bullet-}$) in der Fenton- oder der Haber-Weiss-Reaktion (Abb. 1.40) [200, 202, 203].

Der Selbstfortpflanzung der Radikalreaktionen stehen antioxidativ wirkende Substanzen entgegen [194]. Die antioxidative Wirkung einzelner Stoffe kann auf verschiedenen Reaktionen beruhen [192, 202, 207], wobei viele Moleküle auf mehrere Arten wirken können [202]:

- Abfangen aktiver Sauerstoffmoleküle (ROS)
  - Verhinderung von Kettenreaktionen durch Abfangen des Starterradikals
  - Unterbinden von Radikalkettenreaktionen durch Abfangen eines Intermediärradikals
- Abfangen freien Sauerstoffs oder Wasserstoffperoxids
- Auftreten als Reduktionsmittel (Wasserstoff- oder Elektronendonor)
- Chelatbildung

Nach ihrem Wirkmechanismus werden Antioxidantien (A) in Primär- und Sekundär-Antioxidantien (Typ-1- bzw. Typ-2-Antioxidantien) eingeteilt [201, 204].

Primär-Antioxidantien verzögern oder inhibieren den Start oder unterbrechen das Wachstum einer Radikalkette. Als Wasserstoffdonatoren haben die Typ-1-Antioxidantien eine höhere Affinität für Radikale als z. B. Lipide und können aus diesem Grund die Radikale abfangen und diese in stabilere, nichtradikalische Produkte umwandeln (Gl. 1–3).

$$ROO^\bullet + AH \rightarrow ROOH + A^\bullet \tag{1}$$

$$RO^\bullet + AH \rightarrow ROH + A^\bullet \tag{2}$$

$$R^\bullet + AH \rightarrow RH + A^\bullet \tag{3}$$

Die dabei entstehenden Antioxidantien-Radikale sind stabiler und stehen deshalb Oxidationsreaktionen weniger leicht zur Verfügung [208]. Sie reagieren jedoch mit Peroxy-, Oxy- und anderen Antioxidantien-Radikalen in Radikalkettenabbruchreaktionen zu stabilen Endprodukten (Gl. 4–6).

$$ROO^\bullet + A^\bullet \rightarrow ROOA \tag{4}$$

$$RO^\bullet + A^\bullet \rightarrow ROA \tag{5}$$

$$A^\bullet + A^\bullet \rightarrow AA \tag{6}$$

Typ-2-Antioxidantien können mehrere mögliche Reaktionsmechanismen aufweisen. Im Gegensatz zu den Primär-Antioxidantien wandeln diese nicht freie Radikale in stabilere Produkte um. Sekundär-Antioxidantien agieren als Metall-Chelatoren, Reduktionsmittel oder fangen Sauerstoff direkt ab. Bei gleichzeitiger Anwesenheit von Typ-1- und Typ-2-Antioxidantien treten zudem synergistische Effekte auf. Durch die Anwesenheit von Sekundär-Antioxidantien wird die antioxidative Aktivität der Primär-Antioxidantien gefördert, indem beispielsweise Typ-2-Antioxidantien ihrerseits als Wasserstoffdonatoren für die Primär-Antioxidantien dienen [204]. Verschiedene Antioxidantien oder reduzierend wirkende Strukturen können jedoch unter bestimmten Bedingungen, z. B. konzentrationsabhängig [206, 210] (wie von der Ascorbinsäure bekannt, die sonst als stark reduzierend gilt), zu Prooxidantien werden und dadurch Oxidationsreaktionen fördern [188, 190, 194, 197, 200]. Prooxidantien definieren sich aufgrund ihrer Fähigkeit zur Förderung oder Erhöhung der Geschwindigkeit von Oxidationsreaktionen [189]. Diese prooxidative Wirkung von Antioxidantien wurde in mehreren Forschungsarbeiten für Polyphenole [197, 200, 205, 209] und für Maillardprodukte [189, 191, 195, 198, 199, 210] festgestellt.

1.5
Enzyme der Gerste und des Malzes

1.5.1
Allgemeines

Unter dem Begriff der Enzyme (früher Fermente) wird eine große Reihe von komplexen organischen Eiweißstoffen zusammengefaßt, welche biochemische Reaktionen katalysieren. Ihre Wirkungsweise, d. h. die Geschwindigkeit einer Reaktion zu steigern ist spezifisch und zwar entweder im Hinblick auf die Verbindung, die umgesetzt wird (Substratspezifität) oder auf die Reaktion, die katalysiert wird (Reaktionsspezifität). Sie sind für alle Lebensprozesse und damit auch für die Keimung der Gerste sowie für den dabei stattfindenden Stoffwechsel von größter Wichtigkeit. Sie spielen eine entscheidende Rolle im Lebenshaushalt der Zelle wie z. B. beim Aufbau des Organismus, bei Ernährung und Wachstum. Sie wirken selbst dann noch, wenn die Lebenstätigkeit des Organismus aufgehört hat und die äußere Form des Körpers längst nicht mehr besteht.

Kaum eine andere Industrie ist so ausschließlich auf die Wirkung von Enzymen aufgebaut wie Mälzerei und Brauerei. So werden die Veränderungen beim Keimprozeß durch Enzyme hervorgerufen, die wesentlichen Vorgänge beim Maischen werden durch die Enzyme des Malzes bewirkt und schließlich treten nach Zerstörung dieser Enzyme beim Würzekochen mit dem Zusatz der Hefe neue Enzymkomplexe in Tätigkeit, um die Würze zu vergären.

1.5.2
Einteilung der Enzyme

Die Zahl der Enzyme wird auf einige tausend geschätzt. Etwa 1000 davon sind z.Z. bekannt und von einer Enzym-Kommission katalogisiert [212].

Nach diesen Vorschlägen wurden 6 Hauptklassen aufgestellt, die Enzyme umfassen, die gleiche chemische Reaktionstypen katalysieren (Reaktionsspezifität). Eine weitere Unterteilung erfolgt je nach den chemischen Bindungen, die gelöst oder geknüpft werden.

1. *Oxidoreduktasen:* Hierzu gehören alle Enzyme, die die Abgabe bzw. Aufnahme von Wasserstoff katalysieren: z. B. Dehydrogenase (Katalase, Peroxidase), Oxidasen und Oxigenasen.
2. *Transferasen* übertragen Atomgruppen (Phosphoryl-, Amino-, Alkyl-, Glykosylgruppen usw.) von einem Molekül auf ein anderes.
3. *Hydrolasen* spalten z. B. Glykosid-, Ester- und Peptidbindungen durch Anlagerung der Radikale des Wassers an die freiwerdenden Bindungsstellen.
4. *Lyasen* katalysieren die Spaltung von kovalenten Bindungen (z. B. Decarboxylierung). CO-Lyasen spalten z. B. Wasser vom Substrat ab.
5. *Isomerasen* bewirken eine intramolekulare Umstellung von Atomen im Molekülverband. Diese Reaktion kann auch eine Oxidoreduktion einschließen, z. B. die Umwandlung einer Fruktose in eine Glukose.

6. *Ligasen* ermöglichen eine Bindung zwischen zwei Molekülen, wobei für diese Bindung Energie, z. B. ATP, benötigt wird. Die Ligasen werden auch *Syntheasen* genannt.

Als Beispiel für die weitere Klassifizierung und Numerierung der Enzyme seien einige Untergruppen der Hydrolasen aufgeführt:

3.   Hydrolasen
3.2   Glycosylbindungen spaltende Enzyme
3.2.1   O-Glycosylbindungen spaltende Enzyme
3.2.1.1 *α*-Amylase.

Enzyme werden meist mit ihren Trivialnamen (z. B. Amylase, Phosphatase usw.) bezeichnet; korrekt ist jedoch bei der Enzymbenennung zuerst das Substrat, dann das Acceptormolekül und danach den Reaktionstyp zu bezeichnen. So heißt z. B. die *β*-Amylase richtig *α*-1 → 4-Glucanmaltohydrolase. Nachdem hier sehr lange unhandliche Namen entstehen können, sollen im Rahmen dieses Buches die Trivialnamen weiterhin gebraucht werden. Von größtem Interesse für die Mälzereitechnologie sind die hydrolytischen Enzyme, so dass hauptsächlich diese besprochen werden sollen.

1.5.3
Struktur der Enzyme

Enzyme sind in den bisher bekannten Fällen reine Proteine oder Proteide mit einer oder mehreren prosthetischen Gruppen. Im Falle der Hydrolasen stellen die Enzyme reine Eiweißkörper dar, während andere Enzyme als sog. „Proteide" noch eine nichtproteinische niedrigmolekulare Molekülgruppe enthalten wie z. B. Nikotinamid-Adenindinukleotid (NAD) oder Flavin-Adenin-Dinucleotid (FAD). Diese Gruppe kann entweder adsorptiv gebunden und damit leicht dissoziierbar sein oder in fester kovalenter Bindung am Proteinmolekül vorliegen. Im ersteren Falle spricht man von Co-Enzymen (bzw. Co-Substraten), im zweiten Fall von prosthetischen Gruppen.

Die Spezifität der katalytischen Wirkung hängt ab von der räumlichen Struktur des Enzymproteins an jener Stelle, an der das Substratmolekül gebunden wird. Der katalytisch wirkende Teilbezirk der Enzymoberfläche ist demnach der „Negativabdruck" der Konformation des Substratmoleküls (oder eines Teils davon), so dass Enzym und Substrat zusammenpassen wie der Schlüssel zum Schloß [213].

Diese Form der Oberfläche des Enzyms ist durch die Tertiärstruktur des Proteins bedingt (s. Abschnitt 1.4.3.2).

Man stellt sich vor, dass das Substrat gerade in einer Höhle oder Furche des Proteinknäuels Platz findet. Die Oberfläche des Enzyms kann aber auch ein bestimmtes Ladungsmuster oder reaktionsfähige Gruppen in solcher Anordnung aufweisen, dass nur bestimmte Substratmoleküle angelagert werden können. Die Stelle der Anlagerung des Substratmoleküls nennt man das „aktive Zentrum". Ein Enzymkomplex kann auch mehrere davon aufweisen.

Die Tertiärstruktur eines Enzyms ist nicht stabil, sondern in ihrer Entfaltung stark vom herrschenden Milieu (pH, Temperatur, Ionen) abhängig. Eine Denaturierung des Enzyms hat meist einen starken Aktivitätsverlust zur Folge, da sich die Konformation z. B. durch Spaltung von Disulfidbrücken, durch Sprengung von Wasserstoffbindungen usw. ändert.

Die meisten Enzyme lassen sich in mehrere Untereinheiten, von denen jede jeweils eine Tertiärstruktur besitzt, zerlegen. Diese Enzyme liegen in einer Quartärstruktur des Proteins vor, die durch Änderung der Milieubedingungen in die Monomeren getrennt werden kann.

Isoenzyme: Sind die vorgenannten Monomeren untereinander verschieden, so lassen sich mehrere Enzymarten ableiten. Diese Isoenzyme unterscheiden sich zu einem bestimmten Teil in der Aminosäuresequenz, sie katalysieren jedoch praktisch die gleiche Reaktion. So ist z. B. die Lactatdehydrogenase aus 4 verschiedenen Untereinheiten aufgebaut und bildet damit 5 verschiedene Formen. Mit Hilfe der Elektrophorese können die Isoenzyme getrennt werden.

Multi-Enzyme: Hier sind mehrere Enzyme durch Nebenvalenzen zu Enzymverbänden zusammengeschlossen, die mehrere aufeinanderfolgende Reaktionen katalysieren. So besteht die Pyruvatdehydrogenase aus 88 Untereinheiten, die drei verschiedene Enzyme darstellen. Auch diese Untereinheiten lassen sich nach geeigneter Vorbehandlung elektrophoretisch trennen. Mischt man sie, so ergeben sich wieder intakte Enzyme.

Die Molekulargewichte bekannter Enzyme liegen zwischen 40 000 und rund 400 000. Es handelt sich demnach um Makromoleküle, die Durchmesser von bis zu 300 Å (Angströmeinheiten) haben. Sie sind im Vergleich zum Substrat sehr groß. So hat z. B. ein Saccharosemolekül nur einen Durchmesser von 11 Å.

1.5.4
Wirkungsweise der Enzyme

Als erster Schritt bei der Enzymkatalyse entsteht ein Enzym-Substrat-Komplex. Am Ort der Substratanlagerung, „dem aktiven Zentrum", findet auch die enzymatische Katalyse statt. Diese kann eine Säure- oder Base-Katalyse sein, d. h. es wird im ersteren Fall ein Proton, im letzteren eine Hydroxylion an das Substrat angelagert [214].

Bei Enzymen, die nur aus Eiweiß aufgebaut sind und die keine prosthetischen Gruppen enthalten, wie bei den Hydrolasen, sind bei der enzymatischen Reaktion bestimmte Aminosäuren mit reaktionsfähigen Seitenketten beteiligt, wie z. B. Serin, Histidin und Cystein. Durch die Anlagerung des Substrates am aktiven Zentrum kann die räumliche Anordnung der Aminosäuren am reaktiven Bereich verändert werden. Es bilden sich noch zusätzliche Wasserstoffbrücken aus. Das adsorbierte Molekül ändert seine normale Ladungsverteilung. Die Hydrolyse wird durch eine Protonenwanderung eingeleitet, wobei Histidin als Protonen-Donator und -Acceptor auftritt. Infolge der andersgearteten Konfiguration der Spaltprodukte besteht keine Affinität zwischen Enzym und Sub-

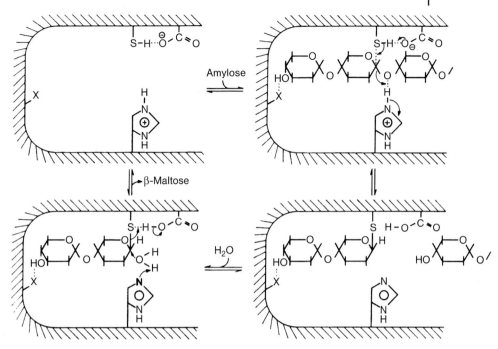

Abb. 1.41 Vorgeschlagener Mechanismus für die Hydrolyse von Amylose durch β-Amylase [215].
Bei der Hydrolyse von Amylose durch die β-Amylase sind im ersten Schritt der Katalyse ein Carboxylat-Anion als Base und der Imidazolring des Histidins als Säure wirksam, um den nucleophilen Angriff der SH-Gruppe auf die α-glycosidische Bindung zu ermöglichen. Im zweiten Schritt unterstützt der Imidazolring als Base die Hydrolyse des Maltosylenzyms.

strat mehr, so dass diese wieder aus der Enzymhöhle heraus diffundieren (s. Abb. 1.41).

Bei Enzymen, die der Proteidklasse angehören, tritt nach Anlagerung des Substrates an den reaktiven Bereich der Enzymhöhle eine chemische Reaktion mit dem Co-Enzym oder der prosthetischen Gruppe ein, so dass diese chemisch verändert werden und erst in einer zweiten Reaktion wieder in ihre ursprüngliche Form übergeführt werden müssen. Dies geschieht bei den leicht dissoziierbaren Co-Enzymen („Co-Substraten") durch Reaktion mit einem zweiten Enzym, bei den fest an das Enzym gebundenen prosthetischen Gruppen dagegen durch die Reaktion mit einem zweiten Substrat.

1.5.5
Wirkungsbedingungen

Verschiedene Einflüsse physikalischer und chemischer Art können die Wirkung der Enzyme weitgehend bestimmen. Am wichtigsten sind hierbei die Faktoren Substratkonzentration, Temperatur und pH sowie Aktivatoren und Inhibitoren.

Substratkonzentration: Bei konstanter Enzymmenge nimmt mit einer Steigerung der Substratkonzentration die Reaktionsgeschwindigkeit bis zu einem Wert zu, der im jeweiligen Sättigungspunkt des Enzym-Substrat-Komplexes ein Maximum erreicht. Nachdem der Kurvenverlauf in der Nähe der Substratsättigung sehr flach und somit experimentell schwer zu bestimmen ist, dient die halbe maximale Reaktionsgeschwindigkeit als Maßstab, die in der *Michaelis-Konstanten* ihren Ausdruck findet. Die Michaelis-Konstante gibt einen Anhaltspunkt über das Ausmaß der Affinität eines Enzyms. So besagt ein hoher Wert der Konstanten, dass eine hohe Substratkonzentration erforderlich ist, um eine Halbsättigung des Enzyms zu erzielen. In diesem Falle hat das Enzym zu dem betreffenden Substrat nur eine geringe Affinität.

Temperatur: Die Enzyme vermögen nur innerhalb bestimmter Temperaturen zu wirken, wobei jedes Enzym eine bestimmte, charakteristische Temperatur hat, bei der eine Überlagerung von zwei gegenläufigen Effekten vorliegt, nämlich einerseits die Zunahme der Reaktionsgeschwindigkeit und andererseits die Zunahme der Inaktivierungsgeschwindigkeit. Deren Aktivierungsenergien unterscheiden sich beträchtlich [216]. Ist die Temperatur niedriger, dann ist die Reaktionsgeschwindigkeit noch nicht hoch genug; bei höherer Temperatur überwiegt die Inaktivierungsrate. Es wird also in beiden Fällen die Enzymwirkung schwächer. Diese Optimaltemperatur liegt bei den meisten Enzymen zwischen 35° und 65°C, wobei eine starke Abhängigkeit zu Substratkonzentration, Verdünnung, Säuregrad, Einwirkungsdauer und dem Vorhandensein von Schutzkolloiden, Inhibitoren und gebildeten Spaltprodukten besteht. Wird die Temperatur zu hoch, so verliert das Enzym seine Wirksamkeit, es wird inaktiviert. Die meisten Enzyme vertragen höchstens Temperaturen von 58–80°C; bei 100°C werden alle rasch vernichtet. Trockene Hitze wird leichter ertragen als feuchte; diese Erscheinung ist für das Darren von großer Bedeutung.

Enzyme mit geringem Molekulargewicht sind in der Regel hitzestabiler als Enzyme mit sehr hohem.

Sonnenlicht vermag die Enzyme in Gegenwart von Wasser und Sauerstoff, nicht dagegen in trockenem Zustand oder in anderen Lösungsmitteln als Wasser zu zerstören.

Der pH des Substrats bzw. der Lösung übt einen Einfluß auf die Dissoziation der Enzyme sowie auf ihre Hydratation aus (s. Abschnitt 1.4.3.3). Diese wirkt direkt oder indirekt hemmend oder fördernd auf ihre Aktivitäten, und zwar in zwei Richtungen: einmal durch eine Veränderung der Proteinstruktur bis hin zur Denaturierung (s. Abschnitt 1.4.3.3), zum anderen, dass sich die reaktiven Gruppen in einem bestimmten Ladungszustand befinden. So hat jedes Enzym einen *optimalen pH-Bereich,* in dem seine Tätigkeit einen Höchstwert erreicht.

Dieses pH-Optimum verschiebt sich mit der Temperatur und der Beschaffenheit des Substrats.

Beim optimalen pH sind die Enzyme mit am hitzebeständigsten, bei Bestrahlung aber häufig am empfindlichsten.

Durch starke pH-Veränderungen, d. h. durch Zusatz von Säuren oder Laugen, werden die Enzyme in ihrer Tätigkeit gehemmt oder überhaupt zerstört.

Ähnlich wie zu jedem Enzym ein optimaler pH gehört, besitzen viele ein bestimmtes, optimales Redoxpotential.

Die *Konzentration der Enzyme* beeinflußt den Reaktionsablauf, da in der Zeiteinheit bei bestimmten Gegebenheiten (Temperatur, pH usw.) um so mehr Stoffumsatz erfolgt, je mehr Enzyme innerhalb eines bestimmten Bereiches vorhanden sind.

Aktivatoren (oder Co-Faktoren) vermögen Enzyme, die in einer unwirksamen „blockierten" Form vorliegen, zu aktivieren. Als Aktivatoren können bestimmte Ionen wirken, so z. B. K^+, Na^+, NH_4^+, Mg^{2+}, Ca^{2+}, Zn^{2+}, Mn^{2+}, Mo^{2+}, Cu^{2+}, Fe^{2+}, Co^{2+}, Cl^-, B^{3+}. Auf gleiche Weise vermögen auf bestimmte Enzyme Intermediärprodukte des Stoffwechsels zu wirken. Eine besondere Bedeutung für die Aktivierung bestimmter Hydrolasen üben Sulfhydrylgruppen aus.

Inhibitoren können bei einer Reihe von Enzymen deren Wirkung unterdrücken, so z. B. Cu^{2+}, Sn^{2+}, Hg^{2+}, CN^-, Oxidationsmittel und kolloidändernde Stoffe auf direktem oder auf indirektem Weg. Alkohol, Ether, Formaldehyd wirken in höherer Konzentration schädigend, besonders bei hohen Temperaturen. Bestimmte Proteine können spezifisch Proteinasen oder Amylasen hemmen. Auch phenolische Verbindungen können unspezifisch ein breites Enzymspektrum inhibieren. Weiterhin vermögen auch Produkte des vom betreffenden Enzyms katalysierten Abbaus eine hemmende Wirkung auszuüben (Endprodukthemmung).

Die Enzyme treten bezüglich ihrer *Löslichkeit* in zwei Formen auf: in einer löslichen als Lyo-Enzyme, die beim Maischen direkt in Lösung gehen, oder in einer zunächst unlöslichen Form als Desmo-Enzyme, die aufgrund ihrer Verkettung mit dem Protoplasma der Zellen erst nach einem vorausgehenden Abbau freigesetzt und aktiv werden können.

Die *allosterische Kontrolle der Enzymaktivität:* Diese stellt neben der genetischen Regulation der Enzymbiosynthese (s. Abschnitt 1.5.7) die zweite Möglichkeit dar, die enzymatische Katalyse – in diesem Falle bereits vorhandener Enzyme – zu regulieren (Abb. 1.42).

Eine Form der allosterischen Regulation ist die (reversible) Aktivierung oder Inhibierung von Enzymen durch Stoffwechselprodukte.

Es können aber auch andere Moleküle, die dem Substrat des Enzyms in ihrer Konformation sehr ähnlich sind, mit diesen in Wettbewerb um den katalytisch wirksamen Bereich des Enzyms treten und so die Enzymwirkung blockieren (kompetitive Hemmung – s. Abb. 1.43).

Aber auch Stoffe, die mit der Konformation des Substrates nicht die geringste Ähnlichkeit haben, können hemmend wirken. Sie passen zwar nicht in den reaktiven Bereich des Enzyms, sondern an eine andere Stelle der Enzymoberfläche – den allosterischen Bereich. Durch die Anlagerung des Inhibitors wird

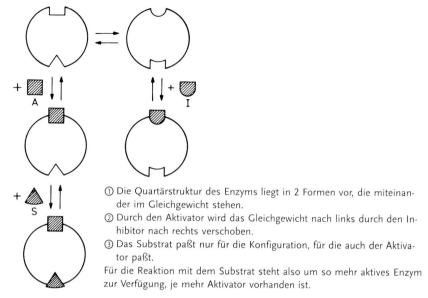

① Die Quartärstruktur des Enzyms liegt in 2 Formen vor, die miteinander im Gleichgewicht stehen.
② Durch den Aktivator wird das Gleichgewicht nach links durch den Inhibitor nach rechts verschoben.
③ Das Substrat paßt nur für die Konfiguration, für die auch der Aktivator paßt.

Für die Reaktion mit dem Substrat steht also um so mehr aktives Enzym zur Verfügung, je mehr Aktivator vorhanden ist.

Abb. 1.42 Allosterische Regulation der Enzymaktivität. Aus [243], vereinfacht.

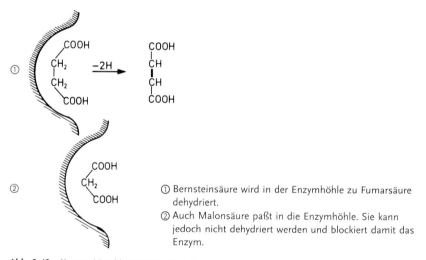

① Bernsteinsäure wird in der Enzymhöhle zu Fumarsäure dehydriert.
② Auch Malonsäure paßt in die Enzymhöhle. Sie kann jedoch nicht dehydriert werden und blockiert damit das Enzym.

Abb. 1.43 Kompetitive Hemmung eines Enzyms.

nun die Tertiär- oder Quartärstruktur des Enzyms so deformiert, dass das Substrat und ein eventuell notwendiger Aktivator nicht mehr gebunden werden können (Abb. 1.44).

Es ist nun die Aufgabe der allosterischen Regulation, die Funktion eines Enzyms (bei konstanter Enzymmenge) den Bedürfnissen des Stoffwechsels entsprechend zu fördern oder zu hemmen (s. Abschnitt 4.1.3).

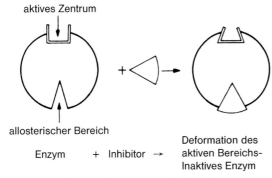

aktives Zentrum

allosterischer Bereich

Enzym + Inhibitor → Deformation des aktiven Bereichs-Inaktives Enzym

Abb. 1.44 Allosterische Hemmung durch Deformation der Tertiär- oder Quartärstruktur eines Enzyms.

1.5.6
Nachweis und Bestimmung der Enzymaktivität

Die Aktivität der Enzyme wird durch deren Reaktionsgeschwindigkeit definiert. Dies gelingt gewöhnlich durch Ermittlung der speziellen Veränderungen, die die Enzyme unter optimalen Bedingungen (pH, Temperatur, Co-Faktoren usw.) auf ihr Substrat in einer bestimmten Zeit ausüben. Als Enzymeinheit (U) wird dabei diejenige Enzymmenge ausgedrückt, die nach definierten Bedingungen (Substratsättigung, pH-Optimum, 25 °C) ein Mikromol-Substrat pro Minute umsetzt.

1.5.7
Bildung der Enzyme (Enzymbiosynthese)

Enzyme werden durch lebende Zellen z. B. im Gerstenkorn oder in der Hefe gebildet. Diese Enzyminduktion beinhaltet zunächst eine Synthese der entsprechenden Proteine. Über die Art der Proteine, die synthetisiert werden, entscheidet die Erbanlage. Die Erbfaktoren (Gene) sind dabei in den Desoxyribonucleinsäuren (DNS) des Zellkerns lokalisiert. DNS, kettenförmige Makromoleküle (s. Abschnitt 1.4.3.6), die sich aus Nucleotiden aufbauen (welche wieder aus Desoxyribose, Phosphorsäure und einer Purin- oder Pyrimidin-Base bestehen), liegen wie die Proteine in einer α-Helixstruktur vor, die durch Wasserstoffbrücken stabilisiert wird. Im Zellkern bilden jeweils zwei DNS-Moleküle eine Doppelspirale, die über Wasserstoffbrücken von Purin- zu Pyrimidinbasen zusammengehalten werden. Die „Basenpaarung" erfolgt dabei einer strengen Gesetzmäßigkeit: es steht jeweils Thymin dem Adenin und Guanin dem Cytosin gegenüber. Die beiden Doppelstränge müssen also in ihrer Basensequenz komplementär aufgebaut sein. Die Doppelhelix ist mit einem Proteinmantel umgeben, so dass eine Art Kabel entsteht. Die Eiweißhülle ist reversibel ablösbar, wodurch die freiliegende DNS-Helix als „Matrize" zur Verfügung steht. An ihr können sich wieder Nucleotide mit den entsprechenden Basen anordnen und zu einem neuen komplementären Strang zusammengefügt werden. Diese Fähigkeit zur

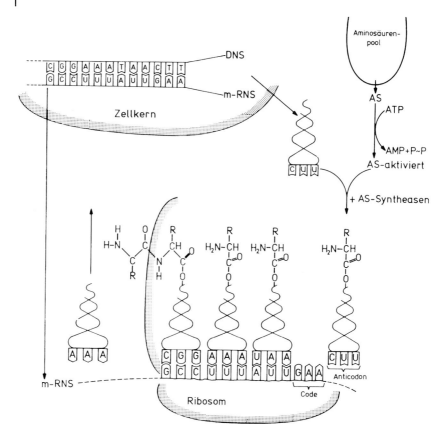

Abb. 1.45 Die Biosynthese einer Polypeptidkette.
(Der Einfachheit halber sind die t-RNS-Moleküle als „Schlingen" dargestellt).

„Reduplikation" ermöglicht nun die Weitergabe der in bestimmten Abschnitten der DNS-lokalisierten genetischen Information und ihre Übertragung an den Ort der Eiweißsynthese (Abb. 1.45).

Der erste Schritt der Eiweißsynthese beginnt damit, dass sich an einem als Matrize freigelegten Abschnitt einer DNS zunächst komplementäre Ribonucleotide anlagern, welche dann zu einer Ribonucleinsäure (RNS) verknüpft werden. Anstelle von Thymin enthalten Ribonucleinsäuren Uracil, welches wie dieses dem Adenin komplementär ist. Die Basensequenz der so gebildeten Ribonucleinsäure ist also durch die Basensequenz eines bestimmten Abschnitts der Desoxyribonucleinsäure, dem Strukturgen, gegeben, weshalb man die Bildung der RNS an der DNS als „Transscription" bezeichnet.

Die so gebildete RNS ist leicht löslich, diffundiert vom Zellkern in das Cytoplasma und lagert sich dort an eine Reihe von Ribosomen an. Da sie die genetische Information vom Zellkern an den Ort der Eiweißsynthese überträgt, wird sie „messenger-RNS" (m-RNS)genannt.

Die Aminosäuresequenz des aufzubauenden Polypeptides ist dabei in der m-RNS so codiert, dass jeweils drei aufeinanderfolgende Basenpaare der Polynucleotidkette eine Aminosäure bestimmen. Befindet sich z. B. an einer Stelle der m-RNS die Basenreihenfolge Uracil-Uracil-Uracil, gefolgt von Adenin-Guanin-Adenin, so bedeutet dies den Einbau von Phenylalanin, gefolgt von Arginin, in der Peptidkette. Ein solches Basentriplett, das eine Aminosäure codiert, nennt man ein Codon.

Mit der Anlagerung der m-RNS an eine Reihe von Ribosomen kann der Aufbau der Polypeptidkette beginnen. Ribosomen sind kleinste Zellpartikel von etwa 15 µm Durchmesser und bestehen zu etwa 65% aus RNS (ribosomale RNS = r-RNS). Die Heranführung der Aminosäuren geschieht mit Hilfe von Transfer-Ribonucleinsäuren (t-RNS). Es handelt sich hierbei um verhältnismäßig niedrigmolekulare Ribonucleinsäuren, welche durch innermolekulare Basenpaarung eine kleeblattartige Struktur aufweisen. Sie enthalten neben Uracil, Adenin, Guanin und Cytosin noch eine Reihe seltener Basen. Für jede Aminosäure steht mindestens eine spezifische t-RNS zur Verfügung. Die Bindung der Aminosäuren an die t-RNS erfolgt nach Aktivierung der ersteren durch ATP mit Hilfe spezieller Enzyme (Aminoacylsyntheasen). An einer Ausbuchtung der Kleeblattstruktur trägt die t-RNS ein Basentriplett, das sog. Anticodon, das wieder für jede Aminosäure spezifisch ist. Der Aufbau der Polypeptidkette geht nun so vor sich, dass sich an das gerade auf einem Ribosom liegende Codon einer m-RNS eine mit einer Aminosäure verbundene t-RNS mit dem passenden Anticodon anlagert. Die m-RNS wandert am Ribosom vorbei, so dass eine Transfer-RNS nach der anderen sich anlagern kann, je nach der Reihenfolge der Tripletts der m-RNS. Dabei werden die Aminosäuren miteinander verbunden und von der tRNS abgespalten, welche sich wieder vom Ribosom ablöst. Auch der Polypeptidstrang dissoziiert von der Ribosomen-Oberfläche ab. Da die m-RNS-Kette über mehrere Ribosomen läuft, werden auch mehrere Polypeptidketten gleichzeitig synthetisiert.

Die Übersetzung der Nucleinsäuresequenz der m-RNS in die Aminosäuresequenz der Polypeptidkette mit Hilfe von Codon und Anticodon wird „Translation" genannt.

Die Sequenz der Polypeptidkette eines Enzyms ist also im Strukturgen codiert. An der Steuerung der Enzymsynthese sind noch zwei verschiedene Gene beteiligt. Die *Operatorgene*, die am Beginn einer Serie von *Strukturgenen* liegen, haben den Charakter eines „Hauptschalters", der alle folgenden Strukturgene der enzymatischen Reaktionsfolge gemeinsam an- oder abschaltet. Operatorgen und Strukturgen bilden eine Einheit im Informationsspeicher und werden als „Operon" bezeichnet (Abb. 1.46).

Regulatorgene synthetisieren ein spezielles Protein, das unter bestimmten Bedingungen das Operatorgen blockieren kann. Dieses Protein (Repressor) kann durch Anlagerung eines kleinen Moleküls (Effektor) in seiner Form deutlich verändert werden (allosterischer Effekt) (s. Abschnitt 1.5.5).

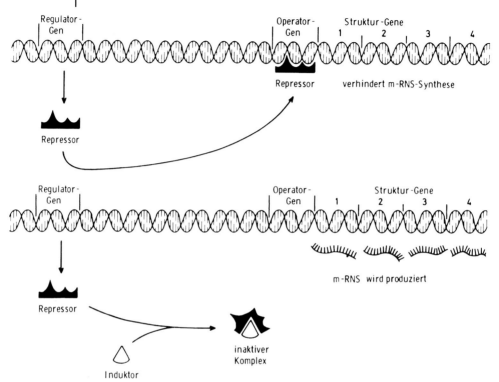

Abb. 1.46 Schema der Regulation der Genaktivität nach *Jakob* und *Monod*, entnommen aus [217].

Damit die Strukturgene aktiv werden können, muß das Operatorgen den Weg freigeben, der Repressor muß durch einen Effektor (Induktor) inaktiviert werden.

So kann z. B. im Falle der Neubildung von Enzymen während des Mälzungsprozesses die Gibberellinsäure als „Induktor" den allosterischen Repressor inaktivieren, so dass die Strukturgene wirksam werden können. Die genetische Information bewirkt die Bildung von entsprechenden Enzymproteinen (z. B. α-Amylase, Endopeptidase). Dabei sind vier verschiedene Wege gangbar:

1) über die RNS-Polymerase;
2) über die Transskriptionsebene auf die m-RNS;
3) über die Translationsebene auf das Zusammenwirken von m-, r- und t-RNS und schließlich
4) über das entstehende Protein [218].

Abbildung 1.47 zeigt eine schematische Darstellung der Enzymregulation in keimender Gerste durch Gibberelline. Die Enzymbildung dauert so lange an, als Gibberellinsäure vorrätig ist (s. Abschnitt 4.1.3). Bei Fehlen der Gibberellinsäure wird der Repressor wieder aktiv, die Gene werden blockiert und die Enzymsynthese unterbleibt. Die Faktoren der Keimruhe („Dormine"), wie am Bei-

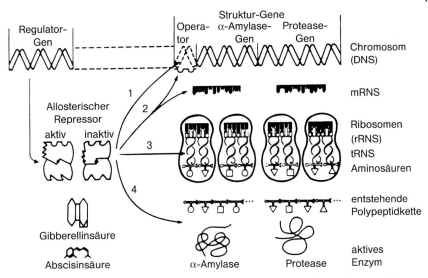

Abb. 1.47 Schematische Darstellung der Enzymregulation in keimender Gerste durch wachstumsfördernde und wachstumshemmende Hormone. 1 = Regulation über RNS-Polymerase, 2 = Regulation über Transkription, 3 = Regulation über Translation, 4 = Regulation über Peptidfaltung (*Piendl* 1968, verändert nach [219]).

spiel der Abcisinsäure erkennbar, wirken antagonistisch zu den Gibberellinen (Abb. 1.48). Sie können bei Anlagerung an den Repressor diesen aktivieren und damit die Enzymbildung verhindern [219].

Die Faktoren der Keimruhe, z. B. die „Dormine", wirken antagonistisch zu den Gibberellinen. Sie können bei Anlagerung an den Repressor diesen aktivieren und damit die Enzymbildung verhindern. Ebenso vermögen die Endprodukte des enzymatischen Abbaus den allosterischen Repressor zu aktivieren, so dass bei Vorliegen von genügend Maltose oder Glukose die weitere Enzymbildung zum Stillstand kommt [220, 221].

1.5.8
Enzyme der Mälzerei- und Brauereitechnologie

Wenn auch die Enzyme des Stoffwechsels bei der Keimung eine sehr große Rolle spielen, so interessieren in der Brauereitechnologie hauptsächlich jene Enzyme, die die hydrolytischen Abbauvorgänge beim Mälzungs- und Maischprozeß zu bewirken vermögen. Es sollen daher im wesentlichen hydrolytische Enzyme besprochen werden, aber auch einige des Oxidoreduktasenkomplexes, die für bestimmte Eigenschaften des Malzes verantwortlich sind.

In den Rahmen der Hydrolasen (E. C. 3) passen sich die interessierenden Enzyme wie folgt ein:

Allosterischer Repressor

aktiv   inaktiv

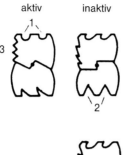

3

Erkennungstellen für

1 = Operator
2 = Induktor
3 = Inhibitor

Repressor - Gibberellin-
säure - Komplex

Anlagerung von Gibberel-
linsäure inaktiviert Repressor

Repressor - Dormin-
Komplex

Anlagerung von Dormin
aktiviert Repressor

Abb. 1.48 Hypothetische Vorstellungen über mögliche Beziehungen zwischen Repressor, wachstumsfördernde und wachstumshemmende Hormone.

a) Enzyme, die Esterbindungen spalten (E.C.3.1.). Sie werden auch als Esterasen bezeichnet. Zu ihnen gehören u.a. die Lipase, die saure Phosphatase und Esterasen des Zellwandabbaus.

b) Enzyme, die Glycosidbindungen spalten (E.C.3.2.). Zu den auch Carbohydrasen genannten Enzymen zählen die Polyasen (Polysaccharidasen) wie α- und β-Amylasen, Endo- und Exo-β-Glucanasen, Endo- und Exo-Xylanasen, Arabinosidasen, Cellulasen. Eine weitere Gruppe sind die Oligosaccharidasen, z.B. Glucosidasen (Maltase, Grenzdextrinase, Cellobiase, Laminaribiase) und die Fructosidase (Saccharase).

c) Enzyme, die Peptidbindungen spalten (E.C.3.3.); sie werden auch Peptidasen genannt. Zu ihnen zählen Endo-Peptidasen und Exo-Peptidasen (Carboxy-, Amino- und Di-Peptidasen) sowie Exo- und Endoproteinasen.

1.5.8.1 Esterasen

Die Esterasen lösen Esterbindungen.

Die *Lipasen* bauen Glycerinester langkettiger Fettsäuren ab. Beim Abbau entstehen Fettsäuren und zunächst Diglyceride.

Bei längerer Einwirkung können auch der zweite und der dritte Fettsäurerest abgespalten werden [222] (Abb. 1.49).

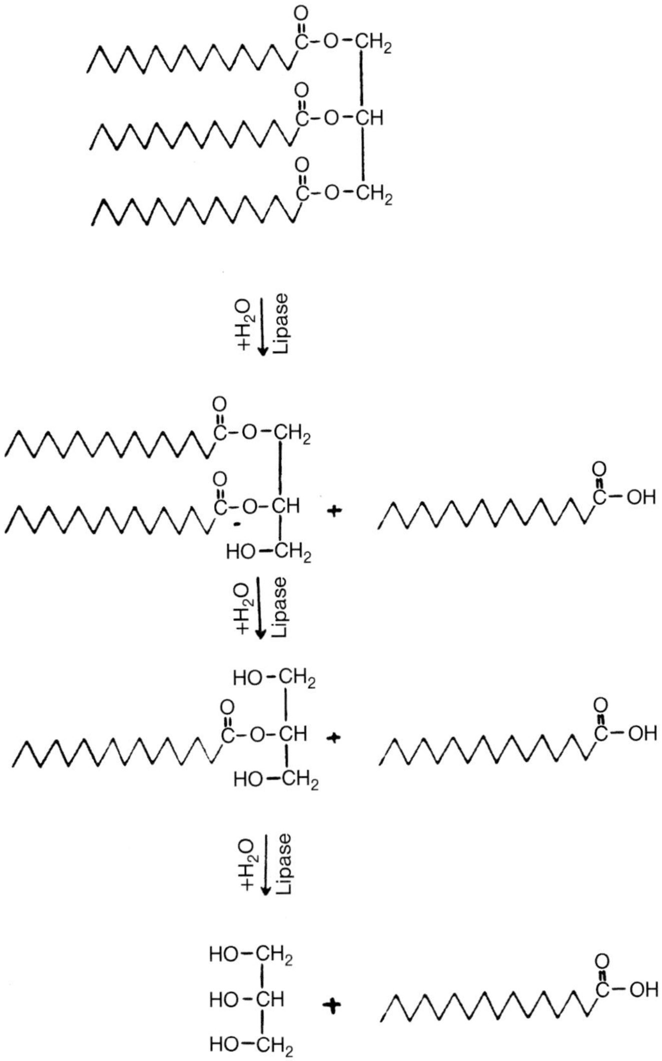

Abb. 1.49 Enzymatische Spaltung von Triglyceriden.

Lipasen sind fest an das Zelleiweiß gebunden. Die Lipaseaktivität beschränkt sich auf die Grenzfläche zwischen Öltröpfchen und der wäßrigen Phase. Die Spezifität der Lipasen ist nur gering, sie wirken gleichermaßen auf Triglyceride und auf einfache Ester. Dabei ist allerdings die Reaktionsgeschwindigkeit von der Kettenlänge der Fettsäuren abhängig.

Die optimale Wirkungstemperatur der Lipase ist in Maische einmal bei 35–40 °C, zum anderen bei 70 °C [223]. Der optimale pH liegt bei 28 °C im Bereich von 6,8 [224]. Durch Ca^{2+}-Ionen wird die Lipase aktiviert. Lipase ist bereits im ruhenden Korn vorhanden, ihre Aktivität wird in Abhängigkeit von den Mälzungsbedingungen etwa verdoppelt. Jahrgang und Anbauort vermögen das Niveau der Lipase-Entwicklung zu beeinflussen [225].

Die *Phosphatasen* katalysieren die hydrolytische Spaltung von Phosphorsäure-Estern. Unter dieser Bezeichnung sind zwei Typen dieses Enzyms zu unterscheiden: die „alkalischen Phosphatasen", deren pH-Optimum in einem Bereich von 8,4–10,5 liegt und die „sauren Phosphatasen", von denen drei verschiedene Gruppen bekannt sind. Es kommt jedoch nur die „saure Phosphatase I" in den Geweben grüner Pflanzen vor. Die Phosphatasen sind generell unspezifisch, d. h. sie bauen die verschiedenen Phosphorsäure-Ester ab, wobei die Reaktion von Substrat zu Substrat verschieden ist. Hauptsächlich werden bei der Keimung aus dem Phytin anorganische Phosphate abgespalten (s. Abschnitt 1.4.5). Das Temperatur-Optimum der sauren Phosphatase liegt bei 53 °C, wenn auch hier schon eine deutliche Schädigung der Enzymaktivität eintritt. Bei 70 °C wird das Enzym rasch inaktiviert. Der optimale pH liegt zwischen 4,5 und 5.0.

In ruhender Gerste ist Phosphatase bereits vorhanden. Es erhöht sich jedoch ihre Menge durch Neubildung des Enzyms in der Aleuronschicht [226] auf den 5–6 fachen Wert. Wenn auch beim Schwelken und Darren namhafte Verluste an Enzymaktivität zu verzeichnen sind, so beträgt doch die Phosphatasenaktivität des Malzes etwa das 3 fache der Gerste. Die Entwicklung der Phosphatase-Aktivität während der Keimung ist von Anbauort und Jahrgang abhängig [227].

Zu den Esterasen zählt auch die *β-Glucan-Solubilase*, die hochmolekulares Hemicellulosen-β-Glucan aus der Bindung mit Proteinen löst [228, 230]. Das Enzym liegt im ruhenden Korn bereits vor [231] und entwickelt sich bei Keimung und Schwelke bis auf die ca. 5 fache Aktivität. Die Verluste beim Darren sind gering. Das Temperaturoptimum liegt beim Maischen bei 62–65 °C; über 73 °C tritt eine Inaktivierung ein [229]. Die Doppelwirkung der β-Glucan-Solubilase, die auch als Carboxypeptidase befunden wurde, wird neuerdings in Zweifel gezogen [230], doch spricht die Temperaturverträglichkeit des Enzyms für eine Carboxypeptidase [233].

An der Freisetzung von Hemicellulosen aus der Bindung mit Proteinen sind weitere Esterasen beteiligt: eine Feruloyl-Esterase [232], die nach 30 Minuten bei 65 °C inaktiviert wird sowie eine unspezifische Esterase ähnlicher Temperaturempfindlichkeit. Die Feruloyl-Esterase löst die Esterbindung zwischen Ferulasäure und Arabinose [233]. Die unspezifische Esterase vermag Pentosane zu lösen („Pentosan-Solubilase") [234]. Es konnte bewiesen werden, dass diese Enzymaktivitäten nicht durch Mikroorganismenwachstum auf der Kornoberfläche hervorgerufen werden.

1.5.8.2 Carbohydrasen

Die Carbohydrasen lösen Glycosidbindungen. Zu ihnen gehört die Fülle derjenigen Enzyme, die Stärke, Hemicellulose und Cellulose abbauen.

Die *stärkeabbauenden Enzyme* umfassen α- und β-Amylase sowie eine Reihe von Oligosaccharidasen.

Die *α-Amylase* (*1,4-α-D-Glucan glucanohydrolase* [E. C. 3.2.1.1]) spaltet als Endo-Enzym die α-1 → 4-Bindungen des Makromoleküls Amylose von innen heraus. α-Amylase I macht dabei nur 5% der Gesamt-α-Amylaseaktivität aus. Sie löst größere Stärkekörner (> 15 μm) rascher als α-Amylase II, die 95% aller α-Amylaseaktivitäten entwickelt.

Der α-Amylase-Inhibitor beeinflußt die Aktivität der α-Amylase I nicht, wohl aber die der α-Amylase II bis zu 70% [235]. Beim Abbau entstehen rasch Oligosaccharide von 6–7 Glukoseeinheiten (Dextrine), die bei längerer Einwirkung des Enzyms auf das Substrat noch weiter zu Maltose, Glukose, Maltotriose und niedrigen Dextrinen gespalten werden.

Das Makromolekül Amylopektin wird von der α-Amylase ebenfalls an den α-1 → 4-Bindungen zwischen den Verzweigungsstellen angegriffen. Es entstehen neben linearen Dextrinen auch solche, die Isomaltose-(α-1 → 6-)Bindungen enthalten. Bei längerer Einwirkungszeit des Enzyms werden die Bruchstücke entsprechend weit abgebaut, so dass hier als Endprodukte Glukose, Maltose und Pannose (Isomaltose) vorliegen können. Durch die Wirkung der α-Amylase nimmt die Viskosität des Stärkekleisters rasch ab, ebenso verschwindet die Jodfärbung entsprechend schnell.

Während der Keimung konnten auf dem Weg der Immunelektrophorese zwei α-Amylasekomponenten (Isoenzyme) nachgewiesen werden [236, 237].

Die Wirkungsbedingungen der α-Amylase sind:

	in reinen Stärkelösungen	in Maische (ungekocht)
optimaler pH	5,6–5,8	5,6–5,8
optimale Temp.	60–65 °C	70–75 °C
Inaktivierung bei	70 °C	80 °C

Die Aktivität wird gefördert durch Ca^{2+}, Zn^{2+} und Cl^--Ionen. Eisensulfat, aber auch Chromsulfat, Chromnitrat, Zinnsulfat und Kupfersulfat hemmen die Enzymwirkung [238]. Das Molekulargewicht der α-Amylase liegt zwischen 45 000 und 47 000 [239]. α-Amylase ist im ungekeimten Gerstenkorn nicht vorhanden. Ihre Bildung erfolgt de novo während der Keimung, wobei vom Keimling Gibberelline über das Schildchen in das Aleuron gelangen, die die Entwicklung hydrolytischer Enzyme in der Aleuronschicht induzieren [226]. Dies geschieht auf den Wegen der geschilderten Enzymbiosynthese (s. Abschnitt 1.5.7). In der Aleuronschicht wird ohne einen lebenden Keimling keine α-Amylase gebildet [240]. Wird dagegen von außen Gibberellinsäure zugesetzt, so kann der Bildungsmechanismus auch ohne lebenden Keimling ablaufen. Mono- und Disaccharide vermögen die Bildung der Amylase zu hemmen. Die Entwicklung der α-Amylase während der Keimung wird stark von der Gerstensorte und den Mälzungsbedingungen beeinflußt; beim Abdarren treten deutliche Verluste ein. Die Vegetationszeit der Gerste und die während derselben herrschenden Witterungsbedingungen wirken sich dergestalt aus, dass Gersten aus einer langen, kühlen Wachstumsperiode mehr *α*-Amylase entwickeln als solche aus einer kurzen, heißen und trockenen [241].

Die *β-Amylase (1,4-α-D-Glucan maltohydrolase* [E. C. 3.2.1.2]) ist ein Exo-Enzym; sie greift die Amylose vom nichtaldehydischen (nichtreduzierenden) Ende aus an und spaltet jeweils eine Maltoseeinheit ab. Es entsteht durch diesen Abbau sofort Maltose, während jedoch die Jodreaktion erst dann zum Verschwinden kommt, wenn die Amylosekette bis auf 9 Glukoseeinheiten gekürzt ist (s. Abschnitt 1.4.2.1, 4.1.4).

Die Amylose wird bei einer geraden Anzahl an Glukoseketten vollständig zu Maltose abgebaut; ist die Zahl der Glukosemoleküle ungerade, so werden die letzten drei Einheiten als Maltotriose belassen bzw. nur sehr langsam zu Maltose und Glukose hydrolysiert. Auch das Amylopektin wird vom nichtreduzierenden Ende der Seitenketten her angegriffen und Maltose abgespalten. Die Wirkung der *β*-Amylase kommt jedoch 2–3 Glukosemoleküle vor dem Verzweigungspunkt zum Stehen. Als Ergebnis dieses Abbaus liegt 50% Maltose und das sog. *β*-Grenzdextrin vor, das mit Jod noch eine rote Färbung ergibt [175]. Ein weiterer Abbau dieses Restkörpers erfolgt dann erst, wenn die *α*-Amylase in den Abbau eingreift und durch Spaltung der inneren Bindungen neue Angriffsmöglichkeiten für die *β*-Amylase schafft.

Die Wirkungsbedingungen der *β*-Amylase sind:

	in reinen Stärkelösungen	in Maische (ungekocht)
optimaler pH	4,6	5,4-5,6
Optimaltemperatur	40–50 °C	60–65 °C
Inaktivierungstemperatur	60 °C	70 °C

Das Enzym wird durch Schwermetallionen (Cu^{2+}, Hg^{2+}), Halogene und Ozon gehemmt.

Das Molekulargewicht beträgt 54 000 [240].

Im Gerstenkorn ist die *β*-Amylase in einer aktiven und in einer latenten oder gebundenen Form vorhanden. Die latente Form kommt nur im Endosperm vor; sie kann durch Thiole (reduzierende Verbindungen mit Sulfhydrylgruppen) oder durch Zusatz von proteolytischen Enzymen (z. B. Papain) aktiviert werden. Auch eine Extraktion mit Salzlösungen ist möglich.

Die höchste Aktivität der *β*-Amylase liegt in der Aleuronschicht vor, sie nimmt bis zum Korninnern ab [243]. Mittels Elektrophorese konnten sieben verschiedene *β*-Amylasekomponenten festgestellt werden; dies bedeutet, dass die *β*-Amylase auch in Form von Isoenzymen vorliegt [244]. Mit Hilfe der Gelchromatographie wurden vier *β*-Amylasen gefunden, die sich jedoch immunologisch identisch erwiesen [245]. Von den genuinen Eiweißkörpern der Gerste zeigen einige Fraktionen des Albumins eine *β*-Amylaseaktivität [246], besonders das Protein Z, ein Albumin, wird für die gebundene Form der *β*-Amylase als verantwortlich angesehen [247].

Einige Formen der β-Amylase zeigen unterschiedliche Thermostabilität [249]. Genotypische Differenzen wurden im Temperaturbereich von 40–56 °C (in reinen Stärkelösungen) gefunden [250]. Ohne thermostabile β-Amylase können hohe bzw. höchste Endvergärungsgrade nicht erreicht werden.

Die Menge an freier β-Amylaseaktivität im ruhenden Gerstenkorn ist eine Sorteneigenschaft und vom Eiweißgehalt abhängig [241]. Sie kann zwischen 60 und 200 ° WK liegen. Auch die Enzymentwicklung während der Keimung ist von diesen Faktoren abhängig.

Die *Maltase* (α-1,4 α-D Glucoside-glucohydrolase [E.C. 3.2.1.20]) spaltet die Maltose in zwei Moleküle Glukose.

Die Wirkungsbedingungen dieses Enzyms sind optimal bei einem pH von 6 und einer Temperatur von 30–40 °C. Über 40 °C wird die Maltase bereits rasch geschwächt [224].

Im Gerstenkorn liegt die Maltase in einer gebundenen Form, hauptsächlich im Schildchen, vor. Sie wird während der Keimung stark aktiviert.

Die *Grenzdextrinase* (Oligodextrin-6-Glucanohydrolase [E.C. 3.2.1.41]) greift die α-1 → 6-Bindungen von Grenzdextrinen an und ist damit in der Lage, die Verzweigungen zu lösen. Es können die Grenzdextrine (Oligosaccharide mit α-1 → 6-Bindungen) abgebaut werden. Es entstehen hierbei Glukose, Maltose, Maltotriose und geradlinige Oligosaccharide. Das Enzym zeigt optimale Wirkungsbedingungen in reiner Stärkelösung bei pH 5,1 und 40 °C; in Maische bei pH 5,1 und 55–60 °C. Es wird über 65 °C inaktiviert [248, 251].

Das Enzym liegt in einer freien und einer gebundenen Form vor [252]. Es sind jedoch in Gerste hitzestabile Proteine vorhanden, die die Grenzdextrinase inhibieren [253]. Während der Keimung wird der Inhibitor um ca. 80% verringert [254].

Dabei nehmen sowohl die Aktivitäten der freien als auch die der latenten und gebundenen Grenzdextrinase zu. Beim Darren werden rund 40% der beiden Formen inaktiviert [255].

Bei dem R-Enzym und der Grenzdextrinase handelt es sich um ein- und dasselbe Enzym [256]. In der Literatur wurden sie ursprünglich als zwei Enzyme dargestellt, die sich in ihrer Substratspezifität unterscheiden [257, 258].

Die *Saccharase* (β-D-Fructofuranosid-fructohydrolase [E.C. 3.2.1.26]) zählt ebenfalls zu den Oligosaccharasen. Sie spaltet Saccharose in Glukose und Fructose, wobei die Drehrichtung von polarisiertem Licht umgekehrt wird (Invertase).

Die optimalen Wirkungsbedingungen des Enzyms sind bei einem pH von 5,5 und einer Temperatur von 50 °C gegeben. Über 55 °C wird es unwirksam. Schwermetalle wie Cu^{2+}, Mg^{2+} und Ag^{2+} hemmen die Saccharase reversibel [259].

Saccharase zeigt im ruhenden Gerstenkorn nur eine geringe Aktivität. Sie ist in einer löslichen und einer unlöslichen Form in der Mittelachse, in Wurzel- und Blattkeim sowie im Schildchen, nicht dagegen im Mehlkörper des ungekeimten Kornes vorhanden. Die unlösliche Form kommt dabei in allen diesen Geweben mit Ausnahme des Blattkeims vor. In letzterem dominiert die lösliche Invertase, die dort zwei sich in ihrem I.P. (pH 4,1 und 10,0) deutlich unterscheidbare Varianten umfaßt. In den anderen Geweben ist eine Invertase mit einem I.P. von pH 9,5 nachweisbar. Das Molekulargewicht der löslichen Invertase beläuft sich auf 92 000±3000 [190].

Die *Enzyme des Hemicellulose-Abbaus* sind noch vielfältiger als die des Stärkeabbaus, da hier zwischen dem Abbau der *Glucane* und *Pentosane* unterschieden werden muß.

Zu den Glucan abbauenden Enzymen gehören die *β*-Glucan-Solubilase (s. Abschnitt 1.5.8.1), die Endo-*β*-Glucanasen, die Exo-*β*-Glucanase sowie die Cellobiase und die Laminaribiase.

Die *β-Glucan-Solubilase* löst das hochmolekulare Hemicellulosen-*β*-Glucan aus der Bindung mit der Proteinmatrix. Sie wurde ursprünglich als Carboxypeptidase mit einer Esterasefunktion angenommen. Bei diesen Reaktionen ist auch eine Feruloyl-Esterase beteiligt. Nachdem aber Ferulasäure nur mit Pentosanen vergesellschaftet ist, wird die Freisetzung von *β*-Glucan durch ein Aufreißen der Feruloyl-Pentosan-Matrix mit bewirkt [262].

Die Endo-*β*-Glucanasen sind drei Enzyme, die die Makromoleküle des *β*-Glucans von innen heraus abbauen [261].

Die Endo-*β*-1 → 4-Glucanase (E.C. 3.2.1.4) löst *β*-1 → 4-Bindungen, die Endo-*β*-1 → 3-Glucanase *β*-1 → 3-Bindungen, während eine unspezifische Endo-*β*-Glucanase beide Bindungstypen angreift [263]. Durch diese Spaltung wird das hochmolekulare, in Form von Hemicellulosen unlösliche *β*-Glucan in löslichen Glucangummi und schließlich in Glucandextrine übergeführt, wobei sich die Viskosität der Lösung rasch verringert. Bei längerer Einwirkung entstehen jedoch auch Glukose, Oligosaccharide und vor allem die beiden Disaccharide Cellobiose und Laminaribiose (s. Abschnitt 4.1.5.4) [264].

Die Wirkung des Enzymkomplexes läuft optimal ab bei einem pH von 4,5–4,8 und Temperaturen von 40–45 °C. Über 55 °C tritt eine rasche Inaktivierung ein [265]. Die Endo-*β*-1 → 3-Glucanase hat einen optimalen pH-Bereich je nach Test-Substrat: mit Laminarin pH 4,6 und mit Carboxymethylcellulose 5,5 [266]; die optimale Temperatur liegt unter 60 °C, bei 70 °C erfolgt eine rasche Inaktivierung. Ca^{2+}-Ionen wirken aktivierend. Fe^{2+}, Mn^{2+} und Co^{2+} sind positiv für die Aktivitäten der Endo- und Exo-*β*-Glucanasen [266, 267].

In der Gerste sind nur die Endo-*β*-1 → 4-Glucanase und die Solubilase aktiv. Die *β*-1 → 3-Glucanase sowie die unspezifische Endo-*β*-Glucanase werden wie die *α*-Amylase durch die Wirkung von gibberellinähnlichen Wuchsstoffen im Aleuron gebildet; das Maximum am Ende der Keimung beträgt das etwa 10-fache des Ausgangswertes [268].

Auch die Entwicklung der Endo-*β*-Glucanasen ist von der Gerstensorte und der Vegetationszeit abhängig [269].

Die *Exo-β-Glucanase* greift ebenfalls die Makromoleküle an, sie baut vom nichtreduzierenden Ende Cellobiose, Laminaribiose und bei ungeraden Kettenlängen auch Glukose ab. Das Enzym scheint nur *β*-1 → 4-Bindungen lösen zu können [270]. Die Viskosität der *β*-Glucanlösung fällt nur langsam ab. Das Enzym hat einen optimalen pH von 4,5; die Optimaltemperatur liegt unter 40 °C. Über 40 °C tritt eine rasche Inaktivierung ein.

Die Gerste enthält bereits aktive Exo-β-Glucanase; ihre Menge steigt während der Keimung auf den rund 10-fachen Wert an [269].

Die *Cellobiase* als Oligosaccharidase baut die Cellobiose zu zwei Molekülen Glukose ab. Das pH-Optimum liegt bei 4,5–5,0 [271]; bereits bei Raumtemperatur büßt das Enzym seine Wirksamkeit rasch ein [272].

Das in der Gerste mit hoher Aktivität vorliegende Enzym verliert während der Keimung laufend an Aktivität [269, 273, 274].

Die *Laminaribiase* baut die mit β-1 → 3-Bindung verknüpften Laminaribiosemoleküle zu zwei Glukoseeinheiten ab.

Das Enzym wirkt optimal bei einem pH von 5,0 und einer Temperatur von 37 °C; über 55 °C tritt eine rasche Inaktivierung ein [275].

Cellulase wurde ebenfalls in Extrakten von gekeimter Gerste gefunden. Sie baut entsprechende Dextrine der Cellulose ab. Es scheint sich hier um eine Endo-β-Glucanase zu handeln [276].

Zu den Enzymen des Pentosanabbaus gehören: analog zur β-Glucan-Solubilase eine Pentosan-Solubilase (s. Abschnitt 1.5.8.1), Endo- und Exo-Xylanasen, die Xylobiase sowie die Arabinosidase. Die Pentosan-Solubilase ist eine Esterase [233]. Desweiteren ist beim Pentosanabbau noch die Feruloyl-Esterase wirksam.

Die *Endo-Xylanase* spaltet vom hochmolekularen Pentosan Xylanketten ab, gleichgültig ob diese Arabinose-Seitenketten enthalten oder nicht. Durch das Lösen der β-1 → 4-Bindungen entstehen Xylandextrine verschieden hohen Molekulargewichts; bei längerer Einwirkung nach dem vorausgehenden Abbau der Arabinose-Seitenketten auch Xylobiose und Xylose. Es wird auch hier eine rasche Abnahme der Viskosität des Xylangummis bewirkt.

Das Enzym wirkt bei pH 5,0 und einer Temperatur von 45 °C optimal [244]. Die Steigerung der bereits in Gerste nachweisbaren Aktivität des Enzyms erfolgt bei der Keimung auf den dreifachen Wert [268].

Die *Exo-Xylanase* greift die Xylanketten vom Ende her an und baut Xylobiose ab. Diese Wirkung ist jedoch erst möglich, wenn die durch Arabinose-Seitenketten hervorgerufenen Verzweigungen abgebaut wurden.

Die optimalen Wirkungsbedingungen entsprechen, soweit bekannt, denen des Endo-Enzyms [224].

Während der Keimung erhöht sich die Enzymaktivität auf den doppelten Wert der Gerste [268].

Die *Xylobiase* baut als Xylo-Oligosaccharidase Xylose an der β-1 → 4-Bindung der Xylobiose ab.

Die Entwicklung des Enzyms bei der Keimung entspricht etwa derjenigen der Exo-Xylanase.

Die *Arabinosidase* löst die 1 → 2- und 1 → 3-Bindungen der Arabinose-Seitenketten aus hochmolekularem Araboxylan und den daraus entstandenen Oligosacchariden [268]. Es ist denkbar, dass hierfür zwei Enzyme benötigt werden. Die Arabinosidase verträgt Temperaturen von 40 °C über längere Zeit, wird bei 50 °C langsam und bei 60 °C rasch inaktiviert [277].

Der optimale pH liegt bei 4,6–4,7 [278].

Auch dieses Enzym verhält sich bei der Keimung wie Xylobiase oder Exo-Xylanase.

Die Menge der Pentosanasen in Gerste ist verhältnismäßig gering. Die Erhöhung der Pentosanaseaktivität während der Keimung ist im Vergleich zur Entwicklung der Glucanasen bescheiden.

1.5.8.3 Peptidasen

Die Peptidasen lassen sich grob einteilen in Endopeptidasen sowie in die verschiedenen Exo-Peptidasen wie Carboxy-, Amino- und Dipeptidasen.

Die *Endopeptidasen* (Proteinasen, E. C. 3.4.4) greifen Protein-Polypeptid- und Oligopeptidmoleküle von innen heraus an und liefern Gruppen niedrigeren Molekulargewichts. Die Enzyme greifen bevorzugt oder nur an bestimmten Stellen, d. h. vor oder hinter bestimmten Aminosäureresten an. So baut z. B. Trypsin nur die Lysin-Arginylbindung der Peptide ab. Chromotrypsin greift spezifisch am Carboxylende aromatischer Aminosäuren an, während Papain unspezifisch ist.

Die optimalen Wirkungsbedingungen der Endopeptidasen werden vom Milieu beeinflußt. Diese sind summarisch:

	in reiner Eiweißlösung	in Maische
optimaler pH	4,7	5,0–5,2
optimale Temperatur	40 °C	50(–60 °C)
Inaktivierung	70 °C	80 °C

Bereits in ungekeimter Gerste sind Endopeptidasen-Aktivitäten gegeben, die durch mindestens 5 Enzyme bewirkt werden [279, 280]. Die Gersten- bzw. Malzproteinasen lassen sich in folgende Gruppen einteilen:

a) Cystein-Peptidasen, die einen Cystein-Rest im aktiven Zentrum aufweisen. Sie haben Molekularmassen von 37 000 und 30 000 Da sowie pH-Optima von 5,0 bzw. 4,7. Im Grünmalz wurde eine weitere Cystein-Peptidase (MM 29 000, pH 4,2–4,3) identifiziert. Diese Enzyme weisen im ungekeimten Korn nur eine geringe Aktivität auf, die aber durch die Zugabe von Gibberellinsäure oder Reduktionsmittel rasch ansteigt [281–287].

b) Serin-Peptidasen, mit Serin und Histidin im aktiven Zentrum (MM 74 000, I.P. pH 6,9 und ein weiteres Optimum bei pH 4–7). Sie sind im ruhenden Korn noch nicht nachweisbar, erst nach zwei Tagen Keimung nimmt ihre Aktivität rasch zu [288].

c) Aspartat-Peptidasen, bei denen die Carboxygruppen von Asparaginsäureresten an der Katalyse beteiligt sind. Sie kommen in der Gerste in vier Formen vor mit MM von 8000–48 000 Da und pH-Optima von 3,5–4,5 [289].

d) Metall-Peptidasen mit einem Metall-Ion wie Zn^{2+}, Ca^{2+} und Mn^{2+}. Sie werden in der Aleuronschicht synthetisiert und von dort exkretiert. Im ruhenden Korn ist nur eine geringe Aktivität nachweisbar, die jedoch nach einem Keimtag stark ansteigt [290].

Während frühere Arbeiten [279–291] 70% der in der Gerste und 90% der im Malz bestimmten Aktivität den Sulfhydryl-Enzymen zuschrieben und nur 30 bzw. 10% auf drei metallaktivierte Proteasen entfielen, kommt den letzteren doch eine wesentlich größere Bedeutung beim Mälzen und beim Maischen zu [281]. Hier spielen Extraktions- und Reinigungsmethoden bei der Enzymbestimmung und Enzymcharakterisierung eine Rolle, vor allem auch Inhibitoren.

Die Endopeptidasen sind in Gerste zu 60% in der wasserlöslichen Fraktion (Albumine) und zu 40% in der salzlöslichen Fraktion (Globuline) feststellbar [279]. Die Aktivität der Enzyme nimmt während der Keimung um den 5–6fachen Betrag zu [273–292].

Dies ist auf den Abbau von Hemmstoffen, nicht auf eine Neubildung zurückzuführen [293].

Die Exopeptidasen lassen sich unterteilen in fünf Carboxypeptidasen E. C. 3.4.2 (pH 4,8–5,6) [294], vier neutrale Aminopeptidasen E. C. 3.4.1 (pH 7,0–7,2) [295, 296], eine alkalische Leucinaminopeptidase E. C. 3.4.1 (pH 8–10) [297] und eine Dipeptidase E. C. 3.4.2 (pH 8,8) [298]. Die Temperaturoptima liegen nach [274] wie folgt:

Carboxypeptidasen*   50 °C (40–60 °C) Inakt. über 70 °C [219]
Aminopeptidasen   45 °C (40–50 °C) Inakt. über 55 °C
Dipeptidasen   45 °C (40–47 °C) Inakt. über 50 °C

* als Esterase (β-Glucansolubilase) im gleichen Temperaturbereich wirksam, jedoch pH-Optimum 6,6–7,0 [219].

Die *Carboxypeptidasen* greifen als Exopeptidasen Proteine, Polypeptide und Peptide vom Carboxyl-Ende her an und bauen einzelne Aminosäuren ab. Dabei ergeben sich ebenfalls wieder Spezifitäten zu gewissen Aminosäuresequenzen. Das Enzym hat ein Molekulargewicht von 90 000 [300].

Das in der Gerste vorhandene Enzym zeigt einen raschen Anstieg in den ersten Keimtagen [301]. Es erreicht beim Schwelkende die etwa 5fache Aktivität und wird beim Darren nur wenig geschädigt [302].

Aminopeptidasen greifen höhermolekulares Eiweiß und Polypeptide vom Amino-Ende her an und bauen Aminosäuren ab. Bekannt ist die Leucin-Aminopeptidase, die als Magnesiumproteid erkannt wurde.

Das Enzym kommt in Gerste in einer relativ hohen Aktivität vor, die bei Gersten aus einer langen ausgeglichenen Vegetationsperiode das günstigste Niveau aufweist. Während der Keimung wird die Enzymaktivität auf den 1,5–2,5fachen Betrag erhöht [269].

Dipeptidasen spalten die Peptidbindung von Dipeptiden. Hierdurch entstehen folglich zwei Aminosäuren. Die Reaktion bedarf zweiwertiger Metallionen; manche Schwermetalle wirken inhibierend. Es sind wiederum unterschiedliche Spezifitäten, je nach den beiden Aminosäuren des Dipeptids, gegeben. Die Enzyme wirken optimal bei pH 7,8–8,2 und Temperaturen von 40–50 °C; über 50 °C tritt eine Inaktivierung ein.

Die Gerste verfügt bereits über aktive Dipeptidasen. Ihre Menge vermehrt sich während der Keimung auf den 2–3 fachen [269], beim Schwelken unter geeigneten Bedingungen bis auf den 8–10 fachen Betrag [302].

1.5.8.4 Sonstige Enzyme

In diesem Zusammenhang sollen einige Enzyme Erwähnung finden, die zur Gruppe der Oxidoreduktasen (E.C.1) zählen. Ihr Verhalten während des Mälzungs- und Sudprozesses wurde genauer untersucht, da anzunehmen ist, dass sie über Oxidationsvorgänge einen Einfluß auf die phenolischen Substanzen bzw. die Fettsäuren des Malzes nehmen und damit einen Einfluß auf die Eigenschaften des Bieres, vor allem auf dessen Farbe und Stabilität ausüben können.

Superoxid-Dismutase (E.C.1.15.1.1.) katalysiert die Umwandlung von Superoxidradikalen zu Sauerstoff und Wasserstoffperoxid. Sie vermag die Oxidation von ungesättigten Fettsäuren zu unterbinden, indem sie die Menge der aggressiven Hydroxylradikale vermindert.

Die Superoxid-Dismutase befindet sich im ruhenden Korn im Keimling, im Schildchen und in den Geweben des Mehlkörpers. Sie schützt den Korninhalt vor Oxidationen im Falle von Beschädigungen des Korns oder bei Krankheiten. Die Aktivität erhöht sich bei Keimbeginn durch die Synthese von Isoenzymen im Eiweiß (Albumin) in Blatt- und Wurzelkeimen. Das Enzym nimmt während der Keimung bis auf die etwa 6 fache Aktivität zu und wird bei höheren Abdarrtemperaturen zu ca. 50% inaktiviert; beim Maischen wird es bei 65 °C rasch zerstört [311].

Die *Katalase* ist ein Enzym mit Doppelfunktion und zerlegt Wasserstoffperoxid in Wasser und Sauerstoff nach der Formel

$$2\,H_2O_2 \xrightarrow{\text{Katalase}} 2\,H_2 + O_2$$

Darüber hinaus katalysiert sie die Oxidation von H-Donatoren wie z.B. Methanol, Ethanol, Ameisensäure, Phenole, wobei ein Mol Peroxid verbraucht wird:

$$ROOH + AH_2 \rightarrow H_2O + ROH + A$$

Diese Doppelfunktion ist dadurch zu erklären, dass die prosthetische Gruppe der Katalase und der Peroxidase identisch sind. Welche der Reaktionen vorherrscht, hängt von verschiedenen Gegebenheiten (Wasserstoffdonatorkonzentration bzw. Vorhandensein von H_2O_2) im System ab.

Das Enzym wird durch Blausäure, Phenole, Azide und durch hohe Konzentrationen an H_2O_2 reversibel, durch Alkali und Harnstoff irreversibel gehemmt.

In Gerste ist Katalase nur in geringen Mengen vorhanden. Sie erreicht während der Keimung den 40–70 fachen Wert und wird bereits beim Schwelken stark geschädigt. Sie ist im Darrmalz nicht mehr vorhanden [303].

Andere Untersuchungen zeigen eine Steigerung der Katalasen-Aktivität nur bis auf den 15 fachen Wert; die Inaktivierung beim Darren hängt vom Verfahren und von der Abdarrtemperatur ab. Beim Maischen fällt die Aktivität bei 65 °C rasch ab [310, 311].

Die *Peroxidasen* bauen Wasserstoffperoxid oder auch organische Peroxide in Gegenwart eines Wasserstoffdonators ab. Dieser kann ein Phenol, ein aromatisches Amin oder eine aromatische Säure sein. In Gerste dienen die Phenolsäuren Benzoesäure und Zimtsäure als hauptsächliche Substrate [312]. Das Wasserstoffperoxid spielt dabei die Rolle eines Acceptors, z. B.:

$$H_2O_2 + DH_2 \xrightarrow{\text{Peroxidase}} 2H_2O + D$$

$$DH_2 = H\text{-Donator}$$

Das Enzym hat ein Molekulargewicht von 40 000. Es wird durch eine Reihe von Stoffen reversibel gehemmt: Cyanid, Sulfid, Fluorid, Azid, Hydroxylamin und Hydroxylionen sowie durch Reduktion mit Dithionit. Höhere Konzentrationen an H_2O_2 und Säureeinwirkung hemmen irreversibel.

Das Enzym kommt in geringen Mengen in der Gerste vor. So wurden 16 kationische Isoenzyme der Peroxidase gefunden, 20 im Grünmalz und 15 nach dem Darren. 7 der 15 Isoenzyme machten über 75% der kationischen Peroxidaseaktivität aus. Isoformen kommen im Aleuron und im Endosperm vor, welche letztere Oxidationsprozesse beim Brauprozeß zu bewirken scheinen [304]. Die Enzymtwicklung bei der Keimung erreicht einen 7–9 fachen Wert, der sich im Laufe des Schwelkens und Darrens wieder auf ein Drittel reduziert. Beim Maischen werden Temperaturen von 50 °C gut vertragen, bei 65 °C tritt eine teilweise Inaktivierung ein [224, 305, 306].

Polyphenoloxidasen (Abb. 1.50) sind mischfunktionelle Oxidasen, bei welchen das Produkt der Oxidation, das Diphenol, gleichzeitig die Rolle des Wasserstoffdonators spielt [307].

Die meisten Phenoloxidasen können die Oxidation von Diphenolen (untere Reihe des Schemas) für sich, ohne Koppelung, vollziehen. Durch die Wirkung dieses Enzyms können Anthocyanogene oxidiert werden, wobei die Oxidationsprodukte mit ihresgleichen oder mit Proteinen Kondensationsprodukte bilden, so dass sie als Anthocyaogene nicht mehr nachweisbar sind [308].

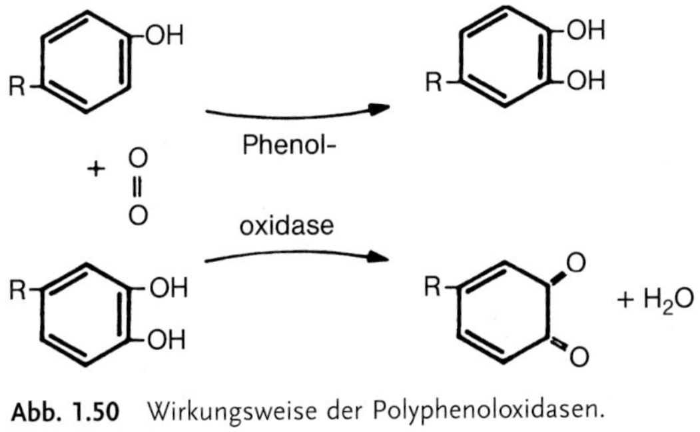

Abb. 1.50 Wirkungsweise der Polyphenoloxidasen.

Die Polyphenoloxidase weist in der Gerste eine relativ hohe Aktivität auf, die bei der Keimung eine Zunahme auf etwa das Doppelte erfährt. Diese Entwicklung ist von Sorte, Anbauort und Jahrgang abhängig. Selbst bei 4stündigem Einhalten einer Abdarrtemperatur von 100 °C enthält das Malz noch 60% der Grünmalzaktivität. Das Enzym wird beim Maischen erst bei Temperaturen von 95 °C inaktiviert [305].

Spätere Untersuchungen stellten eine deutlich geringere Hitzestabilität der Polyphenoloxidase fest [310]; so war beim Maischen bei 65 °C keine Enzymwirkung mehr feststellbar [313].

Somit dürften für die letztlich in Malz und Würze vorliegenden Polyphenolmengen und deren Zusammensetzung die Peroxidasen verantwortlich sein [314].

Die *Lipoxygenasen* sind Enzyme, die mehrfach ungesättigte Fettsäuren (von Getreidelipiden nur Linolsäure und Linolensäure) zu Hydroperoxiden oxidieren können (Abb. 1.51). In Gerste kommt zunächst nur eine Lipoxygenase vor, die fast ausschließlich 9-Hydroperoxysäure produziert [309]. Bei der Keimung entstehen Isoenzyme, die 9- und 13-Hydroperoxysäuren [310] bzw. nur letztere bilden [316]. Die Lipoxygenaseaktivitäten erfahren bei der Keimung eine Steigerung um das 3–8 fache, beim Darren tritt eine weitgehende Inaktivierung ein [317]. Restaktivitäten vermögen beim Maischen im Bereich von 35–55 °C und über pH 5,2–5,3 [318] noch zu wirken, bei 60–65 °C nimmt die Aktivität rasch ab [319].

Die Superoxid-Dismutase (s. Abschnitt 1.5.8.3) wirkt der Lipoxygenase entgegen [315].

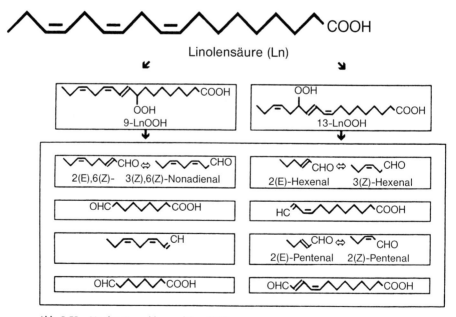

Abb. 1.51 Linolensäureabbaureaktion [232].

Die Oxalat-Oxidase (E.C.1.2.3.4) ist ein Enzym, das die Umwandlung von Oxalat in Kohlensäure und Wasserstoffperoxid katalysiert. Sie ist ein Mangan enthaltendes, hitze- und pH-tolerantes Glycoprotein.

$$H_2C_2O_4 + O_2 \rightarrow 2\,CO_2 + H_2O_2$$

Oxalatoxidase ist im ungemälzten Korn vorhanden; seine Aktivität steigt während der Keimung etwas an. Es ist im Keimling und im Aleuron, nicht dagegen im Mehlkörper lokalisiert [315].

1.5.8.5 Enzyme mikrobiellen Ursprungs

Diese Enzyme, die durch den Besatz an Schimmelpilzen, Bakterien und Hefen in den Mälzungsprozeß eingebracht werden, stellen ein nicht zu unterschätzendes Potential dar. Dies läßt sich einmal durch eine Behandlung der Gerste mit Fungiziden beweisen, die eine Verschlechterung der Malzauflösung zur Folge hat (s. Abschnitt 6.4.7), zum anderen durch den gezielten Einsatz von Mikroorganismen als sog. Starterkulturen (s. Abschnitt 6.4.5).

Im Kapitel „Theorie der Keimung" wird noch von dem einen oder anderen Enzym des Stoffwechsels die Rede sein, deren Wirkungsweise an dieser Stelle kurz erklärt wird.

1.6
Die Eigenschaften der Braugerste und ihre Beurteilung

Eine Gerste ist nur dann zum Mälzen geeignet, wenn sie bestimmte, für eine Braugerste charakteristische Eigenschaften besitzt. Es ist daher notwendig, sich ein Bild über die Güte der Gerste zu machen und die Auswahl auf Grund dieser Beurteilung und unter Berücksichtigung des Preises zu treffen. Darüber hinaus soll die angelieferte Gerste auf Mustertreue untersucht werden.

Bei der Anlieferung der Gerste ist meist nicht genügend Zeit, um vor dem Entscheid über die Annahme oder Verweigerung einer Lieferung eine vollständige Analyse durchführen zu können. Es gilt zunächst, die Keimfähigkeit mit Hilfe einer Schnellmethode (z.B. Vitascope) festzustellen. Liegt diese unter 96% (s. Abschnitt 1.6.2.5), so ist diese Gerste nicht zur Vermälzung geeignet. Es entfällt dann die Notwendigkeit, weitere Daten bzw. Eindrücke zu ermitteln. Entspricht die Keimfähigkeit, so ist der Wassergehalt und, nach Möglichkeit, der Eiweißgehalt mit Hilfe automatischer Analysengeräte zu bestimmen. Ersterer gibt einen Hinweis, ob die Ware getrocknet werden muß und ob aufgrund einer Überschreitung der Kontraktwerte Abzüge zu tätigen sind. Letzterer entscheidet ebenfalls grundsätzlich, ob die Gerste für Brauzwecke geeignet ist und darüber hinaus, welchem Malztyp sie zugeordnet werden kann. Außerdem sollen gewisse äußere Kennzeichen des Korns zur Beurteilung herangezogen werden, die bei entsprechender Erfahrung eine recht gute Aussage zu treffen vermögen, z.B. über Beschädigungen des Korns, über Infektionen, über Auswuchs oder über sonstige grobe Abweichungen, die die Verwendung der Gerste als Brauware in Frage stellen können.

Die angenommene Gerste wird dann im Laboratorium weiter untersucht, um die Einhaltung der Vertragsgarantien zu überprüfen und Hinweise über die notwendige weitere Behandlung sowie über die Verarbeitungsfähigkeit der Gerste zu erhalten. Hierüber vermag zu einem geeigneten Zeitpunkt (nach Erreichen der vollen Keimenergie) eine Kleinmälzung wichtige Hinweise auf die Führung der Keimung und über die zu erwartende Malzqualität Auskunft zu geben.

Voraussetzung für eine einwandfreie Beurteilung der Gerste ist die Ziehung einer Durchschnittsprobe z. B. vom LKW, Bahnwaggon oder Schiff mittels des Barthschen Probestechers an mehreren Stellen der Ladung zur Sofortanalyse bzw. beim Transport zum Annahmesilo mit Hilfe automatischer Probenehmer zur ausführlichen Analyse im Labor. Diese letzteren Proben sind in dichtschließenden Behältern bis zur Untersuchung aufzubewahren. Dagegen müssen die für die Ermittlung der Keimenergie bestimmten Proben in Papierbeutel oder Säckchen luftdurchlässig abgefüllt werden.

Die Beurteilung der Gerste kann erfolgen nach ihren äußeren Merkmalen, nach einer mechanischen Analyse und schließlich nach dem Ergebnis chemisch-technischer Untersuchungen.

1.6.1
Äußere Merkmale der Gerste

1.6.1.1 Aussehen und Farbe

Die Gerste soll ein glänzendes Aussehen und eine reine, hellgelbe Farbe zeigen. Diese beiden Eigenschaften weisen auf eine trockene Witterung während der Reife- und Erntezeit sowie auf einen vermutlich geringen Wassergehalt hin. Nicht ganz reife Körner zeigen grünliche Farbtöne. Gersten, die kurz vor oder während der Ernte beregnet wurden, können mißfarbig werden; sie zeigen vielfach Braunspitzigkeit. Diese Erscheinung kann auch durch das Wachstum eines Schimmelpilzes hervorgerufen werden. Eine mattgraue Färbung weist ebenfalls auf Schimmelbefall hin. Auch sehr helle, „weiße" Gersten sind mit Vorsicht zu betrachten, denn sie sind oft notreif und zeigen dann bei harter, glasiger Beschaffenheit des Mehlkörpers eine geringe Enzymaktivität. Auch Schwefeln hellt die Farbe auf, gewinnt aber bei feucht gewordener Ware den Glanz der Spelzen nicht zurück. Eine Reihe von Gerstensorten zeigt auch im ausgereiften Zustand eine bläulich-grüne Farbe, die beim Weichen besonders deutlich wird. Diese Färbung ist durch eine Anthocyanogeneinlagerung unter der Frucht- und Samenschale bedingt.

Hand in Hand mit der Farbe geht auch das sonstige Aussehen: Glanz findet sich nur bei trocken geernteten und sachgemäß gelagerten Gersten mit dünnen Spelzen. Es handelt sich meist um eine feine, milde Gerste. Eine helle Farbe darf jedoch nicht auf Kosten der Reife angestrebt werden.

1.6.1.2 Geruch

Dieser ist bei normaler Gerste frisch und strohig. Er äußert sich besonders deutlich, wenn Gerste in einem geschlossenen Gefäß aufbewahrt wurde und nun bei der Prüfung durch Anhauchen erwärmt wird. Dumpfer, muffiger Geruch deutet darauf hin, dass die Gerste durch Feuchtigkeit und Schimmelbildung gelitten hat. Sie kann eine geringe Keimfähigkeit aufweisen.

Solche Gersten sind zwar von minderer Güte, sie können aber, wenn sich die Keimfähigkeit noch nicht verschlechtert hat, durch sofortiges Trocknen und sorgfältige, kontrollierte Lagerung verbessert werden. Derartige Gersten sind auch auf Auswuchs zu prüfen.

1.6.1.3 Reinheit

Die Gerste soll gut gereinigt und frei von fremden Getreidearten (Hafer, Roggen, Weizen), Unkrautsamen, verletzten, zerschlagenen oder gekoppten Körnern sein. Sie soll keine ausgewachsenen Körner sowie auch keine pflanzlichen und tierischen Schädlinge enthalten.

Unkrautsamen kommen in um so größeren Mengen vor, je mehr die Gerste durch Witterungsverhältnisse in ihrer Entwicklung gestört wurde. Sie belasten die Putzerei, setzen deren Leistungsfähigkeit herab und steigern den Preis für den Gersten- bzw. Malzextrakt.

Verletzte oder halbe Körner (Druschbeschädigungen) neigen leicht zur Schimmelbildung im Lager, sie wachsen durch vermehrte Wasseraufnahme ungleich (Husaren!) oder – wenn der Keimling beschädigt ist – überhaupt nicht. Besonders unangenehm sind jene verletzten Körner, die die Putzerei durchlaufen und beim Weichen nicht mit der Schwimmgerste abgeschieden werden. Sie nehmen das (stets verschmutzte) Weichwasser auf, verbleiben während der gesamten Mälzungszeit über im Keimgut und gelangen so bis ins fertige Malz. Durch die vermehrte Entwicklung von Schimmelpilzen und Bakterien können sie diesem, bzw. den daraus hergestellten Würzen und Bieren einen fehlerhaften (oft dumpfen, grabligen) Geruch und Geschmack verleihen.

Auswuchs liegt vor bei Körnern, die bereits auf dem Feld zu keimen begonnen. Er ist an den eingetrockneten Resten der Wurzelkeime zu erkennen. Nachdem diese aber oft beim Transport des Gutes abgerieben werden, ist die Gerste auf „verdeckten Auswuchs", d.h. ein Wachstum des Blattkeims zu prüfen. Dieser läßt sich visuell (bei einiger Erfahrung) direkt erkennen; er wird jedoch durch Weichen in kochendem Wasser besser sichtbar, was mit 20%iger kochendheißer Kupfersulfatlösung (1 min) noch verstärkt werden kann [320]. Die zuverlässigste Methode ist der Nachweis der Lipaseaktivität. Hier werden die durch Abschleifen halbierten Körner mit Fluorescein-Dibutyrat-Reagenz bedeckt und anschließend im UV-Meßgerät-System Carlsberg geprüft. Eine deutliche gelbe Fluoreszenz ist in den Kornteilen zu sehen, wo sich die Lipaseaktivität entwickelt hat [321, 322, 327]. Diese Methode hat die Jod-Stärke-Methode, die der Ermittlung der α-Amylaseaktivität dient, weitgehend abgelöst. Ausgewachsene Körner haben häufig ihre Keimfähigkeit verloren oder es kommt zu einem übermäßigen Wachstum des Blattkeims. Verschiedentlich sind die Körner auch schon zerreiblich. Bei der Weiche kann das Wasser ungehindert ins Korn eindringen; es kommt bei Weiche und Keimung zu einem abnormalen Stoffwechsel, was sich in einem abwegigen Geruch des Gutes sowie in einem säuerlichen, fremdartigen Geschmack des fertigen Malzes äußert. Die „überweichten" Körner lassen sich schlecht trocknen und werden glasig. Es treten meist Milchschimmel auf, häufig aber auch Fusarien, wie auch die Lagerschimmel (*Mucor-* und *Alternaria*-Arten, s. Abschnitt 3.4.7) eine Vermehrung erfahren. Durch die Stoffwechselprodukte dieser Mikroorganismen kann das Überschäumen des Bieres (Gushing) ausgelöst werden. Gersten mit über 3% verdecktem Auswuchs sind abzulehnen.

Weitere Kornanomalien der Gerste sind [326]: Aufgesprungene Körner, bei denen durch einen Sprung oder Riß das Endosperm freigelegt ist. Der Riß tritt hauptsächlich entlang der Bauchfurche auf, ist gelegentlich aber auch längsseits zu beobachten. Der offene Mehlkörper ist häufig mikrobiell besiedelt. Diese Erscheinung wird häufig, aber fälschlich, als „Premalting" bezeichnet. Der Nachweis der aufgesprungenen Körner erfolgt visuell durch Auszählung von 5×100 Körnern. Aufgesprungene Körner können in der Regel mit einem leichten Fingernageldruck in zwei Hälften geteilt werden. Es lassen sich auch die in den Rissen ungeschützt lagernden Stärkekörner mit Jod blau anfärben. Nachdem aufgesprungene Körner rasch Wasser aufnehmen, überweichen und überlösen, resultieren inhomogene, mikrobiell kontaminierte Malze mit dunkleren Würzefarben. Mehr als 2% aufgesprungene Körner sind abzulehnen.

Der Anteil der aufgesprungenen Körner ist durch die Umweltfaktoren in hohem Maße beeinflußt [323]. Dennoch ergab der Labortest auf Kornanomalien eine reproduzierbare Einstufung der Sorten [324]. Hierüber lassen allerdings erst zweijährige Untersuchungen mit jeweils 6–10 Versuchen eine reproduzierbare Einordnung der Sorten zu. Diese wurde dann auch in dreijährigen Versuchen nicht mehr verändert.

Nachdem Sorten mit sehr guter Widerstandsfähigkeit gegen das Aufspringen der Körner mittlerweile vorhanden sind und diese Eigenschaft sich durchaus mit guter Qualität und hohem Ertrag vereinbaren läßt, sollte die vorhandene genetische Variabilität genutzt werden, um Sorten im Hinblick auf dieses Merkmal züchterisch zu verbessern [325].

Seitlich unvollständiger Spelzenschluß ist gegeben, wenn die Deckspelzen, infolge von Quell- und Trocknungsvorgängen am Halm, nicht mehr vollständig überlappen. In dem hierdurch entstandenen Spalt wird die Fruchtschale sichtbar, der Mehlkörper selbst ist aber unverletzt. Die Bestimmung dieses Fehlers ist visuell an 5×100 Körnern vorzunehmen. Da Körner mit seitlich unvollständigem Spelzenschluß häufig eine verminderte Keimenergie zeigen, resultiert daraus eine ungleichmäßige Keimung und damit inhomogenes Malz von geringerer Cytolyse. Zulässig sind maximal 10% derartige Körner in einer sonst beanstandungsfreien Partie.

Spelzenverletzungen sind jene Spelzenverluste, die nicht ursächlich mit dem Entgrannen der Gerste zusammenhängen. Als „verletzt" gelten Körner, bei denen mindestens 25% der Deckspelzen ohne gleichzeitige Beeinträchtigung der Fruchtschale fehlen. Spelzenverletzungen werden bei sorgfältiger mechanischer Behandlung z. B. bei Drusch, Transport und Reinigung vornehmlich durch die Vorerntewitterung begünstigt. Die Feststellung des Fehlers erfolgt visuell. Spelzenverletzungen vermitteln eine ungleichmäßige Weiche und Keimung und damit eine inhomogene Auflösung. Es dürfen nicht mehr als 10% spelzenverletzte Körner, jedoch nicht mehr als 5% völlig entspelzte Körner gegeben sein.

Zwiewuchs ist durch die späte Bildung von „Nachschossern" in dünnen oder lagernden Gerstenbeständen (s. Abschnitt 1.2.9) gegeben. Die spät entwickelten Ähren reifen häufig nicht mehr vollständig aus und sind als grüne bzw. fahlgelbe, bis scheinbar normal entwickelte Körner von meist mangelhafter Kornausbildung und Sortierung gegeben. Sie sind bei einer sorgfältigen Handbonitierung an der Spelzenfarbe erkennbar. Infolge der kurzen „Vegetationszeit" sind diese Körner enzymarm und meist cytolytisch unterlöst. Zwiewuchs darf 3% der Partie nicht überschreiten.

Treten *mehrere Beeinträchtigungen gleichzeitig* auf, dann darf eine Qualitätsbraugerste nicht mehr als 5% „anormale" Körner (aufgesprungene Körner + Zwiewuchs + Auswuchs) enthalten. Die Summe aller Kornanomalien darf 10% nicht überschreiten.

Schimmelpilzwachsum durch Fusarien (*F. culmorum, F. graminearum, F. avenaceum*) ergibt eine rote Verfärbung der Kornoberfläche, doch können diese „Feldschimmel" auch schon im Mehlkörper ein Mycel ausgebildet haben. Die „Lagerschimmel" wie *Mucor-, Rhizopus-* und *Alternaria*-Arten rufen einen schwärzlichen „Besatz" hervor. Derartige Gersten riechen muffig und können durch unsachgemäße Lagerung (Wassergehalt, Temperatur) schon in ihrer Keimfähigkeit gelitten haben. Einen Hinweis auf späteres Gushing vermögen die „relevanten" roten Körner, d. h. aus den vorgenannten Fusarienarten zu geben, die mit einiger Erfahrung ermittelt werden können [328, 329, 331–334]. Es wird empfohlen, 1‰ relevante rote Körner bereits abzulehnen (s. a. Abschnitt 3.4.7).

Analytische Methoden zur Bestimmung der einzelnen Schimmelpilzarten, von Hefen und Bakterien bedienen sich der Polymerase-Kettenreaktion (PCR), die dann auch Hinweise auf Mycotoxine geben kann (s. Abschnitt 3.4.7). Die letzte Entwicklungsstufe dieser spezifischen Analytik erlaubt es bereits nach einer Stunde, ein Ergebnis zu erhalten [333].

Eine der Praxis nachempfundene Methode ist es, Gersten- oder Weizenschrot zu einem Heißwasserauszug zu verarbeiten und dabei die Gushing auslösenden Substanzen in Lösung zu bringen. Nach Abkühlen und Klären wird der Auszug karbonisiert und auf Flaschen abgefüllt. Diese werden nach einer definierten Lagerung geöffnet und das Überschäumvolumen bestimmt. 0–10 ml gelten als Gushing-stabil, 10–30 ml als labil und über 30 ml als instabil [335–337].

Eine Weiterentwicklung dieser Analyse ist der „modifizierte Carlsberg-Test" [337]. Dessen nochmalige Optimierung im Rahmen einer umfangreichen Studie soll zu noch besser korrelierenden Ergebnissen führen [338].

Finden sich tierische Schädlinge, wie Kornkäfer usw., in der Gerste, so soll diese, wenn irgend möglich, zurückgewiesen werden. Denn diese Schädlinge sind gefährlich und – wenn sie sich einmal in Gebäude eingenistet haben – schwer wieder zu entfernen (s. Abschnitt 3.4.7.1).

1.6.1.4 Kornausbildung

Die Gerstenkörner sollen vollbauchig sein. Ein kurzes dickes Korn liefert gewöhnlich mehr Extrakt, weil es im Verhältnis weniger Spelzen hat als ein längliches, flaches. Neben der Handbonituierung kann auch eine objektive Messung des Verhältnisses Kornlänge: Kornbreite durchgeführt werden [330].

Es zeigte sich, dass zwischen Kornform und Spelzengehalt eine hohe Korrelation besteht [133]. Darüber hinaus sind Abhängigkeiten zum Proteingehalt [134] und Extraktniveau [135] gegeben. So ergibt eine bessere Bonitierung im Rahmen der visuellen Braugerstenbewertung um 0,3 Punkte eine Erhöhung des Extraktgehaltes um 1%.

1.6.1.5 Spelzenbeschaffenheit

Die Feinheit der Spelzen spielt bei der Braugerste eine große Rolle. Feine Braugersten sind dünnschalig und zeigen feine Querrunzeln auf der Rückenseite des Korns. Gersten mit glatter Spelze, die nur grobe, undeutliche, nicht eng anliegende Falten aufweisen, haben eine entsprechend stark entwickelte Spelze.

Die Kräuselung gibt meist einen ungefähren Anhaltspunkt über Sorte, Provenienz, Erntebedingungen und Wassergehalt der Gerste. Grobe Spelzen verdrängen Extrakt (und auch Eiweiß!), sie bringen mehr unedle Bestandteile in die spätere Würze ein. Für helle Qualitätsbiere werden dünnschalige Gersten bevorzugt; für dunkle Biere sind stärkere Spelzen durchaus erwünscht, da sie die Vollmundigkeit und Kernigkeit dieser Biere unterstützen. Der Spelzengehalt kann zwischen 7% und 13% schwanken. Feine Gersten haben 7–9%, gröbere bis 11% und darüber. Winter- und mehrzeilige Gersten enthalten oft noch höhere Spelzenanteile.

Der „Griff" der Gersten gibt dem Praktiker einige Hinweise auf die Spelzenfeinheit, aber auch auf den Feuchtigkeitsgehalt der Gersten. Trockene Gerste fühlt sich wärmer, härter und glatter an als eine wasserreichere Gerste.

1.6.1.6 Einheitlichkeit

Das Mischen von Gersten verschiedener Sorten, Provenienzen und Jahrgänge ist einer gleichmäßigen Vermälzung abträglich. Durch die Sorte, aber auch durch die klimatischen Bedingungen zeigen sie eine verschieden rasche und starke Wasseraufnahme und ein unterschiedliches Lösungsverhalten. Ebenso ist das Mischen von getrockneter und ungetrockneter Ware oder solcher von unterschiedlichen Eiweiß- und Keimfähigkeitswerten unzulässig. Die Reinheit der Sorte läßt sich zur Kontrolle entsprechender Kontrakte anhand morphologischer Merkmale (Kornbasis, Basalborste, Schüppchen, Bezahnung der Rückennerven, s. Abschnitt 1.1) sowie mittels Elektrophorese oder anderen Methoden

(s. Abschnitt 1.1) erkennen. Die letzteren Faktoren sind zu einem gewissen Maß nachweisbar durch Feststellung des Quellvermögens, der Härte und der Wasserempfindlichkeit (s. Abschnitt 1.6.2.7, 1.6.2.8). Bei automatischen Analysen ist es möglich, durch die Abweichungen verschiedener Muster ein- und derselben Charge auf Inhomogenitäten zu schließen. Große Möglichkeiten dürfte auch die Einzelkornanalyse bieten, wobei jedoch zuerst die Abweichungen zwischen den Körnern einer Ähre bzw. eines Schlages zu erfassen sind.

Für einen Überblick über die naturgegebene, mangelnde Einheitlichkeit einer Charge von ein- und demselben Acker ergaben Einzelkornanalysen von jeweils 50 Körnern für das günstigste Gebiet eine Abweichung des Korngewichts von 17 mg und des Proteingehalts von 3,4%. Die größte Abweichung betrug 34 mg bzw. 14% [339].

Innerhalb einer Ähre zeigten sich beim Vergleich der Körner aus den unteren, mittleren und oberen Dritteln Unterschiede, die nach Tab. 1.13 wie folgt aussehen:

Tab. 1.13 Abweichungen zwischen den Körnern in drei Fraktionen einer Ähre.

Ähre	Eiweiß wfr.%	β-Glucan wfr.%	Keimungsindex	Korngröße (mg)
oben	10,4	3,2	6,7	41,9
Mitte	9,8	3,5	5,8	55,0
unten	9,5	3,4	5,4	55,8

Es fällt bei steigender Korngröße der Eiweißgehalt und der Keimungsindex in der Ähre von oben nach unten, während der β-Glucangehalt keine Signifikanz zeigt [340].

1.6.2
Mechanische Untersuchung

Diese umfaßt eine Reihe von Analysen, die eine genauere Beurteilung der Gerste ermöglichen, als dies allein aufgrund der Handbonitierung äußerer Merkmale zu erreichen ist.

1.6.2.1 Hektolitergewicht

Das Hektolitergewicht ist abhängig von der Anzahl der Körner im Hohlmaß (1 Hektoliter) und dem absoluten Gewicht der Körner. Die Körnerzahl ihrerseits hängt wiederum ab von der Kornform und von der Art und Weise der Befüllung des Hohlmaßes.

Vollkörnige Gerste lagert sich infolge des größeren Gewichts des einzelnen Korns dichter als flache; dafür bieten letztere etwas geringere Zwischenräume. Durch sehr scharfen Drusch (Entfernung der Kornspitzen) wird das Hektolitergewicht erhöht, durch schlechtes Entgrannen wesentlich erniedrigt. Mit steigendem Wassergehalt fällt das hl-Gewicht, durch Trocknen der Gerste steigt es an.

Von den Inhaltsstoffen der Gerste hat die Stärke das höchste spezifische Gewicht. Schwere Gersten werden deshalb extraktreicher sein. Es soll jedoch das hl-Gewicht nicht allein als Maßstab für die Güte der Gerste betrachtet werden, sondern nur im Zusammenhang mit anderen Eigenschaften: z. B. der Keimfähigkeit, dem Eiweißgehalt, dem Wassergehalt, der Sortierung usw.

Das Hektolitergewicht kann zwischen 66 und 75 kg liegen; es beträgt bei Braugersten 68–72 kg, selten mehr. Mehrzeilige Gersten haben niedrigere Werte.

Zur Bestimmung des Hektolitergewichts wird die Reichsgetreidewaage benützt.

1.6.2.2 Tausendkorngewicht

Das Tausendkorngewicht ist als Ausdruck des absoluten Korngewichts ein zuverlässigerer Maßstab zur Beurteilung der Gerste als das Hektolitergewicht. Es steht in Beziehung zur Sortierung und zum Extraktgehalt der Gerste: wird doch mit steigendem Tausendkorngewicht der prozentuale Anteil an erster Sorte und damit – unter der Voraussetzung gleichen Eiweißgehalts – der Extraktgehalt der Gerste höher. Mit steigendem Tausendkorngewicht kann bei gleichem Spelzengehalt ein höherer Eiweißgehalt bis 11,5% in seiner Auswirkung auf den Extraktgehalt annähernd ausgeglichen werden. Nachdem das Tausendkorngewicht mit zunehmendem Wassergehalt steigt, muß es zur objektiven Beurteilung auf Trockensubstanz berechnet werden.

So liegt das Tausendkorngewicht lufttrockener Gerste zwischen 35 und 48 g, jenes der wasserfreien Gerste zwischen 30 und 42 g. Lufttrockene Gersten mit 37–40 g gelten als leicht, solche mit 40–44 g als mittelschwer, von 45 g ab als schwer. Das Tausendkorngewicht ist ein Sortenmerkmal [341]. Es kann zweckmäßig auch zur Prüfung der Mustertreue und im Zusammenhang mit dem Tausendkorngewicht des Malzes zur Berechnung des Malzschwandes herangezogen werden.

1.6.2.3 Gleichmäßigkeit

Die Gleichmäßigkeit der Gerste in Hinblick auf die Kornstärke ist für einen gleichmäßigen Weich- und Keimprozeß von großer Bedeutung.

Zur Ermittlung der Korngrößen und der Gleichmäßigkeit wird das Sortiersieb von *Vogel* verwendet. Dieses hat drei Siebe mit 2,8, 2,5 und 2,2 mm Schlitzweite. Die Anteile der Siebe mit 2,8 und 2,5 mm Schlitzweite ergeben zusammen die Malzgerste Sorte I (Vollgerste), das Sieb 2,2 mm liefert die II. Sorte mit Kornstärken von 2,2–2,5 mm, während sich die flache Gerste und der Abfall am Boden sammeln und die Futter- oder Abfallgerste bilden.

Eine Gerste wird als gleichmäßig bezeichnet, wenn der Anteil der beiden ersten Siebe (die I. Sorte) über 85% beträgt. Hierdurch kann bei sonst gleichen Eigenschaften ein höherer Eiweißgehalt (bis zu 11,5%) teilweise kompensiert werden. Ein um 3,7% höherer Anteil der Gerste über 2,8 mm hatte eine Extraktsteigerung um 1% zur Folge [3].

Je höher der 2,8-mm-Anteil in der Vollgerste, um so extraktreicher und ergiebiger ist das aus dieser Gerste hergestellte Malz [342]. Das Sortierungsergebnis wird auch vom Wassergehalt der Gerste beeinflußt [343]. Wiederholte Niederschläge bei ansonsten warmem und zwischenzeitlich trockenem Wetter gegen Ende der Vegetationszeit haben ein größeres Volumen der Gerstenkörner zur Folge.

1.6.2.4 Beschaffenheit des Mehlkörpers

Die Beschaffenheit des Mehlkörpers ist für den Wert und für die voraussichtliche Vermälzbarkeit der Gerste ebenfalls von Bedeutung.

Körner, die mittels eines Getreideschneiders (Farinatom) quer oder der Länge nach durchgeschnitten wurden, lassen die Verschiedenartigkeit des Mehlkörpers erkennen. Es gibt mehlige und glasige Körner mit allen möglichen Zwischenstufen, die als halb- oder teilglasig bezeichnet werden. Auch mittels Durchleuchten (Diaphanoskop) kann die Beschaffenheit des Mehlkörpers festgestellt werden: glasige Körner oder glasige Stellen sind für Lichtstrahlen durchlässig, mehlige Körner erscheinen dagegen dunkel. Bei den meisten Gersten findet sich ein verhältnismäßig hoher Prozentsatz an glasigen und halbglasigen Körnern. Dieser Befund sagt jedoch wenig aus, da die im ursprünglichen Gerstenkorn vorhandene Glasigkeit gutartig, d.h. vorübergehend oder bleibend, d.h. schädlich sein kann. Die gutartige Glasigkeit läßt sich schon dadurch eliminieren, dass die Gerste 24 Stunden geweicht und anschließend vorsichtig getrocknet wird. Die meisten der ursprünglich glasigen Körner werden dann mehlig; gutartige Glasigkeit beeinflußt den Wert der Gerste nicht, da sie meist nur durch Witterungsverhältnisse, z.B. durch sehr trockenes, heißes Wetter während der Reife und Ernte, bedingt ist. Bleibend glasige Gersten haben meist einen hohen Eiweißgehalt, lassen sich bei der Keimung nur schwer lösen und ergeben Malze mit ungünstigen Verarbeitungsmerkmalen.

Auch das Mürbimeter nach *Chapon* kann zur Ermittlung der Mehligkeit einer Gerste herangezogen werden (s. Abschnitt 9.1.2.7). Die harten Körner haben meist höhere Eiweißgehalte als die weniger harten. Die Einteilung in Härtekategorien erlaubt es, Rückschlüsse auf die Homogenität einer Gerste zu ziehen, die ihrerseits wieder die Homogenität der Malzauflösung beeinflußt [344].

Die Kornhärte läßt sich auch durch Vermahlen der Körner und Sieben des Schrotes durch ein 0,075 mm-Sieb ermitteln. Die Partikel, die das Sieb passieren, werden gewogen und zur Probemenge in Beziehung gesetzt. Hieraus errechnet sich der PSI (Partikel-Größen-Index). Niedrige PSI-Werte bedeuten einen härteren Mehlkörper.

Eine weitere Methode der Kornhärtebestimmung kann mittels Brabender-Apparat erfolgen. Hierbei wird der Kraftaufwand gemessen, um eine bestimmte Menge an Körnern zu vermahlen (BRA).

Eine statistische Auswertung zeigte, dass die Sorte den PSI zu 37%, den BRA jedoch zu 71% beeinflußte. Der Standort schlug mit 29% (PSI) und nur 5% (BRA) zu Buch, der Jahrgang spielte bei den Ernten 2001, 2002 und 2003 aus tschechischen Anbauversuchen nur eine geringe Rolle (2,4% und 4,1%). Signifikante positive Korrelationen ergaben sich in den Mikromalzen zwischen dem PSI und Extraktgehalt, Eiweißlösungsgrad, Mürbigkeit und Kongreßwürzefarbe, eine negative Korrelation dagegen mit dem β-Glucangehalt der Würze. Der BRA korrelierte positiv mit dem Anteil der nichtstärkeartigen Kohlenhydrate und dem β-Glucangehalt der Würze, negativ dagegen mit Extrakt, Eiweißlösungsgrad, Friabilimeterwert und Würzefarbe.

Diese Bestimmung der Kornhärte kann somit für eine Vorhersage der Malzqualität, bereits in den frühen Stadien des Züchtungsprogramms herangezogen werden. Denkbar könnte die Kornhärte als Auswahlkriterium beim Gersteneinkauf, eventuell auch zur Kontrolle der Mustertreue dienen [345].

1.6.2.5 Keimfähigkeit der Braugerste

Sie ist ihre wichtigste Eigenschaft, da erst durch die Keimung eine Reihe von wichtigen hydrolytischen Enzymen gebildet und die Auflösung des Mehlkörpers ermöglicht werden kann. Es dürfen daher nur Gersten von hoher Keimfähigkeit zur Verarbeitung gelangen; nicht keimende Körner, sog. „Ausbleiber", werden niemals Malz. Sie bleiben Rohfrucht, die allerdings den gesamten Mälzungsprozeß durchläuft, keine Auflösung erfährt, aber doch häufig über das Weichwasser oder die Keimeinrichtungen durch Schimmelpilze oder Bakterien infiziert wird.

Malze mit einem höheren Prozentsatz an Ausbleibern verzuckern schlecht, die erzielten Würzen verzeichnen häufig einen niedrigen Endvergärungsgrad, einen zu geringen Anteil an assimilierbarem Stickstoff und haben meist eine unbefriedigende Gärung zur Folge, die ihrerseits zu mangelhafter Bierqualität führt. Viele Schwierigkeiten bei der Bierbereitung wie auch langsame Abläuterung oder schlechte Filtrierbarkeit sind durch eine ungenügende oder ungleichmäßige Keimung verursacht.

Frisch geerntete Gerste keimt immer schlecht. Erst nach Überwinden der *Keimruhe* erreicht sie die notwendige *Keimreife* (s. Abschnitt 3.4.1).

Nachdem jedoch die Gerste meist kurz nach der Ernte von den Mälzereien aufgekauft und eingelagert wird, muß bereits zu diesem Zeitpunkt eine Aussage darüber gemacht werden, ob die Gerste überhaupt keimfähig ist.

Die *Keimfähigkeit* einer Gerste, d.h. ihre latente biologische Aktivität, wird durch chemische Methoden bestimmt. Sie erfassen die Anzahl der lebensfähigen Körner überhaupt, wie sie durch die Wasserstoffsuperoxidmethode oder durch Farbreaktionen (mittels Dinitrobenzol, Triphenyl-Tetrazoliumchlorid) erfaßt werden kann. Am besten haben sich hier Schnellbestimmungsmethoden (z. B. Vitascope) eingeführt [346]. Die nach diesen Methoden ermittelte „Keimfähigkeit" darf nicht unter 96% liegen.

1.6.2.6 Keimenergie

Die Keimenergie gibt einen Überblick über die Keimreife der Gerste. Hierunter ist die Zahl an Körnern zu verstehen, die unter bestimmten Bedingungen nach 3 bzw. 5 Tagen tatsächlich keimt. Sie wird mittels der Keimkastenmethode nach *Aubry*, der Keimtrichtermethode nach *Schönfeld* oder der 4-ml-Petrischalen-methode nach *Pollock* (s. unten) bestimmt. Das modifizierte *Schönfeld*-Verfahren oder der 4-ml-*Pollock*-Test entsprechen den Praxisgegebenheiten besser als die erstgenannte Methode [347]. Die Keimenergie muß bereits nach 3 Tagen der Keimfähigkeit möglichst nahe kommen. Für Praxisbelange ist jedoch der nach 5 Tagen ermittelte Wert ohne größere Bedeutung, nachdem diese Körner in der dann noch zur Verfügung stehenden Keimzeit kaum noch gelöst werden können.

1.6.2.7 Keimindex

Der Keimindex, in der Literatur als GI (Germination Index) bezeichnet, liefert einen guten Überblick über die Gleichmäßigkeit und Intensität der Keimung. Er wird üblicherweise für die Zeit der Keimfähigkeitsbestimmung (5 Tage) berechnet [348], doch findet er in abgewandelter Form auch für 3 Tage Anwendung [349, 350]. Dabei wird der Keimtest in Petrischalen (4 ml) durchgeführt und die keimenden Körner jeweils nach 24, 48, 96 etc. Stunden ausgezählt und entfernt.

Die Berechnung ist wie folgt:

$$\text{Keimindex \%} = \frac{\text{KE} \times 100}{\text{KE}\,n\,24\,\text{h} + 2\,\text{KE}\,n\,48\,\text{h} + 3\,\text{KE}\,n\,72\,\text{h}}$$

Beispiel:			
Keimenergie		96%	85%
gekeimte Körner nach 24 h		80%	33%
gekeimte Körner zwischen 24–48 h		10%	40%
gekeimte Körner zwischen 48–72 h		6%	12%
Der Keimindex errechnet sich zu		8,1	5,7

1.6.2.8 Wasserempfindlichkeit

Die Wasserempfindlichkeit einer Gerste hängt ebenfalls vom jeweiligen Stadium der Keimreife und damit von den Witterungsbedingungen während der Abreife ab [351]. Sie vermittelt eine Aussage über die Empfindlichkeit einer Gerste gegenüber einer zu reichlichen Wasserzufuhr bei der Keimung (s. Abschnitt 3.4.1.2).

Die Wasserempfindlichkeit wird bestimmt anhand des *Pollock-Tests*: je 100 Körner werden in 4 ml und in 8 ml Wasser geweicht. Nach 120 Stunden ergibt die Differenz zwischen den in der 4ml- und in der 8-ml-Probe gekeimten Körnern die Wasserempfindlichkeit: bis 10% sehr wenig wasserempfindlich, 10–25% wenig wasserempfindlich, 26–45% wasserempfindlich, über 45% sehr wasserempfindlich [352]. Es hat dieses Ergebnis jedoch erst dann Aussagekraft, wenn die maximale Keimenergie erreicht ist.

Vor allem bei den pneumatischen Mälzungsanlagen und bei großen Weich- und Keimeinheiten muß die Wasserempfindlichkeit der Gerste unbedingt berücksichtigt werden durch entsprechende Behandlung der Gerste vor der Verarbeitung, durch sachgemäße Auslegung des Weichverfahrens usw. Andernfalls ist ein höherer Anteil an Ausbleibern, ein ungleiches Gewächs – evtl. mit der Ausbildung von Husaren – und schließlich eine unbefriedigende Auflösung unvermeidlich.

1.6.2.9 Quellvermögen

Das Quellvermögen ist ebenfalls vom physiologischen Zustand der Gerste abhängig. Es gibt an, welcher Wassergehalt nach 72 Stunden mittels eines definierten Weichschemas in einer Gerstenprobe vorliegt.

Dieses ist über 50% sehr gut, zwischen 47,5 und 50% gut, bei 45–47,5% befriedigend und unter 45% unzulänglich [353].

Neben dem Grad der Mälzungsreife hängt das Quellvermögen von der Sorte, vor allem aber von den Umweltbedingungen ab. Je höher das Quellvermögen der Gerste, um so mürber und enzymreicher wird das Malz [354].

1.6.3
Chemisch-technische Untersuchung

Es handelt sich hier nicht um eine eingehende „chemische" Untersuchung der Gerste, sondern um eine Reihe von analytischen Feststellungen, die leicht durchführbar sind und die wichtige Aufschlüsse über die Qualität der Gerste ergeben.

1.6.3.1 Wassergehalt

Dieser wird für die chemischen Untersuchungen zur Errechnung der Trockensubstanz bestimmt (s. Abschnitt 1.4.1). Er muß jedoch auch ermittelt werden, wenn die Gerste zum Kauf angeboten oder zur Einlagerung angeliefert wird. Neben der Bestimmung des Wassergehaltes mit Hilfe der bekannten Trockenschrankmethode finden gerade bei betrieblichen Ermittlungen Schnellmethoden Anwendung, die auf der Messung der Dielektrizitätskonstanten beruhen. Sie sind zwar weniger genau, reichen aber für die praktischen Belange aus.

Für Schnellfeuchtigkeitsbestimmungen in Gerste, Malz, Grünmalz u.a. ist die Infrarottrocknung gut geeignet. Die Untersuchungsdauer ist bei Gerste 5–8 min, die Genauigkeit ±0,3% [355]. Auch die Nah-Infrarot-Transmissions-Spektroskopie (N.I.T., s. Abschnitt 1.6.3.2) läßt sich, jedoch ohne Vermahlen des Gutes, zur Wassergehaltsbestimmung verwenden.

1.6.3.2 **Eiweißgehalt**

Der Eiweißgehalt der Gerstentrockensubstanz liegt zwischen 8 und 13,5%, bei Braugersten zwischen 9 und 11,5% (s. Abschnitt 1.4.3.6). Ein hoher Eiweißgehalt verringert die Extraktausbeute des Malzes, erschwert die Verarbeitung und läßt die gewünschte Auflösung nur mit höheren Mälzungsverlusten erreichen. Die höhere Menge an löslichem Stickstoff der aus derartigen Malzen hergestellten Würzen führt meist zu einer stärkeren Zufärbung im Brauprozeß, die resultierenden Biere sind zwar gut schaumhaltig, lassen aber – vor allem bei Pilsener Typen – Eleganz und Abrundung vermissen. Bei hellen Lagerbieren kann ein Eiweißgehalt von 11–11,5% nicht ungünstig sein, Pilsener Biere benötigen jedoch Malze aus Gersten mit einem Eiweißgehalt von unter 11%. Dunkle Biere verlangen wegen der gewünschten Charaktereigenschaften (Vollmundigkeit, Farbe, Aroma) höhere Eiweißwerte von 11,5–12,0%.

Die Untersuchung auf Eiweiß erfolgt nach der *Kjeldahl-Methode* durch Umrechnung der gefundenen Stickstoffwerte mit dem Faktor 6,25, der allerdings nur einen durchschnittlichen Rohproteingehalt vermittelt. Nachdem diese Untersuchung mehr Zeit in Anspruch nimmt als z. B. bei der Annahme oder bei einer raschen Auswahl der Gerste oftmals zur Verfügung steht, wurden Schnellmethoden entwickelt, die sich für die angegebenen Zwecke bereits einführen konnten [356, 357]. Diese beruhen auf einer Farbebindungsmethode, die die kationischen, basischen Aminogruppen erfaßt. Die Dauer der Untersuchung ist 5 Minuten, die Genauigkeit $s = \pm 0,3\%$ [358]. Die Infrarot-Reflektionsspektroskopie im nahen Infrarotbereich (NIR) eignet sich ebenfalls zur raschen Proteinbestimmung in Gerste ($s = \pm 0,3\%$) [359, 360].

Auch die Nah-Infrarot-Transmissions-Spektroskopie (NIT) ist für die Proteinbestimmung geeignet.

Es ist aber notwendig, das Gerät anhand der Werte der Naßmethode *(Kjeldahl)* zu eichen, notwendigerweise von Jahrgang zu Jahrgang sowie bei einem Wechsel von Anbauort zu Anbauort, wenn sich diese von den klimatischen Bedingungen her deutlich unterscheiden.

1.6.3.3 **Extraktgehalt der Gerste**

Nachdem die Bestimmung des Stärkegehaltes (58–65% der Trockensubstanz) einen Polarisationsapparat erfordert, andererseits keine Aussage über die Gesamtheit der Extraktstoffe vermittelt, hat sich in gewissem Umfang die Analyse des Gerstenextraktes eingeführt. Er umfaßt alle Bestandteile, die aus einem sehr feinen Schrot (95% Mehl) durch Kochen mit Wasser und späterem Enzymzusatz wasserlöslich gemacht werden können: dies sind neben der Stärke die übrigen Kohlenhydrate der Gerste, lösliche Eiweißkörper und eine Reihe von Mineralstoffen. Der Extraktgehalt der Gerste liegt ca. 14,7% über dem Stärkegehalt. Es läßt sich jedoch der Extraktwert des späteren Malzes nicht erreichen, da gerade während des Mälzungsprozesses eine Reihe von Stoffen löslich gemacht werden, die man durch Zusatz von Malzauszug oder Enzymen bei der Gerstenanalyse nicht im gleichen Maße in lösliche Form überführen kann.

Ein genauer Anhaltspunkt über die Extraktverhältnisse der Gerste wird durch die Kleinmälzung gewonnen (s. Kapitel 11).

Es wurde auch versucht, durch Formeln eine Beziehung zwischen gewissen Eigenschaften der Gerste und dem zu erwartenden Malzextrakt herzustellen. *Bishop* [361] schlug folgende Formel vor:

$$E = A - 0{,}85 \ P + 0{,}15 \ G$$

A = Konstante, die je nach Sorte zwischen 84,0 und 86,5 liegen kann [362],
P = Proteingehalt in der Trockensubstanz,
G = 1000-Korn-Gewicht in Trockensubstanz.

Untersuchungen zur Vorhersage des Extraktgehaltes haben ergeben, dass folgende Merkmale Informationen mit abnehmender Bedeutung geben: Proteingehalt, Spelzenfeinheit, Sortierung über 2,8 mm, Keimbild und Keimenergie [135].

Neue Möglichkeiten einer Abschätzung des späteren Malzextrakts bietet die Nah-Infrarot-Transmissions-Spektroskopie (NIT), vor allem für die Untersuchung von Zuchtstämmen im frühen Stadium, d. h. bei kleinen Probenmengen. Das Verfahren beruht auf der unterschiedlich starken Absorption von Licht verschiedener Wellenlängen im Nah-Infrarot-Bereich durch unterschiedliche Atombindungstypen. Nachdem aber die Kalibrierung mit den Extraktgehalten der Kleinmalze keine genügende Korrelation liefert, hat die Anwendung der Methode im Routinelabor keinen Sinn. Die Extraktschätzung kann bei Züchtungsgut herangezogen werden, um bessere oder schlechtere Genotypen zu unterscheiden [363].

1.6.4
Systematische Beurteilung der Gerste

Um nun beim Vergleich einer größeren Anzahl von Gerstenproben verwertbare Unterlagen zu bekommen, wurde versucht, die Ergebnisse der Handbonitierung, der mechanischen und chemisch-technischen Analyse in Zahlen auszudrücken. Dabei wird jede Eigenschaft mit einer bestimmten Punktzahl bewertet und für Fehler (Verunreinigungen, Schädlingsbefall) Abzüge vorgenommen. Die endgültige Punktsumme entspricht dann dem Wert der Gerste.

Es sind eine Reihe von Bonitierungssystemen gebräuchlich: So das Berliner und das Weihenstephaner Verfahren. Für Gerstenwettbewerbe wurde eigens ein sehr umfassendes Bewertungsschema erarbeitet [364].

2
Das Wasser

Das Wasser ist Träger aller physiologischen und biologischen Reaktionen. Um die Keimung des Gerstenkorns einzuleiten, ist Wasser für den Ablauf der Lebensvorgänge von gleicher Bedeutung wie der Sauerstoff.

Zur Bildung von neuen Zellen und Geweben, die das Wachstum kennzeichnen, braucht der Keimling Baustoffe, die löslich sind und von Zelle zu Zelle wandern können. Solche Stoffe stehen zunächst nur in geringer Menge zur Verfügung. Die Hauptmasse des Mehlkörpers, die das Rohmaterial zur Ernährung des wachsenden Keimlings darstellt, ist unlöslich, nicht diffundierbar und daher für den jungen Keimling unbrauchbar. Es müssen also erst alle im Mehlkörper abgelagerten Reservestoffe in eine lösliche, wanderungsfähige Form gebracht werden, um als Nährstoffe dienen zu können.

Dazu ist neben der Anwesenheit von Sauerstoff die Zufuhr gewisser Wassermengen, des Vegetationswassers, nötig. Die Zuführung des erforderlichen Wassers geschieht bei der Weiche und während der Keimung (s. Abschnitte 5.1 und 6.3.3.5).

Die Eigenschaften des zugeführten Wassers sind in den einzelnen Betrieben verschieden. Alle Betriebswässer sind Lösungen von Salzen bzw. Ionen und Gasen, die in mannigfaltiger Weise auf das Korn einwirken können.

Der in weiten Grenzen schwankende Salzgehalt verschiedener Wässer ist abhängig von den Umweltbedingungen und erklärt sich aus dem immerwährenden Kreislauf des Wassers in der Natur.

Art und Menge der Salze hängen hauptsächlich von der geologischen bzw. chemischen Beschaffenheit der Bodenformationen ab, die vom Regenwasser durchsickert werden. Dieses kondensierte Wasser enthält gewisse Mengen an Sauerstoff und Stickstoff, daneben auch Spuren von Kohlensäure, Ammoniak, Salpetersäure usw. sowie Staubteilchen und Organismen. In der Humusschicht nimmt das Wasser Kohlensäure auf, durchdringt Risse und Spalten verwitternder Gesteine, bis es auf eine undurchlässige Schicht – Ton, Lehm, Flins – gelangt, auf der es sich als Grundwasser sammelt. Auf seinem Weg durch Erde, Geröll und Gestein nimmt es je nach geologischer Formation verschiedene mehr oder weniger leicht lösliche Stoffe auf.

Das Grundwasser kann, wie es in vielen Betrieben geschieht, durch Brunnen zutage gefördert werden.

Die Bierbrauerei Band 1: Die Technologie der Malzbereitung. Achte Auflage.
Ludwig Narziß und Werner Back.
© 2012 WILEY-VCH Verlag GmbH & Co. KGaA. Published 2012 by WILEY-VCH Verlag GmbH & Co. KGaA

Verläuft jedoch die wasserundurchlässige Schicht so, dass sie an irgendeiner Stelle der Oberfläche zutage tritt, so entspringt eine Quelle, die den Ausgangspunkt aller natürlichen Oberflächenwässer, der Bäche, Flüsse, Teiche und Seen bildet.

2.1
Die Zusammensetzung des Wassers

Sie hängt von der Natur und der geologischen Beschaffenheit des durchsickerten Bodens ab. Es können allerdings auch noch nachträglich Stoffe und Organismen in das Wasser gelangen, die aber den Charakter des Wassers nur in seltenen Fällen entscheidend beeinflussen.

Weit verbreitet ist im Wasser kohlensaurer Kalk zu finden, der mächtige Lager, ja ganze Gebirgszüge bildet und dementsprechend die Wasserverhältnisse ausgedehnter Landstriche beeinflußt. An sich wenig löslich, wird das Calciumcarbonat durch das im Wasser vorhandene Kohlendioxid gelöst:

$$CaCO_3 + H_2O + CO_2 \rightarrow Ca(HCO_3)_2$$

Das auf diese Weise gelöste Calciumhydrogencarbonat steht mit dem im Wasser befindlichen CO_2 in einem bestimmten Gleichgewicht. Die im Hydrogencarbonat „halbgebundene" Kohlensäure bleibt nur dann in Lösung, wenn eine bestimmte Menge an freier Kohlensäure im Wasser vorhanden ist, die man „zugehörige" Kohlensäure nennt. Befindet sich über diesen Anteil hinaus noch freies CO_2 im Wasser, so ist dieses aggressiv und greift kohlensauren Kalk, Baumaterialien und Eisen an. Auch Magnesiumcarbonat wird durch Kohlensäure gelöst und in Hydrogencarbonat übergeführt.

Aus Urgestein lösen sich naturgemäß nur wesentlich geringere Salzmengen als aus Sedimentgesteinen (Kalkstein, Dolomit). Die hier vorliegenden Wässer enthalten deshalb meist reichlich CO_2 und sind daher aggressiv.

Häufig ist auch in der oberen Erdschicht Gips ($CaSO_4$) in schwankenden Mengen vorhanden. Gips löst sich etwas leichter als kohlensaurer Kalk und ohne Mitwirkung von CO_2. Sehr schwer löslich sind dagegen die Salze der Kieselsäure und der Tonerde, die infolgedessen meist nur eine untergeordnete Rolle spielen. Spuren von Eisen können in jedem Wasser (meist als Eisen-II-Oxid) vorhanden sein, das sich nach Oxidation in Form des Hydrats, $Fe(OH)_3$, als brauner Niederschlag abscheidet.

Darüber hinaus findet sich noch eine Reihe von sehr leicht löslichen Stoffen wie Kochsalz (NaCl), Magnesiumchlorid ($MgCl_2$), Calciumchlorid ($CaCl_2$) und Magnesiumsulfat ($MgSO_4$) im Wasser.

Außer diesen, durch örtliche Verhältnisse bedingten Salzen können auch noch andere, seltenere Verunreinigungen aus dem Boden gelöst werden: so z. B. Soda (Na_2CO_3), Mangansalze sowie Stoffe, die auf Verunreinigungen zurückzuführen sind. Hierzu gehören in erster Linie Ammoniak und Ammoniumsalze, die durch Fäulnis stickstoffhaltiger organischer Substanzen entstehen und die sich meist in der Nähe von Siedlungen befinden. Durch Oxidation von Ammoniak entstehen salpetrige Säure (Nitrite, NO_2^-) und schließlich Salpetersäure (Nitrate, NO_3^-). Diese Verbindungen können auch über entsprechende Düngemittel in den Boden eingebracht werden und so in das Wasser gelangen.

Außerdem sind im Wasser noch organische Stoffe enthalten, die auf örtliche Verunreinigungen hindeuten. Bei stehenden Gewässern z.B. stammen sie von abgestorbenen Pflanzenteilen.

Die wichtigsten, in natürlichen Wässern vorkommenden Stoffe sind:

a) Gase: CO_2, O_2, N_2
b) Salze: Bei den in den Wässern vorliegenden Verdünnungen sind die Salze weitgehend dissoziiert. Es ist daher zu unterscheiden in:

Kationen	Anionen
Ca^{2+}	HCO_3^-
Mg^{2+}	SO_4^{2-}
Na^+	Cl^-
K^+	CO_3^{2-}
Fe^{2+}/Fe^{3+}	SiO_3^{2-}
Mn^{2+}	PO_4^{3-}
Al^{3+}	NO_3^-
NH_4^+	NO_2^-
(H^+)	(OH^-)

Vorsicht ist immer geboten, wenn Ammonium-, Phosphat-, Nitrat- und Nitrit-Ionen im Wasser vorkommen, da diese durch örtliche Verunreinigungen eingebracht werden konnten. Nitrate und vor allem Nitrite können, selbst in Spuren, toxisch wirken.

Von organischen Stoffen sind Phenole besonders gefährlich, da sie dem Malz einen spezifischen Geschmack verleihen, der die daraus hergestellten Bierbestände unverkäuflich machen kann.

Auch Eisen in einer Menge von mehr als 10 mg/l kann sich negativ auswirken, indem es z.B. in der Weiche dem Malz eine unansehnliche, graue Farbe verleiht.

Kieselsäure in höheren Konzentrationen, wie sie z.B. in vulkanischen Gebieten meist mit Soda vergesellschaftet vorkommt, ist wegen ihrer kolloidalen Eigenschaften nicht unbedenklich.

2.2
Die Härte des Wassers

Über Art und Menge der in einem Wasser vorhandenen Ionen gewinnt man durch eine eingehende chemische Analyse Aufschluß. Dabei interessiert nicht nur die Art der Ionen, sondern auch deren Menge. Einen Ausdruck für Menge und Art der chemisch wirksamen Ionen stellt die „Härte" des Wassers dar.

Sie umfaßt zwar nur einen Teil der Wasser-Ionen, nämlich Calcium und Magnesium; in der Brauereitechnologie ist diese Bezeichnung trotzdem brauchbar und wird allgemein angewandt.

Die aciditätserhöhende Wirkung der Calcium- und Magnesium-Ionen und der aciditätsvernichtende Effekt der Hydrogencarbonationen, die bei Maischen und Würzkochen eine große Rolle spielen, sind in der Mälzerei ohne Bedeutung; es ist hier lediglich die Härte des Wassers von Interesse; auch soll seine Zusammensetzung generell bekannt sein.

Die Härte des Wassers wird in verschiedenen Ländern unterschiedlich ausgedrückt:

1 deutscher Härtegrad	10 mg CaO/l = 0,3566 mval/l = 0,179 mmol/l*
1 französischer Härtegrad	10 mg $CaCO_3$/l = 0,200 mval/l = 0,100 mmol/l
1 englischer Härtegrad	1 Grain (0,065 g)
	$CaCO_3$/Gallon (4,544 l) = 14,3 mg $CaCO_3$/l
	= 0,285 mval/l = 0,146 mmol/l
1 amerikanischer Härtegrad	1 part $CaCO_3$ per million = 1 mg $CaCO_3$/l

* nach den SI-Einheiten sollen °dH künftig in mmol/l ausgedrückt werden

Die *Gesamthärte* eines Wassers berechnet sich aus allen Calcium- und Magnesiumsalzen, gleichgültig ob sie Carbonat, Sulfat, Nitrat oder Chlorid als Gegenionen aufweisen.

Ein Wasser von 8–12 °dH wird als „mittelhart", unter 8 °dH als „weich" und über 12 °dH als „hart" bezeichnet.

Die Gesamthärte allein läßt aber den Charakter eines Wassers nicht erkennen. Es ist von Interesse, wie viele Ca- und Mg-Ionen als Hydrogencarbonate vorliegen bzw. an andere Säurereste gebunden sind. So wird die *Carbonathärte* eines Wassers durch die Hydrogencarbonate des Calciums und Magnesiums hervorgerufen.

Die *Nichtcarbonathärte* umfaßt die Calcium- und Magnesiumverbindungen der Schwefelsäure, Salzsäure, Salpetersäure usw.

Die Höhe der Carbonathärte bzw. ihr Verhältnis zur Nichtcarbonathärte ist in der Brauereitechnologie von großer Bedeutung; sie sind jedoch in der Mälzerei weniger wichtig, obwohl nachgewiesen werden konnte, dass ein sehr hartes Wasser (über 40 °dH) die Wasseraufnahme beim Weichen verzögern kann. Dies

Tab. 2.1 Umrechnungsfaktoren.

	°dH	°fH	°eH	ppm
1 deutscher Härtegrad	1,0	1,79	1,25	17,90
1 französischer Härtegrad	0,56	1,00	0,70	10,00
1 englischer Härtegrad	0,80	1,43	1,00	14,30
1 amerikanischer Härtegrad	0,056	0,1	0,07	1,00

ist, neben den Wirkungen der Osmose, vor allem auf eine Quellung der verschiedenen im Gerstenkorn enthaltenen Kolloide zurückzuführen.

Wenn auch die Samenschale des Gerstenkorns halbdurchlässig ist, d. h. nur reines Wasser und keine Ionen in das Korninnere eindringen können, so ist dennoch durch bestimmte Lücken in der Testa eine Diffusion von Ionen an der unteren Kornspitze festgestellt worden. Damit wurde die Hauptmenge der eingedrungenen Salze in der Keimlingsgegend gefunden, die nach Art und Konzentration im Mehlkörper während der Weiche und Keimung Veränderungen herbeiführen können [365]. Am ungünstigsten erwiesen sich hier NO_2-Ionen, die allerdings in wirksamen Konzentrationen kaum in natürlichen Wässern feststellbar sind (s. Abschnitt 5.1.1).

2.3
Der Wasserbedarf des Mälzereibetriebes

Die weitaus größten Wassermengen werden beim Weichen der Gerste benötigt. Hiervon macht die Zufuhr des Wassers zur Erzielung der Keimgutfeuchte nur einen geringen Anteil aus (s. Abschnitt 5.2.4). Sehr viel Wasser wird zum Reinigen der Gerste, aber auch zum Transport von einem Weichgefäß zum anderen bzw. in den Keimapparat gebraucht (Transportwasser). Es wurde deshalb vorgeschlagen, einen Teil des Weichwassers wiederzuverwenden [366].

Bei der Keimung wird Wasser benötigt zur Befeuchtung der Haufenluft (s. Abschnitt 6.2.2.3). Die ursprünglich sehr großen Wassermengen konnten durch Kühlanlagen mit wassersparenden Kondensatoren verringert werden. Schließlich ist noch der Bedarf an Wasser zur Reinigung der Weichen, der Keimapparate usw. zu erwähnen, der jedoch durch neue Reinigungsmethoden ebenfalls bedeutsam vermindert werden konnte.

Der konventionelle Mälzereibetrieb der fünfziger und sechziger Jahre verzeichnete einen Wasserbedarf von 12–18 m^3 pro Tonne Malzproduktion. Moderne Weichmethoden und die Ersparnisse an Kühlwasser erbrachten eine Verringerung auf etwa die Hälfte dieses Betrages. Durch eine sehr gewissenhafte Wasserwirtschaft gelangen weitere Einsparungen auf 3–6 m^3 pro Tonne Malz.

Neben dem Wasserverbrauch ist auch der Anfall an Abwasser von Bedeutung. Er wird durch die genannten Maßnahmen ebenfalls reduziert, wenn auch z. B. im Falle der Wiederverwendung des Weichwassers durch vermehrte Verschmutzung eine stärkere „Belastung" des Abwassers unausweichlich ist.

Eine Neuentwicklung auf dem Gebiet der Abwasseraufbereitung ermöglicht die Gewinnung von Wasser mit Trinkwasserqualität. Es handelt sich hierbei um einen mehrstufigen Prozeß aus biologischer Reinigungsstufe und physikalischer Nachbehandlung [367]. Damit dürfte die Verwendung dieser Wasserqualität zum Weichen unproblematisch sein (s. Abschnitt 5.2.4.2).

Die verschiedenen Betriebe gewinnen das Gebrauchswasser auf verschiedenen Wegen, je nach den örtlichen Gegebenheiten in Form von Brunnenwasser,

Quellwasser und Oberflächenwasser. *Quellwasser* ist gewöhnlich am reinsten und von geringer Härte.

Brunnenwasser kann je nach Tiefe, aus der gefördert wird, und nach vorliegenden Gesteinsformationen mitunter eine beträchtliche Härte aufweisen. Es kann aber auch in der Nähe von Industrieanlagen, Siedlungen oder durch Düngung nachträglich stark verunreinigt werden.

Oberflächenwässer aus Bächen, Flüssen, Teichen, Seen sind meist etwas weicher als Quell- oder Brunnenwasser, da durch das Entweichen von CO_2 eine Überführung der Hydrogencarbonate in die schwerer löslichen Carbonate erfolgt. Die Zusammensetzung dieser Wässer ist meist schwankend, da sie häufig durch Abwässer von Fabriken und sonstigen Betrieben verunreinigt werden. In derartigen Fällen ist z. B. für Weichwasser eine besondere Reinigung durch chemische Mittel oder Filteranlagen (Aktivkohle gegen Geruchs- und Geschmacksstoffe, z. B. Phenole) notwendig. Kühlwässer bedürfen meist keiner Aufbereitung.

Die biologische Beschaffenheit des Wassers spielt in der Mälzerei eine untergeordnete Rolle, da die Zahl der im Wasser enthaltenen Organismen im Vergleich zu der an der Gerste befindlichen verschwindend gering ist. Es dürfen jedoch keine pathogenen Keime im Prozeßwasser enthalten sein. Bei Wiederverwendung von Weichwasser wird eine besondere Behandlung erforderlich, ebenso bei der Rückgewinnung des Wassers aus den Kühltürmen der Keimanlagen. Dies wird in den entsprechenden Kapiteln behandelt (s. Abschnitte 5.2.4.2 und 6.2.2.3).

Das Betriebswasser hat, je nach der Art seiner Gewinnung, eine bestimmte Temperatur, die nicht immer den Bedürfnissen der Technologie entspricht. So wird bei Kühlvorgängen naturgemäß möglichst kaltes Wasser benötigt, wie es als Brunnen- und Quellwasser meist im Temperaturbereich von 10–13 °C zur Verfügung steht. Oberflächenwässer hängen in ihrer Temperatur von der jeweiligen Jahreszeit ab, oftmals ist die Temperatur durch Abwärmezufuhr von Industriebetrieben höher (15–18 °C). Eine sachgemäße Weiche erfordert eine Variation der Weichwassertemperatur zwischen 12° und 18 °C. Diese könnte durch Verschnitt von ursprünglichem Wasser mit Wasser der Kühlanlage dargestellt werden, da die hier anfallende Abwärme meist die einzige Wärmequelle darstellt, die nicht mit Primärenergie gespeist wird. Der Ablauf des Weichvorgangs erfordert auch, dass große Wassermengen in kurzer Zeit zur Verfügung stehen. Hierfür sind Behälter oder Reserven notwendig, die es erlauben, die benötigten Wassermengen zu sammeln. Auch der Einsatz von Wasser, das durch Abwärme temperiert wurde, macht zusätzliche Reserven erforderlich, wie auch die Wiederverwendung von Weichwasser nicht ohne einen entsprechenden Behälterraum durchgeführt werden kann.

3
Die Vorbereitung der Gerste zur Vermälzung

3.1
Die Annahme der Gerste

Die Gerste wird als Massengut mit Lastkraftwagen, Eisenbahnbehältern, Eisenbahnwagen oder mit Schiffen befördert. Dementsprechend sind die Mälzereien zur Annahme der Gerste von Straßenfahrzeugen, häufig auch von der Schiene aus (Gleisanschluß), eingerichtet. Betriebe, die an einer Wasserstraße liegen, können diese für die Anlieferung nützen.

Sowohl von der Straße als auch von der Schiene aus soll die Anfuhr in einem abgedeckten, vor Regen geschützten Bereich stattfinden. Die nur mehr selten in kleinen Betrieben anzutreffende gesackte Ware wird auf einer Rampe in einen Annahmerumpf geleert. Die überwiegend getätigte Anlieferung der Gerste in loser Form erfolgt über Tiefbunker mit befahrbarer Rostabdeckung. Hierbei wird Streugut und somit ein Verlust von Gerste oder deren Verschmutzung vermieden. Das Fassungsvermögen des meist aus Beton oder Stahlblech erstellten Bunkers sollte mindestens dem Volumen des größten, ankommenden Fahrzeugs entsprechen. Auf diese Weise kann dieses in wenigen Sekunden entleert werden. Nachdem jedoch oftmals eine Reihe von Fahrzeugen nacheinander entleert werden muß, ist die Anordnung mehrerer Bunker (à 25–30 t) notwendig. Es kann dann die Ware untersucht werden, wobei die Analyse entscheidet, in welches Silo eingelagert oder ob eine Trocknung des Gutes erforderlich wird. Die Zahl der Bunker ist auch auf die Leistung der Transporteinrichtungen und der Vorreinigung abzustimmen.

Die Annahmebunker sind meist so beschaffen, dass die Gerste durch Kippen der Lastkraftwagen verlustlos entleert werden kann.

Falls die zur Anlieferung dienenden Fahrzeuge keine Selbstkipper sind, muß durch mechanische, hydraulische oder pneumatische Vorrichtungen eine Schrägstellung des Fahrzeugs durch Anheben einer Fahrzeugseite bewirkt werden (Abb. 3.1).

Auch Silowagen werden zum Transport der Gerste oder des Malzes verwendet. Sie sind mit eigenen pneumatischen Förderanlagen versehen, die das Gut in das Fördersystem des Betriebes blasen.

Die Bierbrauerei Band 1: Die Technologie der Malzbereitung. Achte Auflage.
Ludwig Narziß und Werner Back.
© 2012 WILEY-VCH Verlag GmbH & Co. KGaA. Published 2012 by WILEY-VCH Verlag GmbH & Co. KGaA

Abb. 3.1 Annahme-Gosse mit einer Lastwagen-Klappschiene für nicht selbst kippende Fahrzeuge.

Die Entladung der Gerste aus Schüttwaggons oder entsprechenden Containern ist von der Schienenseite ebenfalls über Bunker mit Rostabdeckung möglich.

Die Entleerung von Lastkähnen und Frachtschiffen geschieht auf pneumatischem Wege.

Die angelieferte Gerste muß unter Kontrolle ihres Gewichts übernommen werden. Bei LKW-Transport kann dies mit Hilfe einer Brückenwaage geschehen, die jeweils vom beladenen und vom entladenen Fahrzeug befahren wird. Vom Gesamtgewicht des Wagens ist die Tara des Wagens (und evtl. der Säcke) in Abzug zu bringen. Meist ist jedoch eine selbsttätige Waage in den Annahmetransport eingebaut, von der das Gut vor oder nach der Vorreinigung verwogen wird. Hierdurch ist das genaue Gewicht der angelieferten Menge ohne zusätzlichen Arbeitsaufwand gegeben. Die relativ kleinen und deshalb leicht unterzubringenden Waagen müssen von Zeit zu Zeit kontrolliert und gereinigt werden (s. Abschnitt 3.3.4). Das Ziehen einer zuverlässigen Durchschnittsprobe mit Hilfe eines (meist automatischen) Probenehmers zur Prüfung der angelieferten Ware auf Mustertreue ist empfehlenswert. Die sofortige Bestimmung von Keimfähigkeit und Wassergehalt – mit Hilfe von Schnellmethoden – und, falls ein entsprechendes Gerät vorhanden ist, des Eiweißgehalts kann entscheiden, ob eine Partie angenommen wird oder nicht. Auch ist es möglich, eine notwendige Trocknung bzw. Kühlung einzuplanen bzw. die Gerste nach dem Eiweißgehalt für den jeweiligen Malztyp einzulagern.

3.2
Der Transport der Gerste

Von der Anlieferungsstelle muß die Gerste zur Vorreinigung und anschließend zu den Lagerplätzen befördert werden. Maßgebend für den Transport der angelieferten, aber später auch der gereinigten und sortierten Gerste ist die Wahl des günstigsten Weges.

Der stündliche Durchsatz der Förderanlagen in Mälzereien wird auf die Bedürfnisse der jeweiligen Förderaufgabe abgestellt. Sie ist beim Annahmetransport am größten (maximal ca. 100 t/h, bei Entladung von Schiffen ein Mehrfaches durch parallel angeordnete Systeme), während die Anlagen, die der Bewegung der Gerste im Betrieb dienen, auf die Leistung der zu bedienenden Apparate abgestimmt sind.

Allgemein ist zu sagen, dass in der Mälzerei drei verschiedene Transportaufgaben unterschieden werden können, nämlich die Bewegung der Gerste, des Grünmalzes und des Darrmalzes, die jeweils auf die Beschaffenheit des Fördergutes Rücksicht zu nehmen haben. Die Anforderungen der einzelnen Güter werden bei Besprechung der verschiedenen Einrichtungen berücksichtigt.

Beim Transport der Gerste in *Säcken* werden Handkarren, normale Aufzüge oder besondere Sackelevatoren verwendet. Der Abwärtstransport erfolgt auch über Sackrutschen.

Wird das Getreide lose gefördert, so bestehen neben der heute praktisch bedeutungslosen Handförderung in Kippwagen zwei Möglichkeiten: die mechanische und die pneumatische Förderung.

3.2.1
Mechanische Fördermittel (Stetigförderer)

Bei diesen ist zu unterscheiden zwischen horizontalem und vertikalem Transport.

Die vorwiegend *horizontale Förderung* kann erfolgen:
a) durch Förderschnecken, Rohrschnecken, Trogkettenförderer,
b) durch Schwingförderer (Förderrinnen),
c) durch Gurtförderer (Förderbänder).

Dem vertikalen Aufwärtstransport der losen Gerste dient meist das Becherwerk in seinen verschiedenen Ausführungsformen.

Die Abwärtsbewegung wird in Fallrohren geführt und über Verteiler und Klappenkästen gelenkt. Kombinationen von horizontal fördernden Apparaten mit Becherwerken gestatten eine beliebige Bewegungsrichtung der Gerste innerhalb des Betriebes, ohne den Einsatz menschlicher Arbeitskraft.

3.2.1.1 Förderschnecken

Förderschnecken dienen der waagrechten oder geneigten (bis 20°) Förderung. Sie bestehen aus einem ruhenden Blechtrog als Tragorgan, der mit abnehmbaren Deckeln verschlossen ist, sowie einer angetriebenen Längswelle, auf der eine Voll-Band- oder Segmentschnecke als Schuborgan befestigt ist. Durch Drehen der Schneckenwindungen wird das Getreide langsam nach einer Richtung bewegt. Die Schneckenwelle ist zunächst an beiden Enden des Troges gelagert, bei längeren Einheiten sind Zwischenlager im Abstand von jeweils 3 m notwendig, um ein Durchbiegen der Schneckenwelle zu verhindern. Zwischen der Wand des Troges und den Schneckenwindungen befindet sich ein Spielraum von 3–5 mm, in dem unvermeidlich Reste des Fördergutes verbleiben. Die Schnecken mischen das Getreide gut durch, die Belüftung desselben ist nur gering. Beschädigungen des Getreides sind möglich, da es druckempfindlich ist (Abb. 3.2).

Je nach der geförderten Menge der Anlage schwankt der Durchmesser der Schnecke zwischen 100–600 mm, die stündliche Leistung kann bei genormten Anlagen bis zu 100 t betragen. Die Länge der Förderanlage ist begrenzt, sie soll 40 m nicht überschreiten. Für längere Wege sind mehrere Schnecken nacheinander anzuordnen. Die Drehzahl der Schnecke (20–140 U/min) ist so bemessen, dass eine Umfangsgeschwindigkeit von 1,3 m/sec nicht überschritten wird. Die Steigung des Schraubenganges beträgt 0,5–0,8 des Durchmessers der Schnecke. Den Kraftbedarf zeigt Tab. 3.1. Der Füllungsgrad beträgt normalerweise 20–30%; Bandschnecken (Bandbreite 25% des Schneckendurchmessers) haben einen um ca. 20% niedrigeren Durchsatz als Vollschnecken.

Tab. 3.1 Die Leistungsaufnahme verschiedener Horizontalförderer (kW).

Schnecke	13,5
Trogkettenförderer	4,4
Förderrinne	6,2
Gurtförderer	3,3

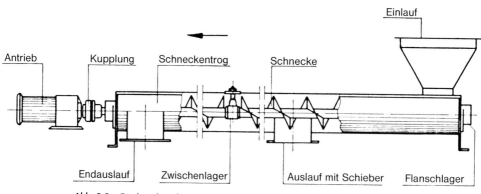

Abb. 3.2 Förderschnecke.

Die Förderschnecke hat einen geringen Raumbedarf, einen einfachen Aufbau und ist billig in Anschaffung und Wartung. Das Fördergut kann an beliebiger Stelle über Dosierschieber aufgegeben und ebenso leicht an verschließbaren Stellen wieder entnommen werden.

Nachteilig ist die starke Reibung und eventuelle Zerkleinerung des Fördergutes an den Trogwänden und der dadurch bedingte Kraftverbrauch. Bei Vollschnecken besteht besonders bei ungleicher Beaufschlagung die Gefahr der Verstopfung der Anlage und damit der Zerstörung der Schnecke. Um dies zu vermeiden, ist am Schneckenauslauf ein Staukontaktgeber installiert. Die Anwendung des Schneckentransports ist bei kürzeren Förderwegen und bei kleinen bis mittleren Leistungen infolge der Einfachheit der Anlage günstig.

3.2.1.2 Rohrschnecken (Drehmantelschnecken)

Sie arbeiten ähnlich wie die vorbeschriebenen Schneckenförderer, doch dreht sich während des Transportes das Rohrgehäuse, in dem Voll- oder Bandschnecken festverschraubt oder verschweißt sind. Der Transport des Gutes erfolgt äußerst schonend; dabei wird eine gute Durchmischung und Lüftung desselben erreicht. Es verbleiben keine Getreiderückstände im Rohr. Das Fördergut wird an einem Rohrende zugeführt und am anderen abgenommen. Für die Förderung von Weichgut (s. Abschnitt 6.3.3.4), sind zur gleichmäßiger Verteilung z. B. über die Breite des Keimkastens im Rohrgehäuse rechteckige Öffnungen versetzt angeordnet, die durch einen Schieber verschließbar sind.

Der Kraftverbrauch entspricht dem der Transportschnecke; bei einem Durchmesser der Rohre von 200–600 mm beträgt die stündliche Leistung bei Trockengut 2–30 t, bei Weichgut bis 150 t (als Gerste). Die Umdrehungszahl ist etwa halb so groß wie bei Förderschnecken und wie diese sind sie für größere Entfernungen ungeeignet (Abb. 3.3). Beim Transport von Weichgut entspricht die Länge der Rohrschnecke der zu beschickenden Breite des Keimkastens.

Abb. 3.3 Rohrschnecke (Drehmantelschnecke) beim „trockenen" Ausweichen in einen Keimkasten.

3.2.1.3 **Trogkettenförderer (Redler)**

Er stellt eine in den Mälzereien häufig verwendete Weiterentwicklung der Kratzerförderer dar. Er besteht aus einem allseitig geschlossenen Trog von rechteckigem Querschnitt, in dem sich eine oder zwei mit Querstegen versehene Laschenketten bewegen. Diese werden durch Kettenräder angetrieben; das Umlenkrad am unteren Ende der Kette ist mit einer Spannvorrichtung versehen. Der fördernde Kettenstrang gleitet auf dem Boden des Troges, während der Leerstrang sich auf besonderen Gleitschienen über dem Fördergut zurückbewegt. Die Förderkette nimmt sowohl die zwischen ihren Gliedern und Querstäben befindliche Menge als auch das auf dieser Schicht liegende Fördergut mit. Die Schichthöhe soll etwa der Breite des Zugorgans entsprechen, damit sich das Getreide in quadratischem Querschnitt und gleichmäßigem Strom der Kettengeschwindigkeit entsprechend mit 0,1–0,4 m/sec durch den Trog bewegt. Je nach den Abmessungen des Troges ergibt sich so eine Fördermenge von 3–200 t/h. Die Länge des Trogkettenförderers kann bis zu 120 m betragen.

Mit geringem Raumbedarf ermöglicht der Redler eine hohe Leistung bei geringem Kraftaufwand (s. Tab. 3.1). Die Förderrichtung ist beliebig, die Aufgabe erfolgt über einfaches Einschütten in den Trog ohne besondere Speisevorrichtung, die Abgabe ist ebenfalls an beliebiger Stelle durch Schieber im Boden möglich. Ein Verstopfen des Förderers ist nicht gegeben, wie auch keine Rückstände im Trog verbleiben. Die Wartung beschränkt sich auf die Schmierung der Lagerstellen der Kettenräder; die vollständig geschlossene Anlage erlaubt eine einfache Entstaubung. Die Durchmischung des Fördergutes ist gering, eine Belüftung ist praktisch nicht gegeben (Abb. 3.4).

Durch besondere Ausführung der Querstäbe ist der Redler auch für die Schrägförderung geeignet. Hierbei müssen jedoch Füllungs- und damit Leistungsverluste in Kauf genommen werden (z. B. bei 20° rund 6%).

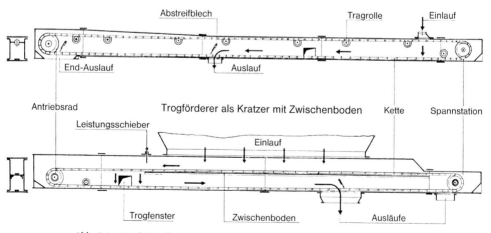

Abb. 3.4 Trogkettenförderer.

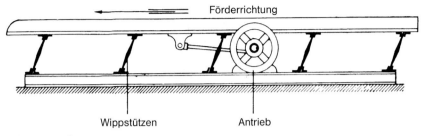

Abb. 3.5 Förderrinne.

Trogkettenförderer lassen sich bei entsprechender Gestaltung der Mitnehmer auch für Senkrechtförderung einsetzen. Eine ähnliche Vorrichtung ist in Abschnitt 3.2.1.6 beschrieben.

3.2.1.4 Schwingförderer oder Förderrinnen

Diese dienen der waagrechten oder geneigten Förderung, wobei das Gut durch Massenkräfte langsam vorwärtsbewegt wird. Die Schüttelrinne ist an schrägstehenden, federnden Wippstützen aus Stahl oder Eschenholz waagrecht oder mit geringer Neigung befestigt. Der Antrieb erfolgt entweder über eine Kurbel oder einen Exzenter, die bei einem Hub von 25–30 mm und einer Umdrehungszahl von 300–350 U/min dem Fördergut eine Geschwindigkeit von 0,1–0,2 m/sec verleihen. Auch Unwuchtmotoren oder Elektromagneten können bei wesentlich kleinerem Hub (0,2–1 mm) und höheren Frequenzen (bis 6000 U/min) angewendet werden.

Die Leistung der Rinne hängt ab von ihrer lichten Breite, der Schütthöhe des Gutes (bei Getreide ca. 50 mm) und beträgt zwischen 5 und 30 t/h. Die Länge des Schwingförderers beträgt maximal 15 m. Der Kraftverbrauch der Anlage ist gering, die Anschaffung selbst billig. Das Fördergut wird schonend, unter Belüftung transportiert. Wegen der auftretenden Massenkräfte ist ein stabiler Unterbau unerläßlich. Förderrinnen werden bevorzugt für den Grünmalztransport verwendet (Abb. 3.5).

3.2.1.5 Band- oder Gurtförderer

Der Band- oder Gurtförderer ist für waagrechte oder schräge Förderung geeignet. Er besteht aus einem endlosen Band aus Gummi oder Kunststoff, welches mehrere Gewebe- oder Drahtseileinlagen besitzt. Die Gewebeeinlagen können aus Baumwolle, Zellwolle oder synthetischen Fasern bestehen. Das Band läuft an jedem Ende des Förderers über eine Umleitrolle und wird dazwischen durch Tragrollen gestützt, die beim beladenen Teil des Bandes in 2–4 m (beim Muldenband 0,8–2 m), beim leeren in 6–8 m Abstand angeordnet sind. Selbsttätige Vorrichtungen – Schraubenfedern oder gewichtsbelastete Spannwagen – halten das Band immer gleichmäßig gespannt. Je nach Anordnung der Tragrollen un-

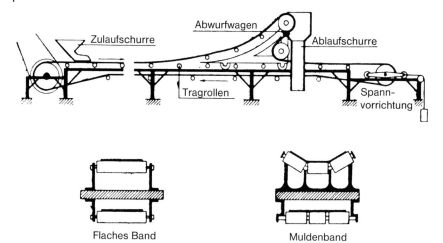

Abb. 3.6 Förderband.

terscheidet man zwischen flachem und gemuldetem Band. Muldenbänder erbringen etwa die doppelte Fördermenge wie gleich breite Flachbänder.

Die Zuführung des Gutes erfolgt durch einen festen oder fahrbaren Zulauftrichter in Richtung des Gurtlaufes; die Abnahme entweder am Bandende durch Abwurf über Kopf oder an beliebiger Stelle durch einen Abwurfwagen, der das Band über zwei Leitrollen umlenkt, wobei das Fördergut über eine „Ablaufschurre" abgeführt wird.

Die Bandgeschwindigkeit beträgt bei der Getreideförderung 2,5–3,5 m/sec. Bei einer Bandbreite nach DIN 22102 von 300–2800 mm und einer Schütthöhe von einem Zehntel der Bandbreite sind Leistungen zwischen 15 und 40 t/h möglich. Bei Muldenbändern kann der doppelte Wert angenommen werden. Auch für Schrägförderung bis 30° sind Gurtförderer geeignet. Rippenbänder (die allerdings teuer sind) erhöhen bei Schrägförderung den möglichen Durchsatz. Eine Förderlänge von über 300 m ist möglich.

Bei einfacher Bauart, geringem Energiebedarf und geräuschlosem Lauf wird das Fördergut geschont. Die Wartungskosten sind gering, der Platzbedarf, vor allem bei Anwendung eines Abwerfwagens, ist hoch. Der Gurt muß zum Ausgleich der Gewichtsbelastung vorgespannt werden; dies geschieht bei kurzen Bändern mit Hilfe von Schraubenspindeln, bei langen Bändern durch einen gewichtsbelasteten Spannwagen. Gurtförderer finden für Gerstentransport, vor allem aber auch für den von Grünmalz Anwendung (Abb. 3.6).

Die Leistungsaufnahme der einzelnen Horizontalförderer ist in Tab. 3.1 dargestellt (50 t/h, 30 m Förderweg).

3.2.1.6 **Becherwerke**

Becherwerke stellen in Mälzereien und Brauereien – mit Ausnahme pneumatischer Anlagen – die hauptsächliche Entwicklung für den vertikalen Transport dar. Sie bestehen aus einem Gurt aus Hanf, Baumwollgewebe oder synthetischer Faser mit oder ohne Gummieinlage. Bei Grünmalzbecherwerken können auch Ketten als Zugorgan dienen. Gurt oder Kette laufen oben und unten über eine Scheibe. In entsprechenden Abständen sind Becher aus Stahlblech oder Kunststoff angebracht. Der Antrieb erfolgt an der oberen Gurtscheibe, an der sich auch die Spannvorrichtung für den Gurt befinden kann. Die Becher schöpfen das Getreide aus einem am Elevatorfuß befindlichen Schöpftrog, dem es über Regelschieber oder Dosierschnecke zufließt. Die Speisevorrichtung sollte bei Stillstandes Becherwerks automatisch abschalten, um so eine Verstopfung der Anlage und eine Beschädigung des Zugorgans zu vermeiden.

Die Abgabe des Gutes erfolgt an der oberen Umlenkstelle, indem die Becher ihren Inhalt in eine Ablaufrinne entleeren. Um die unvermeidliche Staubentwicklung vom übrigen Betrieb fernzuhalten, werden die Becherwerke mit Gehäusen versehen. Diese sind der Feuersgefahr wegen aus Stahlblech gefertigt und haben einen rechteckigen oder runden Querschnitt. Mindestens ein Rohrelement ist mit einer Revisionsklappe versehen, um eine Kontrolle des Gurtes zu ermöglichen. Außerdem ist eine Schieflaufüberwachung im oberen Teil des Gehäuses angeordnet. Die Elevatoren müssen bei Vertikaltransport vollkommen senkrecht stehen, um ein Schleifen der Gurte und Becher zu vermeiden. Bei Schrägförderung sind dieselben in Schienen zu führen. Das Becherwerk soll direkt an die gemeinsame Entstaubungsanlage angeschlossen sein (Abb. 3.7).

Die Becher aus gestanztem Blech oder Kunststoff sind auf dem Gurt in einer Entfernung von 30–40 cm angebracht. Der Becherinhalt beträgt 2–15 l. Bei einem Befüllungsgrad von 60–75% und einer Gurtgeschwindigkeit von 2–3 m/sec ergeben sich Fördermengen von 100 t/h und mehr. Durch diese hohe Gurtgeschwindigkeit wird das Gut bereits unter dem Einfluß der Fliehkraft im Scheitelpunkt ausgeschleudert. Dabei erfährt die obere Abdeckhaube eine Anpassung an die entstehenden Wurfparabeln.

Die Förderhöhe kann bis zu 100 m betragen. Hier wird aber eine besondere Führung des Gurtes erforderlich. Die Leistungsaufnahme eines Becherwerks mit einer stündlichen Fördermenge von 50 t und einer Förderhöhe von 20 m beträgt ca.4 kW.

Eine Variante des beschriebenen Becherwerks stellt ein *Elevator mit Bechern ohne Boden* dar, der die Förderung einer kontinuierlichen Säule ermöglicht und so höhere Leistungen bietet. Normale Becherwerke können auf dieses System umgebaut werden.

Die Becher aus Stahl oder Kunststoff sind voll gefüllt, der Zulauf zu diesen kann beidseitig erfolgen. Jeder 13. Becher ist mit einem Boden versehen. Eine schaufelnde Materialaufnahme im Elevatorfuß ist empfehlenswert (Abb. 3.8). Die Gurtgeschwindigkeit liegt bei Getreide bei 1,5, 2,5 oder 3,15 m/sec. Demgemäß sind die maximalen Leistungen bei diesen Geschwindigkeiten bei sonst gleicher Abmessung des Förderers 300, 500 und 700 t/h.

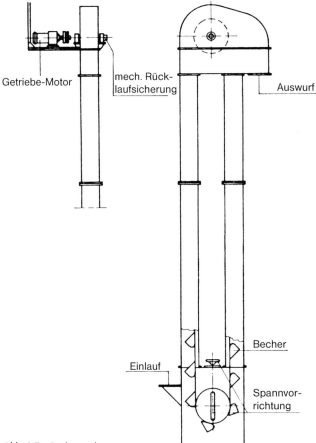

Getriebe-Motor

mech. Rück-
laufsicherung

Auswurf

Becher

Einlauf

Spannvor-
richtung

Abb. 3.7 Becherwerk.

Becherwerke zeichnen sich durch einen einfachen Aufbau und durch einen anspruchslosen Betrieb aus. Der Gurt muß stets richtig gespannt sein, um ein Schürfen der Becher im Schöpftrog zu vermeiden. Dieser wird naturgemäß nicht völlig entleert.

Einen ähnlichen Aufbau wie die Elevatoren mit Bechern ohne Boden haben auch die senkrecht fördernden Trogkettenförderer.

3.2.2
Pneumatische Förderanlagen

Das Fördergut wird durch Saug- oder Druckluft in entsprechend dimensionierten Rohren fortbewegt. Der dazu notwendige Luftstrom wird normalerweise durch Drehkolbengebläse oder bei Druckluftanlagen mittels ein- und mehrstufiger Radialventilatoren erzeugt.

Abb. 3.8 Elevator mit Bechern ohne Boden.

Um das Fördergut in Schwebe zu halten, bedarf es einer Luftgeschwindigkeit von 11–12 m/sec bei Gerste und 9–10 m/sec bei Darrmalz. Normal wird mit einer Luftgeschwindigkeit von etwa 20 m/sec gearbeitet; somit beträgt z. B. in einem senkrechten Rohr die Geschwindigkeit der Gerste etwa 8–9 m/sec. Hierfür wird je nach Länge und Anordnung der Rohre ein Unterdruck von 10–60 mPa (0,1–0,6 bar) bei Sauganlagen bzw. ein Überdruck von 10–40 mPa (0,1–0,4 bar) bei Druckanlagen erforderlich.

3.2.2.1 Saugluftförderanlagen

Sie werden angewendet, wenn es gilt, Getreide von verschiedenen Punkten nach einer Zentralstelle zu befördern. Die Aufgabe des Fördergutes erfolgt bei Saugluft durch einfaches Ansaugen mittels eines Saugrüssels. Dieser muß so konstruiert sein, dass die zur Förderung benötigte Luftmenge eingesaugt werden kann, deren Strom die Gerste mitnimmt. Das Gut wird dann durch die Rohrleitungen zum sog. „Abscheider" gefördert, einem Gefäß, in welchem sich Luft und Fördergut wieder trennen. Dies geschieht, indem sich der Querschnitt der Rohrleitung im Abscheider unter Änderung der Strömungsrichtung plötzlich erweitert, wodurch die Luftgeschwindigkeit eine entsprechende Verminderung erfährt. Hierdurch fällt die Gerste im Verteiler zu Boden und wird durch eine sich drehende Zellenradschleuse ausgetragen. Die in den Zellen eingeschlossene Luft gelangt dabei unvermeidlich in den Abscheider zurück. Der Abscheider wird meist so hoch im Gebäude aufgestellt, dass das Fördergut über Fallrohre, aber auch über einen mechanischen Transport wieder verteilt werden kann. Die den Abscheider (Rezipienten) verlassende Luft muß vom Staub weitgehend befreit werden (Naßfilter oder Saugschlauchfilter), da sonst die Vakuumpumpe rasch verschleißen würde.

Die Rohrleitungen sind aus nahtlos gezogenen Stahlrohren gefertigt. Sie müssen innen glatt, bei beweglichen Rohrsystemen mit gut dichtenden Verschlüssen versehen sein (Abb. 3.9).

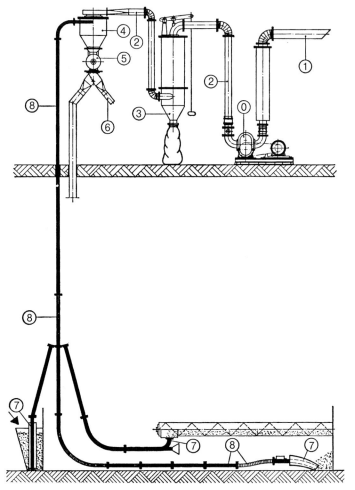

Abb. 3.9 Schema einer pneumatischen Saugluft-Anlage.
0 Luftstromerzeuger mit Zubehör – 1 Luftstromführung, drucklos –
2 Luftstromführung für Unterdruck – 3 Luftreinigungsgerät – 4 Material-
abscheider – 5 Materialaustragegerät – 6 Materialstromführung –
7 Materialeinführungsgerät – 8 Förderleitung.

Besonders zweckmäßig ist der pneumatische Transport bei größeren Entfernungen, wenn die Räume unregelmäßig zueinander liegen oder andere Transportmittel eine komplizierte Anlage erfordern würden.

Der Luftverbrauch beträgt 40–60 Nm^3/t Fördergut, der Rohrleitungsdurchmesser 60–250 mm. Die Fördermenge kann sich demnach pro Saugrohr auf bis zu 100 t/h belaufen, der Förderweg bis zu 500 m. Schiffe oder Lastkähne werden mittels Saugluftförderanlagen („Getreideheber") entladen. Das Gut wird jedoch nach kurzer Förderstrecke über Abwerfer auf eine mechanische Transportanlage übergeführt.

3.2.2.2 Druckluftförderanlagen

Druckluftförderanlagen dienen der Förderung von einer Zentralstelle nach verschiedenen Abgabeplätzen. Hier sitzt also der Kompressor am Anfang des Leitungssystems, die Abgabe am Ende (Abb. 3.10).

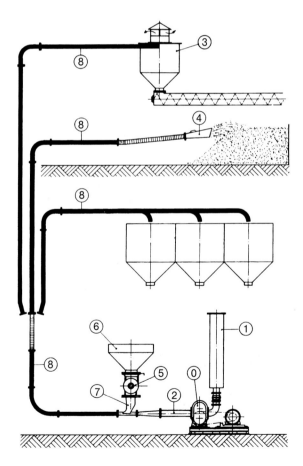

Abb. 3.10 Schema einer Druckluft-Anlage.
0 Luftstromerzeuger –
1 Ansaugschalldämpfer –
2 Druckluftleitung –
3 Ausblasegefäß –
4 Ausblasetrichter –
5 Druckschleuse –
6 Einschütt-Trichter –
7 Druckdüse –
8 Druckförderleitung.

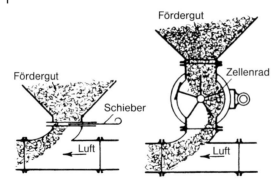

Abb. 3.11 Zulaufdüse – Druckluftschleuse.

Die Aufgabe des Gutes erfolgt in den Luftstrom; sie muß, um Druckverluste zu vermeiden, über eine Zellenradschleuse oder über eine Injektorschleuse geschehen (Abb. 3.11).

Die Abnahme am Bestimmungsort geschieht durch ein Entspannungsgefäß, das zur Verhinderung einer zu starken Staubentwicklung an einen Druckschlauchfilter angeschlossen werden kann. Der Luftverbrauch beträgt 2–75 Nm^3/t gefördertes Gut, je nach Länge und Durchmesser der Rohrleitung (50–350 mm). Die Fördermenge beträgt bis 300 t/h, der Förderweg bis zu 1500 m, die Höhe bis zu 100 m.

3.2.2.3 Dichtstromförderung

Die Dichtstromförderung mit Pfropfenbildung: Sie stellt eine Weiterentwicklung der herkömmlichen Druckförderanlagen dar. Es dient ein gesonderter, mit Druckluft beaufschlagter Druckbehälter zur chargenweisen Dosierung des Fördergutes. Von hier aus wird dasselbe kontinuierlich in die Rohrleitung dosiert, die von Luft mit niedriger Geschwindigkeit durchströmt wird. In der Leitung bildet sich zunächst eine Anhäufung des Schüttgutes, da der Luftstrom nicht in der Lage ist, die einzelnen Teilchen zu fördern (Abb. 3.12). Erst bei genügend

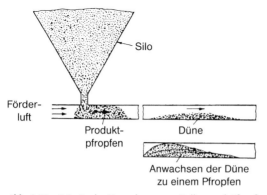

Abb. 3.12 Prinzip der Entstehung von Ballen und Pfropfen bei der Dichtstromförderung.

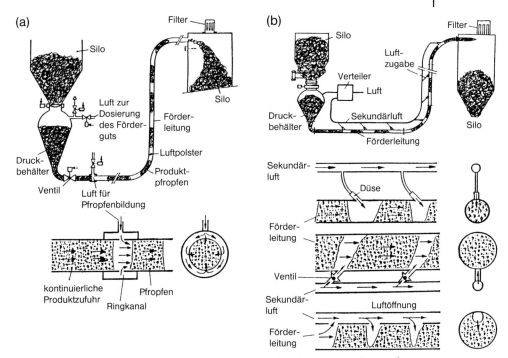

Abb. 3.13 Ausführungsarten pneumatischer Dichtstromförderanlagen: a) Getaktete Lufteinspeisung am Beginn der Förderleitung; b) Luftzugabe aus Sekundärleitung in bestimmten Abständen der Förderleitung.

großer Produktanhäufung wird die Widerstandskraft der Luft groß genug, um den aufgeschichteten Pfropfen in Bewegung zu setzen. Nach einem relativ kurzen Transportweg lagert sich dieser wieder als flache Düne ab und bleibt liegen. Erst wenn weitere Schüttgutmengen aufgelaufen sind, so dass sich der Rohrquerschnitt auffüllt, befördert der Luftwiderstand die gesamte Anhäufung weiter. Somit ergibt sich eine intermittierende pneumatische Förderung. Die Transportgeschwindigkeit der Pfropfen liegt zwischen 0,2 und 2 m/sec. Bei diesen niedrigen Werten wird eine Beschädigung des Gutes weitgehend vermieden. Die Pfropfenbildung wird gezielt vorgenommen, z.B. durch einen pulsierenden Luftstrom aus einer Sekundärleitung (Abb. 3.13). Die Energiekosten liegen niedriger als bei den herkömmlichen pneumatischen Systemen, sie betragen knapp das Doppelte des mechanischen Transports [368].

3.2.2.4 Kombinationsmöglichkeiten, Vor- und Nachteile des pneumatischen Transports

Saug und Druckluftanlagen können miteinander kombiniert werden. So kann das Fördergut bei Anlagen kleiner Leistungen zum Zwecke eine Aufnahme an mehreren Stellen und einer Verteilung nach verschiedenen Plätzen vom Abwerfer auf die Ausblasseite der Luftpumpe dosiert werden. Dies ist vor allem beim Umlagern auf großen Getreideböden mit Vorteil anzuwenden. Auch kann die Luft im geschlossenen System wiederverwendet werden.

Als *Vorteil* der pneumatischen Förderung ist die bei langen und verzweigten Wegen billigere Anschaffung anzuführen; ferner die gute Anpassungsfähigkeit der Förderrohre an die baulichen und betrieblichen Bedingungen, eine leichte Steuerung und Überwachung der Anlage und schließlich die Möglichkeit der staubfreien Förderung des Gutes, wobei stets eine völlige Entleerung der Leitungen gegeben ist. Die große Luftmenge ergibt eine kräftige Belüftung des Gutes.

Nachteilig ist der hohe Kraftbedarf, der das 4–14 fache des mechanischen Transports erfordert; er ist bei großen Förderleistungen im Verhältnis geringer als bei kleinen. Schließlich ist noch der Verschleiß der Rohrleitungen, vor allem an den Krümmern, zu erwähnen. Auch die Instandhaltung der Gebläse, der Zellenräder an den Auf- und Abnehmern und der Luftfilter erfordert zusätzliche Kosten.

3.2.3 Fallrohre und Umstellungsvorrichtungen, Entstaubung

Die mechanischen Fördermittel, aber auch die pneumatischen bedürfen meist eines weiteren Verteilungssystems, um alle Möglichkeiten der Zusammenführung und Verteilung des Gutes auf rationale Weise voll ausnützen zu können. Der Zulauf zu den horizontalen Förderern geschieht durch Fallrohre, ebenso die Verteilung von diesen auf Silos, Lagerböden oder auf andere Transporteinrichtungen. Oftmals wird das Gut vom hochgelegenen Abwerfer aus wahlweise in mehrere Richtungen geleitet. Hierfür dienen Klappenkästen, die durch allseitig dichtschließende Kippschalen eine klare Trennung und einen staubfreien Betrieb gewährleisten. Drei- und Vierwegeverteiler sind als Schwenkrohre mit Bürstenabdichtung ausgeführt.

Für mehr als vier Wege werden Drehrohrverteiler eingesetzt. Als Umstellorgan mit mehreren Abläufen und zwei oder mehreren Zuläufen eignet sich am besten ein Zentralverteiler, bei dem Pendelrohre die Verbindung von dem jeweiligen Zulauf zu den Auslaufstutzen herstellen (Abb. 3.14).

In gleicher Weise kann der Zulauf zu Transportanlagen so gestaltet werden, dass viele Kombinationsmöglichkeiten gegeben sind. Alle (mechanischen) Transportanlagen müssen an die zentrale Entstaubung dieses Betriebsabschnittes angeschlossen werden, um eine Verschmutzung der Räume und damit unnützen Arbeitsaufwand und Verschleiß von Maschinenteilen zu vermeiden.

Abb. 3.14 Drehrohrverteiler in Spezialausführung für 18 Abläufe.

3.3
Das Putzen und Sortieren der Gerste

Die in der Mälzerei zur Anlieferung kommende Gerste ist gewöhnlich nicht ohne besondere Aufbereitung zur Vermälzung geeignet. Sie ist „Rohgerste", aber keine „Malzgerste" und enthält eine Reihe von unvermälzbaren Verunreinigungen (Steine, Staub, Grannen, Eisenteile usw.). Daneben sind häufig auch Beimengungen gegeben, die das Mälzen erschweren oder die Qualität des Malzes herabsetzen können, wie halbe oder verletzte Körner, fremde Getreidearten und Unkrautsamen. Diese Verunreinigungen müssen vor dem Beginn der Keimung entfernt werden.

Darüber hinaus sind die Körner der Rohgerste ungleich stark. Im Hinblick auf eine gleichmäßige Entwicklung bei der Keimung ist es notwendig, eine Einteilung nach bestimmten Korngrößen vorzunehmen.

Der erste Arbeitsvorgang des Mälzens ist demnach die *Reinigung* der Rohgerste von allen Beimengungen und ihre *Sortierung* nach der Korngröße.

Nachdem kurz nach der Ernte große Gerstenmengen in der Mälzerei zur Anlieferung kommen, ist bei der Annahme der Gerste nur eine grobe Vorreinigung möglich. Der hierfür notwendige Apparat ist in den Annahmetransport eingegliedert und auf dessen Leistung abgestimmt. Er bewirkt eine Entfernung jener Verunreinigungen, die die Lagerung erschweren und die Funktion der verschiedenen Maschinen, Förderelemente und Waagen gefährden könnten (Abb. 3.15). Vor der Verarbeitung wird dann die Gerste der Hauptreinigung und der Sortierung unterzogen. Hier ist für jede Reinigungs- und Sortierungsaufgabe eine eigene Spezialmaschine vorhanden, die naturgemäß eine geringere Stundenleistung hat als die auf die Gerstenannahme abgestimmte Vorreinigung (Abb. 3.16).

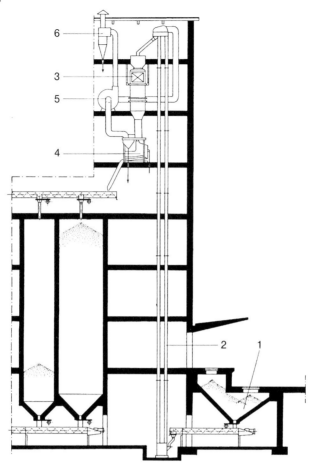

Abb. 3.15 Schema einer Vorreinigungs-Anlage.
1 Annahmegosse – 2 Elevator – 3 Automat. Waage –
4 Vorreinigungsmaschine – 5 Ventilator – 6 Zyklon.

Die *Aufstellung der Gerstenreinigungsanlage* soll immer in abgeschlossenen Räumen erfolgen. Es muß verhindert werden, dass der in der Rohgerste enthaltene oder beim Putzen entstehende Staub mit den darin enthaltenen Organismen die Luft der Mälzerei verunreinigt. Dies bildet vor allem dann eine ernste Gefahr für den Betrieb, wenn Mälzerei und Brauerei vereinigt sind. Die Putzerei wird deshalb gewöhnlich in den obersten Stockwerken des Betriebes oder in einem eigenen Raum parallel zu den Silozellen angeordnet. Dabei ist es notwendig, dass alle Einzelapparate einschließlich der dazugehörigen Transportwege an eine Entstaubungsanlage angeschlossen werden. Diese Räume müssen aber sauber und staubfrei gehalten werden.

Der *Platzbedarf der Putzerei* hängt von der Leistung der Anlage ab; bei kleinen und mittleren Leistungen können Reinigung und Sortierung in einer kompakt

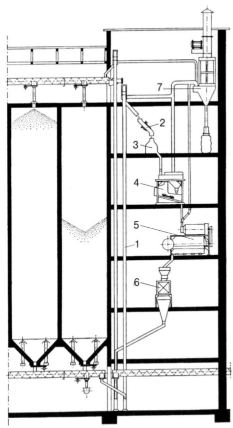

Abb. 3.16   Schema einer Hauptreinigungs-Anlage. 1 Elevator
– 2 Magnet – 3 Entgranner – 4 Hauptreinigungs-Aspirateur –
5 Trieur, Nachtrieur und Sortieranlage – 6 Waage – 7 Saugschlauchfilter.

angeordneten Maschinengruppe zusammengefaßt werden. Bei großen Anlagen,
vor allem wenn Nachleseapparate erforderlich werden, erstreckt sich die Putzerei über mehrere Stockwerke. Die Entstaubungseinrichtungen befinden sich
zweckmäßig an der höchsten Stelle, damit die nach oben strömende Luft die
sich nach abwärts bewegende Gerste in allen Einzelapparaten durchströmen
kann, ohne dass komplizierte Lüftungsanlagen und Wegeführungen erforderlich werden.

Die *Leistung der Putzerei* muß hinsichtlich der Vorreinigung auf die Leistung
des Gerstenannahme-Transports abgestimmt sein; bei großen Mälzereien können Stundenleistungen von 200 t erforderlich werden, die dann aber eine Aufteilung auf mehrere parallel stehende Apparate notwendig machen. Die Hauptreinigung und Sortierung ist so zu bemessen, dass innerhalb der üblichen Ar-
beitszeit die täglich zum Einweichen bestimmte Gerstenmenge behandelt wer-

den kann. Es ist für die Qualität der Ausleseleistung wichtig, dass die einzelnen Apparate groß genug bemessen sind und nicht überlastet werden.

3.3.1
Die Reinigung der Gerste

Die Beimengungen und Verunreinigungen unterscheiden sich von den Gerstenkörnern in Form und Gewicht. Der Reinigungsapparat gliedert sich demnach in verschiedene Teile, von denen jeder eine bestimmte Art oder Gruppe von Verunreinigungen zu entfernen hat.

Die Abscheidung kann erfolgen:

a) durch Siebe bzw. Siebtrommein zur Abscheidung sehr grober oder sehr feiner Beimengungen;
b) durch rüttelnde Bewegung, zur Lockerung des Schmutzes und zur Erhöhung der Siebwirkung;
c) durch rotierende Schläger zur Entfernung von Grannen und Schmutz;
d) durch Windströme zur Entfernung des Staubes und sonstiger leichter Teile;
e) durch Magnete zur Herausnahme von Eisenteilen;
f) durch Auslesebleche für Rundgesäme und Halbkörner.

Die Reinigung der Gerste wird, wie schon erwähnt, in zwei verschiedenen Stufen durchgeführt: in einer groben Vorreinigung und schließlich in einer späteren schärferen Behandlung durch Spezialmaschinen.

3.3.1.1 Vorreinigungsmaschinen

Die Vorreinigungsmaschinen verfügen meist über ein zweifaches Siebwerk, das über einen Exzenter oder durch eine hochfrequente Vibration in rüttelnde oder schwingende Bewegung versetzt wird. Ein kräftiger Luftstrom, durch einen Exhaustor erzeugt, umspült das Gut und nimmt Staub sowie leichte Bestandteile mit, die in entsprechenden Vorrichtungen abgeschieden werden.

Die Arbeitsweise ist folgende: Das Getreide läuft in einem dünnen Strom über eine verstellbare Einlaufvorrichtung in den Apparat ein. Es wird bereits hier das Gut der Saugwirkung eines Exhaustors ausgesetzt, der einen Großteil der leichten Teile herausnimmt und in einen erweiterten Raum führt. Da hier die Windgeschwindigkeit infolge der Querschnittserweiterung geringer wird, können sich die leichten Teile absetzen und werden über eine Kammerschleuse mit Austragschnecke entfernt (Abb. 3.17).

Der Gerstenstrom wird dann über ein vibrierendes oder rüttelndes Siebwerk geleitet. Dieses besteht aus einem Grobsieb, das aufgrund seiner Schlitzweite (15 mm lang, 3,5–4 mm breit), alle Fremdkörper zurückhält, die größer sind als Gerste. Sie werden von diesem Sieb aus seitlich aus der Maschine ausgestoßen. Die Gerste fällt durch dieses Sieb hindurch und gelangt auf ein zweites, das eine engere Schlitzung oder Maschenweite (ca. 1,5 mm) hat als sie der Größe der Gerste entspricht. Alle Verunreinigungen, die kleiner sind als Gerstenkörner, werden durch dieses Sieb ausgeschieden, während die Gerste auf dem Sieb liegenbleibt. Von hier aus gelangt sie in breitem, dünnem Strom über eine selbst-

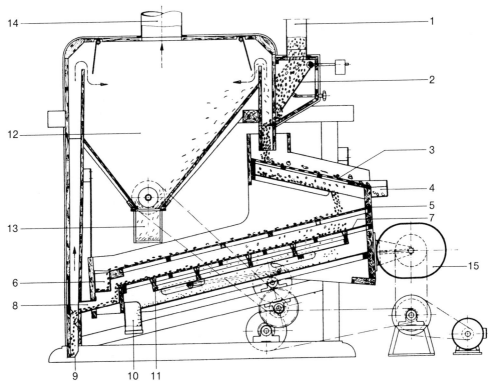

Abb. 3.17 Aspirator. 1 Gersteeinlauf – 2 Stauklappe – 3 Schrollen-
sieb – 4 Schrollenabgang – 5 Körnersieb – 6 Übergang vom
Körnersieb – 7 Sandsieb – 8 Körnereinlauf in Aspirationskanal –
9 Körnerauslauf – 10 Sandauslauf – 11 Bürstenreinigung des
Sandsiebes – 12 Separateur – 13 Separator-Abgang – 14 Staub-
luftleitung zum Ventilator – 15 Freischwingerantrieb.

regulierende Klappe in den Auslauf des Apparates, wo sie erneut einem sehr
starken Saugwind ausgesetzt wird. Dieser entfernt leichte Verunreinigungen,
die durch die Behandlung in der Maschine zwar gelockert, aber von der Gerste
noch nicht abgetrennt werden konnten. Die Abführung der Aspirationsluft erfolgt in sog. „Steigsichtern", in denen die Geschwindigkeit des Luftstromes eine
Trennung der leichten Verunreinigungen von der Gerste bewirkt.

Die Abgänge aus dem Feinsieb werden unterhalb der Maschine zusammengefaßt. Die in Abb. 3.17 abgebildete Maschine verfügt bei großen Leistungen
über eine Aufteilung des Gerstenstroms auf zwei Siebeinheiten. Die Luft wird
auch vom Auslaufsteigsichter nach einer im Innern der Maschine angeordneten
Staubkammer geleitet.

Die Leistung beträgt für die Vorreinigung z. B. 100 t/h, für die Hauptreinigung ca. 20 t/h. Die Luftmenge liegt ohne Auslaufaspiration bei 12 m³/min,
mit Auslaufaspiration (Steigsichter) bei 130 m³/min.

Eine ähnliche Konstruktion weisen die Getreide-Schwingsiebe auf, die ebenfalls mit zwei verschiedenen Siebsätzen arbeiten, die durch eine hochfrequente Vibration eine entsprechend hohe Leistung erzielen. Vor dem Verlassen der Maschine wird der Getreidestrom bandartig auf die Breite des groß dimensionierten Steigsichters auseinandergezogen und hier von einem Luftstrom durchspült, der sich sehr genau auf die Schwebegeschwindigkeit der zu entfernenden Verunreinigungen einstellen läßt. Diese werden aus dem Luftstrom durch entsprechende Abscheider abgetrennt (Abb. 3.18, 3.19).

Vorreiniger dieser Konstruktion sind nicht nur in den Annahmetransport eingebaut, sie stellen vielmehr auch einen Bestandteil der Hauptreinigung dar. Nicht nur die erhöhten Anforderungen der Reinigung von Mähdruschgerste machen eine nochmalige Behandlung über einen gleichen oder ähnlichen Apparat im Rahmen der Hauptreinigung notwendig, sondern auch der innerbetriebliche Transport oder die Umlagerung von einer Silozelle in die andere, da immer wieder Abrieb und Staub entstehen, die die Hauptreinigung belasten können.

Ebenfalls der Vorreinigung, bei verminderter Leistung auch einer gewissen Sortierung der Gerste dient ein *Strömungsreiniger,* der wie folgt arbeitet (Abb. 3.20). Das zulaufende Gut wird über eine Stauklappe über die gesamte Maschine gleich-

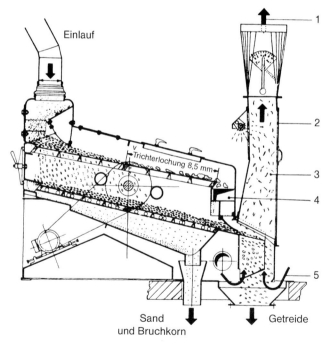

Abb. 3.18 Schema eine Schwingsieb-Getreide-Reinigungsmaschine (Bühler). 1 Leichte Teile zum Abscheider – 2 Beobachtungsfenster (Sicherheitsglas) – 3 Steigsichter – 4 Siebübergang – 5 Lufteintritt.

Abb. 3.19 Schwingsieb-Getreide-Reinigungsmaschine mit Steigsichter (Bühler).

① Getreidezulauf
② Sand
③ Steine u. Schwerteile
④ gerein. Getreide
⑤ Grenzgemenge
⑥ Leichtteile und Stroh
⑦ Staub und Sand
⑧ Zuluft

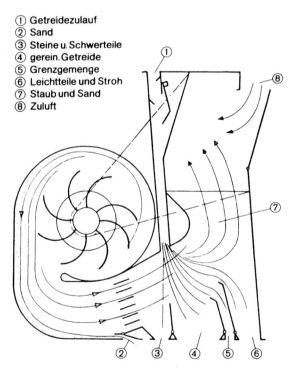

Abb. 3.20 Strömungsreiniger (Happle).

mäßig verteilt und fällt zur Erteilung einer bestimmten Beschleunigung in einen ca. 1 m tiefen Schacht. Dabei wird das Material von einem starken Luftstrom quer beaufschlagt, der über Leitbleche eine bestimmte Strömungsrichtung erhält. Steine und Eisenteile erfahren durch den Luftstrom eine geringere Ablenkung als die Getreidekörner; Verunreinigungen wie Spelzen und Stroh werden andererseits stärker abgelenkt als das Körnermaterial, so dass diese drei Fraktionen – unterstützt durch Leitbleche – an drei verschiedenen Stellen anfallen und dort abgenommen werden können. Zwischen dem Getreide und den Verunreinigungen (Stroh, Spelzen, Grannen usw.) bildet sich eine Zone mit Grenzgemenge aus, das über einen eigenen Auslauf wieder in die Maschine zurückgeführt wird. Die leichten Verunreinigungen wie Staub und Sand werden mit dem Luftstrom zum Ventilator geführt, wo sie durch die Zentrifugalkraft an die Gebläseaußenwände geschleudert werden und so zur Abscheidung kommen. Die gereinigte Luft wird wieder zum Sichten des Getreides verwendet.

Der Auslesevorgang kann über die verschiedenen Klappen und die Regulierung des Luftstromes variiert werden. Wie schon ausgeführt, arbeitet die Anlage mit 95% Umluft. Sie hat bei einfachen Aufbau eine hohe Leistung (Abb. 3.20).

3.3.1.2 Entgranner

Der Entgranner ist häufig bereits in der Vorreinigung angeordnet. Er besteht aus einem Schlägerwerk, das sich langsam in einer Trommel mit geriffelter Oberfläche dreht. Hierdurch wird eine gegenseitige Reibung der Körner hervorgerufen, die zu einem Abbrechen der Grannen, aber auch zu einem Loslösen von Schmutz und losen Hülsen führt. Gerade auch die Beseitigung von Sand und kleinen Steinchen ist wegen der Abnützung der Bleche des nachfolgenden Trieurs wünschenswert.

In heißen Jahren und bei empfindlichen Gersten soll der Entgranner ausschaltbar sein, weil er den Körnerbruch erhöhen kann. Zweckmäßig ist aus diesem Grund auch die Regulierung der Tourenzahl des Schlägerwerks (Abb. 3.21).

3.3.1.3 Magnetapparat

Der Magnetapparat entfernt alle Eisenteile – Nägel, Schrauben usw. –, die sonst leicht den Mechanismus der wertvollen Maschinen beschädigen und dadurch teure Reparaturen oder sogar eine Feuersgefahr hervorrufen können. Deshalb ist es erforderlich, einen Magnetapparat bereits in die Vorreinigung der angenommenen Gerste einzubauen.

Die Magnetapparate sind entweder Dauermagnete in Stab- oder Hufeisenform: bei diesen müssen die aus dem Gerstenstrom ausgelesenen Eisenteile von Zeit zu Zeit entfernt werden (Abb. 3.22).

Für größere Leistungen finden drehbare Elektromagneten Anwendung. Das Auslesegut läuft dabei über eine Trommel, die alle Eisenteile anzieht und in einer nicht magnetischen Zone, abseits vom Getreidestrom, wieder fallen läßt.

Abb. 3.21 Entgranner.

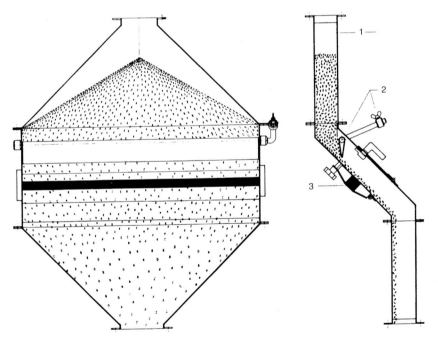

Abb. 3.22 Permanent-Magnet.
1 Gersteeinlauf – 2 Stauklappe – 3 Magnetbündel.

3.3.1.4 **Steinausleser**

Sie entfernen Steine von der Größe der Gerstenkörner. Das Gut gelangt über einen regulierbaren Einlauf schleierartig auf die gesamte Arbeitsbreite eines schräg angeordneten Siebes (Abb. 3.23). Dieses wird von einem starken Luftstrom durchströmt, der die Gerstenschicht in einem Schwebezustand hält. Spezifisch schwerere Teile wie Steine, aber auch Metalle, legen sich auf das Sieb und wandern, bedingt durch die Siebbewegung nach oben und werden aus der Maschine abgeführt. Der Luftbedarf einer Maschine von 10 t/h beträgt 150 m³/min. Eine zweite Konstruktion bedient sich zweier Auslesetische, wobei die für die Sichtung benötigte, große Luftmenge zu knapp 90% wieder zurückgeführt wird.

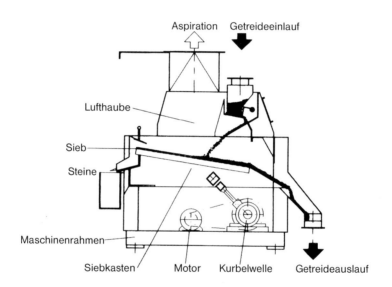

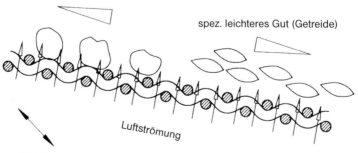

Abb. 3.23 Steinausleser (Künzel).

3.3.1.5 **Trieur**

Der Trieur dient zur Herausnahme von kugelförmigen Verunreinigungen. Es sind dies hauptsächlich Halbkörner, die beim Drusch der Gerste entstehen, oder Unkrautsamen. Erstere können eine Verschimmelung der Gerste bei Lagerung, Weiche und Keimung hervorrufen, letztere verbleiben im Grünmalz, werden mitgedarrt und können unangenehme Geschmacksstoffe in Würze und Bier verbringen.

Außerdem kann der Trieur auch als sog. Langkornausleser eingesetzt werden. In diesem Falle besteht die Aufgabe, lange Körner von kurzen, z. B. Gerste oder Hafer von Mehlgetreide wie Weizen und Roggen zu trennen.

Die Herausnahme der Halbkörner und Kugeln erfolgt mit Hilfe von taschenförmigen Zellen, die heute fast ausschließlich in Stahlbleche gepreßt sind. Sie haben sich gegenüber den früher in Zinkbleche eingefrästen Taschen durch ihre größere Verschleißfestigkeit als vorteilhafter erwiesen; auch begünstigt diese Zellenform den Auslesevorgang. Diese mit Taschen versehenen Bleche werden gewöhnlich zu Trieurzylindern gebogen, durch die der Gerstenstrom läuft. Die kugelförmigen Beimengungen gelangen hierbei in die Zelle und bleiben in dieser so lange liegen, bis die Zelle am Scheitelpunkt steht. Erst dann sollen sie aus den Zellen herausfallen und von einer im Innern des Trieurs befindlichen Sammelmulde aufgefangen werden, aus der sie mittels einer Transportschnecke abgeführt werden. Es sind folgende Trieurkonstruktionen bekannt, die gleichzeitig den jeweiligen Stand der Entwicklung darstellen:

a) *Der normale Trieur,* dessen Zylinder in einem Gefälle von etwa 6% verlegt ist und der sich mit einer Umfangsgeschwindigkeit von 0,3–0,4 m/sec dreht. Das Gut läuft infolge des Gefälles langsam durch den Zylinder; die in den Trieurtaschen befindlichen intakten Körner stecken nur zu einem Teil ihrer Länge in den Taschen und fallen aus diesen im Laufe der Drehung durch ihr eigenes Gewicht wieder heraus. Dies wird durch einen verstellbaren Abstreifer gefördert. Die kugelförmigen Verunreinigungen werden weiter mitgenommen und fallen in die Auffangmulde, die in ihrer Höhe genau nach der Art der Verunreinigungen einzustellen ist, um einen guten Ausleseeffekt zu gewährleisten. Der Apparat ist empfindlich und leistet pro m^2 Auslesefläche 200 kg/h.

b) *Der Hochleistungstrieur* hat eine wesentlich höhere Umfangsgeschwindigkeit von ca. 1,1 m/sec, wobei die Schwerkraft die am Umfang wirkende Fliehkraft gerade noch so weit überwiegt, dass die von den Zellen aufgenommenen Sämereien und Halbkörner noch mit Sicherheit in die sehr hoch gesetzte Auffangmulde fallen können. Die Zentrifugalkraft bewirkt aber auch ein höheres Steigen der intakten Gerstenkörner, so dass sich eine Erhöhung der wirksamen Sortierfläche von 20–25% auf ca. 30% ergibt, wenn es gelingt, die Ausbildung in sich kreisender Schichten, einer sog. „Getreideniere", durch Einbau von Kulissen zu vermeiden, eine Maßnahme, die jedoch nicht voll befriedigte. Der Hochleistungstrieur hat eine Leistung von 400 kg/m^3 Sortierfläche und Stunde.

c) Der *Ultratrieur* hat als wesentliches Merkmal eine Schlägerwalze, die in die oberen Schichten der Getreideniere eingreift und diese auf den freien Teil des Trieurmantels am Fuß der Niere zurückschleudert (Abb. 3.24). Durch eine drallförmige Anordnung der Schläger wird das Getreide schräg dem Trieurauslauf zugeworfen. Diese Förderwirkung macht die Schräglage des Trieurs überflüssig, die bessere Ausnützung der Sortierfläche erlaubt eine Reduzierung der Umlaufgeschwindigkeit auf 0,55 m/sec (Kraftersparnis) und eine Verkleinerung der Abmessungen des Trieurs, der nunmehr 800 kg/m^2 und h zu leisten imstande ist (Abb. 3.25).

Der *Ausleseeffekt* des Trieurs, ganz gleich welcher Konstruktion, wird bestimmt: Von der *Form* der Trieurzelle; die geprägten Taschen sollen scharfkantig sein, was durch entsprechende Oberflächenbehandlung des Materials erreicht wird. Dennoch ist auch hier eine Abnützung durch den Kieselsäuregehalt der Spelzen unvermeidlich.

Die *Größe* der Taschen richtet sich nach dem auszulesenden Gut; sie wird durch das Kaliber des Preßstempels festgelegt. Nach dem Durchmesser richtet sich wiederum die Tiefe der Trieurzelle. Der Haupttrieur hat meistens einen Ta-

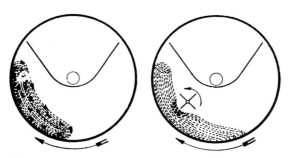

Abb. 3.24 Bildung kreisender Schichten und Wirkung eines Schlägerwerks.

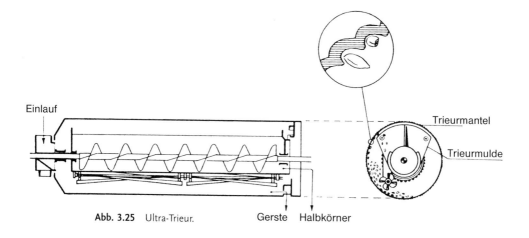

Abb. 3.25 Ultra-Trieur.

schendurchmesser von 6,5 mm (±0,2), der Nachlesetrieur einen solchen von 5,75 mm.

Der *Antrieb* des Trieurs soll ruhig und gleichmäßig, nicht dagegen ruckartig sein, da sonst die in den Trieurzellen liegenden Körner wieder herausgeschleudert werden. Der Antrieb der Trieurzylinder erfolgt daher durch Stern- und Kegelzahnräder.

Die *richtige Einstellung der Auffangmulde* ist für eine einwandfreie Ausleseleistung von großer Bedeutung. Befinden sich im Abfall viele intakte Körner, so muß die Mulde höher, also in Drehrichtung der Trommel, eingestellt werden. Befinden sich in der Gerste noch Unkrautsamen oder Rundkörner, so ist die Mulde tiefer zu setzen. Normal läßt sich jedoch bei der Nennleistung des Trieurs eine 98%ige Ausleseleistung nicht überschreiten.

Die *Größe der wirksamen Auslesefläche,* die vom Durchmesser des Zylinders und von der Zellenzahl bestimmt wird, liegt beim langsamlaufenden Trieur bei ca. 20–25%, bei Hochleistungs- und Ultratrieuren bei ca. 30%. Bei Hochleistungstrieuren kann diese aber nur dann ausgenützt werden, wenn durch Störung der in sich kreisenden Schichten jedes Korn in Kontakt mit der Sortierfläche kommt. Die Taschen müssen überdies durch Abstreifer von zurückbleibenden Körnern freigehalten werden.

Der *Zustand des Auslesegutes* ist ebenfalls von Bedeutung. Je geringer der Reinheitsgrad der Gerste ist, um so mehr muß die Stundenleistung des Trieurs, ja der gesamten Reinigungsanlage herabgesetzt werden, um einen guten Reinigungseffekt zu erzielen.

In trockenen Jahren sind durch Druschverletzungen mehr Halbkörner in der Gerste enthalten, in feuchten stellt sich eine stärkere Verunkrautung des Getreides ein.

Gewöhnlich wird unter Ausputz oder „Besatz" die *Gesamtheit* von Halbkörnern, fremden Getreidearten und der Ausputzgerste verstanden. Er beträgt in sehr günstigen Jahren ca. 1%, in mittleren bis 4% und in schlechten bis zu 8% und mehr. Auch die Form der Gerstenkörner spielt eine Rolle. Kurze, bauchige Gersten sind immer schwerer auszulesen als lange.

Die *Stundenleistung* des Trieurs ist nicht nur von seiner Sortierfläche und dem Verunreinigungsgrad des Auslesegutes abhängig, sondern auch von dessen gleichmäßigem und ständigem Zulauf. Am günstigsten ist die Beschickung der Reinigungs- und Sortieranlage über eine regulierbare Dosiervorrichtung. Auch Ausgleichsbehälter (Rümpfe) vor und nach der Anlage sorgen für einen gleichmäßigen Lauf.

Der *Nachlesetrieur* dient der Nachbearbeitung des Produkts, das im Haupttrieur in die Mulde gehoben wurde. Er gewinnt hierdurch einwandfreie Gerste zurück. Der Durchmesser der Trieurtaschen beträgt hier in der Regel 5,75 mm.

Die *Kontrolle der Auslesearbeit* der Trieure muß von Zeit zu Zeit erfolgen. Sie erstreckt sich darauf, ob einerseits in der Gerste noch Verunreinigungen sind, zum anderen, ob der Abfall noch ganze Getreidekörner enthält.

Die Entfernung der Halbkörner und Sämereien wird gewöhnlich vor der Sortierung der Gerste durchgeführt.

Der *Carter-Trieur* ist hauptsächlich in Nordamerika in Gebrauch. Dieser Scheibentrieur besorgt die Auslese ebenfalls durch taschenförmig angebrachte Zellen. Diese sitzen nicht an der Innenwand eines Zylinders, sondern auf beiden Seiten von flachen, kreisrunden Scheiben, die sich auf einer waagrecht liegenden Welle drehen. Die Scheiben tauchen in einen halb mit Gerste gefüllten Trog ein. Die ausgelesenen Körner werden nach Überschreiten des oberen Scheitelpunktes auf schräge Rutschbleche zwischen den Scheiben geschleudert und so abgetrennt. Die Qualität der Arbeitsleistung dieser Trieure ist umstritten, da infolge der hohen Umdrehungszahlen von 60–100 U/min auch intakte Körner mitgerissen werden. Der Verschleiß der Scheiben ist hoch.

3.3.2
Die Entstaubung

Eine der wichtigsten Maßnahmen bei der Reinigung und Sortierung der Gerste ist eine sorgfältige Entstaubung des Gutes, der Transportanlagen und Apparate. Dies ist aus Gründen der Reinhaltung der Außenluft, der Vermeidung von Staubexplosionen und einer verringerten Abnützung der Maschinen erforderlich. In Brauerei-Mälzereien ist darüber hinaus die Gefahr einer Betriebsinfektion gegeben. Der entwickelte Staub muß an seinem Entstehungsort beseitigt werden, damit er keine Gelegenheit hat, sich in den Betriebsräumen abzulagern.

Die staubhaltige Luft wird einmal von allen jenen Stellen abgesaugt, an denen durch Aufprall oder Umlenkung des Fördergutes eine Aufwirbelung von Staub und leichten Verunreinigungen entsteht. Dies ist z.B. bei Förderwerken und Maschinen der Fall. Zum anderen an den Stellen, wo z.B. durch Füllen einer Silozelle oder eines Behälters ein Verdrängen staubhaltiger Luft stattfindet.

Um nun den Staub zu sammeln, werden Transportanlagen, Apparate, Silozellen und Behälter an ein Rohrleitungsnetz angeschlossen, in dem ein Lüfter einen Unterdruck erzeugt. Vor dem Ventilator ist nun ein Staubsammler angeordnet, der eine Entfernung des Staubes aus der Ventilationsluft bewirkt. Als Staubsammler kommen folgende Einrichtungen in Frage: Staubkammern, Fliehkraft-Staubabscheider und Filter.

3.3.2.1 Staubkammern
Staubkammern sind einfach abgeteilte Räume aus Mauerwerk gefertigt (Holz scheidet wegen der Feuer- und Explosionsgefahr aus), in die der Exhaustor die Luft einbläst. Durch die gegebene Querschnittserweiterung der Luftleitung nimmt die Windgeschwindigkeit ab und die Staubteilchen setzen sich ab. Die Luft selbst strömt, evtl. über eine Prallfläche, ins Freie. Der abgeschiedene Staub wird über ein am Boden der Staubkammer befindliches Absackrohr oder über eine Schnecke entfernt. Um ein Betreten der Staubkammern zu vermeiden, sollte der Boden derselben trichterförmig gestaltet werden.

Der Nachteil der Staubkammern ist ihre mangelhafte Entstaubungswirkung. Auch kann der in den Kammern aufgehäufte Staub eine Staubexplosion im Silo hervorrufen, die, wenn sie die Staubkammer erreicht, zu verheerenden Folgen führen kann. Die die Staubkammern verlassende Luft führt noch die feineren Staubteile mit sich, die sich auf Dächern festsetzen und dort schwer zu entfernende Krusten bilden.

3.3.2.2 Fliehkraftabscheider

Der Fliehkraftabscheider („Zyklon") ist ein, meist aus Zinkblech gefertigter Behälter von oben zylindrischer und unten konischer Form. Die Luft tritt tangential in den Abscheider ein, wird gegen dessen Deckel gepreßt, nach abwärts gerichtet und in drehende Bewegung versetzt. Die Verunreinigungen werden durch die Zentrifugalkraft an die Wand gepreßt, fallen unter Drehungen abwärts und treten durch eine, mittels Zellenradschleuse geschlossene Öffnung aus. Die entstaubte Luft verläßt den Behälter durch eine oben angebrachte Öffnung. Voraussetzung für eine gute Leistung des Zyklons sind eine genügende Größe (0,55 m^3 pro m^3 Luft · sec) und glatte Innenflächen. Der Durchmesser des Fliehkraftabscheiders soll im allgemeinen gleich der Höhe des zylindrischen Teils sein.

Nachdem sich auch im Zyklon der feinste Staub nicht abscheidet, wird die so behandelte Luft nicht in den Raum, sondern ins Freie ausgeblasen. Es ist je-

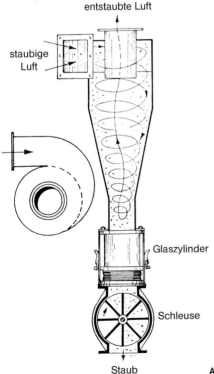

entstaubte Luft

staubige Luft

Glaszylinder

Schleuse

Staub

Abb. 3.26 Zentriklon.

doch zweckmäßig, die Luft nochmals nachzubehandeln. Dies kann geschehen durch Staubfilter oder durch sog. *„Zentriklone"*, die, in Batterien angeordnet, dieselbe Wirkungsweise haben wie der Zyklon. Es wird jedoch durch immer geringere Behälterdurchmesser eine entsprechende Erhöhung der Luftgeschwindigkeit und somit eine Verbesserung des Abscheideeffekts bewirkt. Hierdurch gelingt auch eine Entfernung von feinen Staubteilchen (Abb. 3.26).

3.3.2.3 Staubsammler mit Filter

Diese haben, unabhängig von der Konstruktion, einen Wirkungsgrad von fast 100%. Die Luft wird dabei durch ein Baumwollgewebe filtriert. Zur Unterbringung der erforderlichen Filterflächen sind die Filter in Schlauchform ausgeführt und jeweils in Gruppen nebeneinander angeordnet.

Es sind zwei verschiedene Systeme zu unterscheiden:

Druckschlauchfilter verbinden zwei Kammern miteinander: in die obere wird die Luft vom Ventilator eingedrückt; sie passiert die Schlauchfilter, wodurch der Staub an deren Innenflächen hängen bleibt. Der Staub wird durch einen auf- und niedergehenden Rechen abgestreift bzw. infolge der Querschnittsverengung am Rechen nach unten in den Staubkasten geblasen, aus dem er durch eine Schnecke abgeführt wird.

Dient der Druckschlauchfilter zur Entstaubung der Luft aus mehreren Aggregaten, so ist es zweckmäßig, jedem eine bestimmte Anzahl Schläuche zuzuordnen; dies geschieht am besten durch entsprechende Unterteilung der Lufteintrittskammer.

Die erforderliche Filterfläche beträgt $1\,m^2$ pro m^3 Luft $\cdot$ sec. Der Widerstand des Filters sollte 1 mbar (1 mmWS) nicht überschreiten. Andernfalls ist die Filterfläche verschmutzt und muß gewaschen werden [369].

Saugschlauchfilter ermöglichen eine noch günstigere Entstaubung als die Druckschlauchfilter. Sie bestehen aus einem völlig dicht schließenden Gehäuse aus Stahlblech oder Holz, das innen durch Wände geteilt ist. Jede Abteilung enthält die gleiche Anzahl von Schläuchen, einen gemeinschaftlichen, von unten mündenden Eintrittskanal und einen ebenfalls gemeinsamen oben angeordneten Absaugkanal, der mit dem Lüfter in Verbindung steht (Abb. 3.27).

Die staubhaltige Luft tritt von unten in die Filterschläuche ein, durchströmt die Baumwollgewebe und wird nach oben abgesaugt. Die Filterinnenfläche hält den Staub zurück, der über einen einfachen Abklopfmechanismus entfernt wird. Zu diesem Zeck sind die Schläuche am unteren Ende an der gemeinsamen Grundplatte befestigt, die mit Öffnungen von der Größe eines Schlauches versehen ist. Die oberen, geschlossenen Enden der Schläuche sind an einem Tragkreuz befestigt, das durch starre Stäbe gegen die Grundplatte abgestützt ist, so dass die Schläuche stets in Spannung gehalten werden. Das aus Tragkreuz, Grundplatte und Schläuchen bestehende Element wird durch den Abklopfmechanismus gehoben und stößt nach dem Abgleiten des Mitnehmerhebels auf den Rand der Filterkammer. Dadurch wird der Staub aus den Schläuchen herausgeschleudert. Dabei muß die jeweilige, zu reinigende Abtei-

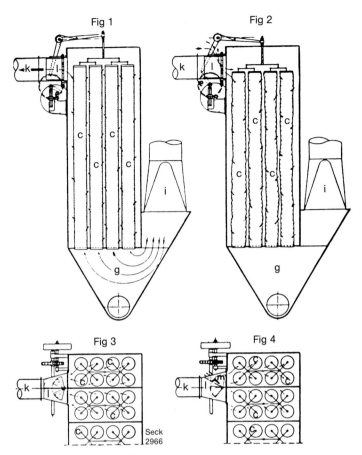

Abb. 3.27 Saugschlauchfilter.

lung abgeschaltet werden, damit der abgeklopfte Staub in den Rumpf unterhalb des Apparates fallen kann. Von dort wird er mittels Zellenradschleuse abgeführt.

Eine neue Konstruktion bedient sich Filtertaschen à 1,5 m² Oberfläche, die aus Polyester-Nadelfilz bestehen. Dabei liegt das Filtergewebe auf einem Stützrahmen auf. Die staubhaltige Luft wird von außen durch den Nadelfilz gesaugt. Der Staub lagert sich ab. Durch einen periodischen Luftdruckstoß wird die Filtertasche aufgeblasen und der anhaftende Staubkuchen entfernt (Abb. 3.28).

Während Druckschlauchfilter mit 1–1,5 m³ Luft/m² · min beaufschlagt werden können, leisten Saugschlauchfilter 3–4 m³/m², die modernen Düsenfilter bis zu 9 m³/m². Die letztere Version arbeitet bei Unterdrücken bis zu 0,25 bar; die Reinigung erfolgt mit Druckluft von 0,5 bar.

Der *sogenannte Düsenfilter* bedient sich sowohl der Reinigungswirkung durch Fliehkraft im zylindrokonischen Filtergehäuse, als auch der Filtration der Luft durch Gewebeschläuche (Abb. 3.29). Die vorgereinigte Luft wird von außen mit

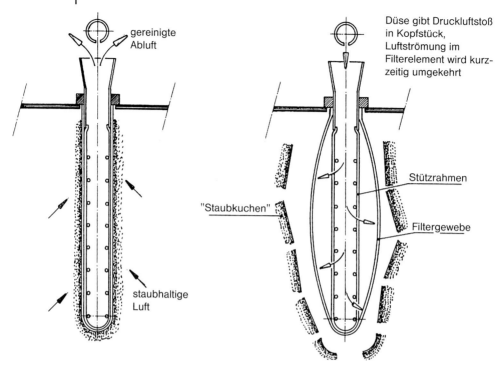

Abb. 3.28 Filtertaschen aus Nadelfilz und deren Reinigung (Künzel).

einem Unterdruck von bis zu 25 mPa durch die abgestützten Filterschläuche gesaugt. Der Staub lagert sich an den Außenflächen an. Er wird periodisch durch Spülluftstöße entfernt und über das Austragselement abgefördert.

Die notwendige Filterfläche muß auf die Leistung und Größe der anzuschließenden Apparate abgestimmt sein. Bei großen Anlagen ist es zweckmäßig, die Entstaubungsanlage in Einzelsysteme zu unterteilen, von denen jedes für sich einen Ventilator und einen Abscheider erfordert. Dies hat den Vorteil, dass die Abmessungen der Lüfter kleiner sind und dass einzelne Anlagegruppen ihren spezifischen Bedürfnissen entsprechend bedient werden können.

Die Staubmenge beträgt ca. 0,02%.

Der maximale Staubgehalt der die Reinigungsanlage verlassenden Luft ist behördlich festgelegt (T.A. Luft). Er darf generell 50 mg/m^3 bzw. 20 mg/m^3 in Wohngebieten nicht überschreiten. Während für ersteren Wert noch Zyklone genügen, sind für letzteren Gewebefilter erforderlich, die 10 mg/m^3 erreichen.

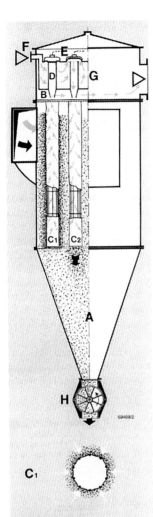

Funktionsweise:
Schlauch C1 Arbeitsstellung: Filtrierung der Rohluft an der Außenseite der Filterschläuche.

Schlauch C2 Abreinigung: Die an der Außenseite mit Staub beladenen Schläuche werden wahlweise von innen durch Spülstöße gereinigt. Der Staub fällt nach unten ins Austragelement H.

Abb. 3.29 Düsenfilter mit kombinierter Fliehkraftabscheidung. A Rohluftkammer; – B Reinluftkammer; – C Filterschläuche; – D Spülluftdüsen; – E Spülluftventile; – F Niederdruck-Spülluft; – G Integrierter Spüllufttank; – H Staub-Austragselement.

3.3.2.4 **Staubexplosionen**

Sie stellen eine Gefahrenquelle dar, die Apparate, Gebäude oder gar Betriebsteile zerstören, Brände auslösen und Menschenleben gefährden kann.

Eine Staubexplosion kann nur auftreten, falls eine zündfähige Staubkonzentration und zusätzlich eine Zündquelle vorliegen. Bei Getreidearten bzw. deren Stäuben (z. B. in Staubkammern) wird eine zündfähige Atmosphäre erst dann erreicht, wenn die Staubkonzentration so hoch ist, dass im Abstand von ca. einem Meter eine 40 Watt Glühlampe nicht mehr sichtbar ist. In Betriebsräumen von sauber gehaltenen Anlagen sind solche Staubkonzentrationen nur bei seltenen Störungen im engsten Umfeld einer Maschine möglich.

Zündquellen (z. B. durch Metallteile oder kleine Steine) müssen durch gut funktionierende Vorreinigungsanlagen, Steinausleser und Magnetapparate eliminiert werden. Offene Feuer (Streichhölzer) oder Glut (Zigaretten) verbieten sich in diesen Räumen von selbst, ebenso Schweißarbeiten, die schon große Schäden verursacht haben.

Die ATEX-Richtlinie 1992/92 EG, ATEX 137 (Betreiber-Richtlinie) besagt, dass der Betreiber für den sicheren Betrieb seiner Anlagen verantwortlich ist. Es ist eine Risikoanalyse zu erstellen, um die Wahrscheinlichkeit einer möglichen Staubexplosion zu beurteilen und entsprechende Maßnahmen vorzusehen.

Aufgrund einer Risikoanalyse ist eine Zoneneinteilung der einzelnen Betriebsräume erforderlich.

Die Zonen sind wie folgt definiert:

Keine Zone: keine explosionsfähige Zone, z. B. Betriebsräume

Zone 22: Bereich, in dem nur bei seltenen Störungen kurzzeitig eine explosionsfähige Atmosphäre auftreten kann, z. B. Vorreinigungs-, Reinigungs- und Sortieranlagen (Maschinen im Umkreis von 1 m)

Zone 21: Bereich, in dem sich bei Normalbetrieb gelegentlich eine explosionsfähige Atmosphäre bilden kann, z. B. Malzsilos, Staubsilos, z. B. zum Loseversand, Getreide-Annahmegosse

Zone 20: Bereich, in dem eine explosionsfähige Atmosphäre ständig, häufig oder über lange Zeiträume vorhanden ist.

Die einschlägigen Vorschriften (ATEX-Richtlinien) sind für die Ausstattung der Maschinen und Anlagen bindend. Dies gilt auch für die elektrische Installation derselben. Für jede Maschine wird eine Sicherheitsanalyse erstellt [269a].

3.3.3
Die Sortierung der Gerste

Die Sortierung der Gerste nach ihrer Korngröße kann aus folgenden Gründen notwendig sein:

a) um die Möglichkeit einer gleichmäßigen Weiche und Keimung zu schaffen,
b) um durch Aussortieren aller schwachen Körner eine höhere Ausbeute zu erzielen,
c) um Malze mit gleicher Korngröße gleichmäßiger verschroten zu können.

Diese vom ersten Verfasser dieses Buches im Jahre 1921 aufgestellten Forderungen sind mittlerweile etwas „aufgeweicht" worden: bei Weichverfahren mit sehr ausgedehnten Luftrasten (s. Abschnitt 5.1.2), ist die Sortierung weniger essentiell als bei überwiegender Wasserweiche, da sich ein gewisser Feuchtigkeitsausgleich vollzieht. Ferner werden Malze mit unterschiedlichen Korngrößen wohl nur in Brauereien mit eigener Mälzerei getrennt verschrotet und die Mühle eigens danach eingestellt. Es ist jedoch eine Tatsache, dass die angelieferten Gersten jeweils verschieden hohe Anteile an II. Sorte enthalten, das Fertigmalz jedoch – schon um des garantierten Extraktgehaltes willen – gezielt aus den einzelnen Sortierungsanteilen zusammengemischt werden muß. Diese Überlegung dürfte auch heute noch für eine Handelsmälzerei Anlaß sein, die II. Sorte vor dem Mälzungsprozeß abzutrennen.

Die Sortierung der Gerste erfolgt mit Hilfe von geschlitzten Blechen, die in unterschiedlicher Weise angeordnet sind:

a) Die Sortierbleche werden zu Zylindern gebogen, die sich um ihre Achse drehen, während die zu sortierende Gerste durch den Zylinder gleitet.

b) Die quadratischen Sortierbleche werden flach übereinander angeordnet und durch exzentrische Gewichte in schwingende Bewegung versetzt.

c) Die runden bzw. achteckigen Sortierbleche, die flach übereinander angeordnet sind, tätigen die Auslese durch eine exzentrische Bewegung und durch entsprechend angeordnete Pralleisten.

Gerstenkörner, die größer als die betreffenden Schlitzweiten der Siebe sind, bleiben auf diesen liegen, die schwächeren fallen durch. Die Rohgerste wird gewöhnlich mit Hilfe von zwei Sieben mit verschiedenen Schlitzweiten in drei Korngrößen zerlegt, und zwar:

a) in die Sorte I, die eigentliche Malzgerste, die nur aus Körnern von einer Stärke über 2,5 mm besteht.

b) in die Sorte II, die nur Körner von einer Stärke zwischen 2,2–2,5 mm enthält.

c) in die Futtergerste (Abfall oder auch Ausputz), die alle nicht mehr zum Mälzen tauglichen Getreidekörner unter 2,2 mm aufweist.

Sorte I und II werden meist getrennt vermälzt, der Ausputz wird verkauft.

Diese drei Sorten unterscheiden sich nicht nur äußerlich in ihrer Kornstärke, sondern auch in ihrer chemischen Zusammensetzung, ihrem Enzymgehalt und auch hinsichtlich ihrer Enzymwirkung bei der Vermälzung.

3.3.3.1 Sortierzylinder

Die Sortierzylinder sind meist aus geschlitzten Blechen mit zwei verschiedenen Schlitzweiten gefertigt. Die Rohgerste tritt an jenem Ende ein, das die kleineren Schlitze aufweist. Die größten Körner werden am anderen Ende der Trommel gesammelt. Das *Material* für die Siebe ist Stahlblech, in das Schlitze von 25 mm Länge und 2,5 mm oder 2,2 mm Breite eingestanzt sind. Für die Schärfe der Auslese ist die Herstellung der Siebe wichtig. Gestanzte Bleche gestatten nur eine Genauigkeit von 0,03 mm; Körner, die innerhalb dieser Grenze liegen, können in Sorte I oder II enthalten sein. Es ist daher nicht möglich, eine völlig kor-

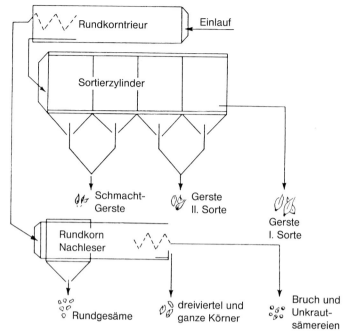

Abb. 3.30 Schema einer kombinierten Trieur- und Sortieranlage mit Nachleser.

rekte Sortierung zu erzielen. Auch die Blechstärke spielt eine Rolle, da die Ausleseschärfe mit der Blechstärke steigt. Als normale Stärke kann 1 mm gelten; sie sollte stets gleichmäßig sein. Siebe von geringerer Stärke sortieren schlechter, da die Körner leichter durch die Schlitze gleiten und so weniger Widerstand und Reibung finden (Abb. 3.30).

Die *Geschwindigkeit*, mit welcher der Gerstenstrom durch den Sortierzylinder gleitet, darf nicht zu hoch sein, da sonst die Sortierwirkung unbefriedigend ist. Sie ist einmal abhängig von der Umfangsgeschwindigkeit, die sich wie auch beim Trieur nach der Formel berechnet:

$$\frac{n \times D \times \pi}{60} = m/s$$

n = Tourenzahl/min, D = Durchmesser der Sortiertrommel

Die Umfangsgeschwindigkeit soll 0,7 m/sec nicht überschreiten. Zum anderen spielt die Vorwärtsbewegung des Gutes im Zylinder eine Rolle. Bei kleineren Apparaten wird sie durch die Neigung des Sortierzylinders hervorgerufen, die jedoch im Interesse der Sortierwirkung nicht über 10% hinausgehen darf. Bei modernen Einheiten liegt die Siebtrommel waagrecht, der Vorschub wird durch sog. „Kammerleisten" oder durch eine entsprechend auf der Siebinnenfläche angeordnete Bandschnecke erreicht. Durch diese beiden Maßnahmen gelingt es, auch die *wirksame Sortierfläche* zu erhöhen, da eine einseitige Abwärtsbewegung der Gerste im Zylinder vermieden und das Sichtgut bei der Drehung der Zylinder besser verteilt wird. Ohne diese Vorrichtungen würden nur 20–25% der gesamten Sortierfläche, gegeben durch die Oberfläche aller Schlitze, ausgenützt werden.

Die wirksame Sortierfläche ist jedoch nicht immer gleich, sie ändert sich, da ein Teil der Gerstenkörner genau die gleiche Breite hat wie die Schlitze des zur Auslese benützten Siebes. Die Körner bleiben in den Schlitzen stecken und verringern so die freie Durchgangsfläche. Dies kann durch Abstreifer weitgehend vermieden werden wie Bürsten oder Holzwalzen, die sich auf der Oberfläche des Sortierzylinders abrollen und so die eingezwängten Körner wieder in das Innere der Trommel drücken. Die Abstreifer sind aber nur dann wirkungsvoll, wenn die Form der Siebe kreisrund ist. Bereits schwache Einbuchtungen beeinflussen die Leistung ungünstig, da der Abstreifer nicht oder nur unter verringertem Druck an den Zylinder herankommt. Neue Siebsätze sind zu kontrollieren, ob sie nicht durch den Transport gelitten haben.

Die Sortierfläche kann sich auch durch eine allmähliche Ausweitung der Schlitze verändern. Diese wird durch den Kieselsäuregehalt der Spelzen hervorgerufen. Dadurch verschiebt sich das Sortierergebnis im Laufe der Zeit. Es entsteht immer weniger I. Sorte, während mehr Sorte II und Abputz anfallen. Eine zeitweise Kontrolle der Schlitzweiten ist deshalb erforderlich.

Der *ursprüngliche Zustand der Rohgerste* ist auf das Sortierungsergebnis von großem Einfluß. Je ungleichmäßiger und unreiner eine Gerste ist, um so schwerer ist sie auch zu sortieren. Es ist daher zweckmäßig, an den Reinheitsgrad und an die Gleichmäßigkeit der Gerste bestimmte Forderungen zu stellen. Diese werden im allgemeinen von den vorgereinigten Partien der meisten Lagerhäuser erfüllt.

Wie schon erwähnt, liegt der Ausputz in sehr guten Jahren bei ca. 1%, in mäßigen Jahren bei 4% und in besonders ungünstigen bei 8–10%. Auch der Anteil an II. Sorte schwankt mit den Witterungsbedingungen der verschiedenen Jahre und liegt zwischen 8–20%.

Unter Zugrundelegung von Durchschnittswerten der einzelnen Anteile sollte eine Sortierungsanlage den Abputz bis auf Spuren entfernen; der Anteil der II. in der I. Sorte darf dann 3–5% nicht überschreiten.

Das manchmal sehr stark schwankende Verhältnis von Sorte I und II gibt verschiedentlich Veranlassung, von den normalen Schlitzweiten (2,5 und 2,2 mm) abzuweichen und schwächere von z.B. 2,4 und 2,0–2,1 mm zu wählen. Hierdurch ist es möglich, sich an die Gegebenheiten ungünstiger Jahrgänge anzupassen und ein höheres Maß an Wirtschaftlichkeit zu erzielen. Es bedarf der Erwähnung, dass sich von den verschiedenen Gerstensorten Kurz- oder Mittelkorntypen als vorteilhafter erwiesen als Langkorntypen (s. Abschnitt 1.6.2.3).

Die Ermittlung der Sortiergrenze stellt eine bedeutsame Maßnahme dar. So kann es u. U. günstig sein, das Sieb von 2,5 mm zu belassen, aber zur Abtrennung des Abputzes ein solches von 2,1 mm einzusetzen. Die Unterschiede in der Korngröße betragen dann in der II. Sorte 0,4 statt 0,3 mm, während doch in der I. Sorte weitaus größere Differenzen (oft von 1,0 mm) gegeben sind.

Die Siebbleche müssen bei der Wahl einer anderen Schlitzweite ausgewechselt werden. Verstellbare Sortiersiebe haben sich nicht bewährt, da die eingezwängten Körner das Verstellen der Schlitzweiten unmöglich machen.

Die Stundenleistung des Sortierzylinders ist primär durch seine Maße bestimmt. Es können pro Sorte 380–400 kg/m² und h angenommen werden. Die maximale Länge beträgt etwa 3,5 m, der Durchmesser in der Regel 500 mm.

Daneben ist noch die Art der Beschickung des Apparates mit Gerste von Bedeutung. Die Gerste darf nur in dünnem Strom zugeführt werden, damit jedes Korn mit der Sortierfläche in Berührung kommt. Eine Leistungssteigerung ist nur durch eine bessere Verteilung des Gutes auf der Siebfläche möglich, eine Erhöhung der Umdrehungszahlen ist nicht realisierbar, da eine starke Staubentwicklung auftreten kann und die Gefahr des Zerschlagens von Körnern besteht.

Die *Anordnung des Sortierzylinders* erfolgt stets nach dem Trieur. Häufig befindet sich der Trieur im Sortierzylinder. Dies ist durch die waagrechte Lage bei der Apparate möglich, auch ergänzen sich bei Verwendung eines Ultratrieurs die Umdrehungszahlen entsprechend (Abb. 3.31).

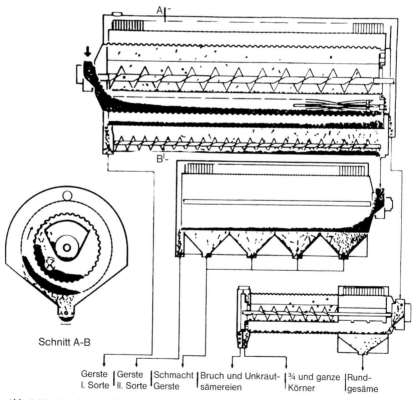

Schnitt A-B

| Gerste
I. Sorte | Gerste
II. Sorte | Schmacht-
Gerste | Bruch und Unkraut-
sämereien | ¾ und ganze
Körner | Rund-
gesäme |

Abb. 3.31 Kombinierte Trieur- und Sortieranlage (Kalker Trieurwerk).

3.3.3.2 Plansichter

Der Plansichter stellt ein Zwillingssystem von übereinander angeordneten, rechteckigen oder quadratischen Flachsieben dar. Dieses wird durch ein exzentrisches Gewicht, das senkrecht zur Antriebswelle sitzt, in schwingende Bewegung versetzt. Dabei beschreibt jeder Punkt auf den Siebsätzen gleiche Kreise. Das Gewicht wirkt in der Schwerpunktebene des Systems und die Antriebsart bringt es mit sich, dass die bewegten Massen stets ausgeglichen sind, unabhängig von der Drehzahl und der Belastung der Siebe.

Der Plansichter erlaubt eine schärfere Sortierung als der Zylinder: er hat eine insgesamt größere, voll ausgenützte Sortierfläche, eine dünne und gleichmäßige Ausleseschicht sowie eine starke, dauernde Umlagerung des Sichtgutes während des Sortierens. Die Verteilung des Gutes auf der Siebfläche ist beim Plansichter günstig, da das Sieb eben liegt und die schwingende Bewegung, wie bei der Sortierung mit dem Handsieb, eine gleichmäßige Beaufschlagung und Aussortierung erleichtert (Abb. 3.32).

Die Sortierwirkung wird durch eine Kreuzschlitzung gesteigert, bei der die Schlitze abwechselnd längs und quer verlaufen. Jedes Sieb besteht aus drei Ele-

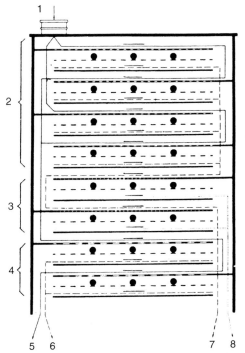

Abb. 3.32 Laufschema eines Plansichters.
1 – Einlauf unsortierter Gerste; 2 – Abscheidung von Sorte 1;
3 – Trennung von Sorte 2 und 3; 4 – Trennung von Sorte 1
und groben Beimengungen; 5 – Ablauf grobe Beimengungen;
6 – Ablauf Sorte 1; 7 – Ablauf Sorte 2; 8 – Ablauf Sorte 3.

Siebblech

Kugelsiebrahmen

Sammelblech

Kreuzschlitzung

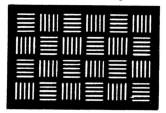

Abb. 3.33   Sortier-Element.

menten: aus dem eigentlichen Siebblech mit Streuteller, dem Kugelsiebrahmen, der in einzelne Felder eingeteilt ist, und dem Sammelblech, von dem aus das Sichtgut durch die seitlich angeordneten Kanäle auf die entsprechenden nachgeordneten Siebe geleitet wird (Abb. 3.33).

Schlitzweiten und Blechstärken sind die gleichen wie beim Sortierzylinder. Das Freihalten der Schlitze wird im Kugelsiebrahmen durch Gummikugeln bewirkt. Diese können sich zwischen dem Siebrahmen und den Sortierblechen frei bewegen und werden bei der Bewegung des Plansichters gegen die Siebe geworfen. Die Art der Ausführung des Plansichters hängt von den betrieblichen Gegebenheiten ab. Er wird entweder an der Decke aufgehängt oder in einem Rahmen aus Stahlträgern angeordnet. Der Bedarf an elektrischer Energie ist gering. Er beträgt bei 10 t/h nur ca. 3 kWh. Das Laufschema der Gerste ist je nach dem Hersteller unterschiedlich.

Als Vorteile des Plansichters sind die bessere Ausleseleistung, der geringere Platzbedarf und der niedrige Energieaufwand zu benennen. Die Maschine ist jedoch teurer und schwerer zu unterhalten als ein Sortierzylinder.

Eine neue Plansichter-Konstruktion für eine Leistung bis zu 85 t/h pro Aggregat weist folgendes Konzept auf: Die Gerste tritt über eine Einlauf-Aspiration ein und wird auf ein Vorsieb zur Entfernung grober Verunreinigungen geleitet. Anschließend erfolgt eine Verteilung auf 10 Hauptsiebe. Diese sind leicht geneigt auf Siebblechen und entsprechend stabilen Stahlrahmen gelagert. Die Siebe werden durch Gummikugeln gereinigt bzw. von steckengebliebenen Körnern freigehalten. Die Siebsätze werden von einem Exzenter bewegt. Das sortierte Gut wird beim Ablauf einem einstellbaren Luftstrom im Steigsichter ausgesetzt und hier nochmals von Staub und Feinteilen gereinigt (Abb. 3.34).

Die Maschine ist in zwei Ausführungen verfügbar: Für 2-Sortenbetrieb und für 3-Sortenbetrieb, wobei der letztere allerdings eine um 30% geringere Leistung hat. Die Leistung ist generell von der Sortieraufgabe abhängig, wie die folgende Tab. 3.2 über die technischen Daten zeigt.

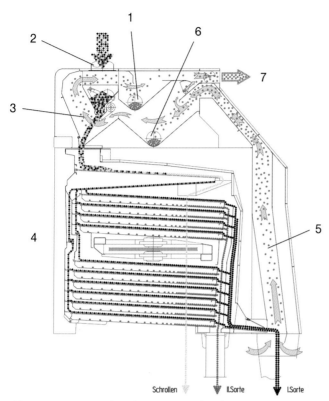

Abb. 3.34 Sortiermaschine für 2 Sorten (Schmidt-Seeger)
1 = Austragschnecke, Einlaufbesaugung, 2 = Produkteinlauf,
3 = Einlaufbesaugung, 4 = Produktverteilung auf 1 Vorsieb und
10 Hauptsiebe, 5 = Steigsichter, 6 = Austragschnecke, Auslauf-
besaugung, 7 = Abluftanschluß.

Tab. 3.2 Daten der Sortiermaschinen für 2- bzw. 3-Sortenbetrieb.

	Erhöhung des Sortieranteils in %								
	80 auf 90 >2,5 mm	80 auf 95 >2,5 mm	85 auf 95 >2,5 mm	90 auf 95 >2,5 mm	97 auf 99,5 >2,2 mm	Siebfläche gesamt [m²]	Vor-	Haupt-	Nachsieb- fläche [m²]
	Leistung in t/h								
2 Sorten	85	40	46	52	40	44	4	40	–
3 Sorten	60	28	32	36	28	40	4	28	8

Die Anschlußwerte für den Separator betragen jeweils 0,75 kW, für den Siebantrieb 3,00 kW.

3.3.3.3 Plansichter mit runden bzw. achteckigen Siebscheiben

Dieser Plansichter führte sich anfangs der 70er Jahre ein. Er besteht aus 2 oder 4 um eine Mittelachse horizontal gelagerten Siebscheiben. Diese sind in jeweils 8 auswechselbare Siebsegmente unterteilt, die zentral von der Mittelsäule aus beschickt werden.

Die Siebbewegung erfolgt durch einen Exzenterantrieb mit einem horizontalen Hub von 80 mm in Kreisrichtung. Eine Umschichtung des Sortiergutes wird durch strahlenförmig aufgesetzte Pralleisten bewirkt. Durch den zickzackartigen Weg, den das Siebgut zwischen den Pralleisten vom Mittelpunkt der Siebscheibe bis zu ihrem Rand zurücklegt, wird die vom einzelnen Korn durchlaufene Strecke um ein Mehrfaches der Sieblänge vergrößert. Darüber hinaus stellt die fortwährende Umschichtung des Gutes an den Pralleisten sicher, dass jedes einzelne Korn, unabhängig von seinem spezifischen Gewicht, mit den Sieben in Kontakt kommt (Abb. 3.35, 3.36).

Die Siebe werden durch umlaufende, federnd gelagerte Bürsten und Abstreifleisten gegen ein Verstopfen gesichert. Der Effekt dieser Vorrichtung wird durch die exzentrische Sortierbewegung der Siebe unterstützt.

Die erwähnten Transportleisten bewirken auch ein Abräumen der horizontalen Sammelböden für das aussortierte Gut und dessen Zusammenführung in den Abläufen.

Die Bewegung der Siebscheiben erfolgt gegenläufig zueinander, so dass die ruckweise Hin- und Herbewegung im Verein mit Ausgleichsgewichten und Puf-

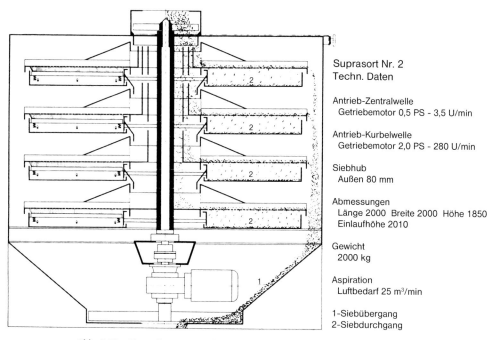

Suprasort Nr. 2
Techn. Daten

Antrieb-Zentralwelle
Getriebemotor 0,5 PS - 3,5 U/min

Antrieb-Kurbelwelle
Getriebemotor 2,0 PS - 280 U/min

Siebhub
Außen 80 mm

Abmessungen
Länge 2000 Breite 2000 Höhe 1850
Einlaufhöhe 2010

Gewicht
2000 kg

Aspiration
Luftbedarf 25 m³/min

1-Siebübergang
2-Siebdurchgang

Abb. 3.35 Plansichter mit runden bzw. mehreckigen Siebscheiben (Kalker Trieurwerk).

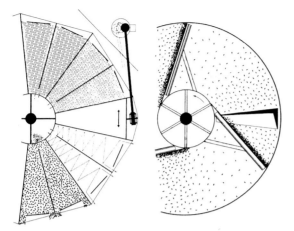

Abb. 3.36 Plansichter mit runden bzw. mehreckigen Siebscheiben (Kalker Trieurwerk).

fern zu einem stoßfreien Lauf der Maschine transformiert wird, der eine besondere Fundamentierung entbehrlich macht.

Die Leistung einer derartigen Anlage kann bis zu 12 t/h betragen, sie kann durch Zusammenbau mehrerer Maschinen übereinander entsprechend gesteigert werden. Der Energiebedarf der genannten Einheit beläuft sich auf ca. 2 kWh. Dieses System konnte aber die bewährten bzw. verbesserten Plansichter (nach Abschnitt 3.3.3.2) nicht nachhaltig verdrängen.

Es besteht aber neben den bewährten Systemen Sortierzylinder und Plansichter eine weitere leistungsfähige Konstruktion.

3.3.3.4 Kontrolle der Sortierung

Sie erfolgt im Laboratorium mit Hilfe präzisionsgefräster Siebe aus Messing, mit den gleichen Schlitzweiten wie in der Praxis. Gestanzte Siebe nützen sich leichter ab, haben größere Fehlergrenzen und sind deshalb ungeeignet.

Die Untersuchungen müssen mit mehreren, einwandfrei gezogenen Durchschnittsproben durchgeführt werden, wobei jeweils 100 g Gerste 5 min lang bei einem Hub von 18–22 mm und einer Tourenzahl von 300–320 U/min geschüttelt werden. Die zu untersuchenden Gerstenproben müssen den gleichen Wassergehalt wie die in der Praxis sortierten haben, da bereits geringe Abweichungen im Wassergehalt das Sortierungsergebnis beeinflussen können.

3.3.3.5 Veränderung der Gerste durch Putzen und Sortieren

Diese ist nicht immer im gleichen Maße möglich, da der Zustand der Rohgerste eine ebenso große Rolle spielt wie der Effekt der Putz- und Sortieranlage. Die Malzgerste I. Sorte hat gegenüber der Rohgerste ein höheres Hektolitergewicht und einen etwas niedrigeren Eiweißgehalt (s. Abschnitt 1.4.3.6).

Die Mengen an Ausputz und Abfällen sind ebenso wie diejenigen der I. und II. Sorte siloweise, wöchentlich oder monatlich zu erfassen. Dies ist für die Abrechnung und die Darstellung des wirtschaftlichen Ergebnisses unerläßlich.

3.3.4
Automatische Waagen

Sie dienen der Gewichtskontrolle der im Betrieb aufgenommenen Gerste, der Ermittlung der Mengen an I. und II. Sorte sowie der Gerste vor und nach der Trocknung. Darüber hinaus wird zur innerbetrieblichen Schwandkontrolle die Einweichgerste sowie das entkeimte Malz gewogen. Auch die die Mälzerei verlassende Malzmenge muß festgehalten werden.

Aus diesem Grund sind automatische Waagen in die betreffenden Transportwege eingebaut.

Sie bestehen aus einem kippbaren Waagebehälter aus Blech, der jeweils nach Erreichen des vorgesehenen Gewichts (zwischen 5 und 100 kg) entleert wird.

Der Einlauf der Gerste wird gegen Ende der Füllung z.B. durch einen Doppelsegmentschieber verlangsamt, um ein genaues Abwiegen zu ermöglichen.

Die Zahl der Kippungen wird registriert und auf die Gerstenmenge umgerechnet.

Die Waage soll von einem Rumpf aus beschickt und in einen Zwischenbehälter entleert werden, um das Entstehen eines Staus zu vermeiden. Eine korrekte Arbeit der Waage ist nur dann gegeben, wenn nicht mehr als 4 Wägungen pro Minute ausgeführt werden.

Die automatischen Waagen sind von Zeit zu Zeit zu reinigen und zu kontrollieren.

Eine neue Konstruktion ist die sog. Rohrwaage, die für hohe Leistungen bei sehr guter Genauigkeit geeignet ist. Sie besteht aus einem Vorbehälter und der eigentlichen Waage, die über einen Einlaufschieber beschickt wird. Der Inhalt der Waage entleert sich nach elektronischer Erfassung des Istgewichts in den Nachbehälter, sobald dieser – kontrolliert durch einen Leermelder – von der vor-

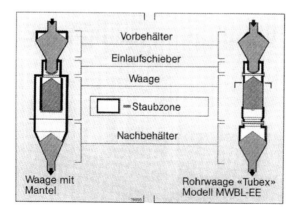

Waage mit Mantel   Rohrwaage «Tubex» Modell MWBL-EE

Abb. 3.37 Elektronische Waagen (Bühler).

hergehenden Wägeschüttung entleert ist. Die drei Behälter sind rund, um eine jeweils vollständige Entleerung zu gewährleisten (Abb. 3.37).

3.3.5
Reinigung und Pflege der Anlagen

Die Gerstenputzerei ist eine sehr stark beanspruchte Einrichtung der Mälzerei und bedarf daher einer laufenden Kontrolle sowie einer periodischen Pflege und Überholung.

Diese wird nach Beendigung der Mälzungskampagne – oder, falls diese ohne Unterbrechung durchläuft – nach einem zu erstellenden Unterhaltsplan durchgeführt. Sie beinhaltet:

a) Reinigung und Entstaubung aller Räume, Entfernung sämtlicher Getreidereste, Abfälle und Staubreste. Kontrolle auf Schädlinge.
b) Entleeren und Reinigen sämtlicher Transportanlagen. Kontrolle der Elemente derselben (Schnecken, Ketten, Gurte, Lager, Sicherheitseinrichtungen).
c) Entleeren und Reinigen der Entstaubungseinrichtungen. Überprüfen, Klopfen und Waschen der Filterschläuche.
d) Reinigungs- und Sortiermaschinen: Überprüfung der Lager und Antriebe; abgenützte Sortier- oder Trieurbleche austauschen; Abstreifer kontrollieren; Trieurtaschen von eingeklemmten Unkrautsamen und Halbkörnern, Siebbleche von Gerstenkörnern befreien.
e) Die Waagen sind zu reinigen und auf ihre Funktion zu prüfen.

Es ist zweckmäßig, die Arbeiten für die einzelnen Arbeitsgruppen aufzulisten (Mälzer, Elektriker, Schlosser, Schreiner, Maler usw.).

3.4
Die Lagerung und Aufbewahrung der Gerste

Der Mälzer muß aus wirtschaftlichen und technologischen Gründen für eine einwandfreie und sachgemäße Lagerung der Gerste Sorge tragen. Hierbei sind zu unterscheiden:

a) Die Lagerung frisch geernteter Gerste bis zur Überwindung der Keimruhe.
b) Die Lagerung keimreifer, bereits vermälzbarer Gerste bis zu ihrer Verarbeitung.

3.4.1
Die Keimruhe der Gerste

Frisch geerntete Gerste keimt fast immer schlecht. Sie enthält einen hohen Prozentsatz an Ausbleibern. Ihre für die Vermälzung notwendige höchste Keimenergie gewinnt sie erst im Laufe einer sachgemäßen Lagerung, die je nach den Eigenschaften der Gerstensorte sowie ihren Aufwuchs- und Erntebedingungen bis zu mehreren Wochen dauern kann. Die Vorgänge im Korninnern während dieser *Keimruhe* werden Nachreife genannt [371]. Die Keimruhe ist ein Selbstschutz der Natur gegen ein Auskeimen der Körner am Halm bei ungünstigen Witterungsverhältnissen während der Reife und Ernte.

Während des Ausreifens der Gerste am Halm werden die niedermolekularen Substanzen zu hochmolekularen Reservestoffen aufgebaut. Die Mehrzahl der Enzyme, vor allem die Amylasen, die Saccharase, die Cellobiase, aber auch Enzyme des Stoffwechsels weisen im Stadium der Vollreife oder der Totreife nur geringe Aktivitäten auf. Diese Entwicklung ist dadurch erklärbar, dass die Gibberelline, die die Enzyminduktion auslösen können, im Stadium des Ausreifens abnehmen und sich die wachstumshemmenden „Dormine", wie z. B. die Abcisinsäure (ABA) ein Terpen, anhäufen [372]. Die Abcisinsäure unterdrückt nicht nur die Ausschüttung der von Gibberellinsäure induzierten Enzyme wie z. B. die α-Amylase, die Endo-β-1,3-Glucanase und die Endo-β-1,4-Glucanase [373], wobei die Aktivität der Phospholipase D erhöht wird. Das Produkt der Phospholipaseaktivität ist Phosphatidsäure. Die Anwendung der Phosphatidsäure in der Aleuronschicht vermittelt eine ABA-ähnliche Inhibition der α-Amylasebildung [374]. Ein anderer Inhibitor ist die Indolylessigsäure (IAA), doch hängt ihre Wirkung auf die physiologischen Vorgänge von der vorliegenden Konzentration ab. In geringen Mengen vermag sie das Blattkeimwachstum zu fördern, während der Wurzelkeim gehemmt wird. In höheren Konzentrationen inhibiert die IAA generell das Wachstum. Ihr Abbau erfolgt durch ein unspezifisches Enzym, das gegenüber IAA als Oxidase und gegenüber anderen Substraten als Peroxidase reagiert. Auf diese Weise ist über den Stoffwechsel phenolischer Verbindungen und die Aktivität der Phenoloxidase eine Regulierung des IAA-Gehaltes im Gewebe möglich [375]. Eine Inhibitorwirkung üben auch Cumarin und Phenolsäuren aus (Vanillinsäure u. a. s. Abschnitt 1.4.8), indem sie den Sauerstoffzutritt zum Keimling unterbinden [376, 377].

Während der Nachreife werden diese Inhibitoren abgebaut und damit die Blockierung der Exkretion bzw. Wirkung der Gibberellinsäure aufgehoben. Erst dann können die Vorgänge der Keimung in der noch zu schildernden Reihenfolge ablaufen.

Die Keimruhe der Gerste bzw. der des Weizens hat eine immer größere Bedeutung erlangt, weil die Gerste aufgrund des Mähdrusches in kurzer Folge nach der Ernte bei den Lagerhäusern oder in den Mälzereien zur Anlieferung kommt und unmittelbar einer Behandlung (Trocknung, Belüftung, Kühlung) bedarf. Es ist für den Mälzer wichtig, möglichst bald keimreife Gerste aus der neuen Ernte verarbeiten zu können.

Die Keimruhe hängt in ihrem Ausmaß ab von den Temperaturen in der zweiten Hälfte der Abreife. Je kühler die Witterung zu dieser Zeit, um so länger dauert es, bis die volle Keimenergie erreicht ist [378, 379]. Es haben jedoch schon die Niederschläge während der vegetativen Wachstumsphase und zur Zeit der Befruchtung einen negativen Einfluß [380]. Darüber hinaus erwies sich die Keimruhe als Sortenmerkmal, das für die Anbaueignung einer Gerste in einem bestimmten Klimabereich bedeutsam ist. So wird eine Gerste mit einer kürzeren Keimruhe in maritimen und eine solche mit langer Keimruhe in heißen, trockenen Gebieten günstiger anzubauen sein. In Mitteleuropa ist eine Gerste mit mittlerer Keimruhe zu bevorzugen, um bei ungünstigen Witterungsbedingungen bei Reife und Ernte Auswuchs (s. Abschnitt 1.6.1.3) zu vermeiden [381].

Die Keimruhe läßt sich in zwei Phänomene unterteilen: die Fundamentalkeimruhe und die Wasserempfindlichkeit [382]. Beide scheinen nur verschiedene Abschnitte ein und desselben Prozesses zu sein [383].

3.4.1.1 Fundamentalkeimruhe

Die Fundamentalkeimruhe bedeutet, dass der Keimling selbst unter optimalen Bedingungen wie Sauerstoffzufuhr, Temperatur und Feuchtigkeit unfähig ist zu keimen, z. B. im 4-ml-Test nach *Pollack* (s. Abschnitt 1.6.2.7). Dies ist auf Keimungsinhibitoren wie Cumarin und verschiedene Phenolsäuren (Vanillinsäure usw., s. Abschnitt 1.4.8) zurückzuführen, die in den Gerstenspelzen lokalisiert sind [283] und erst im Laufe der Nachreife abgebaut oder oxidiert werden müssen.

Der Keimling ist aber auch während dieser Zeit nicht in der Lage, Glutathion und Cystein aus den Peptiden und alkohollöslichen Proteinen freizusetzen. Reduziertes Glutathion ist für das Wachstum der Keimlinge notwendig und wird in großen Mengen während der ersten Keimtage aus dem Gersteneiweiß abgespalten. Dabei sind die freien Sulfhydrylgruppen das wachstumsaktivierende Element. Es ist möglich, dass Glutathion und Cystein direkten Einfluß auf die Proteinsynthese oder über die Aktivierung von SH-Enzymen durch Induktion eines spezifischen Atmungs-Enzymsystems ausüben [385].

Die Fundamentalkeimruhe kann gebrochen werden durch:

a) 1%ige Wasserstoffperoxidlösung, die offenbar ein Eindringen von Sauerstoff in die Frucht- und Samenschale bewirkt.

b) Schwefelwasserstoff (0,05%), andere Thiole, z. B. 1%ige Thiocarbamidlösung, die die Phenoloxidasen im Perikarp inhibieren, wodurch mehr Sauerstoff für den Blattkeim zur Verfügung steht [386]. Der Erfolg der Anwendung von Cyaniden deutet auch auf die Wirksamkeit einer Inhibition der Cytochrom-Oxidase hin [387].

c) Gibberellinsäure bewirkt eine Produktion von Glutathion und Cystein in den Blattkeimen und hat damit die gleiche Wirkung wie Schwefelwasserstoff [385].

d) Erhitzen der Gerste auf 40–50 °C. Hierdurch wird wahrscheinlich eine Oxidation von Keimungsinhibitoren im Perikarp hervorgerufen [388–390]. Es ist aber auch möglich, dass Kohlenwasserstoffe von wachsartigem Material verändert werden, das die Durchlässigkeit der Kornumhüllung beschränkt [391].

e) Entfernen von Spelzen, Frucht- und Samenschale oder Durchlöcherung der Hüllen in der Nähe des Keimlings [392, 393].

Diese Möglichkeiten sind in der Praxis größtenteils nicht realisierbar; in Deutschland kann das Erhitzen von Gerste angewendet werden, im Ausland die Anwendung von Gibberellinsäure.

Es zeigte sich jedoch bei diesen Untersuchungen, dass die Keimruhe einmal vom Keimling selbst, zum anderen aber auch durch Faktoren der Fruchtschale (Inhibitoren) oder durch deren Durchlässigkeit für Sauerstoff hervorgerufen wird.

3.4.1.2 **Wasserempfindlichkeit**

Die Wasserempfindlichkeit der Gerste bedingt eine starke Sensibilität des Keimlings gegen eine zu starke Wasserzufuhr. Der Vorgang, der die Keimung auslöst, dauert bei diesen Gersten zu lange und hört dann infolge einer zu starken Inhibition des Keimlings durch das Wasser ganz auf [352]. Sie steht sicher in Zusammenhang mit dem Quellvermögen, das ebenfalls eine Abhängigkeit vom Stadium der Nachreife hat [353]. Sie findet ihren Ausdruck durch den Vergleich des 8-ml-Tests mit den bei 4 ml gewachsenen Körnern einer annähernd keimreifen Gerste (s. Abschnitt 3.4.1.4). Sie wird ebenfalls durch Jahrgangs- und Standorteinflüsse hervorgerufen; so ist die Wasserempfindlichkeit um so größer, je niedriger die Temperatur, je höher Niederschlag und Feuchte vor der Ernte sind [394]. Der Sortenanteil der Wasserempfindlichkeit beträgt 15%, der Anteil der Umwelt 55%. Auch späte Saatzeit wirkte sich erhöhend aus [351]. Wuchs- und Hemmstoffe vermögen keine Veränderung zu bewirken [395], dagegen vermag Mikroorganismenwachstum durch den damit verbundenen Sauerstoffverbrauch die Wasserempfindlichkeit zu erhöhen [396]. Wasserempfindliche Gerste kann in Sauerstoffatmosphäre zum Keimen gebracht werden; wenn die Spelzen entfernt werden, keimen die Körner jedoch auch bei Vorhandensein von Feuchte in der normalen Atmosphäre. Es stellen damit die Spelzen und das Oberflächenwasser ein Hindernis für das Eindringen von Sauerstoff dar. Selbst im belüfteten Wasser wird die Wasserempfindlichkeit nicht abgeschwächt. Anscheinend löst ein Inhibitor in den Hüllsubstanzen diese Erscheinung aus, der nur bei hoher Sauerstoffkonzentration oxidiert werden kann, oder es fehlt ein passender Effektor, der die Inhibition überwindet [397].

So läßt sich in sehr wasserempfindlichen Gersten, die bei kühlen Temperaturen abgereift waren, Ferulasäure nachweisen. Diese hat eine deutliche keimungshemmende Wirkung.

Mit steigender Höhenlage und ungünstigen Witterungsbedingungen (niedrigen Temperaturen und hohen Niederschlägen) nimmt die freie Ferulasäure in Prozenten der gesamten Ferulasäure zu, die Keimenergie dagegen ab [398].

Die Wasserempfindlichkeit wird abgebaut durch folgende Maßnahmen:
a) Weichen in Wasserstoffperoxid (0,1%); Zugabe von oxidierenden Substanzen.
b) Keimen in reiner Sauerstoffatmosphäre.
c) Entfernung von Spelz, Perikarp und Testa; diese drei Maßnahmen sind in den obigen Ausführungen begründet.
d) Zugabe von Jodacetat oder N-Ethylmaleimid, die mit Thiolen reagieren.
e) Lange Luftrasten während des Weichprozesses bei Wassergehalten von 32–35% [382, 399].
f) Erhitzen und Trocknen der Gerste auf 40–50 °C und Einhalten dieser Temperaturen über 1–2 Wochen. Die Werte der Aktivierungsenergie zur Überwindung von Keimruhe und Wasserempfindlichkeit konnten zu 17,5 bzw. 18,3 kcal/Mol (73,2/76,5 kJ) ermittelt werden [389].

Es ist also eine längere Wärmebehandlung erforderlich, um nach der Keimruhe auch die Wasserempfindlichkeit abzubauen [400].

Von diesen Maßnahmen sind in der Praxis nur die Trocknung mit anschließender Warmlagerung sowie eine Weiche mit ausgedehnten Luftrasten (s. Abschnitt 5.2.2.2) anwendbar.

3.4.1.3 Quellvermögen

Das Quellvermögen (s. Abschnitt 1.6.2.8) kann als Indikator für die letzte Stufe
des Nachreifungsprozesses dienen. Im Laufe desselben werden Gerüststoffe im
Korninneren enzymatisch abgebaut und in niedermolekulare Produkte übergeführt, die löslich sind und vom Keimling rasch verwertet werden können.
Durch Herauslösen der Gerüstsubstanzen entstehen feine Hohlräume, die das
Aufsaugevermögen, das Quellvermögen beeinflussen [401]. Daneben spielen
auch die pflanzlichen Wachstumshormone wie Gibberelline für die Wasseraufnahme eine Rolle [402].

3.4.1.4 Veränderung von Keimenergie und Wasserempfindlichkeit

Diese Veränderung während der Nachreife zeigt Abb. 3.38.

Unter günstigen Lagerungsbedingungen verschlechtert sich die Keimfähigkeit
der Gerste (bestimmt anhand einer chemischen Methode, z. B. Vitascope) im
Verlauf der Nachreife nicht. Die Keimenergie nach dem 4-ml-Test erreicht im
Laufe von 4–5 Wochen das Maximum, d. h. sie liegt knapp unter der Keimfähigkeit. Die Zahl der nach dem 8-ml-Versuch keimenden, folglich nicht wasserempfindlichen Körner nimmt nicht im gleichen Umfang, sondern mit einer gewissen Phasenverschiebung zu. Dies bedeutet, dass die Wasserempfindlichkeit,
errechnet aus der Differenz $KE_{4\,ml} - KE_{8\,ml}$), scheinbar größer wird und ihren
höchsten Wert dann zeigt, wenn die Keimenergie in 4 ml Wasser ihr Maximum
erreicht. Diese Tatsachen müssen bei der Auswahl der zur Vermälzung kommenden Gerstenpartie bzw. bei der Auslegung des Weichverfahrens berücksichtigt werden (s. Abschnitt 5.2.2.2). Es gilt jedoch nicht nur, die Nachreife der

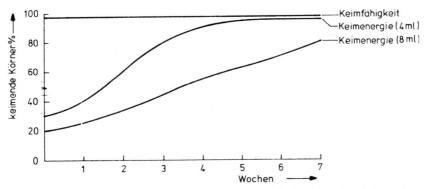

Abb. 3.38 Veränderung der Keimenergie und der Wasserempfindlichkeit während der Nachreife.

Gerste zu erreichen, sondern auch eine Verschlechterung der absoluten Keimfähigkeit zu vermeiden. Hier sind eine Reihe von Faktoren zu beachten.

3.4.2
Die Lagerbedingungen der Gerste

Die Gerste muß während der *wertsteigernden* Lagerung zur Erlangung der Nachreife und bis zu ihrer Verarbeitung *werterhaltend* aufbewahrt werden. Auch das keimreife Korn ist keine tote Materie, die beliebig und ohne Beobachtung gelagert werden kann, sondern ein lebender pflanzlicher Organismus, der nach der Bruttoformel atmet:

$$C_6H_{12}O_6 + 6\,O_2 \rightarrow 6\,CO_2 + 6\,H_2O + 2818\ kJ\ (674\ kcal)$$

Dieser Vorgang ist naturgemäß wesentlich komplizierter, aber diese Formel sagt das Wesentliche aus:

Die Gerste braucht zur Atmung Sauerstoff; es entstehen dabei CO_2, Wasser und Wärme, die die Atmung – solange genügend Sauerstoff vorhanden ist – immer wieder anregen und verstärken. Nun reichert sich im Gut CO_2 an, der Sauerstoff wird verbraucht. Zur Deckung des Energiebedarfs kann es dann zu einem anaeroben Stoffwechsel (Gärung) kommen, bei dem als Endprodukte Alkohol und CO_2, daneben aber auch Aldehyde, organische Säuren und Ester entstehen. Diese intramolekulare Atmung vergiftet den Keimling, er wird zunächst geschwächt und stirbt schließlich ab. Diese Schäden sind nicht mehr zu eliminieren.

Die Gerste muß demnach genügend belüftet werden, um das Anhäufen von CO_2, das ein Atmungsgift darstellt, zu vermeiden. Es ist jedoch günstiger, die Lebenstätigkeit der Gerste auf ein Mindestmaß zu beschränken [403]. Dies ist durch ein Absenken des Wassergehalts und der Temperatur der Gerste möglich.

3.4.2.1 Feuchtigkeitsgehalt
Je feuchter das Getreide, um so stärker ist seine Atmung, wie Tab. 3.3 zeigt.

Bei niedrigem Wassergehalt ist also der Verbrauch an Kornsubstanz sehr gering. Als Grenzwerte des Feuchtigkeitsgehaltes, bei dem die Lagerung noch ohne nennenswerte Verluste oder Änderungen vor sich geht, kann ein Wassergehalt von 14–15% angenommen werden. Feuchtes Getreide ist auch bei nied-

Tab. 3.3 Einfluß der Kornfeuchte auf die Atmung (veratmete Kornsubstanz pro Tonne frisch geerntete Gerste in 10 Tagen).

Wassergehalt %	Temp. °C	Veratmete Substanz g
11	10	2,1
14–15	18	9,6
17	18	839
20	18	2448

rigen Temperaturen nicht ohne Gefahr über eine längere Zeit zu lagern, da in Speichern oder Behältern Luftströmungen auftreten, die z. B. im Frühjahr zu Kondensatbildung aus warmer, feuchter Luft auf kaltem Getreide führen und so Schäden hervorrufen können.

3.4.2.2 Temperatur

Ähnlich wie der Feuchtigkeitsgehalt, ist auch die Temperatur des lagernden Getreides von großer Bedeutung. So zeigt Tab. 3.4 die Auswirkung der Temperatur.

Diese Daten geben aber nicht den sehr viel stärkeren Einfluß der Temperatur bei höheren Wassergehalten wieder (Tab. 3.5).

Es zeigt sich hier, dass die mit der Atmung des frisch geernteten Getreides verbundene Wärmeentwicklung bei tiefen Korntemperaturen, selbst bei hohen Wassergehalten, relativ gering ist. Es wird daher empfohlen, Gersten, die nur eine begrenzte Zeit bis zur Verarbeitung gelagert werden müssen, ohne besondere Trocknung zu kühlen. Die maximale Lagerzeit in Tagen in Abhängigkeit von Kornfeuchte und Temperatur gibt Tab. 3.6 an.

Danach können die Dispositionen im einlagernden Betrieb eingestellt werden: wie weit ist zu trocknen bzw. auf welche Temperatur muß gekühlt werden, um das Gut innerhalb einer absehbaren Zeit bis zur Verarbeitung ohne Keimschäden zu lagern?

Tab. 3.4 Einfluß der Temperatur auf die Atmung (veratmete Kornsubstanz pro Tonne frisch geerntete Gerste in 10 Tagen).

Wassergehalt %	Temp. °C	Veratmete Substanz g
14–15	10	2,7
14–15	18	9,6

Tab. 3.5 Wärmeentwicklung von erntefrischem Getreide in Abhängigkeit von Korntempertur und Wassergehalt [404].

Wassergehalt des Getreides	Korntemperatur in °C												
	6°	8°	10°	12°	14°	16°	18°	20°	22°	24°	26°	28°	30°
	Wärmeentwicklung in kcal/h $\times 10^{-2}$												
30%	6,0	8,0	10,0	15,0	18,0	24,0	31,0	40,0	52,0	70,0	90,0	120,0	170,0
20%	1,8	2,5	3,0	4,0	5,2	6,8	9,0	13,0	17,0	20,0	28,0	36,0	46,0
18%	0,95	1,3	1,7	2,1	2,8	3,8	4,9	6,1	8,0	11,0	15,0	19,0	24,0
17%	0,40	0,52	0,7	0,9	1,3	1,7	2,0	2,7	3,5	4,7	6,0	7,7	10,0
16%	0,17	0,20	0,27	0,37	0,47	0,60	0,8	1,0	1,4	1,8	2,3	3,0	3,9
15%	–	–	–	–	0,17	0,20	0,28	0,36	0,47	0,60	0,8	1,1	1,4
14%	–	–	–	–	–	–	–	–	0,16	0,20	0,28	0,35	0,45

Tab. 3.6 Maximale Lagerzeit in Tagen von Getreide in Abhängigkeit von Korntempertur und Wassergehalt [405].

Wasser-gehalt des Getreides	Korntemperatur in °C					
	5°	10°	15°	20°	25°	30°
24%	14	9	5	4	–	–
22%	23	13	8	6	–	–
20%	42	20	14	9	–	–
18%	130	43	20	16	7	3
16%	k.A. [a)]	150	50	30	17	9
14%	k.A.	k.A.	180	100	60	32

a) kA = keine Angabe.

Es ist jedoch wichtig, dass feuchtes Getreide nicht bei Temperaturen um oder über 18 °C gelagert wird, da nicht nur die Verluste unverhältnismäßig stark ansteigen, sondern sich auch Mikroorganismen wie Schimmelpilze und Bakterien entwickeln, die ein Muffigwerden des Getreides verursachen können. Wenn es auch gelingt, diesem „Besatz" durch Trocknung die Lebensbedingungen zu entziehen, so können doch Stoffwechselprodukte Schäden verursachen, die bis ins fertige Bier nachweisbar sind.

Die natürliche Kaltlagerung ist in Mitteleuropa zur Zeit der Ernte bzw. während der Keimruhe infolge der klimatischen Verhältnisse nicht möglich. Meist hat die eingelagerte Gerste eine der Umgebung entsprechende Temperatur von 20–25 °C. Es muß daher entweder getrocknete oder gekühlte Gerste eingelagert werden. Im Osten und im höheren Norden ist eine natürliche Kaltlagerung von November bis März möglich. In Deutschland ist dieser Zeitraum weiter eingeengt. Es gelingt meist in den Monaten Dezember und Januar, das Getreide durch Zufuhr von Außenluft auf annähernd 0 °C zu kühlen. Das kalte Korn wird dann am besten im Frühjahr nicht mehr bewegt.

Der Wassergehalt beeinflußt die Atmung und Lagerfestigkeit der Gerste stärker als die Temperatur [305, 306]. Eine Erhöhung des Wassergehaltes um z. B. 2% erhöht den Lagerverlust um das 80fache, ein Temperaturanstieg um 12 °C dagegen nur um das 5fache.

Können die Grenzwerte für Wassergehalt und Temperatur nicht eingehalten werden, so ergibt sich zu den Lagerverlusten die zusätzliche Gefahr des Wachstums von Mikroorganismen, die den Lagerbestand ernsthaft gefährden können.

Aus diesem Grunde muß die Gerste vor der Einlagerung gründlich vorgereinigt werden (s. Abschnitt 3.3.1). Es ist hierbei wichtig, den Anteil der Unkrautsamen oder Reste von Unkraut zu entfernen. Diese sind oftmals noch wasserreich und können die Feuchtigkeit der Gerste erhöhen oder deren Trocknung erschweren.

Auch verletzte Körner vermögen die Lagerfestigkeit der Gerste zu beeinträchtigen. Ihr Mehlkörper liegt offen und ungeschützt; er bietet somit den Mikroorganismen einen günstigen Nährboden. Es ist jedoch aus Gründen der Leistungsfähigkeit der Trieure usw. kaum möglich, die Gerste vor der Lagerung einer intensiveren Reinigung zu unterziehen. Meist muß eine Vorreinigung mittels Aspirator genügen.

Darüber hinaus muß die Gerste getrocknet – oder für eine kürzere Lagerzeit gekühlt – werden, wobei dann alle jene Maßnahmen einzuleiten sind, die es erlauben, die Keimruhe möglichst rasch zu überwinden und andererseits die Keimfähigkeit des Gutes voll zu erhalten. Hierüber wird noch in diesem Abschnitt des Buches zu berichten sein.

3.4.2.3 Einfluß der Lagerung auf die Verarbeitung der Gerste und erreichbare Malzqualität

Versuche mit Gersten von 13, 15 und 17% Wassergehalt und Temperaturen von 12 und 17 °C ergaben: Bei 13% Wassergehalt blieb die Keimenergie von 99–100% bei beiden Lagertemperaturen konstant; die Qualitätsmerkmale wie Extraktgehalt, Mürbigkeit, Eiweißlösung und Endvergärungsgrad ebenso. Mit steigenden Lagertemperaturen muß schon bei 14,5% Feuchte nach ca. 6 Monaten mit einer Schädigung der Korneigenschaften gerechnet werden. In der ersten Periode der Lagerung verringerte sich der Besatz an Feldpilzen, der Gehalt an Lagerpilzen stieg jedoch bei höheren Wassergehalten deutlich an. Im weiteren Verlauf der Lagerung nahm der Besatz (auch jahrgangsabhängig) wieder ab. Unter 14,5% Wassergehalt vermehrten sich die Lagerpilze nur unwesentlich. Bei 17 °C traten nach einjähriger Lagerung durch die Erhöhung des Wassergehalts von 13 auf 14,4% deutliche Qualitätsminderungen im späteren Malz ein bei Cytolyse, Extraktgehalt und Endvergärung. Bei einer Lagerung im Bereich von 12 °C blieb die Malzqualität auch bei 14,5% Feuchte konstant, bei 16% waren jedoch schon Abstriche zu verzeichnen. Diese Ergebnisse zeigen die Notwendigkeit einer weitgehenden Trocknung auf [408].

Umsetzungen finden während der Lagerung der Gerste bei den einzelnen Substanzgruppen statt. Dies ist naturgemäß auch bei den Lipiden der Fall. Wohl deuten Veränderungen von Oxidationsprodukten der Linol- und Linolensäure auf entsprechende Reaktionen hin, doch ließ sich bislang noch kein Einfluß auf Malz- und Bierbeschaffenheit ableiten (s. Abschnitt 4.1.8). Grundsätzlich sind die Produkte der Lipid-Peroxidation an der Alterung von Pflanzen beteiligt.

Untersuchungen an australischen Gersten (Wassergehalt 10%) ergaben in einer Lagerzeit bei Raumtemperatur von 22–27 °C bei gleichbleibender Keimenergie einen weiteren Abbau der Wasserempfindlichkeit und damit eine Verbesserung der Malzqualität (α-Amylase- und β-Glucanase-Aktivitäten, Diastatische Kraft, Extrakt, Eiweißlösungsgrad, Würze-Viskosität und Endvergärungsgrad [306 b]). Es nahm also die Mälzungsreife (s. Abschnitt 1.6.2.8) zu, was auch in deutschen Mälzereien bei einer 13–15 monatigen Lagerung australischer Gerste von 10–11% Wassergehalt beobachtet werden konnte.

3.4.3
Die Technik der Gerstenlagerung

Über 90% der deutschen Getreideernte wird mit Hilfe von Mähdreschern eingebracht. Die alte Erntemethode mit der Mähmaschine hatte es erlaubt, den Zeitpunkt der Schnittreife einer Gerste zu bestimmen und die Behandlung auf den physiologischen Zustand entsprechend zu tätigen, z. B. im Stock ausschwitzen und nachreifen zu lassen, so dass eine keimreife, lagerfähige Gerste an die Mälzereien geliefert wurde (s. Abschnitt 1.2.7). Die Anwendung des Mähdreschers bei der Gerstenernte erbrachte eine völlig neue Art der Erntebergung: Die Gerste wird nicht auf den Feldern nachgetrocknet, der Keimling bzw. die Keimanlage wird nicht entwässert, so dass sich bei den hohen Temperaturen im Sommer eine starke Atmung ergibt. Selbst wenn der Mehlkörper einen günstigen Wassergehalt von nur 16% aufweist, hat die Keimanlage bei Mähdruschgerste meist noch 20%. Häufig sind jedoch aus Gründen einer möglichst wirtschaftlichen Arbeitsweise des Mähdreschers höhere Wassergehalte beim Schnitt nicht auszuschließen. Darüber hinaus fallen große Gerstenmengen gleichzeitig bei der aufnehmenden Hand an, da das „Zwischenlager" beim Produzenten, wo die Gerste 6–8 Wochen im Stock lagerte, nicht mehr zum Tragen kommt.

Die Mähdruschgerste sollte nun bis zu einer möglichen Trocknung in Lüftungssilos gelagert werden; es gelingt hier ohne weiteres, die Gerste bei sachgemäßer Arbeitsweise mehrere Wochen lang gesund zu erhalten [410].

Diese Zwischenbehandlung ist deswegen notwendig, da die Trocknerkapazitäten nicht ausreichen, um die Gerste während der Ernte zu trocknen.

Die Lagerfähigkeit der Gerste hängt ab vom Wassergehalt und von der Temperatur. Um diese Gegebenheiten beurteilen zu können, wird mit Vorteil das Diagramm von *Nuret* [411] herangezogen (Abb. 3.39).

Einen Einblick gibt aber auch die Tab. 3.5 über die maximale „keimschadensfreie" Lagerzeit des Getreides bei bestimmten Temperaturen und Wassergehalten (s. oben). So beträgt diese z. B. bei 20% Kornfeuchte und einer Temperatur von 20 °C nur 9 Tage, dagegen bei 10 °C schon 20 Tage. Es muß also das Getreide rasch unter diesen Gefahrenbereich entweder getrocknet oder gekühlt werden. Es erfordert aber auch ein niedriger Wassergehalt der Gerste von etwa 14% eine Abkühlung im Laufe der Zeit, um Keimschäden zu vermeiden [412]. Durch die Kühlabteilung des Gerstentrockners gelingt es praktisch nicht, die Gerste beim sommerlichen Trockungsbetrieb weiter als 10 °C über die Außentemperatur zu kühlen.

Aus diesem Grunde wurde vorgeschlagen, die Gerste in der Silozelle auf Temperaturen zu kühlen, die dem vorgesehenen Lagerzeitraum entsprechen (Abb. 3.40). Dies geschieht durch fahrbare Kühlaggregate, die mit den Anschlüssen der Lüftungssilos verbunden werden und so jeweils eine nach Bedarf mehrmalige Kühlung durchführen können [412, 413].

Die Umgebungsluft wird im fahrbaren Kühlgerät über ein Hochdruckgebläse angesaugt und im Lamellenrohrluftkühler gekühlt. Es wird die Temperatur weiter abgesenkt, als dies der gewünschten Lufteintrittstemperatur entspricht.

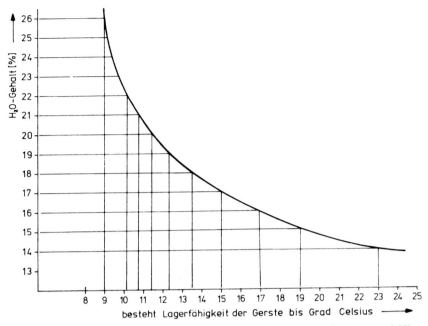

Abb. 3.39 Lagerfähigkeit der Gerste in Abhängigkeit von H_2O-Gehalt und Temperatur [411].

Abb. 3.40 Körnerkühlgerät bei Anschluß an die Silozelle (Escher-Wyss).

Durch eine geringe Erwärmung dieser kalten, feuchtigkeitsgesättigten Luft wird die relative Feuchtigkeit gesenkt und so dem Produktwassergehalt angepaßt. Bei einer Abkühlung des Getreides um je 10 °C ist als günstiger Nebeneffekt noch eine Entfeuchtung um 0,5–0,7% dann verbunden, wenn das zu kühlende Gut eine Feuchtigkeit von über 16% hatte. Diese Luft wird nun über eine einfache Luftverteilung im Boden des Silos durch die Getreidesäule nach oben gepreßt, wobei die Wärme derselben nach oben ins Freie verdrängt wird. Durch die weitergehende Abkühlung mit nachfolgender Erwärmung ist der Kühlvorgang völlig unabhängig von der Witterung, so dass auch bei Nebel und Regen keine Auffeuchtungsgefahr für das Getreide besteht.

Für die Luftverteilung in Silozellen mit Auslaufkonus haben sich sog. Kühlbalken aus gekantetem Stahlblech bewährt (s. Abschnitt 3.4.5.8). Diese sind an der Unterseite offen und gewährleisten durch den Widerstand der umgebenden Getreideschüttung eine Verteilung der Kaltluft über den Zellenquerschnitt [416].

Die zulässige Schütthöhe des Getreides ist in Abhängigkeit von der Zellengrundfläche wie folgt (Tab. 3.7):

Vermeidung von Kondensatbildung in Stahlsilos: Braugerste mit 15–16% Wassergehalt und einer Korntemperatur von 20 °C weist entsprechend der Sorptionsisotherme lt. Abb. 3.43 eine relative Luftfeuchtigkeit zwischen den Körnern von 70–75% auf. Bei Absinken der Außentemperatur auf unter 10 °C kühlt sich auch die Luft in der Randzone ab, wodurch der Taupunkt unterschritten und Wasser an der Stahlwand des Silos abgeschieden wird. Damit werden die Körner in der Randschicht wiederum stark angefeuchtet und damit dem Verderb insbesondere durch Mikroorganismen ausgesetzt. Durch Abkühlung des Siloinhalts auf 10–12 °C wird die Kondensation unterbunden, da das Temperaturgefälle zwischen Getreide und Außenwand geringer wird.

Die Leistung und die Kosten der Körnerkühlung: Es sind Geräte mit Kühlleistungen von 30–750 t Getreide/24 Stunden zur Verfügung. Der Bedarf an elektrischer Energie beträgt bei einmaliger Kühlung 3–6 kWh/t. Kostenmindernd wirkt sich hierbei aus, dass eine Umlagerung bei Guttemperaturen von 10 °C nicht erforderlich ist und auch bei Wassergehalten unter 18% normalerweise eine Nachkühlung entfallen kann [416]. Die Atmungsverluste bei 15% Wassergehalt und einer Temperatur von 25 °C liegen bei 0,12%, bei 10 °C nur bei 0,02%; hieraus errechnet sich wiederum ein wirtschaftlicher Vorteil.

Die Kühldauer einer 50-t-Silozelle ist rd. 24 Stunden. Der Luftkühler muß auf eine Leistung von 1170 kJ (238 kcal)/t·h ausgelegt sein. Dabei ist ein Luftdurch-

Tab. 3.7 Getreidekühlung mittels Kühlgerät und zulässiqe Schütthöhe [312].

Zellengrundfläche m²	10	15	20	25
Schütthöhe m				
Gerste	14	23	32	42
Weizen	16	27	35	48

satz von ca. 25 m³/t und h erforderlich [418]. Die Trocknung mit Warmluft nimmt jedoch nur maximal 8 Stunden in Anspruch. Es könnten daher während dieser Zeit drei Silozellen gleicher Größe mit der aus dem Kondensator austretenden warmen Luft (die um 15–20 °C wärmer ist als beim Eintritt in diesen) hintereinander getrocknet werden [309], wobei die Brennstoffkosten des eigentlichen Wärmeerzeugers entsprechend niedriger ausfallen.

Das Verfahren benötigt Lüftungssilos (s. Abschnitt 3.4.5.8) oder eine Speicherbelüftung (s. Abschnitt 3.4.5.3), die eine einwandfreie Verteilung der angewärmten oder gekühlten Luft ermöglichen.

In der Regel liefern die mit Kälte konservierten Gersten sehr günstige Ergebnisse. Es ist jedoch durch diese Behandlung noch nicht eine Verringerung der Keimruhe verbunden. Es nimmt zwar die Keimruhe feuchter, kaltgelagerter Gerste etwas rascher ab, während sie von trockener, kalt gelagerter Gerste konserviert wird (sekundäre Keimruhe) [386].

Es erhebt sich auch die Frage, ob eine plötzliche Abkühlung von Gerste, die bei der Anlieferung mit Umgebungstemperatur von 26–33 °C eingelagert wurde, eine Konservierung der Keimruhe bewirkt. Versuche mit der Sorte Triumph (Trumpf), die eine stärker ausgeprägte Keimruhe aufweist als andere gängige Sorten zeigten, dass keine merkliche Verringerung der Keimenergie eintrat. Hierbei wurde die Gerste mit 12% Wassergehalt von obigen Temperaturen auf 8 bzw. 15 °C abgekühlt. Es dauerte aber eine längere Zeit, bis die Keimruhe überwunden wurde [414, 415]. Diese Erkenntnis ist auch von Bedeutung, wenn Gerste zur Überwindung der Keimruhe einer Warmlagerung unterzogen und anschließend abgekühlt wird.

Auf jeden Fall ist der Effekt dieser Maßnahmen durch Keimenergie-Proben zu überprüfen.

Die Anwendung von Tieftemperaturen erbringt gegen Ende der Keimruheperiode sehr günstige Ergebnisse im Hinblick auf die spätere Gleichmäßigkeit der Keimung.

Dagegen führt ein Einfrieren der Gerste direkt nach der Ernte zu einer Konservierung der Keimruhe für die Dauer der Kaltlagerung [419].

Es kann jedoch notwendig sein, um den Anschluß an die Gerste der neuen Ernte rechtzeitig zu gewinnen, besondere Methoden zur Überwindung der Keimruhe anzuwenden.

Versuche zur Überwindung der Keimruhe und zu einer Verringerung der Wasserempfindlichkeit ergaben, dass in Jahren mit feuchten, kühlen Aufwuchs- und Erntebedingungen einige Wintergerstensorten (Igri mit 16%, Sonja mit 13,5% Wassergehalt) bei normaler Lagerung (18 °C) die Keimreife überhaupt nicht erreichten. Die Sorte Carina (Wassergehalt 14,6%) benötigte 35 Tage, wobei die Wasserempfindlichkeit noch sehr hoch war. Eine Trocknung auf 12% Wassergehalt mit 40–45 °C sowie eine nachfolgende Warmlagerung bei einer um jeweils 5 °C niedrigeren Temperatur erbrachte die besten Ergebnisse. Igri war nach 35 Tagen, Sonja nach 22 Tagen, Carina nach 7 Tagen bei 95% Keimenergie angelangt. Eine Verlängerung der Warmphase z. B. bei 35 °C von 7 auf 21 Tage erbrachte bei Carina eine Verringerung der Wasserempfindlichkeit von

83 auf 25%. Eine Warmlagerung bei 30–35 °C ohne Trocknung ließ den sicheren Erfolg vermissen. Sie ist auch im Hinblick auf die Entwicklung von Mikroorganismen nicht ungefährlich. Eine vorhergehende Kaltlagerung mit oder ohne vorausgegangener Trocknung zeigte, dass die Kältestabilisierung bei 4–8 °C gelang, dass aber die Keimruhe konserviert wurde. Erst durch Trocknung auf 12% Wasser bei 40–45 °C und durch eine Warmlagerung bei 35–40 °C gelang es, Keimruhe und Wasserempfindlichkeit abzubauen. Es ist also günstig, auf 12% Wassergehalt zu trocknen und anschließend die Gerste mit der Trocknungstemperatur von 40–45 °C in den Silo einzulagern. Hierdurch ergibt sich im Gut eine Temperatur von 35–40 °C (Abb. 3.41). Im Laufe der Lagerzeit kühlt die Gerste etwas ab, dennoch sollte die thermische Reifung nicht länger ausgedehnt werden als dies die beiden Charakteristika Keimruhe und Wasserempfindlichkeit erfordern [400]. Aus diesem Grunde müssen alle 3 Tage mittels des Probestechers Muster gezogen und nach der 4/8 ml-Methode auf ihren Reifungsfortschritt überprüft werden. Für den innerbetrieblichen Gebrauch kann dabei die Beobachtungszeit der Keimproben auf 2 und 4 Tage verkürzt werden [347, 421–423]. Die Behandlung wird abgebrochen durch das Einblasen von geeigneter Außenluft oder durch einfaches Umlagern, evtl. unter Zwischenschaltung einer Aspirationsmaschine [420]. Die Malzqualität aus den forciert gereiften Gersten war besser oder zumindest gleich wie bei den normal gelagerten, wobei aber die ersteren praktisch 14–21 Tage nach der Ernte verarbeitet werden konnten. Einen Überblick gibt Tab. 3.8.

Ähnliche Ergebnisse wie die aufgeführten wurden auch in anderen Arbeiten berichtet [389, 390].

Es gelingt demnach durch eine Warmlagerung der getrockneten Gerste nicht nur die Keimruhe zu überwinden, sondern auch die Wasserempfindlichkeit ab-

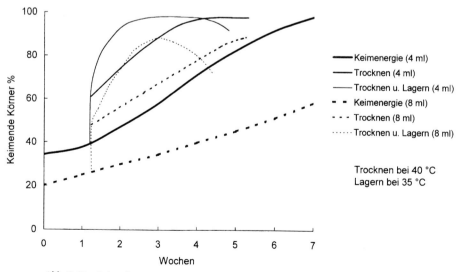

Abb. 3.41 Keimruhe/Keimenergie bei verschiedenen Verfahren.

Tab. 3.8 Beeinflussung der Keimenergie und der Wasserempfindlichkeit durch Lagerung bei 40 °C sowie einige Malzanalysendaten.

	Gerste unbehandelt		nach 1 Woche bei 40 °C	nach 2 Wochen bei 40 °C	nach 3 Wochen bei 40°
	Versuchsbeginn	Versuchsende			
Wasserempfindlichkeitstest:					
Keimenergie mit 4 ml H₂O %	28	41	87	94	96
Keimenergie mit 8 ml H₂O %	13	16	62	71	80
Malzextrakt wfr. %	–	–	80,5	80,7	81,0
VZ 45 °C wfr. %	–	–	36,1	37,4	38,3

zubauen. Es verhalten sich jedoch nicht alle Gersten gleich, weswegen eine laufende Kontrolle des Gutes, evtl. anhand eines parallellaufenden Kleinversuches notwendig ist.

Bei Gersten mit Auswuchs (s. Abschnitt 1.6.1) läßt sich die Methode der Trocknung auf 12% Wassergehalt und anschließende Warmlagerung bei ca. 35 °C zur Überwindung der Keimruhe nicht anwenden. Dies gilt sowohl für den erkennbaren Auswuchs (Würzelchen), wie auch für den sog. „verdeckten" Auswuchs, bei dem die Wurzeln abgefallen sind, aber der Blattkeim eine Entwicklung zeigt. Diese Körner sind an der Basis durch den Keimdurchtritt offen und damit den höheren Temperaturen im Trockner ausgesetzt, wodurch Keimenergie/Keimfähigkeit leiden (s. Abb. 3.42). Hier ist es am besten, die Gerste bei normalen Temperaturen, eher kühler, zu lagern und den Fortschritt der Gewinnung einer bestmöglichen Keimenergie durch regelmäßige Keimproben (2/4 Tage) zu verfolgen. Sollte die Keimenergie nicht mehr zunehmen, dann ist

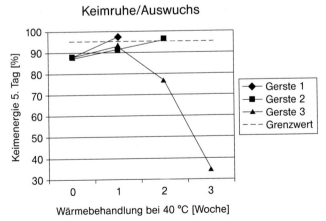

Abb. 3.42 Der Effekt der Wärmebehandlung bei Gersten mit verdecktem Auswuchs.

bei einer vertretbaren Keimenergie eine möglichst rasche Vermälzung anzuraten; andernfalls ist die Partie für Braumalz ungeeignet. Zur Kontrolle kann auch eine Paralleluntersuchung mittels Vitascope gute Hinweise liefern. Meist ist bei derartigen Partien ein gewisser Anteil an Ausbleibern wie auch an überlösten Körnern nicht zu vermeiden [424]. Außerdem ist der Besatz an Mikroorganismen zu beobachten, besonders an Schimmelpilzen (s. Abschnitt 3.4.7).

Abgesehen von den geschilderten Maßnahmen zur Verkürzung der Keimruhe ist, wie schon ausgeführt, eine derart weitgehende Trocknung auf 10–12% Wassergehalt nicht immer gerechtfertigt, obgleich die Trocknung selbst durch die angewendeten Temperaturen schon eine Verbesserung der Keimenergie erbringt. So wird empfohlen, Gersten, die innerhalb von 4–5 Monaten verarbeitet werden, nur auf ca. 14% zu trocknen, während eine Lagerzeit von 7–8 Monaten eine weitere Absenkung des Wassergehaltes auf ca. 12% erforderlich macht [425]. Ist die erforderliche Trocknerkapazität bei der Annahme der Gerste noch nicht verfügbar, so ist es zweckmäßig, das Gut auf eine dem Wassergehalt entsprechende niedrigere Temperatur zu kühlen (s. oben), desgleichen kann bereits keimreifes Getreide durch ein Kühlaggregat oder durch kalte Außenluft auf 5–10 °C abgekühlt werden.

Wird Gut von 15–16% ohne Kühlkonservierung gelagert, so ist eine Belüftung dann erforderlich, wenn sich in der betreffenden Silozelle eine Temperaturerhöhung um ca. 2 °C feststellen läßt. Dies kann aber nicht willkürlich geschehen, sondern hat sich nach Temperatur und Feuchte der Gerste sowie nach dem Zustand der Außenluft zu richten. Das Diagramm von *Theimer* [426] gibt hierüber Auskunft (s. Abschnitt 3.4.4.1). Es sind deshalb vor der Belüftung die erforderlichen Werte zu messen. Als Faustregel gilt, dass dann Luft zur Behandlung der Gerste herangezogen werden kann, wenn die Luft kälter als die Gerste ist. Sie erwärmt sich dabei am Getreide und kann damit Feuchtigkeit aufnehmen (s. Abschnitt 3.4.4.1). Es ist jedoch zweckmäßig, die Gerste von Zeit zu Zeit umzulagern, um die Bildung von Wärmenestern zu vermeiden. Dabei sind anhand von Durchschnittsproben Keimfähigkeit und Keimenergie zu überprüfen.

Bei Würdigung der Untersuchungen während der unterschiedlichen Lagerbedingungen ist abschließend festzustellen, dass letztlich durch eine Trocknung der Gerste auf einen Wassergehalt von 11–12% viele Probleme der Gerstenlagerung, der Lagerzeiten und Temperaturen von vornherein vermieden werden können. Dies ist Praxis in Großbritannien, wo empfohlen wird, die Gerste sogar auf 10% zu trocknen, um dann durch eine Warmlagerung bei 38 °C die Keimruhe abzubauen und die Wasserempfindlichkeit deutlich zu verringern. Es kann hierdurch auch der Besatz an Mikroorganismen wesentlich dezimiert werden [427]. Leider wird an den hierfür erforderlichen Kosten oftmals gespart bzw. zu Kompromißlösungen gegriffen.

3.4.4
Die Trocknung der Gerste

3.4.4.1 Trocknungswirkung der Luft

Diese ist nur unter gewissen Voraussetzungen möglich, die von dem Feuchtigkeitsgehalt der Gerste sowie von der jeweiligen physikalischen Zustandsform der Luft abhängig sind.

Jedes hygroskopische Material (z.B. Gerste) steht mit seinem Wassergehalt, bezogen auf die Gesamtmasse des Materials, in einem bestimmten Gleichgewichtszustand zur relativen Feuchte der umgebenden Luft. Diese Werte sind aus folgendem Diagramm (Abb. 3.43) zu entnehmen [418]. Es zeigt, dass z.B. eine Gerstenpartie, die eine Temperatur von 20 °C und eine Feuchte von 16% hat, einer bestimmten relativen Feuchtigkeit der Umgebungsluft entspricht. Soll diese Luft nun trocknend wirken, so muß sie bestimmte Voraussetzungen

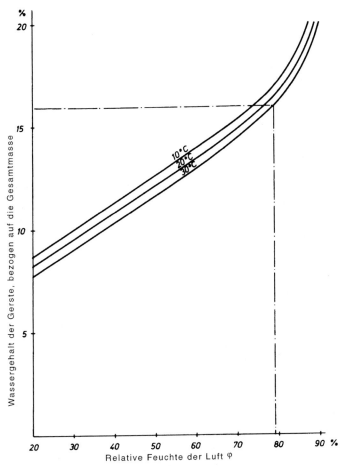

Abb. 3.43 Abluftfeuchte als Funktion des Wassergehaltes der Gerste (Sorptionsisothermen).

erfüllen, die anhand des *h, x-Diagrammes für feuchte Luft nach Mollier* untersucht werden können.

Luft ist bekanntlich eine Mischung aus verschiedenen Gasen, deren prozentualer Anteil am Volumen normalerweise als gleichbleibend angesehen werden kann. Es ist üblich, die *„trockene Luft"* (Luft ohne Wasserdampfgehalt) von der *„feuchten Luft"* (trockene Luft einschließlich ihres Wasserdampfgehaltes) zu unterscheiden.

In atmosphärischer Luft ist immer eine mehr oder weniger große Wasserdampfmenge enthalten. Diese übt immer einen bestimmten *Wasserdampfpartialdruck* p_D aus. Je höher die Lufttemperatur ist, desto größer ist die Wasserdampfmenge, die 1 m^3 trockene Luft aufnehmen kann. Bei der größtmöglichen Dampfnässe ist der Wasserdampfpartialdruck p_D gleich dem Sättigungsdruck des Wasserdampfes p_S bei der entsprechenden Temperatur. Überschüssiger Wasserdampf schlägt sich in Form von Nebel nieder.

Unter der relativen Feuchte φ versteht man das Verhältnis der Wasserdampfmasse in der Luft zur Dampfnässe gesättigter Luft bei der herrschenden Temperatur. Entsprechend gilt nach den Gesetzen:

$$\varphi \frac{\text{Wasserdampfpartialdruck}}{\text{Sättigungsdruck des Wasserdampfes}} = \frac{p_D}{p_S}$$

p_D: Wasserdampfpartialdruck in Pa (N/m^2)
p_S: Sättigungsdruck des Wasserdampfes in Pa (N/m^2)

Als Bezugsgröße für Berechnungen mit feuchter Luft hat es sich bewährt, die Masse von 1 kg trockener Luft zu verwenden. Wenn in einem kg trockener Luft x kg Wasserdampf beigemischt wird, so liegt die absolute Feuchte bei x kg Wasserdampf je kg trockener Luft. Für die absolute Feuchte der Luft x_S im Sättigungszustand gilt:

$$x_S = \frac{R_L}{R_D} \cdot \frac{p_S}{p - p_S} = 0{,}622 \cdot \frac{p_S}{p - p_S}$$

x_S: Absolute Feuchte im Sättigungszustand in kg H$_2$O/kg tr. Luft
R_L: Spezifische Gaskonstante für Luft; 287,1 J/(kg · K)
R_D: Spezifische Gaskonstante für Wasserdampf; 461,5 J/(kg · K)
p: Gesamtdruck der Luft in Pa (N/m^2)
p_S: Sättigungsdampfdruck des Wasserdampfes in Pa (N/m^2)

Für die absolute Feuchte x ungesättigter feuchter Luft gilt:

$$x = 0{,}622 \cdot \frac{p_D}{p - p_D}$$

p_D: Wasserdampfpartialdruck in Pa (N/m^2)

Für die spezifische Enthalpie h ungesättigter Luft, bestehend aus 1 kg trockener Luft und x kg Wasserdampf, gilt:

$$h = c_{pL} \cdot t + x \cdot (c_{pD} \cdot t + r_D) = 1{,}004 \cdot t + x \cdot (1{,}86 \cdot t + 2500)$$

h: Spezifische Enthalpie ungesättigter Luft in kJ/kg
t: Temperatur in °C
x: Absolute Feuchte ungesättigter Luft in kg/kg
c_{pL}: Spezifische Wärmekapazität trockener Luft bei konstantem Druck;
    1,004 kJ/(kg · K)
c_{pD}: Spezifische Wärmekapazität Wasserdampf bei konstantem Druck;
    1,86 kJ/(kg · K)
r: Spezifische Verdampfungswärme von Wasser bei t=0 °C; 2500 kJ/(kg · K)

Die spezifische Enthalpie h_s gesättigter Luft berechnet sich aus:

$$h_s = c_{pL} \cdot t + x_s \cdot (c_{pD} \cdot t + r_D) = 1{,}004 \cdot t + x \cdot (1{,}86 \cdot t + 2500)$$

h_s: Spezifische Enthalpie gesättigter Luft in kJ/kg
x_s: Absolute Feuchte gesättigter Luft in kg/kg

In der Tab. 3.9 sind in Abhängigkeit von der Temperatur der Sättigungsdruck des Wasserdampfes p_S in Pa, die absolute Feuchte x_s gesättigter Luft in kg/kg und die spezifische Enthalpie h_s gesättigter Luft in kJ/kg aufgetragen.

Als genaueste Methode zur Ermittlung der relativen Feuchte φ gilt das *Assmannsche* Psychrometer. Bei diesem Aspirationspsychrometer werden zwei Thermometer mittels eines Uhrwerkventilators (Aspirator) einem konstanten Luftstrom (ca. 2 m/s) ausgesetzt, dessen Dampfdruck gemessen werden soll. Der Quecksilberkörper eines dieser Thermometer ist mit einem feuchten Musselinschlauch umgeben, dessen Wasser im vorbeigeführten Luftstrom verdunstet, und zwar um so mehr, je höher die Temperatur und je geringer die Luftfeuchte ist. Als Folge der dadurch entstehenden Verdunstungskälte zeigt das „feuchte" Thermometer eine geringere Temperatur als das „trockene". Man ermittelt mit dem Psychrometer zunächst den *Wasserdampfpartialdruck* anhand der Psychrometerformel nach *Sprung*:

$$p_D = p_S - 0{,}6622 \cdot (t - t_f)$$

p_D: Partialdruck des Wasserdampfes in mbar
p_S: Sättigungsdampfdruck des Wasserdampfes in mbar
t: Temperatur am trockenen Thermometer in °C
t_f: Temperatur am feuchten Thermometer in °C

Tab. 3.9 Sättigungsdampfdruck p_s (in Pa), absoluter Wassergehalt x_s (in g/kg tr. Luft) und spezifische Enthalpie h_s (in kJ/kg) für gesättigte Luft bei p = 1000 mbar [428].

t [°C]	p_s [Pa]	x_s [g/kg]	h_s [kJ/kg]	t [°C]	p_s [Pa]	x_s [g/kg]	h_s [kJ/kg]
−20	102,9	0,64082	−18,52066	26	3360	21,630	81,2811
−19	113,3	0,70566	−17,3545	27	3564	22,992	85,8014
−18	124,7	0,77676	−16,1727	28	3778	24,426	90,5107
−17	136,9	0,85285	−14,9783	29	4004	25,948	95,4501
−16	150,4	0,93708	−13,7635	30	4241	27,552	100,6048
−15	165,1	1,02882	−12,5298	31	4491	29,253	106,0137
−14	180,9	1,12746	−11,2789	32	4753	31,045	111,6220
−13	198,1	1,23487	−10,0055	33	5029	32,943	117,5885
−12	216,9	1,35232	−8,7070	34	5318	34,942	123,7811
−11	237,3	1,47981	−7,3832	35	5622	37,059	130,2829
−10	259,4	1,61799	−6,0324	36	5940	39,288	137,0822
−9	283,3	1,76749	−4,6529	37	6274	41,645	144,2178
−8	309,4	1,93083	−3,2384	38	6624	44,133	151,6990
−7	337,6	2,10741	−1,7904	39	6991	46,762	159,552
−6	368,1	2,29850	−0,3056	40	7375	49,535	167,786
−5	401,0	2,50477	1,2177	41	7777	52,462	176,427
−4	436,8	2,72937	2,7875	42	8198	55,556	185,510
−3	475,4	2,97171	4,4025	43	8639	58,827	195,061
−2	517,2	3,23436	6,0690	44	9100	62,281	205,097
−1	562,1	3,51674	7,7859	45	9582	65,929	215,647
0	610,8	3,8233	9,5643	46	10086	69,786	226,751
1	656,6	4,1118	11,2986	47	10612	73,857	238,424
2	705,5	4,4202	13,0839	48	11162	78,166	250,728
3	757,5	4,7485	14,9202	49	11736	82,720	263,684
4	812,9	5,0987	16,8126	50	12335	87,537	277,338
5	871,8	5,4714	18,7629	51	12961	92,641	291,755
6	934,5	5,8686	20,7761	52	13613	98,035	306,945
7	1001,2	6,2917	22,8558	53	14293	103,749	322,987
8	1072,0	6,7414	25,0041	54	15002	109,804	339,936
9	1147,2	7,2198	27,2263	55	15741	116,223	357,856
10	1227,0	7,7283	29,5262	56	16511	123,033	376,820
11	1311,6	8,2682	31,9071	57	17313	130,26	396,894
12	1401,4	8,8424	34,3766	58	18147	137,926	418,141
13	1496,5	9,4515	36,9364	59	19016	146,082	440,695
14	1597,3	10,0985	39,5942	60	19920	154,754	464,628
15	1703,9	10,7841	42,3520	61	20860	163,98	490,042
16	1816,8	11,5119	45,2192	62	21840	173,83	517,122
17	1936,2	12,2834	48,1998	63	22860	184,36	546,020
18	2062	13,098	51,2925	64	23910	195,49	576,528
19	2196	13,968	54,5288	65	25010	207,48	609,333
20	2337	14,887	57,8927	66	26150	220,29	644,333
21	2485	15,853	61,3794	67	27330	233,97	681,666
22	2642	16,882	65,0298	68	28560	248,71	721,834
23	2808	17,974	68,84437	69	29840	264,59	765,054
24	2982	19,122	72,8055	70	31160	281,60	811,307
25	3166	20,340	76,9492	71	32530	299,95	861,150

Tab. 3.9 (Fortsetzung)

t [°C]	p_s [Pa]	x_s [g/kg]	h_s [kJ/kg]	t [°C]	p_s [Pa]	x_s [g/kg]	h_s [kJ/kg]
72	33960	319,91	915,304	87	62490	1036,43	2847,162
73	35430	341,36	973,461	88	64950	1152,84	3160,269
74	36960	364,74	1036,790	89	67490	1291,52	3533,190
75	38550	390,28	1105,909	90	70110	1459,26	3984,164
76	40190	418,04	1180,988	91	72810	1665,94	4539,734
77	41890	448,47	1263,231	92	75610	1928,61	5245,675
78	43650	481,91	1353,550	93	78490	2270,14	6163,447
79	45470	518,76	1453,023	94	81460	2733,46	7408,356
80	47360	559,72	1563,523	95	84530	3399,37	9197,424
81	49310	605,18	1686,107	96	87690	4431,70	11970,74
82	51330	656,12	1823,400	97	90940	6244,61	16840,81
83	53420	713,48	1977,929	98	94300	10292,37	27713,91
84	55570	778,11	2151,988	99	97760	27151,38	72999,54
85	57800	852,10	2351,175	100	101330	–	–
86	60110	937,47	2580,917				

Aus: DUBBEL: Taschenbuch für den Maschinenbau. 17. Auflage. Herausg.: *Breit, U., Küttner, K. H.* Springer-Verlag, Berlin

Aus dem mit der obigen Gleichung errechneten Wasserdampfpartialdruck und dem aus der Tab. 3.9 zu entnehmenden Sättigungsdampfdruck p_S kann die relative Feuchte errechnet werden.

$$\varphi = \frac{p_D}{p_S} \cdot 100$$

Zur Messung der Luftfeuchte werden in der Meteorologie häufig Haarhygrometer eingesetzt. Sie beruhen auf der Ausdehnung des Menschenhaares in Abhängigkeit von der relativen Feuchtigkeit. Sie sind jedoch nicht brauchbar bei kleinen Feuchtigkeitswerten und bei Temperaturen über 50°C. Auch bei 100% relativer Feuchte ist ein häufiges Regenerieren nötig.

Jeder Trocknungsvorgang ist nun, wie schon oben angeführt, ein Belüftungsproblem, d.h. es kann nur dann ein Wasserentzug stattfinden, wenn die Trocknungsluft relativ wasserarm ist, oder, genauer ausgedrückt, wenn eine Partialdruckdifferenz zwischen dem feuchtigkeitsabgebenden, zu trocknenden Medium und der Luft vorhanden ist. Diese Beziehungen zwischen den physikalischen Bedingungen der Luft bei Trocknungs- und Darrvorgängen spielen in der Technologie der Malzbereitung eine sehr wichtige Rolle. Sie sind die Voraussetzung sowohl für eine sachgemäße Trocknung der Gerste wie auch für eine sachgemäße Keimung (Feuchtigkeit der Haufenluft!) oder Trocknung beim Darren.

Die vielfältigen physikalischen Zustände und Zusammenhänge zwischen Temperatur, absoluter relativer Feuchte und spezifischer Enthalpie eines gegebenen Luftzustandes sind im h, x-Diagramm von Mollier graphisch dargestellt. Sie bilden die Grundlage für alle Berechnungen und Voraussagen bei Trocknungs- und Befeuchtungsvorgängen (Abb. 3.44).

Auf der Ordinate im h,x-Diagramm ist die Temperatur in Grad Celsius aufgetragen. Gleichzeitig sind in der Ordinate auch die Ausgangspunkte für die schräg von links oben nach rechts unten laufenden Linien gleicher spezifischer Enthalpie h in kJ pro kg trockener Luft in dieser feuchten Luft eingezeichnet.

Die Abszisse gibt die absolute Feuchte x (den absoluten Wassergehalt x) in g/kg trockener Luft wieder.

Alle Parallelen zur Ordinate sind demnach Linien gleichen Wassergehaltes und zunehmender spezifischer Enthalpie. Über einen Randmaßstab kann zu einem beliebig ausgewählten Luftzustand die spezifische Enthalpie h ermittelt werden. Im h, x-Diagramm sind noch Linien gleicher Trockentemperatur und Kurven gleicher relativer Feuchte der Luft eingetragen. Zusätzlich sind die Linien gleicher Feuchttemperatur t_f (=Linien gleicher Kühlgrenztemperatur t_K) sowie gleichen spez. Volumens feuchter Luft in m^3/kg eingezeichnet. Damit sind diesem Koordinatensystem alle physikalischen Zustandsänderungen der Luft in verschiedenen Temperatur- und Feuchtigkeitsbereichen zu entnehmen.

Beispiel: Wird Luft von 10 °C und einer relativen Feuchtigkeit von φ=90% auf 50 °C erwärmt, so findet man die relative Feuchte der so erwärmten Luft dadurch, dass man im Diagramm zunächst von der Ordinatenachse aus bei 10 °C auf der Geraden gleichbleibender Temperatur den Schnittpunkt mit der Kurve φ=90% sucht und von dort aus über die Gerade absoluten Wassergehalts (der sich beim Erwärmen nicht ändert) bis zum Schnittpunkt mit der Temperaturlinie 50 °C verfolgt. Die Lage des Punktes zwischen den Kurven ergibt dann die relative Feuchte der zu erwärmenden Luft von rund 8%. Die Gerade gleichbleibenden Wassergehaltes zeigt auf der Abszisse einen absoluten Wassergehalt x von 6,9 g/kg an. Durch die Erwärmung erhöht sich die spezifische Enthalpie h der Luft von 28 kJ/kg auf 67 kJ/kg, also um 39 kJ/kg.

Die Luft nimmt nun beim Trocknen Wasser auf. Dieses Wasser muß verdampft werden. Die Wärme, die hierzu erforderlich ist, wird als fühlbare Wärme der Luft entzogen, die Luft kühlt sich ab. Die entzogene Wärme bleibt jedoch in der nunmehr feuchten Luft erhalten, sie geht jedoch als latente Wärme an das verdampfte Wasser über. Die Abkühlung der Luft verläuft theoretisch entlang der Linie gleicher Kühlgrenze. Diese Linien verlaufen annähernd parallel zu den Linien gleicher spezifischer Enthalpie von 67 kJ/kg. Die maximale Wasseraufnahmefähigkeit ist mit 100% auf der untersten Kurve mit 100% rel. Feuchte erreicht. Dieser Punkt liegt senkrecht über einem absoluten Wassergehalt x von 18 g/kg trockener Luft und bei einer Feuchttemperatur (=Kühlgrenztemperatur) von rund 23 °C.

Es hat demnach die Trocknungsluft eine Abkühlung von 50° auf rd. 23 °C, also um 27 °C, erfahren. Sie hat dem Getreide eine Wasserrnasse von 18 g/kg–6,9 g/kg=11,1 g pro kg trockener Luft entzogen.

Nun ist anhand der Sorptionsisotherme über die Wechselbeziehungen zwischen Getreide und Luft eine Anreicherung bis zur Sättigung nicht möglich. Nimmt man nun anhand des ursprünglichen Beispiels an, dass die Gerste einen Wassergehalt von 20% habe und auf 16% getrocknet werden solle, so kann man aus der Sorptionsisotherme eine Sättigung der Trocknungsluft von ca. 87% entnehmen (s. Abschnitt 3.4.4.1).

Wird die Linie gleicher spezifischer Enthalpie h nicht bis zum Schnittpunkt 100% relativer Feuchte, sondern nur bis zu 87% geführt, so entspricht dieser Punkt einer Temperatur der feuchten „Abluft" von 25 °C und einem absoluten Wassergehalt von rund 17 g/kg trockener Luft. Die Wasseraufnahme beträgt also nur 10,1 g/kg trockener Luft und die Abkühlung ist folglich etwas geringer.

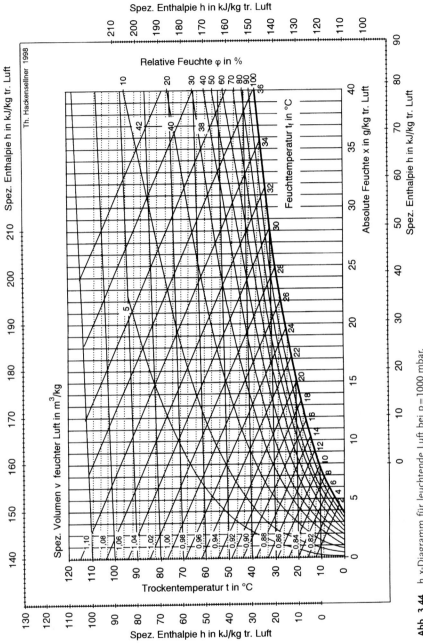

Abb. 3.44 h,x-Diagramm für leuchtende Luft bei p = 1000 mbar.

Um nun einer Tonne Gerste 4% Wasser zu entziehen, müssen 40 000 g Wasser verdampft werden. Nachdem 1 kg trockene Luft 10,1 g Wasser aufnehmen kann, benötigt man zur Trocknung von 1 t Gerste rund 3960 kg trockene Luft.

Wird nun die Luft im Trockner nicht auf 50 °C, sondern auf 70 °C erhitzt, so kann sie unter sonst gleichen Bedingungen 23 g/kg–6,9 g/kg=16,1 g Wasser pro kg trockener Luft aufnehmen. Es werden folglich nur rund 2480 kg trockene Luft zur Trocknung der Gerste benötigt.

In der Praxis wird die Luftmenge allerdings nicht in kg, sondern in m³ gemessen. Zur Umrechnung muß deshalb die Dichte der Luft bekannt sein.

Die Dichte trockener Luft ist nach den Gasgesetzen:

$$\rho_{trL} = \frac{1}{R_L} \cdot \frac{p_L}{T} = 3,4836 \cdot 10^{-3} \frac{kg \cdot K}{Nm} \cdot \frac{p_L}{T}$$

ρ_{trL}:   Dichte trockener Luft in kg/m³
p_L: Partialdruck der Luft in Pa (N/m²)
T: Temperatur in K

Für feuchte Luft gilt folgende Näherungsgleichung:

$$\rho_{fL} = \frac{1}{R_L} \cdot \frac{p}{T} - \left(\frac{1}{R_L} - \frac{1}{R_D}\right) \cdot \frac{p_D}{T} = 3,4836 \cdot 10^{-3} \frac{kg \cdot K}{Nm} \cdot \frac{p}{T} - 1,3168 \cdot 10^{-3} \frac{kg \cdot K}{Nm} \cdot \frac{p_D}{T}$$

ρ_{fL}: Dichte feuchter Luft in kg/m³
p: Gesamtdruck in Pa (N/m²)
p_D: Partialdruck des Wasserdampfes in Pa (N/m²)
T: Temperatur in K

Einfacher ist allerdings die Verwendung eines h, x-Diagrammes, in welchem die Linien gleicher Dichte oder gleichen spez. Volumens eingezeichnet sind.

Für die Trocknung der Gerste mit Außenluft kann angenähert der Wasserdampfpartialdruck als Luftfeuchte in g/m³ angenommen werden, da bei Temperaturen bis 25 °C der Unterschied zwischen dem Wasserdampfgehalt x' (g/m³) und dem Wasserdampfpartialdruck p_D (mbar) gering ist.

In Tab. 3.10 sind für die hier möglichen Luftzustandsformen Angaben gemacht.

Daraus folgt, wie auch schon anhand des h, x-Diagramms von *Mollier* diskutiert:

a) Je wärmer die Luft ist, um so mehr Wasser kann sie bei gleicher relativer Feuchte aufnehmen.
   Beispiel: 1 m³ Luft von 100 °C kann maximal 9,4 g Wasserdampf aufnehmen; 1 m³ Luft von 20 °C dagegen 17,3 g. Dies ist bei einer Differenz von 17,3–9,4 =7,9 g, also um rd. 84% mehr.

Tab. 3.10 Sättigungsgrad der Luft mit Wasserdampf in% relativer Feuchtigkeit.

ψ %	g Wasserdampf je m³ bei Temperaturen von °C					
	10°	12°	14°	16°	18°	20°
50	4,7	5,3	6,0	6,8	7,7	8,6
60	5,6	6,4	7,5	8,2	9,2	10,4
70	6,6	7,5	8,6	9,5	10,8	12,1
80	7,5	8,6	9,7	10,9	12,3	13,8
90	8,5	9,6	10,9	12,2	13,9	15,6
100	9,4	10,7	12,1	13,6	15,4	17,3

b) Wird Luft ohne Veränderung der absoluten Feuchte erwärmt, so ändert sich ihre relative Feuchtigkeit.
Beispiel: Luft von 12 °C mit einem Sättigungsgrad von 80% enthält 8,6 g/m³ Wasserdampf. Wird diese Luft auf 20 °C erwärmt, so hat sie nurmehr einen Sättigungsgrad von 50%.

c) Wird Luft bei konstanter absoluter Feuchte abgekühlt, so steigt ihre relative Feuchtigkeit an.
Beispiel: 1 m³ Luft von 20 °C und 70% Feuchtigkeit enthält 12,1 g/m³ Wasserdampf. Wird nun auf 16 °C abgekühlt, so beträgt ihr Sättigungsgrad ohne Änderung der absoluten Feuchte rd. 90%.

d) Wird Luft so stark abgekühlt, dass die relative Feuchtigkeit 100% überschreitet, so schlägt sich der Wasserdampf in flüssiger Form nieder; es tritt eine Kondensatwasserbildung ein, also eine Abscheidung des Wassers in flüssiger Form.
Beispiel: 1 m³ Luft von 20 °C mit einem Sättigungsgrad von 90% enthält 15,6 g Wasserdampf. Kühlt man diese Luft auf 10 °C ab, so kann sie beim höchsten Sättigungsgrad von 100% nur mehr 9,4 g/m³ aufnehmen. Jeder m³ Luft wird daher 15,6–9,4 =6,2 g Wasser abscheiden.
Eine dieser Folgen ist das lästige Schwitzen und Tropfen von Wänden, Decken und Leitungen. Auch die Rückluft bei pneumatischen Keimanlagen kann bei Rückkühlung Wasserdampf in flüssiger Form abscheiden. Wird kalte Gerste (z. B. 8 °C) mit feuchter Luft von höherer Temperatur (z. B. 20 °C) belüftet, so schlägt sich durch die Abkühlung dieser Luft Feuchtigkeit auf der Gerstenoberfläche nieder.

e) Luftmassen von unterschiedlicher Temperatur können dieselbe absolute Feuchte aufweisen; sie haben aber eine verschieden hohe relative Feuchte.
Beispiel: Luft von 10 °C und 90% Feuchtigkeit enthält 8,5 g/m³ Wasserdampf. Etwa die gleiche Wassermenge hat die Luft bei 12 °C und 80%, bei 14 °C und 70%, bei 16 °C und 60% sowie bei 20 °C und 50% relativer Feuchte.

Es ist also bei der Trocknung mit Außenluft wichtig, dass die Luft noch Wasserdampf aufnehmen kann. Sie muß folglich:

a) kälter sein als das zu trocknende Gut. Je größer der Temperaturunterschied zwischen zugeführter Luft und Lagergut, um so größer ist der Wirkungsgrad;

b) möglichst trocken sein, d. h. einen niedrigeren Sättigungsgrad besitzen.

Hier kann die Tabelle von *Theimer* [426] Hinweise geben, ob belüftet werden darf oder nicht (Abb. 3.45). Nun bedarf die Trocknung mit Außenluft großer Luftmengen und dauert, in Abhängigkeit von den Witterungsverhältnissen, relativ lange. Anhand des h,x-Diagrammes wurde gezeigt (s. Abschnitt 3.4.4.1), wie klein die Trocknungsluftmengen sein können, wenn die Luft künstlich erwärmt wird.

Die Trocknung einer Gerste mit einem höheren Wassergehalt von mehr als 19% geht verhältnismäßig leicht vor sich, da Gerste dieses Wassergehaltes einen Wasserdampfdruck hat, der der einer offenen Wasseroberfläche entspricht. Von ungefähr 19% Wassergehalt ab (dies entspricht dem Hygroskopizitätspunkt) sinkt der Wasserdampfdruck der Gerste verhältnismäßig rasch ab; demnach muß auch die zur Trocknung bestimmte Luft mit einer konstanten Temperatur einen niedrigeren Wasserdampfdruck aufweisen, d. h. eine möglichst geringe relative Feuchte haben. Bei diesem Trocknungsvorgang (s. Abschnitt 3.4.4.1) wird nun die Trocknungskapazität der Luft nicht mehr voll ausgenützt: die relative Feuchte der Abluft sinkt (Wasseraufnahmefähigkeit), ihre Temperatur steigt. Um nun die Differenz zwischen den Wasserdampfdrücken wieder zu erhöhen, muß die Temperatur der Trocknungsluft erhöht werden.

Die Trocknung wird überdies erschwert, da die Gerste mit einer für Wasserdampf wenig durchlässigen Umhüllung versehen ist. Zum anderen darf die Gerste nicht über Temperaturen von 30–50 °C, je nach ihrem Wassergehalt, erwärmt werden. Der Unterschied der Wasserdampfdrücke zwischen Trocknungsgut und trockener Luft ist also geringer als bei einer Reihe von anderen Trocknungsprozessen. So darf die Trocknungstemperatur in Abhängigkeit von der Gutfeuchte nach Tab. 3.11 betragen [429]:

Tab. 3.11 Wassergehalt der Gerste und Trocknungstemperatur.

Wassergehalt in %	Temperatur in °C
16	49
17	46
18	43
19	40
20	38
21	36
22	34
23	32
24	30

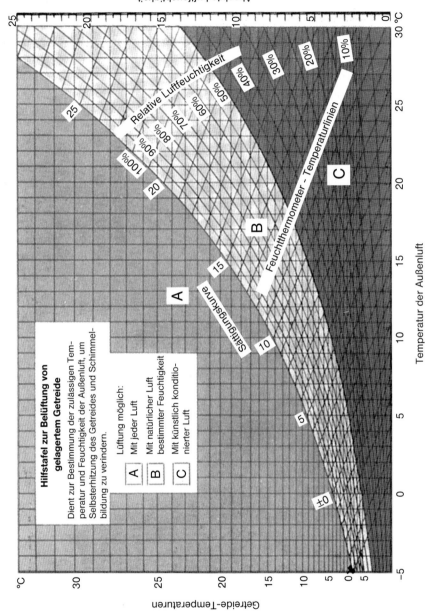

Abb. 3.45 Belüftungstabelle für Getreide nach *Theimer* [426].

Somit wird gerade bei höheren Wassergehalten der Gerste nur eine geringere Trocknungstemperatur – im Hinblick auf die Keimfähigkeit der Braugerste – möglich. Auf der einen Seite wird jedoch der Wassergehalt hier (Hygroskopizitätspunkt!) leichter abgegeben; andererseits kühlt sich die Trocknungsluft durch die Verdunstung des Wassers entsprechend ab (s. Abschnitt 3.4.4.1), so dass ohne weiteres auch hier mit ausreichenden Luft-Temperaturen gearbeitet werden darf.

Die Warmlufttrocknung kann durchgeführt werden mit Hilfe von speziellen Gersten- oder Getreidetrocknern, mit Malzdarren, in sog. Trocknungssilos und mit Hilfe von Kistenpaletten.

3.4.4.2 Gerstentrockner

Wenn auch die Zahl der industriellen Trockner vielfältige Möglichkeiten bietet, so sind doch in der Mälzerei hauptsächlich kontinuierlich arbeitende Schachttrockner anzutreffen, die je nach der Führung von Gut und Trocknungsluft als Jalousie-, Dächer- und Kaskadentrockner bezeichnet werden.

Im Anschluß an die Trocknungsabteilungen, in denen mit fortschreitendem Wasserentzug die Guttemperatur das Maximum (35–45 °C) erreicht, ist eine Kühlabteilung angeordnet, in der die Gerste, ebenfalls über Dächer rieselnd, von Außenluft umspült wird. Hierdurch kann eine Kühlung auf rund 10 °C über Außentemperatur erzielt werden. Die Kühlwirkung läßt sich selbst durch Erhöhen des Luftdurchsatzes aus Gründen des Energieaufwandes nicht beliebig steigern. Es kann u. U. wieder in leichter Anstieg der Feuchtigkeit eintreten. Im Falle, dass die Gerste warm in den Silo eingelagert werden soll (s. Abschnitt 3.4.3), ist es zweckmäßig, u. U. auch diese Abteilung mit Warmluft zu beschicken und so die Leistung des Trockners zu erhöhen.

Der Trocknerauslauf ist so gestaltet, dass er mittels eines Rüttelschuhes das Getreide der gewünschten Leistung entsprechend kontinuierlich austrägt. Dabei ist über eine im Einlauf heb- und senkbar angeordnete Regulierschale sichergestellt, dass der Trockner im Falle ungleichmäßiger Beschickung nicht leer- oder überläuft [430].

Es wurde angenommen, dass das Korn nicht gleichmäßig durchtrocknen würde, da die Außenschichten schneller abtrocknen als die inneren und spröde werden bzw. sich zusammenziehen, bevor die Feuchtigkeit aus dem Korninnern durch die Kapillaren nach außen gelangt. Es wurden Rißbildungen befürchtet. Aus diesem Grunde wurde vor den eigentlichen Trockner-Elementen eine Vorwärmeabteilung angeordnet, wo das Gut mittels beheizter Radiatoren auf eine einstellbare Temperatur von 35–45 °C erwärmt wurde, ohne dass ein Wasserentzug erfolgte. Hierdurch wanderte das Wasser des Korns vom Innern zur Oberfläche (Schwitzen des Korns), um dann leichter in der folgenden Trockenzone mittels Warmluft entfernt zu werden. Bei den heutigen Trocknern hat sich diese Abteilung als entbehrlich erwiesen.

Die heute gebräuchlichen Trockner bestehen aus einer Reihe von Modulen, die in einzelne Abschnitte unterteilt sind, denen durch die Führung der Luftströme Rechnung getragen wird.

Eine moderne Trocknerkonstruktion sieht vor, das Gut über einen Vorratsbehälter, der über die gesamte Grundrißfläche reicht, auf die Module zu leiten. Diese sind von dachförmigen, unten offenen Elementen durchzogen, durch die die Trocknungsluft geführt wird. Eine konkave Gestaltung der Dächer sichert eine gleichmäßige Umströmung des Trocknungsgutes. Besonders wichtig und neuartig gegenüber den früheren Konstruktionen (s. a. 6. und 7. Auflage dieses Buches) ist die Anordnung der Dächer für die Luftzu- und -abführung. Früher waren die Zuluft- und Abluftdächer in Reihen versetzt übereinander angeordnet. Dadurch wurde die Trocknungsluft immer von der gleichen Seite an das zu trocknende Gut herangeführt (s. Abb. 3.46). Dies hatte eine uneinheitliche Trocknung der Teilgutströme zur Folge. Neu ist, die Zuluft- und Abluftdächer diagonal durch die Module zu führen und eine Produktstromteilung vorzunehmen. Durch Weglassen einer Dächerreihe im oberen Teil der Module wird eine „Homogenisierung" und damit eine gleichmäßige Endfeuchte aller Teilgutströme erreicht (s. Abb. 3.47). Hierdurch wird die thermische Belastung z. B. der Gerste verringert und eine Schädigung ihrer Keimfähigkeit vermieden.

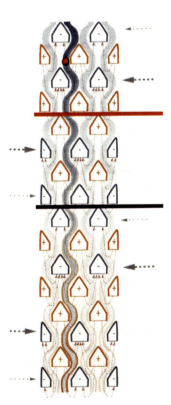

Abb. 3.46 Ursprüngliche horizontale Anordnung der Luftzufuhr- und Abfuhrdächer.

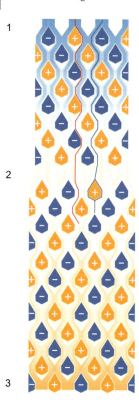

1

2

3

Abb. 3.47 Diagonale Luftführung in modernen Trocknern.
1 = Produktzuführung, 2 = Teilung der Produktströme,
3 = einheitlich getrocknetes Gut.

Die Erwärmung der Trocknungsluft geschieht meist (bei Braugetreide immer) indirekt in einem mittels Öl oder Gas beheizten Warmlufterzeuger. Die Luft wird in einem Warmluftschacht von einem Saugventilator nach oben geführt und auf die einzelnen Module verteilt. Der Trocknungsluft für die oberen 9 Module wird noch Umluft aus den untersten drei Elementen zudosiert, die infolge des dortigen Trocknungsfortschritts nicht mehr gesättigt ist und somit eine höhere Temperatur aufweist (Abb. 3.48).

Die Module 10–13 erhalten nur Luft direkt vom Lufterhitzer, wobei die Abluft von Modul 10 noch mehr Feuchtigkeit enthält und somit abgeführt wird. Die Abluft der Module 11–13 wird als Umluft wiederverwendet. Dies spart Energie und vermittelt eine das Produkt schonende Temperatur und Konditionierung der Trocknungsluft.

Die so getrocknete Gerste kann nun mit der im Modul 13 herrschenden Temperatur von 35–40 °C in den Silo eingelagert werden, um die Keimruhe zu überwinden. Diese Verfahrensweise wird in Deutschland nur selten angewendet; in Großbritannien ist die Warmreifung der Braugerste häufiger anzutreffen.

So wird die Gerste bzw. der Weizen oder ein anderes Trocknungsgut meist abgekühlt, wofür weitere Module vorgesehen sind. Mittels eines Druckventilators kann eine Kühlung auf ca. 10 °C über Außentemperatur erzielt werden.

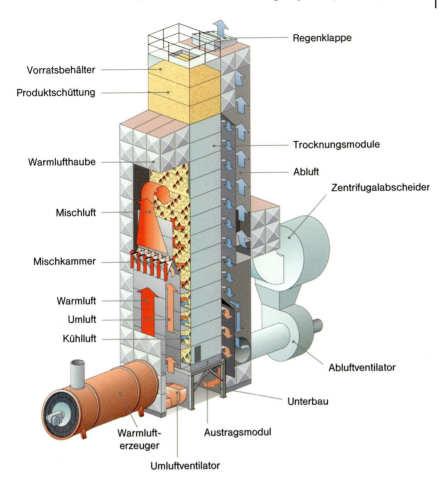

Abb. 3.48 Moderner Trockner (Schmidt-Seeger).

Die durch das Gut erwärmte Luft kann wieder in den Warmlufterzeuger zurückgeführt werden, wodurch wiederum Energie eingespart werden kann.

Bei großen Trockneranlagen für weitergehende Trocknung, z.B. von Mais, wird dem Trockner ein eigener, externer Kühler nachgeschaltet. Dieser ist kleiner bemessen, isoliert und weist ebenfalls Dächerelemente, wie sie der Trockner enthält, auf. Er ist an einen Saugventilator mit Entstaubungsvorrichtung angeschlossen.

Die in Abschnitt 3.4.4.1 angegebenen Trocknungstemperaturen dürfen in Abhängigkeit vom Wassergehalt des Gutes nicht überschritten werden. Die Temperatur der Trocknungsluft beträgt im allgemeinen bei kontinuierlichen Trocknern 60–65 °C; sie darf deswegen nur so hoch sein, weil sie durch die Verdunstung des Wassers an der Kornoberfläche abkühlt. Die Durchlaufzeit beträgt bei Braugerste rund 110 min, ebenso bei Brauweizen, bei Backweizen 75 min.

Tab. 3.12 Abmessungen und Leistungen von Schacht-
trocknern [323].

Querschnitt m	Höhe m	max. Leistung t/h
1×1	10	2,0
1,4×1,4	11	10,0
1,4×2,4	14	20,0

Der Durchsatz an Trocknungsluft beträgt rund 3600 cbm/t und h; der spezifische Wärmebedarf liegt bei einem Wasserentzug von 20 auf 16%, also um 4,76% des Anfangsgewichts, bei rd. 215 700 kJ/t Gerste (51 600 kcal). Bei der „Öko-Version", d. h. bei der Wiederverwendung der Abluft aus den Modulen 11–13 werden rund 10% eingespart, so dass der Wärmeverbrauch bei 194 000 kJ/t (46 440 kcal) liegt. Der elektrische Energiebedarf wird mit 2,0 kWh/t angegeben.

Bei der Berechnung der entzogenen Wasserrnasse muß auf das Quantum der Ursprungsgerste umgerechnet werden, da sonst Mißverständnisse entstehen können [431]. Trockner werden etwa in folgenden Größen gebaut (Tab. 3.12).

Energieersparnisse können durch Solarzellen erzielt werden, die einen Beitrag zur Erwärmung des Heißwassers leisten können. Auch eine Anbindung an den betrieblichen Energieverbund (Blockheizkraftwerk) ist sinnvoll.

Die Trocknungswirkung hängt sehr stark vom Zustand der Außenluft ab. Bei warmer, feuchter Witterung wird ein Trockner weniger zu leisten vermögen als bei kalter, trockener. Dies geht anhand des h, x-Diagramms oder aus der Tab. 3.9 eindeutig hervor.

Als Anhaltspunkt mag dienen, dass der Wassergehalt des Getreides bei einem Durchgang um ca. 4% abgesenkt werden kann. Bei höheren Feuchtigkeitswerten muß zweimal getrocknet werden. Nachdem das Gut durch eine Trocknung von z. B. 20 auf 16% zunächst nicht mehr unmittelbar gefährdet ist (s. Abschnitt 3.4.2), kann die zweite Stufe dann nachgeholt werden, wenn die Hauptmenge der Gerste bereits zur Anlieferung kam.

Der Trockner wird sinnvoll zwischen zwei Silozellen angeordnet. Die obere dient zur Aufnahme des „Naßgutes", die untere zur Zwischenlagerung des „Trockengutes". Beide sollten ein Fassungsvermögen haben, das jeweils der Menge für eine 10-stündige Trocknung entspricht. Waagen über und unter dem Trockner lassen den „Trocknungsverlust", d. h. die entzogene Wassermenge bestimmen.

3.4.4.3 Vakuumtrockner

Vakuumtrockner haben sich für höhere Leistungen als 10 t/h einzuführen vermocht,wenn sie auch in Mälzereien noch kaum anzutreffen sind. Im Gegensatz zu den vorbeschriebenen Warmlufttrocknern wird hier das Gut nicht unter Luftzufuhr, sondern im Vakuum getrocknet. Grundgedanke bei der Vakuumtrocknung ist, dass die Siedetemperatur des Wassers mit zunehmendem Vakuum absinkt. So verdampft bei einem absoluten Druck von ca. 40 mbar (= 96% Vakuum) das Wasser bei 29 °C. Im Trockner selbst werden jedoch höhere Temperaturen erreicht, da die Radiatoren mit Dampf von 100–110 °C beheizt werden. Solange nun Wasser verdampft, wird die zugeführte Wärme zur Wasserverdampfung verbraucht, so dass im Gut Temperaturen von ca. 29 °C vorliegen. Mit dem Fortschreiten der Wasserverdampfung geht immer mehr überschüssige Wärme an das Korn über, so dass beim Herabtrocknen von Gerste auf 12–13% Feuchte schon Temperaturen von 50 °C und mehr auftreten können [430].

Der Vakuumtrockner besteht aus dem Hauptvakuumraum sowie vor- und nachgeschalteten Schleusenbehältern, die den eigentlichen Trocknungsraum mittels preßluftbetätigter Schleusen gegen die Atmosphäre abschließen (Abb. 3.49). Dem Trockner ist eine Kühlabteilung (wie beim Warmlufttrockner) nachgeschaltet. Der elektrische Energiebedarf der Vakuumpumpen, der Kühlwasserpumpe usw. liegt etwa pro kg verdampften Wassers bei den Werten des Warmlufttrockners, der spezifische Wärmebedarf liegt mit rund 4000 kJ (950 kcal)/kg Wasserentzug wesentlich niedriger. Dazu kommt ein Kühlwasserbedarf zum Niederschlagen des entstehenden Schwadens, der bei 50 l/kg Wasserentzug liegt.

3.4.4.4 Malzdarre

Die Malzdarre – vornehmlich die Einhorden-Hochleistungsdarre mit Kipphorde – ist sehr gut zum Trocknen von Gerste geeignet, da der sonst unvermeidliche Arbeitsaufwand gering gehalten werden kann.

Es können 400–450 kg Gerste pro m^2 Hordenfläche aufgetragen und in 6 Stunden von 20% auf 15% Wassergehalt getrocknet werden. Die Lufttemperatur steigt dabei zweckmäßig langsam von 35° auf 45 °C an. Naturgemäß stellen sich Unterschiede im Feuchtigkeitsgehalt zwischen der unteren Schicht (ca. 12%) und der oberen (ca. 17%) ein [432], die sich jedoch infolge der intensiven Vermischung des Gutes beim Abräumen und beim nachfolgenden Transport weitgehend ausgleichen lassen [433].

Um die Unterschiede zwischen den unteren und den oberen Schichten zu verringern und gleichzeitig eine Übertrocknung der Kornoberflächen in der Unterschicht zu vermeiden, wird zunächst bei 40–45 °C ca. 60 Minuten lang mit Umluft gearbeitet. Anschließend erfolgt die Trocknung mit Temperaturen, die, mit 50 °C beginnend, schrittweise auf 40–42 °C zurückgenommen werden. Es sind aber Feuchtigkeitsunterschiede zwischen der unteren Schicht (11–12%) und der oberen (14–16%) nicht zu vermeiden. Nachdem die Vermischung des Gutes beim Abräumen und beim nachfolgenden Transport intensiv ist, lassen sich die Unterschiede im Wassergehalt dann innerhalb von 4–5 Tagen annähernd ausgleichen, wenn Temperaturgleichheit gegeben ist [433]. Diese Feuchtigkeits- und Temperaturverhältnisse sind jedoch zu kontrollieren.

Physiologisch ist die Trocknung auf der Darre günstig, da sich das Gut erst mit fortschreitender Trocknung erwärmt. Keimschäden konnten nicht festgestellt werden; vielmehr verbesserte sich die Keimenergie und auch die Wasser-

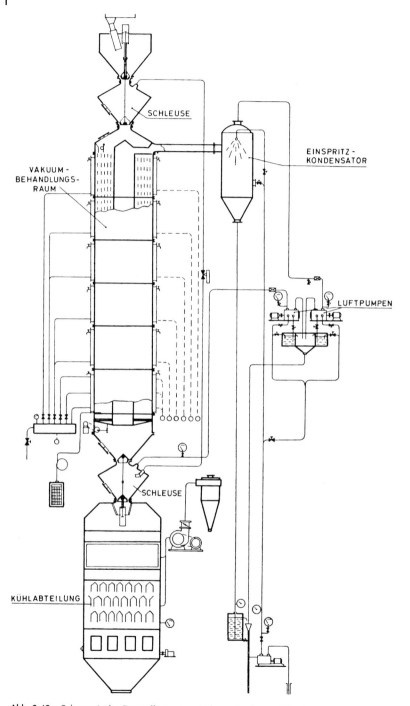

Abb. 3.49 Schematische Darstellung eines Vakuumtrockners (Miag).

empfindlichkeit der Gerste allein durch den Trocknungsvorgang. Der Fortgang der Trocknung ist an der Differenz zwischen der Ein- und Austrittstemperatur zu verfolgen. Am Ende der Trocknung soll die Gerste durch Außenluft entsprechend abgekühlt werden.

Der Wasserentzug von einem Wassergehalt von 20%, bezogen auf die Gesamtmasse vor der Trocknung, auf einen Wassergehalt von 15%, bezogen auf die Gesamtmasse nach der Trocknung, also um 5,88%, erfordert 400 l (= 336 kg) Heizöl EL/t Gerste; dies entspricht einem spez. Wärmebedarf von 188 170 kJ/t Gerste. Je nach den vorliegenden Bedingungen kann dieser bis zu 250 000 kJ/t betragen. Der Bedarf an elektrischer Energie liegt bei einem Luftdurchsatz von 4000 m^3/t · h im Bereich von 5–7 kWh/t [432]. Unter Einbeziehung der Auftrage-, Abkühl- und Abräumzeit kann die Darre im Drei-Schicht-Betrieb 3 Trocknungen in 24 Stunden durchführen.

Die Leistung einer Darre von 50 m^2 Hordenfläche beträgt dann pro Charge 20 t Gerste = 60 t Gerste pro Tag. Dies entspricht der Kapazität eines Durchlauftrockners von 2,5 t/h.

Die Kosten der Trocknung errechnen sich aus den vorgenannten Verbrauchszahlen (s. a. Abschnitt 3.4.4.2) zu 2,75 €/t (Gas) bzw. 3,85 €/t (Öl) und 0,40 €/t für elektrische Energie. Zu letzterer sind allerdings noch die Kosten für den Betrieb von Transportanlagen zu zählen [400].

3.4.4.5 Trocknen im Silo

Das Trocknen im Silo ist ebenfalls möglich. Hierbei kann im einfachsten Fall ein fahrbares Heizregister an die Belüftungspfeifen angeschlossen werden. Dabei wird Luft, die auf ca. 50 °C angewärmt wurde, von unten nach oben durch den Silo gedrückt.

Spezielle Trocknungssilos (z. B. System *Littmann)* vermeiden die Durchlüftung der hohen Getreideschicht. Diese wird durch ein entsprechend dimensioniertes Absperrorgan (s. Suka-Silo, Abschnitt 3.4.5.8) in 3–4 Trocknungsabschnitte unterteilt. Zum Trocknen der Gerste wird Luft von 40 °C in einer Menge von 1500 m^3/t und h in das untere Drittel des Silos eingeblasen. Ist der gewünschte Trockenheitsgrad erreicht, so erfolgt der Einsatz von Kaltluft, die eine ausgleichende Wirkung auf die ursprünglich sehr großen Unterschiede in den einzelnen Zonen bewirkt. Bei einer Gerste mit einer Ursprungsfeuchte von 19% wurde in den Randzonen des Silos rasch ein Wassergehalt von 7% erreicht, während in der Mitte ein Kern mit höherer Feuchtigkeit verblieb. Erst durch das „Nachschicken" von Kaltluft ergab sich ein Angleichen de Werte aneinander (ca. 13%). Die Keimenergie der Gerste konnte dabei während der Behandlungszeit von 14–21 Tagen von 85 auf 95% verbessert werden [434].

3.4.4.6 Trocknen in Kistenpaletten

Diese Methode hat sich vor allem in den Niederlanden eingeführt. Diese verfügen über einen perforierten Boden, der von der Stirnseite aus an ein Heiz- und

Lüftungssystem angeschlossen wird. Die auf dem Feld direkt vom Mähdrescher aus beschickten Kisten werden in die Lagerhalle transportiert und dort durch den Anschluß an das Belüftungsaggregat getrocknet. Die weitere Behandlung kann nun eine Abkühlung durch Außenluft einschließen, oder aber das Gut verbleibt bei der Temperatur von 35–40 °C in der Palette, bis die Keimruhe gebrochen ist. Dabei vollzieht sich eine allmähliche Auskühlung, die eine nachträgliche Belüftung entbehrlich macht [435].

3.4.4.7 Kaltlufttrocknung der Gerste

Diese Trocknung konnte sich bisher in der Mälzereitechnologie noch wenig einführen. Das Prinzip beruht darauf, dass gekühlte Luft sich am Getreide erwärmt und damit ebenfalls befähigt ist, Feuchtigkeit aufzunehmen. Im wesentlichen bewirkt jedoch die damit verbundene Abkühlung mehr eine Konservierung der Gerste, wobei als „Nebeneffekt" eine Trocknung um 0,5% pro 10 °C Temperaturerniedrigung gegeben ist (s. Abschnitt 3.4.3).

3.4.5
Die Lagerung der Gerste

3.4.5.1 Bodenlagerung

Sie stellt die älteste und natürlichste Lagerart der Gerste dar. Sie kann in Säcken geschehen, die zum Zweck der besseren Raumausnutzung aufeinander gestapelt werden. Zur Belüftung sind jedoch Gänge zwischen jeweils zwei Reihen zu belassen.

Weiter verbreitet ist die offene Lagerung in dünner Schicht; sie ist in kleinen Betrieben noch üblich, zur Verbesserung schlecht gelagerter oder unzweckmäßig behandelter Gerste auch in größeren Mälzereien verschiedentlich anzutreffen.

Die Bodenlagerung entspricht in vielen Punkten den für die Aufbewahrung der Gerste notwendigen Bedingungen: dünne Schicht, Anpassung der Oberfläche an die Beschaffenheit des Gutes, einfache Entwässerung und Abkühlung.

Je feuchter und jünger die Gerste ist, um so dünner muß sie gelagert werden. Es ist deshalb im Herbst mit sehr niedrigen Schütthöhen (ca. 50 cm) zu beginnen. Erst mit Fortgang der Nachreife kann die Gerste höher geschüttet werden (bis ca. 1,5 m). Dies bedingt einen hohen Platzbedarf von 1,0–3,5 m^2/t. Die lagernde Gerste wird durch Temperaturmessungen in verschiedenen Höhen kontrolliert. Dabei ist einer Erwärmung durch Wenden der Gerste vorzubeugen, was aber nur dann einen Sinn hat, wenn die Luft kälter als das Getreide ist (s. Abschnitt 3.4.4.1).

Nur so wird die Gerste neben der sehr erwünschten Belüftung und Umlagerung gekühlt und getrocknet. Das früher ausschließlich übliche Umschaufeln wird heute durch eine Umlagerung mit Hilfe mechanischer und pneumatischer Fördersysteme ersetzt. Die Häufigkeit der Bewegung richtet sich nach den vorliegenden Verhältnissen und einer möglichen Temperaturerhöhung des Gutes.

Aber auch ohne diese soll die Gerste zur Belüftung bzw. zur Entfernung der Atmungsprodukte gewendet werden.

Diese Art der Lagerung erfolgte früher auf Holzböden, in neueren Gebäuden auf solchen aus Stahlbeton. Daneben sind auch Lagerhallen in Verwendung, die ebenfalls meist über einen Betonboden verfügen.

Holzböden sind durchlässig für die Atmungsprodukte und als schlechte Wärmeleiter nicht ungünstig: sie sind jedoch durch eine unvermeidliche Ritzenbildung nur schwer sauber zu halten (Schädlinge!), die Tragkraft ist beschränkt und die Feuergefahr selbst durch Imprägnieren des Holzes nicht völlig zu bannen.

Stahlbetonböden sind dagegen tragfähig und leicht sauber zu halten.

Die Gerstenböden sind stets in den oberen Stockwerken der Mälzerei angeordnet, da hier ein gewisser Luftzug herrscht. Es soll jedoch der Zutritt von feuchter, warmer Luft von außen her vermieden werden können, d.h. im Frühjahr sind die Böden weitgehend abzuschließen.

Die Gebäudewände müssen trocken, dicht und gut verputzt sein, um das Eindringen von Feuchtigkeit und das Einnisten von Schädlingen zu vermeiden. Warme Stellen, Kamine usw. müssen einwandfrei isoliert werden.

3.4.5.2 Rieselspeicher

Sie bieten die Möglichkeit einer weniger arbeitsintensiven Umlagerung und Lüftung der Gerste. Hier kann die Gerste über Bodenöffnungen, die 50 cm voneinander entfernt sind und 5 cm lichte Weite haben, über Verteilerbleche oder sog. „Streuglocken" allmählich zu tieferen Stockwerken hinabrieseln. Diese wirkungsvolle und schonende Methode ist im allgemeinen nur in großräumigen Anlagen durchzuführen.

3.4.5.3 Bodenbelüftung

Die Bodenbelüftung (z.B. von Rank) gewährleistet eine gesicherte Lagerung der Gerste. Die Anlage besteht aus einem lose auf den Boden gelegten, offenen Rohrsystem, das über Haupt- und Nebenrohre mit Lenkblechen und Gittersieben die Verteilung der Luft bewirkt. Der Abstand der Rohre soll dabei der Schütthöhe der Gerste entsprechen. Die Rohre werden mit dem zu lagernden Getreide überschüttet, die Luft wird über senkrechte, zum Dach hinausführende Schächte zugeführt. Zur Belüftung dienen entweder Ventilatoren, die stündlich einen 80–100fachen Luftwechsel bewirken, oder Rotoren, die, mit Windkraft betrieben, eine dauernde, schwache Belüftung der Gerste ermöglichen (Abb. 3.50).

Der Ventilator wird herangezogen, um durch eine starke, regelmäßig wiederholte Belüftung die Gerste zu trocknen und zu kühlen. Die Trocknungswirkung kann gesteigert werden durch Anschluß des Ventilators an ein Heizaggregat, das die Luft auf 30–35 °C erwärmt. Die Kühlung der Gerste zum Zweck der Kaltlagerung kann über ein entsprechendes Kühlsystem geschehen (z.B. Grani-

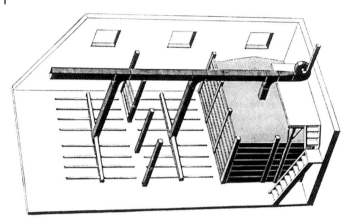

Abb. 3.50 Bodenbelüftung System Rank.

frigor). Es ist hier zweckmäßig, die Oberfläche der Gerste vor Beginn der Kühlung zu egalisieren, um Kaltluftverluste zu vermeiden. Ebenso muß nach der Kühlung die Oberfläche geharkt werden, um eine Verkrusten des Staubes zu vermeiden [412].

Die Gerste kann auf diese Weise 2–3 m hoch gelagert werden. Damit ergibt sich ein Flächenbedarf von 0,5–0,7 m^2/t. Einzelne Partien sind durch Trennwände für sich zu lagern. Nicht mit Gerste belegte Teile des Speichers werden von der Belüftung abgeschaltet.

Diese Art der Bodenbelüftung bietet die Möglichkeit, sich den Erfordernissen der Gerstenlagerung weitgehend anzupassen und das Gut in gleicher Weise wertsteigernd und werterhaltend zu lagern.

Neben Lagerböden und Hallen können auch unbenützte Malztennen für diese Art der Gerstenlagerung herangezogen werden.

3.4.5.4 Allgemeines zur Silolagerung

In neueren Mälzereianlagen mit beschränkter Grundfläche und hoher Kapazität sind derart große Flächen für die geschilderten Arten der Bodenlagerung nicht mehr vorhanden. Es hat sich eine zweite Form der Lagerung durchgesetzt: die Tiefenlagerung der Gerste in geschlossenen Bauten, den Silos. Hierbei finden Höhen bis zu 40 m und mehr Anwendung; es wird eine Entwässerung und Lüftung der Gerste ohne besondere Hilfsmittel unmöglich, so dass praktisch nur lagerfeste Ware eingelagert werden sollte. Selbst bei großen Silohöhen sind keine Auswirkungen des Druckes der lagernden Massen auf die untersten Getreideschichten zu befürchten. Die hierbei auftretenden Kräfte vergrößern sich nicht proportional zur Tiefe, sondern streben einem Grenzwert zu, so dass von einer bestimmten Stelle an die Drücke im Silo praktisch nicht mehr weiter anwachsen. Dies ist in erster Linie eine Folge der Wandreibung, die von der Rauhigkeit der Wand und der inneren Reibung des Füllgutes abhängt. Eine derartige Gesetzmäßigkeit ist aber nur bei schlanken Silozellen gegeben. Die Angaben, ab welcher Höhe sich keine Erhöhung des Bodendruckes mehr ergibt, schwanken naturgemäß; so sind Werte zwischen 10 m [436] und ca. 25 m [437] bekannt.

3.4.5.5 Holzsilos

Holzsilos sind noch verschiedentlich, vor allem aber zur Malzlagerung, anzutreffen. Sie haben den Nachteil geringen Fassungsvermögens, schwieriger Sauberhaltung und einer gewissen Feuergefährlichkeit. Zum Zwecke einwandfreier Entleerung sollte der Auslauf trichterförmig ausgeführt, evtl. mit Blech ausgeschlagen sein.

Neuerdings hat Holz als Baumaterial bei den sog. Stahl-Holz-Fertig-Silos Bedeutung gewonnen. Die tragenden Teile sind aus Stahlträgern, die Wandteile dagegen aus Holzspanplatten, die in Unterstützungsrahmen eingeschraubt werden. Der Auslauftrichter der Silozelle ist wiederum aus Stahlblech gefertigt. Die größten Einheiten sind bei einer Grundfläche von 3,5×3,5 m bis zu 6,8 m hoch und fassen rund 60 t pro Zelle. Sie finden entweder in vorhandenen Gebäuden Aufstellung oder müssen mit einem Wetterschutz, z. B. Platten aus Fertigteilen, versehen sein.

3.4.5.6 Stahl-Betonsilos

Diese Silos haben wohl die größte Verbreitung gefunden. Sie sind feuersicher, verlangen geringe Unterhaltskosten, bieten eine gute Raumausnützung und ein hohes Fassungsvermögen. Die Nachteile liegen in der Notwendigkeit einer starken Fundamentierung zur Aufnahme der Gebäudegewichte, der oft schwierigen Vor- und Nebenarbeiten, den Baukosten allgemein und der Notwendigkeit einer langen sorgfältigen Austrocknung zum Abbinden des Betons. Daneben sind derartige Silogebäude für dauernd festgelegt. Auch die geringe Wärmeleitfähigkeit kann beim Trocknen oder Durchkühlen des Siloinhalts ein Nachteil sein.

Die Stahlbetonsiloanlagen bestehen aus einzelnen Silozellen, deren Querschnitt rechteckig, mit zunehmender Größe zum Auffangen des Wanddruckes auch prismatisch (sechs- oder achteckig) geformt sein kann. Auch zylindrische Außenwände sind aus statischen und architektonischen Gründen anzutreffen. Daneben sind unregelmäßige Formen, wie sie zur optimalen Belegung einer vorhandenen Fläche erforderlich sein können, ausführbar.

Die Zellen können gleiches oder unterschiedliches Fassungsvermögen besitzen. Eine weitgehende Unterteilung in einzelne Zellen erhöht die Baukosten, die von der Gesamtfläche der Trennwände bestimmt werden. Dennoch sollte die Größe einer Silozelle etwa der Größe der einheitlichen Gerstenpartien aus einer Provenienz entsprechen (z. B. 400–600 t).

Die Böden werden konisch gehalten, um das Auslaufen der Gerste zu erleichtern (s. Abschnitt 3.3).

Bei großen Silos bedarf der Auslauf einer besonderen Gestaltung, um die Entmischung – vor allem von Malz – zu vermeiden (s. Abschnitt 7.10.4).

Sofern die prismatisch geformten Zellen nicht wabenförmig aneinanderschließen, können die sich ergebenden Zwischenräume als Zwickelzeilen für kleine Partien dienen.

Eine billige Lösung ist die Erstellung von (allerdings kleiner dimensionierten) Silos mit sog. Silobausteinen. Die Einheiten sind rund und werden auf eine mit Aussparungen für Transportanlagen und mit entsprechendem Gefälle versehene Bodenplatte aufgeführt.

Betonsilos ohne Kellerraum lassen sich wesentlich billiger erstellen, da der meist nur unvollkommen genutzte Kellerraum infolge der großen, darüber befindlichen Lasten oftmals bis zu 35% der Baukosten in Anspruch nimmt. Auch der stark bewehrte Siloboden kann entfallen.

Bei kleineren Silos mit etwa quadratischem Gebäudegrundriß genügt es, die mittlere Zelle mit einer sog. Elevatorgrube zu unterkellern, die den Senkrechtförderer aufnimmt. Die Ausläufe der umliegenden Zellen führen zum Elevator hin. Der Zellenboden liegt auf einer, entsprechend der Auslaufneigung von 39° eingebrachten, Kiesauffüllung. Die Quermauern und Außenmauern werden auf einem Streifenfundament aufgesetzt.

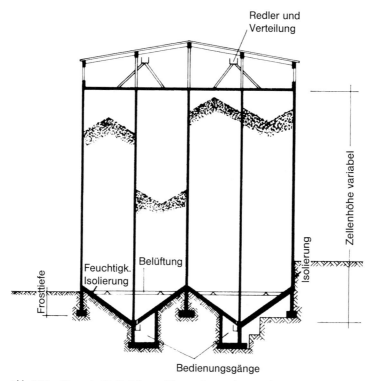

Abb. 3.51 Querschnitt: StahlbetonSilo zur Gerste- bzw. Malzeinlagerung (Simbürger & Weinzierl, Landshut).

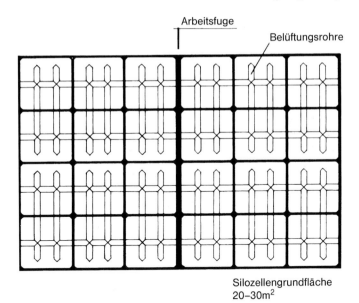

Abb. 3.52 Grundriß durch die Silozellen: Stahlbeton-Silo zur Gersten- bzw. Malzeinlagerung (wie Abb. 3.51).

Bei größeren Anlagen, bei denen die Silozellen in mehreren Reihen angeordnet sind, wird ein schmaler Bedienungsgang zur Aufnahme der Horizontalförderer und zur Erreichung der Auslaufschieber angeordnet. Das System ist am einfachsten bei einer geradzahligen Anordnung der Zellenreihen anwendbar; bei drei Reihen ist jeweils die mittlere unterkellert. Die Baukostenersparnis gegenüber den vorgeschilderten Systemen beträgt 20–30%. Die Anwendung von Stahlbetonfertigbauteilen ist mit Vorteil möglich (Abb. 3.51, 3.52).

3.4.5.7 Silos aus Stahlblech

Silos aus Stahlblech werden aus einzelnen Schüssen zusammengeschraubt. Sie verfügen gegenüber dem auftretenden Druck über eine sehr gute Festigkeit, was sich auch in den relativ geringen Materialstärken äußert. So benötigt eine Stahlzelle von 5 m Durchmesser und 30 m Höhe nur eine durchschnittliche Wandstärke von 5 mm, ein Stahlbetonsilo dagegen eine solche von 15 cm. Damit ist das Fassungsvermögen bei gleichen Außenabmessungen der letzteren um 12% geringer [437]. Wirtschaftlich am günstigen ist ein Verhältnis zwischen Durchmesser und Höhe = 1:5–10. Bei der Anordnung von Rundzellen können zur besseren Raumausnutzung zwischen diesen wiederum Zwickelzellen untergebracht werden.

Runde Großsilos mit 1000–2000 t Fassungsvermögen pro Einheit bestehen aus Wellblechelementen, die auf einem flachen Betonsockel oder einem solchen mit einem Konus von 39° Auslaufwinkel angeordnet sind. Sie sind belüft – und kühlbar.

Rechteckige Konstruktionen können nur in vorhandene Gebäude (z. B. alte Malzdarren usw.) eingepaßt werden. Es müssen jedoch hier zur Erhöhung der Festigkeit Stahlanker eingebaut werden.

Günstig ist die Anwendung von Elementen aus Profilblechen, die aus Stahl oder Leichtmetall gefertigt sind. Die Abmessungen der einzelnen Zellen sind jedoch aus statischen Gründen begrenzt. Der Vorteil der Rundsilos aus Stahlblech ist die hohe Festigkeit, das geringe Gewicht und die Möglichkeit, die Silos notfalls zu entfernen und an anderer Stelle wieder aufzubauen. Der Aufbau ist kurzfristig bei sofortiger Benützbarkeit.

Probleme erbringen die große Wärmeleitfähigkeit und die Undurchlässigkeit für Stoffwechselprodukte. Bei größeren Temperaturschwankungen kann feuchte Gerste an der Innenwand der Silos Kondenswasser bilden, was zu einem Festwachsen der äußersten Getreideschicht und zu einem Verrosten der Silowandung führen kann (s. a. Abschnitt 3.4.3). Es ist deshalb von entscheidender Bedeutung, dass die Gerste so weit getrocknet wird, dass eine Kondensatbildung nicht auftritt. Darüber hinaus ist für ein zeitweiliges Umlagern der Gerste zu sorgen. Es kann günstig sein, diese Silos hinter einer besonderen Fassade aus Fertigteilen anzuordnen.

3.4.5.8 Belüftung der Gerste im Silo

Sie kann auf verschiedenen Wegen geschehen. Am einfachsten ist es, an spezielle Einblasöffnungen im Silounterteil eine (fahrbare) Belüftungseinrichtung anzuschließen: Die Größe des Gebläses richtet sich nach der vorgesehenen Belüftungszeit. Soll eine Zelle in 24 h abgekühlt werden (s. Abschnitt 3.4.3), so wird eine Lüfterleistung von 25 m^3/t und h bei einem Druck von 350–800 daPa (mmWS), je nach Höhe der Getreidesäule, benötigt. Ist dagegen eine Zeit von 5 oder gar von 10 Tagen vorgesehen, so genügt eine Auslegung des Ventilators auf 5,0 bzw. 2,5 m^3/t und h. Wird nur zeitweise belüftet, so können größere Luftmengen erforderlich sein, wie z. B. in einer Mälzerei, die ihre 25 m hohen Gerstensilos mit 80 m^3/t und h bei einem Druck von 500 daPa belüftet. Die Ventilatoren sind meist als Druckgebläse ausgelegt; verschiedentlich finden auch Saugventilatoren oder eine Kombination beider Anwendung. Einen Einblick in die Druckverhältnisse bei Belüftung von Silos (Höhe 20–30 m) gibt Abb. 3.53 [313].

Eigene Lüftungsilos stehen in zwei verschiedenen Konstruktionen zur Verfügung. Das *System Rank* ermöglicht eine horizontale Belüftung von Silos mit quadratischem oder rechteckigem Querschnitt. Die Luftkanäle, die durch Dächer gebildet sind, haben einen Abstand von jeweils 1 m. Sie stehen auf der einen Seite mit einem senkrechten Luftzuführungskanal, auf der anderen mit dem entsprechenden Ableitungskanal in Verbindung. Die Luft strömt nun durch den Hauptluftzuführungskanal hindurch aufwärts, gleichzeitig aber auch in die horizontalen Seitenkanäle. Von dort aus durchdringt die Luft die Gerstenschicht und tritt über die gegenüberliegenden Seitenkanäle in den Abluftkanal. Die Belüftung mit Druck-

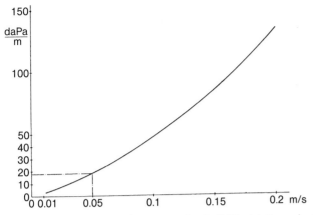

Abb. 3.53 Spez. Widerstand in Gerstensilos in Abhängigkeit von der Luftgeschwindigkeit.

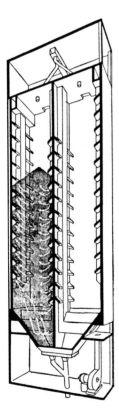

Abb. 3.54 Lüftungssilo System Rank.

luft ist gleichmäßig. Um auch den Silotrichter zu beaufschlagen, wird die Luft dorthin über einen sog. Trichtersattel geleitet (Abb. 3.54).

Um zu vermeiden, dass z. B. halbvolle Silozellen ungleichmäßig belüftet werden, sperrt ein Ventilkörper den Luftzuführungskanal in Höhe der Gerstenschicht ab.

Der Luftdurchsatz ist so gewählt, dass in einer Stunde ein 100facher Luftwechsel erfolgt. Nachdem meist ein Ventilator für 4–5 Zellen vorhanden ist, beträgt dessen Leistung 40 m^3/t · h und auf den Inhalt einer Zelle bezogen. Steigschächte und Dächer der Belüftungseinrichtung werden aus Stahlbeton-Fertigteilen, die Silos in Gleitschalbauweise erstellt. Die Kosten der Belüftungseinrichtung hängen von der Silogröße ab.

Das *System Suka* beruht auf einer abschnittsweisen Belüftung der Gerstenschicht von außen nach innen. Ein Ventilkörper unterteilt dabei die Höhe der Silozelle.

Das *System Littmann* ist wie das vorstehende aufgebaut; es kann aber durch Anschluß an eine Heizquelle auch zum Trocknen verwendet werden (s. Abschnitt 3.4.4.5).

Die Belüftung des Siloinhaltes erfolgt normalerweise mit Außenluft, die jedoch hinsichtlich Temperatur und Feuchte geeignet sein muß (s. Abschnitt 3.4.4.1).

3.4.5.9 Voraussetzung der Silolagerung

Die Gerste muß in vorgereinigtem Zustand eingelagert werden. Ist keine Belüftungseinrichtung vorhanden, so ist die Gerste entweder zu trocknen oder zu kühlen, um Lagerschäden zu vermeiden.

Eine einwandfreie Silolagerung setzt folgende Hilfseinrichtungen voraus:

a) eine leistungfähige Reinigung mit Entstaubung – auch der Abluftwege der einzelnen Silozellen,
b) eine Trocknungsanlage (s. Abschnitt 3.4.4.2),
c) eine Belüftungseinrichtung mit Möglichkeit zum Einblasen von Kaltluft (s. Abschnitt 3.4.3) und zum Begasen zur Schädlingsbekämpfung (s. Abschnitt 3.4.7.4),
d) Transporteinrichtungen, um von jeder Silozelle in jede andere Zelle gelangen zu können,
e) Temperaturmeßvorrichtungen.

Die Silolagerung erfordert also eine besondere Behandlung der Gerste, um die großen Getreidemassen in einer Zelle nicht zu gefährden. Eine zeitweise Umlagerung – vor allem in den Monaten fallender Außentemperaturen – ist selbst bei Lüftungssilos angebracht, um einen Feuchtigkeits- und Temperaturausgleich zu bewirken und um eine Geruchsverschlechterung des Gutes und Keimschäden zu vermeiden. Selbst reine, trockene Gerste enthält große Mengen an Mikroorganismen, die im Laufe der Zeit einen muffigen Geruch erzeugen.

Die *Umlagerung* erfolgt durch Kombination von Vertikal- und Horizontaltransporteinrichtungen. Diese sollen für die meist im gleichen Silo erfolgende Malzlagerung getrennt ausgeführt und keine Verbindungen zwischen beiden sein, um ein Vermischen von Gerste und Malz zu vermeiden. Pneumatische Förderung kann mit Vorteil verwendet werden, da sie gleichzeitig auch eine Belüftung der Gerste erbringt. Bei mechanischen Transporten ist der Vorreiniger mit seiner intensiven Belüftungsanlage in den Förderweg mit einzuschalten. Das Getreide sollte beim Umlagern jeweils in eine andere Silozelle einlaufen, die vorher gut gelüftet wurde.

Die *Temperatur des Getreides* muß während der Silolagerung täglich kontrolliert werden. Dabei werden mit Erfolg Widerstandsthermometer angewendet, deren Meßsonden in verschiedenen Höhen des Silos als freibewegliche, glatte Pendel eingebaut sind. Schreibende Meßgeräte ergeben einen laufenden Einblick in die herrschenden Temperaturen und ermöglichen es im Falle einer Temperaturerhöhung zu belüften oder umzulagern.

Proben zur Keimenergiebestimmung sollen beim Umlagern des Siloinhalts mit Hilfe von automatischen Probenehmern entnommen werden können.

Das *Befahren* von teilweise gefüllten oder kurz vorher entleerten Silos ist gefährlich. Das Getreide atmet, die entstehenden Stoffwechselprodukte (CO_2) können eine Konzentration annehmen, die für die begehende Person u. U. Gefahren bergen kann. Es muß daher die betreffende Silozelle gelüftet werden; aber auch dann darf der Silo nicht ohne eine von außen beobachtende Begleitperson befahren werden.

Die Schieber, Transportanlagen und Rohrschalter einer großen Siloanlage sind heute meist ferngesteuert, wobei die einzelnen Schaltschritte gegeneinander verriegelt sind, um Fehldispositionen zu vermeiden. Schalter, Licht- und Signalanlagen sind zweckmäßig in einer sog. Siloschaltwarte zusammengefaßt.

3.4.5.10 Kapazität einer Siloanlage

Diese hängt naturgemäß von der Lage der Mälzerei ab und von der Notwendigkeit, Gersten aus unterschiedlichen Provenienzen aufnehmen zu müssen. Es sind folgende Aufgaben zu erfüllen:

a) Im Spätsommer muß die von den umgebenden Lagerhäusern angebotene Gerste rasch aufgenommen werden können. Nach Möglichkeit sind verschiedene Herkünfte und Sorten getrennt zu halten.

b) Sind Gersten aus anderen Provenienzen erforderlich, so müssen diese das ganze Jahr über zellenweise vermälzt und wiederum als Malz gelagert werden können.

c) Bei Beginn einer neuen Kampagne muß ein genügender Überhang an „Altmalz" zur Verfügung stehen, um immer abgelagertes Malz ausliefern zu können.

d) Das Malzlager muß es erlauben, den Ansprüchen der verschiedenen Abnehmer hinsichtlich Farbe, Auflösung usw. der Malze Rechnung zu tragen.

Von dieser Warte aus muß der Siloraum einer Mälzerei an Gerste und Malz zusammen 80–100% der Jahresproduktion umfassen. Dies stellt eine gewaltige Zinsbelastung dar.

Dabei entleeren sich im Laufe der Kampagne die Gerstensilos allmählich und werden mit Malz aufgefüllt. Das Fassungsvermögen eines Gerstensilos von z.B. 100 t Gerste beträgt infolge des größeren Volumens des Malzes 77–80 t an Malz.

3.4.6
Veränderungen der Gerste während der Lagerung

Die Gerste verändert sich während einer normalen Lagerzeit in erster Linie hinsichtlich des Gewichts. Sie gibt während einer sachgemäßen Aufbereitung Wasser ab und verliert hierbei oftmals etwas an Volumen.

Aber auch die Trockensubstanz verändert sich durch die Atmung der Gerste. Dies kann jedoch durch Trocknung und Kaltlagerung weitgehend eingeschränkt werden (s. Abschnitt 3.4.3, 3.4.4.2).

Die Verluste sind nach den in großen Proviantämtern gemachten Erfahrungen etwa folgende:

im 1. Vierteljahr ca. 1,3%,
im 2. Vierteljahr ca. 0,9%,
im 3. Vierteljahr ca. 0,5%,
im 4. Vierteljahr ca. 0,3%.

Diese Zahlen hängen ab vom Feuchtigkeitsgehalt, von der Temperatur der Gerste, aber auch von ihrer Zusammensetzung (z. B. Eiweißgehalt), von der Korngröße und vom Reinheitsgrad.

Es muß jedoch für eine lagernde Gerste stets mit einem Verlust an wertvoller Substanz gerechnet werden, die der Mälzer in seiner Kalkulation zu berücksichtigen hat.

Analytisch sind diese Veränderungen anhand des Stärke- oder Eiweißgehaltes innerhalb einer durchschnittlichen Lagerzeit von 4 Monaten nicht erfaßbar.

Im Laufe der Lagerung gewinnt die Gerste ihre höchste Mälzungsreife, die in den Monaten Januar bis März ein Maximum erreicht, um dann wieder langsam abzunehmen.

3.4.7
Tierische und pflanzliche Schädlinge der Gerste

3.4.7.1 Mikroorganismen

Neben den Stoffverlusten und den Gefahren für die Qualität, die ein zu hoher Feuchtigkeitsgehalt der Gerste bei der Lagerung mit sich bringt, gibt es eine Reihe von Getreideschädlingen, die das lagernde Gut stark beeinträchtigen können.

Sie wandern entweder bereits auf dem Feld in die Gerste ein oder befallen sie erst während der Lagerung.

Die ersteren sind vornehmlich pflanzliche Parasiten wie z. B. Brandpilze, Rostpilze oder das Mutterkorn (s. Abschnitt 1.6.1.3). So geht das Mutterkorn – als Mycel des Pilzes Claviceps purpurea – trotz Reinigung der Gerste oft bis ins Malz über und gibt beim Maischen unerwünschte Stoffe ab. Die Mikroflora auf Getreide (Gerste und Weizen) ist sehr vielfältig. Sie läßt sich einteilen in die „Feldflora", die bereits einen Befall auf dem Feld bewirkt oder die „Lagerflora", die wohl bereits bei der Ernte vorhanden ist, die sich aber während der Lagerung weiter ausbreitet.

Die Feldflora umfaßt die Schimmelpilzarten *Alternaria*, *Cladosporium* und *Fusarium* sowie in geringerem Maße *Aspergillus*, *Cephalosporium* und *Penicillium* [438]. Besonders gefährlich sind *Fusarium culmorum*, *Fusarium graminearum*, aber auch *F. avenaceum*, da sie Anlaß zum Überschäumen des Bieres (Gushing) gaben [439–441]. Nach neueren Untersuchungen vermögen auch *Alternaria* (schwache) und *Microdochium nivale* (deutliche) Gushing-Erscheinungen hervorzurufen. Letzterer Mikroorganismus produziert keine Mycotoxine [442].

Die genannten Fusarien befallen das Getreide bei feuchter Witterung zur Zeit der Hochblüte; sie dringen über die Antheren in den Mehlkörper ein, bilden dort ein Mycel aus und bauen hochmolekulare Substanzen ab. Diese Erkenntnis wurde durch elektronenmikroskopische Aufnahmen gewonnen, die einen Abbau der Zellwände erkennen ließen [457]. Diese Abbauvorgänge können schon allein, d.h. ohne Keimung zu einer deutlichen Auflösung, zusammen mit den Enzymsystemen des keimenden Korns sogar zu einer Überlösung führen. Infolge einer besonders ausgeprägten Proteolyse (hoher Eiweißlösungsgrad) und Cytolyse (niedrige Viskosität) kommt es durch die Hemmung der a-Amylase (niedriger Endvergärungsgrad) zu einer abwegigen Malzzusammensetzung [444] (Tab. 3.13).

Untersuchungen an feucht aufgewachsenen Gersten zeigten, dass offenbar β-Glucan-Solubilase durch die Mikroflora des Korns erzeugt wurde. Versuche mit Kulturen von *Alternaria*, *Cladosporium*, *Epicoccum* und anderen, wie auch zwei Bakterien-Kulturen bestätigten dies [458].

Das „Gushing" (primäres Gushing) wird durch Schimmelpilze hervorgerufen. Diese bauen die Inhaltssubstanzen des Getreides, wie vorstehend beschrieben, ab. Dabei entstehen grenzflächenaktive Verbindungen. Zu diesen zählen Proteine und polare Lipide sowie Kohlenhydrate [445–447]. Hiervon scheinen vor allem nicht spezifische Lipid-Transfer-Proteine (ns LTP 1) aus Gerste und Weizen sowie von Schimmelpilzen erzeugte Hydrophobine eine Rolle zu spielen [448].

Hydrophobine sind extrazellulare, pilzliche Proteine von 10–25 kD mit überaus großer Oberflächenaktivität. Sie sind in der Lage, stabile Filme an Grenzflächen, z.B. von Flüssigkeit und Gas, zu bilden [449]. Sie zeichnen sich durch eine hohe Stabilität gegenüber Proteasen und Hitze aus [448]. Sie entwickeln sich während des Aufwuchses der Gerste und nehmen beim Keimprozeß weiter zu,

Tab. 3.13 Ergebnisse eines Zumischungsversuches [444] (Mehl aus relevanten roten Körnern).

Zumischung relevanter Körner in 200 g Malz	0	250	500	1000
Extrakt wfr. %	85,5	85,4	85,4	84,9
Viskosität mPas	1,676	1,553	1,506	1,476
Eiweißlösungsgrad %	39,6	41,0	42,7	44,8
Endvergärungsgrad %	79,0	78,4	78,0	76,8
Verzuckerungszeit min.	12	12	15	18
a-Amylase ASBC wfr. %	20	21	19	15

wobei allerdings eine lange Gerstenlagerung eine geringere Bildung bei der Keimung vermittelt [450].

Schimmelpilze erzeugen auch Lipide, wobei solche mit ungesättigten Fettsäuren das Überschäumen dämpfen oder gar unterdrücken können. Lipide mit gesättigten Fettsäuren verstärken das Gushing [449]. Ein zusätzlicher Effekt dürfte sein, dass Fusarien auch deutliche Mengen an Eisen freisetzen, welches wiederum das Gushing fördert.

Das oben erwähnte LTP 1 ist ubiquitär in Pflanzen zu finden. Es kommt vor allem in der Aleuronschicht von Getreidekörnern in hoher Konzentration vor und spielt wahrscheinlich eine Rolle bei der Pathogenabwehr. Seine Eigenschaften (Molekulargewicht, isoelektrischer Punkt, amphoterer Charakter) weisen darauf hin, dass es ein Hauptinduktor für das Entstehen des primären Gushings sein könnte [451]. Bei einem Befall des Getreidekorns mit Schimmelpilzen (z. B. Fusarien) könnte es im Rahmen einer Abwehrreaktion der Pflanze zu einem Anstieg des ns LTP 1-Gehaltes im Korn kommen. Hierdurch wird auch der LTP 1-Gehalt im Bier zunehmen und bei Überschreiten eines bestimmten Schwellenwertes Gushing induzieren. Ein erhöhter ns LTP 1-Gehalt konnte durch eine Infektion mit *Fusarium culmorum* und *Fusarium graminearum*, z. B. zur Fruchtbildung oder auch bei späterer Infektion, gefunden werden. Jedoch wurde festgestellt, dass in überschäumenden Bieren so gut wie kein LTP 1 gefunden werden konnte [452]. Eine Erklärung für dieses Ergebnis ist, dass Kulturfiltrate von *F. culmorum* und *F. graminearum* hitzestabile Proteasen enthalten, die ns LTP 1 abbauen können. Dieser Abbau wurde nur in erhitzten Weizenextrakten beobachtet. Nicht hitzebehandelte Weizenextrakte enthalten Proteinaseinhibitoren, die aber durch Erhitzen zerstört werden. Nach diesen Ergebnissen und weiterführenden Untersuchungen [454] ist anzunehmen, dass das Überschäumen auf Abbauprodukte des ns LTP 1 (und möglicherweise auch anderer Würzeproteine) durch Fusarien-Proteasen zurückzuführen ist. Dies würde Widersprüche klären, dass z. B. Malze mit hohen DON- oder Hydrophobin-Gehalten nicht immer zu Gushing-Erscheinungen führten [338]. Es wurde sogar angenommen, dass Hefeenzyme verschiedener Hefestämme in der Lage sind, die Lysin-Lysin- und Lysin-Cystein-Lysin-Sequenzen der Hydrophobine zu verändern [338]. Dies würde auch erklären, warum sich bei Gushing-Malzen während einer längeren Lagerzeit diese Eigenschaft abschwächt oder gar verliert, bzw. warum von Brauerei zu Brauerei Unterschiede in der Empfindlichkeit gegen das Auftreten von Gushing („Brauerei-Faktor") zu beobachten sind [453, 455, 456]. Neben dem Mycelwachstum im Endosperm kommt es zu einer rotvioletten Verfärbung der Kornoberfläche, zu einer Überwucherung durch das Mycel, zur Ausbildung von Schmachtkörnern sowie zur Entwicklung von Toxinen [328].

Das Auftreten von Schimmelpilzinfektionen ist naturgemäß von der Witterung, vor allem zur Zeit der Hochblüte, aber auch während der folgenden Vegetationszeit abhängig. Eine feuchte kühle Witterung fördert das Aufkommen der Mikroorganismen, aber auch ungünstige Vorfrucht (z. B. Mais) oder eine wenig intensive Bodenbearbeitung wurden als Ursachen für das Überwintern von Mikroorganismen gefunden.

Die Lagerflora ist wohl schon bei der Ernte vorhanden, sie kann sich aber, speziell unter ungünstigen Bedingungen wie Feuchtigkeitsgehalten über 16% und Temperaturen über 18 °C durch weiteres Wachstum von Oberflächenmycelen und durch Geruchsbeeinträchtigung der Getreidechargen ungünstig auswirken. Bei der Lagerung von Gersten mit niedrigerer Feuchte von 12,5% nimmt der Schimmelpilzbesatz ab, am meisten bei *Alternaria* und *Cladosporium*, weniger stark dagegen bei Fusarien.

Es können auch Lagerschimmel Gushing auslösen [439–441].

Es zeigte sich, dass Toxine in der Lage sind, die Keimfähigkeit des Getreides zu zerstören oder – bei geringerem Befall – die Entwicklung des Blatt- und Wurzelkeims zu verzögern und die Bildung der *α*-Amylase zu behindern. Außerdem wird der Wert des Getreides als Nahrungs- und Futtermittel stark herabgesetzt. Die Wachstumshemmung ist dabei von der Toxin-Konzentration abhängig [463].

Aflatoxine und Ochratoxin A werden größtenteils beim Brauprozeß ausgeschieden [428, 462].

Dies ist auch bei Zearalenon der Fall [425, 444]. Neuere Befunde zeigen allerdings breit gestreute Mengen von 0,1–8 µg/l im Bier, so dass die Abbau- und Ausscheidungsvorgänge nach heutiger, noch spezifischerer Analytik weniger bewirken als ursprünglich gefunden [464]. Dennoch ergeben sich Abnahmen beim Maischen und bei der Gärung. Problematisch ist vor allem die Beschaffenheit der Gerste nach der Ernte, bei der Lagerung und bei der Vermälzung. Die Trichothecene Nivalenol und Deoxynivanelol (DON) sind dagegen wasserlöslich und werden beim Brauen kaum beeinflußt [444].

Die Schimmelpilze nehmen bei einer Lagerung bei 12,5% Feuchtigkeit um 70–80% ab. Hefen, die stets – wenn auch in geringeren Mengen – gefunden werden, zeigen bei der Lagerung eher eine Zunahme [438].

Wie schon erwähnt, ist der Besatz an den einzelnen Mikroorganismenarten witterungsbedingt. Es bedarf daher einer strengen Kontrolle bei der Annahme von Gerste oder Weizen in der Mälzerei sowie einer sachgemäßen Behandlung – Reinigung, Trocknung mit nachfolgender Reinigung, Kaltlagerung und intensiver Wäsche bei der Weiche, um ein weiteres Wachstum zu unterbinden, ggf. Schimmelpilzmycele zu zerstören und sie sowie mögliche Stoffwechselprodukte zu entfernen.

Bakterien sind im Erntegut stets zu finden, wobei der Besatz wiederum von den Witterungsbedingungen und letztlich vom Wassergehalt bei der Ernte bzw. Lagerung abhängt. Sie gehören hauptsächlich zu der Familie der *Enterobacteriaceae*, doch sind auch *Pseudomonas* und *Micrococcus* zu beobachten [438].

3.4.7.2 Tierische Schädlinge

Größere Verluste rufen jedoch diejenigen Schädlinge hervor, die erst im lagernden Getreide auftreten. Sie gehören fast immer dem Tierreich an, und zwar der Gruppe der Käfer und Schmetterlinge. Von diesen sind am meisten verbreitet [465]:

Käfer: Kornkäfer (*Calandra granaria L.*), Reiskäfer (*Calandra oryzae L.*), Getreidekapuziner (*Rhizopertha dominica F.*).
Getreidekäfer: Getreideschmalkäfer (*Oryzaephilus surinamensis L.*), Khaprakäfer (*Trogoderma granarium*), rostroter Getreidekäfer (*Cryptolestes ferrugineus*), flacher Getreidekäfer (*Cryptolestes pusillus*).
Mehlkäfer: einige Arten der Reismehlkäfer.
Milben: Mehl- oder Getreidemilbe (*Acarius siro L.*).
Mollen: Mehlmotte (*Anagasta kühniella*).

Nach Erhebungen der UNO werden jährlich in der Welt etwa 13 Mio t Getreide durch Insekten vernichtet. Auch in der BRD gehen durch Schädlingsbefall rund 2% der Getreideernte verloren. Der *Kornkäfer* ist der am häufigsten in Getreidespeichern auftretende Schädling. Es ist daher zweckmäßig, seine Entwicklung, sein Auftreten und seine Bekämpfung zu besprechen.

Die Entwicklung des Kornkäfers, der in ausgewachsenem Zustand ein 2,5–4,5 mm langer, dunkelbrauner Rüsselkäfer ist, geht etwa wie folgt vor sich:

Das Weibchen bohrt bei der Eiablage mit dem Rüssel ein winziges Loch (meist an der Keimlingsseite) in ein Korn, legt ein Ei in das Endosperm des Korns ein und klebt die Öffnung wieder zu. Die entstehende Larve frißt den Mehlkörper teilweise aus, verwandelt sich nach viermaliger Häutung in die Puppe und schließlich in den Käfer, der nach kurzer Ruhe den Spelz durchbohrt und das ausgehöhlte Korn verläßt. Der Kornkäfer vollendet im Klima Mitteleuropas 2–3 Bruten jährlich; bei dreimaligem Generationswechsel hat ein Kornkäferpaar 15 000 bis 20 000 Nachkommen jährlich; die Hauptschäden treten von Mitte April an auf. Die Entwicklungsdauer von der Eiablage bis zum fertigen „Kerf" wird im wesentlichen durch die Temperatur gesteuert [466]. Sie kann sich bei niedrigen Temperaturen auf mehrere Monate erstrecken, während der Käfer in der Wärme bereits in einem Monat entwickelt werden kann.

Der Kornkäfer verursacht durch seinen Fraß bei Getreide nicht nur einen erheblichen Gewichtsverlust, sondern er verseucht auch den Mehlkörper, vernichtet die Keimfähigkeit und ist ein Wegbereiter für andere Schädlinge. Wenn die Verseuchung fortgeschritten ist, steigt die Temperatur des lagernden Getreides stark an; dies ist hauptsächlich zum Zeitpunkt der Larvenbildung der Fall. Die Verseuchung schreitet, wenn sie nicht durch äußere Einflüsse gestört wird, so lange voran, bis die Temperatur im Getreidehaufen für die Insekten tödlich ist. Um dem zu entgehen, kriechen die Käfer an die Oberfläche [467].

Die Kornkäfer werden meist durch Schiffe, Transportanlagen, Transportmittel (z. B. Säcke) übertragen und in die Betriebe eingeschleppt. Befallenes Getreide ist unbedingt zurückzuweisen. Da der Kornkäfer, wenn er sich einmal eingenistet hat, nur schwer auszumerzen ist, kommt einer frühzeitigen Erkennung große Bedeutung zu. Dies ist jedoch nicht in den Entwicklungsstadien, sondern erst beim Auftreten des Käfers möglich.

Die *Erkennung des Kornkäfers* kann erfolgen durch Untersuchung des Getreides auf angefressene Körner, durch Wassertauchproben (die angefressenen Körner schwimmen auf), Erwärmen oder Bewegen von Getreideproben, Schütteln über ein „Käfersieb" von 2 mm Maschenweite oder Einsatz eines Spezialröntgengerätes, das nicht nur die Käfer, sondern auch die Eier oder Larven zu erkennen gestattet. In leerstehenden Speichern muß der Käfer durch Auslegen von Getreideproben „angelockt" werden.

Allgemeine Bekämpfungsmaßnahmen:

a) Völlige Räumung und sorgfältige Reinigung befallener Lagerräume; gute ständige Lüftung derselben. Ausbesserung der Wände und Böden von Getreidespeichern. Wiederholte Entstaubung der Lagerräume.

b) Kontrolle der angelieferten Gerste auf Käferbefall, sorgfältige Reinigung und Entstaubung des Getreides vor der Einlagerung. Kontrolle des Reinigungsabfalls, notfalls Vernichtung desselben.

c) Kontrolle der Transportmittel auf Käferbefall (z.B. Förderanlagen, Säcke, aber auch Schiffsräume, LKW oder Eisenbahnwaggons).

d) Kontrolle der lagernden Gerste auf Erwärmung (s. Abschnitt 3.4.5.9).

e) Erwärmen des befallenen Getreides (der Käfer geht beim Erwärmen auf ca. 50 °C in 10–15 min ein), Abkühlen des Getreides (bei 8 °C hören Fraß und Vermehrung auf, bei langem Einwirken einer Temperatur von 0 °C kann der Käfer abgetötet werden).

f) Günstig ist eine Bewegung und Lüftung des Getreides. Erstere kann durch „Umbechern" und Passieren der Vorreinigung (Aussortieren der Käfer) wirkungsvoll sein. Lüftungs- und Rieselspeicher sind erfahrungsgemäß ziemlich frei von Ungeziefer.

Bekämpfung durch chemische Mittel: Hierbei handelt es sich um Anstrichmittel, Kontaktinsektizide oder Begasungsmittel. Die größte praktische Bedeutung haben die letzteren. Sie sind deswegen besonders wirksam, weil sie nicht nur die Räume desinfizieren, sondern auch den Käfer mit seiner Brut töten. Bei ihrer Anwendung müssen die Anweisungen der Herstellerfirmen hinsichtlich Konzentration und Einwirkungsdauer genau eingehalten werden, die sich nach der Temperatur und Feuchtigkeit des Getreides richten.

Die meisten Begasungsmittel dürfen nur durch konzessionierte Firmen usw. und in Verbindung mit Luftumwälzanlagen angewendet werden. Es sind also Silos mit Belüftungseinrichtungen erforderlich (s. Abschnitt 3.4.5.8).

Die Schädlingsbekämpfung umfaßt nicht nur technische, sondern auch biologische Probleme: eine wichtige Rolle spielt dabei die mögliche Resistenz der Schädlinge gegen ein Bekämpfungsmittel. Sie kann durch Selektion, d.h. durch Nachkommen mit einer gegen bestimmte Insektizide widerstandsfähigeren Erbmasse ausgelöst werden.

Auch ist es möglich, dass sich eine allmählich verstärkende Widerstandskraft gegen die Giftwirkung aus physiologischen Gründen ergibt. Es ist deshalb möglich, dass zunächst ausgezeichnet wirkende Insektizide nach kürzerer oder längerer Zeit an Wirkung verlieren, so dass andere Mittel eingesetzt werden müssen.

Die geschilderten Chemikalien, die entweder als gasförmige Atemgifte oder als Fraß- und Berührungsgifte wirken, müssen sich aus dem Gut bis auf geringste, technisch unvermeidbare Mengen entfernen lassen und dürfen weder den physiologischen Vorgang der Keimung noch die enzymatischen Reaktionen während der Bierbereitung verändern und schließlich weder geschmacklich noch für den Organismus des Menschen in irgendeiner Weise bedenklich sein. Bei der Beurteilung derartiger Mittel ist zu berücksichtigen, dass diese oftmals nur wenig in Wasser, aber gut in Lipoiden und Fetten löslich sind. Damit kann sich im Verein mit ihrer chemischen Stabilität eine Kumulation in Körperfetten und lipoidhaltigen Organen ergeben. Es müssen daher die Höchstmengenverordnungen – vor allem auch bei importierten Partien – peinlich eingehalten werden [468].

Um die vorerwähnten Begasungsmittel zu vermeiden, wurde eine Lagerung in sauerstoffarmer oder Inertgasatmosphäre vorgeschlagen. Während bei Brotgetreide die Verarbeitungsqualität über 10 Monate hinweg (bei unter 16% Feuchtigkeitsgehalt) gewahrt blieb, ist dies bei Braugerste und Brauweizen wegen der Gewinnung und Erhaltung der Keimenergie nur bei niedrigen Wassergehalten von 10–12% möglich [469]. Hier ist die Atmung und damit der Sauerstoffbedarf gering. Versuche mit Mischungen, die der Zusammensetzung von Verbrennungsgasen (85% N_2, 13% CO_2, <1% O_2) entsprachen, lieferten dieselben Ergebnisse wie Verbrennungsgase aus einem speziell angepaßten Propan-Brenner: die noch nicht keimreifen Gersten überwanden ihre Keimruhe in der Inertatmosphäre gleich schnell wie unter Luft. Bei Reingasen erwies sich N_2 im Vergleich zu CO_2 als günstiger. Bei letzterem besteht die Gefahr, dass das schwerere CO_2-Gas über Undichtigkeiten im Konusbereich abfließt. Die Malzanalysendaten aus den aerob und inert (Verbrennungsgase) gelagerten Gersten waren nach 6 Monaten Lagerzeit gleich mit leichtem positivem Trend zugunsten der inerten Lagerung [351]. Diese Arbeitsweise könnte für die Lagertechnik von Braugetreide einen Vorteil bedeuten.

3.4.7.3 Andere Schädlinge

Die anderen oben erwähnten Käferarten sind in Gerstenbeständen Mitteleuropas weit weniger anzutreffen; ihre Bekämpfung erfolgt mit den gleichen Mitteln wie die des Kornkäfers. Die *Kornmotte*, die in stark verschmutzten Speichern, Transportanlagen usw. vorkommt, verursacht einen geringeren Fraßverlust als der Kornkäfer. Die Eiablage erfolgt hier äußerlich an den Spelzen; die Raupen spinnen sich mit Hilfe ihres Ausscheidungssekretes ein und bedingen so eine Zusammenballung von mehreren Körnern. Sie können aber auch bis ins Korninnere vordringen. Weitere tierische Schädlinge, die große Verluste verursachen können, sind Ratten und Mäuse, die mit bekannten Mitteln zu bekämpfen sind.

4
Die Keimung

Bei der Keimung von Getreide entwickeln sich die im Keimling angelegten Organe. Hierbei entstehen durch Zellteilung und Zellvermehrung neue Pflanzen. Die in der Mälzerei durchgeführte künstliche Keimung unterscheidet sich – zumindest in den ersten Stufen – nicht von der natürlichen. Jedoch muß die Technologie z. B. der Gerstenkeimung so geleitet werden, dass das Wachstum des Keimlings hauptsächlich der Bildung von wichtigen Enzymen und einer bestimmten Umwandlung der Mehlkörperstruktur dient. Die Keimung verläuft nur unter definierten Bedingungen: so müssen genügend Feuchtigkeit, günstige Temperaturen und Luft bzw. Sauerstoff gegeben sein, um die Keimung einzuleiten. Diese „Keimungsfaktoren" sind es aber auch, die es ermöglichen, die künstliche Keimung im gewünschten Sinne zu leiten, um so das für die verschiedenen Zwecke benötigte Produkt „Malz" zu erzielen.

Ein gewisser *Feuchtigkeitsgehalt* ist notwendig, da die Keimung, wie alle Lebensvorgänge, nur bei einem bestimmten Feuchtigkeitsniveau abläuft. Zum Einsetzen der Keimung wird nur ein relativ geringer Wassergehalt im Korn von 35–40% benötigt, der der Gerste auf irgendeine Weise zuzuführen ist. Um jedoch in der zur Verfügung stehenden *Keimzeit* die gewünschten Stoffumsetzungen zu erreichen, ist ein Feuchtigkeitsniveau von 42–48%, ja 50% notwendig, das meist erst nach Beginn der Keimung eingestellt wird und dessen Erhaltung über die Keimzeit hinweg von großer Bedeutung auf den Ablauf der Lebensvorgänge ist.

Die *Temperatur* übt einen ähnlichen Einfluß auf die physiologische Reaktionsfolge bei der Keimung aus. So sind die günstigsten Wachstumstemperaturen zwischen 14° und 18 °C; bei niedrigeren Temperaturen wird der Keimprozeß verlängert, bei zu hohen beschleunigt und einer ungleichen Entwicklung Vorschub geleistet. Bei einer Temperatur von etwa 3 °C hören die sichtbaren Lebensvorgänge auf; bei ca. 40 °C wird der Keimling unter den Gegebenheiten der üblichen Keimgutfeuchte letal geschädigt.

Sauerstoff ist nötig, weil die für das Wachstum des Keimlings erforderliche Energie durch Atmung, d.h. durch einen Oxidationsvorgang gewonnen wird. Der Atmungsvorgang ist eine Reaktionsfolge, bei der die Abbauprodukte der Reservestoffe zu den Endprodukten des aeroben Stoffwechsels, also zu Kohlendioxid und Wasser, „verbrannt" werden, wobei ein bestimmter Betrag an Wärme

Die Bierbrauerei Band 1: Die Technologie der Malzbereitung. Achte Auflage.
Ludwig Narziß und Werner Back.
© 2012 WILEY-VCH Verlag GmbH & Co. KGaA. Published 2012 by WILEY-VCH Verlag GmbH & Co. KGaA

frei wird (s. Abschnitt 4.2.2). Diese als Atmung bezeichneten Reaktionsabläufe können naturgemäß in diesem Rahmen nicht weiter behandelt werden. Sie sind in Band III ausführlich dargestellt.

Zur Zeit der Wachstumsphase muß für eine optimale Sauerstoffzufuhr gesorgt werden, während im späteren Stadium der Keimung die atmungshemmende Wirkung des Kohlendioxids zur Dämpfung eines zu heftigen Wachstums herangezogen werden kann. Sauerstoffmangel führt jedoch zu einem anaeroben Stoffwechsel, dessen Produkte die Güte des fertigen Malzes erheblich beeinträchtigen können.

Durch eine sachgemäße Regelung der die Keimung bestimmenden Faktoren – Feuchtigkeit, Temperatur, Sauerstoff und Zeit – lassen sich die biologischen Vorgänge bei der Keimung innerhalb gewisser Grenzen steuern. Es kommt ihnen auch Bedeutung zu, wenn durch mechanischen Eingriff das Korn entspelzt, angebrochen oder sonstwie verändert wird, um die Prozesse der Enzymbildung und des Stoffabbaus rascher ablaufen zu lassen. Ebenso bedarf die Keimung mit künstlich zugesetzten Wuchsstoffen einer Steuerung im obigen Sinne. Es sind daher die nachfolgenden Betrachtungen als Grundlage der meisten, heute bekannten Mälzungsverfahren zu sehen.

Licht ist für den Keimungsprozeß entbehrlich. Die natürliche Keimung geht ebenfalls ohne Licht, nämlich im Boden, vor sich. Bei zu starkem, direktem Sonnenlicht kann u.u. bei dünnschaligen Gersten eine assimilatorische Tätigkeit einsetzen und dadurch eine kleine Menge an Chlorophyll gebildet werden, die geschmacklich einen Nachteil für das Malz bedeutet.

4.1
Die Theorie der Keimung

4.1.1
Allgemeines über die Vorgänge bei der Keimung

Der Keimvorgang ist durch drei z.T. schon äußerlich wahrnehmbare Erscheinungen charakterisiert: durch die Wasseraufnahme des Korns, durch die einsetzende Entwicklung des Keimlings und durch die Umwandlung der im Mehlkörper vorhandenen Reservestoffe.

Durch die *Erhöhung des Wassergehalts* quillt das Gerstenkorn; es vergrößert sein Volumen.

4.1.2
Die Gestaltsveränderungen des Keimlings

Diese äußern sich zuerst an der Wurzel, später an der Blattkeimanlage. Zunächst streckt sich das Hauptwürzelchen, durchbricht die Frucht- und Samenschale und die anliegenden Spelzen dort, wo das Korn an der Ähre angewachsen war. Die Wurzelscheide tritt zwischen den beiden nicht verwachsenen Spelzen hervor und wird sichtbar. Das Korn *spitzt*. Dann werden die Zellen der Wurzelscheide zerrissen und einige Würzelchen treten aus: das Korn *gabelt*. Die Wurzeln sind ihrerseits mit feinen Kapillarwürzelchen bedeckt, die infolge ihrer zarten Gewebe und dünnen Oberhaut gelöste Nährsalze aus dem Boden aufnehmen können. Sie sind im Haufen nur an den obersten Körnern sichtbar. Die äußerste Spitze der Wurzel ist von der Wurzelhaube bedeckt, hinter der die Neubildungszone liegt.

Der *Blattkeim* durchbricht zunächst die Frucht- und Samenschale und schiebt sich zwischen diesen und der Rückenspelze gegen die Spitze des Korns vor. Er soll sich bei der künstlichen Keimung nur bis zu einer bestimmten Länge entwickeln. Wächst er über die Kornspitze hinaus, so kann diese „Husarenbildung" u. U. von Nachteil für die spätere Malzqualität sein.

4.1.3
Umsetzungen im Mehlkörper

Neben diesen Wachstumserscheinungen treten im Mehlkörper des Korns Umsetzungen ein, die durch einen Stoffabbau infolge der Wirkung bestimmter Enzymgruppen gekennzeichnet sind, aber auch durch einen gleichzeitigen Aufbau neuer Gewebe im Keimling. Der Ablauf dieser physiologischen Vorgänge läßt sich wie folgt darstellen:

Etwa 12 Stunden nach der Zuführung des Vegetationswassers zum Korn beginnt der reife Keimling seine ersten Lebensäußerungen zu entwickeln: Mit dem Strecken des Hauptwürzelchens bilden sich im Schildchen Gefäßspuren aus, die von dessen Scheitelpunkt zur Stammanlage reichen. Diese erfahren dann eine Verstärkung durch die Einlagerung von Lignin; die Schicht der ausgelaugten Zellen beginnt sich aufzulösen. Die Zellen des Aufsaugeepithels verlängern sich innerhalb 72 Stunden auf etwa das Dreifache. Diese Entwicklung, die auf der Rückseite des Korns beginnt, pflanzt sich rasch über das Schildchen und die darüberliegende Endospermschicht fort. Bereits 12 Stunden nach der Wasseraufnahme ist ein Verschwinden von Fett-Tröpfchen aus dem Schildchen zu beobachten; im Keimling selbst treten Stärkekörner auf, später auch im Schildchen. Das Schildchen weist in den ersten 6–12 Stunden eine sehr hohe Stoffwechselaktivität auf; es ist dennoch nicht fähig, hydrolytische Enzyme zu entwickeln. Diese Enzyminduktion wird vielmehr hervorgerufen durch Wuchsstoffe (Gibberellinsäure und Gibberellin A_1), die von der Stammanlage zur wachsenden Achse des Keimlings und dann über das obengenannte Gefäßsystem zu den Ausläufern der Aleuronschicht gelangen, die an das Schildchen angrenzen (Abb. 4.1). Die Gibberellinsäure induziert in den Aleuronzellen hydrolytische Enzyme wie die α-Amylasen, die Grenzdextrinase sowie die Endopeptidasen; sie vermittelt die Stimulation von Endo-β-Glucanase und Endo-Xylanase [471–473]. In den frühen Stadien der Keimung werden zuerst vom Schildchen hydrolytische Enzyme freigesetzt [474–476]. Es wird aber in der Folge die Enzyminduktion vom Aleuron aus wesentlich stärker. Nach drei Tagen Keimung stammten 13,5% der α-Amylase aus dem Keimling und 86,5% aus dem

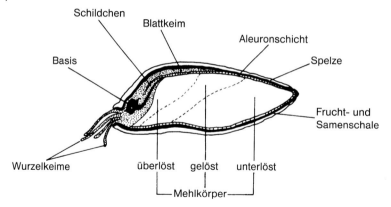

Abb. 4.1 Gekeimtes Gerstenkorn (nach *Palmer* [481]).

Aleuron [477]. Aus diesem Grunde schreitet auch die Auflösung auf der Rückenseite des Korns rascher voran als auf der Bauchseite [478].

Mit der Wasseraufnahme, die im Keimling rasch, im Schildchen etwas langsamer und im Mehlkörper erst allmählich erfolgt, wird der im Keimling gespeicherte Vorrat an Saccharose verbraucht, bevor die entsprechenden Enzymaktivitäten im Mehlkörper zur Versorgung des Keimlings entwickelt sind. Vielmehr scheint dieser Saccharose- Verbrauch das Wachstum des Keimlings und die hierbei ablaufenden Vorgänge mit auszulösen [479].

Eine zweite wichtige Aufgabe des Schildchens ist die Absorption von Reservestoffen des Mehlkörpers. Hier wird Glukose, als letztes Abbauprodukt der Stärke (s. Abschnitt 4.1.4.1), in Saccharose umgewandelt [480]. Gerade die Verlängerung der Zellen des Aufsaugepithels bewirkt eine etwa 8 fache Vergrößerung der „Aufnahme-Oberfläche" zu einer Zeit, wenn die Abbauprodukte im Mehlkörper angehäuft werden. Für eine hohe Aktivität dieser Parenchymzellen spricht auch die Anreicherung von Mitochondrien.

Das Schildchen wirkt als Speicherorgan. Es liefert aber auch ein Leitungsnetz, das einen gegenseitigen Transport – Gibberelline zur Aleuronschicht und Reservestoffe zum Keimling – tätigt. Die Wuchsstoffe werden von der Stammanlage ausgeschieden. Es ist bemerkenswert, dass der Blattkeim ein „Hauptverbraucher" der Gibberellinsäure ist; wird die Blattanlage entfernt, so kommt es zu einer wesentlichen Verstärkung der α-Amylaseproduktion.

Das Zusammenwirken zwischen Gibberellinsäure und Aleuronschicht kann im Hinblick auf die de novo gebildeten Enzyme wie α-Amylase, Grenzdextrinase und Endopeptidase [482] dahingehend erklärt werden, dass das Hormon auf das Niveau der DNS-gesteuerten RNS-vermittelten Enzym-Synthese einwirkt. Es wird offenbar Gibberellinsäure dauernd benötigt, um diese Wechselwirkung aufrecht zu erhalten [483, 484]. Bei den Endo-β-Glucanasen und der Endoxylanase [226] handelt es sich um eine Stimulierung der Enzymbildung durch Gibberellinsäure im Aleuron, während die saure Phosphatase (Phytase) nicht vom Aleuron sekretiert wird, sondern lediglich durch die Wasseraufnahme aktiviert wird.

Indolyl-Essigsäure (s. Abschnitt 3.4.1) verstärkt in kleinen Mengen den Effekt von Gibberellinsäure, während Kinetin aus dem Endosperm, ebenso wie Abcisinsäure eine inhibierende Wirkung auf die Bildung z. B. der α-Amylase ausüben. Es muß also mehr Gibberellinsäure vorhanden sein, um die Enzymbildungs- und Sekretionsmechanismen zu gewährleisten. Die Inhibitoren u. a. auch Cytokinin behindern ferner die Sekretion von anorganischen Ionen wie Calcium, Magnesium und Phosphat vom Aleuron in den Mehlkörper – solange bis das Gibberellin das Aleuron erreicht hat [473]. Diese stammen aus dem Abbau des Phytins durch die Phosphatase, die nur solange Gibberellin-abhängig ist, wie die Inhibitoren aktiv und noch nicht abgebaut sind [477, 485].

Ein Verfolg der endogenen, d. h. im Korn selbst entwickelten Gibberelline zeigte, dass unmittelbar nach dem Weichprozeß noch keine Gibberelline nachzuweisen waren. Ihre weitere Entwicklung gestaltete sich wie folgt (Tabl 4.1).

Es zeigte sich ein deutlicher Anstieg in den ersten 24 Stunden nach dem Ausweichen, also in der Ankeimphase; von der 48. bis 72. Stunde fiel das Niveau wieder ab.

Bei Zugabe von Gibberellinsäure zum ausgeweichten Haufen (s. Abschnitt 6.4.4.1) ließ sich ebenfalls ein Abfall der extrahierbaren Menge verfolgen. Dieser könnte durch Umsetzung zu inaktiven Isomeren oder durch Bindung von Gibberellinsäure an Zucker zu Glycosiden erklärt werden.

Unmittelbar nach dem Zusatz der Gibberellinsäure war diese an der Kornoberfläche zu finden, von wo sie allmählich in das Korninnere aufgenommen wurde. Nach 48 Stunden ließ sich an der Oberfläche keine Gibberellinsäure mehr nachweisen [486].

Es ist aber im fertigen Malz immer noch Gibberellinsäure mittels kompetitivem ELISA nachweisbar: ohne Zusatz von Gibberellinsäure (in Deutschland nicht gestattet) wurden Mengen von 2–5 µg/kg festgestellt [487, 488].

Diese Fülle der hydrolytischen Enzyme wird nun benötigt, um die im Mehlkörper abgelagerten Reservestoffe in lösliche Form überzuführen; die Proteasen lösen dabei die Eiweißumhüllung der stärkeführenden Zellen, die hauptsächlich aus Prolamin und Glutelin besteht [481]. Damit werden die Hemicellulosewände für den Angriff des zugehörigen Enzymkomplexes freigesetzt, wodurch dann die Stärkekörner wiederum den Amylasen zugänglich werden. Nachdem aber auch die großen wie die kleinen Stärkekörner in eine Proteinmatrix einge-

Tab. 4.1 Entwicklung von endogenen Gibberellinen in keimender Gerste.

Zeit nach dem Ausweichen (h)	Gesamt-Gibberellin als GA$_3$ (µg/kg)
0	nicht nachweisbar
24	46
48	50
72	34

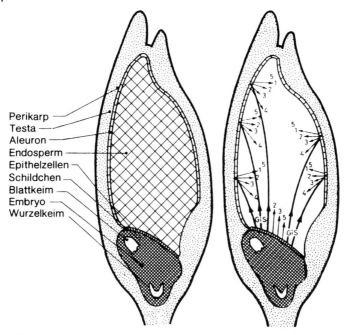

Perikarp
Testa
Aleuron
Endosperm
Epithelzellen
Schildchen
Blattkeim
Embryo
Wurzelkeim

Abb. 4.2 Enzymbildungsvorgänge in keimender Gerste nach *Piendl* [489]
1 = Endo-β-Glucanase.
2 = α-Amylase
3 = Protease
4 = Phosphatase
5 = β-Amylase
GiS = Gibberellinsäure und Gibberellinsäure-ähnliche Substanzen.

bettet sind, ist ein weiterer Abbau derselben durch proteolytische Enzyme notwendig.

Diesen Bedürfnissen entsprechend erfolgt offenbar auch die Bildung der hydrolytischen Enzyme (Abb. 4.2). Zuerst treten Endo-β-Glucanasen auf, dann die α-Amylasen und schließlich die Endopeptidasen. Die saure Phosphatase tritt noch vor der α-Amylase in Erscheinung [226].

Neue Erkenntnisse zeigen jedoch, dass die Carboxypeptidase bereits vor der Endo-β-Glucanase gebildet wurde. Außerdem beginnt die Xylanaseaktivität schon während des Weichens und setzt sich in den frühen Stadien der Keimung fort. Sie kommt aber dann zum Erliegen. Die Xylanase ist gleichmäßig im Korn verteilt, während alle anderen Enzyme höhere Aktivitäten in Keimlingsnähe als im restlichen Korn zeigen [490].

Wie schon erwähnt, schreitet die Auflösung – etwa parallel dem Aufsaugeepithel – auf der Rückenseite des Endosperms stärker voran als auf der Bauchseite. Die Aleuronzellen, die näher am Keimling liegen, werden als erste stimuliert, bilden Vakuolen und verschwinden, nachdem das Cytoplasma aus Proteinen, Lipiden und Phytin zum Abbau gekommen ist. Die Unterschiede, die sich hierbei

Tab. 4.2 Die Verteilung der Enzyme und des Stoffabbaus während der Keimung nach *Palmer* [481].

	Keimlings-hälfte	Entgegen-gesetzte Hälfte
Endo-β-Glucanase-Einheiten	32,0	3,0
α-Amylase-Einheiten	448,0	40,0
α-Amino-N (mg/l)	23,0	11,0
Glukose-Äquivalente (μg/ml)	572,0	271,0

in der Entwicklung und Wirkung der Enzyme zwischen der dem Keimling zugewandten und der restlichen Hälfte des Korns ergeben, zeigt Tab. 4.2.

Die abgebauten, niedermolekularen Substanzen werden vom Schildchen aufgenommen und dem Keimling zugeführt. Hier erfolgt dann der Aufbau zu neuen Geweben; so ist z. B. zur Zeit des Spitzens des Wurzelkeims ein Anstieg des Gehalts an RNS festzustellen, die bekanntlich zur Synthese von Eiweiß benötigt wird (s. Abschnitt 1.5.7).

Die umgesetzten Substanzmengen sind beträchtlich: bewegt sich doch während der Keimung ein konstanter Nährstoffstrom von den Zellen des Mehlkörpers zum Keimling, wo sie entweder zu neuen Geweben aufgebaut oder veratmet werden, um die für diese Synthesen erforderlichen Energien zu gewinnen.

Es zeigte sich hieraus, dass der Mälzungsreife der Gerste eine große Bedeutung zukommt: auch die keimreife Gerste erfährt noch eine weitere Veränderung, was auch sinnfällig in Gerstenpartien zum Ausdruck kommt, die erst einige Monate nach der Ernte verarbeitet werden.

Diese Darstellung zeigt aber auch, dass das Wachstum des Keimlings bei der Herstellung von Braumalz durch die eingangs erwähnten Keimungsfaktoren zu einem Zeitpunkt eingeschränkt werden muß, zu dem der Mechanismus der Enzymentwicklung in vollem Gang ist. Durch ein „Abbremsen" des Wachstums werden die abgebauten Reservestoffe im geringeren Umfang zur Neubildung von Geweben (z. B. Wurzelkeim) bzw. zur Atmung verbraucht. Das Korn reichert sich mit löslichen Produkten an; die Enzymbildung schreitet fort, wobei jedoch eine Reihe von Enzymen einem Rückkopplungsmechanismus unterliegt. Dies bedeutet, dass im Falle der Anhäufung bestimmter Endprodukte des Abbaus eine Inhibition der Enzymbildung eintreten kann.

So ist es möglich, durch die Regulierung der Keimungsfaktoren Einfluß auf die Beschaffenheit des Malzes, hinsichtlich seines Enzymgehalts und seiner Auflösung zu nehmen. Es zeigt jedoch die Wirkung von Wuchsstoffen wie z. B. der Gibberellinsäure bei der Keimung, dass deren Zusatz zum Weich- bzw. Keimgut eine wesentliche Erhöhung der Enzymkapazität und eine Beschleunigung der Auflösung zu erzielen vermag. Dies soll im Rahmen des Kapitels über Mälzungsmethoden im Ausland besprochen werden.

Den Verfolg der Auflösungsvorgänge mit Hilfe eines Raster-Elektronenmikroskops zeigen die Abb. 4.3–4.15.

Die noch intakten Zellwände sind in Abb. 4.3 zu sehen. Die Hemicellulose-struktur ist noch fest, wie auch das histologische Eiweiß die Stärkepartikel kompakt umschließt. Nach dem 2. Keimtag (Abb. 4.4) sind in Keimlingsnähe nur mehr Reste von Zellwandmaterial zu sehen, wie auch ein Teil der Proteinmatrix abgebaut wurde. Die Stärkekörner haben sich hinsichtlich Form und Oberflächenbeschaffenheit noch nicht verändert. An der Kornspitze (Abb. 4.5) sind noch die ursprünglichen Strukturen wie beim Gerstenkorn zu sehen. Am 4. Keimtag sind in Keimlingsnähe Proteinmatrix und kleine Stärkekörner verschwunden (Abb. 4.6 und 4.7), die großen Stärkekörner zeigen schon Korrosionsstellen. Die Kornspitze (Abb. 4.8) erweist sich immer noch als weitgehend ungelöst: Zellwände, Proteinfragmente und zahlreiche kleine Stärkekörner zeigen eine gewisse Ähnlichkeit zu Abb. 4.4 (zwei Tage, Keimlingsnähe). Am 6. Keimtag sind in Keimlingsnähe Zellwände und Proteinmatrix verschwunden, die meisten (großen) Stärkekörner sind durch die Wirkung der Amylasen durchlöchert (Abb. 4.9). Diesen Abbau verdeutlichen die Abb. 4.10 und 4.11.

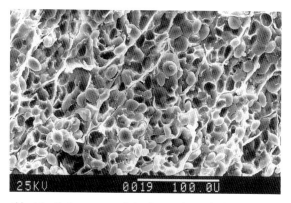

Abb. 4.3 Endosperm, noch intakt vor der Hydrolyse der Zellwände.

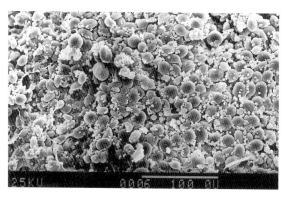

Abb. 4.4 Gerste nach dem zweiten Keimtag, Aufnahme in Keimlingsnähe.

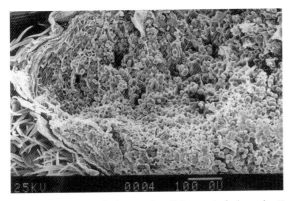

Abb. 4.5 Gerste nach dem zweiten Keimtag, Aufnahme der Kornspitze.

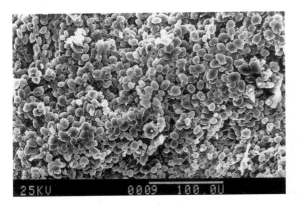

Abb. 4.6 Gerste nach dem 4. Keimtag, Aufnahme in Keimlingsnähe.

Abb. 4.7 Gerste nach dem 4. Keimtag. Aufnahme in Keimlingsnähe.

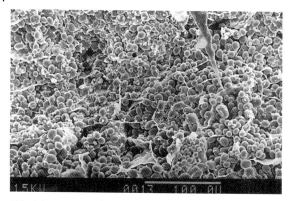

Abb. 4.8 Gerste nach dem 4. Keimtag, Aufnahme der Kornspitze.

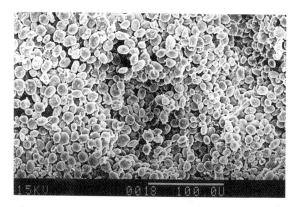

Abb. 4.9 Gerste nach dem 6. Keimtag, Aufnahme in Keimlingsnähe.

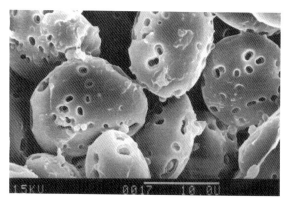

Abb. 4.10 Gerste nach dem 6. Keimtag, Aufnahme in Keimlingsnähe.

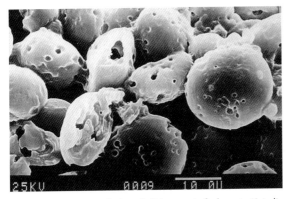

Abb. 4.11 Gerste nach dem 6. Keimtag, Aufnahme in Keimlingsnähe.

Abb. 4.12 Aleuronschicht nach 2 Keimtagen.

Abb. 4.13 Längsschnitt eines Gerstenkorns am 5. Keimtag – stärkeführende Zellen.

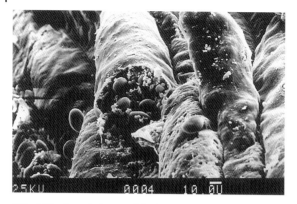

Abb. 4.14 Ausschnitt aus Abb. 4.13.

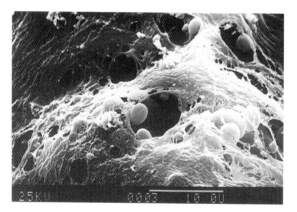

Abb. 4.15 Zellwandabbau nach zwei Weich- und fünf Keimtagen.

Die Aleuronschicht zeigt nach zwei Keimtagen eine deutliche Veränderung gegenüber der Abb. 1.10 in Abschnitt 1.3.2. Durch die Präparation ist der Inhalt von drei Aleuronzellen (Abb. 4.12) verlorengegangen. Am 5. Keimtag ergibt ein Längsschnitt senkrecht zur Bauchfurche (Abb. 4.13) einen sehr eindrucksvollen Einblick in die Struktur der stärkeführenden Zellen, die eine schlauchartige Beschaffenheit haben. Eine Vergrößerung aus diesem Bild ist in Abb. 4.14 zu sehen. Der Abbau der Zellwände ist an einem Ausschnitt (Abb. 4.15) zu erkennen [60].

4.1.4
Der Stärkeabbau bei der Keimung

4.1.4.1 Allgemeines
Wenn auch der Abbau der Stärke und der Verbrauch von Abbauprodukten wie Glukose, Saccharose und Maltose zur Gewinnung von Energie im Interesse der Wirtschaftlichkeit des Mälzungsprozesses möglichst in engen Grenzen gehalten

werden soll, so muß doch Wert auf die Bildung oder die Aktivierung von stärke-abbauenden Enzymen gelegt werden, um später beim Maischen die Verzucke-rung der Stärke im gewünschten Ausmaß vornehmen zu können. Wie schon bei der Besprechung der Gersteninhaltsstoffe erwähnt, liegt in der ungekeimten Gerste die Hauptmenge der Kohlenhydrate in unlöslicher Form vor (s. Ab-schnitt 1.3.1). Nur eine kleine Menge an löslichen Zuckern wie Saccharose, Raf-finose sowie Spuren von Glukose und Fructose in einer Gesamtmenge von ca. 2% sind im Keimling vorhanden.

Mit der Wasseraufnahme des Korns nimmt die im Keimling gespeicherte Saccharose innerhalb der ersten 12 Stunden stark ab. Erst nach 16 Stunden kommt es im Schildchen wieder zu einer Zunahme der Saccharose, die sich ei-nige Stunden später auch im Keimling anreichert. Sie wird in den Wurzeln durch Invertase abgebaut und dem Stoffwechsel zugeführt [491].

Der Raffinosegehalt des Keimlings nimmt während der Keimung zuerst rasch, dann langsam ab. Raffinose wird nicht mehr neu gebildet. Nach Ver-brauch der im Keimling vorliegenden, geringen Mengen an löslichen Zuckern muß der weitere Bedarf an Nährstoffen über den Abbau hochmolekularer Re-servestoffe, vor allem der Stärke, gedeckt werden [492].

Die Stärke liegt in Form von großen und kleinen Stärkekörnern vor. Sie sind in den stärkeführenden Zellen von Hemicellulosemembranen umgeben. Diese Membranen sind miteinander durch Eiweiß verkittet, wie auch die Stärkekörner an ihrer Oberfläche Protein enthalten. Bei diesen Proteinen handelt es sich un-ter anderem um β-Amylasen, die bei der Stärkesynthese an den Körnern geblie-ben sind. Somit nimmt im Zuge einer Proteolyse oder aber auch durch den Einsatz reduzierender Substanzen, wie z. B. Cystein, die Aktivität der β-Amylase zu. Es muß demnach dem Abbau der Stärke ein cytolytischer und proteolyti-scher Abbau vorausgehen (s. Abb. 4.3, 4.4 und 4.7).

Die Stärke selbst stellt ein Gemisch aus etwa 25% Amylose und 75% Amylo-pectin dar (s. Abschnitt 1.4.2.1). Der Abbau der beiden Stärkearten wird haupt-sächlich durch α- und β-Amylase bewirkt.

Die β-Amylase greift das Amylose- oder Amylopectinmolekül vom nichtalde-hydischen Ende her an und baut einzelne Maltoseeinheiten ab. Während sie Amylose auf diese Weise vollständig zu Maltose hydrolysieren kann, kommt beim Amylopectinmolekül der Abbau in der Nähe der Verzweigungsstellen (α-1 $\rightarrow$ 6-Bindungen) zum Stehen. Es verbleibt ein Restkörper, das sog. β-Grenz-dextrin.

Die α-Amylase greift dagegen die Amylose und das Amylopectin von innen heraus an. Sie baut die Amylose unter Lösen von α-1 $\rightarrow$ 4-Bindungen zu Dextri-nen von ca. 6 Glukoseeinheiten ab. Das Amylopectin wird von der α-Amylase, die keine α-1 $\rightarrow$ 6-Bindungen angreifen kann, an den α-1 $\rightarrow$ 4-Bindungen zwi-schen den Verzweigungen gespalten, wodurch Dextrine entstehen, die noch die entsprechenden Seitenketten enthalten. Diese werden damit wieder dem An-griff der β-Amylase zugänglich gemacht.

Der enzymatische Abbau von nativen Stärkekörnern und gelöster Stärke un-terscheidet sich in zwei wesentlichen Punkten. Der erste Punkt ist die Hydrolyse. Die Degradation von nativen Stärkekörnern ist sehr langsam im Vergleich zu vorverkleisterter Stärke [493]. Der zweite Punkt sind die für den Abbau verantwortlichen Enzyme. Nur α-Amylase [493] und α-Glucosidase [494] sind in der Lage, native Stärkekörner anzugreifen.

Die großen Stärkekörner der Gerste werden nicht wahllos an der Oberfläche angegriffen, sondern an Poren, die entlang des äquatorialen Rückens vorliegen [495]. Während der Keimung werden diese Poren weiter vertieft, so dass Enzyme in das Innere des Korns eindringen können. Die restliche Oberfläche des Stärkekorns bleibt dabei unversehrt [496]. Kleine Stärkekörner werden schneller hydrolysiert als große Körner [497–499], was durch das relativ große Verhältnis von Masse zu Fläche erklärt wird [74], zudem werden sie nicht durch Poren hydrolysiert, sondern durch eine Art Oberflächenerosion, die zu einer unter dem Elektronenmikroskop sichtbar werdenden Aufrauhung führt [499]. Der Grund dafür sind Unterschiede in der Struktur der beiden Körner [500]. Während der Keimung werden die kleinen Stärkekörner in Gerste weitestgehend abgebaut, die großen Körner hingegen werden nur geringfügig enzymatisch angegriffen [501].

Nachdem aber die β-Amylase hauptsächlich die verkleisterte Stärke während des Maischens zu Maltose abbaut, dürfte die α-Amylase überwiegend für den Abbau der genuinen Stärke verantwortlich sein [502]. Die so entstehenden höhermolekularen Produkte werden von der β-Amylase zu Maltose gespalten. Der Maltosegehalt während der Keimung steigt im Verhältnis zu den gesamten Umsetzungen des Stärkeabbaus, die etwa 18% der Stärke ausmachen, nur wenig an. Dies ist zu erklären, da Maltose einem weiteren Abbau durch Maltase zu jeweils zwei Molekülen Glukose unterliegt. Glukose kann aber auch als Produkt eines nebeneinanderlaufenden Abbaus beider Amylasearten oder beim Abbau von Ketten mit einer ungeraden Zahl an Glukosemolekülen entstehen. Demgegenüber tritt Saccharose in verhältnismäßig großen Mengen von bis zu 7% auf; sie wird durch ein entsprechendes Enzymsystem aus Glukose aufgebaut (Abb. 4.16).

Saccharose stellt in der Pflanze die Transportform der Zucker dar; sie wird auch im Keimling bzw. im Schildchen wieder zu Stärke aufgebaut, die bei Bedarf wieder einem Abbau unterliegt und veratmet oder zum Baustoffwechsel verwendet wird (transitorische Stärke). Saccharose wird durch Saccharase oder Invertase zu Glukose und Fructose gespalten. Gegenüber der Fructose ist Glukose jedoch im Überschuß vorhanden, da sie vom Keimling schlechter, d. h. nur auf dem Weg über die Saccharose verwertet wird; auch dürfte ein Teil aus dem Abbau der Maltose stammen.

Neben den erwähnten Abbauprodukten Maltose und Glukose entstehen auch solche mit einer größeren Anzahl von Glukoseeinheiten, die von Maltotriase bis zu mehr hochmolekularen Dextrinen reichen, die der Hauptmenge an unveränderter Stärke noch sehr nahestehen. Es fallen, wie schon erwähnt, auch Abbauprodukte an, die Verzweigungen aufweisen; z. B. Isomaltose oder entsprechende Dextrine, die neben den α-$1 \rightarrow 4$-Bindungen auch eine α-$1 \rightarrow 6$-Bindung besitzen. Der weitere Abbau dieser Zucker kann durch die Grenzdextrinase erfolgen

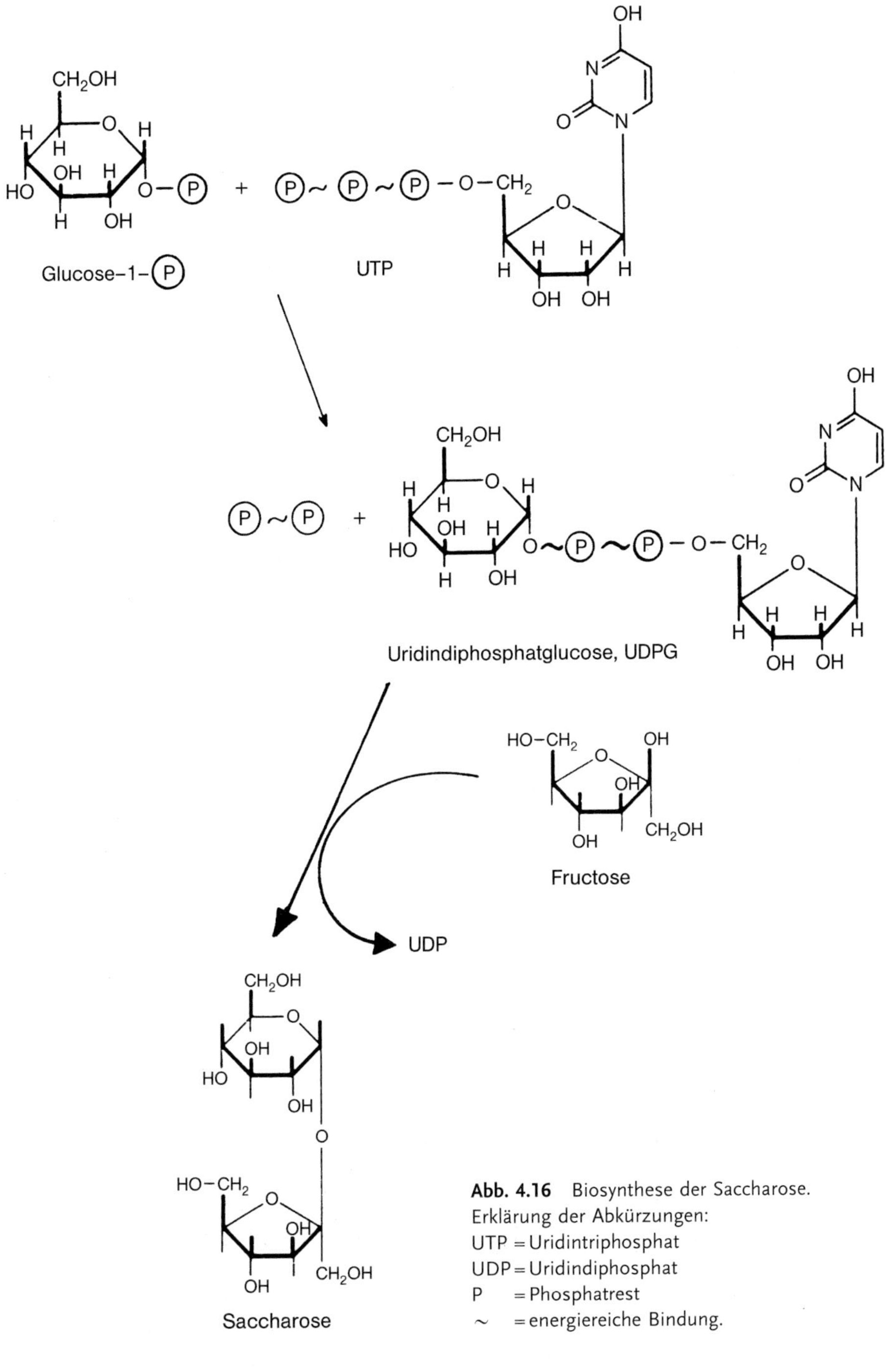

Abb. 4.16 Biosynthese der Saccharose.
Erklärung der Abkürzungen:
UTP = Uridintriphosphat
UDP = Uridindiphosphat
P   = Phosphatrest
∼   = energiereiche Bindung.

(s. Abschnitt 1.5.8.2), die entweder bei niederen Einheiten eine Lösung der $a\text{-}1 \rightarrow 6$-Bindung bewirken oder eine Spaltung von Verzweigungsstellen des Amylopectins herbeiführt.

Der Stärkeabbau ist schematisch in Abb. 4.17 dargestellt.

Der Stärkeabbau beim Mälzen ist nur beschränkt; etwa 4,5% der ursprünglichen Menge wird veratmet, ein weitaus größerer Teil unterliegt jedoch einem enzymatischen Abbau, der sich nur zu einem geringen Maße durch die Menge an löslichen Zuckern im Malz reproduzieren läßt. Ein Teil der Abbauprodukte wird im Blattkeim oder in den Wurzelkeimen wieder zu neuen Geweben auf-

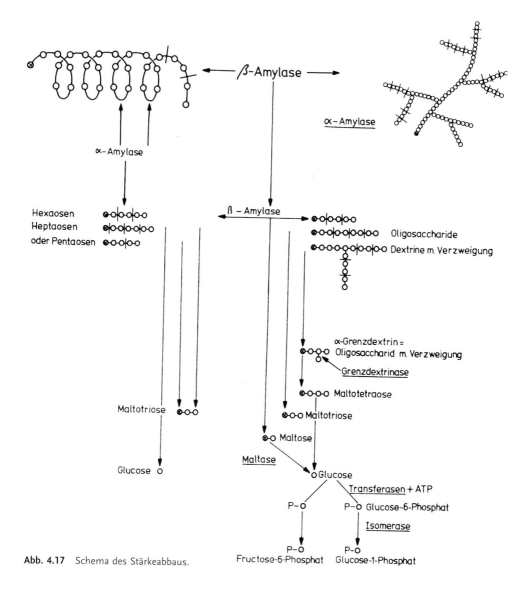

Abb. 4.17 Schema des Stärkeabbaus.

Tab. 4.3 Verkleisterungstemperaturen von
Gerste und Malz.

	Gerste	Malz
Minimalwert (°C)	57,4	58,9
Maximalwert (°C)	60,7	61,8
Durchschnitt (°C)	58,8	60,7

gebaut. Letztere stellen ebenfalls einen Verlust dar. Wie schon erwähnt, werden beim Stärkeabbau etwa 18% dieses Polysaccharids enzymatisch abgebaut, aber auch die verbleibende Stärke verändert sich in ihrer Zusammensetzung. So wird ein Teil der kleinen Stärkekörner während des Mälzens abgebaut, die großen Körner zeigen an ihrer Oberfläche Korrosionen [503]. Die Länge der äußeren Ketten des Amylopectins erfährt eine Verkürzung, wodurch sich das Verhältnis von *a*-1 → 4- zu *a*-1 → 6-Bindungen zugunsten letzterer verschiebt [504]. Durch den bevorzugten Abbau von Amylopectin in den Großkörnern verändert sich der Amyloseanteil der Stärke von etwa 25 auf 29% [505].

Durch den enzymatischen Abbau der Stärke verändert sich auch deren Verhalten bei der Verkleisterung. Diese hängt ursprünglich ab von der Größe der Stärkekörner, dem Anteil an kristalliner Stärke, der Art der Kristallstruktur sowie von der Struktur der Stärke selbst [506]. Amylosereiche Stärken zeigen eine niedrigere Verkleisterungstemperatur (VKT). Daneben spielt der Lipidanteil eine Rolle. Ein höherer Lipidanteil führt zu einer höheren VKT, da die Lipide einen inhibitorischen Effekt auf das Quellvermögen der Stärke ausüben [494, 495].

Die VKT ist weiterhin abhängig vom Standort, z. B. vom Mineralstoffgehalt des Bodens sowie von der Umgebungstemperatur während der Kornfüllungsphase. Höhere Temperaturen bewirken eine höhere VKT.

Die Verkleisterungstemperatur der Gerstenstärke liegt etwas niedriger als die der Malzstärke, wie Tab. 4.3 zeigt.

Die wichtigste Aufgabe bei der Keimung besteht in der Lösung, Aktivierung und Bildung der stärkeabbauenden Enzyme.

4.1.4.2 β-Amylase

Die β-Amylase (E. C. 3.2.1.2) (s. Abschnitt 1.5.8.2) kommt in der ungekeimten Gerste in einer freien und in einer gebundenen Form vor, die durch Behandlung des gemahlenen Korns mit proteolytischen Enzymen oder durch Reduktionsmittel mit Thiolgruppen „aktiviert" werden kann. Offenbar ist das latente Enzym durch Disulfid-Brücken an unlösliches Protein gebunden. Während der Keimung erhöht sich der lösliche aktive Anteil des Enzyms durch den fortschreitenden Eiweißabbau. Die Menge an aktiver β-Amylase in der ungekeimten Gerste kann zwischen 60 und 200° WK schwanken. Sie hängt ab von der Gerstensorte, von den Bedingungen des Anbauortes und des Jahrgangs, vor allem aber vom Eiweißgehalt der Gerste [241]. Der Einfluß der Sorte in zwei Jahren

Tab. 4.4 Gerstensorte und freie β-Amylase ($^\circ$WK).

Jahrgang	Sorte			
	Wisa	Union	Brevia	Columba
1968	128	169	111	102
1969	128	178	104	116

an ein und demselben Anbauort lassen diese zwar älteren, aber eindeutigen Daten erkennen [243] (Tab. 4.4).

Wie auch andere Versuche bestätigten, zeigte die Sorte Union unter vergleichbaren Gersten stets die höchsten β-Amylasewerte im ruhenden Korn. Die Menge der freien β-Amylase in der ungekeimten Gerste nimmt vom Aleuron zum Innern des Mehlkörpers hin ab [240].

Es wurden mindestens 4 verschiedene Formen von β-Amylasen gefunden, die thermostabiler sind, d. h. die im Temperaturbereich von 40–56 $^\circ$C (in reiner Stärkelösung) beständiger sind [249, 250]. Diese genotypische Eigenschaft äußert sich bei einem Vergleich der Sorten Alexis und Barke mit Derkado, Korinna und Renata, wobei sich erstere als thermostabiler erwiesen als die drei letzteren. Die besten Werte verzeichnete eine europäische Landsorte [250].

Während des Mälzungsprozesses sind eine Reihe von Möglichkeiten gegeben, auf die Entwicklung bzw. Aktivierung der β-Amylase einzuwirken: beim Weichen erfolgt dann eine leichte Abnahme der β-Amylase-Aktivität, wenn eine reine Wasserweiche Anwendung findet. Beim sog. „Pneumatischen Weichverfahren" (s. Abschnitt 5.2.2.2) entwickelt sich die β-Amylase während der zweiten, ca. 20 Stunden währenden „Luftrast", d. h. im Laufe der Ankeimphase sehr stark [509].

Die einzelnen Keimungsfaktoren wirken sich wie folgt aus:

Mit steigender *Keimgutfeuchte* ergibt sich nach Abb. 4.18 eine verstärkte Aktivierung des Enzyms. Dabei ist jedoch bemerkenswert, dass eine Steigerung des Wassergehalts über 43% hinaus keine wesentlichen Fortschritte mehr erbringt; der stärkste Anstieg ist vom zweiten bis zum fünften Keimtag gegeben, die weiteren Zuwachsraten bleiben in einem verhältnismäßig engen Rahmen. Eine Ankeimung bei einem Wassergehalt von 40% und eine nachträgliche Einstellung der Maximalfeuchte auf 46% erbringt keine erkennbaren Vorteile.

Die *Keimtemperatur* wirkt sich nach der folgenden Aufstellung weniger einschneidend aus als die Variation des Wassergehaltes [510]:

Keimtemperatur $^\circ$C	13	15	17
β-Amylase $^\circ$ WK*	251	263	230

* Werte im gedarrten Malz

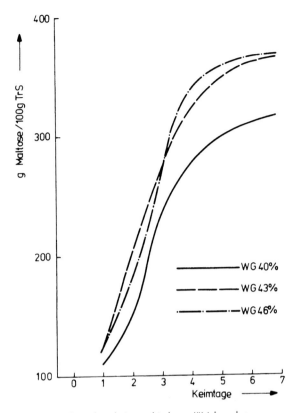

Abb. 4.18 *β*-Amylase bei verschiedenen Weichgraden.

Es erfolgt bei höheren Keimtemperaturen eine geringere Entwicklung der *β*-Amylaseaktivität, die eine Parallele im Eiweißlösungsgrad findet. Bei Keimtemperaturen, die nach der Ankeimphase und nach Darstellung der maximalen Keimgutfeuchte von 17–18 °C auf 12–13 °C abgesenkt werden, ergibt sich gegenüber dem Normalverfahren (46% Feuchte, konstant 15 °C) eine Erhöhung um rund 20 ° WK [511].

Der *Einfluß der Keimzeit* geht aus Abb. 4.19 hervor.

Gegen die *Anreicherung der Haufenluft mit* CO_2 reagiert die *β*-Amylase nach dreitägiger Keimung bei voller Luftzufuhr nur wenig, wenn ein CO_2-Gehalt von 10% zur Anwendung kommt. Bei CO_2Gehalten von 20%, wie sie nur bei außerordentlichen Maßnahmen der Haufenführung zu erreichen sind (s. Abschnitt 6.4.1.2), läßt sich ein stärkerer Anstieg der *β*-Amylaseaktivität erkennen, wie nachfolgende Aufstellung zeigt [513]:

CO_2-Gehalt nach 3 Keimtagen in % der Luft	0	10	20
β-Amylase ° WK (Darrmalz)	316	320	331

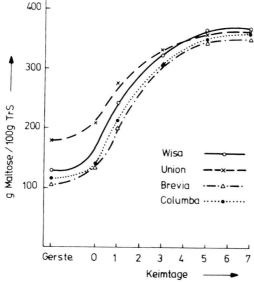

Abb. 4.19 Beispiel für den Einfluß der Gerstensorte auf die β-Amylasebildung, deutscher Anbauort (Obbach).

Insgesamt gesehen ist die Beeinflussung der β-Amylasenaktivität mit Hilfe technologischer Maßnahmen verhältnismäßig gering.

Die eingangs erwähnten Unterschiede bei den einzelnen Gerstensorten gleichen sich im Laufe der Keimung ebenfalls an, wie Abb. 4.19 zeigt [241].

Trotz höherer Werte im ruhenden Korn wurde die Sorte Union von Wisa am 4. Keimtag eingeholt, wobei letztere Sorte sogar etwas höhere Endwerte erzielte. Von eindeutigem Einfluß ist dagegen der Eiweißgehalt der Gerste, was sich am Vergleich der Sorten Union (13,9%) und Ingrid (10,1%) ergibt. Von dieser Erkenntnis wird bei der Herstellung von Diastasemalzen Gebrauch gemacht (Abb. 4.20).

4.1.4.3 α-Amylase

Die α-Amylase (E. C. 3.2.1.1) ist im ruhenden Korn nicht nachweisbar. Sie wird während der Keimung durch den geschilderten Mechanismus (s. Abschnitt 4.1) mit Hilfe von Gibberellinen aus der Aleuronschicht neu gebildet.

Die α-Amylase reagiert sehr empfindlich auf die Beschaffenheit der Gerste, aber auch auf die Variation der Keimbedingungen.

Die *Gerste* zeigt einen eindeutigen Einfluß der Sorte, aber auch der Vegetationszeit [241]. Je länger die Periode zwischen Aussaat und Ernte, um so höher ist die α-Amylase-Aktivität (Tab. 4.5).

Von den *Keimbedingungen* ist von entscheidender Bedeutung die *Keimgutfeuchte*. Je höher diese liegt, um so stärker ist die Entwicklung der α-Amylase. Es

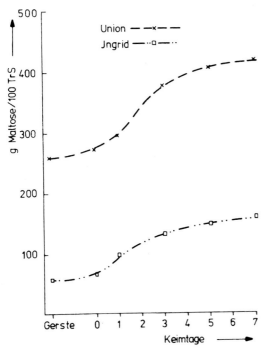

Abb. 4.20 Beispiel für den Einfluß des Eiweißgehaltes auf die β-Amylasebildung (Anbauort Maule): Union 13,9% Eiweiß, Ingrid 10,1% Eiweiß.

Tab. 4.5 Sorte, Vegetationszeit und α-Amylaseaktivität (ASBC-Einheiten).

Jahrgang	Vegetationszeit (Tage)	Sorte			
		Wisa	Union	Brevia	Columba
1968	127	89,6	75,1	95,9	95,8
1969	140	104,0	90,9	113,8	121,5

muß jedoch bei hohen „Weichgraden" der Einfluß einer möglichen Wasserempfindlichkeit der Gerste berücksichtigt werden [514]. Abbildung 4.21 zeigt die Entwicklung der α-Amylase bei Variation der Weichgrade [511].

Es hat eine Erhöhung der Keimgutfeuchte von 43 auf 46% einen sehr starken Anstieg der Enzymkapazität zur Folge. Diese läßt sich noch weiter steigern, wenn die maximale Keimgutfeuchte erst nach der gleichmäßigen Ankeimung dargestellt wird.

Es kann jedoch bereits bei der Weicharbeit die Aktivierung der α-Amylase vorangetrieben werden, wie dies schon bei der β-Amylase zum Ausdruck kam (s. Abschnitt 5.2.2.3).

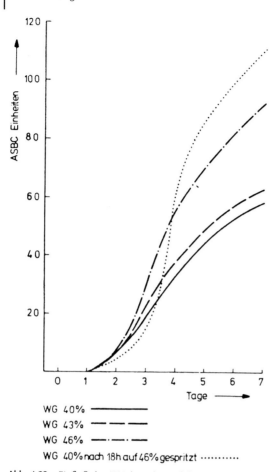

Abb. 4.21 Einfluß des Weichgrades auf die α-Amylase-Aktivität.

Der Einfluß der *Keimzeit* geht ebenfalls aus dieser Abbildung hervor. Demnach ist von der Warte dieses Enzyms aus der Wassergehalt des Gutes geeignet, die Keimzeit zu einem gewissen Maß zu substituieren.

Höhere *Keimtemperaturen* bewirken zwar eine raschere Entwicklung der α-Amylase, doch kommt es – offenbar aufgrund einer Anhäufung von Abbauprodukten – zu einer stärkeren Abflachung des Enzymzuwachses als bei kälterer Führung [515].

Keimtemperatur °C	13	17	17/13
α-Amylase-Aktivität ASBC	68,5	62,5	76,5

Auch hier zeigt sich die fallende Temperaturführung den bei den Mälzungen mit konstanten Temperaturen überlegen.

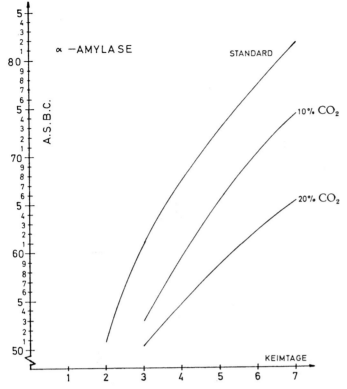

Abb. 4.22 α-Amylase-Entwicklung bei verschiedenen CO_2-Gehalten.

Der *Gehalt an Sauerstoff* in der Haufenluft ist für ein Enzym, das de novo gebildet wird wie die α-Amylase, von entscheidender Bedeutung. Bei Einsatz von CO_2 (10 oder 20%) flacht die α-Amylaseentwicklung ab, wie die Abb. 4.22 zeigt. Dies bestätigten die Ergebnisse früherer Versuche [516]. Nicht merklich beeinflußt wird die α-Amylase-Aktivität bei den heute üblichen CO_2-Gehalten von 3–5%.

Über den Einfluß des Wiederweichverfahrens oder der Gibberellinsäureverwendung wird später berichtet (s. Abschnitte 6.3.3.6 und 6.4.4.1).

4.1.4.4 Saccharase

Die Saccharase (Invertase, E. C. 2.2.1.26) spaltet bekanntlich Saccharose in Glukose und Fructose. Die Menge des präexistierend im ruhenden Korn vorhandenen aktiven Enzyms ist, wie auch seine Entwicklung bei der Keimung, nur in geringem Maße von der Gerstensorte, sehr stark jedoch vom Jahrgang abhängig, wobei auch die Vegetationszeit der Gerste eine Rolle spielt. Das erste Maximum der Saccharaseaktivität lag z. B. 1968 am 1. Keimtag bei ca. 300% des Ausgangswertes der Gerste. Nach einem Abfall am 2./3. Keimtag wurde dieses bis zum 7. Keimtag z. T. nicht mehr erreicht, bei anderen Sorten überschritten. Es waren ein sortentypisches Verhalten abzuleiten. Im Iahre 1969 (mit längerer Vegetationszeit) war das erste Maximum nur schwach ausgeprägt, die Höchstwerte des letzten (7.) Keimtages lagen jedoch weit über diesem [241]. Das erste Maximum, das praktisch dem dritten Tag nach Weichbeginn und dem angewendeten Weichschema nach (s. Abschnitt 5.2.2.2) einem stark gabelnden Haufen entsprach, trat früher auf als bei anderen Untersuchungen [517]. Bei diesen zeichnete sich ein leichter Vorteil einer Keimgutfeuchte von 45% gegenüber einer solchen von 42% oder von 48% ab. Aber auch hier war es nicht ersichtlich, ob die Wasserempfindlichkeit der Gersten eliminiert werden konnte.

Setzt man diese Zahlen in Beziehung zu absoluten Saccharosewerten [492], so fällt offenbar das erste Maximum der Invertase mit einem Wiederanstieg der Saccharose im keimenden Korn zusammen, d. h. es wird eine höhere Enzymaktivität benötigt, um das hier reichlicher zur Verfügung stehende Substrat zu verwerten (Abb. 4.23).

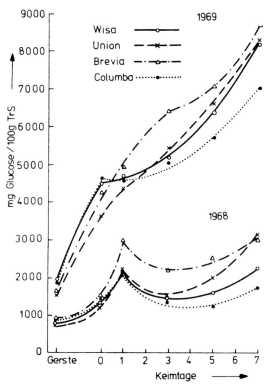

Abb. 4.23 Beispiel für die Saccharasebildung bei der Keimung (unterschiedliche Vegetationszeit der Gerste).

4.1.4.5 Maltase (E.C. 3.2.1.20)

Maltase ist eine a-Glucosid-glucohydrolase (a-Glc) [132]. Sie hydrolysiert die a-$(1 \rightarrow 4)$, a-$(1 \rightarrow 3)$, a-$(1 \rightarrow 2)$, a-$(1 \rightarrow 6)$ und a-$(1 \rightarrow 1)$ glykosidischen Bindungen vom nicht reduzierenden Ende, dabei wird immer ein Glukosemolekül abgespalten [384a]. Die Affinität gegenüber dem Substrat steigt mit abnehmendem Polymerisationsgrad und ist für Maltose am höchsten [519]. In Gerste ist es das einzige Enzym, das in der Lage ist, Maltose zu Glukose zu spalten [520]. Es kommen zwei Isoformen vor, die zum einen durch ihren isoelektrischen Punkt differenziert werden können und zum anderen durch ihre Substrataffinität. a-Glc I hat einen niedrigeren ip als a-Glc II [518]. Das Temperaturoptimum in der Maische liegt bei 30–40 °C [521]. In neueren Untersuchungen von a-Glc II wurde eine sehr hohe Affinität gegenüber Maltose bei einer Temperatur von 45 °C und einem pH-Wert von 4,0–4,5 [519] gemessen. Oberhalb von pH 8,0 ist keine Aktivität mehr messbar [522].

4.1.4.6 Grenzdextrinase

Die Grenzdextrinase (a-Dextrin-6-Glucanohydrolase, E.C. 3.2.1.41) vermag nur dann zu wirken, wenn mindestens noch ein Glukoserest in a-$1 \rightarrow 4$-Bindung an jeder Seite der a-$1 \rightarrow 6$-Bindung gegeben ist [523, 524].

Die Grenzdextrinase liegt im ruhenden Korn in einer gebundenen Form vor, während die freie Form nicht ermittelt werden konnte. Die Gesamtaktivität ist niedrig; sie variiert zwischen 100–150 U/kg. In keimender Gerste liegt die Grenzdextrinase in drei Formen vor: Als freie (lösliche aktive), als latente (lösliche inaktive) und als gebundene Grenzdextrinase [526].

Der Anstieg der freien Grenzdextrinase-Aktivität ist auf das Verschwinden der Inhibitoren-Wirkung zurückzuführen. Während die hochlösende Sorte Chariot den Inhibitoreneffekt nach 3 Tagen verlor, war dies bei der Futtergerste Hart erst nach 5 Tagen der Fall. Es hatte aber die höhere Aktivität der Grenzdextrinase keine Auswirkung auf den Gesamtgehalt an verzweigten Dextrinen im Korn [527].

Die Verringerung der Inhibitoren ist auf einen Abbau von Reserve-Proteinen während der Keimung zurückzuführen. Dabei spielt Thioredoxin, ein ubiquitäres niedermolekulares Protein, eine wichtige Rolle wie generell beim Zellhaushalt der Pflanzen, z.B. wie beim Zusammenwirken von Keimling, Aleuron und stärkeführendem Endosperm. Es ist vom Proteingehalt der Gerste unabhängig. Thioredoxin verringert sich während der Keimung, während die Grenzdextrinase, hauptsächlich in gebundener Form, ansteigt [528].

Einen Überblick über die a-Amylase-, β-Amylase- und Grenzdextrinase-Aktivitäten verschiedener Braugerstensorten in jeweils 8 Standorten zeigt Tab. 4.6 (Wertprüfung GSS2 2009).

Sowohl die freie als auch die Gesamtaktivität steigen rasch nach vier Weich- und Keimtagen an und erreichen nach 8–10 Tagen Weich- und Keimzeit ihr Maximum. Die Entwicklung der freien Grenzdextrinase ist ein Sortenmerkmal, die zwischen 7 und 48% der Gesamtaktivität erreichen kann [525]. Die gebunde-

Tab. 4.6 α-Amylase-, β-Amylase- und Grenzdextrinase-Aktivitäten verschiedener Braugerstensorten in jeweils 8 Standorten (Wertprüfung GSS2 2009).

Standort Sorte	Rethmar Marthe	Rethmar Quench	Rethmar Streif	Rethmar Pasadena	Rethmar Grace	Hartenhof Marthe	Hartenhof Quench	Hartenhof Streif	Hartenhof Pasadena	Hartenhof Grace
α-Amylase [ASBC]	81	55	67	66	80	90	63	62	70	62
β-Amylase [WK°]	529	390	463	482	427	396	349	378	356	359
Grenzdextrinase [U/kg]	419	343	377	381	364	456	348	390	402	374

Standort Sorte	Nossen Marthe	Nossen Quench	Nossen Streif	Nossen Pasadena	Nossen Grace	Straßmoos Marthe	Straßmoos Quench	Straßmoos Streif	Straßmoos Pasadena	Straßmoos Grace
α-Amylase [ASBC]	74	63	81	68	91	90	56	44	74	83
β-Amylase [WK°]	570	476	455	535	441	426	388	429	425	403
Grenzdextrinase [U/kg]	477	450	398	428	394	470	373	387	438	380

Standort Sorte	Heimbach Marthe	Heimbach Quench	Heimbach Streif	Heimbach Pasadena	Heimbach Grace	Süderhastedt Marthe	Süderhastedt Quench	Süderhastedt Streif	Süderhastedt Pasadena	Süderhastedt Grace
α-Amylase [ASBC]	67	56	65	57	63	67	57	60	56	70
β-Amylase [WK°]	349	359	421	382	307	455	437	447	427	450
Grenzdextrinase [U/kg]	385	330	338	309	329	379	326	349	337	381

Standort Sorte	Nomborn Marthe	Nomborn Quench	Nomborn Streif	Nomborn Pasadena	Nomborn Grace	Prenzlau Marthe	Prenzlau Quench	Prenzlau Streif	Prenzlau Pasadena	Prenzlau Grace
α-Amylase [ASBC]	91	77	71	75	84	79	57	71	66	77
β-Amylase [WK°]	394	394	348	368	374	495	347	455	453	437
Grenzdextrinase [U/kg]	488	416	500	490	321	480	330	433	442	375

ne oder latente Grenzdextrinaseaktivität fällt ab dem 6. Tag, wenn das freie Enzym kräftig ansteigt. Es scheint also, dass die gebundene Grenzdextrinase in freie umgewandelt wird [529]. Im Vergleich zur Entwicklung der α- und der freien β-Amylaseaktivitäten zeigte sich ein ähnlicher Kurvenverlauf bei α-Amylase und freier Grenzdextrinase sowie β-Amylase und Gesamt-Grenzdextrinase, wobei jedoch die β-Amylase bereits einen Ausgangswert von ca. 30% hatte und die Grenzdextrinase von nur 10–15%.

Eine Steigerung der freien Grenzdextrinase konnte – im Gegensatz zur α-Amylase – durch eine anaerobe Phase während der Keimung erreicht werden [530]. Bei 120 Stunden Weich-und Keimzeit erbrachte eine aerobe Atmosphäre einen Anstieg der Grenzdextrinase-Aktivität bis auf 550 μ/g, wobei die freie Aktivität nur 10–16% erreichte. Wurde das Keimgut nach aerober Phase von 40–60 Stunden der Anaeribiose ausgesetzt (80 bzw. 60 Stunden), so stieg die freie Aktivität auf Maximalwerte von 250 μ/g an. Nachdem die freie Grenzdextrinase nicht die Gesamtaktivität überstieg, kann angenommen werden, dass keine weitere Synthese des Enzyms stattfand [531].

Es stellt sich naturgemäß die Frage, wie bei einer derartigen anaeroben Keimungsführung (welche CO_2-Gehalte wurden erreicht?) der Verlauf der α-Amylase ist, die bereits bei CO_2-Gehalten von 10 bzw. 20% eine deutliche Dämpfung ihrer Entwicklung zeigt [516].

Der Grenzdextrinase-Inhibitor nimmt während der Keimung rasch ab und hat am Ende nur noch 15–18% des Ausgangswertes. Es besteht aber kein Zusammenhang zur Zunahme der Endopeptidase-Aktivität [387, 389]. Die Entwicklung der Grenzdextrinase und einer als „Maltotriase" bezeichneten α-Glucosidase zeigt Tab. 4.5 [533].

Die Grenzdextrinase nimmt während der (sehr ausgedehnten) Weiche etwas ab, erfährt aber dann eine kräftige Entwicklung, die bis zum Ende der Keimung nahezu linear verläuft. Beim Darren mit 88 °C wird sie nur unerheblich geschädigt.

Gibberellinsäurezusatz vermag die Bildung der Grenzdextrinase um etwa 70% zu erhöhen.

Gegenüber der Grenzdextrinase zeigt die α-Amylase bei diesem Versuch eine zuerst stärkere, dann aber nachlassende Entwicklung.

4.1.4.7 R-Enzym

Bei dem R-Enzym und der Grenzdextrinase handelt es sich um dasselbe Enzym (s. Abschnitt 1.5.8.2).

Die in der oben zitierten Arbeit aufgeführte „Maltotriase" ist im ruhenden Korn in größeren Mengen nachweisbar; sie vermehrt sich bereits während der Weiche so kräftig, dass sie nahe an das Aktivitätsmaximum bei der Keimung heranreicht. Dieses ist nach 132 Stunden gegeben und nimmt in den folgenden 48 Stunden wieder ab. Die Verluste beim Darren sind gering (Tab. 4.7).

Dieses Enzym erfährt durch Gibberellinsäurezusatz eine Aktivitätssteigerung um 30–40% [524].

Tab. 4.7 Entwicklung der Grenzdextrinase- und Maltotriase-Aktivität im Vergleich zur α-Amylase.

	Grenz-dextrinase [a]	Maltotriase- [a] (α-Glucosidase)	α-Amylase-Aktivität [b]
Gerste	0,09	0,47	0,12
nach 3 Tagen Weiche	0,07	0,92	0,18
Keimung 36 Std.	0,28	1,06	7,8
84 Std.	0,96	1,04	9,34
132 Std.	1,49	1,14	13,67
180 Std.	2,08	1,05	14,26
Nach dem Darren (88 °C)	1,99	0,88	8,61

a)   Ergebnisse ausgedrückt als Anstieg in $E \frac{1\,cm}{600}$ pro mg Eiweiß.

b)   Ergebnisse ausgedrückt als Einheiten pro mg Eiweiß.

„Maltotriase" scheint eher aus einem inaktiven Vorläufer freigesetzt als „de novo" synthetisiert zu werden [534].

Ein Vergleich von Handelsmalzen zeigte, dass kein Zusammenhang zwischen Diastatischer Kraft, α-Amylase, α-Glucosidase- und Grenzdextrinase-Aktivität besteht.

4.1.4.8 Verfolg des Stärkeabbaus mit Hilfe analytischer Methoden

Einen gewissen Anhaltspunkt über den Fortschritt des Stärkeabbaus während der Keimung gibt der bei 20 °C gewonnene Kaltwasserextrakt. Dieser enthält jedoch auch die Produkte der cytolytischen und proteolytischen Lösung sowie anderer Abbauvorgänge. Es müssen daher von diesem Auszug die einzelnen Zucker auf chromatographischem oder enzymatischem Wege bestimmt werden. Dies ist jedoch meist nur in wissenschaftlich ausgerichteten Laboratorien möglich. Einen groben Anhaltspunkt über die Entwicklung der amylotytischen Enzyme und über die Angreifbarkeit der Stärke gibt die Dauer der Verzuckerung der Kongreßmaische, wenngleich zur genaueren Differenzierung ein modifiziertes Verfahren günstiger ist (s. Abschnitt 9.1.3.3). Auch der Endvergärungsgrad der Kongreßwürze gibt einen guten Aufschluß, vor allem über die spätere Verarbeitung des Malzes. Er ist zwar von den Gegebenheiten der Gerste, aber auch von den angewendeten Keimmethoden abhängig, wie Tab. 4.8 zeigt [509, 511].

Diese anhand von vorsichtig getrockneten Grünmalzproben gewonnenen Ergebnisse erfahren naturgemäß durch die Auswirkungen der Abdarrtemperaturen eine Erniedrigung des Niveaus. Die Aussagekraft leidet jedoch nicht.

Der Einfluß der Mälzungsfaktoren auf die Verkleisterungstemperatur der Stärke ist im wesentlichen nur durch die Keimgutfeuchte gegeben. Mittlere Wassergehalte wirken sich im Hinblick auf eine niedrige VKT günstig aus, niedrige Wassergehalte führen dagegen zu einer hohen VKT. Sehr hohe Keimgut-

Tab. 4.8 Mälzungsverfahren und Endvergärungsgrad der Kongreßwürze [509, 511].

Keimgutfeuchte %	40	43	43	43	43	46	40/46	40/46	40/46
Keimtemperatur °C	15	15	15	15	15	15	15	17/13	17/13
Keimdauer – Tage	7	1	3	5	7	7	7	7	6
Endvergärungsgrad s %	80,6	45,2	76,9	83,7	85,1	84,7	90,4	85,8	89,5

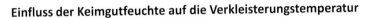

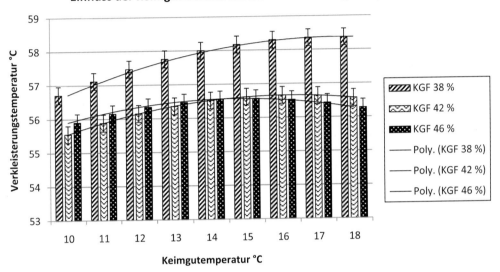

Abb. 4.24 Einfluß von Keimgutfeuchte und Keimtemperatur auf die VKT (Keimdauer 7 Tage).

feuchten erhöhen die VKT gegenüber den mittleren nur geringfügig. Höhere Keimtemperaturen rufen ebenfalls eine Erhöhung der VKT hervor. Einen Eindruck über den Einfluß der Parameter Keimgutfeuchte, Keimtemperatur bei z. B. 7 Tagen Keimzeit vermittelt Abb. 4.24 [512].

Der Abbau der Proteine zwischen den Stärkekörnern sowie die Veränderung der Struktur der Stärkekörner führen offenbar dazu, dass die Verkleisterung früher einsetzt. Eine mögliche Erklärung für den erneuten Anstieg der VKT bei erhöhtem Wassergehalt oder einer Erhöhung der Keimtemperatur von 10 °C auf 15–16 °C ist ein gewisser Tempereffekt („Annealing"), durch den der Ordnungszustand der Stärke perfektioniert wird.

Bei höheren Schwelktemperaturen tritt ebenfalls eine Erhöhung der VKT ein, was wiederum für diesen Effekt spricht. Dagegen führt eine Erhöhung der Abdarrtemperatur zu einem niedrigeren Niveau der VKT (s. Abschnitt 7.2.4.1).

Häufig werden die Aktivitäten der beiden Amylasen zur Beurteilung eines Malzes herangezogen. Die α-Amylaseaktivität kann nach die ASBC-Methode [536, 537] direkt bestimmt werden. Die „Diastatische Kraft" nach *Windisch-Kol-*

bach [538] beinhaltet vorzugsweise die Aktivität der *β*-Amylase. Diese kann mit Hilfe beider Bestimmungsmethoden noch genauer berechnet werden [548]:

$$\beta\text{-Amylase} = [\text{DK} - (1{,}2 \times \alpha\text{-Amylase})].$$

Für mehr praxisorientierte Untersuchungen reicht diese Verfahrensweise aus. Genauer ist beim Verfolg der *β*-Amylaseaktivität während der Keimung die immunchemische Analyse aus den lyophilisierten Grünmalzproben. Es wurde zu der vorgeschilderten konventionellen Methode ein Korrelationskoeffizient r = 0,96 gefunden [539].

Neuerdings ist eine direkte *β*-Amylasebestimmung mittels Testkits möglich.

Auf die summarisch bestimmte Diastatische Kraft hat die Korngrößenverteilung einen maßgeblichen Einfluß. Die höchste DK hatten Körner > 2,8 mm, die niedrigste dagegen kleine Körner < 2,2 mm. Des widerspricht früheren Annahmen. Die großkörnige Fraktion verzeichnete naturgemäß höhere Extraktgehalte, die dazu eine bessere Vergärbarkeit aufwiesen. Auch die Verkleisterungseigenschaften der größeren Körner waren günstiger [540].

Neuere Erkenntnisse zeigen, dass für die Höhe des Endvergärungsgrades nicht nur die Aktivitäten von *α*- und *β*-Amylase eine Rolle spielen, sondern vornehmlich auch die Verkleisterungstemperatur der Stärke. Diese wird mittels des Rotationsviskosimeters bestimmt [549]. Sie ist jahrgangsabhängig und liegt vor allem bei heißen Aufwuchsbedingungen oder bei sehr kurzen Vegetationszeiten höher. Sie kann bei Praxismalzen zwischen 62 °C und etwas mehr als 66 °C liegen. Somit kann bei den höheren Werten beim Maischen im Rahmen der üblichen „Maltoserasten" von 62–65 °C eine Verkleisterung oftmals nicht vollständig erreicht werden (s. Band II). Es nimmt auch die Kongreßmaische keine Rücksicht auf die Verkleisterungstemperatur des Malzes.

4.1.5
Der Abbau der Hemicellulosen und Gummistoffe

4.1.5.1 Allgemeines zum Abbau der Stütz- und Gerüstsubstanzen

Die Hemicellulosen bilden – soweit sie den in diesem Zusammenhang interessierenden Typ „Endosperm" umfassen – die Wände der stärkeführenden Zellen, die noch durch Eiweiß verstärkt und verkittet sind. Um die Amylolyse zu ermöglichen, müssen sie bis zu einem bestimmten Grad abgebaut werden.

Die Veränderung der Zellwände, auch als „Cytolyse" bezeichnet, wird von den Enzymen des Hemicellulose- und des Eiweißabbaus verursacht [541]. Während der Keimung werden die Zellwände des Gerstenendosperms, ausgehend vom Keimling parallel zum Schildchen verlaufend, allmählich aufgelöst; Hierbei schreitet die Entwicklung an der Rückenseite des Korns (s. Abschnitt 4.1.3) rascher voran als an der Bauchseite. Das Endospermgewebe bzw. das Gerstenkorn wird hierdurch mürbe und zerreiblich.

Die Hemicellulosen vom Typ „Endosperm" bestehen aus reichlich *β*-Glucanen und wenig Pentosanen. Sie sind in Wasser unlöslich. Die Gummikörper haben den gleichen Aufbau, sind aber bei geringerem Molekulargewicht wasserlöslich (s. Abschnitt 1.4.2.3).

Neuere Untersuchungen haben gezeigt, dass das β-Glucan hauptsächlich auf der Innenseite der Zellwand lokalisiert ist. Es ist von Arabinoxylan eingehüllt, das wiederum mit Ferulasäure und Xyloacetat verestert ist. Die äußeren Wände von angrenzenden Zellen sind mit der Mittellamelle verbunden, welche viel Protein enthält.

Das β-Glucan wird von Enzymen gelöst, die die äußeren Schichten der Zellwände angreifen. Diese schließen ein die Carboxypeptidase, die als Esterase wirkt, die Endo-β-1 → 4-Xylanase, die Feruloyl-Esterase, die Xyloacetyl-Esterase und die Arabinofuranosidase (früher auch als Arabinosidase bezeichnet). Dann erst setzt der Abbau des β-Glucans durch die Endo-β-Glucanasen ein [542].

Zum weiteren Abbau des β-Glucans, das sich aus Ketten von Glukoseeinheiten mit β-1 → 4- und β-1 → 3-Bindungen zusammensetzt, sind eine Reihe von Enzymen notwendig: Endo-β-Glucanasen, die β-1 → 4-Bindungen spalten, Endo-β-Glucanasen, die β-1 → 3-Bindungen auflösen, Exo-β-Glucanasen, Cellobiase und Laminaribiase. Ebenso bedarf der Abbau des in den Hemicellulosen enthaltenen Pentosans eines Enzymkomplexes, der aus Endo-Xylanasen, Exo-Xylanasen, Arabinosidasen und Xylobiasen besteht.

Einen entscheidenden Anteil an der Freisetzung der β-Glucane aus de Bindung mit dem histologischen Eiweiß hat die β-Glucan-Solubilase [543].

4.1.5.2 Enzyme des β-Glucan-Abbaus

Die β-Glucan-Solubilase (Carboxypeptidase) ist bereits im ruhenden Korn vorhanden. Sie entwickelt sich rasch während der Weiche und der Keimung, sogar rascher als a-Amylase und Endo-β-Glucanase [490]. Auch die Endo-β-1 → 4- Glucanase ist in sehr geringen Mengen nachweisbar; die Endo-β-1 → 3-Glucanase und die unspezifischen Gersten-Endo-β-1 → 3- und β-1 → 4-Glucanase dagegen noch nicht [544–548]. Ihre Bildung erfolgt auf einem ähnlichen Wege wie die der a-Amylasen, doch werden sie von den Gibberellinen in der Aleuronschicht lediglich stimuliert und nicht synthetisiert [473]. Die schon in der Gerste vorhandene Endo-β-1 → 4-Glucanase verringert sich beim Weichen und erreicht erst nach einer Keimzeit von 40 Stunden den Ausgangswert wieder. Die maximale Aktivität wurde am 5. Keimtag erreicht; sie fiel bis zum 6. Tag wieder etwas zurück [207].

Es konnte gezeigt werden, dass bereits die Gerstensorte einen deutlichen Einfluß auf die (unspezifische) Endo-β-Glucanase-Aktivität ausübt, wobei auch der Vegetationszeit der Gerste, ebenso wie bei der a-Amylase, eine ähnliche Bedeutung zukommt [241].

In diesem Falle waren die bei den enzymstärksten Gersten auch diejenigen, die am meisten a-Amylase enthalten hatten (s. Tab. 4.9).

Von den Keimungsfaktoren zur Entwicklung der Endo-β-Glucanase sind folgende Beziehungen abzuleiten:

Die *Keimgutfeuchte* fördert mit steigendem Weichgrad die Enzymentwicklung, wobei sich eine Ankeimung bei 40% Feuchte und eine späte Einstellung des

Tab. 4.9 Gerstensorte, Jahrgang, Vegetationszeit und Endo-β-Glucanasen im Malz [241].

$\left(\text{Enzymeinheit} = \dfrac{100}{\text{Visk. [cP]}}\right)$ Jahrgang	Vegetationszeit/ Tage	Sorte			
		Wisa	Union	Brevia	Columba
1968	127	67,9	67,8	68,6	69,1
1969	140	70,5	70,8	71,0	71,1

maximalen Wassergehalts als sehr vorteilhaft erweist. Weichverfahren mit ausgedehnten Luftrasten (s. Abschnitt 5.2.2.2) bewirken eine sehr rasche Enzymindukion und einen sehr raschen Abfall der Viskosität [241].

Die *Keimtemperatur* wirkt sich bei konstanter Führung im Bereich von 13–15 °C günstiger auf die Entwicklung der Endo-β-Glucanase aus als eine höhere Temperatur von 17 °C. Bei Anwendung von 17° auf 13 °C fallender Keimtemperaturen wird die Endo-β-Glucanase gehemmt. Dies ist verständlich, wenn man die Kurve von *Bourne* und *Pierce* hinsichtlich der *Keimzeit* interpretiert, wonach die hauptsächliche Mehrung des Enzyms zwischen dem 3. und 5. Keimtag gegeben ist [545].

Sauerstoff ist für die Entwicklung dieser Endo-Enzyme nicht nur in der Ankeimphase erforderlich; vielmehr erbringt die Anwendung von Kohlendioxid auch zu einem späteren Stadium eine Beeinträchtigung [513].

Die *Endo-β-1 → 3-Glucanase* ist nur in der Lage, die β-1 → 3-Bindungen von β-Glucan und dessen Abbauprodukten zu lösen. In der ruhenden Gerste ist eine geringe Aktivität nachweisbar, die beim Weichen konstant bleibt und am 2./3. Keimtag eine starke Entwicklung erfährt, die – mit gewissen Schwankungen – bis zum 8. Keimtag anhält (Abb. 4.25).

Die Endo-β-1 → 4-Glucanase verzeichnet dagegen im ruhenden Korn bereits eine gewisse, jedoch variierende Aktivität, die sich beim Keimprozeß wohl vermehrt, jedoch weniger stark als bei β-1 → 3-Glucanase und der unspezifischen Endo-β-Glucanase, die ihrerseits das im Abschnitt 1.5.8.2 geschilderte Verhalten zeigt [247].

Die vorstehenden Aussagen über die Beeinflußung der β-Glucanase-Aktivitäten und damit des β-Glucan-Abbaus werden durch ein Simulationsmodell bestätigt. Der Anstieg der Keimtemperatur fördert wohl die β-Glucanase-Synthese bei Beginn der Keimung, er führt aber zu niedrigeren Endwerten als z. B. mittlere Keimtemperaturen (s.a. α-Amylase in Abschnitt 4.1.4.3). Ein Anstieg der Feuchte erzielt höhere β-Glucanase-Aktivitäten über die gesamte Keimperiode. Die Keimgutfeuchte dominiert bei der Enzymentwicklung und der Enzymwirkung beim β-Glucanabbau [546].

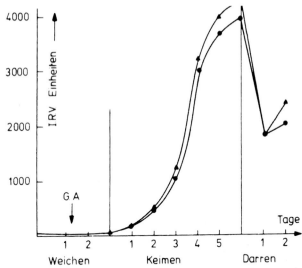

Abb. 4.25 Endo-*β*-Glucanase-Aktivität während des Mälzens (nach *Bourne* und *Pierce* [545]).
▲ mit Gibberellinsäure
● ohne Gibberellinsäure.

Die Entwicklung der Endo-*β*-Glucanase-Aktivität von drei Sommer-Braugersten- und fünf Futtergerstensorten aus jeweils drei Anbaugebieten und zwei Jahrgängen zeigt Abb. 4.26 [547].

Hier verläuft die Enzymbildung ab 48 Stunden Vegetationszeit anders als in Abb. 4.25 dargestellt. Hier spielt wahrscheinlich das Weichverfahren mit ausgedehnten Luftrasten (nach dem MEBAK-Kleinmälzungsschema, s. Kapitel 11) eine Rolle.

Sorten mit intensiver Zellwandlösung wie die drei Braugersten Pasadena, Annabell und Barke zeigten im Keimgut einen frühzeitigeren und steileren Anstieg der Glucanase-Aktivität als die Futtergersten. Von diesen waren Baccara und Henni noch am besten, während die Sorte Orthega am schlechtesten abschnitt. Die Glucanase-Aktivität der Grünmalze nach insgesamt 120 Stunden Weich- und Keimzeit verzeichnete eine sehr enge Beziehung zum *β*-Glucangehalt der Würze ($r = -0{,}93$), dem Friabilimeter-Wert ($r = 0{,}91$) und der Modifikation nach Carlsberg ($r = 0{,}88$).

Die *Exo-β-Glucanase* greift die Ketten der hochmolekularen Glucane, aber auch die Abbauprodukte unterschiedlichen Molekulargewichts vom nicht reduzierenden Ende her an und spaltet jeweils ein Cellobiose-Molekül (2 Glukosemoleküle in *β*-1 → 4-Bindung) ab.

Sie ist im ungekeimten Gerstenkorn in einer Menge von 200–500 Einheiten vorhanden. Ihre Entwicklung während der Keimung erfolgt in einer gewissen Abhängigkeit von Sorte und Eiweißgehalt [241].

Veränderungen der Glucanase-Aktivität im Verlauf der Mälzung am
Beispiel ausgewählter Brau- und Futtergersten (N = 4) 2001

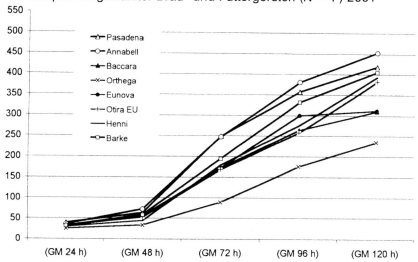

Veränderungen der Glucanase-Aktivität im Verlauf der Mälzung am
Beispiel ausgewählter Brau- und Futtergersten (N = 3) 2002

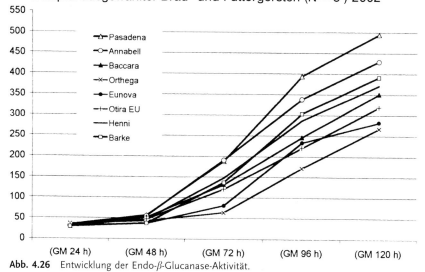

Abb. 4.26   Entwicklung der Endo-β-Glucanase-Aktivität.
(Pasadena, Annabell und Barke sind Sommergersten.
Baccara, Orthega, Eunova, Otira EU, Henni sind Wintergersten).

Das Enzym nimmt während der reinen Wasserweiche deutlich ab, und zwar um so mehr, je höher der Weichgrad ist. Bei ausgedehnten Luftrasten entwickelt sich die Exo-β-Glucanase bereits im Stadium des Ankeimens sehr stark.

Eine mittlere *Keimgutfeuchte* ergibt die günstigste Aktivierung des Enzyms, wahrscheinlich weil eine reine Naßweiche bis auf 46% eine Beeinträchtigung durch die offenbar vorhandene Wasserempfindlichkeit bewirkte. Bei der sog. „pneumatischen Weiche" (s. Abschnitt 5.2.2.1) bleibt der hohe Wassergehalt ohne Nachteil, es wird vielmehr die Enzymaktivität stark entwickelt (Abb. 4.27, 4.28).

Es liegen vergleichende Ergebnisse zwischen konstanten (15 °C) und fallenden *Keimtemperaturen* vor, wobei letztere eine deutliche Einschränkung der Entwicklung des Enzyms bewirkten.

Die *Cellobiase* spaltet Cellobiose in zwei Moleküle Glukose. Sie weist in der Gerste eine sehr hohe Aktivität auf, die sich während des Mälzens stets verringert, und zwar um so mehr, je optimaler die Bedingungen für die anderen Enzyme gestaltet werden [509]. Es ist eine Abhängigkeit der Anfangs- und Endgehalte an diesem Enzym von der Gerstensorte, vom Jahrgang und vom Eiweißgehalt der Gerste abzuleiten [242].

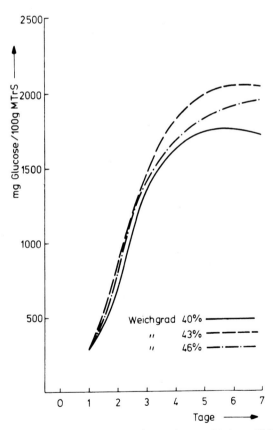

Abb. 4.27 Exo-β-Glucanase-Aktivität bei verschiedenen Weichgraden.

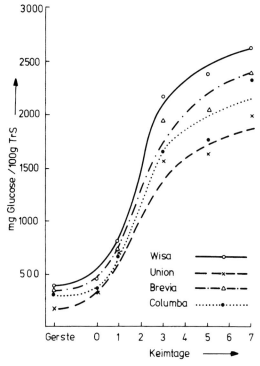

Abb. 4.28 Exo-β-Glucanase-Aktivität bei verschiedenen Gerstensorten [241].

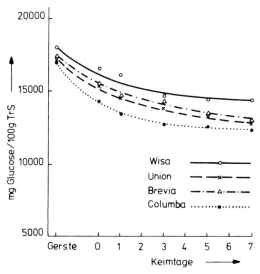

Abb. 4.29 Cellobiase-Aktivität bei der Keimung von verschiedenen Gerstensorten.

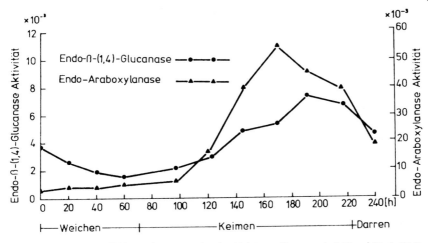

Abb. 4.30 Gummistoffabbauende Enzyme bei der Malzherstellung, nach *Fujii* und *Horie* [194].

Bemerkenswert ist das Verhalten des Enzyms bei einer Weiche mit ausgeprägten Luftrasten. Während der Naßweichen steigt der Cellobiase-Gehalt an, um während der aeroben Phase jeweils wieder abzufallen [273].

Die *Laminaribiase* spaltet die Laminaribiose (zwei Glukose-Einheiten in β-1 → 3-Bindung verknüpft, Formel Abschnitt 1.4.2.3, Abb. 1.17) in zwei Moleküle Glukose. Resultate über das Verhalten des Enzyms beim Mälzen sind nicht bekannt.

4.1.5.3 Enzyme der Pentosan-Hydrolyse

Diese Enzyme (s. Abschnitt 1.5.8.2) zeigen folgendes Verhalten beim Mälzen: Entsprechend den Vorgängen beim β-Glucanabbau trägt eine Xylan-Solubilase zur Freisetzung hochmolekularen Araboxylans bei, das dann von den Xylanasen weiter abgebaut wird [234]. Auch eine Feruloylesterase ist bei diesen Abbauvorgängen beteiligt. Sie löst die Verknüpfungen von Araboxylanmolekülen mit Ferulasäure [232]:

Die *Endo-Xylanase* liegt im ruhenden Korn nicht vor, sie wird, wie auch die vorerwähnten bei den Endo-β-Glucanasen durch Gibberelline in der Aleuronschicht stimuliert (s. Abschnitt 4.1.3).

Sie entwickelt sich in den ersten 24 Stunden sehr rasch und zeigt eine sehr gleichmäßige Verteilung im Korn [370a]. Es ist eine deutliche Sortenabhängigkeit während der Keimung, besonders bis zum 4. Tag, zu beobachten. Dabei waren jedoch die β-1 → 3-Glucanase und die β-1 → 4-Glucanase schneller als die β-1 → 4-Xylanase. Es war aber keine Korrelation zwischen den Sortenunterschieden in den Enzymkapazitäten und dem mit Wasser extrahierbaren Arabinoxylan zu erkennen. Es wiesen aber die Sorten mit hohen Gehalten an wasserlöslichem Arabinoxylan ein unterschiedliches Set von Endo-Xylanase-Isoenzymen in der Gerste auf. Diese spezifischen Isoformen können das Ausmaß der Pentosan-Lösung und den Pentosan-Abbau beeinflußen. Die Gesamt-Xylanase-Aktivität war dabei immer höher als die Gesamt-Arabinosidase-Aktivität. Es wurde aber auch eine Endo-(1-4)-β-D-Mannase gefunden, die vom 2. Keimtag an bis zu einem Maximum am 5. Tag anstieg [551].

Die *Exo-Xylanase,* die bereits in einer aktiven Form nachweisbar ist, entwickelt sich bei der Keimung nur auf den etwa 2 fachen Wert.

Die *Xylobiase* erfährt eine ähnliche Aktivierung [550].

Die *Arabinosidase* zeigt nach der zitierten Arbeit einen Anstieg auf das 1,8 fache der Gerstenaktivität; neuere Untersuchungen lassen jedoch eine stärker differenzierte Entwicklung erkennen, die, von einer sehr geringen Aktivität in der Gerste ausgehend, am 4. Keimtag das Maximum erreicht, um dann in den restlichen 48 Stunden der Keimzeit wieder um ca. 20% abzunehmen [264].

Eine Arabinofuranosidase (früher Arabinosidase) geht von einer geringen Aktivität im Gerstenkorn aus und steigert sich annähernd linear bis zum Ende der Keimung nach 144 Stunden [490].

Xylanasen sind fähig, β-Glucan löslich zu machen, was anzeigt, dass die Extrahierbarkeit von β-Glucan durch Arabinoxylan limitiert ist. Dies wird auch dadurch bestätigt, dass Arabinofuranosidase, aber auch Esterasen wie die Xyloacetyl-Esterase und die Feruloyl-Esterase alle fähig sind, β-Glucan freizusetzen. Ein Beweis dieses Ablaufs wurde durch *Trichoderma viride* erbracht, einen Organismus, der auf denaturiertem Gerstensubstrat wachsen kann und der Xylanase, Carboxypeptidase, Esterasen und Arabinofuranosidase exkretiert, bevor β-Glucan freigesetzt wird. Dieses Ergebnis unterstützt auch die Annahme, dass Pentosan vor β-Glucan abgebaut wird [542]. Pentosan ist auf der Oberfläche der Zellwände des stärkehaltigen Endosperms lokalisiert, wo es den Zutritt zum β-Glucan behindert (s. auch Abschnitt 4.1.5.1).

4.1.5.4 Abbau der Hemicellulosen und Gummistoffe

Dieser ist gekennzeichnet durch eine Abnahme der (unlöslichen) Hemicellulosen bei gleichzeitigem Anstieg der löslichen „Gummistoffe". Diese werden im Fortgang der Keimung durch die Endo-β-Glucanasen und Endo-β-Xylanasen zu Produkten niedrigeren Molekulargewichts abgebaut. Dies geht aus der Tab. 4.10 [543] hervor.

Tab. 4.10 Veränderungen des β-Glucans beim Mälzen [543].

Gerstensorte	Gerste		Malz	
	Hemicellulose	Gummi	Hemicellulose	Gummi
Dram	4,4	2,4	1,8	3,3
Triumph	6,1	2,0	1,6	2,5
Athos	4,9	2,3	4,3	1,7
Aura	6,8	2,2	2,4	2,3
Claret	5,7	2,5	2,8	2,3

Mit Ausnahme einer Sorte (Athos) war eine starke Abnahme der unlöslichen Hemicellulose-Fraktion gegeben, während die Gummi-Fraktion, d.h. die hierin erfaßbaren Abbauprodukte eine Zunahme zeigen können. Dabei verläuft die Hydrolyse der β-Glucane und der Pentosane verschieden rasch. Während bei entsprechender Keimzeit die Glucane deutlich verringert werden, sind im Grünmalz noch beträchtliche Mengen an Pentosanen zu finden [552]. Eine Schema des β-Glucan-Abbaus zeigt Abb. 4.31.

Das Schema des Pentosanabbaus zeigt Abb. 4.32.

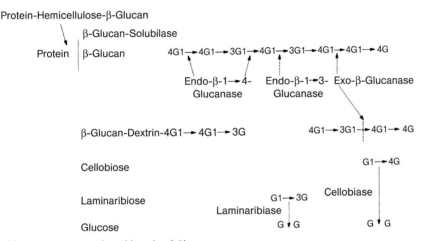

Abb. 4.31 Enzymatischer Abbau des *β*-Glucans.

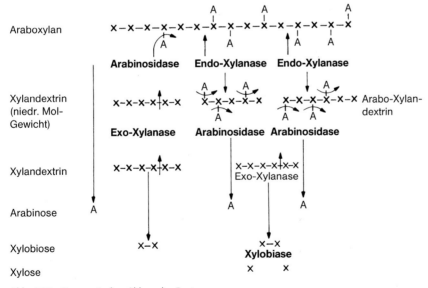

Abb. 4.32 Enzymatischer Abbau der Pentosane.

Wie zu ersehen, führt der Abbau sowohl der β-Glucane als auch der Pentosane über „Dextrine" mittleren oder höheren Molekulargewichts zu Disacchariden (Cellobiose, Laminaribiose, Xylobiose), die dann noch zu Monosacchariden gespalten werden können, so dass neben Arabinose auch noch Xylose und Glukose vorliegen. Freie Pentosen sind im Korn nur in geringsten Mengen zu finden, da sie sehr rasch vom Keimling verbraucht werden.

Wie schon erwähnt, ist die in den Gersten vorliegende Gummistoffmenge von Sorte, Anbauort und Jahrgang beeinflußt, wobei wiederum Gersten mit kurzer Vegetationszeit und heißem, trockenen Aufwuchs zu höheren Werten neigen (Tab. 4.11). Auch sind bei einem hohen Eiweißgehalt mehr β-Glucane vorhanden, während der Pentosangehalt mehr von der Gerstensorte abhängt [84].

Es kommt jedoch nicht nur dem Gummistoffgehalt der Gersten Bedeutung zu, sondern auch der Kapazität der cytolytischen Enzyme [553]. Es besteht nicht unbedingt eine Korrelation zwischen dem Gummistoffgehalt der Gersten, der Malze und der daraus hergestellten Würzen. Eine Erklärung hierfür dürfte im unterschiedlichen strukturellen Aufbau der Zellwände des Endosperms und in den physiologischen und chemischen Eigenschaften der β-Glucane zu suchen sein. So zeigt die langsam keimende englische Sorte Julia zwar nach wäßriger Extraktion bei 40 oder 65 °C geringere β-Glucanmengen als die schnell keimenden Sorten Maris Otter und Proctor, doch ist die Viskosität der β-Glucanlösung bei Julia höher. Nachdem diese höhere Viskosität durch Behandlung mit β-1 → 3-Glucanasen sehr stark erniedrigt werden kann, ist anzunehmen, dass die Sorte Julia in den β-Glucanen mehr β-1 → 3-Bindungen vorliegen hat als die beiden erwähnten Sorten [553].

Die Braugerstenzüchtung zielte, vor allem in den letzten 20 Jahren, auf eine Verbesserung der Cytolyse der Sorten hin, ohne dass gleichzeitig die Proteolyse zu weit gedeihen sollte. Bei den Gersten der 1980er Jahre war dies in der Regel der Fall.

Der Züchtungsfortschritt von etablierten Sorten zu den Neuzüchtungen der Ernte 2002 ist nach Tab. 4.12 klar erkennbar. Die neuen Sorten erreichten sogar in einer jeweils um einen Tag verkürzten Keimzeit noch bessere Werte [47].

Tab. 4.11 Gummistoffe von Gersten und Malzen (Jahrgang 1965) in mg/100 g TS [84].

Sorte Herkunft		Wisa D		Carlsberg II NL		Proctor NL	
		Gerste	Malz	Gerste	Malz	Gerste	Malz
Gesamt-Gummistoffe	mg/100 g TrS	1553	218	1694	279	1179	223
β-Glucan	mg/100 g TrS	1408	91	1331	136	1004	86
Pentosan	mg/100 g TrS	145	127	163	143	175	137
Eiweiß	% wfr.	10,8		10,0		11,0	
Verhältnis Xylose : Arabinose		1,81	1,75	1,79	–	1,81	–

Tab. 4.12 Züchtungsfortschritt neuer gegenüber etablierter Sorten. Kennzahlen der Cytolyse [47].

Vegetationszeit	Etablierte Sorten			Neuzüchtungen Ernte 2002		
	5 Tage	6 Tage	7 Tage	4 Tage	5 Tage	6 Tage
Friabilimeterwert %	72,8	82,2	88,3	80,1	88,7	94,5
Viskosität mPas (8,6 GG-%)	1,886	1,590	1,536	1,635	1,528	1,472

Etablierte Sorten = Mittelwerte aus Barke und Danuta (8 Standorte/Ernte 2001).
Neuzüchtungen = Marnie, Ursa, Bellevue, Braemar, Auriga (7 Muster/Ernte 2002).

Tab. 4.13 Der Einfluß der Keimdauer auf den Gummistoffgehalt (mg/100 g TrS).

	unge-keimte Gerste	Keimtage			
		4	5	6	7
Gesamt-Gummistoffe	1754	284	248	221	205
β-Glucan	1578	135	104	75	64
Pentosan	178	149	144	146	140
Verhältnis Xylose zu Arabinose	1,81	1,79	1,78	1,78	1,75

Der Widerstand der Endosperm-Zellwände gegen einen enzymatischen Abbau korreliert eng mit der Leichtigkeit, mit der Stärkekörner und andere Substanzen aus dem Gerstenendosperm freigesetzt werden.

Beim sog. „Sedimentationstest" wird das Gerstenendosperm unter definierten Bedingungen vermahlen und das Mehl in kaltem 70%igen Ethanol ausgesiebt. Dabei sedimentiert das Mehl von schwer löslichen Sorten langsamer als das von gut löslichen. Somit könnte diese Analyse als Hinweis auf das Mälzungsverhalten von Gersten dienen und als Hilfsmittel für die Gerstenzüchtung gelten [555].

Den Einfluß der Keimdauer auf die Bewegung der Gummistoffe zeigt Tab. 4.13 [84].

Von den Gesamt-Gummistoffen wird das β-Glucan sehr weitgehend bis auf ca. 4% des in der Gerste vorliegenden Wertes abgebaut. Die Pentosane verändern sich vergleichsweise nur wenig. Im Malz sind noch vier Fünftel der ursprünglichen Menge gegeben. Die Gersten-Gummistoffe enthalten rund 10% Pentosane, die Malzgummistoffe ca. 70%. Es zeigt sich aber auch, dass der Arabinose-Gehalt des Araboxylans während der Keimung langsam abnimmt.

Der Einfluß des *Weichgrades* für den Abbau der Gummistoffe geht aus Abb. 4.33 hervor.

Es zeigt sich auch bei diesen Untersuchungen, dass im interessierenden Bereich der Wassergehalt das Niveau des β-Glucan-Abbaus bestimmt. Bei höheren Weichgraden von 43 bzw. 46% sind die Unterschiede zwar deutlich, aber doch nicht so groß, dass sie die Keimzeit entsprechend kompensieren könnten.

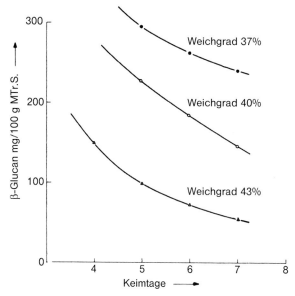

Abb. 4.33 Einfluß des Weichgrades auf den β-Glucangehalt der Malze [84].
Malz: Wisa aus Oberfranken (1964) Keimtemperatur 15 °C.

Tab. 4.14 Wiederweichverfahren und Gummistoffgehalt [84].

	Vergleich	Wiederweiche A	Wiederweiche B
Gesamtgummistoffe mg/100 g MTrs	257	348	337
β-Glucan mg/100 g MTrs	113	193	186
Pentosan mg/100 g MTrs	144	155	151
Mehlschrotdifferenz EBC % wfr.	2,0	1,4	1,2
Viskosität der Kongreßwürze mPas	1,61	1,70	1,56

Wiederweiche A: 5 Std. bei 11 °C.
Wiederweiche B: 5 Std. bei 16 °C.

Eine Haufenführung mit steigenden *Keimtemperaturen* erbringt gegenüber konstanten Temperaturen geringfügige Vorteile. Malze, die nach dem Wiederweichverfahren (s. Abschnitt 6.3.3.6) hergestellt wurden, zeigen trotz besserer Auflösung nach der Mehlschrotdifferenz (EBC) und z. T. auch bei niedrigerer Kongreßwürze- Viskosität stets höhere Restgehalte an Gummistoffen (Tab. 4.14).

Diese Erscheinung dürfte auf die durch Wiederweiche oder durch fallende Keimtemperaturen hervorgerufene Schädigung des Glucanasen-Komplexes zurückzuführen sein.

Arabinoxylan wird bei der Vermälzung des Weizens unter Anwendung eines breiten Spektrums an Mälzungsparametern (Keimung 4–7 Tage, Keimgutfeuchte 36,5–50,5%, Temperatur 9–21 °C) abgebaut. Dabei steigt der lösliche Anteil von 0,78 g auf 1,56 g/100 g TrS, also bis zum doppelten Niveau des Ausgangs-wertes. Die Viskosität der Kongreßwürzen nimmt hierbei ab. Der „Arabino-Xy-lan-Lösungsgrad" kann bis zu 35% des Gesamt-Arabinoxylans betragen [554].

4.1.5.5 Beurteilung der Cytolyse

Die Beurteilung der Cytolyse kann mittels der Carlsberg-Methode bei entspre-chender Geräteausstattung [556–558] ohne weiteres in der täglichen Routine er-folgen. Die Untersuchung in der Kongreßwürze, in Würze oder Bier gibt Auf-schlüsse bei Abläuter- und Filtrationsproblemen. Doch wird hierfür noch die Bestimmung der β-Glucan-Gele, die den Bierfilter blockieren können, erforder-lich [559–561]. Im Routinebetrieb der Mälzereien und Brauereien wurde meist die Mehl-Schrotdifferenz und die Viskosität der Kongreßwürze herangezogen. Wenn auch die Mehlschrotdifferenz aufgrund der mangelnden Vergleichbarkeit zwischen verschiedenen Laboratorien nicht mehr offiziell anerkannt ist (z. B. MEBAK), so können doch die Daten aus ein- und demselben Laboratorium Auf-schluß über den Fortschritt der Auflösung geben (s. Abschnitt 9.1.4.1). Dies ist vor allem bei Weizen und anderen Getreidearten der Fall, da außer der Viskosi-tät der Kongreßwürze bei diesen alle anderen Methoden zur Bestimmung der Cytolyse (z. B. Friabilimeter, Carlsberg-Tests) versagen. Aufgrund der stoffeige-nen Viskosität von Einzelkomponenten wurde die auf die Gummistoffe treffen-de Viskosität berechnet [562, 563]. Die Mehlschrotdifferenz stellt nur einen Mit-telwert aller Malzkörner dar; sie läßt keinen Rückschluß auf die Homogenität zu. Dennoch ist sie nach einer Vielzahl von Versuchen zum Verfolg der „Cytoly-se" geeignet. Zusammenfassend sind nochmals die den Abbau dieser Stoffgrup-pen beeinflussenden Keimungsfaktoren dargestellt (Tab. 4.15).

Tab. 4.15 Keimungsfaktoren, Mehlschrotdifferenz und Viskosität der Kongreßwürze [491–503]

Feuchtigkeitsniveau %	40	43	46	
MS-Differenz EBC %	5,1	2,9	1,1	
Viskosität mPas	1,69	1,60	1,55	
Keimtemperatur °C	**13**	**15**	**17**	
MS-Differenz EBC %	1,6	1,4	1,0	
Viskosität mPas	1,55	1,52	1,55	
Keimzeit Tage	**4**	**5**	**6**	**7**
MS-Differenz EBC %	3,6	2,0	1,5	1,2
Viskosität mPas	1,65	1,59	1,54	1,48
CO_2-Gehalt in % nach 3 Tagen Keimzeit	**0**	**10**	**20**	
MS-Differenz EBC %	0,7	1,2	1,7	
Viskosität mPas	1,47	1,48	1,51	

Neben diesen oben erwähnten Bestimmungsmethoden ist der Friabilimeter-Test weit verbreitet. Er differenziert in mürbe, halb- und ganzglasige Körner, wobei zur besseren Erfassung auch von gebrochenen glasigen Körnern der Rückstand in der Trommel über das 2,2 mm-Sieb aufgetrennt wird [564].

Der *Friabilimeter* liefert eine sehr klare Aussage über den Effekt der Keimungsfaktoren, aber auch über die Keimenergie bzw. die Gleichmäßigkeit der Keimung (Tab. 4.16).

Der *Carlsberg-Calcofluortest* erlaubt es, nicht nur die Auflösung (Mürbigkeit, M) zu ermitteln, sondern auch die Homogenität (H) zu berechnen [556–558]. Ähnliche Ergebnisse vermag auch die Methylenblaufärbung der geschliffenen Körner zu erbringen.

Einen Überblick über die Einflußfaktoren auf den Calcofluor-Test sowie auf alle der vorerwähnten Analysen gibt nochmals zusammenfassend Tab. 4.17.

Tab. 4.16 Keimungsfaktoren, Gerstenbeschaffenheit und Friabilimeterwert [556].

Feuchtigkeitsniveau %	38	42	43.5	45
Friabilimeter mürb/ganzglasig %	58/3,3	85/1,0	90/0,8	93/0,5
Temperatur °C	**14,5**	**16**	**18**	
Friabilimeter mürb/ganzglasig %	90/0,8	94/0,4	93/0,5	
Keimzeit Tage	**5**	**6**	**7**	**8**
Friabilimeter mürb/ganzglasig %	80/3	85/1,3	90/0,8	95/0,3

Gerstensorten	Sommergersten (E 94)			Wintergersten (E 94)		
	Alexis	**Ditta**	**Krona**	**Angora**	**Astrid**	**Hanna**
Friabilimeter mürb/ ganzglasig %	95 0,1	82,2 0,4	94,9 0	90,4 0	80,1 0,2	74,5 0,4

Tab. 4.17 Daten der Cytolyse bei Variation der Mälzungsbedingungen.

Parameter (F%/Tage/°C)	45/7/14,5	43/7/14,5	42/8/14,5	45/6/18	47/5/21
Mehlschrotdifferenz %	1,3	1,55	1,4	1,3	1,5
Viskosität mPas	1,48	1,52	1,50	1,57	1,59
Friabilimeter/ggl. %	88/1	86/1	91/0,5	83/1,5	80/2,5
Calcofluor M/H	93/73	90/72	95/75	85/69	80/64
β-Glucan der Kongr.Würze mg/l	140	172	180	230	250
β-Glucan der 65 °C-Würze mg/l	220	250	290	420	505
Filtrierbarkeit des Bieres Vmax	110	105	110	70	58

Es wird ersichtlich, dass selbst das forciert hergestellte Malz 45/6/18 noch den üblichen Spezifikationen entsprechen kann. Erst eine zusätzliche Analyse, die die Viskosität und den β-Glucangehalt der Würze aus der 65 °C-Maische wiedergibt, vermag die Ursachen z. B. von Filtrationsschwierigkeiten in der Praxis zu erklären.

Die 65 °C-Maische bietet der β-Glucansolubilase ein Aktivitätsoptimum. Nachdem aber keine Endo-β-Glucanasen mehr aktiv sind, wird das in den ungelösten Partien des Mehlkörpers noch vorhandene β-Glucan freigesetzt. Inhomogene Malze oder ungeeignete Mischungen können so erkannt werden [566].

Dieses Analysenspektrum bietet einen sehr differenzierten Einblick in die Cytolyse des Malzes und gibt Hinweise auf mögliche Verarbeitungsschwierigkeiten.

Dennoch sind weitere Einblicke in das Verhalten der β-Glucane von Interesse, z. B. über die β-Glucanmengen höheren Molekulargewichts, die ebenfalls eine schlechte Filtrierbarkeit des Bieres erklären.

Den Verlauf des Molekulargewichts der beim Maischen freigesetzten und bis ins Bier gelangenden β-Glucane aus verschieden stark gelösten Malzen zeigt Tab. 4.18 [567, 568].

Der Abbau der Gummistoffe kann, anhand der vorliegenden Untersuchungsergebnisse beim Mälzen beliebig weit erfolgen. Von der Warte der Filtrierbarkeit der Würzen und Biere ist dies sicher wünschenswert. Die viskosen Stoffe haben jedoch einen wesentlichen Einfluß auf Geschmack (Vollmundigkeit) und Schaumhaltigkeit der Biere, ohne dass ihnen ein eindeutig stabilitätsmindernder Einfluß nachgewiesen werden kann. Es geht daher das Bemühen des Brauers und Mälzers dahin, einen zu weitgehenden Abbau zu vermeiden, ein technologisches Problem, das durch Kombination der Keimungsfaktoren gelöst werden kann.

Tab. 4.18 β-Glucan-Analyse bei Verarbeitung von Malzen unterschiedlicher Auflösung und verschieden hohem Ausbleiber-Anteil (Analysen der Biere, Werte in mg/l) [567, 568].

Malzauflösung		gut	knapp	Mischung[a]	gut	6% Ausbl.	12,5% Ausbl.[b]
MS-Differenz %		1,7	4,8	4,1	0,9	2,1	2,6
β-Glucan	Gesamt				260	400	465
	>90 kD	145	300	390	90	180	310
	>200 kD	65	170	230	80	140	250
	>750 kD	45	140	185	40	75	100
Filtrierbarkeit Vmax		130	70	42	133	98	32

a) Mischung aus Malzen mit 1,7+4,8+6,8% MS-Differenz.
b) Ausbl. = Ausbleiber (nicht gekeimte Körner).

4.1.6
Der Eiweißabbau

4.6.1.1 Allgemeines

Die stickstoffhaltigen Substanzen liegen im Gerstenkorn größtenteils in Form von hochmolekularen Eiweißkörpern (Albumine, Globuline, Prolamine und Gluteline) vor (s. Abschnitt 1.4.3.4). Im Laufe der Keimung wird ein Teil von den proteolytischen Enzymen angegriffen und zu den niedermolekularen Bausteinen, den Aminosäuren, hydrolisiert. Aus diesen diffusionsfähigen Spaltprodukten baut der Keimling das Eiweiß seiner neuen Gewebe wieder auf, wozu auch Moleküle aus dem Kohlenhydratabbau und Mineralstoffe (wie z. B. Schwefel usw.) verwendet werden. Die zur Synthese des Eiweißes notwendige Energie gewinnt der Keimling durch die Veratmung von Kohlenhydraten und Fetten. Das Eiweiß befindet sich im Gerstenkorn an drei Hauptlagerstätten: im Aleuron, als Reserveeiweiß unterhalb der Aleuronschicht und schließlich im Endosperm, wo es als Kittsubstanz zur Verstärkung der Zellwände, aber auch mit den Stärkekörnern selbst vergesellschaftet vorkommt (s. Abschnitt 1.4.3). Das Reserveeiweiß wird während des Mälzens am stärksten angegriffen: es liefert die Hauptmenge der löslichen Verbindungen. Das histologische Eiweiß bedarf ebenfalls eines gewissen Abbaus, um die Hydrolyse der Hemicellulosen zu ermöglichen. Aber auch das Aleuroneiweiß erfährt eine Verringerung: z. T. dienen Abbauprodukte der Synthese von hydrolytischen Enzymen, doch ist die Abwanderung von Eiweiß stärker als dies der Enzymsynthese entspricht [569].

Einen Überblick über den Eiweißabbau bei der Keimung gibt Abb. 4.34.

Die *eiweißabbauenden Enzyme* lassen sich einteilen in Endo-Peptidasen und Exo-Peptidasen, wobei sich je nach der Spezifität auf bestimmte Aminosäuresequenzen naturgemäß eine sehr große Anzahl an verschiedenen Endo- und ExoPeptidasen ergeben kann.

4.1.6.2 Endopeptidasen

Endopeptidasen (Proteinasen) spalten die Proteine von „innen heraus" und führen so zu Fragmenten, die u. U. noch den ursprünglichen Eiweißkörpern nahestehen, oder zu Poly- und Oligopeptiden. Sie haben meist eine Spezifität zur Spaltung von Peptidbindungen bestimmter Aminosäuren. Im Mehlkörper sind hohe Aktivitäten von Endopeptidasen, speziell von Sulfhydrylenzymen zu finden, wie Cystein- und Serinproteasen, aber auch Aspartatpeptidasen (s. Abschnitt 1.5.8.3). So wurde gefunden, dass z. B. Cystein-Proteinasen am höchsten mit proteolytischen Lösungsmerkmalen wie Eiweißlösungsgrad und freiem Aminostickstoff korrelierten [570]. Dieser Gruppe der Sulfhydrylenzyme wurden ursprünglich 90% der Endopeptidasen-Aktivitäten zugeschrieben [482], doch kommt nach neueren Erkenntnissen auch den metallaktivierten Proteinasen eine größere Bedeutung zu. Alle diese Enzyme werden nach den in Abschnitt 4.1.3 geschilderten Mechanismen durch die Gibberellinsäure in der Aleuronschicht induziert [482]. Sie zeigen einen deutlichen Aktivitätsanstieg während

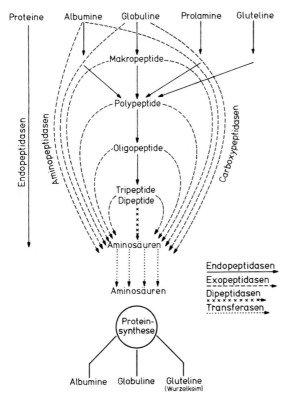

Abb. 4.34 Schema des Eiweißabbaus.

der Keimung, in Abhängigkeit von den Keimungsparametern [290, 571]. Zwischen den freigesetzten und den in der Aleuronschicht verbleibenden Endopeptidasen wurden keine Unterschiede beobachtet [572, 576].

Es konnte darüber hinaus festgestellt werden, dass alle fünf Gruppen von Proteinasen in Grünmalzextrakten nachweisbar waren [576].

Einen Überblick über die Entwicklung der Proteinasen gibt Abb. 4.35 [291].

Es kann aber auch der Fall sein, dass die Endopeptidasen durch proteinische Hemmstoffe der Gerste blockiert werden, die während der Keimung zum Verschwinden kommen [574, 575].

Neue Untersuchungen zeigten dann auch eine wesentlich stärkere Entwicklung der metallaktivierten Endopeptidasen, die zum Teil doppelt so hohe Aktivitäten im jeweiligen Grünmalz erreichten wie die Cystein-Endopeptidasen [570]. Es könnte jedoch sein, dass hier noch Cystein-Proteinase-Inhibitoren wirksam waren. Die Wirkung dieser Inhibitoren dürfte auch für die abweichenden Resultate in der Literatur verantwortlich sein [290, 291, 571].

Die Entwicklung der Endopeptidasen im Laufe des Keimprozesses hängt von der ursprünglichen Vegetationszeit der Gerste ab, wenn auch in geringerem Maße als bei der α-Amylase, aber auch von der Gerstensorte. Einen Überblick gibt Tab. 4.19.

Proteinase-Aktivität

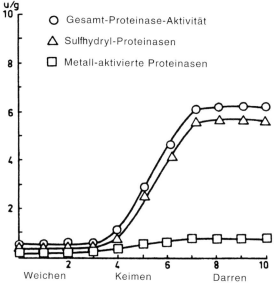

Abb. 4.35 Proteinase-Aktivitäten während des Mälzens *(Enari* [291]).

Tab. 4.19 Gerstensorte, Jahrgang, Vegetationszeit und Endo-peptidasenaktivität (mg N/100 g TrS, in getrocknetem Grünmalz).

Jahrgang	Vegetationszeit (Tage)	Sorte			
		Wisa	Union	Brevia	Columba
1968	126	5111	4861	4432	4363
1969	140	5263	5242	5236	4911

Auch der Eiweißgehalt der Gerste kann eine Rolle spielen.

Die *Keimungsfaktoren* wirken sich auf die Entwicklung der Endopeptidasen wie folgt aus (Abb. 4.36).

Bei reiner Wasserweiche ist nur ein geringer Anstieg der Enzymaktivität gegeben; im Gegensatz dazu bewirken ausgedehnte Luftrasten eine deutliche Mehrung der Enzyme. Dennoch ist ihre Entwicklung bei einer mittleren Keimgutfeuchte von 43% am günstigsten, wie Abb. 4.36 zeigt [509].

Alle Maßnahmen, die z. B. eine Förderung der α-Amylase bewirken, vermögen sich auf die Entwicklung der Endo-Peptidasen zumindest nicht positiv auszuwirken. Es ist jedoch bemerkenswert, dass die Endopeptidasenaktivität bis zum letzten Keimtag zunimmt, wenn auch die stärkste Entwicklung 48–96 Stunden nach dem Ausweichen zu verzeichnen ist [241, 578].

Die Endopeptidasen sind wie alle Endo-Enzyme empfindlich gegen eine Anreicherung von CO_2 in der Haufenluft [577].

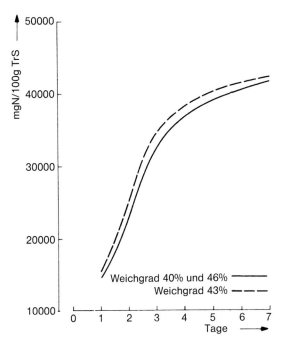

Abb. 4.36 Einfluß der Keimgutfeuchte auf die Entwicklung der Endopeptidasen bei der Keimung [509].

Eine andere Arbeit stellte fest, dass am ersten Keimtag ein leichter, am zweiten Keimtag dagegen ein starker Anstieg der Endopeptidasen eintrat. Anschließend nahm die Aktivität wieder etwas ab, um bis zum Ende der Keimung (96 h) wieder anzusteigen. Beim Schwelken war eine deutliche Zunahme des Enzyms zu verzeichnen; die Inaktivierung beim Darren erwies sich als gering [421].

Die Bestimmung einer „trypsinähnlichen" Endopeptidasenaktivität zeigte eine deutliche Abnahme am ersten Tag eines pneumatischen Weichverfahrens, dann einen deutlichen Zuwachs bis zum Ende des Weichprozesses. Während der Keimung stellte sich ein geringes Maximum am ersten Keimtag ein, das von einem Abfall bis zum dritten Tag gefolgt war. Der anschließende Anstieg auf ca. 200% des Ausgangswertes war von einer höheren Keimgutfeuchte negativ beeinflußt. Auch wirkten sich höhere Haufentemperaturen von z. B. 18 °C ungünstiger auf die Enzymentwicklung aus als niedrigere von z. B. 12 ° oder 15 °C [574].

4.1.6.3 Exopeptidasen

Die Exopeptidasen lassen sich einteilen in Aminopeptidasen, Carboxypeptidasen und Dipeptidasen, je nach ihrer Affinität zu den entsprechenden Ladungen bzw. im Falle der Dipeptidase durch unspezifisches Verhalten. Es ist aber auch hier eine Substrataffinität nach den Aminosäuren der zu spaltenden Peptidbindung gegeben.

Bei den *Aminopeptidasen* handelt es sich um vier neutrale Expopeptidasen und eine alkalische Leucinaminopeptidase. Diese liegt bereits in der Gerste (in Abhängigkeit von Sorte und Jahrgang) in einer Menge bis zu 40% der im getrockneten Grünmalz vorhandenen Aktivität vor. Ihre typische Entwicklung ist in Abb. 4.37 dargestellt.

Die Endwerte im Grünmalz sind z. B. bei Wisa immer am höchsten; die anderen Gersten zeigen keine Abhängigkeit. Das Enzym reagiert weder auf eine Steigerung der Keimgutfeuchte noch auf eine andere Variation des Mälzungsverfahrens, mit Ausnahme der bekannten Unterschiede bei reiner Naßweiche und pneumatischen Weichverfahren. Bemerkenswert ist das Verhalten der „Leucinaminopeptidasen" bei der Haufenführung mit fallenden Temperaturen bzw. beim Wiederweichverfahren (Abb. 4.38). Hier wurde das sich am 2. und 3. Keimtag wie üblich stark entwickelnde Enzym durch den Wasserschock stark geschädigt, so dass die Aminopeptidasenaktivität der so hergestellten Malze deutlich unter den Normwerten lag [511].

Die *Carboxypeptidasen* umfassen fünf Enzyme: sie sind fast ausschließlich im Mehlkörper lokalisiert und liegen bereits in der ungekeimten Gerste in einer Menge von 20 bis 25% der im Grünmalz feststellbaren Werte vor. Sie entwickeln sich während der ersten 24 Stunden der Naßweiche, nehmen aber dann im Laufe des zweiten Weichtages rapid bis auf den Wert Null ab. Bei „pneumatischer" Weiche dagegen wird die Enzymaktivität im Laufe von 48 Stunden nahezu verdoppelt, wobei jedoch der größte Zuwachs während der Naßweichen gegeben ist [299].

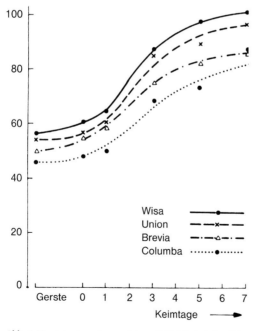

Abb. 4.37 Leucinaminopeptidase-Aktivität bei der Keimung. Einfluß der Sorte [241].

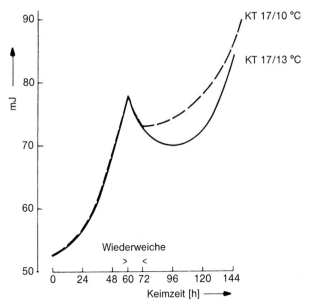

Abb. 4.38 Leucinaminopeptidase-Aktivität bei der Keimung, Einfluß der Wiederweiche [511].

Der Einfluß der Keimungsfaktoren Feuchtigkeit und Temperatur ist in den Abb. 4.39 und 4.40 ersichtlich.

Wie schon bei anderen Enzymen beobachtet, erfährt die Carboxypeptidaseaktivität bei 40% Wassergehalt nach dem 3. Keimtag keine Erhöhung mehr, während sie bei rd. 48% bis zum Ende der Keimzeit einem Maximum zustrebt.

Von den Keimtemperaturen erbringt 15 °C eine optimale Entfaltung des Enzyms; bei 12 °C ist sie langsamer, bei 18 °C stellt sich trotz rascher Entwicklung zu Beginn der Keimung am 3. Tag ein Gleichgewichtszustand ein. Aus diesem Grunde ist auch bei fallenden Mälzungstemperaturen eine zunächst rasche, dann aber abflachende Entwicklung gegeben, so dass die Keimung mit steigenden Temperaturen die höheren Endwerte liefert [299].

Die *Dipeptidasen* als weitere alkalische Exopeptidasen liegen ebenfalls mit einer relativ hohen Menge in der ruhenden Gerste vor; die Enzymaktivität ist hauptsächlich im Keimling, besonders im Wurzelkeim und im Aufsaugepithel, lokalisiert. Die Entwicklung setzt bei normalen Naßweichverfahren am 2. bis 3. Keimtag am intensivsten ein, um dann wieder etwas abzufallen [301]. Eine Weiche mit langen Luftrasten forciert jedoch die Enzymbildung derart, dass bereits beim Ausweichen das Aktivitätsmaximum erreicht ist [579].

Besonders günstig wirkt sich eine rasche Darstellung der maximalen Keimgutfeuchte durch nachträgliches Spritzen des Haufens (s. Abschnitt 4.2.3.2) aus. Die Anwendung fallender Keimtemperaturen erbringt dagegen eine starke Abnahme der Enzymaktivität (Abb. 4.41, 4.42).

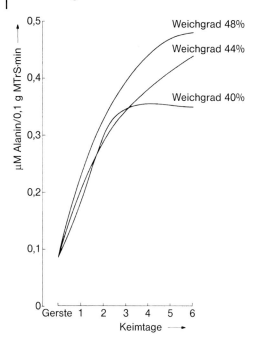

Abb. 4.39 Carboxypeptidase-Aktivität in Abhängigkeit von der Keimgutfeuchte.

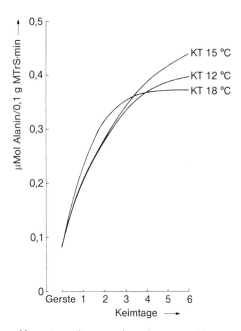

Abb. 4.40 Carboxypeptidase-Aktivität in Abhängigkeit von der Keimtemperatur.

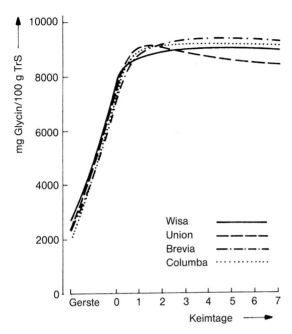

Abb. 4.41 Dipeptidasenaktivität in Abhängigkeit von der Gerstensorte.

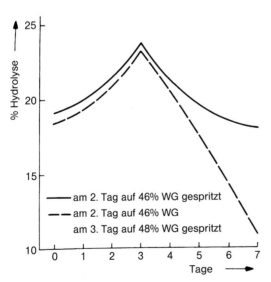

Abb. 4.42 Dipeptidasenaktivität bei Haufenführung mit fallenden Temperaturen.

Die Mehrzahl der Exopeptidasen verhält sich demnach anders als die bisher diskutierten Enzyme. Es findet jedoch dieses Verhalten z. B. bei fallenden Keimtemperaturen seine Parallele in geringeren Gehalten an niedermolekularem Stickstoff in der Kongreßwürze [511].

4.1.6.4 Quantitativer Verlauf der Eiweißlösung

Dieser wurde bisher ermittelt durch die Darstellung des löslichen Stickstoffs im „kalten" Malzauszug oder in der Kongreßwürze. Letztere hat sich durch die Beziehung: löslicher Stickstoff zu Gesamtstickstoff als „Eiweißlösungsgrad" oder *„Kolbach-Zahl"* sehr bewährt. Innerhalb dieser geben Fällungsreaktionen Aufschluß über den Anteil an hoch-, mittel- und niedermolekularem Stickstoff, doch sind diese Bestimmungen zu unspezifisch, um sichere Aussagen zu geben. Einen besseren Einblick gibt die Darstellung von Molekulargewichtsfraktionen (s. Abschnitt 9.1.5.3) oder die Trennung durch Elektrophorese [127] wie Isoelektrische Fokussierung (IEF), SDS-PAGE (Sodium dodecyl sulfate-polyamide gel electrophoresis), 2-D (two dimensional electrophoresis) und IPG-DALT (immobilized pH gradients in the first dimension). Dennoch vermögen auch Globalanalysen, wie die Ermittlung des löslichen Stickstoffs, des freien Aminostickstoffs (FAN) sowie bei älteren Untersuchungen des formoltitrierbaren Stickstoffs, in der Praxis zuverlässige Werte zu liefern.

Die vier genuinen *Proteine* verändern sich während des Mälzens beträchtlich, wie folgende Aufstellung zeigt [148, 580]:

	Gerste	Malz
	in % des Gesamt-N	
Albumine	12	10
Globuline	10	11
Prolamine	37	17
Gluteline	30	21
Abbauprodukte	12	41

Diese gegenüber der Originalarbeit etwas anders dargestellten Zahlen lassen erkennen, dass die bei den ursprünglich unlöslichen Proteinfraktionen Prolamin und Glutelin zu einem hohen Maß abgebaut werden. Hierbei werden vor allem die Hordeine D, B und C beträchtlich reduziert [126]. Die Abnahme des D-Hordeins ist am raschesten, wobei die hochlösende Sorte Alexis eine höhere Abnahmerate zeigte als die mittelmäßige Sorte Lenka. Dasselbe war mit B-Hordein I der Fall. Es konnte aber keine sichere Relation zum Endvergärungsgrad der Kongreßwürze ermittelt werden. Hier scheint das Merkmal „Verkleisterungstemperatur" der Stärke eine dominierende Rolle zu spielen [549]. Von den Abbauprodukten scheint eine 43 kDa Polypeptidfraktion AI offenbar eine α-Amylase zu sein, die während der Keimung de novo synthetisiert wird, während es sich bei dem 60 kDa Polypeptid AII um eine *β*-Amylase handelt. Sie wird während der Keimung durch eine begrenzte Proteolyse freigesetzt, teilweise vom 65 kDa Vorläufer (wahrscheinlich dem Polypeptid AIII), teilweise von einem unlöslichen Komplex, der an das Endosperm gebunden ist [126]. Bei sehr langer Haufenführung erfährt jedoch das Glutelin wieder eine Zunahme, da es wahrscheinlich aus niedermolekularen Substanzen wieder aufgebaut wird. Die löslichen Eiweißgruppen der Albumine und Globuline nehmen zunächst ab, um gegen Ende der Keimung wieder aus Aminosäuren aufgebaut zu werden. Aus diesem Grunde ist auch in obengenannter Aufstellung die Verschiebung dieser beiden Fraktionen nur gering. Es muß jedoch betont werden, dass diese Ergebnisse mit übermäßig lang gewachsenen Malzen gewonnen wurden, wodurch ein Teil der Aminosäuren wieder eine Resynthese erfuhr. Auf diese Gefahr eines Verlustes an Aminosäuren durch eine „Überlösung" wurde hingewiesen [581]. Ganz klar kommt der Zuwachs an Abbauprodukten in der obigen Aufstellung zum Ausdruck.

Die Menge der freien Aminosäuren des Malzes nimmt während der Keimung in den ersten 96–144 Stunden zu, bei längerem Wachstum kann sie wieder etwas abfallen [582].

Im Laufe einer 7tägigen Keimung bei 15 °C zeigen folgende Aminosäuren eine starke, gleichmäßige Entwicklung: Tyrosin, Threonin, Methionin, Arginin, Lysin, Histidin und Prolin.

Eine kräftige Vermehrung bis zum 4./5. Keimtag erfahren: Serin und die Amide (Asparagin und Glutamin), Leucin, Valin, Isoleucin. Bei diesen Aminosäuren tritt anschließend eine Abflachung, z. T. sogar ein Stillstand der Entwicklung ein. – Asparaginsäure und Glutaminsäure nehmen nach einem Maximum am 6. Keimtag stark bzw. um ca. 10% ab. – Alanin, Glycin und Cystein werden nur in relativ geringen Mengen freigesetzt [583].

Diese Darstellung ist jedoch für den Fluß der Aminosäuren maßgebend, der die Umschichtungen von Reserveproteinen zu Cytoplasmaproteinen kennzeichnet.

Die Aminosäurezusammensetzung des Reserveeiweißes weicht nämlich beträchtlich von derjenigen der im Keimling gebildeten Proteine ab. Erstere haben als Prolamine überaus hohe Anteile an Amiden, Glutaminsäure und Prolin. Die neu aufgebauten Cytoplasma-Proteine sind dagegen gekennzeichnet durch große Anteile an Asparaginsäure, Alanin, Glycin, Lysin und Arginin. Diese Veränderung der Aminosäuren macht eine Synthese notwendig, die im Falle von Asparaginsäure, Lysin, aber auch von Prolin nachgewiesen werden konnte [584].

Nach den gleichen Untersuchungen erfährt die Gesamtmenge der (freien und in Proteinen gebundenen) Aminosäuren Glycin, Glutaminsäure sowie von Ammoniak eine laufende Abnahme über die Keimdauer hinweg. Der Gehalt an freiem Prolin nimmt – vor allem im Keimling – sehr stark zu (s. a. Abschnitt 4.1.6.5). Hiervon dürfte ein Drittel aus anderen Stickstoffquellen, bevorzugt aus Glutaminsäure oder Glutamin aufgebaut worden sein.

Der Verlust an Aminosäuren beim Weichen wird unterschiedlich beurteilt. Im oben geschilderten Falle setzt die Bildung von Aminosäuren am ersten Keimtag so rasch ein, dass evtl. Weichverluste bei weitem ausgeglichen werden.

Auf der anderen Seite zeigt sich, dass einige wasserlösliche Proteine den Mälzungsprozeß mehr oder weniger unverändert durchlaufen [585]. Hierunter ist auch das Protein Z zu zählen, das während des Mälzungsprozesses ebenfalls relativ unverändert bleibt [115]. Neuere Untersuchungen stellen wohl eine Abnahme beim Mälzungsprozeß fest, doch bleiben noch bedeutende Mengen im Malz erhalten. Ähnliches ist auch beim Lipid-Transferprotein LTP 1 der Fall [586]. Dasselbe konnte bei salzlöslichen Eiweißkörpern festgestellt werden, von denen 13 (einschließlich der wasserlöslichen) den Mälzungsprozeß überstanden, wobei das Mälzungsverfahren ohne jeden Einfluß blieb [120, 586. 587]. Salzlösliche Eiweißkörper werden vornehmlich im Blattkeim wieder aufgebaut; dieser liefert etwa die Hälfte des beim Maischen entstehenden dauernd löslichen Eiweißes.

Eine schaumpositive Wirkung kommt auch den Glycoproteinen zu. Sie werden beim Mälzen möglicherweise aus O-glycosidischer Bindung (mit der Hydroxylgruppe des Serins und des Threonins) oder aus N-glycosidischer Bindung freigesetzt und zu niedrigermolekularen Gruppen abgebaut. Die über das Malz in Würze und Bier eingebrachte Menge ist abhängig von der Braugerste (nach Sorte, Anbauort und Jahrgang) wie auch von der Mälzungsintensität, wie Tab. 4.20 zeigt.

Gelproteine in der Gerste bestehen aus Untergruppen höheren (ca. 1000 kD) und niedrigeren Molekulargewichts (ca. 40 kD), hauptsächlich der D- aber auch der B-Hordeine [589], die über Disulfidbrücken miteinander verbunden sind. Sie werden beim Mälzen durch die Reduktion derselben abgebaut. Je niedriger der Gelproteingehalt einer Gerste bzw. eines Malzes, um so besser ist die Verarbeitung z. B. beim Maischen und Abläutern [591, 592].

Der Verfolg von Proteinen mittels der 2D-PAGE von der Gerste zum Malz zeigt einen großen Einfluß der Keimungsparameter (Wassergehalt 38–48%, Temperatur 12–18 °C und Keimzeit 3,5–7 Tage) auf die gelöste Proteinmenge im Malz (und später in Würze und Bier), doch veränderte sich durch diese Faktoren die Proteinzusammensetzung praktisch nicht [590].

Allgemein ist abzuleiten, dass alle Fraktionen des löslichen Stickstoffs wie der niedermolekulare Anteil, der Formol- und Aminostickstoff – summarisch also der Eiweißlösungsgrad – nach 4–6 Tagen einem Höchstwert und damit einem gewissen Gleichgewichtszustand zustreben. Dieser ist dadurch bedingt, dass der Abbau aus den genuinen Eiweißkörpern einerseits und der Aufbau der

Tab. 4.20 Glycoproteine, hochmolekulare N-Fraktionen und Bierschaum als Funktion von Gerste und Malzauflösung [588].

	Sorte		Malzauflösung	
	Carina	Trumpf	knapp	gut
Lyophilisatmenge g/100 g Bier	0,56	0,46	1,14	0,55
Molekularfraktion 10–60000 mg/l	6,5	3,9	7,6	4,6
Bierschaum R & C	129	107	144	133

Aminosäuren zu unlöslichen Produkten in Blatt- und Wurzelkeimen andererseits etwa gleich groß ist; es tritt also nur noch eine Verlagerung der Stickstoffsubstanzen ein. Die Lage dieses Gleichgewichts kann durch eine entsprechende Führung des Keimprozesses beeinflußt werden (s. Tab. 4.21) [511, 513, 581].

Je höher die Keimgutfeuchte, je länger die Keimzeit, um so höher ist der Eiweißlösungsgrad. So bewirkt eine Erhöhung des Weichgrades um 1% einen Anstieg des Gehalts an löslichem Stickstoff um 27 mg/100 g Malztrockensubstanz [593]. Höhere Keimtemperaturen bringen zwar einen insgesamt stärkeren Eiweißumsatz mit sich, d.h. es wird mehr Eiweiß abgebaut, aber auch bei stärkerer Ausbildung der Keime wieder mehr zu unlöslichen Proteinen synthetisiert. Darüber hinaus sind offenbar gerade bei warmer Haufenführung geringere Enzymmengen nötig, um den erforderlichen Abbau zu bewirken. Die Auswertung des umfangreichen Zahlenmaterials zeigte, dass eine Anhebung der Keimtemperatur um 1 °C den löslichen Stickstoff um 32 mg/100 g Malztrockensubstanz erniedrigte [593]. Der Effekt eines hohen CO_2-Gehalts in der Haufenluft ist wahrscheinlich auf ein rasches Abklingen des Keimlingswachstums und die dann als Folgeerscheinung auftretende Anhäufung von löslichem Stickstoff im Korn zurückzuführen.

Die Entwicklung des α-Aminostickstoffs (Tab. 4.22) ist ähnlich.

Die Tab. 4.21 und 4.22 zeigen aber auch, wie durch die Wahl der Keimbedingungen das Verhältnis der hochmolekularen zu den niedermolekularen Gruppen verschoben werden kann. Mit steigendem Weichgrad nimmt der α-Aminostickstoff prozentual stärker zu als die höhermolekularen Fraktionen; bei höheren Keimtemperaturen dagegen nimmt bei nur geringer Beschränkung der Lösung an Gesamtstickstoff der Anteil an Aminosäuren ab. Ebenso zeigt auch eine übermäßige Verlängerung der Keimzeit einen Rückgang des α-Aminostickstoffs, der offenbar zum Aufbau von Eiweißkörpern in Wurzel- oder Blattkeim Verwendung findet und mit den ersteren oder mit evtl. auftretenden Husaren abgetrennt wird. Der starke Aminosäureanstieg bei Anwendung von CO_2 in der

Tab. 4.21 Keimungsfaktoren und Eiweißlösungsgrad.

Keimgutfeuchte %	40	43	46	
ELG %	39,5	43,9	46,1	
Keimtemperatur °C	13	15	17	
ELG %	44,9	43,9	41,9	
Keimzeit Tage	4	5	6	7
ELG %	35,4	38,8	39,8	40,7
Anteil von CO_2 in % nach 3 Tagen Keimzeit	0	10	20	
ELG %	40,9	38,0	42,8	

Tab. 4.22 Keimungsfaktoren und α-Amino-Stickstoff (mg/100 g MTrS) [581, 594].

Keimgutfeuchte %	39	42	45	48
α-Amino-N	105	112	136	175
Keimtemperatur °C		12	15	18
α-Amino-N		150	132	120
Keimzeit	4	5	6	7	8
α-Amino-N	125	128	135	145	142
Anteil von CO_2 in % nach 3 Tagen Keimzeit			0	10	20
α-Amino-N			134	140	159

Tab. 4.23 Variation der Mälzungsbedingungen und Eiweißabbau (erster Teil Tab. 4.14) [565].

Parameter (F%/Tage/°C)	45/7/14,5	43/7/14,5	42/8/14,5	45/6/18	47/5/21
Eiweißlösungsgrad %	44	42	41	39	39
Vz 45 °C %	41	38,5	38	35	34
FAN in % des lösl. N	21	21	21	18,5	17

F% = Keimgutfeuchte; Tage = Keimzeit; °C = Keimtemperatur.

Umgebungsluft des Haufens geht weit über das Niveau der normalen Eiweiß-lösung hinaus, ein Zeichen, dass bei eingeschränktem Wachstum des Keimlings eine sehr starke Anhäufung von niedermolekularen Produkten erfolgen kann.

In ähnlicher Weise verhält sich auch der weniger spezifische formoltitrierbare Stickstoff.

Eine Kombination der verschiedenen Keimungsparameter dient einmal der Dämpfung einer zu weitgehenden Proteolyse, zum anderen auch der Beschleunigung des Mälzungsprozesses (Tab. 4.23).

Höhere Keimtemperaturen beschränken wohl den Eiweißlösungsgrad, doch nimmt der freie Aminostickstoff überproportional ab. Dies spiegelt auch das Merkmal Vz 45 °C wieder. Ein Anteil des FAN am löslichen Stickstoff von unter 20% kann Gärungs- und Reifungsprobleme bewirken. Außerdem ist bei diesen Keimbedingungen die Cytolyse inhomogen (s. auch ersten Teil dieser Tabelle in Tab. 4.17).

Ein sehr niedriger relativer Gehalt an FAN wirkt sich naturgemäß auf den Anteil einzelner, für Gärverlauf und Bieraroma wichtiger Aminosäuren, wie z. B. Leucin, Isoleucin und Valin aus. Dies zeigt Tab. 4.24.

Bei sehr niedrigem Gehalt an FAN liegen alle Gärungsnebenprodukte in ihrem Maximum, bei sehr hohem FAN-Niveau im Minimum. Lediglich 3-Methyl-butanol-1 läßt die Wirkung eines „Überflußmechanismus" erkennen [596].

Tab. 4.24 Eiweißlösung, Aminosäure-Gehalte und Bieraroma (12% Extrakt).

Malz-Eiweißlösung	32,7	42,2	46,6
Gesamt-N in Würze mg/l	737	878	1004
FAN mg/l	183	193	233
FAN in % Gesamt-N	18,7	22,0	23,2
Valin/Gesamt-N×100%	13,4	19,4	19,0
Leucin/Gesamt-N×100%	15,1	23,1	27,4
Isoleucin/Gesamt-N×100%	6,1	10,7	11,4
2-Acetolactat ppm	0,65	0,15	0,15
2-Methyl-Propanol-1 ppm	17	13	12
3-Methyl-Butanol-1 ppm	39	37	44
2-Phenylethanol ppm	42	37	32
Ethylacetat ppm	11	8	12

Der Eiweißlösungsgrad ist noch von einer Reihe anderer Faktoren abhängig. So spielt die Gerstensorte eine Rolle, die aber je nach Anbauort und Jahrgang in ihrem Ausmaß schwankt, so dass der Erblichkeitsfaktor dieses Merkmals nur zu Anteilen von 10–25% ermittelt werden konnte [17]. Gersten aus notreifen oder aus sehr trocken aufgewachsenen und geernteten Jahrgängen neigen stets zu niedriger Eiweißlösung, die dann aber auch oftmals mit höheren Eiweißgehalten einhergeht. Steigender Proteingehalt der Gerste führt unter den Bedingungen gleicher Vermälzung stets zu einer Erniedrigung der Eiweißlösung, wenn auch die Menge an löslichem Stickstoff in der Kongreßwürze ansteigt [139].

Die bei derartigen Malzen gleichzeitig schwerer voranschreitende cytolytische Auflösung erforderte eine Anpassung der Mälzungsmethodik zur Erzielung höherer Eiweißlösungsgrade. Wenn auch zwischen Eiweiß- und Zellwandabbau keine eindeutige Beziehung besteht, so muß doch der Cytolyse ein gewisser Eiweißabbau vorausgehen, wenn die gewünschte Zerreiblichkeit des Mehlkörpers erreicht werden soll. Während z. B. eine Verlängerung der Keimzeit kaum mehr eine Erhöhung der „Kolbachzahl" bewirkt, so geht doch die Auflösung der Zellwände weiter, was sich in einem Absinken der Mehlschrotdifferenz oder der Viskosität der Kongreßwürze äußert.

Neben diesen Faktoren spielt sicher auch der Reifegrad der Gerste eine Rolle, d. h. in welchem Zustand sie geerntet wurde und wie weit Keimreife bzw. Mälzungsreife gediehen sind.

Auch inhomogene, gemischte Gersten (s. Abschnitt 1.6.1.6) führen zu einer niedrigen Eiweißlösung, vor allem auch zu einer Verarmung der Würze an Formol- oder α-Amino-Stickstoff.

Der zitierte „Eiweißlösungsgrad" entspricht jedoch nicht dem Eiweißabbau beim Mälzen, sondern die zu seiner Berechnung dienende Menge an löslichem Stickstoff stellt das Ergebnis eines Maischprozesses (der „Kongreßmaische")

Tab. 4.25 Quantitativer Verlauf der Eiweißlösung.

	Gerstenauszug	Malzauszug	Kongreßwürze
Jahrgang 1964			
lösl. N mg/100 g Trs	165	520	754
Formol-N mg/100 g Trs	30	165	229
Eiweißlösungsgrad %	9,1	29,8	43,2
Jahrgang 1965			
lösl. N mg/100 g Trs	140	634	781
Formol-N mg/100 g Trs	24	204	211
Eiweißlösungsgrad %	7,4	36,3	44,8

dar. Hier konnten bereits die beim Mälzen gebildeten Enzyme auf präexistierend lösliche, aber auch auf einen bestimmten Anteil der beim Mälzen unveränderten bzw. wiederaufgebauten Eiweißkörper wirken. In Wirklichkeit ist die beim Mälzen gelöste Menge an Stickstoffsubstanzen deutlich geringer, wie Tab. 4.25 zeigt [151].

Es sind demnach die in der Kongreßwürze vorliegenden Stickstoffmengen um rund 200 mg höher als im Malzauszug, während dieser gegenüber dem Gerstenauszug eine Erhöhung um 360–490 mg zeigt. Diese Werte wurden in einer neueren Arbeit bestätigt. Der freie Aminostickstoff der Würze war bereits zu 15% in der ungemälzten Gerste vorhanden, 58% wurden beim Mälzen gelöst und 26% während des Maischens [597].

Die beim Maischprozeß gelösten Eiweißmengen sind jedoch in Wirklichkeit größer, da ein Teil des im Kaltwasserauszug des Malzes in Lösung gehenden Stickstoffs bei höheren Temperaturen koaguliert. Aus diesem Grunde wurde häufig die Menge des „dauernd löslichen" Stickstoffs angegeben.

Bemerkenswert sind die Unterschiede zwischen dem heißen, trockenen Jahrgang 1964 und dem feuchten Jahr 1965. Im letzteren verzeichnete die Gerste weniger präexistierend löslichen Stickstoff, führte aber zu einer wesentlich höheren Eiweißlösung bei der Keimung. Auffallend sind auch die geringen Veränderungen des Formolstickstoffs beim Maischprozeß.

Die Eiweißlösung beim Mälzen und später beim Maischen spielt eine große Rolle für den Hefestoffwechsel bei der Gärung und darüber hinaus für Geschmack, Schaumhaltigkeit und Stabilität der Biere. Vielfach wird aus Angst vor Schaumschwierigkeiten eine zu knappe Eiweißlösung angestrebt. Andererseits kann gleicher Eiweißlösungsgrad bei verschieden hohem Eiweißgehalt der Gerste bzw. des Malzes jeweils unterschiedliche lösliche Stickstoffmengen bedeuten. So entsprechen z. B. bei 11,5% Eiweißgehalt 750 mg löslicher Stickstoff pro 100 g Malztrockensubstanz einem Eiweißlösungsgrad von 40%, während bei 9,8% Eiweiß bereits 580 mg genügen, um diese Zahl zu erreichen. Es hat jedoch keinen Sinn, ohne Rücksicht auf den Eiweißgehalt dogmatisch eine obere Grenze für die Menge des löslichen Stickstoffs festzulegen, weil hierdurch gerade bei eiweißreicheren Gersten ein zu niedriger Gehalt an α-Amino-Stick-

Tab. 4.26 Anteile der Eiweißsubstanzen während der Keimung in %.

	Endosperm	Blattkeim	Wurzelkeime
Ausgeweichte Gerste	86,6	13,4	–
5 Tage altes Grünmalz	72,8	18,1	9,1
11 Tage altes Grünmalz	51,5	36,3	12,2

stoff und eine zu knappe Cytolyse resultieren würde. Als Anhaltspunkt kann dienen, dass bei einem Eiweißgehalt von 10–10,8% ein Eiweißlösungsgrad von 38–42% günstig ist, der einer Menge an löslichem Stickstoff zwischen 600 und 700 mg/100 g MTrS entspricht. Der Formolstickstoff soll bei 200–230 mg/100 g MTrS, der α-Aminostickstoff bei 130–150 mg/100 g MTrS liegen. Bezogen auf den löslichen Stickstoff sind dies (s. Tab. 4.23) 30-33% bzw. 20–22%.

Wie schon erwähnt, tritt während der Keimung eine Verlagerung der Eiweißsubstanzen ein: Der Eiweißgehalt des Endosperms nimmt ab, der des Blatt- und Wurzelkeims zu, wie die Tab. 4.26 zeigt [595].

Es tritt beim Mälzen ein Verlust an Eiweiß durch die Wurzelkeime ein. Er kann bei normal gewachsenen Malzen mit rund 10% angenommen werden. Infolge der beim Mälzen auftretenden Substanzverluste, z. B. durch Atmung und durch Aufbau des Wurzelkeims, nimmt der Eiweißgehalt des Grünmalzes absolut gesehen jedoch nur um 0,1–0,5% ab.

4.1.6.5 S-Methyl-Methionin, Prolin, Amine

Der Tendenz von Eiweißlösungsgrad und Verlauf des Aminostickstoffs entspricht auch das *S-Methyl-Methionin*, der Vorläufer des Dimethylsulfids. Es kommt bereits in der Gerste vor und entwickelt sich in Abhängigkeit von Sorte, Anbauort und Jahrgang (d. h. je nach den klimatischen Bedingungen) in unterschiedlichem Maße. Heiße, trockene Sommer mit kurzer Vegetationsperiode vermitteln höhere S-Methyl-Methioningehalte im Malz als feuchte, kühle mit längerer Zeitspanne zwischen Aussaat und Ernte (Tab. 4.27).

Die Mälzungsfaktoren wirken sich nach Tab. 4.27 wie folgt aus: Höhere Keimgutfeuchten, höhere Keimtemperaturen und längere Keimzeiten bewirken höhere S-Methyl-Methioningehalte. Einen wesentlichen Einfluß übt der Darrprozeß aus (s. Abschnitt 7.2.4.7) [598–600, 602, 603]. Ebenso hat eine längere Gerstenlagerung eine Zunahme des S-Methyl-Methionins zur Folge [601].

Bei der Bestimmung der freien Aminosäuren wird in der Regel die ebenfalls bedeutsame cyclische Aminosäure *Prolin* nicht erfaßt. Sie kommt in der Kongreßwürze in Mengen von 300–500 mg/l vor. Diese Menge wird bestimmt von der Gerstensorte, vom Anbaugebiet (kontinental niedriger als maritim) sowie von den Keimbedingungen. Eine steigende Keimgutfeuchte vermittelt, ebenso wie eine niedrige Keimtemperatur einen niedrigeren Prolingehalt, eine längere Keimzeit dagegen einen höheren (Tab. 4.28). Es geht also der Prolingehalt eines Malzes nicht mit dem Eiweißlösungsgrad oder dem global bestimmten α-Ami-

Tab. 4.27 Dimethylsulfid-Vorläufer im Malz, Einflußfaktoren Gerste, Keimungsparameter [603].

	Sommergersten			Wintergersten		
Einfluß der Sorte (n = 5) ppb DMS-P	Alexis 6600	Aura 7630	Cheri 9300	Maris Otter 7680	Pamir 10340	Astrid 11100
Einfluß des Anbauortes DMS-P	I 6870	II 8140	III 8170	III 9630	IV 8530	V 10380
Einfluß des Jahrgangs (Anbauort I) bei Alexis DMS-P	1987 4900	1988 8600				
Einfluß der Keimgutfeuchte DMS-P	38% 3300	42% 8800	46% 10430			
Einfluß der Keimtemperatur DMS-P	12 °C 9050	15 °C 9400	18 °C 10950			
Einfluß der Keimdauer DMS-P	2 Tage 7300	4 Tage 9300	6 Tage 9350	8 Tage 13500		

Tab. 4.28 Prolingehalt von Malzen in Abhängigkeit von Gerste und Keimungsfaktoren [604].

	2-zeilige Sommergerste		2-zeilige Wintergerste
	kontinental mg/l	maritim mg/l	kontinental mg/l
Keimgutfeuchte 40%	418	472	388
Keimgutfeuchte 44%	373	460	370
Keimgutfeuchte 48%	329	412	348
Keimtemperatur 12 °C	374	430	374
Keimtemperatur 15 °C	388	453	367
Keimtemperatur 18 °C	390	479	342
steigende Keimtemperaturen	327	392	331
fallende Keimtemperaturen	321	404	350
Keimzeit 4 Tage	278	349	332
5 Tage	330	391	363
6 Tage	404	497	419
7 Tage	445	477	400

nostickstoff einher [604], obgleich in einer früheren Veröffentlichung eine gute Korrelation FAN/Prolin-N anhand von Kleinmalzen (15 Gerstensorten aus jeweils drei Anbauorten) ermittelt werden konnte [605]. Da Prolin von der Hefe nicht verwertet wird, gelangt die volle Menge in das Bier. Hohe Prolingehalte liefern eine verstärkte Disposition zu Infektionen; sie führen aber auch zu einer schlechteren Geschmacksstabilität.

Die *Amine* entstehen durch die enzymatische Decaboxylierung von Aminosäuren, so z. B. Histamin aus Histidin (Abb. 4.43), Tyramin aus Tyrosin, Tryptamin aus Tryptophan, während Hordenin durch Anlagerung zweier Methylgruppen an Tyramin gebildet wird sowie Gramin aus Tryptophan.

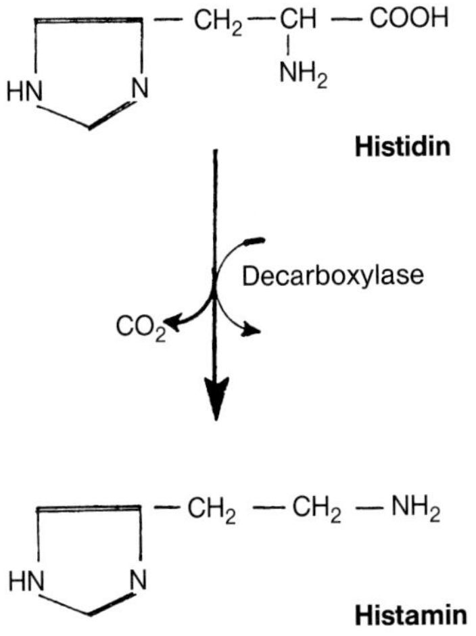

```
        — CH₂—CH — COOH
                |
HN    N        NH₂
```

Histidin

Decarboxylase

CO_2

```
        — CH₂ — CH₂ — NH₂

HN    N
```

Histamin   **Abb. 4.43** Bildung von Histamin.

Sie sind physiologisch von großer Bedeutung, wobei Hordenin und Gramin als Vorläufer der beim Darren gebildeten Nitrosamine eine Rolle spielen (s. a. Abschnitt 7.2.4.9).

Bereits die Gerste enthält Amine und dies wiederum in Abhängigkeit von Sorte, Düngung, Standort- und Witterungsbedingungen [606]. Weizen bringt höhere Histamingehalte in die Keimung ein, enthält aber nur geringe Mengen an Hordenin.

Die Entwicklung der Amine bei der Keimung folgt den üblichen Parametern, wie auch die Eiweißlösung oder der FAN-Gehalt (Tab. 4.22 und 4.28). Lediglich die Keimtemperatur wirkt sich in anderer Weise aus als bei der Hydrolyse von Proteinen und Peptiden. Mit höherer Keimtemperatur steigen die Gehalte an Histamin, Hordenin, Tyramin und Tryptamin; mit steigender Keimgutfeuchte erhöht sich das Histamin, während Hordenin abnimmt und die anderen Amine ein Maximum bei 44% zeigen (Tab. 4.29). Eine längere Keimzeit vermittelt höhere Werte; die Auswirkungen einer CO_2-Atmosphäre bei der Keimung sind bei Histamin positiv (parallel zum FAN-Gehalt), bei Hordenin, Tyramin und Tryptamin ist dagegen ein Abfall zu erkennen [607]. Dies geht einher zu Erkenntnissen, die über einen niedrigeren Hordeningehalt bei Dämpfung des Wurzelkeimwachstums (z. B. durch Kaliumbromat) berichten [606, 608].

4.1.7
Der Abbau der Phosphate

4.1.7.1 Allgemeines
Während des Mälzens werden die organischen Phosphate der stärkeführenden Endospermzellen durch Phosphatasen zu anorganischen Phosphaten und den entsprechenden Restkörpern abgebaut. Die Phosphate der Gerste bestehen etwa zur Hälfte aus Phytin (s. Abschnitt 1.4.5), das je nach Sorte und Wachstumsbedingungen der Gerste in unterschiedlich hohen Mengen vorkommt.

Tab. 4.29 Über das Verhalten einiger Amine während des Mälzens (mcg/kg Trs) [607].

Keimgutfeuchte %	40	44	48	
Histamin	157	153	167	
Hordenin	16,8	12,3	5,3	
Tyramin	9,6	11,0	9,2	
Tryptamin	1,5	1,7	1,4	
Keimtemperatur °C	**12**	**15**	**18**	**18/22**
Histamin	153	169	201	185
Hordenin	3,8	4,8	5,2	5,6
Tyramin	12,4	13,6	12,7	15,9
Tryptamin	1,5	1,8	2,0	2,5
CO$_2$-Atmosphäre	**normal**		**angereichert**	
Histamin	166		217	
Hordenin	11,1		3,8	
Tyramin	14,7		8,8	
Tryptamin	2,6		1,1	

Tab. 4.30 Sorte, Jahrgang, Anbauort und Phosphatasenaktivität (mU/g TrS).

Jahrgang	Anbauort	Sorte		
		Oriol	Aspana	Carina
1971	I	10380	10080	9750
	II	11850	11790	11010
1972	I	12550	12450	12460
	II	9850	9840	8910

4.1.7.2 Phosphatasen

Bei dieser Gruppe von Esterasen sind beim Mälzungs- und Brauprozeß nur die sog. „sauren Phosphatasen" genauer untersucht, die unspezifisch auf die verschiedenen Phosphorsäureester wirken (s. Abschnitt 1.5.8.1). Sie kommen bereits in der ungekeimten Gerste in einer Menge von 1/4–1/6 der maximal im Grünmalz gebildeten Aktivität vor. Die Phosphatase wird nicht vom Aleuron sekretiert, sondern lediglich durch die Wasseraufnahme aktiviert. Sie erfährt nur dann durch Gibberellinsäure eine Förderung, so lange die Inhibitoren noch wirksam sind (s. Abschnitt 4.1.3).

Der in der Gerste präexistierend vorhandene Phosphatasegehalt ist unabhängig von Sorte, Anbauort und Jahrgang. Dagegen zeigt der Anstieg an Aktivität des Enzyms eine von der Sorte nicht beeinflußte Auswirkung des Anbauortes, die aber jahrgangsweise unterschiedlich ist, wie Tab. 4.30 zeigt [227].

Die Keimbedingungen wirken sich auf die Bildung der Phosphatase deutlich aus. Während ein durch eine intensive Naßweiche gekennzeichnetes Weichverfahren eine leichte Abnahme des Enzymspiegels zur Folge hat [274], ist diese Erscheinung unter Anwendung der „pneumatischen Weiche" (s. Abschnitt 5.2.2.2) nicht zu erkennen.

Die *Keimgutfeuchte* ist nach Abb. 4.44 von großer Bedeutung; so kommt es bei 40% Wassergehalt zwar bis zum 6. Keimtag zu einer gleich guten Entwicklung wie bei 44%, doch anschließend ist ein Abfall der Enzymaktivität zum 7. Keimtag hin gegeben.

Die Keimtemperatur ist nach Abb. 4.45 bei 15 °C am günstigsten, wenn auch bei 18 °C die Entwicklung rascher einsetzt. Dies ist ähnlich dem Verhalten anderer Enzyme.

Wenn auch stets am 2.–5. Keimtag die stärksten Zuwachsraten zu verzeichnen sind, so ist doch – unter der Voraussetzung eines genügend hohen Wassergehalts – auch in den letzten Tagen der *Keimzeit* noch eine Erhöhung der Enzymaktivität gegeben.

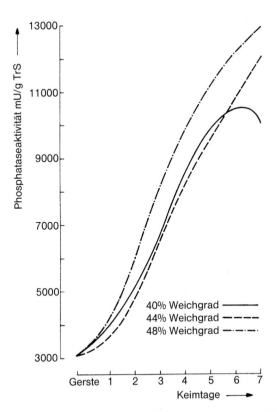

Abb. 4.44 Phosphatasenaktivität während der Keimung. Einfluß der Keimgutfeuchte.

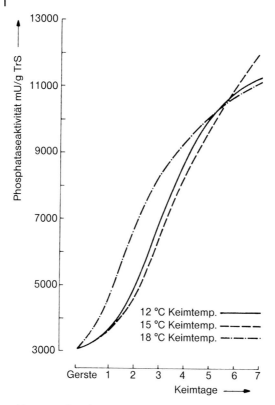

Abb. 4.45 Phosphatasenaktivität während der Keimung. Einfluß der Keimtemperatur.

4.1.7.3 Phosphatabbau bei der Keimung

Während in der Gerste rd. 20% der Phosphate in anorganischer Form vorliegen, sind es im Malz ca. 40%; diese Bewegung kennzeichnet die ablaufenden Umsetzungen. Darüber hinaus treten Verluste an Phosphaten ein, wie Tab. 4.31 zeigt [157].

Diese Verluste sind wesentlich höher als bisher bekannt war [158], doch lassen sie sich durch eine intensivere Mälzungsweise ohne weiteres erklären. Hiervon entfallen 60% auf einen Phosphatentzug durch die Keime, während der Rest beim Weichen verlorengegangen sein dürfte. Das Weichverfahren selbst hat auf die Phosphatverluste nur einen geringen Einfluß.

Dagegen hängt die Abnahme der Phosphate beim Mälzen sehr stark vom ursprünglichen Phosphatgehalt der Gersten ab. Rauhe Spelzen können einen insgesamt höheren Phosphatgehalt in der Gerste bzw. im Malz verursachen. So kann eine Gerste z. B. bis zu 70% des Weichverlustes durch Auslaugung der Spelze erfahren.

Tab. 4.31 Phosphatverlust bei der Keimung (mg P/100 g TrS).

Gerste Nr.	Gerste	Malz	Verlust	Verlust in % des Malzschwandes
1	262	220	42	22,9
2	334	280	54	24,8
3	357	302	55	24,7

Tab. 4.32 Mälzungsintensität, Titrationsacidität und pH [609].

Keimgutfeuchte %	44,5	43,0	41,5	40,0	43,0	41,5	40,0
Keimtemperatur °C	14	14	14	14	14/18	14/18	14/18
Keimzeit Tage	6	6	6	6	3/3	3/3	3/3
Titrationsacidität (ml 1 n NaOH/100 g MTrS)							
1. Stufe	5,4	4,9	5,0	5,0	5,4	5,0	4,1
2. Stufe	9,7	9,9	9,0	7,9	9,4	8,3	8,4
Gesamt	15,1	14,8	14,0	12,9	14,8	13,3	12,5
pH der Kongreßwürze	5,94	5,98	6,02	6,00	5,99	5,99	6,02

4.1.7.4 Beurteilung des Phosphatabbaus

Die Beurteilung des Phosphatabbaus bei der Keimung ist auf einfache Weise nur über indirekte Methoden möglich. Die Freisetzung von anorganischen Phosphaten äußert sich in einer Erhöhung der Pufferung des Malzauszuges bzw. der Kongreßwürze. So deuten Würzen mit starker Pufferung oder hoher Titrationsacidität auf einen kräftigen Phosphatabbau hin. Den Einfluß verschiedener Keimungsfaktoren auf die Titrationsacidität der Kongreßwürze zeigt Tab. 4.32.

Der pH der Kongreßwürze erfährt trotz Ansteigens der Pufferkapazität eine Erniedrigung. Dies ist ein Hinweis auf den Umfang der Säurebildung im Korn, die jedoch nicht nur durch den Abbau organischer Phosphate zu anorganischen Puffersystemen, sondern auch durch organische Säuren, die als Intermediärprodukte des Stoffwechsels entstehen, bedingt ist (s. Abschnitt 4.1.11) Auch die Desaminierung von Aminosäuren und der Abbau von Cysteinschwefel bewirken einen Anstieg des Säurespiegels im Malz, der sich jedoch während der Keimungs stets auf einen pH-Bereich von 5,6–6,1 einstellt.

Die Veränderungen der Titrationsacidität betreffen hauptsächlich die 2. Stufe. Die erste Stufe dagegen wird erst bei niedriger Keimgutfeuchte und Anwendung steigender Keimtemperaturen gesenkt.

4.1.8
Der Fettstoffwechsel während der Keimung

4.1.8.1 Allgemeines

In der Gerste beläuft sich der Gehalt an Fetten auf ca. 2%, von denen ein Drittel im Embryo, der Rest hauptsächlich im Aleuron lokalisiert ist. Sie verteilen sich überwiegend auf Triacylglyceride, wenig Monoglyceride, etwas Diglyceride und freie höhere Fettsäuren (s. Abschnitt 1.4.4). Bei der Keimung nimmt der Gehalt an Fettstoffen durch die Abbautätigkeit der Lipasen ab.

4.1.8.2 Lipasen

Die Lipasen sind wie die Phosphatasen ebenfalls Esterasen, die die Acylglyceridester langkettiger Fettsäuren zu Glycerin und den entsprechenden Fettsäuren abbauen. Nach neueren Arbeiten kommen sie im ruhenden Korn noch nicht vor. Lipaseaktivität ist vielmehr ein Zeichen für Auswuchs [320–322]. Ihre Aktivität geht während der Keimung vom Schildchen aus und entwickelt sich parallel zu dessen Oberfläche bis in die Kornspitze. Sie reagiert sehr sensibel auf die Keimungsparameter: je höher die Keimgutfeuchte und je höher die Keimtemperatur, um so höher ist der Lipasegehalt (Abb. 4.46, 4.47). Dabei ist eine Führung mit fallenden Temperaturen günstiger als eine solche mit steigenden [225]. Auch die Gerstensorte hat einen Einfluß auf die Entwicklung der Lipase (Abb. 4.48).

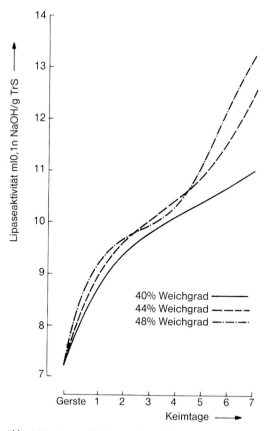

Abb. 4.46 Lipase-Aktivität während der Keimung. Einfluß der Keimgutfeuchte.

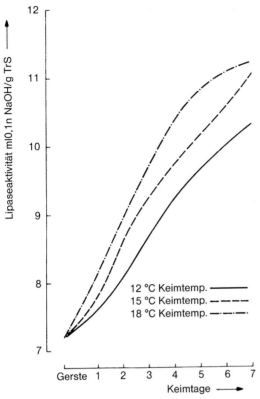

Abb. 4.47 Lipase-Aktivität während der Keimung. Einfluß der Keimtemperatur.

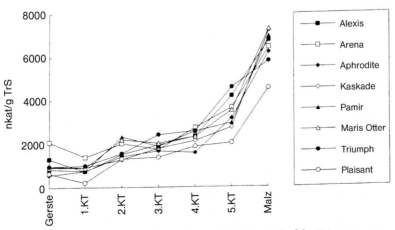

Abb. 4.48 Beispiel für die Entwicklung, Lipase-Aktivität im Verlauf der Keimung.

Zwei Drittel der Lipaseaktivität befindet sich im Keimling, ein Drittel in der Aleuronschicht [610].

Im Zusammenhang mit dem Abbau der Lipide und dem Verhalten der hieraus resultierenden Fettsäuren, insbesondere der Linol- und Linolensäure ist ein weiteres Enzym von Bedeutung, eine Oxidoreduktase: die *Lipoxygenase*. Sie setzt die vorerwähnten ungesättigten Fettsäuren in ihre Hydroperoxide um. Die Lipoxygenase I kommt bereits in der ungekeimten Gerste vor, während die Lipoxygenase II erst während der Keimung gebildet wird. Den typischen Verlauf der Lipoxygenasenaktivitäten von der Gerste bis zum Malz zeigen die Abb. 4.49 und 4.50. Dabei erwiesen sich sowohl die Ausgangs- als auch die Maximalwerte von der Gerstenart (Sommer- oder Wintergerste) und von der Gerstensorte abhängig. In dem untersuchten Jahrgang verzeichneten die Sommergersten um bis zu 50% mehr Aktivität als die Wintergersten [611]. Bemerkenswert ist, dass sich die Lipoxygenase umgekehrt proportional zum Sauerstoffgehalt bei der Keimung entwickelt (Tab. 4.33). Die Peroxidaseaktivität verhält sich dagegen diametral [317].

Die im Grünmalz vorliegende Lipoxygenaseaktivität ist fast ausschließlich im Blatt- und im Wurzelkeim zu finden [612].

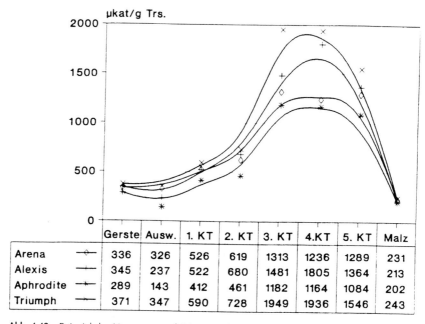

		Gerste	Ausw.	1. KT	2. KT	3. KT	4.KT	5. KT	Malz
Arena	—◇—	336	326	526	619	1313	1236	1289	231
Alexis	———	345	237	522	680	1481	1805	1364	213
Aphrodite	—*—	289	143	412	461	1182	1164	1084	202
Triumph	—+—	371	347	590	728	1949	1936	1546	243

Abb. 4.49 Beispiel der Lipoxygenaseaktivität von Sommergerste, Entwicklung beim Mälzungsprozeß.

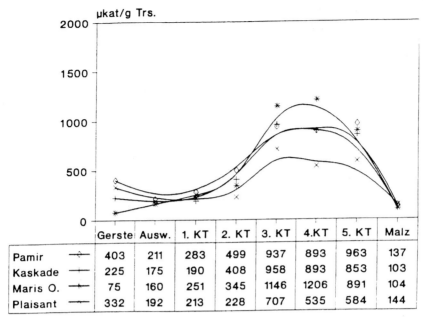

		Gerste	Ausw.	1. KT	2. KT	3. KT	4.KT	5. KT	Malz
Pamir		403	211	283	499	937	893	963	137
Kaskade		225	175	190	408	958	893	853	103
Maris O.		75	160	251	345	1146	1206	891	104
Plaisant		332	192	213	228	707	535	584	144

Abb. 4.50 Beispiel der Lipoxygenasenaktivität von Wintergerste. Entwicklung beim Mälzungsprozeß.

Tab. 4.33 Lipoxygenase- und Peroxidaseaktivität der Malze bei Variation des Sauerstoffgehaltes der Prozeßluft nach dem 3. Keimtag [317].

		Lipoxygenase	Peroxidase
		in μkat/g TrS	
O_2-Gehalt	100%	780	1910
	60%	950	1680
	20%	1020	1860
	10%	1040	1700
	0%	1720	1250

4.1.8.3 Lipidabbau

Der Lipidabbau ist, wie schon die Enzymentwicklung zeigt, stark von den Mälzungsbedingungen abhängig: Sobald bei der Weiche Sauerstoff zum Keimling gelangen kann, setzt die Aktivität der Lipasen ein. Im Laufe einer 7tägigen Weiche und Keimung nimmt der Rohfettgehalt um maximal 25% ab, doch scheint eine starke Blattkeimentwicklung (wie z.B. bei 45% Keimgutfeuchte gegeben) Lipide zu benötigen. Je stärker das Wurzelkeimwachstum ist, um so niedriger sind die anteiligen Rohfettgehalte im Wurzelkeim. Die Spanne liegt bei praktikablen Bedingungen im Bereich von 1,05–1,40%. Es verändert sich aber auch die Zusammensetzung der Lipide von der Gerste zum Malz, so nimmt der Anteil des Trilinoleates mit durchschnittlich 15% weniger stark ab als der Rohfettgehalt selbst [611].

Der Hauptteil des Gerstenfettes verbleibt im Aleuron.

Trocken aufgewachsene Gerste enthält mehr Lipide, die auch in verstärktem Umfange abgebaut werden. Derartige Gersten neigen zu hitzigerem Wachstum als solche aus einem feuchteren Klima.

Die längerkettigen Fettsäuren (C_{16}–$C_{18:3}$) nehmen im Malzfeinschrotextrakt um so stärker zu, je länger die Keimzeit, je höher die Keimgutfeuchte und je niedriger die Keimtemperatur ist. Einen Überblick hierüber gibt Tab. 4.34 [613].

Die Wirkung der Lipoxidasen führt, wie in Abschnitt 1.5.8.4 erwähnt, zu 9-Linolsäurehydroperoxid oder zu 13-Linolsäurehydroperoxid. Diese ersteren werden durch eine Hydroperoxidlyase (E.C. 1.13.11.12) in (E,Z)-2,6-Nonadienal überführt (s. a. Abschnitt 1.5.8.4). Diese Substanz ist die Hauptkomponente des im Keimgut feststellbaren Gurkenaromas. Die 13-Linolensäurehydroperoxide führen u.a. zu 2(E)-Hexenal, 2(2)-Hexenal und Hexanal. Daneben entstehen weitere Aromastoffe wie Hexanol, (E,E)- bzw. (E,Z)-2,4-Decadienal, die wie die ebenfalls gebildeten weiteren Alkanale, Alkenale und Alkandienale sowie Alkohole (z. B. Hexanol-1) zum Malz-, Würze und Bieraroma beitragen, speziell auch im gealterten Bier. Einen Überblick vermittelt Tab. 4.35, bei der das „Lipoxidationspotential" anhand der Entwicklung des Hexanals während der Keimung ermittelt wurde. Die Aktivität erreicht am 3. Keimtag ihr Maximum, um anschließend wieder nachzulassen. Je mehr Sauerstoff bei der Keimung Anwendung fand, um so höher ist das Lipoxidationspotential [317]. Je niedriger der Sauerstoffgehalt bei der Keimung, um so weniger Rohfett wird logischerweise abgebaut, veratmet und zu Metaboliten umgesetzt. So ist nach Tab. 4.36 der Rohfettgehalt des Malzes um so höher, je niedriger der Sauerstoffgehalt in der Prozeßluft war.

Tab. 4.34 Einfluß der Mälzungsparameter auf den Fettsäuregehalt des Malzfeinschrotextraktes (mg/kg Trs) [613].

	Gerste	Keimtage				Keimgutfeuchte %			Keimtemperatur °C		
		2	4	6	8	38	42	46	12	15	18
Palmitinsäure (C_{16})	504	473	493	580	614	428	490	570	664	611	597
Stearinsäure (C_{18})	70	57	61	71	74	51	64	73	78	75	70
Ölsäure ($C_{18:1}$)	120	45	49	75	78	48	49	63	86	69	67
Linolsäure ($C_{18:2}$)	786	411	453	704	791	443	446	581	741	601	593
Linolensäure ($C_{18:3}$)	86	33	37	58	67	38	40	48	68	62	63

Der Höchstwert bei 12 °C Keimtemperatur ist wahrscheinlich auf das geringere Keimlingswachstum ebenso zurückzuführen wie auf die niedrigeren Atmungsverluste.

Die hier angegebenen Werte entstammen einer Versuchsreihe aus einer Gerstensorte. Wie schon erwähnt, spielen die Gerstensorte (in der Gerste 1720 ± 130 mg/kg TrS, im Malz 1980 ± 400) sowie Jahrgang und Standort eine erhebliche Rolle.

Tab. 4.35 Einfluß des Sauerstoffgehaltes in der Prozeßluft auf das Lipoxidationspotential [317].

O_2%	Hexanal mg/kg Malz wfr. u. h
100	5,770
60	3,487
20	3,985
10	2,927
0	2,547

Tab. 4.36 Rohfettgehalte in Abhängigkeit des Sauerstoffgehaltes im Prozeß [232].

O_2 %	
100	1,77
60	1,77
20	1,82
10	1,90
0	2,05

Intermediär entstehen Hydroxyfettsäuren aus Folgereaktionen von Fettsäurehydroperoxiden (HPOD) wie schon Abb. 1.51 zeigt. Die drei Hydroxyfettsäuren sind dabei als Hauptabbauprodukte der Hydroperoxide anzusehen. Ihr Verfolg ermöglicht einen tieferen Einblick in die beim Fettabbau und bei der Fettoxidation ablaufenden Reaktionen.

Monohydroxyfettsäuren (HOD), Dihydroxyfettsäuren (DHOE) und Trihydroxyfettsäuren (THOE) werden jeweils summarisch aus einigen Untergruppen erfaßt. Ein erheblicher Anteil liegt dabei in Gerste und Malz in veresterter Form als Triglyceride vor. Ihre Menge ist dabei von der Gerstensorte, vor allem aber auch vom Jahrgang, d. h. von der herrschenden Witterung abhängig. Ein Vergleich Sommer-/Wintergerste läßt keine eindeutige Zuordnung zu. Die Witterungsabhängigkeit kann physiologisch so erklärt werden, dass eine Lipoxidation auf dem Feld antifungizide Aktivitäten, z. B. bei Wunden oder gegen äußere Pflanzenschädlinge entwickelt. Beim Mälzen erfolgt eine Abnahme der Hydroxyfettsäuren, wobei aber die Verteilung derselben (HOD ca. 56%, DHOE ca. 30%, THOE ca. 20%) etwa gleich bleibt [614].

Während der Lagerung der Gerste über 6 Monate hinweg fand eine Erhöhung aller Hydroxyfettsäuren statt, vor allem der Trihydroxyfettsäuren. Diese Erhöhung ist mehr vom Jahrgang als von der Sorte abhängig. Diese Bewegung kann als Indikator für eine abgelaufene Lipoxidation gewertet werden [615].

Beim Mälzungsprozeß selbst sind die Verläufe bei den einzelnen Stadien verschieden. Alle Klassen von triglyceridgebundenen Hydroxyfettsäuren erfahren einen deutlichen Anstieg beim Weichen und weiter bis zum 5. Keimtag, gefolgt von einem Abfall zum 7. Keimtag hin. Beim Darrprozeß ist eine weitere Abnahme gegeben. Variationen der Mälzungsbedingungen, wie z. B. eine besonders hohe Keimgutfeuchte von 50% und hohe Keimtemperaturen von 18 °C führen zu niedrigeren, fallende Keimtemperaturen dagegen zu höheren Gehalten. Ein Einfluß der Gerstensorte ist zwar gegeben, doch lassen sich keine eindeutigen Hinweise für ein optimales Verfahren ableiten [616]. Es kann hier nicht nur auf die Beeinflussung dieser Vorgänge geachtet werden, da bei Braumalzen die üblichen Werte für Proteolyse, Cytolyse sowie die Entwicklung der amylolytischen Enzyme anzustreben sind.

Ein weiterer Beweis ist die Bildung von Hexanal, welches hauptsächlich aus dem 13-Hydroperoxid der Linolsäure herrührt [317, 617].

Wie schon anhand des „Lipoxidationspotentials" festgestellt, kann eine Kohlensäureatmosphäre in der Atmungsluft des Keimgutes die Lipoxidationsreaktionen dämpfen. Hierzu genügt schon der in der Praxis mögliche Wert (s. Abschnitt 4.2.3.3) von 3–4% CO_2. Dieser bildet sich im Keimgut auf der Tenne zwischen zwei Wendevorgängen aus (s. Abschnitt 6.1.3), bei individuell belüfteten „dichten" Keimapparaten durch die gezielte Verwendung von Umluft.

Versuche mit Tennenmalz sowie Malzen aus Keimkasten mit und ohne CO_2-Anreicherung wurden bis zum fertigen Bier geführt. Es handelte sich wohl um die Sorte „Barke" desselben Jahrgangs 2004, deren Chargen aber jeweils aus unterschiedlichen Anbaugebieten stammten. Einen Überblick über die wichtigsten Malzanalysendaten sowie Kennzahlen der im Pilotmaßstab gebrauten Biere gibt Tab. 4.37 [618].

Die etwas knappere Auflösung des Keimkasten-Malzes mit Rückluft hat nichts mit der CO_2-Anreicherung zu tun, da diese erst bei CO_2-Gehalten von mehr als 10% eine Auswirkung auf die klassischen Malzanalysenwerte zeigt [513]. Die Ergebnisse bei den gealterten Bieren zeigen eine Relation zu den Lipoxygenasegehalten der Malze und deren Chemiluminiszenz, wobei letztere einen Hinweis auf die „Antiradikalische Aktivität" gibt [211].

Es können Maßnahmen in der Mälzerei (u. a. auch beim Darren) eine gewisse Verbesserung der Geschmacksstabilität der Biere erbringen. Diese ist naturgemäß auch von den weiterführenden Prozessen z. B. im Sudhaus (s. Bd. II) und bei der Gärung abhängig [619].

Um aber die Bildung von Alterungskomponenten aus der Lipidoxidation, z. B. von trans-2-Nonenal (t-Z-N), nachhaltig zu verringern, wurden Gersten entwickelt, die wenig oder keine LOX-1 enthalten. Zwar werden Gefahren darin gesehen, dass gerade eine Lipoxidation auf dem Feld antifungizide Aktivitäten, z. B. bei Wunden oder gegen äußere Pflanzenschädlinge, entwickelt [614], bei einem Fehlen derselben Infektionen dann unter Umständen Ernteausfälle verursachen könnten. Es gelang aber eine Mutante (Linie 112) zu züchten, die keine LOX-1-Aktivität besitzt. Um deren Stabilität zu prüfen, wurden auch frühere Generationen (M4, M5 und M6) in die Feldversuche mit eingeschlossen. Die Überprüfung der agronomischen Eigenschaften ergab in Aufwuchs, Ertrag und in Krankheitstoleranz keine erkennbaren Unterschiede zu normalen Gerstensor-

Tab. 4.37 Malze ohne und mit CO$_2$-Anreicherung bei der Keimung.

Herstellung		Keimkasten Frischluft	Keimkasten Umluft	Tenne
Malz:	Extrakt wfr. %	82,2	82,3	82,2
	Friabilimeter %	90,8	86,8	90,0
	Carlsberg-Test „M"%	98	96	98
	„H" %	88	83	87
	β-Glucan b. 65 °C mg/l	203	276	188
	Eiweiß wfr. %	10,4	9,8	10,9
	Eiweißlösungsgrad %	40,2	38,6	37,8
	Lipoxygenase U/ml	33,7	17,6	24,2
	Chemiluminiszenz CL-Sign [a]	3,5	2,7	2,8
Bier (forciert gealtert):	Geschmack DLG (5 = am besten)	3,88	4,16	4,15
	Alterungsnote (4 = am schlechtesten)	1,88	1,29	1,43
	Akzeptanz %	63	90	85

[a] Das Chemilumineszenz-Signal zeigt die Radikalgenerierung innerhalb eines bestimmten Zeitraums auf.

ten. Die Malzanalysendaten waren bezüglich Extrakt und Lösungseigenschaften praktisch gleich. Es wies aber Linie 112 im Vergleich zu konventionellen Gersten nur 1/3 des t-2-N auf. Diese Substanz erreichte während des Alterungstests des Versuchsbieres ebenfalls nur ein Drittel, wobei der Gehalt an diesem Indikator unterhalb der Geschmacksschwelle lag. Dies äußerte sich in einem entsprechend geringeren Alterungsgeschmack (papier- oder pappdeckelartig). Dies war auch analytisch anhand der Hydroxyfettsäuren nachzuweisen [37]. Der oxidierte „Brotgeschmack", der durch Maillard-Produkte hervorgerufen wird, blieb aber etwa gleich. Die Ergebnisse von Pilotversuchen wurden im Praxismaßstab bestätigt [620]. Eine andere Forschergruppe züchtete aus einer asiatischen Wildgerste eine LOX-freie Gerste, die in Mälzungs- und Brauversuchen ebenfalls eine Verringerung des t-2-N im Bier auf ein Drittel bewirkte und damit eine Verbesserung der Geschmacksstabilität und der Schaumeigenschaften der Biere [621].

Es ist aber zu beachten, dass die LOX-1 bereits in der Gerste vorhanden ist, während LOX-2 erst während der Keimung gebildet wird. Eine vollständige Inhibierung beider Iso-Enzyme ist also noch nicht erreicht worden.

Die Erkenntnis, dass eine Lipoxidation bei niedrigeren pH-Werten des Substrates eingeschränkt wird, führte zu Versuchen mit variierenden pH-Werten des ersten Weichwassers (pH 5, pH 7 und pH 8). Im Laufe eines 113-stündigen Keimprozesses nahm wohl die antioxidative Aktivität (AOA) ab, jedoch bei dem Versuch mit Weichwasser von pH 5 am wenigsten. Es lag somit die AOA der Grünmalze bei den Weichwässern von pH 7 und 8 niedriger, was auf eine stärkere Auslaugung von phenolischen Verbindungen zurückzuführen ist. Dabei waren die Abnahmeraten jeweils von Sorte und Anbauort beeinflußt. Beim

Schwelken und Darren erfolgte ein Wiederanstieg der AOA. Er war bei den pH 8-Malzen stärker als bei den anderen, vor allem als bei den pH 5-Malzen. Der höhere pH-Wert förderte offenbar über die Bildung von Maillard-Produkten die AOA [622].

Zusammenfassend ist zum Thema Lipide, Lipidabbau und Lipidoxidation zu bemerken, dass der Lipidgehalt des Malzes wohl durch Maßnahmen bei der Keimung beeinflußt werden kann, doch besteht zwischen der Lipidzusammensetzung des Malzes und der des Bieres kein klarer Zusammenhang.

Der Lipidgehalt des Malzes kann wohl durch Maßnahmen bei der Keimung beeinflußt werden, doch besteht zwischen der Lipidzusammensetzung des Malzes und der des Bieres noch kein klarer Zusammenhang [153]. Bei der Filtration der Maische und bei der Abtrennung des Heißtrubs wird bei sorgfältiger Arbeitsweise die Hauptmenge der längerkettigen Fettsäuren entfernt. Bei der Gärung werden die Fettsäuren von der Hefe verwertet, mittelkettige Fettsäuren (C_6–C_{10}) jedoch exkretiert. Sie haben einen größeren Einfluß auf Geschmack und Schaum des Bieres als die relativ geringen, vom Malz her eingebrachten Mengen an längerkettigen Fettsäuren. Relevant im Hinblick auf die Geschmacksstabilität des Bieres sind deren Oxidationsprodukte. Hier können die vorstehend geschilderten Faktoren einen Einfluß nehmen.

4.1.9
Enzyme des Oxido-Reduktasenkomplexes

4.1.9.1 Allgemeines

Diese z. T. zum Atmungskomplex der Gerste gehörenden Enzyme sind für die Technologie der Malz- und Bierbereitung deswegen von Bedeutung, weil sie durch Oxidation von Malzinhaltsstoffen einen Einfluß auf Farbe, Geschmack – und durch die Unterstützung von Fällungsreaktionen – auch auf die Stabilität des Bieres nehmen können. Zu dieser Gruppe von Enzymen zählen die Katalase, die Peroxidase und als weitere die Polyphenoloxidase (s. Abschnitt 1.5.8.4).

4.1.9.2 Katalase

Die Katalase ist in der Gerste nur in sehr geringen Mengen vorhanden. Sie entwickelt sich bei der Keimung sehr rasch und in deutlicher Abhängigkeit vom Weichgrad (Abb. 4.51, 4.52), wobei das Maximum um so rascher erreicht wird, je höher Keimgutfeuchte und Temperatur sind. Anschließend ist ein Abfall der Aktivität gegeben. Auch eine Haufenführung mit höheren Anfangstemperaturen (fallende Mälzung) fördert die Katalasebildung. Gerstensorte, Anbauort und Jahrgang lassen keine Abhängigkeit zur Enzymentwicklung erkennen [158].

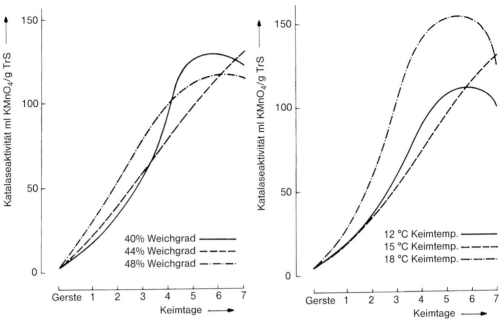

Abb. 4.51 Verhalten der Katalase-Aktivität während der Keimung. Einfluß der Keimgutfeuchte.

Abb. 4.52 Katalase-Aktivität während der Keimung. Einfluß der Keimtemperatur.

4.1.9.3 Peroxidase

Die Peroxidase hat ebenfalls in der Gerste nur eine geringe Aktivität zu verzeichnen. Ihr Verhalten bei der Keimung hängt von den üblichen Parametern ab, wobei allerdings eine Erhöhung der Keimtemperatur von 15 auf 18 °C eine Einschränkung der sonst jeweils bis zum letzten Keimtag anhaltenden Enzymbildung erbringt [305] (Abb. 4.53 und 4.54). Bei einer Verringerung des Sauerstoffgehalts der Prozeßluft geht die Peroxidaseaktivität wie folgt zurück (Tab. 4.38) [317].

Ein deutlicher Einfluß der Gerstensorte ist bei definiertem Material (nach Anbauort und Jahrgang) nach Abb. 4.55 abzuleiten [317]. Auffallend sind die hohen Werte bei Maris Otter (Wintergerste), Alexis, Triumph und Arena (Sommergersten). Untersuchungen an Handelsmalzen verschiedener Jahrgänge können beträchtliche Unterschiede zeigen [623].

Die Entwicklung der Peroxidase reagiert wesentlich weniger auf den Einfluß von Gibberellinsäure als z. B. die α-Amylase. Abcisinsäure erbrachte eine Dämpfung der POD-Konzentration bei der Keimung. Etliche der Isoenzyme der POD zeigten eine positive Beeinflussung durch Gibberellinsäure. Es waren jene, die durch Abcisinsäure eine langsamere Entwicklung erfuhren [625].

Einige POD-Isomere zeigten dagegen durch Gibberellinsäure eine deutliche Dämpfung, in zwei Fällen war diese mit einer positiven Wirkung der Abcisinsäure verbunden. Insgesamt war der Effekt beider, der Gibberellinsäure wie der Abcisinsäure auf das Peroxidase-Niveau während der Keimung, relativ gering [623].

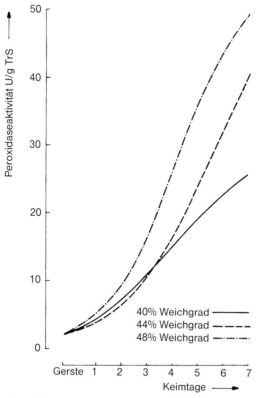

Abb. 4.53 Verhalten der Peroxidase-Aktivität während der Keimung. Einfluß der Keimgut-feuchte.

Tab. 4.38 Peroxidaseaktivität und Prozeßluft.[a]

O₂%-Gehalt	Peroxidaseaktivität in µkat/g TrS Malz
20 % (normal)	1,860
10%	1,700
0	1,250

a) nach 3 Tagen Keimzeit unter Normalbedingungen
auf die angegebenen Werte eingestellt.

Nachdem die Peroxidasen im Gegensatz zu den Katalasen den Darrprozeß überstehen und noch beim Maischen wirksam sind, können sie einen gewissen Einfluß auf bestimmte Würzebestandteile wie z. B. Polyphenole nehmen.

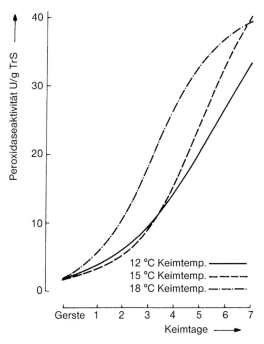

Abb. 4.54 Einfluß der Peroxidase-Aktivität während der Keimung. Einfluß der Keimtemperatur.

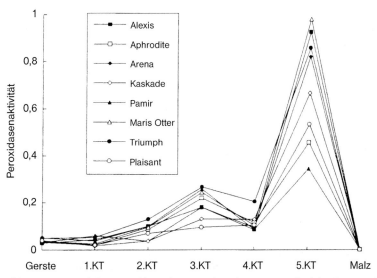

Abb. 4.55 Beispiel der Entwicklung der Peroxidaseaktivität im Verlauf der Keimung (Angaben in E4220/(s·g TrS)).

4.1.9.4 Polyphenoloxidasen

Polyphenoloxidasen sind bereits in der Gerste in beträchtlichen Mengen vorhanden. Auch ihre Entwicklung bei der Keimung erfolgt rasch, wobei in den ersten 2 bis 3 Keimtagen der stärkste Zuwachs zu verzeichnen ist. Ein höherer Wassergehalt bei der Keimung führt zu einer schnelleren Aktivierung und zu höheren Endwerten, die sich spätestens 96 Stunden nach dem Ausweichen einstellen. Besonders bei 40% Weichgrad fällt der Enzymgehalt in den letzten drei Keimtagen wieder etwas ab (Abb. 4.56).

Das Niveau des Enzyms vor allem am Ende der Keimung wird von der Sorte, aber auch bis zu einem bestimmten Maß vom Anbauort geprägt [626].

4.1.9.5 Sonstige Oxidasen

Die *Lipoxygenasen* oder *Lipoxidasen* (E.C.1.13.11.12) sind in ihrer Entwicklung und Wirkung in Abschnitt 4.1.8.3 beschrieben.

Superoxid-Dismutase (SOD) ist bereits im ruhenden Korn vorhanden (s. Abschnitt 1.5.8.4); sie erfährt mit Keimbeginn eine Aktivitätserhöhung und zeigt

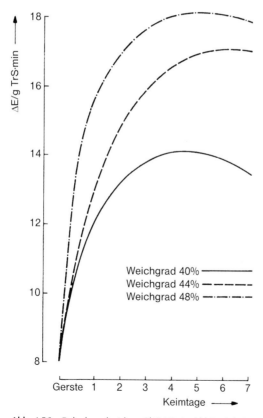

Abb. 4.56 Polyphenoloxidase-Aktivität in Abhängigkeit von der Keimgutfeuchte.

ihre günstigste Entwicklung mit den Mälzungs-Parametern Weichzeit 42,2 Stunden bei 15 °C (Weichgrad nicht vermerkt), Keimung 5 Tage bei 16,9 °C und Abdarrtemperatur 82,2 °C. Hierdurch wurden im Modellversuch 2220 U/g Malz erreicht.

Je höher die SOD-Aktivität umso höher war das Reduktionsvermögen der Kongreßwürzen. Offenbar wurden durch die Wirkung des Enzyms Flavanoide und Phenolsäuren geschützt [624].

4.1.10
Die Polyphenole während der Keimung

Polyphenole sind in den Spelzen, aber auch in der Aleuronschicht bzw. im Reserveeiweiß vorzufinden. Erstere können beim Weichen wohl etwas verringert werden, doch sind die absoluten Veränderungen gering. Die im Mehlkörper feststellbaren Polyphenole erfahren mit dem fortschreitenden Abbau anderer Stoffgruppen eine Vermehrung, die sich beim Maischen im Rahmen der Kongreßanalyse fortsetzt [180, 627]. Nach dieser oben angeführten Parallele kommt den Keimbedingungen auch bei der Lösungsfähigkeit von (Gesamt-)Polyphenolen, Anthocyanogenen und Tannoiden Bedeutung zu.

Nach Tab. 4.39 nehmen alle Polyphenolfraktionen mit steigender Keimgutfeuchte bei optimaler (mittlerer) Keimtemperatur, fallender Temperaturführung und längerer Keimdauer zu. Die in Gersten- bzw. Malzauszügen [628] festgestellten Werte sind höher als die in der Kongreßwürze gefundenen, da die vorbeschriebenen Oxidasensysteme beim Kongreßmaischverfahren eine Oxidation bzw. Polymerisation fördern, die die Polyphenol-, Anthocyanogen- und Tannoidegehalte stark – und häufig nicht immer reproduzierbar – verändern.

Aus dem Vergleich der Tannoidegehalte der Gerste und der Malze läßt sich aus deren Anstieg beim Mälzen ein „Tannoidelösungsgrad" errechnen, der nach Abb. 4.57 eine sehr gute Korrelation zum Eiweißlösungsgrad zeigt.

Die Beschränkung des Sauerstoffgehalts bzw. der Aufbau einer CO_2-Atmosphäre in der Haufenluft dämpfen die Menge der Polyphenole [627]; ein Zusatz von Gibberellinsäure vermag sie zu steigern [629].

Wenn auch die „Globalanalysen" verschiedentlich etwas kritisch beurteilt werden [378], so ermöglichen sie doch einen guten Einblick in die Veränderungen einer Stoffgruppe, die einen Einfluß auf Geschmack, Farbe, kolloidale Stabilität und Geschmacksstabilität des fertigen Bieres hat [630]. Maritime Gersten enthalten höhere Polyphenol-, Anthocyanogen- und Tannoidegehalte, was sich in zahlreichen Pilot- und Praxisversuchen in der vorbeschriebenen Weise auswirkte. Höhere Eiweißgehalte in der Gerste haben niedrigere Polyphenolgehalte zur Folge, die Wintergersten der neueren Generation (ab Astrid bzw. Angora) zeigen unter der Voraussetzung etwa gleichhoher Eiweißgehalte dasselbe Niveau an Polyphenolen, Anthocyanogenen und Tannoiden. Naturgemäß spielen hier die Faktoren Anbauort, Düngung und Klima eine Rolle, ebenso der Reifegrad der Gerste („Mälzungsreife" s. Abschnitt 1.6.2.8) [631].

Tab. 4.39 Gerbstoffverhältnisse in Abhängigkeit von Gerste und Keimungsfaktoren (mg/100 g TrS im Auszug) [628].

		Sommergerste					
		kontinental			maritim		
		Poly-phenole	Antho-cyanogene	Tannoide	Poly-phenole	Antho-cyanogene	Tannoide
Gerste		102	36	34	122	38	48
Malze:							
Keimgutfeuchte %	40	76	44	39	104	58	58
	44	91	45	52	113	59	72
	48	98	46	59	116	61	79
Keimtemperatur	12 °C	95	42	48	118	58	70
	15 °C	102	45	52	120	59	72
	18 °C	92	43	48	113	58	62
	12/15/18 °C	95	47	52	116	58	68
	18/12 °C	101	51	62	146	71	87
Keimzeit	4 Tage	93	39	48	108	57	65
	5 Tage	94	46	52	112	58	74
	6 Tage	90	43	54	121	66	76
	7 Tage	84	44	58	121	64	69

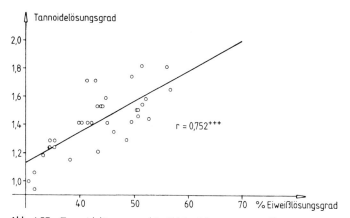

Abb. 4.57 Tannoidelösungsgrad in Abhängigkeit vom Eiweißlösungsgrad.

Die *procyanidinfreien Gersten* bringen nur einen minimalen Anteil der Polyphenolgehalte mit. Sie lassen sich in gleicher Weise vermälzen und zeigen praktisch dieselben Malzeigenschaften (Tab. 4.40). Der Vorteil äußert sich in einer wesentlich besseren chemisch-physikalischen Stabilität der Biere. Die Geschmacksstabilität erwies sich bei diesen Versuchen als deutlich schlechter [632].

Tab. 4.40 Vergleich der Malze aus gängigen Sorten mit der procyanidinfreien Sorte Caminant.

Sorte	Alexis	Barke	Caminant
Malzanalysen			
Extrakt wfr. %	81,9	82,0	81,5
Mehl-Schrot-Differenz %	1,3	1,2	2,6
Viskositäts mPas	1,44	1,44	1,50
Friabilimeterwert %	94,4	95,7	82,5
Eiweiß wfr. %	9,8	10,4	10,0
Eiweißlösungsgrad %	45,3	43,0	45,3
Vz 45 °C %	42,2	42,2	38,6
Endvergärungsgrad %	82,1	82,6	77,8
α-Amylase ASBC	53	57	36
Farbe EBC	2,5	2,3	4,0
Kochfarbe	4,7	4,4	4,4
Würzeanalysen			
Polyphenole mg/l	200	194	15
Anthocyanogene mg/l	66	65	0
Tannoide	75	73	0
Bieranalysen			
Chem. phys. Haltbarkeit			
Forciertest 0/40/0 °C	–	5	23
Gealtertes Bier			
Akzeptanz %	80	80	0

4.1.11
Sonstige Stoffgruppen

Der *Mineralstoffgehalt* der Malze zeigt anhand definierter Gerstenproben folgende Durchschnittswerte (Tab. 4.41) [633].

Wenn auch das Zahlenmaterial einen Sorteneinfluß erkennen läßt, so dominiert doch in den meisten Fällen die Bodenbeschaffenheit des jeweiligen Anbauortes [634].

In der Kongreßwürze ergaben sich aus 10 Malzen folgende Durchschnittswerte (Tab. 4.42).

Der Vergleich der Werte aus den beiden Tabellen läßt erkennen, dass generell in den Kongreßwürzen (die aus einem anderen Versuchsmaterial stammen) Calcium und vor allem die Schwermetalle beim Würzegewinnungsprozeß stark abnehmen [635].

Tab. 4.41 Mineralstoffgehalt von Malzen (mg/100 g TrS).

K	Na	Ca	Mg	Cu	Fe	Mn	Zn
348	2,5	73	123	0,44	3,9	1,4	3,0

Tab. 4.42 Mineralstoffgehalte in Kongreßwürzen (auf 12% Extrakt berechnet, mg/l).

K	Na	Ca	Mg	Cu	Fe	Mn	Zn
480	5	21	90	0,04	0,05	0,12	0,07

Tab. 4.43 Mineralstoff-(Kationen-)gehalte von Malzen verschiedener Sorten und Anbaugebiete (in Kongreßwürzen auf 8,6% Extrakt berechnet).

Sorte	Aura		Ballerina		Rumba		Alexis	
Anbauort	St.	O	St.	O	St.	O	S	E
Mg	70	72	74	72	70	68	88	64
K	315	350	365	370	340	385	331	395
Na	12,0	12,5	10,0	10,5	11,5	9,0	12	13,5
Ca	15,7	16,2	17,5	16,2	15,3	12,2	18,3	15,6

St = Straßmoos; O = Osterseeon; S = Sommertshof; E = Ergolsheim.

Der Einfluß von Sorte und Anbauort auf einige Kationen (in Kongreßwürzen bestimmt) ist in Tab. 4.43 aufgeführt. Mit Rücksicht auf die aus demselben Untersuchungsmaterial stammenden Daten der Anionen und der organischen Säuren wird der originäre Extraktgehalt von ca. 8,6% zugrundegelegt.

Es sind mit dieser Tabelle die obigen Ausführungen bestätigt worden: wenn auch Sortenunterschiede bestehen, so dominieren doch die Einflüsse der Anbauorte [636].

Beim Vergleich einer 4- und 8-tägigen Keimung fällt der Verlust an Kalium und Magnesium auf, der Gehalt an den genannten vier Kationen verringert sich bei längerer Keimung um ca. 8%.

Die *Anionengehalte* der Sorten aus Tab. 4.43 sind in Tab. 4.44 aufgeführt.

Tab. 4.44 Anionengehalte von Malzen verschiedener Sorten und Anbaugebiete (in Kongreßwürzen auf 8,6% Extrakt berechnet).

Sorte	Aura		Ballerina		Rumba		Alexis	
Anbauort	St.	O	St.	O	St.	O	S	E
Cl	45	46	56	61	65	73	78	76
NO_3	n.n.	n.n.	n.n.	n.n.	n.n.	n.n.	n.n.	n.n.
PO_4	640	690	623	556	599	577	590	621
SO_4	34	38	42	96	37	63	48	65

St = Straßmoos; O = Osterseeon; S = Sommertshof; E = Ergolsheim.

Es sind auch hier Sorteneinflüsse erkennbar, der Anbauort wirkt sich nicht einheitlich aus.

Eine längere Mälzungszeit vermittelt einen um ca. 7% höheren Anionengehalt.

Bedeutsam ist die Feststellung, dass diese aus Landessortenversuchen stammenden Kleinmalze kein Nitrat aufweisen. Dasselbe Ergebnis wurde mit Kleinmälzungen aus Handelsgersten erzielt, selbst wenn diese mikrobiellen Besatz aufwiesen [646].

Bei der *Verwertung von Zucker* durch den Keimling auf dem Wege der Atmung oder aber auch der Anaerobiose fallen durch eine Reihe von Enzymreaktionen Intermediärprodukte des Stoffwechsels an wie z.B. Pyruvat, Citrat, Malat, Ethanol, Glycerin, Gluconat usw. So steigen Pyruvat und vor allem Ethanol bei der (betonten Naß-)Weiche an, wobei Ethanol bei Sauerstoffzutritt rasch abgebaut wird (s. Abschnitt 5.1.3). Das Pyruvat bleibt im Laufe der Keimung bis zum 6. bis 7. Keimtag konstant, um dann abzufallen. Entgegengesetzt ist der Citratgehalt bei der Weiche niedrig und steigt vom 1. bis 3. Keimtag kräftig an, um nach 7 Tagen ein Maximum zu erreichen. Malat fällt von seinem Höchstwert am zweiten Tag laufend ab, Glycerin und Gluconat nehmen während der Keimung stetig zu. Das Verhalten dieser Substanzen läßt eine enge Beziehung zwischen dem Verhalten von Kohlenhydraten und Aminosäuren erkennen [274, 648–650].

Nachdem z.B. der Citrat- und Gluconatgehalt der Biere beinahe ausschließlich, der Anteil an Malat überwiegend aus dem Malz stammen, kommt diesen Stoffgruppen eine Bedeutung zu im Hinblick auf die Qualität des fertigen Produkts Bier. Sie sind auch an der Gestaltung des Säurespiegels in Malz, Würze und Bier beteiligt (s. Abschnitt 4.1.7.3). Neben Einflüssen der Sorten nach Herkunft und Jahrgang zeichnen sich Einwirkungsmöglichkeiten über die Parameter der Mälzung ab.

Am Beispiel einiger organischer Säuren (Oxalat, Citrat, L-Malat, Acetat, L- und D-Lactat) ist der Einfluß von Gerstensorte und Jahrgang in Tab. 4.45 dargestellt [628].

Tab. 4.45 Organische Säuren von Malzen verschiedener Sorten und Anbaugebiete (in Kongreßwürzen auf 8,6% Extrakt berechnet).

Sorte	Aura		Ballerina		Rumba		Alexis	
Anbauort	St.	O	St.	O	St.	O	S	E
Oxalat	16,3	12,9	12,8	12,7	14,6	17,1	14,5	10,4
Citrat	146,8	133,3	160,4	153,3	141,5	123,1	151,9	132,8
L-Malat	42,9	39,8	44,2	43,1	39,6	35,8	38,4	33,6
Acetat	12,2	11,9	10,6	11,8	10,9	11,1	12,2	9,9
L-Lactat	11,7	9,1	9,7	11,8	9,0	12,6	10,9	10,6
D-Lactat	10,7	9,8	9,5	8,4	10,5	9,9	11,2	9,1

St = Straßmoos; O = Osterseeon; S = Sommertshof; E = Ergolsheim.

Tab. 4.46 Vergleich der Oxalatgehalte von Gersten und Weizenmalzen aus drei Erntejahren (Kongreßwürze mg/100 g TrS).

Jahrgang	Mittelwert	Minimalwert	Maximalwert
Gerstenmalz			
1982	18,5	13,1	21,6
1983	17,4	14,0	22,8
1984	13,6	5,6	20,9
Weizenmalz			
1982	39,1	30,8	50,3
1983	29,8	22,1	42,6
1984	26,5	16,1	32,5

Einige der Säuren, insbesondere Citrat, sind deutlich vom Anbauort abhängig. Von den Sorten tendierte die etwas schwächer lösende Sorte Ballerina zu den höchsten Citratwerten [636].

Von den *organischen Säuren* hat die *Oxalsäure* eine besondere Bedeutung für die Eigenschaften des fertigen Bieres, indem sie im abgefüllten Zustand desselben zu einer Ausscheidung von Calciumoxalat in Form einer Trübung oder eines Bodensatzes führen kann. Liegt das Calciumoxalat in Form von Mikrokristallen vor, so induzieren diese das Überschäumen des Bieres („Gushing").

Der Oxalatgehalt des Malzes ist schon durch den der Gerste bzw. des Weizens festgelegt. Hier spielen nach Tab. 4.46 in hohem Maße die Gegebenheiten, die unter „Umwelt" (Anbauort, Klima, Bearbeitung) schwierig zu erfassen sind, eine Rolle.

Der Einfluß des Jahrgangs bei Gersten- und Weizenmalzen kann sehr groß sein, wie Tab. 4.46 zeigt.

Diese Ergebnisse sind so zu deuten, dass Jahrgänge mit einer langen Vegetationsperiode und einer gleichmäßigen Abreife wie z. B. 1984 niedrigere Oxalatgehalte erbringen [630]. Besonders hohe Oxalatgehalte vermittelt (verdeckter) Zwiewuchs, der nicht eliminiert, sondern vermälzt wird.

Von den Mälzungsbedingungen wirken sich höhere Keimgutfeuchten bzw. längere Keimzeiten erniedrigend auf den Oxalatgehalt aus. Offenbar hat der intensivere oder länger wirksame Stoffwechsel einen Einfluß auf den Oxalatgehalt (Tab. 4.47).

Tab. 4.47 Keimungsfaktoren und Oxalatgehalte (mg/100 g TrS).

	Gerste			Weizen		
Keimgutfeuchte %	40	44	48	40	44	48
Oxalatgehalt	22,3	18,5	18,5	36,3	35,1	33,4
Keimzeit Tage	5	6	7	5	6	7
Oxalatgehalt	16,8	15,7	14,3	37,5	34,6	43,5

An diesen ist die Oxalat-Oxidase beteiligt, die bereits im ungekeimten Korn vorkommt und die während der Keimung eine Erhöhung der Aktivität auf das 2,5fache erfährt [315]. Die Abnahme der Oxalsäure gegen Ende der Keimung scheint auf den Anstieg dieser Oxidase zurückzuführen zu sein, die auch durch eine höhere Keimgutfeuchte gefördert wird. Von Interesse ist ferner, dass 61% der Oxalsäure in den Wurzelkeimen, 32% in den Blattkeimen und der Rest von 7% in den Spelzen sowie der Frucht- und Samenschale zu finden sind, während der Mehlkörper kein Oxalat enthält [315].

Es wird angenommen, dass das Enzym durch freie Thiol-Gruppen aktiviert wird. Es könnte die Sauerstoffkonzentration in der Maische verringern, wenn genügend Oxalat vorhanden wäre, um als Substrat zu fungieren. Doch dürfte diese Wirkung weniger bedeutsam sein, als andere Oxidasen an Sauerstoff in der Maische umzusetzen vermögen.

Mit dieser Schilderung über die Umsetzungen der verschiedensten Stoffgruppen bei der Keimung, über die Bildung der Enzyme und deren Abbautätigkeit ist ein Überblick über den derzeitigen Stand der Erkenntnisse über das physiologische Geschehen beim Mälzen gegeben worden. Viele der hier gefundenen Gesetzmäßigkeiten haben sich bei der Gestaltung des Mälzungsprozesses ausgewirkt, sei es auf dem Wege über die einfache Variation der Keimbedingungen, sei es aber auch mit Methoden, die sich einer folgerichtigen Aufbereitung des Rohmaterials bedienen und die die Vorgänge durch Zusätze von Wuchsstoffen und Inhibitoren im gewünschten Rahmen steuern. Wuchsstoffe und Inhibitoren sind in Deutschland und in anderen Ländern nicht gestattet. Es ist häufig die Freiheit von Zusatzstoffen Gegenstand der Malzspezifikationen.

4.1.12 Die Entwicklung der Mikroorganismenflora während der industriellen Mälzung

Die Mikroorganismenflora (MO-Flora) (Bakterien, Hefen, Pilze) findet während der Mälzung äußerst günstige Bedingungen vor: Nährstoffe, Temperatur, Feuchte und Gasatmosphäre (s. a. Abschnitte 3.4.7 und 6.4.7). Die Mikroorganismen kommen von Natur aus auf dem zu vermälzenden Getreide vor. Sie sind aber auch in der Mälzerei selbst verbreitet, so in den Weichen und deren Armaturen, auf den Tennen, in den pneumatischen Keimanlagen und in den Transportvorrichtungen einschließlich des Grünmalztransports zur Darre.

Eine strikte Kontrolle der aufgenommenen Gerste sowie deren Gesunderhaltung sind dringend erforderlich.

In der Weiche wird die MO-Flora schnell aktiviert, vor allem aerobe Bakterien. Diese erreichen während der Keimung ein Maximum von 100 Mio. bis 1 Mrd. cfu/g. Sie können im Wettbewerb stehen mit dem wachsenden Keimling um den gelösten Sauerstoff während des Weichens.

Milchsäurebakterien sind an der Gerste in geringen Mengen vorhanden, aber die beschränkte Sauerstoff-Zufuhr während des Weichens begünstigt die Vermehrung von Lactobazillen. Eine Zunahme kann bei allen Prozeßschritten beobachtet werden, abhängig von der Mälzerei-Einrichtung, insbesondere der Weiche.

Zahlreiche, unterschiedliche Hefepopulationen werden ebenfalls in den verschiedenen Stadien der Mälzung gefunden. Sie bestehen aus Hefen und hefeähnlichen Pilzen, wobei es sich besonders um Ascomyceten- [637] und Basidiomyceten- [638] Arten handelt. Auch sie werden beim Weichen zum Teil abgewaschen, doch nimmt der ursprüngliche Hefegehalt von 20 000 bis 200 000 cfu, durch das Weichen aktiviert, auf den 10–100 fachen Betrag zu. Das Maximum kann bei 10 Mio. cfu am Ende der Keimung liegen. Auch hier stellt das Darren einen wichtigen Schritt dar im Hinblick auf die mikrobiologische Qualität des Malzes [639].

Die mikrobiologische Aktivität bleibt während der gesamten Keimung hoch. Sie wird während des Schwelkens beschleunigt (abhängig von Zeit, Feuchte und Temperatur bis zum Durchbruch). Hohe Darrtemperaturen begrenzen wohl das Wachstum, aber nicht die Vitalität der Bakterien und Schimmelpilze.

Die MO bilden Biofilme aus, die vor der Hitze Schutz bieten [443, 450]. Sie sind zwischen Testa und der äußeren Epidermis der Gerstenkörner angesiedelt und können bis zu 90% der Oberfläche derselben bedecken. Die dabei entwickelten extracellulären polymeren Substanzen können Filtrationsprobleme hervorrufen [456, 643]. Starterkulturen mit *L. Plantarum* verringern diese Biofilme (s. Abschnitt 6.4.5).

Schimmelpilze nehmen wohl bei einer sachgemäßen Lagerung ab, doch erfahren sie bei der Keimung ebenfalls eine Zunahme. Bei *Fusarium culmorum* und *Fusarium graminearum* wurde die die Entwicklung von Subtilisin- und Trypsin-ähnlichen Proteasen festgestellt, die Reserve-Proteine, wie z. B. C- und D-Hordein abbauen können. Bei *F. graminearum* wurden auch unspezifische Proteinasen festgestellt. Allgemein ließen sich bei verschiedenen Schimmelpilzen neben Proteinasen auch Xylanasen und sogar Cellulasen [640, 641] nachweisen. Diese Enzyme können das Eindringen der Pilze in das Korn unterstützen. Sie vermögen einerseits während der Infektion bisher noch nicht entdeckte Proteasen zu bilden und andererseits die Synthese oder Aktivierung von Gerstenproteasen auszulösen [642]. Die Fusarienarten *culmorum*, *graminearum* und *poe* können schon am Halm während des Wachstums der Gerste Hydrophobine bilden, wobei nach einer Abnahme bei der Gerstenlagerung eine deutliche Zunahme während des Mälzungsprozesses erfolgt [450]. Sie spielen als Gushing-Induktoren eine Rolle (s. Abschnitt 3.4.7).

Mikroorganismen auf Gerste bzw. Malz können den Mälzungs- und Brauprozeß sowie die Qualität des fertigen Bieres negativ beeinflußen (s. a. Abschnitt 9.2):

Eine übermäßige, doch inhomogene Malzauflösung, eine vorzeitige Amylolyse, eine extreme Eiweißlösung durch die Enzyme der Mikroorganismen (s. o.) sowie Fehlgerüche bei der Keimung und im fertigen Malz sowie das Auftreten von Mykotoxinen setzen die Malzqualität drastisch herab. Eine Verschlechterung der Sudhausarbeit, abnorme Farben in Würze und Bier, eine zum Erliegen kommende Gärung bei vorzeitiger Hefeflockung – alle diese Faktoren führen zu Geschmacksfehlern im Bier, zum Auftreten von Gushing, von kolloidalen Trübungen sowie zu einer Verschlechterung des Bierschaums und der Geschmacksstabilität [644].

Bei der Bedeutung des Themas „Mikroorganismen-Besatz" ist nochmals darauf hinzuweisen, dass durch eine sachgerechte Behandlung des zu vermälzenden Getreides viel zur Sicherung der Qualität des späteren Malzes getan werden kann. Dies betrifft einmal die Reinigung der Gerste bei der Aufnahme im Betrieb und vor der Verarbeitung durch die entsprechenden Reinigungs- und Entstaubungsanlagen; die Lagerung der Gerste bei Wassergehalten, die eine Erhöhung der Mikroorganismen-Populationen verhindern; eine intensive Wäsche der Gerste beim Einweichen, bei der ersten Weiche und, wenn möglich, auch noch bei der zweiten. Die Notwendigkeit der Wasserersparnis hat hier oftmals zu strikten Einschränkungen geführt. Vielleicht schafft die Technologie der Wiederverwendung des gereinigten Weichwassers mehr Spielräume für eine optimale Führung des Mälzungsprozesses. Die Reinigung der Weichgefäße und der Keimanlagen sowie deren Peripherie (Belüftungs- und Transportanlagen) ist heute mit entsprechenden automatisch arbeitenden Anlagen möglich, wodurch ein „Aufschaukeln" von Kontaminationen vermieden werden kann.

4.2
Die Praxis der Keimung

Es ist nun die Aufgabe des Mälzers, die komplizierten Vorgänge bei der Keimung so zu leiten, dass die Stoffänderungen im Sinne der Erzielung des jeweils angestrebten Produkts vor sich gehen. Dabei muß auch auf die Verschiedenartigkeit der Gersten Rücksicht genommen werden, da diese je nach Sorte, Jahrgang, Aufwuchs- und Erntebedingungen ein jeweils spezifisches Verhalten zeigen können.

Diese Steuerung des Mälzungsprozesses ist über eine Reihe von Parametern möglich, deren Auswirkungen auf die einzelnen Stoffgruppen bekannt sind. Es kann jedoch die ausschließliche Beachtung eines Komplexes eine nachteilige Veränderung eines anderen zur Folge haben. So muß der Mälzer nach wie vor gerade auf dem Gebiet der Braumalzerzeugung den Keimprozeß so leiten, dass die Stoffänderungen in richtigem Zusammenhang zueinander stehen. Er ist auch heute – vor allem in Anbetracht der immer größeren Mälzungseinheiten – gezwungen, die verwickelten Lebensprozesse durch einfache empirische Merkmale und durch einfache Kontrollen zu überwachen und zu leiten.

Der Keimprozeß ist durch drei Gruppen von Vorgängen charakterisiert:
a) durch Wachstumserscheinungen,
b) durch Stoffveränderungen,
c) durch Stoffverbrauch.

Die Wachstumserscheinungen sollen nur soweit verlaufen, wie es notwendig ist, um die gewünschten Stoffänderungen wie Enzymbildung und Auflösung nach Maßgabe der angestrebten Malzqualität zu erreichen. Der Stoffverbrauch durch Veratmung von Stärke zur Deckung des Energiebedarfs des Keimlings soll dabei möglichst niedrig sein. Zur Beurteilung des Verlaufes und des Umfangs dieser Vorgänge stehen der Praxis einige äußerlich wahrnehmbare Veränderungen zur Verfügung:

a) Erscheinungen am einzelnen Korn. Entwicklung und Ausbildung der Wurzeln und des Blattkeims sowie die zunehmende Zerreiblichkeit (Auflösung) des Mehlkörpers.

b) Erscheinungen im Haufen: der durch Atmung entstehende Wasserdampf („Schweiß"), die sich bildende Kohlensäure und die Erwärmung des Haufens.

Früher, in der Tennenmälzerei und bei den relativ kleinen Chargen, war es üblich, nur die Erwärmung des Haufens mittels Thermometer zu messen. Alle übrigen Erscheinungen waren der Beurteilung nach äußeren Merkmalen überlassen, wobei naturgemäß die Erfahrung des Mälzers und sein „Gefühl" für die Materie eine große Rolle spielten. Bei modernen pneumatischen Großanlagen mit 150 t Kapazität und mehr pro Einheit müssen exakte Messungen von Feuchte und Kohlendioxid erfolgen, um im Verein mit der Ermittlung der Erscheinungen am einzelnen Gerstenkorn die Keimung durch Fixierung der einzelnen Keimbedingungen entsprechend der angestrebten Malzqualität führen zu können.

4.2.1
Die Erscheinungen am einzelnen Gerstenkorn

4.2.1.1 Wurzelkeime

Die Wurzelkeime entwickeln sich beim wachsenden Malz an der Kornbasis, durchbrechen dort den Spelz und kennzeichnen äußerlich den Beginn der Keimung.

Ihre Beurteilung erfolgt auf Grund ihrer Länge. Erreichen sie die Kornlänge, so gelten die Wurzeln als „kurz", bei 2- bis $2\frac{1}{2}$facher Kornlänge als „lang". Von großer Bedeutung ist die Gleichmäßigkeit des Wurzelwachstums, da sie Rückschlüsse auf eine sachgerechte Führung des Keimprozesses, auf die Beschaffenheit der Gerste und auf die Gleichmäßigkeit der Auflösungserscheinungen im allgemeinen zuläßt.

Auch das Aussehen nach Stärke und Form der Wurzeln ist von Bedeutung: so sind sie bei einem kalt geführten Tennenhaufen gedrungen und korkenzieherartig, bei raschem Wachstum und warmer Führung erscheinen sie als dünn und fadenförmig. Derartige Keime welken leicht. Das Aussehen der Wurzeln ist auch ein Merkmal für den Feuchtigkeitsgehalt des Haufens. Mit sinkendem Wassergehalt werden zuerst die Wurzeln welk und nehmen eine bräunliche Farbtönung an. In der pneumatischen Mälzerei ist der Wurzelkeim meist weniger kräftig und länger entwickelt als bei Tennenmalzen. Starkes Wurzelgewächs deutet auf einen vermehrten Eiweißentzug aus dem Korn hin, obwohl hier nur relativ enge Grenzen gesetzt sind. Auch ist bei kräftigen Wurzeln der Wasserentzug beim Trocknen und Darren des Malzes leichter möglich.

Nach den einzelnen Stadien des Wurzelkeimwachstums sollten die Verfahrensschritte beim Mälzen getroffen werden: so darf der Wassergehalt des Keimgutes erst dann über 38–40% angehoben werden, wenn alle keimfähigen Körner gleichmäßig spitzen. Ein durchgehendes Gabeln der Wurzeln erlaubt dann weitere Maßnahmen wie etwa eine weitere Erhöhung des Wassergehaltes, eine Wiederweiche oder eine Variation der Keimtemperatur.

Die Entwicklung des Wurzelkeims kann eingeschränkt werden bei sehr kalter Haufenführung, niedriger bis mäßiger Keimgutfeuchte (je nach System 42–44%), durch Anreichern von Kohlendioxid in der Haufenluft sowie durch Wiederweiche. Eine lange oder mit warmem Wasser durchgeführte Wiederweiche kann eine weitgehende Unterdrückung des Wachstums bewirken (s. Abschnitt 6.3.3.6). Gefördert wird die Wurzelentwicklung dagegen durch warme, feuchte Führung sowie durch längeres Liegenlassen des Haufens ohne Wenden.

Entwickelt sich der Wurzelkeim überhaupt nicht, so spricht man von Ausbleibern. Die Gerste bleibt dann Rohfrucht. Ausbleiber sind dann gegeben, wenn die Gerste beim Einweichen die Keimruhe noch nicht überwunden hatte, unsachgemäß gelagert wurde oder eine fehlerhaft geführte, zu starke Weiche erfuhr. Wurde die Keimanlage bei der Ernte, Reinigung oder beim Transport der Gerste geschädigt, so kann es ebenfalls zu einem Ausbleiben der Wurzelkeime kommen. In diesem Fall erfährt dann meist der Blattkeim ein übermäßiges Wachstum.

Ein sehr starkes Wurzelgewächs ist ebenfalls unerwünscht, da hierdurch vermehrte Substanzverluste entstehen. Bei höherem Wassergehalt, langem Liegenlassen oder unsachgemäßem Wenden des Haufens kann der Haufen verfilzen, es bilden sich mehr oder weniger große Klumpen von Grünmalz („Spatzen"), die eine ungleichmäßige Auflösung und Farbbildung im Gefolge haben. Verschiedentlich werden die Wurzeln durch unzulängliche Wenderkonstruktionen (vor allem bei Keimkasten) bereits während der Keimung abgerieben oder zumindest stark geschädigt. Üblicherweise fallen die Wurzeln jedoch erst nach dem Darren in den entsprechenden Entkeimungsvorrichtungen an, sie bilden als „Malzkeime" ein wertvolles Abfallprodukt der Mälzerei (s. Abschnitt 7.9.2.4).

4.2.1.2 Blattkeim

Der Blattkeim entwickelt sich auf der Rückenseite des Korns; er schiebt sich während der Keimung zwischen Spelze und Frucht- bzw. Samenschale der Kornspitze zu. Seine Beurteilung erfolgt ebenfalls nach der Kornlänge, wobei folgende Stufen üblich sind: $0-\frac{1}{4}-\frac{1}{2}-\frac{3}{4}-1$ und über 1, je nachdem, ob der Blattkeim sich (bei Ausbleibern) überhaupt nicht entwickelt, einen bestimmten Teil der Kornlänge erreicht oder austreibt (Husaren). Bei hellem Malz ist der Blattkeim etwas kürzer gewachsen als bei dunklem; er beträgt aber dennoch bei modernen Mälzungssystemen im Durchschnitt 0,75, wobei >84% bei $\frac{1}{2}-\frac{1}{1}$ Kornlänge liegen sollen, bei dunklem Malz ca. 75% zwischen $\frac{3}{4}$ und $\frac{1}{1}$.

Da der Blattkeim noch im abgedarrten Malz erkennbar ist, stellt er einen wertvollen Anhaltspunkt über die Gleichmäßigkeit des Wachstums dar. Eine

Aussage über die Auflösung vermag der Blattkeim nur bei kalter und langsamer Führung des Haufens zu vermitteln. Neben seiner Länge interessiert vor allem die Gleichmäßigkeit seiner Entwicklung: Ungleiche Blattkeimlängen finden sich in schlecht sortierten, gemischten (inhomogenen) oder ungleich keimenden Gersten. So führt eine zu frühe Erhöhung des Feuchtigkeitsniveaus bei der Keimung oder eine im Hinblick auf den Wassergehalt des Gutes zu warme Haufenführung zu einem zwar starken, aber nicht gleichmäßigen Wachstum des Blattkeims. Wächst der Blattkeim über die Länge des Korns hinaus, so spricht man von „Husaren"-Bildung. Diese tritt ein bei zu hohem Wassergehalt, bei einer hierfür zu warmen Mälzungsweise und zu langer Keimdauer. Husaren lassen eine übermäßige Auflösung und einen überflüssigen Stoffverbrauch vermuten, bei dunklen Malzen ist ein gewisser Prozentsatz (5–10%) normal; bei hellen Malzen deutet er auf eine forcierte oder etwas zu weit getriebene Keimung hin.

Bei Verletzung der Wurzelkeimanlage entwickelt sich der Blattkeim meist übermäßig stark. Auch eine Beschädigung der Spelze kann sich durch ein seitliches Auswachsen des Blattkeims äußern. Bereits am Feld gekeimte (ausgewachsene) Gersten zeigen ebenfalls eine mehr oder weniger starke Husarenbildung.

Auch die Länge des Blattkeimes kann, wie die des Wurzelkeims, künstlich beeinflußt werden. Beide stehen normalerweise in einem gewissen Zusammenhang. Durch häufiges Wenden, besonders durch mehrmaliges Spritzen wird das Wachstum des Blattkeims begünstigt; durch Anreicherung von CO_2 in der Haufenluft, durch fallende Keimtemperaturen und durch eine längere Wiederweiche wird es unterdrückt. Malze aus Saladinhaufen, vor allem wenn die Keimgutfeuchte in mehreren Stufen erhöht wurde, neigen stets zu einer stärkeren Entwicklung des Blattkeims. Die Bildung von Husaren unter sonst gleichen Bedingungen ist sortenabhängig. Generell ist jedoch bei einer Keimgutfeuchte von 50–52% eine Husarenentwicklung kaum zu vermeiden. Bei verletzten Körnern treibt der Blattkeim seitlich aus.

Maßnahmen, die in den letzten 48–72 Stunden der Keimung getroffen werden, um die Auflösung des Malzes zu verbessern, sollten erst nach Beurteilung des Blattkeimwachstums erfolgen, um Husarenbildung zu vermeiden, wie z. B. Spritzen oder Temperaturerhöhung des Haufens.

4.2.1.3 Auflösung des Korns

Diese ist eine der zahlreichen Stoffänderungen, die sich bei der Keimung im Stoffinneren abspielen. Sie kann anhand der fortschreitenden Zerreiblichkeit des Mehlkörpers verfolgt werden. In der dem Keimling angrenzenden Endospermschicht beginnend, entwickelt sie sich parallel dem Aufsaugeepithel der Kornspitze zu. Dabei löst sich die Rückenseite des Korns, an der sich der Blattkeim vorschiebt, rascher als die Bauchseite, eine Erscheinung, die auf die verstärkte Enzymentwicklung auf dieser Seite des Aleurons zurückzuführen ist (s. Abschnitt 4.1.3). Es bestehen dabei von Natur aus Unterschiede in der Lösungs-

fähigkeit der einzelnen Kornpartien. Aus diesem Grunde kann auch die Auflösung des Mehlkörpers nicht beliebig beschleunigt werden: würde nun die Wirkung der Hemicellulasen- und Peptidasen-Komplexe z. B. durch Einhalten höherer Keimtemperaturen gefördert, so tritt zwar an der Kornbasis eine erhöhte Enzymwirkung ein, die Kornspitze wird jedoch nicht rascher oder besser gelöst.
Es verschiebt sich lediglich der Unterschied in der Lösung der Zellwände zwischen Basis und Spitze noch mehr zugunsten der ersteren. Unter diesen Bedingungen würde sich auch keine Parallele mehr zwischen der Entwicklung der
Wachstumsorgane und der Auflösung des Mehlkörpers ergeben. Während sich
Blatt- und Wurzelkeime rasch und mächtig entwickeln, bleiben die Veränderungen im Mehlkörper zurück: die Zone der Zellwandlösung entspricht dann nicht
mehr der Länge des Blattkeims. Wird dagegen während der Lösungsphase die
Keimung in einer Kohlensäureatmosphäre geführt, oder kommt gar eine Wiederweiche zur Anwendung, so ist die Auflösung weiter gediehen als dies aufgrund der Entwicklung der Wachstumsorgane zu erwarten ist.

Die Lösungsfähigkeit der Gersten ist verschieden: Eiweißarme Gersten, Gersten aus feuchten Erntejahren oder aus maritimen Gegenden lösen sich unter
der Voraussetzung gleicher Keimenergie und Wasserempfindlichkeit rascher
und weitgehender als eiweißreiche oder trocken aufgewachsene Partien. Großkörnige Gersten lösen sich etwas langsamer als kleinkörnige, da die zu lösende
Menge an Zellwänden größer ist. Bei den sich rascher und weitgehender lösen-
den enzymstarken Sorten (z. B. Marthe, Grace, Pasadena (s. Tab. 1.4)) spielt jedoch die „Strecke", die die Enzyme und die abgebauten Substrate zurückzule-
gen haben, eine geringere Rolle als bei den großkörnigen Sorten, wie sie auch
bei Wintergersten vorkommen können. Bei den erstgenannten Sorten ist es sogar erforderlich, durch die Wahl der Keimparameter z. B. eine zu weitgehende
Proteolyse zu vermeiden. Neben den Sorten hängt die Lösungsfähigkeit in sehr
hohem Maße von den klimatischen Bedingungen eines Jahrgangs ab [651]. Ein
hoher Eiweißgehalt wird die Auflösung der Zellen immer behindern, da das Eiweiß mit den Hemicellulosewänden der Zelle verkittet ist, so dass gleichzeitig
mit der Cytolyse oder ihr vorauseilend ein entsprechender Abbau des histologischen Eiweißes erfolgen muß.

Das *Ausmaß der Auflösung* muß stets nach dem herzustellenden Malztyp beurteilt werden. Helle Malze erfordern zwar eine gute, gleichmäßige Auflösung,
doch wird diese mit Rücksicht auf die erwünschte helle Farbe immer etwas
knapper sein als bei dunklen.

Bei dunklen Malzen wird im Interesse der späteren Bildung von färbenden,
aromatischen Substanzen und in Anbetracht der stärkeren Enzymverluste beim
Darren, bereits bei der Keimung eine sehr weitgehende Auflösung angestrebt,
die auch nachträglich durch einen entsprechend geführten Schwelkprozeß noch
intensiviert werden kann (s. Abschnitt 7.5.2.2). Ist ein Malz für seinen Typ nicht
genügend gelöst, spricht man von „Unterlösung". Ist es auf der anderen Seite
für den gewünschten Malztyp zu weit gelöst, so liegt eine „Überlösung" vor.
Unterlösung vermittelt eine schwerere Zerreiblichkeit des Korns, die dann
meist nur bis zur Hälfte des Korns reicht und die mit einer geringen enzymati-

schen Kraft des Malzes einhergeht. Derartige Malze lassen sich schlecht schroten, sie verzuckern beim Maischen langsamer und liefern niedrigere Endvergärungsgrade. Auch die Abläuterung und mit ihr die Sudhausausbeute können zu wünschen übrig lassen. Die Gärung kann durch einen Mangel an Aminosäuren unbefriedigend verlaufen, die Nachgärung kommt vorzeitig zum Erliegen und die Biere neigen zu schlechten Filtrationseigenschaften. Besonders gravierend können diese Merkmale dann sein, wenn die Unterlösung des Malzes durch eine ungleichmäßige, unvollkommene Keimung bedingt war [652].

Überlöste Malze zeigen einen völlig zerreiblichen Mehlkörper, ein hohes Enzympotential und einen sehr weitgehenden Abbau aller Stoffgruppen. Wenn auch im allgemeinen der Brauvorgang reibungslos verläuft, so haben doch die hieraus resultierenden Biere einen leeren, harten Geschmack und eine mangelhafte Schaumhaltigkeit. Überlösung ist selbst durch ein sehr knappes Maischverfahren nur schwer auszugleichen; bei knapper gelösten Malzen ist es dagegen bis zu einem gewissen Maß möglich, durch Intensivierung des Maischverfahrens einen befriedigenden Abbau der Stoffgruppen herbeizuführen.

Eine Überlösung des Malzes tritt ein, wenn für eine gegebene Gerstenqualität ein zu hohes Feuchtigkeitsniveau, eine zu warme Haufenführung oder eine zu lange Keimdauer eingehalten wird.

Überlöste Malze, vor allem auch solche mit übermäßigem Blattkeimwachstum („Husaren"), brechen leicht, z.B. nach dem Darren, in der Entkeimungsmaschine und in den Transportanlagen. Die Husaren brechen die Spelze auf, wodurch diese nicht mehr dicht an der Kornspitze anliegt. Die Spelze kann bei den erwähnten Schritten abgerieben werden, sie fällt mit den Keimen an oder in der Malzreinigungsanlage etwa vor dem Versand in der Mälzerei oder in der Malzreinigungsanlage vor der Schrotmühle in der Brauerei. Im ersten Fall erhöht sie den Mälzungsschwand (s. Abschnitt 8.3), im zweiten Fall gibt sie zu Reklamationen Anlaß.

Unterlösung hat ihre Ursache in zu kalter, zu trockener oder zu kurzer Keimung. Auch ungleichmäßig keimende Gerste (s. oben) kann beide Erscheinungen hervorrufen, je nachdem ob die Keimung ohne Rücksicht auf verzögert spitzende bzw. keimende Körner erfolgte oder ob auch bei diesen eine normale Auflösung abgewartet wurde, die dann bei den ursprünglich normal keimenden zu einer Überlösung führte. Hier ist dann meist eine Abweichung zwischen der Mehl-Schrot-Differenz und der Viskosität der Kongreßwürze oder gar der 65 °C-Würze gegeben, aber auch der Friabilimeterwert wird nicht befriedigen und zu viele ganzglasige Körner ausweisen.

Fehlerhaft ist auch eine „schmierige" Auflösung; sie kann bei übermäßigem Spritzen, vor allem bei Sauerstoffarmut (intramolekulare Atmung) vorkommen. Derartige Körner lassen sich nur schwer trocknen und liefern fehlfarbiges, hartes Malz (s.a. Abschnitt 7.2.4.10).

Aus diesen Ausführungen ist ersichtlich, dass die beiden Extreme der Auflösung des Malzes – Überlösung oder Unterlösung – genau wie eine „schmierige" Auflösung – nur bei groben Fehlern während des Weich- und Keimprozesses oder bei ungeeigneten Rohstoffen auftreten. Dabei kann es von betrieblicher

Seite u. U. wünschenswert sein, ein bewußt, „unterlöstes" Malz zum Ausgleich extrem gelöster Partien heranzuziehen. In diese Kategorie fallen die später noch zu besprechenden „Kurz-" und „Spitzmalze".

Es ist jedoch bei laufender Kontrolle – beginnend mit der Beschaffenheit und Aufbereitung des Rohstoffs Gerste über die Erfassung und Steuerung der gewünschten Keimbedingungen – möglich, einer unerwünschten Entwicklung des Malzes vorzubeugen und rechtzeitig geeignete Schritte zu einer Korrektur der Lösungsvorgänge zu tätigen.

4.2.1.4 Maßstab für den Auflösungsgrad

Der Maßstab für den Auflösungsgrad eines Malzes kann während der Keimung nur die empirische Methode der Zerreiblichkeit des Mehlkörpers sein. Alle anderen mechanischen und chemischen Untersuchungsmethoden setzen ein Darren, mindestens jedoch ein Trocknen des Malzes voraus.

So dienen als *mechanische Untersuchungsmethoden* zur Ermittlung der *Cytolyse:* die Schnittprobe, vorzugsweise mit dem Kornlängsschneider, die u. U. mit der Blattkeimentwicklung verglichen werden kann; die Sinkerprobe; die Bestimmung des spezifischen Gewichts des Korns, die ähnlich wie das Hektolitergewicht einen Hinweis auf die Volumenverhältnisse im Malz und damit eine Aussage über die Mürbigkeit trifft. Eine objektive Messung der Mürbigkeit ist mit Hilfe des *Brabender-Apparates,* dem Friabilimeter oder mittels der Färbemethoden möglich. Calcofluor färbt die noch ungelösten Partien (als Reaktion mit β-Glucan) in einer hellblauen Fluoreszenz, während die gelösten Partien dunkelblau erscheinen.

Methylenblau färbt die gelösten Bereich blau, während die ungelösten keine Farbe annehmen. Je nach dem Ausmaß der Färbung werden die Körner in einzelne Kategorien eingestuft, über deren Verrechnung die Homogenität ermittelt werden kann. Nach wie vor gibt auch die Bestimmung der Blattkeimlänge eine gute Information. Von den *chemischen Methoden* ist die Ausbeutedifferenz zwischen der Schrot- und Mehlanalyse (innerbetrieblich) oder die in der Kongreßwürze bestimmte Viskosität, insbesondere der 65 °C-Maische ein guter Maßstab. Die sicherste Aussage liefert die β-Glucanbestimmung nach *Carlsberg,* wobei die der 65 °C-Maische die noch ungelösten Bereiche eindeutig wiedergibt (s. Abschnitt 4.1.5.5, 9.1.4.2). Es ist jedoch nicht nur die Cytolyse von Bedeutung, sondern auch die *Proteolyse,* die miteinander nicht unbedingt Hand in Hand gehen müssen. So ist es zweckmäßig, auch den Eiweißlösungsgrad des Malzes zu bestimmen sowie bei häufigem Wechsel von Sorte und Provenienz den Anteil des niedermolekularen Stickstoffs (Formol- bzw. α-Amino-Stickstoff). Gerade dessen Verhältnis zum löslichen Stickstoff ist ein Indikator für eine sachgemäße Mälzung. Die Vz 45 °C wurde ebenfalls zur Bewertung der Proteolyse herangezogen [653]. Es erwies sich jedoch, dass sie mehr über die Angreifbarkeit der Stärke als eine Art „Stärkelösungsgrad" Auskunft gibt. Nachdem die enzymatische Angreifbarkeit der Stärke, wie auch die Verkleisterungstemperatur, jahrgangs-, provenienz- und sortenabhängig ist, bringt sie bei der Bewertung der Auflösung keine zusätzlichen Erkenntnisse [549]. Die Kontrolle dieser und anderer Methoden der Malzbeurteilung sind in Kapitel 9 des Buches, zusammen mit ihrer Aussagekraft für den Verarbeiter, den Brauer, zusammengestellt.

4.2.2
Die Erscheinungen im Haufen

Das Korn deckt beim Keimen seinen Energiebedarf durch die Atmung, bei der hauptsächlich ein Teil der Stärke des Mehlkörpers zu Kohlendioxid und Wasser verbrannt wird. Die dabei freiwerdende Wärme bewirkt u. a. die Temperaturerhöhung des keimenden Haufens.

Unter normalen Bedingungen werden bei einem wasserfreien Mälzungsschwand von 8% (s. Abschnitt 8.1) rund 4,5% der Kornsubstanz veratmet. Diese Menge verteilt sich auf 4,2% Stärke mit einem Brennwert von 17 000 kJ/kg (4140 kcal) und 0,3% Fett mit einem Brennwert von 39 300 kJ/kg (9400 kcal). Somit wird bei der Keimung von einer Tonne Gerste eine Wärmemenge von 846 000 kJ (202 100 kcal) frei (Tab. 4.48). Daneben entstehen als weitere Produkte der Atmung 68 kg CO_2 und 28 kg Wasser [654].

Es zeigt sich hier eine relativ zögernde Wärmeentwicklung nach dem Ausweichen, die erst am 4. Keimtag ihr Maximum erreicht. Dieser Höchstwert von über 125 500 kJ/30 000 kcal/t und Tag bleibt aber nahezu bis zum Haufenziehen erhalten.

Bei den modernen Methoden der Haufenführung, die bereits eine Ankeimung in der Weiche vorsehen, tritt die genannte Spitze wesentlich früher auf als beim vorstehenden Beispiel; dort wurde noch mit überwiegender Naßweiche gearbeitet und die Ankeimung erfolgte innerhalb der ersten 24 Stunden nur langsam.

Es müssen daher die hier am 1. bis 2. Keimtag auftretenden Wärmemengen bereits in der Weiche abgeführt werden (s. Abschnitt 5.2.1.9). Nachdem andererseits die Schwandzahlen bei verkürzter, jedoch intensivierter Weiche und Keimung (z. B. durch höhere Keimgutfeuchten) etwa gleichgeblieben sind, muß allein bei einer Verkürzung der Keimzeit, d. h. im Keimapparat von 8 auf 6 Tage mit einer Erhöhung der Wärmespitze auf 8200 kJ/t · h (1960 kcal), bei nur 5 Tagen mit 9800 kJ/t · h (2350 kcal) gerechnet werden. Soll dann noch im Stadium kräftigen Wachstums die Haufentemperatur abgesenkt werden, so ist auch bei 6 Tagen Keimzeit der Wert von 10000 kJ angemessen. Dies erfordert eine entsprechende Dimensionierung der Kühlflächen der einzelnen Keimapparate und letztlich der gesamten Kühlanlagen [656, 657].

Der oben angegebene Wärmeanfall wurde auch in Kleinmälzungsversuchen bestätigt [655], wobei naturgemäß Schwankungen je nach der Gerstensorte und ihren Aufwuchsbedingungen gegeben waren. Es errechnete sich ein durchschnittlicher Wärmegleichwert von 18 920 kJ/kg (4525 kcal) veratmeter Trockensubstanz. Experimentell, mit Hilfe der kalorimetrischen Bombe ermittelt, ergab sich jedoch ein Wärmegleichwert von 20 810 kJ/kg (4977 kcal). Diese Differenz

Tab. 4.48 Wärmeanfall während der Keimung eines Normalhaufens.

Keim-dauer h	Schwand-verteilung %	spezif. Wärmeanfall			
		MJ/t	Mcal/t	kJ/t·h	kcal/t·h
0–24	3,65	30,9	7,37	1287	307
24–48	6,22	52,7	12,57	2195	523
48–72	10,47	88,7	21,16	3694	882
72–96	15,59	132,0	31,51	5501	1313
96–120	17,45	147,8	35,27	6158	1470
120–144	16,14	136,7	32,65	5695	1359
144–168	15,27	129,3	30,86	5388	1286
168–192	15,21	128,8	30,74	5367	1281
	100,0	846,9	202,1		

von rund 10% erklärt sich daraus, dass der Wärmeanfall bei der Keimung nicht nur aus der Veratmung einer gewissen, analytisch feststellbaren Menge an Stärke, Eiweiß und Fett resultiert, sondern dass darüber hinaus noch durch den Abbau von hochmolekularen Substanzen zu Verbindungen mit niedrigerem Molekulargewicht Bindungsenergie frei wird, die ebenfalls z. T. als Wärme abgegeben wird.

Die angegebenen Werte können jedoch ohne weiteres als Bezugsgrößen für die Auslegung von Kälteaggregaten bzw. für die Luftleistung der Ventilatoren angewendet werden.

Die mengenmäßige Erfassung der Endprodukte der Atmung ist schwierig und nur in Laborversuchen möglich.

So läßt der *Kohlendioxidgehalt* im Haufen keinen Rückschluß auf die tatsächliche Bildung von CO_2 zu, das selbst bei einem Umluftbetrieb durch Undichtigkeiten im System entweichen kann oder durch die Befeuchtung der Haufenluft z. T. ausgewaschen wird.

Der *Wasserdampf* geht auf der Tenne z. T. in die Raumluft über, z. T. kondensiert er sich an den Begrenzungsstellen des Tennenhaufens als „Schweiß", wird vom Keimgut wieder aufgenommen und ersetzt durch Verdunstung verlorenes Wasser. Bei pneumatischen Anlagen wird Wasserdampf von dem durch das Keimgut streichenden Luftstrom weggeführt; eine Schweißbildung unterbleibt. Die freiwerdende *Wärme* verursacht zwar die Temperatursteigerung des Haufens; sie ist aber ebenfalls durch Abstrahlung an die umgebende Luft bzw. auch an das Mauerwerk usw. einer genauen Bestimmung entzogen. Die Atmungsendprodukte als Maßstab für den Verlauf der Keimung sind demnach nicht aussagefähig genug und damit nicht geeignet.

Es ist daher zweckmäßig, die Keimungsbedingungen anhand der besprochenen empirischen Merkmale zu steuern, die Keimungsfaktoren selbst aber genau zu bestimmen, um so über die Analyse des Fertigmalzes Aussagen treffen zu können, die eine möglichst hohe Betriebssicherheit und Produktqualität gewährleisten.

4.2.3
Die Keimbedingungen

Die technisch regelbaren Bedingungen nennt man die Haufenführung: Sie ist durch vier Faktoren gekennzeichnet:

a) Die Temperatur, bei der die Gerste in den einzelnen Stadien wächst,
b) den Feuchtigkeitsgehalt, der während der Keimung im Keimgut vorliegt,
c) die Zusammensetzung der Haufenluft, d.h. das Verhältnis von Sauerstoff zu Kohlendioxid während der Keimzeit,
d) die Keimzeit.

4.2.3.1 Keimtemperaturen

Die Keimtemperaturen haben, wie im theoretischen Teil besprochen wurde, einen großen Einfluß auf das Wachstum der Gerste sowie auf die Entwicklung und Wirkung der Enzyme. Bei *„kalter Haufenführung"* läuft die Keimung ansteigend im Temperaturbereich zwischen 12° und 16 °C. Hier ist zunächst das Wachstum schwach, aber gleichmäßig, die Enzymbildung und -wirkung langsam.

Die Wachstumserscheinungen laufen etwa mit der Cytolyse parallel; die Eiweißlösung erscheint deshalb verhältnismäßig hoch, weil sich bei geringem Eiweißwiederaufbau in Wurzel- und Blattkeimen eine größere Menge an Abbauprodukten im Mehlkörper anreichert als bei starkem Gewächs.

Bei *„warmer Haufenführung"* werden Atmung und Erwärmung begünstigt, Blatt- und Wurzelkeime entwickeln sich zu rasch und laufen mit der Auflösung des Malzes nicht mehr parallel. Die „Eiweißlösung" nimmt trotz höheren Gesamtumsatzes an Stickstoffsubstanzen ab, da mehr Eiweiß in den Wachstumsorganen wieder aufgebaut wird. Die Mälzungsausbeuten sinken infolge des höheren Stoffverbrauches. Auch wird das Gewächs ungleichmäßiger und die Haufen lassen sich, vor allem bei Fehlen einer künstlichen Kühlung, nur schwer innerhalb eines bestimmten Temperaturbereiches halten. Die kalte Haufenführung ist demnach in allen Punkten vorteilhafter als die warme, sie läßt sich jedoch nicht bei jeder Gerste anwenden. So können bestimmte Gerstenpartien, vor allem solche, die aus heißem, trockenem Klima stammen und u. U. einen erhöhten Eiweißgehalt haben, bei niedrigen Temperaturen nicht im gewünschten Sinne gelöst werden. Hier ist es zweckmäßig, namentlich in der zweiten Hälfte der Keimung, in der sog. Lösungsphase, höhere Temperaturen von 18–20 °C, ja 22 °C anzuwenden. Um jedoch ein ungleichmäßiges Wachstum und eine ungleiche Enzymwirkung zu vermeiden, muß in den ersten Keimtagen unbedingt kalt, d.h. im Temperaturbereich von 12° bis 16 °C, geführt werden.

Helle Malze werden meist in der zweiten Keimungshälfte so weit in der Temperatur angehoben, als es zur Erzielung der gewünschten Cytolyse erforderlich ist. Bei dunklen Malzen ist ein Anheben der Temperaturen zur Sicherstellung der weitgehenden Abbauvorgänge notwendig.

Verschiedentlich ergaben sich bei Tennenmälzereien Schwierigkeiten, sog. „hitzige" Gersten kalt zu führen. Derartige Haufen werden in den ersten Tagen der Keimung leicht warm und neigen zur Austrocknung: Diese Gersten, die meist „notreif", mindestens aber von kurzer, heißer und trockener Vegetationszeit sind, bedürfen zu entsprechender Lösung höherer Feuchtigkeitsgehalte und gegen Ende der Keimung höherer Temperaturen.

In der wärmeren Jahreszeit war bei Tennenmälzereien ohne künstliche Kühlung, aber auch bei schlecht ausgestatteten pneumatischen Mälzereien die kalte Haufenführung oftmals in Frage gestellt. Diese „Sommermalze" waren dann von entsprechend schlechter Beschaffenheit, die sich bis zum fertigen Bier hin auswirkte.

In den letzten 40 Jahren findet bei modernen Weich- und Keimanlagen in zunehmendem Maße die Methode der *Keimung bei fallenden Temperaturen* Anwendung. Das Gut gelangt von der Weiche mit einem Wassergehalt von 38–39 bzw. 41–42% (ein- oder zweitägige Weichzeit) und einer Temperatur von 17–18 °C (s. Abschnitt 6.3.3.5) in den Keimapparat. Diese Temperatur wird bei stufenweiser Erhöhung der Keimgutfeuchte etwa zwei Tage lang beibehalten. Mit Erreichen des maximalen Wassergehaltes am Ende der „biologischen Phase" erfolgt dann eine Abkühlung auf 10–13 °C, je nach Maßgabe der zur Verfügung stehenden Keimzeit und der gewünschten Auflösung. Die verhältnismäßig warme Ankeimphase bei noch niedrigen Wassergehalten begünstigt ein rasches Wachstum und eine kräftige Enzymbildung. Die letztere erfährt durch das rasche Abkühlen des Haufens bei gleichzeitiger Anhebung des Wassergehaltes anstelle der Ausbildung eines Gleichgewichtszustandes eine weitere Steigerung. Infolge des hohen Feuchtigkeitsniveaus werden die Enzymbildung und die Lösungsvorgänge trotz der niedrigen Temperaturen begünstigt. Der Keimling versucht, die ursprüngliche Wachstumsgeschwindigkeit beizubehalten und trägt den verschlechterten Lebensbedingungen durch eine vermehrte Enzymentwicklung Rechnung. Die Schwandverluste sind bei diesem Verfahren geringer als bei herkömmlicher Mälzungsweise.

4.2.3.2 **Keimgutfeuchte**

Die Keimgutfeuchte verzeichnet einige markante Stadien, deren Einhaltung für eine gleichmäßige Keimung und Auflösung unbedingt wünschenswert ist. Bei einem Wassergehalt von ca. 30% beginnen intensivere Lebensäußerungen im Korn, die bei Temperaturen der Luftrast von 12–18 °C im Laufe von rund 12–28 Stunden (je niedriger die Temperatur und um so empfindlicher die Gerste, um so länger) einen Abbau der Wasserempfindlichkeit bewirken und die folglich eine wichtige Voraussetzung für eine optimale Ankeimung bieten. Diese wird am gleichmäßigsten bei einem Wassergehalt von 38–40% erzielt, der so lange einzuhalten ist, bis alle keimfähigen Körner spitzen (s. Abschnitt 6.3.3.6). Dieser Wassergehalt reicht jedoch zur Erzielung der notwendigen Enzymkapazität und der gewünschten Auflösung nicht aus. Hierfür ist ein Anheben der Keimgutfeuchte auf 43–48%, ja 50% erforderlich. Dies geschieht durch eine weitere

„Naßweiche" bzw. durch die Wasseraufnahme beim „nassen" Ausweichen, durch Spritzen oder Fluten des Haufens. Die Möglichkeit der Erteilung des jeweils notwendigen Feuchtigkeitsniveaus ist nicht bei allen Keimanlagen gleichmäßig und in gleichem Umfang gegeben. Ein zu oftmaliges „Spritzen" fördert die Bildung von Husaren. Am besten ist es, von der Ankeimfeuchte mit zweimaliger Wassergabe bis auf den erforderlichen Endwassergehalt zu kommen (s. Abschnitt 6.3.3.4).

Es ist aber nicht nur notwendig, das geschilderte Feuchtigkeitsniveau zu erreichen, sondern dieses soll auch während der folgenden Tage der Lösungsphase in gewissem Rahmen erhalten bleiben. Während es auf der Tenne bei richtiger Anlage derselben keine Schwierigkeit bedeutet, die erforderliche Keimgutfeuchte bis zum Haufenziehen beizubehalten, da der entstehende Schweiß das verdunstende Wasser ersetzt, ist bei pneumatischen Systemen stets die Gefahr einer Austrocknung gegeben. Bei diesen wird zwar der Luftstrom (in den meisten Betrieben auch heute noch) mit Feuchtigkeit gesättigt, doch bedingt die Erwärmung der Luft im Haufen zwangsläufig eine Abnahme ihrer relativen Feuchte.

Es wird deshalb die Austrocknung im Haufen um so stärker sein, je größer die Temperaturdifferenz zwischen Eintrittsluft und Keimgut ist (s. Tab. 3.9). Nachdem aber durch die Höhe der Keimgutfeuchte die Stoffänderungen im Korn wesentlich beeinflußt werden – hierbei dominiert die Feuchte eindeutig über die Temperatur –, ist ihre tägliche Ermittlung von großer Bedeutung. Hierfür stehen Schnellmethoden zur Verfügung: bei stufenweiser Erhöhung des Wassergehaltes muß diese Bestimmung nach jeder Befeuchtung erfolgen; eine Beurteilung „nach dem Gefühl" ist kaum möglich und bei großen Keimeinheiten wegen der auf dem Spiel stehenden Mengen auch nicht zu verantworten.

4.2.3.3 Verhältnis von Sauerstoff zu Kohlensäure

Das Verhältnis von Sauerstoff zu Kohlensäure in der Haufenluft liegt in der Weiche und in den ersten Tagen der Keimung auf der Seite einer möglichst vollständigen Sauerstoffzufuhr. Die Endo-Enzyme, speziell die α-Amylase, die Endo-β-Glucanase, aber auch die Endopeptidasen werden nur bei Vorhandensein von genügend Sauerstoff im erforderlichen Umfang gebildet. CO_2 im Frühstadium, in der „biologischen" Phase, ruft eine Abflachung der Lebensäußerungen des Keimlings hervor, die dann bei Zufuhr von genügend Luftsauerstoff wieder angeregt werden. Es lassen sich aber Versäumnisse in diesem Zeitraum kaum mehr innerhalb der zur Verfügung stehenden Keimzeit nachholen.

In der Lösungsphase dagegen kann ein CO_2Gehalt von 4–8% ein Dämpfen eines allzu starken Wachstums ermöglichen. Der Haufen wird leichter lenkbar, die erforderliche Kälteleistung sinkt. Auch ließen die neueren Untersuchungen über Oxidationsvorgänge bei der Keimung (s. Abschnitt 4.1.8.2) eine CO_2-Anreicherung bzw. eine Beschränkung des Sauerstoffgehalts der Prozeßluft geraten

Tab. 4.49 Kompensation von Keimzeit durch Keimgutfeuchte.

| Weich- und Keimzeit Tage | 6 | 7 |
Wassergehalt des Grünmalzes %	48	45
Extrakt wfr. %	80,8	80,8
MS-Differenz EBC %	1,7	1,7
Viskosität mPas	1,53	1,52
Friabilimeter/GGL %	78/1,5	78/1,5
lösl. N/Mg/100 g TrS	710	670
EL G%	42,2	39,8
Vz 45 °C %	38,2	37,8
Calcofluor M %	77	76
Calcofluor H %	59	62

erscheinen (s. Abschnitt 6.4.1). Hier werden vor allem die Lipidabbau- und Lipidoxidationsvorgänge eingeschränkt, was sich im Hinblick auf das Alterungsverhalten des abgefüllten Bieres günstig auswirkt. Höhere Kohlensäuregehalte führen jedoch zu enzymärmeren Malzen, die aber durch das Unterdrücken des Gewächses reicher an niedermolekularen Substanzen sind. Oftmals kommt – gerade im Hinblick auf die wichtigsten Enzyme – ein CO_2-Gehalt von 10–15% einer Verlängerung der Keimzeit gleich, wenn etwa gleiche Enzym- und Lösungswerte erzielt werden sollen.

4.2.3.4 Keimdauer

Diese war früher je nach Malztyp und in Abhängigkeit von Sorte, Jahrgang usw. sehr unterschiedlich; sie beeinflußte die Leistung der Mälzerei, vor allem wenn die Ankeimphase über Gebühr lange dauerte.

Heutzutage erlaubt die definierte Führung der Weiche eine Steuerung der physiologischen Vorgänge derart, dass das Gut 36–48 Stunden nach dem Einweichen schon gleichmäßig spitzt. So wird die gesamte Weich- und Keimzeit meist auf 6–8 Tage ausgelegt. Dabei sind ein Weichtag und 6 Keimtage die Regel oder zwei Weichtage (davon einer in der Flachweiche) und 5 Keimtage. Wird in diesem Zeitrahmen, wie z. B. für das dunkle Malz, eine stärkere Auflösung gewünscht, so kann diese über ein höheres Feuchtigkeitsniveau erreicht werden. Bei normal gelösten Malzen wird eine Verkürzung der Weich- und Keimzeit ebenfalls durch eine Erhöhung der Keimgutfeuchte kompensiert. Wie jedoch die folgende Aufstellung zeigt, fällt bei annähernd gleicher Cytolyse die Eiweißlösung höher aus, ein Ergebnis, das von den Brauern in der Regel nicht gewünscht wird (Tab. 4.49).

Werden gar die beiden Parameter Feuchte und Temperatur zu einer Verkürzung der Weich- und Keimzeit genutzt, so können wohl „oberflächliche" Spezifikationen erreicht werden, doch wird diese Maßnahme nicht allen gewünschten Entwicklungen der einzelnen Stoffgruppen gerecht. Es ist mit Schwierigkeiten beim Brauprozeß zu rechnen (s. Abschnitt 9.2). Daraus folgt: Eine niedrige Keimgutfeuchte, niedrige Keimtemperaturen und die Anwendung von CO_2 verlängern die „Vegetationszeit". Höhere Wassergehalte, ggf. zusammen mit höheren Keimtemperaturen und reichliche Sauerstoffzufuhr verkürzen sie.

4.2.3.5 Sonstige Maßnahmen

Die Bedeutung des Einsatzes von exogenen, d.h. von außen zu gesetzten Gibberellinen ist aus den theoretischen Betrachtungen klar hervorgegangen. Sie kann unterstützt werden durch ein Schälen der Gerste oder durch einen Aufbruch der Hüllsubstanzen. Alle Verfahren mit Zusatz von Wuchs- oder Hemmstoffen sind in Deutschland nicht gestattet. Sie sollen in einem eigenen Kapitel besprochen werden (Abschnitt 6.4.4).

5
Das Weichen der Gerste

5.1
Theorie des Weichens

5.1.1
Allgemeines

Die Ankeimung der Gerste erfolgt erst bei einem bestimmten Feuchtigkeitsgehalt. Lagernde Gerste hat einen Wassergehalt, der normal 12% nicht unter-
schreitet. Er soll niedrig sein, um die Lebensäußerungen der Gerste zur Vermeidung von Stoffverlusten und irreversiblen Schäden auf einen Mindestwert
zu beschränken.

Erst die Zuführung des Vegetationswassers leitet die Keimung ein. So erfahren die Lebensäußerungen im Korn bereits bei einem Wassergehalt von 30%
eine deutliche Steigerung; bei ca. 38% keimt die Gerste am raschesten und
gleichmäßigsten an [658], während zur Erzielung der gewünschten Auflösung
des Mehlkörpers und der damit verbundenen Enzymentwicklung eine Feuchte
von 43–48%, z. T. sogar darüber, erforderlich ist.

Der Großteil des erforderlichen Vegetationswassers wird beim sog. Weichprozeß zugeführt; die Einstellung der Maximalfeuchte erfolgt jedoch zweckmäßig
erst bei den jeweils geeigneten Stadien der Keimung.

Die Forderung an die Qualität und Reinheit des Weichwassers entsprach bislang der eines normalen Trinkwassers, das ohne Verunreinigung physikalischer,
chemischer und biologischer Art sein sollte. Die Knappheit an Wasser führte,
seit den 1970er Jahren, verstärkt im letzten Jahrzehnt, zu Vorschlägen einer
Wiederverwendung des bereits ein- oder zweimal zum Weichen gebrauchten
Wassers, das jedoch nicht ohne Aufbereitung eingesetzt werden darf (s. Abschnitt 5.2.4.2).

Die Samenschale (Testa) ist halbdurchlässig; sie läßt nur Wasser in das Innere des Korns diffundieren, hält aber z. B. 10% ige Schwefelsäure zurück, während Salzsäure in schwachem Maße eindringen kann. Die Semipermeabilität
wird nach längerer Weiche (z. B. 50 Stunden) in einem Elektrolyten gebrochen.

Undissoziierte organische Säuren diffundieren dagegen leicht ins Korninnere,
wobei 1%ige Essigsäure den Keimling abtöten kann [659]. Andererseits dringen

Die Bierbrauerei Band 1: Die Technologie der Malzbereitung. Achte Auflage.
Ludwig Narziß und Werner Back.
© 2012 WILEY-VCH Verlag GmbH & Co. KGaA. Published 2012 by WILEY-VCH Verlag GmbH & Co. KGaA

auch Ionen von Salzen, vermutlich über Spaltöffnungen in der Testa, in das Korninnere ein und vermögen Wirkungen auf den Keimling auszuüben. So können Nitrite bereits in einer Konzentration von 0,01 n deutlich nachteilige Wirkungen auf Keimung, Salzkonzentration und Malzzusammensetzung ausüben, bei 0,1 n Konzentration wird das Blatt- und Wurzelkeimwachstum unterdrückt [365]. Normalerweise kommen jedoch diese Ionen wie auch andere Kationen und Anionen nicht in jenen Mengen im Weichwasser vor, dass hierdurch merkliche Effekte ausgelöst würden. Dagegen scheinen Pflanzenhormone wie z. B. Gibberellinsäure und Gase (O_2 und CO_2, beide gelöst und gasförmig) die Frucht- und Samenschale passieren zu können.

Auf der anderen Seite enthält die Gerstenspelze Keimungsinhibitoren, die vor allem im Zustand der Keimruhe die Auslösung der Keimung verhindern [660]. Diese müssen beim Weichen ausgelaugt und entfernt werden (s. Abschnitt 3.4.1). Sie scheinen aber in kleinen Mengen eine positive Wirkung auf die Keimung auszuüben [661].

5.1.2
Die Wasseraufnahme des Korns

Sie findet hauptsächlich durch die an der Kornbasis mündenden Gefäße statt. Dies hat zur Folge, dass in den ersten Stunden der Naßweiche, mit Ausnahme der Spelzen, die Achse des Keimlings, gefolgt vom Schildchen das Wasser sehr viel schneller aufnimmt als die anderen Kornpartien, wie die Tab. 5.1 zeigt.

Diese Ergebnisse wurden durch Untersuchungen mit Tritium-markiertem Weichwasser bestätigt [664].

Während der ersten 6 Stunden steigen die Aktivitäten der Amylasen, der Ribonuclease und der Phosphatase parallel zum Wassergehalt, um dann sowohl im Keimling als auch im Endosperm infolge Sauerstoffmangels abzufallen. Bei Einlegen einer Trockenweiche steigen die Enzymaktivitäten weiter. Bei einem Weichgrad von 41% zeigt der Blattkeim sogar einen Wassergehalt von 65–70% [663]. Während der Luftrast tritt der Keimling durch seinen, infolge Gewebeneubildung erhöhten Wasserbedarf mit dem Endospermgewebe in zunehmende Konkurrenz um das aufgenommene Wasser. Dabei wird dem Mehlkörper das

Tab. 5.1 Wassergehalt (in %) verschiedener Teile des Gerstenkorns während des Weichens [662].

Zeitdauer Std.	2	4	6	24
Schildchen	18,5	36,8	50,0	57,9
Keimlingsachse	33,0	43,6	51,3	57,9
Frucht-Samenschale, Aleuron	11,4	15,6	26,8	36,4
Stärkeführendes Endosperm	10,0	12,5	21,6	35,0
Spelze	40,5	43,1	44,9	47,1
Ganzes Korn	21,6	25,9	28,6	38,4

bereits aufgenommene Wasser wieder entzogen. Dieser Wassertransport kommt bei einem Wassergehalt des Mehlkörpers von 36% zum Stillstand [394]. Das nach dem Weichen dem Korn anhaftende Wasser wird hauptsächlich vom Blattkeim aufgenommen [665]. Es zeigte sich, dass die Entfernung des Wasserfilms zu einem stärkeren Anstieg der Keimung führte. Es fiel jedoch anschließend die Wachstumsrate zurück, eine Erscheinung, die sich durch eine insgesamt verringerte Keimgutfeuchte erklären läßt.

Die Wasseraufnahme ist in den ersten Stunden der Weiche groß, läßt aber mit Annäherung an den Sättigungspunkt rasch nach (Abb. 5.1).

Sie ist abhängig von der *Temperatur des Weichwassers.* Je wärmer dasselbe, um so rascher erfolgt die Wasseraufnahme. Als Normaltemperatur darf im allgemeinen 10–12 °C angenommen werden. Auch bei Anwendung einer überwiegenden Wasserweiche erweist sich dieser Temperaturbereich physiologisch als am günstigsten.

Eine Eichlinie läßt die Wasseraufnahmegeschwindigkeit bei verschiedenen Temperaturen für einen bestimmten Weichgrad vorausbestimmen, wenn die Weichzeit für eine einzige Weichtemperatur experimentell ermittelt wurde [667].

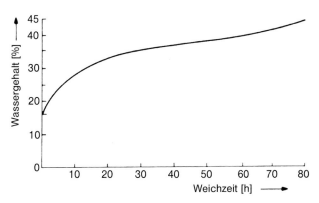

Abb. 5.1 Verlauf der Wasseraufnahme bei reiner Wasserweiche.

Tab. 5.2 Weichzeiten (in h) in Abhängigkeit von Wassertemperatur und Weichgrad [666].

Temperatur °C	Wassergehalt %		
	40	**43**	**46**
9	47,5	78	101
13	34	54	78,5
17	30	46,5	73
21	21	28	44,5

Höhere Weichwassertemperaturen als 25 °C sind jedoch nicht empfehlenswert [668].

Von weiterem Einfluß auf die Geschwindigkeit der Wasseraufnahme ist die *Beschaffenheit der Gerste:* So brauchen vollbauchige Körner länger als schwache [669, 670], doch dürften die hier auftretenden Unterschiede auch in Abhängigkeit vom angewendeten Weichverfahren stehen.

So nehmen bei reiner Naßweiche größere, vollbauchige Körner das Wasser langsamer auf als kleine, flachere (Abb. 5.3). Bei einem Weichverfahren mit ausgedehnten Luftrasten ergibt sich während dieser jedesmal ein gewisser Ausgleich, so dass es auf diese Weise sogar möglich ist, Gerste von I. und II. Sorte

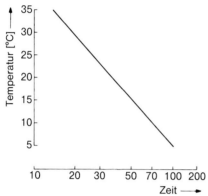

Abb. 5.2 Zusammenhänge zwischen Weichtemperatur und Weichzeit bei gegebenem Weichgrad. Die Zeiteinheiten sind willkürlich gewählt [667].

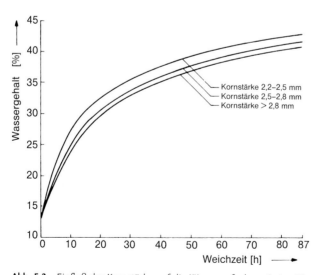

Abb. 5.3 Einfluß der Kornstärke auf die Wasseraufnahme (reine Wasserweiche).

zusammen zu weichen, ohne deshalb ein ungleichmäßiges Gewächs in Kauf nehmen zu müssen (Abb. 5.4, 5.5).

Der *ursprüngliche Wassergehalt* der Gerste hat für die Wasseraufnahme nur eine untergeordnete Bedeutung, sofern er nicht tiefgreifende *Unterschiede in der Kornstruktur* zur Folge hat. Dies kann jedoch der Fall sein, wenn Gersten aus feuchten oder trockenen Jahren zur Verarbeitung kommen. Gersten, die heiß und trocken aufgewachsen sind, verzeichnen eine langsame Wasseraufnahme, ebenso Gersten, die ihre Mälzungsreife noch nicht erlangt haben. Diese letzteren besitzen meist auch eine ausgeprägte Wasserempfindlichkeit. Eine Aussage über das Verhalten derartiger Gersten gibt die Bestimmung des Quellvermögens [353].

Eiweißreiche Gersten zeigen nur dann eine langsame Wasseraufnahme, wenn durch die Aufwuchs- und Erntebedingungen ihre Kornstruktur für die Wasser-

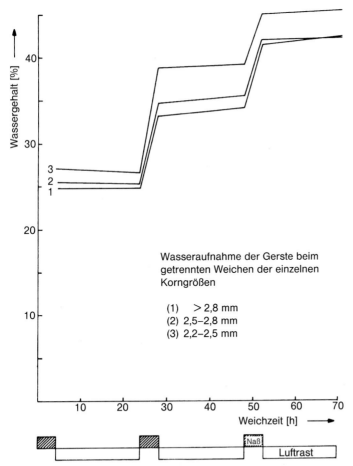

Abb. 5.4 Wasseraufnahme der Gerste beim getrennten Weichen der einzelnen Korngrößen.

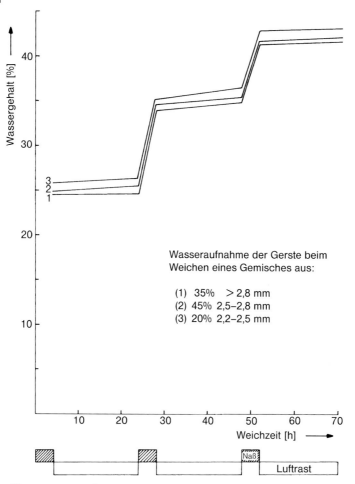

Abb. 5.5 Wasseraufnahme der Gerste beim Weichen eines
Gemisches aus:
(1) 35% >2,8 mm
(2) 45% 2,5–2,8 mm
(3) 20% 2,2–2,5 mm.

aufnahme ungünstig ist; ansonsten ließen sich bei Gersten ein und desselben
Jahrgangs keine Unterschiede erkennen [134].

Procyanidinfreie Gerstensorten, wie z. B. Gallant oder Caminant, zeigten eine
raschere Wasseraufnahme, die wohl einmal durch das kleinere Korn, zum anderen aber auf das Fehlen von hydrophoben Polyphenolen in der Samenschale
zurückzuführen ist [671, 672].

Der Einfluß der *Kornstruktur* wurde vorstehend im Zusammenhang mit warmen, trockenen Aufwuchs- und Erntebedingungen angesprochen. Hierdurch
wird eine dichte Endospermmatrix und ein höherer Anteil an kleineren Stärke-

körnern bewirkt [674]. Die Dicke der Endospermzellwände erwies sich als stark sortenabhängig, die wiederum durch die obigen Bedingungen gefördert werden. Die Wasseraufnahme in der ersten Weichphase konnte durch eine erhöhte Ausgangsfeuchte des Korns sowie durch eine verstärkte Eiweißeinlagerung beeinträchtigt werden. Verdickte Zellwände im Schildchen- und Rückenbereich des Korns behinderten die Wasseraufnahme in der zweiten Weichphase, während die sorten- und umweltbedingte Variation der Matrixdichte ohne gesicherte Auswirkungen auf das Wasseraufnahmeverhalten blieb. Schließlich war dieses in besonderem Maße von der physiologischen Aktivität der Gerste geprägt. So nahmen intensiv keimende Gersten besonders große Wassermengen auf und waren so weniger vitalen deutlich überlegen. Dies äußerte sich besonders in der dritten Weichphase [675]. Diese Erkenntnis wurde schon früher getroffen: eine sorgfältig behandelte, einwandfrei gelagerte, mälzungsreife Gerste zeigte ein wesentlich höheres Quellvermögen als eine Gerste, die durch ungünstige Bedingungen gelitten hatte [676].

Die Wasserverteilung im Korn zeigte nach 5 bzw. 20 Stunden keine gesicherten sortentypischen oder umweltbedingten Unterschiede. Erst im weiteren Verlauf des Weichprozesses werden Sorten- und Umwelteinflüsse erkennbar. Diese waren aber nicht durch die Matrixbeschaffenheit gegeben, sondern vor allem durch das sorten- und umweltbedingte unterschiedliche Keimverhalten. Frühzeitig und besonders intensiv keimende Gersten zeigten eine deutlich verzögerte Durchfeuchtung des Mehlkörpers, da der Keimling durch sein rasches Wachstum einen besonders hohen Wasserbedarf hat und z. B. bei der Luftrast dem Mehlkörper das bereits aufgenommene Wasser wieder entzieht. Interessanterweise erwies sich die Wasserverteilung im Mehlkörper nicht als begrenzender Faktor für die Qualität der erzeugten Malze. Ungünstige Auswirkungen auf die Malzqualität rief dagegen eine schnelle und gleichmäßige Wasserverteilung durch eine eingeschränkte Vitalität der Gerste hervor [675].

Eine Erhöhung des Druckes auf das Weichgut, wie es sich bei sehr tiefen Weichen ergeben kann, blieb ohne merklichen Einfluß auf die innerhalb einer bestimmten Zeit erzielte Wasseraufnahme [673].

5.1.3
Die Sauerstoffversorgung des Korns

Mit der Erhöhung des Wassergehaltes beginnt die Gerste zu atmen. Diese Lebenstätigkeit erfordert Sauerstoff nach der bekannten Formel:

$$C_6H_{12}O_6 + 6\,O_2 \rightarrow 6\,CO_2 + 6\,H_2O + 2818 \text{ kJ } (674 \text{ kcal})$$

Es entsteht somit für jedes Molekül verbrauchten Sauerstoffs ein Molekül Kohlendioxid. Das Verhältnis von CO_2 zu O_2, der Atmungskoeffizient, ist hier gleich 1. Wenn aber Sauerstoffmangel vorliegt, tritt immer ein Kohlensäureüberschuß ein und der Quotient wird größer als 1. Die Mehrmenge an CO_2 entstammt dann einer alkoholischen Gärung. Hierbei kann der Keimling von den entstehenden Stoffwechselprodukten Alkohol und Kohlensäure vergiftet werden. Unversehrte Gerstenkörner entwickeln demnach selbst unter optimalem Luftzutritt zunächst eine leichte alkoholische Gärung, bis das Korn spitzt und somit die durch das Weichen sehr dicht um das pralle Korn liegenden Spelzen durchbrochen werden. Damit bekommt der Keimling Kontakt mit der Außenluft, und der angestaute Alkohol beginnt durch intracellulare Oxidation zu schwinden [677]. Schon 4–5 Stunden nach Beginn des Weichens erreicht der Atmungskoeffizient den Wert 1,8, ein Zeichen für unzureichende Sauerstoffversorgung und Anaerobiose [678].

Die Kontrolle der Gasatmosphäre während der industriellen Mälzung ergab, dass während der ersten Naßweiche im Abluftstrom über der Wasseroberfläche neben Kohlendioxid auch Kohlenmonoxid, Methan und Dimethylsulfid (letztere durch den Abbau von organischen Stoffen und anderen biologischen Quellen) festzustellen sind.

Bei der ersten Luftrast tritt eine starke Entwicklung von Ethanol ein, aber auch von Acetaldehyd. Dies geschieht, solange das Korn intakt ist und somit im Innern Sauerstoffmangel herrscht. Nach dem Durchbrechen der Frucht- und Samenschale erfährt der Embryo aerobe Bedingungen. Der Besatz an Mikroorganismen könnte in dieser Phase in Wettbewerb um den Sauerstoffgehalt (im Weichwasser oder durch Belüftung) treten und einen Sauerstoffmangel hervorrufen [679].

In allen Stadien der Ankeimung kommt Ethanol vor, trotz Sauerstoffzugabe oder Belüftung. Die Gerste reagiert auf den Sauerstoffmangel durch die Entwicklung von Alkoholdehydrogenasen. Ungekeimte Gerste enthält hauptsächlich Adh 1×Adh 1 Isoenzyme, aber auch kleine Anteile von Adh 1×Adh 2. Während des Weichens werden Adh 2-Isoenzyme induziert, unabhängig von den Mälzungsbedingungen. Adh 3 wird sowohl bei normaler Belüftung als auch beim Einblasen von Stickstoff (um Sauerstoffmangel darzustellen) entwickelt. Dies beweist, dass das Weichgut einen Sauerstoffmangel während des Weichens erfährt, trotz kontinuierlicher Luftzufuhr. Sauerstoffmangel, hervorgerufen durch Stickstoff-Begasung, verschlechterte die Ankeimung nicht, wenn er zu Beginn des Weichens bewirkt wurde, wohl aber in einem späteren Stadium, z. B. der zweiten Hälfte der ersten Luftrast. Somit ist die Lüftung während der Luftrast viel wichtiger als z. B. während der ersten Nassweiche. Diese hat aber wiederum den Effekt des Austreibens der gebildeten Kohlensäure [680].

Bereits ein Alkoholgehalt von 0,1% kann ein ungleiches Wachstum hervorrufen. Höhere Weichtemperaturen erhöhen die Alkoholproduktion, ebenso wie das Fehlen von Sauerstoff im Fortgang der Weich- oder Ankeimphase. Unter den letzteren Gegebenheiten kann die Alkoholkonzentration sogar mehrere Prozente erreichen, die zu einer Inhibition des Wachstums führt. Bei sachgemäß geführter Weiche mit entsprechend bemessenen Luftrasten ist die gebildete Alkoholmenge jedoch unbedeutend. Sie ist um so niedriger, je schneller es gelingt, das Korn zum Spitzen zu bringen.

Die entstehende Kohlensäure übt stets eine hemmende Wirkung auf das Wachstum aus, selbst dann, wenn zusätzlich genügend Sauerstoff zur Verfügung steht. Das Kohlendioxid verhindert die volle Ausnutzung des Sauerstoffs. Es muß daher die Kohlensäure – vor allem während der Luftrasten – so weit wie möglich entfernt werden.

Werden diese Faktoren nicht berücksichtigt, so bewirken die Produkte des anaeroben Stoffwechsels eine schwere Schädigung des Keimlings. Bei der „intramolekularen" Atmung nimmt das Weichgut einen esterigen, säuerlichen, in schweren Fällen sogar einen fauligen Geruch an. Das Korn verliert an Festigkeit und erfährt eine übermäßige Wasseraufnahme („Totweiche"), wobei die Keimfähigkeit – vor allem der keimschwächeren Körner – verlorengeht.

Der Sauerstoffbedarf der Gerste ist besonders groß, wenn das Korn am Ende der Keimruhe noch eine hohe Wasserempfindlichkeit hat (s. Abschnitt 3.4.2) Auch schlecht gelagerte Gersten verhalten sich in ähnlicher Weise.

Die Wasserempfindlichkeit der Gerste muß beim Weichen – vor allem in großen Weichbehältern und in pneumatischen Keimanlagen – peinlich genau beachtet werden. Dies kann geschehen durch reichliche Sauerstoffzufuhr bei langen Luftweichperioden sowie durch eine sparsame, auf die physiologischen Gegebenheiten der Gerste abgestimmte Wasserdosierung.

Es ist von Bedeutung, dass gerade während der Naßweiche keine gleichmäßige Sauerstoffverteilung möglich ist. Beim Einblasen von Luft steigt die Sauerstoffkonzentration von unten nach oben hin an, während bei ständigem Wasserzufluß die Sauerstoffkonzentration im unteren Teil der Weiche am höchsten ist [681]. Der Sauerstoffgehalt des Wassers ist auf diese Weise bereits in der Mitte der Weiche verbraucht [577].

Eine Untersuchung der Sauerstoff-, Kohlendioxid- und Ethanolgehalte im weichenden Korn zeigte, dass es bei Flachbodenweichen besser gelang, durch Belüftung den Abfall des Sauerstoffgehaltes im Weichwasser hinauszuzögern als in einer zylindrokonischen Weiche. Die Belüftung führte zu CO_2-Gehalten, die in der ersteren nur 15–20% dessen betrugen, was sich in der zylindrokonischen Weiche ansammelte. So erreichte dann auch der Ethanolgehalt im Korn mit 10 µg/Korn nur 1/3 des Wertes wie beim zylindrokonischen Weichentyp. In diesem stieg der Kohlendioxidgehalt von der oberen zur unteren (Konus-)Schicht von 0,36 auf 1,9 g/l an [682]. Ein Vergleich zwischen zylindrokonischen Gefäßen mit Belüftungsringen und Flachbodenweichen mit festinstallierten Belüftungsrohren unter der Horde zeigte auf, dass bei bei den Systemen jedoch tote Zonen gegeben waren, die keine Belüftung erfuhren. Demgemäß waren auch die Sauerstoffgehalte im Weichgut sehr verschieden (s. Tab. 5.3). Die beste

Tab. 5.3 Sauerstoffgehalte bei der Naßweiche in verschiedenen Weichgefäßen [683].

	Zylindrokonische Weiche 25 t		Flachbodenweiche 225 t		Luftumwälzweiche 50 t	
	min.	max.	min.	max.	min.	max.
Gelöster Sauerstoff mg/l	0,1	5,0	0,4	7,5	5,0	8,0

Tab. 5.4 Effekt einer dauernden Luftumwälzung bei pneumatischer Weiche [716].

	Ringrohr	Injektor
Extrakt wfr. %	80,4	80,9
MS-Differenz EBC %	2,0	1,8
Viskosität mPas	1,58	1,56
ELG %	41,4	43,1
Vz 45 °C %	36,5	40,0

Lösung einer intensiven und gleichmäßigen Belüftung des Gutes bietet eine zylindrokonische Weiche mit zentraler Preßluftdüse, die das Gut über ein Steigrohr umwälzt (Geisir). Bei letzterer ergaben sich nach Tab. 5.3 nur relativ geringe Unterschiede [683].

Ergebnisse über den Erfolg der Luftumwälzweiche sind in Tab. 5.4 aufgeführt.

Dieser Erfolg der Luftumwälzweiche warf die Frage auf, ob nicht eine gezielte Bewegung des Gutes allein eine Verbesserung durch Eliminieren der Kohlensäure erbringt. Es zeigte sich aber, dass eine deutlich raschere und gleichmäßige Ankeimung nur durch eine kontinuierliche Luftumwälzung über ein Zentralrohr bewirkt wurde. Den besseren Analysendaten des Malzes standen höhere Schwandwerte gegenüber. Die Erfolge der Arbeitsweise waren bei keimreifer Gerste am größten; es gelang aber nicht, die Wasserempfindlichkeit nennenswert zu verringern oder gar die Keimruhe abzubauen [685].

Der Einsatz von reinem Sauerstoff erbrachte keine günstigeren Ergebnisse. Er war im Gegenteil in gleicher Weise abträglich wie eine CO_2-Atmosphäre [686].

Die Sauerstoffaufnahme während der verschiedenen Phasen des Weichprozesses kann anhand der OCR (Oxygen Consumption Rate) ermittelt werden. Hierbei wird die Sauerstoffabsorption einer Weichprobe in sauerstoffgesättigtem Wasser gemessen. Es erwiesen sich zwei kurze Naßweichen mit einer 10-stündigen Luftrast dazwischen bis zu einem Wassergehalt von 38% mit nachfolgender Erhöhung der Feuchte während der Keimung („aktivierte Keimung") als wesentlich günstiger als eine dritte Naßweiche mit entsprechend höherem Ausweichgrad. Diese Ergebnisse wurden abgesichert durch die Bestimmung der Glycerinaldehyd-3-Phosphat-Dehydrogenase. Die Aktivität dieses Enzyms des Atmungsstoffwechsels fällt um so rascher, je besser es gelingt, beim Weichprozeß günstige Bedingungen zu schaffen [687].

Bei der Luftrast steigt die OCR um den 2–3fachen Betrag gegenüber der belüfteten Naßweiche parallel zum Einzug des Oberflächenwassers an. Hierbei erreicht der Sauerstoff die aktiven Gewebe im Keimling leichter [688].

Während der genannten „Luftrast" kommt es jedoch, je nach Stadium des Weichprozesses, bereits 1–2 Stunden nach Ablassen des Weichwassers zur Bildung einer CO_2-Menge von 3–5 Vol% [689], die durch Absaugen entfernt werden muß. Die CO_2-Bildung ist naturgemäß von der Temperatur im Weichgefäß abhängig: bei 12 °C bilden sich am Boden einer 4 m tiefen Weiche 2–6% CO_2/h, bei 15–16 °C dagegen schon 10–12%/h. Kurzfristig werden in der unteren Schicht noch deutlich höhere Werte festgestellt [690].

Im Zusammenhang mit der Luftrast ergibt sich auch die Frage, wie die Temperatur im Weichgut während dieser Zeit gehalten werden kann. Dabei stellen sich in Trichterweichen, je nach der Intensität der Belüftung, unterschiedliche Temperaturen ein, die eine Inhomogenität des späteren Malzes fördern können. Es müssen folglich die Saugventilatoren entsprechend groß ausgelegt sein, wie auch die zugeführte Luft einer Konditionierung (nach Temperatur und Luftfeuchtigkeit z. B. über 90%) bedarf (s. Abschnitt 5.2.1.9).

Wird nur die gebildete Kohlensäure abgesaugt, dann stellt sich im Verlauf der Luftrast, z. B. von 16 Stunden Dauer, ein Temperaturanstieg von 16 °C auf 22 °C (im Konus) und 30 °C (in der Oberschicht) ein, was somit eine Differenz von 8 °C bedeutet. Die Begasung mit Stickstoff während der ersten zehn Stunden der Luftrast verringerte die Differenzen auf ca. 3 °C, da die Atmung des Gutes gedämpft wurde. Hierdurch erfuhr allerdings die Ankeimung eine Verzögerung, die sich jedoch während des ersten Keimtages ausglich. Wurde die Weiche mit Umluft temperiert, so ergab sich wohl eine leichte CO_2-Anreicherung, die aber ohne Nachteile war. Es stieg aber die Temperatur im Weichbehälter während der Luftrast von 16 °C einheitlich auf 24 °C. Es spielte also die Intensität des Umluftstromes eine wichtige Rolle für die Homogenität der Ankeimung. Es war aber auch der Einsatz von Stickstoff ohne Nachteile für die Beschaffenheit des Malzes [691].

Es ist jedoch der Druck in der Weichphase ohne Wasser ohne Einfluß auf die Atmung des Gutes. Wenn sich das Korn unter Wasser befindet, ist die Verzögerung der Keimung und der Auflösung dem absoluten Druck und seiner Dauer proportional [692]. Aus diesem Grunde ist die Umwälzung des Weichgutes während der Naßweiche von entsprechender Bedeutung.

5.1.4
Die Reinigung der Gerste

Durch das Weichen erfolgt auch eine Reinigung der Gerste; so werden Verunreinigungen abgelöst und beim Überlaufen des Wassers abgeschwemmt. Die im Wasser gelösten Ionen setzen sich mit den Inhaltsstoffen der Spelzen um und verstärken den Wascheffekt oder schwächen ihn ab. Hydrogencarbonat-Ionen beeinflussen die Reinigungswirkung des Wassers günstig.

Eine Verstärkung dieses Effekts wird durch die intensive Bewegung des Gutes beim Einweichen und während der Naßweichen durch Belüften über Ringrohre oder besonders durch einen Injektor mit Steigrohr erreicht. Der früher übliche Zusatz von Alkalien oder Wasserstoffperoxid (siehe frühere Ausgaben dieses Buches) wurde aus lebensmittelrechtlichen Überlegungen heraus nicht mehr gestattet.

Eine Entlastung der Weiche und damit vor allem des Abwassers erbringt eine intensive mechanische Reinigung des Gutes über Strömungsreiniger oder Vibrationssiebe (s. Abschnitt 3.3.1), wobei hier die Bewegung und der Kontakt der Körner in den Transportanlagen die Wirkung der Apparate noch verbessert. Es wurde sogar eine eigene Scheuermaschine entwickelt [693].

Eine sehr gute Naßreinigung erbringt die Waschtrommel, die zum Einweichen und Reinigen des Gutes z. B. für Flachweichen dient (s. Abschnitt 5.2.4).

Dabei wird das Waschwasser im Gegenstrom eingeleitet, wodurch das austretende, auf ca. 30% befeuchtete Gut mit Frischwasser beaufschlagt wird.

Einen kräftigen mechanischen Effekt üben auch die Waschschnecken aus (s. Abschnitt 5.2.4.1)

Es kommt aber nicht nur darauf an, mechanische Verschmutzungen oder Mikroorganismen zu entfernen, sondern durch die Weiche und Wäsche gilt es auch, Keimungsinhibitoren (s. Abschnitt 3.4.1) weitgehend zu eliminieren. So fiel Abcisinsäure bei belüfteter Naßweiche innerhalb von 20 Std. auf unter 10% des Ausgangswertes ab, dann aber bei bereits keimenden Körnern. Dies war nicht der Fall bei einer unbelüfteten Naßweiche von 70 Stunden Dauer. Es wurde daraus geschlossen, dass das Gerstenkorn über ein Abcisinsäure-abbauendes System verfüge, das an den Induktionsmechanismus der Keimung gekoppelt sei und durch einen genügenden Sauerstoffgehalt aktiviert wird [694].

Die biologische Beschaffenheit des Wassers spielt bei der großen Menge an Organismen, die von der Gerste eingebracht werden, im allgemeinen nur eine untergeordnete Rolle (s. a. Abschnitt 2.3).

Das Wasser muß jedoch frei von schädlichen Geruchs- und Geschmacksstoffen (z. B. Phenole) sowie von pathogenen Keimen sein.

Die *Anwendung von Warm- oder Heißwasser* zur Unterstützung der Reinigung der Gerste mit oder ohne Weichzusätzen ist nur in Betrieben möglich, die über billige Abwärmequellen verfügen.

Warmes Wasser von ca. 25 °C kann bei der ersten Weiche, vor allem im Winter, eine Anwärmung der Gerste erbringen, die dann auch eine raschere Wasseraufnahme zur Folge hat. Wichtig ist bei einem derartigen Verfahren eine gründliche Durchmischung des Gutes in der Weiche (s. Weicheinrichtungn), um Zonen unterschiedlicher Temperatur und damit eine ungleiche Wasseraufnahme und Ankeimung zu vermeiden.

Die Warmwasserweiche sollte nicht länger als 2–4 Stunden, d.h. bis auf einen Wassergehalt von 30–32% ausgedehnt werden, um einen Temperaturschock beim folgenden Weichprogramm zu vermeiden.

Es ist jedoch bei einem auf die physiologischen Gegebenheiten des Weichvorganges angepaßten Verfahren durchaus wünschenswert, mit temperiertem Wasser von 15–18 °C zu arbeiten, um die einzelnen Stadien „nahtlos" ineinander überzuführen (s. Abschnitt 5.2.2.2).

Beim Einsatz von Waschschnecken (s. Abschnitt 5.2.4) kann die Anwendung von wärmerem Wasser, z. B. von 30 °C, einen besseren Reinigungseffekt und eine raschere Wasseraufnahme bewirken.

In den 1920er Jahren wurde eine Heißwasserweiche bei 40–50 °C von nur 15 Minuten Dauer vorgeschlagen. Zuzeiten des Überschusses von Warm- und Heißwasser aus dem damals üblichen Energieverbund – speziell bei Brauerei-

Mälzereien – wäre dies technisch möglich gewesen. Doch kam es im Weichbehälter unweigerlich zu Temperaturunterschieden, wenn dieser nicht abgedeckt und angemessen isoliert war. Eine größere Bedeutung kam der Warm-/Heißwasserweiche im Rahmen des Wiederweichverfahrens zu (s. Abschnitt 6.4.2).

Um den Besatz an Mikroorganismen zu verringern, wird in einem neueren Verfahren die Gerste 10–15 s mit Wasser von Raumtemperatur berieselt, dann ganz kurz mit heißem Wasser gewaschen und dann wieder mit kaltem Wasser berieselt. Am besten war eine Wäsche von 5 s bei 100 °C, welche sogar das Keimbild und die Malzauflösung (nach Friabilimeter) verbesserte. Der Mikroorganismengehalt (meist Schimmelpilze) wurde signifikant verringert [695].

5.2
Praxis des Weichens

5.2.1
Die Weicheinrichtungen

Zur Durchführung des Weichens dienen Weichbehälter unterschiedlicher Konstruktion. Sie sind zweckmäßig in einem eigenen Raum, dem „Weichhaus", zusammengefaßt, das nach Möglichkeit in der Nähe der Keimanlagen liegen soll.

Die Weichbehälter selbst haben im Laufe der Jahrzehnte verschiedene Veränderungen erfahren. Heutzutage werden verwendet:
a) zylindrisch-konische oder rechteckige Trichterweichen,
b) Flachweichen.

5.2.1.1 **Weichbehälter herkömmlicher Bauart**
Diese werden aus Stahlblech oder Stahlbeton gefertigt. Im Interesse der gleichmäßigen Behandlung und der einfacheren Entleerung ist ein runder Querschnitt erwünscht. Eine quadratische oder gar rechteckige Grundfläche ist bei den verschiedenen Verfahrensschritten schwieriger zu erfassen, doch wird verschiedentlich bei räumlichen Zwängen, vor allem bei großen Behältern, die runde Form verlassen.

Die Gestaltung des unteren Teils der Weiche ist konisch, bei runden Weichen mit einem Neigungswinkel von 45–60°, bei rechteckigen oftmals von 65–75° versehen, um das Entleeren der Behälter zu erleichtern.

Große Weicheinheiten, die rechteckig oder gar langgestreckt angeordnet sind, bedürfen einer Unterteilung in einzelne quadratische Abschnitte, von denen jeder in einen Trichter mündet (Abb. 5.6).

Zylindrokonische Weichen werden bis zu einer Größe von ca. 50 t hergestellt; für große Keimeinheiten kommen jeweils mehrere Trichterweichen zum Ansatz.

Um eine gute Klimatisierung der einzelnen Weichbehälter unabhängig vom Weichraum zu ermöglichen, ist es zweckmäßig, diese mit einer Haube abzu-

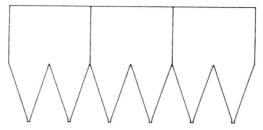

Abb. 5.6 Unterteilung einer rechteckigen Weiche (Seeger, Fassungsvermögen 150 t).

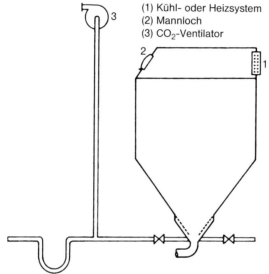

(1) Kühl- oder Heizsystem
(2) Mannloch
(3) CO$_2$-Ventilator

Abb. 5.7 Abgedeckte Weiche mit Kühl- und Heizaggregat.

decken und in dieser die Klimaanlage (Erwärmung, Kühlung) zu installieren (Abb. 5.7).

Sowohl Weichen aus Stahlblech als auch aus Beton bedürfen eines Spezialanstrichs, um Korrosionen oder eine nachteilige Beeinflussung der Gerste durch das Gefäßmaterial zu vermeiden, wie sie z. B. durch Reaktion des Eisens mit den Polyphenolen der Spelzen entstehen kann. Dem heutigen Stand der Technik entspricht die Erstellung der Weichen aus rostfreiem Stahl bzw. eine Auskleidung von Betonbehältern mit Edelstahl.

Die höheren Anschaffungskosten werden durch die leichtere Reinigung und durch den Wegfall des periodisch erforderlichen Anstrichs kompensiert.

5.2.1.2 Fassungsvermögen

Das Fassungsvermögen einer Weiche errechnet sich aus dem Volumen der zu weichenden Gerstenmenge, der Volumenzunahme des Gutes während der Weiche und einem zusätzlichen Raum für die Bewegung der Gerste.

Bei einem durchschnittlichen Hektolitergewicht der Gerste von 70 kg nimmt 1 t Gerste 1,42 m³ Raum ein. Die Volumenzunahme beträgt unter normalen Weichbedingungen 40% = 0,57 m³, so dass die gequollene Gerste 2 m³ Raum beansprucht. Der Raum für die Bewegung der Gerste beträgt 20%, wodurch 1 t Gerste rund 2,4 m³ Weichraum erforderlich macht (s. Abschnitt 5.2.4).

Die *Inhaltsberechnung* einer zylindrisch-konischen Weiche erfordert die gesonderte Berechnung der beiden Teile (Beispiel einer Weiche für 7,0–7,5 t Gerste):

a) Inhalt des zylindrischen Teils (Durchmesser 3,0 m, Höhe 2,0 m):

$$I_1 = \frac{d^2\pi}{4} \cdot h_1 = 14,0 \text{ m}^3$$

b) Inhalt des konischen Teils (Durchmesser 3,0 m, Höhe 1,5 m):

$$I_2 = \frac{d^2\pi}{4} \cdot \frac{h_2}{3} = 3,5 \text{ m}^3$$

c) Gesamtinhalt: $I_1 + I_2 = 17,5 \text{ m}^3$

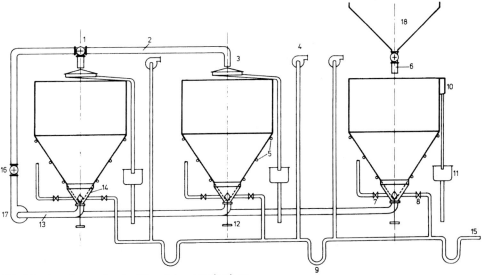

Abb. 5.8 Anordnung einer herkömmlichen Weichanlage.
1 Dreiwegeschieber – 2 Druckleitung – 3 Wasserabscheider –
4 Gebläse – 5 Weichenbelüftung – 6 Gersteneinlauf mit Schieber – 7 Frischwasserventil – 8 Abwasserventil – 9 Wasservorlage für Saugventilator – 10 Überlaufkasten – 11 Schwimmgerstenfänger – 12 Ausweichventil – 13 Saugleitung zur Weichgutpumpe – 14 Weichenschüssel – 15 Abwasserleitung – 16 Dreiwegeschieber als Abzweig zur Ausweichleitung – 17 Weichgutpumpe – 18 Gerstenrumpf.

Das *Gesamtfassungsvermögen* aller Weichen soll auf die maximal erforderliche Weichzeit, einschließlich der Einweich-, Ausweich- und Reinigungszeiten, ausgelegt sein. Selbst unter Zugrundelegung moderner Weichverfahren werden in der Regel noch 48 Stunden Gesamtbelegungszeit der Weichen angenommen, es sei denn, man plant bewußt eine geringere Weichzeit ein. Bei 48 Stunden Weichzeit benötigt man *zwei Weicheinheiten*. Die Zahl der Weichgefäße pro Einheit hängt wiederum von der Größe der Keimanlage ab. Um nämlich das Weichgut gleichmäßig behandeln zu können, werden die einzelnen Weichbehälter herkömmlicher Bauart („Trichterweichen") auf höchstens 50 t Einweichgerste bemessen. Es soll damit vermieden werden, dass die Weiche zu tief wird, da sich u.U. die Belüftung schwierig gestaltet und damit die spätere Keimung ungleichmäßig verläuft.

Größere Weichbehälter werden deshalb rechteckig mit mehreren Konusausläufen erstellt. So benötigt z.B. ein Keimdarrkasten von 150 t Einweichmenge pro Weicheinheit (Weichtag) 3 Weichen à 50 t, von denen jede zwei Konusausläufe aufweist.

Dennoch ist die größte Tiefe eines Weichbehälters einschließlich Trichter 5,5 m. Hier werden eine Reihe von Hilfseinrichtungen benötigt, um eine gleichmäßige Behandlung des Gutes zu gewährleisten.

5.2.1.3
Flachbodenweichen

Flachbodenweichen bieten dem Gut wesentlich gleichmäßigere Bedingungen, da die Schichthöhe von 1,7–2 m (1200–1500 kg/m^2) über die gesamte Horde gleich ist. Die Horde entspricht hinsichtlich Schlitzgestaltung (2 mm×20 mrn), Versteifung und Material (verzinktes Stahlblech, Edelstahl) der des Keimkastens (s. Abschnitt 6.3.3.2). Die Weichbehälter sind rund oder rechteckig.

Runde Flachbodenweichen: Der Raum unter der Horde ist flachkonisch, um einen raschen Wasserablauf zu ermöglichen. Seine Höhe sollte einerseits gering sein, um beim Naßweichen einen möglichst geringen Totraum zu haben, der den Wasserverbrauch bestimmt. Er muß aber während der Luftrasten eine gleichmäßige Förderung der CO_2-haltigen Luft ermöglichen und eine einwandfreie Reinigung erlauben. Unterhalb der Horde, um die zentrale Säule des Ausräumers befindet sich ein konischer Ausräumtrog; der Konuswinkel beträgt 60°, um sowohl „naß" als auch „trocken" ausweichen zu können (Abb. 5.9).

Eine andere Konstruktion sieht eine seitliche Ausräumung vor.

Sehr wichtig ist das Be- und Entladegerät, ein meist 4-armiger Radialräumer, dessen verstellbare Paddeln ein gleichmäßiges Ausbreiten bzw. ein rasches Abräumen des Gutes in den Keimkasten erlauben (Abb. 5.10). Die Druckbelüftung während der Naßweiche erfolgt durch festeingebaute Düsen oder aber über drehbare mit Bohrungen versehene Rohre. Diese Vorrichtung kann auch zum Reinigen der Horde von unten bzw. des Hordenraumes herangezogen werden.

Die CO_2-Absaugung wird von oben nach unten getätigt, wobei die Lüfterleistung dem jeweiligen Stadium anzupassen ist. Nachdem es sich hierbei um

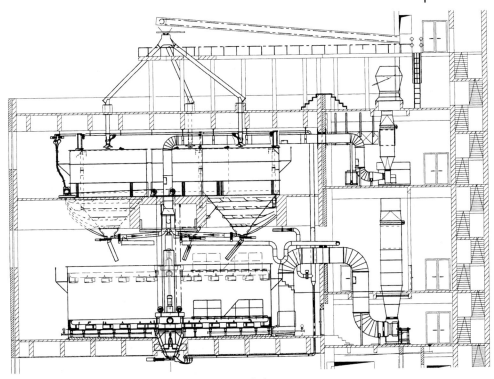

Abb. 5.9 Kombination von Trichterweichen mit einer Flachbodenweiche (zentrale Ausräumung) nach Seeger.

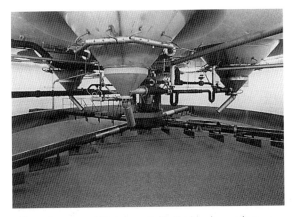

Abb. 5.10 Be- und Entladegerät für Flachbodenweichen
(Seeger). Anordnung von 4 Trichterweichen (à 40 t) und einer
Flachbodenweiche (160 t Gerste).

nicht unbeträchtliche Luftmengen handelt, so sind diese zu temperieren und zu konditionieren. Das Weichgefäß ist durch eine Haube abgedeckt.

Die *rechteckige Ausführung* ist aus Stahlbeton errichtet, jedoch an der Innenseite mit Edelstahl ausgekleidet. Die Horden aus verzinktem Stahlblech oder Edelstahl weisen versetzte Schlitze (2×10 mm) auf und sind entsprechend versteift. Ein Feld an der Stirnseite des Kastens ist kippbar ausgeführt. Von hier aus fällt das Weichgut in einen zweiteiligen Entleerungstrichter: der obere dient der gleichmäßigen Speisung des unteren aus dem „naß", d.h. über einen automatisch eingestellten Wasserstand ausgeweicht werden kann. Der Wasserzusatz wird über zwei Niveautester gesteuert. Bei trockenem Ausweichen kann das zweite Gefäß entfallen. Der Füll- und Entleerungsräumer ist heb- und senkbar. Die Räumschaufeln sind an einer rostfreien Stahllaschenkette befestigt. Am Wender ist eine Beschwalleinrichtung zur intensiven Bewässerung des Gutes angebracht. Eine Tauchweiche ist nicht vorgesehen.

Die Beschickung der Weiche erfolgt über Weichgutschnecken von der ersten Weiche, d.h. der Trichterweiche her.

Für größere Einheiten werden die rechteckigen Flachbodenweichen wie Umsetzkasten System „Lausmann" (s. Abschnitt 6.3.5) ausgerüstet. Sie bestehen aus heb- und senkbaren Horden und dem Auftrag- und Abräumwender, der in beide Richtungen arbeiten kann. Die Horden werden zur Befüllung abgesenkt, zur Entleerung angehoben (Abb. 5.11). Der Wender gleicht die Oberfläche des Weichgutes aus bzw. er transportiert es in den Entleerungstrichter, von dem aus trocken oder naß in die Keimkasten gefördert wird. Beim Naßausweichen wird ein bestimmter Wasserstand durch Niveautester gesichert. Zur gleichmäßigen Beschickung der Ausweichpumpe ist der Ablaufkonus, mit einer Dosierschnecke versehen.

Der Wender ist mit einer Beschwallungsvorrichtung ausgestattet.

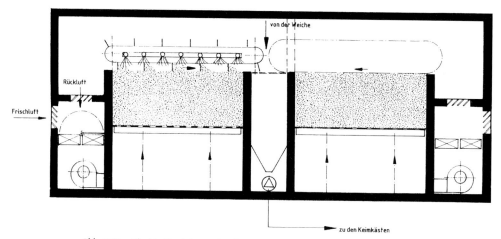

Abb. 5.11 Flachbettweiche nach „System Lausmann".

Nachdem eine eigentliche Naßweiche wegen des hohen Freiraumes unter der Horde (ca. 1 m) nicht vorgesehen ist, ist für eine intensive und gleichmäßige Bewässerung des Weichgutes zu sorgen. Dies kann durch intermittierende Beschwallung oder durch Bewegung der Düsenrohre geschehen. Es besteht sonst die Gefahr, dass das Wasser Rinnsale ausbildet, wodurch das Gut nur teilweise bewässert wird. Eine zweite Möglichkeit für eine „Naßweiche" ist das nasse Ausweichen über den Ausweichbehälter, die Pumpe und letztlich die Ausweichleitung.

Die Belüftung der rechteckigen Flachbodenweichen geschieht durch Druckluft, wobei der Ventilator auf eine Leistung von bis zu $200 \, m^3/t \cdot h$ ausgelegt ist (bei 70 daPa/m Gutschicht) und entweder drei Drehzahlbereiche (750, 1000, 1500 U/min) oder eine Frequenzregelung aufweist. Die Luftmenge wird über Temperaturfühler im Weichgut geregelt. Die Temperierung der Ventilationsluft geschieht über Frisch- und Rückluftmischung oder besser durch ein Kühlaggregat (s. Abschnitt 6.2.2.2). Es ist auch hier für eine Konditionierung dieser Luft auf mindestens 90% Feuchtigkeit Sorge zu tragen.

Ein neu entwickelter Flachweichentyp, eine „Ökoweiche" ist praktisch ohne Raum unter der Horde, d.h. der Siebboden sitzt auf dem Behälterboden auf. Die Zu- und Ableitung des Weichwassers, die Druckbelüftung während der Naßweichzeiten sowie die Abführung der Kohlensäure während der Luftrast erfolgen über eine Vielzahl von gleichmäßig über die Bodenfläche verteilten „Anstichen". Diese münden in Rohre mit konischem Einlauf, um einen strömungsgünstigen, raschen und gleichmäßigen Zu- und Ablauf des Wassers zu gewährleisten. Auch die Kohlensäureabsaugung kann hierdurch ohne tote Zonen (s. Abschnitt 5.1.3) geschehen. Die Preßluft wird aus einer eigenen dünnen Leitung in den jeweiligen Konus eingespeist. Die konischen Stutzen werden in Verteiler- bzw. Sammelrohre und diese wiederum in einen zentralen Sammelbehälter geführt (s. Abb. 5.12).

Über dieses Rohrsystem wird auch die Reinigung mittels einer CIP-Anlage getätigt.

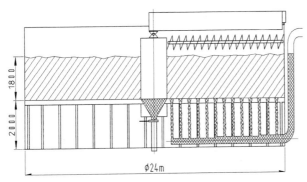

Abb. 5.12 Prinzip der „Ökoweiche" für 440 t Gerste – Seitenansicht (Bühler).

Abb. 5.13 Ökoweiche – Weichraum mit Hordenboden
und Belade- und Entladevorrichtung.

Die Beladung beträgt 1000 kg/qm, die Größe einer runden Flachweiche bis
550 t. Die Höhe des Weichgutes beträgt 1,4 m, der Raum unter dem Gefäß-
boden ist 2 m hoch. Hier ist das Rohrsystem für das Wasser, Zu- und Ablauf,
angeordnet. Die gleichmäßige Verteilung der Gerste bzw. das Abräumen des
Weichgutes wird durch eine horizontal umlaufende, heb- und senkbare Schnecke getätigt.

Durch Wegfall des Raumes unter der Horde können jene Wassermengen gespart werden, die in den bisherigen Flachweichen zum Auffüllen dieses Volumens benötigt wurden. Die Einsparung an Wasser-/Abwasser kann je nach Anlage bis zu 40% betragen. Diese geringeren geförderten Wassermengen bedingen auch eine entsprechende Energieersparnis.

Der Wasserbedarf ist wie folgt: Für die erste Naßweiche rund 1,15 cbm/t Gerste,
ebenso für die zweite 1,15 cbm/t Gerste = 2,3 cbm/t Gerste bzw. 2,7 cbm/t Malz.

Messungen in den verschiedenen Schichten des Weichgutes zeigten eine sehr
gleichmäßige Sauerstoffversorgung bei der Belüftung der Naßweiche, wobei je
nach Takt bzw. Belüftungsfolge Sauerstoffgehalte zwischen maximal 9 mg/l und
minimal 3,5 mg/l resultierten. Dies sind wesentlich bessere Werte als bei den
herkömmlichen Flachweichen (s. Tab. 5.3). Die Kohlensäuregehalte lagen in
den verschiedenen Schichten des Weichgutes bei der Luftrast konstant unter
0,1%, in den Sammelrohren unterhalb der Weiche stellten sich Werte von
0,7–0,9 ppm ein [684].

5.2.1.4 Aufstellung der Weichen

Die Aufstellung der Weichen erfolgt am besten zwischen den Vorratsrümpfen für die Einweichgerste und den Keimanlagen. Sie sind meist in einer Ebene, verschiedentlich auch übereinander angeordnet. Durch die Möglichkeit des „nassen" Ausweichens hat jedoch der Standort der Weichen etwas an Bedeutung verloren. Es sollte aber vermieden werden, dass das Weichgut über zu große Entfernungen bzw. Höhenunterschiede gepumpt werden muß, da u. U. Druckbeschädigungen des meist schon spitzenden Materials eintreten können.

Beim „Trockenausweichen" muß der Weichbehälter über dem zu beschickenden Keimapparat stehen.

5.2.1.5 Weichraum

Der Weichraum muß von der Außentemperatur unabhängig sein; er soll im Winter durch Heizen auf 15 °C, im Sommer durch Kühlung auf ca. 12 °C temperiert werden.

Sind die Weichen abgedeckt, so kann jede für sich mit einem Klimaaggregat versehen sein, durch dessen Rohrsysteme der Weichventilator die nötigen Luftmengen ansaugt (Abb. 5.7).

Es ist aber notwendig, für eine Befeuchtung (= Konditionierung) der Einströmluft zu sorgen, um ein Austrocknen der oberen Schicht des Weichgutes zu vermeiden. Die hierbei auftretende Verdunstungskälte bewirkt auch eine Abkühlung dieser Schichten. Dies ist einer gleichmäßigen Behandlung des Gutes nicht zuträglich (s. a. Abschnitt 5.2.2.2).

Die *Einrichtung der Weichen* hat sich zwar in den letzten Jahren entsprechend den technologischen Erfordernissen verbessert, aber gleichzeitig wesentlich komplizierter gestaltet. Zu der ursprünglichen Zu- und Ableitung des Wassers, der Ausweichöffnung und dem Schwimmgerstenablauf gesellten sich Vorrichtungen zum Umpumpen des Weichgutes, zur Druckbelüftung, zum Absaugen der Kohlensäure und evtl. zum Berieseln (s.a. Abb. 5.8).

5.2.1.6 Wasser-Zu- und -Ableitung

Die Leitungen sollen einen raschen Wasserwechsel ermöglichen, um die Naßweichzeiten genau einhalten zu können. Der Zeitaufwand zum Befüllen oder Entleeren der einzelnen Weichen darf eine Stunde keinesfalls überschreiten.

Der konische Teil der Weiche läuft nach unten in die Weichschüssel aus. In dieser sind seitlich Siebe eingebaut, durch die das Weichwasser ab- oder zulaufen kann, während die Gerste im Behälter verbleibt.

Die *Ausweichöffnung* befindet sich unten an der Weichschüssel und wird von einem Ventil verschlossen.

Der *Schwimmgersten-Ablauf* ist in der Nähe des oberen Randes der Weiche angeordnet. Er sollte durch einen Flachschieber auf die jeweils vom Weichgut eingenommene Höhe eingestellt werden können. Dadurch wird z.B. kurz nach dem Einweichen, wenn die Gerste noch ein verhältnismäßig geringes Volumen

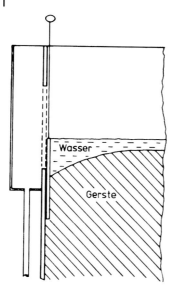

Wasser

Gerste

Abb. 5.14 Verstellbarer Wasserablauf.

hat, weniger Wasser zum Abschwemmen der Schwimmgerste in den sog. „Schwimmgerstenkasten" benötigt (s. Abschnitt 5.2.2) (Abb. 5.14).

Es finden auch höhenverstellbare, konisch ausgeführte Ablaufgefäße Verwendung. Der Siebzylinderaufsatz wird durch einen Elektromotor angehoben oder abgesenkt. Die unterschiedlichen Höhen werden durch ein Überschieberohr mit Faltenbalg überbrückt. Bei großen Weichen wird die Schwimmgerste durch ein Ringrohrsystem ausgespült.

5.2.1.7 Pumpen

Pumpen dienen der Beförderung des Weichgutes von einer Weiche in die andere, so z. B. von der „Einweichweiche" zur „Ausweichweiche". Bei nassem Ausweichen wird ebenfalls eine Pumpe benötigt. Diese muß, ebenso wie die zugehörigen Rohrschalter, so ausgebildet sein, dass eine Verletzung des Weichgutes, vor allem im Stadium der Ankeimung (Spitzen, Gabeln), vermieden wird. In der Regel finden Kanalradpumpen Verwendung, die aus Grauguß oder Edelstahl gefertigt sind. Ihre Leistung beträgt 3,0–3,5 m^3/t · h, die Förderhöhe ist auf ca. 10 m ausgelegt.

Bei Dreiwegschiebern bleibt der freie Querschnitt voll erhalten, bei Vierwegschiebern findet eine Veränderung, nicht Verringerung des Querschnitts von kreisrund auf rechteckig innerhalb des Schiebers statt (Abb. 5.15, 5.16).

Durch Anordnung von perforierten Abscheidern kann das Schmutzwasser beim Umpumpen von einem Weichgefäß zum anderen weitgehend entfernt werden.

Das Umpumpen bewirkt wohl eine gute Reinigung des Gutes, aber keine befriedigende Umschichtung, da die im Konus befindlichen Partien immer wieder nach unten gelangen.

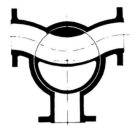

Abb. 5.15 Dreiwegdrehschieber (Schünemann).

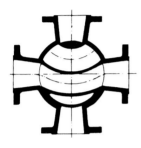

Abb. 5.16 Vierwegdrehschieber (Schünemann).

5.2.1.8 Zufuhr der Druckluft

Die Zufuhr der Druckluft geschieht bei kleinen Weichen durch einen einfachen, tragbaren Aufziehapparat, bei großen durch ein Steigrohr, in das von unten über eine Düse Preßluft eingeblasen wird. Hierdurch wird das Gut aus dem Konus im Steigrohr mit dem Wasser zusammen nach oben transportiert und gegen einen strömungstechnisch günstig konstruierten Schirm geschleudert. Durch eine entsprechende Bemessung des Weichgefäßes und des Zentralrohres läßt sich ein gleichmäßiger Umlauf vom Zweifachen des Behälterinhalts erreichen [683].

Die Maße einer 50 t-Weiche sind demnach wie folgt: Konuswinkel $60°$, Durchmesser 5,0 m, Verteilerschirm $150°$, Einzugskonus $90°$, Durchmesser des Zentralrohres 0,32 m.

Die angesaugte Luftmenge muß bei 15–25 $m^3/t \cdot h$ liegen, die je nach Höhe der Weiche auf 2–3 bar Ü verdichtet wird. Hierbei erfährt sie eine Temperaturerhöhung, die während der Dauer der Naßbelüftung mit einzukalkulieren ist.

Der Belüftung dienen auch feingelochte Ringkränze, die in mehreren Reihen von knapp über der Weichschüssel bis nahe an die Oberkante des Konus heranreichen. Um jedoch eine Umwälzung der Gerste zu bewirken, soll die Preßluft entweder über die Weichschüssel direkt oder über den knapp darüber angebrachten Ringkranz zugeführt werden. Auch Luftdüsen, die von einer, außerhalb der Weiche befindlichen Ringleitung gespeist werden, erfüllen ihren Zweck.

Abbildung 5.17 zeigt schematisch einen Vergleich zwischen einer Belüftung durch Ringkränze und durch ein Zentralrohr.

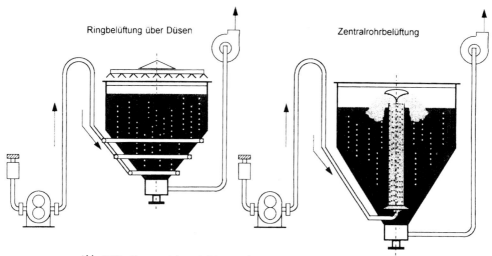

Ringbelüftung über Düsen   Zentralrohrbelüftung

Abb. 5.17 Konusweiche mit Ring- und mit Zentralrohr-belüftung (Bühler).

Bei (runden) Flachbodenweichen wird die Luft am besten über ein vierarmiges Drehkreuz zugeführt, um tote Zonen zu vermeiden.

Der beste Kontakt zwischen dem Weichgut und der Luft ist sicher im Zentralrohr mit Düse (Geisir) zu erzielen. Einen Eindruck über die Vorteile dieses Systems im Vergleich zu Ringrohren zeigen die Malzanalysendaten in Tab. 5.4 [716].

Ist die Umwälzung bei Naßbelüftung genügend intensiv, so kann auf das vorerwähnte Umpumpen verzichtet werden, wenn jede Weiche bzw. Weichengruppe gleichermaßen zum Ein- und Ausweichen geeignet ist. Hierdurch läßt sich eine namhafte Wasserersparnis erzielen, da das beim Umpumpen stets erforderliche Zusatzwasser in Wegfall kommt.

5.2.1.9 Entfernung der Kohlensäure

Die Kohlensäureentfernung geschieht durch eigene Saugventilatoren aus der Weichschüssel heraus; dabei ist die Absaugleitung an den Wasserablauf angeschlossen. Um zu vermeiden, dass der Saugventilator die Luft nicht durch das Weichgut, sondern aus der Abwasserleitung ansaugt, muß in diese eine entsprechend dimensionierte Wasservorlage eingebaut werden. Ist nur die bei der Atmung der Gerste anfallende Kohlensäure abzutransportieren, so genügt bei einer Ventilatorleistung von $15 \, \mathrm{m}^3$/t und h eine stündliche, 10–15 Minuten währende Absaugung. Es reicht also ein Ventilator für drei Weicheinheiten aus, der dann am besten automatisch geschaltet wird. Besondere Aufmerksamkeit ist dabei der Entfernung der Kohlensäure aus den weniger leicht erreichbaren Übergangsstellen zwischen zylindrischem und konischem Teil des Weichbehälters zu widmen.

Muß jedoch bei ausgedehnten Trockenweichen (12–24 Stunden) das Gut nicht nur vom CO_2 befreit, sondern darüber hinaus noch belüftet und gekühlt werden (s. Abschnitt 5.2.2.2), so ist am ersten „Weichtag" eine Ventilatorleistung von ca. 50 m^3/t und h, an den folgenden Tagen von 100–120 m^3/t und h bei 50 daPa (mm WS)/m Gutschicht erforderlich.

Die Lüfterleistung ist aber nicht konstant, sondern von der Ablufttemperatur abhängig. Wie Abb. 5.18 zeigt, war der Luftdurchsatz um so höher, je niedriger die Ablufttemperatur lag. Die Ablufttemperatur war dabei etwas höher als die Temperatur der unteren Schicht des Weichgutes, da eine Erwärmung der Luft infolge der Ventilatorarbeit stattfand [696].

Bei nachträglichem Einbau stärkerer Ventilatoren in bestehende Weichen kann es vorkommen, dass die – durch die dichtliegende Gerste verlegte – kleine freie Durchgangsfläche des Siebes der Weichschüssel die Förderung dieser Luftmengen unmöglich macht. In diesem Falle muß im unteren Drittel des Konus ein Siebkorb eingebaut werden, der zusammen mit dem genau eingestellten Belüftungsweg über das Bodensieb einen gleichmäßigen Lufteinzug ermöglicht (Abb. 5.19).

Bei den recht beträchtlichen Luftmengen, die zur Temperaturführung in einem wünschenswerten Bereich erforderlich sind, ist eine Temperierung, besser eine Konditionierung derselben von großer Bedeutung. Bei niedrigen Weichwassertemperaturen von z. B. 12 °C tritt bei Belüftung des Gutes mit derselben Temperatur nur eine geringfügige Abkühlung der oberen Schichten ein, bei höheren Weich- und Belüftungstemperaturen ist dagegen ein deutlicher Feuch-

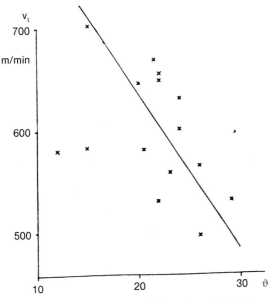

Abb. 5.18 Luftdurchsatz während der Luftrast bei Variation der Guttemperatur.

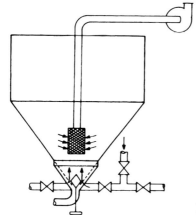

Abb. 5.19 CO$_2$-Absaugung aus dem Inneren der Weiche (Seeger).

tigkeitsentzug mit einer entsprechenden Abkühlung zu verzeichnen, so von 15 °C, $\varphi=0{,}7$ auf 12 °C, von 25 °C $\varphi=0{,}5$ auf 18 °C. Dadurch wird einer ungleichmäßigen Ankeimung Vorschub geleistet, zumal auch der Wassergehalt des Gutes während der Luftrast von 30 auf 22% absinkt.

Die Konditionierung der Luft bei höheren Temperaturen kann nur durch Feinstversprühen von Wasser entweder in der Zuluftöffnung der (geschlossenen) Weiche oder direkt über dem Gut erreicht werden, wobei aber keine Befeuchtung der Oberschicht, sondern lediglich eine Sättigung der Luft eintreten darf. Als Notbehelf kann die Berieselungsanlage kurzfristig, d.h. für ca. 2 Sekunden betätigt werden. Dieser Schritt ist je nach dem Trockenheitszustand der Oberschicht in bestimmten Abständen zu wiederholen. Ein ideales Weichverfahren zeigt Abb. 5.20 (s. Abschnitt 5.2.2.2).

5.2.1.10 Sprühvorrichtungen

Sprühvorrichtungen sind bei zylindrokonischen Weichen unter bestimmten Voraussetzungen notwendig. Dies ist vor allem dann der Fall, wenn lange Luftrasten bei höheren Außentemperaturen eingehalten werden sollen. Durch den Kontakt Wasser/Luft bzw. auch Wasser/Weichgut kann damit ein Temperaturanstieg hintangehalten werden. Um Laufsäulen des Wassers zu vermeiden, ist u. U. ein Pulsieren des Sprühwassers oder eine Bewegung der Sprühvorrichtungen günstig. Der Auftrag des Wassers geschieht über Ringrohre mit eingeschraubten Düsen, bei kleineren Weichen auch über sternförmig angeordnete Rohre. Als Sprühwassermenge sind (regulierbar) bis zu 0,3 m^3/t · h vorzusehen. Vor einem generellen Besprühen des Gutes während der Luftrast ist jedoch abzuraten (s. Abschnitt 5.2.2.3).

5.2.2
Die Technik des Weichens

5.2.2.1 Herkömmliche Weicharbeit

Diese gestaltet sich in ihrer einfachsten Form wie folgt:

Das Einweichen geschieht am besten von einem oberhalb der Weiche gelegenen Gerstenrumpf aus, in den die sorgfältig geputzte und sortierte Gerste zweckmäßig über eine automatische Waage transportiert wird.

Die Gerste springt über einen Verteiler in das mit Wasser bis zu einer bestimmten Marke gefüllte Weichgefäß ein. Die schwere Gerste sinkt langsam zu Boden, die leichte dagegen schwimmt, mit sonstigen leichten Beimengungen, an der Wasseroberfläche und wird als Schwimmgerste abgeschöpft oder abgeschwemmt, aus dem Überlaufkasten gesammelt und anschließend getrocknet. Ihre Menge beträgt je nach Reinheitsgrad der eingeweichten Gerste 0,1–1%. Eine starke Belüftung vermittelt eine kräftige Bewegung und damit eine Reinigung des Weichgutes. Sie begünstigt ein Aufsteigen der Schwimmgerste und der sonstigen Verunreinigungen. Das erste Weichwasser ist nur Waschwasser und wird je nach Verschmutzungsgrad schon nach wenigen Stunden gewechselt. Die weiteren Wasserwechsel erfolgen jeweils nach 12–24 Stunden, je nach Reinheitsgrad der Gerste, der Wassertemperatur und der Weichdauer.

Bei dieser alten Methode des Weichens handelt es sich ausschließlich um eine Naßweiche. Man glaubte, dass durch ein ununterbrochenes Belassen der Gerste unter Wasser die nötige Wasseraufnahme am ehesten zu erreichen wäre. Das Gut blieb die gesamte Weichzeit unbewegt und ohne Veränderung der Schicht im gleichen Weichgefäß liegen.

Verschiedentlich wurde das Gut zwischen zwei Wasserwechseln ohne Wasser belassen. Diese Maßnahme sollte eine bessere Belüftung der Gerste ermöglichen, da bei ausschließlicher Wasserweiche – selbst bei dauernder Zufuhr von Frischwasser – der im Wasser gelöste Sauerstoff in kürzester Zeit aufgezehrt ist.

Im Laufe der Entwicklung erfuhr die Luftweiche eine Ausdehnung auf 50, ja 80% der Gesamtweichzeit. Das außen am Korn befindliche Haftwasser vermittelt während der „Trockenweiche" nicht nur eine gleichwertige Erhöhung des Weichgrades, sondern führt auch zu einer Verringerung der Gesamtweichdauer und zu einer Beschleunigung der Ankeimung.

Bei einem „konventionellen" Weichverfahren wurde während der Naßweichen normalerweise alle 1–2 Stunden 5–10 Minuten lang mit Preßluft belüftet. Die Lufttrasten erforderten ein Absaugen des Kohlendioxids, was – ebenfalls automatisch – alle 1–2 Stunden 10–15 Minuten lang erfolgte [697]. Je nach dem Weichstadium bildet sich in den Zwischenspannen schon 3–5 Vol-% CO_2. Dieses wurde wiederum durch Besprühen während der Lufttrasten bei gleichzeitigem Absaugen ausgewaschen. Das Sprühwasser half, die Temperatur des Gutes in einem wünschenswerten Bereich zu halten [698–700].

Schon in den 1930er Jahren führte sich das Umpumpen des Weichgutes von einem Gefäß zum anderen ein. Als Vorteil wurde gesehen: eine verbesserte Reinigung der Gerste durch Abscheiden des Schmutzwassers sowie eine Belüftung durch eine gute Verteilung durch das Auftreffen auf einen Siebtrichter.

Die Weichzeit bis auf einen Wassergehalt von 43–45% betrug 60–70 Stunden. Es erforderte 3 Weichgefäße bzw. bei größeren Einheiten ein Mehrfaches (s. a. Abb. 5.9). Die früheren Verfahren sind in den vorherigen Ausgaben dieses Buches, auch anhand von Schemata, dargestellt.

5.2.2.2 Moderne Weichverfahren

Die empirischen und größtenteils schematisch durchgeführten Methoden der Wasserzufuhr wurden durch Verfahren abgelöst, bei denen in einzelnen Abschnitten durch kurze Wasserweichzeiten genau festgelegte Weichgrade angestrebt werden. Diese bewirken dann während langer Trockenperioden ein ganz bestimmtes physiologisches Verhalten des Gutes. Diese von der Kleinmälzungspraxis nach dem „Bremer Verfahren" [401] und nach dem System „Flutweiche" [701] abgeleitete Weichtechnik gründet sich auf folgende Erkenntnisse:

Bei einem Wassergehalt von 30–32% und einer 14–20-stündigen Trockenweiche verringert sich die Wasserempfindlichkeit der Gerste (s. Abschnitt 3.4.1.2). Bei einem Wassergehalt von 38% wird innerhalb einer Luftrast von 14–24 Stunden das gleichmäßige Ankeimen des Gutes abgewartet. Die Dauer der Luftrasten hängt vom physiologischen Zustand der Gersten ab: warm und trocken aufgewachsene Gersten vermögen rasch und intensiv zu wachsen; sie haben nur eine geringe Wasserempfindlichkeit und benötigen folglich auch nur eine kürzere Luftrast von ca. 14 Stunden. Dagegen zeigen Gersten, die ein feuchtes und kühles Wetter bei Aufwuchs und Reife erfuhren, ein langsameres Keimlingswachstum und eine ausgeprägte Wasserempfindlichkeit. Sie benötigen eine längere Luftrast von 20–24 Stunden. Mit der zweiten Naßweiche wird ein Wassergehalt von ca. 38% angestrebt. Bei diesem wird innerhalb einer Luftrast von 14–24 Stunden das gleichmäßige Ankeimen des Gutes abgewartet. Es wäre völlig falsch, vor dem einheitlichen Spitzen der Gerste (ca. 95% der *keimfähigen* Körner), sei es auch nur durch Berieseln, Wasser zuzugeben, da hierdurch stets ein ungleichmäßiges Gewächs hervorgerufen wird. Durch eine nochmalige Naßweiche nach diesem Zeitpunkt, die meist mit dem nassen Ausweichen kombiniert wird, erzielt man einen Weichgrad von 41,5–43%, der dann im Keimapparat durch sachgemäßes Spritzen auf das endgültige Feuchtigkeitsniveau von 44–48% angehoben wird.

Bei Weichen mit gut dimensionierten Belüftungseinrichtungen und entsprechend temperiertem Weichhaus kann das Weichgut u. U. noch um weitere 12–14 Stunden in der Weiche verbleiben (Weichzeit 72 Stunden minus Manipulationszeiten), um dann mit einer 4. Naßweiche bei einem Wassergehalt von ca. 44% in bereits gabelndem Zustand zum Ausweichen zu kommen. Hier bereitet jedoch das Pumpen des Gutes gewisse Schwierigkeiten, da die Gefahr einer Beschädigung der Wurzelkeime besteht.

Bei diesem Weichverfahren, ganz gleich, ob es über 20, 26 oder 48 Stunden hin ausgedehnt wird, sind einige wesentliche Voraussetzungen zu erfüllen. Um eine gleichmäßige Behandlung des Gutes sicherzustellen, ist es unerläßlich, während der Naßweichen mittels Preßluft umzuwälzen. Die Verwendung einer zentral angeordneten Luftdüse mit Steigrohr (Geisir) sichert einen intensiven Kontakt zwischen Gerste, Wasser und Luft. Die Sauerstoffversorgung des Gutes ist besser als bei Düsenrohren, da der gesamte Weichinhalt erfaßt wird (s. Abschnitt 5.1.3). Diese Maßnahme könnte durchgehend während der gesamten Naßweichzeit erfolgen.

Ebenso verhindert ein entsprechendes Absaugen während der Luftrasten nicht nur ein Ansammeln von CO_2, sondern auch einen Anstieg der Guttemperatur auf über 18–20 °C in der Ankeimphase. Die in Abschnitt 6.2.2.2 erwähnte Beschaffenheit der Kühlluft (Temperatur, Feuchtigkeit) ist eine unerläßliche Voraussetzung für eine gleichmäßige Behandlung des Weichgutes.

Eine Kontrolle der Temperaturen in Weichhaus und Weichgut ist ebenso bedeutsam wie eine Überprüfung des Weichgrades in den einzelnen Stadien. Er kann über analytische Schnellmethoden (Carbidmethode, Infrarot-Trockner), am einfachsten aber durch „Mitlaufenlassen" von 1 kg Gerste in einem Leinwandsäckchen, ermittelt werden.

Der Ablauf eines derartigen Weichverfahrens ist wie folgt [399]:

1. Naßweiche bei 12 °C Wassertemperatur bis auf ca. 30 % Wassergehalt: 4–6 Stunden; Intensivwäsche durch Umwälzen mittels Preßluft; mit Düsenringen nach Schwimmgersteabschwemmen alle 1–2 Stunden 5–10 Minuten, bei Geisiren dauernd belüften.

1. Luftrast 14–20 Stunden, je nach Wasserempfindlichkeit der Gerste, u. U. sogar bis 24 Stunden ausdehnen. Nachweiche durch Haftwasser auf 31 bis 32 %, Temperaturanstieg bis auf 18–20 °C. Absaugen zuerst alle 1–2 Stunden 10–15 min. lang, mit Intensivierung der Atmungstätigkeit der Gerste dauernd bei einer Ventilatorleistung von 50 m³/t und h.

2. Naßweiche bei 18 °C Wassertemperatur bis auf 37–38 % Wassergehalt. Dauer 1–2 Stunden, Intensivbelüftung, evtl. durch dauerndes Umwälzen.

Ausweichen maximal 1–2 Stunden, Gesamtweichzeit 20–28 Stunden (Abb. 5.20).

Steht eine weitere Weichengarnitur, vorzugsweise eine Flachbodenweiche zur Verfügung, dann ist es günstig, nach der 2. Naßweiche wie folgt weiter zu verfahren:

2. Luftrast bei 18 °C bis zum gleichmäßigen Ankeimen, d. h. 14–24 Stunden. Durch das Haftwasser ergibt sich eine Nachweiche auf 39–40 %. Das CO_2-Absaugen erfolgt bis zum Abtropfen des Transportwassers zuerst alle 2 Stunden, dann stündlich, nach 4–5 Stunden dauernd. Lüfterleistung 100 (–150) m³/t · h. Die Luft ist zu temperieren und zu befeuchten.

3. Naßweiche bei 18 °C Wassertemperatur bis zu einem Weichgrad von 41–42 %. Dauer 1–3 Stunden einschließlich des nassen Ausweichens. Auch hier ist 10–30 Minuten lang mit Preßluft umzuwälzen und aufzulockern.

Die Gesamtweichzeit liegt zwischen 36 und 46 Stunden. Hierfür ist vor allem die Wasserempfindlichkeit des Gutes maßgebend, doch kann es auch der Fall sein, dass die Temperaturgegebenheiten, z. B. in den Sommermonaten eine kürzere Verweilzeit in der Weiche notwendig machen. Dies dürfte aber bei einer einwandfreien Ausstattung der Weichanlage nicht der Fall sein.

Wie schon erwähnt, kann eine wasserempfindliche Gerste es erfordern, die erste oder die zweite Luftrast über 20 Stunden auszudehnen, um bei Temperaturen von 18–20 °C im Weichgut einen „Dursteffekt" herbeizuführen, der dann

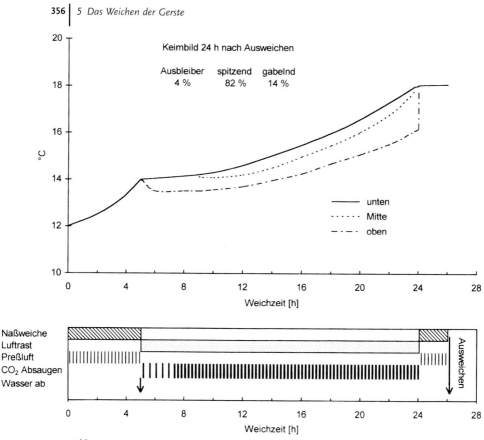

Abb. 5.20 Temperaturverlauf bei der pneumatischen Weiche mit Luftkonditionierung (T = 15 °C, < φ = 90%).

den weiteren Ablauf des Weichprozesses günstig gestaltet. Meist bleiben jedoch die Betriebe mit jeweils einem Verfahrensabschnitt (Naß-Trockenweiche) innerhalb des 24-Stunden-Rhythmus, um die Überwachung der Naßweichen während der Tagschicht durchführen zu können.

Der Temperaturanstieg während der Luftrast macht eine entsprechende Anpassung der Temperatur der folgenden Naßweiche erforderlich, um einen, während der ersten 48 Stunden der Vegetationszeit schädlichen Temperaturschock zu vermeiden. Dieser stufenweise Temperaturanstieg leitet, in Verbindung mit einer Ausweichtemperatur von 18 °C, zu einem Keimverfahren mit fallenden Temperaturen über (s. Abschnitt 6.3.3.5). Aus diesem Grunde ist es auch wichtig, dass für das nasse Ausweichen genügend Wasser von 18 °C zur Verfügung steht.

Kalte Wassertemperaturen von z. B. 12–13 °C nach einer Temperatur des Gutes von 20–22 °C während der Luftrast vermitteln dem Gut einen Kälteschock, der die Ankeimung verzögert und der die Analysendaten der späteren Malze eindeutig bezüglich Extrakt, Cytolyse, α-Amylaseaktivität und Vz 45 °C verschlechtert. Dies ist in ähnlicher Weise auch nach der zweiten Luftrast der Fall.

Besteht die Gefahr, dass die aufgeführten Temperaturbereiche bis zur Ankeimung des Gutes überschritten werden, so ist es günstiger, schon während der zweiten Naßweiche in den Keimapparat überzuwechseln und dort bei einem Wassergehalt von 38% die Ankeimung abzuwarten. Erst dann darf eine weitere Erhöhung des Feuchtigkeitniveaus (durch Spritzen) vorgenommen werden. Auch ist es bei ausschließlicher Ausstattung der Weichanlage mit Trichterweichen in der wärmeren Jahreszeit oftmals schwierig, die gewünschten Temperaturen während der zweiten Luftrast, d.h. in der Ankeimphase, zu halten. Dieser wichtige Abschnitt ist dann im Keimapparat unter kontrollierten Bedingungen günstiger, wenn genügend Keimzeit: z.B. bei einem Weichtag 6 Keimtage, zur Verfügung steht (Abb. 5.20).

Es erfordert aber selbst ein ca. eintägiges Weichverfahren eine genaue Festlegung der Temperaturverhältnisse sowie eine Konditionierung der beim CO_2-Absaugen durch das Gut gezogenen Luft: Dies zeigt Abb. 5.20 deutlich auf, wobei die Ankeimung im Keimapparat gleichmäßig erfolgt. Das Weichgut erwärmt sich durch die Umwälzung mittels Preßluft (Geisir) innerhalb von 4–5 Stunden auf 14 °C. Während der Luftrast steigt die Temperatur im Verlauf von knapp 20 Stunden auf 18 °C an. Die konditionierte Kühlluft von 15 °C vermeidet eine Verdunstung der Oberflächenfeuchtigkeit des Weichgutes, so dass sich die Temperaturunterschiede bis zum Ende der Luftrast im Rahmen von ca. 1,5 °C begrenzen lassen. Das zweite Weichwasser, das auch dem nassen Ausweichen dient, soll etwa auf die Temperatur des Weichgutes eingestellt sein, um einen Temperaturschock zu vermeiden.

Das zweitägige Weichverfahren, das vorzugsweise am zweiten Tag in einer Flachbodenweiche (s. Abb. 5.21) durchgeführt wird, bietet die Möglichkeit einer dritten Naßweiche, um das gleichmäßig spitzende Gut auf ca. 41% Feuchte zu bringen. Wird während dieser 3. Naßweiche ausgeweicht, so ist diese – unter optimaler Luftzufuhr so kurz zu bemessen, dass die keimende Gerste keinen „Wasserschock" erfährt. Dessen Überwindung kann bis zum Abtrocknen der Kornoberfläche bis zu 12 Stunden dauern. Infolge Blockierung der Sauerstoffzufuhr durch den Wasserfilm wird die weitere Keimung nebst der Bildung von wichtigen Enzymen gebremst. Hier ist das „trockene" Ausweichen günstiger, doch muß eine genügende Zeitspanne (3–4 Stunden) zwischen der dritten Naßweiche (bei 95% spitzenden Körnern!) und der letztlichen Überführung des Gutes in den Keimapparat gegeben sein.

Eine dritte Naßweiche wird bei Gersten mit härteren Mehlkörperstrukturen als günstiger angesehen, um eine stärkere und gleichmäßigere Durchfeuchtung des Mehlkörpers zu erreichen [664]. Der höhere Wassergehalt nach der dritten Weiche macht ein bis zwei Spritzvorgänge weniger erforderlich, wodurch eine Husarenbildung verringert werden kann.

Das *nasse Ausweichen* wirkt sich ungünstig auf die Ankeimung (nach der zweiten Naßweiche bei 38% Feuchte) oder den weiteren Fortschritt der Keimung (nach der dritten Naßweiche bei 41% Feuchte) aus. Diese Erscheinung ist nur zum Teil durch den etwas verlängerten Kontakt des Korns mit dem Weich- oder Transportwasser bedingt, sondern vor allem durch den beim Pum-

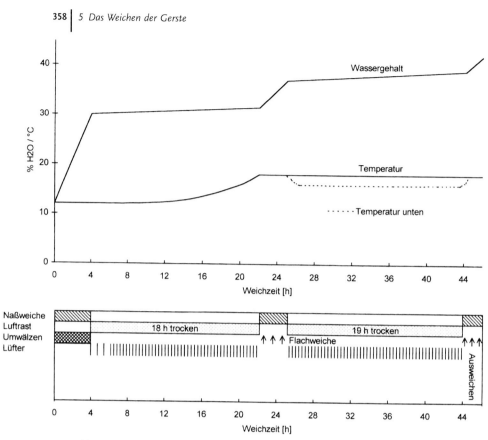

Abb. 5.21 Weichverfahren mit ausgedehnten Luftrasten
(1. Tag Trichterweiche mit Geisir, 2. Tag Flachweiche).

pen entstehenden Druck. Bei Versuchen mit einem Druck von 3,8 bar Ü über 5 Sekunden und 5 Minuten hinweg zeigte sich, dass sich der Druck als solcher stärker auf die Atmungsrate der Gerste auswirkte als die Zeit seiner Anwendung. Es zeigte sich, dass ein Keimtag mehr benötigt wurde, um etwa gleiche Malzlösungswerte zu erhalten [702].

Es ist deswegen wichtig, die Leitungsquerschnitte in den Ausweichleitungen ausreichend zu bemessen und überhöhte Drücke durch die Anordnung einer zweiten oder weiteren Förderpumpe abzubauen.

5.2.2.3 Vergleich der Wirkungsweise des konventionellen und des pneumatischen Verfahrens

Die Vorteile des letzteren sind naturgemäß im Maßstab der Kleinmälzung weniger deutlich als in der Betriebspraxis. Bei den optimalen Bedingungen der Kleinmälzungsversuche äußert sich weder die Wasserempfindlichkeit noch eine ungleichmäßige Ankeimung in gleich ungünstiger Weise wie im Industriemaßstab. Das Verfahren bewirkt deshalb oft höhere Schwandwerte bei maßvoller Verbesserung der Malzqualität [703, 704]. Bei der Großmälzung sind jedoch die Gegebenheiten der Luftversorgung des Gutes, des Wassereinzugs bei der „Naß-weiche" weit weniger beherrschbar, so dass sich hier – selbst in Jahren geringerer Wasserempfindlichkeit der Gersten – durch eine pneumatische Weiche und durch die stufenweise Erhöhung des Feuchtigkeitsniveaus deutliche Vorteile ergeben, durch die moderne Keimapparate selbst mit einer Schüttung von 150 t und mehr eine gleichbleibend hohe Malzqualität erzeugen können.

Einen Überblick über die Verhältnisse bei der Ankeimung gibt Tab. 5.5.

Es war damit das „pneumatische Weichverfahren" weitaus günstiger als die Original-Keimprobe nach *Schönfeld*. Auch die Rieselweiche vermochte die Wasserempfindlichkeit der Gerste, wie anhand der Keimprobe ca. 20 Stunden nach dem Ausweichen festgestellt, noch nicht voll abzubauen. Die Enzymentwicklung setzt bei diesem Weichverfahren wesentlich rascher und weitgehender ein, wie Tab. 5.6 und Abb. 5.22 zeigen [705].

Es bringt damit das Weichverfahren mit den ausgedehnten Luftrasten eine wesentliche Beschleunigung der Enzymentwicklung mit sich, die Voraussetzung für eine Verkürzung der Gesamt-Weich- und Keimzeit ist.

Tab. 5.5 Keimenergie im Praxisversuch [399].

Keimenergie nach Std.	24	36	48	54	72
Keimprobe nach *Schönfeld* %	–	–	–	–	87
Konventionelle Naß-Trockenweiche %	0	0	7	–	48[a]
Naß-Trockenweiche mit Rieseln während der Luftrast	4	14	47	–	81[b]
Pneumatische Weiche %	7	41	84	96	

a) Nach 52 Stunden mit 43,4% Weichgrad ausgeweicht.
b) Nach 52 Stunden mit 44,7% Weichgrad ausgeweicht.

Tab. 5.6 Verhalten der α-Amylase (ASBC-Einheiten).

	Reine Naßweiche	Pneumatische Weiche	
Weichtemperatur °C	11	15	21
Nach 24 h	0	0,4	0,6
Nach 27 h	–	2,2	4,9
Nach 48 h	–	7,6	–
Nach 50 h	–	–	14,5
Nach 52 h	–	–	15,4
Nach 54 h	–	9,6	–
Nach 74 h	–	–	–
Nach 78 h	0,5	23,3	34,4

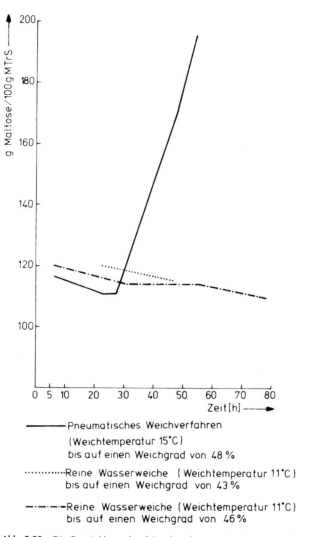

Abb. 5.22 Die Entwicklung der β-Amylase bei verschiedenen Weichverfahren.

Ein analytischer Vergleich der Malze zeigte, dass zur Erzielung ähnlicher Auf-
lösungsmerkmale eine um ca. 2 Tage kürzere Gesamt-Weich- und Keimzeit ausreicht.

5.2.2.4 Andere, bekannte Weichverfahren

Hierbei handelt es sich um das Flutweichverfahren [701], das auf ähnlichen
Prinzipien beruht bzw. von dem die vorgenannte Weichmethodik abgeleitet
wurde, sowie die Wiederweiche [660].

Beim *Flutweichverfahren* wird bei einer Wassertemperatur von 12 °C 6 Stunden lang naß geweicht. Durch eine längere Trockenweiche erwärmt sich das Gut, dessen Temperatur durch eine kurze Naßweiche von 5 Minuten, d. h. praktisch durch An- und Ablassen des Wassers, gedämpft wird. Diese Maßnahme wiederholt sich in immer kürzeren Abständen. So umfassen die Trockenweichen nur mehr 12, 8 und 6 Stunden, wobei zuletzt Temperaturen von über 20 °C erreicht werden, die durch das kurze Naßweichen wieder in den Bereich von ca. 16 °C gelangen. Nach ca. 40–42 Stunden wird das kräftig spitzende, z. T. gabelnde Gut ausgeweicht; die Keimzeit läßt sich um ca. 2 Tage verkürzen. Ziel des Verfahrens ist es, nicht nur durch die Steuerung der Weichparameter eine raschere Ankeimung und eine Verkürzung der Weichzeit zu erreichen, sondern die Wasserempfindlichkeit der Gerste bzw. sogar eine noch nicht vollkommen überwundene Keimruhe abzubauen. Die Beurteilung des Verfahrens ist jedoch nicht einhellig; eine Erscheinung, die wohl auch von der jeweils unterschiedlichen Ausstattung der Weicheinrichtungen abhängen dürfte [706, 711].

Das *Wiederweichverfahren* sieht vor, das nach einer üblichen, 24–28-stündigen Weiche mit einem Wassergehalt von ca. 38% gleichmäßig gabelnde Gut, d. h. nach einer Keimzeit von 30–36 Stunden, einer nochmaligen Vollweiche von 10–18 Stunden Dauer bei 18 °C bzw. 12 °C zu unterziehen. Hierdurch wird die ursprüngliche Ankeimfeuchte von 38% beim gabelnden Gut bis auf 50–52% erhöht [713].

Beide Verfahren haben einen großen Beitrag zur Kenntnis der heutigen Weichtechnologie geleistet; sie werden aber infolge des hohen Wasserverbrauchs und der erhöhten Energiekosten zur Trocknung des sehr feuchten Grünmalzes nicht mehr angewendet.

5.2.2.5 Die Sprühweiche

Wie noch im Kapitel „Wasserverbrauch" darzustellen ist, werden zur Erhöhung des Wassergehaltes von 15 auf 46% nur rund 0,6 m^3 Wasser/t benötigt. Der Wasserbedarf beim herkömmlichen, selbst beim pneumatischen Weichverfahren beträgt ein Vielfaches. Aus diesem Grund wurde vorgeschlagen, auf die Weichanlage zu verzichten und die benötigte Wassermenge der Gerste im Keimapparat durch Berieseln zuzuführen. Hierbei sind zwei Verfahren möglich:

a) Einbringen der Gerste in den Keimkasten über eine Waschschnecke, anschließend stufenweise Erhöhung des Wassergehaltes durch Sprühen.

b) Die trocken in den Keimkasten geförderte Gerste wird durch periodisches Besprühen auf die erforderliche Keimgutfeuchte gebracht.

Im ersteren Fall ist der Wasserverbrauch höher, die Reinigungswirkung bei geeigneter Konstruktion der Waschschnecke jedoch befriedigend. Es gelingt hierbei aber nur, den Wassergehalt des Gutes auf ca. 23–25% zu erhöhen. Es ist auch die Aufnahme des Wassers beim Besprühen sehr stark vom Kontakt zwischen Gerste und Wasser abhängig, weshalb hier der Wagen des Keimkastenwenders langsam, die Wenderschnecken jedoch schnell laufen sollen (s. Abschnitt 6.3.8.2).

Auch bei der Sprühweiche muß eine klare Unterscheidung in „Naßweichzeiten" und „Luftrasten" getroffen werden, um die physiologischen Gegebenheiten des pneumatischen Weichverfahrens nachzuahmen. Hierbei ist folgendes Verfahren möglich:

1. Sprühperiode: 4×Wender hin- und herlaufen lassen; (Wendervorschub 0,33 m/min, Schnecken 16 U/min). Dauer ca. 6 Stunden, Wassertemperatur 18 °C; Wassergehalt ca. 30%.
1. Luftrast: 18 Stunden bei ca. 18 °C.
2. Sprühperiode: 4×Wenden und Sprühen; Dauer ca. 6 Stunden. Wassertempertur 18 °C, Wassergehalt ca. 36–38%.
2. Luftrast: 18 Stunden bei 18 °C; gleichmäßiges Ankeimen des Gutes.
3. Sprühperiode: 1×Wender hin- und herlaufen lassen, Sprühen mit Wasser von 18 °C, Vorschub normal, Schneckendrehzahl 10–12 U/min. Wassergehalt 41–42%.

Dann wird wie üblich stufenweise weiterbefeuchtet (s. Abschnitt 6.3.3.5).

Eine derartige „Weicharbeit" setzt eine sehr gute Reinigung und Entstaubung der Gerste voraus. Ausführliche Untersuchungen ermittelten einen Wasserverbrauch von 0,9 m^3/t, um eine Gutsfeuchte von 46% zu erzielen. Die Wasseraufnahme war dabei etwa gleich schnell wie bei der Tauchweiche. Weder die Gleichmäßigkeit der Ankeimung noch die Malzanalysendaten zeigten verfahrenbedingte Unterschiede. Es ergaben sich lediglich geringe Unterschiede der fertigen Malze (0,1%) an Verunreinigungen [712].

Brauversuche mit Malzen aus Sprühweiche lieferten Biere, die einen härteren, breiteren Geschmack aufwiesen [714]. Es dürfte doch mindestens auf eine intensive Wäsche zu Weichbeginn nicht verzichtet werden.

5.2.2.6 Analytischer Vergleich von Sprühweiche, Pneumatischer Weiche und Tauchweiche

Dieser Vergleich ist in Tab. 5.7 dargestellt [715].

Dabei wurde die Sprühweiche wie vorstehend geschildert durchgeführt, nach 48 Stunden jedoch innerhalb von $2\frac{1}{2}$ Stunden auf 45% Feuchte eingestellt.

Die Pneumatische Weiche erfuhr entweder zwei Naßweichen (auf 30 und 38%) mit Aufspritzen auf 42 und 45% oder drei Naßweichen (auf 30,38 und 42%) mit Aufspritzen auf 45%.

Tab. 5.7 Weichmethodik und Malzqualität [715].

Verfahren	Sprühweiche	Pneumat. Weiche	Tauchweiche
Extrakt wfr. %	81,6	81,8	82,0
MS-Diff. EBC %	0,9	0,7	0,8
Viskosität mPas	1,57	1,49	1,56
Friabilimeter/GGL %	83/1,5	86/0,9	83/1,6
Kolbachzahl %	44	45	46
Vz 45 °C %	45	42	43
Calcofluor M %	71,8	81,6	73,3
Calcofluor H %	59,5	63,5	57,0

Die Tauchweiche führte während 34 Stunden bei 15 °C auf einen Wassergehalt von 43%. Nach insgesamt 48 Stunden wurde auf 45% aufgespritzt. Die beiden verarbeiteten Gerstenpartien verhielten sich wie folgt:

Das Ankeimen erfolgte am gleichmäßigsten bei der Pneumatischen Weiche (nach 72 Std. jeweils 98% gabelnde Körner), gefolgt von der Sprühweiche (97 bzw. 91%), während die Tauchweiche bei der einen Gerstensorte 77% gabelnde und 15% spitzende, bei der anderen 6% gabelnde und 81% spitzende Körner vermittelte.

Die pneumatischen Verfahren wiesen die besten cytologischen Analysenergebnisse auf, die auch von den Kennzahlen „M" und „H" der Färbemethoden bestätigt wurden. Es waren aber die Daten der Proteolyse aller Verfahren fast gleich. Bei der Vz 45 °C erreichte die Sprühweiche die besten Werte. Überraschend war, dass Sprüh- und Tauchweiche fast identische, aber insgesamt schlechtere Cytolysedaten aufwiesen als die Pneumatische Weiche. Diese rühren bei der Sprühweiche von einem etwas verhaltenen Wachstum, vor allem aber von einer geringeren oder weniger gleichmäßigen Durchfeuchtung des Mehlkörpers her (s. Abschnitt 5.1.2). Dagegen dürfte die bei allen Versuchen hohe Vz 45 °C auf die günstigen Sauerstoffverhältnisse bei der Sprühweiche (keine anaeroben Phasen!) zurückzuführen sein.

Bei der Tauchweiche war die Ankeimung verlangsamt, da auf die Wasserempfindlichkeit des Gutes keine Rücksicht genommen wurde. Die offenbar bessere Durchfeuchtung des Mehlkörpers vermittelte im Fortgang der Keimung einen gewissen Ausgleich der cytolytischen Lösung, wobei auch hier die Proteolyse keine Probleme bereitete.

Es waren die pneumatischen Verfahren am günstigsten, wobei aber zwischen zwei und drei Naßweichen nur ein vernachlässigbarer Unterschied gegeben war [715]. Die in Abschnitt 5.1.3 beschriebene intensive Belüftung bei den Naßweichen dürfte noch weiter zur Optimierung des Pneumatischen Verfahrens beigetragen haben.

Bei den an sich schlüssigen Ergebnissen der Tab. 5.7 fallen die für die heute üblichen Zahlen der Cytolyse niedrigen Werte für den Carlsberg-Test für „M" und vor allem für „H" auf. Selbst die Friabilimeterwerte, wie sie heute bei Mikromalzen, aber auch bei Handelsmalzen anfallen, werden nicht erreicht. Die Begründung ist, dass die für die Versuche verwendete Gerste aus einem oberbayerischen Lagerhaus stammte, welches nur das damals handelsübliche Gemisch aus recht unterschiedlichen Braugerstensorten zur Verfügung hatte.

So sollen im folgenden Kapitel Variationen der Pneumatischen Weiche besprochen werden, wie sie sich bei der unterschiedlichen Ausstattung der Betriebe ergeben können.

Tab. 5.8 Der Einfluß des Weichverfahrens auf die Malzqualität.

Weichgefäß	Zk	Zk	Zk	Zk/FW	Zk/FW
Weichzeit h	20	27	36	44	44
Naßweichen	2	2	2	3	3
Weichtemp. °C	12/20/17	12/20/17	12/27/18	12/18/18/18/18	12/18/18/18/18
Ausweichgrad [max] %	38 (46)	38 (46)	38 (46)	41 (46)	41(44)
Extrakt wfr. %	80,9	81,2	81,3	81,4	81,4
MS-Diff. %	2,2	1,8	1,6	1,3	1,7
Viskosität mPas	1,58	1,55	1,53	1,50	1,53
Friabilim./GGL %	76/3	81/2	84/1	87/1	87/1
Calcofluor M	83	86	90	94	92
Calcofluor H	67	72	74	80	79
Eiweißlösung %	43,8	44,2	44,5	46,0	43,3
Vz 45 °C %	36,3	37,5	38,3	41,4	40,2
Endvergärung %	80,3	80,7	81,0	81,0	81,0
α-Amylase ASBC	42	44	47	52	46
Farbe EBC	3,6	3,5	3,7	4,0	3,5
Kochfarbe	5,2	5,2	5,2	6,0	5,0

5.2.2.7 Variationsmöglichkeiten bei der Pneumatischen Weiche

Variationsmöglichkeiten bei der Pneumatischen Weiche und ihren Einfluß auf die Malzqualität zeigt Tab. 5.8 [716].

Bei nur *einem Weichgefäß* bleibt nach Abzug der Zeiten für Einweichen, Ausweichen und Reinigen nur eine Netto-Weichzeit von 20 Stunden übrig, die sich auf 3 Stunden für die erste und 3 Stunden für die zweite Naßweiche sowie 14 Stunden Luftrast verteilen. Es besteht hier die Gefahr, dass u. U. die Wasserempfindlichkeit nicht weitgehend genug abgebaut wird.

Zwei *Weichgefäße* bieten die Möglichkeit, die Luftrast so lange einzuhalten, wie es die physiologischen Gegebenheiten der Gerste erfordern. Dies sind normal *27 Stunden*, bei Keimdarrkasten, von denen je einer alle $1\frac{1}{2}$ Tage beschickt wird, *36 Stunden*. An die Klimatisierung dieser Gefäße sind hohe Anforderungen zu stellen. Bei zwei Weichgefäßen (je eine Trichterweiche und eine Flachbodenweiche) können abzüglich der Manipulationszeiten 44 Stunden Weichzeit eingehalten werden. Während bei den Weichzeiten 20–36 Stunden jeweils ein Ausweichgrad von 38% angestrebt wurde, war dies bei 44 Stunden und drei Naßweichen 41%. Die maximale Keimgutfeuchte war stets 46%. Sie wurde lediglich bei dem zweiten Versuch mit der 44-Stunden-Weiche auf 44% zurückgenommen, um eine zu weitgehende Auflösung zu vermeiden.

Die Analysendaten lassen erkennen, dass die Weichzeit – mindesten im Rahmen des „pneumatischen Verfahrens" – zur Vegetationszeit zählt und folglich alle Effekte bewirkt, die aus einer Verlängerung derselben resultieren: höhere Extraktgehalte, bessere Zellwandlösung, vor allem auch bessere Homogenität, natürlich höhere Eiweißlösung, aber auch gefolgt von einer überproportionalen Verbesserung der Vz 45 °C. Auch die amylolytischen Daten (Diastatische Kraft,

a-AmylaseAktivität, Endvergärungsgrad) nehmen zu. Die optimierte 2-Tage-Weiche erreichte die höchsten Lösungswerte, da ja mit 6 Keimtagen eine 8-tägige Vegetationszeit dargestellt wurde. Deswegen war auch eine Reduzierung der Maximalfeuchte angezeigt. Es könnte u. U. auch mit zwei Weichtagen und fünf Keimtagen gearbeitet werden, wenn eine Flachbodenweiche zur Verfügung steht und trocken ausgeweicht werden kann.

5.2.3
Die Beurteilung der Weicharbeit

Aufgabe des Weichens ist die Erzielung eines für die jeweils angestrebte Malzqualität wünschenswerten Wassergehaltes, der in der Mälzereitechnologie als „Weichgrad" bezeichnet wird. Er wurde früher, bei der Vermälzung kleiner Chargen, nur selten exakt bestimmt. Hier dienten empirische Methoden, wie das Biegen des Kornes über den Fingernagel oder das Zusammendrücken der Kornspitzen zwischen Daumen und Zeigefinger als Anhaltspunkte. In der modernen Großmälzerei kann wegen der großen, auf dem Spiel stehenden Gerstenmengen nur eine genaue Bestimmung des „Weichgrades" in Frage kommen. Darüber hinaus wird das endgültige Feuchtigkeitsniveau des Gutes in den überwiegenden Fällen erst während der Keimung eingestellt, so dass auch dort die Bestimmung der Haufenfeuchte von großer Bedeutung ist.

5.2.3.1 Weichgrad
Der Weichgrad kann auf einfache Weise durch Wiegen einer bestimmten Gerstenmenge vor und nach dem Weichen bzw. bei jedem Schritt des Verfahrens bestimmt werden.

Im Betrieb geschieht dies durch Einwiegen von z. B. 1000 g Gerste in einem Leinwandsäckchen, das im Weich- und Keimgut eingegraben, den gesamten Prozeß durchläuft und bei den jeweils interessierenden Abschnitten gewogen wird. Das Leinwandsäckchen ist günstiger als ein Metallgefäß mit gelochten Wandungen, da sich in diesem durch die andersartigen Druckgegebenheiten u. U. eine etwas andere Verhaltensweise ergeben kann als im Weichbehälter selbst.

Beispiel: 1000 g Gerste mit einem Wassergehalt von 15% erfahren während des Weichens eine Gewichtszunahme auf 1500 g. Der Gesamtwassergehalt nach dem Weichen ist demnach 150+500=650 g. In 1000 g geweichter Gerste sind dann enthalten:

$$\frac{650 \cdot 1000}{1500} = 433 \text{ g Wasser.}$$

Der Weichgrad beträgt somit 43,3%.

Eine weitere Bestimmungsmöglichkeit ist auf analytischem Weg gegeben. Der Wassergehalt wird entweder durch Trocknen des Gutes bestimmt, was im Trockenschrank jedoch eine Vortrocknung auf einen Wassergehalt erfordert, der ein Vermahlen der Probe zur „Feinwasserbestimmung" ermöglicht.

Einfacher sind Schnellfeuchtigkeitsbestimmer wie z.B. solche, die mit Infrarottrocknung oder mit Carbid arbeiten. Auch neue Methoden wie die NIT-Spektroskopie sind gut einsetzbar.

Es ist aus den vorhergehenden Ausführungen klar ersichtlich, dass jedoch der „Weichgrad" nur dann eine Aussage zu treffen vermag, wenn er zusammen mit der maximalen Keimgutfeuchte festgehalten und zur Beurteilung der jeweils folgenden Verfahrensschritte herangezogen wird.

5.2.3.2 Aussehen und Geruch des Weichgutes

Beide Faktoren sollen ebenfalls zur Beurteilung der Weicharbeit herangezogen werden: So der Effekt des Gerstenwaschens durch Ermittlung von noch verbliebenen Verunreinigungen, beim „pneumatischen" Weichverfahren die Raschheit des Wassereinzuges bzw. Abtrocknens des Haufens nach dem Ablassen des Weichwassers und die Gleichmäßigkeit der Ankeimung. Beim Ausweichen interessiert der Geruch des Weichgutes: Er soll rein und frisch sein. Ein säuerlicher, esteriger Geruch deutet darauf hin, dass es mit den eingeschlagenen Maßnahmen (z.B. CO_2-Absaugung) nicht vollständig gelungen war, eine intramolekulare Atmung zu unterbinden.

5.2.4
Der Wasserverbrauch beim Weichen

5.2.4.1 Wasserbedarf

Der Wasserbedarf bei verschiedenen Verfahren kann je nach den angewendeten Weichtechniken in weiten Grenzen schwanken: Die Zahl der Wasserwechsel, der Naßweichen, die Intensität des Waschvorganges beim Einweichen, die Zeitdauer des „Überlaufens" bei jedem Wasserwechsel, die Häufigkeit des Umpumpens und die Art des Ausweichens bestimmen die Höhe des Wasserverbrauchs. Darüber hinaus wird häufig Wasser vergeudet, weil – vor allem bei der ersten und zweiten Weiche – das Gut noch nicht so stark gequollen ist, dass es die Weichbehälter entsprechend auffüllen würde. So sind die Überlaufvorrichtungen der Weichen meist zu hoch angesetzt und es muß aus diesem Grunde zu viel Wasser bis zum Überlaufen aufgewendet werden.

Der Wasserbedarf, z.B. bei einem *„pneumatisehen Weichverfahren"*, mit insgesamt drei Naßweichen ergibt sich aufgrund der Veränderungen des Gerstenvolumens, das in Tab. 5.9 dargestellt ist.

1000 m^3 Gerste mit einem Hektolitergewicht von ca. 72 kg verändern ihr Volumen bei 16 °C Raum- und Wassertemperatur wie folgt (Tab. 5.9).

Das Volumen steigt also bis zur 2. Naßweiche bereits um 12%, durch dieselbe um 32% an. Das hohe Volumen nach der dritten Naßweiche, die wiederum nach einer Luftrast von 20 Stunden erfolgte, ist auf das bereits kräftige Gabeln des Haufens zurückzuführen. Wird nun die Gerste nach dem Einweichen im Weichbehälter eingeebnet, so ergeben sich zum *Bedecken* des Gutes zum jeweiligen Zeitpunkt folgende Wassermengen (Tab. 5.10).

Tab. 5.9 Volumenänderung der Gerste beim Weichen.

ursprüngliches Volumen		1000 m^3
nach 4 Std. Naßweiche		1080 m^3
nach der 1. Trockenweiche	(20 Std.)	1120 m^3
nach der 2. Naßweiche	(24 Std.)	1320 m^3
nach der 3. Naßweiche	(48 Std.)	1600 m^3

Tab. 5.10 Wasserbedarf zum Bedecken des Gutes.

Vorgang	pro m^3 Gerste	pro t Gerste
Um die Gerste auch nach 4 Std. Naßweiche noch unter Wasser zu halten	0,47 m^3	0,67 m^3
Um die Gerste bis zum Ende der 2. Naßweiche mit Wasser bedeckt zu halten	0,57 m^3	0,81 m^3
Um die Gerste auch bis zum Ende der 3. Naßweiche mit Wasser bedeckt zu halten	0,74 m^3	1,06 m^3

Mit fortschreitender Weichdauer nimmt also der Wasserbedarf zum Bedecken der Gerste zu. Würde der Überlauf in der Weiche so hoch angesetzt, dass die Gerste im gleichen Gefäß auch noch die dritte Naßweiche erhalten kann, dann fallen bei der 1. und 2. Naßweiche pro t Gerste 0,39 bzw. 0,25 m^3 Wasser an, die praktisch nicht genützt werden. Es sollte aus diesem Grunde der Überlauf der Weichen variabel sein (s. Abschnitt 5.2.1.6).

Der Wasserbedarf beim Weichen wurde bisher wie folgt angenommen:

Zum Einweichen, Waschen und Schwimmgerste abschwemmen   1,8 m^3/t
bei einem Wasserwechsel ohne Umpumpen   1,2 m^3/t
bei einem Wasserwechsel mit Umpumpen   1,5 m^3/t
zum Ausweichen   1,8–2,4 m^3/t

Somit erforderte ein *Weichverfahren* mit 72 Stunden Gesamtweichzeit und zwei Wasserwechseln pro Tag sowie täglichem Umpumpen und „nassem" Ausweichen:

$$1,8+1,2+1,5+1,2+1,5+2,1 = 9,3 \text{ m}^3/\text{t}$$

Dazu kommt noch Wasser zum Reinigen der Weiche.

Die „pneumatische" Weiche mit drei Naßweichen und zweimaligem Umpumpen benötigt dann folgende Wassermenge:

$$1,8+1,5+2,1 = 5,4 \text{ m}^3/\text{t}$$

Berücksichtigt man nun die obengenannten Wassermengen bei einem dem Weichstadium angepaßten Überlauf, so ergibt sich unter Mehreinsatz von Wasser zum Einweichen, Waschen usw. von 50%, zum Überlaufen bei der 2. und 3. Weiche von je 20% ein Wasseraufwand von:

$$1,0+1,0+2,1 = 4,1 \text{ m}^3/\text{t.}$$

Wird das Gut, wie üblich, nur mittels zweier Naßweichen auf die Ankeimfeuchte von 38% gebracht, dann werden nur $1,0+2,1 = 3,1 \text{ m}^3/\text{t}$ benötigt. Bei „trockenem" Ausweichen entfällt der hohe Tribut für das Transportwasser, so dass mit $1,0+1,0 = 2,0 \text{ m}^3/\text{t}$ auszukommen wäre. Diese Mengen gelten für Trichterweichen.

Bei Flachbodenweichen fallen die Toträume unter der Horde naturgemäß ins Gewicht: Bei 70 cm und einer Guthöhe von 1,70 m 60% mehr $= 1,15 + 0,72 = 1,87 \text{ m}^3/\text{t}$. Bei zwei Naßweichen sind dies $3,74 \text{ m}^3/\text{t}$. Es kann aber auch bei diesem Weichentyp erforderlich sein, naß auszuweichen. Hier geht aber das Wasser unter der Horde in das Transportwasservolumen mit ein. Es würden hier also $1,87+1,87+1,0 \text{ m}^3/\text{t}$ (Zusatzwasser) $= 4,74 \text{ m}^3/\text{t}$ Gerste benötigt werden. Dabei ist eine Erleichterung, dass die Ausräumvorrichtungen zwangsläufiger arbeiten, als dies beim Auslauf aus der zylindrokonischen Weiche der Fall sein kann.

Es ist das trockene Ausweichen nicht nur im Hinblick auf die physiologischen Vorgänge bei der Keimung, sondern vor allem vom Wasserverbrauch her ein großer Vorteil. Bei Wanderhaufen, Umsetzkasten oder bei runden Keimeinheiten mit fester oder mit Drehhorde ist diese Arbeitsweise bei entsprechender Anordnung der Weichen möglich. Bei rechteckigen Keimkasten bedarf es einer Wanderhorde (s. Abschnitt 6.3.3.8).

Für die sog. „Öko-Weiche" (s. Abschnitt 5.2.1.3) werden bei zwei Naßweichen und trockenem Ausweichen Wassermengen von 2,3 cbm/t Gerste bzw. 2,7 cbm/t Malz genannt.

„Waschschnecken" oder *„Einweichschnecken"* bieten gegenüber den vorgenannten Zahlen kaum mehr Vorteile. Sie dienen vornehmlich dem Einweichen in Weich-/Keim-Einheiten, die größere Räume unter den Horden haben und so bei Naßweichen unverhältnismäßig viel Wasser brauchen würden.

Die Einweichschnecke ist schräg, d.h. in einem Winkel von 30–35° nach oben angeordnet. Der Schneckentrog ist im unteren Teil so ausgebildet, dass das Gut von einer Wasserschicht von 50–80 cm bedeckt ist. Um eine hohe Leistung beim Einweichen zu erbringen, arbeiten mehrere Schnecken nebeneinander. So verfügt z.B. eine Anlage mit fünf Schnecken über eine Kapazität von 90 t/h (Abb. 5.23).

Die Schnecken erbringen einen intensiven Kontakt der Gerste mit dem, zumeist im Gegenstrom aufgebrachten Wasser. Der Abrieb wird abgeschwemmt. Der erzielte Wassergehalt liegt jedoch, trotz der Verwendung von temperiertem Wasser nur bei 23–25%. Der Rest muß durch Sprühen, wie in Abschnitt 5.2.2.5 beschrieben, aufgebracht werden. Der Wasserbedarf beträgt $1–1,2 \text{ m}^3/\text{t}$.

Die *„Waschtrommel"* (Abb. 5.24) dient ebenfalls der intensiven Wäsche des Gutes beim Einweichen in Weich-Keimkasten. Die drehbare Trommel bewegt das

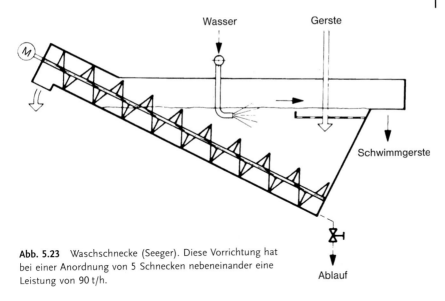

Wasser

Gerste

Schwimmgerste

Ablauf

Abb. 5.23 Waschschnecke (Seeger). Diese Vorrichtung hat bei einer Anordnung von 5 Schnecken nebeneinander eine Leistung von 90 t/h.

am einen Ende eintretende Gut mittels Aushebekörben, die an der Trommelwand spiralförmig angeordnet sind, im Laufe von 30–45 Minuten zum Auslaufende hin. Das Weich- bzw. Waschwasser läuft dabei im Gegenstrom zu, so dass das Gut auf der Auslaufseite mit dem reinsten Wasser in Kontakt kommt. Die Trommel ist dabei zu einem Drittel mit Wasser gefüllt; dies entspricht etwa der halben Höhe des Weichgutes. Bei einer Wassertemperatur von 25 °C wird je nach Verweilzeit ein Weichgrad von 27–30% erzielt. Der Wasserverbrauch liegt dabei bei 0,8–1,0 m^3/t. Die Leistung beträgt, je nach Größe und Durchsatz der Anlage 20–60 t/h.

Um einen Wassergehalt im Keimgut von 47–48% zu erreichen, benötigt man jedoch nur 0,7 m^3/t. Wird das Gut einen Tag in der Weiche belassen, so ergibt sich die Notwendigkeit von nur zwei Naßweichen, wobei jedoch das nasse Ausweichen nach wie vor seinen Tribut fordert.

Eine besondere Anordnung der Weichen über den Keimanlagen ermöglicht dann ein „trockenes" Ausweichen, wenn entweder ein Keimkasten mit Wanderhorde, ein Wanderhaufen oder ein Umsetzkasten zur Verfügung steht (s. Abschnitt 6.3.3.8). Damit können die großen Mengen an Zusatzwasser entfallen und es wird nur eine Naßweiche von jener Größe benötigt, wie es dem jeweiligen Weichstadium entspricht.

Wird auch auf diesen Abschnitt verzichtet und das Wasser ausschließlich durch Sprühen im Keimapparat zugeführt, so ließ sich in einem Falle der Wasserbedarf bis auf 0,9 m^3/t senken, ein Wert, der nur mehr wenig über der theoretisch zuzuführenden Wassermenge liegt [712, 716].

Dabei ist aber zu berücksichtigen, dass die Verschmutzung der kleinen Wassermenge des Sprühweichverfahrens ungleich höher ist als z. B. bei den beiden Naßweichen eines pneumatischen Verfahrens. Dies zeigt auch die Tab. 5.11 auf [706].

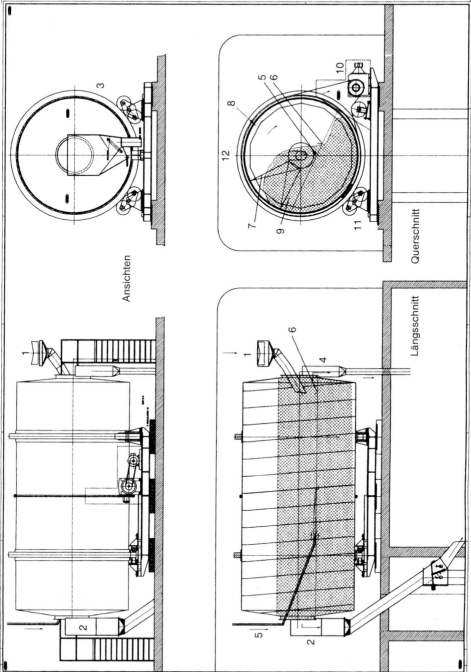

Abb. 5.24 Waschtrommel (Hauner). 1 – Gersteneinlauf (60 t/h) über Förderband; 2 – Gersten- und Wasserabscheidung über 3 – Spaltsieb; 4 – Schwimmgerstenablauf; 5 – Frischwasserzulauf im Gegenstrom; 6 – Wasserstand in der Trommel; 7 – Austragtaschen (perforiert); 8 – Festes Schneckenband (dreht sich mit dem Mantel); 9 – Gerste am Umwälzende; 10 – Antrieb über Kegelstirnrad; 11 – Tandem-Rollen; 12 – Reifringe.

Tab. 5.11 Abwasserkennzahlen für verschiedene Weichverfahren.

	Tauchweiche	Sprühweiche
spez. Wasserverbrauch (m^3/t Gerste)	1,8–2.5	0,2
BSB_5 mg/l	600–880	1800
CSB mg/l	925–1732	2720
EGW_{40} (l/t Gerste)	27–54	9
SE (l/t Gerste)	15–35	5
Sediment (ml/l)	1,8–2,9	13

Diese realistischen Zahlen sind gut mit den vorgenannten Bedarfszahlen vergleichbar.

Die Verschmutzung des Weichwassers hängt naturgemäß von der Beschaffenheit der zum Einweichen gelangenden Gerste („Besatz" an Mikroorganismen, Verschmutzung, Vorreinigung, Lagerbedingungen nach Feuchte und Temperatur) ab.

5.2.4.2 Wiederverwendung des Weichwassers

Diese wird, gerade bei großem Bedarf wie z. B. zum Ausweichen immer wieder in Erwägung gezogen. Das Wasser wird vom Keimkastenboden in einen Sammelbehälter geleitet und von dort aus zur Grobreinigung über ein Bogensieb sofort wieder der Ausweichleitung zugefügt. Nachdem aber Verunreinigungen des Keimkastenbodens und des Leitungsnetzes eliminiert werden sollen, wird das Wasser zu Beginn des Ausweichens verworfen und erst nach 15–20 Minuten der Wiederverwendung zugeführt.

Es kann dieses Wasser, das auch das zweite Weichwasser einschließt, in einem Sammelbehälter bis zum nächstfolgenden Einweichen gespeichert werden [266]. In diesem Becken sollen Verunreinigungen sedimentieren. Es besteht nämlich die Gefahr, dass sich Feststoffe zwischen die einzelnen Körner des Weichgutes setzen und so den Luftdurchtritt erschweren. Es soll für jeden Tagesanfall ein Sedimentationsbehälter zur Verfügung stehen, der jedesmal völlig zu entleeren und durch Sprühköpfe zu reinigen ist. Es „schaukeln" sich sonst die Verunreinigungen sowie: die Organismenzahlen auf, was besonders in feuchten Jahren mit hohem Besatz bedenklich ist. Aus diesem Grunde wurde zur Verhütung von Gushing die Wiederverwendung von Weichwasser abgelehnt [328].

Definierte Untersuchungen zur Wiederverwendung von Weichwasser ergaben folgende Daten: Die Leitfähigkeit des Frischwassers war 500 µS/cm, die Gerste erhöhte diesen Wert um 1325 l (µS/cm)/kg, Darstellung der Leitfähigkeit als Konzentrationsangabe des Mineralstoffgehalts zur Definition des Auswascheffekts [527], wodurch der Wert des ablaufenden Weichwassers beim ersten Mal auf 800, bei zweiten auf 1300 und bei der 10. Wiederverwendung bis auf 2800 µS/cm anstieg.

Der CSB stieg von 0 auf 1200 mg O_2/l und dann bis auf 5000 mg O_2/l an.

Bei der direkten Wiederverwendung werden dennoch ca. 35% Frischwasser benötigt, da stark verschmutztes Wasser verworfen wird (s. o.). Es trifft aber zu, dass das direkt und ohne Behandlung verwendete Weichwasser eine deutliche Inhibition der Keimung bewirkte [707].

Eine Aufbereitung des Weichwassers durch Filtration über Kieselgur und Aktivkohle erbrachte im Vergleich zum kurzfristig wiederverwendeten, durch Sedimentation geklärten Wasser keine Vorteile [366]. Auch der Versuch, den hohen $KMnO_4$-Verbrauch des ablaufenden Weichwassers durch Behandlung mit Flockungsmitteln wie $Al_2(SO_4)_3$, durch Bentonite oder Polyamidpräparate zu verringern [366, 705], war nicht lohnend. Ein anderer Vorschlag sah vor, einen speziell aufbereiteten Montmorillonit (Flygtol A) zusammen mit Polyacrylamid zur Adsorption von gelösten Substanzen zu verwenden. Zur Reinigung eines schwach belasteten Weichwassers genügen bereits 0,5 kg Flygtol A und 2,5 g Polyacrylamid pro m^3; bei einem normal belasteten Weichwasser werden jedoch von beiden Agentien 2 g bzw. 10 g benötigt. Es resultiert eine Verringerung des $KMnO_4$-Verbrauchs um ca. 70%. Ein noch besserer Reinigungseffekt läßt sich durch eine zusätzliche Gabe von $Al_2(SO_4)_3/m^3$ (150 g/m^3 Wasser) erzielen. Die Chemikalien-Kosten betragen beim schwachbelasteten Weichwasser 0,08 €/m^3, beim normal verschmutzten 0,32 €/m^3, je nachdem ob Aluminiumsulfat zum Zusatz kam oder nicht.

Eine Chlorierung des zur Wiederverwendung gestapelten Weichwassers sollte so vorgenommen werden, dass ein Restchlorgehalt von unter 0,5 mg/l Chlor vorliegt.

Neue Möglichkeiten eröffnet die Wiederaufbereitung des Mälzungsabwassers zu Brauchwasser, das den Anforderungen für Trinkwasserqualität gemäß der §§ 1–4 Trinkwasser-Verordnung entspricht.

Bei dem sog. „Frisch-Verfahren" handelt es sich um einen mehrstufigen Prozeß aus biologischer Reinigungsstufe und physikalischer Nachbehandlung [720].

In der biologischen Behandlungsstufe findet der mikrobielle Abbau der organischen Schmutzfracht des Abwassers statt. Es handelt sich dabei um eine Variante des Belebtschlammverfahrens, das in einem Bioreaktor abläuft. Im Bioreaktor befindet sich stationär eine aktive Bakterienpopulation. Durch eine Intensivbelüftung in gesteuerten Intervallen werden die organischen Stoffe des Abwassers abgebaut. Durch einen programmierbaren Wechsel von aeroben und anaeroben Phasen wird sowohl Stickstoff als auch Phosphat entfernt.

Nach einer Sedimentation der Biomasse im Reaktor wird das überstehende gereinigte Abwasser entfernt. Der anfallende Überschußschlamm gelangt in einen Stapeltank. Durch eine mehrtägige aerobe Behandlung (Belüftung und Zusatz eines Flockungsmittels) wird er auf ca. ein Viertel seiner Masse eingedickt und anschließend über die kommunale Kläranlage entsorgt.

In einer Recycling-Anlage wird das von den Bioreaktoren kommende gereinigte Abwasser über einen Tuchfilter geklärt und in einer Umkehrosmoseanlage entsalzt. Schließlich verhindert eine kontinuierliche UV-Behandlung des Wassers dessen Wiederverkeimung. Bei einem Abwasseranfall aus der Mälzerei von 700 m³/Tag (ca. 30 m³/h) können 550 m³ Brauchwasser zurückgewonnen werden. Dabei fallen 150 m³ Retentat an. Die bei den wechselweise beschickten Bioreaktoren haben einen Inhalt von je 1000 m³, die zugehörigen Puffertanks je 350 m³. Der Recyclingwassertank weist ebenfalls 350 m³ Inhalt auf. Die biologischen und chemisch-technischen Werte liegen, wie auch die Metalle deutlich unterhalb der Grenzwerte der TVO. Blei, Cadmium, Chrom und Nickel wohl näher, aber doch unterhalb derselben.

Damit dürfte eine gefahrlose Wiederverwendung des Weichwassers möglich sein.

Als billigere Variante, speziell für kleinere Betriebe ist ein Verfahren im Pilotmaßstab entwickelt worden. Dieses sieht eine Kreislaufführung derart vor, dass das Wasser mittels Flotation, anschließender Ultrafiltration und naßchemischer Oxidation aufbereitet wird. Hierdurch sollen die Frischwassermengen um 40–60% und der Abwasseranfall um ca. 75% gesenkt werden [706].

Eine Weiterentwicklung der Behandlung des wiederzuverwendenden Weichwassers erfolgt über eine aerobe Stufe mit anschließender Mikrofiltration über eine Polypropylen-Kapillar-Membrane mit einer Porenweite von 0,2 Mikrometer. Sie erbrachte eine Verringerung der Leitfähigkeit beim 1. bzw. 2. Weichwasser auf 2770 bzw. 2390 µS/cm. Bei 25% Frischwasserzusatz verringerten sich die Werte auf 1950/1720 µS/cm. Der CSB reduzierte sich auf 343/251 mg O_2/l, bei 25% Frischwasser auf 240/160 mg O_2/l. Bakterien und Schimmelpilzsporen wurden entfernt.

Die Leistung der Membrane ging während eines Zyklus von 80 auf 58 l/qm und Stunde zurück. Es mußte zur Entfernung der auf der Membrane angereicherten Feststoffe periodisch rückgespült werden, wodurch dann die ursprüngliche Leistung wieder erzielt wurde. Einmal täglich ist eine alkalische Reinigung der Anlage notwendig. Bei dieser Behandlung unter Zusatz von 25% Frischwasser blieb die Keimenergie bzw. der Keimungsindex (s. Abschnitt 1.6.2.7) unverändert, ebenso die Malzqualität nach Extrakt, Friabilität und Eiweißlösung [707]. Das verworfene Abwasser, das etwa 20% der normalen Menge an Abwasser ausmacht [708] bedarf einer Behandlung mittels Ozon oder Wasserstoffperoxid und einer Aktivierung mittels UV-Strahlen, gefolgt von einer biologischen Stufe mit adaptierten Mikroorganismen. Die Behandlung des Weichwassers für eine Wiederverwendung über eine aerobe Stufe mit anschließender Mikrofiltration ist somit einfach. Hierdurch wird die Hauptmenge des CSB verringert und gleichzeitig der Mikroorganismenbesatz (Bakterien) beseitigt. In der Praxis ist jedoch ein Frischwasseranteil von ca. 30% erforderlich, um Aufbereitungsverluste auszugleichen.

Kleinmälzungsversuche mit 100% Recycling-Wasser ergaben zunächst keine Verschlechterung von Cytolyse und Proteolyse des Malzes, wohl aber bei 11–12 Zyklen der Wiederverwendung [707].

Bei der Wiederverwendung des Weichwassers stellt sich neben den vorstehend besprochenen mechanischen Problemen auch das biochemische Thema der Keimungsinhibitoren, das bereits oben [706] erwähnt wurde.

Die Keimungsinhibitoren können bei der Wiederverwendung ohne vorherige Behandlung die Ankeimung verzögern und die Malzqualität verschlechtern. Eine Filtration des Wassers über einen Membran-Bioreaktor erwies sich als am günstigsten. Mittels dieser Methode werden die meisten Schwermetalle, außer Eisen und Mangan entfernt, welche erst durch Umkehrosmose und Aktivkohle-Behandlung eliminiert werden können. Hierbei werden auch Phosphate zurückgehalten, ebenso Pestizide und Mykotoxine (zu 98%). Die mit dieser Verfahrensweise erzielte Wasserqualität sowie die Leitfähigkeit und der CSB entsprechen dann der TVO.

Bei Verwendung von 80% des so aufbereiteten Wassers konnten bei der Mikromälzung keine Unterschiede in der cytolytischen und proteolytischen Lösung festgestellt werden, auch waren die mit diesen Malzen hergestellten Biere dem Vergleich ebenbürtig [709].

Eine Untersuchung der Weichwässer auf inhibierende Substanzen mittels Membranfilter, die eine unterschiedliche Porenweite aufwiesen, ergab Fraktionen von 10 kD, 3 kD, 1 kD und 500 D. Letztere Fraktion war farblos und zeigte keinen Inhibitor-Effekt mehr. Dagegen waren die Substanzen höheren Molekulargewichts gefärbt und zeigten eine Inhibitor-Wirkung von 11–19% [709].

Praxisversuche bestätigten die oben genannten Ergebnisse. Normalerweise können aus betriebstechnischen Gründen (Verluste bei der Aufarbeitung des Weichwassers) nur 65–70% Recycling-Wasser eingesetzt werden. Eine Einsatzquote von mehr als 80% erwies sich als kritisch, da das Recycling-Wasser praktisch ohne Mineralien ist [710].

Es muß aber generell bei Versuchsanstellungen folgender wichtiger Punkt beachtet werden: Versuchssude, bei denen das Weichwasser wiederverwendet wird, sind sowohl in Pilot- als auch in Großversuchen mehrfach durchzuführen. Hierbei muß die Erntehefe eines jeden Versuchs wieder in einer nämlichen Charge 2–3-mal wiederverwendet werden. Bei nur einem Gärversuch besteht nämlich die Gefahr, dass die Hefe etwaige Geschmacksabweichungen nivelliert.

5.2.5
Verluste beim Weichen

Die Weichverluste werden verursacht durch:
a) Staub und Verunreinigungen ca. 0,1%,
b) Auslaugung der Spelzen ca. 0,8%,
c) Atmung der Gerste während des Weichprozesses.

Nach dem Einweichen schwimmt ein kleiner oder größerer Teil des Weichgutes auf dem Wasser. Diese Schwimmgerste besteht meist aus schwachen Gerstenkörnern, leichten Unkrautsamen, Hülsen und Grannen. Diese Bestandteile werden abgeschwemmt oder abgehoben, gesammelt und getrocknet.

Das Einweichen soll, um das Aufsteigen der Schwimmgerste zu ermöglichen, über einen Streuteller erfolgen. Darüber hinaus ist es zweckmäßig, die auf der Oberfläche schwimmenden Körner zu bewegen (z. B. durch intensives Belüften des Weichinhalts), damit keine Vollgerste abgeschwemmt wird. Der Anteil an

Schwimmgerste liegt je nach dem Grad der Vorreinigung bei 0,1–1,0%. Die Schwimmgerste wird nicht als Schwandfaktor gewertet, da sie wieder verkauft wird.

Die *Verluste durch Auslaugung* in der Weiche betragen 0,5–1,0%, im Durchschnitt 0,8%. Sie umfassen den Entzug von Schmutzkrusten, vor allem aber von Inhaltssubstanzen der Gerstenspelze: Gerbstoffe, Mineralstoffe, Eiweiß und Spelzenbitterstoffe. Erstere bedingen wohl die bräunliche Färbung und den eigenartigen Geruch des Weichwassers. Wenn die Gerste verletzt ist, werden auch Stoffe aus dem Korninneren ausgelaugt.

Die *Verluste durch Atmung* in der Weiche sind unterschiedlich; sie hängen davon ab, ob und wieweit der eigentliche Keimprozeß bereits in der Weiche einsetzt. Je nach der Intensität des Weichverfahrens liegen sie zwischen 0,5 und 1,5%. Bei Weichverfahren mit langen Luftrasten ist die Atmung der Gerste in der Weiche wesentlich stärker als bei überwiegender Wasserweiche. Die Atmungsverluste werden in der Weiche nicht für sich erfaßt, sondern zusammen mit jenen, die beim Keimen und Darren auftreten.

5.2.6
Die Pflege und Instandhaltung der Weiche

Infolge der Verschmutzung der durch die Gerste mitgeführten Organismen ist der Reinigung der Weichen vor allem bei Wiederverwendung des Weichwassers besondere Aufmerksamkeit zu schenken. Je mehr Einbauten (Lüftungsringe, Rohre usw.) in der Weiche sind, um so schwieriger wird die Pflege. Diese hat jedoch durch die modernen Hochdruckspritzen eine wesentliche Verbesserung und Erleichterung erfahren.

Der Anstrich der Weichen auf der Innenseite muß überwacht und bei Bedarf ausgebessert werden. Bei Betonweichen ist der Verputz zu überprüfen. Bei Weichen aus Stahlblech kann eine defekte Innenauskleidung zu einer Verfärbung der Spelzen des Weichgutes führen (Eisen-Gerbstoff-Verbindungen), die sich u. U. im fertigen Bier geschmacklich auswirken kann.

Bei zylindrokonischen Weichen, die aus Edelstahl gefertigt oder die mit diesem Material ausgekleidet sind, gestaltet sich die Instandhaltung einfacher, der Betrieb sicherer.

Bei Flachbodenweichen runder Bauart ist der Raum unter dem Hordenfeld nur 300–750 mm hoch. Außerdem sind Einbauten, wie z. B. Preßluftdüsen vorhanden. Die Reinigung gestaltet sich deshalb schwierig. Die Horde wird von oben mittels automatischer Hochdruckreinigung mit Pumpendrücken von ca. 100 bar in einen einwandfreien Zustand gebracht. Die Reinigung unter der Horde erfolgt über feste oder bewegliche Rohrkreuze mit Düsen oder über oszillierende Balken, die ebenfalls mit Düsen versehen sind. Die Hochdruckpumpe leistet 200 l/min bei 100 bar.

Es versteht sich von selbst, dass eine Reinigung nach jedem Ausweichvorgang zu erfolgen hat.

Beim rechteckigen Weichbehälter mit heb- und senkbaren Horden (s. Abb. 5.11) ist das Begehen von unten und die billigere Reinigung mit Hilfe einer einfachen Hochdruckspritze möglich.

6
Die verschiedenen Mälzungssysteme

6.1
Die Tennenmälzerei

Die Tennenmälzerei ist die einfachste und natürlichste Mälzungsart. Sie ist heute kaum mehr in nennenswertem Umfang verbreitet und wurde weitgehend von den verschiedenen Systemen der pneumatischen Mälzerei verdrängt. Nachdem aber die grundlegenden Erkenntnisse der Tennenmälzung als Maßstab bzw. als Vergleich für moderne Systeme herangezogen werden, sollen sie auch in dieser Auflage knapp geschildert werden. Eine ausführliche Beschreibung ist den früheren Auflagen dieses Buches zu entnehmen.

6.1.1
Der Mälzungsraum, die Tenne

Um eine konstante *Temperatur* zu gewährleisten, wurde die Tenne früher unterirdisch oder bei entsprechender Isolierung oberirdisch angeordnet. Ziel war eine gleichmäßige Temperatur von 10–12 °C, die sich dem flach liegenden Gut in kurzer Zeit mitteilte. Zu kalte Tennen erschwerten die Ankeimung, zu warme verringerten die Belegung und stellten die Malzqualität in Frage. Für diese Erfordernisse wurde dem Tennenbelag aus Solnhofener Platten oder Zementglattstrich große Bedeutung beigemessen. Nachdem die wünschenswerten Temperaturen nur 5–6 Monate gehalten werden konnten, führte sich die künstliche Kühlung durch Decken-Rohrsysteme ein. Diese wurden von Sole, besonders aber von direkt verdampfendem NH_3 oder Frigen F 22 durchflossen. Sie sicherten die Arbeitsweise auf der Tenne, obgleich das Keimgut durch die Luftkonvektion eine Abnahme der Feuchte erfuhr. Diese mußte durch entsprechendes Spritzen der Haufen aufgefangen werden. Der *Feuchtigkeitsgehalt* der Tennenluft mußte unbedingt bei 95% gehalten werden, um den Haufen im „Schweiß" zu halten. Aus diesem Grunde sollte auch die Tenne eine Raumhöhe von 4 m nicht überschreiten und durch ein Kanalsystem sachgemäß und zugfrei belüftet werden können. Hygrometer und Thermometer definierten die Luftverhältnisse. Eine Belichtung des Keimgutes war zu vermeiden, um eine Chlorophyllbildung zu unterbinden.

Die Bierbrauerei Band 1: Die Technologie der Malzbereitung. Achte Auflage.
Ludwig Narziß und Werner Back.
© 2012 WILEY-VCH Verlag GmbH & Co. KGaA. Published 2012 by WILEY-VCH Verlag GmbH & Co. KGaA

Die *Tennenfläche* bestimmte die *Leistung* der Tenne. Bei 10–12 °C war zu Zeiten intensiven Wachstums nur eine Haufenhöhe von 9–10 cm möglich, so benötigten 100 kg Gerste als Junghaufen 3,2–3,6 m². Unter Berücksichtigung des geringeren Flächenbedarfs früherer und späterer Keimstadien war mit 30–40 kg (Durchschnitt 35 kg) Gerste/m² zu rechnen. Wurde 240 Tage/Jahr gemälzt, so konnten bei einer 7-tägigen Keimdauer 34 Chargen gemälzt werden.

Eine Tennenfläche von 7 Tennen à 250 m² = 1750 m² würde damit 7 Haufen à 87,5 dt Gerste = 612,5 dt aufnehmen können. Bei 34 Umgängen entsprach dies einer Kapazität von 20 825 dt Gerste oder 16 250 dt Malz.

6.1.2
Die Führung des Tennenhaufens

Das *Ausweichen* geschah naturgemäß „trocken". Das Gut wurde bei kälteren Tennen oder bei knapper Weiche höher (30–40 cm) angefahren, um noch eine „Nachweiche" zu erzielen. Flaches Anfahren war bei wärmeren Tennen üblich oder wenn der Haufen bereits spitzte. Dieser *Naßhaufen* hatte üblicherweise eine Temperatur von 10–12 °C, er wurde alle 12 Stunden gewendet, um das Abtrocknen des Oberflächenwassers zu fördern, oder mindestens um Unterschiede im Wassergehalt der einzelnen Schichten auszugleichen. Hoch angefahrene Haufen wurden ausgebreitet, um den Temperaturanstieg nicht zu rasch zuzulassen und das Ankeimen, d. h. „Spitzen" im *Brechhaufen* gleichmäßig zu gestalten. Die niedrige Schicht sicherte das Einhalten der niedrigen Temperaturen. Ein zweites Mittel, um Stoffwechsel und Wachstum zu regeln, war das Wenden des Haufens. Es verlangte Beobachtungsgabe, Erfahrung und Gewissenhaftigkeit. Hierdurch wurde das Gut umgelagert und gemischt, Temperaturen und Wassergehalte ausgeglichen, das Atmungsprodukt CO_2 entfernt und frische Luft zugeführt. Die Häufigkeit des Wendens richtete sich nach der Temperatur und der Schweißbildung im Haufen. Zu häufiges Wenden kostete Arbeitskraft, es verringerte die Feuchtigkeit des Keimgutes unnötig und regte die Atmung in zu starkem Maße an. Es war also wichtiger, durch rechtzeitiges Auseinanderziehen, d. h. durch die dünne Schicht die Raumtemperatur auf den Haufen kühlend einwirken zu lassen.

Während der Naßhaufen, wie erwähnt, alle 12 Stunden gewendet wurde, war dies beim Brechhaufen schon dreimal täglich erforderlich, um die Temperaturen im Bereich von 12–14 °C zu behalten. Im Junghaufen, am 3. Tag, herrschte das stärkste Wachstum, er wies nur eine Schichthöhe von 9–10 cm auf, nahm also die größte Fläche in Anspruch. Es tritt, meist schon beim Übergang vom „Spitzen" zum „Gabeln" und schließlich zur vollen Ausbildung der Wurzeln ein Geruch nach frischen Gurken auf, der den in Abschnitt 4.1.8.3 geschilderten Abbauvorgängen beim Lipidstoffwechsel zuzuschreiben ist (Abb. 6.1).

Die Temperatur sollte 15–16 °C nicht überschreiten, gewendet wurde dreimal täglich. Am 4./5. Tag im sog. „Wachshaufenstadium" wurde bei leicht löslichen Gersten etwa die gleiche Temperatur beibehalten; es reichte etwa zweimaliges Wenden aus. Bei schwerer löslichen Gersten oder für dunkles Malz wurde im

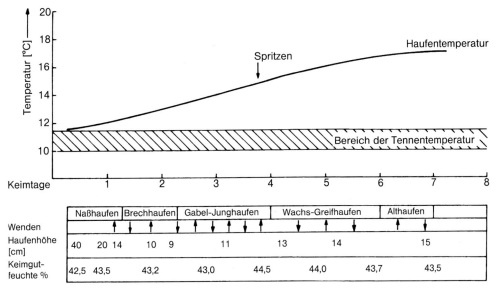

Abb. 6.1 Führung eines Tennenhaufens für helles Malz (konventionelle Weiche, ausschließliches Wenden des Haufens).

Sinne einer wärmeren Führung um 1 °C täglich erhöht. Hierfür blieb der Haufen, meist in höheren Schichten, als „*Greifhaufen*" 24 Stunden ohne Wenden liegen. Die Temperatur stieg auf 18–22 °C an, die Wurzeln wuchsen ineinander und es kam zu kräftiger Schweißbildung. Es bildete sich eine Atmosphäre höheren Kohlensäuregehalts aus, das Gewächs entwickelte sich gedämpft weiter. Hierdurch reicherten sich niedermolekulare Produkte (Zucker, Aminosäuren) im Mehlkörper an. Beim Wenden mußte der zusammengewachsene Haufen zuerst „klar" gemacht werden, d. h. es wurden durch Schütteln die zusammengewachsenen Körner wieder getrennt. Am 4. Tag war bei knapper Weiche, bei heiß und trocken aufgewachsenen Gersten oder auf zugigen, trockenen Tennen eine Zugabe von Wasser notwendig. Diese erfolgte kurz vor dem Wenden mittels Gießkannenbrause (1–2 l/dt). Bei modernen Weichverfahren, bei denen mit 42–43% ausgeweicht wird, war die Keimgutfeuchte beim gleichmäßigen Gabeln auf 44–45% zu erhöhen (Abb. 6.2). Bei dunklen Grünmalzen wurde, zur Darstellung der gewünschten, stärkeren Lösung, mehrmals Wasser zugegeben (Abb. 6.3). Am 6./7. Tag war dann bei optimierter Haufenführung der *Althaufen* gegeben, in dem die Auflösungsvorgänge bis zum gewünschten Grad geführt wurden und die Homogenität einen Ausgleich erfuhr.

Die Keimzeit war auf der Tenne in der Regel 7–8 Tage bei hellen und 8–11 Tage bei dunklen Malzen. Bei den heute leichter löslichen Gersten sowie bei pneumatischen Weichverfahren (bei denen das Gut spritzend ausgeweicht wird) sind 6(–7) Tage ausreichend.

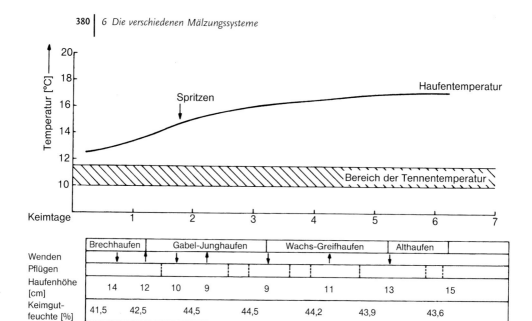

Abb. 6.2 Führung eines Tennenhaufens für helles Malz
(Pneumatische Weiche, Wenden *und* Pflügen des Haufens).

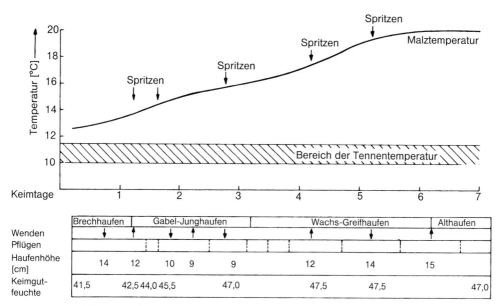

Abb. 6.3 Führung eines Tennenhaufens für dunkles Malz
(Pneumatische Weiche, Wenden *und* Pflügen des Haufens).

6.1.3
Die Keimbedingungen auf der Tenne

Sie waren optimal, vorausgesetzt gekühlte Tennen von 10–12 °C mit möglichst hoher Luftfeuchtigkeit von 90–95%. Hierdurch gelang es durch die Wahl der Haufenhöhe und des Wendezeitpunkts, die Haufentemperatur im gewünschten Bereich und die durch das Weichen vermittelte Feuchte von ca. 45% zu erhalten. Hierbei spielte auch die „Schweißbildung" eine große Rolle, die auch einen empirischen Hinweis für die Richtigkeit der Haufenführung lieferte. Es war zwar möglich, die Feuchte des Keimguts zu korrigieren bzw. Verluste auszugleichen, doch war es schwierig, dieselbe um mehr als 2–3% (absolut) zu erhöhen. Die bei der Atmung gebildete Kohlensäure floß vom Tennenhaufen ab; sie betrug bei der üblichen dünnen Haufenschicht nur 1–2%. Durch Liegenlassen der Haufen beim Greifen oder auch bei Ersatz des Wendens durch Pflügen konnten 3–4% erreicht werden. Diese optimalen Verhältnisse waren nicht immer gegeben. Eine zu lange Mälzungskampagne bei zu hohen Tennentemperaturen, eine zu starke Belegung, zu kurze Keimzeiten und Schimmelpilzinfektionen lieferten schwer zu verbrauende Malze und brachten die Tennenmälzerei in Mißkredit.

6.1.4
Arbeitsaufwand und Weiterentwicklung der Tennenmälzerei

Nach dem Schema in Abb. 6.1 wurde das Gut während der Keimzeit 12–16-mal gewendet, sei es, um die Haufenoberfläche dem Wachstumsfortschritt anzupassen oder die Temperatur zu halten. Hierfür wurde geschultes Personal benötigt, das bei Naßhaufen 50 dt/h, bei Junghaufen 35 dt/h und bei Greifhaufen 25 dt/h (einschließlich Schütteln), also insgesamt 200 dt/Mann und Tag, einschließlich der Nebenarbeiten (Ausweichen, Haufenziehen und Tenne waschen) leistete.

Wurde beim Wenden auch eine Oberflächenveränderung vorgenommen, so war dieses auf 1-mal täglich zu beschränken, bei zusätzlich 12-maligem Pflügen pro Tag [721]. Automatische Wendevorrichtungen, die auch das Ausweichen, Haufenziehen und Tennenreinigen übernahmen, steigerten die Leistung einer Person auf 900 dt/Tag. Hierfür mußten aber die Tennen nicht nur identische Abmessungen aufweisen, sondern auch stets auf den höchsten Flächenbedarf eines Haufens ausgelegt sein. Es spricht für die Güte des Systems, dass es bis 1960 in neuerbauten Mälzereien installiert wurde.

6.2
Die pneumatische Mälzerei

6.2.1
Allgemeines

Charakteristisch für alle pneumatischen Mälzungssysteme ist das Mälzen in hoher Schicht. Diese ist nur dann möglich, wenn das Keimgut durch einen mit Feuchtigkeit gesättigten Luftstrom gekühlt wird. Diese ständige und ausreichende Kühlung des Haufens – ohne ihm dabei merklich Wasser zu entziehen – ist die wichtigste, aber auch die schwierigste Aufgabe der pneumatischen Mälzung. Sie erfordert bei dem hochliegenden Keimgut mit ihrer intensiven Wachstumsenergie einen großen Luftüberschuß. Eine weitere bedeutsame Aufgabe des Luftstromes ist die Beibehaltung der gewünschten Keimgutfeuchte. Dies ist nicht einfach, da sich die Luft im Haufen erwärmt und somit in der Lage ist, dem Keimgut Feuchtigkeit zu entziehen. Aus diesem Grunde kann auch im Haufen keine Schweißbildung stattfinden.

Schließlich soll der Luftstrom die gebildete Atmungskohlensäure entfernen und dem Gut Frischluft zuführen. Hierzu sind nur geringe Luftmengen notwendig.

Jede pneumatische Keimanlage besteht aus zwei Teilen:
a) den Belüftungseinrichtungen;
b) dem eigentlichen Keimapparat.

6.2.2
Die Belüftungseinrichtungen

Sie sind im Prinzip für alle pneumatischen Mälzungssysteme gleich. Ihre richtige Ausführung und Bemessung ist für die Funktion der jeweiligen Keimanlage von entscheidender Bedeutung. Sie bestehen:
a) aus den Teilen, die zur Vorbereitung der durch das Keimgut ziehenden Luft dienen (Temperierungs- und Befeuchtungsanlage),
b) aus dem Kanalsystem, das zur Zu- und Ableitung der Luft dient (Frischluft-, Abluft- und Umluftkanal) und
c) den Ventilatoren, die die Bewegung der Luft durch das System und durch das Keimgut selbst hervorrufen.

6.2.2.1 Reinigungsanlagen
Reinigungsanlagen für die Frischluft können dann wünschenswert sein, wenn diese je nach Lage der Ansaugöffnung, eine mehr oder weniger starke Verschmutzung durch Staub und Mikroorganismen aufweist. Hierdurch kann ein verstärktes Verschleimen der Belüftungsanlagen eintreten. Die sehr selten durchgeführte Reinigung der Luft geschieht meist durch Waschen mit fein verdüstem Wasser, wie dies auch noch bei Befeuchtungsanlagen ausgeführt wird (s. Abschnitt 6.2.2.3). Eine Filtration der Luft über Filtereinheiten mit Ra-

schigringen ist zwar möglich, aber infolge der großen zu reinigenden Luftmengen teuer.

6.2.2.2 Temperiereinrichtungen

Zur Belüftung des Keimguts wird Luft von bestimmten Eigenschaften, d. h. gewünschter Temperatur und vollständiger Sättigung mit Feuchtigkeit, verwendet. Bei Haufen, die bereits deutliche Wachstumserscheinungen und eine entsprechende Wärmeentwicklung zeigen, muß die Einströmluft kälter sein als das keimende Gut, weil sie sonst nicht in der Lage ist, den Haufen abzukühlen. Es ist denkbar, diese Abkühlung mit sehr kalter Luft vorzunehmen, um so in kürzester Zeit mit den kleinsten Luftmengen und folglich bei geringsten Stromkosten die gewünschte niedrige Temperatur zu erreichen. Hier sind jedoch Grenzen gezogen, da die Temperatur der Einströmluft wiederum den Feuchtigkeitsgehalt des Haufens beeinflußt. Die kühle Einströmluft erwärmt sich im Keimgut. Sie wird dadurch aufnahmefähig für Wasser, das sie dem Haufen entnimmt.

So bewirkt z. B. eine Erwärmung der ursprünglich feuchtigkeitsgesättigten Luft im Haufen um nur 2 °C einen Rückgang der relativen Luftfeuchte auf 90%! Bei größeren Temperaturunterschieden ist das Absinken der Luftfeuchte naturgemäß noch gravierender (s. Abschnitt 3.4.4.1).

Die Folge ist eine Austrocknung des Grünmalzes, die in einer Verringerung der Umsetzungsvorgänge und damit der Auflösung resultiert.

Es darf deshalb die Einströmluft nur um etwa 2 °C kälter sein als der Haufen, um die erwähnte Austrocknung zu verhindern. Nachdem der Haufen nach Maßgabe der Keimbedingungen in einem Temperaturbereich von 15–20 °C geführt wird, muß die Temperatur der Einströmluft etwa zwischen 10° und 18 °C variiert werden können.

Die Außenluft und auch die aus dem Haufen abgeführte, wiederverwendete Rückluft entsprechen nur in den seltensten Fällen von vornherein den erforderlichen Temperaturbereichen. Im Winter bzw. bei frisch ausgeweichten Haufen muß die Einströmluft daher häufig angewärmt werden. Im Sommer, an warmen Frühlings- und Herbsttagen, oder bei Keimgut im intensiven Wachstum, sind Außen- und Rückluft meist zu warm und bedürfen der Kühlung.

Die Temperierung der Einströmluft wird bei älteren Anlagen mit der Befeuchtungseinrichtung kombiniert. Wegen des hohen Wasserverbrauchs und der im Sommer meist nicht genügenden Kühlwirkung hat sich jedoch im letzten Jahrzehnt eine Trennung in Kühl- und Befeuchtungsaggregate ergeben.

Die *Erwärmung* der Einströmluft kann gleichzeitig mit der Befeuchtung in der Weise erfolgen, dass das den Zerstäuberdüsen zugeführte Wasser erwärmt wird. Direktes Einblasen von Dampf, der aber nicht mit Öl oder bestimmten geruchsintensiven Aufbereitungsmitteln für Kesselwasser verunreinigt sein darf, erbringt gleichzeitig eine Befeuchtung der Luft. Dampfbeheizte Radiatoren trocknen die Einströmluft; diese muß dann stärker angewärmt werden als dies für die betreffende Haufentemperatur erforderlich wäre, da durch die nachfolgende Sättigung der Luft mittels Zerstäubung von Wasser wieder eine Abkühlung eintritt. Eine weitere Möglichkeit der Anwärmung besteht in der Verwendung von „Rückluft". Es wird hierbei die aus dem betreffenden Haufen austretende Luft zurückgeführt und vor dem Ventilator nach Bedarf mit Frischluft verschnitten. Vor allem bei Rückluftsammelkanälen, die die Rückluft von mehreren Keimanlagen aufnehmen können, ist es mit Vorteil möglich, die warme Rückluft eines älteren Haufens auf einen kalten, frisch ausgeweichten zu übertragen.

Die Anwärmung ist jedoch insofern begrenzt, als die Einströmluft bei ausschließlicher Anwärmung mit Rückluft günstigstenfalls auf die Temperatur der letzteren erwärmt werden kann.

Die *Abkühlung der Luft* wird erreicht entweder durch Zerstäuben von kaltem Wasser, oder durch ein eigenes Kühlsystem, das mit Sole oder einem direkt verdampfenden Kältemittel wie Ammoniak oder Frigen beschickt wird.

Bei der Abkühlung der Luft mit Wasser ergeben sich physikalisch zwei Möglichkeiten:

a) Die Abkühlung durch Verdunstung des Wassers. Sie bewirkt gleichzeitig eine Sättigung der Luft mit Feuchtigkeit. Die hierfür benötigten Wassermengen sind gering. Es wird jedoch nur dann eine Kühlwirkung erreicht, wenn die zu kühlende Luft noch nicht wasserdampfgesättigt ist.

b) Die Kontaktkühlung, d.h. die direkte Übertragung der Wassertemperatur auf die Luft durch Berührung. Sie ist um so wirkungsvoller, je feiner das Wasser zerstäubt wird, und je länger die Kontaktzeit zwischen Wasser und Luft ist.

Es ist bei Sommerbetrieb häufig der Fall, dass die den Haufen verlassende Luft als Rückluft wiederverwendet, niedrigere Temperaturen hat als die Außenluft. Die Rückluft weist jedoch einen hohen Sättigungsgrad auf, so dass die Kühlwirkung durch die Verdunstung von Wasser wirkungslos ist. Es muß also auch diese Luftqualität durch „Kontaktkühlung" auf die gewünschte Temperatur der Einströmluft zurückgeführt werden. Für diese Art der Kühlung der Frisch- und Rückluft sind erhebliche Wassermengen erforderlich, wie nachfolgendes Beispiel zeigt [722]:

Lufteintrittstemperatur in den Keimapparat:	12 °C
Ablufttemperatur aus dem Keimapparat:	15 °C
Umluftanteil 2/3, Frischluftanteil 1/3	
Außenlufttemperatur bei 60% rel. Feuchte:	30 °C

Auf je 1000 m³ Kühlluft treffen daher
an Rückluft: 665 m³
an Frischluft: 335 m³

Die Rückluft muß dabei von 15 auf 12 °C und die Frischluft von der Außentemperatur von 30 auf 12 °C rückgekühlt werden. Bei einer spezifischen Wärme der Luft von 1,30 kJ/0,31 kcal/m³ °C beträgt dann die je 1000 m³ abzuführende Wärme:

Umluftkühlung: 665 · 1,3 (15–12)	=	2590 kJ/618 kcal
Frischluftkühlung: 335 · 1,3 (30–12)	=	7840 kJ/1870 kcal
		10430 kJ/2488 kcal/1000m³

Ein Teil der Wärme der Frischluft kann durch die Verdunstung von Wasser bis zur Sättigungsgrenze entzogen werden. Nach dem Mollier-Diagramm für feuchte Luft (s. Abschnitt 3.4.4.1) erniedrigt sich hierbei die Temperatur um rund 6 °C. Hierfür benötigt man nur etwa 3,3 g Wasser/m^3 Luft, für 335 m^3 Frischluft somit 3,3×335=1105 g oder und 1,1 kg Wasser. Die Außenluft ist dann auf 30–6°=24 °C vorgekühlt. Zur weiteren Kühlung der Luft von 24 auf 12 °C werden noch benötigt: 335 · 1,3 (24–12)=5227 kJ/1250 kcal, so dass zusammen mit der Kühlung der Umluft folgende Wärme abzuführen ist:

$$5227+2590=7817 \text{ kJ/1868 kcal/1000 m}^3 \text{ Luft.}$$

Für diesen Wärmeübertrag gilt die Gleichung:

$$Q = m \cdot c \text{ (twa–twe) kJ/kcal}$$

Hierin ist:
Q = Wärme in kJ/kcal
m = Kühlwassermasse in kg
c = spezifische Wärmekapazität des Wassers 41816 kJ/kg u. °C
twa = Kühlwassertemperatur beim Austritt
twe = Kühlwassertemperatur beim Eintritt in den Kühler °C.

Nachdem sich das Kühlwasser von z. B. 9 °C bestenfalls auf die Temperatur der Eintrittsluft in den Kasten, d. h. auf 12 °C erwärmt, ergibt sich ein spezifischer Wasserverbrauch von:

$$m_{spez.} = \frac{7817}{(12-9) \cdot 41816} = 622,7 \text{ kg/1000 m}^3 \, .$$

Hierzu kommen noch 1,1 kg Wasser für die Abführung der Verdunstungswärme. Somit beläuft sich der gesamte spez. Wasserbedarf auf 623,8 kg/1000 m^3 Luft.

Ein Keimapparat benötigt pro t Gerste im Stadium des intensiven Wachstums 500 m^3 Luft/h. Es sind demnach unter diesen Bedingungen 312 kg Wasser/h erforderlich, um die gewünschten Temperaturen zu erreichen.

Unter Berücksichtigung einer rund 140-stündigen Befeuchtungszeit beträgt damit der Wasserverbrauch unter den vorgenannten Bedingungen über die gesamte Keimzeit hinweg rund 43,6 m^3. Bei höheren Wassertemperaturen erhöht sich die Menge entsprechend.

Bei hohen Außentemperaturen reicht die Wasserkühlung nach Temperatur und verfügbarer Wassermenge nicht mehr aus. Eine gewisse Verbesserung ist noch durch die Abkühlung des Wassers zu bewirken. Diese kann in Durchflußkühlern oder in einem bei derartigen Anlagen ohnedies vorhandenen Sammelbecken für das überschüssige Spritzwasser mit Hilfe eines Röhrenkühlsystems geschehen.

Die direkte Kühlung der Luft mit Hilfe von Kühlsystemen. Bei modernen Klimaanlagen ist es heute üblich, eine direkte Kühlung der Luft mit Hilfe von

Kühlsystemen vorzunehmen. Sole ist als Kälteträger nur selten anzutreffen, da durch die meist sehr niedrigen Soletemperaturen einerseits und durch die hohe Feuchtigkeit der zu kühlenden Luft andererseits mit einer baldigen Vereisung des Kühlsystems zu rechnen ist. Hierdurch wird nicht nur der Wärmedurchgang verringert, sondern gleichzeitig auch der Luftwiderstand des Kühlers erhöht.

Nachdem direkt verdampfenden Kältemitteln wie Ammoniak und Frigen immer wieder Bedenken entgegengebracht werden, gewinnen Glycol oder Eiswasser von 0,5–1 °C wieder mehr an Bedeutung. Vor allem Eiswasser könnte durch Speichern der Kälte das Auftreten von Stromspitzen vermeiden. Ein Eisspeicher wird mit einer Verdampfungstemperatur von –4 °C betrieben, wodurch im Vergleich zur direkten Verdampfung eine um ca. 50% höhere Verdichterleistung, doch eine um 60% geringere Kapazität des Verdunstungskondensators zu installieren sind. Wohl sind die Investitionskosten für die Kälteanlage geringer, doch kommt die Gesamtbeschaffung durch den Eisspeicher insgesamt etwas, d. h. um ca. 5% teurer. Der Strombedarf erhöht sich um 16% [725].

Dennoch ist der Eisspeicher aus Gründen der Betriebssicherheit eine echte Alternative zur direkten Verdampfung, z. B. von NH_3, weil über die automatische Schaltung einer derartigen Kühlanlage auch die Haufenführung automatisiert werden kann.

Bei der direkten Verdampfung wird die Verdampfungstemperatur dabei über 0 °C gehalten, um ein Vereisen der Lamellen des Luftkühlers zu vermeiden.

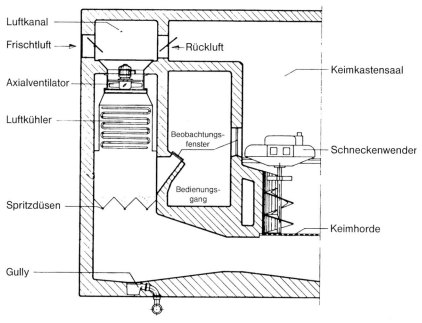

Abb. 6.4 Luft-, Kühl- und Befeuchtungsraum.

Auch verbessern höhere Verdampfungstemperaturen den Wirkungsgrad der Kälteanlage.

Wie schon in einem früheren Kapitel angegeben, liegt der Kältebedarf über die gesamte Keimzeit hinweg bei rund 850 000 kJ/t (202 000 kcal), wobei die Spitze rund 6270 kJ/t · h (1500 kcal) beträgt. Diese Werte wurden auch durch fortführende Arbeiten bestätigt [723]. Nun hat aber die Intensivierung der Keimung und die Anwendung fallender Mälzungstemperaturen eine höhere Wärmespitze von ca. 9200 kJ/t · h (2200 kcal) zur Folge, die von der Kühlanlage aufgefangen werden muß. Es ist daher das Kühlsystem eines jeden Keimkastens auf diesen Bedarf auszulegen. Manche Systeme können sogar noch höhere Spitzenwerte verlangen (s. Abschnitt 4.2.2). Bei der Bemessung der Kälteanlage verdienen jeweils noch zwei weitere Faktoren Berücksichtigung:

a) das Wärmeäquivalent für die Ventilatorleistung,
b) der Wärmeeinfall durch das Begehen der Keimanlagen und die Wärmeabgabe durch das Mauerwerk.

Hierfür können bei einer 7-tägigen Keimzeit noch 63 000 kJ/t (15 000 kcal/t) veranschlagt werden bzw. rund 9000 kJ/t (2200 kcal/t) pro Tag. In Ländern mit heißem Klima müssen für Wärmeanfall usw. höhere Zuschläge gemacht werden. Somit beträgt der Kältebedarf bei konventioneller Mälzung rund 7000 kJ/t · h (1600 kcal/t · h), bei modernen Verfahren ca. 9600 kJ/t · h (2300 kcal/t · h).

Tab. 6.1 Kennzahlen einer Keimkasten-Kühlanlage für den Monat Juli.

Keimtag	1. Tag	2. Tag	3. Tag	4. Tag	5. Tag	6. Tag	Summe
Keimguttemperatur [°C]	18	18	18/13	13	13	13	–
Spez. Luftvolumenstrom [m³(h · tG)]	500	500	650	650	650	500	–
Frischluftanteil [%]	80	70	70	30	20	20	
Wärmeabg. Keimraum [MJ/t G]	159	175	204	142	110	93	883
Wärme über FL/ Rückluft [MJ/t G]	94/32	87/52	141/61	75/98	50/96	38/74	–
Spez. Kältebedarf [MJ/t G]	139	153	238	191	161	124	1006
Spez. Kälteleistung [kJ/(h · t G)]	5760	6370	9880 (2,7 kW/t G)	7980	6710	5160	41860 (11,6 kW/t GE)
Zulufttemperatur [°C]	16	16	16/11	11	11	11	
Spez. elektr. Energie [kwh$_{el}$/t G]	6,4	7,0	10,9	8,7	7,4	5,7	46,1

G: Gerste; GE: Gerstenerzeugung; FL: Frischluft; Verdampfungstemperatur: +2 °C; Kondensationstemperatur: +30 °C; Indirekte Kühlung der Luftkühler; Wirkl. spez. Kälteleistung: 21 870 kJ/kWh$_{el}$; Kältemittel: NH$_3$; Mittlere Tagestemperatur Juli: 19 °C; Grädigkeit: 6 K und 3 K.

Tab. 6.2 Erforderliche Kälteleistung bei mehreren Keimkasten [540, 541].

	konventionell		modern		Gleichzeitigkeit %
	kJ/t·h	kW/t·h	kJ/t·h	kW/t·h	
1 Keimkasten	6900	1,92	10000	2,78	–
2 Keimkästen	6060	1,69	8810	2,45	88
4 Keimkästen	5650	1,57	8200	2,28	82
6 Keimkästen	5230	1,45	7590	2,11	76

Einen Überblick über den Kältebedarf und den Bedarf an elektrischer Energie im Monat Juli gibt Tab. 6.1 [726].

Wenn nur ein Keimapparat an die Kühlanlage angeschlossen ist, so müssen auch Verdichter und Kondensator auf die volle Kälteleistung ausgelegt sein. Bei Vorhandensein mehrerer Einheiten, die dann von einer zentralen Kälteanlage aus bedient werden, ergibt sich bei konventioneller bzw. bei moderner Mälzung eine Reduzierung der Gesamtkälteanlage lt. Tab. 6.2 [724].

Es liegen also bei intensiver Mälzungsweise die erforderlichen Werte um ca. 45% höher.

Die Wahl des Kältemittels NH_3 oder F_{22} hängt von der Größe und Anordnung der Kälteanlage bzw. des zu kühlenden Keimapparates ab. Bei kleineren Anlagen, z. B. bei Einzelkühlung, wird meist F_{22} verwendet. Bei größeren Anlagen, bei der mehrere Keimkasten von einer Gruppe von Kompressoren bedient werden, ist das Kältemittel NH_3, vor allem in Verbindung mit Kältemittelpumpen, günstiger, da Verluste an Kältemittel leichter festzustellen und dann zu beheben sind. Das geruchlose Frigen kann zu größeren, unbemerkten Kältemittelverlusten führen.

Gasförmiges Ammoniak kann jedoch in Mengen, die durch Undichtheit des Kühlers in das keimende Gut eindringen können, dasselbe in jedem Stadium schädigen und zwar um so mehr, je feuchter und jünger das Grünmalz ist.

Die Ursache der Schädigung dürfte gleich zu Beginn der Keimung auf eine Inaktivierung des Keimlings zurückzuführen sein (s. Abschnitt 6.4.7.2), später wirkt sich diese weniger deutlich aus, weil der gesamte Mechanismus der Enzymbildung nach drei Tagen soweit gediehen ist, dass der aktive Keimling praktisch nicht mehr benötigt wird (s. Abschnitt 6.4.2).

Es tritt hiernach im späteren Stadium nurmehr eine Dämpfung der Enzymbildung und -wirkung ein.

Es empfiehlt sich, einen mit NH_3 kontaminierten Kasten (wenn möglich) möglichst frühzeitig abzudarren [727].

Der Kondensator der Kälteanlage wurde früher als Doppelrohrverflüssiger ausgeführt. Der hohe Wasserverbrauch kann durch ein Rückkühlwerk auf ca. 10% abgesenkt werden. Häufig finden heute Luftkondensatoren Anwendung, die am Frischlufteintritt der Darre angeordnet, eine gewisse Wärmeersparnis erbringen können. In reinen Mälzereibetrieben ohne weitere Wärmequelle sollte ein Teil der Kondensatorwärme zur Temperierung des Weichwassers herangezogen werden. Es wird hierbei dem Luftkondensator ein Doppelrohrverflüssiger nachgeschaltet, der es gestattet, das Kältemittel weitergehend abzukühlen.

Das Kühlsystem kann vor oder nach dem Ventilator angeordnet werden. Es ermöglicht eine automatische Steuerung des Keimprozesses.

6.2.2.3 Künstliche Befeuchtung der Luft

Eine solche ist unbedingt erforderlich, da immer die Gefahr einer Austrocknung des Haufens besteht, und zwar aus folgenden Gründen:

a) Jeder kräftig bewegte Luftstrom führt eine Verdunstung von Oberflächenfeuchte herbei und entwässert.

b) Die in das Keimgut einströmende Luft muß der Kühlwirkung wegen kälter sein als der Haufen. Beim Durchgang durch das Keimgut erwärmt sie sich und wird dadurch befähigt, Wasser aufzunehmen. Je größer der Temperaturunterschied zwischen Einströmluft und Haufentemperatur, um so größer ist die Wasseraufnahmefähigkeit der Luft, und um so stärker wird die Entwässerung des Keimgutes.

c) Der ständige Luftstrom verhindert eine Schweißbildung im Haufen. Der durch die Atmung des Keimgutes entstehende Wasserdampf wird von der Luft aufgenommen und größtenteils abgeführt.

Zum Ausgleich dieser unvermeidlichen Feuchtigkeitsverluste muß der Einströmluft Wasser in feinster Verteilung zugeführt werden. Diese künstliche Überbefeuchtung der Luft erfolgt meist mit Hilfe von Sprühdüsen. Diese sind bei älteren Anlagen in besonderen Befeuchtungstürmen, bei neueren mit eigenen Kühlaggregaten im Lufteintrittskanal vor dem Keimapparat angeordnet. Auch Rotationszerstäuber werden zur Luftbefeuchtung verwendet.

Befeuchtungstürme liegen unmittelbar vor der Keimanlage, damit die vom Ventilator kommende Luft auf möglichst kurzem Wege und ohne Erwärmung oder Entfeuchtung zum Keimapparat geleitet werden kann. Die Befeuchtungstürme sind in der Regel zweiteilig, damit Luft und Wasser in einem langen und möglichst intensiven Kontakt zueinander kommen. Sie müssen leicht betretbar und zur Reinigung der Spritzdüsen und Turmwände mit einer Steigleiter versehen sein. Die Befeuchtung der Luft erfolgt in diesen Türmen mit Hilfe von Spritzdüsen, bei denen das zugeführte Wasser meist durch eine enge Düsenbohrung auf einen Prallkörper auftrifft und so zerstäubt wird. Der auf diese Weise oder durch Zentrifugalwirkung hervorgerufene Wassernebel wird von der im Gegenstrom zugeführten Luft aufgenommen (Abb. 6.5).

Die Voraussetzungen für eine wirkungsvolle Konditionierung der Luft in den Kühltürmen sind:

a) die Konstruktion der Spritzdüsen,
b) die Zahl der Düsen bzw. Düsenreihen,
c) der Druck, mit dem das Wasser durch die Spritzdüsen gepreßt wird,
d) die Kontaktzeit zwischen Luft und Einspritzwasser.

Es gibt heute verhältnismäßig einfache Düsenkonstruktionen, die sich leicht reinigen lassen und die einen hohen Wirkungsgrad entwickeln. Die Verteilung

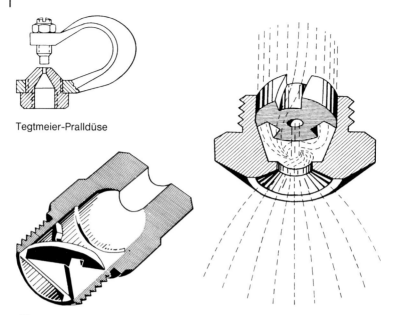

Tegtmeier-Pralldüse

Abb. 6.5 Düsenkonstruktion zur Wasserzerstäubung.

ist im allgemeinen um so feiner, je kleiner die Düsenöffnung und je größer der Druck ist, mit dem das Wasser durch die Düsen gepreßt wird.

Der Wasserdruck liegt gewöhnlich bei 2–3 bar Ü. Bei zu geringem Druck ist die Wasserzerstäubung auch bei den besten Spritzdüsenkonstruktionen ungenügend. Es muß dann eine besondere Pumpe zur Druckerhöhung aufgestellt werden.

Eine weitere Voraussetzung für eine einwandfreie Zerstäubung ist die Reinhaltung der Düsen, die sich je nach Reinheitsgrad des Wassers sehr leicht verlegen können. Harte, karbonathaltige Wässer sind hier ebenso problematisch wie solche, die in Sammelbecken aus den Befeuchtungstürmen gewonnen und wiederverwendet werden.

Die Verteilung der Düsen im Befeuchtungsturm geschieht unter bestmöglicher Ausnutzung der entstandenen Wassernebelzone. Die Zahl der Düsen hängt ab vom Luftdurchsatz und von Bau und Größe der Spritzräume.

Bei ausschließlich wassergekühlten Keimkasten z. B. von 35 t Kapazität (Gerste als Grünmalz) sind z. B. in Mitteleuropa 2×18 Düsen im Befeuchtungsraum und 2×18 Düsen im sog. „Rückluftkühler" erforderlich.

Der Wasserverbrauch einer Düse ist abhängig von der Konstruktion und vom Wasserdruck. Er liegt unter normalen Verhältnissen bei 1,0–1,5 l/min. Rechnet man im vorhergehenden Beispiel mit einer 6-tägigen Befeuchtungszeit $72 \times 1,2 \times 60$, so erhält man 5180 l/h; bei 144 Stunden Befeuchtungszeit ergeben sich 746 m^3.

Somit treffen pro t eingeweichte Gerste 21 m^3 Wasser.

Bei hohen Außenlufttemperaturen sind wesentlich größere Wassermengen erforderlich (s. Abschnitt 6.2.2.2). Häufig können ausschließlich wassergekühlte

Keimanlagen in den Hochsommermonaten nicht betrieben werden, es sei denn, das Wasser wird durch ein entsprechendes Kühlsystem auf 6–10 °C abgekühlt.

Es ist natürlich im Hinblick auf einen geringstmöglichen Wasserverbrauch erforderlich, nur so viele Düsen in Betrieb zu halten, wie zur Erzielung einer bestimmten Lufttemperatur erforderlich ist.

Um den hohen Wasserverbrauch herabzusetzen, wird das Spritzwasser, das sich am Boden des Befeuchtungsturmes sammelt, in genügend groß bemessenen Wassergruben gespeichert. Das Fassungsvermögen sollte etwa dem Gesamtwasserdurchsatz von drei Betriebsstunden entsprechen. Die Wassergrube wird gewöhnlich dreiteilig ausgeführt: in der ersten Abteilung können sich die gröbsten Verunreinigungen des ablaufenden Wassers absetzen; diese Sedimentation setzt sich in der zweiten Abteilung fort. Im dritten Teil des Beckens wird das verhältnismäßig reine Wasser mittels Chlorzusatz desinfiziert, bei Bedarf mit Frischwasser versetzt und von hier wieder durch Pumpen den Spritzdüsen zugeführt. Hier kann das Wasser durch dampfbeheizte Rohrschlangen angewärmt, oder durch Kühlschlangen gekühlt werden. Der in der Grube sich ansammelnde Schlamm wird zeitweise durch eine Schlammpumpe entfernt (Abb. 6.6).

Der Sauberhaltung dieser Wassergrube kommt große Bedeutung zu; es besteht sonst die Gefahr, dass die gesamte Befeuchtungsanlage verschleimt. In großen Mälzereien sind daher zwei Wassergruben anzuordnen, von denen die eine in Betrieb ist, während die andere gereinigt und desinfiziert wird.

Rotationszerstäuber gestatten eine sehr weitgehende Zerstäubung des Wassers. Die geschlossene Befeuchtungstrommel enthält einen Lüfter, eine Wasservernebelungsvorrichtung und den gekapselten, wasserdichten Antriebsmotor. Sie liegt unmittelbar an der Lufteintrittsöffnung der jeweiligen Keimapparatur [728].

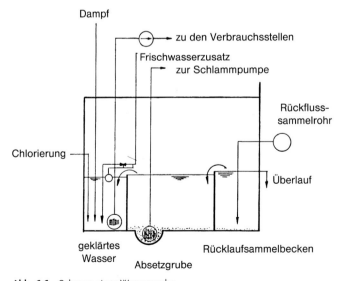

Abb. 6.6 Schema einer Wassergrube.

Durch die sehr feine Zerstäubung des Wassers wird eine 100%ige Sättigung mit geringen Wassermengen erreicht. Die Luft kühlt sich durch die entstehende Verdunstungskälte soweit ab, wie ein Sättigungsgefälle gegeben ist: z. B. bei Verwendung von viel Frischluft niedrigen Feuchtigkeitsgehaltes. Es fehlen jedoch die großen, zur Kontaktkühlung erforderlichen Wassermengen, wie sie beim Betrieb eines Spritzturmes gegeben sind. Aus diesem Grunde kommt der Turbozerstäuber in den wärmeren Jahreszeiten nur in Verbindung mit einem Kälteaggregat oder mit ergänzenden Rückluftkühltürmen zum Einsatz.

Es ist bei kurzen Wegen der durch Düsen oder Rotationszerstäuber intensiv befeuchteten Luft darauf zu achten, dass keine Wassertröpfchen durch die Hordenschlitze gelangen und so in das Keimgut eindringen. Es besteht die Gefahr, dass in diesem Bereich die Wurzelkeime durch die Hordenschlitze wachsen und den Luftdurchtritt blockieren. Hierdurch ist eine partielle Erwärmung des Haufens unvermeidbar.

Einen hohen Sättigungsgrad weist die aus dem Keimapparat abgeführte *Rückluft* auf. Wird diese durch ein Kühlsystem (Rückluftkühler) abgekühlt, so wird hierdurch meist ihre völlige Sättigung, z. T. sogar die Abscheidung von Luftfeuchtigkeit bewirkt.

Beispiel: Rückluft von 15 °C und 90% relativer Feuchte (11,6 g Wasserdampf/m^3) wird durch die Kühlanlage auf 12 °C abgekühlt. Nachdem hier bei 100% relativer Feuchtigkeit nur 10,7 g Wasserdampf pro m^3 enthalten ein können, scheiden sich 11,6–10,7=0,9 g/m^3 an der Oberfläche des Verdampfers ab.

Es ist daher auch die Verwendung von Rückluft eine sehr wirkungsvolle Maßnahme zur Erzielung einer gleichmäßig hohen Feuchte der Einströmluft.

Eine Nachbefeuchtung durch einen Turbozerstäuber oder auch durch einige wenige Reihen von Spritzdüsen wird jedoch nicht entbehrlich, da die Kanalführung häufig eine Entfeuchtung der Luft bewirkt.

Eine ähnliche Wirkung vermittelt Wasser, das auf die Nabe bzw. die Innenfläche des Ventilators geleitet wird. Durch dessen Zentrifugalkraft werden die hierfür erforderlichen, sehr kleinen Wassermengen zerstäubt. Es ist jedoch notwendig, den Wasserzusatz in Abhängigkeit von der Ventilatorleistung (Umdrehungszahl) zu steuern.

Sicher kann ein durch die Kühlluft hervorgerufener Wasserverlust im Haufen durch vermehrtes Spritzen oder durch Einstellen einer ursprünglich höheren Keimgutfeuchte (z. B. 48% statt 45%) ausgeglichen werden. Es kann aber hierdurch zu vermehrter Husarenbildung und zu erhöhten Mälzungsverlusten kommen. Auch wird eine derartige Arbeitsweise einem Ungleichgewicht der Proteolyse (wird bei hohen Wassergehalten gefördert) und der Cytolyse (wird bei niedrigen Wassergehalten am Ende der Keimung gehemmt) Vorschub leisten.

6.2.2.4 Wasserverbrauch

Der Wasserverbrauch über die gesamte Keimzeit hinweg schwankt je nach den gegebenen Voraussetzungen (Klima, Wassertemperatur, Haufenführung, Wasserrückgewinnung, direkte Kontaktkühlung) in sehr weiten Grenzen. Er beträgt unter der Voraussetzung einer 7-tägigen Keimzeit (Befeuchtung 158 Stunden) bei:

a) Kontakt- und Verdunstungskühlung ausschließlich mit Frischwasser $30\ m^3/t$
b) Wasser-Rückgewinnung je nach Frischwasserzusatz $2,5-5\ m^3/t$
c) Luftsättigung mittels Turbozerstäuber $0,5\ m^3/t$
d) Nachbefeuchtung direkt gekühlter Luft, je nach Frischluftzusatz $0,1-0,5\ m^3/t$

Wie die vorhergehenden Rechenbeispiele zeigen, kann der unter a) angegebene Wasserverbrauch je nach den klimatischen Bedingungen zwischen 20 und $60\ m^3/t$ schwanken.

Nun benötigt aber u. U. der Kondensator des Kälteaggregates entsprechende Kühlwassermengen, die im Falle eines Gegenstromverflüssigers bei $30\ m^3/t$, bei einem hierzu angeordneten Rückkühlwerk oder einem Verdunstungskondensator bei $3\ m^3/t$ und schließlich bei Luftkondensatoren bei 0 liegen können (s. Abschnitt 6.2.2.2).

6.2.3
Das Kanalsystem

Die in der pneumatischen Mälzerei verwendete Luft muß auf ihrem gesamten Weg im System in Kanälen geführt werden. Die Luftführung hat daher gewissen Anforderungen zu entsprechen. Die wichtigsten Abschnitte des Kanalsystems sind:

a) der Frischluftkanal;
b) die Rückluftkanäle bzw. der Rückluftsammelkanal;
c) die Präpariervorrichtungen;
d) der Abluftkanal.

6.2.3.1 Frischluftkanal
Ein Frischluftkanal ist notwendig, um die Frischluft direkt vom Freien der Anlage zuzuführen. Der Frischluftkanal ist ausreichend zu bemessen, um keine zusätzlichen Luftwiderstände aufzubauen. Er soll möglichst reine Luft zuführen und so ausgelegt sein, dass eine Lärmbelästigung weitgehend vermieden wird.

6.2.3.2 Rückluftkanal
Der Rückluftkanal führt die aus dem Keimapparat strömende Luft wieder zum Ventilator zurück. Er kann für jede Einheit getrennt oder auch für mehrere Kasten zusammen angeordnet sein. Gerade dieser Rückluftsammelkanal stellt eine Reserve an sauerstoffarmer, befeuchteter und temperierter Luft dar, die mit Vorteil zur Haufenführung verwendet werden kann. Spritzdüsensysteme oder eigene Rückluftkühler sorgen für eine Temperaturerniedrigung der Rückluft.

6.2.3.3 Abluftkanal

Der Abluftkanal muß so beschaffen sein, dass er den Abtransport der Abluft ohne zusätzliche Widerstände ermöglicht.

Alle Luftkanäle sind so zu gestalten, dass sie weder Temperatur noch Wassergehalt der Luft beeinflussen, wenig Wirbel erzeugen und keine größeren Widerstände im System aufbauen. Sie müssen deshalb:

a) kurz und gerade sein,
b) einen entsprechend großen gleichbleibenden Querschnitt mit einer geringen Oberfläche haben und innen völlig glatt sein,
c) zugänglich, leicht zu reinigen und zu kontrollieren sein.

Die Schalt- und Regelorgane (Frischluft-, Rückluft- und Abluftklappen oder Jalousien) sollen eine eindeutige Dosierung der einzelnen Luftqualitäten ermöglichen. Auch Absperrschieber dürfen im geöffneten Zustand keine Beeinträchtigung der Lufteigenschaften hervorrufen; im Bedarfsfall sollen sie jedoch einen völligen Abschluß gewährleisten.

Heutzutage regulieren sich die Frisch- und Abluftjalousien durch die angesaugte bzw. abgegebene Luftmenge – je nach Einstellung der Rückluftjalousie – selbsttätig.

6.2.4
Die Ventilatoren

Die Fortbewegung der Luft beruht auf der Erzeugung von Druckunterschieden. Hierfür finden in der Mälzerei überwiegend Druckventilatoren, seltener Saugventilatoren Anwendung, die entweder als Radial- oder als Axialventilatoren ausgeführt sind.

Die Leistung der Ventilatoren muß dem jeweiligen Zweck angepaßt sein: Ob Einzel- oder Sammelbelüftung der Keimanlagen, ob dauernde oder nur zeitweise Belüftung und schließlich je nach den Widerständen im System, vor allem mit Rücksicht auf die Haufenhöhe.

Eine zu geringe Leistung der Ventilatoren erfordert eine entsprechend hohe Differenz zwischen Einströmluft- und Guttemperatur: Der Haufen wird entwässert und ist somit schwer zu führen. Eine zu hohe Leistung bewirkt einen hohen, teilweise unnützen Energiebedarf. Um sich den Erfordernissen des jeweiligen Keimstadiums anzupassen, sollten die Ventilatoren regelbare Umdrehungszahlen, z. B. durch Frequenzumformung haben.

6.2.4.1 Radialventilatoren

Radialventilatoren saugen die Luft durch eine seitliche Öffnung an und fördern sie durch ein Schaufelrad weiter. Sie erzeugen einen um so höheren Druck, je stärker die Radschaufeln in Drehrichtung geneigt sind. Ihre Leistung ist dem Quadrat ihrer Geschwindigkeit proportional, während der Energieverbrauch mit dem Kubus der Geschwindigkeit steigt. Es muß daher im Sinne einer wirtschaftlichen Arbeitsweise versucht werden, die zu überwindenden Drücke im System möglichst gering zu halten. Hierzu gehört eine ausreichende Bemessung der Luftkanäle und eine vernünftige Auslegung der Stärke der Grünmalzschicht. Für hohe Leistungen werden diese Ventilatoren auch ohne Gehäuse gebaut.

6.2.4.2 Axialventilatoren

Axialventilatoren erreichen durch geeignete Konstruktion der Lüfterflächen wesentlich höhere Drücke als früher. Sie können aufgrund ihrer hohen Wirkungsgrade mit Vorteil zur Belüftung von Keimanlagen herangezogen werden.

6.2.4.3 Saugventilation

Saugventilation ist heute nur mehr selten bei alten Anlagen anzutreffen, die zudem noch z. T. mit diskontinuierlicher Sammelbelüftung betrieben werden. Der Saugventilator steht dem Weg der Luft nach gerechnet, hinter den Keimapparaten.

Die Luftführung ist folgende: Luftkonditionierung – Keimanlagen – Saugventilator.

Je nach Anordnung der Kanäle kann die Einströmluft entweder von oben nach unten oder von unten nach oben durch das Keimgut gesaugt werden. Im Keimraum herrscht dabei ein gewisser Unterdruck. Es ist nur schwer zu vermeiden, dass die Luft auf dem kürzesten Weg bei geringsten Widerständen durch das Gut gesaugt wird und so die dem Abluftkanal nächstgelegenen Partien die stärkste Belüftung erfahren. Hiermit ist zwangsläufig die kräftigste Abkühlung und Entfeuchtung des Gutes verbunden.

Bei Sammelbelüftung, d. h. bei der Luftversorgung mehrerer Keimapparate mit nur einer Luftqualität, erfolgt die Regulierung der Haufentemperatur durch eine unterschiedliche Bemessung des Luftdurchsatzes. Dies wird wiederum nur durch Veränderung des Querschnitts der Einström- bzw. Ausströmöffnung erreicht.

Bei *gleichem* Zustand der Einströmluft für das Keimgut in *verschiedenen* Stadien ergibt sich eine jeweils unterschiedliche Differenz zwischen den Temperaturen beider Medien. Je größer dieser Unterschied ist, um so stärker wird unausweichlich die Entfeuchtung des Haufens sein. Kommt hierzu noch ein verschieden hoher Luftdurchsatz aufgrund der Unzulänglichkeiten in der Luftführung, so läßt sich ermessen, welche Unterschiede sich im keimenden Gut einstellen können.

6.2.4.4 Druckventilation

Druckventilation wird bei modernen Keimanlagen ausschließlich angewendet, wobei grundsätzlich bei der Bemessung der Belüftungseinrichtung die kontinuierliche Belüftung zugrundegelegt wird. Bei den meisten Systemen erfolgt der Luftdurchsatz von unten nach oben. Es kann aber ein beschränkter Druckraum unter der Horde zu enge Querschnitte und damit zu hohe Druckverluste in der Anlage zur Folge haben. Hier kann eine Belüftung von oben nach unten günstiger sein (Optimälzer). Desgleichen spricht es nicht gegen eine optimale Luftversorgung, z. B. einer Wanderhaufenanlage, wenn diese nur von zwei Ventilatoren – einen für Frischluft und einen für Rückluft – versorgt wird, wobei der Verschnitt der beiden Luftarten nach Maßgabe der gewünschten Haufentemperatur erfolgt.

Bei Drucklüftung sind in der Regel sehr kurze Wege für die konditionierte Luft gegeben. Diese verteilt sich durch den sich unter (oder über) dem Keimgut einstellenden Überdruck gleichmäßig durch den Widerstand des Haufens, wobei letzterer – abgesehen von gewissen Unregelmäßigkeiten durch ungleiche Schichthöhen – einen relativ gleichmäßigen Luftdurchsatz bewirkt. Durch Aufbau eines geringen Gegendruckes, der durch Drosseln der Abluftklappe vorgenommen werden kann, gelingt es in den meisten Fällen, die Gleichmäßigkeit der Belüftung noch zu erhöhen, doch ist dies bei automatisch gesteuerten Anlagen nicht mehr zweckmäßig.

6.2.4.5 Messung der Druckverhältnisse

Die Messung der Druckverhältnisse geschieht durch Verbinden des zu untersuchenden Mälzungsraumes mit der Atmosphäre mittels eines U-Rohres. Dieses ist mit Wasser gefüllt und gestattet die Ablesung der Druckunterschiede in mm Wassersäule (daPa).

Hieraus ist ein Überblick zu gewinnen über die Leistung des Ventilators, die Beschaffenheit des Keimapparates, die Einstellung der Luftschieber und schließlich die Durchlässigkeit des Keimguts z. B. vor und nach dem Wendevorgang.

6.2.4.6 Luftmengen

Die Luftmengen, die zur Kühlung und Lüftung des Haufens dienen, sollen aus technologischen und wirtschaftlichen Erwägungen möglichst gering, d. h. dem jeweiligen Wachstumsstadium angepaßt sein. Je größer die Luftmenge, um so geringer wird die Temperaturdifferenz zwischen Einströmluft und Keimgut sein, doch steigt der Stromverbrauch entsprechend an. Darüber hinaus kann eine zu starke Belüftung ebenfalls zu einer rascheren Austrocknung des Haufens führen.

Der *Luftbedarf* einer pneumatischen Anlage hängt weitgehend ab von der Art ihrer Temperiervorrichtung. So werden bei wassergekühlten Keimapparaten in der Regel etwas stärkere Ventilatoren benötigt, als bei solchen mit künstlicher Kühlung. Gerade im ersteren Falle dürfte dem Unterschied zwischen „Sommer"- und „Winter-Betrieb" durch Auswechseln der Keilriemenscheiben Rechnung zu tragen sein, um in der kühleren Jahreszeit einen zu hohen Luftdurchsatz zu vermeiden.

Sehr wichtig ist eine gleichmäßige Belüftung des Keimguts. Bei ungleicher Belüftung werden Wassergehalt und Temperatur ungleich, und damit auch die Wachstumserscheinungen und Enzymreaktionen. Ungleiche Aufschüttung der Haufen, zu seltenes Wenden, tiefe „Beete" bei ungeeigneten Saladinwendern oder gar die Anwendung von Saugluft, führen zu derartigen Unregelmäßigkeiten. Hierüber kann nur eine eingehende Kontrolle mit Hilfe von Flügelradanemometern, die mit einem entsprechend dimensionierten Trichter auf verschiedene Stellen des Haufens gesetzt werden, Aufschluß geben.

Die *Dauer der Lüftung* kann zeitweise oder ständig sein. Letzteres ist vorzuziehen, weil sie eine gleichmäßige Ausbildung der Temperaturen im Haufen begünstigt und damit die Feuchtigkeitsverhältnisse und das Wachstum des Keimguts am wenigsten stört. Die Lüfterleistung wird in diesem Falle – je nach dem Stadium der Keimung – zwischen 300 und 700 m³/t und h liegen. Eine stufenlose Regulierung des Ventilatormotors z. B. mittels Frequenzumformer ist günstiger als eine solche durch polumschaltbare Motoren, die zwei oder drei verschiedene Drehzahlstufen aufweisen. Eine Regulierung durch Drosselung der Frisch- oder Abluftmengen ist energiewirtschaftlich nicht zu vertreten. Bei den Wanderhaufen der verschiedenen Konstruktionen erfolgt eine Anpassung der Ventilatorstärke an die im jeweiligen Abschnitt erforderliche Luftleistung, wobei auch hier den unterschiedlichen Gegebenheiten durch zwei oder drei verschiedene Drehzahlen Rechnung getragen wird. Bei zeitweiser Belüftung ist ein höhere Luftdurchsatz erforderlich, da der Haufen jeweils in kurzer Zeit abgekühlt werden muß. Hierfür sind Lüfterleistungen von 1000 bis 1500 m³/t und h für den oder die jeweils zu versorgenden Haufen erforderlich (s. Abschnitt 6.3.3.3).

6.2.5
Die automatische Steuerung der Temperaturen

Durch die Einführung der künstlichen Kühlung in der Mälzerei ist es möglich geworden, die Haufentemperatur thermostatisch zu steuern. Dies geschieht am besten durch die entsprechende Temperierung der Einströmluft, wobei hier von Hand das Verhältnis zwischen Frischluft und Rückluft vorgegeben wird. Nun hängt jedoch das Verhältnis zwischen den Temperaturen von Einströmluft und Keimgut gleichzeitig von der durchgesetzten Luftmenge, d. h. von der Ventilatorleistung ab. Es ist nun möglich, durch Einstellen einer Differenz von z. B. 2 °C die Ventilatordrehzahl zu steuern. Steigt die Temperaturdifferenz zwischen dem Grünmalz (meist im oberen Drittel des Haufens gemessen) und der Einströmluft an, so schaltet der Ventilator auf die nächst höhere Stufe; im gegenteiligen Falle auf eine niedrigere. Im Winter wäre naturgemäß der Einsatz der Kühlanlage entbehrlich, um den hierfür benötigten Strom zu sparen.

Viele Mälzereien wählen jedoch das Frischluft-Rückluftverhältnis so, dass die Kühlanlage bei geringstmöglichem Kälteaufwand ihrer Steuerfunktion noch nachkommt und auch hier auf die Automatik nicht verzichtet werden muß.

Um jedoch auch diesen Stromaufwand zu sparen, kann der Rückluft-/Frischluftverschnitt eines jeden Keimkastens so gesteuert werden, dass die gewünschte Keimlufttemperatur (unter der Horde gemessen) konstant gehalten wird. Dies geschieht durch Einstellung der Umluftklappe, nach der sich, entsprechend dem durchgesetzten Luftstrom die Frischluft- und Abluftjalousien automatisch regulieren. Die Zusammensetzung der Einströmluft bleibt dabei naturgemäß unbe-

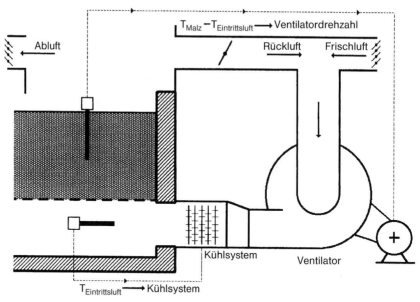

$T_{Malz} - T_{Eintrittsluft} \longrightarrow$ Ventilatordrehzahl

Abluft

Rückluft   Frischluft

Kühlsystem   Ventilator

$T_{Eintrittsluft} \longrightarrow$ Kühlsystem

Abb. 6.7 Automatisch gesteuerte Temperaturführung durch Steuerung der Rückluftklappe und der Kühlanlage.

rücksichtigt. Reicht der Regelbereich nicht mehr aus, d. h. ist die Außenluft zu warm, so wird die Kühlanlage automatisch zugeschaltet (Abb. 6.7).

Bei dieser Arbeitsweise wird auf eine CO_2-Anreicherung in der Prozeßluft verzichtet. Wie in Abschnitt 6.4.1 ausgeführt, erbringt jedoch eine CO_2-Anreicherung eine Ersparnis an Schwand von ca. 0,9%, wovon jeweils die Hälfte auf Atmungsverluste und Wurzelkeime entfallen. Die um rund 10% geringere Veratmung von Stärke und Fett erfordert dann auch eine entsprechend geringere Kälteleistung. Daneben sind die technologischen Vorteile einer maßvollen CO_2-Anreicherung nicht zu übersehen (s. Abschnitt 4.1.8.3).

6.2.6
Der Bedarf an elektrischer Energie pneumatischer Anlagen

Er schwankt naturgemäß durch die Vielzahl der Belüftungs- und Kühlmöglichkeiten, durch die unterschiedliche Höhe des Keimbetts (hohe spezifische Beladung – höhere Drücke – mehr Kraftaufwand) durch die Abmessung der Kanäle etc. in weiten Grenzen.

6.2.6.1 **Energiebedarf der Keimkastenventilation**
Dieser errechnet sich wie folgt [729]: Bei 140 Stunden Keimzeit=136 Stunden Belüftungszeit, davon 100 h mit kleiner und 36 h mit großer Drehzahl sowie einem Motorwirkungsgrad von $\varphi=0,85$ benötigt ein Keimkasten von 80 t Gerste

als Grünmalz mit Motorleistungen von 2,2 und 9 kWh im Durchschnitt ca. 5,8 kWh/t Gerste oder 7,2 k Wh/t Malz.

6.2.6.2 Bedarf an elektrischer Energie der Kälteanlage

Der elektrische Energiebedarf der Kälteanlage ist bei durchschnittlich 18 Stunden Laufzeit bei 330 Arbeitstagen/Jahr und einem Wirkungsgrad der Anlage von 80% bei rund 35 kWh/t Gerste oder 44 kWh/t Malz. Ersparnisse sind möglich, einmal durch gezielte CO_2-Anreicherung oder durch Steuerung des Frischluft-Rückluftgemisches, solange die Außentemperatur dies zuläßt (siehe vorhergehendes Kapitel). Wird zur Beschickung der Kühlsysteme Eiswasser herangezogen, dann kann der „Eisansatz" – wenigstens zum Teil – mit billigerem Nachtstrom angestrebt werden.

Hohe Kondensatortemperaturen (z. B. bei Luftkondensatoren im Sommerbetrieb) können zu einem erhöhten Stromverbrauch führen. Ein nachgeschalteter Doppelrohrverflüssiger vermag die Verflüssigungstemperatur abzusenken und dabei temperiertes Weichwasser zur Verfügung zu stellen.

6.3
Die Keimanlagen der pneumatischen Mälzerei

Die pneumatischen Mälzungsanlagen umfassen eine Vielzahl von Arten, die sich im wesentlichen jedoch auf zwei Systeme zurückführen lassen:
a) die Trommelmälzerei,
b) die Kastenmälzerei.

Selbst die Wanderhaufenanlagen oder die Turm-Mälzereien basieren in ihrer Wirkungsweise mehr oder weniger auf den herkömmlichen Keimkasten.

6.3.1
Die Trommelmälzerei

Von verschiedenen Variationen, die im Laufe der Zeit entstanden sind, konnten sich im wesentlichen zwei Formen, die Galandtrommel und die Kastenkeimtrommel, nachhaltig einführen. Diese beiden sollen im folgenden Kapitel behandelt werden.

Obgleich nur noch wenige Trommelmälzereien in Betrieb sind, hat doch die Keimtrommel an der Entwicklung, Einführung und Bewährung der pneumatischen Mälzerei großen Anteil. Sie soll deshalb kurz besprochen werden, wobei eine eingehende Schilderung des Systems, auch nach den Gesichtspunkten moderner Mälzerei-Technologie in der Ausgabe dieses Buches von 1976 zu finden ist.

6.3.1.1 **Aufbau der Galland-Trommel**

Diese wurde im Jahre 1880 erstmalig eingeführt und besteht in ihrer ursprünglichen Konstruktion noch heute. Die Trommel stellt einen schmiedeeisernen, auf beiden Seiten durch Böden abgeschlossenen Zylinder dar, der auf vier Laufrollen ruht. Die beiden Böden sind mit runden Öffnungen versehen, durch die die Ventilationsluft zu- bzw. abgeführt wird. Die Einströmluft mündet zunächst in eine Luftkammer, die vom Trommelraum abgetrennt ist. Von dieser durchziehen gelochte Kanäle die ganz Länge der Trommel. Bei kleineren Ausführungen sind sie halbkreisförmig an der Trommelwandung, bei größeren jedoch rund im äußeren Drittel des Trommeldurchmessers angeordnet. In der Mitte des Trommelraumes befindet sich ein weites, perforiertes Zentralrohr, das

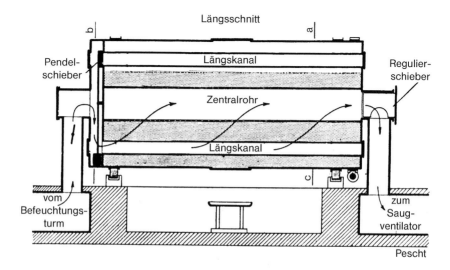

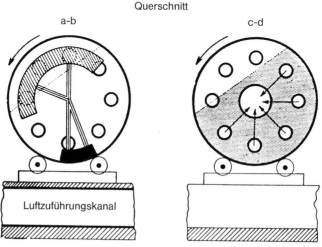

Abb. 6.8 Galland-Trommel.

der Ableitung der Luft dient und das über einen Regulierschieber am Abluft-kanal angeschlossen ist (Abb. 6.8).

Bei der Belüftung des Haufens – früher ausschließlich durch Saugluft – heute meist durch Druckluftventilatoren – tritt die Einströmluft über die Luftkammer in die Längskanäle, durchdringt das Keimgut und wird über das Zentralrohr wieder abgeführt. Dabei werden jene Längskanäle, die bei der Drehung der Trommel nach oben kommen durch einen sog. Pendelschieber verschlossen. Da die Trommel nur etwa zu zwei Dritteln befüllt ist, würde die Luft die oberste Grünmalzschicht bevorzugt durchstreichen, so dass Ungleichmäßigkeiten unvermeidlich wären.

Das Wenden des Keimgutes erfolgt durch eine langsame Drehung der Trommel mit Hilfe eines Schneckengetriebes, das auf einen um den Trommelmantel gelegten Zahnkranz arbeitet. Zu einer Drehung braucht die Trommel 25–45 min. Die geringere Geschwindigkeit dient zum Wenden des Keimguts, die größere zum Befüllen und Entleeren der Trommel. Während der Drehung nimmt die Oberfläche des Haufens eine Schrägstellung ein, auf welcher das Keimgut langsam herabrieselt. Dadurch wird das Keimgut sehr schonend und gleichmäßig gewendet.

Zum Befüllen und Entleeren der Trommel sind in der Mitte des Trommelmantels bis zu 6 gut verschließbare Türen angebracht, durch die auch bei Stillstand der Trommel das Keimgut beobachtet werden kann.

Die Kapazität einer Trommel der Bauart Galland betrug maximal 15 t. Neue Konstruktionen ermöglichen ein Fassungsvermögen von 25 t. Die Zahl der Trommeln entsprach der Zahl der Keimtage (früher 8–9!). Nach dem heutigen Stand der Mälzereitechnologie z. B. in Verbindung mit modernen Weichmethoden sind mit Sicherheit 6 Trommeln ausreichend.

6.3.1.2 Belüftungseinrichtungen

Die Belüftungseinrichtungen waren bei den ursprünglichen Anlagen als Sammelbelüftung mit einem Saugventilator ausgeführt. Wie in Abschnitt 6.2.4.5 dargelegt, erbringt sie den Nachteil, dass die zur Verfügung stehende Luftmenge sich nach dem jeweils kältesten Haufen zu richten hat. Bei einer Temperatur im Keimgut von z. B. 12 °C im Brechhaufenstadium entspricht dies einer Temperatur der Einströmluft von 10 °C. Um nun die gewünschten Haufentemperaturen einzuhalten, wird z. B. bei 18 °C eine geringere Kühlluftmenge benötigt als bei 14 °C. Damit sind zwei Nachteile gegeben: die Temperaturunterschiede im Haufen sind bei einer Erwärmung der Luft von 10 auf 18 °C wesentlich größer als bei einer Erwärmung von 10 auf 14 °C, zum zweiten bewirkt diese Erwärmung einen Abfall der relativen Feuchte von 100 auf ca. 60% bzw. 80%. Hierdurch wird eine Entfeuchtung des Keimgutes bewirkt. Dem Austrocknen des Haufens wird durch häufiges Spritzen begegnet. Auch die Saugventilation ist nicht ohne Nachteil; so wird an der Luftaustrittsseite, die dem Ventilator am nächsten liegt, mehr Luft durchgezogen als an der Lufteingangsseite. Der Haufen ist also am Austritt stets kälter und stärker entfeuchtet worden. Auch ist die

Lüftung deshalb nicht gleichmäßig, da die Haufenhöhe infolge des kreisrunden Querschnitts der Trommel, des je nach Wachstumsstadium unterschiedlichen Keimgutvolumens und durch die Drehung der Trommel verschieden ist. Es muß daher relativ häufig gewendet werden, um Temperaturunterschiede auszugleichen und auch um CO_2 abzuführen.

Die temperierte und befeuchtete Einströmluft wird von der zentralen Konditionierungsanlage in einem gemauerten, möglichst kurzen und geraden Hauptluftkanal durch entsprechende Abzweigungen zu den einzelnen Trommeln geführt. Die hierdurch notwendig werdenden Richtungsänderungen der Luft haben eine Entwässerung derselben zur Folge; dies wird häufig durch zusätzliche Sprühdüsen vor dem Eintritt der Luft in die Trommel auszugleichen versucht. Die Regulierung der Haufentemperatur erfolgt über die Bemessung des Luftdurchsatzes, der seinerseits am Abluftschieber eingestellt wird.

Wird bei modernen oder umgebauten Trommelanlagen die Belüftung mit *Druckluft* vorgenommen, so gestaltet sich bei individueller Luftpräparierung und direkter Kühlung der Aufbau der Anlage wesentlich einfacher. Es ist lediglich notwendig, im Trommelfundament oder auf sonst geeignete Weise einen Rückluftkanal anzuordnen. Dieser fehlt meist bei gemeinschaftlicher Belüftung der Trommeln von einem Ventilator aus, obgleich ohne großen baulichen Aufwand eine Verbindung zwischen Frischluft- und Abluftkanal geschaffen werden könnte. Bei der Druckbelüftung werden vor dem Ventilator die beiden Luftqualitäten – Frischluft und Rückluft – mit Hilfe eines Hosenrohres zusammengeführt. Auf der Druckseite des Ventilators ist der Verdampfer der Kälteanlage angeschlossen; die Luft wird auf dem (kurzen) Weg zur Trommel mit wenigen Wasserdüsen im Gegenstrom befeuchtet. Die Regulierung der Luftmenge erfolgt durch Variation der Ventilatordrehzahl, zusätzlich durch Drosselung des Luftaustrittsschiebers.

6.3.1.3 Haufenführung in der Trommel

Die Haufenführung in der Trommel ist bei Einzelbelüftung und -konditionierung sowie unter Rückluftverwendung wie folgt: Das Gut wird von der pneumatisch geführten Weiche aus mit 38% Wassergehalt und einer Temperatur von ca. 18 °C (s. Abschnitt 5.2.2.2) naß oder trocken in die Trommel verbracht. Die Beladung über die erwähnten Türchen erfolgt auf ca. drei Abschnitte, um die jeweilige Teilmenge durch $1\frac{1}{2}$–2 Umdrehungen gleichmäßig zu verteilen. Nach dem Abtropfen des Weichwassers – bei trockenem Ausweichen sofort – wird mit dem Belüften durch konditionierte Luft von 16 °C begonnen. Zur Unterstützung des Abtrocknens dreht sich die Trommel während der ersten 4–6 Stunden dauernd. Das gleichmäßige Ankeimen ist nach 12–16 Stunden erfolgt. Während dieser Phase rotiert die Trommel alle drei Stunden eine Stunde lang. Wenn 95% der Körner spitzen, wird der Wassergehalt durch kräftiges Besprühen über jeweils ein Türchen, während der Drehung auf 42% erhöht. Weitere 12–16 Stunden später, d.h. wenn alle Körner gleichmäßig gabeln, wird die Maximalfeuchte von 44–46% eingestellt. Es kann, in Anbetracht einer etwas

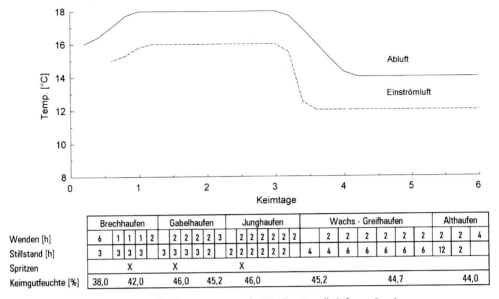

	Brechhaufen				Gabelhaufen				Junghaufen						Wachs - Greifhaufen						Althaufen		
Wenden [h]	6	1	1	1	2	2	2	2	3	2	2	2	2	2	2	2	2	2	2	2	2	2	4
Stillstand [h]	3	3	3	3		3	3	3	3	2	2	2	2	2	2	4	4	6	6	6	6	6	12	2
Spritzen	X					X				X													
Keimgutfeuchte [%]	38,0		42,0			46,0		45,2		46,0						45,2			44,7				44,0

Abb. 6.9 Führung eines Trommelhaufens (Pneumatische Weiche, Einzelbelüftung, Druckventilator, Keimung bei fallenden Temperaturen, direkte Kühlung).

stärkeren Entfeuchtung durch das häufige Wenden, auch ein etwas höherer Wassergehalt angestrebt werden, bzw. es ist nach 24 Stunden nochmals nachzubefeuchten. Wie Abb. 6.9 zeigt, wird die Wendehäufigkeit bis auf abwechselnd 2 Stunden Wenden und 2 Stunden Ruhe gesteigert, wobei das Spritzen immer zu Beginn des Wendens getätigt werden muß. Nach drei Tagen ist der Höhepunkt der Lebensäußerungen überschritten und die Ruhezeiten zwischen zwei Wendevorgängen werden auf 4 Stunden verlängert. Am 4./5. Tag wird nurmehr alle 6 Stunden, am letzten Keimtag sogar nur alle 12 Stunden gewendet. Vor dem Haufenziehen wird 6 Stunden lang „abgetrommelt", d.h. ohne Befeuchtung belüftet, wodurch der Wassergehalt eine gewünschte Verringerung, z.T. bis auf 42–43% erfährt. Die Temperaturabsenkung erfolgt meist nach ca. 48 Stunden auf 13–14 °C. Im Bedarfsfalle, d.h. bei ungenügender Cytolyse kann durch Stillsetzen der Belüftung ein nochmaliger Anstieg bis auf 18 °C oder etwas höher angestrebt werden. Bei der erwähnten Einzelbelüftung mit Kühlung und Konditionierung kann bei Umluftbetrieb der Kohlensäuregehalt in der Haufenluft angereichert werden. Da das System dicht ist, würden sich CO_2-Gehalte von 10% und mehr erreichen lassen. Nachdem hier aber schon eine Dämpfung der Bildung der Endoenzyme zu verzeichnen ist und die Cytolyse leidet, reicht es für die letzten drei Tage der Keimung, 3–4% CO_2 anzustreben.

Die Entleerung der Trommel erfolgt durch die geöffneten Schiebetüren in eine Gosse, die das Grünmalz meist einem Gurtförderer oder einem Redler, seltener einer pneumatischen Anlage zuleitet.

6.3.1.4 **Die Keimbedingungen in der Trommel**

Es wird ein Grünmalz erzeugt, das bei sachgemäßer Führung frisch im Geruch ist und infolge geringen Abriebs gut erhaltene Wurzeln zeigt. Während des Keimprozesses wird ständig das Gewächs von Wurzel- und Blattkeim sowie der Verlauf der Auflösung beobachtet, um die Verfahrensschritte anhand dieser Merkmale einrichten zu können. Die Entwicklung des Wurzelkeimes erfährt durch längere Ruheperioden, der Blattkeim dagegen durch häufigeres oder längeres Drehen, verbunden mit Spritzen, eine Begünstigung. Dennoch kommt es selbst bei letzterem kaum zur Husarenbildung. Die Auflösung wird gefördert durch längeres Stehenlassen der Trommel während der letzten 36–48 Stunden der Keimzeit, gegebenenfalls in Zusammenhang mit einer Anhebung der Keimtemperatur.

Das Einhalten der gewünschten Keimbedingungen ist bei Einzelbelüftung mit Luftkühlung und -konditionierung einwandfrei möglich: Der *Temperatur* durch Frisch- und Rückluftverschnitt und entsprechend leistungsfähige Kühler, der *Feuchte* durch Spritzen auf die maximalen Wassergehalte und durch Feuchtigkeitssättigung des Luftstromes, wobei die Kühlung der Prozeßluft (aus Frisch- und Rückluft) oftmals schon den Sättigungspunkt erreicht. Nachdem das Spritzen über die Türchen in der Trommelwand etwas altertümlich und personalaufwendig ist, könnte durch eingebaute Düsenrohre oder gar durch die Befüllung der Trommel auf ein bestimmtes, doch geringes Niveau, das Wasser während des Wendens an das Gut herangebracht werden. Der Mischeffekt ist sehr gut, wie die rasche und gleichmäßige Wasseraufnahme zeigt. Dennoch ist der Wasserverlust von 0,7 bis 1,0%/Tag höher als beim Keimkasten, was durch das häufige Wenden und das Auflösen von Temperaturunterschieden erklärbar ist. Der Haufen hat wenig Kohlensäure (ca. 1%). Nur bei längerem Stehen finden sich in den unteren Schichten, unterhalb der Zuluftrohre Mengen bis zu 7%. Bei Einzelbelüftung, Druckventilatoren und Umluftverwendung in einem völlig dichten System lassen sich höhere CO_2-Gehalte erreichen, wenn diese benötigt werden.

Die *Wirtschaftlichkeit der Anlage* leidet unter den hohen Beschaffungskosten der Trommelmälzerei sowie durch die relativ kleinen Einheiten. Die Vorgänge wie Temperaturführung, Wenden und Befeuchtung könnten wohl automatisiert werden, doch sind auch der Personaleinsatz bei Befüllen, Entleeren und Reinigung der Trommel entscheidende Faktoren. So führte schon in den 1920-iger Jahren die Weiterentwicklung zu den Kastenkeimtrommeln.

6.3.2
Die Kastenkeimtrommel

6.3.2.1 **Aufbau der Kastenkeimtrommel**

Sie ist eine Kombination aus einer Trommel und einem Keimkasten. Der Haufen liegt im Trommelinnern auf einem horizontalen Tragblech.

Eine neuere Konstruktion hat an der Trommelwand spiralig aufgeschweißte Stahlbänder von 12–15 cm Breite, die unter dem Einfluß der Trommeldrehung

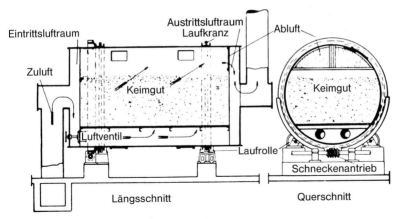

Abb. 6.10 Kastenkeimtrommel, System Topf.

von $6\frac{1}{2}$ min pro Umgang das Gut beim Ausweichen ausbreiten und einebnen, beim Haufenziehen zu den in der Mitte des Trommelmantels befindlichen Türchen fördern. Zum Wenden dreht sich die Trommel langsamer (etwa mit 13–20 min pro Umgang) [730].

6.3.2.2 Belüftungseinrichtungen

Sie verfügen meist über Druckventilatoren, die die mittels entsprechender Kühler temperierte und befeuchtete Luft in die vordere Druckkammer an der Stirnseite des Tragbleches fördern. Von hier aus tritt sie über den vollen Querschnitt des Kreissegments, das von Trommelwand und Horde gebildet wird, unter der Horde ein. Sie verteilt sich hier gleichmäßig, durchdringt den Haufen und tritt über eine zweite Luftkammer aus. Diese befindet sich am entgegenliegenen Trommelboden; sie ist aus dem üblichen Hordenblech dargestellt, um beim Wendevorgang einen Übertritt des Keimgutes in den Abluft- bzw. Rückluftschacht zu verhindern. Jede Kastenkeimtrommel verfügt über einen eigenen Ventilator mit Kühl- und Befeuchtungssystem. Die beiden letzteren sind zwischen dem Hosenrohr für den Verschnitt von Frisch- und Rückluft und dem Ventilator als kompakte, leicht zu öffnende und zu reinigende Kammer angeordnet (Abb. 6.10).

6.3.2.3 Haufenführung und Keimbedingungen

Das Wenden geschieht wie bei der Galland-Trommel durch eine langsame Drehung; es muß jedoch während dieser Zeit die Belüftung abgestellt werden. Nachdem das Keimgut eben liegt und die Temperaturdifferenz zwischen Lufteintritt und Abluft nur ca. 2 °C beträgt, ist ein Wenden nur 2-mal täglich erforderlich; lediglich zu Zeiten intensivsten Wachstums oder bei Erhöhung der Keimgutfeuchte bis zu 3–4-mal.

Ein Wendevorgang umfaßt dabei eine Stunde, entsprechend 3–4 Umdrehungen. Die intensive Wendearbeit ermöglicht wie auch bei der geschilderten Trommelführung eine gezielte Erhöhung des Wassergehaltes. Durch das Abstellen der Belüftung während des Wendens tritt hierbei eine Temperaturerhöhung ein, die vor und nach dem Wenden abgefangen werden muß. Nach dem Wenden liegt das Gut nicht horizontal, der entstehende, vom jeweiligen Wachstumsstadium abhängige Böschungswinkel muß durch entsprechendes Zurückdrehen der Trommel ausgeglichen werden. Eine Anreicherung von Kohlensäure ist in dem System mit Einzelbelüftung und Rückluftverwendung bis auf 10–15% möglich; dies ist mehr als zum Dämpfen eines zu intensiven Wachstums benötigt wird (s.a. Trommelmälzerei).

Die Kastenkeimtrommel ist hinsichtlich Temperaturen, Wassergehalten und CO_2/O_2-Verhältnis in der Prozeßluft ideal zu führen. Nachteilig ist das geringe Fassungsvermögen von 25–30 t/Einheit, wodurch die Schaffung größerer Mälzereikapazitäten zu teuer kommt.

6.3.3
Die Kastenmälzerei

Das ursprüngliche System des rechteckigen Keimkastens wird auch nach seinem Erfinder Saladinmälzerei benannt. Es erfuhr seine Weiterentwicklung in Wanderhaufen und Umsetzkasten, in der runden Anordnung der Keimeinheiten, die auch als Turmmälzerei ausgeführt sein können sowie in den verschiedenen Konstruktionen der Keimdarrkasten.

Die Keimanlage ist ortsfest und nach oben offen. Das Keimgut liegt in einer Schicht von 80–120 cm auf einem Tragblech. Die Volumenvergrößerung des Haufens kann nicht seitlich wie beim Tennenhaufen erfolgen; es nimmt die Höhe der Schicht mit dem Fortschreiten der Keimung zu. Das Lockern und Umschichten des Keimgutes wird von einem Wender durchgeführt, der eine möglichst gleichmäßige Entwicklung der einzelnen Wachstumsstadien gewährleisten soll. Die Lüftung erfolgte bei alten Anlagen durch Saugventilatoren, die, meist diskontinuierlich arbeitend, die Luft über eine gemeinsame Befeuchtungsanlage durch das Gut führten. Neuere Anlagen verfügen wohl über eine individuelle kontinuierliche Belüftung, die aber noch mit Saugventilatoren betrieben werden. Am weitesten verbreitet ist jedoch die Druckbelüftung, wobei jeder Haufen über einen eigenen Ventilator mit Befeuchtungs- und Kühlaggregat verfügt. Die Belüftung ist ununterbrochen. Die Kasten können sowohl in Einzelaufstellung als auch paarweise oder gar mit 4–8 Einheiten in einem Keimsaal angeordnet sein. Im Laufe der Jahre sind die verschiedensten Variationen der Aufstellung und der Belüftung angewendet worden, die ihrerseits eine entsprechende Anpassung der Arbeitsweise erforderten.

Im Rahmen dieses Buches sollen jedoch, um der Übersichtlichkeit willen, nur die wesentlichen Entwicklungen besprochen werden.

Der Saladinhaufen ist sichtbar und leicht zu kontrollieren; er erlaubt infolge seiner gleichmäßig hohen Schicht eine weitgehend gleichmäßige Belüftung. Es ist jedoch der Haufen bis zu einem gewissen Grad von den Eigenschaften des Kastenraumes abhängig.

6.3.3.1 Keimraum

Der *Keimraum* oder *Keimsaal* muß den Keimbedingungen des Korns angepaßt sein. Durch sachgemäße Isolierung der Decken und Wände sollen nicht nur Wärmeverluste und Temperaturschwankungen vermieden werden, sondern es wird hierdurch auch eine lästige Schwitzwasserbildung vermieden. Die Abmessungen richten sich nach Größe und Einsatzbereich des Kastens. Bei einer Schüttung von rund 30 t ist zum Zweck einer einwandfreien Luftführung eine Höhe über dem Hordenblech von 3,70–4,00 m erforderlich; bei größeren Einheiten von z.B. 80–120 t werden 5,0–5,50 m veranschlagt. Die Decke des Keimraumes muß glatt gehalten werden, um eine ruhige störungsfreie Luftströmung zu ermöglichen. Unterzüge sind zu vermeiden, da sich an ihnen nicht nur Schwitzwasser ansammelt, sondern dazwischen auch Zonen entstehen können, die nur eine geringe Luftbewegung erfahren, und die dadurch zu verstärkter Schimmelbildung neigen. Nachdem die Luft im Keimraum über dem Haufen mit Feuchtigkeit gesättigt ist, kann es immer wieder zu lästiger Tropfenbildung kommen, die im Haufen die Entwicklung von Husaren und „Spatzen" begünstigt. Besonders bei Keimkasten, in denen auch gedarrt wird, tritt diese Erscheinung während des Schwelkens verstärkt auf. Eine gute Isolierung der Decke, vor allem auch eine gut gelenkte Luftführung vermag die Bildung von Schwitzwasser einzuschränken. Es können auch mehrere Keimkästen in einem sog. Keimsaal angeordnet werden; die Einzelaufstellung hat jedoch den Vorteil, dass bei gut dichtenden Klappen oder Jalousien ein Anreichern von CO_2 in der Haufenluft ermöglicht wird.

6.3.3.2 Keimkasten

Der Keimkasten als der eigentliche Keimapparat hat in der rechteckigen Ausführung ein Verhältnis von Länge zu Breite von 4–8 : 1. Dies liegt im Interesse einer gleichmäßigen Belüftung.

Sehr schmale und lange Kästen gleichmäßig zu belüften ist schwierig; oftmals können die am weitesten entfernten Haufenpartien nicht mehr mit einer 100%ig mit Feuchtigkeit gesättigten Luft versorgt werden. Diesen Nachteilen wird bei einigen Konstruktionen durch eine von vorne nach hinten verlaufende Verjüngung der Höhe des Raumes unter der Horde zu begegnen versucht.

Auch sehr breite und kurze Kästen sind ungünstig, weil eine gleichmäßige Verteilung der Luft über die gesamte Breite hinweg schwierig wird. Darüber hinaus muß der Wender im Verhältnis zur Kapazität des Kastens zu aufwendig gebaut werden (Zahl der Spindeln!).

Die *Seitenwände des Kastens* sind über der Horde, je nach Beladungshöhe zwischen 1,20 m und 2,20 m hoch. Die Höhe der Kastenwände errechnet sich empirisch wie folgt: Spez. Schüttung (kg) × 2,5 (Gutvolumen+Wurzelkeime) × 1,1 (Sicherheitsfaktor)+500 mm (Wenderaufwurf)+125 mm für den Einbau der Wender-schiene. Bei 500 kg/m^2 ergibt sich damit $500 \times 2,5 \times 1,1 = 1375 + 500 + 125 = 2,0$ m.

Die Wände sind bei kleineren Einheiten gemauert, bei größeren in Stahlbeton ausgeführt. Die Wandstärke beträgt 16–20 cm. Die Innenseiten müssen völlig glatt und eben sein, damit der Abstand zum durchlaufenden Wender stets gleich groß ist, um so Keimabrieb einerseits oder Spatzenbildung andererseits zu vermeiden. Aus diesem Grunde, aber auch um der leichteren Reinigung wil-len, werden die Kastenwände heutzutage mit Edelstahlblechen ausgekleidet. Auf der oberen Kante der Seitenwände sind Laufschienen angebracht, die am besten – ebenso wie die Laufrollen des Wenderwagens – aus nichtrostendem Stahl gefertigt sind. Etwas unterhalb der Laufschienen befinden sich an der In-nenseite des Kastens Nocken- oder Zahnstangen, die der Fortbewegung des Wenderwagens dienen.

Die *Stirnwände*, von gleicher Höhe wie die Seitenwände des Kastens, werden auf der Innenseite mit halbkreisförmigen, dem Durchmesser der Wenderspira-len angepaßten Ausbuchtungen versehen, um dem Wender das Erfassen des Keimgutes auch an den Kastenenden zu ermöglichen. Bei automatischer Aus-räumung des Grünmalzes ist meist eine dieser Stirnwände aus Stahlblech ge-fertigt und beweglich.

Das *Hordenblech* als Auflagefläche des Keimguts liegt in einer Höhe von 0,4–2,5 m über dem eigentlichen Kastenboden. Bei Keimdarrkasten werden, um eine gleichmäßige Verteilung der großen Luftmengen zu erreichen, teilweise noch größere Abstände gewählt. Normal richtet sich dieser Wert jedoch nach der Größe des Kastens, er ist aber auch von anderen Gesichtspunkten, wie z. B. einer leichten Begehbarkeit und Reinigung der Horden von unten, bestimmt. Kleine Abstände werden andererseits gewählt, wenn im Keimkasten ein Wieder-weichverfahren bei geringem Wasseraufwand durchgeführt werden soll.

Die Traghorde ist aus verzinktem Stahlblech oder Edelstahl (Mehrkosten ca. 15%) gefertigt und in aufklappbare Teilstücke von rund 1 m^2 Größe aufgeteilt. Dem Durchlaß der Ventilationsluft dienen Schlitze von $1,8–2,0 \times 20$ mm Größe. Sie ergeben in ihrer Summe die freie Durchgangsfläche der Horde, die bei etwa 20% liegt. Die Schlitze müssen stets frei sein: so sind sie senkrecht zur Wen-derlaufrichtung angeordnet, damit der Gummiwischer des Wenders sie beim Durchlauf wirksam von eingewachsenen Körnern oder deren Keimen befreien kann. Darüber hinaus ist nach jeder Entleerung des Kastens für eine gründliche mechanische Reinigung der Horde, am besten mit Hilfe einer Hochdrucksprit-ze, zu sorgen. Eine, wenn auch nur teilweise verlegte Horde verhindert eine gleichmäßige Belüftung des Haufens, der dann an den betreffenden Stellen in unkontrollierbare Temperaturbereiche gerät. Um überhaupt ein gleichmäßiges Erfassen des Haufens durch den Wender zu erreichen, muß das Hordenblech völlig eben verlegt sein. Die einzelnen Hordenfelder sind aus diesem Grund an ihrer Unterseite versteift; durch eine entsprechende Unterstützung aus verzink-ten Stahlrohren wird eine waagrechte, fugenlose Lage aller Tragbleche gewähr-leistet. Nachdem der Raum zwischen dem Kastenboden und dem Hordenblech die Funktion des Kanals der Ventilationsluft besitzt, muß die Tragkonstruktion so angeordnet sein, dass sie der eingeblasenen Luft keinen zusätzlichen Widerstand bietet oder gar die Durchgangsöffnungen der Tragbleche verlegt.

Der *Raum unter der Horde* ist von Einbauten möglichst frei zu halten (z. B. Transporteinrichtungen), um ein Entfeuchten und eine ungleichmäßige Verteilung der Luft zu vermeiden.

Der *Kastenboden* muß ein genügendes Gefälle haben, damit der Wasserablauf möglichst rasch erfolgen kann. Bei längeren Kästen ist es zweckmäßig, ein leichtes Quergefälle vorzusehen, das in eine gemeinsame, mit mehreren Gullis versehene Sammelrinne mündet. Diese letzteren sollen leistungsfähig, mit Geruchverschluß ausgestattet, am besten aber auch absperrbar sein, um Luftverluste zu vermeiden.

Die *Belegung des Keimkastens* beträgt 300–500 kg/m². Einige später zu besprechende Konstruktionen gehen über dieses Maß sogar noch hinaus. Diese genannten Mengen entsprechen einer Grünmalzhöhe von 0,7–1,25 m. Nachdem das Ausweichgut nur eine Höhe von 0,5–0,85 m erreicht, muß dieser „Steigraum", zu dem sich noch ein genügender Freiraum für die Ausgleicher des Wenders addiert, beim Planen des Kastens mit veranschlagt werden (s. vorstehend).

Der *Wender* ist meist als Schneckenwender ausgeführt. Er besteht aus einem Wenderwagen, der mittels Rollen auf Laufschienen geführt wird und dessen Fortbewegung über ein Zahnrad und Nockenstangen erfolgt. Über die Breite des Wenderwagens sind je nach den Abmessungen des Kastens 3–20 korkenzieherartige Wenderschnecken angeordnet. Um ein „Verziehen" des Haufens zu vermeiden, drehen sich jeweils zwei Schnecken gegeneinander, die die Ausbildung der charakteristischen „Beete" hervorrufen. Durch die Drehung wird das Keimgut je nach Durchmesser und Steigung der Wendespirale hochgehoben, gelockert und im beschränkten Maße auch gewendet. Zur Erhöhung der Wenderwirkung, aber auch zur Schonung der Wurzelkeime sind die einzelnen Wenderorgane nur im unteren Drittel als Vollspiralen, im oberen Teil als Bandspiralen, die sich entsprechend verjüngen, ausgebildet. Die Lockerungswirkung des Schneckenwenders ist gut; sie äußert sich pro Durchgang – je nach Keimstadium – in einer Steigerung der Haufenhöhe um etwa 10–15%. Der Wendeeffekt ist dagegen geringer: um die Körner der untersten Schicht nach oben zu verbringen, bedarf es etwa eines viermaligen Wenderdurchlaufs (Abb. 6.11).

Zum Ausgleich der Haufenoberfläche und zur Verhinderung der Spatzenentwicklung befindet sich am Wender in Höhe der Haufenoberfläche ein sog. Ausgleicher. Dieser ist ein U-förmiges Stab- oder Rundeisenstück, bei größerem Schneckendurchmesser auch als Doppelstab, ausgebildet. Er rotiert beim Wenden mit und ebnet die aufgeworfene Grünmalzschicht etwas ein. Trotzdem bleibt ein, je nach Konstruktion des Wenders, unterschiedlich hoher „Aufwurf" bestehen. An der Unterseite des Wenders befindet sich ein Gummiwischer zur Freihaltung der Schlitze des Hordenbleches (Abb. 6.12).

Der Vorschub des Wenderwagens erfolgt durch ein Zahnradgetriebe mit einer Geschwindigkeit von 0,3–0,6 m/min. Diese steht wiederum mit der Drehzahl der Wenderschnecken in einem bestimmten Verhältnis, um einen übermäßigen Keimabrieb zu vermeiden. Die normale Drehzahl liegt bei einem Vorschub des

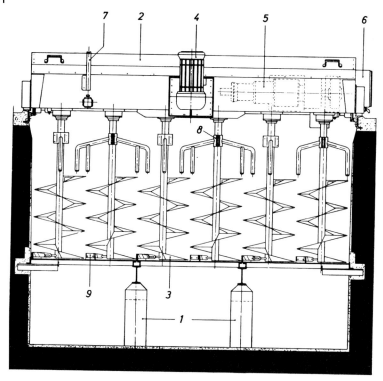

Abb. 6.11 Querschnitt eines Keimkastens mit Schneckenwender.
1 Hordenunterstützung – 2 Wenderwagen – 3 Wendespiralen –
4 Getriebemotor z. Wendeeinrichtung – 5 Getriebemotor z. Fahr-
einrichtung – 6 Schaltkasten – 7 Kabelbefestigung – 8 Ausgleicher –
9 Abstreifer.

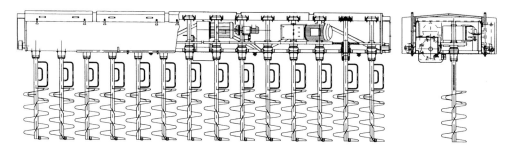

Abb. 6.12 Moderner Wender mit 14 Spindeln (Lausmann).

Wenderwagens von 0,3–0,4 m/min bei 7,5 U/min; eine höhere Drehzahl kann
zum Einebnen des Haufens nach dem Ausweichen (24 U/min) und zur gezielten Erhöhung des Wassergehaltes durch das verbesserte Einmischen des durch
Sprühdüsen aufgebrachten Wassers (16 U/min) bei nur 0,25 m/min Vorschub

angewendet werden. Dies ist jedoch nur bei einem spitzenden oder leicht gabelnden Haufen möglich; in einem späteren Stadium würde so ein unverhältnismäßig starker Abrieb erfolgen.

Das *Spritzen des Haufens* geschieht über genügend dimensionierte Rohre, in die Sprühdüsen eingeschraubt sind. Die Rohre sind zu beiden Seiten des Wenderwagens angeordnet. Die Spritzstrahlen zielen dabei auf den von den Wenderspiralen erfaßten Bereich, so dass ein kräftiges Mischen des zugegebenen Wassers mit dem Gut erfolgen kann. Bei einem Wenderdurchlauf sollen mindestens 3% Feuchtigkeit aufgebracht werden. Dabei spielen Wendervorschub, Drehzahl der Spiralen und Wassertemperatur eine Rolle.

Der Antrieb des Wenderwagens und der Schnecken erfolgt über je einen Elektromotor, die aus Gründen der Betriebssicherheit gegeneinander elektrisch verriegelt sind.

Eine andere Art des Keimkastenwenders ist der *Schaufelwender*, der dem Prinzip des Darrwenders (s. Abschnitt 7.3.9.4) entspricht. Er erlaubt es, das Gut in einem Durchgang vollständig zu wenden, wenn auch die Lockerungswirkung geringer ist als bei Schraubenwendern. Der wesentlich günstigere Wende- und Durchmischungseffekt ermöglicht ein gezieltes Erhöhen der Keimgutfeuchte durch Spritzen. Die Konstruktion des Schaufelwenders ist aufwendiger und benötigt mehr Platz als die des üblichen Schneckenwenders. Aus diesem Grund trachtet man mit einem Wender für mehrere Kasten auszukommen und ihn von einer Einheit in die andere zu verbringen, wie dies zwar bei Schneckenwendern nur selten, bei Einsatz von Ausräumwagen dagegen häufig geübt wird (s. Abschnitt 6.3.3.8). Während die älteren Schaufelwender aus Stabilitätsgründen nur bei geringeren Keimguthöhen einsetzbar waren, können moderne Konstruktionen durchaus 500 kg/m^2 (Gerste als Grünmalz) bearbeiten. Die Vermischung des mittels Sprühdüsen aufgegebenen Wassers ist sehr wirkungsvoll, so dass in einem Wenderdurchgang der Wassergehalt des Gutes um ca. 4% erhöht werden kann.

Das Wenden wird – vor allem bei Schneckenwendern – auf ein Mindestmaß beschränkt, um das Keimgut zu schonen, vor allem um den Abrieb von Wurzelkeimen einzuschränken (s. Abschnitt 4.2.1.1). Es erfolgt in den ersten Keimtagen zweimal, in den letzten nur mehr einmal. Bei verschiedenen Kastenanlagen und Wenderkonstruktionen (vor allem beim Schaufelwender) ist es zweckmäßig, während des Wendens die Lüftung abzustellen, da sonst in der gewendeten Zone jeweils ein sehr starker Luftdurchgang erfolgt. Das Ausfahren der Lüftung ist jedoch mit einem Temperaturanstieg während der Wendezeit ($1–1\frac{1}{2}$ Stunden, je nach Kastenlänge) verbunden, der entweder vor oder nach dem Wenden abgefangen werden muß.

Die *Zahl der Keimkästen* richtete sich früher nach der Zahl der Keimtage. Heute, bei stark gekürzten Keimzeiten oder bei darrfreien Wochenenden wird dieses Prinzip durchbrochen.

Das *Fassungsvermögen* der Kästen liegt zwischen 5 und 150 t; neuerdings wurden sogar schon Einheiten bis zu 600 t ausgeführt. Der Saladinkasten erlaubt von allen vergleichbaren Mälzungssystemen die größten Ausmaße pro Einheit.

Das *Beschicken und Entleeren des Keimkastens* ist im Hinblick auf den hierfür erforderlichen Zeitaufwand von großer Bedeutung, da hierdurch und durch die Reinigungsmaßnahmen die Keimzeit geschmälert wird. Es sind also diese Aggregate so auszulegen, dass für das Ausweichen nur 60–90 Minuten (s. Abschnitt 6.3.3.4) benötigt, für das Haufenziehen 120 Minuten (s. Abschnitt 6.3.3.8) nicht überschritten werden.

Die Vorteile des Keimkastens wie der gesamten Mälzungsanlage kommen um so mehr zum Ausdruck, je größer die Einheiten sind.

6.3.3.3 Belüftungseinrichtungen

Die Belüftungseinrichtungen des Keimkastens entsprechen den Grundsätzen, die in Abschnitt 6.2 besprochen wurden. Es sind jedoch heute noch unterschiedliche Belüftungssysteme anzutreffen, je nachdem in welchem Abschnitt der Entwicklung der pneumatischen Mälzerei die Anlagen erstellt wurden. So kann man unterscheiden zwischen den hier aufgeführten Extremen, wobei aber zahlreiche Übergänge anzutreffen sind.

Es zeigte sich, dass gerade die Anordnung der Einzelkästen immer wieder zugunsten des Keimsaals (vor allem im Hinblick auf den Einsatz von Ausräumwagen) durchbrochen wurden, ebenso erfolgte häufig eine Zusammenfassung einzelner Teile der Belüftungseinrichtung z. B. in Form eines Rückluftsammelkanals.

Art der Ventilatoren	Dauer der Lüftung	Anordnung der Lüfter	Anordnung der Konditionierung	Anordnung der Kasten
Saugventilator	unterbrochen	Sammellüfter	Sammel-konditionierung	im Keimsaal
Druckventilator	dauernd	Einzellüfter	Einzel-konditionierung	einzeln

Die Belüftungseinrichtung bestimmt im wesentlichen die Art und Technik der Haufenführung. Es sollen hier grundsätzlich zwei verschiedene Systeme besprochen werden:
a) Alte Saladinkästen mit Saugventilation, die als Sammellüftung unterbrochen arbeitet.
b) Saladinkästen mit Druckventilatoren und Konditionierung für jeden Kasten. Die Belüftung ist kontinuierlich.

Alte Saladinkästen der oben erwähnten Bauart sind auch heute noch verschiedentlich in Betrieb. Es ist daher wesentlich, die bedeutsamsten Merkmale darzustellen. Für die gesamte Anlage von etwa 8 Kästen stand wie schon oben ausgeführt nur ein gemeinsamer Saugventilator und eine gemeinsame Temperier- und Befeuchtungseinrichtung zur Verfügung, die gewöhnlich seitwärts vom Kasten angebracht war. Von hier aus führte ein großer gemeinsamer Luftkanal zur Stirnseite der einzelnen Keimkästen. Er versorgte diese über einen Zuluftkanal, der an der Längsseite eines jeden Kastens angeordnet war. Den Eintritt in den Raum unter das Tragblech ermöglichten eine Anzahl kleiner unverschließbarer Öffnungen in der Kastenwand. Dieser Luftzufuhrkanal war vom Hauptluftkanal durch eine Drehklappe absperrbar, mit der die Saugwirkung und damit die Ventilation eines jeden Kastens für sich geregelt werden konnte (Abb. 6.13).

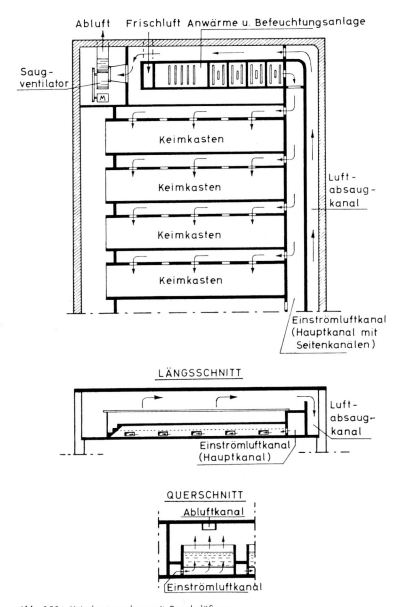

Abb. 6.13 Keimkastenanlage mit Saugbelüftung.

Die Kanaldecke diente als Gang längs der einzelnen Kästen. Bei der Länge des Luftweges und der dreimaligen, jeweils um 90° erfolgenden Richtungsänderung war eine Entfeuchtung des konditionierten Luftstromes nicht zu vermeiden. Die seitliche Lage des Luftzufuhrkanals brachte es mit sich, dass die Luft nicht senkrecht von oben oder von unten durch den Haufen strömte, sondern schräg in den Haufen geführt und schräg nach oben wieder abgesaugt wurde. Diese an sich ungleiche Lüftung erfuhr durch den Saugventilator noch eine Verstärkung. Der Abluftkanal war an der Decke des Keimsaals angebracht und hatte Öffnungen an seiner Unterseite. Er führte zum Saugventilator. Zur Erhöhung der Gleichmäßigkeit der Belüftung und zum Ausgleich der Haufentemperatur wurde manchmal eine Umkehrung des Luftstromes vorgesehen, die schließlich zu einer Kombination von Saug- und Druckventilatoren führte. Es mußte auch ein dichter Abschluß des Keimraumes gegeben sein, um das Saugvermögen des Ventilators nicht zu beeinträchtigen und das Einsaugen von nicht präparierter Außenluft an undichten Stellen zu verhindern. Die Nachteile des Systems waren die komplizierte Wegeführung, die vielen Richtungsänderungen der befeuchteten Luft, die Länge des Luftweges sowie die Dosierung der Luftmenge über Absperr- und Reguliervorrichtungen. Hierdurch war eine Beschickung des Haufens mit feuchtigkeitsgesättigter Luft unmöglich. Die Verwendung ein- und derselben Luftqualität für alle Keimstadien bedingte eine Einströmtemperatur, die sich nach dem jeweils kältesten Haufen zu richten hatte.

Damit ergab sich zwischen Haufen- und Lufttemperatur – vor allem im fortgeschrittenen Wachstumsstadium – eine hohe Differenz, die zu einer weiteren Entfeuchtung des Haufens führte.

Die Anwendung von Saugventilatoren in der beschriebenen Anordnung ermöglichte nur eine zeitweise Belüftung des Keimgutes.

Während der Ruheperiode stieg die Haufentemperatur im Verlauf von 4–6 Stunden auf einen bestimmten Wert an und wurde durch eine etwa zwei Stunden lange Belüftung mit einer Einströmlufttemperatur von 10–12 °C auf eine Keimguttemperatur abgekühlt, die etwa um 3 °C unter dem Wert zu Beginn der Lüftung lag. Somit ergaben sich in der zur Messung herangezogenen Oberschicht des Haufens Temperaturintervalle von 15/12 °C in den ersten Keimtagen, von 17/14 °C in der Zeit des intensivsten Wachstums bis auf 20/17 °C gegen Ende der Keimung. Die Unterschiede in der unteren Keimgutschicht waren hierbei aber noch wesentlich größer als in der oberen. Hier wurde das Grünmalz bereits kurze Zeit nach Beginn der Lüftung auf die Temperatur der Einströmluft z. B. auf 11 °C abgekühlt, während es im Laufe der Ruheperiode sogar noch um einige Grade über die Temperatur der Oberschicht anstieg. Mit diesem häufigen Temperaturwechsel war ein hoher Feuchtigkeitsentzug verbunden, der nur durch Spritzen am 3., 4. und 5. Keimtag ausgeglichen werden konnte (Abb. 6.14).

Während der Ruhezeiten erfolgte auch eine Anreicherung von Kohlendioxid im Haufen, die, je nach der Länge derselben, Werte von 5–15 Vol-% verzeichnete. Dabei waren die CO_2-Gehalte in der unteren Haufenschicht stets um 1–5 Vol-% höher als in der oberen. Damit lagen für das Keimgut der unteren Par-

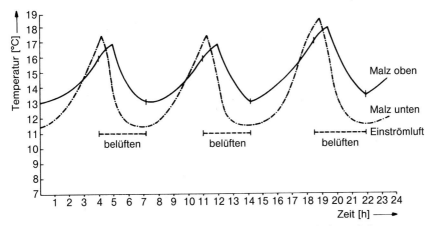

Abb. 6.14 Temperaturverhältnisse in einem Saladinhaufen mit periodischer Belüftung (1 Belüftungsanlage für 5 Keimkasten).

tien deutlich ungünstigere Wachstumsbedingungen vor als für das der oberen. Das Wenden wurde deshalb hier meist einmal öfter vorgenommen als bei den moderneren Systemen.

Nachdem der Ventilationsluft nicht nur die Aufgabe zukam, den Haufen durch Abführung der Vegetationswärme auf gleichem Temperaturniveau zu halten, sondern ihn darüber hinaus um 3–5 °C abzukühlen, war eine wesentlich höhere Ventilatorleistung *pro Haufen* von 1000–1500 m^3/t · h zu installieren, um die Lüftungszeiten von 2–3 Stunden einhalten zu können. Um nun z. B. 8 Haufen periodisch jeweils über ca. 40% der Keimzeit zu belüften, mußte der Ventilator für die Versorgung von 3–4 Kasten gleichzeitig ausgelegt werden.

Die sehr starke Belüftung hatte infolge der hohen Geschwindigkeit des Luftstroms eine die beiden ersten Faktoren verstärkende Entfeuchtungswirkung zu verzeichnen. Durch eine laufende Überwachung des Wassergehaltes im Keimgut und durch Anwendung steigender Keimgutfeuchten gelang es, auch mit diesen recht unzulänglichen Anlagen Malze von guter Qualität zu erzeugen. Dabei verdient Berücksichtigung, dass der gegenüber dauernder Belüftung wesentlich höhere CO_2-Gehalt der Haufen sowie die dauernden Temperaturschwankungen eine maximale Keimgutfeuchte verlangen, die um 1–3% über derjenigen moderner Systeme liegt (s. Abschnitt 6.3.3.4).

Neuere Saladinanlagen verfügen über einen eigenen Druckventilator sowie über eine individuelle Befeuchtung und Kühlung. Diese Anlage ist jeweils unmittelbar vor dem entsprechenden Kasten angeordnet, wodurch kurze, völlig gerade Luftwege von der Konditionierung bis zum Abluftschieber geschaffen werden. Eine weitere Verbesserung ist der freie Eintritt der Luft von der schmalen Stirnseite des Kastens unmittelbar unter das Hordenblech. Die Luft kann auf der gesamten Kastenbreite ungehindert durch Regulierorgane einströmen (Abb. 6.15).

Die Luftförderung durch einen Druckventilator sichert – unter der Voraussetzung gleicher Höhe des Keimgutes – eine gleichmäßige Durchlüftung. Die Re-

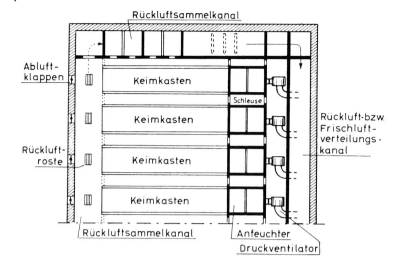

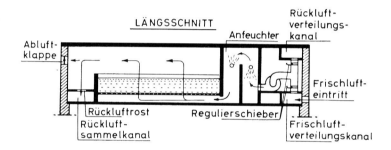

Abb. 6.15 Keimkastenanlage mit Druckbelüftung.

gulierung der Luftmenge erfolgt entweder durch den Abluftschieber oder durch Klappen in den Kanälen vor dem Ventilator, also vor der Befeuchtungsanlage. Die eleganteste Regulierungsmöglichkeit ist der Weg über die Ventilatordrehzahl am besten mit Hilfe frequenzgeregelter Motoren. Aber auch die Luftmengenregulierung mit Hilfe des Abluftschiebers hat Vorteile, denn durch das mehr oder weniger starke Schließen desselben wird im Kasten ein Gegendruck erzeugt. Hierdurch liegt das Keimgut zwischen zwei Luftkissen, die die Austrocknung des Haufens verringern und eine hohe Gleichmäßigkeit des Luftdurchsatzes und damit der Temperatur bewirken. Abgesehen von der Tatsache, dass diese Arbeitsweise nur bei Einzelkasten möglich ist, so steigert der höhere Gegendruck bei möglichst gleich hohem Volumenstrom (Temperaturdifferenz!) den Kraftbedarf.

Mit der ausschließlichen Verwendung von Druckluft ist eine senkrechte Durchdringung des Gutes, meist von unten nach oben gegeben. Bei einem neueren System wurde dieses Prinzip jedoch wieder durchbrochen.

Die dauernde Belüftung hat den Vorteil, dass das Gut nur bei den gewünschten Temperaturen gehalten, das heißt, dass ausschließlich die Atmungswärme abgeführt werden muß. Hierfür sind geringere Luftmengen erforderlich. Die Ventilatorleistung ist hier niedriger, d. h. sie beläuft sich je nach Keimstadium auf 250–700 m^3/t · h. Der Mittelwert liegt bei 450–500 m^3/t · h, die niedrigeren Durchsätze sind zu Beginn und am Ende der Keimung erforderlich. Die hohe Ventilationsleistung ist dann wünschenswert, wenn Temperaturspitzen „abgefahren" werden müssen oder im Laufe der Mälzung bei fallenden Temperaturen eine rasche Temperaturabsenkung erfolgen soll. Die Temperatur der Einströmluft kann den Bedürfnissen des jeweiligen Haufens angepaßt werden, d. h. sie liegt etwa 1–2 °C unter der mittleren Haufentemperatur. Die Keimkurve weist nicht mehr das Auf und Ab der zeitweisen Lüftung auf, sondern verläuft gleichmäßig, je nach der Art der Haufenführung leicht ansteigend, konstant oder fallend. Die Lufttemperaturen sind jedoch in der untersten Haufenschicht um etwa 2 °C niedriger als in der obersten, da die kältere Einströmluft von unten in den Haufen eintritt, sich dort erwärmt und oben wieder abströmt. Diese geringen Unterschiede rufen zwar eine leichte Entfeuchtung des Haufens hervor; diese kann aber durch einmaliges Spritzen am 3./4. Keimtag wieder ausgeglichen werden. Ist die Differenz größer als 2 °C, so ist die Ventilatorleistung zu knapp, ist sie kleiner, so sind die geförderten Luftmengen zu groß. Die Temperaturführung des Haufens wird auch durch die Anwendung von Rückluft verbessert bzw. erleichtert. Hier wird nicht die durch den Haufen gedrückte Luft als „Abluft" ins Freie geblasen, sondern zu einem mehr oder weniger großen Teil als „Rückluft" vor dem Ventilator in einem sog. „Hosenrohr" mit Frischluft verschnitten, dadurch temperiert, befeuchtet und dann wieder durch den Haufen gedrückt. Es kann auch ausschließlich mit Rückluft gearbeitet werden, wenn die Art der Haufenführung dies geraten erscheinen läßt. Das Verfahren setzt einen eigenen Rückluftkanal voraus, der bei Einzelkastenanordnung in die Decke oder unter das Podest des Kastens gelegt sein kann. Bei mehreren Kästen in einem Keimsaal wird meist ein gemeinsamer Rückluftsammelkanal ausgeführt, der als Rückluftreserve dient und daher die Möglichkeit bietet, die anfallende Rückluft irgend eines Kastens auf einen anderen Haufen zu übertragen, der selbst noch nicht die nötige warme Rückluft erzeugen kann, z. B. beim Anwärmen eines frisch ausgeweichten Haufens.

So kann die Rückluft – vor allem in Mälzereien ohne eigene Wärmequelle – die Haufenführung erleichtern; sie hilft auch Kälte sparen, da sie z. B. in der warmen Jahreszeit immer noch kälter ist als die Außenluft (s. Abschnitt 6.2.2.2). Darüber hinaus ist die Rückluft mit etwas Kohlendioxid angereichert:

Bei Einzelkasten und einem entsprechend „dichten" System können bei reiner Umluftverwendung CO_2-Gehalte von 4–8% erreicht werden, die technologisch zwar u. U. mit Vorteil einzusetzen sind, die aber für das Bedienungspersonal nicht ungefährlich sein können: Bei 3 Vol-% wird die Atmung erschwert, bei 4% treten bereits Kreislauf- oder Bewußtseinsstörungen ein; 8% können zum Tode führen, wenn nicht rechtzeitig Hilfe zur Stelle ist.

Es muß daher der CO_2-Gehalt derartiger Haufen kontrolliert und bei Anwendung von Rückluft für Sicherheitsmaßnahmen gesorgt werden: durch Bereitstellung von Atemschutzgeräten und durch Hinweistafeln der Berufsgenossenschaft.

Es ist aber auch bei Einzelkasten nicht ratsam, von Anfang an mit voller Rückluft zu arbeiten: So wird in den ersten Keimtagen soviel Frischluft eingesetzt, dass die biologische Phase des Haufens ohne Beeinträchtigung ablaufen kann; erst in der Lösungsphase wird der Umluftanteil erhöht. Bei Keimsälen kann von Anfang der Keimung an Rückluft verwendet werden, da diese infolge des großen Raumvolumens nur wenig CO_2 enthält. Ein Teil der Kohlensäure wird überdies durch die Befeuchtung der Luft „herausgewaschen", so dass diese in günstiger Weise wohl sauerstoffärmer ist, aber das Atmungsgift CO_2 in verringertem Umfang enthält. Hierdurch wird die Atmung des Haufens etwas eingeschränkt, es genügen geringere Luftmengen, um die Temperaturen zu halten; darüber hinaus ergibt sich durch Abkühlen der Rückluft auf die gewünschte Temperatur der Einströmluft meist eine vollständige Sättigung derselben. Es muß lediglich die Befeuchtung den von der mitverschnittenen Frischluft eingebrachten Fehlbetrag ausgleichen. Es wird also Wasser zur Luftbefeuchtung gespart. So ist heute die Verwendung eines bestimmten Anteils an Rückluft, zusammen mit direkter Kühlung der Einströmluft in Verbindung mit einer gut funktionierenden, sparsam arbeitenden Nachbefeuchtung, eines der wesentlichen Merkmale moderner Haufenführung.

6.3.3.4 Haufenführung bei konventioneller Mälzung (Druckbelüftung)

Die Beförderung der geweichten Gerste in den Keimkasten kann „naß", d. h. mit dem letzten Weichwasser oder „trocken" geschehen.

Beim „Naß-Ausweichen" gelangt das mittels Zentrifugalpumpe geförderte Weichgut in eine über der Mitte des Keimkastens angeordnete Ausweichleitung, die mit einer Reihe von Auslässen versehen ist, auf das Hordenblech. Die einzelnen Rohrstutzen sind jeweils mit einer Klappe versehen, die vom Bedienungsgang aus reguliert werden kann. Auf diese Weise werden z. B. bei einem 30 t-Kasten 6 gleichgroße Weichguthaufen gebildet, die der Wender durch 2–3-maliges Hin- und Zurücklaufen einebnet. Bei größeren Keimkasten, die u. U. auch von zwei Weichen aus beschickt werden, sind zwei parallel geführte Ausweichleitungen – jeweils für die vordere und die hintere Hälfte getrennt – angeordnet. Das Ausweichen erfolgt hier, um Zeit zu sparen, parallel. Das Ausweichwasser, das durch die Öffnungen des Hordenblechs abläuft, soll rasch und vollständig weggeführt werden. Voraussetzung hierfür ist ein genügend starkes Gefälle des Kastenbodens und das Vorhandensein der nötigen Zahl von Senkkästen. Wenn der Kastenboden von vorne nach hinten ansteigt oder ein Quergefälle mit seitlichem Sammelkanal vorhanden ist, kann das Ausweichwasser in einer Grube nahe dem Lufteintritt gesammelt und wieder als Zusatzwasser zum Ausweichen rückgeführt werden (s. Abschnitt 5.2.4.2). Hierdurch läßt sich der hohe Wasserbedarf zum Transport des Weichgutes etwas verringern.

Hierbei sind aber die hier geschilderten Voraussetzungen zu erfüllen. Besser ist es, auf das Rückführen zu verzichten.

Das nasse Ausweichen hat den Vorteil, dass es mit der zweiten bzw. dritten Naßweiche zusammen getätigt wird, wobei sich jeweils der gewünschte Feuchtigkeitsgehalt des Gutes von 38 bzw. 41–42% einstellen läßt. Nachteilig sind Drücke, die sich z. B. bei längeren Leitungswegen oder bei Höhenunterschieden auswirken und die den bei empfindlichen Gersten auftretenden Wasserschock verstärken (s. Abschnitt 5.2.2.2).

Wird mit kaltem Wasser ausgeweicht, so hat das Gut eine Temperatur von 11–13 °C. Das Abtropfen des Haufens ist beim Keimkasten nicht ganz einfach, weil er dicker liegt und im Vergleich zu Tenne und Trommel (s. Abschnitt 6.3.1.3) nur wenig bewegt wird. Es hat sich jedoch am günstigsten erwiesen, den Haufen zunächst ohne Belüftung liegen zu lassen, um so das Abtropfen des überschüssigen Wassers und die Aufnahme des Haftwassers in das Korn zu gewährleisten. Erst wenn die Haufentemperatur von selbst auf etwa 2 °C über die Ausweichtemperatur ansteigt, was ein Zeichen für das Abtrocknen des Gutes ist, wird die Belüftung – jedoch sofort mit voller Befeuchtung – eingefahren. Bei zögerndem Abtrocknen und Temperaturanstieg des Haufens kann es zweckmäßig sein, alle 1–2 Stunden kurzzeitig (10–15 Minuten) zu belüften, um das entstehende CO_2 zu entfernen. Am besten wäre es, wenn hier die Laufrichtung des Ventilators umgedreht werden könnte, um die Kohlensäure von oben nach unten durch den Haufen zu saugen. In der Regel dauert der Einzug des Haftwassers bei einem Ausweichgrad von ca. 43% je nach der Wasserempfindlichkeit der Gerste 12–24 Stunden. Hierbei erhöht sich die Feuchte des Gutes um etwa 2%. Bei knapperer Weiche erfolgt der Wassereinzug rascher, so dass heute die dritte Naßweiche praktisch nur so lange währt, bis der Haufen ausgeweicht ist. Hierdurch gelingt es selbst unter Berücksichtigung des Haftwassers, einen Feuchtigkeitsgehalt des Gutes von 42–42,5% nicht zu überschreiten (s. Abschnitt 5.2.2.2).

Die frühere Handhabung, mit unbefeuchteter, temperierter Luft „abzutrocknen", führte zu einer Abkühlung des Haufens infolge der auftretenden Wasserverdunstung, eine Erscheinung, die eine verzögerte Ankeimung im Gefolge hatte.

„Trockenes" Ausweichen wird allgemein als vorteilhafter erachtet, da die letzte Weiche entsprechend dem physiologischen Zustand des Weichgutes früher als zum Zeitpunkt des Ausweichens vorgenommen und damit Zeit gespart bzw. die Zeit mit der jeweiligen Stufe des Wassergehaltes besser genutzt werden kann. Trockenes Ausweichen ist aber nur möglich, wenn sich – entsprechend hoch über dem Kasten angeordnete – Trichterweichen echt „trocken", d. h. ohne

Zuhilfenahme von Wasser zum Ausschwemmen etc. entleeren lassen. Flachbodenweichen sind hierfür besonders gut geeignet. Es muß aber auch ein passendes Transportsystem angeordnet sein, das eine schonende Förderung des empfindlichen Gutes gewährleistet. Hierfür kann ein, an der Kastendecke aufgehängtes Förderband dienen, wobei das Gut von einem Pflug abgestreift wird und so in den Keimkasten fällt. Der Wender ebnet wie oben geschildert das Ausweichgut ein. Es darf zwischen den einzelnen Naßweichen bzw. bis zur nächsten Erhöhung des Wassergehalts keine Wasserzufuhr – und sei es nur zum Freispülen der Transportanlagen – zugefügt werden. In diesem Falle würde einer ungleichmäßigen Wasserverteilung und Wasseraufnahme durch das Gut und damit einer ungleichmäßigen Ankeimung Vorschub geleistet.

Gut bewährt haben sich bei dieser Arbeitsweise die sog. Wanderhorden (s. Abschnitt 6.3.3.8). Das Weichgut wird von vorn auf die Horde aufgebracht und wandert mit der sich langsam bewegenden Horde nach hinten, bis schließlich die gesamte Fläche bedeckt ist. Der Vorteil des trockenen Ausweichens ist zweifellos die Möglichkeit, das langwierige Abtrocknen des Haufens im Kasten zu vermeiden; dies muß jedoch vorher in der Weiche, also vor bzw. nach der 2. Naßweiche geschehen. Bei reichlich Weichraum und gut dimensionierten Ventilatoren kann u. U. auch nach der 3. Naßweiche abgewartet werden, bis das Gut abgetrocknet ist und eine bestimmte Temperatur erreicht hat. Ein „Wasserschock", d. h. eine durch das nasse Ausweichen bedingte, verhältnismäßig lange Naßweiche zu einem physiologisch ungeeigneten Zeitpunkt wird hierdurch vermieden.

Unter der Annahme, dass der Haufen naß, mit 42,5 % Weichgrad in den Kasten ausgeweicht wird und durch die Ruhezeit eine Nachweiche auf 45 % bei einer Temperatur von 13 °C eintritt, verläuft die weitere Haufenführung wie folgt (Abb. 6.16): In den ersten 3–4 Keimtagen wird die *Temperatur* von 13–14 °C auf 15–16 °C gesteigert, wobei die Temperatur in der untersten Schicht um 1,5–2 °C niedriger ist als oben. Das Wenden erfolgt zweimal pro Tag; um ein gleichmäßiges Wachstum zu fördern, ist am 3./4. Keimtag ein dreimaliges Wenden empfehlenswert. Leicht lösliche Gersten werden mit einer Temperatur von 16–17 °C bis zum Haufenziehen geführt; bei schwer löslichen Partien dagegen läßt man die Temperatur im Laufe einer 7-tägigen Keimung auf 19–20 °C steigen.

Es ist demnach während der Keimzeit eine Erhöhung der Temperatur der Einströmluft notwendig. Dies geschieht durch Anwendung eines entsprechend höheren Anteils an Rückluft, der mit dem Fortschreiten des Gewächses und der Auflösung täglich neu einzustellen ist. Entscheidend für die Mischung zwischen Frisch- und Rückluft ist die Temperatur der Einströmluft, die am Eintritt in den Kasten, d. h. unter den Hordenblech gemessen wird. Hierbei ist bereits die Kühlwirkung des zur Darstellung der vollen Sättigung erforderlichen Einspritzwassers mit berücksichtigt.

Bei modernen Anlagen mit direkter Luftkühlung über Kältemittelverdampfer wird grundsätzlich der Rückluftanteil etwas größer gewählt als es dem Verschnittverhältnis entspricht, um so eine automatische Steuerung der Einströmlufttemperatur mittels der Kühlanlage zu gewährleisten (s. Abschnitt 6.2.5).

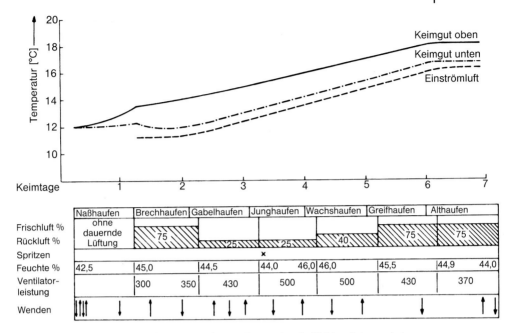

Abb. 6.16 Führung eines Haufens im Keimkasten (konventionelle Weiche, Keimung bei steigenden Temperaturen, Kühlung durch Versprühen von Wasser, Einzelkastenaufstellung).

Das *Wenden,* das ursprünglich alle 12 Stunden, bei guter Wenderkonstruktion im Junghaufenstadium sogar dreimal täglich, durchgeführt wird, erfährt an den folgenden Tagen eine sparsamere Handhabung. So dehnt sich das Intervall von 12 über 16 bis auf 24 Stunden aus, um unnötigen Keimabrieb zu vermeiden. Beim Durchgang des Wenders steigt, selbst bei ständiger Lüftung, die Temperatur des Keimgutes um 1–2 °C an. Diese Erscheinung ist nur zum geringeren Teil auf die Auflösung von Wärmeinseln infolge einer sich während der Wender-Intervalle einstellenden ungleichmäßigen Belüftung zurückzuführen. Sie ist vielmehr durch den erhöhten Luftdurchtritt in der jeweiligen Wendezone bewirkt. Wie schon ausgeführt, beträgt die Lockerungswirkung des Saladinwenders etwa 15%, d.h. die Grünmalzschicht, die sich im Verlauf von 12–16 Stunden durch ihr eigenes Gewicht etwas zusammengesetzt hatte, erfährt durch das Wenden eine Volumenzunahme.

Es kann die beim Wenden, selbst unter Beibehaltung der Lüftung eintretende Temperaturerhöhung des Keimguts ausgenützt werden, um den im Zuge der Haufenführung erwünschten Anstieg der Temperaturen zu bewirken. Ggf. kann auch die Belüftung so lange abgestellt werden, bis die gewünschten Haufentemperaturen – z. B. bei einer Steigerung von 17 °C auf 20 °C – erreicht sind.

Die Erwärmung der Luft im Haufen, selbst wenn diese nur etwa 2 °C beträgt, führt im Verein mit der Bewegung des Luftstroms zu eine Entfeuchtung des Keimguts, die nach drei bis vier Keimtagen ein Spritzen erforderlich macht.

Dies geschieht durch Spritzdüsen, die an beiden Seiten des Wenderwagens angeordnet sind. Beim Wenderdurchlauf wird die Feuchtigkeit auf die Wendezone aufgebracht, so dass die Wenderspiralen das Wasser intensiv einmischen können. Dabei kann eine höhere Umdrehungszahl der Wenderschnecken (ggf. bei geringerem Vorschub, s. Abschnitt 6.3.3.2) den Kontakt zwischen Wasser und Keimgut verstärken. Dennoch ist es schwer, bei normalem Gewächs des Grünmalzes mit einem Wenderdurchgang den Wassergehalt um über 2% anzuheben. Nur bei Anpassung der Geschwindigkeiten von Wenderspiralen und Wenderwagen sowie bei Verwendung von angewärmtem Wasser (ca. 18 °C) lassen sich auch 3% erreichen. Aus diesem Grunde ist der Effekt von fest über dem Keimbett angeordneten Düsensystem gering, da eben die Mischwirkung des Wenders fehlt. Ein zu häufiges Spritzen zur Erzielung der gewünschten Wassergehalte führt zu übermäßigem Blattkeimwachstum.

Die Abnahme der Keimgutfeuchte beträgt 0,5–0,7% pro Tag, wenn keine größeren Temperaturbewegungen (z. B. Abkühlen nach einer stärkeren Erwärmung) oder zu große Temperaturdifferenzen zwischen Einström- und Haufenluft gegeben sind.

Das auf der Tenne übliche Greifen der Haufen ist im Keimkasten nicht in gleicher Weise möglich. Lediglich die obere Schicht wächst bei unterbrochener Belüftung etwas zusammen, während tiefer im Keimbett der steigende CO_2-Gehalt diese Erscheinung verhindert. Ebenso kommt es bei dauernder Belüftung nicht zur Schweißbildung, da die bei der Atmung auftretende Feuchtigkeit im Augenblick des Entstehens von der Luft weggeführt wird. Besonderes Augenmerk ist dabei auf Spatzenbildung zu legen; diese kann an den Seitenwänden des Kastens, besonders an den halbkreisförmigen Ausbuchtungen der Stirnseiten auftreten, wenn die Grünmalzmasse nicht voll vom Wender bearbeitet wird. Auch durch eine übermäßige Befeuchtung der Einströmluft können feinste Wassertröpfchen durch die Schlitze der vorderen Hordenbleche in die unterste Schicht des Keimguts gerissen werden. Dies führt zu einem Einwachsen der Keime in die Schlitze, wodurch der Lufteintritt an dieser Stelle wesentlich erschwert wird und so eine Temperaturerhöhung im Gut eintritt.

Eine ähnliche Erscheinung kann mitunter auch bei Turbozerstäubern beobachtet werden.

6.3.3.5 Keimung bei fallenden Temperaturen

Diese findet vor allem bei modernen Weichmethoden Anwendung, wenn bereits gleichmäßig spitzendes oder gar gabelndes Gut mit Temperaturen von 15–18 °C in den Keimkasten gelangt. Durch die dritte Naßweiche hat das Gut einen Wassergehalt von 41–41,5%. Beim trockenen Ausweichen ist dieser Wert fixiert, beim nassen Ausweichen wirkt sich die etwas längere Verweilzeit bei diesem Vorgang in einer weiteren, wenn auch geringfügigen Erhöhung auf 42,5–43% aus. Die höheren Temperaturen des Gutes erfordern nach dem Planieren und Abtropfen ein sofortiges Belüften des Haufens, das aber mit voll konditionierter Luft durchgeführt wird. Dabei ist es günstig, die höheren Temperaturen des Weichguts über einige Tage hinweg beizubehalten und erst dann, nach Einstellen der maximalen Keimgutfeuchte auf 12 °C bis 14 °C abzukühlen.

Der Wassergehalt von rund 42,5% wird so lange beibehalten, bis alle Körner gleichmäßig gabeln. Dies ist nach 12–18(–24) Stunden der Fall. Dann erfolgt das erste Spritzen, am besten mit Wasser von ca. 18 °C, um eine Feuchte von ca. 45% zu erreichen. Nach Aufnahme des Wassers, d. h. nach Abtrocknen der Oberflächenfeuchtigkeit, wird bei Bedarf 12–24 Stunden später nochmals intensiv gespritzt, um so einen Wassergehalt von ca. 47% zu erreichen. Anschließend setzt, u. U. bereits durch kaltes Spritzwasser eingeleitet, eine intensive Abkühlung des Haufens ein. Im Lösungsstadium sind im Verein mit der vermehrten Anwendung von Rückluft geringere Luftmengen notwendig als bei der konventionellen Mälzungsweise. Aus diesem Grunde tritt nur mehr eine geringe Abnahme des Feuchtigkeitsgehaltes im Haufen ein (Abb. 6.17).

Bei Einzelkastenaufstellung ist es möglich, den Kohlensäuregehalt der Haufenluft zu steigern. Unter der Voraussetzung dichter Abluft- und Frischluftschieber können CO_2-Gehalte von 4–8 Vol.-%, selten von 10 Vol.-% erreicht werden. Unter Berücksichtigung der notwendigen Schutzmaßnahmen für das Personal (s. Abschnitt 6.3.3.3) läßt sich das Wachstum etwas eindämmen und somit Schwand sparen. Ein zu früher Einsatz der vollen Rückluftmenge

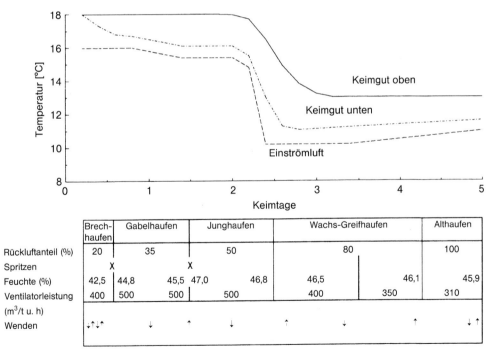

	Brech-haufen	Gabelhaufen		Junghaufen		Wachs-Greifhaufen		Althaufen
Rückluftanteil (%)	20	35		50		80		100
Spritzen	X		X					
Feuchte (%)	42,5	44,8	45,5	47,0	46,8	46,5	46,1	45,9
Ventilatorleistung (m³/t u. h)	400	500	500	500		400	350	310
Wenden	↓↑↓↑	↓	↑	↓		↑	↓	↑	↓↑

Abb. 6.17 Führung eines Haufens im Keimkasten (pneumatisches Weichverfahren in Trichter- und Flachweiche, Keimung bei fallenden Temperaturen, Kühlanlage, Einzelkastenaufstellung).

Tab. 6.3 Auswirkung unterschiedlichen Temperaturverlaufs auf die Keimung (7 Tage Keimzeit).

Temperaturen °C	17	13	17/13	17	13	17/13
max. Keimgutfeuchte %	48	48	48	46	46	46
Extrakt wfr. %	81,2	81,8	82,1	80,9	82,0	81,6
MS-Differenz EBC wfr. %	0,8	1,0	0,9	0,8	1,6	0,8
Eiweißlösungsgrad %	44,1	46,3	46,8	41,9	44,9	44,8
Formol-N mg/100 ml	25,4	23,1	23,6	22,8	25,4	21,9
Vz 45 °C %	40,1	46,0	43,0	38,1	38,4	38,6
α-Amylase-Aktivität ASBC	73,1	69,2	74,2	68,5	68,5	76,5
Diastatische Kraft °WK	309	319	303	307	333	340
Endvergärungsgrad %	84,4	82,1	84,7	81,7	80,5	81,0
Schwand wfr. %	13,1	10,2	10,4	11,2	8,0	9,1

verschlechtert jedoch die Bildung der Endo-Enzyme und damit die Auflösung des Malzes (s. Abschnitt 6.4.1.1).

Malze, die nach dem Verfahren der gestaffelten Wassergabe und fallender Keimtemperaturen hergestellt wurden, verzeichnen eine höhere Extraktausbeute, eine bessere Auflösung und höhere Enzymkräfte. Dies äußert sich vor allem im Niveau der Vz 45 °C und der α-Amylaseaktivität. Dabei gestatteten die optimalen Keimbedingungen und deren Abstimmung auf die Wachstumserscheinungen des Korns eine Verkürzung der Keimzeit (Tab. 6.3) [515].

Es hat sich erwiesen, dass die pneumatische Weiche am zweiten Tag – gerade in der wärmeren Jahreszeit oder bei unzulänglichen Weicheinrichtungen – oftmals schwer zu führen ist (s. Abschnitt 5.2.2.2). Auch erfährt das spitzende, z.T. gabelnde Gut beim nassen Ausweichen u. U. einen „Wasserschock", der durch die in der Ausweichleitung herrschenden Drücke noch verstärkt wird. Es ist daher vielfach günstiger, das Gut schon nach einem Weichtag nach oder mit der zweiten Naßweiche bei einem Feuchtigkeitsgehalt von ca. 38% in den Keimkasten zu verbringen. Dieser erhöht sich je nach den Ausweichbedingungen noch um 1–1,5% durch das Haftwasser. Die erste Wassergabe erfolgt nach dem gleichmäßigen Spitzen (möglichst 95%, auszählen!), was bei einer Temperatur von 17–18 °C in 12–24 Stunden der Fall ist. Hiernach ist der Wenderdurchlauf auszurichten, um keine Zeit zu verschenken. Die weitere Verfahrensweise ist wie die oben beschriebene. Häufig macht dieser nahtlose Übergang von Weiche und Keimung bei guter Kontrolle der Feuchtigkeitswerte, der Temperaturen und CO_2-Gehalte sogar eine Verringerung der Maximalfeuchte möglich (Abb. 6.18). Dies hängt allerdings auch davon ab, wie rasch es gelingt, diese in Übereinstimmung mit dem jeweiligen Keimbild zu erreichen. Eine Verkürzung der Weich- und Keimzeit unter 165 Stunden ist nicht ohne Einbußen in der Malzqualität möglich (s. Abschnitt 4.1.5.5, 4.2.3.4).

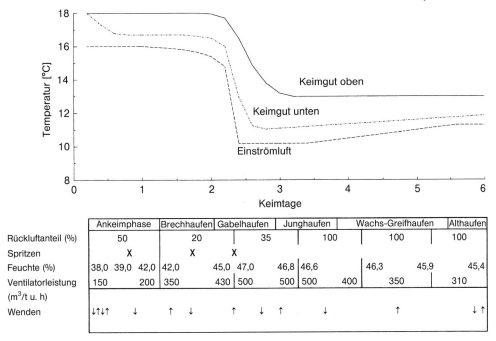

	Ankeimphase	Brechhaufen	Gabelhaufen	Junghaufen	Wachs-Greifhaufen	Althaufen
Rückluftanteil (%)	50	20	35	100	100	100
Spritzen	X	X	X			
Feuchte (%)	38,0 39,0 42,0	42,0 45,0	47,0 46,8	46,6	46,3 45,9	45,4
Ventilatorleistung (m³/t u. h)	150 200	350	430 500	500 500 400	350	310
Wenden	↓↑↓↑ ↓	↑ ↓	↑ ↓ ↑	↓	↑	↓ ↑

Abb. 6.18 Führung eines Haufens im Keimkasten oder im Keimdarrkasten (nur 1 Weichtag, pneumatische Weiche, Keimung bei fallenden Temperaturen, Kühlanlage, Einzelkastenaufstellung).

6.3.3.6 Besonderheiten bei der Führung des Keimkastens

Die Temperatur der Einströmluft bestimmt die *Temperatur* der untersten Haufenschicht. Beide liegen naturgemäß sehr nahe beieinander. Die Temperatur der oberen Haufenschicht ist bei einer Haufenhöhe von ca. 80 cm um rund 2 °C höher, weil die durchströmende Luft im Haufen aufgewärmt wurde. Untere und obere Haufenschicht zeigen daher, jede für sich, eine fortlaufende Temperaturkurve. Hierdurch bildet sich eine Art „Temperaturband" aus, das in jedem Stadium der Haufenführung gleich breit sein soll.

Bei einer größeren Differenz ist die Lüfterleistung zu klein; eine Erscheinung, die oftmals durch eine nachträgliche Überschüttung des Haufens hervorgerufen wird. Keimkasten, die eine sehr hohe Belastung von ca. 500 kg/m² aufweisen, entsprechend einer Keimguthöhe im Junghaufenstadium von 1 m und darüber, sind ebenfalls ohne Schwierigkeiten mit diesen Temperaturdifferenzen zu fahren, da die Lüfterleistung von 500–600 m³/t und h auf einer kleineren Grundfläche durch das Keimbett gefördert wird. Es ist jedoch ein höherer Druck unter der Horde, d.h. ein höherer Kraftaufwand erforderlich, um diese Luftmenge auch tatsächlich zu erzielen. Die Temperatur des Keimraumes liegt allgemein bei oder geringfügig über der Temperatur der obersten Haufenschicht. Meist ist sie um ca. 3 °C wärmer als die Einströmluft.

Nicht nur die Höhe der Temperatur und die Temperaturdifferenz zwischen Einströmluft und oberer Malzschicht sind von Bedeutung, sondern vor allem auch die Gleichmäßigkeit der Temperaturen zwischen Kastenanfang und Kastenende. Es sind daher an mehreren Stellen des Kastens Thermometer einzustecken. Normal treten Ungleichmäßigkeiten nur dann auf, wenn die Luftmenge zu klein ist oder bei langen Kasten zu viele Tragelemente und Unterzüge den Durchstrom der Luft von vorne nach hinten behindern. Eine Abhilfe kann durch Drosseln der Abluftschieber, d. h. durch Aufbau eines, wenn auch geringen Gegendrucks geschehen. Daraus wird ersichtlich, dass auch die *Druckverhältnisse* im Kasten von großer Bedeutung sind. Der Überdruck muß dem Widerstand angepaßt sein, den die Luft zu überwinden hat. Er ist bestimmt durch Länge, Beschaffenheit und Querschnitt der Luftwege zum Kastenraum, durch den Widerstand des Kühlers, von der Durchgangsfläche des Hordenblechs, der Haufenhöhe, dem Zustand des Grünmalzes und schließlich durch die Art der Ableitung der Abluft. Damit muß sich der Überdruck nach der spezifischen Beladung und nach der Länge des Kastens richten. Er liegt zwischen 7 und 25 daPa (mm WS). Ein Teil dieser Widerstände ist immer gleich: z. B. durch die bauliche Ausführung der Anlage; veränderlich ist dagegen die Haufenhöhe und die Beschaffenheit des Grünmalzes (Alter, Wachstumsstadium des Haufens, Zeitpunkt des Wendens) sowie der Gegendruck, der durch Einstellung des Abluftschiebers aufgebaut wird. Hierdurch wird eine stärkere Pressung der Luft im Kastenraum erzeugt, vor allem auch unter der Horde.

Dies führt zu einer gleichmäßigeren Beaufschlagung des Gutes, doch wird je nach der Höhe des Gegendrucks der Luftdurchsatz im Keimgut verringert, was zwar für die Erhaltung der Keimgutfeuchte günstig ist, jedoch auf der anderen Seite das Einhalten der gewünschten Temperaturdifferenz von 2 °C erschwert.

Der Druckabfall im Haufen liegt normal bei 47 daPa, je nach dem Zeitpunkt des Wendens, dem Entwicklungs-Stadium des Grünmalzes, der Beladungshöhe und der notwendigen Leistung des Ventilators.

Die Messung der Druckverhältnisse im Kastenraum ist deshalb von großer Bedeutung. Sie wird am einfachsten durch U-Rohre vorgenommen.

Auch der Einsatz von Anemometern kann eine gute Auskunft über die aktuellen Luftmengen und über die Gleichmäßigkeit der Belüftung erbringen. Dabei ist es zweckmäßig, sowohl über die gesamte Kastenlänge hinweg zu messen als auch über die Kastenbreite. Dabei ist auch der Unterschied zwischen Beeten und Furchen bei Saladinwendern von Interesse. Es ist jedoch eine Frage, ob und wie sich z. B. ein Druckaufbau über der Horde mit der Regelautomatik des Kastens darstellen läßt.

Wie Abb. 6.17 und 6.18 zeigen, soll die Lüfterleistung dem Wärmeanfall im Haufen angepaßt werden. Dies ist bei Einstellung einer bestimmten Temperaturdifferenz sehr gut über die Regulierung der Ventilatordrehzahl (Frequenzregelung) möglich. Eine Anpassung derselben an den geringeren Luftbedarf gegen Ende der Keimung spart Energie, Kornsubstanz und vermag sogar einige Analysenmerkmale, wie z. B. die Vz 45 °C zu verbessern. Abb. 6.19 zeigt eine

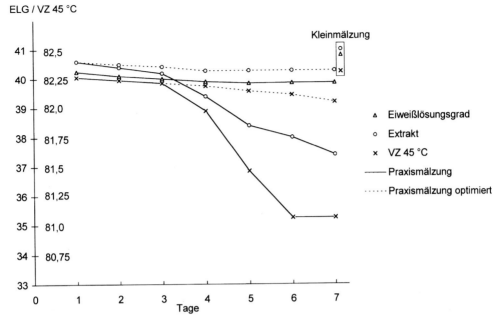

Abb. 6.19 Vergleich Kleinmälzung, Praxismälzung und Praxismälzung optimiert (Proben täglich entnommen und in der Kleinmälzung weitergeführt).

Haufenführung, die durch den Vergleich mit einer parallel laufenden Kleinmälzung optimiert wurde.

Zur Aufrechterhaltung des Druckes im Kastenraum muß derselbe dicht abschließbar sein. Luftdichte Türen, u. U. mit Schleuse, gut steuerbare und dichtschließende Luftschieber erlauben es, im Kastenraum den gewünschten Druck aufzubauen. Es ist außerdem zweckmäßig, den Keimkasten nur zu unumgänglichen Kontrollgängen zu betreten, die Meßinstrumente sollen außerhalb angeordnet sein.

Bei Einsatz von Rückluft wird die Lüftung komplizierter, da die Abluftmenge nicht allein durch den Abluftschieber, sondern auch durch die Rückluftklappe festgelegt wird, und beide aufeinander abgestimmt sein müssen. Durch Drosseln beider kann es bei Einzelkastenaufstellung gelingen, einen gewissen Gegendruck zu erzielen. Bei Anordnung der Kasten in einem Keimsaal stellt sich über den Haufen ein Druckausgleich ein, wenn auch die Ventilatoren je nach der gewünschten Luftleistung und dem Zustand des Grünmalzes unter den Horden jeweils eine unterschiedliche Pressung erzeugen.

Die Regulierung der Luftmenge, der Temperatur (mit Hilfe von direkter oder indirekter Kühlung) und die Art der Befeuchtung erlaubt es auch im Keimsaal, die einzelnen Haufen hinsichtlich dieser Faktoren individuell zu führen.

Lediglich die Anwendung einer sauerstoffarmen oder mit CO_2 angereicherten Haufenluft ist hier nicht möglich.

Das *Wiederweichverfahren,* das in den 1960er Jahren eine gewisse Rolle spielte, hat sich durch die enorme Verteuerung der Wasser-/Abwasserpreise einerseits und der Energiekosten andererseits überlebt. Nachdem es aber die großen Möglichkeiten der Keimkastenmälzung gut wiedergibt, soll es kurz, auch anhand eines Beispiels, Erwähnung finden. Die Keimkasten müssen hierfür allerdings ausgerüstet sein und eine höhere Stabilität des Fundaments und der Wände aufweisen, um den höheren Gewichten durch das Wiederweichwasser standhalten zu können. Die Ventilatoren müssen entweder so hoch gesetzt sein, dass sie über dem Wasserspiegel liegen, oder es ist für die Anbringung von dichten Schiebern im Zuluftkanal zu sorgen. Um einen übermäßigen Wasserverbrauch zu vermeiden, soll der Raum unter der Horde möglichst niedrig sein. Dies hat sogar zum Vorschlag einer seitlichen Belüftung der Kästen geführt, wobei die Reibungsverluste der Ventilationsluft geringer gehalten werden können als bei Belüftung über die gesamte Kastenlänge hinweg.

Nach einer eintägigen Weiche, die dem schon mehrmals erwähnten Schema (s. Abschnitt 5.2.2.2) entspricht, gelangt das Gut mit einem Wassergehalt von ca. 38 % und einer Temperatur von ca. 18 °C in den Keimkasten. Es keimt hier aus den bekannten Gründen sehr rasch und gleichmäßig an, doch führt dieser niedrige Feuchtigkeitsgehalt nur zur Ausbildung von ein bis zwei schwachen Würzelchen. Sobald alle Körner dieses Keimbild aufweisen, wird der gesamte Kasten geflutet. Je nach den eingehaltenen Temperaturen ist dieses in 36–60 Stunden, in der Regel 48 Stunden nach dem Ausweichen der Fall. In Abhängigkeit von der Temperatur des Wassers (12–18 °C) beträgt die Wiederweichzeit zwischen 24 und 8 Stunden. Je kälter das Wasser ist, um so mehr Zeit wird benötigt, um den Keimling zu inaktivieren. Dabei soll auch ein Wassergehalt von 50–52 % erreicht werden, damit in der folgenden, 48–60 Stunden währenden Lösungsphase die gewünschten Umsetzungen im Korn verlaufen. Dies ist trotz der meist niedrigen Haufentemperaturen von 12–14 °C in einwandfreier Weise der Fall (Abb. 6.20).

Das Wurzelkeimwachstum ist wesentlich knapper als bei vergleichbaren „konventionellen" Haufen, doch kann es bei längerem Einhalten der Lösungsphase zu einem starken Vorschieben des Blattkeims, ja sogar zu Husaren kommen. Wie die Tab. 6.4 zeigt, sind die Malze enzymreich, wenn auch die Aktivität mancher Exoenzyme (Peptidasen, Glucanasen) etwas schwächer entwickelt ist. So kann sich selbst bei hoher Eiweißlösung ein etwas geringerer Anteil des Formol- und α-Aminostickstoffs ergeben, wie auch bei meist sehr niedrigen Mehl-Schrotdifferenzen erhöhte Viskositätswerte, bzw. ein deutlich höheres Niveau an β-Glucanen feststellbar ist (s. Abschnitt 4.1.5.5). Eine derartige Verschiebung im Abbau der einzelnen Substanzen kann gerade im Hinblick auf manche Eigenschaften des Bieres wie z. B. Vollmundigkeit, Schaumhaltigkeit usw. wünschenswert sein.

Der Mälzungsschwand liegt bei richtiger Durchführung des Verfahrens bei 5–6 % der Trockensubstanz.

Die Vorteile des Wiederweichverfahrens werden nicht einheitlich beurteilt. Es hatte sich jedoch in der besprochenen Form in einigen Mälzereien so gut ein-

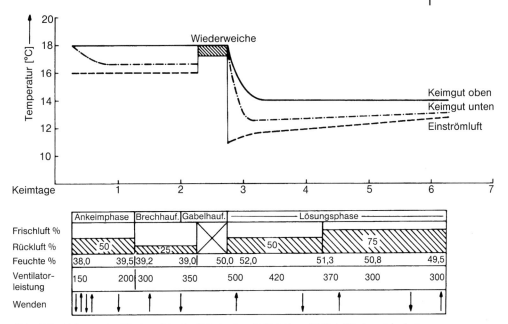

Abb. 6.20 Führung der Wiederweiche im Keimkasten (1 Weichtag, 12 Std. Wiederweiche bei 18 °C).

Tab. 6.4 Vergleich zwischen konventioneller Mälzung und Wiederweichverfahren [731].

	Konventionell	Wiederweich-verfahren
Weich- und Keimzeit Std.	216	152
Extrakt wfr. %	81,7	81,7
M-S-Differenz EBC wfr. %	2,1	1,3
Viskosität mPas	1,52	1,58
Eiweißlösungsgrad %	41,0	44,6
Formol-N mg/100 ml MTr.S.	179	238
Vz 45 °C %	33,8	40,0
α-Amylase-Aktivität ASBC	54	59
Diastatische Kraft °WK	277	331
Endvergärungsgrad %	77,3	80,0
Schwand wfr. %	9,5	6,2

geführt, dass auch in anderen versucht wurde, das Verfahren unter Umgehung des hohen Wasserverbrauches zu verwirklichen.

Dies kann geschehen, indem die Ankeimung in gleicher Weise eingeleitet wird, wie oben dargestellt. Die „Wiederweiche" erfolgt nun nach ca. 48 Stunden derart, dass das Gut durch ein periodisches Hin- und Herlaufen des Wenders und intensives Spritzen nicht nur den gleichen Wassergehalt erreicht wie bei einer Tauchweiche, sondern auch eine ähnliche Inaktivierung der Wurzelkeime. Das Schema dieser Wiederweiche sieht bei einem Kasten von 30 t Fassungsvermögen und einer Länge von 20 m wie folgt aus:

Der Wenderwagen benötigt bei einem Vorschub von 0,5 m/min rund 45 min um einmal durch den Kasten zu laufen. Dies bedeutet bei Hin- und Rückfahrt 90 min. Hierbei wird, am besten mit Spritzrohren (verdüstes Wasser reißt zu viel Luft mit!) eine Wassermenge von 0,5 m³/t aufgebracht. Der Wassergehalt steigt von ca. 39 auf 44%. Die folgende Ruhezeit darf nur solange dauern, als noch reichlich Wasser an der Kornoberfläche sichtbar ist (Abb. 6.21).

Das zweite, gleich intensive Spritzen muß daher nach 150 min folgen. Der Wassergehalt steigt auf ca. 47%. Nach einer Pause von 180 min wird das Ganze wiederholt, wodurch das völlig durchnäßte Gut einen Wassergehalt von ca. 49% erreicht. Dieser wird dann nach weiteren 180–210 min auf 50–52% gesteigert. Somit ist die Dauer der „Wiederweiche", je nach der Länge der Intervalle, 12–14 Stunden. Bei Verwendung von kaltem Wasser tritt meist zwischen den Ruhepausen kein Temperaturanstieg ein; notfalls muß die Temperatur vor dem ersten Spritzen um 2–3 °C abgesenkt werden. Die so erzielten Analysendaten entsprechen denen der üblichen Wiederweichmalze, der Schwand liegt um ca. 0,5% höher als bei diesen [732].

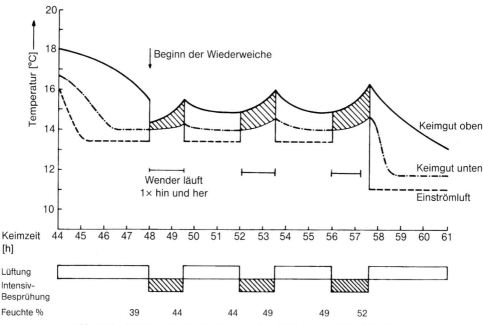

Abb. 6.21 Wiederweiche durch Berieseln bei gleichzeitigem Wenderlauf.

6.3.3.7 **Keimbedingungen**

Die Keimbedingungen in der Kastenmälzerei lassen sich, wie die angeführten Beispiele zeigen, an die unterschiedlichsten Verfahren anpassen:

Die *Temperaturführung* ist dann in weiten Bereichen zu regeln, wenn jeder Kasten über einen eigenen Ventilator und über eine eigene Luftkonditionierung verfügt. Die Einstellung der Temperatur geschieht durch den Verschnitt von Frisch- und Rückluft, durch Kontaktkühlung mit Wasser, oder besser über ein Kühlsystem mit direkt verdampfendem Kältemittel. Die Temperatur der oberen Malzschicht liegt um etwa 2 °C über der untersten; dieses Temperaturband wird über die gesamte Keimung beibehalten.

Eine *Automatisierung der Haufenführung* über die Höhe der Einströmtemperatur der Luft, die ihrerseits den Einsatz der Kühlanlage steuert, und über die Differenz zwischen Keimgut- und Einströmlufttemperatur, die andererseits die Ventilatordrehzahl bestimmt, ist mit einfachen Mitteln möglich. Eine Steuerung der Temperatur der Einströmluft über die Temperatur der oberen Malzschicht hat einen starken Wechsel der ersteren zur Folge und bewirkt damit eine unerwünschte Entfeuchtung des Keimgutes. Selbst in der kalten Jahreszeit ist es zweckmäßig, das Verhältnis Frischluft : Rückluft so zu bemessen, dass die Kühlanlage die automatische Steuerung gerade noch auszuführen vermag.

Wie in Abschnitt 6.2.5 erwähnt, ist bei geeigneten Außentemperaturen auch eine Steuerung über die Bemessung des Rückluftanteils möglich.

Bei *Sammelbelüftung,* die meist diskontinuierlich erfolgt, muß nicht nur die Atmungswärme des Haufens abgeführt werden, sondern gleichzeitig die während der Ruhezeiten eingetretene Temperaturerhöhung einen Ausgleich erfahren. Bei hoher Lüfterleistung und Temperaturen der Einströmluft (10–12 °C), die sich nach dem jeweils kältesten Haufen zu richten haben, treten erhebliche Temperaturschwankungen im Keimgut ein (je nach Wachstumsstadium zwischen 11 und 20 °C), die zu einer starken Entfeuchtung führen. Durch eine Kontrolle der Haufenfeuchte und entsprechender Einstellung bzw. Ersatz derselben, lassen sich dennoch Malze von günstiger Beschaffenheit erzielen.

Die *Keimgutfeuchte* nimmt durch den Temperaturanstieg der Einströmluft im Haufen – selbst bei dauernder Lüftung und bei geringen Temperaturdifferenzen von ca. 2 °C – um 0,5–0,7% pro Tag ab. Dieser Verlust kann durch Spritzen ausgeglichen werden. Auch eine gezielte Erhöhung der Keimgutfeuchte ist möglich, selbst wenn der übliche Schneckenwender eine weniger günstige Vermischung des zugeführten Wassers mit dem Keimgut bewirkt, als etwa ein Schaufelwender.

Das *Wenden* bzw. Umschichten des Keimgutes ist mit dem meist verbreiteten Schneckenwender weniger intensiv als mit anderen Konstruktionen. Es dauert etwa vier Durchgänge, bis die unterste Malzschicht nach oben gelangt. Demgegenüber ist die Lockerungswirkung günstig; der Keimabrieb läßt eine Beschränkung des Wenderlaufes geraten erscheinen.

Das *Verhältnis von Sauerstoff zu Kohlendioxid* in der Haufenluft ist je nach der Belüftungsart des Systems verschieden: Bei Einzelventilatoren und dauernder Belüftung kommt es bei Anordnung mehrere Kasten in einem Keimsaal infolge des großen Luftvolumens nicht zur Anreicherung von Kohlendioxid. Dieses wird ständig abgeführt, so dass sich selbst während des stärksten Wachstumsstadiums nur geringe Mengen an CO_2 bis zu etwa 1 Vol-% im Haufen finden. Bei Einzelkastenaufstellung dagegen, bei einem System mit knappen Abmaßen des Baus und dicht schließenden Frisch- und Abluftschiebern, können bei einem Umluftbetrieb Kohlensäuregehalte von 4–8, ja 10 Vol-% erreicht werden.

Bei zeitweiser Lüftung ergeben sich je nach Alter des Haufens und Dauer der Ruhezeit CO_2-Gehalte, die oben bei 5–10 Vol-% und unten bei 6–17 Vol-% liegen. Hier werden Werte ermittelt, die bereits an die der Kohlensäurerast heranreichen (s. Abschnitt 6.4.1.2) und die zu den schon geschilderten negativen Effekten der diskontinuierlichen Belüftung noch einen weiteren, Wachstum und Enzymbildung inhibierenden, hinzufügen.

Dieser Effekt der zeitweisen Lüftung kann auch bei den Keimanlagen mit Dauerventilation ausgenützt werden. Während der letzten 24-48 Stunden der Keimung kann durch zeitweises Abschalten der Ventilatoren eine Erhöhung des Kohlensäuregehaltes auf 3–5 Vol-% Kohlensäure – vermehrt im unteren Bereich – erzielt werden. Zweckmäßig ist diese Maßnahme dann, wenn z. B. zur Verbesserung der Cytolyse die Keimtemperatur angehoben werden soll.

Die *Qualität* der Kastenmalze ist heute bei gezielter Anwendung der einzelnen Keimungsfaktoren längst keine Frage mehr. Es kann eine Anpassung an die verschiedensten Anforderungen erfolgen und dies bei einer gegenüber früher um 1–2 Tage verkürzten Haufenzeit. Damit sind die *Vorteile* der Keimkastenmälzerei allgemein: Platz- und Arbeitsersparnis, Sicherheit des Arbeitsablaufs, Unabhängigkeit von Wetter und Klima, Möglichkeit der Automatisierung.

Die *Kontrolle der Kastenmälzerei* gewinnt mit der zunehmenden Größe der Anlagen an Bedeutung. Täglich müssen folgende Daten ermittelt und auf Tabellen bzw. graphischen Darstellungen festgehalten werden:

a) Temperaturen der Luft: Frischluft, Rückluft, Einströmluft.
b) Temperaturen des Haufens: Malz unten und oben, an 2–3 Stellen des Haufens.
c) Druckhöhen im Horden- und Kastenraum.
d) Druck der Wasserpumpe für die Befeuchtungstürme.
e) Klappenstellung zum Verschneiden von Frisch- und Rückluft.
f) Keimgutfeuchte mittels mitlaufender Proben (Leinwandsäckchen) oder Schnellfeuchtigkeitsbestimmung.
g) Wenden, Zeit und Wenderstellung.
h) Zeitpunkt des Spritzens, aufgewendete Wassermenge, Wassertemperatur.
i) Beobachtung des Gewächses und der Lösung und Dokumentation der spitzenden, gabelnden Körner, der Ausbleiber und der Husaren.
k) CO_2-Gehalt in der Prozeßluft (bei Umluftbetrieb).

Am Ende der Haufenzeit sollen – so vorhanden – die Zählerstände der Ventilatormotoren, der Wendermotoren und der Kühlanlage festgehalten werden.

6.3.3.8 **Haufenziehen**

Das Haufenziehen soll selbst bei sehr großen Einheiten in wenigen Stunden (2–3) möglich sein.

Ein *mechanischer* Grünmalztransport, bestehend aus Grünmalzelevator, Schnecken und Redlerförderer, wird in einfacher Form mit Hilfe von *Kraftschaufeln* (Schrapper), die über eine Seilwinde angetrieben werden, beschickt. Es wird hier jedoch zu viel Personal benötigt (bei Kasten von ca. 30 t Gerste als Grünmalz 2–3 Mann), auch ist die Arbeit bei großen Kästen zu anstrengend. Das Grünmalz wird hierbei in eine am Kastenende angeordnete Gosse geschoben, die von sich aus das Transportsystem versorgt. Meist muß zu diesem Zweck die Vorderwand des Keimkastens entfernt werden. Spezielle Schrapperanordnungen erlauben auch das Ausräumen des Kastens mit nur einer Person.

Günstiger sind *Ausräumwagen*, die von einem Kasten zum anderen versetzt werden können. Ihre Anwendung ist jedoch nur bei Keimsälen wirtschaftlich. Zum Haufenziehen wird die Stirnwand des Kastens entfernt, der Wender aus diesem heraus mittels einer Schiebebühne auf einen eigenen „Waschplatz" verbracht und der Haufen von der abklappbaren Schaufel portionsweise in eine unter dem Gang befindliche Gosse geräumt. Es kann der Wender auch im Kasten verbleiben. Er muß dann lediglich von Hand so freigeräumt werden, dass der Ausräumwagen diese Grünmalzmenge erfassen kann. Die Bedienung des Ausräumwagens erfordert nur eine Person (Abb. 6.22).

Der *Ausräumwender* ist eine sehr wirtschaftliche Lösung, die auch mit der Größe des Kastens in etwa Schritt halten kann. Er arbeitet sich mit der üblichen Geschwindigkeit von 0,4–0,5 m/min bei laufenden Wenderspiralen ein bestimmtes Stück in den Haufen. Anschließend wird die so festgelegte Grünmalzmenge bei stehenden Wenderspiralen mit einer Geschwindigkeit von 10 m/min in die Gosse des Grünmalztransports geschoben. Der Wender arbeitet vollautomatisch und bedarf nur der Überwachung (Abb. 6.23). Eine neuere und sehr leistungsfähige Ausräumvorrichtung arbeitet in Verbindung mit dem im Kapitel „trocken ausweichen" geschilderten Bandförderer (s. Abschnitt 6.3.3.4). Jeder Kasten ist mit einer Ausräumwand versehen, die zum Entleeren des Kastens an den Wender angekoppelt wird. An der Ausräumwand befindet sich eine horizontale Schnecke, die das, von den Wenderspiralen übergehobene Gut in eine Steilschnecke fördert. Diese letztere transportiert das Grünmalz auf den Bandförderer (Abb. 6.24).

Die *Wanderhorde* (s. Abschnitt 6.3.3.4) bietet ebenfalls eine rationale Möglichkeit des Haufenziehens. Das Gut wird hierbei langsam über die Grünmalzgosse transportiert, wobei kein Bedienungspersonal erforderlich ist. Die Horde läuft entweder am Kastenboden oder über der Kastendecke zurück. Im ersteren Falle kann das zurücklaufende Ende bereits während des Haufenziehens mittels Hochdruckspritze gereinigt werden; bei der letzteren Konstruktion ist eine automatische Reinigung der Bleche auf dem senkrechten Teil des Weges über eine Waschstrecke möglich (Abb. 6.25).

Der Wanderrost wird mit Rücksicht auf die Sonderprofile in einer maximalen Breite von 6 m ausgeführt. Dabei darf die spezifische Beladung bis zu 550 kg

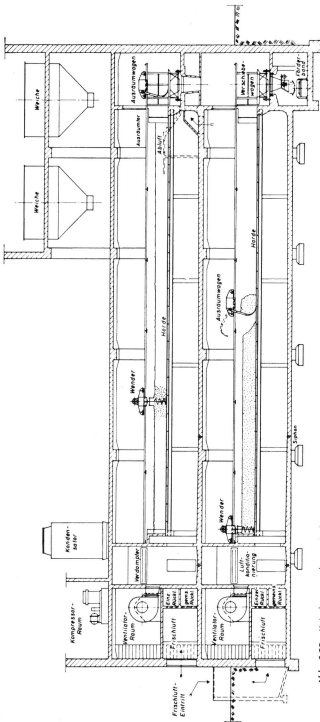

Abb. 6.22 Keimkastenanlage mit Ausräumwagen.

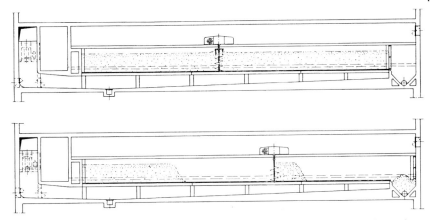

Abb. 6.23 Keimkasten-Ausräumung mittels Wenderwagen bei feststehenden Wenderspiralen.

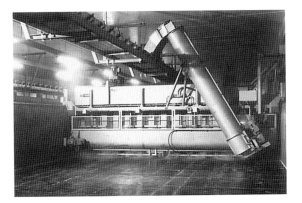

Abb. 6.24 Wender mit kontinuierlichem Ausräumsystem in einen Bandförderer (Seeger). Links ist auch eine automatische Hordenreinigung von oben zu sehen.

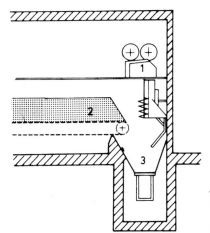

Abb. 6.25 Wanderhorde (System Schünemann). 1 – Wender mit ausfahrbarem Vorderteil des Haufens; 2 – Wanderhorde mit Grünmalz; 3 – Gosse mit Förderer.

Gerste als Grünmalz betragen. Die größte Länge beträgt bei 6 m Breite ca. 70 cm.

Derart große Einheiten laufen nur in *einer* Richtung um. Das endlose Zugglied bewegt dabei das Hordenfeld mit einer Abräumgeschwindigkeit von 0,8–1 m/min vorwärts. Die Länge des Hordenfeldes entspricht der Kastenlänge.

Die Dauer des trockenen Ausweichens (s. Abschnitt 6.3.3.4) und des Abräumens beträgt daher – selbst für größte Einheiten (150 t Gerste) – nur je 60 bis 70 min.

Der *pneumatische Grünmalztransport* sah ursprünglich das Einschaufeln des Gutes in Saugtrichter, oder das Einräumen desselben mittels Gabeln in den Saugrüssel vor. Diese Arbeit war mühsam und personalaufwendig (3 Mann benötigten zum Ziehen eines 30 t-Kastens $2\frac{1}{2}$–3 Stunden); dazu kamen noch die Unwägbarkeiten der pneumatischen Anlage, z. B. bei Überbeschickung oder bei ungünstigen Witterungsgegebenheiten. Hier sind ebenfalls Vorschläge zur Mechanisierung verwirklicht worden:

Die *Koch'sche Ausräumung* nützt die Hubwirkung der Wenderspiralen aus, die das Grünmalz in eine Querschnecke heben, welche ihrerseits einen Transport in den Aufnehmer eines Teleskoprohres der Sauganlage bewirkt. Auch hier ist eine hohe Förderleistung möglich; vor allem auch deswegen, weil die Sauganlage immer gleichmäßig beschickt wird. Das Teleskoprohr muß nach Erreichen seiner maximalen Ausdehnung durch ein entsprechend bemessenes Rohrstück verlängert werden. Für diese periodisch anfallende Arbeit ist eine Bedienungsperson erforderlich (Abb. 6.26).

Ähnlich der Koch'schen Ausräumung ist ein Zusatzgerät, das an jedem herkömmlichen Schneckenwender leicht und schnell an- und abgebaut werden kann (Abb. 6.27). Das zweiteilige Gestell ist nach oben und vorne offen, nach unten und hinten geschlossen. In jedem der beiden Teile befindet sich eine gegenläufige Förderschnecke, die das Gut in einen an der Rückseite des Gestells befindlichen Absaugstutzen transportiert [733]. Die in Abb. 6.24 geschilderte, auf einen Bandförderer arbeitende Ausräumvorrichtung ist auch für den pneumatischen Grünmalztransport geeignet.

Entscheidend ist, dass die Grünmalzförderanlage so groß bemessen ist, wie es ein zügiges Haufenziehen erfordert. Dabei verdient Berücksichtigung, dass die ursprüngliche Gerstenmalzschüttung von z. B. 100 t durch die Grünmalzfeuchte ein Gewicht von 150–165 t aufweist, bzw. das Volumen von 1 t Gerste hier auf 3,2–3,6 m^3 zunimmt. Es muß demnach der Grünmalztransport eine Leistung von ca. 60 t/h bezogen auf Gerste, bzw. 90 t/h als Grünmalz haben, um die Darre ohne empfindlichen Zeitverlust beladen zu können.

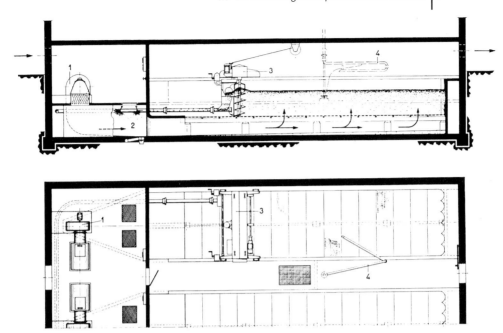

Abb. 6.26 Saladin-Keimkastenanlage mit direkter Rückluftkühlung und pneumatischer Grünmalzabräumung. 1 Ventilator mit Luftkühlung – 2 Nachbefeuchtung – 3 Grünmalzwender „System Koch" mit pneumat. Ausräumvorrichtung – 4 Ausweichleitung.

Abb. 6.27 Pneumatisches Ausräumset (Baader).

6.3.4
Die Wanderhaufenmälzerei

Sie ähnelt wie auch die folgenden Anlagen dem Prinzip des Keimkastens; hier sind eine Reihe von Keimkästen mit ihrer Längsseite aneinandergefügt, so dass eine „Keimstraße" entsteht. Die 7–9 Kästen einer Keimstraße sind jeweils wiederum in zwei Halbtagesfelder unterteilt, so dass sich 14–18 eigens zu belüftende Abteilungen ergeben.

Während der Keimzeit wandert der Haufen vom ersten Halbtagesfeld, auf welches ausgewichen wird, zum letzten. Von hier aus gelangt der Haufen entweder über den Grünmalztransport zur Darre, oder der Wender des Wanderhaufens befördert ihn auf eine direkt anschließende, hinter einer Temperaturschleuse hordengleich angeordnete Darre.

6.3.4.1 **Keimapparat**
Der Keimapparat entspricht einem einzigen langgestreckten Keimkasten, dessen Seitenwände je nach der spezifischen Beladung der Horde 1,2–1,8 m hoch sind. Es sind Schienen und Zahnstangen für den Lauf des Wenders angeordnet. Der Raum unter dem Hordenblech ist infolge der geringeren Abmaße eines Halbtagesfeldes und der darunterliegenden Luftkanäle meist nur 40–60 cm hoch. Die Horden sind entweder in der üblichen verzinkten Ausführung mit Schlitzen von 20% freier Durchgangsfläche gehalten, oder als Spaltsiebhorden, die teurer sind, aber 35–40% freie Durchgangsfläche bieten (Abb. 6.28).

Der *Wender* zur Wanderhaufenanlage hat zugleich eine Wende- und Transportfunktion zu erfüllen, denn er befördert mit jedem Wendevorgang den Haufen um ein Halbtagesfeld, bei entsprechender Zusatzeinrichtung auch um ein Tagesfeld weiter. Diese letztere ist auch erforderlich, wenn eine Darre direkt an die Keimstraße angeschlossen ist, denn es werden meist zwei Haufen (zwei Halbtagesfelder) gemeinsam auf die Darre befördert. Es gibt zwei verschiedene Wendertypen: Das herkömmliche Dreieckspaternosterwerk oder den Schneckenwender.

Der Wender mit *Dreieckspaternosterwerk* besteht aus einem Rahmenwagen, der sich auf die bekannte Weise mit einer Geschwindigkeit von 0,33 m/min fortbewegt. Die Leerlaufgeschwindigkeit beträgt das Achtfache (2,5 m/min). In diesem Wagen ist, hydraulisch heb- und senkbar, ein über die gesamte Kastenbreite arbeitendes Dreiecksbecherwerk eingehängt. Die Neigung des Becherwerks ist so einstellbar, dass sie dem mittleren Böschungswinkel des Gutes entspricht. Dann wird dieses entgegen der Wenderlaufrichtung genau um ein Halbtagesfeld (oder Tagesfeld) weiterbefördert. Die Wenderarbeit ist gegenüber dem Saladinkasten anders (Abb. 6.29).

So übt das Dreieckspaternosterwerk eine Wurfbewegung aus, die dem Haufenwenden auf der Tenne ähnlich ist. Es erzielt jedoch keine Umschichtung, sondern nur eine gleichmäßige Durchmischung des Gutes. Nun ist aber die sich beim Herabfallen der Körner ergebende Böschung derjenigen der aufneh-

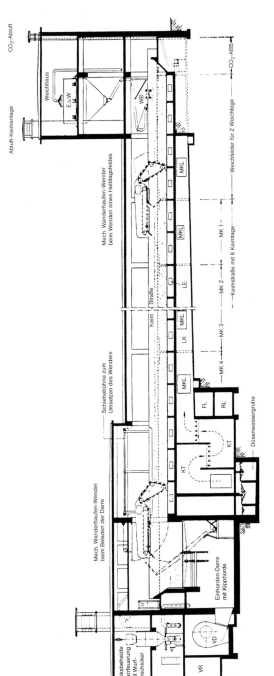

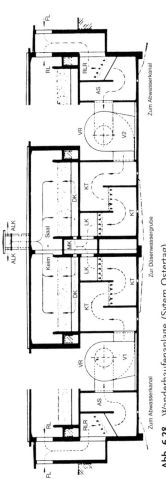

Abb. 6.28 Wanderhaufenanlage (Sytem Ostertag).

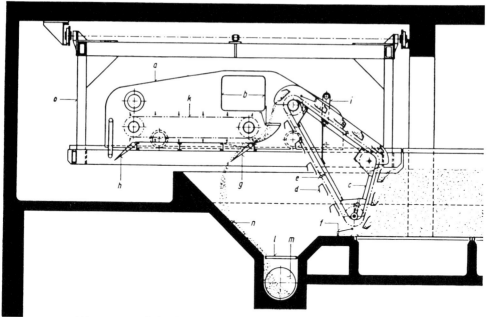

Abb. 6.29 Wanderhaufenwender.

menden Kante entgegengesetzt. Es bildet sich also jeweils beim Übergang von einem Haufen zum anderen eine Mischzone aus. Während die Böschung an der Aufnahmeseite konstant ist bzw. an den jeweiligen Zustand des Keimgutes angepaßt werden kann, hängt die sich beim Fall desselben ausbildende Böschung vom Wassergehalt und vom Wurzelgewächs des Grünmalzes ab. Der Böschungswinkel beträgt beim Naßhaufen 44°, beim Jung- und Althaufen bis zu 65°. Damit ergibt sich eine Vermischung des Gutes an den Grenzflächen zweier Halbtagesfelder, die bis zum Ende der Keimzeit rund 35% ausmachen kann [734].

Der beschriebene Wender darf wegen der mechanischen Beanspruchung der Becher, bzw. der Konstruktion des Paternosterwerks eine Kastenbreite von 5,6 m nicht überschreiten. Dies beschränkte auch die Größe der Tagesleistung auf etwa 15 t pro Keimstraße.

Der *neuere Wender mit nebeneinanderliegenden Förderschnecken* erlaubt eine größere Breite und damit auch eine Erhöhung der Tagesleistung auf ca. 50 t. Auch hier kann die Wurfweite auf ein Tages- oder auf ein Halbtagesfeld abgestellt werden. Die Vermischung des Keimgutes unterschiedlicher Stadien ist hier ungleich geringer, da die Böschung bei der Aufnahme des Gutes der sich beim Wurf bzw. Fall ausbildenden nicht mehr entgegengesetzt ist (Abb. 6.30 a, 6.30 b).

Das Spritzen zum Ausgleich von Feuchtigkeitsverlusten oder meist zur gezielten, stufenweisen Erhöhung der Keimgutfeuchte geschieht durch Düsen, die an der Vorderseite des Paternosterwenders so angeordnet sind, dass das Gut bei

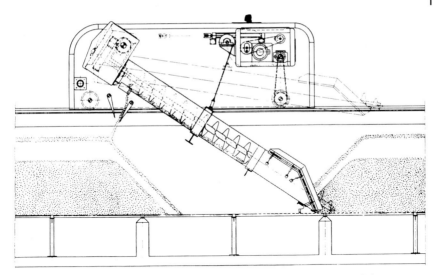

Abb. 6.30a Wende- und Fördermaschine für *eine* Wurfweite; bei einmaliger täglicher Wendung entspricht die Wurfweite einem Tagesfeldabschnitt, bei zweimaliger Wendung der Länge eines Halbtagesfeldes (Seeger).

Abb. 6.30b Wende- und Fördermaschine für Wanderhaufen (Seeger).

der Aufnahme durch die Becher befeuchtet wird. Hierdurch wird das Wasser auf dem folgenden Transport mit dem Keimgut vermischt.

Intensiver ist jedoch die Wasseraufnahme und Vermischung beim Schrägschneckenwender. Hier können zwei oder mehrer Düsenreihen im ersten, zweiten und dritten Viertel der Schneckenlänge eine Erhöhung des Wassergehaltes um bis zu 5% ermöglichen, vor allem bei etwas erhöhten Wassertemperaturen von ca. 18 °C.

Der Wendevorgang erfolgt vom Keimstraßenende, d. h. mit dem Ziehen des Althaufens auf die Darre bis zum Ausweichfeld. Die Leistung des Wenders gestattet es, dass eine Wendereinheit 3–4 Keimstraßen bearbeitet. Das Umsetzen erfolgt durch Schiebebühnen.

6.3.4.2 Belüftungseinrichtungen

Die Belüftungseinrichtungen haben den unterschiedlichen Bedürfnissen der einzelnen Tages- bzw. Halbtagesfelder Rechnung zu tragen. Sie können als Längs- oder als Querbelüftung angeordnet sein. Die *Längsbelüftung* beinhaltet für jede Keimstraße zwei Ventilatoren, von denen jeder über eine eigene Luftkonditionierung, bestehend aus einem Kühlsystem und einer Befeuchtungsanlage, verfügt. Die Ventilatoren fördern unterschiedliche Luftqualitäten, meist Frischluft und Rückluft. Diese werden nun jeweils auf eine bestimmte Temperatur (von z. B. 12 °C und 18 °C) gekühlt, anschließend befeuchtet und in zwei getrennten Kanälen über die gesamte Länge der Keimstraße geführt. Durch Schieber kann nun die für jedes Halbtagesfeld erforderliche Temperatur als Mischung von Frisch- und Rückluft eingestellt werden (s. a. Abb. 6.28).

Bei *querbelüfteten Anlagen* verlaufen die Luftzuführungskanäle senkrecht zur Keimstraßenachse. Deshalb sind auch die Kühl- und Befeuchtungseinrichtungen an der Längsseite der Keimstraße angeordnet. Hierbei ist zu unterscheiden zwischen Einzelkühltürmen, die jeweils ein Tagesfeld versorgen sowie Anlagen mit zentraler Luftaufbereitung. Bei letzteren werden Frischluft und Rückluft getrennt temperiert und befeuchtet. Von hier aus gelangt ein einstellbares Gemisch von Frischluft : Rückluft über Nachkühler, die die individuelle Einströmtemperatur fixieren. Die Nachkühler sind verschieden groß und fassen jeweils mehrere Keimtage zusammen (1., 2./3., 4./5., 6./7./8. Keimtag). Die Querbelüftung der Wanderhaufen ist dann angebracht, wenn mehrere parallel liegende Keimstraßen von einer Anlage aus versorgt werden sollen.

6.3.4.3 Haufenführung und Keimbedingungen in der Wanderhaufenmälzerei

Das Ausweichen kann „trocken" auf das erste Halbtagesfeld erfolgen. Von hier aus wird das Gut nach 12 Stunden auf das nächste gewendet, um für das folgende Ausweichen Platz zu gewinnen. Die Belüftung geschieht durch Einstellen eines bestimmten Frischluft-Rückluftverhältnisses, um die gewünschten Temperaturen im Gut zu erzielen. Die Temperaturdifferenz zwischen der obersten und der untersten Schicht liegt bei 1 °C bis 2 °C. Wegen der bei den älteren Wendern eintretenden Vermischung des Gutes an den Trennstellen war es zweckmäßig, die Haufentemperaturen bereits am 3./4. Tag auf ca. 17 °C zu steigern, um die erforderliche cytolytische Lösung zu erzielen. Bei den neueren Wendern kann der Vermischungseffekt vernachlässigt werden. Es ist beim Wanderhaufen gleichermaßen eine steigende, wie auch eine fallende Temperaturführung möglich.

Die Feuchtigkeitsverhältnisse entsprechen ebenfalls den Bedingungen in der Kastenmälzerei. Die übliche Austrocknung macht ein Spritzen am 3./4. Keimtag erforderlich. Auch eine stufenweise Erhöhung der Keimgutfeuchte kann durchgeführt werden, da der Wender, vor allem der mit Schnecken ausgestattete, eine sehr intensive Vermischung des Gutes mit dem zugeführten Wasser ermöglicht.

Der Wanderhaufen zeigt die Luftverhältnisse des Keimsaales. Wenn auch der Druck der Einströmluft je nach Luftmenge und Haufenstadium in jedem Halb- bzw. Tagesfeld unterschiedlich ist, so vollzieht sich doch über dem Haufen ein Ausgleich der Drücke und der Kohlendioxidgehalte. Ein Anreichern von CO_2 ist deshalb nicht möglich, es stellt sich ein durchschnittlicher CO_2-Gehalt im Haufen von ca. 1 Vol.-% ein. Die Haufenzeit, die bei älteren Anlagen auf 8 bis 9 Tage ausgelegt wurde, kann durch kürzere Wende-Intervalle, am besten aber beim Wenden über ein Tagesfeld hinweg, entsprechend verringert werden. Beim trockenen Ausweichen des ca. zwei Tage geweichten und bereits gleichmäßig spitzenden Gutes ist mit fünf Keimtagen bei fallender Temperaturführung auszukommen. Dabei ist berücksichtigt, dass das Haufenziehen und das Ausweichen entsprechend rasch geschehen. Für diese Erhöhung der Mälzereikapazität muß jedoch der erforderliche Darraum vorhanden sein. Ein zu häufiges Wenden liefert zwar ein überaus lockeres Grünmalz, zieht aber doch den Nachteil erhöhter Mälzungsverluste nach sich.

Die *Malzqualität* ist einwandfrei, da alle Keimbedingungen optimal eingehalten werden können.

Der *Hauptvorteil* der Wanderhaufenmälzerei liegt in der übersichtlichen Arbeitsweise und in dem geringen Personalbedarf. Vor allem das Haufenziehen gestaltet sich sehr einfach. Eine automatische Temperaturregulierung ist über die einzelnen Luftkühler, bzw. durch die Einstellung des Verhältnisses von Frischluft zu Rückluft möglich.

Nachdem aber die einzelnen Keimstraßen nur eine begrenzte Kapazität aufweisen (50 t Gerste als Grünmalz/Tag) und die Anlage selbst recht kostspielig zu erstellen ist, werden bei Mälzerei-Neubauten keine klassischen Wanderhaufen mehr eingerichtet. Als Weiterentwicklung des Wanderhaufens hat sich das in der Folge beschriebene System eingeführt und behauptet.

6.3.5
Der Umsetzkasten

Eine Keimanlage, bei der der Haufen täglich von einem Kasten in den nächsten umgesetzt wird, ist das System „Lausmann".

6.3.5.1 Keimkasten
Die Keimkasten sind in einer Reihe direkt nebeneinander angeordnet. Sie haben eine quadratische oder rechteckige Grundfläche. Die Horden üblicher Bauart sind heb- und senkbar; die Bewegung wurde bei älteren Anlagen mit Wasser- oder Öldruckzylindern vorgenommen, neuere sind mit Schraubenspindeln ausgestattet, die über Getriebe eine synchrone Bewegung selbst großer Horden

ermöglichen. Wenn auch diese durch Kunststoffschienen und Gummiwischer gegenüber den Kastenwandungen abgedichtet sind, so kommt doch deren glatter und bündiger Ausführung größte Bedeutung zu. Durch das Heben und Senken der Horden ist der Raum unterhalb derselben je nach den Erfordernissen zu verändern. Zur Durchführung einer Wiederweiche kann der Abstand zwischen Horde und Kastenboden auf ca. 30–40 cm verringert werden, was allerdings ein entsprechendes Absenken der Hubelemente in bzw. unter das Fundament erfordert. Es wird dies – vor allem auch wegen der Wasserdichtheit der Kästen usw. – nur bei den für eine Wiederweiche in Frage kommenden Einheiten vorgenommen. Die maximale Erhöhung der Horde reicht bis zum Keimkastenrand, so dass eine einwandfreie Reinigung möglich ist (Abb. 6.31).

Das Wenden geschieht durch Anheben der Horde. Hierdurch ragt das Keimgut etwas über die Trennwand zwischen zwei Kasten hinaus und wird nun von einem besonders konstruierten Wender in die nächste Kasteneinheit bzw. auf die Darre befördert. Der Wender beruht auf dem System des Kratzers. Er ist so groß, dass er über zwei Kästen ragt, wodurch das Grünmalz im folgenden Kasten völlig eben geräumt werden kann. Beim Wenden wird mit dem Anheben der einen Horde die zu beladende allmählich abgesenkt. Hierbei sind zwei Möglichkeiten anwendbar: Ein geringer Vorlauf der zu beschickenden Horde (ca. 20 cm) erbringt eine recht gute Umschichtung des Gutes, hat aber im ersten Drittel des Kastens eine gewisse Pressung des Gutes zur Folge. Dadurch kann u. U. die Gleichmäßigkeit des Luftdurchsatzes leiden. Eine größere Voreilung der Horde (ca. 70 cm) verringert die Pressung und ergibt eine sehr gleichmäßige Belüftung des Haufens. Doch ist das Umschichten des Haufens nicht ganz so effektiv: Die Oberschicht des vorherigen Haufens wird in das vordere Drittel des zweiten Kastens geräumt, so dass hier für einige Stunden etwas höhere Temperaturen herrschen. Dies kann weitgehend ausgeglichen werden, wenn durch Abkippen eines Hordenteils im entgegengesetzten Drittel des beschickten Kastens eine etwas höhere Haufenschicht eingestellt wird. Der Haufen liegt jedoch grundsätzlich so locker, dass ein einmaliges Wenden pro Tag genügt. Auch kann durch die lockere Schichtung eine spezifische Hordenbelastung von 600 kg/m^2 veranschlagt werden. Bisher sind Kapazitäten bis zu 75 t pro Kasten errichtet worden. Hinter dem letzten Kasten ist entweder eine Anschlußdarre oder eine Gosse für die Grünmalzförderanlage angeordnet. Nachdem die Darre eine um 75% größer Fläche benötigt, muß der Wender geeignet sein, das Grünmalz auch auf diese auszubreiten. Darüber hinaus ist eine Anpassung der Schüttungshöhe in der hinteren Hälfte der Darrhorde vorzunehmen, um die im vorderen Teil beim Beladen auftretende höhere Pressung auszugleichen.

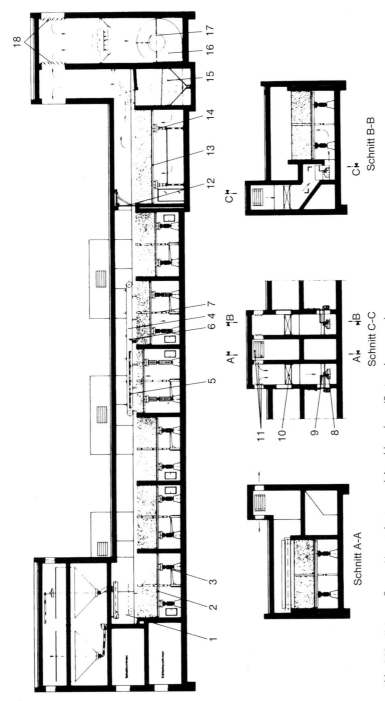

Abb. 6.31 Keimstraße aus Umsetzkasten und Anschlussdarre (System Lausmann).
1 – Ausweichvorrichtung; 2 – Keimkastenhorde; 3 – Hubeinrichtung; 4 – Wenderwagen; 5 – Beschwallung; 6 – Berieselung; 7 – Temperaturmeßsäule; 8 – Belüftungsventilator; 9 – Luftbefeuchtung; 10 – Verdampfer; 11 – Frisch-Ab-Umluftklappen; 12 – Darretor; 13 – Darrhorde; 14 – Darrhubeinrichtung; 15 – Darrausräumtrog; 16 – Darrventilator; 17 – Darrfeuerung; 18 – Frisch-Umluftklappe.

Schnitt A-A

Schnitt C-C

Schnitt B-B

6.3.5.2 Belüftungseinrichtungen

Nachdem in jedem Kasten jeweils ein Haufen eines bestimmten Stadiums liegt, kann die Belüftungs- und Konditionierungsanlage, bestehend aus Kühler und Befeuchtungsvorrichtung entsprechend abgestimmt werden. Die Befeuchtung ist bei liegenden Radial- oder bei Axialventilatoren sehr einfach: Ein bemessener, geringer Wasserstrom wird auf eine Scheibe an der Ventilatornabe geleitet und dadurch zerstäubt. Die Lüfter und Kühler haben bei 6 Keimtagen folgende Leistungen, wobei durch die kräftige Lockerung beim Wenden der Temperaturanstieg während des Wendens im beschickten Kasten und die Nivellierung von Temperaturunterschieden eine höhere Leistung erfordern als beim Saladin-Kasten.

Die angegebenen Werte beziehen sich auf polumschaltbare Motoren mit 2/3- und 3/3-Leistung. Dem heutigen Stand der Technik entsprechen aber frequenzgeregelte Motoren besser, da sie eine feinere Regulierung ermöglichen.

Die Temperatursteuerung ist über die Einstellung der Rückluftklappe solange automatisch möglich, als sich aus dem Gemisch von Rück- und Frischluft die gewählte Einströmlufttemperatur ergibt. Reichen diese beiden nicht mehr aus, so schaltet sich die Automatik der Kühlanlage ein, wobei das Verhältnis Frisch-/Rückluft frei gewählt werden kann. Üblicherweise verfügt jeder Kasten über einen eigenen Rückluft- und Frischluftschieber, während die Abluft jeweils für mehrere Kästen zusammen abgeführt wird. Die Ventilatorleistung orientiert sich an der Erhaltung einer Temperaturdifferenz von z. B. 2 °C zwischen unterer und oberer Schicht.

Kasten	1	2	3	4	5	6
Lüfterleistung $m^3/t \cdot h$						
Stufe 1	300	400	500	500	400	300
Stufe 2	450	600	750	750	600	450
Verdampfer $kJ/t \cdot h$	6300	8400	10500	10500	6300	4200
$(kcal/t \cdot h)$	1500	2000	2500	2500	1500	1000

6.3.5.3 Haufenführung und Keimbedingungen

Das Ausweichen kann naß oder trocken geschehen. Die Temperaturführung entspricht der des vollautomatisierten Saladin-Keimkastens. Die Erhöhung des Wassergehalts geschieht durch ein Spritzdüsensystem, das am Wender angebracht ist. Bei einer Wendezeit von 20 min gelingt es durch das Aufsprühen von 200 l Wasser pro t Schüttung den Wassergehalt des Haufens um 5 % zu erhöhen. Es ist also eine mehrfache Wassermenge erforderlich als das Grünmalz aufnehmen kann. Auf dem Wenderwagen ist auch eine Beschwallungsvorrichtung angeordnet, die während der Wendezeit eine verhältnismäßig große Wassermenge aufzubringen gestattet. Nachdem aber infolge der sehr intensiven Mischung die vorerwähnte Menge von 0,2 m^3/t ausreicht, wäre bei zweckmäßiger Installation eine genügende Zahl an Spritzdüsen auf dem umzuräumenden Keimfeld ausreichend.

Nachdem nur einmal täglich gewendet wird, ist auch die gezielte Erhöhung des Wassergehaltes nur alle 24 Stunden möglich. Innerhalb des ersten Tages keimt das Gut bei 37–40% Wassergehalt sehr rasch an, doch kann es wohl sein, dass je nach Vitalität der Gerste oder des Weizens ein mehr oder weniger großer Teil der Körner nach 24 Stunden bereits gabelt. Es kann dann günstiger sein, erst nach 48 Stunden, d. h. nach dem gleichmäßigen Gabeln aller Körner, den Wassergehalt um 4–5%, d. h. auf 42% zu erhöhen. Die letzte Einstellung der Keimgutfeuchte erfolgt somit nach 72 Stunden. Dieser Schritt ist dann meist von einer Absenkung der Keimtemperatur begleitet. Bei Gersten, deren Zellwandabbau zögernd oder ungleichmäßig verläuft, hat es sich bewährt, die Haufentemperatur am letzten Keimtag auf 17–20 °C anzuheben. Dies kann durch vorübergehendes Abschalten der Ventilation geschehen, wodurch sich auch etwas Kohlensäure (2–3%) im Haufen anreichert. Ansonsten entsprechen die Kohlensäuregehalte in der Prozeßluft denen des Keimsaales. Die Durchführung des Wiederweichverfahrens ist bei den entsprechend abgedichteten Kästen (meist Kasten 2 und 3) ohne weiteres möglich. Der Ablauf ist wie in Abschnitt 6.3.3.6 beschrieben.

6.3.6
Runde Keimkasten

Diese sind entweder einzeln oder in Turmbauweise angeordnet. Ursprünglich als statisches Mälzungssystem (für Weichen, Keimen und Darren) entwickelt, wurden sie etliche Jahre als Keimdarrkasten (s. Abschnitt 6.3.8) gebaut und betrieben. Der Zwang zur Energieersparnis führte weiterhin zur Abtrennung der Darrfunktion, so dass die Einheiten nur mehr ausschließlich der Keimung dienen.

Grundsätzlich sind je nach der Anordnung von Horde und Wender zwei Typen zu unterscheiden:
a) Runde Keimkasten mit drehbarer Horde sowie feststehenden Wende- und Be-/Entladevorrichtungen;
b) runde Keimkasten mit fest verankerter Horde und beweglichem Wender und beweglicher Ladevorrichtung.

6.3.6.1 Gebäude
Das Gebäude ist meist in Beton-Schalenbauweise ausgeführt. Es ist innen isoliert und zweckmäßig mit Edelstahlblechen – mindestens oberhalb der Horde – verkleidet. Bei Turmbauweise sind 5–6 Keimkasten übereinander angeordnet; über den Kasten befinden sich eine oder zwei Weichetagen. Die Höhe einer Kasteneinheit beläuft sich auf ca. 6 m, davon 2 m unter der Horde und 4 m über derselben. Bei Keimkasten, die auch der Weiche (Wiederweiche) dienen, ist der Raum unter der Horde aus Gründen des geringeren Wasserverbrauches nur auf 600–700 mm ausgelegt. Um einen raschen und vollständigen Wasserablauf z. B. bei nassem Ausweichen oder bei der Reinigung zu erreichen, weist der Kastenboden vom Zentrum nach außen ein Gefälle auf. In der Mittelsäule des Keimturms befinden sich die Transporteinrichtungen für Weichgut und Grünmalz (Abb. 6.32).

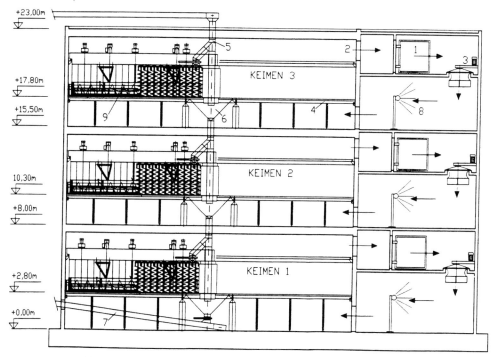

Abb. 6.32 Turmmälzerei. 3 Keimeinheiten mit fester Horde (Bühler).

6.3.6.2 Horde

Die Horde ist je nach System fest oder drehbar angeordnet. Die Drehhorde wird je nach ihrer Größe von 4–6 Getriebemotoren in der Peripherie angetrieben. Es sind zwei Drehgeschwindigkeiten und zwei Drehrichtungen möglich (1 Umdrehung benötigt 60 bzw. 120 min, entsprechend einer Umfangsgeschwindigkeit von 1,10 bzw. 0,55 m/min außen und 0,31 bzw. 0,16 m/min innen). Der Abdichtung der Horde gegen die Gebäudewand kommt große Bedeutung zu, um ein Durchfallen von Weich- und Keimgut zu verhindern. Üblich sind hier Federbleche oder Kunststoffleisten.

6.3.6.3 Schneckenwender

Der Schneckenwender ist bei der Drehhorde ortsfest angeordnet. Hier, wie auch beim beweglichen Wender muß sich die Umdrehungszahl der Schnecken an die Umfangsgeschwindigkeit anpassen. So nimmt die Umdrehungszahl der Schnecken von innen nach außen gruppenweise von 3,5 über 6,5 und 8,5 bis auf 12 U/min zu. In Anbetracht der in Abschnitt 6.3.3.2 gemachten Ausführungen ist dies ein Kompromiß, da hier die Variation der Geschwindigkeiten von Wendervorschub (bzw. Hordenvorschub) und Wenderdrehzahl nicht zur Optimierung der Befeuchtung genutzt werden kann. Der Wenderwagen ist wiede-

Abb. 6.33 Wender in einem runden Keimkasten mit feststehender Horde (Seeger).

rum an beiden Seiten mit Sprühdüsen zur gezielten Erhöhung der Keimgut-feuchte ausgestattet (Abb. 6.33).

6.3.6.4 Be- und Entladegerät

Dieses ist je nach fester oder drehbarer Horde umlaufend oder ortsfest. Es be-steht aus einer horizontalliegenden, heb- und senkbaren Transportschnecke, die in der ersten Hälfte als Voll-, in der zweiten als Bandschnecke ausgebildet ist. Hierdurch ergibt sich eine gleichmäßige Beladung ohne Stau. Das Weichgut wird z.B. durch das Zulaufrohr von der Mittelsäule aus der Be- und Ent-ladeschnecke zugeführt und von dieser über die Horde verteilt. Die Wende-schnecken ebnen das Gut ein.

Beim Ausräumen wird die Entladeklappe am Zentrum geöffnet und das Grünmalz über die Be- und Entladeschnecke in der Gegenrichtung zu dem im Zentrum angeordneten Trichter gefördert. Das Be- und Entladen nimmt jeweils zwei Stunden in Anspruch.

6.3.6.5 Größe

Die Größe von runden Keimkasten liegt meist bei 120–250 t (neuerdings bis 600 t) pro Einheit. Bei einer Beladung von 500–550 kg/m^2 weist z.B. ein 200 t-Kasten eine Hordenfläche von 350–400 m^2 auf.

6.3.6.6 Belüftungseinrichtungen

Die Belüftungseinrichtungen sind seitlich am Turm in einem eigenen Bauwerk untergebracht. Die Lüfterleistung ist stufenlos regulierbar zwischen 250 und 650 m³/t · h, die installierte Verdampferleistung ist auf 10 000 kJ/t · h ausgelegt. Die Frisch- und Abluftklappen regulieren sich selbsttätig nach der eingestellten Rückluftmenge und der jeweiligen Ventilatorleistung. Die Konditionierung der Prozeßluft auf eine möglichst hohe Sättigung mit Wasserdampf geschieht durch Düsensysteme oder durch einen einstellbaren Wasserstrahl auf die zentrale Scheibe des Radial- oder Axialventilators.

6.3.6.7 Haufenführung und die Keimbedingungen

Diese entsprechen den in den Kapiteln Saladinkasten und Umsetzkasten (s. Abschnitte 6.3.3.5, 6.3.5.3) gemachten Angaben. Von den in den obersten Stockwerken befindlichen Weichbehältern, im idealen Zustand nach je einem Weichtag in der Trichter- und der Flachbodenweiche gelangt das Weichgut „trocken" auf eines der 5–6 Hordenfelder und wird durch das Beladegerät gleichmäßig verteilt. Nach einem Weichtag, d.h. mit ca. 38% Wassergehalt und einer Temperatur von 18 °C wird nach 12–16 Stunden ein gleichmäßiges Spitzen gegeben sein, und es soll dann unmittelbar gespritzt werden (auf 41–42%). Bei zwei Weichtagen wird das Gut, vor allem nach der Flachbodenweiche, weitgehend gabeln, so dass kurz nach dem Abtrocknen des Haufens der Wassergehalt schon auf die endgültige Feuchte von 44–45% angehoben werden kann. Diese Wassergabe „bei Bedarf" setzt aber voraus, dass zum erforderlichen Zeitpunkt eine Bedienungsperson verfügbar ist, die den Haufen kontrolliert und den Spritz- und Wendevorgang einleitet. Eine Anreicherung von Kohlensäure in der Haufenluft ist bei dieser Einzelkastenanordnung wohl möglich, doch infolge der großen Luftvolumina nur bei relativ frühzeitigem Umschalten auf Umluft wirksam. Dies kann etwa zusammen mit dem Darstellen der Maximalfeuchte und dem Beginn der Temperaturabsenkung geschehen.

6.3.6.8 Runde Keimkasten

Runde Keimkasten, die als *Weich-/Keimeinheiten* ausgebildet sind, erlauben eine nochmalige Vollweiche zu einem physiologisch optimalen Zeitpunkt. Das Einweichen erfolgt direkt in eine der Weich-/Keimetagen über eine Trommelweiche (s. Abschnitt 5.2.4), die eine intensive Reinigung der Gerste ermöglicht. Infolge der relativ kurzen Kontaktzeit von 30–45 Minuten werden trotz einer etwas erhöhten Wassertemperatur von 25 °C nur Wassergehalte von 27–30% erreicht. Sie ermöglichen bei der folgenden Luftrast den Abbau der Wasserempfindlichkeit. Die Vollweiche erfolgt dann in Abhängigkeit von diesem Kriterium mit Wasser von 18 °C bis zu einem Wassergehalt von 38–40%; die Darstellung der nächsten Feuchtigkeitsstufen erfolgt durch die Sprühdüsen-Systeme zum jeweils günstigsten Zeitpunkt. Eine Variationsmöglichkeit ist folgende: Nach dem Einweichen wird durch zwei Sprühvorgänge der Wassergehalt auf ca. 36% gesteigert und dort die gleichmäßige Ankeimung abgewartet. Anschließend erfolgt die Vollweiche auf 41–42%, wodurch das Wachstum, das bei 36% nur bis zum Spitzen reicht, weiter gefördert wird. Diese etwas spätere Naßweiche kann bei Gerstenpartien mit härterer Mehlkörperstruktur der gleichmäßigen Durchfeuchtung günstig sein (s. Abschnitt 5.1.2).

Wie auch früher beim Keimturm (Optimälzer) möglich, so ist eine Anlage mit Weich-/Keimeinheiten sehr anpassungsfähig an die jeweils erforderlichen Keimbedingungen. Es verdient jedoch Berücksichtigung, dass der Optimälzer für ein Wiederweichverfahren konzipiert war, das durch die intensive Lösungsphase bei 50–52% mit einer 120-stündigen Weich- und Keimzeit auszukommen gestattete. Die Verfahrensweise ist in der 6. Auflage dieses Buches auf den Seiten 231–233 beschrieben. Bei den vorliegenden Weich-Keim-Einheiten ist selbst unter den Bedingungen von 43–45% Wassergehalt bei der frei wählbaren Folge von Naßweichen, Luftrasten, stufenweiser Befeuchtung und Temperaturwahl auch der Keimungsfaktor „Zeit" flexibel zu halten, um dem Problemkreis Gerstenbeschaffenheit, insbesondere Keimvitalität und Malzhomogenität bei gedämpfter Eiweißlösung gerecht zu werden.

6.3.6.9 Reinigung und Pflege der Keimkästen
Diese erfolgt bei kleinen Anlagen von oben durch Hochdruckreinigung (100 bar, 200 l Wasser/Minute). Anschließend werden die Hordenböden aufgeklappt und diese von unten gereinigt, ebenso wird der Raum unter der Horde mit dem Hochdruckschrubber begangen. Dabei ist es möglich, den ersten Reinigungsschritt mit Lauge vorzunehmen und anschließend den gelösten Schmutz (Keime, Spelzenabrieb, Schleimablagerungen) nebst den Laugenresten mittels der Hochdruckspritze zu entfernen.

In rechteckigen Keimkasten werden auch angetriebene Reinigungswagen installiert, die den Raum unter der Horde automatisch mit Lauge reinigen und dann auch die Nachspritzung bzw. -spülung vornehmen. Stützkonstruktionen unter der Horde erfordern zwei parallellaufende Einheiten. Ein ähnlicher Wagen kann auch für die Reinigung des Kastens oberhalb der Horde eingesetzt werden. Die Kosten für derartige Reinigungsgarnituren lassen es wünschenswert erscheinen, diese jeweils für mehrere Kästen einsetzen zu können. Dies erfordert aber bewegliche Frontseiten sowie eine Querverbindung von Kasten zu Kasten.

Bei *großen Keimkasten* ist zur Hordenreinigung von oben ein oszillierender Balken am Trog der Be- und Entladeschnecke befestigt. An ihm sind 5–13 Düsen (abhängig von der Keimkastenbreite bzw. vom Durchmesser) angebracht. Der Abstand der Düsen beträgt dabei ca. 160 mm. Der Spritzwinkel liegt bei 60°. Die Flachstrahldüsen versprühen ca. 20 l/min. Durch die Oszillation wird ein vollständiges Bestreichen der zu reinigenden Flächen sichergestellt.

Die Reinigung von unten, die auch die Wände und den Keimkastenboden umfaßt, wird ebenfalls durch einen umlaufenden Düsenbalken (mit zwei Düsen) auf einem kreisförmig oder geradlinig fahrenden Reinigungswagen getätigt. Der Wagen wird mittels eines Edelstahldrahtseils hin- und herbewegt.

Abb. 6.34   Reinigungsanlage im Einsatz (Bühler).

Der Spritzabstand zur Horde beträgt ca. 300 mm, der Spritzwinkel ca. 25°. Die Wassermenge pro Flachstrahldüse beträgt ca. 100 l/min.

Neu ist ein Roboter, der eine automatisierte Keimkastenreinigung ermöglicht. Er wird in die jeweilige Keimetage unterhalb der Horde eingebracht und kann ein frei programmierbares Reinigungsprogramm völlig selbsttätig durchführen. Wie Abb. 6.34 zeigt, besteht er aus einem mittels Akku/Elektromotor angetriebenen Wagen, auf dem ein frei schwenkbarer Arm die an einem Balken angeordneten Düsen trägt. Mittels Hochdruck (60–200 bar) kann bei einem Wasserfluß von 15–18 l/min die Reinigung erfolgen. Zusätze von Reinigungs- und Desinfektionsmitteln sind möglich. Die Reinigung kann vollautomatisch geschehen; sie entlastet das Bedienungspersonal und stellt bei flexiblen Reinigungsintervallen und bei definiertem Wasserverbrauch die erforderliche Hygiene sicher.

Bei *Drehhorden* ist die automatische Hordenreinigung, vor allem unter der Horde einfacher, da die Reinigungsvorrichtung fest installiert ist. Bei der *feststehenden Horde* wird die Reinigung nach jedem Haufenziehen von unten manuell mittels Hochdruckspritze vorgenommen. Die Wassermenge beläuft sich, je nach Größe des Keimkastens, auf 100–300 l/Minute.

Die Hochdruckspritze ermöglicht auch die Reinigung des Keimkastenraumes.

Bei der jährlichen Aussetzzeit ist ein Kontroll- und Reparaturprogramm aufzustellen, das die mechanischen, elektrischen und die Bau-Elemente des Kastens umfaßt. Häufig ist eine derartige Reparaturzeit aus wirtschaftlichen Gründen nicht mehr möglich. So sollte doch eine Einheit nach der anderen im Laufe des Jahres überprüft, Schadstellen ausgebessert und Erneuerungen im Sinne einer bestmöglichen Betriebssicherheit unternommen werden [697].

6.3.7
Besondere Mälzungssysteme

In der letzten Auflage dieses Buches von 1976 wurde einer Reihe von damals neuen Mälzungssystemen Aufmerksamkeit gewidmet. Es sind dies:

a) der Keimturm (Optimälzer)
b) die Poppsche Keimzelle [735]
c) die „Imamalt"-Weich- und Keimanlage [736]
d) statische Kästen für Weichen, Keimen und Darren [737, 738].

Sie sind nicht oder kaum mehr anzutreffen, und zwar aus folgenden Gründen: Einmal waren die Chargengrößen von 15–30 t zwar zur Zeit der Entwicklung (noch) interessant, doch wurde ihre Wirtschaftlichkeit rasch durch die Einführung von Keimdarrkasten und besonders von Turmmälzungssystemen überholt. Sie beruhten größtenteils auf Variationen des Wiederweichverfahrens (z. T. auch mit warmem Wasser von 35 °C), das wegen seines hohen Wasserverbrauches bzw. des erhöhten Energiebedarfes zum Trocknen der Wassergehalte von 50% und mehr schon kurz nach den Ölkrisen der 70er Jahre nicht mehr zur Anwendung kam. Der Optimälzer mit einer Tagescharge von 14 t war ursprünglich gedacht in mehreren Parallel-Anlagen betrieben zu werden. Er erfuhr ebenfalls keinen Erweiterungs- oder Nachbau.

Diese Anlagen haben die damals neu gewonnenen physiologischen Erkenntnisse in den Großmaßstab umgesetzt und einen wertvollen Beitrag zum heutigen Stand der Mälzereitechnologie geleistet. Interessenten wollen die ausführliche Beschreibung der 6. Auflage dieses Buches entnehmen.

Die statischen Mälzungssysteme leiteten über zu den sog. „Keimdarrkasten", die von verschiedenen Herstellern bis zu Einheiten von sehr hoher Kapazität entwickelt wurden.

6.3.8
Die Keimdarrkasten

Auch diese können als „statische Mälzereien" angesprochen werden, wenn auch verschiedentlich der Weichprozeß ganz oder teilweise in eigenen Weichbehältern zur Durchführung gelangt. Keimdarrkasten werden in rechteckiger oder runder Form erstellt. Von jedem sind wiederum mehrere Bauarten gegeben; es sollen hier jedoch nur die typischen Merkmale der wichtigsten Ausführungen besprochen werden.

6.3.8.1 Rechteckige Keimdarrkasten
Rechteckige Keimdarrkasten sind in ihrem Prinzip wie Keimkasten aufgebaut, wobei jedoch dem Transport der Darrluftmengen, die etwa dem 5–8 fachen der Keimluftmengen entsprechen, durch eine reichliche Bemessung der Luftführungskanäle, vor allem auch des Raums unter der Keimdarrhorde Rechnung getragen werden muß. So ist dessen Höhe zwischen 2,90 und 3,20 m. Die Beladung der Horde von 206 m^2 Fläche beträgt 130 t Gerste, entsprechend einer spezifischen Belastung von 630 kg/m^2 [739].

Der übliche Schneckenwender eignet sich auch zum Ausräumen des Darrmalzes, doch reicht hier die Preßwirkung der stillgesetzten Wenderspiralen beim Transport des lockeren Darrmalzes nicht aus. Es muß eine Art Schaufel (aus Leichtmetall gefertigte dreiteilige Jalousie) vor den Wender gesetzt werden.

Die Luftführungen für die Keimung und für das Darren sind jeweils getrennt. Bei einem System (Schill) bedarf es des Umstellens einer Klappe um die konditionierte Keimluft mit einer Leistung von 400–600 m^3/t und h unter die Horde eintreten zu lassen. Eigene Frisch- und Rückluftkanäle versorgen den Keimventilator. Der Darrventilator ist im Stockwerk unterhalb angeordnet. Er wird über eine Frischluftjalousie und über einen Rückluftschacht versorgt. Die Beheizung der Darrluft erfolgt direkt – oder heute – indirekt. Der Austritt der Abluft beim Darren befindet sich am entgegengesetzten Ende des Kastens. Der Kondensator der Kühlanlage ist vor den Frischluftjalousien der Darrluft angeordnet, wodurch diese durch die Kondensatorwärme vortemperiert wird.

Eine andere Konstruktion (Seeger), die aus Betonfertigbauteilen mit flexiblen Dichtungen errichtet ist, hat die Belüftungseinrichtungen für die Keimung auf der einen, und die Belüftungs- und Heizvorrichtung für das Darren auf der entgegengesetzten Seite des Kastens. Während wie oben jeder Kasten seinen eigenen Keimgutventilator hat, werden die drei (oder vier) Kästen von einem Darrventilator aus versorgt. Die Luft wird hier über dichte, stark isolierte Schleusen auf den zu darrenden Kasten geleitet. Über die Darrgegebenheiten wird in Abschnitt 7.3.4 berichtet (Abb. 6.35).

Beide Ausführungen haben sich bewährt. Die Keimbedingungen entsprechen voll und ganz denen der Saladinmälzerei, doch mit dem einen Vorteil, dass das Weichgut in einen vom vorherigen Darren noch relativ warmen Raum gelangt. Hierdurch kann durch Verwendung von (allerdings konditionierter) Umluft eine gewünschte Erwärmung des Weichguts und damit eine raschere Ankeimung erzielt werden. Das Keimen und Darren in ein- und demselben Kasten ruft natur-

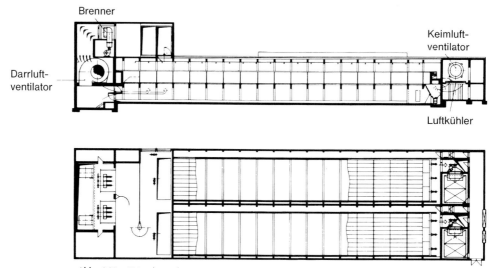

Abb. 6.35 Keimdarranlage (Seeger).

gemäß Wärmespannungen hervor, und zwar schon allein durch die Temperaturunterschiede beim Keimen (12–18 °C) und Schwelken bzw. Darren (50–65 bzw. 80–90 °C). Diese sind besonders deutlich beim Abkühlen von der Abdarrtemperatur bis zum folgenden Ausweichen. Auch sind die Temperaturunterschiede beim Keimen und Darren Wand an Wand sowohl von der Materialspannung als auch von der Wärmedämmung her kritisch. Die Wärmespannungen müssen durch Trenn- und Dehnungsfugen aufgefangen werden. Diese sind mit einem hitzebeständigen und dauerelastischen Kitt abgedichtet. Auf der anderen Seite ist eine sehr wirksame Isolierung notwendig, um die kalte Haufenführung nicht in Frage zu stellen und eine übermäßige Schwitzwasserbildung zu vermeiden.

Unter Vorschaltung einer Weichanlage für eine Weichzeit von rund 24–28 Stunden (eine Weichengruppe bedient maximal 4 Keimdarrkasten) wird mit einem Wassergehalt von 38% ausgeweicht. Durch die rasche Anwärmung des Gutes kommt es zu einer schnellen und gleichmäßigen Ankeimung, die auch ein rasches Darstellen der Maximalfeuchte durch zwei bis drei weitere Spritzvorgänge erlaubt. Wenn es auch gelingt, in 5–5$\frac{1}{2}$ Tagen ein gut gelöstes Grünmalz zu erzielen, so reagieren doch die neueren enzymstarken Sorten auf die hierfür erforderlichen höheren Keimgutfeuchten mit stark überhöhten Eiweißlösungsgraden. Nachdem eine Rücknahme des maximalen Wassergehaltes in manchen Jahren die homogene Zellwandlösung nicht sicher gewährleistete, war es ratsam, einen weiteren „Vegetationstag" durch eine zusätzliche Flachbodenweiche anzufügen. Damit ist der Zeitzwang, der sich bei einem 7-Tage-Rhythmus inkl. 28–36 Stunden Schwelk- und Darrzeit (s. Abschnitt 7.5.3) nebst einer mehrstündigen Abkühlphase ergibt, im besten Sinne abgebaut.

Die beschriebenen Anlagen wurden ursprünglich für eine Schüttung von 150 t Gerste gebaut. Dass es möglich war, diese um fast 20% zu „überschütten", d. h. mit 180 t zu fahren, spricht für die Güte des Systems. Es können bei einer Keimzeit von 5–6 Tagen und einer Brutto-Darrzeit von 36 Stunden 4 derartige Kasten von einer einzigen Darranlage aus bedient werden.

6.3.8.2 Rechteckige Weich-, Keim- und Darrkasten

Die Anlage wird zwar in dieser Konzeption nicht mehr betrieben, doch beinhaltet sie einige technisch-technologische Besonderheiten, die von generellem Interesse sind. Es werden alle Stadien des Mälzungsprozesses in einem Kasten durchgeführt. Die Anlage kann pro Einheit 300 t Gerste verarbeiten; vier Kasten werden von einem einzigen Darrlüftungs- und Heizsystem aus versorgt. Die Kasten sind aus Stahlbeton gefertigt, das übrige Bauwerk ist aus vorgefertigten Teilen zusammengesetzt. Die Außenmauern und das Dach aus porösem Beton sichern eine gute Isolierung. Jeweils zwei Kasten liegen nebeneinander; in der Mitte ist der Maschinensaal angeordnet. Die Fläche eines Kastens ist bei 63 m Länge und 10 m Breite 630 m^2, so dass die spezifische Belastung 485 kg Gerste/m^2 beträgt. Die Einrichtung der Mälzerei wird am besten zusammen mit den einzelnen Verfahrensschritten geschildert.

Die Beschickung der Kasten mit Gerste erfolgt über einen Redlerförderer mit einer Stundenleistung von 60 t. Das Gut verteilt sich über 13 Schieber gleichmäßig über die Horde. Das Einebnen der 13 Haufen geschieht durch den Schneckenwender bei zweimaligem Durchlauf mit niedrigster Vorschubgeschwindigkeit des Wenderwagens (0,2 m/min) und mit höchster Drehzahl der Wenderschnecken von 42 U/min.

Das *Weichen* erfolgt ausschließlich durch Berieselung; zu diesem Zweck ist der Wender mit zwei Reihen von Zerstäuberdüsen ausgestattet, die 10 m^3 Wasser pro Stunde liefern können. Die Wasserzufuhr geschieht über eine Rinne längs der Kastenwand (15 cm breit, 30 cm tief), von der aus eine auf dem Wendewagen angebrachte Pumpe das Wasser ansaugt und zu den Düsen drückt. Bei den beiden ersten Wassergaben läuft der Wender selbst sehr langsam, die Schnecken drehen aber rasch, um das Wasser in intensiven Kontakt mit der Körnermasse zu bringen. Bei den späteren Spritzungen läuft der Wender normal; es werden 45–46% Feuchtigkeit in 48 Stunden erreicht. Bemerkenswert ist der äußerst geringe Wasseraufwand von 0,9 m^3/t. Dieser liegt nur um 50% über dem theoretischen Wert (s. Abschnitt 5.2.4.1).

Beim *Keimen* wird jeder Kasten von fünf Ventilatoren mit einer Leistung von insgesamt 600 m^3/t und h belüftet. Zur Kälteerzeugung stehen zwei Gruppen von Kühlmaschinen mit einer Gesamtleistung von 5225 kJ/1250 kcal/t und h zur Verfügung, wobei Kaltwasser von 5 °C als Kälteträger dient.

Die Keimdauer beträgt 5$\frac{1}{2}$–6 Tage.

Das *Darren* erfordert 6 Ventilatoren mit einer Luftleistung von 3800 m^3/t Malz und h. Sie werden von 6 gasbeheizten Lufterhitzern mit maximal 300 000 kJ/72 000 kcal/t und h versorgt. Der Darrvorgang dauert 36 Stunden.

Das *Abräumen des Malzes* geschieht über den Gerstentransport. Der Wender hebt das Malz in eine Horizontalschnecke, ähnlich wie beim System „Koch" (s. Abschnitt 6.3.3.8). Von hier aus gelangt es in eine Schnecke, die das Malz über eine Steigung von 45° in den Redler fördert. Das Abräumen dauert 5–6 Stunden (Abb. 6.36).

Abb. 6.36 Wender zum Haufenziehen ausgerüstet.

Damit beträgt die *Produktionszeit:* Einen Arbeitstag für Abräumen und Beladen des Kastens, zwei Tage für das Weichen, $5\frac{1}{2}$–6 Tage für das Keimen und 36 Stunden für das Darren. Die Umlaufzeit ist normal 10 Tage. Das ist ein vernünftiges Programm, das einen gewissen Bewegungsspielraum bietet, nachdem das Darren der vier Kasten insgesamt nur 6 Tage in Anspruch nimmt. Die Anlage wird vollautomatisch gesteuert. Sie arbeitet folglich personalsparend. Die jährliche Kapazität beträgt 43 000 t Gerste bzw. 35 000–36 000 t Malz [717].

6.3.8.3 Statische Turmmälzerei

Die statische Turmmälzerei entspricht den in Abschnitt 6.3.5 besprochenen runden Keimkasten. Ursprünglich wurden die von 1970 an gebauten Anlagen als Keimdarrkasten betrieben. Die Belüftungs- und Konditionierungsvorrichtungen sind in einem seitlich am Turm angebrachten Bauwerk untergebracht, wobei die gekühlte und befeuchtete Luft über eine exakt verschließbare Klapptüre in den Druckraum eintritt. Das Belüftungs- und Heizaggregat für die Darre ist im Erdgeschoß angeordnet. Die Schwelk- und Darrluft gelangt über den zentralen Kanal im Zentrum des Turms über isolierte, dicht verschließbare Klappen unter die betreffende Horde. Es sind dies pro Horde 7 Öffnungen. Für die Darr-Umluft ist ein separater Kanal vorgesehen, der durch Jalousieklappen von der jeweils zu darrenden Einheit aus beschickt wird. Für die Darrabluft werden die Keimabluftjalousien genutzt. Ein zusätzlicher Kanal ermöglicht es, die warme, feuchtigkeitsgesättigte Darrabluft teilweise zum Anwärmen des ausgeweichten Gutes zu verwenden, was einer besseren Ausnutzung der gegebenen Vegetationszeit dienlich ist [740].

Das *Darren* dauert für 150–200 t Schüttung 21–24 Stunden (s. Abschnitt 7.3.4.3), wobei wiederum der Abkühlphase zur Schonung des Gebäudes eine bedeutende Rolle zukommt. Die Innenraumisolierung der runden Kasten schafft jedoch gegenüber der rechteckigen Ausführung günstigere Verhältnisse.

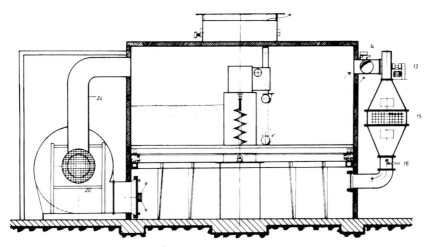

Abb. 6.37 Querschnitt des Unimälzers (Hauner).

6.3.8.4 **Unimälzer**

Der Unimälzer ist ebenfalls eine statische Rundmälzerei, die auch in kleinen Einheiten ausgeführt wird – das Produktionsprogramm reicht von 3 bis 200 t – und so für den Klein- und Mittelbetrieb eine Möglichkeit des Mälzereibaus bietet. Der Rundbehälter wird aus Profilstahlträgern hergestellt, die innen mit Edelstahlblechen verkleidet sind (Abb. 6.37).

Größen ab 60 t Schüttung und 12 m Durchmesser sind als Betonbauten mit Stahlmantelabschnitten ausgeführt, um die Toleranzen bei unterschiedlich hohen Temperaturen einhalten zu können. Die Drehhorde bewegt sich auf Auflagerollen horizontal auf einem Auflagering, der im Mantel zentrisch mit Abstandhaltern angebracht ist. Die Horde dreht mit einer Geschwindigkeit von 0,4–0,5 m/min im mittleren Durchmesser. Auf der einen Seite des Wenders ist die Be- und Entladeschnecke angebracht, die in ihrer Höhenlage verstellt werden kann. Die Abdichtung der Drehhorde zum feststehenden Mantel und zur festen Mittelsäule geschieht mittels Schleifleisten aus rostfreien Federblechprofilen.

Diese Anlage wird auch bei Ausführung mehrerer Einheiten von einer zentralen Darreinrichtung versorgt [741, 742]. Abbildung 6.38 gibt einen Überblick über eine Anlage mit 8 Weich-Keim- und Dareinheiten für je 160 t Gerste als Grünmalz.

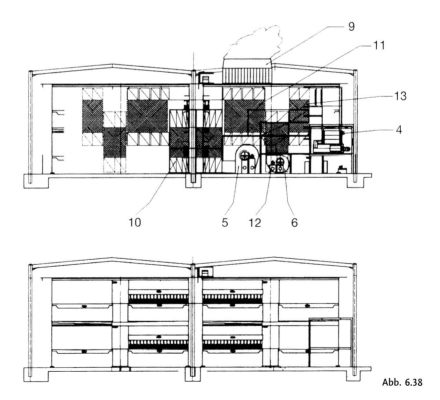

Abb. 6.38

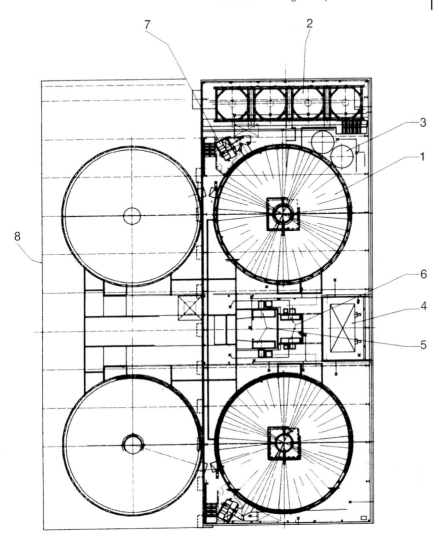

Abb. 6.38 Weich-Keim- und Darreinheiten (Hauner). 1 – Unimälzer mit Drehhorden;
2 – Weichhaus mit Trichterweichen; 3 – Wassertanks; 4 – indiv. Lufterhitzer; 5 – Schwelklüfter;
6 – Darre-Lüfter; 7 – Keimlüfter mit Kälteregister; 8 – 2. Baustufe; 9 – Kreuzstrom-Wärme-
tauscher; 10 – Schwelkluftkanal; 11 – Schwelkabluft; 12 – Darrluft; 13 – Darrabluft.

Heutzutage werden Keimkasten und Darren fast ausschließlich in runder Ausführung gebaut. Während die mehrstöckigen Anlagen in Beton-Schalenbauweise erstellt werden, finden bei einstöckigen Einheiten sowohl Beton- als auch Stahlbauten Anwendung. Unter den verschiedenen Arten der Stahlkonstruktionen hat sich eine interessante Entwicklung eingeführt:

Bereits gefertigte Wandprofile, die schon gekantet und lackiert sind, werden zu einem zylinderförmigen Gebäude zusammengefügt. Dabei sind alle notwendigen Öffnungen und Aussparungen bereits in den einzelnen Elementen vorhanden: für die Verbindung der Wandelemente untereinander, für deren Verbindung mit der Bodenplatte und den Dachsegmenten sowie für die Aufnahme der Einbauten. Es werden diese Arbeitsschritte also in der Werkstatt und nicht auf der Baustelle vorgenommen.

Die Wandprofile (Abb. 6.39) werden entsprechend der Krümmung des Behälterdurchmessers zusammengeschraubt und mit einer Edelstahlplattierung versehen.

Der so entstehende Zylinder ist unten durch die Bodenplatte und oben durch einen Traufenring stabilisiert, so dass er befähigt ist, das Dach (Abb. 6.40) ohne weitere vertikale Versteifungen oder Verstrebungen zu tragen. In den fertigen Zylinder werden dann die Horden-Unterkonstruktionen und die Hordenböden eingebracht und montiert, bevor die Dachelemente aufgesetzt und miteinander verschweißt werden. Der Wender mit Verteiler- und Abräumschnecken wird eingebracht, bevor das letzte Dachsegment aufgesetzt ist. Eine Isolierung des Gefäßes nach den jeweiligen Anforderungen ist selbstverständlich.

Es handelt sich beim Bau dieser Anlagen um ein abgestimmtes Gesamtsystem, so dass viele verschiedene Arbeitsschritte gleichzeitig vorgenommen werden, was die Montagezeit erheblich verkürzt [743].

Mehrstöckige Anlagen mit einer Chargengröße von z. B. 600 t werden weiterhin in runder Betonbauweise erstellt, doch erfordern die großen Abmessungen besondere Konstruktionsüberlegungen. Freigespannte und freitragende Beton-

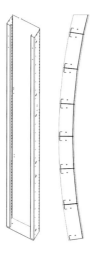

Abb. 6.39 Wandprofil – Einzelansicht und Draufsicht auf zusammengefügte Wandprofile.

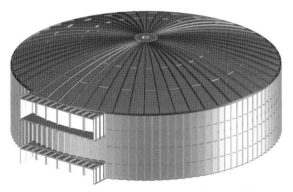

Abb. 6.40 3-D-Ansicht eines Keimkastens, links Anschlüsse
an Be- und Entlüftungskanäle (Schmidt-Seeger).

decken wie bisher, können bei derartigen Abmessungen keine Anwendung
mehr finden. In Anlehnung an frühere Turmmälzereien mit Beton-Mittelturm
wurde durch diesen die Spannweite der Decken verringert. So ist für eine
600 t-Einheit bei einem Turmdurchmesser von 34,5 m (Innenmaß) ein Durchmesser des Mittelturms von 4,5 m gegeben. Die Horde ist jeweils fest installiert,
d. h. Wender und Be- und Entladegeräte laufen um. Anstelle einer Betondecke
werden die einzelnen Stockwerke durch ein Edelstahlblech von 3 mm Stärke getrennt. Nachdem die Statik des Turms keine Montageöffnung auf der Ebene
der jeweiligen Keimeinheit erlaubt, erfolgt die Montage der Anlage von unten
nach oben. Die Keimeinheiten kommen vormontiert zum Einbau. Im untersten
Geschoß befindet sich die (Einhorden-)Darre, dann folgen die drei Keimetagen
und im obersten Stockwerk die Weicheinrichtungen, bestehend aus 12 Trichterweichen à 50 t.

Naturgemäß müssen die einzelnen Temperaturbereiche voneinander isoliert
werden. Besonders trifft dies für die Darre und die unterste Keimeinheit zu, wo
in der Darre eine Innenraum-Isolierung mit Edelstahlverkleidung angebracht
wird. Für die Verteilung des Weichgutes im Keimbehälter bzw. des Grünmalzes
auf der Darrhorde steht pro Horde jeweils ein Kreisverteiler zur Verfügung.

Die in einem Mischtank mit Wasser versetzte Gerste wird mit 200 t/h in die
Weichanlage gepumpt. Wenn die Weichen z. B. paarweise befüllt und in derselben Reihenfolge wieder entleert werden, so kann die Zeitdifferenz zwischen Beginn und Ende des Einweichens (und Ausweichens) praktisch kompensiert werden. Dies ist für die Homogenität der Wasseraufnahme und somit des „Weichgrades" wichtig.

Die Beschickung des Keimkastens mit Weichgut und die Abräumung des
Grünmalzes müssen in längstens 3 Stunden geschehen, um im Verein mit
dem Zeitaufwand für die Reinigung nicht zu viel Zeit zu verlieren. Das Beladen
erfolgt von der Mittelsäule aus, wie Abb. 6.41 zeigt.

Die Horden der Keimeinheiten werden durch freigespannte Stahlträger getragen. Bei jeder Horde ist eine vollautomatische Hochdruckreinigung montiert.

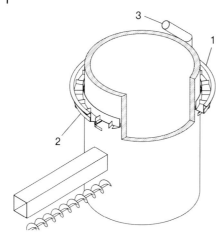

Abb. 6.41 Be- und Entladevorrichtung einer 600 t-Keimeinheit (Bühler).
1 – Umlaufende Förderrinne,
2 – Feststehende Bodenplatte mit einer Öffnung über der Be- und Entladeschnecke,
3 – Produktzufuhr.

Der bei feststehenden Horden unvermeidbare Keimabrieb führt zu einem Keimanfall im Druckraum über die gesamte Bodenfläche hinweg. Diese ansonsten arbeitsaufwendige Beseitigung der Keime wird durch ein, allerdings vielteiliges, Schneckensammelsystem getätigt [744].

6.3.8.5 Zusammenfassende Betrachtungen

Die statischen Mälzungssysteme haben die Entwicklung zu Größenordnungen im Bereich von 150–300 t, neuerdings sogar bis zu 600 t, pro Charge ermöglicht. Sie sind zunächst von Bedeutung für Betriebe, die zu einer vorhandenen konventionellen, z.B. aus Weichen, Keimkasten und Darren bestehenden, voll ausgelasteten Mälzerei zusätzliche Kapazitäten errichten wollen. Dies würde im Falle des weiteren Ausbaus auf dem bisherigen Wege mit der Errichtung nur eines weiteren Kastens bereits den Bau einer Darre, u.U. auch eine Erweiterung der Weichanlage erfordern. Oftmals sind diese Einrichtungen in oder an bestehenden Gebäuden nicht mehr sinnvoll oder wirtschaftlich unterzubringen.

Dagegen erfordert der Anbau einer, vielleicht später erweiterungsfähigen, statischen Einheit als zusätzlichen Aufwand die Erstellung der kompletten Heiz- und Belüftungseinrichtungen für den Darrbetrieb, während alle anderen Elemente auf die Bedürfnisse des einzelnen Keimdarrkastens zugeschnitten sind. Die Investition der Darrheizanlage wird ihre volle Wirtschaftlichkeit naturgemäß erst dann erreichen, wenn mehrere Keimdarrkasten errichtet sind. Im Vergleich zu der oben erwähnten Beschaffung einer zusätzlichen konventionellen Hochleistungsdarre sind die Mehraufwendungen jedoch relativ gering.

Die Frage, ob durch ein vorgeschaltetes Weichhaus, wie in Abschnitt 6.3.8.2 beschrieben, die Ausnützung der Keimdarrkasten verbessert werden soll, oder ob die hohen Wasser- und Abwasserkosten eine Beschränkung auf die Rieselweiche unter Inkaufnahme einer längeren Belegungszeit für einen Haufen erforderlich machen, bleibt von Fall zu Fall verschieden.

Ebenso ist die Überlegung der Errichtung in Turm- oder Flachbauweise, von runden oder rechteckigen Einheiten mehr eine Frage der örtlichen Gegebenheiten, als der technologischen Notwendigkeiten. Es ist mit jeder Anlage möglich, bei folgerichtiger Anwendung der Keimungsfaktoren jene Malzqualität zu erzeugen, die aus der verarbeiteten Gerste erzielt werden kann.

Die Keimdarrkasten verfügen wohl über einen gemeinsamen Frischluft- und Rückluftkanal, die Abluft entweicht jedoch aus jedem Kasten bzw. aus jeder Etage für sich ins Freie. Um nun die Abwärme mittels Kreuzstromwärmeübertrager (s. Abschnitt 7.7.2.2) zum Anwärmen der Frischluft zu nutzen, müssen die Abluftöffnungen in einen gemeinsamen Kanal geführt werden, an dessen Ende der Kreuzstromwärmeübertrager steht. Bei manchen Kasten- bzw. Turmkonstruktionen ist dies schwierig zu verwirklichen, da die feuchte Abluft trotz Isolierung der Kanäle schwer zu führen ist. Man denke an die erheblichen Schwitzwassermengen! So wurden die meisten „Keimdarrkasten" in ihren Funktionen getrennt und durch eigene, meist Zweihordendarren ergänzt. Damit ließ sich nicht nur eine Erhöhung der Kapazität, sondern meist auch eine Verlängerung der Keimzeit erreichen. Es ist aber zu berücksichtigen, dass die trocknende, ja keimmindernde Wirkung des Darrens im Keim-/Darrbereich entfällt und eine wesentlich größere Reinigungsintensität in den Keimkasten und – nicht zu übersehen – in den Grünmalztransportvorrichtungen erforderlich wird.

6.3.9
Kontinuierliche Mälzungssysteme

Die Wanderhaufen- (s. Abschnitt 6.3.4, 6.3.5) oder die Turmmälzerei (s. Abschnitt 6.3.7) stellen bereits halbkontinuierliche Anlagen dar. Die Gerste wird an einer Stelle eingeweicht und durchwandert in bestimmten Intervallen die Keimanlage, um nach der letzten Keimeinheit auf die – meist unmittelbar anschließende Darre transportiert zu werden. Die Verweilzeit in den einzelnen Gefäßen oder Hordenfelder ist, je nach dem Prinzip der Anlage, 9–12–24 Stunden.

6.3.9.1 „Domalt"-System
Das „Domalt"-System stellte einen interessanten Vorschlag zur vollkontinuierlichen Mälzerei dar.

Die Gerste wird mit Wasser am Eintritt einer ansteigenden Waschschnecke vermischt. Nach dem Lauf durch die Schnecke (ca. 100 min) tritt das Gut auf eine Wanderhorde aus Spaltsieben oder aus Kunststofftüchern aus, wird dort verteilt und auf eine gleichmäßige Höhe eingestellt. Der Vorschub der Wanderhorde beträgt 0,7 m/h, die Höhe der Grünmalzschicht ist ca. 0,9 m. Während des Durchlaufs durch den ersten Hordenabschnitt wird die Gerste besprüht und erreicht damit die maximale Keimgutfeuchte. In bestimmten Abständen sind einfache Wender angeordnet, die ein lockeres Keimbett gewährleisten. Wenn notwendig, kann auch nach Darstellung der Maximalfeuchte eine Bewässerung des Gutes vorgenommen werden. Die gewünschten Keimtemperaturen lassen sich in jedem Abschnitt durch befeuchtete und entsprechend temperierte Luft darstellen. Im Anschluß an die eigentliche Keimabteilung folgt eine ebenfalls kontinuierlich arbeitende Darre, die wiederum aus einer Wanderhorde besteht. Das gedarrte Malz wird gekühlt und der Entkeimungsmaschine zugeleitet.

Diese kontinuierliche Anlage erlaubt es, die Keimzeit den Erfordernissen der jeweiligen Gerstenpartie anzupassen. So dauert die Weich- und Keimzeit bei zweizeiligen Gersten ca. 100–110 Stunden, bei mehrzeiliger Ware 70–80 Stunden. Diese gegenüber den konventionell arbeitenden Anlagen wesentlich kürzere Mälzungszeit wird erreicht durch eine rasche Ankeimung bei niedriger Feuchte und durch einen nahtlosen Übergang der einzelnen Keimstadien. Die maximale Feuchte liegt jedoch in der Regel höher als z. B. bei der normalen Kastenmälzerei. Alle diese Faktoren begünstigen eine raschere Cytolyse und eine verbesserte Wirkung der anderen Enzymgruppen, die sich auch in einem größeren Kornvolumen nach dem Darren äußert (s. Abschnitt 7.2.1.2).

Das System – dessen Einrichtung zwar teurer ist als eine Keimdarrkastenanlage gleicher Größe – läßt sich vollautomatisch steuern; der Arbeitsaufwand ist gering, ebenso konnte ein geringerer Wasserverbrauch ermittelt werden [745, 746].

6.3.9.2 Kontinuierliche Saturnmälzerei

Eine 1975 errichtete Anlage hat die Tagesleistung von 200–250 t Gerste. Sie besteht aus 2 Weichbehältern sowie je einer Ringhorde für Keimen und Darren, die in einem Rundgebäude untergebracht sind.

Die *Weichbehälter* sind rechteckig; ihre Abmessungen betragen: Länge 20 m, Breite 3 m, Höhe 3 m. Sie werden von einem Transporteur mit regelbarer Geschwindigkeit beschickt. Die Weichdauer liegt in jedem Behälter bei 5–8 Stunden (Luftwasserweiche). Die vorgeweichte Gerste wird mittels einer hydraulischen Pumpe zum zweiten Behälter und nach dem zweiten Weichabschnitt in die Keimanlage verbracht. Das Transportwasser fließt in eigene Wasser-Reserven zurück. Die Weichen sind mit einer Belüftungsanlage mit regelbarer Mengenzufuhr versehen, ebenso verfügen sie über Vorrichtungen zur Schmutzwasserabscheidung.

Die *Keimstraße* wird vom äußeren Hordenring gebildet. Die drehbare Horde hat eine Gesamtoberfläche von 1200 m^2. Der Antrieb geschieht durch hydraulische Schraubenwinden. Der Ring ist in vier Abschnitte unterteilt, von denen jeder seine eigene Luftkonditionierung besitzt. Die kleineren Abteilungen I und IV verfügen über je 4 Ventilatoren mit einer Leistung von 300 m^3/t und h, die größeren Abteilungen II und III über je 4 Ventilatoren von 700 m^3/t und h. Eine Berieselung des Gutes nach dem Ausweichen ist möglich, um das gewünschte Feuchtigkeitsniveau darzustellen. Bei der im Beispiel geschilderten Ausführung der Saturnmälzerei wird die Haufenluft, ein variables Gemisch aus Frisch- und Rückluft durch Eiswasser gekühlt. Die Kondensatoren der Kühlanlage dienen dem Vorwärmen der Darrluft.

Die Dauer der Keimung zwischen 5 und 8 Tagen wird durch eine Veränderung der Drehgeschwindigkeit des Rings reguliert.

Die Verteilung des Ausweichgutes geschieht mittels einer Schnecke, ebenso die Austragung des Grünmalzes. Eine homogene Keimmasse im jeweiligen Abschnitt wird durch 7 Schneckenwender erreicht.

Die *Darre* im Zentrum des Turms hat eine Fläche von rund 400 m². Sie erlaubt in maximal 24 Stunden die Bearbeitung von 420 bis 500 kg/m² Fertigmalz (aus 250 t Gerste/Tag). Der Antrieb der Horde ist wie bei der Keimanlage ausgebildet. Die Verteilung des mittels Schnecke zugeführten Grünmalzes geschieht ähnlich wie bei der Keimstraße, ebenso das Abräumen. Die Ringdarre ist in 4 Zonen (Temperaturbereiche) eingeteilt. Ein zusätzlicher Abschnitt dient der Abkühlung des fertig gedarrten Malzes. Die Darrzonen I und II sind größer ausgelegt als III und IV. In den ersteren wird geschwelkt (Lüfterleistung je 250 000 m³/h), in den beiden letzteren wird mit reduzierter Luftmenge (100 000 m³/h) zum Abdarren aufgeheizt bzw. gedarrt. Die nicht mehr feuchtigkeitsgesättigte Abluft der Zone 4 wird in die Zonen 1 und 2 zurückgeführt. Dies ist auch nach Maßgabe der Feuchte mit der Abluft aus Zone 3 möglich. Unter Berücksichtigung der Leistung aller 4 Ventilatorgruppen beläuft sich der Luftdurchsatz auf 3500 m³/t und h, ein Wert, der für eine 24-stündige Schwelk- und Darrzeit als normal angesehen werden kann.

Als Vorteile des Systems werden angegeben:
a) Geringe Kapazität der Förderanlagen von 10–12 t/h.
b) Bemessung der Ventilatoren und Luftkühler bzw. Lufterhitzer nach dem jeweiligen Keim-, Schwelk- und Darrabschnitt.
c) Günstige Voraussetzungen für Energie- und Wassereinsparung.
d) Relativ niedriger Aufwand zur Erstellung der Gebäude.
e) Die Automatisierung der Prozesse ist leicht durchzuführen.

Es müssen jedoch bei kontinuierlichen Verfahren längere Übergangszeiten veranschlagt werde, wenn z. B. völlig andere Gerstenqualitäten zu verarbeiten sind oder die Malzqualität variiert werden muß.

Es besteht aber die Möglichkeit, sich durch Variation der Umdrehungsgeschwindigkeit (Keimzeit) oder durch entsprechende Einstellung der Keimgutfeuchte zu einem gewissen Maß den Bedingungen anzupassen [747].

6.4
Spezielle Mälzungsmethoden

Diese haben zum Ziel, die Mälzungsverluste zu verringern oder die Keimzeit zu verkürzen. Sie lassen sich einteilen in Methoden, die mit physikalischen Mitteln, vor allem unter Ausnützung der Keimungsfaktoren arbeiten, und solchen, bei denen durch chemische Zusätze eine Beschleunigung oder Hemmung der Keimung bewirkt wird.

Mit physikalischen Methoden arbeiten das Kohlensäurerastverfahren und die Wiederweiche.

Keimungszusätze sind möglich in Form von Gibberellinsäure und anderen Aktivatoren, z. T. für sich allein oder in Verbindung mit Hemmstoffen. Auch eine Kombination mit physikalischen Faktoren, z. B. Wiederweiche, einer teilweisen Entfernung von Spelzen, oder einer mechanischen Beschädigung des Kornes ist möglich.

6.4.1
Das Kohlensäurerastverfahren

Es beruht auf dem Prinzip, dass im Anschluß an die biologische Phase, die unter normalen Luftverhältnissen durchgeführt wird, eine Periode folgen kann, in der durch Anreicherung von Kohlendioxid in der Atmungsluft die Stoffwechselvorgänge eingeschränkt werden sollen, während die Auflösungsvorgänge weiter ablaufen. Man war der Auffassung, dass im Falle einer günstigen Enzymbildung während der biologischen Phase das Korn unter Sauerstoffabschluß seine Lebensanstrengungen vermehren würde. Dies sollte sich in einer erhöhten Enzymkonzentration und in einer verbesserten Auflösung auswirken. Die Ergebnisse waren jedoch in der älteren Literatur sehr widersprüchlich, was auf die Schwierigkeiten in der Reproduzierbarkeit von Großversuchen und das Fehlen von geeigneten Kleinmälzungsmethoden zurückzuführen sein dürfte [748–750]. Es zeigten jedoch spätere Untersuchungen in einer eigens entwickelten Kleinmälzungsanlage, dass bereits ein verhältnismäßig geringerer Anteil an Kohlendioxid in der Einströmluft des Haufens zu einer deutlichen Hemmung der α-Amylase-Entwicklung führte. Auch die proteolytische Kraft der Kohlensäurerastmalze lag deutlich unter derjenigen normal belüfteter Vergleichsmalze [509]. Es wurde jedoch in einer anderen Arbeit herausgestellt, dass die α-Amylase gehemmt wurde, die proteolytischen Enzyme jedoch eine Förderung erfuhren, die sich besonders bei niedrigen Temperaturen auf die Vz 45 °C positiv auswirkte [751].

Offenbar entwickelte sich die Eiweißlösung einseitig auf Kosten der α-Amylaseaktivität [758]. Praxisversuche ergaben, dass der Mälzungsschwand um 0,5% abnehmen kann, wobei aber die Extraktausbeute des Malzes, ebenso wie seine Auflösung, eine Verschlechterung erfahren [759].

Es lassen sich die Ergebnisse zusammenfassend so darstellen, dass die Endoenzyme (vor allem die α-Amylase und die Endo-β-Glucanase) nur unter aeroben Bedingungen gebildet werden. Sobald CO_2 in einer Menge von 10 oder 20 Vol-% in der Atmungsluft des Haufens angereichert wird, flacht die Enzymentwicklung merklich ab; bei Frischluftzufuhr wird dieser Inhibitionseffekt wieder aufgehoben (s. Abschnitt 4.1.4.3). Die Bildung und Wirkung der Exo-Enzyme ist dagegen nicht an das Vorhandensein von Sauerstoff gebunden, denn es reichern sich in der Kohlensäureatmosphäre bei Rückgang des Wachstums von Wurzel- und Blattkeim mehr niedermolekulare Produkte wie Aminosäuren und Zucker an. Diese führen zu einer verstärkten Farbbildung beim Darren [513]. Die wichtigsten Ergebnisse definierter Versuchsreihen zeigt Tab. 6.5.

In der Praxis läßt sich der Mälzungschwand weiter absenken, als dies in der hier schwerer beherrschbaren Kleinmälzung der Fall war. Die Unterschiede der

Tab. 6.5 Der Einfluß einer CO_2-Begasung auf die Malzqualität [513].

Vol% CO_2 nach 3 Tagen:	0	10	20
Extrakt wfr. %	81,5	80,9	81,0
M-S-Differenz wfr. %	0,9	1,0	0,8
Viskosität mPas	1,43	1,44	1,44
Eiweißlösungsgrad %	43,0	42,4	47,5
lösl. N mg/100 g MTrS.	737	723	810
Formol-N mg/100 g MTrS.	245	245	300
Vz 45 °C %	43,9	41,8	48,8
α-Amylase ASBC wfr.	83,3	76,8	73,5
β-Amylase °WK wfr.	286	297	307
Endvergärungsgrad %	85,3	82,2	81,6
Mälzungsschwand wfr. %	12,7	12,1	11,7

– alle sehr weitgehend gelösten Malze – verflachen sich jedoch bei geringeren CO_2-Gehalten von 4–7 Vol-% in der Atmungsluft der Haufen, die aber dennoch ein Dämpfen des Wachstums und eine leichtere Lenkbarkeit der Haufenführung ermöglichen.

Neues Interesse fand die Anreicherung von CO_2 in der Prozeßluft im Zusammenhang mit dem Abbau der Lipide und der Oxidation der langkettigen, ungesättigten Fettsäuren (s. Abschnitt 4.1.8.3). Es erbrachte der Anstieg des CO_2-Gehaltes bzw. eine entsprechende Verringerung des Sauerstoffniveaus einen insgesamt geringeren Abbau von Rohfett und damit auch ein vermindertes Auftreten von Oxidationsprodukten wie z. B. Hexanal [317]. Es ist hier wichtig, die Möglichkeiten der Prozeßbeeinflussung in der Praxis zu erarbeiten.

6.4.1.1 Anreicherung von CO_2

Die Anreicherung von CO_2 kann bei allen Mälzungssystemen erfolgen, die einen für sich abschließbaren Luftkreislauf und eine gute Abdichtung der Schieber gestatten: So Saladinkasten in Einzelaufstellung, Kasten-Keimtrommeln, die Elemente des Keimturmes (Optimälzer), die Poppsche Zelle sowie eine Reihe von statischen Mälzungssystemen. Es können durch die ausschließliche Verwendung von Rückluft CO_2-Gehalte von 10–15 Vol-% erreicht werden, die ihrerseits eine Schwandersparnis (wfr.) von ca. 1,5% bei nur geringen Qualitätsabstrichen gewährleisten. Auf die Unfallgefahren sei nochmals hingewiesen (s. Abschnitt 6.3.3.3).

Ein spezielles Verfahren bedient sich einer feuchten CO_2-Atmosphäre nach der Ankeimphase der Gerste, die ca. 48 Stunden bei 14 °C währt. Anschließend wird die CO_2-Rast 8–12 Stunden bei 20–25 °C eingehalten. Die zweite Keimphase bei 14 °C erfolgt bis zur gewünschten Auflösung. Einer Ersparnis von 2,5–4% an Mälzungsschwand (wfr.) stehen geringere Extraktgehalte der Malze und knappere Lösungseigenschaften gegenüber [760].

6.4.1.2 Kohlensäurerastverfahren nach *Kropff*

Dieses Verfahren bedient sich eigener „Lösungskästen", in die das Grünmalz von der Tenne oder von einer anderen Keimvorrichtung verbracht wird. Der Zeitpunkt richtet sich nach der Entwicklung des Haufens, der bereits eine „deutliche Auflösung" zeigen soll, um dann in den Lösungskasten abgeräumt zu werden. Ohne auf dessen Bau und auf die Einzelheiten des Verfahrens näher einzugehen, die in den früheren Ausgaben dieses Buches nachgelesen werden können, sei das Prinzip wie folgt geschildert [761]:

Das Grünmalz verbleibt im Lösungskasten 2–4 Tage: Dabei wird nur alle 12 Stunden belüftet. In der Zwischenzeit sammelt sich je nach der Beschaffenheit der Gerste und der Intensität des Wachstums, vor allem in den unteren Schichten eine Menge von 20–28 Vol-% CO_2 an, die dann durch intensives Lüften von 1–2 Stunden Dauer wieder entfernt wird. Zwischen diesen „großen" Lüftungsintervallen ist es zweckmäßig, die Kohlensäure nach etwa 5–6 Stunden unter dem Tragblech abzusaugen, um ein Ersticken des Keimguts zu vermeiden. Die hier auftretenden Temperaturen betragen 18–20 °C, selten mehr, da die CO_2-Atmosphäre eine weitere Erwärmung verhindert. Um rasch abkühlen zu können, hat die befeuchtete Luft meist nur eine Temperatur von 10–12 °C, so dass der Haufen beträchtlichen Temperaturschwankungen unterworfen ist, die trotz Konditionierung der Luft auch den Feuchtigkeitsgehalt des Haufens beeinflussen können. Die Belüftung durch Saug- oder Druckventilatoren erfolgt stets von unten nach oben.

Zu lange Ruheperioden beinhalten den Nachteil der intramolekularen Atmung des Gutes: der Mehlkörper zersetzt sich, was sich in einer schmierigen, milchigen Beschaffenheit des Korns, in einem säuerlichen, obstartigen Geruch (Esterbildung) und in einer überaus starken Zufärbung beim Darren äußert. Die reichlich vorhandenen niedermolekularen Abbauprodukte normaler Kropff-Malze ließen das Verfahren für die Herstellung von dunklen Malzen besonders geeignet erscheinen.

Die Lösungskästen haben nur eine beschränkte Kapazität. Wegen des Verhältnisses Luftraum : Malzvolumen ging man nicht über 15 t Fassungsvermögen pro Einheit hinaus. Das Beschicken und Entleeren des Kastens ist arbeitsaufwendig, wenn auch die moderne Mälzereitechnik mit Kipphorden usw. günstigere Verhältnisse schaffen könnte. Der Mehrbedarf an Arbeitskräften vermochte die Schwandersparnis von 2–3% nicht immer auszugleichen. Aus diesen Gründen, wohl auch wegen der nicht eindeutigen Beeinflussung der Malzqualität ist das Verfahren heute kaum mehr anzutreffen.

6.4.2

Das Wiederweichverfahren

Es hat seit seiner Entwicklung eine Reihe von Abwandlungen erfahren [660], die sich zunächst auf die Variationen der Ankeimfeuchte, der Temperatur und Dauer der Wiederweiche und schließlich auf eine Anpassung der Lösungsphase an die bei den ersteren Schritte beschränken [730]. Diese Arbeitsweise wird mit den erreichbaren Ergebnissen in Abschnitt 6.3.3.6 beschrieben.

Eine weitere Entwicklung zielte auf eine Verkürzung der Wiederweiche hin, die aber trotzdem noch eine Inaktivierung des Wurzelkeims bewirken sollte. So erbrachte eine 75 Minuten während Wiederweiche bei 40 °C denselben Effekt wie eine solche von 24 Stunden bei 18 °C. Das ausgearbeitete Verfahren sieht somit folgende Schritte vor [762]:

	Ursprüngliche Methode	Verbesserte Methode [763]
1. Weiche bei 18 °C	6 Stunden	6 Stunden
1. Luftrast bei 18 °C	24 Stunden	22 Stunden
2. Weiche bei 18 °C	3 Stunden	1/2 Stunde
2. Luftrast bei 18 °C	22 Stunden	22 Stunden
3. Weiche bei 40 °C	1 1/4 Stunden	1 1/4 Stunden
3. Luftrast	66–88 Stunden bei 14 °C	44 Stunden bei 18 °C

Die Dauer der letzten Luftrast kann um einen Tag verkürzt werden, wenn die Temperatur statt 14 °C etwa 18 °C beträgt. Bei „normaler" Wiederweiche von 18 °C bleibt diese Erhöhung ohne Wirkung. Es erweist sich auch als günstig, die zweite Naßweiche von 3 Stunden auf 30 Minuten zu verkürzen. Im Hinblick auf die Wasserempfindlichkeit der Gerste sollte die erste Weiche einen Wassergehalt von 32% bis maximal 38% erreichen. Dabei ist entscheidend, dass die Wasserempfindlichkeit der Gerste mehr durch die Weichwassertemperatur als durch die Wasseraufnahme beeinflußt wird. Der wasserfreie Mälzungsschwand bewegt sich je nach den eingehaltenen Bedingungen im Bereich von 4,2–5,5%.

Die kürzeste Keimzeit wird jedoch in Verbindung mit Gibberellinsäure erreicht (s. Abschnitt 6.4.4.2).

Eine ähnliche Arbeitsweise wie die oben genannte wurde im Rahmen des Imamaltverfahrens durchgeführt (s. Abschnitt 6.3.7). Abweichend sind hierbei die Dauer der zweiten Luftweiche (20 Std.) sowie die Wiederweiche von 3 Stunden bei 30 °C; die anschließende Luftrast beträgt 44 Stunden. Somit beträgt die gesamte Mälzungdauer rund 96 Stunden, wobei der Schwandverlust an Trockensubstanz von 7% auf 4% zurückgeht.

Der Mehrfachweiche bedienten sich noch einige weitere Verfahren. Die Malzanalysendaten entsprachen in allen Fällen den gewohnten Werten. Problematisch ist lediglich die Bereitstellung von Warmwasser mit Temperaturen von 30–40 °C, die praktisch mit Primärenergie, d.h. durch ein eigenes Heizaggregat angestrebt werden müssen.

Das Fehlen der Wurzelkeime erschwert im Verein mit den hohen Wassergehalten den Schwelk- und Darrprozeß.

Diese Verfahren waren sicher zur Gewinnung des heutigen Kenntnisstandes von sehr großem Wert. Ihrer breiten Einführung standen jedoch Probleme entgegen: Einmal der Energiebedarf, um die nicht unerheblichen Wassermengen von 40 °C bereitzustellen und schließlich die hohen Grünmalzfeuchten abzu-trocknen. Schließlich ist auch eine Abwassermenge (aus der Wiederweiche) von 35–40 °C belastend. So wurden die Wiederweichverfahren spätestens Ende der 70er Jahre wieder verlassen.

6.4.3
Andere physikalische Verfahren zur Beeinflussung der Keimung

6.4.3.1 Mechanische Bearbeitung von Gerste oder Weichgut
Hierzu sind das Abschleifen eines Teils der Kornumhüllung und das Quetschen des knapp geweichten Gutes beim Ausweichen zu zählen. Bei beiden ist durch einen verbesserten Zutritt von Sauerstoff und eine bessere Verteilung des Wassers der Beweis erbracht worden, dass die konventionellen Methoden noch gewisse Unzulänglichkeiten aufweisen.

Nachdem beide Technologien für die Anwendung von Gibberellinsäure entwickelt wurden, so sollen sie im folgenden Kapitel besprochen werden – mit und ohne die Verwendung von Wuchsstoffen.

6.4.3.2 Die Bestrahlung mittels Mikrowellen
Bereits 4 s Bestrahlung bewirkten eine Verringerung der Kornhärte und die Erzielung einer guten Malzqualität, sowohl bei Brau- als auch bei Futtergersten, durch höhere Extraktgehalte und durch niedrigere Viskosität. α-Amylase und Diastatische Kraft blieben unbeeinflußt. Eine Bestrahlung von 8 s erhöhte dagegen die Kornhärte; Behandlungszeiten von mehr als 10 s erhöhten die Korntemperatur über die physiologisch verträgliche Grenze und führten zu einem Verlust an Keimfähigkeit [764].

6.4.4
Die Verwendung von Gibberellinsäure und anderen Aktivatoren

Gibberellinsäure wird in vielen Ländern zur Herstellung von Malz verwendet, wenn dies nicht durch gesetzliche Bestimmungen – wie z. B. in der Bundesrepublik Deutschland – untersagt ist. Gibberellinsäure (A_3) ist eines der bekannten Gibberelline A_1, A_2 und A_3, die ursprünglich von japanischen Forschern in einem auf Reispflanzen wachsenden Schimmelpilz – Gibberella fujikuori – entdeckt wurden [765]. Sie kommt als weiße kristalline Substanz in den Handel. Wie schon bei den Betrachtungen über die Theorie der Keimung dargestellt wurde, entwickelt der reife Keimling nach der Wasseraufnahme Gibberellinsäure (A_3) und Gibberellin A_1, die ihrerseits in der Aleuronschicht die Bildung von hydrolytischen Enzymen auslösen (s. Abschnitt 4.1.3) (Abb. 6.42).

Ein Zusatz von Gibberellinsäure zur geweichten Gerste kann dieses Geschehen rascher und weitgehender einleiten, als wenn das Korn durch die Weich- und Keimbedingungen dies selbst bewirken muß. Damit ist eine Beschleunigung der Keimung und/oder eine Verstärkung der Enzymbildung und -wirkung

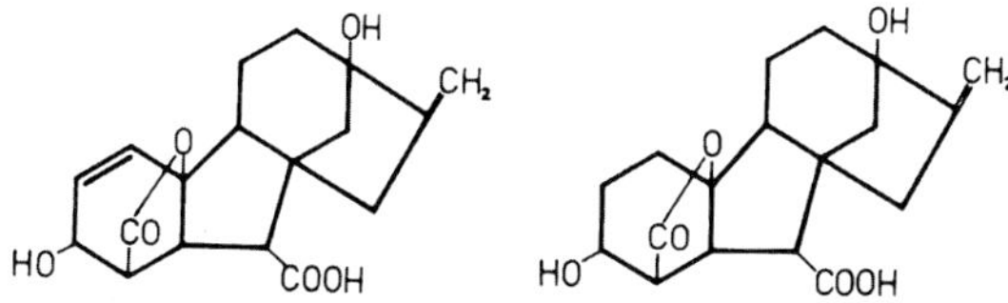

[62] Gibberellinsäure A₃   [63] Gibberellin A₁

Abb. 6.42 Strukturformeln der wichtigsten Gibberelline.

im Korn verbunden. Es zeigte sich aber auch, dass die zugesetzte Gibberellinsäure geeignet ist, die Keimruhe zu überwinden [766], vor allem wenn die Kornumhüllung beschädigt wird, so dass das Hormon direkt mit dem Keimling in Kontakt kommen kann.

Ein Problem ist jedoch darin zu sehen, dass selbst bei keimruhender Gerste bereits ein Teil aktiv, d.h. keimbereit ist. Diese Körner erfahren bei Gibberellinzusatz, wie er z.B. zum Brechen der Keimruhe in erhöhter Menge (bis 2 ppm) erforderlich ist, eine übermäßig starke Entwicklung von hydrolytischen Enzymen und damit auch eine sehr weitgehende Auflösung. Bei den noch keimruhenden Körnern wird die Gibberellinsäuregabe dagegen eine weitaus geringere Enzymbildung und folglich auch bescheidenere Stoffumsetzungen zur Folge haben. Es werden daher bei allen Verfahren, die die Anwendung von Gibberellinen zur Grundlage haben, die Keimungsparameter so gewählt werden müssen, dass die Homogenität der Lösungsvorgänge nicht beeinträchtigt wird.

6.4.4.1 Gibberellinsäurebehandlung zur Beschleunigung der Umsetzungen beim Mälzen

Ein Verfolg der Entwicklung von Endo-β-Glucanasen, Proteasen, α-Amylase und sauren Phosphatasen im isolierten Aleuron und in Mehlkörperschnitten zu verschiedenen Zeiten ließ erkennen, dass die Behandlung beider mit Gibberellinsäure die Bildung dieser Enzyme wesentlich beschleunigt und dass erheblich größere Enzymmengen entstehen. Die Zeit des Beginns der Enzymentwicklung wird vorverlegt, wie Tab. 6.6 zeigt [226].

Tab. 6.6 Beginn der Enzymentwicklung (Anzahl der Stunden nach Beginn der Gibberellinsäurebehandlung bzw. der Keimung bis zum Auftreten der Enzyme).

Enzym	Endospermschnitten	Keimendes Korn
Endo-β-Glucanase	12	24
α-Amylase	18	29
Protease	20	30

Die Dosierung des Wuchsstoffes muß sehr sparsam und vorsichtig gehandhabt werden, da sonst trotz beträchtlicher Verkürzung der Keimzeit eine Überlösung des Malzes und eine sehr dunkle Farbe der Kongreßwürze eintritt [767].

So ergab sich eine Erhöhung des Malzextraktes um 1–2%, die aber hauptsächlich durch eine um 40–50% überhöhte Eiweißlösung bedingt war.

Die ursprüngliche Dosierung von 3 mg/kg Gerste wurde reduziert auf Mengen von 0,1–0,25 mg/kg Gerste, je nachdem welche Effekte erreicht werden sollen. So genügen 0,15 mg/kg, zum letzten Weichwasser zugesetzt, um eine Verkürzung der Mälzungszeit um zwei Tage bei gleichzeitiger Verbesserung der Auflösung zu erzielen [768]. Wirkungsvoller ist jedoch die Dosierung der Gibberellinsäure zu Beginn der Keimung: so genügen hier nur 0,06 mg/kg Gerste, um dieselben Ergebnisse zu erhalten [769]. Dies bedarf jedoch einer intensiven Vermischung der Lösung mit der bereits abgetrockneten, besser sogar mit der bereits spitzenden Gerste [770]. Besondere Vorteile verspricht eine Behandlung bei konventioneller Arbeitsweise dann, wenn der Zusatz sowohl zum 1. und 2. Weichwasser als auch nach dem Ausweichen erfolgt [771].

Die Wirkung der Gibberellinsäure ist um so stärker, je schwerer löslich die Gerste ist. Sie kann daher mit Vorteil vor allem bei enzymschwachen Gerstenjahrgängen angewendet werden [772, 773]. Gerade durch sehr geringe Mengen an Gibberellinsäure von 0,1–0,3 mg/kg in Verbindung mit modernen Weich- und Keimverfahren gelingt es mit 5–6 Weich- und Keimtagen auszukommen, wobei sich die Analysenwerte von denen eines normalen Malzes praktisch nicht unterscheiden. Auffallend ist jedoch eine stärkere Zufärbung dieser Malze beim Brauprozeß, eine Erscheinung, die auf eine vermehrte Lösung von niedermolekularen Stickstoffsubstanzen und Polyphenolen zurückzuführen ist [627, 774].

Eine gewisse Steuerung der Wirkung der Gibberellinsäure ist dann möglich, wenn die Keimgutfeuchte auf die dosierte Wuchsstoffmenge eingestellt wurde. So reichten z. B. bei einem Weichgrad von 43% Mengen von 0,01 mg/kg aus, um in 4 Keimtagen die gleichen Verbesserungen zu erzielen wie z. B. eine Menge von 0,03 mg bei 40% Weichgrad in 6 Tagen Keimzeit [775]. Den Verlauf des Abbaus der β-Glucane zeigt Abb. 6.43.

Auch die Keimtemperatur kann als Steuergröße herangezogen werden: So ist bei $4\frac{1}{2}$ Weich- und Keimtagen bei ca. 44% Feuchte eine Keimtemperatur von 24 °C geeignet, eine übermäßige Proteolyse einer Gibberellinsäuregabe von 0,06–0,1 mg zu dämpfen und eine gute Cytolyse zu erreichen.

Diese, in Abb. 6.43 gezeigte Erscheinung deutet auf eine intensivere Entwicklung und Wirkung der Endo-β-Glucanasen hin [84], was auch durch die direkte Bestimmung des Enzyms bestätigt wurde [226]. Während die α-Amylase durch den Zusatz von Gibberellinsäure einen starken Zuwachs, z. B. von 70 auf 100 Einheiten erfuhr, wurde die β-Amylase praktisch nicht beeinflußt [776]. Die anderen Malzanalysendaten konnten im Sinne der in Tab. 6.7 dargestellten Werte verändert werden.

Die Verwendung kleiner Mengen von 0,01–0,03 mg/kg Gerste dient somit einer Verbesserung der Auflösung bei der Keimung schwerlöslicher Gersten, oder einer Verkürzung der Keimzeit bei guten Braugerstenqualitäten. Gibberellinsäu-

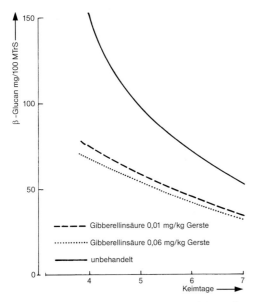

Abb. 6.43 Einfluß der Gibberellinsäure auf die β-Glucan-Menge im Malzauszug. Malz: Wisa aus Oberfranken i. J. 1964.

Tab. 6.7 Einfluß der Gibberellinsäuregabe auf die Lösung des Malzes [608].

mm Gibb.-S./kg Gerste	0	0,01	0,03	0,06	0,09	0,18
Extrakt wfr. %	80,1	80,7	80,8	81,2	81,7	81,5
MS-Differenz EBC wfr. %	2,9	2,3	2,2	2,2	1,8	1,3
Eiweißlösungsgrad %	37,7	42,7	43,7	46,2	48,7	53,1
Farbe EBC	2,3	2,7	3,3	3,4	3,6	3,8
Gerbstoffe mg/100 g MTrS [a]	109	114	120	129	134	131
Anthocyanogene mg/100 g MTrS [a]	24	26,5	28	33	35,5	32,0

a) in der Kongreßwürze.

regaben von 0,15–0,25 mg/kg vermögen die mangelnde Keimenergie einer Gerste zu einem gewissen Maß auszugleichen.

6.4.4.2 Gibberellinsäure in Verbindung mit Warmwasser- oder Wiederweiche

Wird zu Beginn des Mälzungsprozesses Gerste in Wasser von 40 °C geweicht, so tritt nach einer Weichdauer von etwa 8 Stunden eine Inaktivierung des Wurzelkeimes ein. Durch Zugabe von 0,5 mg/kg Gibberellinsäure unmittelbar nach der Weiche konnte im Verlauf einer 6-tägigen Mälzung bei 13,5 °C eine sehr günstige Beschaffenheit des Malzes, beurteilt anhand des Heiß- und Kaltwasserextraktes und des löslichen Stickstoffs, erzielt werden. Die Mälzungsverluste betrugen nur 3,6% in der Trockensubstanz. Eine längere Ausdehnung der Warmwasserweiche rief eine Schädigung der Keimfähigkeit und damit eine Verschlechterung der Auflösung hervor. Ein Anstieg der Keimtemperatur auf 15,5 °C ermöglichte sogar eine Verkürzung auf 4 Keimtage. Hier erwies sich sogar noch eine Verlängerung der Weichzeit auf 12 Stunden als annehmbar. Eine Verringerung der Gibberellingabe machte eine Verlängerung der Keimzeit erforderlich, wobei jedoch ohne vollen Ausgleich der Lösungsmerkmale eine Erhöhung des Schwandes eintrat [777]. Bei einem Mehrfachweichverfahren wie in Abschnitt 6.4.2 beschrieben, erbrachte der Zusatz von Gibberellinsäure zu den beiden bei 18 °C ausgeführten Weichen den größten Erfolg. Das Aufsprühen nach der zweiten Weiche ergab weniger günstige Resultate, da offenbar während der beiden ausgedehnten Luftrasten das Wachstum des Korns schon zu weit gediehen war [771].

Versuche mit höheren Weichtemperaturen zeigten, dass bei 45 °C das Wurzelkeimwachstum fast vollständig zum Erliegen kam. Es wurde trotz des Einsatzes von 0,5 ppm Gibberellinsäure keine befriedigende Auflösung und Enzymentwicklung erreicht, obgleich Extrakt und Mehlschrotdifferenz sich gut entwickelt hatten. Bei 10 Std. Weiche bei 40 °C und 0,5 ppm Gibberellinsäure war eine Gesamtweich- und Keimdauer von 4 Tagen bei 18 °C oder 3 Tagen bei 24 °C erforderlich, um günstige α-Amylasegehalte, übliche DK-Werte und normale MS-Differenzen zu erzielen. Probleme bereitete die Zufärbung der Malze, vor allem bei mehrzeiligen Gersten. Die wirtschaftlichen Vorteile der Verfahrensweise leiteten sich aus geringeren Mälzungsverlusten, höheren Extraktgehalten und kürzeren Mälzungszeiten ab. In der Praxis müßte jedoch das geeignete Schema für die jeweils zur Verarbeitung kommende Gerste durch Pilotversuche ermittelt werden [778].

6.4.4.3 Verarbeitung entspelzter Gerste

Ruhende, noch nicht keimreife Gerste gewinnt ihre Keimenergie, wenn die äußeren Schichten des Korns entfernt werden. Aus diesem Grunde wurden durch eine spezielle Vorrichtung, die aus einem runden Behälter mit Propeller bestand, Spelzen in einer Menge von 7–9% des Gerstengewichts entfernt. Dies war ohne Zerstörung des Korns und vor allem des Keimlings durchführbar. Hierdurch wurde die Keimruhe praktisch aufgehoben und die Wasserempfindlichkeit zu einem gewissen Grad abgebaut. Die Wasseraufnahme beim Weichen erfolgte rascher, so dass nach 30 Stunden Luft-Wasserweiche ein Wassergehalt von über 41% erreicht war. die maximale Keimgutfeuchte von 43–44% wurde durch Sprühen dargestellt. Durch die betriebsüblichen Weichzusätze an Gibberellinsäure und Kaliumbromat (s. Abschnitt 6.4.7.1) erfolgte die Lösung der entspelzten Körner in 66 Stunden Keimzeit. Dabei wurden völlig normale Malzanalysenwerte erzielt, wobei der wasserfreie Malzextrakt um den Betrag der entfernten Spelzen höher lag. Die Mälzungsverluste beliefen sich auf 3,2–4,3% der Trockensubstanz. Dieser geringe Wert ist auf das sehr knappe Wurzelwachstum zurückzuführen, da offenbar die Wurzelkeimanlage beim Entspelzen eine Beschädigung erfahren hatte.

Eine Variation der Weichzusätze erlaubt die Darstellung unterschiedlicher Malzqualitäten. Ein gewisses Problem bedeutet das Darren insofern, als die entspelzten Körner bei einem Wassergehalt von 43–44% verkleben. Es ist daher zweckmäßig, die Keimgutfeuchte vor dem Haufenziehen abzusenken und mit etwas niedrigeren Temperaturen zu darren [779].

6.4.4.4 Verarbeitung abgeschliffener Gerste

Bei Beginn der normalen Keimung wandert die gibberellinähnliche Substanz, auch „Keimlings-Faktor" genannt, vom Schildchen in die in der Rückenseite gelegenen Zonen der Aleuronschicht (s. Abschnitt 4.1.3). Dies ist der Grund dafür, dass sich das Korn auf der Rückseite schneller und vollständiger löst. Es zeigte sich, dass in entspelzten Gersten zwar mehr α-Amylase gebildet wurde, dass aber das Verhältnis der Enzymbildung zwischen Rücken- und Bauchseite annähernd gleich blieb und dass erst der Zusatz von Gibberellinsäure eine volle Stimulierung der Aleuronschicht und eine gleichmäßigere Auflösung des Mehlkörpers ergab. Durch Zerstörung der an der Kornspitze dünneren und zerbrechlicheren Spelze und eine Beschädigung der Fruchtschale, konnte ein gleichmäßigeres Eindringen der Gibberellinsäure in das Korninnere ermöglicht werden, wodurch diese Körner einen wesentlich höheren Gehalt an α-Amylase aufwiesen als die intakten. Im gleichen Sinne veränderte sich der Heißwasserextrakt des Malzes [780]. So konnte auch beobachtet werden, dass sich in abgeschliffenen Körnern Enzyme an beiden Enden bilden, und somit eine wesentliche Verkürzung der Mälzungsdauer erreicht wird [481].

Im Gegensatz zum Entspelzen der Gerste beinhaltet das Abschleifen derselben nur die Entfernung von 0,5–1,0% der Kornumhüllung. In einer im kommerziellen Maßstab ausgeführten Abschleifanlage zeigte sich, dass dickbauchige Körner leichter behandelt werden können als flache; dem Tausendkorngewicht kommt Bedeutung zu. Gröbere Gersten mit höherem Stickstoffgehalt eigneten sich ebenso für das Abschleifen besser als feinere. Die Untersuchung einiger Gerstensorten ergab, dass das Abschleifen eine wesentliche Verkürzung der Keimzeit (auf 50–40%) ergab, die Menge an Heiß- und Kaltwasserextrakt stieg deutlich an; die Diastatische Kraft und der Eiweißlösungsgrad nahmen zu. Eine Vertiefung de Würzefarbe war nur bei extrem hohen Gibberellinsäuremengen (0,8–1,0 ppm) bzw. zu hohen Eiweißlösungsgraden gegeben. Das Abschleifen verbesserte auch die Mälzungseigenschaften von getrockneter, frisch geernteter Gerste. Damit war eine Möglichkeit gegeben, die Lagerung der Gerste zu umgehen. Ungetrocknete Körner ließen sich schlechter abschleifen als getrocknete; sie bedurften einer zweimaligen Behandlung.

Die Entwicklung der Endo-Enzyme (α-Amylase, Endo-β-Glucanase und Endo-Protease) ging durch die Maßnahme des Abschleifens – selbst bei ungelagerter (aber getrockneter) Gerste – rascher und stetiger vor sich als bei unbehandelter, jedoch 9 Wochen gelagerte Ware [781].

Als Nachteil ist der Verlust durch 0,5–1% der Kornsubstanz zu sehen, der jedoch um den Verkaufserlös der abgeschliffenen Spelzen verringert wird. Eine

Zufärbung beim Darren infolge der sehr starken Lösung ist möglich; darüber hinaus kann der Lösungsgrad während der Keimung nur sehr schwer abgeschätzt werden: Durch die sehr rasche Enzymwirkung ist eine (ungewollte) Überlösung möglich. Am besten ist es, den Keimprozeß zu einem beliebigen Zeitpunkt, z. B. in Keimkastendarren, abbrechen zu können. Schließlich ist zu erwähnen, dass das Material beim Transport sehr leicht beschädigt werden kann [782].

Eine besondere Bedeutung dürfte dem Verfahren des Abschleifens auch bei Verarbeitung von mehrzeiligen Wintergersten zukommen. Hierbei ergibt sich nicht nur eine Verkürzung der Mälzungszeit bei gleichzeitig gleichmäßigerer Auflösung des Gutes, sondern auch eine Verringerung des Spelzengehaltes [783].

Hier stellt sich die Frage, ob das Abschleifen eines Teils der Kornumhüllung nicht auch bei Mälzungsverfahren ohne Gibberellinsäurezusatz Vorteile zu erbringen vermag. Auffallend war bei Klein- und Großmälzungen mit 1–3% „Abrieb" das wesentlich raschere Einsetzen der Keimung, das kräftige, sehr gleichmäßige Wurzelgewächs und der sehr frische Geruch der Haufen. Diese Erscheinungen bestätigten wiederum die verbesserte Sauerstoffzufuhr und die gleichmäßigere Wasserverteilung im Korn. Die Ergebnisse von Kleinmälzungsserien zeigt Tab. 6.8 [783].

Der Extraktgewinn lag über dem abgeschliffenen Anteil; die Mehlschrotdifferenz veränderte sich kaum, während die Viskosität deutlich anstieg und auch durch Gibberellinsäure nicht voll abgefangen werden konnte. Die Eiweißlösung nahm stark zu und so die Vz 45 °C. Die α-Amylase erfuhr durch das Schleifen eine starke, die DK eine eher geringfügige Zunahme. Die sehr niedrige Gibberellinsäuregabe glich dennoch zwei Tage Keimzeit aus.

Die Würzefarben nahmen durch das Verfahren zu. Die Schwandwerte spiegelten den intensiveren Stoffwechsel wieder, der sich aus der wesentlich kräftigeren Keimung und dem besseren Sauerstoffzutritt ergab.

Eine weitere Beschleunigung erfährt dieser Prozeß durch Anwendung von leicht angesäuertem Weichwasser (0,006 n bzw. 0,01 n H_2SO_4), kombiniert mit einer hohen Gibberellinsäuregabe von 0,5 ppm. Die Säuerung unterdrückt das Wachstum der Wurzelkeime, senkt den Mälzungsschwand und erhöht gleichzeitig den Heißwasserextrakt wie auch die Eiweißlösung des Malzes [591].

Diesen schon auf Praxismaßstäbe übertragenen Mälzungsweisen ging ein Vorschlag voraus, die Gerste durch Passieren der auf 2 mm Abstand geöffneten Walzen der Miag-Grobschrotmühle zu beschädigen und dann einer Gibberellinsäurebehandlung auszusetzen. Die „geschrotete" Gerste nahm naturgemäß während der Weiche rascher Wasser auf als die unbehandelte, doch reagierte sie auf die Behandlung mit geringen Mengen Gibberellinsäure weniger deutlich. Erst bei größeren Mengen an Wuchsstoff (0,1–1,0 ppm) war ein Vorteil erkennbar, der zu kürzeren Mälzungszeiten und höheren Extraktwerten führte. Die ursprünglich langsamere Entwicklung der Auflösung in der geschroteten Gerste war auf die hier gegenüber dem Weichen der ganzen Körner geringere Wasseraufnahme zurückzuführen. Ein Problem stellt sicherlich die weitere Behandlung des Gutes im Keimapparat und beim Darren dar [785].

Tab. 6.8 Der Einfluß des Abschleifens und einer Gibberellinsäuregabe auf die Beschaffenheit der Malze.

Sorte Verfahren	Carina un-/geschält			Dura un-/geschält			Banteng un-/geschält			Dunja un-/geschält		
Gibb.-Säure	–	–	0,01	–	–	0,01	–	–	0,01	–	–	0,01
Keimtage	6	6	4	6	6	4	6	6	4	6	6	4
Extrakt wfr. %	81,7	84,7	85,6	79,2	83,2	83,3	80,6	85,1	84,9	79,6	84,4	84,4
MS-Differenz %	2,3	2,5	2,3	3,5	2,1	2,0	1,4	1,5	1,5	3,1	2,7	2,8
Viskosität mPas	1,557	1,612	1,617	1,768	1,705	1,763	1,578	1,616	1,734	1,687	1,708	1,767
Eiweiß wfr. %	10,1	10,4	10,4	8,3	8,6	8,7	8,1	8,4	8,5	8,5	8,5	8,6
Eiweißlösungsgrad %	42,8	48,5	52,8	46,2	51,4	52,5	55,0	55,0	49,8	42,6	52,3	50,4
Vz 45 °C %	39,4	56,6	50,7	31,1	44,4	41,9	41,9	50,0	43,1	34,2	47,4	43,2
Endvergärungsgrad %	76,6	78,8	80,4	80,5	79,7	78,9	81,7	80,8	77,1	83,4	79,1	76,8
α-Amylase ASBC	98	128	92	54	68	54	87	97	67	67	76	56
Diastatische Kraft °WK	239	253	239	221	221	222	206	196	171	214	236	203
Farbe EBC	2,8	3,6	3,9	3,9	4,1	4,1	3,4	3,9	3,3	2,8	3,9	3,3
Kochfarbe	5,8	7,3	7,5	6,3	7,3	7,5	7,5	7,8	6,6	5,2	7,3	6,6

6.4.4.5 Quetschen von Weichgut niedrigen Wassergehaltes

Der Methode [786] liegt die Überlegung zugrunde, eine auf einen niedrigen Wassergehalt geweichte Gerste durch Passieren einer speziellen Zweiwalzenmühle zu quetschen. Der Mehlkörper wird dabei deformiert, die Fruchtschale aufgerissen. Schäden an der Spelze treten nur bei einem kleinen Teil der Körner auf. Die mechanischen Veränderungen im Korninneren sollen eine gleichmäßigere Verteilung des Weichwassers und einen besseren Zutritt von Sauerstoff ermöglichen. Durch das Quetschen wird auch das Haftwasser zwischen Spelze und Frucht-/Samenschale verringert und so die Aufnahme von Sauerstoff erleichtert. Das Verfahren, bevorzugt für den Einsatz von Gibberellinsäure entwickelt, wurde auch ohne einen derartigen Zusatz angewendet.

Die verwendete *Zweiwalzen-Mühle* mit einer Leistung von 20 t/h war geriffelt (6°); der Walzenabstand lag zwischen 1,8–2,0 mm. Die Riffelung war notwendig, um den Korneinzug zu verbessern, doch mußte eine leichte Beschädigung der Spelze bei ca. 5% der Körner in Kauf genommen werden.

Das *Weichverfahren* setzte sich zusammen aus: 1. Naßweiche 15 h bis 34,4% Feuchte, 6 h Luftrast, dann 2 h Naßweiche auf 38,8%, schließlich 15 Stunden Luftrast, wobei der Wassergehalt durch Haftwasser bis auf 41,5% stieg. Nach dem Quetschen dauerte die *Keimung* fünf Tage; die *Darrarbeit* war die übliche. Gibberellin wurde bei der Einlagerung in den Keimkasten aufgesprüht (0,5 ppm).

Die Ergebnisse waren [787, 788]:
a) Mit Gerste, die ihre Keimruhe noch nicht überwunden hatte (Keimenergie 20–40%), konnte durch das Quetschen ein wesentlich verstärktes Blattkeimwachstum (85% zwischen 1/2+1/1 statt 54%) und eine deutlich verbesserte Auflösung erzielt werden.
b) Bei Futtergersten gelang es, durch das Quetschen und die Anwendung von Gibberellinsäure (0,9 ppm) eine gewünschte Erhöhung der Eiweißlösung, des FAN-Gehaltes, der α-Amylaseaktivität, der Diastatischen Kraft und der Endo-β-Glucanase-Aktivität zu erzielen.
c) Eine Mälzung ohne Gibberellinsäure ermöglichte ebenfalls eine deutliche Verbesserung der Analysendaten durch das Quetschen. Hier hätte aber zum Ausgleich der Gibberellinsäurewirkung ein höherer Wassergehalt als 40–41% zur Anwendung kommen sollen. Daten obiger Versuchsausstellung zeigt Tab. 4.9.

Die *Vorteile* des Verfahrens leiten sich aus den Punkten a–c ab. Es können auch bestimmte Anteile an Malz aus weniger gut geeigneten Braugerstensorten ver-

Tab. 6.9 Einfluß des Quetschens von Weichgut mit und ohne Gibberellinsäureverwendung auf einige Malzanalysenwerte [786].

Quetschen	ohne		mit	
Gibberellinsäure	nein	ja	nein	ja
Extrakt L °p. kg	294	308	301	315
Eiweißlösung %	33	45	34	54
Friabilimeterwert	59	79	70	85

arbeitet werden. Die bis um 10% geringere Grünmalzfeuchte führt zu geringeren Mälzungsverlusten und zu niedrigeren Trocknungskosten. Sudversuche mit Ale-Würze verliefen ohne Auffälligkeiten; ein Ergebnis, das auch die Beschaffenheit der Biere betraf.

6.4.4.6 Andere Wuchsstoffe

Es wirken noch eine Reihe anderer Substanzen – meist in sehr geringen Konzentrationen – als Wuchsstoffe, während sie bei größeren Mengen das Wachstum des Keimlings inhibieren können. Dazu zählen Kalium- und Natriumacetat, die jedoch selbst bei 100 mg/l die Wirkung von 0,5 mg/l Gibberellinsäure nicht erreichten [789]. Auch Cumarin und Ferulasäure vermögen auf diese Weise bei kleinen Dosen die Keimung zu fördern, wobei jedoch der Embryo empfindlicher ist als das ganze Korn [790].

3-Indolyl-Essigsäure (IAA) ist ebenfalls ein bekannter Wuchsstoff, der u.a. das Streckenwachstum bei höheren Pflanzen, aber auch zahlreiche weitere Entwicklungsprozesse beeinflußt. Nachdem der Einsatz von IAA bisher keine eindeutigen Ergebnisse lieferte, wurden gezielte Versuche mit je einer Wintergersten- und einer Sommer-Kompromißgerstensorte durchgeführt. Dabei kam entweder IAA allein (0,08 ppm) oder in Kombination mit Gibberellinsäure (0,04 ppm IAA + 0,08 ppm Gibberellinsäure bzw. mit den doppelten Mengen) zum Einsatz. Die IAA allein erhöhte den Extrakt und verbesserte die cytolytischen nebst proteolytischen Lösungsmerkmale geringfügig. Der Mälzungsschwand war um 8% höher. Eine eindeutige Verbesserung der Auflösung wurde nur in Zusammenhang mit Gibberellinsäure erreicht. Die Versuche wurden bis zum Bier verfolgt und dabei keine negativen Einflüsse festgestellt [791].

6.4.5
Der Einsatz von Starterkulturen

Um das Auftreten und damit die Wirkung von Mikroorganismen wie Schimmelpilzen, Bakterien und Hefen zu verringern, wurde die Behandlung des Weich- oder Keimgutes mit Starterkulturen bestimmter Lactobacillenstämme vorgeschlagen [792]. Es ist bekannt, dass diese in Milchsäuregärungen zur natürlichen Lebens- und Futtermittelkonservierung eine Rolle spielen. Neben den organischen Säuren, die durch Lactobacillen erzeugt werden, sind auch Bakteriocine oder inhibierende, nicht proteinische Faktoren von niedrigem Molekulargewicht sekretiert worden [793, 794].

Versuche mit Starterkulturen von *Lactobacillus plantarum* und *Pediococcus pentosaceus*, isoliert aus Bier bzw. Gerstenkörnern ergaben: Sie wurden zu verschiedenen Zeiten (1. Weichwasser, 1. und 2. Weichwasser, zu Beginn der Keimung) und zwar als Starterkultur, als Bakterien-Zentrifugat in Wasser oder als konzentrierte Kultur (Filtrat) zugegeben.

Es ergab sich eine Verringerung der durch *Fusarium* befallenen Körner um bis zu 80% bei der Weiche, aber nur um bis zu 25% bei der Keimung und wiederum bis zu 80% im Malz, aber nur mit dem letztgenannten zellfreien Kultur-Filtrat [792]. Die Unterdrückung des Wachstums von *Fusarium graminearum* und *F. culmorum* war durch 5 von insgesamt 15 Milchsäurebakterienstämmen feststellbar. Dabei wurde nicht nur das Ausmaß der Kontaminierung mit *Fusarium* gedrückt, sondern auch die Bildung von Toxinen wie z. B. Zearalenon und Desoxynivalenol [795].

Die Qualität der Malze, die mit diesen Starterkulturen geweicht worden waren, orientierte sich einmal an dem indirekt positiven Effekt der Milchsäure, der sich über die pH-Absenkung auswirkte, zum anderen durch die verringerte mikrobiologische Aktivität während des Mälzens durch die zugegebenen Starterkulturen. Eine Verbesserung der Gushing-Situation konnte mangels Material nicht festgestellt werden.

So waren die Extraktwerte der Testmalze höher, Viskosität, Filtrationszeit, β-Glucane und Mälzungsausbeute günstiger, während die Glucanasen- und α-Amylasengehalte, vor allem aber die Mehlschrotdifferenz und die Malz-Modifikation etwas schlechter ausfielen.

Eine andere Forschergruppe [796] bediente sich Starterkulturen aus *Geotrichum candidum*, die als Hefen klassifiziert wurden [797]. Sie wurden schon früher in Grün- und Darrmalz gefunden [801]; im Gegensatz zu Stämmen aus anderen Produktbereichen wurden die „Mälzerei-Stämme" nicht als toxisch befunden.

Zum ersten Weichwasser zugesetzt, inhibierte *Geotrichum candidum* Schimmelwachstum, besonders von *Fusarium* während des Mälzungsprozesses. Die Wirkung gegen die Schimmelpilze ist offenbar auf einen kompetitiven Effekt zurückzuführen. Die Bildung von Zearalenon und Desoxnivalenol war im Vergleich zum befallenen „Normalmalz" nicht festzustellen [808]. Ein Vergleich der Malzanalysen ergab wesentlich bessere Werte vor allem bei den Merkmalen der Cytolyse, wie Tab. 6.10 zeigt.

Weitere Untersuchungen zeigten, dass der Weichprozeß das kritischste Stadium ist, wo die Vermehrung der Mikroorganismen beginnt. Bakterien und Hefen wachsen schnell und können sich von Korn zu Korn ausbreiten. Eine

Tab. 6.10 Einfluß von Geotrichum Starterkultur auf die Qualität von industriellem Malz (Sorte Plaisant).

	Normal	Starter
Mehl-Schrotdifferenz %	2,0	1,2
Viskosität mPas	1,58	1,55
Friabilimeter %	85	90
Calcofluor M %	86,7	98,3
Calcofluor H %	65,8	76
β-Glucan mg/l	75	30
Pentosanase-Aktivität U	<5	20
Eiweißlösungsgrad %	40,1	42,2

Belüftung der Weiche unterstützt dies, wobei sich Biofilme durch einen Mantel von Bakterien, Hefen und Pilzsporen, vor allem auf beschädigten Körnern, ausbilden [798]. Eine intensive Wäsche kann hier eine Verbesserung erbringen. Günstiger war aber die Zugabe von Milchsäurebakterien als Starterkulturen. Sie verringern die Bakterien-Flora und führen zu Malzen besserer Qualität, ungeachtet der natürlichen Mikroflora der Gerste [792, 796, 799]. Die Zugabe der Starterkulturen im frühen Stadium der Mälzung ist auch bedeutsam, um dem raschen Wachstum von Fusarien während der ersten Stunden des Weichens zu begegnen [792].

Sogar ein Versprühen von Milchsäure-Starterkulturen auf dem Acker erbrachte positive Effekte für die Qualität der Gerste bzw. des späteren Malzes, so eine verringerte Kontamination mit Fusarien, eine geringere Wasserempfindlichkeit der Gerste sowie im Malz höhere Extraktwerte, bessere Lösungsmerkmale (Cytolyse, Proteolyse) sowie eine höhere α-Amylase-Aktivität, bessere Würzefiltration und verringerte Gushing-Neigung [800].

Milchsäure-Starterkulturen (*Lactobacillus plantarum* und *Pediococcus pentosaceus*) zum ersten und zweiten Weichwasser dosiert (4 und 8 Vol%) erwiesen sich auch als günstig, um die Mikroflora von Gerstenpartien mit aufgeplatzten Körnern in ihrem Wachstum einzuschränken. Vor allem *Pseudomonas-, Leuconostoc-* und *Flavobakterien*-Arten können die Abläuterung der Würze im Sudhaus beeinträchtigen. Sie sind in der Lage, extrazelluläre Polysaccharide zu erzeugen, die die Filtrationsleistung verringern. Durch den Einsatz der oben genannten Starterkulturen konnte das Wachstum dieser Keime unterdrückt werden, wodurch sich die Viskosität der Würze wie auch die Menge und Molekularmasse der β-Glucane erniedrigten [802].

Mit gewissen Starterkulturen können auch (unspezifische) β-Glucanasen in das Weich-/Keimgut eingebracht werden, die die Grünmalz-β-Glucanasen in ihrer Wirkung unterstützen und so die Cytolyse des Malzes verbessern [803, 804].

Eine gezielte Untersuchung einer Vielzahl von Lactobazillenstämmen auf ihre Inhibitions-Wirkung auf *Fusarium culmorum* ließ vier Stämme erkennen, von denen drei der Art *Lactobacillus plantarum* angehören, ein Stamm erwies sich als *Weissella confusa* [805]. Alle unterdrückten das Wachstum von mehreren Fusarienarten, wobei ein pH von 5 die besten Wirkungsbedingungen bot. Diese Aktivität verringerte sich bei höheren pH-Werten und ging bei pH 7 verloren. Es wurden nicht nur Schimmelpilze unterdrückt, sondern auch Hefen. Der Grad der Inhibition war nicht direkt von der Produktion von Milchsäure abhängig.

Die Inhibition war bei Fusarien-Sporen wirksam, nicht dagegen bei Fusarien-Mycelen, wobei allerdings die Starterkulturen erst nach der Weiche angewendet wurden. Die obengenannte *Weissella confusa* konnte das Wachstum der Mycelien während der ersten drei Tage der Keimung inhibieren.

Das Beimpfen mit Sporen von *Fusarium culmorum* hatte keine Auswirkung auf die spätere Malzqualität. Die eingebrachten Mycelien vermittelten dagegen eine Erniedrigung des Malzextrakts, des löslichen Stickstoffs, des FAN, des Endvergärungsgrades sowie eine Erhöhung der Viskosität und somit eine schlechtere Filtrierbarkeit der Würze. Diese Erscheinungen wurden durch die Zugabe von bakterieller, aber auch von industrieller Milchsäure verstärkt. Die enzymatischen Aktivitäten (Amylasen und Proteasen bei *L. amylolyticus* und *W. confusa*) der ausgewählten Milchsäurebakterien-Stämme hatten wenig Einfluß auf die resultierende Qualität der Würze, wenn Mycelien in Gegenwart von Milchsäure gegeben waren. Dagegen hatten Malze, die mit *Fusarium*-Sporen beimpft waren, bei Anwendung von Starterkulturen erhöhte FAN-Gehalte aufzuweisen. Damit wurde wiederum die Bedeutung des Einsatzes von Starterkulturen im frühen Stadium von *Fusarium*-Infektionen bestätigt [806].

Versuche mit Starterkulturen von drei verschiedenen Milchsäurestämmen sowie mit industrieller Milchsäure ohne den Anlaß einer Fusarien-Infektion zeigten im Vergleich zu normaler Keimung ein kürzeres Gewächs von Blatt- und Wurzelkeim. Dies kann mit einer erhöhten Zahl an Mikroorganismen zusammenhängen, die in Wettbewerb um Sauerstoff mit dem Keimling treten. Sowohl die bakterielle als auch die industrielle Milchsäure bewirkten höhere β-Glucanase-Gehalte, doch blieben α- und β-Amylasen unbeeinflußt. Die Friabilität der behandelten Malze war jedoch schlechter als beim Vergleich, mit Ausnahme von *L. amylolyticus*. Dies mag wiederum auf eine Behinderung der Mikroorganismen-Flora zurückzuführen sein, die ihrerseits einen Beitrag zu enzymatischen Prozessen im keimenden Malz leisten kann. So zeigte nämlich der Stamm *L. plantarum*, der den höchsten Inhibitor-Effekt auf die Mikroflora ausübt, die deutlichste negative Auswirkung auf die Friabilität des Malzes. Die mit Säure behandelten Malze zeigten eine bessere Abläuterung, besonders jenes Malz, das mit *L. amylolyticus* gesäuert wurde. Dies war wohl auf dessen zusätzliche Aktivität extrazellulärer Enzyme zurückzuführen. Die Menge an löslichem Stickstoff wurde durch die gesäuerten Malze erhöht, die höchsten Werte enthielt Würze der Malze, die mit *L. amylolyticus* behandelt waren, auf Grund der Proteasen-Aktivität dieses Stammes [806].

Starterkulturen von ausgewählten Milchsäurebakterien (*Lactobacillus plantarum* 15 GR) vermittelten eine Verringerung des Wurzelkeimwachstums um 50%, bei sonst gleicher Malzbeschaffenheit. Die Ergebnisse waren besser als bei dem noch verbreiteten Kaliumbromat (s. Abschnitt 6.4.7.1) [807].

6.4.6
Der Zusatz von Enzymen (Cellulase, β-Glucanase) beim Mälzen

Um die Zellwandlösung zu verbessern und die malzeigenen Enzymsysteme in ihrer Wirkung zu verstärken, fanden cytolytische Enzyme mikrobiellen Ursprungs Anwendung.

Eine *Cellulase* (von *Trichoderma reesei*) wurde in einer Menge von 24–48 μkat/kg Gerste zusammen mit 0,5 ppm Gibberellinsäure nach dem Ausweichen, zu Beginn der Keimung zugegeben. Die 6 Tage bei 14,5 °C und 44% Feuchte gekeimten Malze erfuhren eine über die alleinige Wirkung der Gibberellinsäure deutlich hinausgehende Verbesserung der Zellwandlösung, was sich besonders in den Merkmalen Mehlschrotdifferenz, Viskosität und β-Glucangehalt äußerte.

Auch die Werte für α-Amylase und Diastatische Kraft stiegen an. Die Filtrierbarkeit der Biere konnte eindeutig verbessert werden [809].

β-Glucanase [810] erbrachte ebenfalls eine eindeutige Verbesserung der Cytolyse. Es ist allerdings fraglich, ob es sich hier um eine Verbesserung in situ handelt, d. h. ob das Enzym bei der Keimung den Abbau der Zellwandsubstanzen verstärkt oder ob die Wirkung der recht thermoresistenten β-Glucanasen erst bei der Kongreß- und Praxismaische entfaltet wird.

Tabelle 6.11 zeigt den Einfluß verschiedener Endoglucanasen mit und ohne Gibberellinsäure.

Es ist ersichtlich, dass die Glucanase (beim Ausweichen aufgespritzt) eine merkliche Wirkung erst zusammen mit Gibberellinsäure entfaltet. Es muß dann allerdings ein Anstieg der Eiweißlösung in Kauf genommen werden.

Der Zusatzzeitpunkt spielt nach Tab. 6.12 nur eine untergeordnete Rolle, d. h. er ist auch 12 Tage vor dem Haufenziehen geeignet, die gewünschten Umsetzungen zu bewirken.

Eine Keimzeitverkürzung ist aufgrund der Zusätze mit Vorsicht zu handhaben, primär wird nur eine Verbesserung der Cytolyse erreicht, die aber offenbar ihre Zeit benötigt (s. Tab. 6.13).

Dieses Ergebnis bestätigt die vorgenannte Annahme, dass die Wirkung der β-Glucanasen im wesentlichen beim Maischen zum Tragen kommt. Dies beweist u. a. die Wirkungslosigkeit des Enzymzusatzes auf den Friabilimeterwert incl. Ganzglasigkeit.

Tab. 6.11 Der Einfluß von Endo-β-Glucanasen und Gibberellinsäure auf die Malzeigenschaften.

	Normal	Gluc 1	+	GS [a]	Gluc 2	+	GS [a]
Extrakt %	80,9	81,0		81,3	80,9		81,1
MS-Diff. %	1,9	1,8		1,4	1,6		0,9
Viskosität mPas	1,611	1,518		1,511	1,510		1,497
Friabilimeter/ggl. %	78/3	78/3		83/1	79/2		80/1
ELG %	39,6	39,8		42,5	40,5		43,4

a) 0,06 ppm.

Tab. 6.12 Enzymzugabe an verschiedenen Keimtagen (incl. Gibb.-Säure 0,06 ppm).

Zeitpunkt der Enzymgabe	AW [a]	50 h	74 h	98 h	122 h
Extrakt %	81,4	81,3	81,2	80,9	80,7
MS-Differenz EBC %	1,2	1,1	1,0	1,2	1,2
Viskosität mPas	1,543	1,511	1,530	1,514	1,517
Friabilimeter/ggl. %	80/2	83/1	81/2	82/1	80/2
ELG %	41,7	42,5	41,5	41,6	43,2

a) beim Ausweichen.

Tab. 6.13 Enzym- und Gibberellinzugabe und Keimzeitverkürzung.

Weich- und Keimzeit Tg.	7	5		6		7	
Zusätze	ohne	GS +	E	GS +	E	GS +	E
Extrakt	80,8	80,6	80,9	81,3	81,5	81,8	81,8
MS-Diff. %	1,9	3,5	3,5	2,4	2,3	1,5	1,2
Viskosität mPas	1,579	1,757	1,614	1,638	1,547	1,573	1,520
Friabilimeter	78/2	56/7	56/7	70/3	70/3	80/2	80/2
ELG %	40,3	38,8	40,3	41,7	41,3	43,7	43,6

Es ist bemerkenswert, dass der alleinige Enzymzusatz wohl eine bessere Verarbeitung im Sudhaus und bei der Bierfiltration erbringt, aber dennoch die Lösungsspezifikationen des Malzes nicht erreicht.

6.4.7
Die Verwendung von Hemmstoffen

Der alleinige Einsatz von Gibberellinsäure zur Verkürzung der Keimung und zur Verstärkung der Enzymwirkung bringt nur eine geringe Schwandersparnis mit sich, da das Wachstum von Blatt- und Wurzelkeim angeregt und die Atmung intensiviert wird. Erst durch die Inaktivierung der Wurzelkeime durch Warmwasser- und Mehrfachweiche konnte der gewünschte Effekt der Schwandverminderung erzielt werden. Es wurden jedoch schon früher Versuche unternommen, um mit Hilfe chemischer Substanzen eine Einschränkung des Wurzelwachstums oder der Atmungsverluste zu erzielen.

6.4.7.1 Kaliumbromat

Kaliumbromat konnte sich in größerem Umfang einführen, es diente zunächst in Mengen von 500–2000 mg/kg als Zusatz zum letzten Weichwasser, um das Wurzelwachstum zu verringern, die Atmungsverluste zu dämpfen und damit die Temperatur des wachsenden Haufens in den gewünschten Grenzen zu halten. Dies war vor allem notwendig, um ein übermäßiges Wachstum, wie es z. B. beim Flutweichverfahren gegeben sein kann, einzudämmen (s. Abschnitt 5.2.2.4). Eine Menge von 500 mg/kg verringert den Schwand um 2,5% wfr., eine solche von 1000 mg/kg um 4% wfr., ohne dass Extrakt und Eiweißlösung sich merklich veränderten. Dabei wurde die Stickstofflösung anfänglich inhibiert, doch erreichte sie im Fortgang der Keimung bei letzterer Dosage nahezu den Ausgangswert [811].

Besondere Bedeutung erlangte der Zusatz von $KBrO_3$ bei gleichzeitiger Verwendung von Gibberellinsäure [811]. Hierbei wird bei einer Wuchsstoffgabe von 0,25 mg/kg Gerste der sonst unvermeidliche Anstieg der Eiweißlösung aufgefangen. Hierfür genügen Mengen von 100 mg $KBrO_3$ pro kg Gerste, wobei der Extraktgewinn durch die Gibberellinsäuredosierung – ebenso wie die Keim-

Tab. 6.14 Anwendung von Gibberellinsäure mit steigenden Kaliumbromatgaben [811].

| Gibberellingabe ppm | 0 | 0,25 | 0,25 | 0,25 | 0,25 |
Kaliumbromatgabe ppm	0	125	188	250	375
Verhältnis Bromat : Gibb.	–	1 : 500	1 : 750	1 : 1000	1 : 1500
Extrakt Trs (Lb. per qr)	102,4	103,9	104,0	103,5	104,2
Kalt-Wasser-Extrakt %	17,0	19,9	19,1	18,7	18,1
Diastatische Kraft °L	58	58	58	52	54
Gesamt-Stickstoff %	1,55	1,54	1,52	1,50	1,51
Dauernd löslicher Stickstoff %	0,56	0,61	0,58	0,53	0,50
Lösungsgrad %	36	40	38	35	33
Schwand wfr. %	7,2	5,3	5,3	4,6	4,5

zeitverkürzung – erhalten bleibt. Einen Überblick über die Auswirkungen von Kaliumbromat gibt Tab. 6.14.

Die Arbeitsweise mit 0,25 ppm Gibberellinsäure und 100 ppm $KBrO_3$ wird, wo zugelassen, seit Jahren in der Mälzungstechnik im Ausland angewendet.

Das folgende Verfahren hat nur wissenschaftliches Interesse.

6.4.7.2 Weichen in ammoniakalischer Lösung

Nach 24-stündiger Wasserweiche bei 16 °C wird Gerste 5 Stunden lang in einer 0,25% igen wäßrigen Lösung von Ammoniak geweicht. Durch diese Behandlung wird das Wachstum von Blatt- und Wurzelkeim inhibiert. Nach kräftiger Wäsche des Malzes erfolgt nach Zugabe von 2 ppm Gibberellinsäure eine 6-tägige Keimung bei 16 °C, wobei das Feuchtigkeitsniveau bei ca. 40% gehalten wird. Die Darrung entspricht der des Normalmalzes. Ein Vergleich mit konventionell hergestelltem Malz (Weichen auf 42 bis 44%, 7 Tage Keimung bei 16 °C) ergab die in Tab. 6.15 dargestellten Werte [812].

Die Stickstoff-Fraktionierung nach *Lundin* zeigte praktisch dieselbe Verteilung der Eiweißsubstanzen. Der koagulierbare Stickstoff war beim ungekeimten Malz bedeutend niedriger als beim Vergleich. Darüber hinaus zeigten zahlreiche Mälzungsversuche mit verschiedenen Gersten, dass die Diastatische Kraft (wie auch die a-Amylase in der Tabelle) ein gegenüber dem Normalmalz etwas höheres Niveau hatte. Im Praxismaßstab ergab sich eine Verringerung der Mälzverluste um 6%; die Gesamtproduktionskosten verringerten sich durch die notwendigen Zusätze um ca. 5%.

6.4.7.3 Anwendung von Säure beim Mälzen

Die Anwendung von Säure beim Mälzen hat zum Gegenstand, zusammen mit dem Einsatz von Gibberellinsäure die Gerste mit 1400–6600 ppm Schwefelsäure beim Ausweichen zu besprühen. Durch die Säuerung soll die Atmung beschränkt und das Keimlingswachstum unterdrückt werden. Die hierbei auftretenden pH-Werte im Weichwasser sollen zwischen pH 1–3 liegen. Es zeigte sich

Tab. 6.15 Vergleich von Malz aus NH$_3$-behandelter Gerste ("ungekeimtes Malz") und Normalmalz.

	Ungekeimtes Malz	Normalmalz
Extrakt wfr. %	79,0	79,8
Brabenderhärte	59,6	60,9
Viskosität cP	1,62	1,60
Eiweißlösungsgrad %	37	38
Verzuckerungszeit min	25	20
Farbe EBC	3,3	3,4
α-Amylase ASBC wfr.	34,2	31,2

jedoch, dass die so behandelten fertigen Malze zu einem ranzigen Geruch oder Geschmack tendierten; auch begünstigte die saure Weiche das Wachstum von Schimmel oder Hefen auf dem Grünmalz. Dies kann durch Anwendung von Natrium- oder Kaliumbisulfit oder -metabisulfit unterdrückt werden. eine weitere Verbesserung des Verfahrens ist durch Zusatz von Kalkwasser zur Neutralisation der Säuren gegeben. Durch diese Maßnahmen kann der Mälzungsschwund auf 1,5–3% gesenkt werden, wobei die Abstimmung der Gibberellinsäure und der Schwefelsäuredosage die gewünschten Analysenwerte erbringt [813]. Da nun das Korn reich ist an niedermolekularen Substanzen (Zucker, Aminosäuren), besteht im Verein mit der erschwerten Trocknung infolge Fehlens der Wurzeln die Gefahr, dass eine unerwünschte Zufärbung entsteht. Um dies zu vermeiden, wird das Grünmalz vor dem Darren durch eine Mühle mit entsprechend weit eingestellten Walzen leicht angebrochen oder gequetscht, wodurch die Kornstärke um 30–50% zurückgeht und so leichter zu trocknen ist [814].

Eine weitere Möglichkeit der Säurebehandlung ist die, Keimgut vier Tage nach dem Ausweichen mit flüssigem Schwefeldioxid zu besprühen (600–1200 mg SO$_2$/kg Gerste). Bei diesem, ohne Zusatz von Gibberellinsäure hergestellten Malz, ergab sich eine Verringerung des Mälzungsschwandes sowie eine Verbesserung des Malzextraktes und der Eiweißlösung bei gleichem Endvergärungsgrad der Würze. α-Amylase und Diastatische Kraft erfuhren gegenüber dem Vergleichsmalz eine leichte Verringerung [815].

Die Anwendung unterschiedlicher Mengen von gasförmigem SO$_2$ (800–1333 mg/kg Gerste) auf befeuchtete keimende Gerste am 3. oder 4. Keimtag wurde ebenfalls vorgeschlagen, wobei sich der erstere Zeitpunkt im Hinblick auf die Mälzungsverluste als günstiger erwies. Der pH der Maische fiel um 0,3–0,4 Einheiten, wodurch die Lösung von Extrakt, Stickstoff und Anthocyanogenen gefördert wurde [816]. Dieser Effekt ist ähnlich demjenigen, der durch Schwefeln des Malzes zu erreichen ist, wenn auch in diesem letzteren Falle der Mälzungsschwand nicht reduziert wird.

6.4.7.4 Abcisinsäure

Abcisinsäure ist einer der Keimungsinhibitoren (Dormine, s. Abschnitt 3.4.1); sie vermag auch im keimreifen Korn das Wachstum zu dämpfen. Die Abcisinsäure ist in der Gerste vorhanden; sie nimmt während der Weiche ab und erfährt im Laufe der Keimung eine zunehmende Neubildung. Gibberellinsäure kann dagegen erst gegen Ende des Weichens festgestellt werden. Sie erreicht nach zwei Tagen ein Maximum und nimmt im weiteren Verlauf der Keimung wieder ab (s. Abschnitt 4.1.3). Durch eine Kombination von Gibberellinsäure und Abcisinsäure konnte die Mälzungszeit verkürzt, der Schwand verringert und analytisch der Extrakt, die Eiweißlösung und die Diastatische Kraft erhöht werden [817]. Die qualitativ besten Ergebnisse lieferte wohl das Malz mit 0,1 ppm Gibberellinsäure allein, die dabei die wirtschaftlich besten Ergebnisse erbrachte die kombinierte Gabe mit jeweils 0,1 ppm Gibberellin- und Abcisinsäure. Es wurden bei einer besseren Qualität als der der Kontrollprobe 0,7% mehr Malzextrakt gewonnen und geringere Mälzungsverluste festgestellt [818]. Abcisinsäure könnte anstelle von Bromat Verwendung finden.

6.4.7.5 Zusatz von Bakteriziden oder Fungiziden

Der Zusatz von Bakteriziden oder Fungiziden zum ersten Weichwasser hatte bei Vergleichen mit identischen unbehandelten Gerstenchargen folgende Effekte: Die Unterdrückung der Bakterienpopulation (meist gramnegativ) beschleunigte die Keimung und verbesserte die Extraktausbeute sowie die Lösungseigenschaften des Malzes. Die Unterdrückung der Schimmelpilze war jedoch ungünstig: Die Schimmelpilze entwickelten nämlich Enzyme, die die gersten-/malzeigenen Enzyme beim Mälzungsprozeß unterstützten: β-Glucanasen, Xylanasen und proteolytische Enzyme (s. Abschnitt 4.1.1.2). Eine Kenntnis des Mikroorganismenbesatzes könnte Maßnahmen unterstützen, um den Mälzungsprozeß voraushandelnd zu optimieren [819].

Ähnliche Ergebnisse erbrachten Versuche mit *Rhizopus-Arten*, die bei nicht keimfähiger Gerste (die also nicht fähig war, ihre eigenen cytolytischen Enzyme zu entwickeln) β-Glucanase- und Xylanase-Aktivitäten zeigten: Beide Enzyme erfuhren bei der Weiche und folgend in der Keimvorrichtung einen stetigen Anstieg, wodurch eine 90%ige Auflösung der Gerstenkörner erzielt wurde. Dies zeigte, dass der Zellwandabbau rasch und homogen war. Der limitierende Faktor war jedoch, wie die zugesetzten Enzyme über die äußeren Schichten des Korns zum Endosperm gelangen können [820].

6.4.7.6 Sonstige Mälzungszusätze

Glukose, in wäßriger Lösung gegen Ende der Keimung auf das Grünmalz aufgesprüht, erbringt eine Extraktzunahme, die höher ist als die Menge des angewendeten Zuckers [821]. Der pH fällt, wahrscheinlich durch Säuren, welche von Mikroorganismen in der Spelze erzeugt werden; damit dürfte ein Teil der Extrakterhöhung und der Mehrlösung an Stickstoff zu erklären sein.

Zuckerzusatz wird auch getätigt, um die Bildung von Nitrosodimethylamin beim Schwelken zu unterbinden (s. a. Abschnitt 7.2.4.9). Das patentierte Verfahren beinhaltet die Zugabe von 0,8% Zucker (bezogen auf Gerstengewicht), der 24 Stunden vor dem Haufenziehen auf das Grünmalz gesprüht wird. Es wurde angenommen, dass eine pH-Absenkung für die Unterbindung der Nitrosierungsreaktion verantwortlich sei [971].

Die Anwendung von *Gummiarabicum* zum Besprühen des Grünmalzes (208 g/100 kg Malz) erbringt in Verbindung mit höheren Abdarrtemperaturen (über 90 °C) einige Vorteile für das fertige Bier: besseren Schaum, gleich gute oder bessere kolloidale Stabilität, ausgeprägtere Vollmundigkeit und malzigeren Geschmack, so dass schließlich das Bier schwächer eingebraut werden kann [822].

6.4.8
Schlußfolgerungen

Die Anwendung von Wuchs- und Hemmstoffen ist in Deutschland nicht gestattet. Es haben aber auch andere Länder gesetzliche Beschränkungen für den Einsatz von Stoffen erlassen, die u. U. öffentlich nicht zu rechtfertigen sind oder deren Auswirkungen auf das fertige Produkt Bier noch nicht überblickt werden können. Viele Brauereien oder Brauereigruppen verlangen in ihren Malzverträgen, dass „ihr" Malz ohne Zusatzstoffe, d.h. ohne Gibberellinsäure, Enzyme und Bromat hergestellt wird.

In einer Reihe von Ländern ist die Gesetzgebung liberaler, da es an hochqualifizierten Braugersten mangelt oder die Witterungsgegebenheiten eine konstante Qualität in Frage stellen. Hier reichen normalerweise Gibberellinsäure und *β*-Glucanasen aus, um den erhöhten Enzymbedarf bei Rohfruchtverarbeitung und die gewünschte gute Auflösung zu erreichen. Die Kombination Gibberellinsäure/Bromat in Verbindung evtl. mit einer mechanischen Bearbeitung der Gerste oder des Weichgutes dient dem Ziel einer möglichst wirtschaftlichen Malzherstellung, die doch gegenüber der konventionellen Arbeitsweise um ca. 48 Stunden kürzer ist und die mit rund 70% des üblichen Malzschwandes auskommt.

Viele der geschilderten Verfahren sind über das Versuchsstadium nicht hinausgelangt. Als Forschungsarbeiten haben sie zur Kenntnis der Zusammenhänge der biochemischen Abläufe bei der Keimung beigetragen.

6.5
Das fertige Grünmalz

Das durch die Keimung erhaltene Produkt, das „Grünmalz" ist der Gerste gegenüber äußerlich charakterisiert durch mehr oder weniger lange Wurzelkeime, durch Blattkeime, die ein bestimmtes Maß der Kornlänge erreicht haben sowie durch seinen Feuchtigkeitsgehalt und seine Zerreiblichkeit.

Im Korninnern sind eine Vielzahl von Vorgängen abgelaufen, die das Grünmalz gegenüber der Gerste durch die wesentlich größere Menge an verschiedensten Enzymen sowie die Umwandlung der einzelnen Stoffgruppen unterscheiden.

Der Mälzer wird, da Grünmalzanalysen nur schwer reproduzierbar durchzuführen sind, das Grünmalz nach seinen äußeren Eigenschaften beurteilen und hieraus Rückschlüsse über den Ablauf des Mälzungsprozesses und die Zweckmäßigkeit der angewendeten Maßnahmen ziehen.

Der *Geruch* des Grünmalzes soll frisch und gurkenartig sein. Ein säuerlicher, obstartiger Geruch läßt auf eine falsche Behandlungsweise schließen, z. B. intramolekulare Atmung durch zu langes und häufiges Spritzen, u. U. zur Nachahmung einer Wiederweiche, zu lange CO_2-Rasten bei intermittierender Belüftung, ungleichmäßige Belüftung bei verlegten Horden, oder gar eine bei der Lagerung verdorbene und schließlich unsachgemäß geweichte Gerste. Ein dumpfer schimmeliger Geruch deutet auf die Verarbeitung verschimmelter Gerste, ungenügende Reinigung derselben in der Weiche, oder auf eine Sekundärinfektion auf der Tenne oder im Keimapparat hin. Letzteres ist selten, wenn nicht Gerste mit viel verletzten Körnern oder eine zum Zwecke verkürzter Keimung abgeschliffene oder gequetschte Gerste zur Verarbeitung kommt.

Auch aufgerissene Körner können einen Infektionsschub erfahren. Dumpfer, abgestandener Geruch kann auch durch einen höheren Anteil an abgeriebenen Wurzelkeimen entstehen, die sich zwischen die Grünmalzkörner setzen und die gleichmäßige Belüftung des Haufens erschweren. Aus diesem Grunde ist das *Aussehen* des Keimgutes täglich, bzw. des Grünmalzes zu prüfen und vor allem dem Mikroorganismenbefall Aufmerksamkeit zu schenken: grüne Schimmelrasen durch *Penicillium*, schwarze durch *Rhizopus*- und *Aspergillus*- oder rote durch *Fusarien*arten, deren Auftreten auf der Kornoberfläche, im Mehlkörper oder an beschädigten Stellen. Das Auszählen von (Gushing-) „relevanten" Körnern kann schon ab 0,5% Befall eine Sonderbehandlung der Partie erfordern.

Das *Gewächs des Wurzelkeims* soll gleichmäßig entwickelt und frisch sein; braune, verwelkte Keime deuten auf Wasserverlust durch unzweckmäßige Haufenführung hin. Der Verlust der gewünschten Feuchte kann zu unbefriedigender Auflösung führen. Keimabrieb stärkeren Ausmaßes deutet bei Keimkasten mit Schneckenwendern auf zu oftmaligen Wenderlauf bzw. auf eine unbefriedigende Arbeitsweise des Wenders hin.

Keimabrieb hat eine übermäßige Entwicklung des Blattkeims zur Folge.

Das Gewächs des Wurzelkeimes ist täglich zu überprüfen und das Ergebnis in der Kontrollkarte festzuhalten. Dasselbe gilt für Ausbleiber.

Der *Blattkeim* soll ebenfalls eine möglichst gleichmäßige Entwicklung zeigen. Husaren sind unerwünscht, sie lassen sich jedoch bei ungleichmäßigen Gerstenpartien und bei häufigerem Spritzen und bei Wurzelabrieb nicht immer vermeiden. Im Gegensatz zu Husaren, die durch falsche Haufenführung (Warmwerden des Haufens, Schwitzwassereinwirkung, Spatzenbildung) hervorgerufen wurden, zeigen diese Körner eine trockene Mehlkörperauflösung.

Beschädigte Körner haben meist ein abnormales Blattkeimwachstum, d.h. vermehrten Husarenanfall zur Folge.

Die *Aufläsung*, d.h. die Zerreiblichkeit des Korns soll trocken und mehlig sein. Bei nicht voll gelösten Körnern ist zu prüfen, wie weit die Lösung des Mehlkörpers fortgeschritten ist. Schwer lösliche, mit zu niedriger Feuchtigkeit geführte Gersten zeigen oftmals in den Randzonen, besonders auf der Bauchseite (s. Abschnitt 4.1.3), eine speckige Beschaffenheit. Die Auflösung soll bei allen Körnern möglichst gleichmäßig gediehen sein (Homogenität). Eine schmierige oder teigige Auflösung kann von zu spätem oder zu starkem Spritzen herrühren. Derartige Körner neigen zu Geruchsfehlern. Sie sind schwer zu trocknen und geben glasige, beim Maischen schwer aufschließbare Malze.

Der *Wassergehalt* des Grünmalzes vor dem Haufenziehen sollte ermittelt werden, um eine letzte Kontrolle über die Feuchtigkeitsverhältnisse bei der Keimung zu haben. Selbst wenn in den letzten Stunden u.U. zur Entlastung der Darre ohne Luftbefeuchtung gearbeitet wurde, so gibt doch auch hier noch die Kenntnis der Grünmalzfeuchte einen Hinweis auf die spätere Darrarbeit.

Eine visuelle Kontrolle des Haufens in jedem Stadium des Wachstums gibt – selbst bei größten und voll automatisierten Anlagen – Aussagen über die einzuleitenden Maßnahmen. Die Beurteilung des fertigen Grünmalzes wiederum ist eine wertvolle Kontrolle derselben. Sie muß jedoch unter Berücksichtigung des gewünschten Malztyps und der zu erwartenden Umsetzungen beim Schwelken und Darren erfolgen.

7
Das Darren des Grünmalzes

7.1
Allgemeines

Das Grünmalz ist wegen seines hohen Wassergehaltes leicht verderblich und muß deshalb durch einen entsprechenden Wasserentzug in einen lagerfesten Zustand überführt werden. Auch sollen die bei der Keimung ablaufenden chemisch-biologischen Umsetzungen zu einem gewissen Abschluß gebracht und die Gegebenheiten der einzelnen Stoffgruppen fixiert werden.

Daneben ist es Aufgabe des Darrens, den grünen, rohfruchtartigen Geruch und Geschmack des Grünmalzes zum Verschwinden zu bringen und dem Malz ein, je nach Typ, charakteristisches Aroma und eine bestimmte Farbe zu verleihen. Außerdem ist die Entfernung der Wurzelkeime notwendig, da sie einen erneuten Wasseranzug des getrockneten Malzes fördern können.

Diese Ziele werden durch das Trocknen und Darren des Malzes erreicht. Die Führung des Trocknungs- und Darrprozesses bestimmt im Verein mit der Beschaffenheit und Auflösung des Grünmalzes Charakter und Farbe des Malzes. Dies findet besonders sinnfällig in den Unterschieden der hellen und dunklen Malze seinen Ausdruck, die beide von sich aus Farbe, Geschmack und Zusammensetzung der entsprechenden Biertypen festlegen.

7.2
Die Theorie des Darrens

Das Grünmalz erfährt beim Darren tiefgreifende physikalische und chemische Veränderungen. Sie sind bei beiden Malztypen – hell und dunkel – sehr verschieden und hängen davon ab, mit welcher Geschwindigkeit und bei welchen Temperaturen der Wasserentzug erfolgt und wie lange abgedarrt wird.

Die Bierbrauerei Band 1: Die Technologie der Malzbereitung. Achte Auflage.
Ludwig Narziß und Werner Back.
© 2012 WILEY-VCH Verlag GmbH & Co. KGaA. Published 2012 by WILEY-VCH Verlag GmbH & Co. KGaA

7.2.1
Die physikalischen Veränderungen

Sie erstrecken sich auf folgende Eigenschaften des Korns: Wassergehalt, Volumen, Gewicht und Farbe.

7.2.1.1 Entwässerung des Grünmalzes

Die Entwässerung des Grünmalzes, das am Ende der Keimung noch etwa den maximalen Feuchtigkeitsgehalt aufweisen soll, führt von 41–43% bei konventionellen und 45–50% bei Grünmalzen aus intensiven Mälzungsverfahren auf einen Wassergehalt von 3,5–4% bei hellen und 1,5–2% bei dunklen Darrmalzen.

Bei diesem Entwässerungsvorgang unterscheidet man zwei Stufen:

a) Das *Schwelken,* d. h. die Trocknung des Grünmalzes bei niedrigen Temperaturen bis auf einen Wassergehalt von ca. 10%. Dieser Wasserentzug ist bis zum sogenannten Hygroskopizitätspunkt bei 18–20% Feuchte leicht durchführbar. Die Trocknung auf 10% erfolgt zwar zögernder, sie ist aber immer noch verhältnismäßig einfach. Dieses Stadium ist bei Hochleistungsdarren am sprunghaften Ansteigen der Ablufttemperaturen, am „Durchbruch" erkennbar, bei Zweihordendarren am leichten „Durchtreten" der Malzschicht und am Abfallen der Wurzelkeime. Die Art und Weise des Schwelkens ist bei hellem und dunklem Malz sehr verschieden.

b) Das *eigentliche Trocknen,* wobei die Entwässerung des hellen Malzes auf 3,5–4%, die des dunklen bis auf 1,5–2% weitergeführt wird. Dieser Wasserentzug wird mit fortschreitender Trocknung immer schwieriger, da ihm Kapillar- und schließlich Kolloidkräfte des Korninhalts entgegenwirken. Auch das Schrumpfen bzw. Abfallen der Wurzelkeime trägt dazu bei, die Wasserableitung in diesem Stadium zu verlangsamen. Hier müssen dann Temperaturen von 80–105 °C angewendet werden.

7.2.1.2 Volumenänderung

Das Gerstenkorn erhöht durch die Wasseraufnahme in der Weiche und bei der Keimung sein Volumen: Es ist prall. Durch eine weitgehende Auflösung werden im Korninnern feine Hohlräume gebildet, die durch eine sachgemäße Führung des Schwelk- und Darrprozesses möglichst weitgehend erhalten werden sollen. Hierdurch erfährt das Malz gegenüber der Gerste eine scheinbare Volumenzunahme um 16–23%, in günstigsten Fällen sogar von über 24% [823]. Dieses Ziel kann nur bei vorsichtiger Entwässerung unter Anwendung hoher Luftmengen und niedriger Temperaturen möglich sein. Auf diese Weise wird ein Malz erzielt, das die guten Eigenschaften des Grünmalzes behalten hat, das enzymstark, mürb und gut zu schroten ist. Bei zu raschem Trocknen und bei Einwirkung hoher Temperaturen auf das noch feuchte Korn erfährt dieses eine Schrumpfung seiner Poren, die Außenzonen verhärten sich und es kommt zur Ausbildung der Darrglasigkeit. Hierdurch wird wiederum die Abführung der in der Tiefe des Korns befindlichen Feuchtigkeit erschwert. Das Korn wird schwer und hart, was durch die Bestimmung des Hektolitergewichts oder des spezifischen Gewichts in Verbindung mit einem Kornlängsschnitt zu beweisen ist [824]. Derartige Malze geben beim Maischen ihren Extrakt nur unvollkommen her. Beim Besprechen der Darrtypen und der Verfahrensweise wird auf dieses Problem nochmals zurückzukommen sein (s. Abschnitt 7.2.4.10). Gut gelöste Malze neigen weniger zum Schrumpfen als schlecht gelöste.

7.2.1.3 Gewicht des Grünmalzes
Dieses verändert sich naturgemäß beim Trocknen durch den Entzug des Wassers. 100 kg Gerste ergeben etwa 160 kg Grünmalz von ca. 47% Wassergehalt, Daraus entstehen ca. 80 kg Darrmalz. Es muß demnach eine Wassermenge entzogen werden, die ungefähr dem Gewicht des fertigen Darrmalzes entspricht. Grünmalz, speziell solches aus modernen Mälzungsverfahren stammend, besteht rund zur Hälfte aus Wasser.

7.2.1.4 Farbe
Sie verändert sich vom Grünmalz (1,8–2,5 EBC-Einheiten) auf 2,3–4,0 bei hellem, 5–8 bei „Wiener" und 9,5–21 EBC-Einheiten bei dunklem Malz. Ein aromatischer Geruch und Geschmack des Malzes gehen der Farbebildung etwa parallel. Für die Entwicklung der hieran beteiligten Substanzen sind jedoch chemische Umsetzungen verantwortlich.

7.2.2
Die chemischen Veränderungen

Hier sind drei verschiedene Abschnitte zu erkennen, mit jeweils unterschiedlichen Reaktionen:
a) die als Folge weiteren natürlichen Wachstums enzymatische Abbau- und Aufbauvorgänge beinhalten (Wachstumsphase),
b) die nach Aufhören des Wachstums noch als rein enzymatische Reaktionen weiterlaufen (enzymatische Phase),
c) die nach weitgehender Trocknung oder nach eingetretener Wärmestarre des Korns vor sich gehen und die als rein chemische Umsetzungen zu betrachten sind. Sie laufen unter dem Einfluß der Wärme und des jeweils vorliegenden Wassergehalts ab (chemische Phase).

Die chemischen Veränderungen sind bei den verschiedenen Malztypen und bei den verschiedenen Darrstadien quantitativ und qualitativ verschieden.

7.2.2.1 Wachstum
Das Wachstum ist feststellbar, solange die Feuchtigkeit im Gut nicht unter 20% fällt und die Temperatur nicht über 40 °C steigt. Es äußert sich dies in einer Zunahme der Blattkeimlänge, die bis zum Ende des Schwelkprozesses verfolgbar ist [825]. Die Enzyme bewirken ein Fortschreiten der Auflösung, die sich in einer Erhöhung der Menge des löslichen Stickstoffs, der niedermolekularen Stärkeabbauprodukte und in einem weiteren Abbau der Zellwände des Mehlkörpers

äußert. Die Umsetzungen sind um so stärker, je höher der Feuchtigkeitsgehalt und je höher die Temperatur im Bereich bis zu etwa 30 °C ist, andernfalls tritt bereits eine Inaktivierung empfindlicher Enzyme ein. Nachdem jedoch das Wachstum des Keimlings im Verhältnis zu den enzymatischen Vorgängen gering ist, tritt eine Anhäufung von niedermolekularen Abbauprodukten während dieser und der folgenden Phase ein. Die Entwicklung einer Reihe von Enzymen schreitet als Folge dieser Reaktionen fort. Bei anderen stellt sich von Anfang an eine Verringerung der Aktivität ein. Die intensiven Stoffwechselvorgänge in den ersten Stunden der Schwelke, z. B. bei 55 °C spiegeln sich in einer kräftigen Kohlensäureentwicklung im Gut wieder, die das 2–4 fache derjenigen während der letzten Keimtage erreichen kann. Sie kommt mit einer Verringerung der Gutsfeuchte unter 10% zum Erliegen [825].

Je schonender die Trocknung des Grünmalzes, je geringer dessen Wassergehalt bei Eintritt in die Abdarrtemperaturen, um so mehr Keimlinge bleiben am Leben. So waren z. B. nach 24 Stunden Schwelkzeit bei 35–55 °C und einem Wassergehalt von 8% noch 75%, ja bis zu 90% der Körner keimfähig [826–828].

7.2.2.2 Enzymatische Phase

Die enzymatische Phase ist im Temperaturbereich von 40–70 °C wirksam. Vor allem Amylasen, Peptidasen, Glucanasen und Phosphatasen führen die obengenannten Abbauvorgänge fort, bis entweder der sinkende Wassergehalt der Enzymwirkung ein Ende bereitet, oder höhere Temperaturen eine Inaktivierung der Enzyme bewirken. Da die Enzyme bei niedrigeren Wassergehalten bedeutend widerstandsfähiger sind als bei höheren, bleiben sie in um so größeren Mengen erhalten, je frühzeitiger dem Grünmalz das Wasser entzogen wird.

Diese Umstände werden bei der verschiedenartigen Darrweise heller und dunkler Malze berücksichtigt. So erfahren die hellen Malze infolge des frühzeitigen, starken Wasserentzuges bei niedrigen Temperaturen nur eine verhältnismäßig geringe Veränderung ihrer Inhaltsstoffe durch Enzymwirkung, wie auch der Enzymverlust beim Abdarren in engen Grenzen gehalten wird. Die dunklen Malze werden dagegen bei höheren Feuchtigkeitsgehalten und höheren Temperaturbereichen geschwelkt, so dass infolge stärkerer Enzymwirkung mehr Abbauprodukte entstehen. So gelangen diese Partien aber auch mit einem verhältnismäßig hohen Wassergehalt in Temperaturen von über 80 °C und werden zudem bei 100–105 °C ausgedarrt. Dies ist der Grund dafür, dass die ursprünglich enzymreichen dunklen Grünmalze einen relativ hohen Verlust an Enzymaktivität erleiden.

7.2.2.3 Chemische Phase

Die chemische Phase beinhaltet bei Temperaturen von über 70 °C, die über dem Wirkungsbereich der meisten Enzyme liegen, Umwandlungen, die eine Strukturänderung von hochmolekularen Substanzen, vor allem proteinischer Natur, bewirken. So tritt eine Koagulation und Dispersitätsgradvergröberung kolloider Stickstoffkörper ein; die physikalisch-chemischen Eigenschaften von β-Glucan verändern sich durch Bildung von Gruppen kleineren Molekulargewichts und niedriger Viskosität [829]. Am bedeutendsten sind jedoch jene chemischen Umsetzungen, die zur Bildung von aroma- und farbgebenden Substanzen führen. Sie beginnen bereits bei verhältnismäßig niedrigen Temperaturen, zeigen aber das volle Ausmaß der Farbe- und Aromabildung erst in Temperaturbereichen von über 95–100 °C.

7.2.3
Die Beeinflussung der Enzyme beim Darren

Alle Enzyme sind in ihrem Verhalten naturgemäß von den Gegebenheiten des Schwelkprozesses und von den angewendeten Abdarrtemperaturen abhängig.

7.2.3.1 Stärkeabbauende Enzyme
Von den stärkeabbauenden Enzymen liegen exakte Untersuchungen über die beiden Amylasen vor.

Die *a-Amylase* zeigt während der 12-stündigen Schwelkphase bei 50 °C einen deutlichen Anstieg, der jedoch in den einzelnen Schichten der Einhordenhochleistungsdarre nicht gleichmäßig verläuft [302].

So erreicht die mittlere Schicht nach 8 Stunden ein Maximum von 31% über dem Wert des Grünmalzes, während in der unteren bzw. oberen Schicht der Höchstgehalt von 29 bzw. 27% erst nach 10 Stunden vorliegt. Bereits während des Schwelkens tritt wiederum ein leichter Rückgang der Enzymaktivität ein, der naturgemäß in der Oberschicht am geringsten ist. Die Verluste beim Aufheizen auf die Abdarrtemperatur von 80 °C und beim vierstündigen Halten derselben sind in der untersten Schicht am meisten ausgeprägt. Die Endwerte des Darrmalzes liegen aber immer noch 17 bzw. 12% über dem Grünmalzniveau (Abb. 7.1). Den Einfluß unterschiedlicher Schwelkverfahren zeigt Tab. 7.1.

Es zeigte sich, dass eine Schwelke mit niedrigen Anfangstemperaturen und stufenweiser Erhöhung das größte Maximum erreicht. Die Endwerte nach dem Abdarren sind stets gleich. Dagegen liefert ein stetiges Aufheizen während des

Tab. 7.1 Verhalten der α-Amylase (ASBC) bei verschiedenen Schwelkverfahren (Durchschnittswerte der drei Schichten, Grünmalzwert = 100%).

Schwelkverfahren	12 h 50 °C	12 h 65 °C	je 4 h 35/50/65 °C	in 12 h um 2,5 °C/h von 50 °C auf 80 °C steigern
Grünmalz %	100	100	100	100
Maximum beim Schwelken %	127	130	136	111
Ende Schwelken %	123	122	136	105
Ende Abdarren %	116	115	116	98

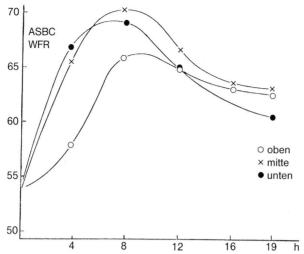

Abb. 7.1 Verlauf der α-Amylaseaktivität beim Schwelken (12 h 50 °C) und Darren (4 h und 80 °C).

Tab. 7.2 Einfluß der Abdarrtemperatur auf die α-Amylaseaktivität (ASBC wfr.).

Abdarrtemperatur °C	75	80	85	90	95
Gerstensorte:					
Eli	80	83	71	71	63,5
Volla	77	71,5	66	60	56
Wisa	71	71	62	59	54,5
Bido	77	71	66	64	56

Tab. 7.3 Einfluß der Abdarrtemperatur auf die α-Amylase-aktivität [822].

Abdarrtemperatur °C	70	80	90	100
Darrmalzaktivität in % der Grünmalzaktivität	116	109	108	95

Schwelkens im Sinne einer Beschleunigung des Darrprozesses die geringsten Maximalwerte; hier erweist sich auch das Darrmalz enzymärmer als das Grünmalz.

Die Abdarrtemperatur hat naturgemäß einen stärkeren Einfluß, der auch etwas von der Gerstensorte abhängen dürfte [830].

Bei schonender Trocknung (12 Std. bei 50 °C) und einer der jeweiligen Abdarrtemperatur angeglichenen Aufheizphase (10 °C/h) sind die Verluste an α-Amylaseaktivität bemerkenswert gering. Sie betragen selbst bei 100 °C nur 5% des beim Schwelken festgestellten Höchstwertes.

Dies zeigt, dass u. U. die Führung der Schwelke eine weiterreichende Auswirkung haben kann als die Ausdarrtemperatur selbst.

Die β-Amylase ist erfahrungsgemäß temperaturempfindlicher, sie reagiert auf die Temperaturführung stärker als die α-Amylase.

Hier zeigt stets die oberste Schicht eine kräftigere Entwicklung als die beiden andern, die relativ nahe beisammen liegen (Abb. 7.2) [302].

Den Einfluß der Schwelkverfahren läßt Tab. 7.4 erkennen.

Bei der schärfsten Vortrocknung (bei 65 °C) sind die Verluste der β-Amylaseaktivität am geringsten. Offenbar war das Malz bei gestaffelten Schwelktemperaturen bis zum Eintritt in die letzte Phase des Schwelkprozesses oder beim Abdarren noch nicht genügend vorgetrocknet, so dass ähnlich hohe Verluste entstanden wie beim direkten Aufheizen auf die Abdarrtemperatur (Abb. 7.3). Die Abdarrtemperatur wirkt sich naturgemäß auf die Inaktivierung der β-Amylase sehr deutlich aus [831].

Die Grenzdextrinase nimmt während des Schwelkens bei 4 h bei 48 °C und 14 h bei 60 °C geringfügig, d. h. um rund 15% zu, beim Darren mit 85 °C wie-

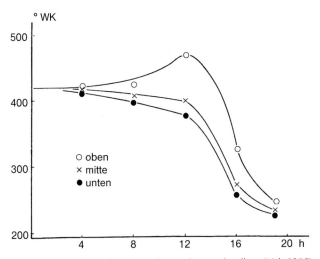

Abb. 7.2 Verlauf der β-Amylaseaktivität beim Schwelken (12 h 50 °C) und Darren (4 h 80 °C).

Tab. 7.4 Verhalten der β-Amylase bei verschiedenen Schwelkverfahren (Durchschnittswerte der drei Schichten, °WK, Grünmalzwert = 100%).

Schwelkverfahren	12 h 50 °C	12 h 65 °C	je 4 h 35/50/65 °C	2,5 °C/h
Grünmalz %	100	100	100	100
nach 4 Stunden %	100	109	110	112
Ende Schwelken %	98,5	97	73	79
Ende Abdarren %	56	67	53	54

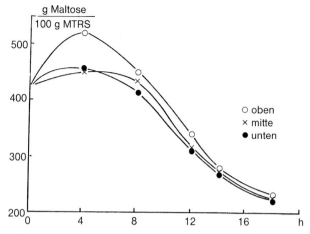

Abb. 7.3 Verlauf der β-Amylaseaktivität bei steigenden Schwelktemperaturen (je 4 h, 35, 50 und 65 °C) und beim Darren (4 h 80 °C).

Tab. 7.5 Einfluß der Abdarrtemperatur auf die β-Amylaseaktivität.

Abdarrtemperatur °C	70	80	90	100
Restaktivität in % der Grünmalzaktivität	69,1	55,8	38,0	28,2

der um ca. 30% ab. Während die Schwelkverfahren einen nur geringen Einfluß auf die Endwerte an diesem Enzym ausübten, bewirkte eine Erhöhung der Abdarrtemperatur auf 90 °C einen größeren Verlust um ca. 50% [832].

7.2.3.2 Peptidasen

Die Peptidasen weichen in ihrem Verhalten von dem der Amylasen ganz beträchtlich ab. Sie zeigen alle während des Schwelkprozesses eine sehr kräftige Vermehrung ihrer Aktivität.

Die *Endo-Peptidasen* entwickeln sich je nach der angewendeten Schwelktemperatur in den einzelnen Schichten verschieden [302] (Abb. 7.4 und 7.5).

Demgemäß lassen die einzelnen Schwelkverfahren folgende Ergebnisse erkennen (Tab. 7.6):

Das Darrmalz hatte stets mehr Endo-Peptidasen-Aktivität als das Grünmalz. Bei intensiven Schwelk- und Darrverfahren nahm die Aktivität während des Ausdarrens sogar noch zu.

Die Auswirkungen verschieden hoher Abdarrtemperaturen zeigt Tab. 7.7.

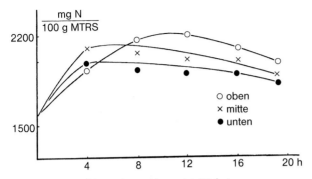

Abb. 7.4 Verlauf der Endopeptidasenaktivität beim Schwelken (12 h 50 °C) und Darren (4 h 80 °C).

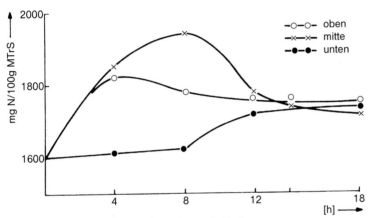

Abb. 7.5 Verlauf der Endopeptidasenaktivität bei hohen Schwelktemperaturen (12 h 65 °C) und nachfolgendem Darren (4 h 80 °C).

Tab. 7.6 Verhalten der Endo-Peptidasen (Durchschnittswerte aus den drei Schichten, mg N/100 g MTrS, Grünmalzwert = 100 %).

Schwelkverfahren	12 h 50 °C	12 h 65 °C	je 4 h 35/50/65 °C	2,5 °C/h
Grünmalz %	100	100	100	100
nach 4 Stunden %	131	110	117	120
Schwelkmalz %	130	108	119	128
Darrmalz %	120	108	125	125

Tab. 7.7 Einfluß der Abdarrtemperatur auf die Endo-Peptidasenaktivität [831].

Abdarrtemperatur °C	70	80	90	100
Restaktivität in % der Grünmalzaktivität	117	136	121	110

Die Endo-Peptidasen haben eine Temperaturresistenz, die selbst bei sehr hohen Abdarrtemperaturen gegenüber dem Schwelkmalz noch eine geringfügige Mehrung der Enzymaktivität erkennen läßt.

Diese Erscheinung deckt sich mit den Erkenntnissen, die beim Maischen gewonnen wurden.

Auch hier zeigte sich eine unvermutet hohe Resistenz der Enzyme gegenüber höheren Temperaturen [299].

Der Verlauf der *Exo-Peptidasen* ist zunächst am Beispiel der *Leucinaminopeptidasen* in Abb. 7.6 dargestellt.

Beim Schwelken ist eine Vermehrung auf das Fünffache des Grünmalzwertes gegeben. Wie die Tab. 7.8 zeigt, sind vor allem höhere Schwelktemperaturen der Entwicklung des Enzyms günstig [302].

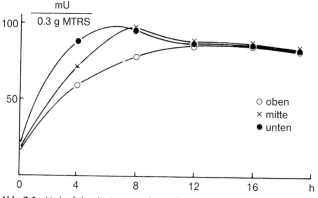

Abb. 7.6 Verlauf der Aminopeptidasenaktivität beim Schwelken (12 h 50 °C) und Darren (4 h 80 °C).

Tab. 7.8 Verhalten der Leucinaminopeptidasen (Durchschnittswerte aus den drei Schichten, mU/mgTrS, Grünmalzwert=100%).

Schwelkverfahren	12 h 50°C	12 h 65°C	je 4 h 35/50/65°C	2,5°C/h
Grünmalz %	100	100	100	100
nach 4 Stunden %	444	536	204	365
Schwelkmalz %	534	515	442	524
Darrmalz %	522	503	471	555

Den Einfluß der Abdarrtemperaturen zeigt Tab. 7.9.

Selbst hohe Abdarrtemperaturen bleiben bei dem angewandten, sehr intensiven Schwelverfahren ohne größere Wirkung. So läßt das bei 100 °C abgedarrte Malz noch eine Aktivität von 270% des Grünmalzwertes erkennen.

Die *Dipeptidasen* sind temperaturempfindlicher, was sich vor allem bei der Entwicklung des Enzyms in den verschiedenen Malzschichten zeigt [302], wie aus Abb. 7.7 und 7.8 hervorgeht.

Den Einfluß der verschiedenen Schwelverfahren läßt Tab. 7.10 erkennen.

Es tritt bereits bei längerem Einhalten der Schwelktemperaturen, d. h. wenn auch die oberen Schichten in diesen Temperaturbereich kommen, eine starke Inaktivierung des Enzyms ein. In diesem Falle ist der Enzymverlust beim Abdarren geringer.

Die *Carboxypeptidasen* erfahren beim Schwelken einen Zuwachs, der bei einer konstanten Temperatur von 50 °C oder 65 °C höher ist (Abb. 7.9, 7.10) als bei schrittweise von 35° über 50° auf 65 °C angehobenen Trocknungstemperaturen [219]. Dies zeigt auch die Tab. 7.11.

Beim Abdarren tritt sogar noch eine Erhöhung bei 70 °C gegenüber den Maximalwerten beim Schwelken ein. Erst über 80 °C ist eine zunehmende Schädigung der Carboxypeptidasenaktivität zu bemerken.

Dennoch ist bei allen hier aufgeführten Versuchen mit unterschiedlichen Abdarrtemperaturen ein relativ geringer Einfluß – selbst bei 100 °C – festzustellen.

Tab. 7.9 Leucinaminopeptidasen beim Abdarren [822].

Abdarrtemperatur °C	80	90	100
Enzymaktivität in % der Grünmalzaktivität	355	368	270

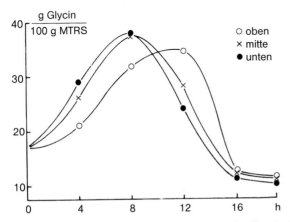

Abb. 7.7 Verlauf der Dipeptidasenaktivität beim Schwelken (12 h 50 °C) und Darren (4 h 80 °C).

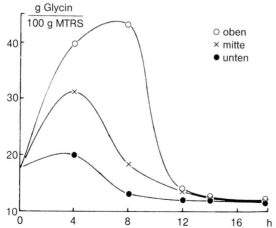

Abb. 7.8 Verlauf der Dipeptidasenaktivität bei hohen Schwelktemperaturen (12 h 65 °C) und nachfolgendem Darren (4 h 80 °C).

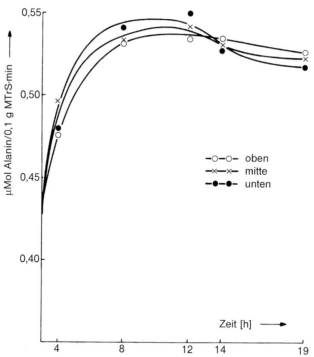

Abb. 7.9 Verlauf der Carboxypeptidasenaktivität beim Schwelken (12 h 50 °C) und Darren (4 h 80 °C).

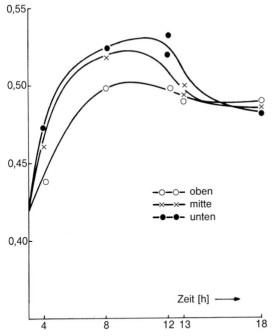

Abb. 7.10 Verlauf der Carboxypeptidasenaktivität bei höheren Schwelktemperaturen (12 h 65 °C).

Tab. 7.10 Verhalten der Dipeptidasen (Durchschnittswerte der drei Schichten, mg Glycin/1 g MTrS, Grünmalzwert = 100 %).

Schwelkverfahren	12 h 50 °C	12 h 65 °C	je 4 h 35/50/65 °C	2,5 °C/h
Grünmalz %	100	100	100	100
nach 4 Stunden %	138	174	100	195
Schwelkmalz %	165	77	132	116
Darrmalz %	63	69	85	73

Tab. 7.11 Verhalten der Carboxypeptidasen beim Schwelken (Durchschnittswerte der drei Schichten, µMol Alanin/0,1 g MTrS, Grünmalzwert = 100 %).

Schwelkverfahren	12 h 50 °C	12 h 65 °C	je 4 h 35/50/65 °C
Grünmalz %	100	100	100
nach 4 Stunden %	113	109	107
Schwelkmalz %	127	123	111
Darrmalz (80 °C) %	122	116	109

Tab. 7.12 Carboxypeptidasen bei verschiedenen Abdarr-temperaturen.

Abdarrtemperatur °C	70	80	90	100
Restaktivität in % des Schwelkmalzes	104,6	94,7	83,9	76,0

Dies dürfte darauf zurückzuführen sein, dass die Trocknung sehr vorsichtig bei 50 °C durchgeführt wurde und das anschließende Aufheizen zur Abdarrtemperatur nur mit einer Geschwindigkeit von 10 °C pro Stunde erfolgte.

7.2.3.3 Hemicellulasen

Die Hemicellulasen zeigen eine sehr unterschiedliche Temperaturempfindlichkeit.

Die *Endo-β-Glucanasen* sind nach eigenen Untersuchungen verhältnismäßig temperaturstabil, was die Ergebnisse der in Tab. 7.13 dargestellten Schwelkversuche zeigen [302].

Auch hier bringen hohe Schwelktemperaturen eine vorzeitige Verringerung der Enzymaktivität mit sich.

Höhere Abdarrtemperaturen vermögen das Enzym bei guter Vortrocknung nur mehr wenig zu schädigen [831].

Es bleiben jedoch die Inaktivierungsraten deutlich hinter denen anderer Autoren zurück, die kürzere Schwelkzeiten und wesentlich längere Ausdarrperioden eingehalten hatten (Tab. 7.15).

Die positive Wirkung einer niedrigeren Anfangstemperatur und einer stufenweisen Erhöhung bis zur endgültigen Trocknungstemperatur wurde auch in ei-

Tab. 7.13 Verhalten der Endo-β-Glucanasen (Durchschnitts-werte der drei Schichten, Grünmalzwert = 100%).

Schwelkverfahren	12 h 65 °C	je 4 h 35/50/65 °C	2,5 °C/h
Grünmalz %	100	100	100
Schwelkmalz %	87	94	72
Darrmalz %	54	80	64

Tab. 7.14

Abdarrtemperatur °C	70	80	90	100
Restaktivität in % der Grünmalzwerte	99	96	80	55

Tab. 7.15 Endo-β-Glucanasen- und α-Amylaseaktivität [89] nach 8 Stunden Schwelken bei 40 °C und 16 Std. Abdarren.

Abdarrtemperatur	Wassergehalt im fertigen Malz %	Glucanase %	α-Amylase %
gefriergetrocknetes Grünmalz	10	100	100
45 °C	10	90–100	100
65 °C	7	70–75	100
85 °C	3	34–43	70

Tab. 7.16 Verhalten der Exo-β-Glucanasen (Durchschnittswerte in drei Schichten, mg Glukose/1 g MTrS, Grünmalzwert = 100%).

Schwelkverfahren	12 h 50 °C	12 h 65 °C	je 4 h 35/50/65 °C	2,5 °C/h
Grünmalz %	100	100	100	100
nach 4 Stunden %	67,5	50	100	68
Schwelkmalz %	47,5	14,3	46	18,2
Darrmalz %	45	0,9	34	1,1

Tab. 7.17 Abdarrtemperatur und Exo-β-Glucanaseaktivität [831].

Abdarrtemperatur °C	70	80	90	100
Restaktivität in %	45,6	40,1	30,9	27,4

nem experimentell unterlegten Simulationsmodell bestätigt, ebenso die deutliche Minderung der β-Glucanase-Aktivität bei Abdarrtemperaturen über 80 °C [832].

Die *Exo-β-Glucanase* ist sehr empfindlich (Tab. 7.16).

In der unteren Schicht ist bei 50 °C bereits nach 7–8 Stunden das Minimum erreicht, das auch beim Abdarren nicht mehr unterschritten wird (Abb. 7.11). Das Schwelkverfahren übt einen sehr einschneidenden Einfluß aus [302].

Bei 35 °C tritt noch keine, bei 65 °C dagegen eine sehr starke Schädigung des Enzyms ein. Beim Abdarren sind folgende Verluste gegeben (Tab. 7.17).

Die *Cellobiaseaktivität* nimmt während des Schwelkens laufend ab und zwar um so mehr, je höher die Temperaturen sind bzw. je schneller sie gesteigert werden [831]. Dies zeigt Tab. 7.18.

Der Einfluß der Abdarrtemperatur geht aus Tab. 7.19 hervor.

Bei den durch das intensive Schwelkverfahren erzielten niedrigen Wassergehalten ist eine Schädigung des Enzyms durch Abdarrtemperaturen von 70–80 °C praktisch zu vernachlässigen.

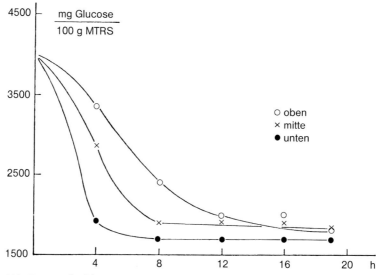

Abb. 7.11 Verlauf der Exo-β-Glucanaseaktivität beim
Schwelken (12 h 50 °C) und Darren (4 h 80 °C).

Tab. 7.18 Verhalten der Cellobiase beim Schwelken (Durchschnittswerte der drei Schichten,
mg Glukose/g g TrS, Grünmalzwert = 100%).

Schwelkverfahren	12 h 50 °C	12 h 65 °C	je 4 h 35/50/65 °C	2,5 °C/h
Grünmalz %	100	100	100	100
nach 4 Stunden %	93	85	102	87
Schwelkmalz %	79	52	66	69
Darrmalz %	73	47	62	61

Tab. 7.19 Abdarrtemperatur und Cellobiaseaktivität
(mg Glukose/g MTrS).

Abdarrtemperatur °C	70	80	90	100
Restaktivität in % der Grünmalzwerte	68	68	60	58

7.2.3.4 Lipase

Die Lipase zeigt ein charakteristisches Verhalten, das bei allen angewandten
Schwelkverfahren ähnlich ist. Die Enzymaktivität erreicht nach 8 Stunden
Schwelkzeit ein Minimum, um dann bis zum Ende dieser Zeit wieder anzusteigen (Abb. 7.12). Die Endwerte im Darrmalz liegen etwas über denen des
Grünmalzes. Jüngste Arbeiten bestätigen dies ebenfalls [317].

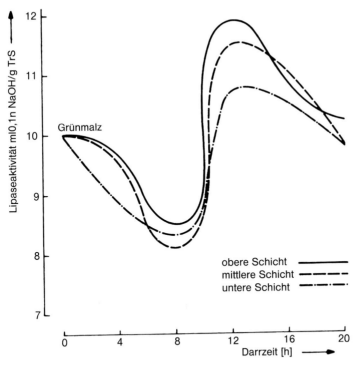

Abb. 7.12 Verlauf der Lipaseaktivität beim Schwelken (12 h 50 °C) und Darren (4 h 80 °C).

Tab. 7.20 Einfluß der Abdarrtemperatur auf die Lipaseaktivität (Durchschnittswerte der drei Schichten, ml 0,1 n NaOH/g TrS, Grünmalzwert=100%).

Abdarrtemperatur °C	70	80	90	100
Grünmalz %	100	100	100	100
Ende Schwelken %	108	108	103	103
Ende Aufheizen %	106	101	99	90
Darrmalz %	98	92	86	81

Eine steigende Abdarrtemperatur verringert zwar nach Tab. 7.20 die Lipase-aktivität, doch ist das Enzym selbst bei einer Temperatur von 100 °C noch bemerkenswert stabil [225].

7.2.3.5 Phosphatase

Die Phosphatase verliert bei einer Schwelktemperatur von 50 °C in der unteren Schicht bereits nach 4 Stunden 33% ihrer Aktivität. Die anderen Schichten gleichen sich bis zum fertigen Malz nahezu aus (Abb. 7.13).

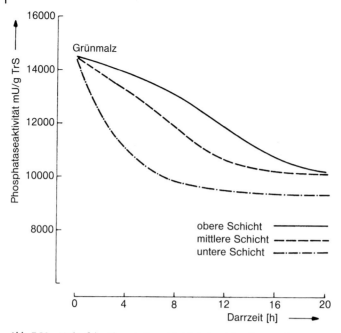

Abb. 7.13 Verlauf der Phosphataseaktivität beim Schwelken (12 h 50 °C) und Darren (4 h 80 °C).

Tab. 7.21 Verhalten der Phosphatase bei verschiedenen Schwelkverfahren (Durchschnittswerte der Schichten, mU/g TrS, Grünmalz = 100%).

Schwelkverfahren	12 h 50°	12 h 65°	je 4 h 35/50/65°
Grünmalz %	100	100	100
nach 4 Stunden %	86	71	100
Schwelkmalz %	74	56	83
Darrmalz %	68	52	72

Der Einfluß des Schwelkverfahrens ist bei diesem empfindlichen Enzym ebenfalls von Interesse [227], wie aus Tab. 7.21 hervorgeht.

Hier bringt das „Anfahren" mit niedrigeren Schwelktemperaturen von 35 °C oder 50 °C eindeutige Vorteile.

Die Abdarrtemperaturen zeigen die in Tab. 7.22 dargestellten Auswirkungen.

Es zeigt sich jedoch, dass bei vorsichtigem Aufheizen selbst bei 90 °C und 100 °C nur noch 30 bzw. 25% der im Grünmalz vorhandenen Phosphataseaktivität gegeben sind.

Tab. 7.22 Abdarrtemperatur und Phosphataseaktivität (Durchschnittswerte der drei Schichten, mU/g TrS).

Abdarrtemperatur °C	70	80	90	100
Restaktivität der Grünmalzwerte %	38,8	35,5	30,9	24,5

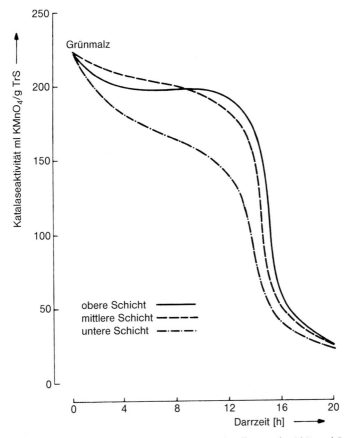

Abb. 7.14 Verlauf der Katalaseaktivität beim Schwelken (12 h 50 °C) und Darren (4 h 80 °C).

7.2.3.6 Enzyme des Oxido-Reduktasenkomplexes

In diesem Rahmen interessieren die schon bei der Keimung verfolgten Enzyme Katalase, Peroxidase, Polyphenoloxidase und Lipoxygenase.

Die *Katalase* nimmt beim Schwelkprozeß (12 Std. 50 °C) langsam ab, verliert aber beim Aufheizen zum Abdarren die Hauptmenge ihrer Aktivität, so dass im Darrmalz nur mehr 10% der Enzymwirkung des Grünmalzes gegeben sind (Abb. 7.14) [303].

Der Einfluß unterschiedlicher Abdarrtemperaturen geht aus Tab. 7.23 hervor.

Tab. 7.23 Abdarrtemperatur und Katalaseaktivität (Durchschnittswerte der drei Schichten, ml 0,05 n KMnO₄/g).

Abdarrtemperatur °C	70	80	90	100
Restaktivität der Grünmalzwerte %	16,0	6,8	2,4	0,2

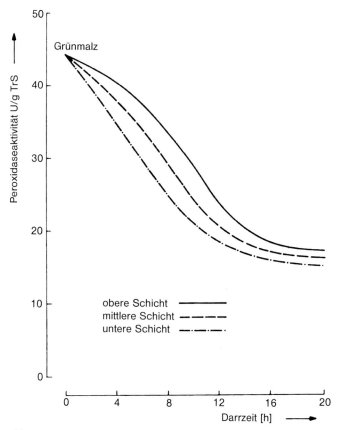

Abb. 7.15 Verlauf der Peroxidaseaktivität beim Schwelken (12 h 50 °C) und Darren (4 h 80 ° C).

Wie schon früher festgestellt, wird bei hoher Abdarrtemperatur die Katalase praktisch ausgeschaltet. Sie tritt bereits bei 80 °C Abdarrtemperatur während des Maischens nicht mehr in Erscheinung.

Die *Peroxidasen* verhalten sich ähnlich, wenn auch im Darrmalz noch rund 40 % der Enzymmenge des Grünmalzes verbleiben (Abb. 7.15) [305].

Auch hier ist der Einfluß der Abdarrtemperatur groß (Tab. 7.24).

Die *Polyphenoloxidasen* sind sehr temperaturstabil. Sie entwickeln sich während des Schwelkens in der mittleren Schicht am stärksten, zeigen aber ohne

Tab. 7.24 Abdarrtemperatur und Peroxidaseaktivität (Durchschnittswerte der drei Schichten, U/g TrS).

Abdarrtemperatur °C	70	80	90	100
Restaktivität der Grünmalzwerte %	24,1	18,9	11,2	7,5

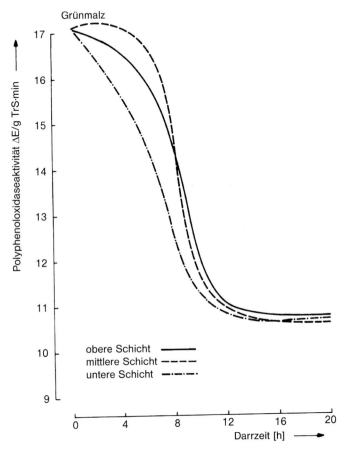

Abb. 7.16 Verlauf der Polyphenoloxidasenaktivität beim Schwelken (12 h 50 °C) und Darren (4 h 80 °C).

Temperaturerhöhung im letzten Drittel der Schwelkzeit eine starke Abnahme, die sich auch beim Ausdarren kaum mehr verändert (Abb. 7.16) [626, 833].

Die Abdarrtemperatur hat nur einen sehr geringen Einfluß [626].

Spätere Untersuchungen über den Aktivitätsverlauf der Polyphenoloxidasen beim Darrprozeß zeigten eine geringere Hitzestabilität, die bei intensivem Ausdarren, z. B. bei Ale-Malz nur mehr geringe Restaktivitäten im Malz beläßt [834].

Tab. 7.25 Abdarrtemperatur und Polyphenoloxidasenaktivität (Durchschnittswerte der drei Schichten, E/gTrS min).

Abdarrtemperatur °C	70	80	90	100
Restaktivität der Grünmalzwerte %	73,9	71,2	72,0	68,0

Lipoxygenasen zeigen zwar noch eine kräftige Wirkung, zumal bei niedrigen Schwelktemperaturen von 35–50 °C, doch erfahren sie beim Abdarren bei 80–85 °C einen Aktivitätsverlust bis auf das Niveau der Gerste [317].

Ein Verfolg der Lipoxygenaseaktivität während verschiedener Schwelkverfahren mit Anfangstemperaturen von 40–60 °C zeigte, dass die maximale Aktivität erst bei höheren Temperaturen von ca. 60 °C entfaltet wurde. Während bei 80 °C Abdarrtemperatur noch eine gewisse Restaktivität vorlag, fiel diese mit Eintritt in 90 °C rasch ab [836].

Die Inaktivierung der Lipoxygenase hängt allein von der Darrtemperatur ab [837].

Die hier ausführlich dargestellte Beeinflussung der Enzymaktivitäten soll nicht nur Hinweise über eine bestmögliche Führung des Schwelk- und Darrprozesses, sondern auch eine Erklärung für die im folgenden Kapitel zu schildernden Veränderungen der Stoffgruppen ergeben.

7.2.3.7 Unterschiede zwischen hellem und dunklem Malz

Diese Unterschiede sind nach Einführung der Einhordenhochleistungsdarre nicht mehr überprüft worden. Die vorstehenden Ergebnisse verzeichnen zwar auch Abdarrtemperaturen von 100 °C, doch entsprach die Schwelkführung *bewußt* der des hellen Malzes, um den ausschließlichen Einfluß der Abdarrtemperatur studieren zu können. Um nun den sehr unterschiedlich gelagerten Schwelkprozeß, wie langsame Entwässerung zur Erzielung starker Stoffumsetzungen und den Einfluß höherer Abdarrtemperaturen darzustellen, werden die Ergebnisse einer früheren Arbeit zitiert, die grundlegende Erkenntnisse schuf (Tab. 7.26) [835].

Tab. 7.26 Vergleich zwischen hellem und dunklem Malz.

	Wassergehalt %	Diastatische Kraft	Proteolytische Kraft	Säurebildende Enzyme
Helles Malz				
Grünmalz	43,6	219	104	11,5
Schwelkmalz	9,6	224	107	11,4
Darrmalz	3,6	171	107	10,6
Dunkles Malz				
Grünmalz	45,0	306	70	11,3
Schwelkmalz	10,9	306	53	11,5
Darrmalz	1,8	80	27	7,9

Es werden hierdurch manche neuen Untersuchungsergebnisse bestätigt; darüber hinaus ist jedoch der schwere Eingriff der „dunklen" Schwelk- und Darrweise in die Enzymaktivitäten deutlich zu erkennen.

7.2.4
Die Veränderungen der Stoffgruppen

7.2.4.1 Kohlenhydrate
Die Kohlenhydrate sind über die Schwelkzeit von 8–12 Stunden hinweg einem Abbau unterworfen, der dem bei der Keimung ablaufenden ähnlich ist.

Der *Stärkeabbau* führt jedoch nur dann zu einer Mehrung des vergärbaren Extrakts, wenn bei bestimmten Wassergehalten im Schwelkmalz Grenztemperaturen überschritten werden [838].

Wassergehalt %	Grenztemperatur °C
43	25
34	30
24	50
15	keine weitere Zunahme bis 60 °C

Die Endprodukte des Abbaus: Fructose, Glukose, Maltose und Saccharose zeigen beim Schwelken und Aufheizen zur Abdarrtemperatur ein unterschiedliches Verhalten, während beim Abdarren stets eine mehr oder weniger starke Abnahme zu verzeichnen ist.

Die *Fructose* nimmt in der oberen und mittleren Malzschicht bis zum Ende des Schwelkens stark zu, um dann bis unter den Ausgangswert abzufallen. Die untere Schicht zeigt einen geringen Anstieg in den ersten vier Stunden, dann einen laufenden Abfall (Abb. 7.17).

Die *Glukose* verhält sich bei wesentlich stärkeren Umsätzen in den einzelnen Schichten genau umgekehrt. Dies bedeutet, dass der Abbau erst bei bestimmten Temperaturen – selbst unter den Gegebenheiten eines niedrigen Wassergehalts – sein Maximum erreicht (Abb. 7.18).

Die *Maltosebildung* hängt ebenfalls stark von den angewendeten Schwelktemperaturen ab, wobei die untere Schicht die stärksten Bewegungen zeigt (Abb. 7.19). Bei 65 °C Schwelktemperatur folgen die mittlere und obere Schicht mit einer Phasenverschiebung von ca. 4 Stunden nach (Abb. 7.20).

Die *Saccharose* entwickelt sich bei höheren Temperaturen wesentlich stärker, wobei die Werte der einzelnen Schichten nahe beieinander liegen (Abb. 7.21, 7.22) [302].

Die beschriebenen Zucker nehmen beim Abdarren mit 70 °C nicht mehr oder nur wenig ab; mit steigender Abdarrtemperatur fällt jedoch das Niveau beträchtlich [839].

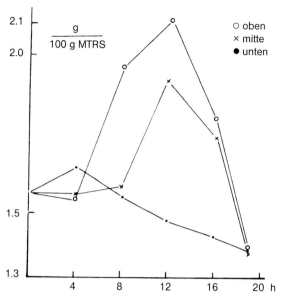

Abb. 7.17 Fructosegehalt im Malz während des Schwelkens (12 h 50 °C) und Darrens (4 h 80 °C).

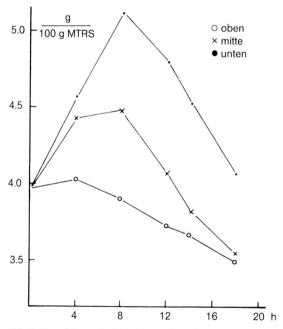

Abb. 7.18 Glukosegehalt im Malz während des Schwelkens (12 h 65 °C) und Darrens (4 h 80 °C).

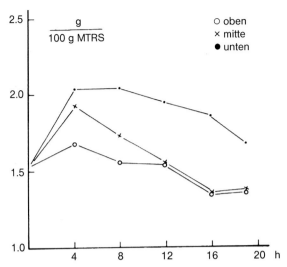

Abb. 7.19 Maltosegehalt im Malz während des Schwelkens
(12 h 50 °C) und Darrens (4 h 80 °C).

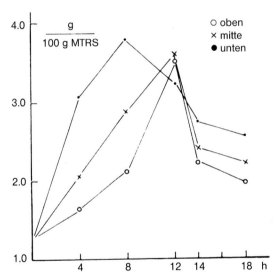

Abb. 7.20 Maltosegehalt im Malz während des Schwelkens
(12 h 65 °C) und Darrens (4 h 80 °C).

Diese Abnahmen der niedermolekularen Zucker sind z. T. ein Grund dafür, dass z. B. in Kongreßwürzen, die aus Malzen mit steigender Abdarrtemperatur hergestellt wurden, geringere Gehalte an Hexosen und Saccharose zu finden sind, die im Verein mit der Inaktivierung eines Teils der Amylasen zu niedrigeren Endvergärungsgraden führen [830].

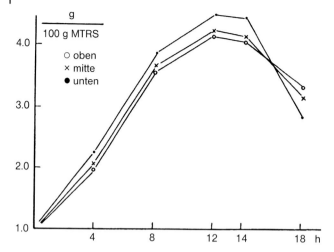

Abb. 7.21 Saccharosegehalt im Malz beim Schwelken (12 h 65 °C) und Darren (4 h 80 °C).

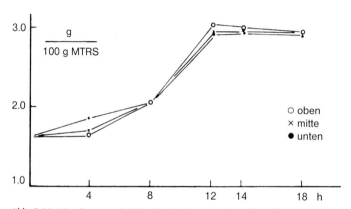

Abb. 7.22 Saccharosegehalt im Malz bei steigenden Schwelktemperaturen (je 4 h, 35, 50 und 65 °C).

Tab. 7.27 Endvergärungsgrad der Kongreßwürze und Abdarrtemperatur.

Abdarrtemperatur °C	65	70	75	80	85	90	95
Endvergärungsgrad scheinbar %	87,9	87,5	85,8	84,8	83,6	81,6	81,2

Die *Raffinose* fällt während des Schwelkens stark ab, zeigt aber bei Abdarrtemperaturen von 90 °C und 100 °C in den letzten Stunden wieder einen leichten Anstieg [839].

Die *Stärke* selbst erfährt eine leichte Erhöhung des Anteils an Amylose, und
– wahrscheinlich durch α-Amylasewirkung – eine bessere Angreifbarkeit für die
β-Amylase [502, 840]. Erst bei höheren Abdarrtemperaturen kommt es zur „Um-

Tab. 7.28 Veränderung der Verkleisterungstemperatur beim Schwelken und Darren.

	Schwelktemperatur			Abdarrtemperatur	
	16 h, 40 °C	16 h, 50 °C	16 h, 60 °C	6 h, 65 °C	3 h, 90 °C
Verkleisterungstemperatur (°C)					
Malz 1	58,8	58,7	59,3		
Malz 2	59,8	59,7	60,6		
Malz 3				64,0	61,8

Tab. 7.29 Vergleich der Gummistoffe von Schwelk- und Darrmalz (gemessen im Malzauszug, mg/100 g MTrS).

	Schwelkmalz	Darrmalz
Gesamt-Gummistoffe	297	284
β-Glucan	142	135
Pentosan	155	149

bildung" von a-1 → 4 und a-1 → 6-Bindungen in andere, die von Amylasen und Amyloglucosidasen nicht mehr angegriffen werden [841].

Die Verkleisterungstemperatur der Stärke erfährt beim Schwelken mit steigender Temperatur eine leichte Erhöhung.

Beim Darren nimmt die VKT jedoch mit steigender Abdarrtemperatur merklich ab. Die Veränderungen sind in Tab. 7.28 dargestellt [512].

Die *Hemicellulosen* werden beim Schwelken durch die Glucanasen angegriffen, wobei eine Beschleunigung des Abbaus erfolgt. Viskositätsänderungen in Auszügen aus Grün- und Darrmalzen zeigen, dass durch die hohen Temperaturen des Darrens auch eine Spaltung von β-Glucan zu Gruppen niedrigeren Molekulargewichts erfolgt. Dies zeigen auch vergleichende Untersuchungen der Gummistoffgehalte von Schwelk- und Darrmalz [842].

7.2.4.2 Stickstoffverbindungen

Die beträchtliche Bildung von proteolytischen Enzymen während des Schwelkens und ihre Temperaturresistenz lassen einen kräftigen Eiweißabbau beim Schwelken und bei geeigneten Temperatur- und Feuchtigkeitswerten während des Aufheizens zur Abdarrtemperatur erwarten. Es ist jedoch bei gegebenen Wassergehalten im Schwelkmalz nur dann ein Eiweißabbau festzustellen, wenn bestimmte Grenztemperaturen überschritten werden [838].

Wassergehalt %	Grenztemperatur °C
43	23
34	26
24	40
15	50

Es ist demnach die Bewegung des *löslichen Stickstoffs* beim Schwelken und Darren des hellen Malzes infolge der raschen Entwässerung bei niedrigen Temperaturen nur gering. Nachdem jedoch Verluste durch *koagulierbaren Stickstoff* bereits während des Schwelkens (auf der Zweihordendarre!) auftreten, zeigt der als Differenz Gesamt-N – koag. N errechnete *dauernd lösliche Stickstoff* eine leichte Erhöhung, die durch enzymatische Wirkungen hervorgerufen wird. Der *Formolstickstoff* nimmt ebenfalls geringfügig ab, eine Erscheinung, die bereits auf die Bildung von Vorstufen der Maillard-Reaktion (s. Abschnitt 7.2.4.5) zurückzuführen sein dürfte [826].

Wird jedoch der lösliche Stickstoff der *Kongreßwürze* verfolgt, so ergeben sich infolge der kräftigen Bildung von proteolytischen Enzymen während des Darrens und deren Wirkung beim Maischen wesentlich größere Verschiebungen vom Grünmalz zum Darrmalz [843].

Hieraus wird ersichtlich, dass nicht nur ein stärkerer Eiweißabbau beim Maischen des Darrmalzes stattfindet, sondern eine deutliche Verlagerung auf den Anteil des hochmolekularen Stickstoffs, was wohl durch eine vermehrte Reaktion der Endopeptidasen, als auch auf eine Vergröberung der Dispersität von kolloidem Eiweiß zurückzuführen sein dürfte [844].

Den Einfluß der völlig andersartigen Bedingungen beim Darren des dunklen Malzes zeigt Tab. 7.32.

Infolge der Feuchtigkeits- und Temperaturverhältnisse kommt es hier zu einer stärkeren Eiweißlösung, die auch den Formol-Stickstoff umfaßt, der so die durch Farbreaktionen verbrauchten Mengen bei weitem ausgleicht. Bemerkenswert ist der Zuwachs des koagulierbaren Stickstoffs, der durch eine Dispersitätsgradvergröberung entstanden sein könnte [826].

Tab. 7.30 Veränderungen einiger Stickstoff-Fraktionen beim Schwelken und Darren von hellem Malz (mg/100 g MTrS im Kaltwasserauszug).

	Grünmalz	Schwelkmalz	Darrmalz
löslicher Stickstoff	510	511	505
koagulierbarer Stickstoff	144	141	134
dauernd löslicher Stickstoff	366	370	371
Formol-Stickstoff	87	83	77

Tab. 7.31 Veränderung einiger Stickstoff-Fraktionen beim Schwelken und Darren von hellem Malz (mg/100 g MTrS in der Kongreßwürze).

	Grünmalz	Darrmalz
löslicher Stickstoff	595	690
Formol-Stickstoff	223	250
Lundin-Fraktion A	121	179
Lundin-Fraktion B	105	99
Lundin-Fraktion C	369	412

Tab. 7.32 Veränderungen einiger Stickstoff-Fraktionen beim Schwelken und Darren von dunklem Malz (mg/100 g MTrS im Kaltwasserauszug).

	Grünmalz	Schwelken	Darren
löslicher Stickstoff	506	518	396
koagulierbarer Stickstoff	108	142	68
dauernd löslicher Stickstoff	398	376	328
Formol-Stickstoff	73	75	50

Beim Abdarren kommt es zu einem starken Stickstoffverlust:

a) durch Koagulation von Eiweiß bei hohen Temperaturen, aber auch infolge des beim Eintritt in die Abdarrphase noch vorliegenden Wassergehaltes.

b) durch Verbrauch von Formolstickstoff zur Bildung von Farb- und Aromaprodukten.

Die *Koagulation des Stickstoffs* ist, wie schon angeführt, eine Funktion des Wassergehaltes und der jeweils herrschenden Temperatur. Beim hellen Malz kann man über die Höhe des koagulierbaren Stickstoffs auf den Grad der Ausdarrung schließen, aber nur, wenn gleichzeitig auch die Menge anderer hochmolekularer Substanzen bekannt ist, z. B. die Lundin-Fraktion A. Diese Verhältniszahl gibt einen guten Einblick.

Wenn auch die Dispersitätsgradvergröberung der Stickstoffkolloide, die dann sogar zum Koagulieren, d. h. Unlöslichwerden eines Teils dieser Fraktion führt, beim hellen Malz nur in einem geringeren Ausmaß abläuft als beim dunklen, so spielen doch die in Würze und Bier verbleibenden Produkte eine bedeutende Rolle für Vollmundigkeit, Schaumhaltigkeit und Stabilität eines Bieres [640]. Helles Malz sollte deshalb genügend lange bei 80 °C ausgedarrt werden, um diese Effekte zu erreichen.

Die *Aminosäuren* zeigen trotz geringer Bewegung der Gesamtmenge des niedermolekularen Stickstoffs schon während des Schwelkens stärkere und für die einzelne Aminosäure jeweils charakteristische Veränderungen. So nimmt das *Glycin* um so mehr zu, je höher die Schwelktemperatur ist (Abb. 7.23, 7.24). Die untere Schicht der Einhordenhochleistungsdarre hat dabei, trotz höherer

Tab. 7.33 Einfluß des Ausdarrens auf das Verhältnis koag. N in % der Fraktion A [845].

	vor Ausdarren	nach 150 min bei 82/85 °C	nach 120 min 82 °C und 180 min 85 °C
Wassergehalt %	6,2	5,0	3,6
lösl. N mg/100 g MTrS	683	675	670
Lundin-Fraktion A %	27,0	28,1	28,8
koag. N in % der Fraktion A	37,5	34,8	31,6

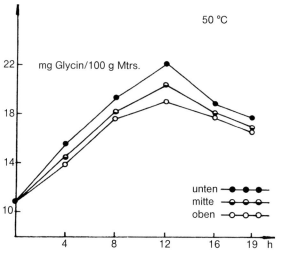

Abb. 7.23 Glycingehalt im Malz beim Schwelken (12 h 50 °C) und Darren (4 h 80 °C).

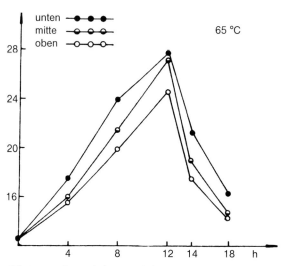

Abb. 7.24 Glycingehalt im Malz beim Schwelken (12 h 65 °C) und Darren (4 h 80 °C).

Temperaturen und niedrigeren Wassergehalte, höhere Werte zu verzeichnen. Das Maximum wird am Ende des Schwelkens erreicht, anschließend ist sowohl beim Aufheizen als auch beim Abdarren eine Abnahme gegeben, die mit der Höhe der Abdarrtemperatur an Ausmaß zunimmt.

Glutaminsäure und die *Amide* nehmen von Anbeginn des Schwelkens bis zum Beginn des Abdarrens kontinuierlich ab und zwar in der unteren Schicht stärker als in der oberen. Bei ersteren setzt sich die Abnahme beim Ausdarren fort, bei letzteren zeigt nur die Oberschicht diese Entwicklung (Abb. 7.25, 7.26).

Alanin verhält sich ähnlich wie *Glycin*. *Phenylalanin* und *Valin* verzeichnen eine geringere Zunahme beim Schwelken und nehmen beim Ausdarren mit 70 °C nicht, mit 80 °C wenig und mit 100 °C stark ab (s.a. Abb. 7.31).

Leucin vermehrt sich noch bis 80 °C, nimmt aber dann beim Ausdarren etwas ab. Rasche Verluste treten bei 90 und 100 °C ein. *Lysin* und *Histidin* erfahren während des Schwelkens eine stete Abnahme, die jedoch beim Abdarren mit 70 oder 80 °C zum Stillstand kommt. Sie läuft erst bei höheren Temperaturen weiter. Demgegenüber nimmt *Arginin* beim Schwelken stark zu und verändert sich bei allen Abdarrtemperaturen nur mehr wenig. Während des gesamten Schwelk- und Darrprozesses nimmt *Ammoniak* zu, als Folge der Melanoidinreaktion bei 100 °C am stärksten.

Aus diesem unterschiedlichen Verhalten ist nunmehr zu erkennen, warum – zumindest bei Abdarrtemperaturen von 70 und 80 °C – die Gesamtmenge der

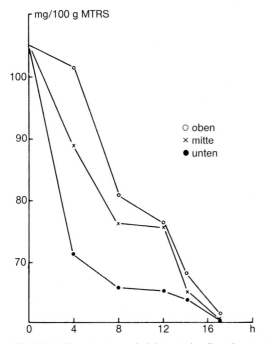

Abb. 7.25 Glutaminsäuregehalt beim Schwelken (kontinuierlicher Temperaturanstieg um 2,5 °C/h und Darren (4 h 80 °C).

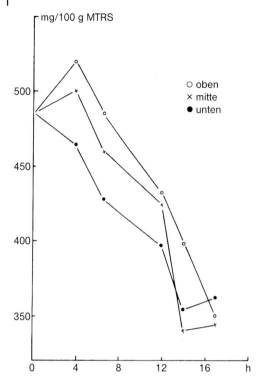

mg/100 g MTRS

○ oben
× mitte
● unten

Abb. 7.26 Verhalten der Amide beim Schwelken (kontinuierlicher Temperaturanstieg um 2,5 °C/h) und Darren (4 h 80 °C).

niedermolekularen Stickstoffsubstanzen nur eine geringe Veränderung während des Schwelk- und Darrprozesses erfährt [828].

Die aromatische *Aminosäure Prolin* verhält sich ähnlich wie auch die vorgeschilderten α-Aminosäuren. Beim Schwelken beeinflussen sie die gängigen Verfahren kaum, doch nimmt sie mit steigender Abdarrtemperatur laufend ab. Sie nimmt an der Bildung von Farb- und Aromastoffen teil (s. Abschnitt 7.2.4.6). Bemerkenswert ist, dass eine sog. „dunkle" Schwelke offenbar mehr Prolin freisetzt als während folgender Abdarrung bei 100 °C verbraucht wird [604]. Die Ergebnisse zeigt Tab. 7.34.

Der α-Aminostickstoff als Gesamtheit aller α-Aminosäuren nimmt beim Schwelken (12 h 50 °C) in der Oberschicht stets deutlich zu, während seine Freisetzung in den unteren und mittleren Schichten nur ca. 4 Stunden lang anhält (Abb. 7.27). Eine forcierte Schwelke von 12 h 65 °C zeigt in allen Schichten eine Zunahme. Beim Abdarren treten Verluste um rund 25% ein (Abb. 7.28) [839].

Auch die *Amine* zeigen beim Abdarren bedeutsame Veränderungen: Während Dimethylamin, i-Amylamin, Hexylamin, Pyrrolidin und Histamin bei einer Erhöhung der Abdarrtemperatur von 80 °C auf 105 °C eine Zunahme um ca. 100% erfahren, fällt der Gehalt an Methylamin und Tyramin beträchtlich ab [606]. Den Einfluß von Abdarrversuchen zeigt Tab. 7.35 [607].

Tab. 7.34 Einfluß von Schwelkverfahren und Darrtemperaturen auf den Prolingehalt der Malze (mg/MTrS).

	Schwelken 12 h 50°C		12 h 65°C		55/60/65°C	
Prolin mg TrS %	348		346		350	

	Darren 70°C	80°C	85°C	90°C	100°C	110°C
Prolin mg TrS %	358	350	332	340	328	280

	dkl. Schwelke 100°C					
Prolin mg/TrS %	300					

Tab. 7.35 Abdarrtemperatur und Amingehalte (mg/kg).

Temperatur °C	70	85	100
Histamin	0,189	0,215	0,337
Hordenin	8,5	8,6	11,4
Tyramin	11,4	14,7	13,9
Tryptanin	1,4	1,9	3,1

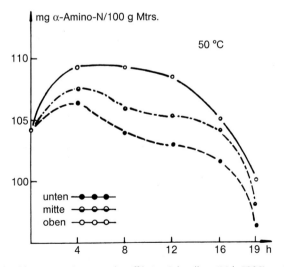

Abb. 7.27 a-Aminostickstoff beim Schwelken (12 h 50°C) und Darren (4 h 80°C).

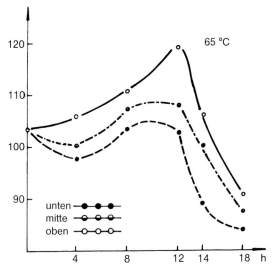

Abb. 7.28 α-Aminostickstoff beim Schwelken (12 h 65 °C) und Darren (4 h 80 °C).

Die Bedeutung der Amine ergibt sich aus ihrer Rolle, die einige von ihnen als Vorläufer der Nitrosamine einnehmen (s. Abschnitt 7.2.4.9).

7.2.4.3 Veränderung der Lipide

Durch die Wirkung der Lipasen in zwei Optimalbereichen während des Schwelkens erfolgt eine Veränderung der Triglyceride und der Abbauprodukte derselben, der langkettigen gesättigten und ungesättigten Fettsäuren. Letztere werden besonders bei niedrigen Schwelktemperaturen durch die Lipoxygenase zu Hydroperoxiden und schließlich durch Autoxidation zu geschmacks- und geruchsintensiven Carbonylverbindungen, zu Ketonen, Alkoholen, Lactonen und Furanen [847, 848]. Diese Aromastoffe werden im folgenden Kapitel behandelt.

Die Trilinoleatgehalte (Triglyceride aus drei Linolsäuren) nehmen während des Schwelkens etwas zu, beim Darren jedoch deutlich ab [611]. Lange Schwelkzeiten in Temperaturbereichen von 25–30 °C (z. B. Keimdarrkasten) wirken sich nicht negativ auf die Malzbeschaffenheit aus [994] (s. Abschnitt 7.5.6).

Der Einfluß der Abdarrtemperatur auf die langkettigen freien Fettsäuren geht aus Tab. 7.36 hervor.

Die Abnahme der ungesättigten Fettsäuren deutet auf eine thermische Fragmentierung derselben hin.

7.2.4.4 Organische Säuren – Oxalat und Phosphat

Die Veränderung *der Phosphate* ist durch folgende Reaktionen beim Schwelken und Darren gegeben:
a) Wirkung der Phosphatasen
b) Reaktion von Phosphaten miteinander

Tab. 7.36 Abdarrtemperatur und Fettsäure-
gehalte im Malz ppm [613].

Temperatur °C	70	85	100
C16	534	539	556
C18	67	68	71
C18:1	57	49	48
C18:2	540	459	460
C18:3	44	36	35

Bei niedrigen Temperaturen während des Schwelkens (ca. 30 °C) tritt bereits eine Erhöhung der Tritrationsacidität und der Pufferung ein, die auf eine Lösung
von organischen Phosphaten zurückzuführen ist. Nachdem sich die Säureverhältnisse um so stärker verändern, je höher bei Optimaltemperaturen von ca.
50 °C der Wassergehalt des Gutes ist, sind vor allem bei der Schwelkführung
des dunklen Malzes größere Umsetzungen gegeben. Beim hellen Malz ändern
sich die Säureverhältnsise nur wenig. Mit steigender Abdarrtemperatur ist eine
Erniedrigung des pH festzustellen, die zwischen 80 und 90 °C auf eine vermehrte Bildung von färbenden Substanzen bzw. deren Vorläufern zurückzuführen
ist. Eine weitergehende Absenkung des pH erbringen schwefelhaltige Brennstoffe (s. Abschnitt 7.2.4.9).

Das Verhalten der Phosphate und des Oxalats unter dem Einfluß steigender
Abdarrtemperatur zeigt Tab. 7.38 [647].

Der Abfall der Phosphate dürfte hauptsächlich auf eine Schädigung der empfindlichen Phosphatasen zurückzuführen sein. Im Gegensatz zum Weizenmalz
konnte bei Gerstenmalz mit höherer Abdarrtempertur eine Verringerung des
Oxalats festgestellt werden.

Tab. 7.37 Abdarrtemperatur, pH und Farbe der Kongreßwürze [627].

Abdarrtemperatur °C	50	60	70	80	90	100	100 [a]
pH	5,91	5,90	5,86	5,83	5,80	5,71	5,63
Farbe EBC	2,5	2,7	3,0	3,0	4,7	6,4	14,5

a) dunkles Malz, auch nach dem entsprechenden
„dunklen" Schwelkverfahren hergestellt.

Tab. 7.38 Der Einfluß der Abdarrtemperatur auf Phosphat- und Oxalatgehalte (Werte in
mg/100 g TrS).

	Gerstenmalz			Weizenmalz		
Abdarrtemperatur °C	70	80	90	70	80	90
Phosphat (P_2O_5)	544	500	431	542	519	510
Oxalat	18,2	15,5	13,9	28,4	27,1	28,1

7.2.4.5 Bildung von Aromastoffen beim Schwelken und Darren

Aromastoffe aus dem Lipidabbau stammend wurden in Abschnitt 4.1.8 schon besprochen. Durch die enzymatische Spaltung der Triacylglyceride durch Lipasen werden Fettsäuren freigesetzt, von denen Linol- und Linolensäure durch folgende Reaktionen weiter in flüchtige Substanzen abgebaut werden können.

a) Im Verlauf des Schwelkprozesses, bei Temperaturen von 35–65 °C werden Linol- und Linolensäure durch die Lipoxygenase zu den entsprechenden Hydroperoxysäuren oxidiert. Diese können zum einen durch Isomerase und zum anderen durch β-Spaltung weiter abgebaut werden [848].

b) Durch einen thermisch-oxidativen Abbau von Linol- und Linolensäure. Diese Autoxidation führt zu Peroxidradikalen, die mit einem Molekül Linolsäure zu 9-LOOH und 13-LOOH (s. Abschnitt 1.5.8.4) sowie neuen Radikalen reagieren. Unter Einwirkung von Licht, Temperatur sowie Katalysatoren fragmentieren die Hydroperoxide zu geschmacks- und geruchsintensiven Carbonylverbindungen und Säuren [848].

Die Lipoxidationsprodukte in Malz umfassen gesättigte und ungesättigte Aldehyde, Ketone, Alkohole sowie γ-Lactone und Furanderivate:

Aldehyde: Pentanal, Hexanal, Heptanal, Octanal, Nonanal; tr,2-Hexenal, tr,2-Heptenal, tr,2-Octenal, tr,2-Nonenal; tr,tr2,4-Heptadienal, tr,tr2,4-Octadienal, tr,tr,2,4-Nonadienal; tr,2-cis,6-Nonadienal, tr,2-cis,4-Decadienal, tr,tr-2,4-Decadienal.

Wie schon erwähnt (s. Abschnitt 4.1.8.3), vermitteln die ungesättigten Aldehyde ein intensiv grasiges, gurkenartiges Aroma, das dem Keimgut bzw. dem Grünmalz eigen ist.

Ketone: 2-Pentanon, 2-Hexanon, 2-Heptanon, 2-Nonanon, 2-Decanon, 2-Undecanon, 2-Tridecanon, 3-Octen-2-on.

Alkohole: 1-Pentanol, 1-Hexanol, 1-Octanol, Dodecanol, tr-2-Hexen-1-ol, 1-Penten-3-ol, 1-Octen-3-ol.

Lactone: γ-Octalacton, γ-Nonalacton.

Furane: Pentyl-Furan.

Maillard-Reaktionsprodukte: Die nicht enzymatische Bräunungsreaktion findet zwischen Aminoverbindungen und reduzierenden Zuckern statt [849–852]. Dabei ist unter den hieraus entstehenden Reaktionsprodukten ein Konglomerat verschiedenartigster Verbindungen zu verstehen, die einerseits braune Melanoidine umfassen, zu denen aber auch eine große Anzahl niedermolekularer, flüchtiger Verbindungen gehören [853]. Der Reaktionsablauf und damit das Spektrum der gebildeten Substanzen hängt von den Parametern Temperatur, Zeit, Wassergehalt bzw. Wasseraktivität, pH-Wert und Konzentration der Reaktionspartner ab [854–863].

Die Maillard-Reaktion verläuft in mehreren Stufen: Im ersten Schritt reagieren reduzierende Zucker mit Aminosäuren zu N-Glycosylaminen. Diese sind sehr instabil und unterliegen einer Amadori-Umlagerung zu Aminoketosen (Abb. 7.29). Neben der Amadori-Umlagerung von Hexosen und 1,4-verknüpften Disacchariden [854, 855], z. B. Maltose, können auch Pentosen entsprechend reagieren. Die aus der Heyns-Umlagerung entstandenen Produkte sind nicht stabil und reagieren in Folgereaktionen zu Amadori-Verbindungen weiter. Der limitierende Faktor für die Bildung von Amadori-Produkten ist die Reaktion des

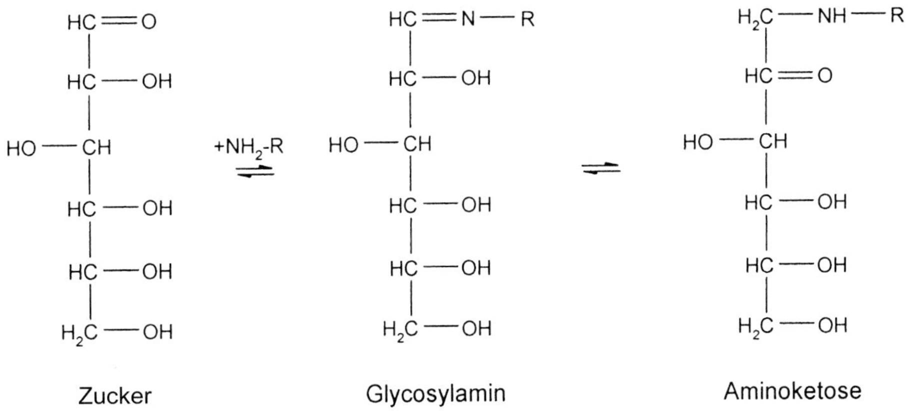

Zucker

$HC=O$
$HC-OH$
$HO-CH$
$HC-OH$
$HC-OH$
H_2C-OH

$+NH_2\text{-}R$ ⇌

Glycosylamin

$HC=N-R$
$HC-OH$
$HO-CH$
$HC-OH$
$HC-OH$
H_2C-OH

⇌

Aminoketose

$H_2C-NH-R$
$HC=O$
$HO-CH$
$HC-OH$
$HC-OH$
H_2C-OH

Abb. 7.29 Bildungsweg von Amadori-Verbindungen.

reduzierenden Zuckers mit der Aminokomponente. Hierfür muß der Zucker in seiner offenkettigen Form vorliegen, was aber meist nur bei weniger als 1% der Monosaccharide der Fall ist. Der Anteil der offenkettigen Form kann jedoch durch höhere Temperaturen gesteigert werden [856].

Bei weiterer Hitzebelastung bilden sich in der fortgeschrittenen Phase aus den Amadori-Verbindungen Desoxyosone (Abb. 7.30). Diese sind sehr reaktiv, viele haben reduzierende Eigenschaften. Die Entstehung der einzelnen Desoxyosone hängt vom pH-Wert und der Eigenschaft der Aminokomponente als Protonenakzeptor oder -donator ab [857, 858].

Die nachfolgenden Reaktionswege gehen sowohl von der Endiol- als auch von der Ketoform aus (Abb. 7.31).

Furane, Furanone und γ-Pyranone: Zum einen kann die Endiolform des 1-Amino-1-desoxy-ketosons unter Abspaltung eines Amins zu 3-Desoxyoson reagieren, welches unter Wasserabspaltung und Cyclisierung zu Furanderivaten führt. Aus Pentosen entsteht 2-Furfural, aus Hexosen und Hexulosen 5-Hydroxy-2-furfural (HMF) sowie 5-Methyl-2-furfural. In Anwesenheit von primären Aminen können Pyrrol- und Pyridinderivate entstehen.

Über die 2,3-Enolisierung des Amadori-Umwandlungsproduktes kann 1-Desoxyoson entstehen, welches über entsprechende Zwischenstufen unter Wasserabspaltung und Cyclisierung zu γ-Pyronen wie Maltol, zu Furanen wie Isomaltol und 2-Acetylfuran und zu Furanonen wie Furaneol führen kann. Diese Substanzen vermitteln ein malziges, caramelartiges Aroma. Über das 4-Desoxyoson, welches durch OH-Eliminierung in der 4-Position der Glukose entstehen kann, wird die Bildung von Hydroxyacetylfuran und in Gegenwart von primären Aminen die Bildung von Hydroxyacetylpyrrol und Pyridinderivaten erklärt [648].

Caramelisierung von Zuckern: Hierbei entstehen sowohl braungefärbte Produkte mit typischem Caramelaroma als auch flüchtige aromaaktive Substanzen. Die Reaktionen entsprechen im Prinzip den bei der Maillard-Reaktion dargestellten (Abb. 7.31), nur dass das 3-Desoxyoson direkt aus den entsprechenden Hexosen

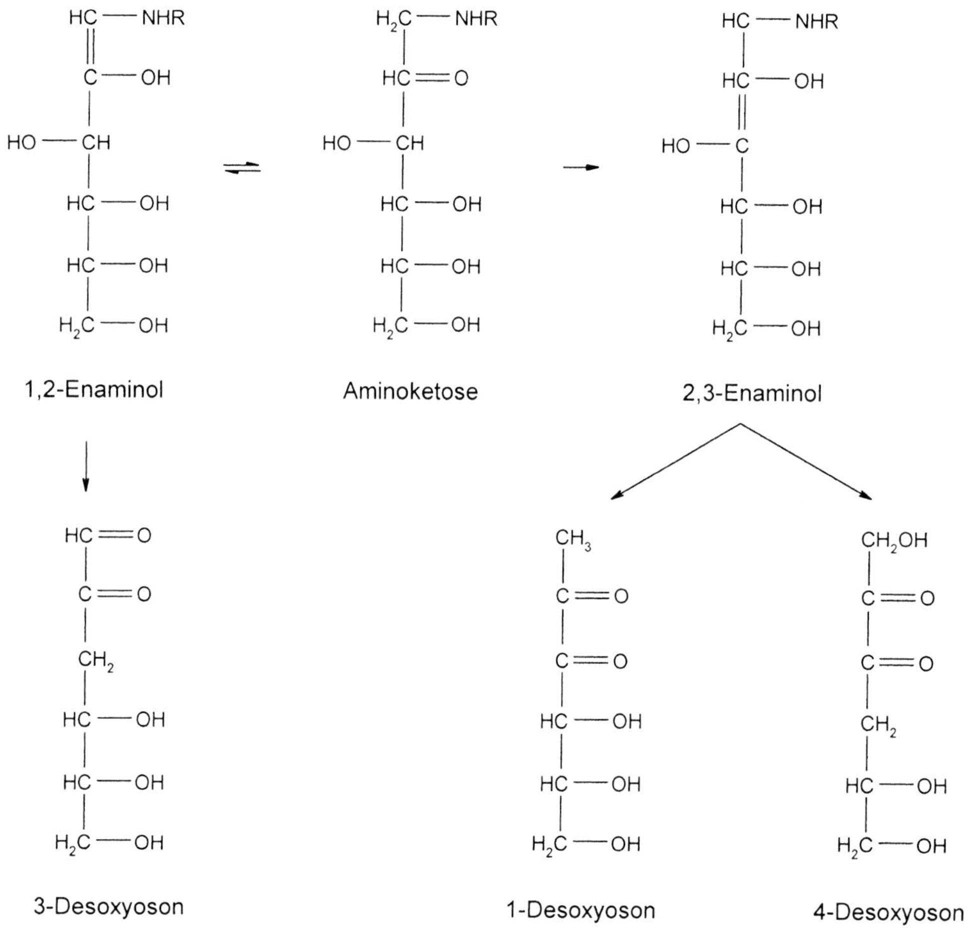

Abb. 7.30 Bildung von Desoxyosonen.

über die 1,2-Enolisierung entsteht. Dabei wird wiederum aus Hexosen 5-Hydroxy-methyl-2-furfural und aus Pentosen 2-Furfural gebildet. Über verschiedene Desoxyoson-Stufen entstehen bei der Caramelisierung von Zuckern somit ebenfalls verschiedene Furane und γ-Pyranone, wobei der Abbau über 3- und 4-Desoxyverbindungen überwiegt [854].

Strecker-Abbau von Aminosäuren: Im Verlauf der Maillard-Reaktion werden als Zwischen- und Endprodukte auch anderer Reaktionsfolgen α-Dicarbonylverbindungen wie z. B. Diacetyl, Methylglyoxal und Hydroxydiacetyl gebildet. Diese führen zusammen mit Aminosäuren unter Transaminierung zu den sogenannten Streckeraldehyden, α-Aminoketonen und CO_2 (Abb. 7.32) [854]. Die Streckeraldehyde können weiter in die korrespondierenden Alkohole und Säuren umgewandelt werden. 2-Phenylethanal kann darüber hinaus mit anderen Carbonyl-

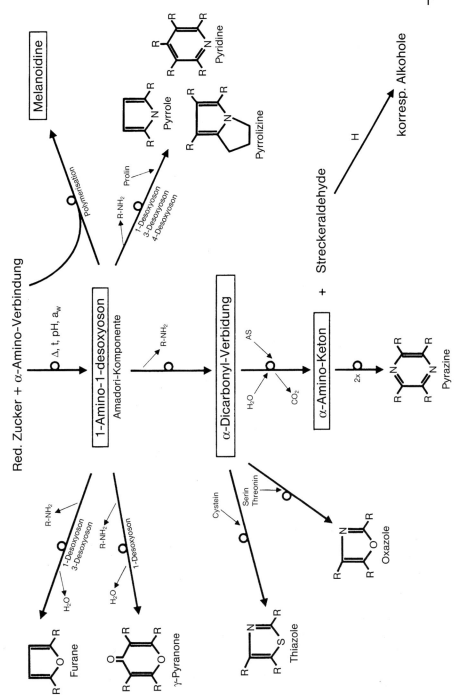

Abb. 7.31 Bildung von Maillardreaktionsprodukten und bzw. Heterocyclen im Malz.

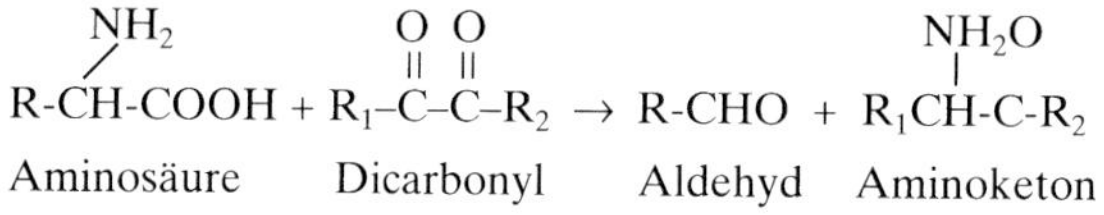

$$\overset{\displaystyle NH_2}{\underset{\displaystyle |}{R\text{-}CH\text{-}COOH}} + \overset{\displaystyle O\ \ O}{\underset{\displaystyle ||\ \ ||}{R_1\text{-}C\text{-}C\text{-}R_2}} \rightarrow R\text{-}CHO + \overset{\displaystyle NH_2O}{R_1CH\text{-}C\text{-}R_2}$$

Aminosäure   Dicarbonyl   Aldehyd   Aminoketon

Abb. 7.32 Strecker-Abbau von Aminosäuren.

Tab. 7.39 Aminosäuren und daraus entstehende Strecker-Aldehyde.

Aminosäure	Strecker-Aldehyd
Glycin	Formaldehyd (Methanal)
Alanin	Acetaldehyd
a-Aminobuttersäure	Propanal
Valin	2-Methylpropanal
Leucin	3-Methylbutanal
Isoleucin	2-Methylbutanal
Serin	2-Hydroxyethanal
Threonin	2-Hydroxypropanal
Methionin	3-Methylthiopropanal
S-Methylmethionin	2-Propenal
Cystein	2-Mercaptoacetaldehyd, Acetaldehyd
Phenylglycin	Benzaldehyd
Phenylalanin	Phenylethanal
Tyrosin	2-(p-Hydroxyphenyl)ethanal

verbindungen über eine Aldolkondensation 2-Phenylalkenale bilden wie 2-Phenyl-2-butenal und 5-Methyl-2-phenyl-2-hexenal [847, 866].

Die Aldehyde, die von Valin und Leucin stammen, vermitteln ein malziges Aroma.

Pyrrole, Pyridine, Pyrrolizine und Oxazine: Die sekundären Aminosäuren Prolin (s. Abschnitt 4.1.6.5) und Hydroxyprolin, die keinen Streckerabbau ergeben, werden bevorzugt in N-alkylierte Pyrrole überführt [868]. Pyrrolizine und Oxazine [869–871] werden bei der Reaktion von Prolin mit 1- und 3-Desoxyosonen über eine Aldolkondensation und anschließender Cyclisierung gebildet. Auf diesem Weg entsteht 5-Acetyl-2,3-dihydro-1(H)-pyrrolizin [872] bei der Reaktion von Prolin mit 1-Desoxypentosen und Malzoxazin [873, 874].

Schwefelhaltige und sauerstoffhaltige N-Heterocyclen: Umsetzungen von Aminosäuren mit *a*-Dicarbonylverbindungen aus dem Streckerabbau führen zu einer Vielfalt von schwefel- und sauerstoffhaltigen N-Heterocyclen [875, 876].

Pyrazine: Die beim Strecker-Abbau der Aminosäuren entstehenden *a*-Aminoketone können durch Ringschluß, Wasserabspaltung und Dehydrierung in Pyrazine übergeführt werden [854, 877–881]. Aus *a*-Diketoverbindungen, Cycloten und Ammoniak können Cyclopentapyrazine entstehen [847]. Pyrazine sind die am weitesten verbreiteten heterocyclischen Verbindungen in Lebensmitteln, die z.T. sehr Aroma-intensiv sind – mit nuß-popcornartigen Flavour-Noten (s. vorstehend). Die Bildung langkettiger alkylsubstituierter Pyrazine kann aus der Reaktion von Acetol, einem Hydrolyseprodukt aus dem Strecker-Abbau mit Pentanal und Hexanal, d. h. Produkten aus dem thermisch-oxidativen Abbau von Lipiden erfolgen [882].

Farbige Maillard-Reaktionsprodukte (Melanoidine): Die Bildung von Melanoidinen im Rahmen der Maillard-Reaktion unterscheidet sich von der Bildung aromaintensiver Substanzen sowohl in ihrem Mechanismus als auch in ihrer Reaktivität [883]. Sie können bei der Kondensation von 1-Amino-1-desoxyoson (s. Abb. 7.31) mit Aminosäuren entstehen. Farbige β-Pyranone werden bei der Reaktion von Pentosen und Hexosen mit Aminen durch Kondensation gebildet, wobei diese ein geringes Molekulargewicht von 300 Dalton haben, aber dennoch eine relativ starke Färbung aufweisen [884]. Höhermolekulare Melanoidine mit einem Molekulargewicht über 16 000 Dalton entstehen bei der Reaktion von Hydroxymethyl-2-furfural (HMF), Hexosen und Glycin. Die Hauptmonomeren dieser Melanoidine bestehen dabei aus Zuckern oder Aminosäuren und Amadori-Komponenten [885].

Neben dem oben beschriebenen Ablaufschema ist es auch möglich, dass Polyphenole und Lipidabbauprodukte an der Maillard-Reaktion teilnehmen. Polyphenole reagieren dabei mit Aminosäuren unter Bildung von Amino-Carbonyl-Verbindungen. Durch Kondensations-Reaktionen entstehen aus diesen nach Abspaltung von Strecker-Aldehyden braune stickstoffhaltige Polymere, ähnlich dem Strukturvorschlag für Melanoidine [886–888]. Durch Oxidation von Lipiden werden ebenfalls Aldehyde gebildet, die auf einem Maillard-typischen Weg zu Heterocyclen, wie z. B. Pyrazinen, weiterreagieren können [889–891].

Aromastoffe aus dem thermischen Abbau von Phenolcarbonsäuren: Hierbei entstehen aus *p*-Cumarsäure (s. Abschnitt 1.4.8) 4-Vinylphenol neben Phenol, *p*-Kresol, 4-Ethylphenol und 4-Hydroxybenzaldehyd. Das Hauptprodukt der thermischen Fragmentierung der Ferulasäure ist 4-Vinylguajacol, das der Sinapinsäure 4-Vinylsyringol [848].

Sonstige Aromastoffe: Es konnten im Darrmalz auch einige Terpene nachgewiesen werden, ebenso Ester, die im Metabolismus der Keimung und unter den geeigneten Bedingungen beim Schwelken entstanden sind.

Die *schwefelhaltigen Verbindungen* werden ihrer Bedeutung gemäß im Anschluß an dieses Kapitel besprochen.

Einflußfaktoren auf die Maillard-Reaktion: Das Reaktionsschema der Maillard-Reaktion ist sehr komplex. Auf mehreren Wegen entstehen unterschiedliche Produkte. Welcher Weg eingeschlagen und welches Molekül dabei gebildet wird, hängt von den Reaktionsbedingungen ab:

a) Art und Konzentration der Reaktionspartner und deren Eigenschaften wie Kettenlänge (Mono-, Di-, Oligo- oder Polysaccharide) der Zucker, die Anzahl der Kohlenstoffatome pro Zuckereinheit und auch die Reaktivität der Einzelzucker. Ein ähnlicher Einfluß kommt den reagierenden Aminosäuren zu, die ebenfalls jeweils unterschiedliche Reaktivitäten aufweisen und die verschiedene Produkte bilden (Tab. 7.40).

Tab. 7.40 Reaktivität der Einzelzucker und Aminosäuren [892].

	Zucker	Aminosäure
Reaktivität ↑	Ribose Arabinose	Lysin, Tryptophan, Glycin, Tyrosin
	Xylose Galaktose Mannose	Alanin, Valin, Prolin, Leucin, Isoleucin, Phenylalanin, Mehtionin, Asparagin, Glutamin
	Fruktose Glukose	Histidin, Arginin, Asparaginsäure, Glutaminsäure, Serin Threonin, Cystein

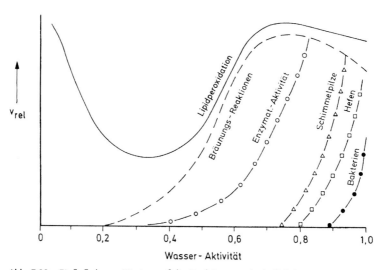

Abb. 7.33 Einfluß des a_w-Wertes auf die Reaktionsgeschwindigkeit.

Ein Überschuß der reduzierenden Zucker gegenüber den Aminosäuren fördert die Bildungsrate der Maillard-Reaktion, wobei die Abnahme der Zucker und Aminosäuren einer Reaktion 1. Ordnung folgt [861].

b) Der Wassergehalt bzw. die Wasseraktivität. Die maximale Reaktionsgeschwindigkeit liegt bei aw 0,6–0,7 (Abb. 7.33).

Unter Wasseraktivität oder a_w-Wert ist das Verhältnis des Wasserdampfdrucks über dem Lebensmittel (p) zum Wasserdampfdruck des reinen Wassers (p_0) bei gleicher Temperatur zu verstehen:

$$a_w = \frac{p}{p_0}$$

Reines Wasser ($p = p_0$) hat einen a_w-Wert von 0. Jeder Zusatz einer wasserbindenden Substanz bewirkt, dass $p < p_0$ und damit der a_w-Wert < 1 wird.

Dieses oben erwähnte Maximum ist dadurch zu erklären, dass bei zu niedriger Wasseraktivität die Mobilität der miteinander reagierenden Moleküle eingeschränkt ist und dadurch die Reaktionsgeschwindigkeit sinkt. Bei zu hohen a_w-Werten sinkt die Reaktionsgeschwindigkeit ebenfalls ab, da die Verdünnung zu groß ist und eine längere Zeitspanne vergeht, bis sich die Reaktionspartner „finden" [893]. Ein Auftreten der Bräunung während des Darrprozesses kann erst unterhalb einer relativen Feuchte von 5% festgestellt werden [894].

c) Der pH-Wert bestimmt den Reaktionsweg mit. Bei niedrigem pH läuft die Reaktion bevorzugt über das 1,2-Enaminol (Abb. 7.30), bei höherem pH wird die Bildung des 2,3-Enaminols begünstigt. Die Reaktionsgeschwindigkeit ist am niedrigsten im sauren Bereich und findet ihr Maximum bei pH 10. Bei niedrigen pH-Werten sind die Aminokomponenten weniger reaktiv gegenüber Reaktionspartnern, weil die Aminogruppen protoniert sind. Die verminderte Reaktionsgeschwindigkeit bei höherem pH ist auf den Mangel an H-Ionen zurückzuführen. Die antioxidative Aktivität ist ebenfalls durch den pH-Wert beeinflußt, wobei der pH-Wert mit der höchsten Wirksamkeit wiederum von den beteiligten Reaktionspartnern abhängt [895, 896]. Beim Darren ist der pH-Wert nur wenig korrigierbar, beim Maischen- und beim Würzekochen ist dagegen die Einflußnahme in einem etwas größeren Bereich möglich.

Höhere pH-Werte fördern sowohl die Verbindungen mit einem Caramelaroma [862] als auch solche mit einem röstartigen Aroma [863].

d) Weiterhin sind Prozeßdauer und -temperatur für den Ablauf der Maillard-Reaktion von Bedeutung. Je länger und je höher die Hitzebelastung ist, desto mehr Maillard-Produkte werden gebildet [897–899]. Eine Temperaturerhöhung um 10 °C resultiert dabei in einer zwei- bis dreifachen Reaktionsgeschwindigkeit [900].

e) Reaktionen mit anderen Substanzen binden Zwischenprodukte der Maillard-Reaktion. SO_2 und Thiole inhibieren die Reaktion, indem sie sich mit Carbonylen verbinden, die dann für eine Weiterreaktion nicht mehr zur Verfügung stehen. Schwefelhaltige Brennstoffe bewirken wohl eine geringere Färbung des hellen Malzes, doch ist die Menge der Reaktionspartner bei dunklen Malzen so groß, dass bei den üblichen Darrtemperaturen kaum ein Effekt zu bemerken ist (s. Abschnitt 7.2.4.9).

Eigenschaften der Melanoidine bzw. Maillard-Produkte: Sie sind teils unlöslich, teils löslich. Sie haben eine unterschiedlich hohe Färbekraft und vermitteln – wie oben schon erwähnt – eine große Variation an Aromanoten. Nachdem sie sauer reagieren, beeinflussen sie die Säureverhältnisse von Malz, Würze und Bier. Sie sind oberflächenaktiv und tragen zur Verfestigung des Bierschaums bei. Als Schutzkolloide vermögen sie auch die chemisch-physikalische Stabilität eines Bieres positiv zu beeinflussen. Durch ihre reduzierenden Eigenschaften wird ihnen eine günstige Wirkung auf die Geschmacksstabilität zugeschrieben, was aber nicht einhellig geteilt wird, da Melanoidine bei Anwesenheit von Sauerstoff höhere Alkohole zu entsprechenden Aldehyden oxidieren können, die ihrerseits einen Alterungsgeschmack im Bier hervorrufen [921, 922]. Diese letztgenannten Eigenschaften sind aber nicht für alle Maillard-Produkte in gleicher Weise entwickelt [864, 865]. Hierfür sind mehrere Faktoren verantwortlich, so sind z. B. große Unterschiede zwischen einzelnen Aminosäuren und Peptiden einerseits sowie Zuckern andererseits gegeben (s. Tab. 7.40). Ferner hängt der antioxidative Effekt vom Molekulargewicht der Maillard-Produkte ab. Er ist bei 5 kDa am höchsten [923–925], während Melanoidine mit niedrigerem Molekulargewicht (z. B. von unter 1 kD) eine geringere antioxidative Aktivität vermitteln [926]. Nachdem die höhermolekularen Melanoidine erst bei stärkerer thermischer Belastung entstehen, besteht zwischen der Farbe bzw. dem Aroma und der antioxidativen Aktivität ein enger Zusammenhang [927–930]. Es können aber verschiedene Antioxidantien oder reduzierend wirkende Substanzen unter bestimmten Bedingungen (Konzentration, Anwesenheit von Sauerstoff oder Ionen von Übergangsmetallen) zu Prooxidantien werden und dadurch Oxidationsreaktionen fördern [931–936]. Es können auch Produkte, die im Laufe der Maillard-Reaktion erst gebildet werden, sowohl antioxidativ als auch prooxidativ wirksam sein. Dies gilt besonders für frühe Maillard-Produkte vor der Amadori-Umlagerung (s. Abb. 7.29, 7.30), durch die freie Radikale entstehen [937–940]. Melanoidine niedrigen Molekulargewichts (von weniger als 1 kD) können als Prooxidantien wirken, indem sie höhere Alkohole oxidieren. Sie agieren als Wasserstoffakzeptoren und bilden Strecker-Aldehyde die – wie oben erwähnt – einen Alterungsgeschmack hervorrufen können [921, 941, 942].

7.2.4.6 Die Aromastoffe und ihre Beeinflussung beim Schwelk- und Darrprozeß

Beim Schwelken, das bis zu einem bestimmten Zeitpunkt eine Weiterführung des Keimprozesses darstellt, werden entweder Aromastoffe selbst (wie z. B. aus dem Abbau der Lipide) oder Vorläufer derselben gebildet. Diese können aus den verschiedenen Stufen, die z. T. farblos sind und die auch dann noch reversiblen Prozessen unterliegen, weiter zur Bildung von aromarelevanten und färbenden Verbindungen führen. Eine Reihe von ihnen ist selbst im hellen Malz bzw. den daraus hergestellten Würzen zu finden wie z. B. 3-Desoxyoson [902]. Dieses, wie auch das mittels Globalanalysen ermittelte „Hydroxymethylfurfural", das heutzutage als „Thiobarbitursäurezahl" (TBZ) der Routinekontrolle dient, geht weit über die eigentlich analysierbare Menge an 5-Hydroxy-2-methylfurfural hinaus. Es erfaßt auch Vorstufen, die beim Schwelken und Darren gebildet werden und die bei den thermischen Prozessen der Würzebereitung weiterreagieren [903]. Daneben sind noch einige Zucker-Aminosäureverbindungen als UNPF (undefinierte ninhydrinpositive Fraktionen) in Malzwürzen zu finden. Diese ergeben bei der Hydrolyse Fruktose und Alanin, Fructose und Glycin sowie Fructose und Valin. Sie sind offenbar Produkte der Amadori-Umlagerung, haben aber bereits eine bräunliche Farbe, einen malzigen Geschmack und reduzierende Eigenschaften. Sie werden um so stärker gebildet, je rascher die Temperatur im Schwelk-/Darrvorgang gesteigert wurde und je höher die Abdarrtemperatur war [904].

Von den Reaktionspartnern sind *Aminosäuren* um so reaktionsfreudiger, je weiter die Aminogruppe und die Carboxylgruppe voneinander entfernt sind

[905]. Demnach reagiert β-Alanin doppelt, ε-Aminocapronsäure dreimal so stark wie α-Alanin. Die basischen Aminosäuren zeigen jedoch eine ungleich stärkere Wirkung [906], ebenso reagieren primäre Amine stärker als sekundäre [648]. Das Dipeptid Glycil-Glycin hat eine 4–8fache Reaktionsgeschwindigkeit bei pH 5,5 wie Glycin, während das Tripeptid, wohl schon infolge der beginnenden Helixbildung nur die 4,6fache Wirkung ergibt. Die Reaktionsprodukte der verschiedenen Aminosäuren vermitteln nicht nur eine unterschiedliche Färbung, sondern jeweils einen typischen Aromaeindruck: z.B. Glycin eine starke Färbung bei schwachem Aroma, Alanin weniger Farbe bei ähnlichem Aroma, Valin reagiert wohl aufgrund seines größeren Moleküls langsamer unter Bildung bräunlicher, angenehm aromatischer Melanoidine. Leucin, ebenfalls langsam reagierend, färbt schwächer, doch vermittelt es ein deutlich brotartiges Röstaroma [907]. Um diese Geschmackscharakteristika z.B. im dunklen Malz zu erreichen, ist es notwendig, zur Reaktion dieser längerkettigen Aminosäuren die Abdarrtemperatur von 100–105 °C entsprechend lang einzuhalten. Einen Einblick in das Verhalten der Aminosäure Valin bei verschiedenen Abdarrtemperaturen gibt Abb. 7.34 [839].

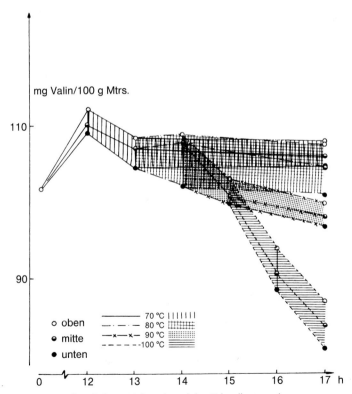

Abb. 7.34 Valingehalt im Malz während des Schwelkens und Darrens: Der Einfluß unterschiedlicher Abdarrtemperaturen.

Auch die Zucker spielen eine bedeutsame Rolle: So ist die Reaktion mit Glukose weniger intensiv als mit Fructose. Dieser letztere Zucker reagiert vor allem mit Glutaminsäure, Phenylalanin, Asparaginsäure, Methionin und Prolin, während Glukose mit den meisten Aminosäuren gleich starke Umsetzungen zeigt, mit Ausnahme von Glutaminsäure, Asparaginsäure und Threonin. Hydroxymethylfurfural geht die Bräunungsreaktion vor allem mit Prolin, Glutaminsäure, Phenylalanin und Asparaginsäure ein [908]. Die Bewegung von Glukose beim Schwelken und Darren gibt Abb. 7.35 wieder [839]. Es zeigt sich, dass bei einem Grün- und Schwelkmalz normaler Beschaffenheit bei 70 °C kaum eine Veränderung des Glukosegehaltes, selbst nicht bei mehrstündigern Abdarren gegeben ist. Erst das Aufheizen auf 80 °C bewirkt eine Verringerung der Glukose, die aber während des Abdarrens konstant bleibt. Starke Veränderungen ruft das Aufheizen auf 90 °C bzw. 100 °C hervor. Dabei nimmt der Zucker naturgemäß bei 100 °C, vor allem in der letzten Stunde des Ausdarrens am stärksten ab.

Die in Abb. 7.34 dargestellte Aminosäure zeigt eine leichte Verringerung beim Aufheizen auf 70 °C, bleibt aber dann konstant. Bei 80 °C ergibt sich eine stärkere Abnahme, die wie auch bei 90 °C bis zum Ende des Ausdarrens anhält. Der Unterschied zwischen den Darrtemperaturen 90° und 100 °C ist hier besonders ausgeprägt: Es zeigt sich – wie schon oben erwähnt – dass die höhere Temperatur unbedingt erforderlich ist, um die Reaktion zu färbenden und aromagebenden Produkten zu erzielen.

γ-Aminobuttersäure nimmt ebenfalls beim Darrprozeß ab, und zwar umso mehr, je höher die Abdarrtemperatur ist. Ihr Verhalten gleicht damit dem des Glutamins, so dass die Abnahme beider als Maß der thermischen Belastung angesehen werden kann [909].

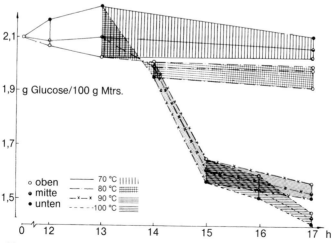

Abb. 7.35 Glukosegehalt im Malz während des Schwelkens und Darrens: Der Einfluß unterschiedlicher Abdarrtemperaturen.

Tab. 7.41 Einfluß des Abdarrens auf die Farbe (EBC-Einheiten).

Abdarrtemperatur	70 °C	80 °C	90 °C
Kongreßwürze (12 G.G. %)	3,6	4,1	4,9
Bier (12 G.G. %)	10,9	11,8	14,3
Zufärbung beim Brauen	7,3	7,7	9,4

7.2.4.7 Einfluß des Schwelkverfahrens auf Farbe und Aromasubstanzen des Malzes

a) Bei *hellen Malzen* sind die geschilderten Reaktionen, die zu färbenden Produkten führen, unerwünscht. Aus diesem Grunde wird beim Schwelken des Malzes rasch und bei entsprechend niedrigen Temperaturen entwässert, wie auch das Aufheizen auf die Abdarrtemperaturen sorgfältig geschehen soll. Trotzdem ist, wie das Verhalten der Aminosäuren und Zucker (s. Abschnitt 7.2.4.1) zeigt, eine Reaktion zu den Primär- und Sekundärprodukten der Melanoidinbildung, ja sogar zu färbenden Zwischensubstanzen, nicht zu vermeiden. Vor allem höhere Abdarrtemperaturen als 80–82 °C führen zu einer vermehrten Bildung dieser Stoffe, die dann beim Maischen und Würzekochen zu Farbkörpern weiterreagieren [827]. Dies zeigt Tab. 7.41.

Aus diesem Grunde liefert auch die „Kochfarbe" der Kongreßwürze einen guten Anhaltspunkt über das Verhalten des Malzes während des Brauprozesses [774].

Es spielt jedoch nicht nur die Art der Schwelk- und Darrführung eine Rolle für die Färbung des Malzes bzw. seine Zufärbung beim Brauen, sondern auch seine Auflösung. Stark gelöste helle Grünmalze enthalten neben größeren Mengen an freien Zuckern auch reichlich freie Aminosäuren und niedere Peptide, die beim Darren zu färbenden Produkten reagieren [944].

Die Aromastoffe, die beim Schwelken und Darren eine Veränderung erfahren, lassen sich in drei Gruppen einteilen:

Substanzen, die beim Schwelken abnehmen, sind die meisten Aromastoffe aus dem Lipidabbau, aber auch einige Terpene und Pyrazol. Dies belegt das Verhalten von Hexanal, des Hauptabbauproduktes der Linolensäure (s. Abschnitt 4.1.8.3) (Abb. 7.36). Zwischen der unteren und der oberen Schicht besteht ein Zeitunterschied von etwa 4 Stunden. Die Substanzen werden wahrscheinlich mit dem Wasser aus dem Korninnern an die Trocknungsluft abgegeben. Beim Abdarren geht nur ein geringer Wasserentzug vonstatten, der mit einer geringen Abnahme einhergeht.

Substanzen, die beim Schwelken abnehmen, beim Abdarren aber einen Anstieg erfahren: Beim Schwelken erfolgt die Konzentrationsabnahme mit dem Wassergehalt im Malz, doch steigt beim Aufheizen und Abdarren die Konzentration wieder deutlich an. Eine Erklärung hierfür scheint die bei Aromastoffen aus dem Lipidstoffwechsel häufig anzutreffende thermisch-oxidative Spaltung von Fettsäuren zu sein. Die Werte in der unteren Malzschicht liegen deutlich höher als in der oberen. Ähnlich wie der in Abb. 7.37 dargestellte Verlauf von 2-Heptanon ist auch das Verhalten von einigen Furanen und N-Heterocyelen.

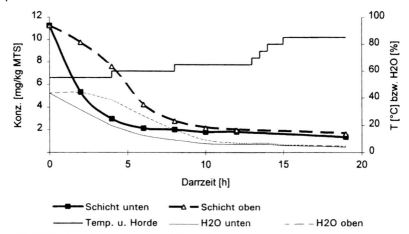

Abb. 7.36 Veränderung von Hexanal beim Darren.

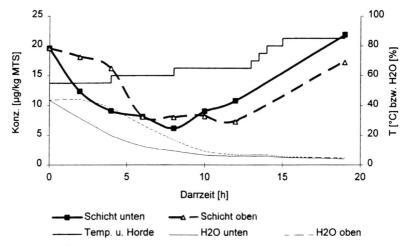

Abb. 7.37 Veränderung von 2-Heptanon beim Darren.

Aromastoffe, die erst beim Darren gebildet werden: Hierbei handelt es sich um Substanzen, die im Rahmen der Maillardreaktion bzw. des Strecker-Abbaus der Aminosäuren gebildet werden. Hierzu gehören auch die meisten N-Heterocyclen sowie Malzoxazin und 5-Acetyl-2,3-dihydropyrrolizin. Als einzige Aromastoffe aus der thermisch oxidativen Fragmentierung von Fettsäuren sind tr-2-Nonenal und γ-Nonalacton hier vertreten.

Abbildung 7.38 zeigt den Verlauf des Strecker-Aldehyds 3-Methylbutanal, bei dem erst bei Temperaturen unter der Horde von 65–70 °C die Konzentration deutlich steigt, mit höheren Werten in der unteren Schicht.

Ein ähnliches Verhalten läßt die Thiobarbitursäurezahl erkennen. Sie beginnt allerdings schon vom Grünmalz aus mit einem Wert von 4,5 (Abb. 7.39), der

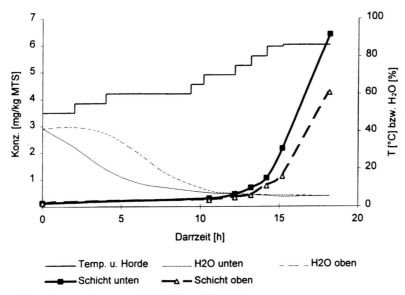

Abb. 7.38 Veränderung von 3-Methylbutanal beim Darren.

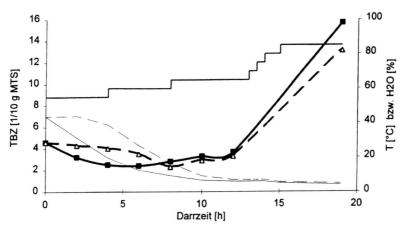

Abb. 7.39 Veränderung der TBZ beim Darren.

auf eine Reaktion der Thiobarbitursäure mit den aus dem Fettabbau stammenden Carbonylen schließen läßt. Zu Beginn des Schwelkens sinkt die TBZ zuerst ab, was analog zu den Carbonylverbindungen aus dem Fettabbau geschieht. Der Anstieg während der Aufheiz- und Abdarrphase ist dann auf die Bildung von Maillard-Produkten zurückzuführen, wobei dieser in der unteren Schicht stärker ist als in der oberen.

Die Einflußnahme mittels verschiedener Schwelkverfahren und Abdarrtemperaturen (auf der Einhordendarre) läßt sich im Hinblick auf die flüchtigen Substanzen, aber auch auf die üblichen Malzanalysendaten wie folgt darstellen [683]:

Tab. 7.42 Malzanalysendaten und Eigenschaften des gealterten Bieres. Malz-Aromastoffe in Abhängigkeit vom Schwelkverfahren.

Schwelk-verfahren	je 4 h 35/50/65 °C	12 h 50 °C	12 h 55 °C	12 h 60 °C	12 h 65 °C	je 4 h 55/60/65 °C	2 °C/h 50–70 °C	20 h[a] 50 °C
Extrakt wfr. %	82,5	82,4	81,8	82,1	81,7	81,9	81,9	82,5
Farbe EBC	3,3	3,2	3,1	2,9	3,4	3,4	3,2	2,8
Kochfarbe	5,0	4,9	4,9	4,9	5,4	5,2	5,1	4,5
TBZ (Kongreßwürze)	13,9	13,5	14,4	14,4	17,5	14,9	15,2	10,2
$\sum$ Streckeraldehyde	9601	8424	8452	9200	11682	12146	10806	8662
2-Furfural	518	488	506	558	750	707	684	506
$\sum$ Fettabbauprodukte	2262	2414	2652	2676	2265	2590	2340	3556
tr-2-Nonenal	997	1046	1212	1124	1308	1143	1075	1520
tr,tr-2,4-Decadienal	203	191	212	212	165	207	186	256
2-Acetylpyrrol	42	28	42	47	88	56	64	30
$\sum$ Pyrazine	11,3	10,4	9,6	8,8	15,1	11,1	9,6	10,6
gealteres Bier: $\sum$ Alterungs-substanzen (ppb)	185	202	204	191	176	185	196	183
Geschmacksprobe (1=am besten, 5=am schlechtesten)	2,3	2,4	2,4	2,2	2,6	2,6	1,8	2,1

a) Keimdarrkasten-Schema, halbe Ventilatorleistung.

Beim *Schwelken* sind nach Tab. 7.42 die niedrigeren Anfangs- oder Durchschnittstemperaturen günstiger als höhere: Niedrige Anfangstemperaturen oder eine lange Schwelke im Bereich von 50 °C liefern hohe Extraktgehalte. Die TBZ ist bei schonender Trocknung günstiger. Hier ist auch eine Parallele zu den Strecker-Aldehyden und 2-Furfural gegeben, die anzeigt, dass eine forcierte Trocknung mehr färbende und geschmacksintensive Substanzen vermittelt. Die Fettabbauprodukte werden bei höheren Schwelktemperaturen entweder weniger stark gebildet oder verstärkt ausgetrieben. Die lange Schwelke bei 50 °C erbringt auch die höchsten Werte an ungesättigten Carbonylen. 2-Acetylpyrrol als Wärmeindikator und die Pyrazine reagieren ebenfalls (wie z. B. Strecker-Aldehyde und 2-Furfural) auf die intensiveren Schwelkverfahren. Dies zeigt auch Abb. 7.40, die den Zusammenhang zwischen der mittleren Schwelktemperatur und 2-Acetylpyrrol zeigt. Vom Standpunkt dieser Ergebnisse ist eine Schwelkführung, beginnend mit niedrigeren Temperaturen und langsamem Temperaturanstieg am günstigsten, etwa von 50 °C auf 65 °C in 10–12 Stunden, um bei dieser letzteren Temperatur den Durchbruch abzuwarten. Das Ergebnis des Keimdarrkastens war in etlichen Punkten sehr positiv zu werten, doch stört die große Menge der Fettabbau- und Oxidationsprodukte, die aber offenbar beim Würzekochen zum Großteil ausgetrieben wird und dann im fertigen Bier nicht mehr in Erscheinung tritt [911]. Die Erfahrungen mit dieser Schwelk- und Darrmethode (s. Abschnitte 7.53, 7.54) ließen in der Praxis keine Nachteile erkennen.

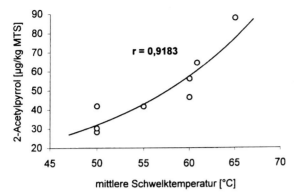

Abb. 7.40 Zusammenhang zwischen mittlerer Schwelktemperatur und 2-Acetylpyrrol.

In neueren Arbeiten wird aber gerade die „Inhomogenität", die sich im unterschiedlichen Temperaturverlauf und Trocknungsfortschritt bei den sog. „Hochleistungsdarren" ergibt, kritisch gesehen. Die Schwelk- und Darrphasen nehmen bei Einhordendarren ca. 20 Stunden in Anspruch, beim Keimdarrkasten 30 Stunden und bei 2-Hordendarren und Luftumkehrdarren (s. Abschnitt 7.3.7.2) ca. 40 Stunden. Diese Vorbehalte haben ihre Begründung in den Vorgängen des Lipidabbaus und der Lipidoxidation (s. Abschnitte 7.2.4.3 und 7.2.4.5), wobei die hieraus entstehenden Produkte bei der Alterung des Biere eine Rolle spielen [912, 913]. Eine Substanz, das 2-t-Nonenal (auch als E-2-Nonenal bezeichnet) wird für den sog. „Pappdeckel"-(„Cardboard") oder papierartigen Geruch und Geschmack des Bieres verantwortlich gemacht. Dieser ungesättigte Aldehyd leitet sich aus der Lipidoxidation, d.h. der Oxidation der ungesättigten Fettsäuren ab (s. Abb. 1.51). Er ist bereits im Darrmalz nachweisbar. Um nun eine Vorhersage über den Einfluß eines Malzes bzw. seiner Herstellung zu treffen, wurde vorgeschlagen, das sog. 2-t-Nonenal-Potential zu bestimmen: Aus dem zu untersuchenden Malz wird eine Würze bereitet und in dieser unter bierähnlichen Bedingungen (pH 4, Eliminierung von Sauerstoff mittels Argon und 120 min Heißhalten bei 100 °C) mittels Gaschromatographie das gebildete 2-t-Nonenal gemessen.

Wenn auch 2-t-Nonenal bei der Bieralterung nach einer gewissen Zunahme wieder eine Verringerung durch Zerfall in kürzerkettige Carbonyle zeigt [912], so kann es bei gezielten Versuchen doch Hinweise vermitteln. Nachdem das Nonenal-Potential durch verschiedenerlei Methoden analysiert wird, ist eine Aussage nur bei bekannter Analytik zu erwarten. Dennoch ist die Übereinstimmung dieser Ergebnisse mit der geschmacklichen Bewertung der gealterten Biere nicht immer eindeutig [913–915].

Messungen in den oberen und unteren Schichten einer Zweihordendarre mit Abräumen von der Schwelk- auf die Darrhorde zeigt Tab. 7.43 [916].

Im Verlauf der jeweils ca. 20 Stunden dauernden Schwelk- und Darrphasen bilden sich in den oberen und unteren Schichten der Schwelk- und Darrmalze deutliche Unterschiede in der LOX-Aktivität, den Hydroperoxid-Potentialen und dem t-2-Nonenal-Potential in Würze aus.

Tab. 7.43 Kennzahlen der Lipidoxidation in den Schichten von Hochleistungsdarren.

	LOX-Aktivität nkat/g	Hydroperoxid-Potential nkat/g		Verhältnis 9:13 HPO	t-2N-Potential in Würze
		9-HPO	13-HPO		
Oberschicht					
Ende Schwelken	180,4	10,4	3,0	3,3	10,3
Ende Darren	90,3	9,4	2,1	4,5	7,8
Unterschicht					
Ende Schwelken	91,8	8,8	2,1	4,2	7,7
Ende Darren	64,9	8,4	1,7	4,9	6,8

Tab. 7.44 Ergebnisse mit Hochtemperatur-Kurzzeit-Verfahrensweise (Industriemaßstab).

	Konventionell	HTKZ
Wassergehalt %	4,6	4,5
Extrakt wfr. %	82,2	82,5
Eweißlösungsgrad %	38,3	39,9
pH	6,01	5,94
Endvergärungsgrad %	83,4	82,1
Farbe/Kochfarbe EBC	3,2/4,9	3,9/4,8
β-Glucan mg/l	92	72
Friabilität/ggl %	92,4/0,1	93,2/0,2
DK °WK	330	310
DMS-P ppm	3,5	2,2
LOX μg	64	24
t-2N Kongreßwürze ppb	1100	300
Biergeschmack gealtert (1–10), (10 am besten)	5,8	6,8

Es wurde daher versucht, durch Anwendung höherer Trocknungstemperaturen, zum Teil auch durch die Mitverwendung von Rückluft, den Schwelkprozeß zu beschleunigen [915]. Außerdem sollten die Temperaturunterschiede zwischen oberer und unterer Schicht verringert werden, um so die Homogenität der Malzbeschaffenheit zu verbessern. Beim Aufheizen zum Abdarren wurde ausschließlich Rückluft verwendet und die höhere Abdarrtemperatur von 90 °C kürzer eingehalten [917].

Die Ergebnisse waren: Bei etwas höherer Kongreßwürzefarbe, aber gleicher Kochfarbe war der Eiweißlösungsgrad etwas höher; Diastatische Kraft und Endvergärungsgrad waren geringfügig niedriger, die Cytolyse nach β-Glucangehalt und Friabilität war beim Versuchsmalz sogar etwas günstiger, der DMS-P-Gehalt niedriger. Die LOX-Aktivität betrug nur mehr 38%, das t-2-Nonenal in der Kongreßwürze nur 27% des Vergleichsmalzes. Das gealterte Bier wurde jeweils nach 4 und 9 Monaten besser bewertet.

b) *Bei dunklen Malzen:* Wie schon in Abb. 7.34 und 7.35 gezeigt, nehmen die Reaktionspartner der Maillard-Reaktion, Aminosäuren und Zucker, bei Abdarrtemperaturen von 70–80 °C nur wenig, bei 90–100 °C dagegen stärker ab, wobei dann die färbenden und aromatischen Substanzen entstehen.

Um aber die gewünschte Farbe- und Aromabildung beim Darren des dunklen Malzes zu erreichen, müssen die niedermolekularen Reaktionsprodukte des Stärke- und Eiweißabbaus in ausreichender Menge vorliegen. Dies ist auch der Grund, warum die dunklen Grünmalze einen etwas höheren Eiweißgehalt und eine weitergehende Auflösung aufweisen sollen. Beim Schwelken wird der Abbauprozeß zu niedermolekularen Substanzen gezielt weitergeführt, indem der Temperaturbereich von 40–60 °C bei höheren Feuchtigkeitswerten definiert eingehalten wird (s. Abschnitt 7.5.2.2).

Der Einfluß des Schwelkverfahrens („helle" Schwelke gegenüber „dunkle" Schwelke bei einer Abdarrung von 4,5 Stunden bei 100 °C) ist in Tab. 7.45 dargestellt.

Bei gleicher Ausdarrintensität sind die Farben, Kochfarben und die TBZ infolge der Abbauvorgänge bei der „dunklen" Schwelke deutlich höher als bei der „hellen", die praktisch auf eine rasche Trocknung abzielt. Dies kommt auch in den Daten des FAN und der Vz 45 °C zum Ausdruck, die höher ausfallen, obgleich ein Teil der niedermolekularen Substanzen zur verstärkten Farbebildung verbraucht wurde. Die Furane und Strecker-Aldehyde folgen dieser Tendenz, wobei die untere Malzschicht durch die doch wesentlich stärkere thermische Belastung deutlich höhere Werte zeigt. Auch die Fettabbauprodukte nehmen durch die „dunkle" Schwelke zu, die Relation zwischen den niedrigeren Werten in der Unterschicht und den höheren in der Oberschicht bleibt jedoch erhalten.

Bei der „dunklen" Schwelke ist noch die Dauer der Rast bei 65 °C unter Umluftbetrieb bedeutsam für die spätere Bildung von Maillard-Produkten und damit für die Ausbildung des Malzaromas wie Tab. 7.46 zeigt.

Tab. 7.45 Einfluß des Schwelkverfahrens bei der Herstellung von dunklem Malz [911].

Schwelkverfahren		„helle" Schwelke			„dunkle" Schwelke	
Probe	Durch-schnitt	Schicht oben	Schicht unten	Durch-schnitt	Schicht oben	Schicht unten
Farbe	14,0			29,0		
Kochfarbe EBC	23,0			37,0		
TBZ (Kongreßwürze)	65			136		
FAN mg/100 g TrS	176			186		
Vz 45 °C %	48,8			50,4		
2-Furfural ppb	2872	2384	2936	5468	3739	5563
∑ Streckeraldehyde ppb	30931	28869	36893	58157	39642	52607
∑ Fettabbauprodukte ppb	1664	1727	1305	1821	1938	1339
2-Acetylpyrrol	1088	729	1425	2383	1835	2843
∑ Pyrazine	440	363	487	528	467	623

Tab. 7.46 Der Einfluß einer Rast bei 65 °C bei dunkler Schwelke.

Dauer der Rast (h)		0	1	2	3
Malz:	Farbe EBC	22	25	26	25
	TBZ Kongr.-Würze	127	140	150	137
	FAN mg/100 g MTrS	147	167	146	142
Würze:	Strecker-Aldehyde (ppb)				
	2-Methylpropanal	102	93	130	143
	2-Methylbutanal	73	73	99	112
	3-Methylbutanal	149	130	137	180
Bier:	Geschmack DLG				
	Malzaroma (Intensität)	3,9	3,9	3,8	3,7
	Güte frisch	4,1	4,0	3,9	3,9
	Güte nach 15 Wochen	4,0	4,1	4,4	4,4

Trotz der vermehrt gebildeten Strecker-Aldehyde nahm das Malzaroma bei längerer 65 °C-Rast tendenziell etwas ab, doch war die Bewertung des Aromas bei den gealterten Bieren besser [910].

7.2.4.8 Einfluß der Darrung auf die Farbe und den Aromastoffgehalt des Malzes

Helle, speziell für hopfenbetonte Pilsener Biere bestimmte Malze sollen eine Farbe von 2,8–3,3 EBC aufweisen, wobei nur ein geringer Gehalt an Maillard-Produkten, deren Vorläufern und Strecker-Aldehyden (definiert durch eine Kochfarbe von 4,5–5,2 EBC) vorliegen darf. Andere Gesichtspunkte, wie z.B. ein niedriger Gehalt an DMS-Vorläufer, erfordern aber eine intensivere Darrung, so dass ein Kompromiss zwischen diesen Forderungen eingegangen werden muß (s. Abschnitt 7.2.4.9). Für Biere mit einem mehr „malzigen" Charakter werden Malze von kräftigerer Farbe gewünscht, die entsprechend höhere Abdarrtemperaturen erlauben.

Den Einfluß der Abdarrtemperatur auf die Farben und die TBZ sowie die Malzaromastoffe wie auch die Eigenschaften der gealterten Biere zeigen die Tab. 7.47 und die Abb. 7.41–7.45.

Im Bereich der Farben heller Malze (3,2–4,5 EBC) nimmt die TBZ in der Kongreßwürze um fast 100% zu, im Malzauszug sogar um den doppelten Betrag. Nach Abb. 7.41 ist hier eine exponentielle Zunahme zu erkennen.

Entsprechend zeigen die Strecker-Aldehyde 3-Methylbutanal, 2-Methylbutanal, Benzaldehyd, Phenylethanal und Methional sowie einige Furane (2-Furfural, Acetylfuran), Alkohole (3-Methylbutanol, 2-Methylbutanol, Phenylethanol), Dimethyldisulfid und 5,5-Dimethyl-2-(3H)-furanon eine exponentielle Zunahme. Abbildung 7.42 zeigt dies für die Strecker-Aldehyde.

Die aus dem Lipidstoffwechsel stammenden Aromakomponenten lassen kein einheitliches Verhalten mit zunehmender Abdarrtemperatur erkennen, so auch das 2-t-Nonenal.

Einige Aldehyde wie Pentanal, Octanal und tr,tr-2,4-Octadienal sowie Ketone (2-Pentanon, 2-Hexanon, 2-Heptanon, 2-Decanon) nehmen ab einer Abdarrtemperatur von 85 °C im Malz weiter zu. Das zeigt z.B. 2-Pentanon in Abb. 7.43.

Tab. 7.47 Einfluß der Abdarrtemperatur (gleiches Schwelkschema), Eigenschaften der Malze und der gealterten Biere.

	Temperatur °C	70	75	80	83	85	88	90
Malz:	Extrakt wfr. %	81,6	81,6	81,6	81,4	81,9	81,1	81,6
	Farbe EBC	3,2	3,4	3,5	3,8	3,9	4,2	4,5
	Kochfarbe EBC	4,2	4,6	4,8	5,1	5,2	5,5	6,1
	TBZ	11,2	12,4	14,4	17,9	18,6	20,2	21,9
	DMS-P (ppm)	16,3	15,8	13,3	11,2	8,0	6,6	5,9
	Aromasubstanzen (ppb)							
	$\sum$ Strecker-Aldehyde	2830	4650	7230	10440	10730	15690	18717
	2-Furfural	120	210	320	450	420	630	720
	$\sum$ Lipid-Abbau-Prod.	3920	3850	3330	3670	3340	3220	2960
	t-2-Hexenal	1250	1330	1090	1310	1250	800	720
	t-2-Nonenal	1680	1790	1700	2550	2060	1765	1846
	t,t-2-4-Decadienal	290	260	200	210	180	200	160
Bier:	$\sum$ Alterungssubstanzen (ppb)	155	152	150	169	223	240	289
	Geschmack des gealterten Bieres (1 = am besten, 5 = am schlechtesten)	1,7	2,0	1,5	2,1		1,8	2,8

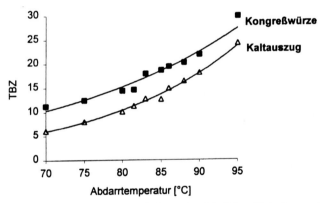

Abb. 7.41 Thiobarbitursäurezahl bei unterschiedlichen Abdarrtemperaturen.

Die frischen Biere aus Malzen mit 70–75 °C zeigten zwar eine gute Bewertung im gealterten Zustand, sie waren aber frisch von „grünlichem", „grünmalzähnlichem" Geruch und Geschmack. Am besten schnitt das Bier aus dem 80 °C-Malz ab, sowohl frisch als auch gealtert. Von 88 °C auf 90 °C verschlechterte sich der Geschmack des gealterten Bieres, was durch den deutlichen Anstieg der Produkte thermischer Belastung im Malz sowie der Alterungssubstanzen im Bier erklärt werden konnte.

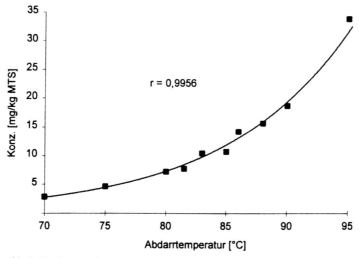

Abb. 7.42 Summe der Strecker-Aldehyde im Darrmalz bei verschiedenen Abdarrtemperaturen.

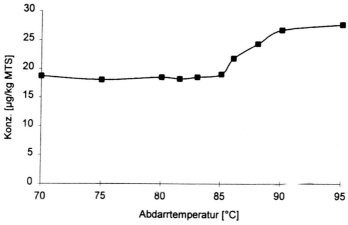

Abb. 7.43 2-Pentanon im Darrmalz bei den Abdarrversuchen.

Die meisten anderen Aromastoffe aus dem Lipidstoffwechsel werden bei höheren Abdarrtemperaturen verstärkt aus dem Malz ausgetrieben, wie sich anhand des γ-Nonalactons in Abb. 7.44 ergibt.

Die Stickstoff-Heterocyclen erfahren mit steigender Abdarrtemperatur ebenfalls eine exponentielle Zunahme. Wie auch bei den anderen Maillard-Produkten und Strecker-Aldehyden hängt die Menge der gebildeten N-Heterocyclen von den Vorläuferverbindungen ab. Dabei wirken sich höhere Keimgutfeuchte, niedrige Keimguttemperaturen und längere Keimzeit steigernd auf die Menge derselben aus [941]. Die „dunkle" Schwelke erbringt bei 100 °C wesentlich mehr N-Heterocyclen als das normale, rasch trocknende Schwelkverfahren [942], wie

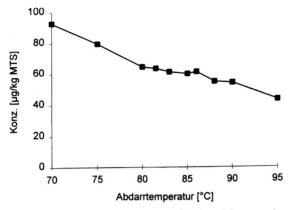

Abb. 7.44 γ-Nonalacton im Darrmalz bei den Abdarrversuchen.

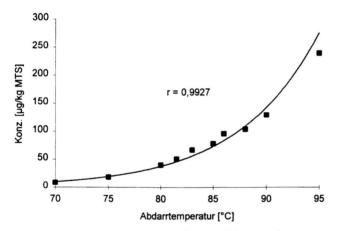

Abb. 7.45 2-Acetylpyrrol im Darrmalz bei den Abdarrversuchen.

Tab. 7.45 zeigt. In Abb. 7.45 ist der Verlauf des 2-Acetylpyrrols in Abhängigkeit der Darrtemperatur dargestellt [911].

Die Bildung der Melanoidine beim Darren im Rahmen von Temperaturen von 70–90 °C und unterschiedlichen Zeiten läßt sich auch anhand von Pronyl-L-Lysin, einem Strukturelement der Melanoidine verfolgen. Dieses wird aus Glukose, Maltose und Oligosacchariden sowie Lysin-Seitenketten oder Endgruppen von Proteinen über Zwischengruppen gebildet. Pronyl-L-Lysin hat ausgeprägte reduzierende Eigenschaften und vermittelt so günstige physiologische Effekte [918].

Den Einfluß der Abdarrtemperatur und -zeit auf Farbe, TBZ und Pronyl-L-Lysin bei stets gleicher Schwelkführung (16 h bei 50 °C) zeigt Tab. 7.48 [918]. Letzteres entspricht mit hoher Korrelation dem Verhalten von Farbe und TBZ [918].

Tab. 7.48 Abdarrintensität, Pronyl-L-Lysingehalt, Farbe und TBZ.

Temperatur (°C)		70			80			90	
Darrzeit (h)	5,25	10,5	15,25	2,5	5,0	7,5	1,25	2,5	3,75
Pronyl-Lysin (mg/l)	0,08	0,16	0,12	0,15	0,24	0,30	0,27	0,32	0,42
TBZ	10	20	40	20	26	32	37	51	56
Farbe EBC	3,0	3,2	3,2	2,8	3,0	3,5	3,0	4,5	4,6

Es kann zur Anpassung traditioneller Biersorten, z. B. bei Umstellung von einem älteren auf ein modernes, sauerstoffarm arbeitendes Sudwerk oder auch bei Anpassung an ein weicheres Brauwasser bzw. pH-Korrektur durch eine biologische Säuerung notwendig sein, kräftiger gefärbte Malze oder Mischungen aus hellen Malzen und dunkleren oder Spezialmalzen zu verwenden (s. Bd. II).

Versuche zur Herstellung eines „mittelfarbigen" Bieres wurden einmal ausschließlich mit „Wiener" Malz (W) mit einer Farbe von 7,2 EBC durchgeführt sowie mit Gemischen „P/M" von 71% Pilsner Malz (Farbe 3,7 EBC) und 29% dunklem Malz (Farbe 17 EBC) und „P/C" von 82% hellem Malz und 18% Karamellmalz (Farbe 26 EBC).

Die Ergebnisse zeigt Tab. 7.49 [918].

Tab. 7.49 Malze bzw. Malzverschnitte – Maillard-Produkte und Geschmack der gealterten Biere.

Bier Malzschüttung	1 W	2 P/M	3 P/C
In Pfannevoll-Würze:			
Pronyl-Lysin (mg/l)	0,48	0,28	0,25
TBZ	42,5	37,5	32,5
Strecker-Aldehyde (µg/l)	1620	1000	600
In Bier:			
Geschmack des gealterten Bieres DLG (5 am besten)	3,9	4,0	4,1

Bemerkenswert ist auch nach dieser Tabelle, dass bei einer Malzschüttung für eine Kongreßwürzefarbe von 7–8 EBC-Einheiten „Wiener Malz" (W) mit einer Farbe von 7,2 EBC höhere Pronyl-L-Lysingehalte vermittelte als entsprechende Gemische P/M und P/C.

Wenn auch die Menge der reduzierenden Substanzen mit der Menge der Maillard-Produkte von Bier 1 nach Bier 3 hin abnahm, so war doch die Alterungsnote für Bier 3 (18% Cara-Malz) mit der niedrigsten TBZ und dem ebenfalls niedrigsten Pronyl-L-Lysingehalt bei Bierfarben im Bereich von 11–13 EBC am günstigsten. Diese Aussage ist gerade für helle Lagerbiere von etwas kräftigerer Farbe von großer Bedeutung [918].

Tab. 7.50 Einfluß der Abdarrzeit bei 100 °C auf Intensität und Güte des Malzaromas.

Abdarrzeit Std.	2	4,5	7
Malz: Farbe EBC	15	25	30
TBZ (Kongreßwürze)	103	140	155
FAN mg/100 g MTrS	180	167	140
Würze: Strecker-Aldehyde (ppb)			
2-Methylpropanal	81	90	112
2-Methylbutanal	68	73	132
3-Methylbutanal	129	130	193
Biergeschmack (DLG 1–5)			
Malzaroma Intensität	3,5	3,8	3,9
Güte frisch	3,9	4,1	4,2
nach 15 Wochen	3,5	3,7	3,8

Diese Ergebnisse wurden durch Versuche bestätigt, bei denen auch die LOX-Aktivitäten sowie die t-2-Nonenal-Gehalte nebst dem t-2-Nonenal-Potential ermittelt wurden [919].

Die Abdarrung des dunklen Malzes erfolgt meist bei Temperaturen von 95–105 °C. Für die erwünschte Farbe von 12–25 EBC und die Bildung der Aromastoffe sind die Höhe und Dauer der Abdarrung entscheidend. Voraussetzung für ein typisches „Münchner Malz" ist auch eine sog. „dunkle Schwelke" (s. Abschnitte 7.2.4.7, 7.5.2.2, 7.5.8.2).

Den Einfluß der Abdarrzeit bei 100 °C auf die Aromastoffe des dunklen Malzes zeigt Tab. 7.50.

Mit längerer Abdarrzeit ergab sich ein Verlust an Extrakt, aber auch an vergärbaren Zuckern, die Strecker-Aldehyde der Ausschlagwürzen nahmen zu. Der Biergeschmack zeigte eine höhere Intensität und Güte des Malzaromas im Bier. Das Alterungsverhalten der Biere war bei dem am längsten ausgedarrten Malz am günstigsten. Es waren aber die Unterschiede zwischen 4,5 und 7 Stunden Abdarrzeit nicht so gravierend, dass sich die längere Darrzeit, gerade im Hinblick auf die Enzymverluste und die Verarbeitungsfähigkeit des Malzes, gelohnt hätte [912].

Die sonstigen Analysendaten verändern sich bei einer Steigerung der Abdarrtemperatur von 70 auf 90 °C nur wenig. Eine Abnahme von Extrakt, Eiweißlösungsgrad und Vz 45 °C ist eindeutig erst bei einer Erhöhung der Abdarrtemperatur von 90° auf 95 °C feststellbar, Die Viskosität nimmt dagegen schon ab 88 °C zu.

7.2.4.9 Veränderung von organischen Schwefelverbindungen beim Darren

Die quantitativ und qualitativ bedeutsamste Reaktion ist die thermische Spaltung des Dimethylsulfid-Vorläufers, S-Methylmethionin (SMM) in freies Dimethylsulfid [598, 600, 945–950] und Homoserin. Auch das beim Streckerabbau gebildete Methional kann ebenfalls in Dimethylsulfid (DMS) und Propenaldehyd übergeführt werden [951]. Dimethylsulfid kann auch weiter zu Dimethyldisulfid dimersiert werden.

Dimethylsulfid vermittelt dem Bier ab einem bestimmten Schwellenwert ein „unfertiges", gemüseähnliches Aroma [952]. Je nach Biertyp kann dieser Schwellenwert verschieden hoch sein, doch spielt bei dessen Festlegung auch die jeweils verwendet GC-Analytik eine Rolle.

Das Grünmalz bringt je nach Gerstensorte und -herkunft sowie je nach den Bedingungen der Keimung (s. Abschnitt 4.1.6.5) eine bestimmte Menge an S-Methylmethionin auf die Darre. Beim Schwelken wird je nach Schwelktemperatur und Dauer ein gewisser Anteil des SMM vom Wasser aufgenommen, das dem Grünmalz entzogen wird. Die Abnahme des SMM ist in den unteren Schichten des Trockengutes rascher als in den oberen. Bei Schwelkverfahren, die mit höheren Temperaturen von z. B. konstant 60–65 °C arbeiten, tritt bei Schwelkende nochmals eine leichte Zunahme des SMM ein und zwar in der unteren Schicht stärker, d. h. bei 60–65 °C. Im Anschluß daran setzt die thermische Spaltung des DMS-Vorläufers in freies DMS und Homoserin ein. Im Darrmalz hat der DMS-P in der unteren Schicht signifikant niedrigere Werte als in der oberen. Nach Tab. 7.51 ist bemerkenswert, dass die Schwelkverfahren mit niedrigeren Temperaturen zu niedrigeren Konzentrationen des DMS-Vorläufers im Darrmalz führen. Wird jedoch das Schwelken nach der Verfahrensweise des Keimdarrkastens (s. Abschnitt 7.5.3) über 20 Stunden bei etwa halber Ventilatorleistung ausgedehnt, dann liegen die höchsten DMS-P-Werte in den unteren und oberen Schichten – sowohl am Ende des Schwelkens und Darrens – vor [911].

Der DMS-Vorläufer wird aber auch noch nach der eigentlichen Darrzeit weiter abgebaut: Wenn das Malz bei Abdarrtemperatur und abgeschaltetem Ventilator noch 30–60 Minuten vor der anschließenden Abkühlung verbleibt, dann nimmt der DMS-P-Gehalt um ca. 20% ab, ohne dass eine Erhöhung der Farbe oder ein merklicher Anstieg der TBZ eintritt [920]. Dies zeigt Tab. 7.52.

Tab. 7.51 DMS-Vorläufer im Malz in Abhängigkeit vom Schwelkverfahren (ppm).

Schwelkverfahren	je 4 h 35/50/65 °C	12 h 50 °C	12 h 55 °C	12 h 60 °C	12 h 65 °C	20 h 50 °C[a]
Grünmalz	28,4	29,2	28,8	29,1	28,6	28,5
Schwelkmalz:						
Schicht unten	14,1	14,3	14,2	15,7	14,3	15,7
Schicht oben	14,9	15,5	14,0	14,4	13,6	14,7
Darrmalz:						
Schicht unten	5,9	6,7	7,0	6,9	7,6	10,4
Schicht oben	10,4	9,2	10,0	10,2	11,0	12,6
Darrmalz	8,4	8,3	9,2	9,6	10,1	11,4
Darrmalz mit Keimen	9,6	9,8	10,4	11,4	11,5	12,2

a) halbe Ventilatorleistung.

Tab. 7.52 Rast nach dem Darren und DMS-Gehalt.

Rastdauer (h)	0	1	2
DMS-P (mg/kg)	7,1	6,1	5,8

Es ist natürlich eine Frage der verfügbaren Zeit, die bei Einhorden-Darren meist sehr knapp bemessen ist, die aber bei Keimdarrkasten, bei Luftumkehr- und Triflexdarren aufgebracht werden kann.

Darrmalz mit Keimen enthält um durchschnittlich 1,1 ppm mehr DMS-P.

Die Abdarrtemperatur übt naturgemäß einen großen Einfluß auf die Spaltung des DMS-Vorläufers aus. Wie Abb. 7.46 zeigt, ergibt sich zwischen dem Gehalt an DMS-Vorläufer und Abdarrtemperatur eine Korrelation von r=0,9807.

Bei der Wahl einer hohen Abdarrtemperatur im Hinblick auf den Abbau des DMS-Vorläufers ist die Entwicklung der Farbe bzw. der Thiobarbitursäurezahl (TBZ) zu beachten (Abb. 7.41).

Nachdem normalerweise von den Brauereien nur eine TBZ (in der Kongreß-würze) von < 15 angenommen wird, sind der Anwendung höherer Abdarrtemperaturen Grenzen gesetzt, wenn diese, wie noch zu zeigen sein wird, nicht durch die Abdarrzeit in einem gewissen Maße kompensiert werden können. Hierauf wird noch zurückzukommen sein.

Das beim Zerfall des SMM gebildete DMS wird aufgrund seiner Flüchtigkeit mit der Abluft entfernt. DMS kann jedoch unter den Bedingungen des Schwelk- und Darrprozesses zu einem kleinen Teil zum schwerflüchtigen Dimethylsulfoxid (DMSO) oxidiert werden (Abb. 7.47) [599, 953]. Jedes Malz enthält also sowohl DMS als auch seine beiden Vorläufer SMM und DMSO. Höher abgedarrte Malze enthalten weniger DMS und SMM, dafür aber mehr DMSO [599, 600, 603, 945]. Bei schonender Vortrocknung bleibt bis Schwelkende mehr SMM erhalten als bei höheren oder kontinuierlich ansteigenden Schwelktemperaturen. Ebenso ergibt eine schonende Vortrocknung höhere Gehalte an

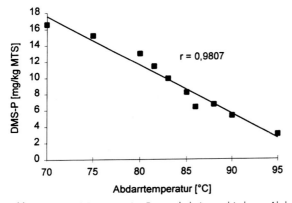

Abb. 7.46 DMS-Precursor im Darrmalz bei verschiedenen Abdarrtemperaturen.

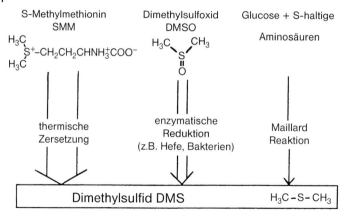

Abb. 7.47 Möglichkeiten für die DMS-Bildung.

DMSO. Diese sind darauf zurückzuführen, dass DMSO nur bei deutlich höheren Temperaturen als 60 °C gebildet wird und zwar durch Oxidation des aus dem SMM-Zerfall gebildeten DMS. Bei schonender Vortrocknung liegen höhere SMM-Mengen im Schwelkmalz vor. Es findet der hauptsächliche DMS-Zerfall also erst in einem Temperaturbereich statt, in dem auch verstärkt DMSO gebildet werden kann. Beim Schwelken bei 65 °C findet dagegen schon frühzeitig während des Schwelkens eine stärkere SMM-Spaltung statt, während DMSO erst in sehr geringen Mengen gebildet wird [956]. Beim Eintritt in die Abdarrphase ist aus diesem Grunde nur mehr ein Teil des SMM vorhanden, so dass durch dessen Spaltung nur noch entsprechend wenig DMS und folglich DMSO gebildet werden [947]. Um einen Eindruck der Gehalte an DMS, SMM und DMSO zu vermitteln, sind in Tab. 7.53 Daten englischer Malze aufgeführt.

Für die großen Schwankungsbreiten sind nicht nur die Schwelk- und Darrparameter verantwortlich, sondern auch die variierenden SMM-Gehalte der Grünmalze (s. Abschnitt 4.1.6.5).

Der DMS-P-Gehalt des Malzes wird beim Maischen und Würzekochen weiter durch thermische Spaltung verringert und das hierbei entstehende freie DMS mit dem Schwaden abgeführt. In der dem Kochprozeß folgenden Heißwürzerast z. B. bei 95 °C erfolgt eine weitere Spaltung des DMS-P in freies DMS. Nachdem dieses nicht mehr ausgetrieben wird, verbleibt es in der Würze. De-

Tab. 7.53 DMS, SMM und DMSO in englischen Malzen [955] ppb.

Malztyp	Lager-Malz niedriger gedarrt	Ale-Malz höher gedarrt
DMS	0–5000	0–2000
SMM (DMS-P)	1000–10000	<1000
DMSO	0–2000	1000–3000

ren Gehalt an freiem DMS bestimmt den DMS-Gehalt des späteren Bieres. Bei warmer Gärung (ca. 18 °C) können Verdunstungsverluste auftreten [954]. DMSO wird beim Brauprozeß nicht verändert. Der vom Malz eingebrachte Wert liegt in der Anstellwürze vor. Würzebakterien können durch das Enzym Dimethyl-sulfoxid-Reduktase DMSO zu DMS reduzieren. Bei einer starken Kontamination kann es zu hohen DMS-Gehalten und zu Fehlaromen kommen. Brauereihefen können ebenfalls – je nach Stamm – mittels ihrer eigenen DMSO-Reduktase etwas, d.h. bis zu 5% des DMSO-Gehaltes der Anstellwürze von 200–600 ppb [957] zu DMS reduzieren, was in der Praxis einen Anstieg des DMS bei Gärung und Reifung um 5–10 ppb bedeutet [955]. Es ist also letztlich der DMS-Gehalt des Bieres von vielen Faktoren abhängig, wobei wohl die Gerstenbeschaffenheit und vor allem die Darrintensität die Ausgangswerte an DMS-P für den Brauprozeß bestimmen. Es spielt aber naturgemäß die Technologie (Würzekochung, Würzebehandlung, Gärverfahren) eine Rolle, was sich auch in den Spezifikationen für DMS-P zwischen 4 und 7 ppm wiederspiegelt.

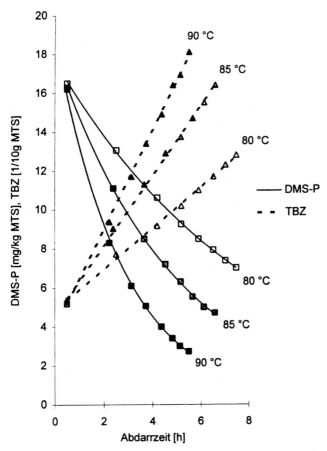

Abb. 7.48 Verlauf von DMS-Precursor und TBZ bei isothermem Abdarren.

DMS-Vorläufer und Thiobarbitursäurezahl: Der DMS-Vorläufer folgt bei konstanter Abdarrtemperatur einer exponentiellen Abnahme. Dies entspricht einer Reaktion 1. Ordnung [958]. Die Thiobarbitursäurezahl hingegen erfährt bei konstanter Abdarrtemperatur eine lineare Zunahme, entsprechend einer Reaktion 0. Ordnung (Abb. 7.48).

In der Arrhenius-Darstellung nach Temperatur und Zeit ergeben sich für die TBZ und den DMS-P Scharen von Geraden gleicher Konzentration. Das in Abb. 7.49 schraffiert dargestellte Fenster gibt den Arbeitsbereich an, in dem durch Variation von Abdarrtemperatur und Abdarrzeit festgelegte Konzentrationen des DMS- Vorläufers und der Thiobarbitursäurezahl im Darrmalz nicht überschritten werden [959]. Unter der Vorgabe gängiger Gehalte von DMS-P $\leq$ 7 ppm, TBZ $\leq$ 13 im Darrmalz läßt sich anhand dieses Arbeitsfensters statt einer Abdarrung von 5,5 Stunden bei 84 °C eine solche von 3,0 Stunden bei 90 °C ableiten. Höhere Abdarrtemperaturen würden selbst bei kürzerer Zeit höhere Farbwerte und Gehalte an aromarelevanten Substanzen erbringen. Versuchsreihen haben gezeigt, dass die Zielvorgaben erreicht wurden und eher bessere organoleptische Eigenschaften der Biere (auch im Hinblick auf die Geschmacksstabilität) vorlagen.

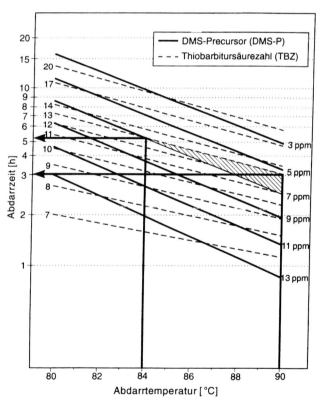

Abb. 7.49 Arbeitsfenster für eine lange Darrung bei 84 °C und eine kurze Darrung bei 90 °C im Arrheniusdiagramm.

Neben den Maillardprodukten und ihren Vorläufern tragen auch die Polyphenole zur Farbebildung bei.

7.2.4.10 Verhalten der Polyphenole beim Schwelken und Darren

Ihr Verhalten ist durch mehrere Reaktionen gekennzeichnet. Während des Schwelkens werden einerseits parallel zur Stickstofflösung als Folge weiteren Wachstums Polyphenole freigesetzt, die aber wiederum von Peroxidasen und Polyphenoloxidasen (s. Abschnitt 7.2.3.6) oxidiert und somit in größere Molekülverbände (Bi-, Tri- etc. Flavane) übergeführt werden. Damit wird unter bestimmten Bedingungen der mittels der „Global-Methoden" erfaßbare Gehalt an Anthocyanogenen niedriger. Wie Tab. 7.54 zeigt, ist dies vor allem bei Schwelkverfahren, die in höheren Temperaturbereichen arbeiten, der Fall [628].

Beim Aufheizen auf die Abdarrtemperatur nimmt die Menge der Anthocyanogene zu, eine Entwicklung, die während des Darrens ihre Fortsetzung findet [628]. Wie schon früher festgestellt [627], nahm in der Kongreßwürze der Polyphenol- und Anthocyanogengehalt mit höheren Abdarrtemperaturen zu [964]. Im Auszug blieben die einzelnen Fraktionen annähernd konstant, doch hatte auch hier die 110 °C-Abdarrung jeweils die höchsten Polyphenolgehalte, was u. U. auf den analytisch störenden Einfluß der Maillard-Produkte zurückzuführen ist. Zwischen den Tannoidegehalten in Kongreßwürze und Auszug war ein großer Unterschied, der eben die Wirkung der Oxidasen bestätigt. Er verringert sich mit steigender Abdarrtemperatur, was die zunehmende Schwächung dieser Enzymsysteme andeutet. Bei höheren Abdarrtemperaturen dürfte sich auch der geringere Eiweißlösungsgrad im Sinne einer geringeren Freisetzung von Tannoiden ausgewirkt haben (s. Tab. 7.55).

Es sind also, um der Schwächung der Oxidasen willen und so die reduzierenden Eigenschaften der Polyphenole bestmöglich zu erhalten, hohe Abdarrtemperaturen wünschenswert [630]. Im Hinblick auf die Entwicklung der Farbe der Malze und der späteren Biere wird jedoch ein Komprorniß zwischen 80 und 85 °C zu suchen sein.

Tab. 7.54 Schwelkverfahren und Polyphenolgehalte im Darrmalz (im Auszug mg/100 g TrS).

Verfahren	12 h 50 °C	11 h 55/60/65 °C	10 h 65 °C
Polyphenole	119	118	119
Anthocyanogene	68	65	64
Tannoide	83	78	75

Tab. 7.55 Einfluß der Abdarrtemperatur auf die Gerbstoff-Fraktionen der Malze [628].

Abdarrtemperatur °C	70	80	85	90	100	110
In der Kongreßwürze:						
Polyphenole	37	51	53	55	63	65
Anthocyanogene	28	29	30	33	36	41
Tannoide	21	20	20	22	23	19
Im Auszug:						
Polyphenole	95	92	95	95	93	93
Anthocyanogene	49	46	46	46	44	43
Tannoide	61	56	57	52	46	39

7.2.4.11 Sonstige Veränderungen beim Darren

Bei *Verwendung von schwefelhaltigen* Brennstoffen wie z. B. Koks, der einen Schwefelgehalt von etwa 0,9% aufweist, ergibt sich eine Aufhellung des Malzes, die nicht nur anhand einer helleren Spelze erkennbar ist, sondern auch die Kongreßwürze verzeichnet in der Regel eine etwas hellere Farbe. Diese letztere Erscheinung ist weniger auf eine Bleichwirkung. des Schwefeldioxids zurückzuführen, als vielmehr auf eine Blockierung reaktionsfähiger Endgruppen der Zucker oder deren Umsetzungsprodukte wie Carbonyle usw. (s. Abschn. 7.2.4.5). Normal nimmt der pH der Kongreßmaische bei Verbrennung von 130 kg Koks = 1,2 kg Schwefel/t Malz um 0,15 ab. Dies ist auch der Grund für die Veränderung der Malzanalysenwerte.

Bei schwefelarmen Heizmaterialien, wie z. B. hochwertigem Heizöl, Gas oder auch bei indirekter Beheizung der Darren, fehlt dieser günstige Einfluß der ursprünglich ungewollten Verbrennung des Schwefels zusammen mit dem Koks.

Heizöle von höherem Schwefelgehalt (über 0,2%) bewirken diesen Effekt nicht; sie rufen vielmehr eine partielle Verfärbung der Malzspelzen hervor, die als „Tigerung" beanstandet wird. Diese Flecken entstehen durch die Verbrennung des Schwefels mit dem Heizöl, wobei sich infolge der hohen Reaktionstemperaturen und des Luftüberschusses im Brenner anstelle von Schwefeldioxid Schwefeltrioxid bildet, das als Anhydrid der Schwefelsäure bei dem auf

Tab. 7.56 Malzanalysendaten ohne und mit Schwefel.

	ohne Schwefel	mit Schwefel
Extrakt wfr. %	80,4	81,2
MS-Differenz EBC wfr. %	2,0	2,0
Viskosität mPas	1,56	1,54
Eiweißlösungsgrad %	39,5	41,2
Vz 45 °C %	36,B	38,4
Endvergärungsgrad %	81,7	81,4
Farbe EBC	3,3	2,9
pH	5,93	5,78

den Spalten der Horden aufliegenden Malz Verkokungserscheinungen hervorruft. Diese sind zwar belanglos, werden aber dennoch beanstandet. Um den Effekt der Schwefelverbrennung bei Koks nachzuahmen, werden während des gesamten Darrprozesses 0,8–1,1 kg Schwefel/t Malz verbrannt. Normal reicht es jedoch, die auf die Schwelkphase treffende Menge in einem geeigneten Ofen zu verbrennen [961].

Es wird aber die Wirkung auf die Würze- und Bierfarben meist überschätzt, da sich durch den niedrigeren pH-Wert der Maische meist auch mehr Polyphenole lösen und mehr niedermolekulare Abbauprodukte entstehen, die wiederum zu einer stärkeren Zufärbung beim Brauprozeß Anlaß geben. Die Malze führen jedoch zu höheren Ausbeuten (die mit etwas Sauermalzzugabe auch zu erreichen sind) und sind ärmer an Mikroorganismen, speziell an den auf dem Malz vorkommenden Milchsäurebakterien.

Die genannten Effekte haben im Ausland dazu geführt, das Verbrennen von Schwefel durch Zusatz von schwefliger Säure oder Schwefelsäure zu kompensieren [962]. Erstere wird beim Keimprozeß, letztere beim Transport auf die Darre zugesetzt. Hierbei müssen jedoch Korrosionen der Transportwege und damit eine Verfärbung der Malzspelzen vermieden werden. Andere Vorschläge zielen darauf ab, Natriumsulfid in gelöster Form zuzusetzen. Dies hat sich besser bewährt als Bisulfite [963].

Nachdem ein gewisser Schwefelgehalt im Brennstoff die Bildung von Nitrosodimethylamin dämpft oder gar inhibiert, stellte sich die Frage nach dem Verbleib des verbrannten Schwefels bzw. des entstandenen Schwefeldioxids.

So zeigten direkt mit Koks beheizte Darren (ca. 110 g Schwefel/100 kg Malz) SO_2-Gehalte von 23–33 mg SO_2/kg Malz. Nachdem Erd- oder Flüssiggas keinen Schwefel enthalten, wurden in einer indirekt beheizten Pilotdarre versuchsweise steigende Mengen an Schwefel verbrannt und die Gehalte an SO_2 und SO_4 im Malz untersucht. Es ergaben sich nach Tabelle 7.57 folgende Daten.

Es nimmt also die Wiederfindungsrate des eingesetzten Schwefels ab [965].

Der Sulfatgehalt des Malzes wird in die Maische quantitativ eingebracht. Ein sehr wichtiger Faktor ist jedoch der SO_4-Gehalt des Brauwassers, der schon bei 80 mg/l das Niveau der SO_4-Menge in Würze und Bier dominiert. Geschwefelte Malze vermitteln einen niedrigeren pH-Wert in der Maische, der seinerseits die Abbauvorgänge fördert (s. Tab. 7.56). Hierdurch wird ein höherer Gehalt an FAN, also auch an schwefelhaltigen Aminosäuren erzielt. Dieser fördert die He-

Tab. 7.57 SO_2- und SO_4-Gehalte in Malzen bei steigender Schwefelung.

Schwefelgabe g/t Malz = mg S/kg Malz	0	200	400	1000
SO_2-Gehalt im Malz ppm	0	18,9	22,0	53,5
SO_4-Gehalt im Malz ppm	118,5	356,1	410,6	519,2
im Malz wiedergefundener Schwefel				
ppm		88,8	108,5	160,4
%		44,4	27,2	16,1

fevermehrung und Gärung, wodurch mit fallendem Anstellwürze-pH niedrigere SO_4-Gehalte im Bier entstehen. Es tritt also stets durch eine pH-Absenkung (vom Malz her, durch eine negative Restalkalität des Brauwassers oder durch biologische Milchsäure) eine geringere Bildung von SO_2 bei der Gärung ein [966].

Die Bildung von Nitrosaminen beim Darren: Mit direkt beheizten Darren (s. Abschnitt 7.3.3.3) kann es je nach dem verwendeten Brennstoff zur Bildung von Nitrosaminen (Nitrosodimethylamin, NDMA) kommen. Dieses Nitrosamin geht mit nur geringen Verlusten (z. B. beim Würzekochen) ohne Veränderung ins fertige Bier über. Die eine Gruppe der Vorläufer sind die bei der Keimung entstehenden Amine wie Dimethylamin, Ethylamin, Tyramin, Hordenin, Gramin und andere, deren Menge von den Parametern der Keimung abhängt (s. Abschnitt 4.1.6.5). Hordenin scheint hierbei der, auch mengenmäßig wichtigste Reaktionspartner zu sein. Die andere Quelle für nitrose Gruppen ist das Gemisch von Stickoxiden, die summarisch als NO_x bezeichnet werden, die aber hauptsächlich aus NO und NO_2 bestehen. Diese Stickoxide lösen sich als N_2O_3 und N_2O_4 im Wasser oder im Fett des Malzes [967]. Das gelöste NO_x steht im Gleichgewicht mit Nitrat und Nitrit, aus denen es gebildet wurde. Hauptsächlich das im Verbrennungsgas enthaltene NO_2 nitrosiert auf diesem Wege, z. B. Hordenin beim Schwelken nach der Formel in Abb. 7.50.

Der kritische Wert an NO_x in der Trocknungsluft beträgt 150 ppb (bei Anwesenheit von NO_2 und dessen Mischung mit NO), um den Grenzwert an NDMA von 2,5 ppb zu erreichen.

Die Nitrosoverbindung wird dann zu Nitrosodimethylamin gespalten. Der Schwefelgehalt des Heizmaterials (z. B. Koks, gewisse Heizölsorten) bewirkt durch eine Blockierung der Nitrosierungsreaktion eine z. T. sehr weitgehende Verminderung des NDMA. Der sog. Nieder-NO_x-Brenner, der eine Erhöhung des Verhältnisses von Heizgas:Verbrennungsluft auf 1:>1,8 erreicht, erbringt wohl eine deutliche Verringerung, die jedoch nicht immer den in Deutschland geltenden, sehr niedrigen Grenzwert von 2,5 ppb erreicht.

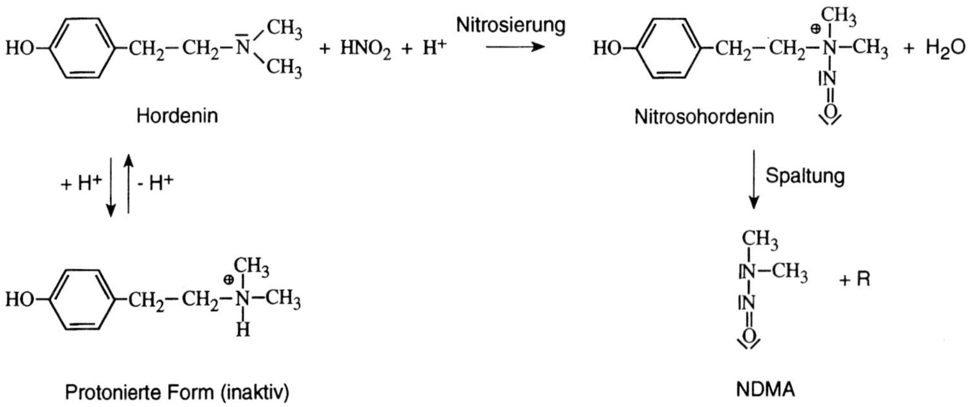

Abb. 7.50 Die Nitrosaminbildung beim Darren.

Eine Untersuchung der verschiedenen Schichten des zu trocknenden Gutes in einer Einhorden-Darre zeigte stets die niedrigsten Werte im unteren Viertel, was auf die rasche Entwässerung zurückzuführen ist. Die beiden nächsthöheren Schichten wiesen die höchsten Werte auf. Auch der Umluftbetrieb, z. B. beim „Brühen" des Malzes oder beim Schaffen entsprechender Bedingungen zur Beschränkung der LOX-Aktivität beim Schwelken bzw. Aufheizen zum Abdarren (s. Abschnitt 7.2.4.6) wirkte sich ungünstig aus [968].

Die beste Lösung sind indirekte Heizungssysteme, die aus dieser Problematik heraus neu entwickelt wurden. Es ist jedoch wichtig, deren Dichtheit regelmäßig durch NO_x-Messungen (NO, NO_2) zu überprüfen. Eine mögliche katalytische Wirkung von Edelstahl auf die Bildung von NO_2 konnte selbst in Temperaturbereichen von 500 °C nicht beobachtet werden. Die Menge auch an NO_x ist jedoch so gering, dass ein Einfluß der an Wärmetauschern entstehenden Mengen auf die NDMA-Bildung beim Darren ausgeschlossen werden kann [969]. Auch der Belastung der Trocknungsluft durch das Umweltgeschehen kommt Bedeutung zu. Aus diesem Grunde muß der Frischluftzutritt zur Darre im Hinblick auf mögliche Belastung der Umgebungsluft (z. B. LKW im Mälzereihof) entsprechend angeordnet werden. Es ist aber auch der Zustand der Wärmetauscher der Darre von Bedeutung. Hier können durch Hitzespannungen, aber auch durch Verschleiß (Alterung) des Dichtungsmaterials undichte Stellen auftreten. Hierdurch kann über das Heizsystem NO_x in die Trocknungsluft gelangen. Dasselbe ist beim Wärmetauscher-Abluft/Frischluft der Fall.

Der vorerwähnte SO_2-Gehalt der Trocknungsluft als Sicherheitsmaßnahme wurde in Pilotversuchen unter Einbringen von 800 ppb NO_x mit 60 g Schwefel/t Malz festgestellt, um auf den gerade noch nachweisbaren NDMA-Gehalt im Malz von 0,8 ppb zu gelangen [968]. Die Praxiswerte dürften jedoch je nach der Art der Einbringung von S bzw. SO_2 etwas höher liegen. Theoretisch kommen auch einige Pflanzenschutzmittel als Vorläufer des NDMA in Frage [970, 972].

Der Verdacht, dass der Nitratgehalt des Weichwassers die Bildung von NDMA fördere, konnte nicht bestätigt werden.

Neben der Verringerung des NO_x-Gehaltes der Darrluft waren Versuche, den Amingehalt des Grünmalzes nur durch die Mälzungsparameter abzusenken weit weniger erfolgreich: Eine knappe Mälzung, die Anreicherung von CO_2 in der Prozeßluft oder ein Abschwelken der Wurzelkeime gegen Ende der Haufenführung. Wirkungsvoller war das Besprühen des Keimgutes 24 Stunden vor dem Haufenziehen mit Zuckerlösung [972], die Dosierung von Säure zu diesem Zeitpunkt, die Drosselung der Eiweißlösung durch Proteaseninhibitoren wie Bromat oder Abcisinsäure oder gar Ammoniumpersulfat [973]. Ein weiterer Vorschlag war, zu Beginn der Keimung N_2 durch das Keimgut zu leiten [974]. Diese Methoden mögen zwar vom Chemismus her interessant sein, doch verstoßen etliche Zusätze gegen bestehendes Recht in manchen Ländern oder gegen die Philosophie von einzelnen Brauereien.

Zu den Umweltstoffen, die über die Trocknungsluft in das Gut gelangen können, zählen auch die polycyclischen aromatischen Kohlenwasserstoffe

(PAK). Der Verdacht, dass direkt beheizte Darren zu erhöhten Gehalten an diesen Substanzen führen würden, konnte bei Verfolg des 3,4-Benzpyrens nicht bestätigt werden. Es zeigte sich vielmehr, dass die Umweltbedingungen schon den Gehalt des Rohstoffs Gerste beeinflussen können, wie auch der Reinheit der Trocknungsluft (Lage des Frischlufteintritts) der Darre von Bedeutung ist.

Beim Erhitzen von Lebensmitteln entstehen jedoch noch weitere toxische Substanzen, wie z. B. Chlorpropanole, Acrylamide und Furan. Diese Substanzen können in relativ großen Mengen in einigen Brauerei-Rohstoffen, wie z. B. Spezialmalzen, gefunden werden. Es kann aber auch Acrylamid während des Brauprozesses gebildet werden, während Furan zumeist ausgedampft wird. Die Bildung dieser Substanzen ist eng verbunden mit der Bildung von Maillard-Produkten.

Die Moleküle von Chlorpropanolen, Acrylamiden und Furanen sind leicht wasserlöslich. Sie können von einfachen Vorläufern aus gebildet werden, wie z. B. Aminosäuren, Lipiden oder Zuckern, die reichlich in Bier, in seinen Rohstoffen und Zwischenprodukten vorkommen. Obwohl diese Toxine sich in der Nahrungsmittelkette nicht akkumulieren, sind sie bekannt als Krebserreger bei Tieren und somit könnte auch eine (bisher nicht quantifizierte) Bedrohung der menschlichen Gesundheit möglich sein.

Die wichtigsten Substanzen sind:

Chlorpropanol   Acrylamid   Furan

Chlorpropanol: Die meist verbreitete Komponente ist 3-Chlor-propan-1,2-diol (3-MCPD). Die Konzentrationen von Fett und Chloriden in Gersten genügen, um 3-MCPD zu bilden, wenn Gerste oder Malz Temperaturen von ca. 120 °C ausgesetzt werden. Bei der Spezialmalzherstellung (Cara- und Röstmalze) entsteht 3-MCPD in Mengen von bis zu 400 ppb, wenn Temperaturen von über 200 °C erreicht werden. Allgemein besteht eine Korrelation zur Malzfarbe, wobei die höchsten Werte in Röstmalz, sehr dunklem Karamellmalz und gerösteter Gerste resultieren.

Es ist jedoch der Spezialmalzanteil in den meisten Bieren so gering, dass 3-MCPD im fertigen Bier kaum festgestellt werden kann [975].

Es können aber auch Ester von 3-MCPD in Lebensmitteln vorkommen, deren Konzentration etwa um das 100fache größer ist [975]. Aus diesen Estern kann 3-MCPD freigesetzt werden, entweder durch die Aktivität von Lipasen oder durch Hitze. Nachdem diese Ester normalerweise mit der Lipidfraktion in Lebensmitteln vergesellschaftet sind, könnte die Möglichkeit bestehen, dass kleine Mengen der 3-MCPD-Ester bis ins Bier gelangen. Doch konnte im abgefüllten Bier weder beim Forciertest (60 °C) noch bei normaler Alterung oder gar bei Lipasebehandlung eine Erhöhung des 3-MCPD-Gehalts festgestellt werden.

Acrylamid: Versuche in Modellsystemen zeigten, dass zwischen Acrylamid und Maillard-Reaktionen eine Verbindung besteht und dass wahrscheinliche Vorläufer die Aminosäuren Asparagin und einfache Zucker wie z. B. Glukose sind [976, 977]. Die erforderlichen Temperaturen für die Bildung von Acrylamid sind niedriger als die für die Chlorpropanole. Damit kommen wieder Darr-, Caramelisations- und Röstprozesse bei der Herstellung von dunklen Malzen und Spezialmalzen, aber auch der thermische Prozeß der Würzekochung in Frage. Deswegen könnte Acrylamid im Bier vorkommen.

Die höchsten Mengen liegen im Karamellmalz vor, und zwar im hellen mehr als im dunklen. Röstmalz und sehr dunkles Karamellmalz haben die niedrigsten Werte, ebenso geröstete Gerste, möglicherweise durch einen Abbau des Acrylamids, der sich bei Temperaturen von über 170 °C einstellt. Acrylamid ist instabil, besonders bei Spezialmalzen während einer längeren Lagerung. So nahm z. B. der Gehalt in Kaffeebohnen im Verlauf von 3 Monaten um ca. 30% ab.

Beim Brauprozeß nimmt der Acrylamidgehalt bei einem Karamellmalz-Anteil von 12,5% vom Schrot bis zur Ausschlagwürze um ca. 30% zu, von diesem Maximum im Lauf des Herstellungsprozesses bis zum abgefüllten Bier wieder um 50% ab. Eine Bestandsaufnahme zeigte, dass Biere von heller Farbe (unter 10 EBC) die niedrigsten Gehalte von 1,5 ppb hatten, der Durchschnitt lag bei 2,4 ppb, die Höchstwerte (2005) bei 11,2 ppb, wobei aber keine Korrelation Bierfarbe : Acrylamid gegeben war. Es war wohl eine Abhängigkeit vom Malz abzuleiten, wobei aber auch der Brauprozeß selbst eine Rolle spielte.

Eine Verringerung des Acrylamidgehalts erbrachte die Zugabe von Calciumchlorid durch Besprühen des Grünmalzes mit einer 20%-igen Lösung vor dem „Verzuckerungsprozeß". Bei gleicher Farbe fiel der Acrylamidgehalt um die Hälfte.

Systematische Untersuchungen ergaben: Wenn helle Malze unter trockenen Bedingungen (z. B. Darrmalz-Wassergehalt) erhitzt werden, dann zeigt sich eine starke Temperaturabhängigkeit der Acrylamidbildung. War diese bei 140 °C noch relativ gering, so zeigte die Temperatur 160 °C schon den 3fachen, 180 °C den 5–6fachen Wert, während 200 °C ein Maximum wie bei 180 °C erreichte. Je höher die Reaktionstemperatur, umso rascher war dann auch wieder die Abnahme, die auf eine thermische Spaltung oder auch auf einen niedrigen Gehalt an Vorläufern zurückzuführen ist. Die Bildung von Acrylamid aus Asparagin und Glukose ist jedoch auch beeinflußt von der Feuchtigkeit. Es besteht ein Zusammenhang zwischen Temperatur und Feuchte. Bei 140 °C und 160 °C sind hier steigende Umsetzungen (Zu- und Abnahmen) gegeben, während bei 180 °C und 200 °C nach einem raschen Peak innerhalb von 2–3 Minuten wieder eine starke Abnahme auftrat. Diese in Einzelkorn-Versuchen gewonnenen Erkenntnisse sind aber nur schwer übertragbar auf einen industriellen Maßstab, da hier Unterschiede in Temperatur- und Wärmeübertragung gegeben sind. Es läßt sich aber ableiten, dass die höchsten Mengen an Acrylamid bei 160 °C (feucht) und 180 °C (trocken) gebildet werden [978].

Gezielte Versuche haben gezeigt, dass z. B. bei einer Rösttemperatur von 150 °C eine längere „Schwitzphase" eine deutliche Verringerung des Acrylamid-

Tab. 7.58 Thermische Toxine in verschiedenen Malzen (ppb) (nach [718a]).

	Karamellmalz	Helles Karamellmalz	Dunkles Karamellmalz	Röstmalz	Geröstete Gerste
3-MCPD	10	30	35	310	330
Acrylamid	500	830	650	20	50
Furan	150	400	1150	2450	2850

gehalts erbringt, wobei auch die 3-MCPD-Werte in einem normalen Rahmen verbleiben [979]. Es sind folglich Bedingungen zu wählen, die sowohl die Maillard-Reaktion ermöglichen, wie auch die Bildung von Acrylamiden minimieren.

Furan ist eine geschmacksstarke, flüchtige Verbindung. Ihre Bildung war ursprünglich dem thermischen Abbau von Kohlenhydraten zugeschrieben, doch gibt es verschiedene Mechanismen. Je dunkler ein Caramel-/Kristallmalz oder sogar ein „Schokoladen-Malz", ein Röstmalz oder eine geröstete Gerste, umso höher ist der Furangehalt dieser Produkte. Nachdem aber keine Korrelation zwischen Bierfarbe und Furangehalt festgestellt werden konnte, wird angenommen, dass Furan während der Würzebereitung, besonders beim Kochen, ausgetrieben wird, da es sehr flüchtig ist. So lagen die im Bier gefundenen maximalen Werte unter 20 ppb. Es war keine oder nur eine geringe Korrelation zwischen Furangehalt und Bierfarbe zu finden, trotz der höheren Furanwerte in dunklen und Spezialmalzen.

Eine Übersicht über ermittelte Gehalte der beschriebenen thermischen Reaktionsprodukte liefert Tab. 7.58.

7.2.4.12 Glasigkeit des Malzes

Die Glasigkeit des Malzes kann auf die Beschaffenheit des Grünmalzes oder auf eine fehlerhafte Schwelk- und Darrführung zurückzuführen sein. So werden ungekeimte Körner (Ausbleiber) während des Darrprozesses durch den Wasserentzug hart und glasig. Diese Erscheinung, die anhand eines Malzschneiders sehr leicht ermittelt werden kann, dürfte mit einer Veränderung der nicht abgebauten Hemicellulosen und Eiweißkörper des Korns zusammenhängen. Die Glasigkeit verschwindet, wenn die Körner mit Ammoniak behandelt werden [980]. Die Teilglasigkeit eines Malzes, wie sie durch den Längsschneider am besten zu erkennen ist, läßt sich auf dieselben Effekte zurückführen. Es handelt sich hierbei in gleicher Weise um nicht gelöste Partien, vornehmlich in der Spitze des Korns. Es hängt also diese Art der Glasigkeit ausschließlich vom Zustand des Grünmalzes ab. Die *Darrglasigkeit* beruht jedoch auf einer Schrumpfung des Korns durch ungünstige Trocknungsbedingungen. Sie führen zu einem Schließen der Poren, das eine Verhärtung der Außenzonen des Mehlkörpers bewirkt. Bei zu starker Temperaturerhöhung in der Trockenphase kann bei entsprechendem Feuchtigkeitsgehalt des Gutes die Gerstenstärke bei etwa 60 °C verkleistern. Sie bildet dann beim Abdarren eine harte, hornige Masse

[981]. Mit Hilfe des Längsschnittes festgestellt, umfaßt die Darrglasigkeit die Randzonen des Mehlkörpers und zeigt einen gelblichen Farbton, wodurch sie von der „Spitzenglasigkeit", die mehr einen grauen Farbton hat, unterschieden werden kann [824].

Die Darrglasigkeit geht einher mit einem Schrumpfen des Korns, das analytisch durch ein höheres spezifisches Gewicht oder durch ein höheres Hektolitergewicht festzustellen ist (s. Abschnitt 7.2.1.2).

Diese Werte gehen einher mit einem niedrigeren Friabilimeterwert, d.h. einem erhöhten Rückstand in der Siebtrommel, wobei aber der Gehalt an ganzglasigen Körnern nicht unbedingt überhöht sein muß. Die „Modification" nach Carlsberg liegt jedoch im normalen Bereich über 85% [982], während der Eiweißlösungsgrad durch die gegebenen Reaktionsbedingungen für die proteolytischen Enzyme überhöht ist. Dies führt dann wiederum zu hohen Werten für die Kongreßwürze- und Kochfarbe sowie der TBZ. Sogar die „Anilinzahl", die bei normalem hellen Malz zwischen 5 und 10 liegt [983], zeigt Werte über 30 und deutet auf eine Beeinträchtigung der Geschmacksstabilität des späteren Bieres hin (s. Abschnitt 9.2).

Es kann aber auch Malz, das forciert, bei hohem Wassergehalt und hoher Keimtemperatur, u.U. auch unter Zugabe von Gibberellinsäure bei mangelnder Kontrolle gemälzt wurde, eine „Überlösung" zeigen (s. Abschnitt 4.2.13). Das Innere wird durch den überaus weitgehenden, z.T. völligen Abbau der Zellwände „milchig", wodurch die Trocknung beim Schwelken und Darren aufgrund der nicht mehr gegebenen Porosität des Mehlkörpers erschwert wird und dieser glasig wird. Auch bei diesen Malzen ist eine Diskrepanz zwischen Friabilimeterwert (niedrig) und Carlsberg „Modification" (hoch) feststellbar, wie auch Eiweißlösungsgrad und Vz 45 °C sowie die Farben überhöht sind [984]. Derartige Malze lassen sich beim Bierbereitungsprozeß schwer verarbeiten. Sie beeinträchtigen, auch bei geringen Dosagen, die Bierqualität.

Die Führung des Schwelkprozesses für helle Malze hat, ebenso wie die Höhe der Abdarrtemperatur, dann keinen Einfluß auf den Friabilimeterwert bzw. die Menge des Siebrückstandes, wenn das Aufheizen vom Schwelkende (Durchbruch) auf die Abdarrtemperatur entweder kontinuierlich oder in kleinen Stufen erfolgt. Ein Vergleich zwischen „heller" und „dunkler" Schwelke ergab eine Verringerung des Friabilimeterwertes von 83 auf 72% [911] und damit einen Anstieg der Teilglasigkeit von 16 auf 26%. Es zeigte sich jedoch, dass diese härteren Fraktionen bei der Malzanalyse einwandfrei aufschließbar waren [960].

Der *Extraktgehalt des Malzes*, bestimmt in der Kongreßwürze, nimmt mit steigender Abdarrtemperatur ab. Dies ist einmal durch die vermehrte Koagulation von Eiweiß bedingt, zum anderen aber auch durch die Bildung von Melanoidinen, die zum Teil unlöslich sind (s. Abschnitt 7.2.4.6).

Darüber hinaus ist zu berücksichtigen, dass hohe Abdarrtemperaturen eine vermehrte Inaktivierung von Enzymen bewirken. Nachdem somit die Stoffumsetzungen während der Kongreßmaische geringer sind, wird auch von dieser Warte aus eine niedrigere Extraktausbeute resultieren. Bei guter Vortrocknung und vorsichtigem Aufheizen auf die Abdarrtemperatur sind die Unterschiede je-

Tab. 7.59 Abdarrtemperatur, Farbe und Extrakt der Malze.

Abdarrtemperatur °C	70	85	100
Extrakt wfr. %	82,0	81,7	80,6
Farbe EBC	2,9	5,5	17,0

doch nur gering. Nur ein typisches dunkles Malz verliert durch die Art der Schwelke und durch die hohe und lange Abdarrung mehr Extrakt als helle oder mittelfarbige Malze.

Frisch gedarrte Malze geben den Extrakt schlechter her als abgelagerte, da den Kolloiden beim Darren zum Teil das Hydratationswasser entzogen wird, eine Erscheinung, die auch das opalisierende Ablaufen der Kongreßwürzen bewirkt. Im Laufe der Lagerung des Malzes erfolgt bei geringer Wasseraufnahme wieder eine Quellung bereits dehydratisierter Kolloide.

7.3
Praxis des Darrens

7.3.1
Allgemeines

Dem Trocknen und Darren des Grünmalzes dienen die sog. Malzdarren, in denen das Gut von der erwärmten Trocknungsluft durchströmt wird. Die Entwicklung der Malzdarren hat in den letzten 125 Jahren große Veränderungen erfahren und auch heute ist ein Ende derselben noch nicht abzusehen.

Von den primitiven, direkt beheizten Einhordendarren führte der Weg über die verschiedensten Konstruktionen der – meist indirekt beheizten – Zwei- und Dreihordendarren wieder zurück zu den technisch ausgereiften und technologisch weitgehend beherrschbaren Einhordenhochleistungsdarren. Dazwischen waren immer wieder Vorschläge anzutreffen, welche vorsahen, Keimen und Darren in einem Apparat durchzuführen. Hier hat sich nach einer Reihe von Fehlschlägen eine Entwicklung ergeben, die folgerichtig auf dem Prinzip der Einhordendarre aufbauend, den Keimdarrkasten als günstige Alternative erscheinen läßt. Das Thema der Nitrosodimethylamin-Bildung bewirkte, dass die in ihrer Mehrzahl direkt beheizten Darren auf eine indirekte Heizung mit neu entwickelten Wärmeerzeugern umgestellt wurden. Die Energiekrisen der 1970er Jahre und die allgemeine Verteuerung der Brennstoffkosten hatten Energiesparmaßnahmen zur Folge, wie etwa die Erwärmung der Trocknungsluft durch die Abluft der Darre mittels der sog. Kreuzstromübertrager oder gar die Rückkehr zur Zweihorden-(Hochleistungs-)Darre mit über- oder nebeneinander liegenden Horden. Auch der vor mehr als 100 Jahren schon praktizierte Kraft-/Wärmeverbund kam durch die Einführung von sog. Blockheizkraftwerks-Anlagen (BHKW-

Anlagen), die Verbrennungsmotoren oder Gasturbinen als Kraftmaschinen verwenden, wieder zum Tragen.

Erwähnung verdient noch, dass der Betrieb der Darren heutzutage vollautomatisch gesteuert wird.

7.3.2
Einteilung der Darren

Die wesentlichen Darrkonstruktionen sind einzuteilen:

a) nach der Anordnung und der Zahl der Horden: Horizontal-(Plan)Darren mit einer Horde, 2 oder 3 Horden,
bei zwei und oder drei nebeneinander liegenden Horden Luftumkehrdarren, Twindarren, Triflexdarren, Vertikaldarren mit mehreren Horden oder Bereichen, rechteckige oder Runddarren;

b) nach der Beladungshöhe:
Normaldarren (die seit 60 Jahren nicht mehr gebaut werden),
Hochleistungsdarren;

c) nach der Kombination mit einem Keimsystem:
Keimdarrkasten,
hierzu zählen die verschiedenen Konstruktionen der Keim- und Darranlagen, rechteckige Keimdarrkasten, statische Turmmälzerei, statische Rundmälzerei;

d) nach der Art der Beheizung:
indirekte Beheizung, bei der die Trocknungsluft an Wärmeübertragungsflächen erwärmt wird,
direkte Beheizung, bei der die Verbrennungsgase mit der Trocknungsluft vermischt direkt durch das Grünmalz ziehen;

e) nach der Art des Brennstoffes oder des Wärmeträger-Mediums:
Holz, Koks-, Anthrazit-, Öl-, Gas-, Dampf-, Heißwasserdarren. Es ist jedoch bei Angabe der Brennstoffe von Bedeutung, ob es sich um eine direkt oder indirekt beheizte Darre handelt.

In der Folge sollen zunächst die Einhordenhochleistungsdarren besprochen werden; daneben interessieren die Daten der Keimdarrkasten. Die modernen Mehrhordendarren und die Kombinationsmöglichkeiten von Darren und Keimdarrkasten finden ebenso Berücksichtigung wie die im Taktsystem arbeitende Vertikaldarre. Die in der Vergangenheit so mannigfaltigen, heute kaum mehr anzutreffenden Mehrhordendarren werden nur in ihren wesentlichen Merkmalen geschildert.

7.3.3
Die Einhordenhochleistungsdarren

Sie sind durch eine hohe Malzschicht von 0,6–1,0 m, entsprechend einer hohen Beladung von 200–320 kg Fertigmalz/m^2 Hordenfläche gekennzeichnet. Auf der einen, wenderlosen Horde wird sowohl der Schwelk- als auch der Darrprozeß durchgeführt. Die Belüftung erfolgt mit Hilfe von Druckventilatoren, die im Hinblick auf die Höhe des Gutes und die zur Verfügung stehende Trocknungsluft ausgelegt und regulierbar sind. Die Mitverwendung von Rückluft ermöglicht verschiedenartige technologische und energiewirtschaftliche Vorteile. Die Darren sind leicht zu automatisieren.

Die Einhordenhochleistungsdarre besteht aus folgenden Elementen: der Horde, den Belüftungseinrichtungen und der Darrheizung.

7.3.3.1 Darrhorde

Die Darrhorde besteht aus besonders tragfähigem Profildraht, der widerstandsfähig gegen seitliche Verformungen ist und der eine große freie Durchgangsfläche von 30–40% aufweist (Abb. 7.51). Um eine glatte, ebene Oberfläche zu gewährleisten, sind die einzelnen nebeneinanderliegenden Hordenfelder auf einem Unterstützungsrost aus Netzeisen, und diese wiederum auf Profilstahl-Trägern angeordnet. Die Horde ist so im Mauerwerk verankert, dass sie bei Temperaturänderung eine gewisse Bewegungsfreiheit hat. Bei kleineren Darren sind die Horden als *Kipphorden* ausgebildet, die um eine Hohlwelle drehbar gelagert sind und die eine Entleerung der Darre ohne Handarbeit ermöglichen. Sie können einteilig oder zweiteilig sein (s. Abb. 7.52, 7.55). Die erstere Konstruktion erfordert zwar eine größere Raumhöhe und ist vor allem bei kleineren Darren vorteilhaft, da sie eine Anordnung der Malzgosse an einer Wandseite der Darre ermöglicht. Die letztere macht eine Gosse oder einen leistungsfähigen Malztransport in der Mitte des Druckraumes erforderlich.

Die Kipphorden sind von Seitenwänden aus Stahlblech eingefaßt. Wichtig ist deren Abdichtung zur Wand des Darrgebäudes, um Luft und Wärmeverluste zu vermeiden. Dies geschieht meist durch eine Reihe von temperaturbeständigen Bürsten.

Der Antrieb der Kipphorde erfolgt in kleineren Darren manuell über eine Seilwinde; in größeren sind mechanische, elektrische oder hydraulische Hubelemente anzutreffen.

Bei großen Darren sind die Horden fest verankert.

Verschiedentlich ist um die Horde ein Gang angelegt. Bei voller Ausnützung der Darrgrundfläche durch die Horde kann die erforderliche Kontrolle des Malzes während des Schwelkens und Darrens von einem Podest aus Gitter-Rosten erfolgen.

Abb. 7.51 Profildrahthorde.

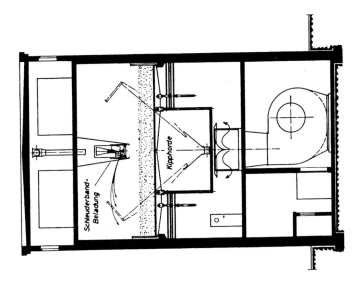

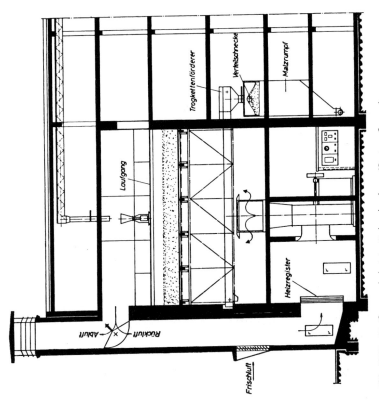

Abb. 7.52 Heißwasserbeheizte Einhordendarre (System Seeger).

7.3.3.2 **Belüftungseinrichtungen**

Die Belüftungseinrichtungen der Darre bestehen aus einem entsprechend bemessenen Ventilator, aus den Schächten für Frischluft, Rückluft und Abluft sowie den zugehörigen Schiebern. Die Ausblasöffnung der Darrluft muß so hoch angeordnet sein, dass der wasserdampfgesättigte Schwaden nicht wieder zur Frischluftöffnung gelangen kann. Diese ist so anzubringen, dass die angesaugte Frischluft möglichst wenig Schadstoffe oder wie vorgeschildert „Abluft" enthält. Auch ist die Rückluftklappe auf Dichtheit zu prüfen.

Der *Ventilator* ist meist in der Ebene des Schürraumes oder Heizregisters angeordnet. Er zieht die Luft vom Frischluftschacht oder vom Rückluftkanal an und drückt sie in den darüber befindlichen Druckraum. Von dort durchdringt sie das auf der Horde liegende Gut und wird in den Abluftkamin abgeführt. Dieser bildet mit dem Rückluftkanal einen gemeinsamen Schacht. Die Führung der Luft zum Abluftkamin oder die Verwendung eines Teils oder der vollen Rückluftmenge bewirkt eine entsprechend angeordnete Klappe oder ein Pilzschieber. Auch die Frischluft tritt – meist über Jalousien – in den Rückluftschacht ein. Somit ist über die Einstellung der Rückluftklappe der Anteil Frischluft:Rückluft festgelegt. Eine eigene Steuerung der Frischluftjalousie und eine Beeinflussung des Querschnitts des Abluft-(Rückluft-)Schachts erlaubt es, die Druckverhältnisse in der Darre durch Aufbau eines Gegendruckes über der Horde zu verändern.

Die Luft wird nun in der Darre von unten nach oben durch folgende Räume bewegt: Ein besonderer *Schürraum* ist nur mehr bei Darren anzutreffen, in denen feste Brennstoffe verfeuert werden bzw. deren Darrofen nachträglich mit einem Brenner für flüssige oder gasförmige Brennstoffe ausgestattet wurde. Bei modernen Darren großer Leistung ist der – stets zugfreie Schürraum – der sogenannten Darrschaltwarte gewichen, in der sämtliche Schalt- und Kontrollinstrumente installiert sind.

Die Luft wird vom Ventilator direkt aus dem Frischluft- bzw. Rückluftschacht angesaugt und in einen daneben oder darüberliegenden Raum gedrückt.

Dieser *Druckraum* soll eine Entspannung der vom Ventilator geförderten Luftmenge und ihre gleichmäßige Verteilung unter der Horde bewirken. Die Höhe des Druckraumes hängt ab von der Fläche der Darre sowie von den Einbauten, die im Falle der Kipphorde die Malzgosse sowie die Transporteinrichtungen für das Darrmalz einschließen. Dennoch ist die Gestaltung des Druckraumes von relativ geringem Einfluß auf die Gleichmäßigkeit des Darrprozesses. Diese wird in viel stärkerem Maße von Inhomogenitäten der Malzschüttung bestimmt [982].

Die Ausblasöffnung des Ventilators steht zur Hordenfläche meist in einem definierten Verhältnis; sie wird durch einen Verteilerschirm abgedeckt, der die direkte Strahlwirkung der eingeführten Warmluft vom Gut fernhält und eine gleichmäßigere Druckverteilung ermöglicht. Hierdurch betragen die Abweichungen vom mittleren Druck nur etwa 15%, ein Wert, der durch Einbau einer einfachen Lochblechprallplatte – selbst bei asymmetrischer Einblasung in einer Druckraumecke – auf ca. 2% reduziert werden kann. Dies ergibt eine Beeinflussung des örtlichen Vertrocknungsgrades um nur ca. 1,4% [982].

Der *Hordenraum* ist in seiner Höhe ebenfalls von der Fläche der Darre be- stimmt sowie vom Raumbedarf der ausschwenkenden Kipphorde. Er ist durch eine ebene Decke abgeschlossen, die dann isoliert sein sollte, wenn sie das Ge- bäude nach oben abschließt. Überhaupt kann eine Isolierung der gesamten Darre (ab Unterkante Druckraum) in unseren Breiten Wärme sparen. An der Decke des Hordenraumes ist auch die Grünmalzverteilung angeordnet (s. Ab- schnitt 7.8.1).

Die Luftaustrittsöffnung befindet sich in einer der Seitenwände, wobei deren Oberkante mit der Decke bündig sein muß, um einen Luftstau mit allen Nach- teilen (Tropfenbildung usw.) zu vermeiden. Der Hordenraum kann betreten werden durch einen Gang um die Horde oder an einer Seite derselben. Bei räumlich voll ausgenützten Darren erfolgt das Begehen in Höhe der Seitenwän- de der Kipphorden mittels eines Gitterrostes. Die Seitenwände der Horden sind mit Orientierungslinien für die Aufschüttung des Grünmalzes versehen.

Sämtliche Räume sind durch vollständig dichtende Türen begehbar. Der Druckraum bedarf einer Schleuse mit zwei Türen zum Ausgleich bzw. Abbau des Druckes beim Betreten.

Abbildung 7.53 zeigt eine Einhordendarre mit indirekter Beheizung mittels Kassettenlufterhitzer (s. Abschnitt 7.8.1).

Der *Ventilator,* meist ein Radialventilator, der bei großen Darren ohne Gehäu- se ausgeführt ist, erzeugt Drücke, die je nach Höhe der Malzschicht, je nach den Einbauten (Heizregister usw.) und nach den Abmessungen der Darre zwi- schen 60 und 200 daPa (mm WS) liegen. Die Lüfter sind als Hochleistungsven- tilatoren ausgebildet; sie leisten pro kWh 2500–3000 m³ Luft. Bei hellem Malz wird eine Luftleistung von 4000–5000 m³/t Malz und h benötigt, die dann wäh- rend des Abdarrens auf 50%, bei einigen Konstruktionen sogar auf 30% zu drosseln ist. Diese Leistungsregulierung wird selten durch Verkleinerung des freien Querschnitts der Frischluft- oder Abluftöffnungen vorgenommen, son- dern meist durch Verminderung der Motorendrehzahl über einen Regulier- widerstand (u. U. in Verbindung mit Gleichstrommotoren) oder heutzutage mit Hilfe der Frequenzregelung. Der unterschiedliche Luftbedarf der Darre beim Schwelken und Darren läßt sich auch durch Anbringung von zwei Motoren, die jeweils einen bestimmten Drehzahlbereich abdecken, darstellen. Dagegen findet ein Ausgleich der Luftmengen bei Sommer- und Winterbetrieb durch Wahl entsprechend bemessener Keilriemenscheiben statt oder wiederum durch Frequenzregelung.

Um Temperaturunterschiede im Druckraum weitgehend zu vermeiden, saugt der Ventilator die bereits angewärmte Luft an (Heißluftventilator).

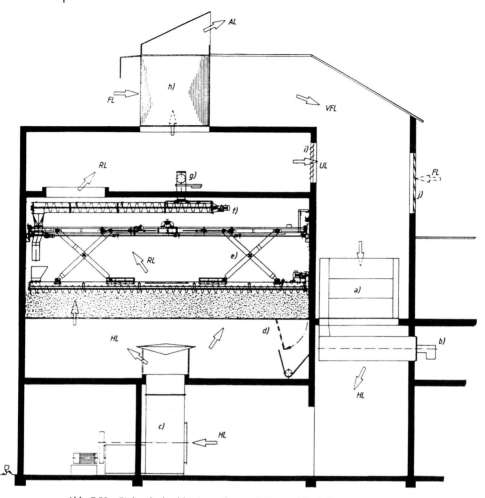

Abb. 7.53 Einhordenhochleistungsdarre mit Be- und Entlade-gerät sowie indirekter Darrbeheizung mit Kassetten-Lufterhit-zer (Lausmann).
a) Kassettenlufterhitzer; b) Brenner (Öl oder Gas);
c) Ventilator; d) Horde mit Kippfeld; e) Be- und Entladegerät;
f) Zubringschnecke; g) Grünmalzschnecke mit luftdichtem
Schieber; h) Kreuzstromwärmeübertrager; i) Umluftklappe;
j) Kühlluftklappe; FL=Frischluft; VFL=vorgewärmte Frischluft;
HL=Heißluft; RL=Rückluft; UL=Umluft; AL=Abluft.

7.3.3.3 Heizeinrichtung

Die Heizeinrichtung ist je nach dem angewandten System und dem Heizmaterial grundsätzlich verschieden.

Die *direkte Heizung* wird aus Gründen der Nitrosaminbildung kaum mehr eingesetzt. Eine Ausnahme stellen die sogenannten Nieder-NO_x-Brenner dar, die mit einem hohen Luftüberschuß arbeiten, um die Flammentemperatur abzusenken (s. Abschnitt 7.2.4.9). Bei *direkter Heizung* (z. B. Darre mit Koksfeuerung) saugt der Ventilator Frischluft oder Rückluft über das Feuerbett zur Vermischung mit den Feuergasen an und drückt das Gemisch in die Druckkammer. Die Regulierung der Heizleistung erfolgt über einen dort befindlichen Thermostaten, der seinerseits einen als Unterwind dienenden Teilstrom des Ventilators steuert.

Der zur Verbrennung kommende *Zechenkoks* hat einen Heizwert H_i von rund 39800–42700 kJ bzw. 7000 kcal/kg. Er hat einen Schwefel gehalt von ca. 0,9%; daher wird bei einem Heizmaterialaufwand von 130 kg Koks/t Malz eine Menge von 1,2 kg Schwefel/t Malz verbrannt. Wichtig ist die Reinheit des Brennmaterials, da flüchtige Bestandteile die Qualität des fertigen Malzes beeinflussen können (Rauch- oder Kreosotgeschmack).

Heute werden in Mälzereien vorwiegend die Industriebrennstoffe Heizöl, Erdgas und Flüssiggas verwendet. Vereinzelt können andere Brennstoffe, wie z. B. Koks, Stadtgas oder Kohle, verwendet werden, jedoch ist deren Bedeutung in der Bundesrepublik Deutschland untergeordnet. Aus dem Statistischen Jahrbuch [985] ist zu entnehmen, dass im Jahr 2007 der gesamte Energiebedarf der deutschen Mälzereien durch Gas zu 50,2%, durch Heizöl und Dieselkraftstoff zu 12,8%, durch Kohle zu 6,5% und durch Strom zu 29,4% abgedeckt wurde. Die erneuerbaren Energien machten nur 1,9% aus. Die Tab. 7.60 gibt einige wichtige Inhaltsstoffe und Eigenschaften von Industriebrennstoffen an.

Bei flüssigen Brennstoffen wird von den nach DIN 51603 festgelegten Heizölqualitäten vorwiegend das Heizöl EL verwendet, das ohne Vorwärmung in Verdampfungs- und Zerstäubungsbrennern verbrannt werden kann. Mälzereien, die Blockheizkraftwerke (BHKW) mit Dieselmotoren zur Energieversorgung der Mälzerei eingebunden haben, können unversteuertes Heizöl EL als Kraftstoff nach § 54 des Mineralölsteuergesetzes (MinölStG) einsetzen, wenn die Gesamtenergienutzung der BHKW-Anlage größer als 60% ist. Der Unterschied zwischen Heizöl EL und Dieselkraftstoff besteht darin, dass Dieselkraftstoff nach dem MinölStG versteuert wird.

Mälzereien verwenden vorwiegend gasförmige Brennstoffe unterschiedlicher Qualität. Bei den gasförmigen Brennstoffen werden die Erdgasqualitäten Erdgas L (low quality) und Erdgas H (high quality) angeboten. Die wirkliche Zusammensetzung eines bestimmten Erdgases kann zum Teil erheblich von den in Tab. 7.60 genannten Werten abweichen. Fast keine Bedeutung haben Stadtgase oder Ferngase als Brennstoffe.

In Mälzereien wird teilweise das als Flüssiggas nach DIN 51622 bezeichnete Butan verbrannt. Handelsübliches Butan besteht aus einem Gemisch aus mindestens 95 Mass.-% Butan und Butanisomeren, wobei der Gehalt an Butaniso-

Tab. 7.60 Industriebrennstoffe in Mälzereien.

	Heiz-öl EL	Erd-gas L	Erdgas H (Nordsee)	Flüssiggas (Butan 95%)
Inhaltsstoffe in Mass.-% bzw. Vol.-% Gas				
• Kohlenstoff	86,0	–	–	82,3
• Wasserstoff	13,0	–	–	17,7
• Methan	–	85	89–98	–
• Alkane	–	4	1–8	–
• Inertgase	–	11	1–3	–
• Schwefel	<0,3	in Spuren	in Spuren	in Spuren
Brennwert H_s in kJ/kg bzw. kWh/m_n^3 (Gas)	45400	9,8	14,0	49800 37,4
Heizwert H_i in kJ/kg bzw. kWh/m_n^3 (Gas)	42700	8,8	11,1	45800 34,4
Dichte bei 15 °C in kg/dm³	0,84	0,83	0,7	0,540 (fl)
Theor. Luftbedarf in m³/kg bzw. m_n^3/m_n^3 (Gas)	11,2	8,4	9,5	15,5 kg/kg
Max. CO_2-Gehalt in Vol.-%	15,2	12,0	12,0	14,0

(fl): flüssig; (g): gasförmig.

meren überwiegen muß. Der Restgehalt darf aus Propan, Propen, Pentan und Pentenisomeren bestehen. Als Flüssiggas ist auch Propan erhältlich.

Von den Inhaltsstoffen in Brennstoffen ist vor allem der Schwefelgehalt von besonderem Interesse, da er für Feuerungen, Nachschaltheizflächen, Schornsteine, Verbrennungskraftmaschinen und die Umwelt unerwünschte Eigenschaften aufweist. Die Bildung von Schwefeloxiden (SO_2 und SO_3) hat schädigende Wirkungen auf Menschen, Tiere, Pflanzen und sonstige Güter. Wird der Säuretaupunkt im Schornstein einer Feuerungsanlage unterschritten, bildet sich Schwefelsäure bzw. in geringen Mengen auch schweflige Säure, die beide aggressive Eigenschaften gegenüber Werkstoffen haben. Der Säuretaupunkt ist abhängig vom Schwefelgehalt im Brennstoff und vom eingestellten Luftverhältnis der Feuerung. Bei Heizölen sollte eine Abgastemperatur von rund 150 °C nicht unterschritten werden, bei Erdgas können die Abgase bis auf rund 60 °C abgekühlt werden.

Der Heizwert (H_i) kennzeichnet die bei der Verbrennung freiwerdende Wärme einer Brennstoffmenge (kg oder m_n^3) ohne die Einbeziehung der Kondensationswärme des im Abgas enthaltenen Wasserdampfes. Der Brennwert (H_s) gibt die freiwerdende Wärme einer Brennstoffmenge (kg oder m_n^3) bei 25 °C an, wenn der gesamte Wasserdampf im Abgas kondensiert.

Um eine vollständige Verbrennung zu erhalten, ist eine ausreichend hohe Luftmenge bereitzustellen. Der theoretische Luftbedarf ist gültig bei stöchiometrischer Verbrennung. Der wirkliche Luftbedarf ist je nach Brennstoff und Feuerungsbauart höher. Er ist um so höher, je schwieriger es ist, jedem Brennstoffmolekül die notwendige Luftmenge zuzuführen. Eine Verbrennung unter zu hohem Luftüberschuß erhöht zwangsläufig die Verluste durch fühlbare Wärme in den Abgasen. Bei einer Verbrennung unter Luftmangel entstehen verstärkt Kohlenmonoxid und feste Reaktionsprodukte, wie z. B. Ruß, die die Heizflächen belegen.

Die Höhe des Luftüberschusses wird durch die Feuerungsart und vom Brennstoff bestimmt. Je mehr Kohlenstoff zu Kohlendioxid reagiert, um so vollständiger ist die Verbrennung. Würde ein Brennstoff nur aus Kohlenstoff bestehen, so wäre der maximale CO_2-Gehalt in den Abgasen 21 Vol.-%. Da die Brennstoffe auch andere brennbare Inhaltsstoffe aufweisen, die auch Sauerstoff benötigen, kann der maximal erreichbare CO_2-Gehalt immer nur kleiner als 21 Vol.-% sein [986].

Bei der Verbrennung fossiler Brennstoffe entstehen neben einer Vielzahl von Verbrennungsprodukten, wie z. B. Wasserdampf, Schwefeldioxid, Asche, Staub, Kohlenmonoxid, Stickoxide das klimawirksame Kohlendioxid. Entscheidend für die entstehende Menge an CO_2 ist in erster Linie die Zusammensetzung des Brennstoffes, das verwendete Luftverhältnis λ (Bildung von Kohlenmonoxid) bei der Verbrennung und die Durchmischung des Brennstoffes mit der Verbrennungsluft. Beim Einsatz eines Verbrennungsmotors haben primäre und sekundäre Minderungsmaßnahmen neben der Bauart des Verbrennungsmotors einen Einfluß auf die entstehenden Abgasemissionen. Die Tab. 7.61 gibt CO_2-Emissionsfaktoren (EF) für ausgewählte Industriebrennstoffe, bezogen auf Brennstoffwärme in GJ(H_i) an, unter Voraussetzung einer vollständigen, stöchiometrischen Verbrennung. Die Emissionsfaktoren enthalten *nicht* die CO_2-Emissionen, die emittiert werden, wenn die entsprechenden Primärenergieträger (z. B. Rohsteinkohle, Rohöl) abgebaut, gefördert, zu Brennstoffen (z. B. Heizöl EL) verarbeitet und zum Einsatzort transportiert werden.

Aus der Tab. 7.61 ist ersichtlich, dass bei vollständiger Verbrennung der Brennstoff Erdgas die geringste Emission an Kohlendioxid pro GJ(H_i) freisetzt. Die flüssigen Brennstoffe weisen höhere Emissionen auf als Erdgas, und feste Brennstoffe haben einen noch höheren spezifischen CO_2-Ausstoß.

Tab. 7.61 CO_2-Emissionsfaktoren (EF) in Abhängigkeit ausgewählter Industriebrennstoffe, bezogen auf den Heizwert (ohne Vorkette) [724].

Brennstoff	CO₂Emissionsfaktoren (EF)	
	[kg CO_2/GJ(H_i)]	[kg CO_2/kWh(H_i)]
Braunkohle	115,3	= 0,41
Steinkohle	91,7	= 0,33
Heizöl EL	73,4	= 0,26
Heizöl S	77,8	= 0,28
Dieselkraftstoff	73,4	= 0,26
Erdgas L	55,4	= 0,20
Erdgas H	55,7	= 0,20

Indirekte Beheizung der Darren erfordert entsprechend dimensionierte Heizöfen mit großen Wärmeaustauschflächen, an denen sich die Luft vor dem Ventilator erwärmen kann. Sie können praktisch mit allen Heizmaterialien befeuert werden, also auch mit solchen, die aufgrund ihrer Zusammensetzung nicht mit dem Malz direkt in Berührung kommen. Öl oder Gas werden wie vorbesprochen in einer Brennkammer innig mit der Verbrennungsluft vermischt. Die Temperatur im Feuerungsraum beträgt dabei ca. 750 °C (s. a. [969]). Das Abgas (Rauchgas) der Brenner wird anschließend in sog. Profilkassetten geführt, die in mehreren Abteilungen die Wärme an die senkrecht dazu vorbeistreichende Trocknungsluft abgeben. Diese Beheizung erfolgt wohldefiniert im Gegenstrom. Die Heizfläche aus Edelstahl ist dabei so groß bemessen, dass die Rauchgase beim Schwelken bis auf unter 50 °C abgekühlt werden. Dabei kondensiert das im Brennstoff enthaltene Wasser (Abb. 7.54). Die Kondensationswärme, die ebenfalls zum Anwärmen der Prozeßluft genutzt wird, erhöht damit die verfügbare Ausnutzung des Brennstoffs, so dass meist angenähert mit dem Brennwert (H_s) des eingesetzten gerechnet werden kann. Durch diesen besseren Wirkungsgrad der Anlage werden die früher bei indirekten Heizsystemen (einschließlich Dampfkessel) unvermeidlichen Wärmeverluste von ca. 15% vermieden [988, 989]. Der höhere Wärmebedarf beim Aufheizen zum Abdarren und bei diesem selbst ergibt naturgemäß höhere Abgastemperaturen von bis zu 120 °C.

Eine neue, andere Konstruktion führt die Abgase in Edelstahlrohren in mehreren Abteilungen, zuletzt über ein System von Glasröhren. In diesen kühlen sich die Gase bis auf ca. 50 °C ab, wodurch wiederum Wasser kondensiert und so eine hohe Wärmeausnutzung bewirkt wird. Die Trocknungsluft wird in den einzelnen Abteilungen stufenweise, also ebenfalls im Gegenstrom angewärmt („Anox", Air Fröhlich).

Einfacher sind Heizsysteme, die von Heißwasser oder Dampf durchströmt werden (s. a. Abb. 7.52). Bei Heißwasser kommen Temperaturen von ca. 110 °C zum Schwelken und 140–160 °C zum Darren zur Anwendung. Bei Dampf kann zum Schwelken sogar Abdampf von 1,5–2 bar (Ü) eingesetzt werden, doch bedarf es beim Aufheizen bzw. Darren höherer Dampfdrücke von ca. 5 bar (Ü). In den Brennstoffwärmeverbrauch bei Heißwasser- oder Dampfbeheizung gehen allerdings noch die Wärmeverluste durch den Dampf- oder Heißwassererzeuger sowie die Wärmeverluste des Wärmeträgernetzes ein.

Die jeweils vor dem Ventilator angeordneten Heizregister verursachen einen luftseitigen Druckverlust von 150–200 daPa (mmWS). Er kann bei Verschnutzung der Ansaugluft deutlich ansteigen, weswegen eine Reinigung der Heizelemente in entsprechenden Intervallen erforderlich ist.

Der bei der direkten Befeuerung der Darre mit Koks entstehende Nebeneffekt durch die Verbrennung des darin enthaltenen Schwefels hat günstige Auswirkungen auf die Analysendaten des Malzes (s. Abschnitt 7.2.4.9). Bei den anderen direkt verheizten Brennstoffen sind derartige Schwefelgehalte wegen der Gefahr der „Tigerung" des Malzes nicht erwünscht. Eine Verbrennung von Schwefel *nach* der Verbrennung des eigentlichen Heizmaterials birgt dagegen

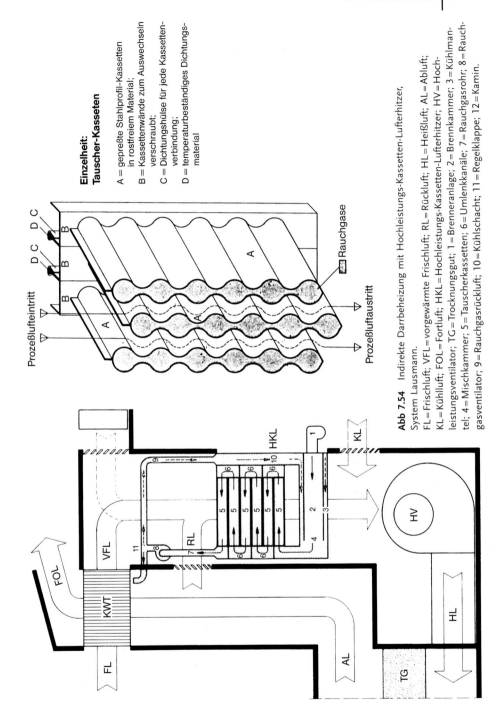

Einzelheit:
Tauscher-Kasseten

A = gepreßte Stahlprofil-Kassetten in rostfreiem Material;
B = Kassettenwände zum Auswechseln verschraubt;
C = Dichtungshülse für jede Kassettenverbindung;
D = temperaturbeständiges Dichtungsmaterial

Prozeßlufteintritt

Prozeßluftaustritt

Rauchgase

Abb 7.54 Indirekte Darrbeheizung mit Hochleistungs-Kassetten-Lufterhitzer, System Lausmann.
FL=Frischluft; VFL=vorgewärmte Frischluft; RL=Rückluft; HL=Heißluft; AL=Abluft; KL=Kühlluft; FOL=Fortluft; HKL=Hochleistungs-Kassetten-Lufterhitzer; HV=Hochleistungsventilator; TG=Trocknungsgut; 1=Brenneranlage; 2=Brennkammer; 3=Kühlmantel; 4=Mischkammer; 5=Tauscherkassetten; 6=Umlenkkanäle; 7=Rauchgasrohr; 8=Rauchgasventilator; 9=Rauchgasrückluft; 10=Kühlschacht; 11=Regelklappe; 12=Kamin.

diese Gefahr nicht. Es war daher gängige Praxis – vor allem auch in Hinblick auf die Entwicklung von NDMA, im Druckraum 0,3–0,8 kg Schwefel/t Malz über den gesamten Schwelkprozeß hinweg zu verbrennen (s. Abschnitt 7.2.4.9). Mit der Verbreitung der indirekten Systeme, aus Gründen der Umweltbelastung und auch wegen möglicher Korrosionen bei Be- und Entladegeräten in der Feuchtraumatmosphäre über der Horde wurde das Schwefeln eingestellt.

Die Einhordendarren haben sich in den verschiedensten Bauarten bewährt. Sie sind einfach zu beschicken und zu räumen; der Darrablauf kann durch Programme vollautomatisch gesteuert werden. Hierauf wird bei der Besprechung des Darrvorgangs noch zurückzukommen sein.

Die Schwelk- und Darrzeit nimmt – bei hellem wie bei dunklem Malz – 18–20 Stunden in Anspruch. Die modernen Be- und Entladeeinrichtungen ermöglichen jedoch meist eine längere „Netto-Arbeitszeit" von 21–22 Stunden, die im Sinne des geringeren elektrischen Energiebedarfs ausgenützt werden sollte.

7.3.3.4 Wichtige Daten

Die wichtigsten Daten der Einhordenhochleistungsdarren zeigt nachfolgende Aufstellung:

Schwelk- und Darrzeit	18–20 Stunden
Spezifische Beladung/m^2	250–400 kg Malz
Ventilatorleistung	4000–5500 m^3/t und h

Bedarf an elektrischer Energie	
bei direkter Beheizung:	25–40 kWh/t
bei indirekter Beheizung:	33–48 kWh/t

Spez. Brennstoffwärmebedarf für Einhordenhochleistungsdarren ohne Kreuzstromwärmeübertrager im Jahresmittel für unsere Klimazone:

bei direkter Beheizung:	3350–4400 MJ/800–1050 Mcal/H$_i$ t FM

indirekte Beheizung mit modernen Heizsystemen:	ähnliche Werte.
indirekte Beheizung mittels Dampf, Heißwasser:	4000–4600 MJ/950–1200 Mcal/H$_i$ t FM

Der elektrische Energiebedarf hängt stark ab von der Beladungshöhe und vom Luftdurchsatz. Der Bedarf an elektrischer Energie ist bei indirekter Beheizung um den zusätzlichen Mehraufwand zur Überwindung des Druckverlustes vom Heizsystem höher als bei direkter Beheizung. Der Mehraufwand an elektrischer Energie beträgt rund 10%, bezogen auf die direkte Beheizung. Eine hohe Beladung erbringt eine bessere Ausnutzung der Trocknungsluft, sie bietet aber derselben einen höheren Widerstand. Die nur mehr wenig anzutreffende direkte Beheizung hat den geringsten Verbrauch an Wärme, der aber von modernen Heizsystemen durch die teilweise Ausnutzung des Brennwertes (H$_s$) ebenfalls erreicht wird. Dampf- oder heißwasserbeheizte Darren verzeichnen einen um die nicht vermeidbaren Wärmeverluste des Dampf- oder Heißwassererzeugers und des Wärmeträgernetzes erhöhten Brennstoffwärmebedarf. Möglichkeiten zur Einsparung von Energie werden im entsprechenden Kapitel aufgeführt (s. Abschnitt 7.7).

7.3.4
Die Keimdarrkasten

Sie sind in ihrem Prinzip aufgebaut wie eine Einhordenhochleistungsdarre. Im Unterschied zu dieser beträgt die spezifische Beladung mit 420 bis 500 kg FM/m^2 Hordenfläche. Durch Umstellen von Schiebern oder Klappen werden die Systeme von der Keimkastenbelüftung auf die Darrbelüftung umgestellt.

Die Beschreibung der einzelnen Ausführungsformen erfolgte bereits in Abschnitt 7.3.8. Es sind daher nurmehr die speziellen Vorrichtungen, die dem Darrbetrieb dienen, zu besprechen.

7.3.4.1 Rechteckiger Keimdarrkasten

Der rechteckige Keimdarrkasten (System Schill, Seeger, Steinecker, Nordon) wird von der Stirnseite her belüftet. Dies bedingt einen verhältnismäßig langen Weg für die Trocknungsluft, die aber durch entsprechende Anordnung der Abluftöffnungen an der gegenüberliegenden Seite oder im hintern Teil des Kastens das Gut gleichmäßig durchströmt. Nachdem Keim- und Darrprozeß nahtlos ineinander übergeführt werden können, ist es möglich, die Schwelk- und Darrzeit über 24 Stunden auszudehnen. Dies setzt aber voraus, dass ein Heizsystem nur eine bestimmte Anzahl von Kasten zu versorgen hat. Normal wird eine Schwelk- und Darrzeit von höchstens 33 Stunden veranschlagt, wodurch eine Darrheiz- und Belüftungsanlage für vier Kasten benötigt wird. Diese längere Trockenzeit erfordert einen geringeren Luftdurchsatz von rund 3000 m^3/t Malz und Stunde, wodurch der elektrische Energiebedarf trotz der hohen Beladung bei 40 kWh/t Malz gehalten werden kann. Der Wärmeverbrauch liegt im Durchschnitt bei rd. 3800 MJ/900 Mcal/t Fertigmalz.

Bemerkenswert ist, dass diese Keimdarrkasten z.T. mit der typisch geschlitzten *Keimkastenhorde* von ca. 20% freier Durchgangsfläche ausgestattet sind. Ein Nachteil konnte hieraus nicht abgeleitet werden. Andere Konstruktionen verfügen über die sonst bei Darren üblichen Spaltsiebhorde von 30–40% freier Durchgangsfläche.

Die *Belüftungseinrichtungen* entsprechen genau denen der Einhordenhochleistungsdarre: Sie bestehen aus Frischluftkanal, Rückluftschacht und dem Abluftkamin. Verschiedentlich wird die große zum Darren benötigte Luftmenge (450 000–500 000 m^3/h) von zwei gehäuselosen Ventilatoren gefördert.

Für die Brennstoffenergieeinsparung durch Vorwärmung der Trocknungsluft durch die warme Abluft mittels Kreuzstromwärmeübertrager (KWÜ s. Abschnitt 7.7.2.2) ist die Darrabluft aus dem jeweils als Darre anstehenden Kasten über einen Sammelkanal in den Kreuzstromwärmeübertrager zu führen. In diesem wird die Frischluft für die Darre angewärmt und gelangt von hier zum Heizapparat und dann zu den Ventilatoren.

Die Beheizung der Keimdarrkasten war ursprünglich direkt, d.h. mit Gas. Aus den bekannten Gründen arbeiten heutzutage alle Anlagen indirekt, d.h. die Prozeßluft wird in entsprechenden Heizregistern (s. Abschnitt 7.3.8) erwärmt.

Bei Installation einer höheren Ventilatorleistung und Verstärkung der Beheizung ist natürlich eine Verkürzung der Schwelk- und Darrzeit möglich. Dies ist vor allem eine Frage des elektrischen Energiebedarfs infolge höherer Druckverluste im gesamten Luftsystem. Technologisch bestehen gegen kürzere oder die erwähnten längeren Schwelkzeiten keine Bedenken.

Kombination von Darr- und Schwelkphase zweier Keimdarrkasten: Die unbestreitbaren Vorteile der Arbeitsweise der modernen Zweihorden- und Luftumkehrdarren (s. Abschnitt 7.3.7.1, 7.3.7.2) haben auch beim Keimdarrkasten dazu geführt, die Abluft eines in der Aufheiz- und Darrphase befindlichen Kastens zum Anwärmen der Schwelkluft des folgenden Kastens zu verwenden. Hierzu bedarf es eines eigenen Darrventilators für rund 1700 m³/t·h, der frequenzgeregelt arbeitet. Er wird mit vorgewärmter Frischluft (vom Kreuzstromwärmeübertrager), die in einem zweiten, eigenen Heizsystem auf die gewünschte Temperatur erwärmt wird, beschickt. Die Abluft wird vor das Heizregister des Schwelkventilators (3000 m³/t·h) geleitet und von dort mit der benötigten Frischluftmenge (ebenfalls vom KWÜ vorgewärmt) verschnitten. Das Heizregister stellt die erforderliche Schwelktempertur her. Es wird also die Wärme der Darrabluft voll genutzt; nur der Differenzbetrag muß durch Primärenergie in einem zusätzlichen Heizelement erbracht werden.

7.3.4.2 Rechteckiger Weich-, Keim- und Darrkasten

Ein solcher Kasten mit 300 t Gerstenschüttung (s. Abschnitt 6.3.8.2) hat eine spezifische Beladung von 400–420 kg Malz/m². Bei einer Kastenlänge von 63 m erfolgt die Belüftung zweckmäßig von der Längsseite her, so dass sich die Trocknungsluft, die von 6 Ventilatoren mit insgesamt 950 000 m³/h gefördert wird, gleichmäßig verteilen kann und nur kurze Wege unter der Horde hat. Die spezifische Ventilatorleistung liegt hier bei 3800 m³/t Malz und h. Die Luftmenge kann während der 36-stündigen Darrzeit durch Abschalten eines oder mehrerer Ventilatoren geregelt werden. Die Beheizung erfolgt indirekt mittels Erdgas.

7.3.4.3 Statische Turmmälzerei

Die statische Turmmälzerei (s. Abschnitt 6.3.8.3) verfügt über runde Horden, die geschlitzt oder als Spaltsiebe ausgebildet sein können. Nachdem ein Darrsystem 5–6 verschiedene Einheiten zu versorgen hat, ist bei 7tägigem Rhythmus die Schwelk- und Darrzeit entsprechend knapp ausgelegt. Dies resultiert wiederum in einer hohen Ventilatorleistung von 3300–3700 m³/t Malz und h.

Die Darrluft wird vom Ventilator in den zentralen Kanal gefördert und tritt von hier unter die Horde der jeweils zu darrenden Einheit über 7 Öffnungen ein. Die Darr-Umluft wird in einem eigenen Kanal zur Heizanlage bzw. zum Ventilator zurückgeleitet. Im unteren Teil dieses Kanals befindet sich auch der Frischlufteintritt.

Bei einer Darrzeit von insgesamt 24 Stunden beträgt der spezifische Brennstoffwärmeverbrauch im Jahresmittel rund 3800 MJ(H_i)/t Fertigmalz bzw. 905 Mcal(H_i)/t Fertigmalz, der spezifische Bedarf an elektrischer Energie liegt bei ca. 42 kWh/t Malz.

Wie schon in Abschnitt 6.3.8.5 erwähnt, erwies es sich in der statischen Turmmälzerei als schwierig, die Abluftöffnungen in einen gemeinsamen Kanal zu führen, an dessen Ende der Kreuzstromwärmeübertrager steht. So wurden die meisten Keimdarreinheiten in ihren Funktionen getrennt und durch eigene, meist Zweihordendarren ergänzt.

7.3.4.4 Vergleich zwischen den rechteckigen Flachbauten und den Turmmälzereien

Ein Vergleich zwischen den rechteckigen Flachbauten und den Turmmälzereien ergab praktisch keinen Unterschied im Ausfall des fertigen Produktes sowie hinsichtlich des Energieaufwandes – wenn etwa gleiche Darrbedingungen herrschten. Bemerkenswert ist die einfache Abräumung des Malzes durch Drehen der Horde, wodurch bei feststehendem Ausräumer und Wender der Malzkeimabrieb stets an ein- und derselben Stelle anfällt und von dort leicht entfernt werden kann. Bei der rechteckigen Darre muß der mit einer Schaufel mit Jalousieklappen versehene Wender zum Abräumen die gesamte Darrlänge durcheilen. Wenn diese Arbeit auch nur drei Stunden erfordert, so ist doch das anschließende Sammeln der sich über den Kastenboden verstreuenden, allerdings im vorderen Teil anreichernden Malzkeime mit Schrappern arbeitsaufwendiger.

Die nunmehr erfolgte Trennung der Funktionen des Keimens und Darrens hat die trocknende und bis zu einem gewissen Grade keimhemmende Wirkung des Darrens im Keimdarrkasten entfallen lassen und mit ihr auch die leichte Entfernung von abgeriebenen Malzkeimen, Spelzenteilen etc. Die Feuchtraumatmosphäre unter dem Keimkasten wurde praktisch jede Woche einmal „thermisch behandelt". Es erfordert also wesentlich intensivere Reinigungsarbeiten im nunmehrigen „Nur"-Keimkasten, die auch auf die Grünmalzfördereinrichtungen auszudehnen sind. Darrmalztransporteure waren ebenfalls leichter zu pflegen.

Der Wender wird beim Darren *nicht* betätigt. Es ist lediglich notwendig, ihn nach dem „Durchbruch" um die Breite des Aufwurfs nach vorwärts oder rückwärts zu bewegen, um die hier höher liegende und folglich schlechter durchgetrocknete Malzschicht einzuebnen und den gleichen Trocknungsbedingungen auszusetzen, wie die übrigen Partien. Ein Wenden während des Schwelkvorgangs, aber auch während des Darrens täuscht zwar eine raschere Durchtrocknung vor, stört jedoch die Schichtenbildung im Gut und bringt u. U. feuchtes Grünmalz mit heißer, trockener Luft in Kontakt. Dies hat unweigerlich ein Schrumpfen des Malzes zur Folge.

7.3.5
Runde Einhordenhochleistungsdarren

Sie sollen bei identischem Aufbau wie die eckigen Darren eine leichtere und gleichmäßigere Beladung sowie eine, mit Hilfe derselben Vorrichtung getätigte, einfache Abräumung gewährleisten. Die Horde ist hier feststehend. Die Darre selbst ist aus Stahlblech gefertigt, innen mit einem Korrosionsschutz aus Kunstharz und außen mit einer Isolierung versehen (s. a. Abschnitt 6.3.8.5).

7.3.6
Gekoppelte Einhordenhochleistungdarren

Die in den 1950er Jahren entwickelte Konstruktion sieht vor, dass zwei nebeneinanderliegende Einhordenhochleistungsdarren hinsichtlich ihrer Luftführung miteinander gekoppelt werden. Somit steht die Abluft der bereits vorgetrockneten und nun zum Darren anstehenden Horde zum Schwelken bzw. zum Verschnitt mit der Schwelkluft der frisch aufgetragenen Horde zur Verfügung (Abb. 7.55).

Die Luftführung ist dabei umkehrbar, da jede der Horden abwechslungsweise einmal zum Schwelken und zum Darren dient. Bei geringerem Wärmeverbrauch benötigt das Darrverfahren mehr Strom. Auch der Arbeitsrhythmus ist gegenüber anderen Einhordendarren dadurch gestört, dass normalerweise alle 12 Stunden, anstatt täglich einmal, eine Darre beladen werden muß. Diese Darren können auch im Parallelbetrieb arbeiten. Damit würde das arbeitstechnisch und von der Keimkastenauslastung ungünstige 2malige Haufenziehen entfallen.

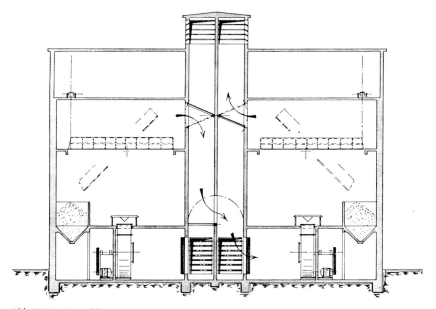

Abb. 7.55 Doppeldarre (System Steinecker).

Einen Vergleich zwischen „Hintereinander" und „Parallel"-Schaltung zeigt folgende Aufstellung:

	Gekoppelter Betrieb	Parallelbetrieb
Brennstoffwärmebedarf MJ/Mcall/t Malz	3300/780	3800/900
elektrischer Energiebedarf 40 kWh/t Malz	40	26

Dies ist der Gedanke und die Konstruktion der rund 30 Jahre später eingeführten Luftumkehr- oder „Twin"-Darren (s. Abschnitt 7.3.7.2), die allerdings im 24-Stunden-Rhythmus arbeiten.

7.3.7
Zweihordenhochleistungsdarren

Der Wunsch, die Abwärme der Darre beim Aufheiz- und Darrvorgang besser nutzen und diese direkt zum Anwärmen der Schwelkluft verwenden zu können, führte zur Wiedereinführung der Mehrhordendarren, wie sie in Abschnitt 7.3.9 geschildert sind, jedoch mit einer wesentlich höheren Beladung. Die Horden können nun übereinander – wie konventionell – oder nebeneinander wie in Abschnitt 7.3.7.2 geschildert angeordnet sein. Bei den letzteren handelt es sich um sog. „Luftumkehrdarren", d.h. das Gut verbleibt bei diesen über die gesamte Schwelk- und Darrzeit auf derselben Horde. Bei den Zweihordenhochleistungsdarren mit übereinander angeordneten Horden wurde bei den ersten Konstruktionen Ende der 1970er, Anfang der 1980er Jahre am Ende des Schwelkens von der oberen auf die untere Horde umgeladen.

Nachdem das System der Luftumkehrdarren sich nicht nur als sehr einfach, sondern auch als unproblematisch erwies, wurde es häufig bei den später erbauten Darren mit übereinanderliegenden Horden angewendet. So sind einige Kombinationen anzutreffen, die naturgemäß nicht alle geschildert werden können. Somit kommen die beiden Haupttypen zur Diskussion:

7.3.7.1 Zweihordendarre mit übereinanderliegenden Horden
Die Zweihordendarre hat meist runde Horden, die entweder drehbar (Drehhorden) sind mit feststehender Be- und Entladevorrichtung oder die stationär sind mit einer umlaufenden Be- und Entladeschnecke. Im ersteren Falle wird von der Peripherie aus zur Mitte verteilt, im letzteren von innen nach außen. Normal nimmt das Beladen ca. 2 Stunden in Anspruch, das Entladen etwa eine. Für das Umräumen von der oberen zur unteren Horde sind wiederum zwei Stunden zu veranschlagen. Meist wird in jeweils drei großen Schichten (ca. 30 cm) und drei kleinen (ca. 3 cm) aufgetragen, wobei die Umfangsgeschwindigkeiten zwischen 6 und 30 m/min liegen. Der Antrieb der Drehhorde erfolgt – wie bei den Keimkasten der Turmmälzerei geschildert – über einen peripheren Zahnkranz.

Die *spezifische Beladung* beträgt ca. 350 kg Fertigmalz/m² Hordenfläche entsprechend 435 kg Gerste als Grünmalz.

Die Luftführung geschieht in der etwas älteren, 1980 eingeführten Version wie folgt: Die Darrluft wird bei dieser Konstruktion vom Frischluftkanal über einen Kreuzstromwärmeübertrager (s. Abschnitt 7.7.2.2) und den Kaskaden-Erhitzer bzw. Anox-Ofen oder ein Dampf-/Heißwasser-Heizregister vom Darrventilator durch die Darrhorde gesaugt. Dieser Ventilator ist zwischen der unteren und der oberen Horde angeordnet. Er drückt die Luft anschließend unter Zusatz von vorgewärmter Frischluft durch die Schwelkhorde. Der Vorwärmung der Frischluft dient entweder der Kreuzstromübertrager allein oder diese wird noch zusätzlich über ein Heizregister auf eine bestimmte vorgegebene Temperatur gebracht.

Die Schwelk- und Darrzeit beträgt nach Abzug der Be-, Entlade- und Kühlzeiten jeweils 19–20 Stunden. Um eine Durchtrocknung der oberen Horde zu gewährleisten, wird ein spezifischer Ventilatorvolumenstrom von 3200 m³/t Fertigmalz und h benötigt. Eine Frequenzregelung des Ventilators auf ca. 50% ist wünschenswert, obgleich durch den Zuschnitt der vorgewärmten Luft die Luftmengen der Ober- und der Unterhorde entsprechend den Bedürfnissen des Schwelkens und Darrens reguliert werden können. Der spezifische Brennstoff-Wärmebedarf der Darre liegt, begünstigt durch den Kreuzstromübertrager bei 2100–2300 MJ(H_s) bzw. 500–550 Mcal/t FM, der Bedarf an elektrischer Energie im Jahresmittel bei 45–50 kWh/t Fertigmalz [991–993].

Die andere, in Abb. 7.56 dargestellte Konstruktion verfügt über zwei Druckventilatoren: der erstere drückt die erhitzte Luft durch die Darrhorde (Leistung 2500–3000 m³/t · h), der zweite nimmt die Luftmenge aus dem Raum über der

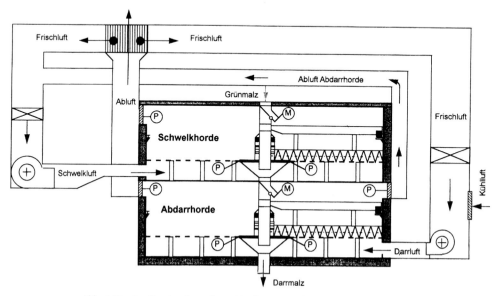

Abb. 7.56 Zweihordendarre, feste Horde, mit Umlagerung (Bühler).

Darrhorde und drückt diese, verschnitten mit vorgewärmter und über einen zweiten Wärmetauscher, zur Einstellung der Temperatur der Schwelkhorde (Leistung bis 3800 m^3/t · h). Beide Ventilatoren sind stufenlos geregelt.

Es handelt sich bei beiden geschilderten Zweihordendarren um solche, die eine Umlagerung von der Schwelk- zur Darrhorde vorsehen. Die Luftführung ist hier naturgemäß einfacher, was die Gebäudekosten etwas ermäßigt.

7.3.7.2 Zweihordendarren mit nebeneinanderliegenden, rechteckigen oder quadratischen Horden

Solche Zweihordendarren sind auch als „Luftumkehrdarren" bekannt geworden [994]. Es sind jeweils identische Horden gegeben, von denen jede eine Be- und Entladevorrichtung aufweist. Durch eine Schiebebühne könnte diese Maschine auch von einer zur anderen Horde verbracht werden.

Es handelt sich um eine heb- und senkbare Schnecke, die über der Horde mit regelbarer Geschwindigkeit vor -und zurückläuft. Die Grünmalzzufuhr erfolgt entweder über ein schwenkbares Fallrohr oder eine schwenkbare Zuführschnecke. Der Vorteil dieser Beladeart, die in mehreren Schichten erfolgt, ist, dass die Schüttungsdichte sehr gleichmäßig ist und so von der Luft auch entsprechend gleichmäßig durchströmt werden kann (s.a. Abb. 7.53).

Das Abräumen des Malzes wird entweder in eine längs oder quer der Laufrichtung angeordnete Schnecke (Trogkettenförderer) vorgenommen. Im Vergleich zu Kipphorden reichen geringere Raumhöhen aus, wie auch der Druckraum nicht durch eine Gosse beschränkt wird.

Nach Beendigung des Darrprozesses wird die bisherige Darrhorde neu beladen. Sie wird damit zur Schwelkhorde und die bisherige Schwelk- zur Darrhorde. Die spezifische Beladung beträgt 330–400 kg Fertigmalz/m^2 Hordenfläche.

Die vom Kreuzstromwärmeübertrager vortemperierte Luft wird über den Darrlufterhitzer erwärmt und unter die Horde gedrückt. Die Lüfterleistung ist hier geringer ausgelegt als bei den vorgeschilderten Darren mit Umlagerbetrieb, da das Gut während des gesamten Schwelk- und Darrprozesses nicht bewegt und folglich die Schichtenbildung bei der Trocknung nicht gestört wird. Es reicht in der Regel ein spezifischer Ventilatorvolumenstrom von 1500 m^3/h · t FM aus. Die Abluft aus der Darrhorde wird nun im Abluftschacht nach unten geführt und vom größer dimensionierten Schwelkventilator (2500 m^3/t · h) aufgenommen (Abb. 7.57).

Um die zum Schwelkprozeß erforderliche größere Luftmenge bereitzustellen, gelangt vom Kreuzstromübertrager vorgewärmte Frischluft zur Zumischung. Beide Luftarten werden nun in einem weiteren Wärmetauscher auf die gewünschte Schwelktemperatur gebracht. Beide Ventilatoren sind mittels Frequenzumformer stufenlos geregelt. Dies geschieht rechnergesteuert in Abhängigkeit vom Grünmalzwassergehalt, vom Schwelk- und Darrfortschritt sowie vom gewünschten Malztyp.

Der spezifische Brennstoffwärmebedarf liegt im Jahresmittel bei 2100–2300 MJ(H$_s$) t FM bzw. 500–550 Mcal/t Fertigmalz, wobei aber hierin die Ersparnisse

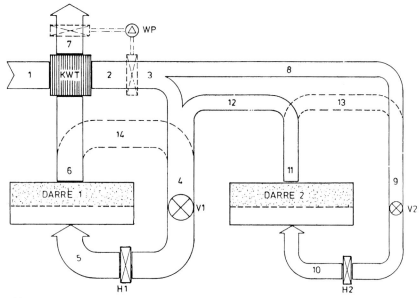

Abb. 7.57 Zweihordendarre mit rechteckigen Horden nach dem Luftumkehrsystem (Lausmann).

durch den KWÜ enthalten sind. Der Bedarf an elektrischer Energie beträgt 30–35 kWh/t. Der zu überwindende Druckverlust für die Trocknungsluft durch die Schwelkhorde beträgt 1500 Pa, unter der Darrhorde 600–800 Pa. Die spezifische Beladung ist, wie oben erwähnt, 330–400 kg/m² Fertigmalz. Die Schwelkzeit beträgt in der Regel 23 Stunden, die weiterführende Trocknung und das Darren nehmen 20 Stunden in Anspruch. Der Aufbau nach Abb. 7.57 ähnelt bis auf einige Kleinigkeiten dem Prinzip der in Abschnitt 7.3.6 geschilderten Doppeldarre [995].

Varianten dieser Darre sind durch zwei übereinanderliegende Horden gekennzeichnet, in denen das Malz zwischen Schwelken und Darren nicht umgelagert wird. Die Luftführung sieht daher für jede der Horden ein komplettes Kanalsystem vor (Frischluft, Abluft, Rückluft) mit entsprechenden Heizsystemen sowie Schwelk- und Darrventilatoren (Abb. 7.58).

Bei der „Twindarre" wird die für das Darren benötigte Luftmenge zunächst durch die Darrhorde gesaugt und dann unter Zusatz von angewärmter Frischluft durch die Schwelkhorde gedrückt [996]. Die meisten Konstruktionen arbeiten aber mit zwei gleich großen Ventilatoren, um auch einen getrennten Betrieb (Spezialmalze) zu ermöglichen.

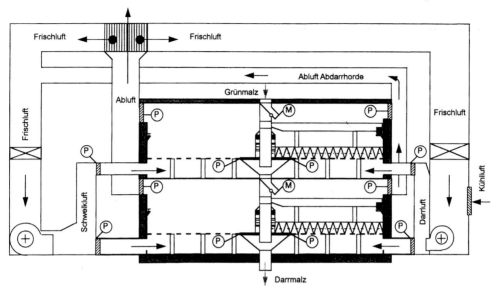

Abb. 7.58 Zweihordendarre, feste Horde, ohne Umlagerung (Bühler).

7.3.7.3 „Triflex-Darre"

Die „Triflex-Darre" bedient sich ebenfalls der Abluft einer Darrhorde, um diese zum Schwelken zu verwerten [997]. Es handelt sich hierbei um drei identische, aber voneinander unabhängige Einhordendarren, von denen jede mit eigenem Ventilator, einer unabhängigen Beheizungsvorrichtung sowie mit je einem Abluft- und einem Umluftkanal ausgestattet ist. Letzterer führt die ungesättigte Abluft einer Horde dem jeweils nächsten Schwelkvorgang zu (Abb. 7.59).

Es werden immer zwei der Horden mit Grünmalz gleichzeitig beladen; die eine Horde erhält 45%, die andere 55% der gesamten Grünmalzmasse. Die erstbeladene Darre mit der geringeren spezifischen Beladung von 409 kg Gerste als Grünmalz (328 kg Fertigmalz) wird mit einem 20-stündigen Arbeitszyklus gefahren, wofür der Ventilator auf einen spezifischen Volumenstrom von 3500 $m^3/h \cdot t$ FM ausgelegt ist. Die zweitbeladene Darre wird mit einer spezifischen Beladung von 500 kg/m^2 Gerste als Grünmalz bzw. 400 kg FM/m^2 Hordenfläche für eine Schwelk- und Darrzeit von 32–33 Stunden (spezifischer Volumenstrom des Ventilators ca. 2600 $m^3/h \cdot t$ FM) beschickt. Nach 14 Stunden ist in Darre A der Durchbruch erreicht und die auf 2/3 reduzierte Abluft (2300 $m^3/t \cdot h$) wird, zusammen mit Frischluft auf die Schwelktemperatur erwärmt. Die Abluft der mittlerweile, d.h. nach ca. 23 Std. am Durchbruch angelangten Darre B wird auf die neu beladene Darre C (45%) und die wiederbeladene Darre A (55%) zum Schwelken verteilt. Durch diese Betriebsweise wird dem Kreuzstromwärmeübertrager ausschließlich gesättigte Abluft zugeführt und so dessen höchster Wirkungsgrad erreicht. Nachdem nach Darrende das Malz mit kalter Frischluft abgekühlt werden muß, wird die hierbei abgegebene Wärme vom Malz ebenfalls der Darrenzuluft zugeführt. Durch die Folge von 20- und 32-Stunden-Rhythmen stehen

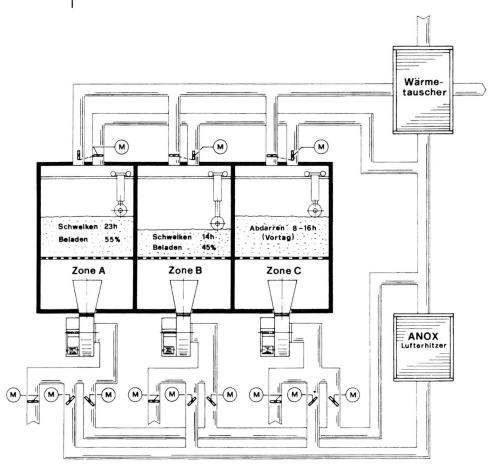

Abb. 7.59 Schema einer Triflex-Darre (Seeger-Air Fröhlich).

pro Darre nach jeweils drei Tagen 12 Stunden Zeit für Wartungs- oder Reparaturarbeiten zur Verfügung.

Es kann aber auch eine Horde in einem normalen Einhordenbetrieb z. B. für ein Spezialmalz betrieben werden. Dabei ist naturgemäß abzuschätzen, ob die Abluftqualität einer in der Darrphase befindlichen Horde zur Verwendung nur in diesem Zyklus geeignet ist bzw. ob die Abluft aus derselben für die nächste Schwelkcharge verwendet werden kann.

Der spezifische Brennstoffwärmebedarf der Triflex-Darranlage einschließlich Kreuzstromwärmeübertrager beläuft sich im Jahresmittel auf 2000–2100 MJ/t FM bzw. 480 Mcal/t FM, der spezifische elektrische Energiebedarf im Jahresmittel auf 26 kWh/t FM.

7.3.8
Kontinuierlich arbeitende Darren

Der Wunsch nach einer weiteren Energieeinsparung und, vor allem, bei Kraftwärmekopplungsbetrieb nach einem stets gleichmäßigen Wärmeverbrauch führte in den 1980er Jahren zur neuerlichen Entwicklung von kontinuierlichen Darren. Trotz vielversprechender Versuche an einigen Varianten im Pilotmaßstab hat nur die Vertikaldarre von *Lausmann* [998] praktische Bedeutung gewonnen. Es wurde jedoch auch von ihr nur eine Anlage erstellt.

7.3.8.1 Bauliche Ausführung

Die parallel angeordneten Darrschächte bestehen aus den üblichen Profildrahthorden mit Tragrahmen. Die Baumodule sind miteinander verschraubt. Diese Schächte sind in drei bzw. vier Abschnitte, entsprechend den einzelnen Darrphasen unterteilt. Zwischen diesen sind einzelne „Ruhezonen" eingebaut, die den Druck der Malzsäule abfangen und auch einem Ausgleich des Trocknungsprozesses im Korninnern dienen sollen.

Die Darre wird von oben aus einem „Tageskasten" über jeweils eine Gosse pro Schacht so beschickt, dass die Schwelkluft nicht unkontrolliert entweichen kann (Abb. 7.60).

Dieser Tageskasten dient dem Übergang vom Chargenbetrieb (Keimkasten) auf die kontinuierlich arbeitende Darre. Er soll, um das Haufenziehen auf einmal tätigen zu können, der täglichen Darrkapazität entsprechen. Der Tageskasten ist kühlbar und mit einem „Lausmann"-Wender (s. Abschnitt 6.3.5) versehen. Die Horden sind heb- und senkbar angeordnet, die spezifische Ventilatorleistung zur Kühlung des Keimgutes im Tageskasten erfährt in Abhängigkeit von der Haufenhöhe eine stufenlose Regelung.

Die Entleerung des Malzes wird – um Darrluftverluste zu vermeiden – über eine Schleuse in die Auskühlzone vorgenommen.

7.3.8.2 Belüftung der Darre

Die Belüftung der Darre erfolgt quer durch die Malzschicht. Im Gegensatz zu der in den früheren Auflagen geschilderten, chargenweise arbeitenden Vertikaldarre wird jedoch die Malzschicht immer nur in derselben Richtung von der Trocknungsluft durchströmt: Die Abluft aus der auf z. B. 80–82 °C erwärmten Darrzone IV wird wieder zur Stirnseite des vorausgehenden Trocknungsabschnittes III umgelenkt, wo sie, mit vorgewärmter Frischluft verschnitten, auf die gewünschte Temperatur von 70–72 °C aufgeheizt und durch das Malz gedrückt wird. Die Abluft aus dieser Zone wird wiederum auf die Lufteintrittsseite der Schwelkzonen geführt, mit Frischluft verschnitten und in zwei Ströme, nämlich bei Zone II von 60–62 °C und bei Zone I von 50–55 °C, aufgeteilt. Die Abluft aus diesen beiden verläßt die Darre in gesättigtem Zustand mit einer Mischtemperatur aus beiden Zonen von 26–28 °C. Sie gibt in einem Kreuz-

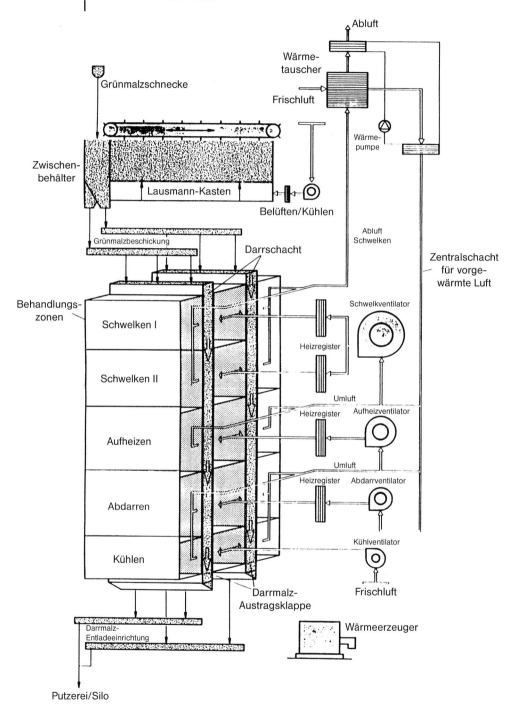

Abb. 7.60 Kontinuierliche Vertikal-Darre „System Lausmann".

strom-Wärmeübertrager ihre Wärme an die in die Darre eingezogene Frischluftströme ab.

Das System arbeitet vollautomatisch, wobei die Steuergröße für den knapp 4×/h erfolgenden Ent- und Beladevorgang die Ablufttemperatur der Zone III ist. Diese liegt – einstellbar – bei ca. 42 °C. Nach dem Beladevorgang fällt diese durch die zunächst stärkere Wasserverdampfung etwas ab, um im Verlauf von 15–17 Minuten wieder den Wert von 42 °C zu erreichen. Es bewegt sich also die Malzsäule alle 15–17 Minuten.

Die Darre hat vier Lufterhitzer, die, wie schon erwähnt, auf ca. 80 °C, 70 °C, 60 °C und 50 °C (mit Variationsmöglichkeiten) eingestellt sind. Der spezifische Luftvolumenstrom erhöht sich von ca. 1500 m³/(h · t FM) in der Darrphase abschnittsweise durch jeweils zugespeiste, vorgewärmte Frischluft bis auf ca. 3000 m³/(h · t FM). Der Luftvorwärmung dient nicht nur ein Kreuzstromwärmeübertrager, sondern es wird auch die Abwärme aus der Kühlung des Darrmalzes genutzt.

Die oben beschriebene Vertikaldarre verwendet zur Wärmebereitstellung zwei Blockheizkraftwerks-Module mit Gas-Otto-Motoren, zwei Kompressions-Wärmepumpen mit Gas-Otto-Motoren und einen gasgefeuerten Heißwassererzeuger. Zusätzlich besteht die Möglichkeit über Fernwärme die Vertikaldarre zu beheizen. Die Gas-Otto-Motoren geben teilweise die Motor- und Abgaswärme an dasjenige Heißwassernetz ab, das die Vertikaldarre beheizt. Die Kondensatoren der Kompressions-Wärmepumpen erwärmen die vorgewärmte Frischluft aus den Kreuzstrom-Wärmeübertragern, während die Verdampfer der Wärmepumpen zur Kältebereitstellung für die Keimkästen dienen. Diese kombinierte Wärmeversorgung der Vertikaldarre bedeutet, dass im Gegensatz zu den ohne Energieverbund betriebenen Darren nur der spezifische *Wärmebedarf* und nicht der spezifische *Brennstoffwärmebedarf* angegeben werden kann. Der spezifische Wärmebedarf mit diesem Verbundbetrieb liegt im Jahresmittel bei rund 1950 MJ/ t FM = 450 Mcal/t FM, der gesamte spezifische Bedarf an elektrischer Energie bei rund 35 kWh/t FM [999]. Ein direkter energetischer Vergleich über spezifische Kennzahlen mit anderen Darranlagen ist nicht möglich.

7.3.9
Die „klassischen" Mehrhordendarren

Sie wurden bis in die 1940er Jahre hinein erbaut und waren noch ca. 2 Jahrzehnte länger typisch für das charakteristische Erscheinungsbild vieler Mälzereien. Sie sollen, um der Vollständigkeit eines derartigen Buches willen noch kurz geschildert werden, zudem ihre Arbeitsweise auch für die heutigen Zweihordenhochleistungsdarren noch Gültigkeit hat. Eine ausführliche Beschreibung ist noch in der 7. Auflage dieses Buches (1976) enthalten, einen noch eingehenderen Überblick über die Vielfalt der Konstruktionen könnten die früheren Auflagen von *Leberle* (1921, 1930) geben.

Die Anordnung mehrerer Horden übereinander und die strömungsgünstige Führung der Trocknungsluft erforderte hohe, turmartige Bauten mit verhältnis-

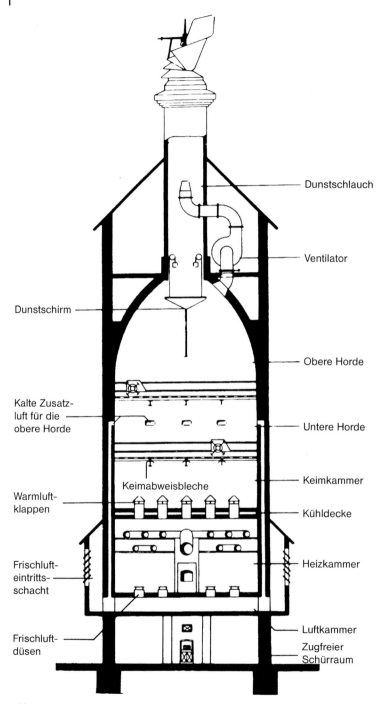

Dunstschlauch

Ventilator

Dunstschirm

Obere Horde

Kalte Zusatz-
luft für die
obere Horde

Untere Horde

Keimabweisbleche

Keimkammer

Warmluft-
klappen

Kühldecke

Frischluft-
eintritts-
schacht

Heizkammer

Frischluft-
düsen

Luftkammer

Zugfreier
Schürraum

Abb. 7.61 Zweihordendarre (Zeichnung: Kesselring).

mäßig kleinem Querschnitt, die wiederum aus folgenden Darrelementen bestehen: Heizapparat, Horden und Belüftungseinrichtungen. Diese sind in einer Reihe von Stockwerken angeordnet (Abb. 7.61).

7.3.9.1 Heizapparat

Der Heizapparat dient der Wärmebereitstellung und -abgabe.

Im gewöhnlichen *Darrofen* wurden Brennstoffe mittleren Heizwertes von ca. 20 000 kJ, ca. 4700 kcal/kg verbrannt. Es konnten sich aber, nach entsprechender Ausstattung der Feuerung und Anpassung des Ofens bzw. der Wärmetauschflächen Öl- oder Gasfeuerungen einführen. Auch Heizregister für Dampf oder Heißwasser waren – vor allem bei Betrieben mit Energieverbund – anzutreffen.

Die durch Verbrennung erzeugten Heizgase strömten durch einen mit Schamottesteinen ausgekleideten Kanal aufwärts in die sog. Wärmekammer und wurden dort in Heizrohre mit rundem oder tropfenförmigem Querschnitt geleitet. Die Oberfläche dieser, in mehreren Ebenen angeordneten Rohre bestimmte die Heizfläche, die je nach Leistung der Darre das 2–8fache der Fläche einer Horde ausmachte. Die Höhe der Wärmekammer war durch die Zahl der Heizrohre gegeben, sie war für den natürlichen Zug der Darre von Bedeutung. Die Regulierung des Luftstroms geschah bereits vor der Wärmekammer durch entsprechende Klappen („kalte" Züge) oder Schieber für die Luftkanäle am Darrofen und Heißluftkanal („warme" Züge).

7.3.9.2 Horden

Die Horden waren in einer Zahl von zwei oder drei übereinander angeordnet. Es handelte sich in der Regel um Profildrahthorden mit ca. 30–40% freier Durchgangsfläche. Die schwächer ziehenden Darren für dunkles Malz waren mit Lochblechhorden ausgestattet. Die Höhe der Hordenräume betrug denn auch 3 bzw. 2 m bei den unteren, bei der oberen Horde 8 bzw. 4 m, wobei die größeren Höhen jeweils für die „hellen" Darren konzipiert wurden. Der flaschenförmig gestaltete Raum der oberen Horde mündete in einen 10 bzw. 6 m hohen Dunstkamin, der von einem drehbaren, helmartigen Aufsatz abgedeckt war.

7.3.9.3 Belüftungseinrichtungen

Die Belüftungseinrichtungen sollten einen, dem Darrtyp angemessenen natürlichen Zug ermöglichen, der dann auch durch Klappen und Schieber den jeweiligen Bedürfnissen angepaßt werden konnte. Doch war der Zug in erster Linie von der Höhe der Beladung der oberen Horde sowie von der Beschaffenheit der Außenluft (Temperatur, Feuchte) sowie von der in der Wärmekammer erzeugten Temperatur der Trocknungsluft abhängig. Um zu vermeiden, dass das Schwelkmalz der oberen Horde zu frühzeitig in den Bereich zu hoher Temperaturen gelangte, wurde Kaltluft, die im Mauerwerk vorgewärmt wurde, zwischen die Horden geführt.

Oft waren Zwischendecken mit klappengeregelten Luftdurchtrittsöffnungen z. B. zwischen Heizkammer und unterer Horde („Keimkammer") oder zwischen den Horden eingefügt, um eine bessere Gleichmäßigkeit der Lufttemperaturen und dazu eine bessere Variationsmöglichkeit zu erreichen. Diese Zwischendecken beeinträchtigten den natürlichen Zug, der ohnedies stark durch die Witterungsgegebenheiten beeinflußt war und eine schwankende Darrleistung zur Folge hatte. Um den gewünschten Zug zu sichern oder auch um die Leistung einer Darre zu erhöhen, wurden entweder in den Dunstschlot oder unter Umgehung desselben Ventilatoren eingebaut.

Die Ventilatoren hatten dann, in Abhängigkeit vom Darr-Rhythmus (2×12 oder zumeist 2×24 Stunden) einen regelbaren spezifischen Luftvolumenstrom von 1500–2000 $m^3/(h \cdot t\,FM)$. Der Bedarf an elektrischer Energie betrug 10–12 kWh/t. Die höhere, geförderte Luftmenge erforderte u. U. eine Vergrößerung der Heizflächen.

7.3.9.4 Wender

Die geschilderten Zwei- oder Dreihordendarren waren mit Wendern ausgestattet. Auf der unteren Horde wurden Schaufelwender mit beweglichen Klappschaufein von 0,8–1,0 m Breite angewendet (Abb. 7.62).

Auf der oberen Horde waren die Wender zum Lockern des Gutes lediglich mit Zinken ausgestattet, bei hoher Beladung sogar als Saladinwender konstruiert.

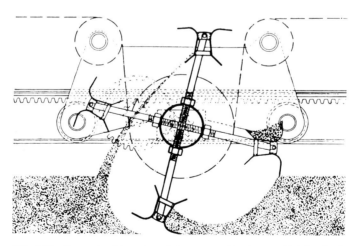

Abb. 7.62 Klappschaufelwender auf der unteren Horde einer Mehrhordendarre.

7.3.9.5 Leistungsdaten

Die Leistungsdaten der Mehrhordendarren hingen naturgemäß von der Konstruktion und von dem herzustellenden Malztyp ab:

Darrfläche pro Horde	10–200 m^2
Beladung der oberen Horde (Gerste als Grünmalz)	30–200 kg/m^2
bei hellem Malz ohne Ventilator	30–40 kg/m^2
bei dunklem Malz ohne Ventilator	60–70 kg/m^2
bei hellem Malz mit Ventilator	60–70 kg bis 200 kg/m^2
Darrzeiten bei hellem Malz	2×12 Stunden
meist aber	2×24 Stunden
bei dunklem Malz	2×24 Stunden
bei Dreihordendarren	3×12–3×16 Stunden
Spez. Brennstoffwärmebedarf im Jahresmittel:	5000 MJ/t FM bzw. 1200 Mcal/t FM
bei Dreihordendarren:	ca. 15% weniger

7.3.9.6 Vertikaldarre

Sie stellte eine interessante Konstruktion der 1930er Jahre dar. Sie ist in ihrer ursprünglichen Form, z.T. auch in neuen verbesserten Ausführungen im östlichen Europa anzutreffen.

Jeweils zwei Horden waren paarweise zu Schächten von ca. 20 cm Weite angeordnet; eine Darre wies 4–8 derartige Elemente auf. Die Schächte waren in zwei oder drei Abschnitte unterteilt (Zwei- oder Dreihordendarren). Um das bei Plandarren fälschlich als notwendig erachtete Wenden des Schwelk- und Darrgutes nachzuahmen, wurde die Luft durch entsprechende Klappenstellungen etwa stündlich umgelenkt. Dies bedingte aber immer wieder eine Befeuchtung bereits getrockneter Partien, die hierdurch eine gewisse Härte, „Darrglasigkeit" erfuhren. Der Energiebedarf dieser, meist im 24-Stunden (Zweihorden-) oder 16-Stunden-(Dreihorden-)Rhythmus arbeitenden Darren war nur wenig unter dem der zeitgenössischen Plandarren.

7.4
Der Trocknungsvorgang

Wie schon erwähnt, muß beim Trocknen bzw. Darren des Malzes eine Wassermasse abgeführt werden, die sich wie folgt errechnet:
Als Beispiel: Wassergehalt Grünmalz 45%, Wassergehalt Darrmalz 4%.

Nachdem alle Werte auf 1 t Fertigmalz = 960 kg Trockensubstanz bezogen werden, entsprechen dieser Menge 1750 kg Grünmalz. Um 1 t fertiggeputztes Malz – ohne Berücksichtigung der Keime – zu erhalten, müssen aus dem Grünmalz folglich 750 kg Wasser verdunstet werden. Diese Wassermasse ist von der das Malz durchströmenden Luft abzuführen.

Die hierfür benötigter Luftmasse bzw. das erforderliche Luftvolumen hängt ab
a) von der relativen Feuchte (bzw. von der absoluten Feuchte) der ein- und austretenden Luft,
b) von der Temperatur der Luft.

Beispiel a): Die Einströmluft (1 bar) von 6 °C und einer relativen Feuchte von 75% enthält nach dem h,x-Diagramm für feuchte Luft 4,4 g Wasserdampf/kg Trocknungsluft. Wird diese nun auf 60 °C erwärmt und beträgt die relative Abluftfeuchte 95%, so beinhaltet diese Luft 18,7 g/kg trockene Luft, wenn angenommen wird, dass bei konstanter spezifischer Enthalpie getrocknet wird. Die Abluft-Temperatur beträgt 24 °C.

1 kg Luft nimmt aus dem Grünmalz 14,3 g Wasser auf.

Für die Verdampfung von 750 kg Wasser (pro t Fertigmalz) sind erforderlich:

$$\frac{750\,000}{14,3} = 52\,478 \text{ kg trockene Luft.}$$

Um das vom Ventilator zu fördernde Luftvolumen zu erhalten, ist eine Umrechnung für das spezifische Volumen der Luft bei 6 °C und 75% relativer Feuchte notwendig. Dieses beträgt rund 0,8 m³/kg. Es nimmt demnach die oben genannte Luftmasse ein Volumen ein von:

$$52\,478 \times 0,7968 = 41\,815 \text{ m}^3.$$

Unter der Annahme einer Schwelk- und Darrzeit von rund 20 Stunden beträgt der mittlere stündliche Luftbedarf rund 2100 m³/t Malz. Dies ist die Hälfte oder weniger, als bei Besprechung der Einhordenhochleistungsdarren genannt wurde (s. Abschnitt 7.3.3.2).

Es muß demnach mit einem beträchtlichen Luftüberschuß gearbeitet werden, da der Trocknungsvorgang nicht in allen Stadien, vor allem bei geringer Malzfeuchte, quantitativ verläuft. Darüber hinaus beinhalten die genannten Ventilatorleistungen Sicherheiten, um von der unterschiedlichen Beschaffenheit der Eintrittsluft weitgehend unabhängig zu sein.

So benötigt die Verdampfung derselben Wassermasse des Grünmalzes bei anderen Luftqualitäten entsprechend unterschiedliche Luftmengen.

Beispiel b): Einströmluft –20 °C, relative Feuchtigkeit 50%; absoluter Wassergehalt 0,32 g/kg Trocknungsluft. Erwärmung der Luft auf 60 °C, Abluftfeuchte 95%, absoluter Wassergehalt 15,5 g/kg, Temperatur 21 °C.

1 kg Luft nimmt aus dem Grünmalz 15,5–0,3 = 15,2 g Wasser auf.

Zur Verdampfung von 750 kg Wasser werden benötigt:

$$\frac{7\,500\,000}{15,2} = 49\,342 \text{ kg Luft/t Malz}$$

$$= 49\,342 \times 0,7179 = 35\,421 \text{ m}^3 \text{ Luft/t Malz.}$$

Beispiel c): Einströmluft +18 °C, relative Feuchtigkeit 85%; absoluter Wassergehalt 11,2 g/kg Luft. Erwärmung der Luft auf 60 °C; Abluftfeuchte 95%, absoluter Wassergehalt 23,8 g/kg, Temperatur 28 °C.

1 kg Luft nimmt aus dem Grünmalz 23,8–11,2 = 12,6 g Wasser auf.

Zur Verdampfung von 750 kg Wasser werden benötigt:

$$\frac{7\,500\,000}{12{,}6} = 59\,524 \text{ kg Luft/t Malz}$$

$$= 59\,524 \times 0{,}8382 = 49\,894 \text{ m}^3 \text{ Luft/t Malz.}$$

Somit schwanken die *theoretischen* Luftwerte in den aus der Tab. 7.62 ersichtlichen Grenzen.

Der Grund für die Unterschiede zwischen dem hier angeführten theoretischen und dem tatsächlich gegebenen Luftbedarf liegen in den Trocknungsbedingungen des Malzes begründet.

Grünmalz mit einer Feuchte von ca. 43% gibt sein Wasser leicht ab, da es in seiner Oberfläche die gleiche Wasserdampfspannung besitzt, wie eine offene Wasserfläche. Auch die im Innern des Korns befindliche Feuchtigkeit bewegt sich durch Kapillarkräfte von Gebieten höherer Temperatur im Korninnern zu den durch Verdunstung freier Feuchtigkeit kühleren Zonen auf der Oberfläche. Erst unterhalb einer gewissen Grenzfeuchte („kritischer" Wassergehalt des Malzes, Hygroskopizitätspunkt) vollzieht sich die Abnahme des Wassergehalts langsamer. Dies zeigt Abb. 7.63, die den Wasserentzug bei verschiedenen Temperaturen in einer 10 cm hohen Malzschicht erkennen läßt [1000].

Tab. 7.62 Theoretischer Luftbedarf/t Malz bei 60 °C Trocknungstemperatur und bei unterschiedlichen Zuständen der Einströmluft.

Einströmluft		Ausströmluft		Luftbedarf m³ zum Trocknen von 1 t Malz
Temp. °C	rel. Feuchte %	Temp. °C	rel. Feuchte %	
−20	50	21	95	35 421
+6	75	24	95	41 815
+18	85	28	95	49 894

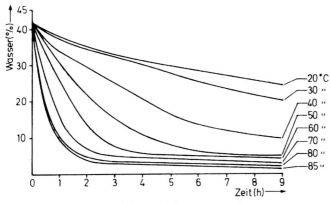

Abb. 7.63 Wasserentzug bei verschiedenen Temperaturen.

Es zeigt sich, dass die Schnelligkeit des Wasserentzuges erwartungsgemäß von der Temperaturhöhe abhängig ist, dass aber ab 70 °C diese Unterschiede nicht mehr allzu deutlich in Erscheinung treten. Weiterhin ergibt sich, dass Temperaturen bis zu 40 °C keine endgültige Durchtrocknung mehr ermöglichen, dass hier folglich eine stärkere Abhängigkeit von der relativen Feuchte der Einströmluft besteht. Es kann demnach nur solange getrocknet werden, wie die Dampfspannung im Korninneren größer ist als die der trocknenden Luft. Dieses notwendige Dampfspannungsgefälle vom Korn zur umgebenden Luft kann also nur durch Zuführung weiterer Wärmemengen erreicht werden. Der beim Übergang von der raschen zur langsamen Trocknung entstehende Kurvenknick ist bei Anwendung höherer Temperaturen wesentlich ausgeprägter als bei niedrigen. Er dürfte durch die Lage des Hygroskopizitätspunktes bei den einzelnen Temperaturen gegeben sein. An dieser Stelle muß dann bei wirtschaftlicher Darrführung die Temperatursteigerung zur Dampfdruckerhöhung einsetzen.

Bei Wassergehalten, die höher liegen als ca. 17 % bei Gerste bzw. ca. 13 % bei Malz [1001], enthält das Grünmalz die Feuchte in ungebundener, freier Form, die eben dieselbe Wasserdampfspannung besitzt wie eine offene Wasseroberfläche (Abb. 7.64). Daneben ist auch gebundene Feuchte vorhanden, die erst bei einem gewissen Wasserdampfspannungsgefälle – wie oben erwähnt – entzogen werden kann. Für die Bindung dieser Feuchte sind Kapillarkräfte, chemische oder physikalische Adsorptionen an Oberflächen, Hydrationswasser usw. verant-

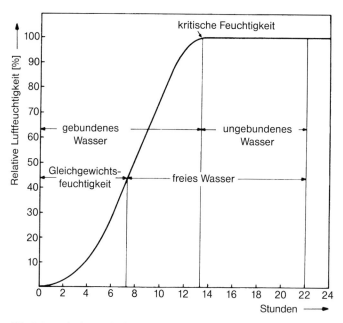

Abb. 7.64 Gleichgewichtsfeuchtigkeit von Malz und Definitionen der Feuchtigkeit. Daten nach [738], gewonnen aus Trocknungsversuchen im Temperaturbereich von 60° bis 94 °C.

wortlich [1002]. Bis zu diesem Punkt verläuft die Trocknung konstant: Die Ablufttemperatur liegt – in Abhängigkeit von der Beschaffenheit der Einströmluft und der Trocknungstemperatur – im Bereich von 22–30 °C; erst dann, wenn der Feuchtigkeitsgehalt auch der obersten Schicht der Hochleistungsdarre unter den Hygroskopizitätspunkt abfällt, nimmt der Feuchtigkeitsgehalt der Abluft laufend ab, während gleichzeitig deren Temperatur ansteigt.

Eine andere Definition teilt die in Trocknungsgütern vorhandene Feuchtigkeit in eine „freie" Feuchte und in jenen Wassergehalt, der dem Gleichgewichtszustand bei der jeweiligen Trocknungstemperatur bzw. Luftfeuchte entspricht [1003].

Nach der konstanten Abnahme der Feuchtigkeit folgt eine Periode, in der immer weniger Wasser abgegeben wird, bedingt durch den geringer werdenden Unterschied in den Wasserdampfspannungen zwischen Gut und Trocknungsluft. Diese Zeitspanne kann eingeteilt werden in die Trocknung bei ungesättigter Oberfläche und schließlich in den Wassertransport vom Korninnern zur Oberfläche, der von einem Wassergehalt von unter 7% zunehmend langsamer vor sich geht und von einer Reihe von Faktoren der Kornbeschaffenheit (Porosität, Stärke bzw. Oberfläche des Korns) abhängt (Abb. 7.65).

Die Kornoberfläche nimmt während der Trocknung laufend ab. Dies bedingt zwar eine Verkürzung des Weges der Feuchtigkeit vom Innern zur Kornoberfläche, aber auch eine Verkleinerung der Verdampfungsoberfläche nach Tab. 7.63 [1004].

Auch die Länge und Beschaffenheit der Wurzelkeime spielt eine Rolle bei der Entfeuchtung des Grünmalzes. So trocknen Malze, die einen starken Keim-

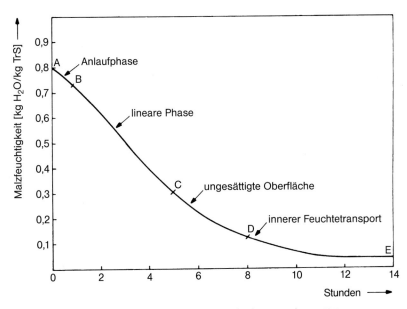

Abb. 7.65 Typische Trocknungskurve für Malz nach Kleinversuchen [1002].

Tab. 7.63 Verdampfungsoberfläche des Malzes.

Wassergehalt des Malzes %	Oberfläche in m²/100 kg trockenes Malz
45	360
40	330
30	250
20	200
10	178

abrieb erfahren haben, wesentlich langsamer als solche mit unbeschädigten Körnern. Dasselbe ist bei wiedergeweichten Malzen der Fall.

Bereits nach Unterschreiten des Hygroskopizitätspunktes verläßt die Trocknungsluft die Darre nicht mehr im gesättigten Zustand, eine Erscheinung, die mit fallendem Wassergehalt des Malzes immer deutlicher wird.

Bei einem Wassergehalt von ca. 2% stellt sich ein stabiles Gleichgewicht ein, das nur durch eine Wasserverdampfung bei höheren Temperaturen als 100 °C verschoben werden kann.

Bei Hochleistungsdarren, die eine hohe Malzschicht aufweisen, können z.B. nach ca. 6 Stunden folgende drei Trocknungsstadien unterschieden werden: In der untersten Schicht nimmt die Trocknungsgeschwindigkeit infolge der Annäherung der Wasserdampfspannungen von Gut und Luft bereits ab, in der mittleren Schicht ist noch eine konstante Feuchtigkeitsabnahme gegeben, während in der obersten Schicht überhaupt noch keine Trocknung stattfindet.

Es findet in dieser Zone aber auch keine Zunahme der Feuchtigkeit des Malzes statt. Dies ist dadurch zu erklären, dass sich die Eingangsluft bereits beim Berühren der unteren Schichten durch die Wasseraufnahme auf Grünmalztemperatur abkühlt und sich deshalb nur bis zu diesem temperaturbedingten Maße sättigt, so dass es zu keiner Taupunktunterschreitung kommen kann [843].

Der hohe Luftdurchsatz bedingt durch den ausgeprägten Verdunstungseffekt eine starke Abkühlung des Grünmalzes, so dass das Trocknen mit höheren Temperaturen beginnen kann als z.B. bei den früheren Zweihordendarren (s. Abschnitt 7.5.2). Es tritt jedoch auch früher ein „Durchbruch" der Temperatur in der Oberschicht ein – bei etwa 18–20% Wassergehalt – als sich aufgrund der theoretischen Werte (von ca. 13%) erwarten läßt.

Bei den Einhordendarren bleibt das Grünmalz der oberen Schicht um ca. 10 Stunden länger im Bereich von Wachstumstemperaturen als die untere. Dennoch sind die Unterschiede in den Darrmalzen von oben und unten entnommen relativ gering (s. Abschnitt 7.5.3).

Wie Tab. 7.64 zeigt, verbessert sich von unten nach oben die cytolytische Lösung nach einigen Merkmalen (MS-Differenz, Calcofluor-Test, β-Glucangehalt) wie auch der Eiweißlösungsgrad (löslicher Stickstoff mehr als der Amino-N) und die Diastatische Kraft. Die Farben nehmen wegen der stärkeren Auflösung in der Oberschicht zu, doch ist die TBZ aufgrund der geringeren

Tab. 7.64 Vergleich der hellen Malze aus den unteren und oberen Schichten der Einhordendarre.

Schicht	unten	oben	Ø
Wassergehalt %	4,2	5,0	4,4
Extrakt wfr. %	80,2	80,3	80,2
Mehlschrotdifferenz %	1,5	1,0	1,3
Viskosität mPas	1,584	1,565	1,574
Calcofluor M	86	94	89
Calcofluor H	62	75	65
Friabilimeter/ggl. %	80/2	81/2	80/2
β-Glucangehalt mg/100 g	187	142	174
Eiweißlösungsgrad %	38,3	39,8	38,7
lösl. N mg/100 g TS	686	724	703
FAN mg/100 g	140	145	142
Vz 45 °C %	34,3	37,1	35,5
a-Amylase ASBC	31	32	31
Diastatische Kraft °WK	229	256	239
Farbe EBC	3,2	3,4	3,3
Kochfarbe EBC	5,2	5,7	5,5
TBZ	12,2	11,3	11,7
DMS-P ppm	3,3	4,5	3,7

thermischen Belastung niedriger. Der DMS-Vorläufer wird naturgemäß in der Unterschicht stärker abgebaut.

Bei längeren Verweilzeiten im niedrigen Temperaturbereich, wie dies z. B. bei Luftumkehrdarren der Fall ist, liegen Eiweißlösungsgrad und FAN in den oberen Schichten eher etwas niedriger, was auf einen Stoffverbrauch zum Aufbau von Blattkeimgewebe hindeutet (s. Abschnitt 7.5.5). Die Ursache für die insgesamt geringe Bewegung ist, dass die Grenztemperaturen des Eiweiß- und Stärkeabbaus bei vorsichtiger Darrführung nicht überschritten werden. Durch die beim Trocknen angewendeten hohen Luftgeschwindigkeiten bewirkt die entstehende Verdunstungskälte, dass das Malz erst dann wärmer wird, wenn es den Hygroskopizitätspunkt unterschritten hat. Dennoch wirken sich niedrigere „Anfahrtemperaturen" (von unter 50 °C) im Hinblick auf einige Malzmerkmale (Extrakt, Vz 45 °C) günstiger aus als höhere von z. B. 60–65 °C. Bei dem Verfahren der dunklen Schwelke wird durch die Verwendung von Umluft bewußt ein weiterer Stoffabbau im Bereich höherer Temperatur (40–50 °C) bei noch relativ hohen Wassergehalten angestrebt. Nachdem auch hier die Oberschicht mehr niedermolekulare Abbauprodukte enthält als die untere, kommt es trotz kürzerer Einwirkung der Abdarrtemperaturen zu etwas dunkleren Farben in der oberen Schicht (s. a. Abschnitt 7.2.4.6).

7.5
Der Darrvorgang bei den einzelnen Darrkonstruktionen und Malztypen

7.5.1
Allgemeines

Die praktische Darrarbeit bei hellem und dunklem Malz umfaßt die Art und Weise der Temperatursteigerung in der Darre selbst und im Malz, die Regulierung der durch die Darre geführten Luftmenge und deren Trocknungswirkung durch Variation der Ventilatorleistung oder durch Anwendung von Frisch- und Rückluft.

7.5.2
Die Arbeitsweise der Einhordenhochleistungsdarren

7.5.2.1 Helles Malz
Das zur Herstellung von hellem Darrmalz bestimmte „helle" Grünmalz" hat schon eine Reihe von Eigenschaften aufzuweisen, die allerdings heute, je nach der angewandten Mälzungsmethode, in weiten Grenzen schwanken können. So liegt der Wassergehalt zwischen 43 und 50%, die Temperatur zwischen 12 und 20 °C. Wenn auch das helle Grünmalz gut und gleichmäßig gelöst sein soll, so ist doch seine proteolytische und cytolytische Lösung und die Ausbildung seines Enzympotentials weniger weit gediehen als beim dunklen.

Beim Schwelken des hellen Malzes muß der Wassergehalt möglichst rasch abgesenkt werden, um ein weiteres Wachstum und eine weitere Tätigkeit der Enzyme im Interesse der hellen Farbe zu verhindern. Darüber hinaus ist bekannt, dass die Enzyme des Malzes bei niedrigen Feuchtigkeitswerten höhere Temperaturen wesentlich besser vertragen als bei hohen Wassergehalten. Es muß daher vor dem Aufheizen auf die Abdarrtemperaturen das Feuchtigkeitsniveau weit genug abgesenkt werden, um eine übermäßige Schädigung der Enzyme zu vermeiden. Diese günstigen Voraussetzungen sind jedoch bei den Einhordenhochleistungsdarren deswegen erfüllt, weil das Grünmalz infolge der auftretenden Verdunstungskälte erst dann eine höhere Temperatur erreicht, wenn es weitgehend genug abgetrocknet ist, um keine tiefgreifenden Schäden zu erleiden.

Der Schwelkprozeß wird üblicherweise im Temperaturbereich von 45–65 °C, gemessen im Druckraum, bis zum Durchbruch durchgeführt. Höhere Anfangstemperaturen sind möglich, doch wird im Hinblick auf die Erhaltung des optimalen Volumens und der Mürbigkeit des Malzes mit niedrigeren Temperaturen von 45–55 °C begonnen und der „Durchbruch" bei 60–65 °C abgewartet. Dies läßt sich ohne weiteres anhand der Temperaturdifferenz zwischen Druckraum- und Ablufttemperatur erkennen, die zu diesem Zeitpunkt nur mehr 20–25 °C beträgt.

Während dieser 10–12 Stunden in Anspruch nehmenden Phase läuft der Ventilator mit maximaler Tourenzahl, d.h. er fördert 4000–5000 m³ Luft/t Malz und Stunde. Die Schwankungsbreite ist durch den Unterschied zwischen Malzen konventioneller Führung (Wassergehalt ca. 43%) und aus forcierten Keim- oder gar Wiederweichverfahren (Wassergehalt ca. 50%) bedingt. Ist eine Anpassung durch Steigerung der Ventilatordrehzahl usw. nicht möglich, so zieht sich entweder der Schwelkprozeß über Gebühr in die Länge oder es muß in rascher Folge eine Temperaturerhöhung der Trocknungsluft herbeigeführt werden.

Der Wahl der „Anfahrtemperatur" kommt eine große Bedeutung zu. Bei hohen Temperaturen von 60–65 °C schreitet der Trocknungsprozeß – mindestens in den unteren Malzschichten – zu rasch voran, was Enzymverluste und verschiedentlich sogar ein Schrumpfen des Malzes zur Folge hat.

Wie die Untersuchungen (in Abschnitt 7.2.4.7) zeigen, lassen sich im Temperaturbereich von 40–60 °C keine wesentlichen Einflüsse auf Mehl-Schrotdifferenz, Eiweißlösungsgrad und koagulierbaren Stickstoff ableiten, während bei Anfangstemperaturen von über 60 °C die Mürbigkeit des Malzes etwas beeinträchtigt wird. Die Menge des niedermolekularen Stickstoffs nimmt bei einer von 40° über 50° auf 60 °C gesteigerten Schwelktemperatur zu [1000].

Andererseits lassen jedoch einige empfindliche Enzyme (Dipeptidasen, Endo-β-Glucanasen) eine sehr deutliche Reaktion auf die Schwelktemperatur von z. B. 65 °C erkennen, nicht dagegen auf eine stufenweise oder gar kontinuierliche Erhöhung der Temperatur von z. B. 50° auf 65 °C (s. Abschnitt 7.2.3). Dies zeigt, dass die Abkühlung der Trocknungsluft durch die hohen Luftgeschwindigkeiten und die dadurch hervorgerufenen Verdunstungseffekte bei Temperaturen von 50 bis 55 °C voll wirksam ist und eine Wahl dieses Temperaturbereiches zum Anfahren der Darre rechtfertigt. Höhere Temperaturen, wie z. B. 65 °C bedingen bei empfindlichen Enzymen doch eine relativ rasche Schädigung, so dass sie erst nach etwa der halben Schwelkzeit und entsprechender Vortrocknung zur Anwendung kommen sollten (Abb. 7.66).

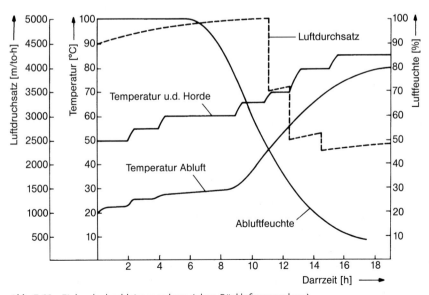

Abb. 7.66 Einhordenhochleistungsdarre (ohne Rückluftverwendung).

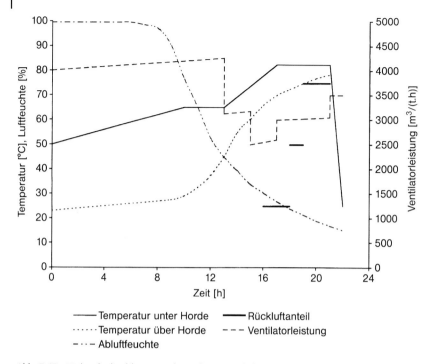

Abb. 7.67 Einhordenhochleistungsdarre (kontinuierliche Temperatursteigerung, längere Schwelk- und Darrzeiten durch kürzere Be- und Entladezeiten).

Kontinuierlich ansteigende Temperaturen von 45–65 °C (z. B. von 1,5– 1,7 °C/h) haben sich sehr gut bewährt, weil sich hier keine abrupten Veränderungen des Zustandes der Trocknungsluft ergeben. Es sollte jedoch die Endtemperatur des Schwelkvorganges von 65 °C noch 1–2 Stunden eingehalten werden, um unterschiedliche Grünmalzgegebenheiten (z. B. Wassergehalte) ausgleichen zu können (Abb. 7.67). Auch das weitere Aufheizen zur Abdarrtemperatur sollte kontinuierlich erfolgen, doch mit einer etwas rascheren Steigerung (z. B. 4–5 °C/h).

Die genannten Lüfterleistungen steigern sich während des Schwelkprozesses um ca. 10%, da bei verringerter Feuchte der Widerstand der Grünmalzschicht abnimmt.

Am Ende des Schwelkprozesses hat das Malz der untersten Schicht eine Temperatur, die etwa der im Druckraum herrschenden entspricht. Der Wassergehalt wird durch diese Temperatur bestimmt: so liegt er bei 65 °C im Bereich von 6–7%. In der obersten Schicht zeigt sich bei einer Temperatur von 40–45 °C ein Wassergehalt von 18–20%.

Ein derart behandeltes Grünmalz wird bei Anwendung normaler Abdarrtemperaturen von 100–110 °C niemals mehr ein typisches, aromatisches dunkles Malz ergeben; wenn auch meist die Farbe erzielt wird, so dürfte doch das Aroma zu wünschen übrig lassen (s. Abschnitt 7.2.4.6).

Ist der Durchbruch erreicht, so wird die Ventilatorleistung verringert, um die Menge der Überschußluft zu beschränken und dann Strom und Wärme zu sparen. Es wurde bereits bei den theoretischen Betrachtungen über den Trocknungsprozeß dargestellt, dass spätestens mit dem Auftreten des Durchbruchs, meist schon bei 23 bis 25% Feuchtigkeit der Malzoberschicht, keine vollständige Sättigung der Abluft mehr gegeben ist. Die Reduzierung der Ventilatorleistung erfolgt am besten stufenlos durch frequenzgeregelte Motoren, bis bei ausschließlicher Verwendung von Frischluft während des Ausdarrens rund 50% des ursprünglichen Durchsatzes erreicht sind. Bei einigen Darrkonstruktionen wird, bei meist niedrigerer Beladung, sogar bis auf 30% zurückgeschaltet.

Das Aufheizen zur Abdarrtemperatur soll in möglichst kleinen Stufen von 2,5–5 °C oder, wie oben erwähnt, kontinuierlich erfolgen. Normal werden für eine Steigerung von 65 °C auf 80 °C 3–4 Stunden veranschlagt (Abb. 7.67).

Die Abdarrtemperatur wird, je nach der gewünschten Malzfarbe und der Intensität der Vortrocknung 4–5 Stunden lang zwischen 80° und 85 °C eingehalten. Günstig kann – vor allem bei sehr hellen Malzen – auch eine „gestaffelte" Abdarrtemperatur sein: z. B. 2 Stunden bei 82 °C und 3 Stunden bei 85 °C. Dabei stellt sich, je nach der Höhe der Abdarrtemperatur, dem Luftdurchsatz usw., ein Wassergehalt von 3,5–4,0% ein. Die Temperatur der obersten Malzschicht ist bei der besprochenen Luftführung um 2–3 °C niedriger als in der untersten. Der Wassergehalt des Malzes liegt hier um 0,2–0,4% höher.

Diese, ausschließlich mit Frischluft durchgeführte Darrweise dient der Herstellung hellster Malze. Bei Grünmalzen aus Gersten, die nur wenig zufärben sowie bei Malzen, deren Farben im Bereich von 3,0–3,5 EBC-Einheiten liegen, kann die Luftreduzierung bereits früher – etwa bei einer Abluftfeuchte von 75% – erfolgen, um die Darrarbeit möglichst wirtschaftlich zu gestalten. Die Verwendung von *Rückluft* beim Ausdarren dient ebenfalls der Energieersparnis, So hat die in den letzten 4–5 Stunden des Darrvorganges entweichende Abluft eine Temperatur von 70–80 °C sowie nur eine geringe relative Feuchte von unter 15%. Damit kann bei Beginn des Abdarrens, oder eine Stunde später, mit dem Zuspeisen von Rückluft nach Tab. 7.65 gearbeitet werden.

Dabei wird die Ventilatorleistung wieder stufenweise bis auf ca. 80% des Anfangswertes erhöht. Durch diese Maßnahmen wird eine bessere Angleichung

Tab. 7.65 Rückluftverwendung beim Ausdarren.

		Ausdarrzeit Std.				
	Ende Aufheizen	1	2	3	4	5
Temperatur:						
Druckraum °C	80	82	82	85	85	85
Abluft °C	68	72	76	80	82	82
Ventilatorleistung m³/t und h	2300	2800	3200	3500	3500	3500
Rückluftanteil %	0	25	50	75	75	75

der Temperaturen und Feuchtigkeitsgehalte in den oberen und unteren Malz-schichten ereicht.

Dieses Verfahren der früheren und verstärkten Rückluftverwendung wurde bereits in den 1970er Jahren erprobt: Es wurde ab dem Durchbruch zum Auf-heizen auf die Abdarrtemperatur stufenweise auf 100% Rückluft geschaltet, die zu Beginn des Abdarrens bei 80 °C erreicht waren. Hierdurch wurde vorder-gründig Energie gespart (s. Abschnitt 7.7.4), aber nach heutiger Erkenntnis durch die geringe Differenz zwischen der Malzunter- und Oberschicht auch ei-ne gewünschte, verstärkte Inaktivierung der Oxidasen (z. B. der Lipoxygenasen) ereicht. Zudem erfolgt durch die raschere Temperatursteigerung eine vermehr-te Austreibung von flüchtigen Substanzen wie Strecker-Aldehyden und Maillard-Produkten nebst deren Vorläufern, wodurch die Geschmacksstabilität eines Bie-res verbessert werden kann [915] (Tab. 7.44).

Das Einhalten hoher Abdarrtemperaturen ist trotz eines unvermeidlichen En-zymverlustes aus Gründen der Hitzekoagulation hochmolekularer Stickstoffsub-stanzen wünschenswert (s. Abschnitt 7.2.4.2). Dieses zur Gerinnung gebrachte Eiweiß bereitet im weiteren Werdegang des Brauprozesses keine Schwierigkei-ten mehr, die Biere sind leichter zu filtrieren, verzeichnen eine bessere Eiweiß-stabilität und auch bessere Schaumeigenschaften [846].

Die geringsten Enzymverluste, aber auch die niedrigste Zufärbungsrate, wei-sen jene Malze auf, die bei steigenden Temperaturen zwischen 50° und 65 °C geschwelkt wurden und bei denen die hohe Ventilatorleistung bis zum Ende des Schwelkprozesses, d. h. bis zu einer Temperaturdifferenz zwischen Eintritts-und Austrittsluft von 20–25 °C Anwendung fand. In diesem Falle ist die Abdarr-temperatur – selbst von 90 °C – nur von geringen Einfluß auf die Enzymin-aktivierung [831].

Für die Farbebildung beim Abdarren ist naturgemäß die Menge der Vorläufer der Maillard-Reaktion, Aminosäuren und Zucker, von Bedeutung, deren Meh-rung ebenso wie die Bildung von Primär- und Sekundärprodukten (s. Abschnitt 7.2.4.6) der nicht enzymatischen Bräunung bei der beschriebenen Schwelkweise gering gehalten wird.

Zu nieder abgedarrte Malze galten früher als nicht genügend „darrfest", im Sinne einer späteren Zufärbung während des Brauprozesses. Es hat sich jedoch diese Meinung als nicht haltbar erwiesen, da oberhalb einer Abdarrtemperatur von 80–85 °C ein Malz um so stärker zufärbt, je höher es ausgedarrt wurde. Diese Erscheinung kann auf eine weitere Reaktion von Zwischenstufen der Melanoidinbildung zu irreversibel färbenden Produkten, aber auch auf die höheren Anthocyanogehalte dieser Malze zurückgeführt werden (s. Abschnitt 7.2.4.5). Diese höheren Polyphenolgehalte vermitteln beim Würzekochen eine stärkere Eiweißfällung, die dann auch zu einer besseren Stabilität derartiger Biere führt.

Es ist daher notwendig, im Hinblick auf Farbe und Stabilität der Biere eine günstige Abdarrtemperatur zu wählen, die sich im Bereich von 80–85 °C bewe-gen dürfte.

Schließlich ist auch eine hohe Abdarrtemperatur wichtig, um die Lipoxygenasen zu inaktivieren, die zu einer Oxidation von ungesättigten Fettsäuren beim Maischen führen und somit die Geschmacksstabilität des Bieres beeinträchtigen können (s. Abschnitt 7.2.3.6). Dies ist um so wichtiger, als die Blattkeime durch die schonende, schichtweise Trocknung ihre Keimfähigkeit behalten (s. Abschnitt 7.2.2.1).

Weiterhin bedarf der Abbau des Dimethylsulfid-Vorläufers S-Methylmethionin einer genügend intensiven Ausdarrung, da sonst eine geschmackliche Beeinträchtigung des Bieres zu befürchten ist. Über Methoden zur Bestimmung der „Darrfestigkeit" wird in einem späteren Kapitel berichtet (s. Abschnitt 9.1.7.4).

Das geschilderte Schwelk- und Darrverfahren benötigt in der Regel ca. 19 Stunden. Es hatte auf die früher relativ langen Be- und Entladezeiten Rücksicht zu nehmen. Durch moderne Geräte zum Auftragen des Grün- und Abräumen des Darrmalzes können etwa 2–2$\frac{1}{2}$ Stunden gewonnen und einem verlängerten Schwelkprozeß und gegebenenfalls etwas reichlicher bemessenen Aufheizzeiten zugerechnet werden. Hierdurch kann die Ventilatorleistung um ca. 15% verringert werden, was einer Ersparnis an elektrischer Energie von ca. 20% entspricht. Auch ist es möglich, etwas niedrigere Anfangstemperaturen zu wählen (s. auch Abb. 7.67).

Bei rechnergesteuertem Schwelk- und Darrbetrieb gehen sowohl der Grünmalzwassergehalt als auch die physikalischen Zustände der Trocknungsluft sowie die verfügbare Schwelkzeit in die Bemessung der Ventilatorleistung ein.

Auf ganz anderen Überlegungen baut ein Schwelk- und Darrverfahren dänischer Mälzereitechnologen auf: Die Schwelktemperatur wird von 55 °C im Laufe von 9 Stunden kontinuierlich auf 85 °C gesteigert und anschließend 3 Stunden bei 85 °C abgedarrt. Eine Weiterentwicklung dieser Methode ergibt dann eine weitere Verkürzung der „Schwelkzeit" (zwischen 55 °C und 85 °C) auf 5 und eine Verlängerung der Zeit bei 85 °C auf 7 Stunden. Durch den obenerwähnten Verdunstungseffekt beim Trocknen des Grünmalzes in hoher Schicht und mit entsprechend hohem Luftdurchsatz bleibt das Gut durch die auftretende Verdunstungskälte solange im Bereich niedriger Temperaturen, bis in der betreffenden Schicht eine Trocknung auf einen Wassergehalt erfolgt ist, bei dem die sich dann einstellenden höheren Temperaturen keine Schädigung des Malzes mehr bewirken können. Die Analysendaten zwischen den so hergestellten Malzen zeigten im Vergleich zu den konventionell gedarrten kaum Unterschiede [1005]. Andere Untersuchungen ließen jedoch erkennen, dass das lange Einhalten von Temperaturen über 65 °C eine etwas deutlichere Schwächung der a-Amylase hervorrief, während einige Peptidasen sogar eine Förderung erfuhren (s. Abschnitt 7.2.3). Das geschilderte Verfahren wurde nicht entwickelt, um Energie zu sparen, sondern um eine raschere Trocknung bzw. Darrung des Grünmalzes zu bewirken. Demgemäß liegen auch die Energiekosten eher etwas höher als bei der konventionellen Darrweise [302].

7.5.2.2 Dunkles Malz

Die Darrarbeit bei dunklem Malz ist komplizierter und schwieriger als beim hellen, da hier nicht nur ein einfacher Trocknungsprozeß durchzuführen ist, sondern bestimmte Feuchtigkeits- und Temperaturverhältnisse geschaffen werden müssen. Durch diese soll ein weiteres Wachstum und damit eine weitere Auflösung im Sinne der Bildung von niedermolekularen Stickstoffsubstanzen und Zuckern erfolgen, die dann beim Ausdarren zu einer natürlichen Aromatisierung und Färbung führt.

Die Voraussetzung für ein charaktervolles dunkles Malz ist ein sehr gut und bis in die Spitzen gelöstes Grünmalz, das üblicherweise einen hohen Wassergehalt von 45–50% aufweist. Der Eiweißgehalt der verwendeten Gerste sollte nicht unter 11,5% betragen.

Beim *Schwelken* des dunklen Malzes wird der Wassergehalt des Grünmalzes langsam erniedrigt, um zu erreichen, dass die Enzyme noch weiter wirken und möglichst umfangreiche chemisch-biologische Umsetzungen im Schwelkmalz hervorrufen. Entgegen den ursprünglichen Erwartungen ist es auf Einhordenhochleistungsdarren auf gezielte Weise möglich, jene optimalen Bedingungen zu schaffen, die bekanntlich temperatur- und wassergehaltsabhängig sind. Somit soll in der Schwelkphase, die aus verfahrenstechnischen Gründen nur 8–10 Stunden dauern kann, der Wassergehalt des Gutes von rund 45% auf nicht unter 20% fallen. Dieser Wert muß jedoch nicht nur im Durchschnitt, sondern auch noch in der unteren Malzschicht gegeben sein. Auf der anderen Seite laufen die gewünschten Abbaureaktionen bei den anfänglich hohen Wassergehalten – noch ohne wesentliche Schädigung der Enzyme – am günstigsten im Temperaturbereich von 35–40 °C ab. Bei sinkendem Wassergehalt darf eine Temperaturanhebung erfolgen, wie die Optimalwerte der wichtigsten Enzyme und die Grenzwirkungstemperaturen erkennen lassen.

Technisch ist dieser Vorgang, der als „Brühen" oder „warmes Schwelken" bezeichnet wird, dadurch zu beherrschen, dass die Trocknung im Gegensatz zum hellen Malz nicht mit Frischluft erfolgt, sondern mit einem Gemisch aus Frisch- und Rückluft. Während sich beim Trocknen mit Frischluft infolge der auftretenden Verdunstungskälte die Eintrittstemperatur von z. B. 50 °C nach dem h, x-Diagramm auf 21–24 °C abkühlt, stellt sich bei Anwendung reiner Umluft nach mehrmaligem „Umwälzen" derselben theoretisch Temperaturgleichheit ein, da nach Durchwärmung des Darrgutes keinerlei Verdunstung und Trocknung eintritt. In der Praxis sind jedoch durch unvermeidliche Undichtigkeiten im System, durch Entfeuchtung der Umluft im Rückluftkanal usw. Temperaturunterschiede zwischen Ein- und Austrittsluft von ca. 10 °C gegeben.

Bei Mischluft dagegen erfolgt in Abhängigkeit vom Verhältnis Frischluft:Umluft der Temperaturanstieg im Malz langsamer als bei reiner Umluft. Dies führt bei einer konstanten Einstellung beider Komponenten bis zum Erreichen eines Gleichgewichtszustandes zu einer laufenden Zustandsänderung der Eintrittsluft, wie Abb. 7.68 zeigt [1006].

Dieses Mischluftsystem ist weitgehend von den Außenluftverhältnissen unabhängig, es wird in seiner Wirkung lediglich durch den Anteil der Frischluft be-

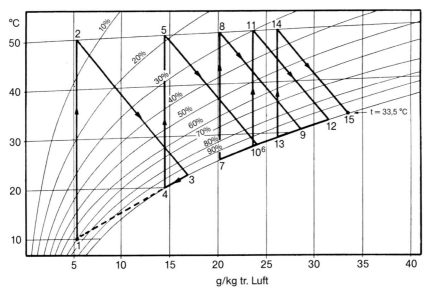

Abb, 7.68 Temperatur über der Horde bei Mischluft auf einer Einhordenhochleistungsdarre (20% Frischluft, 80% Rückluft).

stimmt. Während beim Schwelken des hellen Malzes nur die Temperatur der Einströmluft beachtet wird, ist bei dunklem Malz sowohl die Temperatur der Einströmluft als auch der Abluft maßgebend.

Um nun die gewünschten Temperaturen im Gut zu erreichen, dürfte bei einer Eintrittstemperatur von 50 °C ein Verhältnis von Frischluft : Rückluft = 20 : 80% zweckmäßig sein. Hierdurch stellt sich eine Ablufttemperatur von 35–40 °C ein. Dabei ist es nicht notwendig, die volle Ventilatorleistung in Anspruch zu nehmen, sondern nur etwa 70%, entsprechend 3000 m³/t Malz und h. Nach 4–5 Stunden wird die Temperatur der Einströmluft auf 55 °C gehoben, um bei der etwas abgefallenen Feuchtigkeit den Enzymen weiterhin optimale Wirkungsbedingungen zu bieten. Bei gleichem Verhältnis von Frischluft zu Rückluft ergibt sich eine Temperatur im Malz von 37–42 °C. Am Ende dieser, nunmehr 8–9 Stunden währenden Schwelkperiode bei den genannten Bedingungen, verzeichnet die obere Malzschicht noch ihren ursprünglichen Wassergehalt, die untere liegt dagegen im Bereich von 20–25%. Ein derart behandeltes Schwelkmalz wird sich nie mehr zu einem hellen Malz verarbeiten lassen; die entstandenen Abbauprodukte sind der Farbe- und Aromabildung günstig.

Die *Trocknungsphase,* die auf den Schwelkprozeß folgt, muß nun innerhalb von 6 Stunden eine Absenkung des Wassergehaltes von durchschnittlich 35% bis auf 5–6% bewirken. Dies kann nur mit voller Lüfterleistung und reiner Frischluftverwendung geschehen. Nachdem die Malztemperatur zwischen 55 °C und 40 °C liegt, kann gleich mit einer höheren Temperatur von 60 °C begonnen werden. Um nochmals einen gewissen Wasserausgleich zu vollziehen, soll nach 2 Stunden Trocknungszeit nochmals 1 Stunde lang mit voller Rückluft gearbeitet werden, die Temperatur darf hierbei 70 °C betragen. Hier ist eine kräftige Wirkung der Amylasen zu verzeichnen („Verzuckerungspause").

Der Trocknungsprozeß wird von hier an zügig – von 80 °C auf 100 °C steigend – weiter durchgeführt, wobei nach anfänglich 100% Frischluft in den restlichen zwei Stunden bereits wieder 20% Rückluft zugespeist werden, um bei Eintritt in den Abdarrvorgang noch 5% Feuchtigkeit vorliegen zu haben.

Das *Rösten* dauert bei 102–105 °C 4–5 Stunden, wobei zur Unterstützung der Reaktionen ein leichter Temperaturanstieg, mindestens in der letzten Stunde wünschenswert ist. Während sich die färbenden Substanzen relativ rasch bilden, muß zur Erzielung des gewünschten Röstaromas eine verhältnismäßig lange Abdarrzeit eingehalten werden. Nur so reagieren auch die etwas längerkettigen Aminosäuren Valin und Leucin, die eben für das beschriebene Aroma verantwortlich sind. Die Höhe der erforderlichen Temperatur ist nicht immer gleich. Bei sehr stark gelösten, und während des Schwelkens sachgemäß weiterbehandelten Malzen, tritt die gewünschte Färbung und Aromatisierung schon bei Temperaturen um 100 °C ein.

Um nun während des Abdarrens einen weitgehenden Temperaturausgleich zu erzielen, wird der Anteil der Rückluft allmählich von 20% auf 80% gesteigert. Der Ventilator bleibt dabei auf voller Leistung. Durch diese Maßnahmen erreicht die Oberschicht des Malzes ebenfalls eine Temperatur von über 100 °C.

Während des Ausdarrens erniedrigt sich der Wassergehalt des Malzes auf etwa 2%. Das Darrschema ist aus Tab. 7.66 zu ersehen, Abb. 7.69 und 7.70 geben einen Überblick über den Temperatur- und Feuchtigkeitsverlauf [1006]. Zum Vergleich ist die Darrweise des hellen Malzes ebenfalls dargestellt.

Trotz dieser raschen Anwärmung des Malzes und trotz des starken Wasserentzuges sind die so hergestellten Malze sehr mürb, von guten Cytolysewerten und sehr gleichmäßiger Eiweißlösung.

Die Oberschicht durcheilt den Temperaturbereich von 35–95 °C besonders rasch, wodurch die Verzuckerungszeit etwas verlängert wird und eine starke Färbung erfolgt.

Tab. 7.66 Darrschema für dunkles Malz auf der Einhordendarre.

Zeit in Stunden	Temperatur °C		Anteil Frischluft %	Anteil Rückluft %
	Unter der Horde	Über der Horde		
5	50	35–40	20	80
4	55	37–42	20	80
2	60	24	100	–
1	70	40–50	–	100
1	80		100	–
1	95		80	20
1	100		80	20
4	105–108		20	80
0,5	Abkühlen		100	–

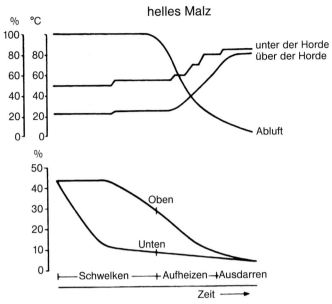

Abb. 7.69 Wassergehalte im Malz der oberen und unteren Schicht.

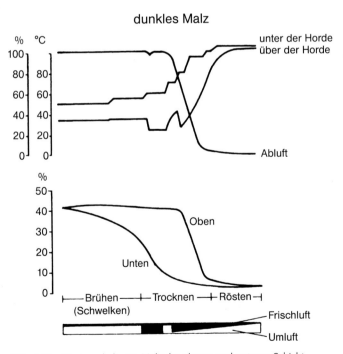

Abb. 7.70 Wassergehalte im Malz der oberen und unteren Schicht.

Tab. 7.67 Beschaffenheit des dunklen Malzes aus der Ober- und Unterschicht des Gutes.

Schicht	unten	oben	∅
Wassergehalt %	1,9	2,3	2,0
Extrakt wfr. %	80,5	79,7	80,4
Mehlschrotdifferenz %	1,9	1,4	1,7
Viskosität mPas	1,465	1,440	1,453
Friabilimeter/ggl.	96/0,2	95/0,2	96/0,2
Eiweißlösungsgrad %	45,1	45,4	45,4
Vz 45 °C %	40,2	46,0	42,5
Verzuckerungszeit min.	10–15	20–25	10–15
Farbe EBC	18,3	29,3	21,7
Kochfarbe EBC	20,5	34,6	27,0

Bemerkenswert ist die etwas dunklere Farbe der Oberschicht, die durch eine vermehrte Bildung von Reaktionspartnern der Melanoidinbildung hervorgerufen wurde. Die Eiweißlösung liegt bei dunklen Malzen durch Koagulation von hochmolekularem Stickstoff, aber auch durch Verbrauch von Aminosäuren und Peptiden zur Maillard-Reaktion, in der Regel niedriger als bei hellen Malzen (s. Abschnitt 7.2.4.2). Die Verzuckerungszeit von 10–15 bzw. 20–25 Minuten erweist sich für ein dunkles Malz als nicht ungünstig. Die Schädigung der Enzyme ist geringer als bei den früheren Zweihordendarren.

Es sind natürlich eine Vielzahl von Verfahren möglich, um auf der Einhordenhochleistungdarre dunkles Malz herzustellen. Das geschilderte liefert jedoch innerhalb der üblichen Darrzeit stets gut reproduzierbare Werte, wobei – wie oben geschildert – die Unterschiede zwischen den einzelnen Schichten geringer sind als zu erwarten war.

Anstelle der einstündigen 70 °C-Rast bei voller Umluft kann auch eine solche bei 65 °C eingehalten werden, die dann, je nach verfügbarer Zeit, auf zwei oder drei Stunden ausgedehnt werden kann. Damit läßt sich die Menge der Strecker-Aldehyde erhöhen und eine Verstärkung des Malzaromas in gealterten Bieren erzielen (Tab. 7.46) [910].

Die Farbe des dunklen Malzes beträgt zwischen 9 und 25 EBC-Einheiten, wobei die Normalwerte heutzutags eher etwas oberhalb der Mitte, bei 15–20 EBC-Einheiten liegen. Wesentlich dunklere Farben werden deshalb nicht gewünscht,weil neben Extrakt- und Enzymverlusten die Verzuckerungsfähigkeit des Malzes stark leidet. Auch ist dann häufig ein leerer, brenzliger Geschmack der daraus hergestellten Biere zu beobachten.

Das typische Münchner Bier wurde aus Malzen von ca. 12–15 EBC-Einheiten hergestellt und die Differenz zur gewünschten Bierfarbe durch Zusatz von ca. 1% Röstmalz im Sudhaus ausgeglichen, das auch diesem Biertyp seine spezielle Note gibt. Zu hohe Röstmalzgaben sollten aus geschmacklichen Gründen ebenfalls vermieden werden.

7.5.2.3 Mittelfarbige Malze

Mittelfarbige Malze („Wiener Typ") weisen dasselbe Herstellungsverfahren auf wie die hellen; jedoch kann bereits bei einer Abluftfeuchte von ca. 75% die Ventilatorleistung gedrosselt und von einer Ablufttemperatur zwischen 52 und 60 °C an Rückluft mitverwendet werden. Dabei steigert sich der Rückluftanteil von 20% allmählich auf 80%. Die Abdarrtemperatur beträgt 90–95 °C; sie wird je nach der gewünschten Farbe (5–8 EBC-Einheiten) 3–4 Stunden lang gehalten.

Entsprechend der Herstellung von dunklen Malzen ist es auch möglich, nach 7–8 Stunden Schwelkzeit, also bei einer Temperatur von 60–65 °C unter der Horde, eine Stunde lang mit reiner Rückluft zu fahren, um auch hier durch eine wirksame Reaktionspause Peptidasen und Amylasen zur Wirkung zu bringen.

7.5.3
Die Arbeitsweise der Keimdarrkasten

Diese unterscheidet sich von der Einhordenhochleistungsdarre dem Prinzip nach nicht, doch sind einige Punkte zu beachten:
a) Die Schichthöhe des Malzes ist meist um 30–50% höher als bei den üblichen Darren.
b) Die Lüfterleistung ist zwar pro m² Hordenfläche die gleiche wie bei Einhordendarren, doch ergibt sich infolge der stärkeren Belegung nur ein Luftdurchsatz von 2500–3500 m³/t und h, so dass sich der Schwelkprozeß entsprechend verlängert.

Die Schwelkzeit dauert bis zum Durchbruch, je nach der installierten Ventilatorleistung, 16 bis 24 Stunden. Unter der Annahme der letzteren Zeit ergibt sich folgendes Arbeitsschema:

Schwelken	4 Std. 50 °C	
	4 Std. 55 °C	
	10 Std. 60 °C	
	x Std. 65 °C	bis Ablufttemperatur 32 °C
Aufheizen	4 Std. 65–80 °C	
Ausdarrren	5 Std. 80–85 °C	

Somit dauert der gesamte Schwelk- und Darrprozeß 31–33 Stunden.

Es ist auch möglich, die Temperaturen in den beschriebenen Zeiträumen kontinuierlich zu steigern (s. a. Abb. 7.67).

Die Drehzahlregulierung setzt bei einer Ablufttemperatur von 40 °C ein; es beträgt demnach die Temperaturdifferenz zur Einströmluft zu diesem Zeitpunkt noch 30 °C. Bereits bei Beginn des Ausdarrens wird die Umluftklappe geöffnet, so dass sich bis zum Ende des Ausdarrens ein Rückluftanteil von 50–70% ergibt.

Die Abdarrzeit ist in gewissen Grenzen flexibel, da sie noch 1–3 Stunden nach Erreichen einer Ablufttemperatur von 72 °C eingehalten wird. Einen Einblick in den Verlauf von Temperaturen und Feuchtigkeit der Abluft gibt Abb. 7.71.

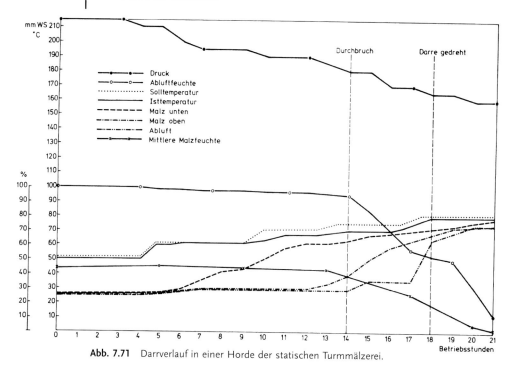

Abb. 7.71 Darrverlauf in einer Horde der statischen Turmmälzerei.

Bei rechteckigen Keimdarrkasten von 40–50 m Länge lassen sich zu Beginn des Schwelkens Temperaturdifferenzen unter der Horde zwischen der Seite des Lufteintritts und dem entgegengesetzten Ende feststellen, die sich in den ersten Stunden des Darrprogramms auch dem Malz mitteilen. Diese Erscheinung ist lediglich durch das Anwärmen des Baukörpers bedingt und verliert sich nach 4–5 Stunden Schwelkzeit, so dass in späteren Stadien keine merklichen Unterschiede mehr gegeben sind.

Bei den runden Einheiten besteht dieses Problem nicht, ebensowenig bei den querbelüfteten rechteckigen Kasten.

Gegenüber der normalen Einhordenhochleistungsdarre liegt das Malz der Oberschicht rund 18–24 Stunden länger im Bereich von Wachstumstemperaturen und der vollen Keimgutfeuchte, als das der Unterschicht. Dennoch sind die Unterschiede der aus diesen beiden Schichten (unter Fortfall einer „Mittelschicht" von ca. 40%) entnommenen Malze gering, wie die Aufstellung in Tab. 7.68 bei verschiedenen Schwelkverfahren zeigt [1007].

Die Abdarrzeit betrug stets 4 Stunden bei 80 °C. Es erbrachte demnach eine ausgedehnte Schwelkzeit kaum größere Unterschiede zwischen den einzelnen Malzschichten als das übliche Verfahren bei Einhordenhochleistungsdarren. Eine sehr rasche Trocknung bei höherer Lüfterleistung, und unter Anwendung höherer Schwelktemperaturen, ließ ebenfalls keine bedeutsamen Unterschiede erkennen. Lediglich die Würzefarben waren in der Unterschicht deutlich höher

Tab. 7.68 Beschaffenheit von Malzen mit verlängerten Schwelkzeiten (Darrmalzanalysen der unteren und oberen Schichten).

Schwelkdauer	8 h 60 °C 4 h 65 °C 2 h 70 °C		6 h 50 °C, 6 h 55 °C 8 h 60 °C, 4 h 65 °C		12 h 60 °C 6 h 65 °C	
Schwelkdauer h	14		24		18	
Gesamtdarrzeit h	20		31		25	
Ventilatorleistung m³/t Malz und h	5000		2500		2500	
Malzanalyse	unten	oben	unten	oben	unten	oben
Wassergehalt %	4,1	4,1	3,6	3,6	3,8	3,9
Extrakt wfr. %	81,7	81,4	81,3	81,1	81,3	81,2
Mehl-Schrotdifferenz %	1,2	1,2	1,3	1,3	2,3	2,3
Viskosität mPas	1,55	1,50	1,48	1,45	1,52	1,50
Spez. Gewicht	1,06	1,06	1,03	1,03	1,08	1,07
Eiweißgehalt wfr. %	10,3	10,3	10,4	10,5	10,4	10,5
Lösl. N mg/100 g MTrS	715	705	693	709	692	666
Eiweißlösungsgrad %	43,3	42,7	41,6	42,1	41,6	39,6
Vz 45 °C %	39,0	38,2	37,1	39,9	38,4	37,1
Titrationsacidität ml 1 n NaOH	16,3	16,1	15,5	16,1	14,4	15,5
Endvergärungsgrad %	83,1	82,2	83,6	83,4	82,6	82,5
α-Amylase ASBC	72,8	77,6	71,1	76,6	62,7	64,4
β-Amylase °WK	191	197	179	180	180	174
Farbe EBC	3,3	2,8	2,8	2,7	3,3	3,1
Kochfarbe EBC	6,1	5,2	5,8	5,6	5,9	5,2

als bei den länger geschwelkten. Es verdient der Erwähnung, dass es sich bei diesen drei Versuchen nicht um identische Grünmalze handelte.

Die hier gefundenen Ergebnisse bestätigen die der Tab. 7.42 (s. Abschnitt 7.2.4.7).

Wie schon erwähnt, wäre es völlig falsch, den vorhandenen Keimkastenwender zu betätigen (s. Abschnitt 7.5.8). Es ist lediglich notwendig, ihn einmal um die Breite des „Auswurfs" weiterzubewegen, um bisher tote Zonen der Trocknung zugänglich zu machen.

Die *Kopplung zweier Keimdarrkästen* (s. Abschnitt 7.3.4.1) erfordert das entsprechende Kanalsystem, um die Schwelk- und Darrluft beliebig führen zu können, die jeweils von einem größeren Schwelk- und einem kleineren Darrventilator gefördert werden.

Der *Schwelkprozeß* beginnt bei einer Auslegung auf 24 Stunden mit 50 °C, wobei eine Ventilatorleistung von ca. 2500 m³/h · t FM gegeben ist. Das Aufheizen auf 65 °C erfolgt wiederum kontinuierlich innerhalb von 18 Stunden. Bei 65 °C wird die Leistung verringert, doch ist in den letzten zwei Stunden ein Anstieg der Ablufttemperatur von 32 auf 40 °C gegeben. Die Beheizung der Schwelkluft geschieht von Anbeginn durch die Abluft des auf „Darren" stehenden Kastens. Diese hat eine Temperatur von 37–40 °C und wird durch Frischluftverschnitt

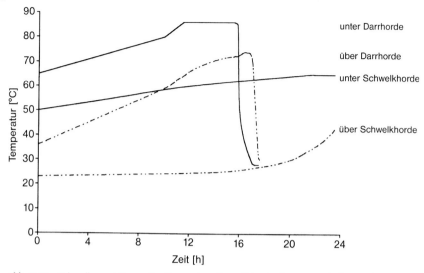

Abb. 7.72 Schwelk- und Darrverlauf im rechteckigen Keimdarrkasten nach dem Luftumkehrverfahren.

auf 2500 m³/t ergänzt und auf 50 °C erwärmt. Nachdem der Aufheiz- und Darrprozeß bereits nach 14 Stunden beendet ist, müssen die restlichen 10 Stunden der Schwelkzeit mit Primärenergie abgedeckt werden, wobei infolge der höheren Trocknungskapazität der Luft die Ventilatorleistung auf 1500–1800 m³/h · t FM gedrosselt wird.

In der *Darrhorde* wird von 65° auf 80 °C in 8 Stunden aufgeheizt und anschließend 4–4$\frac{1}{2}$ Stunden zwischen 80° und 85 °C ausgedarrt. Die Ablufttemperatur steigt auf 72 °C. Die Ventilatorleistung von 1700 m³/t · h ist während dieses gesamten Prozesses nur ca. 80%, sie wird lediglich während der letzten zwei Stunden auf 90% gesteigert sowie zum zweistündigen Abkühlen auf 100% (Abb. 7.72).

Der gesamte Schwelk- und Darrvorgang dauert ca. 38 Stunden. Wie unter 7.5.5 geschildert, unterscheidet sich die Gleichmäßigkeit des Malzes nicht von dem einer Einhordendarre (s. Abschnitt 7.5.2.1). Es ist wohl eine bessere Cytolyse in den oberen Schichten des Malzes gegeben; der Eiweißlösungsgrad und der FAN-Gehalt nehmen in der Oberschicht jedoch ab, da die niedermolekularen Substanzen wieder in den Blatt- und Wurzelkeimen aufgebaut werden.

7.5.4
Die Arbeitsweise der Zweihordenhochleistungsdarren mit übereinanderliegenden Horden (s. Abschnitt 7.3.7.1)

Bei diesen Anlagen wird das Gut nach dem Schwelken auf die Darrhorde umgeräumt.

7.5.3.1 Zweihordendarre mit nur einem Ventilator
Bei ihr wird die Luft durch die untere, d.h. Darrhorde gesaugt und durch die obere, d.h. Schwelkhorde gedrückt. Je nach Wirkungsweise der Be- und Entladevorrichtung stehen jeweils 19–20 Stunden Schwelk- und Darrzeit zur Verfügung.

Die Abluft der Darrhorde ist zugleich die Trocknungsluft der Schwelkhorde; es ist keine Nacherhitzung vorgesehen, wohl aber kann Frischluft, die über den Kreuzstromwärmeübertrager etwas vorgewärmt wurde, zugeschnitten werden. Damit soll ein Überschreiten einer bestimmten Schwelktemperatur verhindert werden. Wie die Abb. 7.73 zeigt, steigt die Temperatur der Eintrittsluft in die Schwelkhorde in 10 Stunden von 33 °C auf 60 °C, wobei naturgemäß diese Luftqualität eine geringere Trocknungswirkung verzeichnet als z.B. beim reinen Frischluftbetrieb der Einhordendarre. Aus diesem Grund muß beim Schwelkvorgang bis auf einen Wassergehalt von unter 10% getrocknet werden. Es besteht sonst die Gefahr, dass die Entfeuchtung der folgenden Charge eine Verzögerung erfährt.

Die Schwelkluft wird bei dem Temperaturanstieg von 33° auf 60 °C infolge des Trocknungsfortschrittes auf der unteren Horde immer weniger Wasserdampf enthalten. Nach insgesamt 13–14 Stunden ist eine Schwelktemperatur

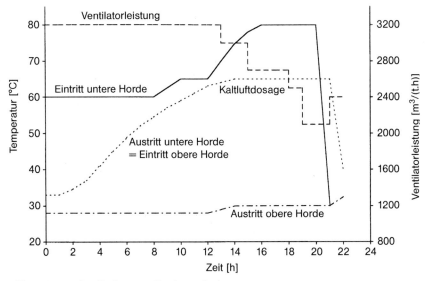

Abb. 7.73 Zweihordendarre mit Hordenwechsel.

von 65 °C erreicht, die aber im Sinne einer schonenden Trocknung des Gutes nicht mehr überschritten werden darf. Folglich wird dem Ventilator Frischluft (vom Kreuzstromübertrager) zugeführt. Hierdurch wird der Luftdurchsatz auf der unteren Horde entsprechend gedrückt. Sobald eine Ablufttemperatur von 30 °C erreicht ist, wird die Leistung des Ventilators stufenlos soweit reguliert, dass die Abluft die Darre im gesättigten Zustand verläßt. Die Ventilatorleistung, die 14–16 Stunden lang 3800 m^3/t · h betragen hat, kann bis auf 2000–2500 m^3 zurückgenommen werden. Beim Ausräumen hat die untere Schicht des Schwelkmalzes 5,5–6,0%, die Oberschicht dagegen noch 11–13%. Nachdem sich trotz mechanischer Beladung auch noch Stellen mit 15–18% finden lassen, muß vermieden werden, dass diese in Bereiche zu hoher Temperaturen gelangen.

Das Umladen auf die (abgekühlte) untere Horde erfolgt wohl in Schichten, doch ist eine Vermischung des Malzes von jeweils rund 20 cm Schichtdicke nicht zu vermeiden.

Dies ist auch der Grund, warum die Temperaturführung auf der unteren Horde sehr vorsichtig sein muß, um die noch feuchten Körner nicht zu schädigen. Deshalb wird eine Temperatur von 60 °C so lange eingehalten, bis über der Darrhorde ca. 54 °C erreicht sind; erst dann erfolgt eine Anhebung auf 65 °C, bis wiederum eine Temperaturdifferenz von 2–3 °C vorliegt. Das Aufheizen auf die Abdarrtemperatur von 80 °C erfolgt stufenlos in 4 Stunden, wobei der Durchsatz von Darrluft durch das Zuschneiden von Frischluft für die Schwelke entsprechend etwas gedrückt wird.

Diese Arbeitsweise hat sich bewährt. Sie ähnelt der der alten Zweihordendarre (s. Abschnitt 7.5.8). Neuere Konstruktionen verzeichnen noch etwas geringere Be- und Entladezeiten, so dass eine Prozeßzeit von 2×20–21 Stunden möglich ist.

Die erzielten Malze weisen sehr helle Farben auf sowie eine niedrige TBZ und günstige DMSP-Werte.

7.5.3.2 Darren mit getrenntem Schwelk- und Darrventilator

Diese Darren arbeiten in ähnlicher Weise wie die vorstehenden. Durch ein zusätzliches Heizregister für die Schwelkluft ist eine gewisse Unabhängigkeit der beiden Horden gegeben. Es gilt aber auch hier, dass der Wärmeinhalt der Abluft aus der Darrhorde vollständig verwertet werden muß.

7.5.5
Zweihordendarren nach dem Luftumkehrsystem

Hierbei handelt es sich entweder um Darren, die mit nebeneinanderliegenden rechteckigen Horden ausgestattet sind oder auch mit runden, übereinanderliegenden Horden. Die beiden Horden sind jeweils mit eigenen Ventilatoren und Heizregistern identischer Abmessungen versehen. Durch die entsprechende Schaltung der Frischluft-, Abluft- und Umluftkanäle kann jede Horde wechselweise als Schwelk- oder Darrhorde verwendet werden (s. Abschnitt 7.3.7.2).

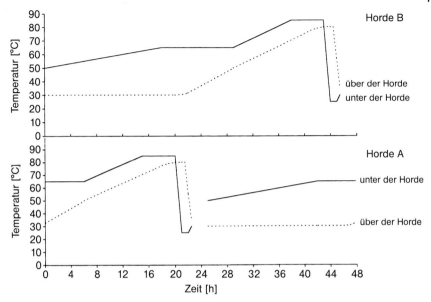

Abb. 7.74 Zweihorden-Luftumkehrdarre.

Die Arbeitsweise ist am Beispiel der Luftumkehrdarre mit nebeneinanderliegenden Horden folgende (Abb. 7.74):

Das Gut bleibt während der ca. 44 Stunden dauernden Schwelk- und Darrzeit unbewegt. Die Schichten werden also nicht gestört. Die obere Schicht ist damit rund 35 Stunden in Temperaturbereichen von 30–50 °C.

Auf der *Schwelkhorde* wird das Grünmalz bereits beim Auftragen, das schichtweise innerhalb einer Stunde erfolgt, mit Luft von ca. 45 °C von der Darrhorde her beaufschlagt. Mit Ende des Beladens wird der Ventilator auf ca. 2500 m³/h · t FM geschaltet, wobei die Festlegung der Leistung durch den Grünmalzwassergehalt, die vorgesehene Schwelkdauer und die Luftqualität im Rechner erfolgt. Nachdem der „Darrventilator" nur ca. 1500 m³/h · t an Darr-Abluft zuführt, werden noch ca. 1000 m³ vorgewärmte Frischluft (KWÜ) zugeschnitten und das Gemisch im Wärmetauscher auf die Schwelktemperatur gebracht. Diese steigt in ca. 18 Stunden stufenlos von 45 auf 65 °C (1,1 °C/h) an. Bei 65 °C wird der Durchbruch angesteuert, die Lüfterleistung aber so weit reduziert, dass eine Ablufttemperatur von 30–32 °C mit fast vollständiger Sättigung erreicht wird. Am Ende der Schwelkzeit wird die Abwärme, die beim Kühlen des Darrmalzes anfällt, verwertet. Die Horde wird nunmehr zur Darrhorde.

Als *Darrhorde* wird sie mit einer Ventilatorleistung von ca. 1500 m³/t · h betrieben. Nach zwei weiteren Stunden bei 65 °C setzt der Aufheizvorgang ein, der in ca. 12 Stunden bis auf 80 °C führt und der einen kontinuierlichen Temperaturanstieg vorsieht.

Die Ergebnisse der Analyse der unteren und oberen Schicht sowie des Durchschnitts zeigt Tab. 7.69.

Tab. 7.69 Malzanalysendaten aus den unteren und oberen Schichten einer Luftumkehrdarre.

Schicht	unten	oben	Ø
Wassergehalt %	3,3	3,7	3,6
Extrakt wfr. %	80,9	80,1	80,7
Mehlschrotdifferenz %	1,5	1,1	1,3
Viskosität mPas	1,572	1,520	1,546
Calcofluor M	90,8	94,1	94,4
Calcofluor H	64,8	65,7	65,1
Friabilimeter/ggl. %	84/2	81/3	84/3
Eiweißlösungsgrad %	40	37	39
lösl. N mg/100 g TrS	702	650	670
FAN mg/100 g TrS	150	134	138
Vz 45 °C %	34	34	34
α-Amylase ASBC	34	36	35
Diastatische Kraft °WK	207	231	218
Farbe EBC[a]	4,3	3,9	4,1
Kochfarbe EBC	6,0	5,6	5,9
DMS-P ppm	3,1	3,7	3,5

a) durch eine hohe Abdarrtemperatur von 88 °C gegeben.

Wie in Tab. 7.64 schon dargestellt, schreitet die cytolytische Lösung in der Oberschicht (mit Ausnahme der Friabilimeterwerte) noch recht kräftig weiter. Beim Eiweißabbau ist jedoch eine gegenläufige Tendenz zu verzeichnen: Hier kommt es durch die lange Verweilzeit im Bereich von Wachstumstemperaturen zu einer Abnahme des löslichen und des Aminostickstoffs. Diese begründen auch die etwas niedrigeren Farben. Der Abbau des DMS-P war oben naturgemäß etwas geringer als unten.

Die Daten aus den Tab. 7.64 und 7.69 stammen aus derselben Mälzerei, wenn auch aus unterschiedlichen Keimstraßen. Sie liefern einen Vergleich zwischen Zweihorden-Luftumkehrdarre und Einhordenhochleistungsdarre. Sie zeigen aber auch den geringen Unterschied zwischen der 20- und der 44-Stunden-Darrweise auf.

Eine Untersuchung des β-Glucan-Abbaus ergab bei der Einhordendarre einen Abbaugrad von 41,7% (n = 34) und bei der Zweihordendarre einen solchen von 50,1% (n = 39). Die Ergebnisse waren sowohl mit kontinentalen als auch mit maritimen Gersten erzielt worden [1035].

7.5.6
Die Arbeitsweise der Triflex-Darre

Wie schon bei der Konstruktion der Darre geschildert (s. Abschnitt 7.3.7.3), sind zwei verschiedene Darr-Rhythmen vorgesehen: von den beiden gleich großen Horden wird eine (A) mit 45% und die andere (B) mit 55% der täglichen Produktionscharge beladen. Wie Abb. 7.75 zeigt, wird die Darre in Zone A rasch,

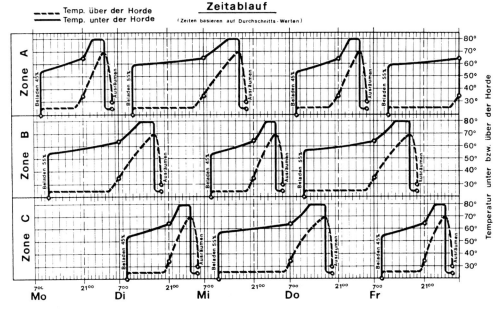

Abb. 7.75   Arbeitsweise der Triflex-Darre.

d. h. in einem 20-stündigen Arbeitszyklus gefahren, die Darre in Zone B dagegen in einem solchen von 32–33 Stunden.

Darre A beginnt mit 55 °C Schwelktemperatur und erreicht bei 65 °C nach 13 Stunden bei 35 °C Ablufttemperatur den Durchbruch. Nach 3 Stunden wird die Abdarrtemperatur von 80 °C erreicht und diese 4 Stunden lang eingehalten. Anschließend folgt eine Kühlzeit von 2 Stunden. Die ursprüngliche Ventilatorleistung von 3500 m³/h · t FM wird nach dem Durchbruch auf 2700 m³/h · t FM reduziert.

Darre B beginnt nach einer Zeitverschiebung von 2 Stunden ebenfalls mit 55 °C Schwelktemperatur. Nach 11 Stunden wird ihr beim Schwelken Abluft von Darre A zugeführt. In den folgenden 10 Stunden, d. h. nach 22 Stunden Schwelkzeit ist in Darre B der Durchbruch erreicht.

Die Aufheizphase dauert hier 7 Stunden, die Abdarrzeit bei 80 °C 4 Stunden nebst rund zwei Stunden Abkühlen. Der gesamte Zyklus dauert hier 31–32 Stunden.

Darre C beginnt mit 45 % Beladung am folgenden Tag mit dem Schwelken bei 55 °C. Sie erhält von Anfang an Abluft aus Darre B. Darre C hat wiederum ein 19–20-Stundenprogramm zu bewältigen.

Es kann naturgemäß jede Darre für sich, auch mit einem Programm für Spezialmalze gefahren werden, wobei z. B. bei dunklem Malz Abluft in der betreffenden Darre günstig wiederzuverwenden ist (s. Abschnitt 7.5.2.5).

Probleme für die Malzhomogenität beim letztlichen Verschnitt derartiger Malze, die meist aus einer Tagescharge stammen, haben sich in der Praxis nicht ergeben. Dies wird auch durch das zu den Malzqualitäten aus Ein- und Zwei-hordendarren Gesagte belegt.

Das Abdarren von 80–86 °C währt etwa 5 Stunden, wobei die Höchsttemperatur 2–2½ Stunden lang eingehalten wird. Die Abluft von bis zu 76 °C geht auf die Schwelkhorde über, ebenso beim 1–2 Stunden währenden Abkühlen des Darrmalzes. Selbst bei höheren Abdarrtemperaturen kann die Abwärme voll beim Schwelken verwertet werden.

7.5.7
Die kontinuierlich arbeitende Vertikaldarre (s. Abschnitt 7.3.8)

Sie wird von einem voll klimatisierten Tageskasten aus beschickt. Die Arbeitsweise geht aus der nachfolgenden Aufstellung hervor.

Die *Schwelkphase* ist in zwei Bereiche eingeteilt: der erste, obere, wird mit einer Lufttemperatur von 50 °C angeströmt, der zweite mit 60 °C; die Abluft wird zusammen abgeführt. Sie ist stets gesättigt. Nach dem Beladevorgang ergibt sich ein Absenken der Temperatur durch die Verdunstungskälte des frisch aufgetragenen Grünmalzes. Die Mischtemperatur der Luft stellt sich auf 26 °C ein. Im Verlauf von 15–17 min bewegt sich die Malzsäule um eine Charge weiter. Bis zu diesem Zeitpunkt erreicht die Mischtemperatur 29 °C. Der Luftdurchsatz ist in dieser Zone am höchsten, bei 3000 m³/h · t FM. In Zone III, bei einer Einströmtemperatur von 70 °C und einem Luftstrom von ca. 2250 m³/h · t FM erfolgt der Durchbruch. Er ist theoretisch in der Mitte der vertikalen Hordenfläche erreicht. Die Mischtemperatur beträgt zu Beginn eines Abschnitts von durchschnittlich 16 min 37 °C. Mit Erreichen von 42 °C (beliebig einstellbar, aber am günstigsten bei 42–43 °C) wird das Gut wieder um eine Spanne weiter durch die Darre gefördert. Diese Mischtemperatur 42 °C setzt sich aus dem niedrigsten Wert von ca. 33 °C, im oberen, im Abschnitt II angrenzenden Teil und dem höchsten Wert von ca. 65 °C vor dem Abschnitt IV zusammen.

In der Abdarrphase wird in der Regel eine Lufteinströmtemperatur von 80 °C eingehalten, die, wie die Austrittstemperatur von 79 °C vor dem jeweiligen Ent-

Tab. 7.70 Vertikaldarre – Temperaturverläufe in den vier Trocknungszonen.

Zone	IV			III			II	I		
Seite	Eintritt	Austritt		Eintritt	Austritt		Eintritt	Eintritt	Austritt	
Zeitpunkt		A[a)]	E[a)]		A[a)]	E[a)]			A[a)]	E[a)]
Lufttemperatur °C	80	75	–	79	70	37	–	42[b)]	60	50	26	–	29
Luftmenge m³/h · t FM		1500				2250				3000	

a) A = Anfang jeweils nach Bewegung, E = Ende jeweils vor Bewegung.
b) Temperatur einstellbar zum Auslösen des Ent- und Beladevorganges.

laden zeigt, voll wirksam ist. Es muß aber auch das Malz der Darrhorde einen Temperaturbereich von 68–80 °C durchlaufen.

Höhere Abdarrtemperaturen als 80 °C sind möglich, doch müssen dann die Temperaturdifferenzen zwischen den einzelnen Zonen gleichmäßig größer gewählt werden.

Im Gegensatz zur alten Vertikaldarre (s. Abschnitt 7.3.9.6) durchwandern die Luftströme das Gut stets in ein- und derselben Richtung. Dies ist für die schonende Trocknung des Malzes von sehr großer Bedeutung.

Die Abluft eines jeden Abschnitts wird zum Trocknen des jeweils vorhergehenden verwendet. Dabei wird Frischluft mit verschnitten und die gesamte Luftmenge eines Abschnitts mittels Register auf die gewünschte Temperatur gebracht. Selbst die beim Kühlen des Malzes erwärmte Luft wird zugespeist.

Die Unterschiede zwischen der Luft-Eintritts- und der Luft-Austrittsseite sind vernachlässigbar. Dagegen können sich bei der Verarbeitung des Tageskastens naturgemäß durch die 24-stündige Spanne gewisse Differenzen in den Lösungswerten der allerersten und der letzten Charge ergeben, wenn das Gut nicht insgesamt kalt gehalten oder während der zweiten Hälfte des Tages stark abgekühlt wird. Im Darrmalzsilo gleichen sich die Unterschiede bei entsprechender Mischung ohne weiteres aus. Die Malzanalysen wie auch die Daten von Versuchssuden ließen keine Unterschiede zu den Produkten aus parallel gefahrenen Einhordendarren erkennen [1008].

Eine kontinuierliche Darre ist für die Verarbeitung einer täglich relativ konstanten Malzmenge günstig; Sonder- und Spezialmalze sind wegen schwieriger Übergänge – wie bei jedem kontinuierlichen System – durch konventionelle Darren abzudecken.

7.5.8
Die Arbeitsweise der „klassischen" Zweihordendarren

Sie basiert auf denselben Überlegungen, wie bei den modernen Darren beschrieben, doch bedingen die Anordnung der Horden übereinander, das Abräumen des Malzes nach der Hälfte der Behandlungzeit, die wesentlich längeren Darrzeiten und die niedrigeren Luftgeschwindigkeiten eine Reihe von typischen Verfahrensmerkmalen. Diese sollen für helles und dunkles Malz, jeweils in gedrängter Form besprochen werden. Im übrigen sei auf die früheren Ausgaben dieses Buches verwiesen.

7.5.8.1 **Helles Malz**
Beim hellen Malz kann eine rasche Entwässerung bei diesen Darren, besonders bei solchen mit natürlichem Zug, nur dann erreicht werden, wenn das Gut dünn, d.h. in einer Höhe von 14–16 cm (ca. 35 kg/m^2) aufgetragen wird. Bei Ventilatorbetrieb kann die Belegung das Doppelte betragen.

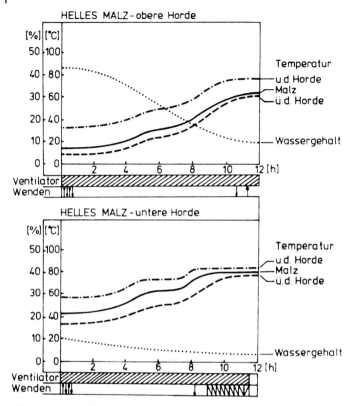

Abb. 7.76 Schwelken und Darren des hellen Malzes auf der Zweihordendarre.

Der *Schwelkprozeß* auf der *oberen Horde* verläuft in zwei Stufen (Abb. 7.76):
a) Eine Entwässerung von ca. 45 auf ca. 30% Wassergehalt bei einer Temperatur der Einströmluft (d. h. unter der oberen Horde) von 35–40 °C.
b) Eine Entwässerung von 30 auf 10% bei einer Temperatur von 45–60 °C (ebenfalls unter
   der oberen Horde gemessen).

Dieser, nach 12 Stunden (auch bei 2×24-stündiger Arbeitsweise) erreichte Wassergehalt ist erkenntlich am Abfallen der Keime und am „Durchtreten" auf der
oberen Horde.

Auf der *unteren Horde* wird dem Malz weiter Wasser entzogen, letztlich bis
auf einen Gehalt von 3,5–4%. Die Temperaturen liegen zunächst bei 50–60 °C
unter der Horde, wobei mit Rücksicht auf das Schwelken des auf die obere Horde frisch aufgetragenen Grünmalzes der volle, verfügbare Luftstrom angewendet wird. Nach schrittweisem Anheben der Temperatur auf 70 °C und zwei- bis
dreistündiger Rast wird in zwei bis drei Stunden auf die Abdarrtemperatur von
80–85 °C aufgeheizt und diese 3–5 Stunden lang gehalten. Ausgedrückt wird die
Darrtemperatur heutzutage durch die Temperatur unter der Horde; früher war
die Temperatur im Malz, gemessen 1 cm über der Horde verbindlich. Durch

Zuführung kalter Luft über Zwischenzüge wird die Temperatur im Raum der unteren Horde auf einen, dem Schwelkmalz zuträglichen Wert von 60°, maximal 65 °C abgesenkt.

Das Wenden auf der Schwelkhorde wird nur zum gleichmäßigen Verteilen des geladenen Grünmalzes, aber keinesfalls während des Trocknungsprozesses getätigt. Das hierdurch unerläßliche Trocknen und Wiederbefeuchten des Gutes würde ein Schrumpfen desselben zur Folge haben. Auch auf der unteren Horde ist das Wenden – mindestens bis zum Beginn des Aufheizens auf die Abdarrtemperatur – nicht erforderlich. Anschließend wird bis zum Erreichen derselben stündlich und beim Abdarren dauernd gewendet.

Aus arbeitstechnischen Gründen wird die 2×24-stündige Arbeitsweise bevorzugt. Dabei wird u. U. nach dem Erreichen einer Feuchte des Schwelkmalzes von ca. 10–12% der Ventilator entweder deutlich reduziert oder ganz abgeschaltet.

7.5.8.2 Dunkles Malz

Das Darren des dunklen Malzes wurde früher durch das Schwelken auf dem luftigen Schwelkboden, einem freien Platz vor oder über der Darre ergänzt. Hier blieb das Malz ein bis zwei Tage bei idealerweise kalten Temperaturen liegen und erfuhr dort eine weitere Verbesserung seiner Auflösung. Aus arbeitstechnischen und Platzgründen wurde diese Verfahrensweise verlassen; der gesamte Schwelkprozeß wird auf der Darre durchgeführt, die ursprünglich für dunkles Malz eigens konstruiert war.

Der *Schwelkprozeß* auf der Zweihordendarre vollzieht sich in drei Stufen (60–70 kg/m², ohne Ventilator bzw. nur bei ungünstigen Zugverhältnissen mit Ventilator):

a) Absenken des Wassergehalts von ca. 45% auf 20–25% innerhalb von 12–14 Stunden und einer Temperatur von 35–40 °C. Der Zug soll nur schwach sein; es wird alle zwei Stunden gewendet, um die Entfeuchtung zu verzögern und eine einheitliche Malztemperatur zu erreichen (Abb. 7.77).

b) Beibehalten dieses Wassergehalts von 20–25% bei Temperaturen von 50–60 °C. Hierbei erfolgen intensive Abbauvorgänge. Dieser Schritt dauert etwa 10 Stunden, der Zug ist gedrosselt, der Wender läuft stündlich.

c) Auf der unteren Horde: in 12 Stunden Absenken des Wassergehaltes von 20–25% auf ca. 10%, Temperatur 50–55 °C, Zug wie bei a), Wenden alle zwei Stunden.

Der Schwelkprozeß dauert also insgesamt 36 Stunden. Er entspricht etwa dem Stadium nach dem Brühen, d. h. nach ca. 10 Stunden auf der Einhordendarre. Aus diesem „Schwelkmalz" läßt sich kein „helles" Malz mehr erzielen.

Das *Aufheizen zur Abdarrtemperatur* nimmt 6–7 Stunden in Anspruch und entwässert das Malz auf 5–6%. Die Züge sind geschlossen. Das Abdarren bei 102–105 °C (steigend) dauert ca. 5 Stunden. Die Temperatur zwischen den Horden darf 70–75 °C nicht überschreiten. Der Wender läuft halbstündig, bei größeren Darren dauernd. In der Darre kommt es zu einer Temperaturschichtung, der sog. „gespannten" Hitze. Die Züge dürfen beim Abräumen der Darre nicht,

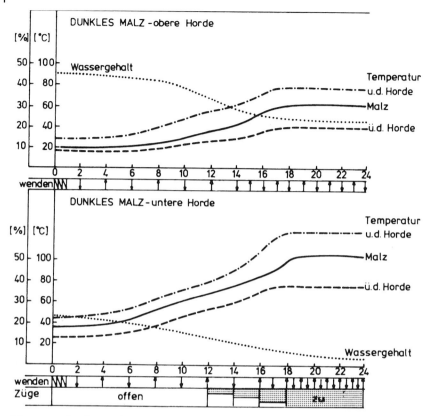

Abb. 7.77 Schwelken und Darren des dunklen Malzes auf der Zweihordendarre.

bzw. Darrtüren nur von oben nach unten geöffnet werden, um ein „Verbrühen" des Schwelkmalzes auf der oberen Horde zu vermeiden.

Die Hitze soll in der Heizkammer gespeichert werden.

Das resultierende dunkle Malz ist wegen der unvermeidlichen Temperaturunterschiede im System weniger gleichmäßig als das mit der Einhordendarre hergestellte. Die Farben wurden zur Vermeidung brenzliger Aromanoten nicht gern über 12–15 EBC-Einheiten angestrebt. Die gewünschte Farbe des dunklen Bieres von z.B. 50–60 EBC-Einheiten wird durch Röstmalz bzw. Farbebier eingestellt.

7.6
Kontrolle und Automatisierung der Darrarbeit

7.6.1
Überwachungsmaßnahmen

Bei den *Einhordenhochleistungsdarren* und *Keimdarrkasten* erstrecken sich die täglichen, chargenweisen Kontrollen auf folgende Daten, die von Schreibern oder von den zugeordneten Rechnern aufgezeichnet werden: Temperatur im Druckraum, d. h. unter der Horde, Temperatur über der Horde, evtl. Malztemperaturen an verschiedenen Stellen der Darrfläche sowie der unteren und oberen Malzschicht, Ventilatorleistung (in % der maximalen), Druck unter der Horde, Stellung der Rückluftklappe. Zusätzlich sind bei *Zweihorden-* oder *Luftumkehrdarren* zu ermitteln: Lufttemperatur zwischen den Horden, Anteil der beigemischten Frischluft, Eintrittstemperatur in die Schwelkhorde, Temperatur der Abluft, Leistung des Schwelkventilators (in % der maximalen). Zur Vervollständigung der Daten dient die Messung der Abluftfeuchte. Auch die Gegebenheiten des Kreuzstromwärmeübertragers sind zu erfassen. Dazu kommen die Charakteristika (Temperatur, Feuchte, Luftdruck) der Außenluft. Die tägliche Messung des Brennstoffwärme- und des elektrischen Energiebedarfs ist unerläßlich. Zu den häufigen Kontrollen sollte die Abdichtung des beweglichen Teils der Kipphorde gehören; hier können nicht unbeträchtliche Wärmemengen verlorengehen und zusätzlich die Daten der Abluft verfälscht werden.

Bei der *Inbetriebnahme* der Darre, bei *Änderung* des Darrverfahrens oder bei periodischer Erfassung der Daten im laufenden Betrieb („Betriebskontrolle") sind auf jeden Fall die Malztemperaturen an verschiedenen Stellen und in verschiedenen Höhen, die Abnahme des Wassergehaltes und deren Gleichmäßigkeit ebenso zu ermitteln wie Wassergehalt, Farbe, Verzuckerungszeit, evtl. weiterführende Analysen der obersten und untersten Malzschichten am Ende des Schwelkens bzw. Darrens (s. Tab. 7.64 und 7.69). Mittels Anemometern kann der Luftdurchsatz in den verschiedenen Stadien an verschiedenen Stellen, die Verteilung auf die Frisch- und Rückluftströme sowie die Gleichmäßigkeit der Beladung der Darre kontrolliert werden. Gerade hier können sich durch unterschiedliche Pressung (s. Abschnitt 7.8.1) große Unterschiede ergeben, die während des Darrprozesses kaum mehr ausgeglichen werden können, die aber Inhomogenitäten und Energieverluste hervorrufen.

Die Kontrollmaßnahmen bei den alten Mehrhordendarren (s. Abschnitt 7.3.9) wollen früheren Ausgaben dieses Buches entnommen werden.

7.6.2
Die Automatisierung der Darrarbeit

Während der Temperaturverlauf im Druckraum die Basis des Darrverfahrens darstellt, sind die anderen geschilderten Meßwerte: Temperatur der Abluft, seltener Feuchte der Abluft, die Impulsgeber für einen automatischen Ablauf des

Darrprozesses. So kann z. B. der nach einem bestimmten Programm gesteuerte Schwelkprozeß bei dessen Endtemperatur so lange angehalten werden, bis eine bestimmte, einstellbare Ablufttemperatur erreicht ist. Erst dann setzt das programmierte Aufheizen zur Abdarrtemperatur ein. Nach Erreichen weiterer, wählbarer Werte der Ablufttemperatur treten Regulierung (d.h. Rücknahme) der Ventilatorleistung, Zumischen von Rückluft und die Begrenzung der Darrzeit in Funktion. Als Beispiel: Nach stufenlosem Aufheizen von 45° auf 65 °C im Druckraum wird die letztere Temperatur von 65 °C so lange gehalten, bis eine Ablufttemperatur von (angenommen) 38 °C erreicht ist. Aber hier setzt wiederum das stufenlose Aufheizen zur Abdarrtemperatur von 80 °C ein, ab 40–55 °C wird die Ventilatordrehzahl stufenlos zurückgenommen und ab 52–60 °C Rückluft beigemischt, wobei aber die Ventilatordrehzahl u. U. wieder gesteigert wird, um den Trocknungseffekt nicht zu verlangsamen. Ab einer Ablufttemperatur, die 6–8 °C unter der des Druckraumes liegt, setzt die Darrzeitbegrenzung ein, d. h. 1–3 Stunden nach Erreichen dieses Wertes ist die Abdarrphase beendet. Anschließend wird das Malz durch Einblasen von Frischluft (mit 80–100 % der Ventilatorleistung) auf eine Temperatur gekühlt, die das Verweilen des Gutes in der Putzgosse und die schließlich die Lagerung ohne Risiko erlaubt.

Bei modernen, rechnergesteuerten Darren wird die Grünmalzfeuchte eingegeben, das Temperaturprogramm sowie die gewünschte Schwelkdauer bis zum Durchbruch. Hiernach, sowie nach dem Trocknungsfortschritt wird die frequenzgeregelte Ventilatordrehzahl festgelegt und die Rückluftverwendung getätigt.

Bei Luftumkehrdarren wird die Abluft der „Darrhorde" zur frisch beladenen „Schwelkhorde" geleitet, die erforderliche Frischluftmenge zum Auffüllen der Ventilatorleistung zugespeist und die vorgegebene Druckraumtemperatur angesteuert. Wie der Schwelkventilator, so wird auch der Darrventilator nach dem Trocknungsfortschritt geregelt. Alle obengenannten Daten können in Diagrammform abgerufen und ausgedruckt werden.

7.7
Maßnahmen zur Energieeinsparung

Es ist naturgemäß das Anliegen eines Wirtschaftsbetriebes, so rationell wie möglich zu arbeiten, d. h. die Produktionskosten gering zu halten. Darüber hinaus haben die beiden Energiekrisen (1973/74 und 1981) nicht nur Preiserhöhungen hervorgerufen, sondern auch deutlich gemacht, dass die Verfügbarkeit von Heizöl und anderen fossilen Brennstoffen nicht unbegrenzt ist.

Schließlich gehen auch die Bestrebungen im Sinne des Umweltschutzes dahin, weniger Heizmaterial zu verbrauchen, um so weniger Schadstoffe und weniger Kohlendioxid, das einen Anteil am zusätzlichen (anthropogenen) Treibhauseffekt hat, zu verursachen.

Alle diese Forderungen wie Kosten (der Aufwand für elektrisch-mechanische Energie und Wärme macht einen wesentlichen Betrag an den Mälzungskosten aus), Verfügbarkeit und Umweltrelevanz waren Anlaß zu den verschiedensten Vorschlägen, Energie einzusparen.

Dies kann erreicht werden durch Vorwärmen der Trocknungsluft mittels Abwärme, durch die Veränderung des Feuchtigkeitszustandes der Trocknungsluft, durch Wärmeisolierung, Wärmeisolierung von thermischen Apparaten, Rohrleitungen und Darrgebäuden, durch den Einsatz von Zweihorden- oder Luftumkehrdarren, durch verbesserte Steuerungs- und Regelungstechnik, durch höheren Wirkungsgrad bei den Energieumwandlungen durch Aufbau einer energietechnischen Betriebskontrolle einschließlich der Auswertung der Aufzeichnungen, durch Substitution von festen und flüssigen Brennstoffen durch gasförmige, durch Verwendung nicht genutzter Abwärmequellen und schließlich durch einen Energieverbund mit dezentralen Kraft-Wärme-Kopplungs-Anlagen mit hohem Gesamtnutzungsgrad, wie z.B. einem Blockheizkraftwerk mit Verbrennungsmotor.

7.7.1
Brennstoffwärmeaufwand beim Darren

Unter der Voraussetzung einer 10-stündigen Schwelkzeit (Temperatur unter der Horde 60 °C, Temperatur der Abluft 25 °C, relative Feuchte der Abluft 95%, spezifischer Luftvolumenstrom beim Schwelken 4000 m^3/h·t Fertigmalz), einer dreistündigen Aufheizzeit von 60° auf 80 °C (Temperatur der Abluft im Mittel 45 °C, rel. Feuchte 22%, mittlerer spez. Volumenstrom 3500 m^3/h·t Fertigmalz) und einer 5-stündigen Abdarrung bei 80 °C (Temperatur der Abluft im Mittel 69 °C, rel. Feuchte 5%, mittlerer spez. Volumenstrom 2500 m^3/h·t) ergibt sich bei einem mittleren jährlichen Außen-Luftzustand von 8 °C und einer rel. Feuchte von 79% für eine Einhordenhochleistungsdarre ohne Wärmerückgewinnungsmaßnahmen folgender Brennstoffwärmeverbrauch:

Wärmeverbrauch	Schwelken	Aufheizen	Ausdarren	Gesamt
MJ/t Malz	2404	732	886	4022
Mcal/t Malz	575	175	212	962

Der spezifische elektrische Energiebedarf für den Darrventilator beträgt bei üblicher Beladung der Planhorde rund 32 kWh/t FM.

7.7.2
Wärmeeinsparung durch Vorwärmen der Einströmluft

Hier haben sich zwei Möglichkeiten bewährt: Die Anordnung eines luftgekühlten Kondensators der Keimkastenkühlanlage im Ansaugschacht der Darre und der Einsatz eines Glas- oder Aluminiumwärmeübertragers zur Wärmerückgewinnung aus der Darrabluft. Eine nur geringe Verbreitung fand der Einsatz einer Wärmepumpe im Zusammenwirken mit der Kondensatorwärme [1009].

7.7.2.1 Anordnung des luftgekühlten Kondensators

Die Anordnung des luftgekühlten Kondensators der Keimkastenkühlanlage im Ansaugschacht der Darre hat sich bewährt. Je nach den technologischen Gegebenheiten des Keimverfahrens und dem Umfang des Betriebes der Kälteanlage, z. B. auch im Winter, um CO_2 anreichern zu können und dabei auch Schwand zu sparen. Es gibt aber auch Betriebe, die die Kälteanlage in der kühleren Jahreszeit nicht betreiben.

Der Kondensator ist vor der Ansaugöffnung der Darrluft angebracht, damit die Kälteanlage und die Darre auch unabhängig voneinander betrieben werden können. Der Luftdurchsatz des Kondensators ist so zu bemessen, dass er rund 60–80% des Luftbedarfs beim Schwelken ausmacht. Damit kann die Kondensatorwärme weitgehend verwendet werden. Die Wärmeersparnis beträgt bei Dauerbetrieb – je nach den Gegebenheiten der Darre – 8–12%. Nachdem aber der luftgekühlte Kondensator gegenüber einem Verdunstungskondensator einen höheren elektrischen Energiebedarf erfordert und durch die höhere mittlere jährliche Kondensationstemperatur eine schlechtere Leistungszahl der Kälteanlage erbringt, so ergibt sich ein Mehrverbrauch an elektrischer Energie von 10 kWh/t Fertigmalz [1009, 1010]. Die erhöhte Kondensationstempertur könnte aber ihrerseits durch einen nachgeschalteten wassergekühlten Rohrbündel-Wärmeübertrager nachhaltig abgesenkt werden, z. B. zur Anwärmung von Weichwasser.

7.7.2.2 Kreuzstromwärmeübertrager

Der Kreuzstromwärmeübertrager ist heutzutage am weitesten verbreitet. Er besteht aus einem System von Glasplatten oder Glasröhren, das am Austritt der Darrabluft angeordnet ist (Abb. 7.78). Im Kreuzstrom wird hierbei die Zuluft der Darre angewärmt und so eine durchschnittliche jährliche Wärmerückgewin-

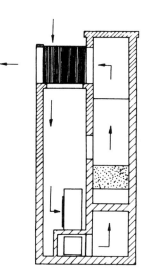

Abb. 7.78 Glasplatten-Wärmetauscher an der Darre (Air-Fröhlich).

nung von ca. 35% erreicht, wenn von einer Einhordenhochleistungsdarre ohne KWÜ ausgegangen wird. Der Wirkungsgrad des Wärmeübertragers liegt beim Schwelken, d.h. bei hoher Abluftfeuchte im Bereich von ca. 80%, beim Aufheizen zum Abdarren bei 65–70%. Bei einem luftseitigen Druckverlust von rund 1.5 mbar = 15 mm WS beträgt der Mehrverbrauch ca. 10% der vom Darrventilator aufgenommenen elektrischen Energie [1011]. Sehr wichtig ist es, dafür Sorge zu tragen, dass sich Frischluft und Abluft nicht unkontrolliert vermischen können. Dies ist zum einen dann der Fall, wenn die austretende Abluft an der Zuluftseite des Kreuzstromwärmeübertragers zum Teil wieder angesaugt wird. Hier sind u. U. Leitbleche anzuordnen. Es kann aber auch durch die herrschende Windrichtung ein derartiger Kurzschluß herbeigeführt werden. Zum anderen kann durch Undichtigkeiten im System (z.B. Bruch von Glasröhren oder Altern des Dichtungsmaterials) eine Vermischung eintreten. Derartige Unzulänglichkeiten lassen sich dann erkennen, wenn die Luftzustände der Außenluft und der vorgewärmten Frischluft (Temperatur, Feuchte) vom Diagramm abweichen.

Der Wirkungsgrad des KWÜ ist nicht nur abhängig vom Trocknungsprozeß, sondern auch von der Jahreszeit. Die Tab. 7.71 zeigt berechnete Unterschiede der Brennstoffwärmeeinsparung für den mittleren jährlichen Außenluftzustand und für zwei extreme Außenluftzustände im Winter und im Sommer, wenn von einer Einhorden-Hochleistungsdarre ausgegangen wird [986].

Im Sommer hat der KWÜ für die Brennstoffwärmeeinsparung fast keine Bedeutung mehr. Er verursacht jedoch einen Druckverlust, der vom Darrventilator zu überwinden ist, so dass hierfür trotzdem Kosten für elektrische Energie entstehen.

Besondere Aufmerksamkeit ist in der Praxis auf eine zweimalige jährliche Reinigung des KWÜ und auf eine Sichtkontrolle zu legen, die gebrochene Glas-

Tab. 7.71 Brennstoffwärmeeinsparung am Kreuzstrom-Wärmeübertrager in Abhängigkeit von der Jahreszeit.

	Winter	Jahresmittel	Sommer
Außenluftzustand	–20 °C; 100% r.F.	7,8 °C; 79% r.F.	32 °C; 40% r.F.
Abluftzustand beim Schwelken	23 °C; 95% r.F.	24,5 °C; 95% r.F.	29 °C; 95% r.F.
Zuluft nach KWÜ	18,5 °C	21,5 °C	33 °C (Schwelkende)
Wasseraufnahme	15,72 g/kg tr. Luft	14,8 g/kg tr. Luft	13 g/kg tr. Luft
Wirkungsgrad beim Schwelken	90%	80%	75% (Schwelkende)
Wirkungsgrad beim Aufheizen/ Ausdarren	75–83%	70–72%	68–70%
Einsparung beim Schwelken	140 000 kJ/t FM	50 000 kJ/t FM	800 kJ/t FM
Gesamteinsparung	220 000 kJ/t FM	150 000 kJ/t FM	42 000 kJ/t FM

FM: Fertigmalz; KWÜ: Kreuzstrom-Wärmeübertrager; tr.: trockene; r.F.: relative Feuchte.

rohre oder sonstige Undichtigkeiten sowie starke Verschmutzungen (z. B. Taubenkot) ausfindig machen soll. Es wurden bei fehlender Betriebskontrolle Wirkungsgrade von rund 55% beim Schwelken (statt 80%) meßtechnisch ermittelt. Ferner sollte bei einer Neuplanung die Begehbarkeit des KWÜ von allen Seiten vorgesehen werden.

Wärmetauscher mit Wärmeträger: Es wird jeweils ein Wärmeübertrager an der Luftaustritts- und Lufteintrittsöffnung der Darre angebracht. Die beiden Wärmeübertrager sind über einen Wärmeträgerkreislauf, in dem ein Wärmeträger (z. B. Glykol-Wasser-Gemisch) umgepumpt wird, verbunden. Die Wärmeträger führenden Rohre sind isoliert. Die Brennstoffwärmeeinsparung ist jedoch etwas geringer als die Wärmerückgewinnung mit einem Kreuzstrom-Wärmeübertrager, da durch die zweifache Wärmeübertragung und durch den Wärmeträgerkreislauf höhere Wärmeverluste auftreten. Zusätzliche Aufwendungen entstehen durch den elektrischen Energiebedarf der notwendigen Pumpen im Wärmeträgerkreislauf.

Diese Anlage konnte sich besonders bei ungünstigen baulichen Gegebenheiten einführen (Darrkonstruktion, Statik). Als Vorteil ist zu werten, dass die Frisch- und Abluftströme besser voneinander getrennt sind als beim üblichen Kreuzstromwärmeübertrager.

7.7.2.3 Wärmepumpen

Die Wärmepumpenanlage besteht in ihrer ursprünglichen Ausführung (s. 6. Auflage dieses Buches 1976) aus einem im Abluftkanal der Darre installierten Verdampfer, der Wärmepumpe, und schließlich einem, im Lufteintrittskanal der Darre angeordneten Verflüssiger. Die Einsparung an Wärme wurde für eine Darre von 50 t Schüttung mit knapp 40% angegeben. Es war auch üblich, den Kondensator der Keimkastenkühlung mit zur Erwärmung der Darrluft heranzuziehen. Hierdurch konnten weitere 14% an Wärme eingespart werden. Die Kompressions-Wärmepumpe wird von einem Elektromotor oder einem Gas-Otto-Motor angetrieben. Die Motoren- und Abgaswärme desselben kann an einen Warmwasserspeicher abgegeben werden, der wiederum zur Beheizung der Darre bereitsteht (s. 7.3.8). Hierdurch erhöhte sich allerdings der Stromverbrauch durch den Luftwiderstand der Wärmeübertrager um 8,75 kWh/t Fertigmalz. Der Betrieb der Kompressionswärmepumpe erfordert 80 kWh/ Malz. In Verbindung mit einem Kreuzstromwärmeübertrager, der vor dem Verdampfer angeordnet ist, kann eine weitere Steigerung des Einspareffekts erzielt werden [1009]. Eine Kombination einer Kompressionswärmepumpe mit einem Blockheizkraftwerk zur Stromerzeugung ist in Abschnitt 7.7.7 beschrieben.

7.7.3
Die Veränderung des Feuchtigkeitszustandes der Trocknungsluft

7.7.3.1 Entfeuchtung der Einströmluft

Die Entfeuchtung der Einströmluft mittels Lithium-Chlorid-Trocknern [1012] hat sich für den Darrbetrieb als nicht praktikabel erwiesen.

7.7.3.2 Verwendung von Mischluft

Sie beruht auf der Überlegung, dass es auch in den Sommermonaten gelingt, den Schwelk- und Darrprozeß in der zur Verfügung stehenden Zeit durchzuführen. Es wird vorgeschlagen, bei Außentemperaturen von unter 20 °C soviel Rückluft zu dosieren, dass sich eine Lufteinströmtemperatur von 20 °C ergibt. Es wird also der Sommerbetrieb „reproduziert".

Hierbei ergeben sich nach dem h, x-Diagramm für feuchte Luft folgende Verhältnisse:
a) Außenluft   +8 °C rel. Feuchte   83%
b) Mischluft   +20 °C rel. Feuchte   100%

Bei einer Schwelktemperatur von 60 °C ergibt sich:
im Fall a ein Zustand der Abluft von t = 25 °C, φ = 93% rel. F,
im Fall b dagegen ein solcher von t = 30 °C, φ = 95% rel. F.

Um 10 g Wasser zu verdampfen, sind nötig bei
a) 38,1 kJ/9,1 kcal,
b) 35,6 kJ/8,5 kcal.

Dies entspricht einer Wärmeeinsparung von ca. 6,5%, bezogen auf die Jahresmitteltemperatur.

Während in den Sommermonaten (Außentemperatur bei 20 °C) mit diesem Verfahren naturgemäß keine Wärmeeinsparungen möglich sind, lassen sich bei niedrigen Temperaturen folgende prozentuale Wärmeeinsparungen ableiten:
Außentemperatur: +10 °C: 5%; +5 °C: 7%; ±0 °C: 10%; −5 °C: 13%; −10 °C: 16%.

Es ist empfehlenswert, die Mischluftdosierung über eine automatische Klappensteuerung in Abhängigkeit von der Beschaffenheit der Außenluft vorzunehmen [1013].

7.7.4
Höhere Wassergehalte im Darrmalz

Die Energiekrise 1973/74 zwang auch zu der Frage, ob nicht Malze, die für den Inlandsbedarf ohnedies relativ schnell verbraut werden, mit höheren Wassergehalten (6–6,5%) zur Auslieferung kommen könnten. Versuche mit Abkürzung der Abdarrzeit bei 80 °C oder Erniedrigung der Abdarrtemperatur zeigten zwar keine merklichen Unterschiede der Analysendaten von frischem und (bis zu 6 Monate) gelagertem Malz. Doch befriedigten die Biere im Vergleich zu einem normal (5 Std. bei 80 °C) abgedarrten Malz geschmacklich nicht. Gute Ergebnisse lieferte ein Darrverfahren, bei dem während des Aufheizens zur Abdarrtemperatur auf „Umluft" geschaltet und die Temperatur von 80–82 °C 4 Stunden lang eingehalten wurde. Bei einem Wassergehalt von 6–6,5% wurde eine Wärmeersparnis von 10–15% erzielt. Die Malzanalysenwerte bewegten sich in einem normalen Rahmen. Dem Verschroten derartig „feuchter" Malze muß Aufmerksamkeit geschenkt werden [1014, 1015].

7.7.5
Die Isolierung der Darre

Sie kann naturgemäß nur bei Neubauten verwirklicht werden. Nach früher veröffentlichten Werten für Zweihordendarren hängt der Strahlungsverlust von den Außentemperaturen, aber auch von der Fläche und Beladungshöhe ab. Er beträgt im Temperaturbereich +10 °C/–10 °C bei kleinen Darren (36 m²) 8–12%, bei größeren 4–6,5%.

7.7.6
Zweihorden- bzw. Luftumkehrdarren

Wie schon in Abschnitt 7.5.5 geschildert, wird hier die Abluft der „Darrhorde", d.h. beim Aufheizen nach dem Durchbruch zum Abdarren, zum Anwärmen der Schwelkluft der nachfolgenden Charge genutzt. Es wird also Wärme aus der Abluft der Darrhorde (selbst bei höheren Abdarrtemperaturen und intensiver Ausdarrung) voll in die Schwelkhorde eingebracht. Dies ist sowohl bei Zweihordendarren mit übereinanderliegenden Horden als auch bei Luftumkehrdarren der Fall. Einschließlich des Kreuzstromwärmeübertragers zum Vorwärmen der Darrluft beträgt die Brennstoffwärmeersparnis rund 20%, bezogen auf eine Einhordenhochleistungsdarre mit Kreuzstromwärmeübertrager:

	Zweihordenluftumkehrdarre	Einhordendarre
Brennstoffwärmeverbrauch		
MJ/t	1937	2441
Mkcal/t	463	583

Dieselbe Einsparung kann auch von den Triflex-, Twin- und kontinuierlichen Darren, ebenso wie vom gekoppelten Keimdarrkasten erbracht werden. Es ist erwähnenswert, dass die Abluft der Darrhorde, speziell kurz nach dem Durchbruch durchaus noch einen Feuchtigkeitsgehalt von 35–40% aufweisen kann, was aber den Trocknungseffekt der Gesamtluft (Darrabluft und vorgewärmte Frischluft, nachgewärmt auf 45–50 °C) nicht beeinträchtigt. Hier ergibt sich eine Bestätigung des in Abschnitt 7.7.3 – Verwendung von Mischluft beim Darren – Gesagten.

7.7.7
Kraft-Wärme-Kopplungsanlagen

Kraft-Wärme-Kopplungsanlagen, ausgeführt als Blockheizkraftwerke (BHKW) mit Verbrennungsmotoren oder Gasturbinen sind in Mälzereien schon seit 1984 anzutreffen. Die BHKW können aus mehreren BHKW-Modulen aufgebaut sein. Ein BHKW-Modul besteht aus einem Verbrennungsmotor/Gasturbine, einem Generator, den Wärmeübertragern, der Brennstoff- und Schmierölversorgung und den Überwachungseinrichtungen. Als Verbrennungsmotoren werden vorwiegend Gas-Otto-Motoren, aber auch Dieselmotoren eingesetzt, die unterschiedliche elektrische und thermische Wirkungsgrade aufweisen. Die erzielbaren Wirkungsgrade sind abhängig von der Leistungsgröße und vom verwendeten Brennstoff. Der elektrische Nutzungsgrad eines BHKW ist abhängig von der jeweiligen Betriebsweise der Anlage und sollte bei einem BHKW mit Gas-Otto-Motor rund 30 bis 35%, bezogen auf die Brennstoffwärme, betragen. Mit Dieselmotoren wird bei gleicher Leistungsgröße und Betriebsweise ein um rund 3 bis 4%-Punkte höherer elektrischer Nutzungsgrad erzielt. Der Gesamtnutzungsgrad (elektrischer und thermischer Nutzungsgrad) eines BHKW kann unabhängig von der Bauart des Verbrennungsmotors bis maximal 90% des eingesetzten Brennstoffes betragen. Der prinzipielle Einsatz eines BHKW wird durch folgende spezielle Gegebenheiten in Mälzereien erleichtert:

a) Benutzungsdauer eines BHKW von 7000 h/a und mehr,
b) nur ein Wärmeverbraucher, die Darranlage, ist zu versorgen,
c) notwendiges Temperaturniveau bis zu 95 °C kann mit sogenannten „standardgekühlten" BHKW erreicht werden.

BHKW werden stromorientiert eingebunden, d. h. die Auswahl, die Auslegung und der Betrieb der BHKW-Module wird anhand der elektrischen Bedarfswerte der gesamten Mälzerei ausgeführt. Die über die BHKW-Module nicht bereitgestellte Wärme wird über zusätzliche Wärmeerzeuger (z. B. Gasbrenner oder Heißwassererzeuger) zur Verfügung gestellt. Die Auslegung des BHKW erfolgt derart, dass die nutzbare Wärme jederzeit eingebunden werden kann, wenn ein Bedarf an elektrischer Energie besteht. Die über das BHKW nicht bereitgestellte elektrische Energie wird über das öffentliche Versorgungsnetz bezogen. Überschüssig erzeugte elektrische Energie des BHKW kann in das öffentliche Versorgungsnetz unter Erhalt einer Vergütung eingespeist werden.

Bei der Dimensionierung eines BHKW sind die Manipulationszeit (Kühlen, Abräumen und Beladen der Darre), der unterschiedliche Bedarf an elektrischer und thermischer Energie bzw. Leistung während eines Kalenderjahres, die Anzahl der Darranlagen und die Bauart der Darren zu berücksichtigen. Eventuell sind Wärmespeicher vorzusehen, um eine zeitlich kontinuierlichere Betriebsweise des BHKW zu gewährleisten. Es können Verdrängungs- und Schichtenspeicher eingesetzt werden.

Wird ein BHKW verwendet, erfolgt die Luftführung derart, dass nach der rekuperativen Vorwärmung der Luft im Kreuzstrom-Wärmeübertrager diese

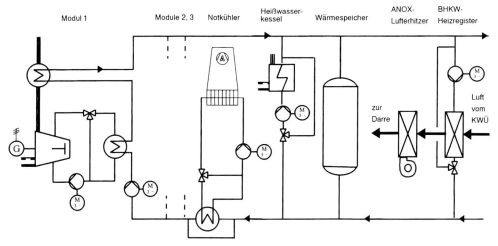

Abb. 7.79 Kraft-Wärme-Kopplung mit Blockheizkraftwerk und Darre.

über einen Heißwasserzwischenkreislauf erwärmt wird, der vom BHKW aufgeheizt wird (Abb. 7.79). Im Anschluß wird die Luft auf die notwendige Lufttemperatur unter der Horde z. B. mit Gasbrennern erhitzt. Zu beachten ist bei
der Verwendung von Gasbrennern (ANOX-Lufterhitzer), dass diese den Grund-
wärmebedarf der Darre liefern müssen, da ein taktendes Ein- und Ausschalten
der Gasbrenner zu Regelungszwecken nicht möglich ist. Die minimale thermische Leistung von Gasbrennern beträgt rund 20 bis 25% der thermischen
Maximalleistung. Eine sehr gute Regelung der Wärmebereitstellung ist deshalb
notwendig, um die geforderte Abweichung der Lufttemperatur von maximal ±1
Kelvin zu gewährleisten.

Für die Wirtschaftlichkeit von BHKW sind außer der jährlichen Benutzungsdauer vor allem die Preise für den Fremdbezug elektrischer Energie aus dem
öffentlichen Versorgungsnetz, der elektrische Nutzungsgrad des BHKW und die
Brennstoffpreise entscheidend. Auf die Wirtschaftlichkeit eines BHKW wirken
sich negativ aus:
a) verminderte jährliche Benutzungsdauer des BHKW,
b) verminderter Fremdstrompreis,
c) reduzierter elektrischer Nutzungsgrad des BHKW,
d) steigender Brennstoffpreis,
e) steigende betriebsgebundene Kosten (z. B. Wartung/Instandhaltung, Versicherung,
    Personal, Reservestrombereitstellung).

Unter den ausgehenden Emissionen bei BHKW, wie Geräusche, Schwingungen
und Abgasen, haben die Abgase eine besondere Bedeutung. In der Bundesrepublik Deutschland wurden in der „Technischen Anleitung zur Reinhaltung der
Luft" (TA Luft 2002) als 1. Verwaltungsvorschrift zum Bundes-Immissions-
schutzgesetz (BImSchG) einzuhaltende Emissionsgrenzwerte für bestimmte
Schadstoffe genannt bzw. festgelegt. Die TA Luft enthält eine Dynamisierungs-

klausel, die eine Aufforderung darstellt, die nach dem Stand der Technik bestehenden Möglichkeiten auszuschöpfen, um Emissionen weiter zu vermindern. Für Gas-Otto-Motoren werden Grenzwerte für Stickoxide, Kohlenmonoxid und Nicht-Methan-Kohlenwasserstoffe und bei Dieselmotoren zusätzlich für Staub gefordert. Je nach Verbrennungsmotor werden heute Emissionsminderungsverfahren, wie z. B. der 3-Wege-Katalysator, das SCR-Verfahren, der Oxidationskatalysator, das Magergemischprinzip und der Rußfilter erfolgreich angewandt [1016].

Wie in Abschnitt 7.3.8 für eine kontinuierliche Darre beschrieben wird neuerdings wieder die Kombination Kreuzstrom-Wärmeübertrager-BHKW und Kompressionswärmepumpe eingesetzt. Dabei erwärmen die Kondensatoren der Wärmepumpe die vom KWÜ bereits vorgewärmte Frischluft auf ein höheres Energiepotential. Das BHKW erzeugt Strom, wobei die Abwärme wiederum der Erwärmung der Darrluft dient. Die beiden Anlagen arbeiten also gegenläufig und sichern sich bei stark differierenden Energiepreisen für Strom und Gas gegeneinander ab. Bei einer neu installierten Anlage (BHKW und Wärmepumpe) zur bestehenden Zweihordendarre kann z. B. bei einem Mehrverbrauch an Gas von 5% rund 75% des Strombezugs eingespart werden. Wichtig ist dabei für den wirtschaftlichen Betrieb der beiden Analgen ein möglichst konstanter Wärmebedarf des Mälzereibetriebes. Abnahmeschwankungen werden durch einen Wärmespeicher abgefangen [1017].

7.8
Die Nebenarbeiten beim Darren

Sie umfassen hauptsächlich das Beladen und Entleeren der Horde. Daneben sind noch Wartungs- und Pflegearbeiten durchzuführen.

7.8.1
Das Beladen der Darre

Es erfolgt durch die mechanische oder pneumatische Grünmalzförderanlage. Der mechanische Grünmalztransport besteht heute meist aus Schnecken oder Redlerförderern für die waagrechte oder schwach geneigte sowie aus Becherwerken für die senkrechte Förderrichtung. Vom Kopf des Becherwerks oder dem Abwerfer der pneumatischen (Saug-)Anlage aus gelangt das Grünmalz auf ein im Geviert angeordnetes System von Schnecken oder Trogkettenförderern, das jeweils in den Ecken auf schwenkbare Rohre arbeitet. Hierdurch wird der manuelle Arbeitsaufwand der Grünmalzverteilung gering gehalten.

Sehr gut bewährt hat sich eine drehbare Schnecke, deren Trog mit Öffnungen versehen ist. Durch diese, sowie durch den Auslauf am Ende der Schnecke, wird das Gut gleichmäßig über die (meist quadratische Horde) verteilt. Um auch die Ecken beschicken zu können, ist ein Verzögerungsschalter eingebaut, der hier ein längeres Anhalten der Schnecke bewirkt, so dass das Grünmalz über Leitbleche dorthin gelangen kann (Abb. 7.80).

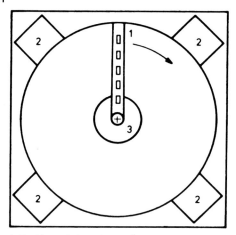

1 Drehbare Schnecke mit Öffnungen
2 Abweisbleche zu den Ecken der Darrhorde
3 Zulauftrichter zur Schnecke

Abb. 7.80 Vorrichtung zur Beladung von Einhordenhochleistungsdarren (Seeger).

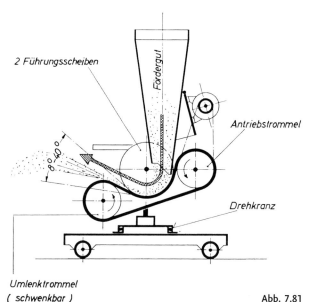

Abb. 7.81 Schleuderbandförderer.

Eine weitere Möglichkeit ist der Schleuderbandförderer, bei dem durch Verstellen einer Trommel der Schleuderwinkel des Gutes verändert werden kann (Abb. 7.81).

Es ist beim Beladen der (wenderlosen) Einhordenhochleistungsdarre zu beachten, dass nicht nur eine gleichmäßige Schichthöhe, sondern auch eine gleichmäßige Beladungsdichte erreicht wird, da sonst durch unregelmäßigen Luftdurchsatz eine technologisch und energiewirtschaftlich einwandfreie Darrung in Frage gestellt wird.

Gegebenenfalls ist eine, durch den direkten Fall oder durch einen steileren Auftreffwinkel des Schleuderbandförderers hervorgerufene, größere Dichte durch eine höhere Beschichtung der lockeren Zonen auszugleichen.

Diese Beladearten erfordern manuellen Eingriff und sind deshalb zeitaufwendiger. Wirkungsvoller im Hinblick auf die Raschheit und die Gleichmäßigkeit sind automatisch arbeitende Beladeeinrichtungen, die für runde und rechteckige/quadratische Horden eigens entwickelt wurden. Sie dienen auch gleichzeitig der Entladung.

Die *Be- und Entlade-Vorrichtungen* für *rechteckige bzw. quadratische Darren* sind heb- und senkbare, unten offene Förderschnecken reversibler Transportrichtung. Die Förderschnecken verfügen über einen Rückschild zur gleichmäßigen Verteilung des Gutes. Sie sind an einem Tragbalken beweglich angeordnet. Die Zuführung des Gutes geschieht über die hohle Mittelsäule auf die horizontal verschiebbare Schnecke. Diese liegt mit ihrem einen Ende an der Führungsschiene der Darrwandung auf. Das Gut wird nun solange gefördert, bis im Bereich der Außenwand der Niveautester anspricht und eine Schwenkung einleitet. Anstelle der Führungsschiene kann die Schnecke auch an einem Lauf- und Drehkranz aufgehängt sein, wobei eine Schaltvorrichtung den Kontakt zur Darroder Hordenwand herstellt. Rechteckige Darren sollen ein Verhältnis von B:L=1:1,6 nicht überschreiten; 8,5 m Kantenlänge können einwandfrei bestrichen werden. Die Parameter wie Fahrgeschwindigkeit, Hub- und Schichtenzahl können vorgewählt und lastabhängig optimiert werden (s. a. Abb. 7.53).

Beim Entladen wird das Malz von der schrittweise abgesenkten Schnecke aufgenommen und nach innen zum Auslauf gefördert (Abb. 7.82).

Die Be- und Entladung runder Darren ist einfacher: sie erfolgt bei drehbarer Horde von einem zentralen Zulaufrohr auf eine fest angeordnet Schnecke oder bei feststehender Horde umgekehrt über eine, in beiden Richtungen drehbare, reversibel fördernde Schnecke. Diese Schnecke ist heb- und senkbar sowie

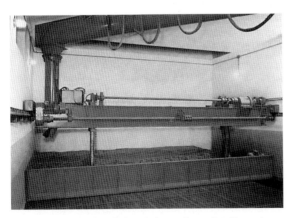

Abb. 7.82 Be- und Entladevorrichtung für rechteckige oder quadratische Darren.

ebenfalls mit einem Schild ausgestattet. Das Ausräumen geschieht über die zentrale Entladeklappe. Die Be- und Entladeschnecke fördert das Malz durch die Öffnung im Entladezentrum.

Die Beladung der Darre erfolgt mit drei großen (ca. 30 cm) und abschließend mit drei kleinen (ca. 3 cm) Schichten. Die Fahrgeschwindigkeiten liegen zwischen 6 und 30 m/min. Die Beladehöhe errechnet sich dabei wie im Keimkasten: Höhe des Grünmalzes = spezifische Beladung × 2,4; nach dem Abdarren: Höhe des Darrmalzes = spezifische Beladung × 1.8 (s. a. Abb. 7.56 und 7.58).

Die Entladung der Darre erfolgt ebenfalls in mehreren Schichten.

Der Vorteil der automatischen Beladung ist: Durch die schichtweise Beladung kann das Schwelken bereits während der Beladung einsetzen, wenn auch mit einer, sich an der Schichthöhe orientierenden, steigenden Ventilatorleistung. Die Grünmalzhöhe ist gleichmäßig, die Schichtung gleichmäßig locker. Hierdurch kann Energie eingespart werden (z. B. durch geringeren Widerstand der Gutsschicht). Eine Anpassung der Einrichtung an die Darrfläche (rund, rechteckig, quadratisch) ist konstruktiv möglich. Die Anlage ist programmierbar und arbeitet vollautomatisch.

Das Beladen der Darre kann bei entsprechender Leistung des Grünmalz-Transportes rascher als früher geschehen. Damit bleibt mehr Netto-Prozeßzeit übrig, was vor allem bei Einhorden- und Triflexdarren von großer Bedeutung ist.

7.8.2
Das Abräumen der Darren

Das früher übliche Abräumen mit Hilfe von Kraftschaufeln in eine neben der Darre befindliche Gosse, die als Puffergefäß zur Malzputzerei diente, war arbeitsaufwendig und bewirkte auch eine Staubbelästigung des Bedienungspersonals.

Bei Einhordenhochleistungsdarren sind *Kipphorden,* vor allem bei den älteren Anlagen noch weit verbreitet. Je nach der Größe der Hordenfläche und den zur Verfügung stehenden Raumhöhen unter und über der Horde sind diese ein- oder zweiteilig ausgeführt. Die Malzgosse befindet sich im ersteren Falle an der von der Kipphorde zu beschickenden Seite der Darre im Druckraum; im zweiten Falle ist die Gosse mittig angeordnet. Trotz der Platzbeschränkung um einer gleichmäßigen Belüftung willen soll diese Gosse so bemessen sein, dass der Kippvorgang auf einmal durchgeführt werden kann (s. a. Abb. 7.52, 7.65).

Die Kipphorden haben sich gut bewährt; sie wurden lediglich dann ersetzt, wenn eine Beladevorrichtung (s. Abschnitt 7.3.3.1) eingebaut wurde, die auch die Funktion des Abräumens übernehmen konnte und die keinen Raum mehr für das Kippen der Horde mehr zuließ.

Ein kritischer Punkt ist die Abdichtung der Kipphorden, die durch eine oder mehrere Reihen von temperaturbeständigen Bürsten bewirkt wird. Eine Kontrolle derselben ist regelmäßig erforderlich, um Wärmeverluste und falsche Meßwerte (Darrautomatik!) zu vermeiden.

Bei Keimdarrkasten rechteckiger Bauart geschieht das Abräumen des Malzes durch den Wender, der sich mit drehenden Schnecken ein bestimmtes Stück in den Haufen arbeitet und dann mit einer Geschwindigkeit von 2,5 m/min und stehenden Schnecken das Gut in die Darrmalzgosse schiebt. Nachdem jedoch der Widerstand des Darrmalzes geringer ist, als z.B. der von Grünmalz, muß vor die Wenderschnecken eine aus Leichtmetall gefertigte Schaufel gesetzt werden. Diese besteht der Höhe nach aus drei Klappjalousien, die sich beim Einlauf des Wenders in das Malz öffnen und beim Abräumen so schließen, dass eine feste Front entsteht. Das Abräumen eines Keimdarrkastens von 150 t Schüttung dauert etwa drei Stunden.

Bei den Keimdarrkasten runder Bauart dient das Beladegerät auch dem Abräumen des Gutes. Bei der Drehhorde gelangt das Malz am äußeren Ende derselben in eine entsprechende Aufnahmegosse. Bei Einheiten mit feststehender Horde arbeitet die Belade- bzw. Verteilvorrichtung das Malz über eine im Zentrum angebrachte Öffnung in den Darrmalzförderer, der im Druckraum angeordnet ist.

7.8.3
Die Pflege und Instandhaltung der Darre

Sie erfordert einmal laufende Wartungsarbeiten während der Mälzungszeit, zum anderen die Instandsetzung während, am Ende der Kampagne oder zu festgelegten „Aussetzzeiten".

Während bei den alten Mehrhordendarren der ersten Hälfte des vorigen Jahrhunderts sehr aufwendige laufende Arbeiten am Heizungssystem und an den Lüftungseinrichtungen für die Funktion der komplizierten Darren und für die Malzbeschaffenheit unerläßlich waren, gestalten sich diese für Ein- und moderne Mehrhordendarren ungleich einfacher.

Dennoch sind die *Heizsysteme* wie z.B. die Lufterhitzer (z.B. Anox- oder hiervon abgeleitete Anlagen) auf Verschleißerscheinungen wie Undichtigkeiten durch Bruchstellen infolge der großen Temperaturunterschiede – man denke z.B. an die Verbindungen Glas-/Kunststoff – regelmäßig zu überprüfen. Undichtigkeiten könnten Rauchgas in die Trocknungsluft übertreten lassen, was in der Reaktionsfolge NO_x-Nitrosamine (s. Abschnitt 7.2.4.9) Probleme bereiten würde. Bei weniger hochqualifizierten Brennstoffen wäre auch ein Rauchgeschmack des Malzes und Bieres zu befürchten. Darren, die mittels Dampf oder Heißwasser beheizt werden, verfügen über Radiatoren mit Lamellen-Oberflächen, die im Laufe der Zeit bei den gegebenen hohen Luftdurchsätzen Schmutzablagerungen erfahren, die den Darrbetrieb stören können. Der Kreuzstromwärmeübertrager ist in ähnlicher Weise empfindlich wie die erwähnten Lufterhitzer.

Eine Kontrolle und ggf. Einstellung der Kontroll- und Regeleinrichtungen, der Ventilatoren und Luftleitklappen, wie auch die Antriebe etc. erfordern den Einsatz von Spezialisten.

7.8.4
Andere Verfahren zum Trocknen und Darren von Malz

Es wurden schon frühzeitig Versuche getätigt, um den zeit- und energieaufwendigen Darrprozeß mit den herkömmlichen Malzdarren durch andere Verfahren wie Infrarottrocknung [1018], Impulstrocknung oder andere zu ersetzen. Anscheinend war die Übersetzung von durchaus versprechenden Kleinversuchen in den industriellen Maßstab nicht lohnend, denn es konnte sich keine dieser Neuerungen einführen.

Die *Wirbelschichttechnik* findet in etlichen Bereichen, auch der Lebensmitteltechnologie, Anwendung und gewinnt dort mehr an Bedeutung.

Das *Prinzip* der Wirbelschichttrocknung ist es, Haufwerke aus körnigen Teilchen in ein Fluidat überzuführen. Dies bedeutet, dass Luft mit hoher Geschwindigkeit durch das Gut geblasen wird, dass die Teilchen zwar voneinander getrennt werden und eine eigene Bewegung erfahren, aber nicht fortgetragen werden. Das Gut-Luft-Gemisch gleicht in seinen Eigenschaften einer Flüssigkeit, in der sich die Teilchen ständig bewegen und mischen. Der Grenzwert der Luftgeschwindigkeit, der ein Festbett in eine homogene Wirbelschicht überführt, wird als minimale Fluidisationsgeschwindigkeit bezeichnet. Das Verfahren hat in anderen Bereichen folgende Vorteile gezeigt: Wesentliche Vergrößerung der umströmten Oberflächen, hoher Wärmeübertragungswirkungsgrad, genaue Temperaturführung in verschiedenen Zonen, hoher Wärmeeintrag sogar bei niedrigen Temperaturen, Steuerung der Verweilzeit, schonende Produkttrocknung.

Bei der *Grünmalztrocknung* zeigte sich, dass die relativ hohe Dichte des Korns, seine nichtkugelige Form und vor allem die Wurzelkeime, die zu einem Verhaken der Körner untereinander führen, einer zufriedenstellenden Fluidisierung entgegenstehen. So wurden chargenweise arbeitende Versuchsanlagen mit einem Rührer betrieben, bis sich nach entsprechendem Wasserentzug die Wurzelkeime lösten und sich die Wirbelschicht homogener gestaltete.

Die Technologie der Trocknung war bei Anfangstemperaturen von 50 °C am günstigsten. Bei einem Wassergehalt von 15% wurde schrittweise auf 60 °C und 70 °C gesteigert und schließlich 90 Minuten bei 80 °C ausgedarrt. Der Volumenstrom der Luft war anfangs 1150 m^3/110 kg Grünmalz und wurde im Laufe von vier Stunden auf ca. 800 m^3 reduziert. Die Korntemperatur stieg während der ca. 210 min währenden Trocknung von 30 °C auf 60 °C an, um gegen Ende des Abdarrens (d. h. in den letzten 20 Minuten) 75 °C zu erreichen. Die Gesamtzeit für Trocknen und Darren war 240 Minuten.

Die *Analysendaten* unterschieden sich in den Merkmalen Friabilimeterwert und ganzglasige Körner nicht, ebensowenig in Viskosität, Eiweißlösungsgrad, Extrakt, Farbe, α-Amylase und Diastatische Kraft. Der Gehalt an β-Glucanasen, aber auch an DMS-P war bei der Wirbelschichttrocknung höher.

Der *Energiebedarf* sollte um ca. 15% unter dem einer Vergleichsdarre liegen [1019, 1020].

7.9
Die Behandlung des Malzes nach dem Darren

Das von der Darre abgeräumte Malz muß abgekühlt und anschließend möglichst rasch von den Malzkeimen befreit werden.

7.9.1
Das Abkühlen

Dieses soll so weit geführt werden, als es die Außenlufttemperatur zuläßt. Nachdem das Abdarren meist in den frühen Morgenstunden beendet ist, dürfte diese Vorgabe selbst in den Sommermonaten kein Problem sein. Anzustreben sind Temperaturen unter 30 °C, um eine Schädigung von Enzymen oder die Förderung von weiteren Abbauvorgängen zu vermeiden (s. a. Abschnitt 7.10 „Malzlagerung"). Beim Abkühlen mit Frischluft kann eine Erhöhung des Malz-Wassergehaltes um 0,15–0,30% gegeben sein, je nach dem Zustand der Kühlluft.

Auf der *Einhordendarre* kann die Abkühlung unmittelbar nach Ende des Darrens durch Zufuhr von Frischluft geschehen. Dies dauert bei voller Ventilatorleistung 30–40 Minuten.

Bei *Keimdarrkasten* rechteckiger Bauform ist dieser Vorgang u. U. länger auszudehnen (s. Abschnitt 7.3.4) und die Temperaturabsenkung ggf. durch Mitverwendung von Rückluft vorsichtiger vorzunehmen, um die Temperaturbeanspruchung des Gebäudes in Grenzen zu halten.

In diesen beiden Fällen geht die im Darrmalz steckende Wärme verloren.

Bei den *modernen Zweihorden-Luftumkehr-* und *kontinuierlichen Darren* wird die Abwärme beim Kühlen des Malzes der Schwelkhorde bzw. dem vorhergehenden Trocknungsabschnitt zugeführt. Der Zeitaufwand, der bei der Einhordendarre eine Rolle spielt und u. U. einen Engpaß darstellen kann, ist hier unproblematisch.

Eine *weitere Abkühlung der Malze* aus den geschilderten Darrtypen geschieht bei der Malzentkeimung und der hierbei wirksamen Belüftung und Entstaubung.

Bei den alten *Mehrhordendarren* ist diese Handhabung nicht möglich. Bei kleineren Darren kühlt das Malz in der Gosse und beim nachfolgenden Entkeimungs- und Putzvorgang genügend rasch ab, bei größeren Darren muß durch einen besonderen Kühlrumpf für eine entsprechende Absenkung der Malztemperatur gesorgt werden. Es tritt sonst eine Schädigung der Enzyme, eine merkliche Zufärbung des Malzes und u. U. eine geschmackliche Verschlechterung des Bieres ein. Es dauert eine bestimmte Zeit, bis die Putzereianlage die Malzmenge einer Darre verarbeiten kann (3–5 Stunden). Aus diesem Grunde soll das Malz bereits in der Malzgosse durch einen Siebboden künstlich belüftet und dadurch auf ca. 35 °C abgekühlt werden. Ebenso kann eine Gosse, die mit einem dächerartigen Rohrsystem durchzogen ist, der Kühlung des Malzes dienen. Auch hier ist eine künstliche Belüftung notwendig. Schließlich eignet sich der über die meiste Zeit der Kampagne hinweg unbenutzte Gerstentrockner zum raschen Abkühlen des Malzes. Die weitere Abkühlung des Malzes erfolgt in der Entkeimungsmaschine, in der das Malz beim Auslauf einem kräftigen Luftstrom ausgesetzt wird.

7.9.2
Das Entkeimen

Das Entkeimen des Darrmalzes ist notwendig, weil die Keime

a) wieder rasch Wasser anziehen,
b) bitterschmeckende Substanzen enthalten, die den Biergeschmack nachteilig beeinflussen können,
c) zufärbend wirken.

Es ist zweckmäßig, das Entkeimen sofort vorzunehmen, weil die Keime nur im vollkommen trockenen Zustand leicht und restlos entfernt werden können. Bei längerem Liegen des Malzes ziehen sie aufgrund ihrer großen Oberfläche Wasser an und sind nur mehr unvollkommen abzutrennen. Das Malz ist auf seine vollständige Entkeimung zu prüfen; ungenügend entkeimtes Malz soll beanstandet werden.

Die Entkeimung ist auf verschiedenem Wege möglich:

7.9.2.1 Klassische Entkeimungsmaschine

Die klassische Entkeimungsmaschine besteht aus einer sich langsam drehenden Siebtrommel aus geschlitztem Blech, in dem ein Schlägerwerk mit gewundenen Stahlblechleisten in gleicher Richtung, jedoch etwas schneller rotiert. Dadurch wird das Malz teils gegeneinander, teils gegen den Trommelmantel gerieben. Diese Bewegung bewirkt ein Abbrechen der Keime, ohne dass das Malz Schaden leidet. Die Keime fallen dabei durch die Schlitze der Siebtrommel hindurch und werden von einer Schnecke aus der Maschine abgeführt. Am günstigsten ist es bei Verladung der Keime in Säcken, die Keimtransportschnecke so groß auszuführen und mit so vielen Sackstutzen zu versehen, dass jeweils die Keimmenge einer Darre aufgenommen werden kann. Auf diese Weise ist es auch möglich, den Keimanteil jeder Charge für sich zu bestimmen. Die Geschwindigkeit der Umdrehung von Siebtrommel und Schläger muß so eingestellt werden, dass eine Beschädigung der Malzkeime vermieden wird. Durch einen auf der Maschine aufgebauten Exhaustor gelingt es, leichtere Verunreinigungen abzutrennen und das Malz am Ausgang der Maschine intensiv – meist noch über eine Kaskade laufend zu belüften und dadurch nochmals zu kühlen. Die vom Saugwind mitgenommenen schweren Beimengungen lagern sich in einem Fliehkraftabscheider, die leichtern dagegen in einem Druckschlauchfilter ab (Abb. 7.83).

Bei den alten Mehrhordendarren fiel nur ein Teil der Malzkeime in der Entkeimungsmaschine an; ein Teil wurde bereits vorher durch das – mindestens beim Abdarren – häufige Wenden abgerieben und fiel durch die Horde entweder in die Keimkammer oder bei Darren ohne Zwischendecke über die entsprechend geformten Heizrohre auf den Boden der Heizkammer. Um ein Verfärben

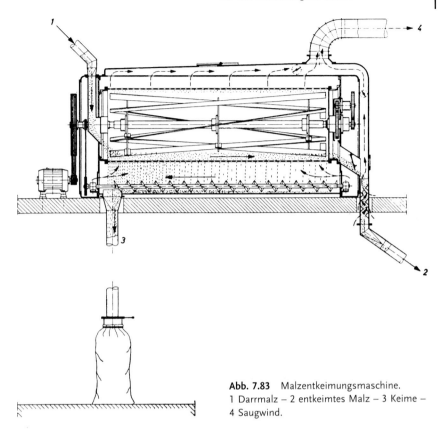

Abb. 7.83 Malzentkeimungsmaschine.
1 Darrmalz – 2 entkeimtes Malz – 3 Keime –
4 Saugwind.

oder gar ein Verkohlen der Keime zu vermeiden, mußten sie wöchentlich aus diesen Räumen entfernt werden. Daneben wurde die Darre täglich nach dem Abräumen und Wiederbeladen überprüft, ob evtl. Keime auf den Heizrohren liegengeblieben waren.

Auch bei Keimdarrkasten fallen beim Abräumen des Malzes Malzkeime durch die Horde und müssen aus dem Druckraum gewonnen werden.

Mit der Einführung der schonend arbeitenden Einhordenhochleistungsdarren reichte häufig die Leistung der vorhandenen Entkeimungsmaschine nicht mehr aus, da hier, selbst bei gleicher Schüttung, mehr Keime anfielen. Aus diesem Grunde wurde unterhalb der Darrmalzgosse eine sog. „Vorentkeimungsschnecke" angeordnet, die – ebenfalls mit Absackstutzen versehen – die Malzentkeimungsmaschine entlastete.

7.9.2.2 Entkeimungsschnecken
Entkeimungsschnecken haben sich für große Leistungen bewährt. Sie bestehen aus einem Schneckentrog aus geschlitztem Blech, indem sich eine Schnecke entsprechender Steigung oder eine Welle mit verstellbar aufgesetzten Trapez-

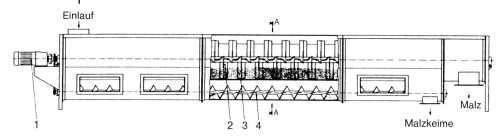

Einlauf

Malz

Malzkeime

1   2 3 4

Schnitt A-A

Abb. 7.84   Entkeimungsschnecke (Lausmann).
1 Antrieb
2 Schlagpalettenschnecke
3 Sieb
4 Keimschnecke.

paddeln dreht. Durch die Reibung Korn an Korn brechen die Malzkeime ab und fallen durch die Schlitze des Troges in einen, über die gesamte Schneckenlänge reichenden, konischen Rumpf, der entweder in eine Reihe von Absackstutzen oder in eine Transportschnecke mündet. Auch diese Anlage wird einem kräftigen Luftstrom zur Entfernung leichter Bestandteile ausgesetzt (Abb. 7.84).

Um Fremdteile und verklebte Malzklumpen nicht in die Maschine eintreten zu lassen, läuft das Darrmalz der Schnecke über einen Siebkorb zu. Dieser soll täglich kontrolliert bzw. entleert werden.

7.9.2.3 Pneumatische Malzentkeimung

Die pneumatische Malzentkeimung findet hauptsächlich bei pneumatischen Malztransportanlagen Anwendung. Das Darrmalz wird aus der Gosse über eine Dosierschnecke in die Sauganlage eingespeist und passiert auf dem senkrecht nach aufwärts führenden Weg eine Kaskade oder eine Abriebstrecke. Dieser meist mit Querriffeln versehene, schlangenförmig gestaltete Weg bewirkt ein Reiben der Körner aneinander, wodurch die Malzkeime abbrechen. Es kann aber auch, nach Abb. 7.85 eine Malzentkeimungsschnecke eingesetzt werden, die aber durch ihre Paddeln (s. oben) die Malzkörner aneinander reibt und so die Keime abbricht. Die Keime werden aber in dieser Entkeimungsschnecke noch nicht abgetrennt, sondern dem pneumatischen Abscheider zugeführt. In einem großen Separator wird das schwerere Malz von den leichteren Malzkeimen getrennt; in einem folgenden Zyklon erfolgt dann die Separierung der Malzkeime. Von hier aus wird die Luft, u. U. durch einen weiteren Abscheider oder durch einen Saugschlauchfilter gereinigt.

Die Anlage hat den Vorteil der hohen Leistung und der Staubfreiheit.

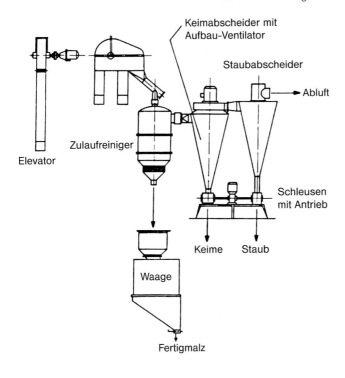

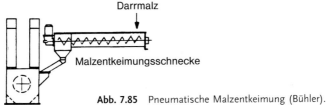

Abb. 7.85 Pneumatische Malzentkeimung (Bühler).

7.9.2.4 Malzkeime

Die Malzkeime stellen ein wertvolles Abfallprodukt der Mälzerei dar. Sie fallen normalerweise in einer Menge von 3–5,5% der Trockensubstanz an. Ihr Gewichtsanteil wird um so höher, je länger das Malz gewachsen ist. Bei Wiederweichverfahren ist der Keimanfall geringer, ebenso bei Keimkastenanlagen, deren Wender einen starken Malzkeimabrieb verursachen.

Die Zusammensetzung der Malzkeime hängt von der verwendeten Gerste, vor allem aber vom Mälzungsverfahren und der Länge des Gewächses ab. Auch hat sich erwiesen, dass die in der Darre (Keimkammer) anfallenden Keime stickstoffreicher sind als die sog. „Putzmaschinenkeime", da letztere durch Spelzenabrieb und Staub einen höheren Anteil an Rohfaser aufweisen. Dagegen leiden naturgemäß die „Darrkeime" während des Darrens durch die in der Heizkammer höheren Temperaturen in stärkerem Maße als die Putzkeime. Die Zusammensetzung gibt Tab. 7.72 [1021].

Tab. 7.72 Zusammensetzung der Malzkeime.

	Dunkles Malz		Helles Malz	
	Darrkeime	Putzereikeime	normal	kurz gewachsen
Wasser %	7,0	7,7	8,8	10,1
Rohprotein %	30,9	25,3	30,1	34,1
Fett %	1,6	1,9	2,0	2,2
Rohfaser %	9,6	11,9	8,6	11,4
Asche %	7,0	6,1	6,0	7,1
Stickstofffreie Extraktstoffe %	43,9	47,1	44,5	35,1

Der hohe Rohproteingehalt macht die Malzkeime zu einem wertvollen Futtermittel, der durch einen hohen Gehalt an gut verdaulichen Kohlenhydraten und einen reichlichen Mineralstoffgehalt (vor allem Phosphate) ergänzt wird. Darüber hinaus ist ein hoher Gehalt an freien Fettsäuren sowie an Vitaminen (Vitamin A, Vitamine des B-Komplexes, Vitamin D sowie andere Vitamine [Vitamin C fehlt]) und Wuchsstoffen gegeben.

7.9.2.5 Verarbeitung der Malzkeime

Früher wurden die Malzkeime in besonderen Malzkeimkammern gelagert und sackweise verkauft. Die Keimaustragschnecken an den Entkeimungsmaschinen ermöglichen ein direktes Absacken bereits während des Malzputzens.

Heute werden die Keime häufig in Hammermühlen vermahlen, standardisiert und mit einer bestimmten, meist nach dem Rohproteingehalt orientierten Zusammensetzung in Papiersäcke abgefüllt. Neuerdings hat es sich auch eingeführt, die zu Pulver vermahlenen Malzkeime zu pelletisieren: Sie werden unter hohem Druck zu zylindrischen Körpern von ca. 5–10 mm Durchmesser und 10–15 mm Länge gepreßt.

7.9.3
Das Polieren des Malzes

Vor der Abgabe bzw. vor dem Verbrauen des Malzes wird dieses noch „poliert". Hierunter ist das Abreiben etwa noch anhaftender Malzkeime und abstehender Spelzenteile sowie eine gründliche Entstaubung zu verstehen. Auch wird der bei Entleerung von Silos, auf den Transportwegen usw. anfallende Abrieb entfernt. Das Malz bekommt hierdurch ein schöneres Aussehen, einen reineren Geschmack und gibt höhere Ausbeuten. Gleichzeitig steigt das Hektolitergewicht bzw. das spezifische Gewicht etwas an.

Das Polieren wird mit besonderen Poliermaschinen durchgeführt, die entweder die gleiche Bauart wie Malzputzmaschinen haben, d. h. mit Siebtrommel und Schlägerwerk ausgerüstet sind oder aber über eine Bürste verfügen. Während des Durchlaufs durch die Maschine wird das Malz zwischen der Bürste und einem gewellten Blech aneinander gerieben, so dass die Verunreinigungen gelockert werden, von der Belüftung erfaßt und abtransportiert werden können. Die Bürste hat eine Umfangsgeschwindigkeit von 6–8 m/s; die Leistung beträgt 300 kg/m^2 Bürstenoberfläche.

Eine gute Poliermaschine muß verschieden scharf einzustellen sein, um sich dem Wassergehalt des Malzes und seiner Auflösung anpassen zu können.

Es sind jedoch auch Apparate mit Siebsätzen nach Art der Gerstenvorreiniger anzutreffen (s. Abschnitt 3.3.1.1). Diese Anordnung ist vor allem dann wichtig, wenn Steine, Metallteile usw. entfernt werden sollen, die doch immer wieder auf irgendeine Weise auf dem Transport usw. in das Gut gelangen und in der Schroterei zu Störungen führen können.

Der *Polierabfall* liegt je nach der Wirkungsweise der angewandten Maschinen und der Länge der Förderwege, der Art der Transportanlage usw. zwischen 0,5 und 1,5%. Er enthält stets Malzgrieße, deren Entstehung in der Regel auf angebrochene Malzkörner zurückzuführen ist. Sie stellen ein sehr wertvolles Produkt dar, da sie meist einen um 2–4% höheren Extraktgehalt als das Malz selbst haben. Durch besondere Grießgewinnungsanlagen können diese Grieße aus dem Ausputz ausgeschieden und ihr Extrakt ohne besonderen Aufwand gewonnen werden.

7.10
Die Lagerung und Aufbewahrung des Darrmalzes

7.10.1
Allgemeines

Vor dem Verbrauen soll eine gewisse Lagerzeit des Malzes gegeben sein. Frisch abgedarrte Malze, vor allem solche, die bei intensiver Ausdarrung Wassergehalte von unter 3,5% aufweisen, können beim Schroten (mit Ausnahme der Malzkonditionierung oder der Naßschrotung) eine zu weitgehende Zerkleinerung der Spelzen und u. U. einen zu hohen Mehlgehalt ergeben. Dies wiederum führt zu einer schwerfälligen Abläuterung (s. Bd. II). Die Würzen läutern meist mehr oder weniger stark opalisierend ab. Auch können Haupt- und Nachgärungsstörungen und mit ihnen unvermeidlich unbefriedigende Biereigenschaften (Geschmack, Schaum, Stabilität) die Folge des Verbrauens zu frischer Malze sein. Bei diesen wird auf einen Teil jener Enzyme verzichtet, die zu diesem Zeitpunkt ihre Wärmestarre noch nicht überwunden haben.

7.10.2
Vorgänge bei der Lagerung des Malzes

Während der Lagerung treten physikalische und chemische Veränderungen auf, die die spätere Verarbeitung des Malzes erleichtern. Sie sind meist mit einer geringen Wasseraufnahme des Malzes verbunden; hierdurch ist eine Volumens-

Tab. 7.73 Veränderung der Aktivität von proteolytischen Enzymen im Laufe einer vier-wöchigen Lagerung.

	Darrmalz	gelagertes Malz	Zunahme %
Wassergehalt %	3,7	4,3	16
lös. N der Kongreßwürze mm/100 g Malz TrS	703,6	713,9	1,5
Endo-Peptidase [a]	6280	6460	2,9
Aminopeptidase [a]	19,6	19,9	1,5
Carboxypeptidase [a]	320	374	16,8
Dipeptidase [a]	11,9	16,5	38,6

a) Definition der Einheiten s. Abschnitt 4.1.6.2–4.1.6.3.

und Gewichtsveränderung gegeben: so fällt das Hektolitergewicht um so mehr, je mehr Feuchtigkeit aufgenommen wird. Dagegen nimmt das Volumen zu, und zwar bei harten Körnern mehr als bei mürben.

Durch die Wasseraufnahme verlieren die Spelzen ihre Sprödigkeit; aber auch die Kolloide des Malzes, wie z. B. Gummistoffe und Eiweiß, gewinnen ihr Hydratationswasser zurück. Dies äußert sich in einem glanzfeinen Ablauf der Kongreßwürzen. Durch die erwähnte Hydratation läßt sich auch eine Erhöhung der Enzymaktivität erkennen, wie nachfolgende Aufstellung über eine Reihe von proteolytischen Enzymen beweist [299].

Es ist jedoch bemerkenswert, dass sich die Daten der Malzanalyse bei einer Lagerung im Zeitraum von 4 Monaten bei 25 °C nur in geringem Maße verändern: Selbst bei einer Erhöhung des Wassergehalts von z. B. 4,0 auf 4,9% bleibt die wasserfreie Extraktausbeute gleich; die Mehlschrotdifferenz erfährt eine leichte Verringerung um 0,1–0,2% in den ersten zwei Monaten der Lagerung. Die β-Glucangehalte nehmen im Beobachtungszeitraum von 4 Monaten um ca. 20% ab. Die Werte für löslichen Stickstoff zeigen, ebenso wie die niedermolekularen Fraktionen, keine meßbare Bewegung. Die Diastatische Kraft als Ausdruck der Aktivität von α- und β-Amylase nimmt etwas zu, eine Erscheinung, die sich durch die Wiederaufnahme von Hydratationswasser erklären läßt. Entgegen früheren Aussagen nimmt die Gesamtsäure während der Lagerung ab. Die Vz 45 °C zeigt eine Zunahme um 0,5–1% pro Monat (innerhalb des Beobachtungszeitraumes von 4 Monaten).

Der Einfluß der Abdarrung auf die Lagerfähigkeit des Malzes ist gering; abgesehen von den Unterschieden, die sich durch den Eingriff der Abdarrtemperatur an sich ergeben (s. Abschnitt 7.2.4.2), verändern sich weder Extraktgehalt noch Eiweißlösungsgrad der Malze über einen Zeitraum von 4 Monaten hinweg. Die Mehl-Schrotdifferenz verbessert sich bei hoch aber auch bei normal abgedarrten Malzen, während die Zunahme der Vz 45 °C ebenso wie die Abnahme des Säuregrades keine Abhängigkeit zur Abdarrtemperatur erkennen läßt [1014].

Aus diesem Grund üben Malze aus derartigen Lagerversuchen auch keinen negativen Einfluß auf die Beschaffenheit der Würzen und Biere aus; Biere, die aus unzureichend abgedarrten Malzen stammen, neigen bei hellerer Farbe zu einem weniger vollmundigen und abgerundeten Trunk. Diese Erscheinung hängt jedoch ursächlich von der Intensität der Ausdarrung und kaum von der Lagerung (bis 4 Monate) ab [1014].

Höhere Lagertemperaturen von 30–35 °C zeigen dagegen bei längerer Lagerzeit eine Zufärbung, die um so stärker ist, je höher der Wassergehalt des Malzes war. Bei einem Lagerversuch von 5 Wochen bei 50 °C läßt sich sogar bei einem niedrigen Wassergehalt von 4,3% eine Enzymschädigung und eine Zufärbung erkennen. Enzymatische Veränderungen im Sinne einer weiteren Auflösung des Malzes sind nicht gegeben [1015].

Die in älteren Lehrbüchern geschilderten Erscheinungen einer nachträglichen „Überlösung" der Malze bei der Lagerung dürften hauptsächlich während der Kriegs- und Nachkriegszeit beobachtet worden sein, wo das Malz, oftmals unter völlig unzureichenden Bedingungen, bei Wassergehalten bis zu 11% und über einige Jahre hinweg, Veränderungen erfuhr, die sich auch in den daraus hergestellten Bieren nachteilig äußerten [1021].

Das Verschroten feuchter Malze kann bei einfachen Schrotmühlen Schwierigkeiten bereiten.

Dunkle Malze zeigen im Laufe einer 3-monatigen Lagerung kaum eine Veränderung ihrer „konventionellen" Analysendaten. Auch die flüchtigen Malzaromastoffe (Aldehyde, Ketone, Alkohole, Ester, Lactone, Furane) bleiben – ebenso wie die N-Heterocyclen – im Rahmen der Abweichungen zwischen zwei Darren konstant. Auch die Würzen und Biere waren analytisch gleich. Die Bieraromastoffe erfahren bei Verarbeitung der abgelagerten Malze eine geringfügige Mehrung. Bei der forcierten Alterung erwies sich dieses Bier als stabiler. Es wurde im frischen, wie auch gealterten Zustand bevorzugt [1022].

Diese Ergebnisse sind im Widerspruch zu früheren Erfahrungen. Es ist jedoch anzunehmen, dass die früher getesteten dunklen Malze einen erhöhten Wassergehalt hatten und so ihre Eigenschaften eine negative Veränderung erfuhren.

Es ist jedoch das Darrmalz im Hinblick auf eine gleichmäßige Schrotung so zu lagern, dass der Zutritt von Luft und Feuchtigkeit zum Malz vermieden wird und nur eine möglichst geringe Oberfläche des Malzes der Lufteinwirkung ausgesetzt ist.

Ein Einfluß der Lagerung des Malzes auf die Aktivität der Lipoxygenasen wurde insofern festgestellt, als nach 110 Tagen Lagerung bei 7 °C nur noch 60–70% der ursprünglichen Aktivität, bei 15 °C nur noch 50% und bei 23 °C nur noch 30–40% der Ausgangswerte vorlagen [1023, 1024].

Während einer halbjährigen Lagerung von Malzen aus verschiedenen Gerstensorten ergaben sich höhere Werte für Mono-, Di- und Trihydroxyfettsäuren. Es war keine Zuordnung zum Verhalten einzelner Sorten zu erkennen. Weder der Geschmack des frischen Bieres noch der des gealterten zeigten Einflüsse der Malzlagerung [615].

7.10.3
Die Dauer der Lagerung

Sie sollte im allgemeinen mindestens 4 Wochen betragen, um die im Malz vor sich gehenden Umsetzungen im gewünschten Sinne ablaufen zu lassen. Wird das Malz kühl und trocken in das Silo eingebracht und wird eine Wasseraufnahme in den Silos vermieden, so steht selbst einer langen Aufbewahrungszeit von 1–2 Jahren nichts entgegen.

Malze, die zuviel Wasser angezogen haben, können zum Zwecke einer besseren Schrotung nachgedarrt werden. Hierbei wird wohl überschüssiges Wasser entfernt, aber die Wirkung einer während der Lagerung erfolgten Enzymtätigkeit nicht mehr aufgehoben. Im allgemeinen hat diese Maßnahme wenig Wert, zudem die Entfeuchtung wegen des Fehlens der Malzkeime nur sehr vorsichtig durchgeführt werden darf.

7.10.4
Die Durchführung der Malzlagerung

Malz kann auf Böden, in Malzkästen und Malzsilos gelagert werden.

7.10.4.1 Bodenlagerung
Die Bodenlagerung, wie sie verschiedentlich noch in kleinen Betrieben anzutreffen ist, stellt die ungünstigste Form der Lagerung dar. Durch die große Fläche wird das Malz nur zu leicht einer übermäßigen Feuchtigkeitszunahme ausgesetzt. Auch ist – vor allem bei Holzböden – die Gefahr von Schädlingsbefall groß. Es ist vorteilhaft, die Wände der Räume mit verfugten Brettern zu verkleiden; auch soll eine Trennung der einzelnen Partien durch abteilende Bretterwände möglich sein. Eine gewisse, wenn auch nicht wirkungsvolle Abhilfe ist das Abdecken des Malzes mit Planen oder Kunststoff-Folien. Schlecht lagernde Malze sind bald zu verbrauen.

7.10.4.2 Malzkästen
Malzkästen aus Holz oder Stahlblech sind günstiger, da hier die Malzoberfläche kleiner wird. Bei entsprechenden statischen Voraussetzungen lagert da Malz 3–4 m hoch. Hölzerne Malzkästen dürfen nur aus verfugten Brettern hergestellt werden, verschiedentlich sind sie mit Blech ausgeschlagen. Das vollständige Entleeren von Malzkästen sollte mindestens einmal jährlich erfolgen. Es erfordert einen gewissen Personalaufwand.

7.10.4.3 Silolagerung
Silolagerung als die einzig zweckmäßige und geeignete bietet den Vorteil der Unterbringung großer Malzmengen auf kleiner Grundfläche, der Trockenheit,

der automatischen Schädlingsbekämpfung sowie der mechanischen Befüllung und Entleerung.

Stahlbetonsilos entsprechen in ihrer baulichen Ausführung den Gerstensilos (s. Abschnitt 3.4.5.5). Sie haben eine geringe Wärmeleitfähigkeit, sie sind aber schwer und ortsfest. Nach der Erstellung müssen sie unbedingt genügend lange abbinden und trocknen, um eine Schädigung des Malzes zu vermeiden. Das Malz lagert in einer Höhe von 40 bis zu 110 m; die Malzoberfläche wird dadurch sehr klein und das Malz hält sich in derartigen Silos sicher, weil die Wasseraufnahme schon 50 cm unter der Oberfläche zum Stillstand kommt.

Stahlblechsilos aus zylindrischen Elementen mit entsprechendem Durchmesser oder aus vorgefertigten Teilen in Form von Profilblechen, haben sich ebenfalls bewährt. Sie bieten den Vorteil der raschen Aufstellung, der sofortigen Benützbarkeit, eines verhältnismäßig geringen Gewichts und der Möglichkeit der Wiederentfernung. Die Gefahr der Kondenswasserbildung ist bei einem so trockenen Lagergut wie Malz in unseren Breiten ausgeschlossen.

Das Fassungsvermögen der Zellen ist zweckmäßig auf die Größe der verfügbaren Malzpartien abgestimmt und sollte 300–500 t pro Einheit nicht überschreiten.

Die verschiedenen Malze müssen nach Farbe, Auflösung und Provenienz für sich gelagert werden können.

Zum gleichmäßigen Verschnitt verschiedener Malze, z. B. bei der Abgabe von der Mälzerei an Kunden oder zum Zusammenstellen der Malzschüttung verschiedener Biersorten, werden häufig besondere Mischzellen verwendet.

7.10.4.4 Mischzellen

Diese haben einen kleinen Inhalt von 50–150 t und sind am konischen Auslauf mit einer eigenen Dosiervorrichtung ausgestattet.

Die *Bemessung* der gewünschten Verschnittmengen geschieht durch entsprechend einstellbare Schieber, die jedoch deswegen nicht sehr genau arbeiten, da der Durchlauf vom Druck, d. h. von der Höhe der darüber befindlichen Malzsäule abhängt. Günstiger sind Meß- und Mischapparate, die eine beliebige prozentuale Einstellung der den verschiedenen Zellen entnommenen Malze ermöglichen. Sie sind wie die Schleusen pneumatischer Transportanlagen gebaut, d. h. sie nehmen bei jeder Umdrehung dasselbe Malzvolumen mit (Abb. 7.86).

7.10.4.5 Entmischung

Die Entmischung des Malzes beim Befüllen oder Entleeren des Silos ist von großer Bedeutung. Die großen, schweren Körner, ebenso weniger gut gelöste oder gar Ausbleiber, fallen beim *Einlagern* rascher als die leichteren und gut gelösten. Auch wirkt der Luftwiderstand auf Körner unterschiedlicher Größe trennend. Die Folge davon ist eine Entmischung des Malzes beim Einlagern. Die unteren Schichten enthalten schwereres Malz als die oberen. Nachdem sich

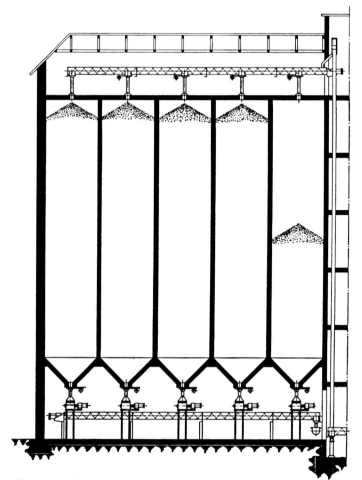

Abb. 7.86 Malz-Siloanlage mit Meß- und Mischeinrichtung.

beim Aufschütten von Malz eine Böschung ausbildet, läuft das schwerere Malz nach außen, d.h. nach den Randzonen zu.

Beim *Entleeren* der Silos wird die Entmischung noch gesteigert, da sich der Malzstrom aus der Mittellinie des Silos in Bewegung setzt, so dass eine Laufsäule entsteht. Es werden daher die am Rand befindlichen, schwereren oder härteren Partien erst beim Leerwerden des Silos zum Auslauf gelangen.

Die Entmischung bei der Einlagerung kann mit Erfolg durch Streuteller oder Streuglocken vermieden werden, da diese eine gleichmäßige Ausbreitung und Verteilung des Malzes gewährleisten. Beim Auslauf dienen Denny-Stutzen dieser Aufgabe. Es handelt sich dabei um einen senkrecht stehenden, mit seitlichen Öffnungen versehenen Doppelzylinder mit je 4 aufeinanderpassenden Öffnungen, die bei entsprechender Stellung den Auslauf des Malzes gestatten. Nachdem dieses nur von der Seite her eintreten kann, bildet es beim Auslauf

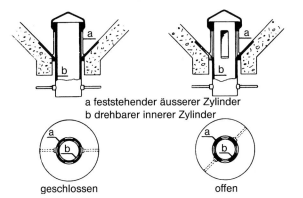

a feststehender äusserer Zylinder
b drehbarer innerer Zylinder

geschlossen   offen   **Abb. 7.87**   Denny-Stutzen.

keinen Trichter in der Mitte der Getreidemasse. Bei Drehung des Innenzylinders werden seine Öffnungen durch die Wand des Außenzylinders verdeckt, das Silo ist dann geschlossen (Abb. 7.87).

Eine einfachere Ausführung stellt ein konisches Dach auf dem Silo-Auslauf dar, welches einen seitlichen Einlauf des Gutes bewirkt. In diesem Falle muß die Silozelle mit einem zwischen zwei Flanschen angeordneten Flachschieber zu verschließen sein.

Eine Silobaufirma hat vier verschiedene Arten von Silo-Ausläufen entwickelt, die je nach Form des Silos eine Entmischung verhindern. Es wird zwischen Zentral-, Viertel-Zentral-, Halbbogen- und Flügelauslauf unterschieden; die Wirkungsweise geht aus Abb. 7.88 hervor.

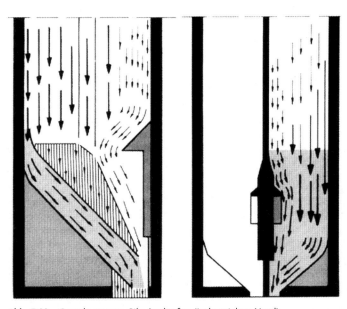

Abb. 7.88   Gestaltung von Silo-Ausläufen (Industriebau-Nord).

Eine neuere, aber schon bewährte Vorrichtung nach *Schnellbacher* [1025], die eine Entmischung des Malzes beim Befüllen und Entleeren von Malz-Silos vermeidet, sind spezielle Füll- und Entnahmerohre, die vom Zelleneinlauf bis zum Auslauf reichen. Diese Rohre bestehen aus Einzelschüssen, die innen Prallbleche zur Hemmung der Fallgeschwindigkeit sowie je eine Ein- und Auslauföffnung mit vorgesetztem Druckschild und Dach gegen Frontal-, Seiten- und Vertikaldruck sowie im Trichterschuß einen Spezialauslauf für Restentleerung aus dem Zellentrichter unter voller Leistung aufweisen.

Bei der Einlagerung läuft das Malz im Rohr fallgehemmt stets nur aus der Öffnung direkt oberhalb der Malzoberfläche in die Zelle aus (Abb. 7.89). Es erfolgt also eine Befüllung in Schichten. Zur Auslagerung aus der Zelle läuft es dagegen von der Malzoberfläche druckfrei in die jeweils nächste Öffnung ein und dann – im gleichen Rohr geführt – von oben herab als Gutsäule zum Zellenauslauf. Eine Restmenge im Zellentrichter kann durch einen geringen Spalt zwischen Rohrmündung und Trichter auslaufen.

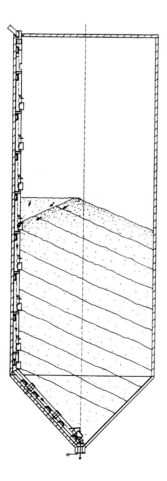

Abb. 7.89 Schnitt durch eine Malz-Silozelle mit Füll- und Entnahmerohr. Entleerung von oben herab ohne Entmischung (Schnellbacher).

Die Abtragung entsteht quer zu den vom Einlagerungswinkel gebildeten Schichten.

Beim Einfüllen des Malzes in die Silozellen aus großen Höhen entsteht stets Malzbruch und Abrieb, der je nach der Transportbeanspruchung und der Auflösung des Malzes bzw. der Intaktheit des Korns (Husaren brechen die Spelze an der Kornspitze auf) 0,5–2% betragen kann. Dies kann durch das vorstehend geschilderte System weitgehend vermindert werden, ebenso die Entmischung des Malzes.

Malzstaub ist schädlich; er gelangt beim Entleeren großer Silos in mehr oder weniger großen Mengen ins Malz und kann anormale Gärungserscheinungen im Gefolge haben. Hier ist eine sorgfältige, nochmalige Polierung des Malzes vor dem Versand bzw. vor dem Verbrauen wünschenswert.

7.10.4.6 Abgabesilos

Bei Malzversand ist es notwendig, die für die einzelnen Abnehmer bestimmten Malzpartien, die u. U. aus verschiedenen Mischungspartnern stammen, zwischenzulagern, damit die Verladung auf LKW, Container, Silowagen usw. von der Leistung des Transportsystems unabhängig erfolgen kann. Zweckmäßig ist es, das Malz vor der Einlagerung in diese Silos, die eine Größe zwischen 15 und 50 t haben, zu polieren, nochmals zu entstauben und über eine automatische Waage zu wiegen. Durch einen Probenehmer kann auch eine Durchschnittsprobe für die Malzanalyse zur Verfügung gestellt werden.

7.10.5
Zusätzliche Maßnahmen

Bei Malzen, die aus ungleich keimenden Gersten hergestellt wurden, bzw. die einen höheren Anteil an Ausbleibern enthalten, kann eine Spezialbehandlung zur Abscheidung von „Steinmalz" zweckmäßig sein.

Der als „Schule-Ausleser" oder „Aschenbrödel" bekannt gewordene Apparat arbeitet nach dem Wurfprinzip, d. h. das Malzgemisch wird in den Kammern des Gerätes durch die hin- und hergehende Bewegung gegen Stahlbleche (Vignetten) geworfen, die zickzackförmige Gestalt besitzen und somit eine Anzahl von gegenüberliegenden Flächen aufweisen. Diese liegen schräg zur Querachse des Tisches und begrenzen die Arbeitskammern seitlich. Wenn nun alle Körner gleich schwer wären, so würden sie die schrägen Flächen unter demselben Winkel verlassen, unter dem sie auftreffen und sich gleichmäßig nach einer Seite des Tisches bewegen.

Das Steinmalz besitzt jedoch eine geringere Elastizität und ein höheres spezifisches Gewicht als die gut gelösten Körner, die demnach den schweren, ungelösten vorauseilen können. Da der Tisch nur um einige Grade gegen die Horizontale geneigt ist, erreicht man nicht allein ein Vorauseilen der gut gelösten leichteren Körner, sondern sogar eine Änderung der Bewegungsrichtung beider Körnerarten: die gut gelösten wandern auf der geneigten Tischfläche nach auf-

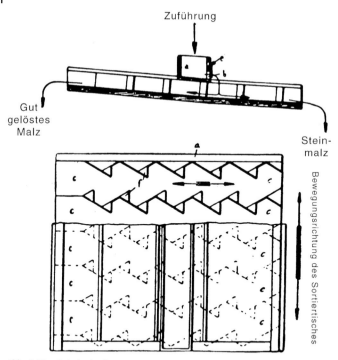

Abb. 7.90 Schule-Ausleser.

wärts, die schlecht gelösten und schweren gleiten dagegen nach abwärts (Abb. 7.90).

Eine Regulierung der Ausleseleistung ist durch Veränderung der Tourenzahl möglich, da hierdurch die Menge, mit der die Körner gegen die schrägen Flächen geworfen werden, den jeweiligen Verhältnissen angepaßt wird. Außerdem erlaubt eine Stellvorrichtung, den drehbar gelagerten Auslesetisch steiler oder flacher zu stellen, und so mehr oder weniger Steinmalz auszuscheiden.

Die Zuführvorrichtung bewirkt nicht nur eine gleichmäßige Beschickung der Kammern, sondern gleichzeitig auch eine Vorsortierung des Gutes. Voraussetzung für eine bestmögliche Auslesearbeit ist die gleichmäßige Kornstärke des zu sortierenden Gutes, eine gute Entkeimung und Entstaubung, die richtige Neigung des Auslesetisches sowie eine möglichst gleichbleibende Tourenzahl. Die Leistung derartiger Anlagen ist naturgemäß beschränkt. Die größten Einheiten können bis ca. 2 t Malz/Stunde sortieren.

8
Der Malzschwand

8.1
Allgemeines

Die beim Weichen, Keimen und Darren vor sich gehenden Veränderungen von der Gerste über das Weichgut bis zum Grünmalz und Darrmalz bringen es mit sich, dass die Volumen- und Gewichtsverhältnisse der entstehenden Zwischen- und Endprodukte andere sind als bei Gerste. Es ergeben sich die in Tab. 8.1 dargestellten Werte.

Der Raumbedarf der Zwischenprodukte ist für die Bemessung von Räumen und Apparaten wichtig, z.B. für das Fassungsvermögen der Weichbehälter oder für die Höhe der Keimkastenwände über der Horde.

Das Hauptinteresse beansprucht die Ermittlung, welche Gewichtsmenge Malz aus einer bestimmten Menge Gerste (100 kg) erhalten wird. Die Malzmenge ist um den *Malzschwand* geringer als die verwendete Gewichtsmenge an Gerste.

Aus der untengenannten Aufstellung ist ersichtlich, dass aus 100 kg geputzter und sortierter Gerste 78 kg Darrmalz erhalten werden. Nachdem dieses bis zum Versand bzw. bis zur Verarbeitung noch etwa 1% Wasser aufnehmen kann, beläuft sich etwa die für eine Mälzungskampagne errechnete Ausbeute auf ca. 79%. Der lufttrockene Mälzungsschwand beträgt daher 22 bzw. 21%. Er stellt die technologische Bilanz der Mälzerei dar. Der Mälzungsschwand muß für jeden Malztyp gesondert berechnet werden, auch ist es zweckmäßig, die nach besonderen Verfahren hergestellten Malze, z.B. mit CO_2-Anreicherung geführte, eigens zu erfassen.

Tab. 8.1 Volumen- und Gewichtsänderungen beim Mälzungsprozeß.

	I. aus 100 hl Gerste		II. aus 100 kg Gerste
Eingeweichte Gerste	100 hl	(16% Wasser)	100 kg
Ausgeweichte Gerste	145 hl	(41,5% Wasser)	145 kg
Grünmalz	220 hl	(45% Wasser)	147 kg
Darrmalz	118 hl	(3,5% Wasser)	78 kg
Gelagertes Malz	120 hl	(4,5% Wasser)	79 kg

Die Bierbrauerei Band 1: Die Technologie der Malzbereitung. Achte Auflage.
Ludwig Narziß und Werner Back.
© 2012 WILEY-VCH Verlag GmbH & Co. KGaA. Published 2012 by WILEY-VCH Verlag GmbH & Co. KGaA

Mälzungsausbeute bzw. Malzschwand werden von der Einweichgerste ab gerechnet. Verluste durch Putzen, Sortieren oder durch die Lagerung finden keine Berücksichtigung. Auch die beim Weichen anfallende Schwimmgerste wird bei der Schwandberechnung abgezogen, da sie eigentlich zum Ausputz gehört und als Futtergerste Verwendung findet.

Dennoch ist die Gerstenreinigung und -sortierung für den Malzschwand insofern von Bedeutung, als durch eine mehr oder weniger sorgfältige Putzarbeit auch die Mälzungsverluste beeinflußt werden können. Bei unzureichender Wirkung der Trieure oder der Sortierapparate kann vollwertige Gerste zum Abputz gelangen und so den Anteil an Ausgangsmaterial verringern.

Bleiben etwaige Substanzverluste während der Gerstenlagerung unberücksichtigt, so können aus 100 kg eingeweichter Gerste mit einem Wassergehalt von 12–18% rund 75–84 kg geputztes Malz mit einem Wassergehalt von 2–4% erhalten werden. Der aus diesen Zahlen ermittelte Schwand ist der *lufttrockene Schwand*, der folglich zwischen 16 und 25% schwanken kann. Dieser Bereich ist gegeben durch verschieden hohe Stoffverluste bei der Keimung, aber auch durch die sehr stark voneinander abweichenden Wassergehalte von Gerste und Malz. Der lufttrockene Schwand ist zwar für die Wirtschaftlichkeit der Malzerzeugung im allgemeinen wichtig, für den Technologen kann jedoch nur der Verlust an Trockensubstanz Aufschlüsse über einen normalen oder nicht sachgemäßen Verlauf der Mälzung ergeben.

Der Verlust durch die Verminderung des Wassergehaltes ist durch den Unterschied des Wassergehaltes der Gerste und des daraus hergestellten Malzes bedingt. Er ist zahlenmäßig bedeutend und beläuft sich auf 10–16%.

Der *wasserfreie Schwand* gibt dagegen einen Einblick in die wirklichen Verluste beim Mälzen. Er wird errechnet aus den auf die Trockensubstanz zurückgeführten Gewichten von Gerste und Malz. Der wasserfreie Schwand bewegt sich zwischen 5 und 12%. Bei konventioneller Mälzung kann ein Wert von 8–10% angenommen werden. Seine Höhe wird neben den Gegebenheiten des Mälzungsverfahrens auch von den Eigenschaften der Gerstensorte bestimmt; vor allem wirkt sich der Eiweißgehalt aus: höhere Stickstoffkonzentrationen machen gewöhnlich eine stärkere Auflösung, vor allem der Zellwände erforderlich, die ihrerseits wieder einen entsprechend größeren Substanzverlust zur Folge hat. Der Gesamt-Trockenschwand läßt sich in drei Teilschwände unterteilen: in den Weichschwand (ca. 1%), in den Atmungsschwand (ca. 5,2% und in den Keimschwand (ca. 3,8%). Daraus ergibt sich ein Gesamtschwand von ca. 10%.

8.2
Der Weichschwand

Die ersten Substanzverluste entstehen bei der Weiche durch die Auslaugung der Gerste im Weichwasser. Sie sind, allerdings innerhalb enger Grenzen, von der Zusammensetzung und Temperatur des Wassers, der Weichdauer und der Art des Weichverfahrens abhängig.

Die *Schwimmgerste*, die während des Weichens anfällt, stellt *keinen* Schwand dar. Sie wird in geeigneter Weise gesammelt, getrocknet und als Futtergerste verkauft. Ihre Menge ist normalerweise mit 0,2–0,4% gering.

Die *Auslaugung* umfaßt vor allem *anorganische* Substanzen, die aus der Spelze stammen (wie z. B. Phosphate, lösliche Calciumsalze), aber auch organische Stoffe, wie Huminsubstanzen, Gerb- und Herbstoffe sowie Eiweiß.

Aber selbst bei ausgeprägter Naßweiche und häufigem Wasserwechsel bleiben diese Verluste gering. Sie überschreiten in der Regel 0,5% nicht. Die *nasse Reinigung* der Gerste von Staub- und Schmutzteilchen, die durch kräftige Bewegung (Umwälzen, Umpumpen usw.) noch verstärkt werden kann, bewirkt einen Gewichtsverlust, der zwischen 0,5 und 1,0% liegt.

Die in der Weiche bereits einsetzende *Atmung* verursacht einen Verlust wertvoller Inhaltsbestandteile, der jedoch erst bei der Ermittlung des Gesamtschwandes mit erfaßt wird. Während die Atmung bei überwiegender Naßweiche üblicherweise gering ist, kann ein Weichverfahren mit kurzen Naßweichzeiten und langen Luftrasten („pneumatische Weiche") bis zum Ausweichen nach 48 Stunden schon Atmungsverluste von 0,5–1,0% hervorrufen [705]. Der Ersatz des Weichens durch Waschschnecken oder gar durch eine Sprühweiche im Keimkasten (s. Abschnitt 5.2.2.5) hat naturgemäß geringere Weichverluste zur Folge. Verunreinigungen, so sie nicht schon durch eine verbesserte Gerstenreinigung (s. Abschnitt 5.1.4) entfernt wurden, fallen dann zum Teil als Abrieb bei der Entstaubung der Malzentkeimung an.

Wenn auch die Weiche selbst keine erheblichen Verluste an wertvollen Substanzen zur Folge hat, so kann sie doch mittelbar Anlaß zu einem höheren Atmungs- und Keimschwand geben: so z. B. bei einem für den jeweiligen Malztyp zu hohen „Weichgrad" oder durch eine zu intensive „pneumatische Weiche", die u. U. die Haufenführung auf der Tenne oder bei unzureichend gekühlten Keimkasten erschwert.

8.3
Der Atmungs- und Keimschwand

Durch gesonderte Feststellung des Keimanfalls können diese beiden Schwandarten zwar getrennt ausgewiesen werden; nachdem sie jedoch den gleichen Einflußgrößen unterliegen, soll ihre Besprechung zusammen erfolgen.

8.3.1
Ausmaß des Atmungs- und Keimschwandes

8.3.1.1 Atmungsschwand
Der Atmungsschwand beträgt 4–8%. Er entsteht durch Veratmung von Stärke und Fetten zu Kohlendioxid und Wasser. Dabei wird Wärme frei. Es gelingt selbst durch die verschiedensten technologischen Maßnahmen nicht, den Atmungsschwand unter ein bestimmtes Maß zu drücken, wenn das resultierende Malz

von einwandfreier Beschaffenheit sein soll. Bei den folgenden Übersichten enthält er, da nicht eigens erfaßbar, auch den Schwand durch die Auslaugung beim Weichen.

8.3.1.2 Keimschwand

Der Keimschwand liegt bei konventionellen Mälzungsverfahren zwischen 3 und 5%. Hier vermögen moderne Methoden durch Dämpfung des Wurzelkeimwachstums, z. T. durch dessen völlige Inhibierung eine Verschiebung der ursprünglichen Gegebenheiten zu bewirken.

Beide Schwandfaktoren hängen von den herrschenden Keimbedingungen ab. Sie fallen bereits beim Weichen (je nach Verfahren), bei der Keimung und selbst noch beim Darren an.

8.3.2
Der Einfluß der Mälzungsbedingungen auf den Atmungs- und Keimschwand

8.3.2.1 Feuchtigkeitsniveau

Das Feuchtigkeitsniveau, bei dem die Keimung durchgeführt wird, hat einen entscheidenden Einfluß auf beide Schwandfaktoren (Tab. 8.2).

Je höher unter sonst gleichen Bedingungen die Keimgutfeuchte, um so höher ist der Atmungs- und Keimschwand.

8.3.2.2 Keimtemperatur

Die Keimtemperatur wirkt sich in ähnlicher Weise aus (Tab. 8.3).

Je höher die Keimtemperatur, um so stärker sind Gewächs- und Atmungsverluste. Nach Auswertung zahlreicher Untersuchungen bewirkt eine Anhebung

Tab. 8.2 Keimgutfeuchte und Mälzungsschwand (wfr.) (Keimtemperatur 15 °C, Keimzeit 7 Tage).

Keimgutfeuchte %	40	43	46
Atmungsschwand %	4,0	5,0	7,0
Keimschwand %	2,2	4,1	5,4
Gesamtschwand %	6,2	9,1	12,4

Tab. 8.3 Keimtemperatur und Mälzungsschwand (wfr.) (Keimgutfeuchte 43/46%, Keimzeit 7 Tage).

Keimtemperatur °C	13	15	17	17/13
Atmungsschwand %	4,3	5,8	6,3	6,0
Keimschwand %	3,7	5,0	5,5	4,4
Gesamtschwand %	8,0	10,8	11,8	10,4

der Keimtemperatur um 1 °C eine Erhöhung des Schwandes um 0,3% [1026]. Durch Keimung mit fallenden Temperaturen ergibt sich eine deutliche Schwandersparnis, wobei sogar noch eine Verbesserung der Malzeigenschaften festzustellen ist (s. Abschnitt 6.3.3.5).

8.3.2.3 Keimzeit
Mit fortschreitender Keimdauer nimmt der Mälzungsschwand zu (Tab. 8.4).

8.3.2.4 Zusammensetzung der Haufenluft
Sie übt ebenfalls einen Einfluß aus. Mit der Anreicherung von Kohlendioxid wird die Atmung verringert und das Gewächs eingeschränkt.

Diese anhand von Kleinmälzungsversuchen gewonnenen Werte zeigen zwar die Tendenz auf, geben aber nicht das Ausmaß der in der Praxis erzielbaren Einsparungsquoten an.

8.3.2.5 Charakter des zu erzeugenden Malzes
Dieser spielt eine beträchtliche Rolle. Je besser die angestrebte Auflösung, um so höher werden die Schwandverluste. Dies äußert sich besonders beim Vergleich von hellen und dunklen Malzen, da letztere bewußt auf eine sehr starke Auflösung gearbeitet werden.

Tab. 8.4 Keimzeit und Mälzungsschwand (wfr.) (Keimgutfeuchte 43%, Keimtemperatur 15 °C).

Keimzeit Tage	5	6	7
Atmungsschwand %	4,1	5,3	6,0
Keimschwand %	2,8	3,4	4,1
Gesamtschwand %	6,9	8,7	10,1

Tab. 8.5 CO_2-Gehalt der Haufenluft und Mälzungsschwand (wfr.) (Keimgutfeuchte 43/46%, Keimguttemperatur 15 °C).

CO_2-Gehalt Vol-% nach 3 Tagen Keimzeit	0	10	20
Atmungsschwand %	7,2	6,7	6,6
Keimschwand %	5,5	5,4	5,1
Gesamtschwand %	12,7	12,1	11,7

Tab. 8.6 Malztyp und Mälzungsschwand (wfr.).

	Helles Malz	Dunkles Malz
Weichschwand %	1,0	1,0
Atmungsschwand %	5,5	7,5
Keimschwand %	3,5	4,5
Gesamtschwand %	10,0	13,0

8.3.2.6 Beschaffenheit und Gleichmäßigkeit der eingeweichten Gerste

Dieser Faktor beeinflußt die Mälzungsbedingungen nur indirekt. So verursacht eine ungleichmäßig keimende, wasserempfindliche Gerste in der Regel einen höheren Mälzungsschwand, da zur Erzielung einer guten Durchschnittsauflösung ein Teil der Körner ein überdurchschnittlich starkes Gewächs und weitergehende Umsetzungen erreichen muß. Gleichmäßige, hochqualifizierte Gerstenpartien lassen sich leicht vermälzen; meist ist nur eine niedrigere Keimgutfeuchte oder eine kürzere Keimzeit erforderlich als bei vergleichbaren „gemischten" Partien. So kann eine ursprünglich teurere Gerste einen günstigeren „Malzpreis" oder gar einen niedrigeren „Malzextraktpreis" erzielen als eine billigere.

8.3.3
Technologische Möglichkeiten zur Verminderung des Mälzungsschwandes

Bei allen Systemen der Mälzerei ist es das Ziel des Mälzers, ein Grünmalz herzustellen, bei dem die Keimung so weit fortgeschritten ist, wie es dem Typ und dem Charakter des herzustellenden Darrmalzes entspricht. Dabei ist in erster Linie auf die Qualität des Malzes zu achten; wenn auch die Verminderung des Mälzungsschwandes von großer wirtschaftlicher Bedeutung ist, so kann sie doch nur unter Berücksichtigung der Malzqualität angestrebt werden. Dies kann auf folgende Weise geschehen:

8.3.3.1 Verkürzung der Keimdauer

Das Malz wird nicht bis zur üblichen Auflösung geführt, sondern die Keimung früher abgebrochen. Damit entstehen bei entsprechend geringen Mälzungsverlusten Malze von knapper Auflösung, die, je nach der Länge des Gewächses, als „Spitz"- oder „Kurzmalze" bezeichnet werden.

Hierbei werden die Mälzungsbedingungen so gesteuert, dass die weitere Verarbeitung dieser Malze technisch und dem Gesetz nach möglich ist.

Nach den heutigen Erkenntnissen der Mälzereitechnologie liegt „Spitzmalz" bereits nach 2 Tagen Weich- und Keimzeit vor, da das Gut rund 48 Stunden nach Beginn des Einweichens kräftig und gleichmäßig spitzt. Die Keimgutfeuchte beträgt 39–40%.

Tab. 8.7 Analytische Merkmale von Spitz- und Kurzmalzen.

	Spitzmalz	Kurzmalz	Normalmalz
Weich- u. Keimzeit Std.	48	96	168
Atmungschwand wfr. %	1,0	2,6	5,2
Keimschwand wfr. %	0,7	2,2	3,7
Gesamtschwand wfr. %	1,7	4,8	8,9
Extrakt wfr. %	76,9	80,4	81,7
Mehl-Schrotdifferenz %	12,2	5,6	1,8
Viskosität der Kongreßwürze mPas	2,34	1,85	1,54
Eiweißgehalt wfr. %	11,1	10,9	10,8
Eiweißlösungsgrad %	22,2	33,1	40,2
Vz 45 °C %	19,7	28,8	39,2
Endvergärungsgrad %	62,3	75,7	81,4
α-Amylase wfr. ASBC	6,9	50	74
β-Amylase wfr. °WK	124,2	158	197

Das „Kurzmalz" baut auf demselben Weichverfahren auf, wird naß, d. h. mit einem Wassergehalt von 43% im spitzenden Zustand ausgeweicht und keimt anschließend noch 2 weitere Tage bei 15 °C.

Die wichtigsten Daten im Vergleich zu einem „Normalmalz" zeigt Tab. 8.7.

Es läßt sich also durch eine Kürzung der Keimzeit eine Senkung des Trockenschwandes um 47% erzielen.

Je kürzer die Keimzeit, um so mehr bleibt der ursprüngliche Gerstencharakter gewahrt und um so weniger Stärke wird veratmet. Das Spitzmalz ist nur eine Art von Rohfrucht, die man in einem Anteil von 10–20% zur Schüttung verarbeiten kann. Bei Einführung von Kurzmalzen ist entweder ebenfalls ein Verschnitt mit „Normalmalz" (im Verhältnis 1 : 2–3) oder ein besonderes Maischverfahren erforderlich. Verschiedentlich wird die Verwendung derartiger Malze zur Verbesserung der Schaumeigenschaften eines Bieres erwogen. Während ein Erfolg in dieser Richtung fraglich ist und von einer Reihe von Faktoren abhängt, ist aber häufig eine Verschlechterung des Biergeschmacks und der Geschmacksstabilität gegeben.

Besondere Schwierigkeiten sind im Hinblick auf die Klärung und die Filtrierbarkeit der Biere zu erwarten, da es beim Maischen schwierig ist, die bei ca. 65 °C in Lösung gehenden hochmolekularen β-Glucan-Fraktionen weiter abzubauen.

8.3.3.2 Anwendung von Kohlensäure in der Haufenluft

Die Anwendung von Kohlensäure in der Haufenluft wurde im vorhergehenden Kapitel anhand von Kleinmälzungsversuchen besprochen. In der *Tennenmälzerei* erbringt der Ersatz des Haufenwendens durch das „Schiebeverfahren" eine Schwandersparnis von 1 bis 1,5% wfr. Dies ist erklärbar durch die geringere

Lüftung des Haufens, der in einer Kohlensäureatmosphäre liegen bleibt (s. Abschnitt 6.1.3).

Bei *Keimkasten* in Keimsälen stellt sich trotz kontinuierlicher Belüftung ein CO_2-Gehalt im Haufen ein, der bei ca. 1 Vol-% liegt. Hierdurch läßt sich gegenüber der konventionellen Tennenmälzerei eine Ersparnis an Gesamtschwand von 0,5–1% wfr. ableiten. Bei Einzelkastenaufstellung und gezielter Rückluftverwendung nach der Wachstumsphase gelingt es, bei gut dichtenden Klappen eine Anreicherung wohl auf 4–8% CO_2 in der Prozeßluft zu erzielen, die eine Schwandersparnis um 1–1,5% vermittelt. In der Betriebspraxis konnten sich CO_2-Gehalte von 3–4% einführen, die die in Abschnitt 6.4.1 genannten Ziele zu erreichen gestatten und darüber hinaus noch eine Schwandersparnis von 0,8–1% ergeben.

Den stärksten Eingriff übt die Kohlensäurerastmälzerei nach Kropff aus. Je nach Zeitdauer der CO_2-Einwirkung und der angewendeten Menge an CO_2 kann die Schwandersparnis zwischen 2% und 3% betragen. So zeigten typische „Kropff-Malze" folgende Verluste an Trockensubstanz: Weiche + Atmung 4,6%, Keime 2,4%, Gesamtschwand 7,0%. Derartige Malze besitzen jedoch eine geringere Enzymkapazität und die Auflösung ist weniger weit fortgeschritten als bei „Normalmalzen".

8.3.3.3 Wiederweichverfahren

Das Wiederweichverfahren erbringt eine beträchtliche Schwandersparnis, ohne dass dabei die Malzqualität leidet. Bei korrekter Herstellung können die Malze im Hinblick auf Biergeschmack und Schaum sehr günstige Eigenschaften verzeichnen. Die Cytolyse ist zu kontrollieren. Die konsequente Durchführung des Verfahrens bewirkt hauptsächlich eine Verringerung des Keimschwandes durch die Inaktivierung des Wurzelkeims. Dieser beträgt je nach Länge der Wiederweiche und der dabei herrschenden Wassertemperatur nurmehr 1–2,0% wfr. Es wird jedoch durch die Wiederweiche, aber auch durch die folgende Haufenführung bei niedrigeren Temperaturen die Atmung eingeschränkt (auf 4 bis 4,5% wfr.), so dass sich Werte an Gesamtschwand von 5–6,5% wfr. erreichen lassen. Soll der Wiederweicheffekt durch wiederholtes Berieseln oder Wässern des Haufens erzielt werden, so sind die Verluste mit 6,5–7,0% etwas höher (s. Abschnitt 6.3.3.6).

Die Weiterführung der Methode durch eine ein- oder mehrmalige Wiederweiche bei 30–40 °C erbringt je nach Verfahrensweise Schwandwerte von 4,2–5,5% wfr. Die Analysendaten der bei diesen, meist „statischen" Verfahren erzielten Malze befriedigen (s. Abschnitt 6.4.2).

Der vermehrte Abwasseranfall (es darf kein Weichwasser wiederverwendet werden) sowie die erhöhten Trocknungskosten, da um ca. 185 kg mehr Wasser pro Tonne Fertigmalz abzuführen sind, haben das Verfahren wirtschaftlich uninteressant werden lassen.

8.3.3.4 Keimung bei fallenden Temperaturen

Die Keimung bei fallenden Temperaturen, z. B. von 16–18 °C bei der Ankei-mung auf 10–14 °C in der Lösungsphase kann ebenfalls den Schwand erniedrigen. Die durch stufenweise Wassergabe stark angeregten Lebensäußerungen des Korns werden durch die Temperaturabsenkung nach Darstellung der maximalen Keimgutfeuchte (44–48%) gedämpft. Physiologisch bedeutsam ist der nahtlose Übergang von Weiche, Ankeimung und Auflösung, wodurch sich namhafte Einsparungen an Zeit erzielen lassen. Ohne Nachteile für die Qualität des Malzes läßt sich der Gesamtschwand um 1–1,5% wfr. gegenüber der klassischen Mälzungsweise erniedrigen. Es ist allerdings die Anwendung einer ausreichend bemessenen Kühlanlage erforderlich, deren Strombedarf gegen diesen Gewinn aufzurechnen ist.

Zusammenfassend lassen sich durch die in Deutschland erlaubten Methoden die in Tab. 8.8 genannten Schwandwerte erzielen.

8.3.3.5 Wuchs- und Hemmstoffe

Die Anwendung von Wuchs- und Hemmstoffen ist in Deutschland verboten.

Die Zugabe von *Gibberellinsäure* erfolgt meist zum Zwecke einer rascheren Auflösung des Malzes, d. h. bei gleichen Lösungsmerkmalen ist die Keimzeit kürzer. Bei sehr niedrigen Gaben, wie sie einer Verbesserung der Auflösung dienen, ergibt sich nur eine minimale Schwandersparnis; bei höheren Gaben von 0,06 mg/kg beträgt sie etwa 1%, wie Tab. 8.9 zeigt [775].

Tab. 8.8 Wasserfreie Schwandwerte von Praxisanlagen bei verschiedenen Verfahren.

System	Tenne	Keimkasten im Keimsaal	Keimkasten mit Rückluft	Wiederweiche		fallende Mälzung
				14 h 12 °C	12 h 20 °C	
Atmungsschwand[a] %	6,5	6,2	5,8	4,7	4,3	5,2
Keimschwand %	4,0	3,7	3,3	1,8	1,2	3,3
Gesamtschwand %	10,5	9,9	9,1	6,5	5,5	8,5

a) incl. Weichschwand.

Tab. 8.9 Gibberellinsäure und Schwand.

Gibberellinsäure mg/kg	0	0,01	0,03	0,06
Keimdauer Tage	7	6	6	6
Mehl-Schrotdifferenz %	1,5	1,5	1,7	1,3
Eiweißlösungsgrad %	37,5	40,1	40,6	42,9
Schwand wfr. %	8,2	7,9	8,0	7,2

Tab. 8.10 Gibberellinsäuregabe und Schwand (wfr.) [627].

Gibberellinsäure mg/kg	0	0,01	0,03	0,06	0,09
Atmungsschwand[a] %	3,7	3,5	3,8	4,0	4,0
Keimschwand %	3,6	3,5	3,2	2,8	2,8
Gesamtschwand %	7,3	7,0	7,0	6,8	6,8

a) incl. Weichschwand.

Tab. 8.11 Schwandverhältnisse bei konstanter Gibberellinsäure- und variabler Kaliumbronatgabe [609].

Gibberellinsäure mg/kg	0	0,25	0,25	0,25	0,25
Kaliumbromat mg/kg	0	125	180	250	375
Gesamtschwand wfr. %	7,2	5,3	5,4	4,6	4,5

Anhand der früher zitierten Untersuchungen vermittelt die Gibberellinsäureverwendung bei sonst gleichen Bedingungen (Feuchte, Temperatur, Keimdauer) folgendes Bild (Tab. 8.10) (s. a. Abschnitt 6.4.4.2).

Es ist hieraus ersichtlich, dass bei gleicher Keimzeit trotz der intensiveren Umsetzung ein leichter Schwandabfall gegeben ist, der aber bei einer geringfügigen Erhöhung des Atmungsschwandes hauptsächlich durch eine Verringerung des Wurzelwachstums hervorgerufen wird.

Von den vorgeschlagenen *Hemmstoffen* hat sich bisher Kaliumbromat – meist in Verbindung mit Gibberellinsäure angewendet – im ausländischen Mälzereigewerbe bewährt (s. Abschnitt 6.4.7.1). Sehr große Ersparnisse von ca. 6% Mälzungsschwand lassen sich dann ableiten, wenn der Keimling durch *Ammoniak* inaktiviert und die Enzymentwicklung durch Gibberellinsäurezusatz sichergestellt wird [812]. Die Ergebnisse sind in Tab. 6.15 dargestellt.

Die Kombination von Warmwasserweiche bei 40 °C zur Inaktivierung des Wurzelkeims und *Gibberellinsäure* zum Ablauf der Lösungsvorgänge führt zu einer Schwandersparnis von 3,6% wfr. (s. Abschnitt 6.4.4.2); ein Mehrfachweichverfahren mit Aufsprühen der Gibberellinsäure nach der ersten Weiche bei 18 °C lieferte auch im Hinblick auf den Schwand die besten Ergebnisse [777, 801].

Eine weitere Schwandersparnis ist gegeben durch Beschädigung der Kornumhüllung (Entspelzen oder Abschleifen von Spelzen) u. U. in Verbindung mit saurer Weiche (s. Abschnitt 6.4.4.5). Während erstere Maßnahme nur mehr Mälzungsverluste von 3,7–4,3% bringt (Ersparnis ca. 2% wfr.), ergibt die Verarbeitung abgeschliffener Gerste eine Reduzierung der Mälzungsverluste um 3% wfr. [779, 782, 784].

Bei diesen verschiedenen Verfahren ist zu berücksichtigen, dass sie nicht primär im Hinblick auf eine Schwandverminderung, sondern vor allem auch zur Erzielung kürzerer Produktionszeiten entwickelt wurden (Tab. 8.12).

Tab. 8.12 Zusammenfassende Darstellung der Schwandersparnis bei verschiedenen Verfahren (Normalmälzung = 7% wfr. Schwand).

Methode	Ersparnis % absolut	Lit.-Nr.
Gibberellinsäure 0,06 mg/kg	1,0	461
konventionelle Mälzung		
Warmwasserweiche 40 °C	3,4	584
+ GS 0,5 mg/kg		
Mehrfachweiche	2,7	570
GS 0,25 mg/kg		609
+ KBrO₃ 125	1,9	
+ KBrO₃ 250	2,6	
NH₃-Weiche (0,25%)	6,0	610
GS 2,0 mg/kg		
Entspelzen + GS 0,25 + KBrO₃	3,0	586
Abschleifen + GS	3,0	589
Abschleifen + Saure Weiche + GS	3,0	591
Schwefelsäure beim Ausweichen + GS	1,5–3,0	611

Starterkulturen von *Lactobazillus plantarum* 15 GR können eine Verringerung des Wurzelkeimwachstums um 50% bewirken (s. Abschnitt 6.4.5).

8.4
Die Ermittlung des Malzschwandes

Sie ist ein wichtiger Faktor der Mälzereibetriebskontrolle. Der Malzschwand wird meistens aus den Gewichten der eingeweichten Gerste und des fertiggeputzten Malzes bestimmt. Am besten ist es, den Schwand für jeden Keimkasten usw. eigens festzuhalten, um hierdurch ein genaues Bild über die Arbeitsweise bzw. Verbesserungsmöglichkeiten zu gewinnen.

Darüber hinaus gibt die Gesamtabrechnung z. B. einer Kampagne jene Zahlen, die Grundlage der Bilanz und Erfolgsrechnung sind. Hier reicht der Vergleich von der Summe der eingeweichten Gerstenmengen bis zur Gesamtmenge des daraus hergestellten bzw. verkauften oder abgegebenen Malzes. Der sich hieraus errechnende lufttrockene Schwand ist durch die bei der Lagerung aufgenommene Wassermenge geringer als der unmittelbar in der Produktion festgestellte. Eine Abschwächung der „Mehrmenge" bewirkt das nochmalige Putzen und Polieren des Malzes vor dem Verlassen der Mälzerei (s. Abschnitt 7.9.3).

Auch über die Tausenkorngewichte von Gerste und Malz ist eine Ermittlung des Schwandes möglich.

Die einzelnen Daten für die Schwandberechnung werden gewonnen:

a) von der Gerstenwaage am Einweichrumpf,
b) von der Fertigmalzwaage nach der Entkeimungsmaschine,
c) von der Malzausgangswaage,
d) bei Ermittlung des wasserfreien Schwandes durch Analyse der Wassergehalte von Gerste und Malz.

8.4.1
Die Berechnung des Malzschwandes

8.4.1.1 Berechnung aus den Gewichten von Gerste und Malz

Die Berechnung des Malzschwandes aus den Gewichten von Gerste und Malz gestaltet sich folgendermaßen:

$$\text{Schwand lufttrocken: } \frac{G - M}{G} \times 100$$

G = eingeweichte Gerstenmenge
M = entkeimtes Darrmalz

$$\text{Schwand wasserfrei: } 100 - \frac{M_{TrS} \times 100}{G_{TrS}}$$

M_{TrS} = Malztrockensubstanz = $M \times (100 - \text{Wassergehalt des Malzes})$
G_{TrS} = Gerstentrockensubstanz = $G \times (100 - \text{Wassergehalt der Gerste})$

Beispiel 1:
Aus 100 kg Gerste mit einem Wassergehalt von 18% werden 78 kg Malz mit einem Wassergehalt von 4% erzeugt.
Der *lufttrockene Schwand* beträgt, da aus 100 kg lufttrockener Gerste 78 kg Malz erzeugt werden, 100–78 kg = 22 kg oder 22%.
Der *wasserfreie Schwand* erfordert die Rückrechnung der Mengen auf die Trockensubstanz:
100 kg lufttrockene Gerste enthalten
(100–18) = 82 kg Gerstentrockensubstanz
100 kg lufttrockenes Malz enthalten
(100–4) = 96 Malztrockensubstanz
78 kg lufttrockenes Malz ergeben
$\frac{78 \times 96}{100}$ = 74,9 kg Malztrockensubstanz.

Aus 82 kg Gerstentrockensubstanz werden 74,9 kg Malztrockensubstanz erhalten, in Prozenten ausgedrückt:
82 : 74,9 = 100 : x
x = 91,3%
Der wasserfreie Schwand beträgt somit 100–91,3 = 8,7%.

Den Einfluß des Wassergehaltes der Gerste zu verdeutlichen dient Beispiel 2:
Aus 100 kg Gerste mit einem Wassergehalt von 12% werden 83,5 kg Malz mit einem Wassergehalt von 4% erzeugt.
Der *lufttrockene Schwand* beträgt 100–83,5 = 16,5%.
Der *wasserfreie Schwand* errechnet sich:

$$100 - \frac{(83,5 \times 0,96) \times 100}{88} = 8,9\%.$$

Nach diesen Beispielen kann bei nahezu gleichem Trockenschwand, nur durch den Wassergehalt der Gerste bedingt, der lufttrockene Schwand zwischen 16,5 und 22% variieren. Höhere Wassergehalte der Gerste haben noch größere Abweichungen zur Folge.

Es ist aber auch ersichtlich, dass zur eindeutigen Beurteilung der Mälzerei-arbeit der wasserfreie Schwand herangezogen werden muß.

8.4.1.2 Berechnung aus den Tausendkorngewichten

Die Berechnung des Malzschwandes aus den Tausendkorngewichten von Gerste und Malz ist naturgemäß mit den Unsicherheiten der Bestimmungsmethode, vor allem der Probenahme behaftet, liefert aber bei genauer und gleichmäßiger Durchführung brauchbare Zahlen.

$$\text{Schwand lufttrocken: } 100 - \frac{TKG_M}{TKG_G} \times 100$$

TKG_M = Tausendkorngewicht Malz lufttr.
TKG_G = Tausendkorngewicht Gerste lufttr.

$$\text{Schwand wasserfrei: } 100\frac{TKG_{M_{TrS}}}{TKG_{G_{TrS}}} \times 100$$

$TKG_{M_{TrS}}$ = Tausendkorngewicht
     Malz-Trockensubstanz
$TKG_{G_{TrS}}$ = Tausendkorngewicht
     Gersten-Trockensubstanz

Beispiel 3:
Lufttrockener Schwand:
Tausendkorngewicht
     der lufttrockenen Gerste = 46,0 g
     des lufttrockenen Malzes = 35,9 g
Aus 46 g lufttrockener Gerste erhält man 35,9 g lufttrockenes Malz.
In Prozenten ausgedrückt:
$46 \times 35,9 = 100 : x$
$x = 78,0$
Der lufttrockene Schwand beträgt
$100 - 78,0 = 22,0\%$.
Die Ermittlung des *wasserfreien Schwandes* macht unter Voraussetzung der vorherigen Daten folgenden Rechnungsgang erforderlich:
100 g lufttrockene Gerste enthalten
$(100-18) = 82$ g Gerstentrockensubstanz
46 g lufttrockene Gerste entsprechen

$$\frac{82 \times 46}{100} = 37,7 \text{ g Gerstentrockensubstanz}$$

100g lufttrockenes Malz enthalten
$(100-4) = 96$ g Malztrockensubstanz
35,9 g lufttrockenes Malz entsprechen

$$\frac{96 \times 35,9}{100} = 34,5 \text{ g Malztrockensubstanz}$$

Demnach liefern 37,7 g Gerstentrockensubstanz 34,5 g Malztrockensubstanz oder in Prozenten ausgedrückt
$37{,}7 : 34{,}5 = 100 : x$;
$x = 91{,}5\%$
Der wasserfreie Malzschwand beträgt:
$100 - 91{,}5 = 8{,}5\%$.

Die Feststellung des Schwandes über das Tausendkorngewicht ist nur dann einigermaßen zuverlässig, wenn stets mehrere Proben gleichzeitig gezogen und geprüft werden.

Die Bestimmung des Schwandes über das Hektolitergewicht von Gerste und Malz führt zu falschen Ergebnissen, da sich die Volumenverhältnisse von der Gerste zum Malz nicht in gleicher Weise verändern wie die Gewichte.

8.4.2
Die Feststellung der einzelnen Schwandfaktoren

Der Vergleich der Gewichte der eingesetzten Gersten- und der hieraus gewonnenen Malzmenge liefert den Gesamtschwand, der von seiner lufttrockenen Basis unter Kenntnis der Wassergehalte leicht auf Trockensubstanz umgerechnet werden kann.

Von den einzelnen Faktoren ist nur der *Keimanteil* zuverlässig bestimmbar. Mühelos ist dies nur bei Einhordenhochleistungsdarren möglich, da die gesamten Keime nach der Putzmaschine, z. B. an der Absackschnecke, für jede Charge ermittelt werden können (s. Abschnitt 7.9.2.2). Bei Keimdarrkasten fallen beim Abräumvorgang Keime unter dem Hordenblech an, die gesammelt und verwogen werden müssen. Bei den alten Mehrhordendarren wird ein Teil der Keime durch das Wenden abgerieben, fällt durch die Schlitze der Horde und muß aus der Keimkammer ausgeräumt werden. Diese Arbeit ist mühsam und personalaufwendig; aus diesem Grunde erfolgt bei diesen Darren die Erfassung der Keime meist wöchentlich oder alle 14 Tage.

Darüber hinaus muß bei der Berücksichtigung des Keimanteils der Keimabrieb bereits während der Keimung, z. B. durch die Schraubenwender des Saladinkastens beobachtet werden. Meist fallen bei Umsetzkästen, Wanderhaufen oder bei Trommeln infolge des fehlenden Abriebs prozentual mehr Keime an, als bei Keimanlagen, die mit Schneckenwendern ausgestattet sind.

Der *Weichschwand* ist in der Praxis nur über eine Feststoffbestimmung im Weichwasser zu ermitteln; zu diesem Zweck muß die ablaufende Weichwassermenge gemessen und der darin enthaltene Anteil an filtrier- oder zentrifugierbaren und gelösten Stoffen bestimmt werden. Damit gelingt es, die Auslaugung, nicht aber den Atmungsschwand beim Weichen festzustellen.

Der *Atmungsschwand* fällt in der Weiche, bei der Keimung und selbst noch beim Darren an. Er wird aus der Differenz zwischen dem Gesamtschwand und den anderen Faktoren berechnet:

Gesamtschwand (wasserfrei)	8,5%
Keimanteil	3,7%
Atmungs- und Weichschwand %	4,8%
Weichschwand (lt. Feststoffgehalt des Weichwassers)	0,7%
Atmungsschwand	4,1%

Für die tägliche Betriebskontrolle genügt es, den lufttrockenen und den wasserfreien Schwand zu ermitteln. Wenn der Keimanteil leicht zu erfassen ist, sollte er mit ausgewiesen werden.

Die wirtschaftliche Bedeutung des Schwandes ist vor allem bei hohen Mälzungskapazitäten außerordentlich groß. Gerade wegen der vielfältigen und nicht immer leicht zu übersehenden Einflüsse technischer und technologischer Art, der zunehmenden Automatisierung, der immer wechselnden Eigenart verschiedener Gerstensorten und -jahrgänge, kann sich der Mälzungsschwand – oftmals ohne ersichtlichen Grund – zur negativen Seite verschieben. Dazu kommt, dass die Qualitätsanforderungen an das Malz in den letzten Jahren besser definiert wurden und eine Steigerung erfahren haben.

So kann die Wirtschaftlichkeit eines Mälzereibetriebes – selbst wenn es sich nur um einige Zehntel Prozent handelt – merklich beeinträchtigt werden.

Wenn z. B. in einem Betrieb mit einer Gerstenverarbeitung von 20 000 t/Jahr der wasserfreie Schwand um 0,35% ansteigt, so entspricht dies einer Menge von 62,5 t Malz. Bei einem Durchschnittspreis von 300,– €/t ergibt sich somit ein Verlust von 18 750,– €.

Berechnungsgrundlage: 20 000 t Gerste von 15% Wassergehalt ergeben 16 000 t Malz von 4% Wassergehalt. Der lufttrockene Schwand beträgt 20%; der wasserfreie 9,65%; eine Steigerung auf 10% liefert anstatt 15 360 t Malztrockensubstanz nur 15 300 t, dieses Manko entspricht 62,5 t Malz von 4% Wassergehalt.

9
Die Eigenschaften des Malzes

Die Ermittlung der Eigenschaften des Malzes ist für den Mälzer wie für den Brauer gleichermaßen von großer Bedeutung. Der Mälzer erhält durch die Analyse des Malzes einen Aufschluß über den qualitativen Erfolg des Mälzungsverfahrens. Der Brauer benötigt eine möglichst detaillierte Information über Farbe und Lösungsgegebenheiten des Malzes, um hieraus Schlüsse auf den Ablauf des Brauprozesses ziehen und im Bedarfsfalle Korrekturen vornehmen zu können. Die Beurteilung des Malzes erfolgt auf Grund äußerer Merkmale und einer Reihe mechanischer und chemisch-technischer Untersuchungen.

Neben der Besprechung der gängigen Bewertungsmethoden sollen auch mögliche Zusammenhänge zwischen den Daten der Malzanalyse und den Eigenschaften des Bieres aufgezeigt werden.

9.1
Die Beurteilung des Malzes

9.1.1
Äußere Merkmale

Sie können praktisch durch die Handbonitierung überprüft werden und geben vor allem einen Überblick über den Reinheitsgrad, die Farbe sowie Geruch und Geschmack des Malzes.

9.1.1.1 Reinheitsgrad
Der Reinheitsgrad wird ermittelt durch die Kontrolle der Entkeimung des Malzes sowie seines Gehalts an Unkraut, Fremdgetreide, Staub, Malzkeimen, Halbkörnern, verschimmelten Körnern (s.a. Farbe), Krummschnäbeln oder gar ungemälzten Gerstenkörnern.

Die Bierbrauerei Band 1: Die Technologie der Malzbereitung. Achte Auflage.
Ludwig Narziß und Werner Back.
© 2012 WILEY-VCH Verlag GmbH & Co. KGaA. Published 2012 by WILEY-VCH Verlag GmbH & Co. KGaA

9.1.1.2 Farbe des Malzes

Diese soll gelblich und rein sein. Verschimmeltes Malz ist grün-, schwarz- oder rotfleckig (s. a. Abschnitt 1.6.1.3, 3.4.7). Eisenhaltiges Weichwasser ergibt eine stumpfe, ins Graue spielende Verfärbung des Malzes. „Getigerte" Malze deuten auf die Verwendung von nicht ganz schwefelarmen Heizölen beim Schwelken und Darren hin.

9.1.1.3 Geruch des Malzes

Der Geruch des Malzes ist vom Malztyp abhängig. Helle Malze haben ein schwaches, dunkle ein starkes, brotartiges Aroma. Der Geruch muß jedoch rein und nicht schimmelig, dumpf, sauer oder verbrannt sein. Am sichersten ist der Geruch beim Maischen des Malzes festzustellen. Lang oder schlecht gelagerte Malze verlieren ihr Aroma mehr und mehr.

9.1.1.4 Geschmack des Malzes

Der Geschmack des Malzes soll beim Prüfen der unzerkauten Körner rein, weder schimmelig und grablig, noch rauchig oder brenzlig sein. Gerade auf diese Weise können Fehler entdeckt werden, da sonst durch den vollen, mehr oder weniger aromatischen Geschmack diese Nuancen nicht mehr zum Vorschein kommen. Sie haben aber dennoch einen sehr großen Einfluß auf die Geschmacksreinheit eines Bieres.

9.1.2
Die mechanische Analyse

Sie umfaßt die Bestimmung von Hektolitergewicht, Tausendkorngewicht, Sortierung, Mehligkeit, bzw. Mürbigkeit, spezifischem Gewicht und Blattkeimentwicklung.

9.1.2.1 Tausendkorngewicht (TKG)

Es gibt das absolute Gewicht des Malzkorns an. Es ist im allgemeinen um so geringer, je besser gelöst das Malz ist und je höher die Atmungsverluste bei der Keimung waren. Auch die Wirksamkeit der Malzreinigung spielt eine Rolle. Es muß jedoch das Tausendkorngewicht in Verbindung mit der Kornform gesehen werden, die ihrerseits von der Gerstensorte abhängig ist. Zeigt ein vollbauchiges Korn ein niedriges TKG, so deutet dies auf eine gute Lösung hin, hat ein flaches, kleines Korn ein hohes TKG, so ist es knapp gelöst. Das Tausendkorngewicht liegt lufttrocken zwischen 28 und 38 g, in der Trockensubstanz zwischen 25 und 35 g.

Bei letzterer Darstellung kann es im Vergleich zum wasserfreien TKG der Gerste der Ermittlung des Mälzungsschwandes (in der Trockensubstanz) dienen (s. Abschnitt 8.4.1.2).

9.1.2.2 Sortierung des Malzes

Die Sortierung des Malzes wird wie bei Gerste vorgenommen. Sie erlaubt ein Urteil über die Gleichmäßigkeit der Korngröße des Malzes. Primär kann nachgeprüft werden, ob bei der Auslieferung des Malzes nicht ein übermäßig hoher Anteil an II. Sorte (Korngröße 2,2 bis 2,5 mm) beigemischt wurde. Auch der Anteil an Abputz kann interessieren. Er darf 0,5% nicht übersteigen. Der Wassergehalt des Malzes beeinflußt die Sortierung (je höher der Wassergehalt, um so bauchiger sind die Körner); ebenso verdient Beachtung, dass sich die Sortierung der Gerste durch die Volumenzunahme beim Mälzen im Sinne einer Verbesserung des Sortierungsergebnisses äußert.

9.1.2.3 Hektolitergewicht

Das Hektolitergewicht gibt einen Einblick in die Volumenverhältnisse des Malzes und trifft damit eine Aussage über dessen Mürbigkeit bzw. Auflösung. Es wird weder durch den Malzschwand beeinflußt, noch läßt es Rückschlüsse auf das Hektolitergewicht der Ursprungsgerste zu. Wenn dieses jedoch bekannt ist, kann durch den Vergleich auf die Volumenänderungen beim Weichen und Keimen sowie auf die Zweckmäßigkeit des Schwelk- und Darrprozesses geschlossen werden. Das Hektolitergewicht schwankt in Abhängigkeit von diesen Faktoren, wozu noch der Einfluß der Sorte und der Klimabedingungen zu zählen sind, zwischen 47 und 60 kg. Gut gelöste und vorsichtig getrocknete Malze haben Hektolitergewichte von unter 55 kg; Kurz- und Spitzmalze sowie Malze mit hohen Anteilen an Ausbleibern liegen um oder über 60 kg. Mit höherem Wassergehalt oder bei scharfem Polieren steigt das Hektolitergewicht.

9.1.2.4 Spezifisches Gewicht

Das spezifische Gewicht des Malzes gibt ein zuverlässiges Bild über sein Volumen und damit auch über die Mürbigkeit. Es wird mit Hilfe von Toluol in Glasflaschen mit Schliffstopfen überprüft und erlaubt folgende Klassifizierung: Unter 1,10 = sehr gut, 1,10–1,13 = gut, 1,13–1,18 = befriedigend und über 1,18 = unzulänglich [823].

Je gleichmäßiger und stärker die Auflösung des Malzes (in Abhängigkeit von Sorte und Mälzungsreife der Gerste, der Keimgutfeuchte und Haufenführung sowie von Führung des Schwelk- und Darrprozesses), um so niedriger ist das spezifische Gewicht des Malzes. Scharfes Polieren oder Spelzenverluste bei langen Transportwegen wirken erhöhend. Es ist daher am besten, die Bestimmung des spezifischen Gewichts im frisch gedarrten, entkeimten Malz vorzunehmen.

Bei Kenntnis des spezifischen Gewichts der Ursprungsgerste (ca. 1,35) kann aus beiden Werten die *scheinbare Volumenerhöhung* (SVE) errechnet werden. Aufgrund vergleichender Auswertung mit anderen Lösungsmerkmalen ergibt sich folgende Bewertung:
SVE über 23% = sehr gut, 20–23% = gut, 17–20% = befriedigend,
unter 17% = unzulänglich.

Ebenfalls aus den spezifischen Gewichten von Gerste und Malz läßt sich der durchschnittliche Hohlraumanteil im Korninnern einer Malzpartie berechnen. Unter Zugrundelegung eines spezifischen Gewichts der Malztrockensubstanz von 1,47 wird die *Porositätszahl* bestimmt. Die Bewertung sieht folgende Klassifizierung vor:
Porositätszahl über 24% = sehr gut, 21–24% = gut, 18–21% = befriedigend,
unter 18% = unzulänglich [823].

9.1.2.5 Sinkertest

Der Sinkertest hat in der Routinekontrolle, z. B. bei der Malzannahme, wieder an Bedeutung gewonnen. Sein Ergebnis hängt von denselben Faktoren ab wie das spezifische Gewicht. Je geringer der Sinkeranteil einer Malzpartie ist, um so besser ist die Lösung des Malzes, da eben bei hoher Volumenzunahme bzw. hoher Porosität die Körner durch die Lufteinschlüsse aufschwimmen. Ganzglasige Körner liegen flach am Boden des Meßzylinders, teilglasige Körner stellen sich senkrecht auf den Boden, mit dem besser gelösten Keimlingsende nach oben. Voraussetzung für eine reproduzierbare Durchführung der Bestimmung ist die Entfernung von Luftblasen, die sich an den Körnern festsetzen und so das Ergebnis verfälschen können. Die Bewertung des prozentualen Anteils an „Sinkern" gibt folgendes Bild:
Unter 10% = sehr gut, 10–25% = gut, 25–50% = befriedigend,
über 50% = unzulänglich [1027].

9.1.2.6 Schnittprobe

Die Schnittprobe mit dem als „Farinatom" bezeichneten Querschneider sagt nur über die ganzglasigen Körner zuverlässig aus. Da das Korn bekanntlich in der Mitte geschnitten wird, ergibt sich kein Anhaltspunkt über die Spitzenglasigkeit bzw. über die Gleichmäßigkeit der Auflösung.

Einen objektiven Einblick in die Mehlkörperbeschaffenheit gibt nur der Längsschneider; nachdem jedoch zur Analyse der geforderten 200 Körner insgesamt 8 Schnitte erforderlich sind, ist die Methode etwas mühsam. Aus den mehligen, ganzglasigen, halbglasigen und spitzenglasigen Körnern wird die „durchschnittliche Glasigkeit" errechnet, deren Beurteilung nach folgendem Schema geschieht:
0–2,5% = sehr gut, 2,5–5% = gut, 5–7,5% = befriedigend,
über 7,5% = unzulänglich [1028].

Durch die Schnittprobe können auch die randglasigen Körner (z. B. Darrglasigkeit) erfaßt werden. Daneben gibt sie einen Überblick über die *Färbung des Mehlkörpers,* die bei hellen Malzen nur wenige gelbliche, jedoch keine bräunlichen Körner aufweisen darf. Gleichmäßig gedarrte dunkle Malze zeigen überwiegend gelbliche Körner, aber weder weiße, noch einen zu hohen Anteil an bräunlich gefärbten.

9.1.2.7 Härte bzw. Mürbigkeit

Die Härte bzw. Mürbigkeit des Malzes kann neben der Schnittprobe oder dem spezifischen Gewicht vor allem mit dem „Brabender-Härteprüfer" oder dem „Mürbimeter" objektiv ermittelt werden.

Der *Brabender-Härteprüfer* mißt den Kraftaufwand, den ein auf einen Mehlgehalt von 40% vorgemahlenes Schrot aus 50 g Malz zur weiteren Zerkleinerung mittels einer Feinmehlmühle benötigt [1029, 1030]. Die gemessene Mürbigkeit ist abhängig von Korngröße und Spelzengehalt, auch ist eine Kalibrierung nach Sorte und Provenienz bzw. Jahrgang erforderlich. Das durch erhöhten Spelzengehalt verursachte „tailing" verschlechtert Aussage und Reproduzierbarkeit. Die Skala zur Beurteilung der Auflösung in „Brabendereinheiten" lautet:

unter 50 000 = sehr gut, 51–58 000 = gut, 59–63 000 = befriedigend,
über 64 000 = unzulänglich.

Eine Modifizierung der Methode sieht vor, nur 13 g Malz in einer Miag-Grobschrotmühle auf einen Mehlgehalt von 25% zu vermahlen. Hierdurch können Reihenuntersuchungen kleiner Mengen (z. B. für Zuchtstammprüfungen) bei guter Reproduzierbarkeit durchgeführt werden [1030]. Die Einteilung in „Härteeinheiten" geschieht wie folgt:

Bis 350 HE = sehr gut, 350–500 HE = gut, 500–600 HE = mäßig,
über 600 HE = schlecht.

Das *Mürbimeter* mißt die Härte des Malzes (aber auch der Gerste) derart, dass das Malzkorn in einer vertikal beweglichen Mulde von einer Klaue festgehalten und an beiden Enden von je einer kalibrierten zylindrischen Nadel durchstochen wird. Bei der Überwindung des Kornwiderstandes wird eine justierte Feder niedergedrückt und der Kraftaufwand registriert. Jede der 6 Härtekategorien hat ein Zählwerk, so dass sich nach dem Prüfen von 100 Körnern eine ganz spezifische Verteilung ergibt. Die Multiplikation der Anzahl Körner pro Kategorie mit der Nummer der jeweiligen Kategorie liefert 6 Zahlen, die zusammenaddiert die „Mürbimeterhärte" darstellen [344]. Diese erfährt folgende Klassifizierung:

Unter 300 = sehr gut, 300–350 = gut, 350–400 = befriedigend,
über 400 = unzulänglich.

Durch einen weiteren Rechnungsgang läßt sich die *Homogenität* eines Malzes berechnen, deren Bewertung wie folgt geschieht:

Unter 1,30 = sehr gut, 1,30–1,40 = gut, 1,40–1,50 = befriedigend,
über 1,50 = unzulänglich [1027].

Wenn auch Mürbimeterhärte und Homogenität gut miteinander korrelieren, so sollte doch die eine Zahl nicht ohne die andere beurteilt werden. Es kann ein mürbes Malz eine mäßige Homogenität aufweisen, wenn Ausbleiber vorhanden sind; umgekehrt kann ein „Kurzmalz" bei schlechter Mürbigkeit eine relativ gute Homogenitätsrate erreichen. Es ist daher zweckmäßig, dass auch noch andere Maßstäbe zur Kontrolle der Mürbigkeit herangezogen werden, z. B. Mehligkeit, Sinkertest, evtl. spez. Gewicht (s. Abschnitt 9.1.2.5).

Das *Friabilimeter* nach *Chapon* [1031, 1032] gibt die Mürbigkeit von Malzkörnern an, die mittels einer Walze durch eine Siebtrommel passieren (50 g Malz, 8 Minuten). Diese Fraktion stellt die „mürben" Körner dar; aus dem Rückstand werden die ungebrochenen ganzen Körner als „Ganzglasige" erfaßt. Eine weitere Differenzierung wird durch Sortieren des Rückstandes über das 2,2 mm-Sieb erreicht. Dieses sind die „teilglasigen" Körner, die anteilig den ganzglasigen zugeschlagen werden [563]. Das Gerät wird häufig bei der Malzannahme eingesetzt, um zu entscheiden, ob das angefahrene Malz angenommen werden kann oder nicht. Bei der erwarteten Aussagekraft des Geräts muß dieses häufig mit Standardmalzen unterschiedlicher Auflösungsgrade überprüft werden. Der Wassergehalt soll 3,5–5% betragen. Malze mit höheren Spelzengehalten ergeben ungünstigere Friabilimeterwerte [1033], weswegen Wintergersten oft schlechter abschneiden. Weizenmalz ist mittels des Friabilimeters nicht zu bewerten. Es ist aber aus der Mürbigkeit allein kein Rückschluß auf die cytolytische Lösung eines Malzes zu erzielen, wohl aber vom Merkmal „Ganzglasigkeit" aus auf eine erhöhte β-Glucan-Konzentration zu schließen [1034]. Die Ganzglasigkeit liegt dabei etwas günstiger als der Ausbleiberanteil, da diese Körner während des Weichens, Keimens und Schwelkens einer feuchten Atmosphäre unterworfen waren und möglicherweise durch mikrobielle Wirkung auf die Stütz- und Gerüstsubstanzen eine Strukturveränderung erfahren haben [568, 1037]. Der Friabilimeterwert ist aber bezüglich „Mürbigkeit" und „Ganzglasigkeit" als Ergänzung zur konventionellen Malzanalyse zu sehen und nicht geeignet, sie zu ersetzen [1036].

Der Friabilimeterwert ist stark sortenabhängig, aber auch vom Jahrgang (Aufwuchs-, Erntebedingungen), vor allem aber von der Keimreife bestimmt. Beim Mälzen ist eine hohe, entsprechend der Wasserempfindlichkeit eingestellte Keimgutfeuchte günstig, eine steigende oder fallende Keimführung ist besser als zu niedrige oder zu hohe Temperaturen, eine längere Keimzeit unter „moderaten" Bedingungen ist günstiger als eine kürzere, durch höhere Feuchte und höhere Temperatur forcierte Mälzung. Malze, die durch das Darren eine partielle Glasigkeit („Darrglasigkeit") erfuhren, zeigen eine geringere Mürbigkeit, doch ist der teilglasige Rückstand in ähnlicher Weise aufschließbar wie die mürbe Fraktion [1035]. Die Bewertung von Friabilimeterwert und Ganzglasigkeit ist wie folgt [960, 1038]:

Mürbigkeit >81% = sehr gut, 78–81% = gut, 75–78% = befriedigend, <75% unzulänglich.

Nachdem aber die Jahrgangsgegebenheiten eine große Rolle spielen, ist ggf. bei ungünstigen Bedingungen die Skala bei der Akzeptanz von Malzen nach unten zu korrigieren.

Ganzglasigkeit <1%=sehr wenig, 1–2%=wenig, 2–3%=befriedigend, >3%=unzulänglich.

Der *Calcofluor-Test* (*Carlsberg-Methode*) beruht auf dem Anfärben der intakten Zellwände mit dem Fluorochrom Calcofluor, das mit dem β-Glucan über 10 000 D spezifische Bindungen eingeht. In Verbindung mit einem grünen Kontrastmittel werden die durch Abschleifen gewonnenen längsgeteilten Halbkörner im UV-Licht dann eine hellblaue Fluoreszenz zeigen, wenn die Zellwände noch ungelöst sind. Die abgebauten Bereiche färben dagegen dunkelblau. Bei der Auswertung wird jedes der 2×50 Körner einer der Gruppen steigenden Lösungsgrades zugeordnet: 0–<5%; 5–<25%; 25–<50%; 50–<75%; 75–<95%; 95–100% und die sog. Modification „M" berechnet. Hieraus läßt sich in einer weiteren Formel die Homogenität „H" ableiten [1039, 1040, 1041]. Wenn auch die manuelle Methode einen guten Überblick über die Auflösung gibt, aber etwas vom jeweiligen Analytiker abhängt, so ist die automatische sehr gut reproduzierbar. Es können die Abstufungen der Auflösung (s. oben) der einzelnen Körner ausgedruckt oder als Histogramme dargestellt werden. Die Auflösung „M" ist durch die Mälzereitechnologie leichter zu beeinflussen als die Homogenität „H". Beide hängen von Sorte und Jahrgang, in besonderem Maße von der Keimreife ab sowie von der Einheitlichkeit, d.h. Sortenreinheit der Gersten. Mischpartien liegen bei „H" immer um 15–20% schlechter als sortenreine. Sie benötigen ein gewisses Maß an Überlösung, um bei „M" an die Bereiche sortenreiner Ware heranzukommen. Bei „H" gelingt dies ohnehin nicht.

Alle technologischen Parameter, wie höhere Keimgutfeuchte, angepaßte, steigende oder fallende Keimtemperaturen sowie eine längere Keimzeit bei eher moderater Feuchte (s. Abschnitt 4.1.5.5) fördern M und H. Bei Malzqualitätsgarantien werden heutzutage als Mindestwerte für M=>90%, für H>70% genannt.

Die *Methylenblau-Färbung* [1042–1044] auf abgeschliffenen und polierten Halbkörnern erfaßt die porösen, gelösten Partien des Mehlkörpers, während die glasigen Teile ungefärbt bleiben. Die Methode liefert ähnliche Ergebnisse wie die vorgenannte Calcofluorfärbung; sie benötigt, da nicht automatisiert, eine große Erfahrung des Analytikers. Sie gibt einen Hinweis auf „Unfälle" wie Zulauf von Rohgerste zum Malz, auf ungleiche Keimung und Auflösung sowie Darrglasigkeit. Es werden etwa die gleichen Spezifikationen für die Methylenblaufärbung gestellt wie für den Calcofluor-Test.

Mittels *NIR-Spektroskopie* (s. Abschnitt 1.6.3) lassen sich Einzelkornanalysen zur Bewertung der Homogenität von Gerste und Malz durchführen. Dabei werden ungelöste Bereiche des Malz-Mehlkörpers im NIR-Bereich identifiziert und vermessen. Es ist möglich, große Probenmengen als ganze Körner (ca. 1000) gut reproduzierbar und bei hohem Automatisierungsgrad zu vermessen. Die Korrelation zwischen Vorhersage und gemessenen Werten an ungelösten Mehlkörpern liegt im Bereich von über 0,92. Ähnlich genau sind die Werte für Eiweiß- und β-Glucangehalte [1045].

9.1.2.8 Blattkeimwachstum

Dieses gibt, wenn auch bis zu einem bestimmten Maß vom jeweiligen Analytiker abhängig, einen Maßstab für die Gleichmäßigkeit der Keimung. Es besteht auch eine gewisse Übereinstimmung mit den Umsetzungen bzw. dem Fortschreiten der Auflösung im Korninnern (s. Abschnitt 4.2.1.3). Moderne Mälzungsverfahren vermitteln z. T. bei oftmaligem Spritzen ein stärkeres Blattkeimwachstum, wie dieses auch durch den Abrieb der Wurzelkeime eine Förderung erfährt. Diese Faktoren begünstigen auch die Husarenbildung (s. Abschnitt 4.2.1.2). Die Ermittlung der Blattkeimlänge geschieht in Anlehnung an die Kornlänge:

$0–\frac{1}{4}$, $\frac{1}{4}–\frac{1}{2}$, $\frac{1}{2}–\frac{3}{4}$, $\frac{3}{4}–1$ und >1. Die mittlere Keimlänge sollte bei hellen Malzen bei ca. 0,75, bei dunklen über 0,8 liegen. Es sagt aber gerade dieser Begriff weniger über die Gleichmäßigkeit der Keimung aus als die Darstellung der Verteilung: Diese ist dann als gleichmäßig zu bezeichnen, wenn der Anteil der Körner von $\frac{1}{2}–\frac{3}{4}$ und $\frac{3}{4}–1$ bei $>84\%$ liegt. Ein höherer Anteil bei $\frac{1}{4}–\frac{1}{2}$ deutet auf nachkeimende Körner einer ungleichmäßigen Partie hin. Hier sind dann meist auch Anteile bei $0–\frac{1}{4}$ sowie Husaren zu finden [1046]. Nach MEBAK wurden in Ergänzung der obigen Werte 75–84% im Bereich von $\frac{1}{2}–1$ als „ziemlich gleichmäßig" bezeichnet, $<75\%$ dagegen als „ungleichmäßig" [1047].

9.1.2.9 Keimfähigkeit

Die Keimfähigkeit des Malzes soll Auskunft über die „Darrfestigkeit" eines Malzes geben. Sie ist im frisch gedarrten Malz höher als im gelagerten [1048]. Es wird auch ein Zusammenhang zu der im Malz noch wirksamen Lipoxygenasenaktivität (s. Abschnitt 7.2.3.6) gesehen [828]. Die Keimfähigkeit des Malzes entsprach bei den alten Zweihordendarren mit dünner Schicht und Wenderbetrieb der Forderung von unter 30% Keimfähigkeit bzw. ca. 15% im gelagerten Malz [1048] besser als die mit Einhordenhochleistungsdarren (bzw. mit modernen Darrsystemen) erzielten Werte von 50–90%. Dies ist auf die schonende Trocknung (s. Abschnitt 7.5.2.1) zurückzuführen, wodurch der Keimling die Abdarrtemperaturen besser verträgt als bei den alten Darrverfahren. Es ist also diese Bestimmung (selbst bei Keimung mit 0,37%iger H_2O_2-Lösung) zu wenig durch definierte Versuche mit verschiedenen Darrverfahren erhärtet, als dass sie Gegenstand von Garantien sein könnte, auch müßte zwischen frisch gedarrtem und gelagertem Malz unterschieden werden.

Die Vielfalt der Methoden zur Darstellung der Mürbigkeit des Malzes, vor allem auch im Hinblick auf die „Gleichmäßigkeit" der Auflösung zeigt, welche Bedeutung gerade diesem Faktor beigemessen wird. Nur mürbe, homogene Malze aus voll und gleichmäßig keimenden Gersten, hergestellt in einem sorgfältig abgestimmten Mälzungsverfahren, geben beim Maischen ihren Extrakt rasch (Sudzeit!) und vollständig (Sudhausausbeute!) her und ermöglichen eine optimale Enzymwirkung. Die so erhaltenen Würzen sind leicht vergärbar und bieten bei guter Nachgärung – selbst bei den tiefen Temperaturen des Lagerkellers – alle Voraussetzungen für eine gute Filtrierbarkeit sowie für ein wohlschmeckendes, gut schaumhaltiges und stabiles Bier.

9.1.3
Die chemisch-technische Analyse des Malzes

Sie schließt ein die Bestimmung des Wassergehaltes, einen Maischversuch zur Ermittlung der Verzuckerungsfähigkeit sowie der Extraktausbeute des Malzes. Diese „Kongreßanalyse" wird sowohl mit Feinschrot (DLFU-Mühle, Mahlspalt 0,2 mm) als auch mit Grobschrot (DLFU-Mühle, Mahlspalt 1,0 mm) vorgenommen; die gewonnene Laboratoriumswürze dient als Grundlage einer Reihe weiterer Untersuchungen wie Farbe, Aussehen, Ablaufzeit, Geruch und Geschmack. Darüber hinaus können hier die Stickstoff-, Gerbstoff- und Gummistoffmengen oder der Endvergärungsgrad ermittelt werden.

9.1.3.1 Wassergehalt
Der Wassergehalt des Malzes beträgt bei frisch abgedarrten hellen Malzen zwischen 3,5 und 4,2%, bei dunklen 2,0–2,8%; durch die Lagerung nimmt der Wassergehalt in der Regel um 0,5–1,0% zu. Nach den gültigen Malz-Qualitätsgarantien liegt der Wassergehalt von hellen Handelsmalzen unter 5%. Die Auslieferung höherer Wassergehalte, etwa im Sinne von Energieeinsparungen, konnte sich infolge anderer, qualitätsneutraler Einsparungsmöglichkeiten nicht durchsetzen (s. Abschnitt 7.7.1).

9.1.3.2 Extraktergiebigkeit
Die Extraktergiebigkeit des Malzes, die sog. „Laboratoriumsausbeute", stellt eines der wichtigsten Untersuchungsmerkmale dar. Sie umfaßt die Summe der löslichen und durch das Maischen löslich gemachten Bestandteile. Je höher sie liegt, um so höher ist normalerweise auch die Sudhausausbeute. Das Laboratoriumsmaischverfahren weicht aber von dem in der Praxis geübten wesentlich ab (Feinschrot, destilliertes Wasser, Infusionsmaische ohne „Maltoserast"). Es liefert demnach nur Vergleichswerte zwischen verschiedenen Malzen, die aber doch mit der Sudhausausbeute in einer gewissen Relation stehen.

Die *lufttrockene Laboratoriumsausbeute* schwankt zwischen 72 und 79%. Sie stellt die Grundlage der Sudhausausbeute dar. Deshalb wird sie auch verschiedentlich als Bezugswert bei Malzkaufabschlüssen zugrunde gelegt. Normale Werte bei gutem Malz sind 76–78%.

Die wasserfreie *Extraktausbeute* des Malzes liegt zwischen 76 und 84%, wobei hier 79,5–82% den Normalbereich darstellen. Die Extraktausbeute ist abhängig von der Gerstensorte, von Anbaugebiet und Jahrgang [17] sowie aus den hiervon abzuleitenden Merkmalen: Eiweißgehalt, Spelzengehalt, Sortierung über 2,8 mm [134]. Daneben spielt die Auflösung des Malzes eine Rolle: Je stärker diese innerhalb bestimmter Grenzen normaler Mälzungsweise (Mälzungsverluste!) ist, um so höher ist auch die Ausbeute [273]. Vielfach wird die höhere Ausbeute aber nur durch eine verstärkte Eiweißlösung bewirkt, weswegen verschiedentlich die Berechnung des „eiweißfreien" Extrakts Anwendung findet [1052].

Ein niedriger Maische-pH-Wert von z. B. 5,75 gegenüber dem Normalwert von 5,9 vermag die Ausbeute um 0,7–1,0% zu steigern (s. Abschnitt 7.2.4.9).

9.1.3.3 Verzuckerungszeit

Die Verzuckerungszeit des Malzes wird während der Kongreßmaische bei 70 °C bestimmt. Helle Malze verzuckern normal in 10–15, dunkle innerhalb von 15–30 Minuten. Dennoch gibt die Verzuckerungszeit weniger einen Rückschluß auf die Diastatische Kraft eines Malzes oder dessen Gehalt an a-Amylase, sondern dürfte in stärkerem Maße von der Härte des Malzes bzw. der Angreifbarkeit der Malzstärke bzw. deren Verkleisterungstemperatur beeinflußt sein [787]. Nachdem die Verzuckerung in der Feinschrotmaische bei einem Verhältnis von Malz zu Wasser = 1:6 ermittelt wird, sagt auch diese Prüfung nichts über die Raschheit der Verzuckerung im Praxisbetrieb aus. Hier sind bei schwierigen Malzen die betriebsüblichen Gußverhältnisse von 1:2,5–1:3,5, u. U. in Verbindung mit Grobschrot anzuwenden [535]. Härtere Brauwässer (RA > 10 °dH) können infolge des höheren Maische-pH ebenfalls eine längere Verzuckerungszeit zur Folge haben.

9.1.3.4 Ablauf der Kongreßwürze

Der Ablauf der Kongreßwürze wird nach zwei Seiten hin beurteilt: einmal nach der Geschwindigkeit, zum anderen nach dem Aussehen der Würze.

Die *Ablaufgeschwindigkeit* der Kongreßwürzen erlaubt nur in Extremfällen einen Hinweis auf eventuelle Abläuterschwierigkeiten im Sudhaus. Oftmals laufen gerade sehr hoch gelöste Malze langsam ab [273].

Dunkle oder sehr hoch abgedarrte Malze zeigen verschiedentlich einen verzögerten Ablauf.

Eine bessere Aussage bietet die Ablaufgeschwindigkeit der Grobschrotwürzen, vor allem bei höheren Gummistoffgehalten bzw. Viskositätswerten. Eine zu warme Einlagerung des Malzes nach dem Ausdarren kann eine Verschlechterung der Läutergeschwindigkeit erbringen.

Die *Klarheit* der Kongreßwürze hängt von den Faktoren der Gerste (Sorte, Jahrgang, Aufwuchs- und Anbaubedingungen usw.) und des Mälzungsverfahrens ab. Sie läßt keinen Schluß auf die Klärfähigkeit des Bieres zu, wie die Aufstellung in Tab. 9.1 zeigt [1054]. Je schlechter ein Malz gelöst ist und um so höher es abgedarrt wird, um so trüber laufen die Würzen ab. Auch bei niedrig abgedarrten Malzen werden die Würzen beim Stehen rasch trüb, während sol-

Tab. 9.1 Klarheit der Kongreßwürzen und Klärung der Biere.

Herkunft	Frankreich				Deutschland			
Sorte	Rika	Rika	Beka	Ingrid	Wisa	Union	Bido	Ulme
Ablauf Kongreßwürze	klar	klar	klar	klar	l. opal	l. opal	l. opal	klar
Klärung des Bieres %	66	69	73	72	96	98	99	92

che aus normal abgedarrten (bei 80–85 °C) ihren Glanz länger behalten (s. a. Abschnitt 9.1.6.1). Auch frisch abgedarrte Malze neigen zu opalisierendem Ablauf, eine Erscheinung, die sich nach Rehydration der Kolloide im Laufe einer 3–4-wöchigen Lagerzeit der Malze wieder verliert (s. Abschnitt 7.10.2).

9.1.3.5 Farbe der Kongreßwürze

Diese ist besonders wichtig, da hierdurch der jeweilige Malztyp geprägt wird. Helle Malze haben Farben von 2,5–4,5 EBC-Einheiten, mittelfarbige von 5–8 und dunkle von 9,5–18, manchmal bis 25 EBC-Einheiten. Bei hellen Malzen interessiert die Beständigkeit der Farbe während des weiteren Brauprozesses. Nach einer Reihe von Untersuchungen ist eine Korrelation zwischen Kongreßwürze und Bierfarbe von +0,30 bis +0,69 gegeben [774, 1055, 1057, 1058]. Die Bierfarbe kann um so höher erwartet werden, je höher der Gehalt an löslichem Stickstoff der Laborwürze ist [1058].

Einen besseren Einblick gibt die Kochfarbe der Kongreßwürze mit einem Korrelationskoeffizienten von +0,69 bis +0,89 [774]. Die Farbzunahme zwischen Kongreßwürze- und Kochfarbe hängt ab von der Gerste (Sorte, Anbauort, Jahrgang, Eiweißgehalt), von der Auflösung (je höher vor allem die Eiweißlösung, um so stärker die Zufärbung), vom Zusatz an Gibberellinsäure (kleine Gaben wirken sich bereits farberhöhend aus), von der Intensität der Ausdarrung (je höher der Ausdarrgrad, um so stärker die Zufärbung, da die gebildeten Primär- und Sekundärprodukte der Maillard-Reaktion weiter zu färbenden Substanzen reagieren).

Bei hellen Malzen beträgt die Zufärbung zwischen Kongreßwürze- und Kochfarbe 1,5–3,5 EBC-Einheiten. Normale Werte liegen bei 2,0–2,5 EBC-Einheiten, so dass im allgemeinen eine Kochfarbe von 4,5–5,5 EBC-Einheiten ereicht bzw. sogar unterschritten werden kann.

Um die Aussage von Farbe und Kochfarbe zu erhärten, wird häufig der HMF-Wert („Hydroxymethylfurfural") bestimmt, der unter Modifikation die TBZ (Thiobarbitursäurezahl) ergibt. Er zeigte eine, über die Erkenntnis der Farbwerte hinausgehende, unzweckmäßige thermische Belastung an (s. Abschnitt 7.2.4.5, 9.1.7.5).

Die TBZ der hellen Malze liegt im Kaltauszug normal zwischen 9 und 12, in der Kongreßwürze zwischen 11 und 18 [911]. Zu hohe Werte wirken sich bei der Verarbeitung heller Malze nachteilig auf Geschmack und Geschmacksstabilität der Biere aus [912]. Neben der TBZ kann auch die „Anilinzahl" (AZ) als dimensionslose Größe zur Bewertung eines Malzes herangezogen werden. Ursprünglich wurde die Methode entwickelt, um den Grad der thermischen Belastung von Bieren im Markt festzustellen. Es ist eine enge Korrelation der AZ mit dem Alterungsgeschmack eines Bieres gegeben [1059].

Die Anilinzahl kann aber auch schon bei hellen Malzen (Farbe 3–4 EBC) Abweichungen zwischen AZ 5 und 10 zeigen, wobei die TBZ in den Kongreßwürzen zwischen 13 und 20 schwankt, aber nicht unbedingt mit Farbe und AZ konform geht [1060].

Auf der anderen Seite spielt auch die Entfärbung bei der Gärung eine Rolle, die bei Würzen aus besser gelösten Malzen weitgehender verläuft [1061]. Aus diesem Grund wird oftmals die Farbe der endvergorenen Kongreßwürze ermittelt [1027].

Die *Darrfestigkeit* des Malzes wird auch durch Vergleich der Kongreßwürzefarbe des zu untersuchenden mit der des 5 Stunden bei 86 °C nachgedarrten Malzes bestimmt. Die Methode hat jedoch – wenn überhaupt – nur dann Aussagekraft, wenn frisch abgedarrte Malze zur Untersuchung gelangen. Malze, die länger lagerten und die dabei eine gewisse Wasseraufnahme erfuhren, neigen zu unverhältnismäßig starker Zufärbung, die sich nicht in den Praxiswerten niederschlägt. Soll die „Darrfestigkeit" ermittelt werden, so ist dies auf dem Wege über die Stickstoff-Fraktionen zu tätigen (s. Abschnitt 7.2.4.2). Einen sicheren und eher leichter zu ermittelnden Anhaltspunkt liefert die (allerdings GC-) Analyse des DMS- Vorläufers (s. Abschnitt 7.2.4.7, 9.1.7.4).

9.1.3.6 Geruch und Geschmack der Maische

Der Geruch und Geschmack der Maische bzw. der Kongreßwürze sind von großer Bedeutung. Sie sollten stets ermittelt und die Ergebnisse schriftlich festgehalten werden. Auf diese Weise ist es möglich, Malze, die einen grabligen oder schimmeligen Geschmack aufweisen, auszuscheiden bzw. besondere Maßnahmen bei ihrer Verarbeitung einzuschlagen. Ein adstringierender Geschmack der Würze ist auf Eiseneinfluß (Weichwasser, Weichbehälter) zurückzuführen, ein säuerlicher Geschmack auf eine fehlerhafte Vermälzung.

Neben dieser oftmals als „Handelsanalyse" bezeichneten chemisch-technischen Untersuchung des Malzes können noch Methoden zur Anwendung kommen, die einen tieferen Einblick in die Lösungseigenschaften und damit in die Verarbeitungsfähigkeit des Malzes geben.

9.1.4
Untersuchung der cytolytischen Lösung

Neben den mechanischen Methoden der Bestimmung der Malzmürbigkeit sind zwei Analysen sehr weit verbreitet, um das Ausmaß der Cytolyse anhand von Untersuchungen der Kongreßwürze darzustellen: Die Mehl-Schrotdifferenz und die Viskosität.

9.1.4.1 Mehl-Schrotdifferenz

Diese wird aus zwei Maischversuchen gewonnen: der eine läuft mit Feinschrot (DLFU-Mühle, Mahlspalt 0,2 mm), der andere mit Grobschrot (DLFU-Mühle, Mahlspalt 1,0 mm). Auch ältere Mühlen sind noch in Gebrauch (z. B. die EBC-Casella-Mühle oder die Miag-Grobschrotmühle mit 25% „Mehl"-Anteil), doch muß dies zur Bewertung der Mehlschrotdifferenz angegeben werden. Die Ausbeutedifferenz ist ein Maßstab der Auflösung des Malzes, d. h. der Permeabilität des Mehlkörpers und gibt gleichzeitig einen Einblick in die Enzymkapazität. Sie ist folglich um so niedriger, je besser gelöst das Malz ist. Demnach ergeben sich folgende Beurteilungsrichtlinien [1062, 1063] (Tab. 9.2).

Tab. 9.2 Beurteilung der Auflösung mittels der Mehl-Schrotdifferenz.

Miag (alt) [794]	DLFU [797]	EBC [795, 796]	
unter 2,0%	unter 1,3%	unter 1,5%	sehr hoch
2,0–2,9%	1,3–1,9%	1,6–2,2%	hoch
3,0–3,9%	2,0–2,6%	2,3–2,7%	normal
4,0–4,9%	2,7–3,3%	2,8–3,2%	niedrig
über 4,9%	>3,3%	über 3,2%	sehr niedrig

Nachdem die Fehlergrenzen bei beiden Schrotarten, vor allem aber auch der Maischmethode relativ groß sind, hat die MEBAK [1066] die Bewertung wie folgt vereinfacht: Die Auflösung ist nach der DLFU-Mühle demnach: Extraktdifferenz >2,0% hoch, <2,0% niedrig. Die Mehlschrotdifferenz nach der „alten" Miag-Grobschrotmühle (25% „Mehl") war um ca. 50% höher und wurde in einem um diesen Faktor höheren Bereich ähnlich wie vorstehend bewertet.

Trotz dieser Korrektur wurde in der Folgezeit von der MEBAK beschlossen, die Mehl-Schrot-Differenz nicht mehr zur Bewertung der Cytolyse heranzuziehen [1067]. Es sind für Gerstenmalz genügend andere Analysenmethoden vorhanden, die eine sichere Information über den Zellwandabbau geben. Es sind jedoch z. B. bei Weizen-, Roggen- und anderen Malzen weder der Friabilimeterwert noch die Carlsbergmethoden brauchbar, so dass bei diesen nur die Viskosität der Kongreßwürzen der Beurteilung der Cytolyse dient. Bei diesen „anderen" Getreidearten wäre die Mehl-Schrotdifferenz bis zur Entwicklung anderer Methoden doch noch von Nutzen.

Die Mehl-Schrotdifferenz liefert eine Information über die Verarbeitungsfähigkeit des Malzes und die zu erwartende Sudhausausbeute. Zu diesem Zweck wurde die sog. „Ausbeutezahl A" anhand folgender Formel dargestellt:

$$A = 38,7 + \frac{F + G}{4}$$

Dabei bedeutet F = den (lftr.) Extrakt der Feinschrotwürze und G den entsprechenden Wert der Grobschrotwürze (EBC-Schrot). Die Vorhersage der Sudhausausbeute nach dieser Formel soll sicherer sein als die Anwendung der Feinschrotausbeute allein [1051].

Die Mehlschrotdifferenz ist ein Sortenmerkmal, hängt aber naturgemäß auch stark von den Gegebenheiten des Anbauortes und Jahrgangs ab [241]. Je höher die Keimgutfeuchte, je höher die Keimtemperatur im Bereich von 12–20 °C und je länger die Keimzeit, um so niedriger, d. h. günstiger wird die Mehlschrotdifferenz (s. Abschnitt 4.1.5.5). Sie läßt jedoch keine Rückschlüsse auf die Keimung zu. Sie stellt vielmehr den Mittelwert der Auflösung und des Enzymgehalts (nicht nur an cytolytischen, sondern auch an proteolytischen und amylolytischen Enzymen) der einzelnen Malzkörner dar. Durch die erwähnte Wirkung der Enzyme wird die Mehlschrotdifferenz sogar etwas besser ausfallen, als dies dem Durchschnitt entspricht. Es ist also ein „Aufmischeffekt" gegeben. Ausbleiber können durch Überlösung keimstarker Körner ausgeglichen werden [567].

Eine Aussage über den β-Glucangehalt der Würzen und Biere und somit über die Abläuterung im Sudhaus und die Filtrierbarkeit der Biere vermag sie nur dann zu treffen, wenn sie entweder hoch (> 3%) liegt oder wenn sie bei Werten im normalen Bereich von anderen Analysendaten (Viskosität, Friabilimeter, Calcofluor „M" und „H", gegebenenfalls β-Glucangehalt) ergänzt wird [567]. Auch der Kühltrubgehalt der Anstellwürze wird von der Mehlschrotdifferenz beeinflußt [1068]. Aus diesen Gründen erfordert die Anwendung von Hochkurzmaischverfahren oder der Hochschichtabläuterung eine Mehlschrotdifferenz, die unter 1,8% (nach EBC) liegt [1069].

9.1.4.2 Viskosität der Kongreßwürze

Sie sagt aus, inwieweit die Hemicellulosen und Gummikörper zu niedrigermolekularen Verbindungen abgebaut wurden. Es wird die Wirkung des Komplexes der cytolytischen Enzyme während des Mälzungsprozesses, aber auch noch der Endo-β-Glucanasen zu Beginn der Kongreßmaische (bei 45 °C) dargestellt. Nachdem unterlöste Körner bzw. Kornpartien das eingeschlossene, hochmolekulare β-Glucan erst bei höheren Maischtemperaturen (ab 62 °C) in Lösung bringen und hier kein weiterer Abbau zu Substanzen niedrigeren Molekulargewichts mehr stattfindet, ist die Viskosität der Kongreßwürze immer höher als dem Durchschnitt aller Einzelkörner entspricht. Die auf 8,6% berechnete Viskosität der Kongreßwürze schwankt zwischen 1,40 und 1,90 mPas; sie wird wie folgt bewertet: < 1,53 mPas = sehr gut, 1,53–1,57 = gut, 1,58–1,61 = befriedigend, 1,62–1,67 = mäßig, > 1,67 mPas = schlecht. Bei den meisten Beurteilungs-Schemata wird der Bereich von 1,53–1,61 mPas als „gut" bezeichnet; die hier angegebene, weitere Differenzierung erscheint zweckmäßiger.

Die Aussage der Viskosität der Kongreßwürze über die Lösungseigenschaften des Malzes ist sicher wertvoll. So zeigt sich, dass bei einem schlechter gelösten Malz nicht nur eine schlechtere Extrahierbarkeit der Inhaltsbestandteile während des Maischens, sondern auch bei höherer Viskosität eine schlechtere Auslaugung der Extraktbestandteile während des Läuterprozesses gegeben ist. Malze mit knapper Auflösung, die u. U. auch durch die Provenienz der Gerste bedingt sein kann, ermöglichen es oftmals nicht, die Konzentration des Glattwassers auf den gewohnten Wert abzusenken. Ein guter Anhaltspunkt über die

Verarbeitungsfähigkeit eines Malzes kann jedoch nur dann vorliegen, wenn die Viskosität in einer Labormaische mit derselben Einmaischtemperatur wie beim Praxismaischverfahren bestimmt wird. Ein anderer Vorschlag geht sogar dahin, die Viskosität der 80 °C-Maische zu ermitteln [1070].

Die Untersuchungen zeigen jedoch, dass diese hier mit zunehmender Mehl-Schrot-Differenz stärker ansteigt als die der Kongreßwürze. Nachdem bei einstündigem Maischen bei 80 °C nur mehr Restaktivitäten der Peptidasen (s. Abschnitt 1.5.8.3) und eine sehr rasche Inaktivierung der β-Amylase gegeben ist, vermögen hier nur mehr die α-Amylasen eine Verflüssigung und einen teilweisen Abbau des Stärkekleisters zu bewirken. Es entsteht eine Fülle von Dextrinen unterschiedlicher Größe, die ebenfalls eine hohe Viskosität zeigen. Demnach erscheint es günstiger, die Viskosität der Würze aus der 65 °C-Maische zu bestimmen, da bei dieser Temperatur die optimale Wirkung der β-Glucan-Solubilase gegeben ist, die hier hochmolekulares β-Glucan aus der Bindung an Zellwand-Proteine freisetzt, wobei aber kaum mehr eine Endo-β-Glucanasen-Aktivität gegeben ist. Dagegen sind sowohl die Amylasen als auch einige Peptidasen wirksam, so dass die 65 °C-Viskosität den potentiellen Gehalt an β-Glucan anzeigt [566]. Hier können Malze, die nach den herkömmlichen Analysendaten unauffällig sind, überhöhte Werte zeigen (s. Abschnitt 4.1.5.5). Es zeigte sich, dass die 65 °C-Würze-Viskosität in der Regel um 0,06–0,15 höher liegen kann als die der Kongreßwürze [1071]. Weiterführende Untersuchungen über die Beziehungen der Viskosität der 65 °C- und 80 °C-Würze und verschiedener Malzanalysendaten ergaben eine sehr hohe Signifikanz der Viskosität der 65 °C-Würze mit der Mürbimeterhärte und der Homogenität des Malzes, die Viskosität der 80 °C-Würze eine solche zur Mehligkeit des Malzes, aber auch zur Verarbeitungszahl nach *Hartong-Kretschmer*. Die Differenz zwischen der Viskosität beider Maischen folgte ähnlichen Tendenzen [1072].

Die 70 °C-Maische-Viskosität wird mit Diastase-Lösung gewonnen, um so den störenden Viskositätsbeitrag höhermolekularer Stärkeabbauprodukte zu vermeiden [1074, 1075], ihre Werte liegen zwischen 4,0 und 6,8 mPas.

Bei Anwendung von Hochkurzmaischverfahren soll die in der normalen Kongreßwürze ermittelte Viskosität nicht über 1,55 mPas liegen, sonst sind Läuterschwierigkeiten durch viskose Würzen bzw. durch hohe β-Glucangehalte in den Trebern zu erwarten [84]. Auch die Filtrierbarkeit der Biere kann leiden.

Die Viskosität der Kongreßwürze ist abhängig von denselben Mälzungsfaktoren wie die Mehlschrotdifferenz. Die Endo-β-Glucanasen sind jedoch empfindlich gegen Sauerstoffmangel bei der Keimung und werden auch durch die Wiederweiche negativ beeinflußt. Deshalb verzeichnen letztere Malze bei sehr günstiger Mehlschrotdifferenz oftmals höhere Viskositätswerte.

9.1.4.3 Bestimmung der β-Glucane

Die Bestimmung der β-Glucane erfolgte früher zusammen mit den Pentosanen im Rahmen der Analyse der Gummistoffe [84, 1073], dann folgten enzymatische Methoden zur Bestimmung der hochmolekularen Fraktionen [103, 1076], von denen eine sogar automatisiert wurde [1077]. Für die Routine-Analyse eignet sich die fluorimetrische Methode [100, 101], wobei das Fluorochrom Calcofluor mit hochmolekularem β-Glucan über 10000 D Komplexe bildet, deren Fluoreszenz in der automatischen FIA (Flow Injection Analysis) erfaßt wird. Je nach Lösungsgrad des Malzes werden in der Kongreßwürze 50–300 ppm, in der 65°C-Würze 150–800 ppm gefunden. Die hohen Werte liegen bei unterlösten, vor allem bei inhomogenen Malzen vor [566, 1071], vor allem ist im letzteren Falle ein deutlicher Anstieg von der Kongreß- zur 65°C-Würze gegeben. Die Ergebnisse der β-Glucanbestimmung (besonders in der 65°C-Würze) sind naturgemäß wesentlich aussagefähiger als die der Viskositätsermittlung. Sie sind wie die anderen Analysen zur Beschreibung der Cytolyse abhängig von Sorte, Anbauort und Jahrgang, von den Keimeigenschaften der Gerste (incl. Wasserempfindlichkeit) und den Faktoren der Keimung: Eine hohe, stets stufenweise eingestellte Keimgutfeuchte, fallende oder steigende Keimtemperaturen (je nach den physiologischen Gegebenheiten) sowie eine genügend lange Weich- und Keimzeit sorgen für einen gleichmäßigen und weitgehenden Abbau des β-Glucans.

Versuche mit zwei sortenreinen, jedoch unterschiedlich stark gelösten Malzen, die in 10 zu 10%-Schritten miteinander verschnitten wurden, zeigten die in Tab. 9.3 aufgeführten Ergebnisse [1071, 1078].

Hieraus läßt sich ableiten, dass die Mehl-Schrotdifferenz eine Zumischung von 30% unterlöstem Malz „tolerierte", unter Einbeziehung von Wiederholbarkeits- und Vergleichbarkeitsfehlern sogar 60%! Der Friabilimeterwert blieb bis zu 40% Zumischung in einem akzeptablen Bereich, wobei eine Ganzglasigkeit von 2,2% beim überlösten Malz keine Aussage über eine Mischung zuließ. Beim Carlsberg-Calcofluor-Test war die Modifikation „M" bei 30% Zumischung noch 93%, doch fiel die Homogenität „H" rechnerisch schon bei 15% unter

Tab. 9.3 Malzanalysendaten bei Verschnitt von verschieden stark gelösten Malzen.

Anteil an unter- löstem Malz %	0	10	20	30	40	50	60	70	80	90	100
MS-Differenz %	0,7	1,4	1,0	1,8	2,3	2,4	2,2	2,6	2,3	2,9	2,7
Friabilimeter %	95	92	88	85	82	77	76	73	72	68	65
ggl. %	2,2	1,4	3,0	2,6	1,8	2,6	2,0	3,2	2,0	1,4	1,8
Calcofluor „M"	100	95	93	93	83	87	88	84	86	84	78
"H"	97	76	58	66	38	55	59	64		62	64
Viskosität KW	1,43	1,44	1,46	1,47	1,48	1,47	1,50	1,54	1,54	1,58	1,56
mPas 65°C	1,48	1,52	1,55	1,58	1,69	1,66	1,73	1,81	1,80	1,92	1,96
Δ Viskosität	0,05	0,08	0,09	0,11	0,21	0,19	0,23	0,27	0,26	0,34	0,40
β-Glucan Kongr.W. mg/l	72	102	210	220	193	193	308	387	268	621	450
β-Glucan 65°C-W mg/l	219	368	545	569	852	579	1036	1110	900	1219	1358

65°C = 65°C-Würze

70% ab. Die „Inhomogenität" erreichte bei 50% logischerweise ein Maximum. Die Viskosität war, bedingt durch die ohnedies niedrigen Viskositäten der neuen Sorten selbst bei 60% Zumischung noch 1,5 mPas. Hier zeigte jedoch die 65 °C-Maische einen kräftigen Anstieg um 0,23 mPas. Dieser war beim Vergleich der beiden Maischen noch gravierender beim β-Glucan. Während die Kongreßwürze erst bei 60%-Zumischung mit einem deutlichen Anstieg des β-Glucans reagierte, war dieser bei der 65 °C-Maische schon bis 10% Zumischung signifikant. Es ist also der Carlsberg-Test nach „M" und „H" die zuverlässigste Methode, um die Cytolyse eines Malzes zu beurteilen [1044]. Doch dürfte zur Aufdeckung unerwünschter Verschnitte die β-Glucan-Analyse aus der 65 °C-Maische erforderlich sein, um einen zahlenmäßigen Beweis zu erbringen [566, 1071].

Es wurde auch vorgeschlagen, ein abgeändertes Labormaischverfahren (Einmaischen und Rast bei 62 °C 47 Minuten, Aufheizen 8 Minuten, Rast bei 70 °C 60 Minuten) zum Zwecke der besseren Vergleichbarkeit mit praxisüblichen Maischverfahren zu wählen. Auch hier lassen sich eindeutige Ergebnisse mit etwas geringeren Unterschieden zur Kongreßwürze gewinnen [1071, 1078].

9.1.5
Untersuchung der proteolytischen Lösung

Das Ausmaß des Eiweißabbaus wird durch die Bestimmung des löslichen Stickstoffs (Eiweißlösungsgrad) auf einfache Weise dargestellt. Es interessiert jedoch häufig die Verteilung dieser gelösten Substanzen auf hoch-, mittel- und niedermolekulare Fraktionen; vor allem aber wird der Menge des assimilierbaren Stickstoffs Bedeutung beigemessen.

9.1.5.1 Eiweißgehalt des Malzes

Der Eiweißgehalt des Malzes ist von der Gerste her bestimmt und liegt um 0,1–0,5% unter diesem (s. Abschnitt 4.1.6.4). Er soll für sehr helle Pilsener und sehr helle Exportbiere nicht über 10,5% (auf Trockensubstanz berechnet) liegen; helle Lager- und satter gefärbte, süßlich schmeckende Export- und Spezialbiere vertragen Eiweißgehalte um 11%. Bei höheren Werten erhalten die Biere oftmals einen plumpen Geschmack und eine unabgerundete Bittere. Dunkle Bieren sollen – um der Vollmundigkeit und des Aromas willen – aus Malzen bis zu 12% Eiweiß hergestellt werden.

9.1.5.2 Löslicher Stickstoff und Eiweißlösungsgrad

Der Eiweißlösungsgrad („Kolbachzahl") stellt den Anteil des löslichen Stickstoffs in Prozent des Gesamtstickstoffs dar. Als Beurteilungsmaßstab in Ergänzungen früherer Vorschläge [1079] kann dienen:
Über 41%=sehr gut, 38–41%=gut, 35–38%=befriedigend, unter 35%=mäßig.

Der Eiweißlösungsgrad wird häufig in Verbindung mit dem Gesamtstickstoffgehalt des Malzes gesehen; dies scheint auch logisch, da bei einem Malz von z. B. 9,5% ein Eiweißlösungsgrad von 40% einen Gehalt an löslichem Stickstoff von 580 mg/100 g MTrS erbringt, bei 11,5% Eiweißgehalt dagegen 750 mg/100 g MTrS. Durch Beschränkung der Eiweißlösung bei eiweißreicheren Malzen könnten theoretisch Würzen von etwa gleichem Stickstoffgehalt erzeugt werden [1080]. Es hat sich jedoch erwiesen, dass in diesen Fällen das wünschenswerte Niveau an niedermolekularem Stickstoff nicht erreicht wird (s. Abschnitt 4.1.6.4). Demnach muß selbst bei eiweißreicheren Gersten ein höherer Eiweißlösungsgrad angestrebt werden, nicht zuletzt deshalb, weil diese Gersten auch mehr Stütz- und Gerüstsubstanzen aufweisen (s. Abschnitt 1.4.3.6, 4.2.1.3) und damit zu höher viskosen Würzen neigen, die ihrerseits Verarbeitungsschwierigkeiten in Sudhaus und Keller ergeben. Wie das Kapitel „Formol"- und „α-Amino"-Stickstoff zeigt, ist es zweckmäßig, selbst bei Malzen mit Eiweißgehalten von über 11% einen Eiweißlösungsgrad von 38–40% zu tolerieren [1069].

Die Eiweißlösung kann beim Mälzen verhältnismäßig leicht beeinflußt werden; intensive Mälzungsverfahren führen eher zu überhöhten Eiweißlösungsgraden, da diese auf eine Erhöhung der Keimgutfeuchte, auf fallende Keimtemperaturen, ja selbst auf die Anwendung von CO_2 in der Haufenluft sehr rasch und im Sinne einer Steigerung reagieren. Durch die Wiederweiche tritt ebenfalls eine Steigerung der „Kolbachzahl" ein, deren mögliche Auswirkungen auf die Schaumhaltbarkeit des Bieres durch die anderseits höheren Gehalte an hochmolekularem Stickstoff sowie an β-Glucan wieder aufgefangen werden [1081]. Es ist wohl bekannt, dass Malze mit höherer Eiweißlösung zu Bieren mit schlechteren Schaumeigenschaften führen [1061, 1080, 1083]. Diese Ergebnisse konnten jedoch im laufenden Betrieb nicht bestätigt werden; im Gegenteil neigen knapp gelöste Malze zu langsameren bzw. schlechteren Hauptgärungen wie auch die Reifung langsamer verläuft oder die konventionelle Nachgärung steckenbleibt. Dies führt zu schlechteren Schaumzahlen [1081] und zu rauhen Bieren. Anderseits tendieren Malze mit höheren Werten an löslichem Stickstoff zu einer besseren Klärung des Bieres, ohne dass vorher die Trübung der Kongreßwürze [1084] einen Anhaltspunkt liefern würde. Es ist aber mit den modernen Methoden der Sudhaustechnologie (luftarmes Maischen, niedriger Maische-pH, hohe Einmaischtemperatur) eher wünschenswert, Malze von mittlerer Eiweißlösung (39–41%) zu verarbeiten [1085].

9.1.5.3 Fraktionierung der Stickstoffsubstanzen

Die am weitesten verbreitete Methode ist die Fraktion nach *Lundin*, die den löslichen Stickstoff in je eine hochmolekulare (ca. 25%), eine mittelmolekulare (ca. 15%) und eine niedermolekulare (ca. 60%) Fraktion aufteilt. Die Darstellung des hochmolekularen Stickstoffs mit Hilfe der Magnesiumsulfatfällung (ca. 22% des lösl. N) ist besser reproduzierbar. Sie führt nach Abzug des koagulierbaren Stickstoffs (ca. 7%) zum sog. „Albumosenstickstoff" [1082]. Eine Methode ist die Fraktionierung nach Molekülgrößen mit Hilfe von definierten Gelen. Hierdurch können die Anteile der Molekularfraktionen über 2600, über 4600, über 12 000, über 30 000 und über 60 000 ermittelt werden. Die Fraktionen über 12 000 bzw. 12 000–60 000 korrelieren zur Schaumzahl des Bieres (+0,93 bzw. 0,95), die Fraktion über 60 000 zur Stabilität (–0,92) desselben [1083]. Diese Ergebnisse wurden bestätigt durch die Bestimmung der Glycoproteide [588] sowie durch die Erfassung einer schaumpositiven Eiweißfraktion von 41 000 D [1086].

9.1.5.4 Bestimmung des niedermolekularen Stickstoffs

Diese kann mit Hilfe zweier Methoden erfolgen: Die *Formoltitration* erfaßt zwar neben den Aminosäuren auch Peptide, die jedoch zum Teil von der Hefe assimiliert werden. Die Menge des in der Kongreßwürze bestimmten Formolstickstoffs (FN) wird ausgedrückt in mg/100 g Malztrockensubstanz. Ihre Bestimmung kann einmal unabhängig vom Eiweißgehalt des Malzes erfolgen, z. B. über 220 = sehr gut, 200–220 = gut, 180–200 = befriedigend und unter 180 mg = unzulänglich. Hier, wie auch beim FAN spielt das Verhältnis FN : löslichem Stickstoff eine Rolle, wobei hier ca. 30% angemessen sind. Die Methode eignet sich für Labors, die keinen Spektralphotometer besitzen. Es kann aber trotz gewisser Unzulänglichkeiten der Analyse bei regelmäßiger Kontrolle eine gute Information gegeben sein.

Der freie oder *a-Amino-Stickstoff* (FAN, EBC-Ninhydrin-Methode) macht ungefähr $^2/_3$ des Formolstickstoffs aus. Seine Beurteilung (in mg/100 g/MTrS) lautet: über 150 = sehr gut, 135–150 = gut, 120–135 = befriedigend, unter 120 = unzulänglich.

Diese Werte müssen aber auch im Hinblick auf den Eiweißgehalt des Malzes gesehen werden. In der Regel soll der FAN in % des gesamtlöslichen Stickstoffs rund 20% ausmachen, wobei naturgemäß in der Praxis, je nach Temperaturführung der Maische, einschließlich des pH-Wertes (um 5,2 pH), gute Eingriffsmöglichkeiten vorliegen.

Diese beiden niedermolekularen Fraktionen müssen in ausreichender Menge vorhanden sein, um eine rasche Hauptgärung und eine anhaltende Nachgärung sicherzustellen. Eine Verringerung des *a*-Aminostickstoffs um 15% hat eine Verlängerung der Gärzeit um 20–30% zur Folge [1087]. Auch kann die Gefahr der Bildung von unerwünschten Gärungsnebenprodukten bestehen [1061].

Die Menge des Formol- bzw. *a*-Aminostickstoffs entwickelt sich bei höheren Eiweißgehalten der Malze nicht im gleichen Ausmaß wie die Eiweißlösung, wie Tab. 9.4 zeigt.

Aus diesem Grund darf auch bei höheren Eiweißgehalten nicht an einem beliebigen Grenzwert des löslichen Stickstoffs festgehalten werden.

Bei der Mälzung folgt die Bildung des niedermolekularen Stickstoffs denselben Gesetzmäßigkeiten wie die Eiweißlösung. Die Anreicherung von Kohlensäure in der Haufenluft fördert, das Wiederweichverfahren hemmt den Abbau zu Formol- und *a*-Aminostickstoff (s. Abschnitt 4.1.6.4). In gleicher Weise ist ei-

Tab. 9.4 Formol- und a-Aminostickstoff bei Malzen unterschiedlichen Eiweißgehalts [819].

Eiweißgehalt wfr. %	9,5	11,5
Eiweißlösungrad %	40,0	40,0
lösl. N mg/100 g MTrS	580	750
Formol-N mg/100 g MTrS	208	208
	(= 36 %)	(= 27,8 %)
a-Amino-N mg/100 g MTrS	130	143
	(= 27,4 %)	(= 19,0 %)

ne höhere Keimtemperatur negativ zu bewerten. Sie ist geeignet, den löslichen Stickstoff, aber auch die niedermolekularen Fraktionen zu begrenzen, so dass z. B. bei 18 °C Keimtemperatur ein Abfall derselben von 21 auf weniger als 19 % stattfindet. Dies ist, wie z. B. auch bei kürzerer Keimzeit und höherer Keimtemperatur trotz höherer Keimgutfeuchte der Fall (s. Abschnitt 4.1.6.4). Ein forciertes Wachstum kann u. U. bei durchaus akzeptablem Eiweißlösungsgrad eine Abnahme des FAN durch Aufbau neuer Zellgewebe zur Folge haben [581, 594].

9.1.6
Untersuchungen des Stärkeabbaus

Die früher übliche Bestimmung des Verhältnisses Zucker : Nichtzucker wurde durch die Ermittlung des Endvergärungsgrades der Kongreßwürze abgelöst. Daneben kommt der Zusammensetzung der vergärbaren Zucker Bedeutung zu, obgleich diese Analysen in einem Routinelaboratorium kaum durchgeführt werden können. Ähnliches gilt für die Ermittlung der Diastatischen Kraft und der *a*-Amylaseaktivität.

Neuerdings wird die Verkleisterungstemperatur der Malzstärke in die Analytik des Stärkeabbaus mit aufgenommen [549].

9.1.6.1 Endvergärungsgrad
Der Endvergärungsgrad der Kongreßwürze stellt eine einfache Methode dar, um die Menge des vergärbaren Extrakts zu bestimmen. Die Kongreßmaische läßt infolge Fehlens einer Maltoserast keine eindeutige Parallele zum Betriebsmaischverfahren zu. Besser vergleichbare Werte liefert eine Modifizierung des Verfahrens, bei der eine Maltoserast von 30 Minuten bei 62–63 °C im Rahmen der Verzuckerung eingehalten wird [1089]. Hierdurch wird meist auch ein klarer Ablauf der Würze und somit eine „Entstörung" der Farbebestimmung erreicht.

Der Endvergärungsgrad der „normalen" Kongreßwürze soll über 80 % liegen. Er ist ein wertvolles Hilfsmittel zur Erkennung des Brauwertes von Gerstensorten, da die Schwankungen beträchtlich sein können (z. B. Mentor 79 %, Alexis 84 %).

Auch Abhängigkeiten von Anbauort, Vegetationszeit und Jahrgang sind ebenso gegeben, wie ein Einfluß des Mälzungsverfahrens: Je gleichmäßiger die Keimung, je höher der (stufenweise angehobene) Wassergehalt und je günstiger die Temperaturführung und die Sauerstoffverhältnisse, um so höher ist der Endvergärungsgrad [241, 303].

Alle Lösungsmerkmale des Malzes stehen in einem Zusammenhang mit dem Endvergärungsgrad des Bieres (s. Abschnitt 4.1.4.8). Je weiter das Malz gelöst ist, um so höher ist der Endvergärungsgrad [1090].

Höhere Abdarrtemperaturen verringern den Endvergärungsgrad der Kongreßwürze [830].

9.1.6.2 Verkleisterungstemperatur

Die Verkleisterungstemperatur der Malzstärke ist jene Temperatur, ab der ein Quellen der Stärke einsetzt und somit eine erleichterte enzymatische Angreifbarkeit gegeben ist. Sie wird mittels eines Rotationsviscosimeters bestimmt, einem Gerät, das jedoch nur in größeren Laboratorien oder Instituten vorhanden ist. Die Verkleisterungstemperatur der Malzstärke wurde bisher kaum erfaßt, da sie in einem deutlich niedrigeren Bereich angenommen wurde als die der Gerste. Sie liegt aber zwischen 60 und 66 °C, wodurch der Stärkeabbau (nach den Merkmalen Verzuckerungszeit, Endvergärungsgrad und Zuckerzusammensetzung der Würze) beeinflußt wird [549]. Sie ist wohl abhängig von der Gerstensorte und vom Anbauort, besonders aber vom Klima des jeweiligen Jahrgangs. Sie ist bei heißen Aufwuchs- und Erntebedingungen sowie bei kurzen Vegetationszeiten höher. Von den Mälzungs-Parametern hat die Keimgutfeuchte einen deutlicheren Einfluß als die Keimtemperatur. Ein merklicher Einfluß der Keimzeit zwischen 5 und 7 Tagen ist kaum erkennbar. Während eine Schwelktemperatur von 60 °C eine etwas höhere Verkleisterungstemperatur vermittelt als eine solche von 50 °C, kann eine Erhöhung der Abdarrtemperatur von 65 °C auf 90 °C eine Absenkung der VKT um ca. 3 °C bewirken [512].

9.1.6.3 Zuckerverteilung

Die Verteilung des vergärbaren Extrakts auf die einzelnen Zucker: Hexosen, Saccharose, Maltose und Maltriose war Gegenstand zahlreicher Arbeiten. Die meist mit Hilfe des Mikrobialtests ermittelten Daten lassen z. B. bei einem scheinbaren Endvergärungsgrad von 80,5% (V_w=65%) folgende Zuckerzusammensetzung wünschenswert erscheinen (Zahlen gewonnen anhand des erwähnten modifizierten Maischverfahrens): Hexosen 8,5%, Saccharose 4%, Maltose 42%, Maltotriose 10,5%. Dabei kann der Komplex Hexosen und Saccharose zwischen 12,0 und 13,5% schwanken, der Maltosegehalt zwischen 38,5 und 44,5%, der Maltotriosewert zwischen 9,3 und 10,7% [220]. Zwischen dem Niveau an Hexosen + Saccharose + Maltose und der Gärgeschwindigkeit der Hefe besteht eine Korrelation von =0,663[xxx]. Während die Angärzucker (Hexosen und Saccharose) nur zu 13% sortenbedingt sind, hängen sie zu 69% vom Anbauort ab.

Der Maltosegehalt dagegen ist zu 49% von der Sorte und zu 22% von der Herkunft abhängig [18]. Der Einfluß technologischer Maßnahmen beim Mälzungsprozeß äußert sich in ähnlicher Weise wie dies beim Endvergärungsgrad besprochen wurde.

9.1.6.4 Jodwert der Labortreber

Dieser gibt einen Einblick über den Grad des Stärkeabbaus in der Kongreßmaische, vor allem bei Einsatz von Grobschrot. Nachdem aber die Wirkung der beiden Amylasen auf die Stärkekörner wiederum vom Auflösungsgrad des Malzes (Abbau der Proteinmatrix und von β-Glucan aus den Wänden der stärkeführenden Zellen) abhängig ist, so ist der erhaltene Jodwert ein Hinweis auf Ausmaß und Gleichmäßigkeit der Auflösung [1091, 1092]. Seine Klassifizierung ist wie folgt [1093]:

Tab. 9.5 Normwerte und Beurteilung für helles Malz [1094].

	Feinschrot	Grobschrot
sehr niedrig	<1,8	<6,0
niedrig	1,8–2,5	6,0–8,9
mittel	2,6–4,0	9,0–14,5
hoch	4,1–4,8	14,6–17,5
sehr hoch	>4,8	>17,5

9.1.6.5 Bestimmung der Enzymaktivitäten der α- und β-Amylase

Diese ist – natürlich mit Ausnahme von Forschungsarbeiten – meist dann von Interesse, wenn Schwierigkeiten bei der Verzuckerung von Braumalzen auftreten, was bei verschiedenen Jahrgängen und unter bestimmten Gegebenheiten der Fall sein kann.

Die α-Amylaseaktivität und ihre Beeinflussung durch die Gerste nach Sorte, Jahrgang, vor allem nach der Vegetationszeit einerseits und durch das Mälzungsverfahren andererseits, wurde eingehend besprochen (s. Abschnitt 4.1.4.3). Wenn auch keine signifikante Beziehung zwischen der α-Amylaseaktivität und der Verzuckerungszeit der Kongreßmaische besteht, können doch manche Schwierigkeiten im Betrieb durch einen Mangel an α-Amylase erklärt werden. Ihre Aktivität liegt bei Praxismalzen normal zwischen 40 und 70 ASBC-Einheiten; bei Werten unter 30 können sich bei konzentrierten Maischen und unter sonst ungünstigen Bedingungen (z.B. Wiederverwendung von Glattwasser zum Maischen) Verzögerungen der Verzuckerung ergeben.

Die *Diastatische Kraft* als Ausdruck der Aktivität beider Enzyme interessiert bei der Herstellung von Diätbieren oder aber wenn im Ausland Rohfrucht mitverarbeitet werden muß. So liegen die Extremwerte, z.B. bei Überprüfung von Zuchtsorten, zwischen 160 und 380 °WK, bei Wintergerstenmalzen bis zu 430 °WK [1095]; normale helle Handelsmalze verzeichnen eine DK von

220–290 °WK, bei Verarbeitung von ca. 25% Rohfrucht werden Werte von
>300 °WK gewünscht, bei Herstellung von Diätbieren >350 °WK, wobei das zur
weiterführenden Verzuckerung verwendete Malzmehl bei 400 °WK liegen sollte.
Die Diastatische Kraft (davon die β-Amylaseaktivität) ist vom Eiweißgehalt abhängig, aber auch von Sorte, Jahrgang und den Parametern der Keimung (s.
Abschnitt 4.1.4.2). Hohe Abdarrtemperaturen, insbesondere in Verbindung mit
einer feuchten Schwelke haben hohe Verluste an DK zur Folge (s. Abschnitt
7.2.3.1).

Die β-Amylase-Aktivität läßt sich auch alternativ zur DK bestimmen. Hierzu
gibt es entsprechende Testkits. Da die β-Amylase aber in einem hohen Maß mit
der DK korreliert, läßt sie sich auf einfache Weise nach der Formel: β-Amylase-
aktivität = DK–1,3 · a-Amylaseaktivität berechnen.

9.1.7
Sonderuntersuchungen

Diese Gruppe beinhaltet eine Reihe von Analysen, die sich in den Rahmen der
vorgenannten Untersuchung der Stoffgruppen nur schwer einpassen läßt. Dabei gehören einige dieser Bestimmungsmethoden heute zur Routine des Mälze-
rei- und Brauereilaboratoriums. Hierzu zählen die Viermaischenmethode nach
Hartong-Kretschmer, die Acidität der Kongreßwürze, die Ermittlung der Polyphenole, des DMS-Vorläufers, der TBZ sowie die Analyse umweltrelevanter Substanzen.

9.1.7.1 Viermaischenmethode nach *Hartong-Kretschmer*
Diese Methode beinhaltet vier verschiedene Maischen bei Temperaturen von
20°, 45° 65° und 80 °C. Der nach einer Stunde unter genormten Bedingungen
vorliegende Extrakt wird zum Extrakt der Kongreßmaische in Beziehung gesetzt
und hieraus jeweils eine „Verhältniszahl" erhalten.

Die Vz 20 °C ermittelt den präexistierenden, beim Mälzen vorgebildeten Extrakt. Sie soll über 24% liegen. Die hier erhaltenen Werte korrespondieren mit
dem „Kaltwasser-Extrakt" der Institute of Brewing-Malzanalyse. Hier sind, wie
auch bei der Vz 20 °C Relationen zur Mehlschrotdifferenz und zur Eiweißlösung sowie zur Viskosität der 70 °C-Maische gegeben [1096–1098].

Die Vz 45 ° C gibt Hinweise auf die Aktivität aller Enzyme, mit Ausnahme
der a-Amylaseaktivität; sie vermittelt bei sachgemäßer Mälzungsweise eine Parallele zur Eiweißlösung, auch zum Niveau des a-Aminostickstoffs der Kongreßwürze [1087].

Sie hat sich daher von den vier Maischen am meisten in die Brauereianalytik
eingeführt, da sie nicht nur ähnliche Abhängigkeiten zeigt wie die Vz 20 °C,
sondern sogar noch spezifischer reagiert als diese. Die Vz 45 °C wird von der
Gerste nach Sorte, Anbaugebiet (maritime Gersten! …) und Jahrgang, vor allem
von der Vegetationszeit und Keimreife geprägt. Sie erhöht sich durch alle Maßnahmen der Mälzereitechnologie, die eine gleichmäßige Ankeimung und Auflö-

sung bewirken; bei CO_2-Rast wird auch die Vz 45 °C verbessert, ohne dass hierbei die α-Amylase eine Erhöhung erfährt. Ansonsten läuft das Verhalten von Vz 45 °C und α-Amylaseaktivität weitgehend parallel, obwohl beide – mindestens von der Wirkungstemperatur her – nichts miteinander zu tun haben. Durch die Parallele zum α-Aminostickstoff gibt die Vz 45 °C eine rasche und einfach darzustellende Information. Auch die Bierstabilität erfährt eine Verbesserung, je höher die Vz 45 °C ist [1099]. Während ein Wert von 36% als Standard angesehen wurde, geht die Forderung heute eher auf Werte um ca. 38%. Doch dies ist, wie oben erwähnt, nicht nur von einer korrekten Mälzung abhängig, sondern auch von der Sorte (die Vz 45 °C von Alexis liegt immer am ELG) und vom Jahrgang. Die genetisch verankerte Nähe der Vz 45 °C am ELG ermöglicht eine gute Steuerung der Mälzung, um z. B. den Eiweißlösungsgrad abzusenken, ohne dass deshalb die Vz 45 °C überproportional abfällt [565]. Andererseits vermittelt z. B. die Sorte Annabell sehr gute Malzanalysendaten wie etwa eine sehr gute Cytolyse ohne einen gleichzeitigen überhitzten Eiweißabbau. Die Verarbeitung dieser Malze ist gut, die resultierende Bierqualität aus den Versuchen nach dem „Berliner Programm" nach allen Merkmalen sehr gut, trotz einer etwas niedrigeren Vz 45 °C, der die Sorte bei der Zulassung beinahe zum Opfer gefallen wäre.

Die Vz 45 °C hat deshalb seit 2005 an Bedeutung verloren. So konnten die beschriebenen Relationen bei den heutigen hochlösenden und enzymstarken Sorten nicht mehr signifikant bestätigt werden. Es besteht aber ein Zusammenhang mit den beim Mälzen angegriffenen Stärkemengen, die keiner Verkleisterung mehr bedürfen, um von den beiden Amylasen abgebaut zu werden. Die Vz 45 °C stellt somit einen „Stärkelösungsgrad" dar, der aber nichts über die eigentlich kritische Verkleisterungstemperatur des Malzes aussagt [549].

Die Vz 65 °C stellt eine Hochkurzmaische dar, die nahe an die Ausbeute des Laborfeinschrots (Standardwert 98,7%) heranreicht. Dieser Wert wird, wenn nicht grobe Mängel vorliegen, meistens erreicht. Die Glanzfeinheit der aus der 65 °C-Maische gewonnenen Würze kann Hinweise auf die Gleichmäßigkeit einer Braumalzpartie geben, vor allem im Vergleich mit dem spezifischen Gewicht, dem Sinkertest oder der Mürbimeterhärte [1027].

Die Würze aus der Vz 65 °C-Maische dient auch der Bestimmung der Viskosität oder des β-Glucangehaltes, um im Vergleich zur Kongreßwürze das Potential an β-Glucan eines Malzes ermitteln zu können [566, 1071].

Die Vz 80 °C gibt Rückschlüsse auf die α-Amylasekraft des Malzes. Sie wird durch alle Faktoren begünstigt, die auch die Entwicklung der α-Amylaseaktivität fördern, wie Gerstenqualität, Gleichmäßigkeit der Keimung und Führung des Haufens. Sie erfährt auch durch den Schwelk- und Darrprozeß eine starke Beeinflussung: so wurde der Standardwert, der bei alten Zweihordendarren 93,7% betrug, durch die schonende Trocknungsweise der wenderlosen Einhordenhochleistungsdarre auf 95,0% verbessert.

Die *Verarbeitungszahl* stellt die Differenz aus dem Durchschnittswert der vier Einzelmaischen und der Zahl 58,0 dar. Damit wird ein Wert zwischen 0 und 10 erhalten, der durch folgende Klassifizierung gekennzeichnet ist:

0–3,5 = unterlöst, 4–4,5 = knapp gelöst, 5 = befriedigend, 5,5–6,5 = gut gelöst, 6,5–10 = sehr enzymstark.

Von den Verhältniszahlen wurde die Vz 45 °C als am aussagekräftigsten angesehen, wobei durch sie aufwendigere Untersuchungsmethoden überflüssig werden könnten. Sie zeigt mit großer Deutlichkeit auf, welchen Ansprüchen die Gerste, die Behandlung derselben bis zur Vermälzung, das Mälzungsverfahren und schließlich die Darrweise entsprechen müssen, um den Standardwert, oder gar die oftmals geforderten 38% zu erreichen. Dies ist mit kontinentalen Gersten – auch ohne Zuhilfenahme von Gibberellinsäure – durchaus möglich. Dennoch hat sie sich, wie vorstehend geschildert, bei den neuen Gerstensorten nicht mehr als Entscheidungsmerkmal bewährt.

9.1.7.2 Acidität der Kongreßwürze

Diese wird zunächst über den pH-Wert ermittelt. Dieser liegt normal im Bereich von 5,9. Eine sehr gute Auflösung und hohe Abdarrung vermindern diesen Wert; knappe Auflösung (Kurzmalz) oder extrem niedrige Ausdarrung bedingen eine Erhöhung. Dunkle Malze erreichen durch die vermehrte Bildung (saurer) Melanoidine – je nach Farbe – pH-Werte von 5,65–5,75. Schwefelhaltige Brennstoffe können in direkt befeuerten Darren (s. Abschnitt 7.2.4.9) zu pH-Werten der Kongreßwürzen von 5,75–5,80 führen; dies schlägt sich dann meist in einer Erhöhung der Ausbeute und in besseren Lösungswerten (z. B. Vz 45 °C, Eiweißlösunsgrad, Stufentitration) nieder.

Die *Titrationsacidität* der Kongreßwürze gibt einen Hinweis auf die Phosphatasenaktivität und hängt von der Auflösung und Ausdarrung des Malze ab, sie wird auch durch den pH-Wert derselben festgelegt. Der Verbrauch an 1 n NaOH beträgt bei der ersten Stufe (bis pH 7,07) zwischen 3,8 und 5,4 ml und in der zweiten Stufe (bis pH 9,0) zwischen 8,0 und 13,0 ml. Damit ergibt sich eine Gesamtacidität von 12,5–17,2 ml (s. Abschnitt 4.1.7.4).

9.1.7.3 Untersuchung der Polyphenole

In den Kongreßwürzen werden verschiedentlich die *Gesamtpolyphenole* sowie die *Anthocyanogene* bestimmt. Der Gehalt an Polyphenolen liegt in Würzen aus normal, d.h. ohne Gibberellinsäure hergestellten Malzen, je nach Gerste (Sorte, Jahrgang, Herkunft) und Mälzungsverfahren (Keimungsparameter) zwischen 40 und 110 mg/100 g TrS, bei Zusatz von Gibberellinsäure um 20–40% höher. Die Entwicklung der Anthocyanogene folgt etwa dieser Linie, wobei sie auf Mälzungsverfahren oder Zusatz von Wuchsstoffen etwas stärker ansprechen als die Gesamtpolyphenole. So liegen ihre Werte zwischen 13 und 55 mg/100 g TrS, bei Gibberellinsäureverwendung entsprechend höher [629]. Je höher die Abdarrtemperatur, um so höher fallen die Gesamtpolyphenol- und Anthocyanogengehalte aus, wobei der als Quotient aus beiden errechnete „Polymerisationsindex" niedrigere, d.h. günstigere Werte verzeichnet [964]. Nachdem bei der Kongreßmaische Peroxidasen und Polyphenoloxidasen wirksam sind, kommt es hierbei zu einer oxidativen Veränderung (Oxidation, Polymerisation) von Gesamtpolyphenolen und Anthocyanogenen [628]. Es fallen also die gemessenen Werte, vor allem der Anthocyanogene, zu niedrig aus. Es ist daher günstiger, diese Analysen aus Auszügen nach *Chapon* [176, 177] zu gewinnen. Aus den gleichen Versuchen wie oben erhalten, liegen die Gesamtpolyphenole bei 53–116 mg, die Anthcyanogene bei 29–61 mg/100 g MTrS [628].

Eine sehr verläßliche Methode ist die Bestimmung der Tannoide, also jener Polyphenole, die als niedermolekulare Kondensationsprodukte bei 25 °C in wäßriger Lösung unter Sauerstoffausschluß extrahiert und mit PVP gefällt werden können. Sie nehmen im Laufe des Mälzungsprozesses mit vermehrter Auflösung zu. Je nach Gerste und Mälzungsmethode liegen die Werte zwischen 17–80 mg/100 g Malz TrS. Es ergibt sich eine sehr gute Übereinstimmung mit einigen wesentlichen Malzbeurteilungsmerkmalen [1100].

Die Tannoide nehmen jedoch bei höherer Abdarrtemperatur etwas ab, etwa parallel zum Eiweißlösungsgrad. Bei der Analyse aus dem erwähnten Auszug findet keine Oxidation statt, so dass sich die Unterschiede in den Oxidasensystemen nicht auszuwirken vermögen.

Hohe Tannoidegehalte, wie sie vor allem in Malzen maritimen Ursprungs gegeben sind, vermitteln eine geringere Eiweißempfindlichkeit der daraus hergestellten Biere und bei wesentlich höheren Reduktonkräften eine bessere Geschmacksstabilität der Biere [1101, 1102].

Im Zusammenhang mit den Polyphenolen sollen die Reduktone erwähnt werden, die ebenfalls aus einem Kaltwasserextrakt gewonnen werden können. Es ist eine Parallele zwischen Reduktonen und Tannoiden gegeben, da letzteren reduzierende Eigenschaften zukommen [1100]. Auch hier spielen die Faktoren der Gerste und des Mälzungsverfahrens eine entscheidende Rolle. Eine Beurteilung nach der etwas schwer reproduzierbaren Methode mit ammoniakalischer Silbernitratlösung unterscheidet zwischen schnell und langsam wirkenden reduzierenden Kräften: 10–15/15–30 = befriedigend, 15–20/30–45 = gut und über 20/45 = sehr gut [179, 1100]. Eindeutige Unterschiede sind zwischen Malzen kontinentaler und maritimer Herkunft festzustellen. Bei fast identischen Eiweißgehalten, gleichhoher Vz 45 °C und ähnlichen Farben/Kochfarben differierte die Reduktonkraft nach 2/4 Std. zwischen 15/30 und 65/100. Dabei dominierte die Herkunft über die Faktoren Eiweißgehalt und Lösungsgrad [1101, 1102]. Diese früheren Hinweise [1069] wurden bestätigt durch weitere Arbeiten, die dem Malz eine große Bedeutung für die Geschmacksstabilität des Bieres zuschreiben [1103].

9.1.7.4 Analyse des DMS-Vorläufers (DMS-P, SMM, s. Abschnitt 7.2.4.7)

Diese gaschromatographische Analyse (aus dem Malzauszug bestimmt) gestattet es, einen Rückschluß auf die Intensität der Abdarrung zu ziehen. Bei der Auslegung der Ergebnisse ist jedoch zu berücksichtigen, dass das Niveau des DMS-Vorläufers nicht nur von der Führung des Darrprozesses abhängig ist, sondern auch die Gerste nach Sorte und besonders nach Anbaugebiet und Jahrgang eine Rolle spielt, ferner die Keimreife der Gerste, die Lagerzeit derselben [1036] und die

Auflösung (je höher, um so mehr DMS-P). Das Ausdarren hat einen eindeutigen Einfluß: Je höher die Abdarrtemperatur und je länger sie eingehalten wird, um so weitgehender wird der DMS-Vorläufer gespalten. Es erwies sich aber ein Ausdarr-Regime von 3 Std. bei 90 °C als günstiger als $5^1/_2$ Std. bei 84 °C, um den heutzutage angestrebten Grenzwert von 4–7 ppm zu erreichen. Dieser dürfte für die meisten Würzekochsysteme bzw. Verfahrensweisen ausreichend sein. Nachdem die Würzekochzeit im Hinblick auf die Gefahr zu weitgehender Koagulationsvorgänge eher etwas zu knapp ausgelegt wird, wurde die Beschränkung des DMS-P-Gehaltes im Malz als Lösungsweg gesehen, um Geschmacksfehler zu vermeiden (s. Bd. II). Der DMS-P-Gehalt ist auch im Zusammenhang mit der TBZ zu sehen, die bei höherem Ausdarren zum Zwecke der Absenkung des DMS-P unweigerlich ansteigt und dann jene Grenze überschreitet, die der Brauer aus Gründen der Geschmacksstabilität der Biere einzuhalten wünscht [911].

9.1.7.5 HMF bzw. TBZ

Der Gehalt an „Hydroxymethylfurfural" wurde aus dem Grunde empfohlen, um eine unzweckmäßige Herstellungsweise erkennen zu können. Diese Bestimmung erfaßt aber nicht allein 5-Hydroxymethylfurfural, sondern eine Fülle von Primär- und Sekundärprodukten der Maillard-Reaktion. Er hat eine hohe Korrelation zu den Stickstoff-Heterocyclen und steigt mit der Farbe zusammen an [1104, 1105]. Bei Kongreßwürzen aus hellen Malzen liegt der HMF-Wert bei 5–8, bei den Kochfarben-Würzen zwischen 10 und 14, je nachdem wieviele Reaktionsprodukte (Auflösung, Überlösung, warme Schwelke) vorlagen und wie hoch ausgedarrt wurde (s. Abschnitt 7.2.4.6).

Die „Thiobarbitursäurezahl" (TBZ, nach [1106]) erfaßt ein gegenüber dem HMF erweitertes Spektrum an färbenden Substanzen. Sie liegt folglich höher und zwar je nachdem, ob sie aus einem Malzauszug (9–12) oder aus der Kongreßwürze (11–18) analysiert wurde. Bei dunklen Malzen sind Werte von 60–130 in Kongreßwürze gegeben, wobei bei letzteren wiederum der Führung der Schwelke eine große Bedeutung zukommt.

9.1.7.6 Analyse umweltrelevanter Substanzen

Diese kann in regelmäßigen Abständen oder aber im Bedarfsfalle erforderlich werden. *Nitrosodimethylamin* dürfte bei den heutzutage fast ausschließlich eingesetzten, indirekt beheizten Darren kaum mehr eine Rolle spielen. Der „technische Wert" von 2,5 ppb kann als sicher erreichbar angesehen werden (s. Abschnitt 7.2.4.9). Dennoch soll durch Untersuchungen festgestellt werden, ob nicht etwa durch Undichtigkeiten im Heizsystem oder andere ungünstige Gegebenheiten im Gesamtablauf des Betriebes (man denke dabei auch an die Abgase von Lastkraftwagen etc.) unerwünschte Ausschläge auftreten können.

Ähnliches gilt für *andere Schadstoffe* (Spurenmetalle, Umweltchemikalien), die ggf. über das Betriebswasser aufgenommen werden können. Hier sei auf die entsprechenden früheren Kapitel (Abschnitte 2.3, 5.2.4.2) verwiesen.

Wasserdampfflüchtige Phenole [1107] können zur Bewertung der Beschaffenheit von „Rauchmalz" herangezogen werden, wie es für bestimmte Biertypen, vor allem für das bekannte „Rauchbier" benötigt wird. Für normale helle und dunkle Biere ist aber eine rauchige Note als Fehlgeschmack zu betrachten, die ein Bier u. U. unverkäuflich machen kann. Bei Werten unter 0,2 mg/kg flüchtigen Phenolen im Malz ist kein Rauchgeschmack zu erwarten [1108]. Bei der täglichen Kontrolle der Malzannahme ist es ausreichend, wenn von jeder Charge eine Geschmacksprobe des unzerkauten Malzes (s. Abschnitt 9.1.1.4) durchgeführt wird. Auch die Kostprobe eines Heißwasser-Aufgusses ist möglich.

In diesem Zusammenhang ist auch der „Gushing-Test" zu erwähnen, der bei Auftreten „relevanter" roter Körner (s. Abschnitt 1.6.1.3) durchgeführt werden sollte (s. Abschnitt 10.1.4.9) sowie die Ermittlung bestimmter Toxine, für die Höchstmengen verordnet sind (s. Abschnitte 1.6.1.3, 3.4.7).

9.1.7.7 Schlußfolgerungen

Das Malzanalysen-Spektrum erfährt aus den eingangs erwähnten Gründen, nämlich den Hauptrohstoff „Malz" für den Brauer immer transparenter zu gestalten, eine kontinuierliche Erweiterung. Manche neue Analysenmethode wurde vorgeschlagen und eingeführt in der Hoffnung, dass durch sie einige ältere, eventuell umständliche und somit teuere Analysen eingespart werden könnten. Das war nur in einigen Bereichen der Fall, als Friabilimeter und Calcofluor-Test nach *Carlsberg* den Mürbimeter, Sklerometer und weitgehend (mit Ausnahme von Gersten-Frühbewertungen) den Brabender-Härteprüfer ablösten. Definierte Analysen, wie z. B. die β-Glucan-Bestimmung nach *Carlsberg* (vor allem in der 65 °C-Maische) könnten zumindest die „liebgewordene" Mehlschrotdifferenz überflüssig machen, theoretisch auch die Viskositätsmessung. An den Erhebungen der Stickstoffverhältnisse (Eiweiß, Eiweißlösungsgrad, FAN) führt kein Weg vorbei; auch die Vz 45 °C vermag ELG und FAN nicht zu ersetzen. Die Analyse von α-Amylase, DK ist zeit- und kostenintensiv, die DMS-P-Analyse erfordert einen (teueren) Gaschromatographen. Das ist ein Analysen-Aufwand, der für eine Mälzerei mittlerer Größe oft nicht mehr tragbar ist, so dass Analysen auswärts gefertigt werden müssen. Und dennoch: Die einfache Überprüfung vor Ort, d. h. Weichgrad, Keimgutfeuchte, Beobachtung von Gewächs und Auflösung sind unverzichtbare Kontroll- und Steuerinstrumente, um die sich immer eingehender gestaltenden Spezifikationen erreichen zu können.

Es ist im Rahmen dieses Buches nicht möglich, auf alle Analysenmethoden einzugehen, die angewendet werden, um vor allem die Auflösung des Malzes und seine Homogenität zu beschreiben. Hier sei auf eine umfassende Schilderung und Bewertung der derzeitigen Analytik verwiesen [1049, 1050, 1097, 1098].

9.1.8
Die Berechnung des Malzqualitätsindexes (MQI) für Gersten-Neuzüchtungen

Um Braugersten-Neuzüchtungen nach der Qualität der in Kleinmälzungsanlagen hergestellten Malze beurteilen zu können, werden auf Empfehlung des wissenschaftlichen Beirates der Braugerstengemeinschaft folgende Malzqualitätsparameter herangezogen:
• Eiweißlösungsgrad, Friabilimeter, Extrakt, Endvergärungsgrad.

Um aus diesen Parametern mit numerisch stark differierenden Werten eine gemeinsame Kenngröße entwickeln zu können, werden die Meßwerte zunächst mit folgenden Gleichungen transformiert:

Merkmale	Meßbereich	Gleichung
Eiweißlösungsgrad	25–60	$y = 3{,}9697 \cdot x - 0{,}0472 \cdot x^2 - 74{,}544$
Friabilimeter	40–100	$y = 0{,}2583 \cdot x - 15{,}533$
Extrakt	72–81	$y = 0{,}5332 \cdot x - 37{,}390$
Endvergärung	76–87	$y = 0{,}7272 \cdot x - 54{,}267$

Da für den Wert des Eiweißlösungsgrades kein Maximum angestrebt wird, sondern für gute Braugersten ein Optimum im Bereich um 42% charakteristisch ist, wird der Meßwert für diesen Parameter nicht linear transformiert, sondern mit einer quadratischen Funktion. So wird erreicht, dass es bei Werten über und unter 42% Eiweißlösungsgrad Abschläge im MQI gibt.

Die Gewichtung der transformierten Meßwerte:
Die verschiedenen Malzqualitätsparameter geben einen Anhaltspunkt für die Quantifizierung von Proteolyse, Cytolyse und Umsetzung der Kohlenhydrate. Die einzelnen Parameter haben eine unterschiedliche technologische und wirtschaftliche Bedeutung. Dementsprechend werden die transformierten Meßwerte gewichtet.

Merkmale	Gewichtung
Eiweißlösungsgrad-Punkte	· 1,0
Friabilimeter-Punkte	· 1,5
Extrakt-Punkte	· 3,0
Endvergärung-Punkte	· 1,0

Durch die Multiplikation der transformierten Meßwerte mit dem Gewichtungsfaktor wird die Punkte-Summe berechnet. Die gewichteten Punkte der einzelnen Parameter werden wie im folgenden Beispiel zur Punkte-Summe aufaddiert (Tab. 9.6).

Tab. 9.6 Punkte-Summen Sorte Marthe 2009.

Merkmale	Meßwert	Punkte	Gewichtung	gew. Punkte
Eiweißlösungsgrad	46,44	8,01	1,00	8,01
Friabilimeter	89,00	7,46	1,50	11,18
Extrakt	82,21	6,44	3,00	19,33
Endvergärung	83,89	6,74	1,00	6,74
Punktesumme				45,27

Die Transformation der Punkte-Summen in eine Skala mit international üblichen Einstufungen von 1–9 erfolgt über eine weitere lineare Transformation der Punktesummen nach folgender Funktion:

Punktesumme	Gültigkeit	Gleichung
x	28–48	$y = 0,2426 \cdot x - 4,3725$

Klasseneinteilung:

Die endgültigen Werte der MQI werden in fünf Qualitätsklassen eingeteilt, die durch allgemein verständliche Symbole dargestellt werden:

Wertebereich	Symbol	Beschreibung
8,1–9,0	+++	sehr gute Braugerste
7,1–8,0	++	gute bis sehr gute Braugerste
6,1–7,0	+	gute Braugerste
5,1–6,0	(+)	Futtergerste
4,1–5,0	0	Futtergerste

Berechnungsbeispiel Sorte Marthe 2009:

Punktesumme	MQI	Einstufung
45,27	6,61	+

Dieser Malzqualitätsindex ist, wie angeführt, für die einfache, vergleichende Bewertung von Kleinmälzungsergebnissen im Rahmen von Wertprüfungen, Landessortenversuchen oder Leistungsprüfungen von Zuchtstämmen entwickelt worden. Er eignet sich nicht für eine Bewertung von Handelsmalzen. Brauereilaboratorien haben jedoch ähnliche Bewertungsschemata entwickelt, um die Malze entsprechend der besonderen einzelbetrieblichen Anforderungen einzustufen.

9.2
Zusammenhänge zwischen Malzqualität, Prozeßablauf, Bierqualität und Kosten beim Brauprozeß

Im Rahmen des Kapitels 9 wurde wiederholt auf die Zusammenhänge zwischen Malzanalysendaten und der Verarbeitungsfähigkeit des Malzes sowie der Beschaffenheit der Würze und der Qualität des fertigen Bieres aufgezeigt.

9.2.1 Malzqualität und Prozeßablauf

Die heutzutage optimierte Bierherstellung in großen und größten Einheiten sowie die hohe Leistung der Sudwerke läßt nur eine beschränkte Korrektur der Parameter Zeit, Temperatur und evtl. pH der Maische zu, um die Unzulänglichkeiten eines Malzes von mäßigem Brauwert auszugleichen. Es wird daher eine gleichbleibende hohe Malzqualität – verschiedentlich in den einzelnen Daten etwas auf den speziellen Betrieb zugeschnitten – verlangt, um den obengenannten Anforderungen gerecht zu werden.

Eine cytolytisch knappe, mehr noch inhomogene Auflösung mit erhöhtem Anteil an glasigen Körnern wird bereits beim Schroten Probleme bereiten: Bei der Trockenschrotung ergeben sich mehr zertrümmerte Spelzen und höhere Gehalte an Grobgrießen, selbst bei Konditionierung und optimaler Einstellung der Mehrwalzenmühlen (s. Bd. II). Diese Erscheinung ist bei Naßschrotmühlen (sogar mit kontinuierlicher Weiche) eher noch stärker ausgeprägt. Die Abläuterung wird, selbst in modernen Läuterbottichen, verzögert und durch opale oder trübe Würzen gekennzeichnet sein. Der Sudprozeß wird durch das schwerfällige Abläutern oder aber durch eine vorausgehende Maischverfahrenskorrektur, die ihrerseits zu einer Beschleunigung der Abläuterung führen soll, verlängert. Immerhin sind Läuterstörungen eine „Frühwarnung", um durch Intensivierung des β-Glucanabbaus die ungleich gravierenderen Störungen bei der Bierfiltration vermeiden oder abschwächen zu können. Eine schlechte Filtrierbarkeit des Bieres, die überwiegend auf eine unzulängliche Cytolyse des Malzes zurückzuführen ist, kann die Lieferbereitschaft einer Brauerei gefährden. Zumindest erhöht sie durch die geringeren Filterstandzeiten die Filtrationskosten nach Kieselgurverbrauch, Kalt- und Heißwasserbedarf und zusätzliche Arbeitskraft. Eine Korrektur eines zu knappen oder ungleichmäßigen Zellwandabbaus ist beim Maischen durch die Temperaturempfindlichkeit der Endo-β-Glucanasen (s. Abschnitt 1.5.8.2) nur in begrenztem Maße möglich.

Die Proteolyse muß ebenfalls so weit gediehen sein, dass es mit dem betriebsüblichen Maischverfahren gelingt, eine genügende Menge an assimilierbarem Stickstoff (FAN > 20% des löslichen Stickstoffs) darzustellen, um eine flotte Gärung mit guter Hefevermehrung und eine wünschenswerte Menge und Zusammensetzung der Gärungsnebenprodukte zu erzielen (s. Abschnitt 4.1.6.4). Eine zu knappe Eiweißlösung bewirkt eine Verlängerung der Gärung, eine ungenügende Hefevermehrung und z.B. erhöhte Gehalte an 2-Acetolactat, die ihrerseits wiederum eine längere Reifung erforderlich machen. Dies ist auch bei modernen Gär- und Reifungsverfahren in Großgärgefäßen der Fall. Hier sind die Erscheinungen eher noch ausgeprägter, was sich in der Vitalität und Stabilität der Hefe äußert. Sie neigt zu Exkretionen von Aminosäuren, mittelkettigen Fettsäuren und sogar Hefeproteasen, die nachträglich schaumpositive Eiweißkörper abbauen. Es tritt eine Verschlechterung des Biergeschmacks ein („hefig", „hefebitter").

Meist ist auch bei zu geringem Eiweißlösungsgrad der Abbau des hochmolekularen Stickstoffs nicht weit genug fortgeschritten, so dass die Eiweißkoagulation beim Würzekochen u. U. unzulänglich ist. Dies ist bei modernen Würzekochsystemen kaum ein Problem, doch kann der Trubabsatz im Whirlpool leiden und seinerseits zu Gärstörungen und so zu Geschmacksfehlern im Bier führen. Während eine mangelhafte Proteolyse – wenn auch mit deutlich intensiviertem Maischverfahren – noch teilweise nachgebessert werden kann, so sind doch die Einwirkungsmöglichkeiten im Falle eines zu weitgehenden Eiweißabbaus begrenzt. Um eine Verschlechterung des Bierschaums und des Biergeschmacks zu vermeiden, sind hohe Einmaischtemperaturen zu wählen, wobei für diese die Cytolyse des Malzes oftmals nicht gut und gleichmäßig genug ist.

Auch der Stärkeabbau ist nach Verzuckerungszeit, Jodnormalität und Endvergärungsgrad keine konstante Größe. Selbst wenn die in Tab. 1.4 geschilderten guten Braugerstensorten dank guter Ausstattung mit α- und β-Amylase bei einwandfreier Mürbigkeit rasch verzuckern und hohe Endvergärungsgrade erbringen, so ist es doch in heißen, trockenen Jahren mit kurzer Vegetationszeit schwer, den einmal vorgegebenen Endvergärungsgrad zu erreichen. Hier liegen dann meist höhere Verkleisterungstemperaturen ab 64 °C vor, wobei sich u. U. sogar längere Rasten bei 62–65 °C infolge der Temperaturempfindlichkeit von β- und α-Amylasen als unzulänglich erweisen (s. Bd. II). Ähnlich ist es, wenn ein jahrgangsbedingter zu hoher Endvergärungsgrad vorliegt, der durch geeignete Maßnahmen beim Maischen auf ein „normales" Maß zurückgeführt werden soll. Hier sind die Möglichkeiten des Mälzers (hoch abdarren), ebenso des Brauers („Springmaischverfahren" s. Bd. II) begrenzt, wenn der Biercharakter nicht in eine unerwünschte Richtung abgleiten soll (z. B. harte, rohe Biere durch starkes Beschränken der Zuckerbildung und des Abbaus hochmolekularer Eiweißsubstanzen). Qualitätsfaktoren des Malzes, die zu einer Veränderung der organoleptischen Eigenschaften des Bieres (ob positiv oder negativ) führen, sind außerordentlich schwer zu definieren. Sie kommen meist erst nach einer zweiten und weiteren Heferführung zum Tragen.

9.2.2
Malzeigenschaften und Bierqualität

Malz stellt die Basis der Bierqualität dar, sei es für den eigentlichen Biertyp oder für den Verlauf des Brauprozesses, der ebenfalls die Qualität mit beeinflußt. Biere mit ausschließlicher Malzschüttung sind empfindlicher im Hinblick auf die Auswirkung der Malzeigenschaften für die Charaktereigenschaften eines Bieres. Bei Rohfruchtbieren werden die Malzeigenschaften durch die neutralen

Materialien wie Reis, Mais, Zucker oder Sirup „verdünnt". Das Malz muß jedoch höhere Enzymkapazitäten aufweisen, um die Rohfrucht wie Reis oder Mais, evtl. ungemälzte Gerste bzw. andere Getreidearten verarbeiten und Defizite für die Hefe (z. B. FAN) ausgleichen zu können.

In der Folge soll nun der Einfluß des Malzes auf einige Biereigenschaften diskutiert werden, wie Farbe und Biertyp, Geschmack und Geschmacksstabilität, Schaum, kolloidale Stabilität und Filtrierbarkeit.

9.2.2.1 Farbe und Biertyp

Europäische Lager- oder Pilsbiere aus 100% Malz benötigen ein helles Malz, dessen Farbe und „Kochfarbe" definiert sind und die zwischen 2,5–3,0 EBC bzw. 4,5–5,0 EBC liegen, um die gewünschten hellen Bierfarben zu erhalten. Noch in den 1950er bis 1970er Jahren war es nicht immer leicht, ein sehr helles Bier mit einer Farbe von 6,5–7,5 EBC herzustellen. Heutzutage bringen die „luftarm" arbeitenden Sudwerke, die Verwendung biologisch gewonnener Milchsäure zu Maische und Würze sowie die verringerte und definiert kontrollierte thermische Belastung bei Würzekochen und Würzebehandlung eher zu helle Bierfarben. So wird heute eine etwas kräftigere Kongreßwürze- und Kochfarbe von ca. 3,5 bzw. 5,5 EBC gefordert, um einen gewissen Ausgleich zu erzielen. Bei den sog. hellen oder Pilsner Malzen ist jedoch die Zunahme der Farbe während des Brauprozesses durchaus unterschiedlich, je nachdem ob es sich um ein einwandfrei hergestelltes Malz aus definierten Sorten oder um einen Verschnitt aus normalem und überlöstem Malz handelt. Bei letzterem wurden mehr Aminosäuren und Zucker sowie mehr Primär- und Sekundärprodukte der Maillard-Reaktion in Maische und Würze überführt. Diese Substanzen tendieren zu einer stärkeren Farbzunahme beim Abläutern, beim Würzekochen und bei der Heißwürzerast. Die Entfärbung der Maillard-Produkte bei der Gärung ist weit geringer als die der Polyphenole, wodurch die Abnahme der Farbe von der Anstellwürze bis zum Bier geringer ausfällt. Die Farbe des Bieres ist dann dunkler, manchmal sogar bräunlich. Eine schlechte Entfärbung ist auch dann gegeben, wenn die Vergärbarkeit des Malzes (nach Aminosäure- und Zucker-Zusammensetzung) nicht befriedigend ist. In beiden Fällen werden Geschmack und Geschmacksstabilität des Bieres leiden. Ähnliche Einflüsse werden Malzen zugeschrieben, die mittels Gibberellinsäure hergestellt wurden, sei es um bestimmte Malzspezifikationen besser zu erreichen oder – vor allem – um Keimzeit einzusparen. Aber auch eine falsch geführte Schwelke und/oder Darrung können bei sonst einwandfreien Grünmalzen zu unerwünschten Zufärbungen führen. Eine gute und einfache Methode der Betriebskontrolle ist es, eine Bilanz der Farben von der Kongreßwürze zur Vorderwürze, Würze vor und nach dem Kochen, Anstellwürze und Jungbier aufzustellen. Dabei müssen aber alle Farbwerte auf denselben Extraktgehalt (11 oder 12%) umgerechnet werden (s. Tab. 9.7). Einen guten Hinweis auf die korrekte Herstellungsweise und die Farbstabilität des Malzes gibt auch die Thiobarbitursäurezahl (TBZ), wie schon in Kapitel 7 und Abschnitt 9.1 erwähnt.

Tab. 9.7 Farbzunahme bei Verwendung unterschiedlicher Malze (Farbe der Würzen und Biere berechnet auf 12% Extrakt).

Malz	A	B
Farbe/Kochfarbe EBC	3,2/4,8	3,2/5,5
Eiweißlösungsgrad %	39,8	40,4
Vorderwürze (17 °P)	5,2	5,4
Pfannevoll-Würze (10,9 °P)	6,9	7,4
Gekochte Würze (11,8 °P)	8,6	9,5
Anstellwürze (11,6 °P)	10,0	11,5
Bier (11,5 °P)	6,5	8,8

(Das Malz B enthielt 30% überlöstes, „fehlfarbiges" Malz).

Ist die Bierfarbe unter dem Einfluß der modernen Sudhaustechnologie zu hell, dann ist es besser, Spezialmalze zur Schüttung zu geben als den Mälzer auf eine bestimmte Farbe, die er nicht dauerhaft und gleichmäßig herstellen kann, festzulegen. Um die Bierfarbe um 1,5 EBC zu steigern, benötigt man ca. 3% helles Karamellmalz (Farbe 25 EBC) oder 0,75% dunkles Karamellmalz (100 EBC) oder 1,25% Melanoidinmalz (60 EBC). Diese Malze sind als Schüttungspartner besser als dunkles Münchner Malz (15–20 EBC), das zwar die gewünschten Farben ebenfalls erreicht, das aber geschmacklich eher eine etwas stechende und im Nachtrunk breite malzige Note vermittelt. Häufig werden auch Röstmalze oder Malzsirupe verwendet, wobei allerdings darauf zu achten ist, dass diese keine brenzlige Note einbringen.

9.2.2.2 Geruch und Geschmack

Es ist klar, dass das Malz einen dominierenden Einfluß auf den Charakter und damit auf Geruch und Geschmack eines Bieres hat. Je dunkler das Malz, umso mehr malzig oder malzaromatisch wird sich das Bier präsentieren. Hier geht die Farbe mit dem Geschmackseindruck des Bieres einher, nicht dagegen, wenn eine dunklere Farbe des Bieres mittels Röstmalz oder Röstmalzextrakten „eingestellt" wird. Selbst bei hellen Malzen im Bereich von 3–3,5 EBC können relativ große Abweichungen gegeben sein, die von den schon mehrfach genannten Bedingungen von Sorte, Anbaugebiet, Jahrgang, Führung von Weichen, Keimung, Schwelken und Darren abhängen. Der Eiweißgehalt beeinflußt die Vollmundigkeit. Für Biere aus 100% Malz sind 10–11% wünschenswert; mehr als 11% können bei manchen hopfenbetonten Pilsener Bieren zu viel Körper einbringen, der sich u. U. mit der Bittere des Bieres nicht mehr verträgt. Eiweißgehalte unter 9% führen zu leeren, manchmal zu etwas breiten Bieren. Mit ca. 30% Rohfrucht (Reis, Mais) kann ein Eiweißgehalt bis 12% akzeptiert werden, er vermag sogar in technologischer Hinsicht Vorteile zu erbringen. Der kritische Punkt ist die Eiweißlösung: So kann eine sehr weitgehende Eiweißlösung Biere mit zu wenig Körper liefern; die Biere tendieren zu einem leeren, wenig rezenten und (durch die erhöhte Menge an Polyphenolen) härteren Geschmack. Die stärkere Belastung mit löslichem Stickstoff verschlechtert den Gesamtcharakter des Bieres, insbesondere auch seine Abrundung. „Unterlösung" oder ungenügende Homogenität, sei es durch ungleichmäßige Keimung und/oder mehr als 3% ungekeimte, glasige Körner vermitteln einen rauhen, strengen Körper, der in einen breiten Nachtrunk mündet („Eiweißbittere"). Die Zugabe von „Spitzmalz" (1–2 Tage Keimung) soll wohl etwas Körper (und Schaum) aufbauen, sie verschlechtert jedoch die Ausgewogenheit des Biercharakters, besonders nach der Beanspruchung durch Transport und Lagerung bei wechselnden Temperaturen. Das Schwelken bzw. Trocknen bei hohen Temperaturen von z. B. 65 °C liefert bereits Vorläufer der Maillard-Reaktion und damit einen mehr malzigen Geschmack (Tab. 7.42); niedrige Abdarrtemperaturen von 70–75 °C können einen „Grünmalz-Geschmack" ergeben; der hier meist erhöhte Gehalt an DMS ist durch seinen gemüseähnlichen Geruch und Geschmack bei hellen Lager- und Pilsener Bieren nicht tragbar. In „normalen" Jahren reicht jedoch eine Abdarrung von vier Stunden bei 82 °C aus, um die Grenzwerte des DMS-Vorläufers von 4–7 ppm nicht zu überschreiten. Eine Abdarrung bei höheren Temperaturen birgt die Gefahr von Zufärbungen und erhöhter TBZ. Hier ist das Arbeitsfenster nach Abb. 7.49 hilfreich, um einen gangbaren Weg zu finden. Höhere Darrtemperaturen als 82 °C (die beste Methode ist, die Temperaturen beim Schwelken und Darren kontinuierlich zu steigern) liefern mehr Maillard-Produkte einschließlich deren Zwischenstufen, die sich mit einer ausgeprägten Hopfennote bei Pilsener Bieren weniger gut vertragen. Hochqualifizierte, sehr helle Pilsener Biere mit 30–35 EBC-Bittereinheiten benötigen gute, homogen gelöste Malze mit Eiweißgehalten von ca. 10,5% und Farben/Kochfarben von 3/5 EBC.

Auf der anderen Seite sind Malze aus „Kompromiß"- oder gar „Nichtbraugersten" schwerer an die oben genannten Spezifikationen heranzubringen. Sie bedürfen, um des Prozeßablaufs, aber auch um des Biergeschmacks willen eines entsprechend intensiven Maischverfahrens. Weiterhin ist eine gute Ausdampfung von Malz- und Würzearomastoffen wichtig (s. Bd. II), da diese Malze einen rohen, „spelzigen" Biergeschmack und eine rauhe Bittere vermitteln können. Diese Merkmale waren auch den früheren Wintergerstenmalzen eigen. Gaschromatographische Untersuchungen zeigten, dass diese Biere durch eine größere Menge an Abkömmlingen des Lipidabbaus und der Lipidoxidation (s. Abschnitt 4.1.8) auffielen [1110, 1111, 1112].

Eine andere Geschmacksrichtung ist dumpf-malzig-würzeartig. Sie geht meist einher mit einer zu hohen Eiweißlösung, die sortenspezifisch sein kann, die aber auch durch eine zu intensive Mälzung begründet ist, um die geforderte cytolytische Auflösung zu erzielen. Hier liegen meist die Kongreßwürzefarben an der Grenze des Akzeptablen, wobei die Kochfarben einen noch deutlicheren Anstieg zeigen, ebenso die TBZ. Es handelt sich hier um Produkte der Maillard-Reaktion, des Strecker-Abbaus und um deren Vorläufer. Sie entstehen bei einer zu intensiven Proteolyse, möglicherweise zum Ausgleich von schlechter keimenden Partien [1110, 1111, 1113].

9.2.2.3 Geschmacksstabilität des Bieres

Diese ist aus einer Vielzahl von Faktoren ebenfalls stark von den Malzeigenschaften beeinflußt, wobei wiederum Sorte, Anbaugebiet, Jahrgang sowie die Keimung/Auflösung und Darrverfahren eine große Rolle spielen [1114].

Bei den Sorten ergibt sich eine enge Korrelation zwischen den Malzaromasubstanzen und den Alterungskomponenten des forciert gealterten Bieres [1113]. Wie vorher schon erwähnt, tendieren Malze mit „malzig-würzeartigen" Noten zu schlechterer Geschmacksstabilität.

Tabelle 9.8 zeigt, dass die stärker gelösten Malze mehr Malzaromastoffe enthalten, wobei einige Strecker-Aldehyde vom Malz zur Würze vor dem Kochen bis schließlich zum forciert gealterten Bier die höchsten Werte verzeichnen. Sie weisen auch die schlechtesten Alterungsnoten auf. Das aus dem Lipidmetabolismus stammende γ-Nonalacton läßt sich weniger gut zuordnen.

Die Tendenz Eiweißlösungsgrad/Alterungskomponenten wurde schon mehrfach dargestellt. Einen Eindruck hierüber vermittelt Abb. 9.1 [1115].

Tab. 9.8 Malzaromastoffe, Würzearomastoffe und Alterungssubstanzen in Bieren (frisch und forciert gealtert) aus verschiedenen Gerstensorten – drei Jahrgänge, Durchschnitt aus zwei Anbauorten.

Sorte	Alexis	Steffi	Sissy	Krona	Ota	Minna
Eiweißlösungsgrad %	48,1	44,6	53,2	50,0	48,9	45,2
Malzaromastoffe µg/kg						
2-Methylbutanal	3100	1807	3578	2850	2192	1436
2-Furfural	922	395	1176	616	433	424
2-Phenylethanal	2607	1920	4033	2778	1978	2017
γ-Nonalacton	11,5	11,6	16,1	9,3	14,9	15,3
Pfannevoll-Würze						
2-Methylbutanal	152	96	176	129	130	88
2-Furfural	99	39	107	84	55	46
Bier frisch						
2-Methylbutanal	8,8	8,2	11,5	10,1	7,3	6,1
2-Furfural	9,5	8,9	11,9	9,6	8,0	2,4
2-Phenylethanal	27,8	22,3	47,3	38,5	28,0	21,3
γ-Nonalacton	9,8	10,6	12,6	11,1	11,6	10,8
Bier gealtert						
2-Methylbutanal	13,7	8,9	17,0	16,4	10,7	10,7
2-Furfural	158	119	149	132	140	133
2-Phenylethanal	51,5	32,7	72,5	64,0	48,0	31,8
γ-Nonalacton	16,0	16,3	19,3	16,2	17,2	15,9
Alterungsnote (1–5) sehr gut – schlecht	2,7	2,5	2,9	3,2	2,4	2,2

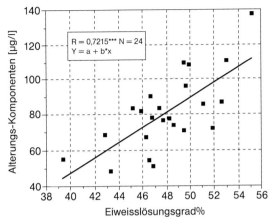

Abb. 9.1 Zusammenhang zwischen Einweißlösungsgrad und Alterungs-Komponenten bei forciert gealterten Bieren.

Nachdem viele der derzeit angebauten Braugersten zu einer gewissen proteolytischen Überlösung neigen, müssen die Parameter der Keimung so gewählt werden, den Eiweißabbau zu dämpfen ohne dabei die Zellwandlösung bzw. die Entwicklung der Amylasen zu verschlechtern. Dies bedeutet eher eine etwas niedrigere Keimgutfeuchte als eine Verkürzung der Keimzeit bei gleichzeitig höheren Temperaturen (s. Tab. 4.23). Auch ein erhöhter Eiweißgehalt des Malzes verbringt im Rahmen der üblichen Eiweißlösungsgrade zu viel löslichen Stickstoff, besonders auch Aminostickstoff in das Bier. Letzterer stellt wiederum einen der Vorläufer der Strecker-Aldehyde und anderer Alterungssubstanzen dar. Dasselbe ist auch bei Malzen mit höheren Schwelk- und/oder Darrtemperaturen der Fall, vor allem wenn Malze im Bereich von (4–)5–15 EBC Einheiten zur Verarbeitung kommen, da diese mit steigender Farbe auch erhöhte Mengen an Zwischenprodukten der Maillard-Reaktion enthalten. Wie die Tab. 7.42 und 7.40 zeigen [911] sind Schwelkverfahren mit niedrigen Anfangstemperaturen am günstigsten. Auch erwiesen sich Abdarrtemperaturen von 80–82 °C sowohl im Geschmack des frischen als auch des gealterten Bieres als am vorteilhaftesten [1116]. Dies bedeutet, dass die Produkte der thermischen Reaktionen die Geschmacksstabilität stärker beeinflussen als die des Lipidmetabolismus. Erst bei dunklen Bieren kommen die Malzaromastoffe, einmal durch ihre maskierende Wirkung, zum anderen auch durch die reduzierenden Eigenschaften der Maillard-Produkte im positiven Sinne zum Tragen [910, 1117, 1118, 1119]. Außerdem inaktivieren die hohen Darrtemperaturen Oxidasensysteme (Peroxidasen, Polyphenoloxidasen und Lipoxygenasen) in zunehmendem Maße. Dennoch wird auch bei hellen Malzen versucht, das Schwelk- und Darrprogramm so zu optimieren, dass die Trocknung, vor allem durch raschere Temperatursteigerung, aus dem Wirkungsbereich der Lipoxygenasen führt. Dabei kann auch Rückluft günstig sein (s. Abschnitt 7.2.4.6, Tab. 7.41 b, 7.44), um die Temperatur-Unterschiede in den Schichten von Hochleistungsdarren (s. Tab. 7.41, 7.43) zu verringern. Die Erkenntnis, dass eine sauerstoffarme Trocknung Vorteile im Hinblick auf die Oxidasenwirkung erbringen kann (s. Abschnitt 7.2.4.7) hat bisher noch keine praktischen Anwendungsmöglichkeiten ergeben. Die Arbeitsweise der sog. „Hochleistungsdarren" mit ihrer schichtweisen Trocknung (s. Abschnitte 7.2.5.1 und 7.5.3) schont zwar die hydrolytischen Enzyme, aber auch die Oxidasensysteme. Dies wird auch dadurch deutlich, dass die Blattkeime diesen Schwelk- und Darrprozeß weit besser überleben als bei den alten Mehrhordendarren, die zudem mit Wender betrieben wurden. Die Blattkeime enthalten aber reichlich Lipide [1024].

Der Lipidstoffwechsel während der Keimung und vor allem die Oxidation von höheren, ungesättigten Fettsäuren wird gedämpft durch die Anreicherung von CO_2 in der Prozeßluft (s. Abschnitt 4.1.8, Tab. 4.37). Auf der Tenne, ergibt sich zwischen jeweils zwei Wendevorgängen eine Anreicherung von Kohlensäure, die wohl das Wachstum etwas hemmt, aber bei den erzielbaren Kohlensäuregehalten keine Nachteile für die Entwicklung der Endo-Enzyme erbringt. Im Keimkasten läßt sich bei „dichten" Systemen ebenfalls Kohlensäure durch die Verwendung von Rückluft anreichern. Versuchsreihen mit Malzen von Tennen und Keimkasten hatten eine bessere Geschmacksstabilität der Biere von Tennenmalzen ergeben. Wurden die Keimkasten jedoch mit Umluft bis auf CO_2-Gehalte von 3(–4)% geführt, so konnten die günstigen Werte des Tennenmalzes im Hinblick auf die analytische und organoleptische Geschmacksstabilität der Biere zumindest erreicht, wenn nicht sogar übertroffen werden [618].

Um das Problem der Bieralterung von Seiten der Lipid-Oxidation anzugehen, wurden Gersten gezüchtet, die wenig oder keine Lipoxygenasen enthalten (s. Abschnitt 1.2.8). Hiermit gelang es, die Bildung von 2-*trans*-Nonenal bzw. seines Vorläufers deutlich zu verringern und so die Geschmacksstabilität der Biere deutlich zu erhöhen.

Malze, die bewußt auf sehr knappe Auflösung gearbeitet werden, wie auch fehlerhafte Malze mit schwach oder nachkeimenden Körnern bzw. Ausbleibern, können zwar im Bier eine gewisse Vollmundigkeit erzielen, doch ist diese beim Faßbier-Ausschank besser wahrnehmbar als in Flaschen oder Dosen. Bei diesen beiden letzteren bricht die Vollmundigkeit nach Transport, Temperaturwechsel und längerer Verweilzeit im Markt zusammen (s. a. Abschnitt 9.2.2.2) und geht meist in eine flache, wäßrige und harte Note über. Dies ist ein kolloidales Problem, das auch im Falle der Verarbeitung von Spitzmalzen zu beobachten ist (s. Abschnitt 10.3 und Bd. II).

9.2.2.4 Bierschaum

Der Bierschaum wird immer mit den Eigenschaften des Malzes in Zusammenhang gebracht. Am günstigsten ist eine gute, gleichmäßige und hinsichtlich Proteolyse und Cytolyse ausgewogene Auflösung, die es erlaubt, ein Maischverfahren mit hohen Einmaischtemperaturen (60–63 °C) anzuwenden. Eine zu hohe Eiweißlösung (mehr als 41–42%) ist ähnlich ungünstig wie eine zu niedrige, bzw. durch die Keimungsparameter auf 32–35% eingestellte. Während die hohe

Tab. 9.9 Malzauflösung und Bierschaum [1122].

Malz				
	Keimtage	5	6	7
	Friabilimeterwert %	82,6	86,6	89,0
	Eiweißlösungsgrad %	36,8	39,0	39,9
Bier	Schaum R&C	135	133	131
	Gesamt-N mg/100 ml 12%	82,0	81,9	85,7
	MgSO$_4$-N in % Ges.-N	22,3	20,7	20,0
	Coom.-N in % Ges.-N	34,3	29,5	28,0
	Hydrophobe Proteine mg/l	34,1	28,5	23,9

Lösung den Anteil an hochmolekularen Eiweißfraktionen (MgSO$_4$-N, 10–60 kD-Fraktion, Glycoproteide, hydrophobe Proteine) vermindert, verringert die Unterlösung das Verhältnis FAN/löslicher N (Tab. 9.9). Dies ist dann gegeben, wenn der Anteil an FAN auf unter 18–20% abfällt, infolge von zu kurzer Keimung bei erhöhten Temperaturen und Wassergehalten (s. Tab. 4.23). Eine Unterbilanz an FAN kann die Gärung im weitesten Sinne beeinträchtigen (Hefevermehrung, pH-Abfall, vermehrte Bildung von höheren Alkoholen, besonders auch von 2-Acetolactat (Diacetyl, gleichbedeutend mit längeren Reifungszeiten), Bildung und Exkretion von mittelkettigen Fettsäuren sowie von Hefeproteasen. Hierdurch wird der günstige Effekt schaumpositiver Substanzen, die vom Malz über die Sudhausarbeit her in das Bier eingebracht werden, abgeschwächt. Sehr häufig ist aber nicht das Malz Verursacher einer unbefriedigenden Gärung, die wiederum die Schaumeigenschaften des Bieres verschlechtert, sondern eine fehlerhafte Hefewirtschaft sowie zu lange Gär- und Reifungszeiten bei erhöhten Temperaturen, mangelhafte Hefeabscheidung usw. [1120, 1121].

Es kann aber auch der Fall sein, dass wohl die Eiweißlösung eines Malzes hoch ist, doch der Zellwandabbau zu wünschen übrig läßt. Dies ist gerade bei den modernen hochlösenden Gerstensorten möglich, vor allem wenn bei diesen die Keimzeit verkürzt wurde oder die Keimenergie zu wünschen übrig ließ. Hier erfordert die Diskrepanz Proteolyse/Cytolyse ein intensiveres Maischverfahren: Um die Abläuterung einer vorgegebenen Sudzahl sowie die spätere Bierfiltration zu gewährleisten, wird der Abbau der β-Glucane durch niedrigere Einmaischtemperaturen von 45–50 °C gefördert, wobei aber der Eiweißabbau zu weitgehend verläuft und damit schaumpositive Substanzen verloren gehen [1122].

Höhere Darrtemperaturen sind für den Bierschaum günstig. Selbst wenn hochmolekulares Eiweiß zunehmend schlechter löslich wird und geschwächte Oxidasensysteme mehr Polyphenole im Bier belassen, tendiert der Schaum zu besseren Werten. Dies läßt sich auch durch die höhere Hydrophobizität der Proteine erklären, wie Tab. 9.10 zeigt.

Karamellmalze üben bei 2–5% der Schüttung ebenfalls einen positiven Einfluß auf den Schaum aus. Ihr Mehlkörper enthält Zucker und Dextrine, β-Glucane und höhermolekulare Proteine. Sie haben nur mehr geringe oder keine

Tab. 9.10 Abdarrtemperatur und Bierschaum [1122].

Abdarrtemperatur °C	70	80	90
Bierschaum R&C	123	121	130
Einschenktest sec	465	515	540
Gesamt-N mg/100 ml 12%	85,3	95,2	96,2
MgSO$_4$-N in % Ges.-N	17,5	15,0	15,6
Coom.-N in % Ges.-N	28,4	24,4	22,4
Hydrophobe Proteine mg/l	19,4	25,7	27,4

Enzymkapazitäten mehr und werden auch von denen des Normalmalzes nur schwer abgebaut. Die Karamellmalzgabe kann aber nur im Hinblick auf den jeweiligen Biertyp erfolgen, kaum mit dem Ziel, den Schaum hierdurch zu verbessern.

9.2.2.5 Kolloidale Stabilität

Die kolloidale Stabilität ist direkt beeinflußt von Eiweißgehalt und Eiweißlösung des Malzes. Wenn auch ganz bestimmt Proteingruppen, besonders wie δ- und ε-Hordein zu den Trübungsbildnern gezählt werden, so sind doch in Trübung und Eiweißbodensatz Polypeptide von allen genuinen Proteinen zu finden.

Wiederum spielen Gerstensorte, Gegend und Jahr eine Rolle für die kolloidale Stabilität eines Bieres. Es gibt jedoch keine Korrelation zwischen Lösungsfähigkeit, Enzymkraft eines Malzes und kolloidaler Stabilität. Höhere Eiweißgehalte bringen mehr löslichen (und hochmolekularen) Stickstoff in Würze und Bier ein. Es sind damit auch mehr potente Trübungsbildner vorhanden. Höhere Eiweißgehalte sind vermehrt in der Sub-Aleuronschicht zu finden. Sie binden mehr Polyphenole, wodurch Reduktions- und Gerbkraft verloren gehen. Demgegenüber sind Malze mit niedrigen Proteingehalten günstiger: Die höheren Mengen an Tannoiden verringern die Eiweißempfindlichkeit, was sich in einer besseren Stabilität nach dem Alkohol-Kältetest nach Chapon äußert [1123, 1124]. Doch bedingen höhere Polyphenolgehalte schlechtere Stabilitätswerte nach dem Forciertest („Warmtage" bei 60/0°C oder Trübung nach 5 Tagen bei 60°C und einem Tag bei 0°C) weil ihre Gerbkraft im Bier verbleibt und so zu Eiweiß-Fällungen führt [1125].

Die Eiweißlösung des Malzes trägt direkt zur kolloidalen Stabilität des Bieres bei. Ein niedriger Eiweißlösungsgrad bringt einen höheren Anteil an hochmolekularen Substanzen in Maische, Würze und Bier ein. Diese sind beim Maischen schwerer abzubauen und beim Kochen schwerer zu fällen, trotz moderner Kochsysteme (s. Bd. II). Sie verbleiben bis ins fertige Bier und verringern dessen Stabilität bzw. sie erfordern einen erhöhten Einsatz an Stabilisierungsmitteln. Gut und gleichmäßig gelöste Malze bereiten hier weniger Probleme, während überlöste Malze viel löslichen Stickstoff und höhere Polyphenolgehalte in das Bier verbringen, die miteinander reagieren können. Diese Biere benötigen eine sorgfältige Stabilisierung beider Trübungskomponenten, der Eiweißsubstanzen und der Polyphenole.

Hohe Darrtemperaturen verringern den Gehalt an koagulierbarem Stickstoff, aber auch an anderen hochmolekularen Eiweiß-Fraktionen. Die Stabilität von hoch, d. h. bei 85–100 °C gedarrten Malzen ist weit besser als die der bei nur 70 °C gedarrten. Doch vermitteln die niedrigeren Darrtemperaturen geschmackliche Nachteile. Wie immer gibt es beim Brauen auch hier bestimmte „Fenster" innerhalb welcher die Verfahren ausgelegt werden können.

In den 1980er Jahren wurde von den sog. „Procyanidinfreien Gersten/Malzen" erwartet, dass z. B. auch mit polyphenolfreien Hopfenextrakten zusammen Biere mit hoher kolloidaler Stabilität ohne Stabilisierungsmittel (wie Kieselgele und Polyvinylpolypyrrolidon – PVPP) hergestellt werden könnten. Trotz sehr guter Züchtungserfolge (s. Abschnitt 1.2.8) und positiver Beeinflussung der kolloidalen Stabilität konnten sich diese Gersten im Markt nicht durchsetzen, wohl auch deswegen, weil die Polyphenole durch ihre reduzierenden Eigenschaften für die Geschmacksstabilität der Biere eine wichtige Rolle spielen (s. Abschnitt 9.2.2.3).

9.2.2.6 Filtrierbarkeit

Eine schlechte Filtrierbarkeit des Bieres wird meist dem Malz als Hauptverursacher zugeschrieben. In der Tat kann eine mangelhafte Zellwandlösung, vor allem eine mangelnde Homogenität derselben durch eine ungenügende Keimenergie mit Ausbleibern und einem Anteil an schwach und verzögert keimenden Körnern (Keimungsindex, s. Abschnitt 1.6.2.7) bereits Probleme beim Abläutern, vor allem aber bei der Bierfiltration hervorrufen. Wenn derartige Malzpartien – selbst in kleinen Anteilen – mit verschnitten werden, dann können große Filtrationsschwierigkeiten resultieren.

Wenn Malze etwas knapper gelöst werden, z. B. durch eine niedrigere Keimgutfeuchte, um die Voraussetzungen für einen besseren Schaum eines Bieres zu schaffen, so kann bei genügender Keimzeit die Homogenität der Auflösung durchaus befriedigen. Meist wird hier eine etwas knappere Proteolyse angestrebt, wodurch die Filtrierbarkeit nicht beeinträchtigt wird. Erfolgt die Mälzung bei höheren Keimtemperaturen unter Reduzierung der Keimzeit, dann können oberflächliche Spezifikationen noch durchaus erreicht werden (s. Tab. 4.16, 4.17). Es zeigen aber die Viskosität der 65°-Würze, besser jedoch deren β-Glucangehalt, dass Auflösung und Homogenität unbefriedigend sind. Ein Verschnitt von guten mit schlecht gelösten Malzen, um z. B. dieselbe Mehl-/Schrotdifferenz zu erreichen, lieferte sogar noch ungünstigere Filtrationswerte, da das hochmolekulare β-Glucan der letzteren von den Enzymen des gut gelösten Malzes nicht mehr abgebaut werden konnte. Auch Malze mit 10% ganzglasigen Körnern ergaben eine sehr schlechte Filtrierbarkeit. Den Effekt eines Verschnitts von einem sehr schlecht gelösten mit einem stark gelösten Malz zeigt Tab. 9.3 (s. Abschnitt 9.1.4.3). Es toleriert die Mehl-/Schrotdifferenz noch den Zusatz von 30% des schlecht gelösten Malzes (einschließlich der Analysenfehler bis zu 60%), die Friabilität bis zu 50% und die Viskosität der Kongreßwürze bis zu 60%, während die Carlsberg-„H"-Bestimmung bereits bei 10% Zumischung eine klare Aussage ergibt, wie auch der β-Glucangehalt der 65°-Würze. Dies zeigt, wie unspezifisch die meisten „konventionellen" Analysen sind, um unerwünschte Mischungen zu erkennen. Dies war wohl mit ein Grund, die Analyse der Mehl-/Schrotdifferenz als nicht mehr verbindlich zu erklären. Es ist noch zu erwähnen, dass hohe Gehalte an höhermolekularem β-Glucan bei Auftreten von Schereffekten z. B. im Sudhaus oder im Kaltwürze-Bereich zur Bildung von β-Glucan-Gel führen können. Bereits geringe Anteile an β-Glucan-Gelen von ca. 5% können die Filtrierbarkeit erheblich einschränken [1126, 1127].

Eine weitere, vom Malz stammende Ursache für schlechtere Filtrierbarkeit ist ein Mikroorganismenbefall der Gerste, wobei dieser entweder die Keimfähigkeit derselben beeinträchtigt, was zu den oben erwähnten Erscheinungen führt oder über die Mikroorganismen viscose Substanzen (z. B. Mannan, Acetan) in das Malz verbringt [1128], die Läuter- oder Filtrations-Schwierigkeiten verursachen (s. Abschnitte 4.1.12 und 6.4.5).

Wie schon erwähnt, ist das Malz nicht immer als Verursacher einer schlechten Filtrierbarkeit zu sehen: Fehlerhafte Schrotung und Maischarbeit, etwa wie mangelnder β-Glucan-Abbau, zu knapper Eiweißabbau, unvollständiger Stärkeabbau, letzterer erkennbar an jodfärbenden Dextrinen, ungenügende Heißtrubabtrennung können die Bierzusammensetzung ungünstig beeinflussen. Eine unzweckmäßige Hefebehandlung, die zu ungenügender Viabiliät und Vitalität der Hefen führt, vermittelt trotz oftmals guter Gärverläufe eine schlechte Filtrierbarkeit. Dasselbe ist bei fehlerhafter Hefe-Propagation der Fall [1127, 1129]. Analytisch kann der Einfluß dieser Faktoren auf die Filtrierbarkeit bisher nicht erfaßt werden. Nachteile auf die Filtrierbarkeit werden auch Hefeautolyseprodukten bzw. mikrobiellen Kontaminanten (*Acetobacter-, Gluconobacter-, Enterobacter*-Arten zugeschrieben [1128].

Schwelken und Darren haben nach bisherigen Erkenntnissen keinen erkennbaren Einfluß auf die Filtrierbarkeit des Bieres.

9.2.3
Malzqualität und Kosten beim Brauprozeß

Kommen durch die Malzqualität quantitative Gesichtspunkte zum Tragen wie Sudhausausbeute, Sudzeit, Gärdauer usw., so lassen sich Vor- oder Nachteile eines Malzes in Zahlen ausdrücken [1130, 1132].

Verzuckerungszeit: Versuche, allerdings mit 25% Reis als Schüttungsanteil, haben ergeben, dass eine Abnahme der Diastatischen Kraft um 100°WK eine Verlängerung der bis zur Jodnormalität erforderlichen Verzuckerungszeit verursacht. Dies hat einen Rückgang der Sudzahl von 8 auf 7,6 pro Tag zur Folge; der Verlust beträgt rund 2,25 €/t Malz.

Die *Läuterdauer* hängt mehr von der Viskosität des Malzes als von seiner Mehl-Schrotdifferenz ab. Eine Erhöhung der Viskosität um 0,1 mPas hat eine Verlängerung der Läuterzeit zur Folge, die eine ähnliche Verringerung der Sudzahl (von 8 auf 7,6 pro Tag) bewirkt. Bei Suden mit Rohfrucht zieht dies Kosten von 2,25 €/t Malz, bei reinen Malzsuden von 1,75 €/t Malz nach sich.

Die *Sudhausausbeute* hängt nicht nur von der Laborausbeute des Malzes sondern auch von seiner Auflösung ab; so geht der Extrakt um so schlechter in Lösung, je höher die Mehlschrotdifferenz ist. Er läßt sich um so schlechter auswaschen, je höher die Viskosität des Malzes liegt [1132]. Bei Betrachtung der reinen Rohstoffkosten erfordert 1% weniger Extrakt in der Feinschrotanalyse bei einem Malzpreis von 300 €/t bei 25% Rohfrucht um 2,60 €/t, bei reinen Malzsuden um 3,50 €/t mehr, um die gleichen Ausschlag- oder Verkaufsbiermengen herzustellen. Ist jedoch das Malz noch schlechter gelöst, so treten zusätzliche Ausbeuteverluste durch schlechteres Aufschließen und Auswaschen von 0,5% auf (letztere können noch höher sein), wodurch sich der Einsatz pro t Malz um weitere 1,35 € bzw. 1,75 € erhöht. Schlechterer Trubabsatz zieht wohl ebenfalls Verluste von 0,5–1% (Band II) nach sich, doch wird der Trub häufig zum Abmaischen (Maischefilter) oder nach Ablauf der Vorderwürze zum folgenden Sud zugegeben.

Die *Bitterstoffausbeuten* der angewendeten Hopfengabe sind bei Verarbeitung von schlecht gelöstem Malz geringer, eine Erscheinung, die auf verstärkte Ausscheidungsvorgänge beim Kochen von trüben Läuterwürzen oder durch höhere Gehalte an koagulierbarem Stickstoff zurückzuführen ist.

So hat eine Verschlechterung der Mehl-Schrotdifferenz um 2% eine um 1 EBC-Einheit geringere Bitterstoffmenge im Bier zur Folge. Dies erfordert Mehrkosten von 1,00 €/t Malz bei Rohfruchtmitverwendung und 0,60 €/t Malz bei Malzsuden.

Die *Gärdauer* wird vom Eiweißlösungsgrad bzw. von der Menge des assimilierbaren Stickstoffs beeinflußt. So ruft nach den zitierten Versuchen eine um 2% niedrigere „Kolbachzahl" eine Verlängerung der Gärzeit von 8 auf 8,6 Tage hervor; unter Einbeziehung aller Kosten (mit Ausnahme des Energieaufwandes für Kälte) ergibt sich damit eine Verteuerung um 6,50 € bzw. 5,00 € bei Rohfrucht- bzw. Malzbieren. Dasselbe ist bei der Reifung und Lagerung des Bieres der Fall. So benötigte der Abbau des 2-Acetolactats bei konventionellen Verfahren eine um 20% längere Lagerzeit (35 statt 28 Tage). Bei modernen Gär- und Reifungsverfahren schlägt eine um einen Tag längere Gärung/Reifung mit 8/7=rund 15% zu Buch. Es kann also in Spitzenzeiten bei gegebenen Kapazitäten entweder die geforderte Biermenge nicht erhalten werden oder es sind höhere Gär- und Reifungstemperaturen zu wählen [1133].

Die *Filtrationskosten* können durch die Verarbeitung zu knapp gelöster oder inhomogener Malze sehr kräftig ansteigen. So erbrachte eine Erhöhung der Kongreßwürzeviskosität um 0,10 bzw. 0,15 mPas eine Erhöhung des β-Glucangehalts der Ausschlagwürze von 70 auf 330 bzw. 440 mg/l. Die Filterstandzeit ging auf 53 bzw. 36% zurück [1134]. Unter der Annahme, dass (wie häufig) nur 50% der üblichen Filterkapazität erreicht werden, so sind dies 0,18 €/hl oder 10 €/t!

Die *Stabilisierungskosten* dürften ebenfalls bei Verwendung knapp gelöster Malze höher sein – mindestens bei einer starken Beanspruchung des Bieres.

Hier wird eine Erhöhung der Mehl-Schrotdifferenz um 2% nach EBC mit einem Stabilisierungsmittelmehrverbrauch um 200% auf 5,25 €/t Malz (im Falle des Rohfruchtbieres) ausgeglichen. Zahlen für „Nurmalzbetriebe" fehlen, doch zeigten mehrjährige Vergleichswerte in deutschen Brauereien, dass z. B. die Erhöhung des Eiweißgehaltes im Braumalz um 0,7% bei Bieren, die eine Haltbarkeit von 6 Monaten haben sollen (lt. Haltbarkeitsdatum), um 30–50 g/hl Kieselgel mehr benötigten [1135]. Dies sind 0,04–0,06 €/hl oder im Durchschnitt 0,05 €/hl bzw. 2,75 €/t Malz. Die Stabilisierungskosten sind aber deswegen schwer abzuschätzen, weil die Stabilisierung in größeren Betrieben meist mit PVPP getätigt wird und sich bei Regenerierverfahren ein etwas erhöhter PVPP-Einsatz (40 g/hl statt 30 g/hl) finanziell kaum auswirkt.

Es kann also ein, nach den Malzanalysen um die genannten Werte schlechteres Malz aus „Kompromiß"- oder „Misch"-Gersten Mehrkosten von ca. 0,55 €/hl verursachen bzw. ein gutes Malz darf um knapp 30 €/t teurer sein, um diese Nachteile zu vermeiden.

Diese Daten zeigen, dass die Qualität des Malzes sehr wohl in Form von Kosten zum Ausdruck gebracht werden kann. Leider sind, wie eingangs dieses Abschnittes erwähnt, die qualitativen Vorteile des Bieres nicht in ähnlicher Weise zu ermessen.

10
Sonder- und Spezialmalze

10.1
Malze aus anderen Getreidearten und aus Pseudogetreide

Weltweit hat der Mensch seit rund 10000 Jahren etwa 3% der höheren Pflanzenarten (über 223000) in Kultur genommen. Nur etwa 30 Arten hiervon liefern 90% der aus Pflanzen gewonnenen Nahrungsmittel. Für die Bierherstellung werden heute fast ausschließlich zwei Pflanzenarten in vermälzter Form
(Gerste und Weizen) und noch drei weitere Arten als Rohfrucht verwendet
(Mais, Reis und Sorghum). Die Verwendung kohlenhydratreicher Körner dient
vorrangig der Bereitstellung von vergärbarem Extrakt sowie der Einbringung
von farbe- und aromagebenden Substanzen. Von diesen Körnerfrüchten ist die
Gerste und vor allem das Gerstenmalz besonders geeignet. Dies wurde bereits
in der Einleitung sowie im ersten Kapitel dieses Buches eingehend beschrieben.
Die Vorteile der Gerste erkannten die Menschen schon sehr früh, wie archäobo-
tanische Befunde aus den Ländern mit den frühesten Bier-Überlieferungen wie
Ägypten und dem Zweistromland Mesopotamien eindeutig belegen [1136,
1137]. Durch dieses Wissen um die Vorzüge des Braugetreides „Gerste" wurde
eine spezifische Auslese zur „Braugerste" betrieben, die zu der Züchtung der
heutigen hochqualifizierten Gerstensorten führte.

Ein wichtiges Datum für die Bierbrauer hierzulande, aber auch darüber
hinaus ist der 23. April 1516, als das bayerische Reinheitsgebot in seinem Urzu-
stand proklamiert wurde. Sinngemäß dürfen nur Wasser, Hopfen und künstlich
zum Keimen gebrachtes Getreide (Malz) für die Bierbereitung verwendet werden. Die Hefe war damals noch nicht bekannt, sie ist erst 1551 in einer späteren Fassung des Reinheitsgebotes aufgeführt. Aus diesem Reinheitsgebot ist
das heute in Deutschland gültige „Vorläufige Biergesetz" entstanden. Eine sich
hieraus ergebende Verpflichtung ist, untergäriges Bier ausschließlich mit Gerstenmalz herzustellen. Obergärige Biere dürfen auch mit Malzen aus anderen Getreidearten gebraut werden (§9, Abs. 4) [1138]. Nach §17, Abs. 4 der Verordnung
zur Durchführung des Vorläufigen Biergesetzes gelten Reis, Mais und Dari nicht
als Getreide im Sinne von §9, Abs. 3. In einem Kommentar hierzu wird auch noch
Dari durch den Begriff Milo umschrieben [1139]. Die Getreide Milo und Dari sind
beide der Formengruppe von Sorghum zuzuordnen [1140, 1141].

Die Bierbrauerei Band 1: Die Technologie der Malzbereitung. Achte Auflage.
Ludwig Narziß und Werner Back.
© 2012 WILEY-VCH Verlag GmbH & Co. KGaA. Published 2012 by WILEY-VCH Verlag GmbH & Co. KGaA

Das vorliegende Kapitel gibt einen Einblick in die große Vielfalt kultivierter, *kohlenhydratreicher Körnerfrüchte*, deren Verwendung für die Malz-, bzw. Bierherstellung unter technologischen Gesichtspunkten sinnvoll ist oder sein kann.

Die Taxonomie dieser näher beschriebenen Früchte ist in Abb. 10.1 dargestellt, wobei die Untergliederung in Zerealien (Liliopsida = einkeimblättrige Bedecktsamer) und Pseudozerealien (Magnolipsida = zweikeimblättrige Bedecktsamer) bereits auf Klassenebene getroffen wird.

Im Prinzip müssen die Alternativen den Anforderungen von Gerste und Gerstenmalz entsprechen (s. Kapitel 1 und 9), was manchmal den ingeniösen Erfindungsreichtum anspornt oder eben gewisse Früchte nur für gewisse Regionen geeignet sein lässt, da diese in einer wirtschaftlichen Kalkulation besser abschneiden. Sie sollten in ausreichender Qualität leicht verfügbar und kostengünstig sein. Die Frage der Verfügbarkeit der Früchte kann entscheidend bei der Auswahl sein. So ist die in Südostasien beheimatete Reisvarietät schwarzer Reis aus brautechnologischer Sicht hochinteressant, aber eben nur in diesem Raum auch in ausreichender Menge vorhanden. Dann aber kann diese Frucht eine Empfehlung für diesen Raum sein. Weiterhin sollten die Körnerfrüchte sich mit einfachen Methoden und wenigen anlagentechnischen Umbauten wirtschaftlich vermälzen lassen. Auch hier kommen die sehr kleinen Korndurchmesser wie von Teff und Amarant an die Verarbeitungsgrenzen der üblichen Mälzungsanlagen heran. Allerdings können kleine Mälzungsanlagen mit Tenne und/oder Gazeabdeckungen in der Darre Abhilfe schaffen. Die Verarbeitungskriterien sowie die Ausbeute- und Qualitätskennzahlen sollten den üblichen im Mälzungs- und Bierbereitungsprozess entsprechen.

Ein großer Unterschied in den Ansprüchen für gute Brauware verglichen mit den sonstigen Anforderungen an die Getreiderohstoffe für die Brot- und Futterverwendung liegt im gewünschten Rohproteingehalt von 9–12%. Entscheidend für den Verbraucher sind letztlich die Akzeptanz und die Qualität der aus alternativen Rohstoffen hergestellten Getränke. Diesen Anforderungen werden die nachfolgend beschriebenen Früchte weitgehend gerecht, zumal die Motivation ihrer Verwendung nicht in der Substitution der hervorragend geeigneten Brauware Gerstenmalz, sondern in den vielen Besonderheiten diese Früchte liegt [1143].

Für die Aufnahmen dieses Kapitels wurde ein konfokales Laser-Scanning-Mikroskop (engl. confocal laser scanning microscope, CLSM) der Marke Olympus FV300 der Firma Olympus (Tokyo, Japan) verwendet. Laserlicht regt Fluoreszenzfarbstoffe an, es handelt sich also um Fluoreszenzmikroskopie. Um Zellwände, Stärkekörner und Proteine sichtbar zu machen, wurden die Fluoreszenzfarbstoffe Calcofluor-White, FITC (Fluoreszin-Isothiocyanat) und Rhodamin B für die Anfärbung von Zellwandsubstanzen, Stärke bzw. Proteinen verwendet. Die Lasereinheit des Mikroskops bestand aus 6 Lasern mit unterschiedlichen Wellenlängen. Für die Untersuchungen wurde mit einem Diodenlaser mit einer Wellenlänge von 405 nm, einem Argonlaser mit einer Wellenlänge von 458 nm und einem Helium-Neon-Laser mit der Wellenlänge 543 nm gearbeitet. Die auf −20 °C gefrorenen Kornproben wurden in einem warmen Wachsblock fixiert, so dass nur noch ein Stück des Rückenteiles des Kornes herausschaute. Der Wachsblock wurde dann mit dem Korn bei −20 °C eingefroren. Der Rückenteil des Getreidekornes wurde nach dem Gefrieren mit einer handelsüblichen Rasierklinge entfernt.

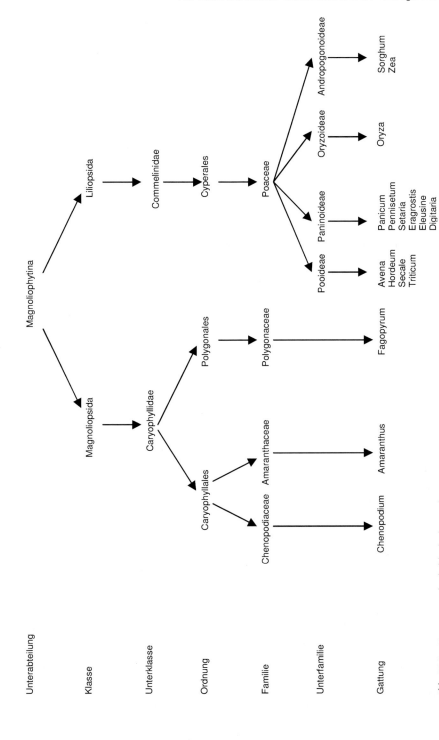

Abb. 10.1 Taxonomie der kohlenhydratreichen Körner [1142].

Für die Untersuchung mit dem Rasterelektronenmikroskop (REM) wurde ein JEOL JSM-5510 verwendet. Die maximale Auflösung des Mikroskops liegt bei 3,5 nm bei einer Beschleunigungsspannung von 30 kV. Der Vergrößerungsbereich liegt zwischen 18facher bis 300 000facher Vergrößerung. Die Untersuchung von Proben im Elektronenmikroskop fand im Vakuum statt. Die verschiedenen Körner wurden für die Untersuchung vorbereitet, indem sie zuerst in Wachs eingegossen wurden und zwar so, dass die zu schneidende Stelle am Korn noch aus dem Wachs herausragte und leicht abgeschnitten werden konnte. Nach dem Eingießen in Wachs wurde das Korn tiefgefroren. Dann wurde das tiefgefrorene Korn geschnitten. Nach dem Schneiden wurde die Kornhälfte mit doppelseitigem Klebeband auf einen kleinen Aluminiumzylinder aufgeklebt. Die zu untersuchende Kornhälfte wurde dann vom Wachs befreit und auf –80 °C tiefgefroren. Nach dem Tiefgefrieren wurde das Korn in einem Vakuumgefriertrockner gefriergetrocknet. Anschließend wurde die Kornoberfläche mit Gold bedampft.

10.1.1
Brauweizen

10.1.1.1 Allgemeines

Weizen (*Triticum aevestivum* L.) ist weltweit eine der bedeutendsten Kulturpflanzen. Er leitet sich von den bespelzten Arten Emmer und Einkorn ab, die schon vor ca. 10 000 Jahren angebaut wurden. Ein Überblick über die Formengruppe Weizen ist in Abb. 10.24 im Abschnitt 1.1.4 (Dinkel) gegeben.

In Deutschland ist Weizen, wie auch Gerste, Roggen und Triticale sowohl als Sommer- als auch als Winterform vertreten. Die Sommerform ist stets ertragsschwächer als die Winterform.

Wie die Gerste ist Weizen ein Selbstbefruchter. Er bildet je Pflanze 2–3 ährentragende Halme aus, was 350–700 Halmen/qm entspricht. Jede Ähre trägt zwischen 25 und 40 Körner. Der Durchschnittsertrag liegt bei 60–70 dt/ha, mit Spitzenwerten bis zu 110 dt/ha.

Weltweit wurden 2008/2009 rund 600 Mio. t Weizen geerntet, in Deutschland ca. 20 Mio. t. Die weit überwiegende Menge ist Weichweizen (*Triticum aestivum*), der für Backzwecke, Nährmittel, Bioethanolerzeugung, aber auch für die Herstellung von Bier Verwendung findet. Demgegenüber ist der Anbau von Hartweizen (*Triticum durum*) unbedeutend. Dieser wird vornehmlich im Mittelmeer-Raum angebaut und größtenteils zu Teigwaren (Nudeln) verarbeitet [1144].

10.1.1.2 Bedarf an Brauweizen und Problematik der Beschaffung

Weizenmalz wird zum überwiegenden Teil zur Herstellung von Weizen- und Weißbier und hier als Schüttungsanteil von 50% und mehr verwendet. Bei Altbier und Kölsch ist Weizenmalz nicht obligatorisch, dennoch sind je nach Typ und Zielsetzung Mengen bis zu 20% zu finden. In Bayern lag der Weizenbierausstoß bei knapp 40% (einschließlich Leichtbier und alkoholfreies Weizen) und somit bei 9,835 Mio. hl, in der Bundesrepublik bei 12,2 Mio. hl [1145, 1146]. Unter Hinzurechnung von rund 4 Mio. hl Kölsch und Altbier beziffert sich der Bedarf an Weizenmalz auf rund 95 000 t, entsprechend 119 000 t Weizen. Bei einer Erntemenge in der Bundesrepublik von rund 20 Mio. t sind dies 0,6%. In Bayern ist der Anteil an der Erntemenge von Winterweizen größer, d. h. bei 3,1 Mio. t Erzeugung sind dies 2,9% [1147, 1148]. Damit spielt der Weizen als Brauware eine völlig untergeordnete Rolle. Der Hauptzweck des Weizenanbaus ist die Erzeugung von Futter- oder Backweizen. Aus diesem Grunde ist die Züchtung von speziellen „Brauweizen"-Sorten für die einschlägigen Züchter nicht interessant. Es gibt aber zweifellos immer wieder Sorten, die unter bestimmten Umweltbedingungen gute mälzungs- und braufähige Ware ergeben. Diese werden aber, zumal unter diesen Gegebenheiten, für die Verwertung zu Backzwecken ungeeignet oder für die Verfütterung eher unrentabel sein. Denn: Die Produktionstechnik der Landwirtschaft orientiert sich an hohen Erträgen, die durch entsprechende Düngung, vor allem auch auf hohe Rohproteingehalte, abzielt. Häufig ist der Mälzer gezwungen, jene Weizenpartien aufzunehmen, die für Backweizen infolge zu niedrigen Proteingehaltes nicht geeignet waren oder die sogar als Futtermittel nicht mehr im Markt unterzubringen waren. Dies sind nicht unbedingt die besten Voraussetzungen für Brauweizen. Es hat sich aber im Laufe der Jahre ein Sortenspektrum an Winterweizen herausgestellt, das bei entsprechenden Witterungs- und Umweltbedingungen gute Mälzungs- und Braueigenschaften aufweist. Sommerweizen haben sich nach früheren Untersuchungen sowohl hinsichtlich ihrer Mehlkörperzusammensetzung als auch ihres Enzymspektrums in Deutschland als ungeeignet herausgestellt [1149, 1150].

10.1.1.3 Geeignete Sorten

Nach einer Errechnung der relativen Varianzkomponenten hat die Sorte mit Ausnahme der Merkmale „Diastatische Kraft" (70%), „FAN" (47%) und „Extrakt" (38%) nur einen bescheidenen Anteil an der Ausbildung der Qualitätsmerkmale von Weizenmalzen, während der Faktor Umwelt bei α-Amylase, Vz 45 °C, Rohprotein, Viskosität, Eiweißlösungsgrad, Farbe und Kochfarbe eine dominante Rolle spielt. Wünschenswert sind Sorten, die niedrige Viskosität und eine niedrige Eiweißlösung vermitteln und damit durch das Mälzungsverfahren gut beeinflussbar sind.

Sorten mit niedriger Viskosität und hoher Eiweißlösung bergen schon das Problem, dass bei Drosselung der Proteolyse möglicherweise die Zellwandlösung verschlechtert wird.

Sorten mit hoher Viskosität und niedriger Eiweißlösung sind durch das Mälzungsverfahren beeinflussbar.

Nicht verwertbar sind jene Sorten, die sowohl eine starke Proteolyse als auch eine hohe Viskosität zeigen [1151].

Die Weizen der drei erstgenannten Kategorien können durch die Parameter der Keimung in Richtung auf eine wünschenswerte Malzbeschaffenheit beeinflusst werden, bei der vierten ergibt sich dagegen kein Handlungsspielraum.

10.1.1.4 **Anbaugegebenheiten**

Die Witterungsbedingungen während der Vegetationszeit: Der besonders bedeutsame Rohproteingehalt wird durch niedrige Temperaturen und eine gute Wasserversorgung während der ertragsrelevanten Hauptstadien Bestockung und Schossen günstig im Sinne niedriger Werte beeinflusst. Dasselbe gilt für die Eiweißlösung, die Cytolyse, die Vergärbarkeit und die Enzymkraft. Letztere wird ferner durch niedrige Temperatur und hohe Niederschlagsummen um den Zeitpunkt des Ährenschiebens hoch gehalten, wobei aber gleichzeitig die Farben und die Kochfarben eine Steigerung erfahren (parallel zur ansteigenden Eiweißlösung). Niedrige Temperaturen während der intensivsten Phase der Kornfüllung steigern das proteolytische Potential weiter.

Später Regen nach Beginn des Abreifens erhöht den Eiweißgehalt stark und vermag praktisch alle wichtigen Malzanalysenmerkmale (insbesondere auch die Zellwandlösung) ungünstig zu beeinflussen. Somit wäre folgender Witterungsverlauf für die Qualität des Winterweizens als günstig anzusehen: Kühl-feuchtes Wetter zur Aprilmitte, im Mai und bis zur ersten Junidekade; dagegen trockenheiße Witterung ab Julibeginn, spätestens ab Julimitte. Das Ergebnis ist eine günstige Ertragsentwicklung und ein niedriger Rohproteingehalt.

Fruchtfolge und Düngung: Die Fruchtfolge sieht vorzugsweise einen Anbau des Winterweizens nach Futter- und Körner-Leguminosen vor oder nach Hackfrüchten wie Kartoffeln, Zuckerrüben und Feldgemüse. Ein Anbau nach Getreide ist nicht günstig, ebenso wenig ein Anbau nach Mais, wobei dieser unter bestimmten Witterungsbedingungen das Aufkommen von Fusarien-Infektionen fördert (s. Abschnitt 3.4.7 und 9.1.7.6).

Die Düngung mit Stickstoff bringt nicht immer einen Anstieg des Eiweißgehaltes mit sich, es ist vielmehr der Zeitpunkt derselben von Bedeutung. Günstig ist eine intensive Nachdüngung zur Zeit des Schossens, da sie über Mehrertrag eine „Eiweißverdünnung" bewirkt oder aber die folgende Düngungssequenz: nach einer Startgabe (130 kg N/ha), Nachdüngung bei der Bestockung (40 kg N/ha) und Flüssigdünger (Harnstoff) zur Zeit des Schossens.

Mineraldüngung (Ca, P, K) wird durch das Ergebnis der Bodenuntersuchung bestimmt. Generell sind bei der Düngung nach Art, Menge und Zeitpunkt die Faktoren Witterung und Bodenbeschaffenheit zu berücksichtigen.

Bodenbeschaffenheit: Geeignet sind Standorte mit leichteren Böden geringeren Wasserhaltevermögens, aber hohen, standorttypischen Niederschlägen, um die Gefahr von Notreifeerscheinungen gering zu halten. Schwere, tonhaltige Böden verzögern in Verbindung mit geringen Niederschlägen die Verfügbarkeit des Stickstoffs für die Pflanzen, so dass die erst spätere Verwertung des Stickstoffs zu höheren Eiweißgehalten führt. Sie sind für Brauweizen wenig geeignet.

Der Besatz des Weizens mit Schimmelpilzen der Gattung *Fusarium* wird überwiegend durch die Witterung während Aufwuchs, Abreife und kurz vor der Ernte beeinflusst (Abschnitt 3.4.7). Steigernd auf die Infektion wirken Vorsommertrockenheit, feucht-warmes Wetter um den Zeitpunkt der Blüte und vor allem nasskaltes Wetter um die Zeit der Gelbreife. Weiterhin spielen Vorfrucht (Mais) und Bodenbearbeitung (Einpflügen von zellulose- und proteinreichem

Stroh) eine Rolle. Tiefpflügen wirkt dem Fusariumbefall entgegen. Kurzstrohige Sorten mit hoher Kornzahl je Ähre werden stärker befallen. Die im Hinblick auf das Überschäumen des Bieres als besonders bedenklich angesehenen Schimmelpilzarten *Fusarium graminearum* und *F. culmorum* verfügen offenbar über Enzymsysteme, die die Analysendaten des Weizenmalzes deutlich verändern: eine zu starke Proteolyse, einen kräftigen Zellwandabbau, doch eine eher unterentwickelte Amylolyse, da die α-Amylase offenbar durch Giftstoffe der Pilze in ihrer de-novo-Synthese während der Keimung gehemmt wird [1151].

10.1.1.5 Zusammensetzung und Analyse des Brauweizens

Der Wassergehalt liegt etwa auf demselben Niveau wie bei den Braugersten. Hierfür sind die Witterungsbedingungen während der Reife und Ernte von Bedeutung. Um die Keimfähigkeit zu erhalten und die Keimenergie möglichst rasch zu erreichen, ist eine Trocknung des Weizens auf 12–13% günstig. Es ist auf jeden Fall wichtig, den Wassergehalt während der Lagerung des Gutes zu beobachten, gegebenenfalls zu kühlen, bis Trocknerkapazität frei ist (Abschnitt 3.4.3).

Der Stärkegehalt des Weizens bewegt sich – abhängig vom Eiweißgehalt – zwischen 62–75% [1153]. Wie bei der Gerste (s. Abschnitt 1.3.2) sind hier Großkörner (bis zu 40 µm) und Kleinkörner (2–8 µm) gegeben. Zwischen beiden Extremen können Körner aller Größen gefunden werden. Die Verkleisterungstemperatur des ungemälzten Weizens liegt zwischen 58 und 64 °C. Die stärkeführenden Zellen variieren in Größe, Form und Lage innerhalb des Mehlkörpers. Ihre Zellwände setzen sich aus Pentosanen, β-Glucan und anderen Hemicellulosen zusammen, enthalten aber keine Cellulose. Die Stärkekörner selbst sind in eine Proteinmatrix eingebettet, die aus Gluten, dem Reserveprotein des Weizens besteht. Kleine Stärkekörner enthalten mehr Lipide als große. Sie haben auch einen niedrigeren Gehalt an Amylose als die Großkörner. Letztere zeigen einen höheren Anteil an langen Amylopectin-Ketten (DP 24–30).

Weizen-Eiweiß umfasst wie auch die anderen Zerealien zwei Hauptgruppen: Reserve-Proteine (Gluten) und cytoplasmatische (metabolisch aktive) Proteine. Reserve-Proteine (Glutene) können unterteilt werden in die Proteine niedrigeren Molekulargewichts, die Gliadine (Prolamine nach der Osborne Klassifizierung) sowie die hochmolekularen Proteine, die Glutenine. Beide machen 80–85% des Gesamtproteins des Weizens aus [1154]. Die cytoplasmatischen Proteine umfassen Albumine (MG 17 000–28 000) und Globuline (MG bis zu 60 000). Sie weisen höhere Lysin- und niedrigere Glutamin-Gehalte auf als die anderen Weizen-Proteine [1155]. Sie enthalten metabolische und hydrolytische Enzyme wie z. B. Proteasen und α-Amylase. Die β-Amylase ist im Endosperm lokalisiert. Die Verteilung der Proteine nach Osborne ist im Vergleich zu Gerste wie folgt (Tab. 10.1).

Die Werte wurden aus den Aminosäure-Analysen berechnet (s. a. Abschnitt 10.2.2). Der Prolamin-Anteil, das Gliadin, kann wie auch bei Gerste mittels Elektrophorese zur Sortenidentifizierung herangezogen werden [1159].

Tab. 10.1 Genuine Proteine des Weizens (Verteilung in %) [1158].

	Weizen	Gerste
Albumine	14,7	12,1
Globuline	7,0	8,4
Prolamine	32,6	25,0
Gluteine	45,7	54,5

Während Backweizen und solche für Nährmittel einen höheren Proteingehalt und einen entsprechend hohen Feuchtklebergehalt aufweisen sollen, werden für Brauweizen niedrige Werte gewünscht. Denn der Eiweißgehalt ist auch beim Weizen für die Vermälzung, für Malz- und Bierqualität von ausschlaggebender Bedeutung. Einmal besteht hier eine ähnliche Abhängigkeit zum Extraktgehalt des späteren Malzes wie bei Gerste, zum anderen weil hohe Eiweißgehalte bei der normalerweise gegebenen hohen proteolytischen Aktivität des Weizens große Mengen an löslichem Stickstoff in Würzen und Biere einbringen. Letztere werden hierdurch biologisch anfällig, schaumschwach und geschmacklich unattraktiv.

Eiweißgehalte von 11–11,5% sind günstig, über 12% aus den genannten Gründen nicht gern gesehen. Nachdem aber ein eigentlicher Brauweizenanbau nicht besteht (s. o.) kann es in ungünstigen Jahren mit Notreifeerscheinungen durchaus Zwänge ergeben, noch höhere Eiweißgehalte zu tolerieren [1152, 1156, 1157]. Nachdem aber notreife Weizen, ebenso wie Gersten geringere Aktivitäten an proteolytischen Enzymen aufweisen, können die Mengen an löslichem Stickstoff in einem üblichen Rahmen gehalten werden.

Der Eiweißgehalt des Weizens wird im Landhandel mit dem Faktor $N \times 5{,}7$ (verschiedentlich wird auch der Faktor 5,8 verwendet) berechnet. Dies würde in dem interessierenden Bereich um 11% einen um 1% zu niedrigen Eiweißgehalt angeben, wie Tab. 10.2 zeigt:

Tab. 10.2 Stickstoff- und Eiweißgehalte mit unterschiedlichen Faktoren.

N-Gehalt %	Eiweiß ($N \times 5{,}7$)	Eiweiß ($N \times 6{,}25$)
1,5	8,55	9,38
1,6	9,12	10,00
1,7	9,69	10,63
1,8	10,26	11,25
1,9	10,83	11,88
2,0	11,40	12,50
2,1	11,97	13,13
2,2	12,54	13,75

Es ist empfehlenswert, die Stickstoffgehalte zugrunde zu legen. Es wird ohnedies von „löslichem Stickstoff", vom „Verhältnis zum Gesamtstickstoff", von „hochmolekularem Stickstoff" und „Aminostickstoff" etc. gesprochen.

Die Phenolzahl des Weizens soll niedrig sein [1160]. Sie gibt zwar nur einen groben, aber doch verschiedentlich nützlichen Hinweis auf den Gehalt des Weizens an Oxidasen. Diese bewirken ein Zufärben der Weizenmalzwürzen, das einmal schon in der Oxidasenwirkung beim Maischen begründet ist, das aber beim Läuterprozeß und beim Aufheizen zum Würzekochen bis ca. 75 °C seine Fortsetzung findet. Weizen mit hoher Phenolzahl ergeben kein helles Weizenmalz mehr [1157].

Die Stütz- und Gerüstsubstanzen des Weizens sind durch einen niedrigeren β-Glucangehalt (0,5–2,0%) gekennzeichnet als bei Gerste (3–7%). Dagegen liegt der Pentosan-Gehalt mit 2–3% deutlich höher als bei Gerste [1161]. Das Weizen-Endosperm ist sehr reich an Arabinoxylan und dabei arm an β-Glucan. Ca. 88% der Zellwand-Polysaccharide des Weizenmehlkörpers sind Arabinoxylane, von welchen $^1/_3$–$^1/_2$ in Wasser löslich sind. Die Zellwände des Aleurons sind reicher an β-Glucan als das Gewebe der stärkeführenden Bereiche, doch bleibt das Arabinoxylan der Hauptbestandteil [1162]. β-Glucan befindet sich vor allem in den inneren Zellwänden und in den Zellwänden der Sub-Aleuronschicht [1163]. Für die hohe Viskosität der Würzen aus Weizenmalzen sind hauptsächlich deren hochmolekulare Arabinoxylane verantwortlich. Die Lösung derselben als ernährungsphysiologisch wichtiges Material ist durch eine entsprechende Kombination der Mälzungsparameter bis zu einem gewissen Grad möglich, doch besteht hier sicher noch Forschungsbedarf, um die Viskosität der Weizenwürzen entsprechend abzusenken [1164].

Sonstige Inhaltsstoffe: Hier sollen die Lipide, die Mineralstoffe und schließlich die Polyphenole erwähnt werden:

Der *Lipidgehalt* liegt mit 2,2% etwa auf der gleichen Höhe wie bei Gerste; er ist besonders im Keimling, aber auch in der Aleuronschicht lokalisiert. Die mittlere Fettsäurezusammensetzung der Acyllipide ist der der Gerste ähnlich, die Mengen und die Anteile an ungesättigten C_{18}-Fettsäuren unterscheiden sich nur wenig.

Der Mineralstoffgehalt liegt nur bei knapp 60% des Wertes bei Gerste. Dies ist, wie auch der niedrige Polyphenolgehalt, auf das Fehlen der Spelze zurückzuführen. Die Mineralstoffgehalte sind in mg/100 g etwa folgende: Phosphor 340–406, Kalium 209–433, Calcium 25–48, Magnesium 31–152, Eisen 2,4–5,4, Kupfer 0,37–0,71, Mangan 2,4–3,1 [1165, 1166].

10.1.1.6 Die Vermälzung des Weizens

Die Herstellung des Weizenmalzes erfolgt zwar nach den gleichen Richtlinien wie die des Gerstenmalzes, doch benötigt der Weizen je nach Sorte, Herkunft und Jahrgang eine besonders sorgfältige Anpassung des Mälzungsverfahrens.

Es hat auf das spelzenlose Korn Rücksicht zu nehmen, vor allem darauf, dass die gegenüber Gerste kleineren Weizenkörner dichter aufeinander liegen und damit bei der Belüftung in Weiche, Keimapparat und Darre höhere Widerstände aufbauen.

Abb. 10.2 Keimbilder des Weizens [1278].

Die Keimbilder des Weizens sind in Abb. 10.2 [1278] zu sehen.

Der Verfolg der Keimung mit Hilfe der CLS-Mikroskopie (Confocal Laser Scanning M.), beginnend mit der Basisregion des Rohweizens in Abb. 10.3, zeigt die Fruchtschale (Pericarp), die Aleuronschicht, den unteren Teil des Mehlkörpers und Teile des Keimlings. Eine Ansicht der ein- bis zweilagigen Aleuronschicht mit angrenzender reserveeiweißführender Schicht (Sub-Aleuron) und Mehlkörper gibt Abb. 10.4. Die Aleuronzellen enthalten einen großen Nucleus. Im ungekeimten Korn sind die Stärkekörner in eine Protein-Matrix (Abb. 10.5) eingebettet, was besonders bei der SEM-Aufnahme Abb. 10.6 zu sehen ist. Bei der Keimung entleeren sich die Aleuronzellen, Proteinkörper werden abgebaut und die Stärkekörner freigelegt. Die Kleinkörner werden rascher hydrolysiert als die Großkörner, wie bei Gerste (s. Abschnitt 4.1.3), doch zeigen auch die Letzteren Poren auf ihrer Oberfläche. Es scheint, dass die Stärkekörner nahe der Aleuronschicht und in der Keimlingsregion stärker angegrif-

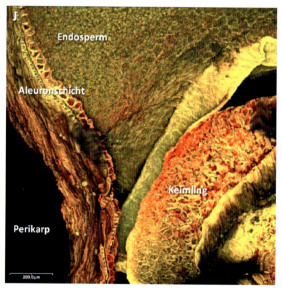

Abb. 10.3 CLSM-Aufnahme von Aleuron, Endosperm, Keimling und Fruchtschale (Pericarp) von ungemälztem Weizen (Vergrößerung 40fach).

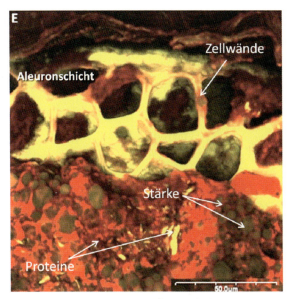

Abb. 10.4 CLSM-Aufnahme der Aleuronschicht und angren-
zendem Endosperm von ungemälztem Weizen (Vergrößerung
40fach).

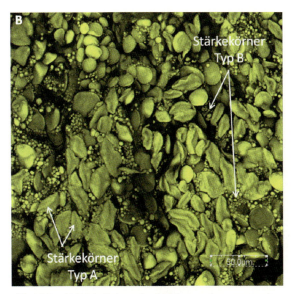

Abb. 10.5 CLSM-Aufnahme des Mehlkörpers von ungemälztem Weizen (Vergrößerung 40fach).

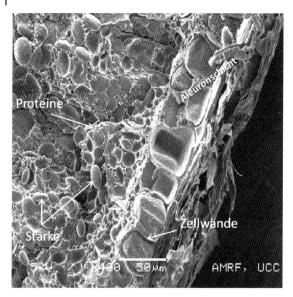

Abb. 10.6 SEM-Aufnahme des Endosperms von ungemälztem Weizen (Vergrößerung 200fach).

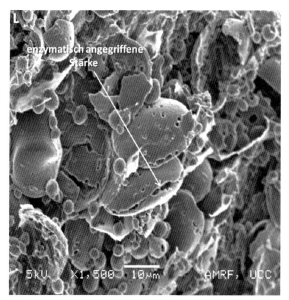

Abb. 10.7 SEM-Aufnahme des Endosperms von Weizenmalz
(Vergrößerung 500fach).

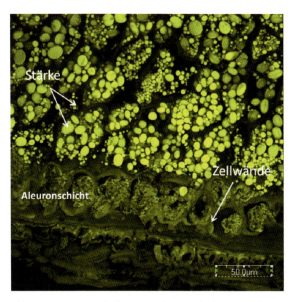

Abb. 10.8 CLSM-Aufnahme von Aleuronschicht und Endosperm (Vergrößerung 40fach).

fen werden als die Stärkekörner im inneren Endosperm [1161]. Wenn die Oberfläche einmal erodiert ist, geht der Abbau durch die Schichten der Stärkekörner deren Zentrum zu. Dies zeigt Abb. 10.7, die mittels SEM aufgenommen wurde [1170]. Einen Eindruck über die freigelegten Stärkekörner in Keimlingsnähe gibt Abb. 10.8. Hier sind immer noch die Zellwandstrukturen der stärkeführenden Zellen zu erkennen. Diese sind weniger stark angegriffen als die der Gerste, da Weizen nur etwa $^1/_5$ der β-Glucanasen-Aktivität der Gerste entwickelt [1168, 1169]; außerdem spielt der Proteingehalt des Weizens eine Rolle. Glutenin und Gliadin des Weizens werden abgebaut und in Albumine übergeführt. Wenn auch der β-Glucangehalt des Weizens mit erhöhtem Eiweißgehalt ansteigt, so nimmt doch auch die Aktivität einiger Enzyme zu, was z. B. auch anhand der Diastatischen Kraft verfolgt werden kann [1170, 1171].

Die Weiche ist gekennzeichnet durch eine rasche Wasseraufnahme, die bei den früheren Verfahren mit stärker ausgeprägter Naßweiche eine Reduzierung der Weichzeit um 20–30% erforderlich machte. Bei den heutigen „pneumatischen" Weichverfahren lassen sich die beiden charakteristischen Wassergehalte leicht einstellen: Mit der ersten Naßweiche in ca. 3 Stunden bis auf 30% und nach einer Luftrast von 15–18 Stunden mit der zweiten, günstigerweise auf 17–18 °C angehobenen Naßweiche auf ca. 38%.

Hierfür sind meist, einschließlich des nassen Ausweichens maximal 2(–3) Stunden notwendig. Während der Naßweiche ist ein Injektorsystem (s. Abschnitt 5.2.1.8) sehr günstig, um dem Weizen optimale Bedingungen zu bieten. Die lange Luftrast ist wichtig, um die auch bei Weizen infolge ungünstiger Witterungsbedingungen anzutreffende Wasserempfindlichkeit abzubauen. Sollte bei einer Weichkapazität von nur einem Tag „trocken", d.h. nach dem Abtropfen des Gutes, ausgeweicht werden, dann wird diese Luftrast um 3–4 Stunden beschnitten, d.h. sie beträgt nurmehr 12–15 Stunden, was unter diesen Bedingungen das Minimum darstellt. Die CO_2-Absaugung ist auf ihre Leistung im Vergleich zu einer Gerstenschüttung zu überprüfen: 50 m^3/t×h sollten unbedingt erreicht werden.

Ein zweiter Weichtag in einer Trichterweiche ist physiologisch weniger günstig als die Ankeimung im Keimkasten, vorausgesetzt dass dort eine Keimzeit von 6 Tagen möglich ist. Denkbar ist in der Trichterweiche noch eine zweite Luftrast, die solange eingehalten werden kann (CO_2-Absaugung 100 m^3/t×h), als es gelingt, die Temperatur im Gut innerhalb der Grenze von 17–20 °C zu halten. Ein trockenes „Ausweichen" ist hier günstig. Wie schon bei der Verarbeitung von Gerste gesagt, sind bei 7 Weich- und Keimtagen 1+6 besser als 2+5.

Die Keimung erfolgt bei einem Status des Ausweichgutes nach rund 24 Stunden Weichzeit von 38% Feuchte und einer Temperatur von 18 °C in einem „fallenden" Temperatur-Regime: Nach der gleichmäßigen Ankeimung (es sollen beim Auszählen 95% der Körner spitzen) wird die Feuchte mit Wasser von 18–20 °C auf 42% angehoben. Dies ist im Saladinkasten – je nach Vorbereitung in der Weiche – nach 15–20 Stunden der Fall. Um den Haufen „in der Hand zu behalten", wird auf ca. 17 °C gekühlt und diese Temperatur bis zum gleichmäßigen Gabeln (95%!) gehalten. Der Wassergehalt wird nun auf 44–45% erhöht, wofür kaltes Wasser, d.h. Leitungswasser Verwendung findet, um die Abkühlung auf ca. 13 °C einzuleiten.

Der Blattkeim wächst während der ersten Tage unter der Samenschale, durchbricht diese aber nach zwei Tagen und entwickelt sich dann außerhalb des Korns. Ein zu häufiges Wenden wird dann vermieden, um den Keimling nicht zu verletzen, wodurch eine Schimmelbildung begünstigt würde. Es sind die Wurzeln (meist nur 1–2) relativ schwach entwickelt. Auch sie können leicht abgerieben werden.

Die Haufentemperatur von 13 °C wird normalerweise bis zum Ende der Keimung eingehalten. Dabei sollte die Feuchte bis zum Ende der Keimung möglichst nicht unter 43% abfallen. Dies erfordert eine Nachbefeuchtung der Haufenluft, besonders dann, wenn zur automatischen Regulierung der Temperatur Frischluft mitverwendet wird. Ist dieser Endwassergehalt nicht gewährleistet, dann muß die maximale Keimgutfeuchte auf 46% angehoben oder am 3./4. Tag der Wasserverlust ausgeglichen werden. Späteres bzw. zu häufiges Spritzen ist jedoch weniger günstig, der Blattkeim, der das Wasser bevorzugt aufnimmt, treibt zu stark aus und es entstehen höhere Stoffverluste und ein größeres Lösungsgefälle im Korninnern. Dieses führt zu einer Überlösung in Keimlingsnähe bei noch harten Partien an der Bauchseite und an der Kornspitze.

Im Vergleich zu der in Abschnitt 6.3.3.5 dargestellten Keimung der Gerste wird der Weizen mit etwas weniger Wasser und bei gleichen oder sogar noch etwas niedrigeren Temperaturen geführt.

Der Fortschritt der Auflösung ist manchmal empirisch schwer zu verfolgen, da die stärkere Kleberschicht die Zerreiblichkeit des Mehlkörpers scheinbar verschlechtert. Es kann hier aber notwendig sein – schon um die Viskosität weiter abzusenken – am letzten Keimtag die Haufentemperatur nochmals auf 18 °C ansteigen zu lassen.

Bei Keimkasten mit Schneckenwendern muß u. U. bei zu starkem Keimabrieb die Schüttung um 10–20% verringert werden, um die Pressung des dichterliegenden Gutes etwas abzubauen. Es kommt aber hier stark auf die Abstimmung von Vorschub und Schneckendrehzahl sowie auf den Unterhaltungszustand des Wenders an.

Das vorgegebene Weich- und Keimschema ist für Weizen der vorgenannten Qualitätsmerkmale geeignet; gewisse Unterschiede lassen sich durch eine Korrektur von Feuchte und Temperaturführung ausgleichen. Wie aber schon in Abschnitt 10.1.1.2 angeführt, können Sorten- und Umwelteinflüsse eine modifizierte Verfahrensweise erforderlich machen, um z. B. eine ursprünglich zu hohe Viskosität abzusenken oder einer zu hohen Eiweißlösung entgegenzusteuern. Dies zeigen Versuche bei eiweißreichen (14,3%) und schwer löslichen (Viskosität 1,9 bzw. 2,1 mPas) Weizen unter Variation der Keimgutfeuchte (41, 45, 49%), der Temperatur (11, 15, 19 °C) und der Gesamtweich- und Keimzeit (4, 7, 10 Tage).

Hier sind die Merkmale Viskosität der Kongreßwürze und Eiweißlösungsgrad in Abb. 10.9 graphisch dargestellt [1151]. Die Angaben beziehen sich auf die Standardkleinmälzung (45%/15 °C)/7 Tage)). Demnach spielt für die Beeinflussung der Viskosität die Keimgutfeuchte bis zum 4. Weich-/Keimtag keine entscheidende Rolle, 49% sind eher ungünstig, was auf die Wasserempfindlichkeit des Gutes zurückzuführen sein dürfte. Auch ist eine hohe Keimtemperatur wegen des schwer erklärbaren Viskositätsanstiegs vom 4. zum 10. Keimtag hier nicht ratsam. Die stetigste Viskositätsabnahme ergab sich bei 41–45% Feuchte und 11–15 °C Keimtemperatur.

Hieraus wurden vom Standardverfahren (Feuchte 45%, Temp. 15 °C) je ein Verfahren mit steigenden Temperaturen (Feuchte 45%, Temp. 11–20 °C) und fallenden Temperaturen (Feuchte 47%, Temp. 19–15 °C) abgeleitet. Die wichtigsten Ergebnisse zeigt Tab. 10.3.

Es zeigte sich, dass das Standardverfahren bei Atlantis (Kategorie 1) Lösungswerte erbrachte, die nur von der „fallenden" Mälzung bei höherer Feuchte verbessert wurden. Dasselbe gilt für die Sorte Hai (Kategorie 2), die allerdings bezüglich der Viskosität kaum reagierte, aber doch eine wesentlich stärkere Proteolyse verzeichnete. Hier war also das Standardschema überlegen. Die Sorte Greif erfuhr erst bei erhöhter Feuchte und fallenden Temperaturen eine leichte Verbesserung aller Merkmale, doch dürfte die hohe Viskosität zu Verarbeitungsschwierigkeiten im weiteren Prozeßverlauf führen. Bei der steigenden Mälzung mag die Anfangstemperatur von 11 °C etwas zu niedrig erscheinen, doch ist diese oft bei nicht temperiertem Weichwasser zu verzeichnen. Sie führt im Gegenteil noch zu Schockerscheinungen (s. Abschnitt 5.2.2.2).

Die Vz 45 °C wird durch die feuchtere Mälzung bei fallends Temperaturen positiv beeinflußt, ebenso die Diastatische Kraft und bei *Greif* auch die α-Amylase. Der Endvergärungsgrad reagiert auf diese Mälzungsvariationen nicht.

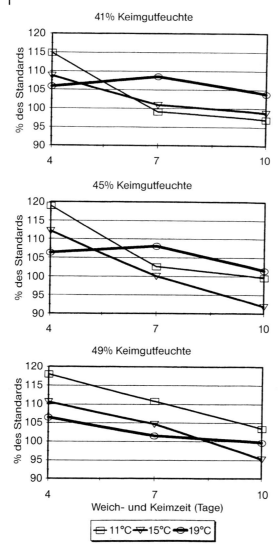

Abb. 10.9 Viskosität in Abhängigkeit von Keimgutfeuchte, Keimzeit und Keimtemperatur [852].

Es wird also durch diese Mälzungsversuche der Einfluß von *steuerbaren* Parametern bei Weiche (Weichwassertemperatur, Raumtemperatur, Belüftung, CO_2-Absaugung) und Keimung (Haufenfeuchte bzw. deren Erhalt, Temperaturführung, ausreichende Keimzeit) erneut bestätigt.

Nur so gelingt es, eine eiweißseitige Überlösung mit ungünstigen Auswirkungen auf die Biereigenschaften wie Geschmack und Schaum zu vermeiden, aber doch die Cytolyse soweit zu treiben, dass die Verarbeitungsfähigkeit ein Einpassen in die üblichen Sudrhythmen ermöglicht.

Tab. 10.3 Einfluß der Mälzungsparameter auf die Analysendaten eiweißreicher Weizenmalze.

Sorte	Atlantis			Greif			Hai		
Mälzung F% t°C	45/15	45/11–19	47/19–15	45/15	45/11-19	47/19–15	45/15	45/11–19	47/19–15
Extrakt wfr. %	84,8	84,1	84,4	85,7	85,7	85,8	85,5	84,4	84,9
MS-Differenz %	1,0	1,2	0,2	1,1	0,7	0,1	1,1	0,2	0,9
Viskosität mPas	1,826	1,841	1,700	2,153	2,019	1,949	1,639	1,635	1,655
Eiweißgehalt wfr. %	13,6	13,8	13,9	12,9	12,9	12,8	12,6	12,6	12,7
ELG %	36,6	33,8	39,8	31,3	31,3	36,5	39,7	35,6	43,5
Vz45°C %	38,7	37,6	47,6	34,5	40,3	45,3	43,6	41,3	48,3
Endvergärungsgrad %	79,8	79,6	79,5	80,0	80,1	79,7	78,2	77,3	78,2
Diast. Kraft °WK	417	403	444	295	288	333	397	346	408
α-Amylase ASBC	44	43	46	37	32	44	44	32	43
Farbe EBC	3,1	3,7	3,7	2,5	3,0	3,3	3,2	3,7	3,8
Kochfarbe	4,4	4,9	5,3	3,4	4,0	4,5	4,2	4,8	5,0

Das Darren des Weizenmalzes wird durch einen noch vorsichtiger geführten Schwelkprozeß eingeleitet als bei Gerstenmalz. Bei Einhordendarren wird mit 45–50 °C im Druckraum begonnen, in 10 Stunden kontinuierlich auf 65 °C aufgeheizt und bei dieser Temperatur der „Durchbruch" bis auf 45 °C Ablufttemperatur abgewartet und erst dann das weiterhin vorsichtige, aber doch raschere Aufheizen zur Abdarrtemperatur vorgenommen. Sollte die Darrautomatik einen stufenlosen Temperaturanstieg nicht ermöglichen, dann sollte die Schwelke wie folgt ablaufen: 1 Stunde 45 °C, 2 Stunden 50 °C, 3 Stunden 55 °C, 3 Stunden 60 °C, 2+x Stunden bei 65 °C bis zum Durchbruch. Das Aufheizen auf die Abdarrtemperatur – von zuerst 77 °C – sollte ca. 4 Stunden in Anspruch nehmen und entweder stufenlos oder in kleineren Intervallen von ca. 3 °C erfolgen. Hierdurch ist einer schonenden Entwässerung ohne Schrumpfen und Verdichten von Randzonen bzw. ungelösten Partien entgegenzuwirken. Die Abdarrtemperatur sollte bei 80 °C weitere 2–3 Stunden eingehalten werden. Die Ablufttemperatur erreicht 76–77 °C. Die Ventilatorleistung wird ab dem Durchbruch von 100% schrittweise bis zum Erreichen der Abdarrtemperatur auf 65% und während des Abdarrens weiter auf 45–50% verringert. Wird Rückluft mitverwendet (beim Abdarren $^1/_3$ der Zeit 25%, $^1/_3$ 50% und $^1/_3$ 75%), dann wird allerdings die Ventilatorleistung bei 65% belassen, oder nach zunächst weitergehender Reduzierung wieder auf 65% gesteigert. Wenn auch die Farbe – speziell der Hefeweizenbiere – keiner besonderen Anstrengungen bedarf, so werden doch in der Regel Werte von 3,5–4,0 EBC verlangt, wobei die Kochfarbe 5–5,5 EBC beträgt. Die Temperaturen von 77–80 °C dienen einer Inaktivierung der Oxidasensysteme (s. Abschnitt 7.2.3.6) sowie einer Koagulation oder Dispersitätsgradvergröberung des reichlich vorhandenen hochmolekularen Stickstoffs. Der Abbau des DMS-Vorläufers S-Methylmethionin (s. Abschnitt 7.2.4.7) stellt keinen begrenzenden Faktor dar, da im Weizen während der Keimung im Vergleich zur Gerste nur etwa 20–35% des S-Methylmethionins gebildet werden. Infolge des sehr niedrigen Hordeningehaltes wurden – selbst bei direkter Beheizung der Darren mittels Erd- oder Flüssiggas – nur sehr geringe, technologisch unbedeutende Mengen an Nitrosaminen gefunden (s. Abschnitt 7.2.4.9).

Dunkles Weizenmalz wird nach denselben Grundsätzen hergestellt wie dunkles Gerstenmalz: etwas höhere Eiweißgehalte des Ausgangsweizens (ca. 12%) bei weitgehender Cytolyse, kräftige Eiweißlösung, um den Anteil des FAN etwas zu erhöhen (der bei Weizenmalz generell schwächer entwickelt ist), eine „warme und feuchte" Schwelke (s. Abschnitt 7.5.2.2) sowie die übliche Ausdarrung bei 100–105 °C.

Der Mälzungsschwand ist bei Weizenmalz infolge des schwächeren Wurzelgewächses und der etwas geringeren Atmung durch die geschilderten, niedrigeren Feuchtigkeitsgehalte und Temperaturen etwas unter dem des Gerstenmalzes. Nachdem jedoch der Blattkeim beim Malzputzen mit entfernt wird, pendelt sich der wasserfreie Schwand auf nur ca. 1% unter dem vergleichbarer Gerstenmalze ein. Durch den Verlust des Blattkeims nimmt der Eiweißgehalt vom Weizen zum Weizenmalz um 0,5–0,7% ab.

10.1.1.7 Die Analyse des Weizenmalzes

Der Wassergehalt (4,8–5,5%) liegt infolge der schwierigen Entwässerung (geringes Wurzelgewächs, kürzere Abdarrzeit) um ca. 0,5% höher als bei Gerstenmalz.

Der Extraktgehalt (wfr.) schwankt je nach dem Eiweißgehalt zwischen 81,5 und 87%. Letztere Werte lassen sich jedoch nur bei eiweißarmen, enzymstarken Sorten erreichen. Dabei neigen „Sommerweizen" zu etwas höheren Werten als „Winterweizen". In der Regel können Extraktwerte von 83–85%, auf Trockensubstanz berechnet, erwartet werden.

Bei der Bewertung der cytolytischen Lösung ist generell – also auch für Weizenmalze – die Mehl-Schrotdifferenz nicht mehr bei den MEBAK-Analysen-Vorschriften [798] enthalten. Dies betrifft auch das Analysenspektrum für die Forschungsvorhaben zur Untersuchung von Qualitätsbrauweizen. Dennoch wird die Mehl-Schrotdifferenz bei der internen Qualitätskontrolle in Mälzerei- und Brauereilaboratorien noch häufig angewendet, da die bei Gerstenmalz üblichen Beurteilungsmethoden der Cytolyse wie Friabilimeter oder die Carlsberg-Tests bei Weizenmalzen und Malzen aus anderen Getreidearten nicht angewendet werden können.

Der Vollständigkeit halber sollen die Einflussfaktoren auf die Mehl-Schrotdifferenz noch kurz aufgeführt werden: Die Mehl-Schrotdifferenz mit der DLFU- bzw. EBC-Mühle hängt naturgemäß vom Eiweißgehalt und von der Struktur der Zellwände ab, wobei beide Merkmale von Sorte und Umwelt bestimmt sind. Danach muß sich das Mälzungsverfahren (Feuchte, Temperatur, Keimzeit) orientieren, das aber auch auf die Proteolyse Rücksicht zu nehmen hat. Eine Überlösung der Eiweißseite ist bekanntlich zu vermeiden (s. Abschnitt 10.1.1.6). Die Mehl-Schrotdifferenz liegt zwischen 0,5–2,5%, wobei die Mittelwerte im Bereich bei 1,5–1,8% sind.

Die *Viskosität* kann von der Herkunft des Weizens bestimmt sein. Sie liegt zwischen 1,55 und 2,2 mPas mit Normalwerten bei 1,60–1,70 mPas. Trotz der Anwendung von stufenweise eingestellten, hohen Keimgutfeuchten und von 14 °C auf 20 °C steigenden oder von 20 ° auf 14–15 °C fallenden Keimtemperaturen und einer Vegetationszeit (Weiche und Keimung) von 7 Tagen sind die Viskositätswerte verschiedentlich nicht unter 1,90 mPas zu bringen. Nachdem die Weizenbiere heutzutage meist nicht filtriert, sondern nur zentrifugiert werden, ergibt sich hier kein Engpaß, wohl aber ist eine langsamere Abläuterung möglich. Wie schon angeführt, scheinen für diese Viskositätswerte weniger die ß-Glucane, sondern vielmehr Pentosane verantwortlich zu sein [1172, 1173]. So ergibt die Viskosität der 65 °C-Würze einen weitergehenden Einblick in den Abbau der Hemicellulosen. Bei der einstündigen Rast bei 65 °C wirken die β-Glucan-Solubilase und eine ebenfalls vorhandene Pentosan-Solubilase (s. Abschnitt 1.5.8.1). Nachdem im Weizen der Pentosan-(Araboxylan-)Anteil überwiegt, können hier noch bedeutende Mengen an hochmolekularem, viskosem Material freigesetzt werden, die die Viskosität gegenüber der Kongresswürze – je nach Abbau der Hemicellulosen – kräftig erhöhen. Wie Tab. 10.4 zeigt, liegt die geringste Zunahme bei 0,15 mPas, die höchste bei 0,56 mPas [1174].

Das *Friabilimeter* ist zur Beurteilung von Weizenmalz nicht geeignet, da sich ein Großteil des Mehlkörpers nicht so weit zerkleinern läßt, dass er durch das Sieb fallen würde. Es besteht keine Relation zur Mehl-Schrotdifferenz [1175]. Auch verschleißen Siebtrommel und Walze unverhältnismäßig rasch.

Die Eiweißverhältnisse sind zunächst durch das meist etwas, verschiedentlich aber doch deutlich höhere Eiweißniveau geprägt. Der Eiweißlösungsgrad liegt bei Malzen von 11,5% bei 38–42%, wobei ersterer ELG rund 700 mg löslichen Stickstoff/100 g MTrS liefert, letzterer aber schon 770 mg. Bei höheren Eiweißgehalten von z. B. 12,5% bedürfte es nur eines ELG von 35%, um ersteren Wert zu erreichen bzw. 38,5% für letzteren. Im Hinblick auf den Ausfall des Geschmacksprofils der Biere sollten eher die niedrigeren Werte an löslichem Stickstoff angestrebt werden [1176, 1177]. Wenn auch die Verteilung der Stickstoff-Fraktionen zu mehr hochmolekularen Anteilen tendiert, so kommt doch die obergärige Hefe generell mit geringeren Gehalten an FAN aus als die untergärige [1176]. Der hochmolekulare, mit $MgSO_4$ fällbare Stickstoff liegt mit 40–45% beim doppelten des Gerstenmalzes, der FAN nur bei 12–14% des löslichen Stickstoffs der Weizenmalzwürze. Wenn auch 25–50% der späteren Malzschüttung eines Weizenbieres aus Gerstenmalz bestehen, so wird doch ein intensiveres Maischverfahren erforderlich, um eine entsprechende Würze zu erzielen (s. Bd. II). Der Eiweißgehalt des Weizens nimmt beim Mälzen durch den Verlust des Blattkeims um 0,5–0,6% ab.

Die Vz 45°C hat wohl an Bedeutung verloren (s. Abschnitt 9.1.7.1), da die früher aufgeführten Relationen zu anderen Qualitätsmerkmalen nicht mehr eindeutig waren [401a]. So wurde sie aus dem Analysenprogramm zur Bewertung neuer Sorten herausgenommen. Dennoch wird sie verschiedentlich noch bei innerbetrieblichen Analysen ermittelt. Die Vz45°C hängt wiederum stark vom Ursprungs-Weizen ab; sie liegt meist bei oder bis 2% über oder unter dem

Eiweißlösungsgrad. Die Keimungsfaktoren können diese Relation etwas korrigieren.

Die Polyphenole liegen durch den sehr geringen Anthocyanogengehalt des Weizens in wesentlich geringerer Menge vor als in Gerstenmalzen. Dies mag auch der Grund dafür sein, dass filtrierte Weizenbiere (bei 50–60% Weizenmalzanteil) trotz z.T. höherer Stickstoffwerte (und sehr viel mehr hochmolekularem Stickstoff) eine bemerkenswert gute Bierstabilität aufweisen. Der Gehalt der für Weizenbier qualitätsrelevanten Ferulasäure liegt bei Weizenmalz eher niedriger als bei vergleichbarem Gerstenmalz (s. Abschn. 1.4.8).

Die Farben liegen, wie schon oben erwähnt, je nach Oxidasengehalt, Auflösung, Gerbstoffmenge und Darrintensität zwischen 2,7–8,5 EBC-Einheiten. Handelsübliche Werte liegen zwischen 3 und 4,5 EBC (erstere mehr für die sehr hellen hefefreien Weizenbiere); die Kochfarben sind im Verhältnis niedrig; im vorhergehenden Bereich sind sie um ca. $^{1}/_{3}$ höher als die Kongreßwürzefarbe. Dunkle Malze haben Farben von 10–20 EBC.

Der Stärkeabbau, gekennzeichnet durch die Verzuckerungszeit und den Endvergärungsgrad der Kongreßwürze, ähnelt dem der Gerstenmalze. Erstere liegen bei 10–15 min für helle und 15–25 min für dunkle Malze; der Endvergärungsgrad bewegt sich zwischen 78 und 81%. Sein Wert ist nicht durch die Diastatische Kraft zu erklären, die 250–420 °WK erreichen kann und die aber keine Relation zur α-Amylaseaktivität erkennen läßt. Letztere zeigt je nach Sorte, Umwelt und Mälzungsverfahren 40–60 ASBC Einheiten, wobei in ungünstigen Jahren auch Werte unter 30 vorliegen können. Die Jodreaktion der Würzen und der Labortreber liegt deutlich höher als bei Gerstenmalzen [1173].

Die visuelle Beurteilung des Weizenmalzes: Sie hat nach denselben Kriterien, vor allem im Hinblick auf Kornanomalien wie bei Gerste und Gerstenmalz zu erfolgen. Problematisch sind Körner, die eine Verfärbung durch Schimmelwachstum zeigen, wie z.B. die „roten Körner", die wiederum in „relevante rote Körner" weiter unterschieden werden [328, 329, 331, 332]. Diese können für das Überschäumen des Bieres („Gushing", s. a. Abschnitt 3.4.7) verantwortlich sein.

Die Ermittlung der Gushing-Neigung eines Weizenmusters oder einer Weizenmalzprobe: Es wird ein Weizen- oder Weizenmalzauszug hergestellt, carbonisiert und nach 4–5 Tagen einem Überschäumtest unterzogen. Aus einer 0,5 l-Flasche weist eine Überschäummenge von 0–10 ml auf ein „stabiles", eine solche von 11–30 ml auf ein „labiles" und > 30 ml auf ein „Gushing-instabiles" Bier hin. Im Zusammenhang mit Gushing ist auch der um ca. 50% erhöhte Oxalatgehalt des Weizens (s. Abschnitt 4.1.11) bedeutsam. Der technologisch bedeutsame Oxalatgehalt liegt höher als bei Gerstenmalz. Diese Erkenntnis ist auch für das Thema „Cushing" wichtig (Tab. 4.46).

Überblick über die Analysendaten von Winterweizenmalzen aus den Landessorten-Versuchen des Erntejahres 2009: Die Durchschnittswerte von jeweils 7 Anbauorten sind in Tab. 10.4 aufgeführt.

Die Sorten Hermann und Mythos konnten nach den Versuchen in den Vorjahren ihre Position als Qualitätsbrauweizen festigen. Aber auch die Sorten

Tab. 10.4 Kleinmälzungsergebnisse der Weizensorten aus dem LSV 2009
(Durchschnittswerte von 7 Anbauorten).

Sorte Ort	Extrakt-gehalt MT %	Endver-gärungs-grad %	Eiweiß-gehalt N ∗ 6,25	Eiweiß-lösungs-grad %	Lösl. N mg/100 g MT	Farbe EBC	Viskosität (8,6%) mPas	Viskosität 65 °C (8,6%) mPas	alpha-Amylase ASBC	FAN mg/100 g MT
Akratos	85,43	78,93	12,98	37,08	768,5	4,15	1,73	2,04	54,5	125,5
Batis	84,75	77,22	13,93	36,37	752,33	4,1	1,72	1,89	56	131,83
Cubus	85,65	79,32	12,68	33,93	687,5	4,02	1,74	2,3	62,17	121,17
Global	85,17	77,01	12,47	36,66	731,43	4,03	1,72	2,01	52,29	121,86
Hermann	85,19	78,84	12,8	36,94	756,14	4,7	1,63	1,91	64,43	137
Jenga	85,11	78,8	12,69	32,67	662,57	3,74	1,64	1,86	60	119,67
Julius	84,97	77,93	12,5	38,42	767	4,47	1,67	1,82	51,67	147,33
Kredo Nord	85,33	77,99	12,69	36,97	749	4,36	1,7	1,85	41,14	122,29
Linus	85,4	79,05	12,9	35,3	728	3,9	1,66	1,88	56,5	133
Meister	84,55	78,55	13,5	34,8	750	3,5	1,76	2,14	60,5	115,5
Muscat	86,05	78,5	12,2	33,35	650,5	3,7	1,76	2	51	97
Mythos	85,74	79,76	12,58	37,2	749	4,94	1,67	1,89	58,2	157
Orcas	85,8	78,4	13,1	37	775	4,4	1,74	1,92	54,5	104,5
Potenzial	77,17	77,17	12,86	32,5	669,71	3,59	1,7	1,85	41,71	106,71
Skalmeije	85,63	78,77	12,27	33,36	654,29	3,96	1,68	1,89	42,29	119,5
Sophytha	85,44	78,84	12,77	34,31	700,14	3,93	1,65	1,93	44,57	114
Tabasco	85,65	79,55	12,78	37,33	762,75	4,5	1,59	1,84	58,75	134,75
Vasco	86,4	78	12,8	38,7	793	4,65	1,75	1,9	50,5	132,5

Kredo Nord, Meister (wobei aber die Viskosität der 65 °C-Würze besonderer Beachtung bedarf), Linus und Jenga zeigten gute Werte.

Schlußfolgerung: Da der Brauweizen im Hinblick auf den gesamten Weizenmarkt nur eine Nischenstellung einnimmt, ist auch eine Betrachtung der Backqualität und der agronomischen Merkmale von Bedeutung. Nur bei einer breiteren Akzeptanz als sie den Braueigenschaften zukommt, können diese Sorten in Zukunft für den Anbau interessant sein [1173].

Die Analysenmerkmale von Weizenmalz lassen sich weit schlechter in einen Spezifikationen-Katalog einfügen als dies bei Gerstenmalz der Fall ist. Dies ist in den vorstehenden Ausführungen begründet worden. Selbst gut geeignete Sorten können durch bestimmte Anbau- und Klimabedingungen von den gewohnten Standards abweichen. Voraussetzung ist, dass die Ware gesund ist und keinen bzw. nur einen geringen Besatz aufweist und voll keimfähig ist. Es kann dann im Gespräch zwischen Brauer und Mälzer geklärt werden, was annehmbar ist oder ob auf andere Provenienzen ausgewichen werden muss.

10.1.1.8 Der Einfluss von Weizenmalz auf den Biergeschmack

Dieser ist bei etwa gleicher Farbe und Ausdarrintensität gering [1151]. Einen größeren Einfluss auf die Bildung höherer Alkohole und Ester übt die proteolytische Lösung aus. So führen niedrige Eiweißlösungsgrade vielfach zu lebhafteren, estrigen Bieren [1178]. Eine besondere Bedeutung für den Geschmack von derartigen Bieren übt die Hefeart bzw. die Heferasse aus. Während die (in Deutschland für andere als Gerstenmalze nicht zugelassene) untergärige Hefe eher neutrale Biere liefert, können obergärige Ale-, Alt- und Kölschhefen über eine vermehrte Bildung von Gärungsnebenprodukten mehr Charakter einbringen. Besonders bedeutsam sind die Weizenbierhefen, die die in den Zerealien, aber auch in Gerste und Weizen vorhandene Ferulasäure zu 4-Vinyl-Guajacol decarboxylieren können, welches den typischen „Gewürznelkengeschmack" vermittelt. Gerstenmalz bringt etwas mehr Ferulasäure mit als Weizenmalz, doch kann mit einem geeigneten, intensiven Maischverfahren die Freisetzung der Ferulasäure und damit der Weizenbier-Charakter gesteuert werden [1179, 1180].

Schließlich findet Weizenmalz auch in Form von Röstmalz Anwendung. Infolge der fehlenden Spelzen können derartige Malze, selbst bei Farben von 800–1200 EBC bis zu 5% der Schüttung zu obergärigen Bierspezialitäten zugegeben werden, um eine gewünschte dunkle Farbe zu erhalten (s. a. Abschnitt 10.6).

10.1.2
Roggen (*Secale cereale* L.)

10.1.2.1 Allgemeines

Roggen (*Secale cereale* L.) stammt aus dem Schwarzmeergebiet, wo er in Wildformen um 6600 v. Chr. gesammelt wurde. Ein gezielter Anbau erfolgte ab ca. 4000 v. Chr. In Deutschland war er im 12. und 13. Jahrhundert das wichtigste Brotkorn, welches sogar auch schon vermälzt (und verbraut) wurde. In ungünstigen Jahren wurde zur Sicherung der Versorgung der Bevölkerung mit Brot ein Mälzungs- bzw. Brauverbot verfügt. Mit der Einführung des Reinheitsgebotes kam die Verwendung von anderen Malzen als aus Gerste (später für den Bedarf der herzoglichen Brauereien auch Weizen für Weißbier) ohnedies nicht mehr in Betracht. Noch zu Beginn des 2. Weltkrieges übertraf die Anbaufläche des Roggens die des Weizens. Während in anderen Ländern verschiedentlich Roggen als Malz oder als Rohfrucht als Schüttungsanteil für die Herstellung bestimmter Biere verwendet wurde, wurde in Bayern erst in den frühen 1980er Jahren ein obergäriges Roggenbier als „Nischenprodukt" entwickelt [1184].

Das enzymstarke Roggenmalz kann auch zur Branntweinherstellung oder als Süßungsmittel eingesetzt werden; großindustriell wird es jedoch in diesen Sparten kaum genutzt. Einen wichtigen Absatz für Roggen/Roggenmalz bildet in Russland der Kwass. Auch das finnische Malzbier „Sahti" verzeichnet einen gewissen Bekanntheitsgrad. Für Kwass wird ein spezielles Roggenbrühmalz hergestellt, welches sich beim Abläutern aufgrund seiner porösen Konsistenz – es erinnert unter dem Rasterelektronenmikroskop (Abb. 10.17) an Bimsstein – bei Schüttungsanteilen von über 40% in der Treberschicht nicht mehr absetzt [1185].

10.1.2.2 Anbaubedingungen

Roggen gibt es in Winter- und Sommerformen (von denen letztere mengenmäßig nur eine geringe Rolle spielen). Seine Ansprüche an den Boden sind sehr

gering; er verträgt sandige nährstoffarme, saure und kühle Böden. Er ist bis zu
−25 °C winterfest. Auch in rauheren Klimagebieten und Höhenlagen ist sein
Anbau möglich. Die Ernte ist relativ früh, was ihn gegenüber anderen Getreidearten leistungsfähiger macht. Infolge kurzer Reifedauer haben Pilzerkrankungen und tierische Schädlinge nur eine geringe Bedeutung. Der Fruchtstand ist
nur eine Ähre, jedoch oft mit mehr als 100 Körnern. Roggen kann bei gut geeigneten Böden 10–15 Jahre lang ohne Fruchtwechsel angebaut werden. So sind
auch die Anforderungen des Roggens an die Vorfrucht gering bis mittel. Weizen, Gerste und Triticale sind weniger gut geeignet, günstig sind Kartoffeln,
Körnerleguminosen und Hafer. Die Keimruhe des Roggens ist kurz bzw. fast
nicht vorhanden; er ist aufgrund seiner hohen Enzymkapazitäten bei ungünstiger Witterung auswuchsgefährdet [1181]. So wird empfohlen, den Roggen
nötigenfalls vor Schädigung durch Auswuchs verfrüht mit einem Wassergehalt
von 18–20% zu ernten und ihn anschließend schonend zu trocknen.

Weltweit werden ca. 15 Mio. t angebaut, in Deutschland rund 3 Mio. t. Davon
dienen ca. 12% der Broterstellung, weitere 25% der Gewinnung von Bioener-
gie (Ethanol, Gas). Rund 2 Mio. t werden verfüttert.

10.1.2.3 Zusammensetzung des Roggens

Roggen (in diesem Fall Sommerroggen) hat einen Stärkegehalt von 54,5% sowie 5% freie Zucker [1166]. Die Verkleisterungstemperatur liegt bei 56–70 °C.
Der Rohproteingehalt bewegt sich bei beiden Formen zwischen 11 und 15%.
Die Aminosäurezusammensetzung im Vergleich zu Weizen und Triticale ist in
Tab. 10.5, Abschnitt 10.1.3.3, zusammengefasst. Der Gehalt an β-Glucan ist relativ niedrig, der an Pentosan ist mit 12% (davon ist $^1/_3$ wasserlöslich) deutlich
höher als der des Weizens. Er ist für die hohe Viskosität der Würzen aus Roggenmalz verantwortlich. Die mit den Pentosanen verbundene Ferulasäure weist
eine hohe antioxidantische Wirkung auf. Der Aschegehalt von 2,1% schließt die
folgenden Werte an Mineralstoffen (im Mittel) in mg/100 g ein: K 510; Mg 90;
Ca 37; P 337; Na 3,8; Zn 2,9; Fe 2,8; Cu 0,39; Mn 2,9 [1166].

Die Stärke ist in Form von Kleinkörnern (< 10 μm) und linsenförmigen Großkörnern (ca. 35 μm) in das Endosperm eingelagert. Sie ist, wie auch bei den anderen Getreidearten in eine Proteinmatrix eingebettet [1182].

10.1.2.4 Die Vermälzung des Roggens

Die Keimbilder des Roggens zeigt Abb. 10.10 [1186], Das unbespelzte Roggen-
korn zeigt im Längsschnitt das sehr dominante Endosperm (Abb. 10.11) mit einer kleinen Aussparung für den Keimling (rechts oben zu sehen). Die Stärkekörner in drei verschiedenen Größen sind dichtgepackt (Abb. 10.12), jedoch
ein wenig unstrukturiert (Abb. 10.13) über den Endosperm des ungemälzten
Roggenkornes verteilt. Auffällig in Abb. 10.12 ist noch, dass die Stärkekörner
von einer sehr kompakten Masse an Zellwandsubstanzen umschlossen sind.
Diese, vorrangig Arabinoxylane, tragen in ihrer hochmolekularen Form zu den

Abb. 10.10   Keimungsbild von Roggen.

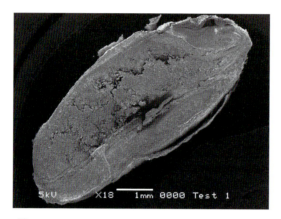

Abb. 10.11   Roggenrohfrucht REM.

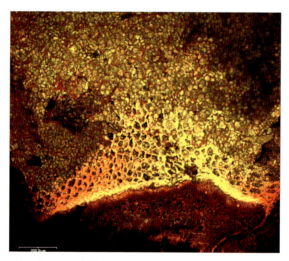

Abb. 10.12   Schildchen und Endosperm von Roggenrohfrucht mit CLSM.

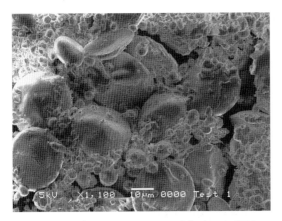

Abb. 10.13 Endosperm von Roggenrohfrucht mit REM.

Abb. 10.14 Roggenmalzendosperm mit REM.

teils extremen Läuterproblemen von Roggenmaischen bei. Nach der Mälzung zeigt das Endosperm mehrfach Lösungserscheinungen, die sich u. a. an den vielen Rissen bei dem Längsschnitt (Abb. 10.14) darstellen. Der Keimling mit dem Ansatz des Wurzelkeimes ist in dieser Abbildung links unten abgebildet und löst sich im Bereich des Schildchens vom Stärkekörper ab (ebenfalls gut zu erkennen in der Abb. 10.15). Ebenso deutlich zeichnet sich quer durch den Endosperm die Bauchfurche ab. Die Detailaufnahme vom Endosperm macht nochmals deutlich, dass auch nach der Keimung eine hohe Anzahl an Gerüstsubstanzen verbleibt (Abb. 10.15). Das rasterelektronische Bild (Abb. 10.16) offenbart sehr eindrucksvoll die Attacken der Amylasen während der Keimung. Diese Löcher entstehen anfangs äquatorial, was an dem mittigen, rechts außen liegenden Stärkekorn besonders gut zu sehen ist. Klar lassen sich auch die alternierenden Schichten der Stärke erkennen, wo kristalline und amorphe Schichten sich „zwiebelringartig" abzeichnen.

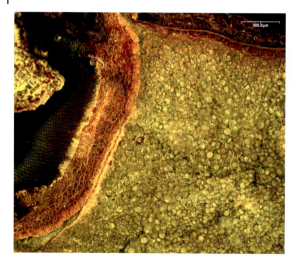

Abb. 10.15 Keimling, Schildchen und Endosperm von Roggenmalz mit CLSM.

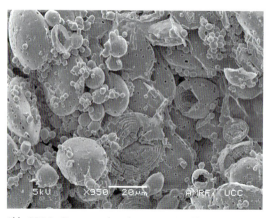

Abb. 10.16 Roggenmalzendosperm mit REM.

Nach der Statistikmälzung (s. Kapitel 11) zeigten zwei Roggensorten (Clou und Danko) erwartungsgemäß mit steigender Keimgutfeuchte (von 41 über 45 auf 49%) eine Erhöhung des Eiweißlösungsgrades von 40% auf 62%, doch bei der Sorte Clou eine Erhöhung der Viskosität von 4,08 auf 4,63 mPaS, während die Sorte Danko eine Erniedrigung von 4,64 auf 4,34 mPaS verzeichnete. Die Keimtemperatur war 18 °C, bei 12 °C lagen erwartungsgemäß höhere Werte vor. Eine Mälzung bei einer von 18 °C auf 12 °C fallenden Temperatur erbrachte nur eine geringfügige Verbesserung. Eine Verlängerung der Keimzeit von 6 auf 8 Tage (einschließlich Weichzeit) war günstig, aber nicht deutlich besser. Eine merkliche Absenkung der Viskosität bewirkte eine Erhöhung der Abdarrtemperatur von 80 °C auf 95 °C, doch schlug sich dies weder in der Geschwindigkeit des Ablaufs der Kongresswürze (im Papierfilter) noch beim Läuterversuch nieder. Ersterer Effekt dürfte auf die Inaktivierung von Oxidasen zurückzuführen sein, letzterer auf die Schädigung verschiedener Hydrolasen sowie auf die Vergrößerung von Eiweißmolekülen durch die Bildung von Disulfidbrücken [1183].

In der Praxis wird einerseits versucht, eine zu starke Eiweißlösung zu vermeiden, andererseits aber die Enzymsysteme des Zellwandabbaus wie vor allem die Arabinoxylanasen und mögliche Solubilasen (Esterasen) zu vermehrter Bildung und Wirkung anzuregen.

So sind bei der Auslegung des Mälzungsverfahrens in einer „pneumatischen Weiche" wiederum Wassergehalte von 30% und 38% anzustreben, die nach dem gleichmäßigen Ankeimen auf 42–43%, maximal 44% angehoben werden. Die Keimung kann bei fallenden Temperaturen von 18–19 °C auf 14–15 °C geschehen, allerdings ist am 6. Keimtag (bei insgesamt 7 Weich- und Keimtagen) wieder auf 18–20 °C anzuheben, um die Cytolyse weiter zu treiben. Ein anderes Verfahren sieht vor, mit 13 °C und 38–40% Keimgutfeuchte auszuweichen und nach möglichst raschem Einstellen einer Maximalfeuchte von 43% diese im Verlauf einer Keimung mit auf 19 °C steigenden Temperaturen wieder auf 40% fallen zu lassen [1184].

Um die Oxidasen, die auch eine rasche Zufärbung der Kongresswürze bewirken, verstärkt zu inaktivieren, sind nach einer vorsichtigen Schwelke (s. Weizen) Abdarrtemperaturen von 80–85 °C anwendbar. Auch dürfen die Roggenmalze eher dunkler sein als die (hellen) Weizenmalze, wenn nicht gleich im Hinblick auf die Charakteristik eines „Roggenbieres" bevorzugt dunkle Roggenmalze zur Verwendung kommen.

10.1.2.5 Analyse des Roggenmalzes

Die Analyse des Roggenmalzes beinhaltet einen Wassergehalt von 5–5,5%, einen wfr. Extrakt von 85–88%, eine Mehlschrotdifferenz von 1,5–2,0%, jedoch eine Viskosität von 3,8–4,4(!) mPas. Der Eiweißgehalt liegt bei 10,5–12%; Eiweißlösungsgrade von 45–55% führen zu Mengen an löslichem Stickstoff von ca. 1000 mg/100 g TrS; die Verteilung auf die einzelnen Fraktionen ist etwa wie bei Weizenmalz: viel hochmolekularer und relativ wenig assimilierbarer Stickstoff. Die Vz 45 °C liegt bei ±2–3% um den Eiweißlösungsgrad. Bei Endvergärungsgraden von 80–82% verzeichnen die rasch (< 10 min) verzuckernden Malze eine Diastatische Kraft von 300–500 °WK und eine α-Amylase-Aktivität von 50–100 ASBC-Einheiten. Die Farbe liegt je nach Typ bei 6–20 EBC (s. Tab. 10.7) [1188].

Der Gehalt an DMS-Vorläufer ist mit 2,1–3,1 ppm deutlich niedriger als der des Gerstenmalzes.

Roggenmalz kann auch zu Röstmalz weiter verarbeitet werden. Dieses hat meist Farben von 500–800 EBC und ist mit Vorteil wie Weizenröstmalz einzusetzen.

Eine Gegenüberstellung des Roggenmalzes zu Weizen- und Triticalemalz ist in Tab. 10.7 aufgeführt.

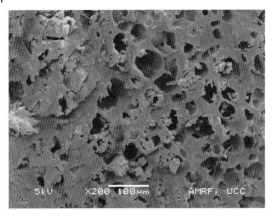

Abb. 10.17 Endosperm des Roggenkwassmalzes mit REM [1187].

10.1.2.6 Weitere Verarbeitung des Roggenmalzes

Die Verarbeitung von Roggenmalz bedarf, nachdem mittels der Mälzungs-parameter keine weitere Absenkung der Viskosität mehr erreichbar ist, einer sehr intensiven Maischarbeit, um bei relativ niedriger Schüttung (<150 kg/m^2 Läuterbottichfläche) eine etwa normale Abläuterzeit zu gewährleisten. Ein Sauerstoffeintrag ist beim Maischen zu vermeiden, da sonst die Viskosität stark zunimmt und auch eine Mehrung des „Teiges" eintritt, so dass die Abläuterung unmöglich wird. Nachdem die „Roggenbiere" in der Regel nicht filtriert werden, stellt die Viskosität der Biere von dieser Seite her keinen Produktionsengpaß dar.

Ein besonderes Roggenbrühmalzmalz (s. Abschnitt 10.7) wird in Russland und in der Ukraine für die Herstellung von Kwass verwendet. Der Schüttungs-anteil des Kwassmalzes bewegt sich im Bereich von 20–50%. Schon die Zerkleinerung des Kwassmalzes ist schwierig, da die Mehlkörperlösung inhomogen ist. Die Ganzglasigkeit der Körner einerseits und die Mürbigkeit der gelösten Körner andererseits lassen diese beim Schroten in feinste Partikeln zerspringen, was besonders bei Läuterbottichen zu Filtrationsproblemen führen kann. Ein weiteres Problem beim Abläutern ist die extrem hohe Porosität des Malzendo-sperms (s. Abb. 10.17). Sie bewirkt einmal eine schlechte Sedimentation der Schrotpartikeln und zum anderen das zusätzliche Einbringen von Sauerstoff in die Maische, welche die bekannte Agglomeration von Eiweiß (Teigbildung) sowie eine durch die Oxidation bewirkte Vernetzung von Arabinoxylanen Erhöhung der Viskosität der Maische bzw. Würze zur Folge hat [1187].

10.1.3
Triticale

10.1.3.1 Allgemeines

Triticale ist eine Kreuzung von Weizen (**Triti**cum) als weiblichem und Roggen (Se**cale**) als männlichem Elternteil. Der Name Triticale wurde im Jahr 1935 geprägt [1189, 1190]. Bei der Entwicklung dieser Kreuzung aus Weizen und Roggen war es Absicht, die Qualität von Weizen mit der Winterhärte, der Anspruchslosigkeit und der Resistenz des Roggens gegen Krankheiten und Mikroorganismenbefall zu kombinieren. In den gemäßigten Zonen werden fast ausschließlich Winterformen, in den Tropen und Subtropen Sommerformen eingesetzt [1196].

Weltweit werden 13 Mio. t angebaut, in der Reihenfolge der Anbauländer Polen (3,75 Mio. t), Deutschland (2,74 Mio. t), Frankreich (1,78 Mio. t), China (1,25 Mio. t) und Weißrussland (1,1 Mio. t), weiterhin in Australien, Ungarn, Tschechien, Schweden und Dänemark, aber nur wenig in anderen Ländern und Kontinenten.

Die hauptsächliche Verwendung ist als Tierfutter (in Deutschland zu ca. 90%), zur Herstellung von Alkohol bzw. Bioethanol, aber auch für Backwaren. Die hohen Kohlenhydratgehalte und die sehr guten amylolytischen Enzymaktivitäten ließen Triticale auch für Brauzwecke interessant erscheinen, wenn auch unter der Voraussetzung niedrigerer Eiweißgehalte als für die oben genannten Ziele. Triticale wurde in den 1980er Jahren als Malz – und wo zugelassen – auch als Rohfrucht verwendet. In der Bundesrepublik darf dieses Malz nur für obergärige Biere zum Einsatz kommen, doch war dies bisher nur versuchsweise der Fall [1188, 1191].

10.1.3.2 Anbaubedingungen

Triticale zeichnet sich im Anbau durch eine gute Anpassungsfähigkeit aus. Sie ist anspruchslos [1192] und wie Roggen gut geeignet für den Anbau in Höhenlagen bzw. auf trockenen und flachgründigen Standorten. Unter günstigen Bedingungen können Spitzenerträge, ähnlich denen des Weizens erreicht werden. Die Winterhärte ist gut, wenn auch nicht so gut ausgeprägt wie beim Roggen. Hier spielt die Sorte eine große Rolle. Als Vorfrüchte sind Mais und Winterweizen, Wintergerste, Winter-Triticale wegen der Fusarienproblematik zu vermeiden. Triticale ist mit sich selbst nur bedingt verträglich [1193]. Geeignete Vorfrüchte sind auf mittleren bis guten Böden Leguminosen und Hackfrüchte, wie auch Raps. Triticale wird auch als abtragende Frucht angebaut, die den Stickstoff-Gehalt des Bodens verringert. Triticale gilt als sehr gesundes Getreide, das keine besondere Anfälligkeit gegen die bei Weizen und Gerste gefürchteten Pilzkrankheiten aufweist und so weniger durch Mycotoxine wie z. B. DON oder Ochratoxine (s. Abschnitt 3.4.7) und Rückstände durch Spritzmittel belastet ist. Triticale hat eine vom Roggen her vererbte Auswuchsneigung, wofür die hohen Enzymkapazitäten verantwortlich sind.

10.1.3.3 Zusammensetzung

Triticale hat einen Stärkegehalt von 53–63% sowie einen Gehalt an freien Zuckern von 4,3–7,6%. Der Eiweißgehalt kann sich in weiten Grenzen zwischen 10,2 und 13,5% (bis 14,8%) bewegen. Die Aminosäurezusammensetzung ist in Tab. 10.5, auch zum Vergleich mit Roggen und Weizen aufgeführt.

Tab. 10.5 Aminosäure-Ausstattung von Weizen, Roggen und Triticale (mg/100 g TrS).

	Weizen	Roggen	Triticale
Lysin (ess)	380	400	430
Histidin (se)	280	190	300
Arginin (se)	620	490	560
Asparaginsäure (ne)	700	680	780
Threonin (ess)	430	360	420
Serin (ne)	710	450	630
Glutaminsäure (ne)	4080	2570	3040
Prolin (ne)	1560	1250	1160
Glycin (ne)	720	500	540
Alanin (ne)	510	520	520
Valin (ess)	620	530	540
Isoleucin (ess)	540	390	380
Leucin (ess)	920	670	810
Tyrosin (ne)	410	230	350
Phenylalanin (ess)	640	470	510
Cystein (ess)	290	190	200
Methionin (ess)	220	140	180
Tryptophan (ess)	150	110	n.a.

ess = essentiell, se = semiessentiell, ne = nicht essentiell

Hier zeigt sich, dass der Gehalt an der essentiellen Aminosäure Lysin höher liegt als bei den Eltern, während sich die anderen essentiellen Aminosäuren im mittleren Bereich zwischen Weizen und Roggen bewegen. Der Gehalt an β-Glucan liegt niedrig [866c], dagegen die Menge der Pentosane mit 7,6% (davon $1/4$ wasserlösliche Arabinoxylane) hoch. Der Gehalt an Lipiden ist mit 3–4,5% höher als beim Weizen, wobei mehr Phospholipide, ähnlich wie beim Roggen gegeben sind. Die Mineralstoffe und Spurenelemente bewegen sich im Bereich folgender Mittelwerte (mg/100 g): K 510; Mg 91; Ca 37; P 337; Na 3,8; Zn 2,9; Fe 2,8; Cu 0,39; Mn 2,9 [1166]. Von den Vitamingehalten ist besonders B2 höher als bei den Eltern, die Vitamine B5 und B9 dagegen erheblich niedriger [859e]. Der Polyphenolgehalt liegt etwas höher als bei Weizen, doch deutlich niedriger als bei Gerste, was mindestens teilweise durch die fehlenden Spelzen bedingt ist. Anthocyanogene sind praktisch keine vorhanden.

10.1.3.4 Vermälzung

Die Keimbilder von Triticale zeigt Abb. 10.18.

Die Detailaufnahme des ungemälzten Endosperms zeigt Stärkekörner mit zwei unterschiedlichen Größen, die teilweise von Klebereiweiß umhüllt sind (Abb. 10.19). Dieses Eiweiß zeichnet sich auch nochmal deutlich in der angefärbten Abb. 10.20 ab, wo sehr eng gepackt die kugelförmigen Stärkekörner von Klebereiweiß und von Gerüstsubstanzen umlagert sind. Diese Gerüstsubstanzen sind, bedingt durch die Eltern der Triticale, vorrangig Arabinoxylane, die

Abb. 10.18   Keimungsbilder Triticale.

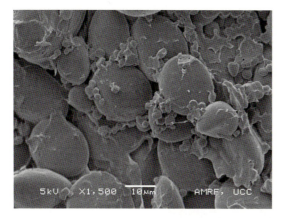

Abb. 10.19   Triticalerohfrucht, Detail des Endosperms mittels REM.

Abb. 10.20   Endosperm der Triticalerohfrucht mittels CLSM.

ähnlich wie β-Glucane im hochmolekularen Bereich zu starken Läuter- und Filtrationseinschränkungen führen können. Die Abb. 10.21 zeigt das Triticalemalz im Längsschnitt. Die Bauchfurche durchzieht den ganzen Korpus. Die auch in den erfassten Merkmalen deutliche Lösung des Mehlkörpers ist auch in dieser Aufnahme klar zu erkennen. Viele Risse durchziehen das Endosperm, welches sich schon von seiner Fruchtschale ablöst. Die Detailaufnahme des Endosperms des Triticalemalzes verdeutlicht durch die scheinbar willkürlichen „pitting holes" einen umfangreichen Angriff der freigesetzten Amylasen (Abb. 10.22). Dies ist auch in der angefärbten Probe der Abb. 10.23 zu sehen, wo die Stärkekörner nicht mehr eine so pralle, sondern eingefallene Struktur aufweisen. Ansonsten sind aber noch wenig verändert Klebereiweiß und Gerüstsubstanzen zu erkennen.

Mit der Triticalesorte „Modus" wurden Versuche nach dem Verfahren der Statistikmälzung (s. Kapitel 11) durchgeführt. Die Auswertung erfolgte je Temperaturstufe (15/18/21 °C) in einem dreidimensionalen Diagramm, das Keimgut-

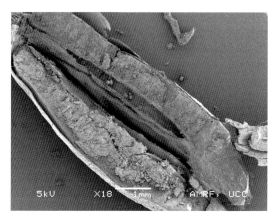

Abb. 10.21 Triticalemalz mittels REM.

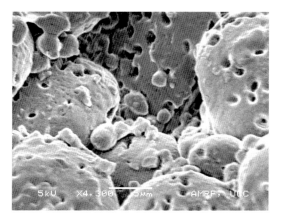

Abb. 10.22 Endosperm von Triticalemalz mittels REM.

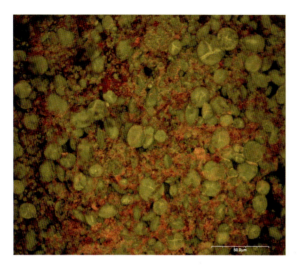

Abb. 10.23 Triticalemalzendosperm mittels CLSM.

feuchte und Keimzeit berücksichtigte [1195]. Die Ergebnisse zeigten einen einheitlich hohen Extrakt und einen niedrigen Endvergärungsgrad. Bei den anderen Merkmalen war jedoch eine gute Beeinflussbarkeit gegeben, so z. B. bei der Amylolyse: Die α-Amylaseaktivität steigt bei 15 °C etwas mit der Keimgutfeuchte, stark dagegen mit der Keimzeit; die β-Amylaseaktivität zeigt wie üblich eine starke Beziehung zur Eiweißlösung, wobei ein deutlicher Temperatureinfluss, so z. B. 18 °C Maximum, 21 °C Minimum, gegeben ist. Die optimale Vegetationszeit liegt bei 6 Tagen, die günstigste Keimgutfeuchte sowohl bei 42% als auch bei 48%. Die Grenzdextrinasenaktivität steigt mit Keimgutfeuchte und Keimzeit. Sie ist bei 15 °C günstiger als bei höheren Temperaturen. Die Eiweißlösung verhält sich ähnlich wie bei der β-Amylase geschildert. Die bei Weizen, Roggen und Triticale kritische Viskosität ist am niedrigsten bei 42% Feuchte; sie steigt mit dieser und der Keimzeit auf höhere Werte an. Ebenso steigt sie mit einer Erhöhung der Keimtemperatur (von 15 über 18 auf 21 °C) an. Sie zeigt damit ein der Gerste gegensätzliches Verhalten. Mit intensiverer Auflösung erhöht sich auch die Verkleisterungstemperatur.

Aus diesen z. T. doch recht gegenläufigen Ergebnissen wurde folgendes Mälzungsverfahren entwickelt: Keimgutfeuchte 45%, 5 Tage bei Weich- und Keimtemperatur von 15 °C. Nach diesem Schema wurden die Sorten Hortenso, Korpus, Modus und Versus verarbeitet. Die Abdarrtemperatur war 80 °C. Die Ergebnisse zeigt Tab. 10.6.

Nach diesen Analysendaten waren die gegebenen Parameter passend, um normale Werte zu erhalten. Die Sorte Korpus fällt im Hinblick auf den Extrakt aus dem Rahmen, ist aber bezüglich der sonstigen Merkmale unauffällig. Es ist allerdings der Eiweißgehalt, wie auch bei Versus zu hoch, was aber auch bei den früheren Versuchen [866] immer wieder festgestellt werden konnte. Auffallend ist bei Triticale auch, dass der Gehalt an DMS-Vorläufer relativ hoch ist, al-

Tab. 10.6 Analysenergebnisse der vier Triticale-Malze.

Sorte	Hortenso	Korpus	Modus	Versus
Wassergehalt %	7,6	7,3	7,6	7,0
Extrakt wfr. %	87,4	81,7	84,8	84,4
Viskosität mPaS 8,6%	1,880	2,150	1,889	2,286
Verzuckerungszeit min	<10	<10	<10	<10
Eiweißgehalt wfr. %	12,6	15,3	13,4	16,3
Lösl. N mg/100 g TrS	1091	1128	1006	1290
ELG %	54,1	46,1	46,9	49,5
FAN mg/100 g TrS	153	164	155	108
Endvergärungsgrad %	77,4	81,4	81,7	78,6
a-Amylase ASBC	70	61	54	84
DK °WK	501	741	590	533
Grenzdextrinase U/kg	184	327	414	264
Polyphenole mg/l 12%	341	371	275	325
Farbe EBC	6,0	4,9	5,3	6,0
pH	6,16	6,26	6,18	6,14
DMS-P ppm	7,8	3,3	5,0	6,4

so deutlich höher als bei Weizen und Roggen und so in die Nähe der Kleinmälzungsergebnisse von Gerstenmalzen rückt (s. Abschnitt 9.1.7.4).

Praxismälzungen laufen mit der üblichen pneumatischen Weiche ab, eventuell mit kürzeren Luftrasten, da das Gut u. U. stärker zusammensitzt und damit Belüftungsdefizite auftreten können. So erwies sich folgendes Schema als günstig: Weichen 26 h (4 h nass, 10 h Luftrast, 2 h nass, 10 h Luftrast bei 16 °C), Keimung 120 h von 16 °C auf 12 °C fallend. Die Vegetationszeit war also insgesamt 146 h. Der Wassergehalt wird nach dem gleichmäßigen Spitzen möglichst unmittelbar auf 42% erhöht, nach dem Gabeln (nach weiteren 12–24 h) auf 45%. Die fallende Mälzung erbrachte Vorteile, da Wachstum und Stoffwechselvorgänge besser beherrschbar waren [1191]. Das Triticalemalz in Tab. 10.7 ist nach diesem Verfahren hergestellt.

10.1.3.5 Analysendaten der Triticalemalze
Sie sind im Vergleich zu Weizen- und Roggenmalzen in Tab. 10.7 anhand der wichtigsten Kriterien aufgeführt.

Es zeigt der Vergleich zu den Weizen- und Roggenmalzen, dass die Kreuzung verschiedentlich Mittelwerte zwischen beiden verzeichnete. Es war jedoch die FAN-Ausstattung höher, wie auch die Diastatische Kraft und vor allem die a-Amylaseaktivität ein höheres Niveau aufwiesen. Der Endvergärungsgrad folgte den Enzymgehalten jedoch nicht. Die Farbe des Roggenmalzes war, bedingt durch eine niedrige Abdarrtemperatur verhältnismäßig hell. Bei 80 °C liegen 8–9 EBC-Einheiten vor.

Tab. 10.7 Vergleich zwischen Triticale-, Weizen- und Roggenmalzen [1191].

Getreideart	Weizen [1194]	Triticale	Roggen [1188]
Ernte	1989	1988–1991	1968
Anbauorte	1	2	3
Sorten	30	2	6
Weich- und Keimdauer Tg.	7	6	6
Abdarrtemperatur °C	80	80	65
Extrakt wfr. %	85,1	85,9	88,0
MS-Diff. %	1,4	2,1	2,1
Viskosität mPas	1,615	1,984	4,0
Eiweiß wfr. %	13,4	13,7	11,1
ELG %	39,3	47,5	55,2
FAN mg/100 g TrS	128	194	–
Vz45 °C %	39,0	38,5	58,3
Diast. Kraft °WK	300	437	446
α-Amylase ASBC	39	121	80
Verzuckerungszeit min		<10	<10
Endvergärungsgrad %	79,7	74,3	–
Farbe EBC	6,9	8,3	6,0
pH	6,08	6,03	6,00

10.1.3.6 Weitere Verarbeitung des Triticalemalzes

Triticalemalze lassen sich in der Regel wie Weizenmalze verarbeiten, wobei auch hier ein intensives Maischverfahren notwendig ist, um die Sudwerksleistung nicht zu sehr zu beeinträchtigen. Bei obergärigen Bieren sind 50% Triticalemalz eingesetzt worden. Der Geschmack wird – wie auch bei Weizen- und Roggenbier – durch die verwendete obergärige Hefe geprägt. Wie beim Roggenmalz führt auch das Triticalemalz zu einer anhaltenden Trübung im fertigen Bier [1197]. Untergärige Biere (sofern „Malze aus anderen Getreidearten als Gerste" zugelassen sind) können durch 5–10% Triticale-Malz vollmundiger gestaltet werden; ab 20% Schüttungsanteil verändert sich der Charakter der gewohnten Lager- und Exportbiertypen in Richtung vollmundig, fruchtig und breiter, es können hier schon Filtrationsschwierigkeiten auftreten [1191].

10.1.4
Dinkel (*Triticum spelta* L.)

Dinkel gehört zur Formengruppe Weizen (Triticum). Es wird davon ausgegangen, dass die Evolution der Weizenarten, zu denen auch Emmer, Einkorn und Hartweizen gehören, kein kontinuierlicher und gerichteter Prozess war, sondern dass er an verschiedenen Orten zu unterschiedlichen Zeiten auf ähnliche Art und Weise (spontane Kreuzungen, Mutationen) stattgefunden hat. Die Kultivierung begann in der Jungsteinzeit. Im Verlaufe eines etwa 10 000-jährigen An-

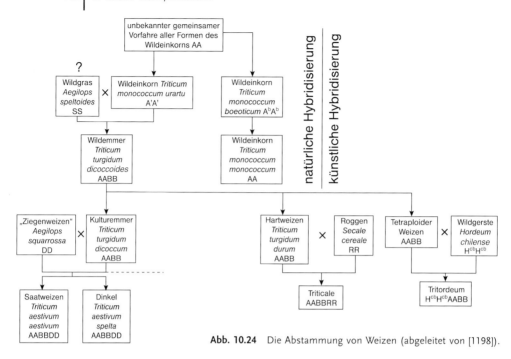

Abb. 10.24 Die Abstammung von Weizen (abgeleitet von [1198]).

passungsprozesses – der Domestikation – hat der Mensch aus den vielfältigen Wildformen durch Auslese die heutigen Kulturpflanzen entwickelt. In der Abb. 10.24 sind die Zusammenhänge der Formengruppe Weizen mit den natürlichen und künstlichen Hybriden aufgeführt.

10.1.4.1 Allgemeines zu Dinkel
Er ist ein hexaploider Spelzweizen und der nächste Verwandte zu den derzeitigen Weizensorten.

Dinkel ist eine Getreideart, die in der Vergangenheit über mehrere Jahrtausende in einigen Gebieten Asiens und Europas für die menschliche Ernährung eine große Rolle spielte. Zu Beginn des 20. Jahrhunderts wurde Dinkel in Mitteleuropa noch in großen Mengen angebaut, doch wurde er in der Folgezeit vom ertragreicheren Weizen verdrängt.

Neuerdings erfährt Dinkel als anspruchslose, rauhes Klima vertragende und gegen Krankheiten resistente Pflanze steigendes Interesse vor allem im ökologischen Landbau.

10.1.4.2 Botanik und Anbau
Dinkel ist langwüchsig und kann deshalb bei ungünstigen Witterungsbedingungen und u. U. zu starker Stickstoffdüngung zur Lagerung neigen. Die bei der Reife horizontal abstehenden oder geneigten Ähren wirken lang und dünn. Die

Ähren-/Spindelglieder sind länger als beim Weizen. An diesen Spindelgliedern sitzt je ein Ährchen mit zwei Körnern. Jedes Korn hat drei fest umhüllende Spelzen. Dinkel ist nicht nacktkörnig wie der Weizen. Während des Dreschens zerbricht die Dinkelähre nur in die einzelnen Abschnitte. Dabei werden die Körner nicht frei, sondern bleiben von den Spelzen umschlossen. Diese Vesen bedürfen für die Vermälzung einer weiteren Entspelzung, die in Mühlen mit einem sog. Gerbgang geschieht [1199]. Um ein Abschlagen oder eine Beschädigung des Keimlings zu vermeiden, ist eine sorgfältige Einstellung und Kontrolle der Anlage wichtig.

10.1.4.3 Zusammensetzung

Dinkel hat einen Stärkegehalt von 63,2%, die Faserstoffe machen 8,8% aus. Der Stickstoffgehalt liegt bei 1,86%, wodurch sich Proteingehalte von 10,8%, bzw. 11,6% ($N \times 5,8$ oder $N \times 6,25$) errechnen. Der Fettgehalt beträgt 2,7%, die Mineralstoffe machen 1,99% aus [1200].

Der Eiweißgehalt kann in weiten Grenzen (10–14,4%) schwanken, ebenso der Stärkegehalt zwischen 60,9 und 65,8%. Der β-Glucangehalt ist dagegen niedrig. Der hohe Gehalt an Faserstoffen (bis zu 13,2%) und Mineralstoffen (Zink, Selen, Lithium) sowie die im Folgenden aufgeführten Substanzen haben eine diätetische Wirkung.

Die Mineralstoffe selbst verteilen sich wie folgt (in mg/100 g TrS.): Phosphor 411; Natrium 2,8; Kalium 447; Magnesium 130; Calcium 22; Eisen 4,2; Kupfer 0,26 [1200].

Dinkel ist wie Weizen und Gerste für Zöliakie-Kranke ungeeignet.

Das Tausendkorngewicht des Dinkels liegt bei 40 g. Es ist damit etwas höher als das von Gerste und Weizen [1201].

Das ungekeimte Dinkelkorn ist in Abb. 10.25 dargestellt. Es weist eine tiefe Bauchfurche auf, die das Endosperm des Korns in zwei Hälften teilt. Im rechten

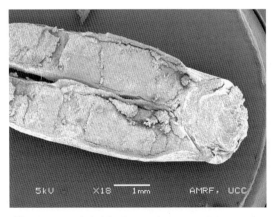

Abb. 10.25 Dinkelrohfrucht mittels REM [1202].

Ende ist der große Keimling zu erkennen, welcher an die Bauchfurche heranreicht. Ansonsten hat der Dinkel starke Ähnlichkeiten mit dem Weizen. Dies
zeigt sich auch in der CLSM-Aufnahme, wo der hohe Anteil an Klebereiweiß
deutlich zu Tage tritt (Abb. 10.26). Ebenso ist aber auch die strenge Struktur
durch die Arabinoxylane am Aleuron zu erkennen. Die Stärkekörner liegen in
zwei unterschiedlichen Größen vor (Abb. 10.27). Der gemälzte Dinkel verliert
wenig Struktur über die Mälzung, jedoch nimmt der Gehalt an Klebereiweiß
deutlich ab (Abb. 10.28), was auch in der REM-Detailaufnahme zu sehen ist
(Abb. 10.29).

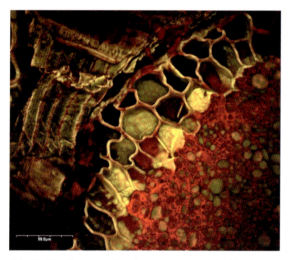

Abb. 10.26 Aleuron und Endosperm von Dinkelrohfrucht
mittels CLSM mit hohem Anteil an Klebereiweiß.

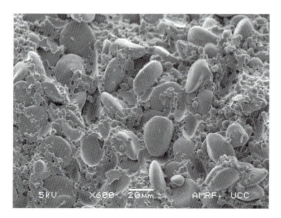

Abb. 10.27 Endosperm der Dinkelrohfrucht mit REM.

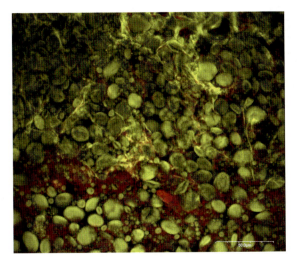

Abb. 10.28 Dinkelmalzendosperm Nähe Bauchfalte mit CLSM weniger Klebereiweiß.

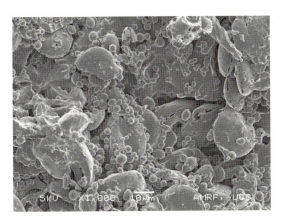

Abb. 10.29 Endosperm Dinkelmalz.

10.1.4.4 Vermälzung

Die Keimbilder sind in Abb. 10.30 zu sehen. (Die geeigneten Parameter für die Malzbereitung ergeben sich aus der Statistikmälzung (s. Kapitel 11, bei der die Sorte „Zollernspelz" der Saaten-Union, Isenhagen, die Bestwerte für die einzelnen Malzanalysendaten wie folgt ergab [1203, 1204]:

Die Extraktgehalte streuten bei diesen Versuchen zwischen 81,9% und 84,7% (a. TrS.). Das Maximum wurde erreicht nach 6 Tagen Weich- und Keimzeit bei 15 °C und 43% Keimgutfeuchte. Eine höhere Keimgutfeuchte hatte Extraktverluste durch eine intensivere Atmung und durch ein stärkeres Gewächs zur Folge.

Abb. 10.30   Keimungsbilder von Dinkel.

Der Endvergärungsgrad bewegte sich zwischen 75,7% und 82,2%. Eine höhere Temperatur von 17 °C hatte einen günstigeren Einfluss. Die Bestwerte wurden in 6 Vegetationstagen bei 17 °C und 45% Feuchte erreicht.

Die Verkleisterungstemperatur (VKT) schwankte zwischen 62,9 °C und 64,1 °C. Die niedrigste VKT wurde nach nur 5 Vegetationstagen bei 17 °C, unabhängig von der Keimgutfeuchte gefunden.

Der Eiweißlösungsgrad lag bei Dinkel mit 14,5% Eiweißgehalt zwischen 28,7 und 45,0%. Die Höchstwerte wurden bei einer Weich-/Keimzeit von 6 Tagen bei 17 °C und einer Feuchte von 45% festgestellt.

Der Gehalt an Aminostickstoff lag trotz des hohen Eiweißgehalts relativ niedrig mit einer Spanne von 79–139 mg/100 g Malz. Bei längerer Keimzeit sowie niedrigerer Keimtemperatur und Keimgutfeuchte resultierten höhere FAN-Gehalte. Der Maximalwert wurde erreicht in 6 Vegetationstagen bei 17 °C und einem Wassergehalt von 47%.

Die Farbe der Kongresswürze erreichte unter den vorerwähnten Optimalwerten für FAN ihren Höchstwert bei 7 Tagen Keimzeit und 47% Keimgutfeuchte, wobei letztere generell einen sehr starken Einfluss ausübte.

Die Viskosität der Kongresswürze bewegte sich bei diesen Versuchen zwischen 1,672 und 1,81 mPas. Nachdem der β-Glucangehalt zwischen 38 und 159 mg/l niedrig lag, dürften hier, wie schon bei Weizen sowie Roggen und Triticale, die Pentosane für die hohe Viskosität verantwortlich sein. Die niedrigste Viskosität wurde nach 7 Tagen Keimung bei 17 °C und 47% Keimgutfeuchte erzielt. Die Viskosität der 65 °C-Würze erreichte dagegen bei diesen Parametern schon nach 6 Tagen ihr Minimum.

Die günstigsten Werte für ein Malz ausgeglichener Lösungseigenschaften wurden erreicht bei 47% Keimgutfeuchte und 6 Tagen Keimung bei 17 °C. Sie sind in Tab. 10.8 dargestellt [1205].

Diese, aus unterschiedlichen Versuchsprogrammen und mit verschiedenen Dinkelchargen erzielten Daten zeigen die möglichen Schwankungsbreiten derartiger Malze, die dann eine entsprechende Anpassung der Maischarbeit erfordern, um eine störungsfreie weitere Verarbeitung zu ermöglichen. Trotz der sehr niedrigen α-Amylasenaktivität wird in einer fast normalen Zeit eine jodnormale Maische erzielt. Auch der Endvergärungsgrad kann die üblichen Werte für derartige Spezialmalze erreichen. Die Ausstattung an FAN ist im Hinblick auf den hohen Eiweißgehalt (1000 mg/100 g MTrS.) mit nur 14,3% knapp. Die Farbe ist durch die Auflösung des Korns und die Darrtechnologie zu steuern.

Tab. 10.8 Daten der Malzanalysen.

	nach RSM[a]	nach [1206][b]	nach ST [1204][c]
Extrakt % a. TrS	83,6	83,2	84,3
Verkleisterungstemperatur °C	63,3		
Verzuckerungszeit min		15–20	< 10
Endvergärungsgrad %	79,6		79,3
Eiweißgehalt% a. TrS	14,5	14,6	13,6
Eiweißlösungsgrad %	43,2	28,0	32,7
FAN mg/100 g MTrS	143	87	97
Farbe EBC	6,0	2,5	3,1
Viskosität mPas	1,686	1,70	2,034
65 °C mPas	1,893		
β-Glucan mg/l		17	
α-Amylase ASBC		3	18
Diastatische Kraft °WK		189	367

a) nach RSM Statistik-Mälzung.
b) nach [1206].
c) nach Sammeltabelle [1204].

10.1.4.5 Weitere Verarbeitung zu Würze und Bier, Biereigenschaften

Vergleichbar ist das Dinkelmalz mit dem Weizenmalz für den gesamten Verarbeitungsprozess zu Würze und Bier. Anteile bis zu 70% Dinkelmalz erwiesen sich als unproblematisch und ergaben angenehme, charaktervolle obergärige Biere. Als Röstmalz ist Dinkel für die Farb- und Aromagebung nicht so intensiv. Es werden Farben von 450–650 EBC erreicht. Das entspelzte Korn vermittelt einen milderen Geschmackseindruck im Bier. Eine Zugabe von maximal 5% dieses Röstmalzes ist möglich, wobei diese spät, d. h. beim Abmaischen erfolgen sollte, um eine weitere thermische Belastung zu vermeiden.

10.1.5
Emmer

10.1.5.1 Allgemeines

Emmer (*Triticum dicoccum* Schübl.) ist eine tetraploide Spelzweizenart mit schlanken aber dichten Ähren.

Er zählt neben Einkorn und Gerste zu den ältesten von Menschen kultivierten Getreidearten. Archäologischen Ausgrabungen zufolge war Emmer bereits 8000 v. Chr. im Nahen Osten zu finden. Von hier gelangte er über Kleinasien und den Balkan nach ganz Europa und über Ägypten bis nach Nordafrika. In Mitteleuropa war Emmer bis zum 2. und 3. Jahrhundert v. Chr. Hauptgetreideart. Danach wurde er mehr und mehr von Dinkel und Weizen verdrängt. Um 1900 war er nur mehr in einigen Gebieten Italiens, Spaniens, der Slowakei und auf dem Balkan anzutreffen. In Deutschland ist er wegen des geringen Ertrags schon Mitte des 19. Jahrhunderts von den Äckern verschwunden. Emmer hat sich noch bis vor 50 Jahren in Südwestdeutschland gehalten. Durch die Nachfrage nach ökologisch zu bewirtschaftenden Getreidearten hat Emmer nunmehr wieder in Österreich und in Deutschland an Bedeutung gewonnen.

10.1.5.2 Eigenschaften, Anbau, Ernte

Es werden Landsorten wie z. B. Sommer-Emmer („Emmer 19") und Winter-Emmer („Rot Linz", „Majus" und „Fuchsii") unterschieden. Der Übergang vom Wildemmer zu Hartweizen und Kamut ist fließend.

Emmer ist wie Dinkel und Einkorn ein Spelzgetreide. Die Ähren sind stark begrannt, die Halme sehr lang (1,40–1,80 m), daher besteht die Gefahr des Lagerns. Aus jedem Absatz der Ährenspindel wachsen zwei Körner, daher auch der Name „Zweikorn". Emmer ist anspruchslos an Klima und Boden. Er ist weniger anfällig gegen Pflanzenkrankheiten und Pilzbefall als Gerste und Weizen.

Bei der Ernte müssen zuerst die Grannen entfernt werden. Diese brechen aber bei der Ernte mit dem Mähdrescher nicht vollständig ab, was bei der Aussaat zu Störungen an der Sämaschine führen kann. Dieses Problem kann mit einer speziellen Saatgut-Aufbereitungsanlage gelöst werden. Auch die Behaarung der Spelzen kann z. B. bei der Aussaat Schwierigkeiten bereiten, da sich die Körner ineinander verhaken und eine Brückenbildung verursachen. Ausgesät werden wie bei Dinkel die Vesen, d. h. die Körner mit Spelzen, da der Vorgang des Entspelzens u. U. auch die Keimlinge beschädigen oder gar abschlagen kann. Für die Vermälzung ist jedoch nur das entspelzte Korn geeignet. Dieser Vorgang hat daher sorgfältig zu geschehen.

10.1.5.3 Zusammensetzung des Emmers

Der Stärkegehalt liegt bei Emmer bei ca. 64%, der Proteingehalt bei 13,3% ($N \times 5{,}7$) bzw. 14,4% ($N \times 6{,}25$), der Fettgehalt bei 2,8%, die Mineralstoffe bei 1,9%. Die sonstigen N-freien Extraktstoffe errechnen sich zu 10–14%. Das Enzymmuster ist dem des Weizens ähnlich [1207].

Die Mineralstoffe und Spurenelemente wurden im Vergleich zu Weizen wie folgt befunden (Tab. 10.9).

Emmer weist gegenüber Weichweizen deutlich höhere Werte der Rohasche, von Zink und Magnesium auf [1208]. Der Eisengehalt ist bei Sommer-Emmer am höchsten. Der Sommer-Anbau hat einen höheren Mineralstoffgehalt im Ge-

Tab. 10.9 Mineralstoffe von Emmer und Weizen (mg/100 g TrS).

Getreideart	Weizen	Winter-Emmer	Sommer-Emmer
Rohasche %	2,07	2,23	2,66
Zink	3,1	5,6	6,4
Magnesium	147,5	161	178
Eisen	3,81	3,86	4,64
Calcium	44,2	34,2	40,6

folge. Er weist einen hohen Carotingehalt auf und zeigt als einziges Getreide einen UV-Schutz.

10.1.5.4 Die Vermälzung

Die Keimbilder zeigt Abb. 10.31.

Das Endosperm mit seinen Stärkekörnern in zwei Größen ist von Klebereiweiß umgeben, wie auf der REM- (Abb. 10.32) sowie auf der CLSM-Aufnahme (Abb. 10.33) deutlich zu erkennen ist. Das Klebereiweiß ist jedoch nicht so dominant wie bei der hexaploiden Form des Weichweizens. Abbildung 10.34 läßt Blatt- und Wurzelkeim erkennen, Abb. 10.35 und 10.36 nach der REM- bzw. CSLM-Aufnahme zeigen die Veränderungen im Mehlkörper des Malzes. Über die Keimung werden die Stärkekörner jedoch stark angegriffen, wie besonders Abb. 10.35 verdeutlicht, die schon versteckt die alternierenden Ringe der verschiedenen Stärkezonen aufzeigt. Jedoch beweist Abb. 10.33 dass noch, im Vergleich zu Gerste, eine auffällig hohe Anzahl an Klebereiweiß im Endosperm vorhanden bleibt. Die Verarbeitung eines weißen Sommer-Emmers (Anbaugebiet Rhön) nach dem Verfahren der Statistikmälzung ergab:

Die höchsten Extraktwerte wurden in 7 Tagen bei 17 °C Keimtemperatur und 47% Feuchte erreicht, der höchste Endvergärungsgrad von 80,5% in 6 Tagen bei 19 °C, wobei hierfür schon eine Keimgutfeuchte von 40% genügte. Der Maxi-

Abb. 10.31 Keimungsbilder von Emmer.

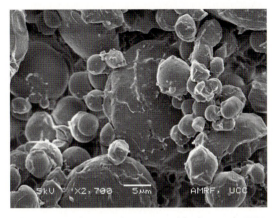

Abb. 10.32 Endosperm der Emmerrohfrucht mittels REM.

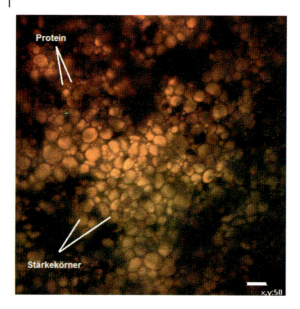

Abb. 10.33 Endosperm der Emmerrohfrucht mittels CLSM.

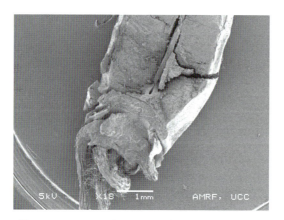

Abb. 10.34 Emmermalz mit Wurzel- und Blattkeim mittels REM.

malgehalt an α-Amylase konnte in 7 Tagen Vegetationszeit bei 19 °C und 47% Weichgrad erzielt werden. Die β-Amylase lag schon beim niedrigsten Wassergehalt von 37% und 5 Tagen bei 15 °C am höchsten, wobei sich bei dieser Getreideart nur geringe Gemeinsamkeiten mit dem Eiweißlösungsgrad ergaben, der bei 42% Feuchte und 17 °C Keimtemperatur von der Keimzeit (5–7 Tage) nur wenig beeinflusst wurde. Die ebenfalls erfasste Grenzdextrinase hatte wiederum ihre Bestwerte in 7 Tagen Vegetationszeit bei 17 °C und 47% Weichgrad Die Kongresswürzefarbe zeigte eine dem Eiweißlösungsgrad folgende Tendenz.

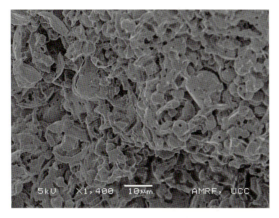

Abb. 10.35 Endosperm von Emmermalz mittels REM.

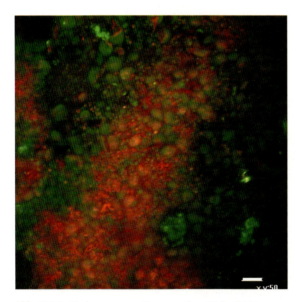

Abb. 10.36 Endosperm von Emmermalz mittels CLSM.

Die insgesamt günstigste Qualität mit optimalen Analysendaten nach Tab. 10.10 erreichten die folgenden Mälzungsparameter: 7 Tage bei 19 °C und 47 % Keimgutfeuchte.

Es gelang die Viskosität auf den Wert eines guten Weizenmalzes zu verringern. Bei einer kräftigen Malzfarbe von 30 EBC erreichte dieses Emmer-Malz unter vergleichbaren Malzen aus anderen Getreidearten das höchste Niveau der reduzierenden Eigenschaften. Der DMS-Gehalt dieses (dunklen) Malzes lag niedrig.

Tab. 10.10 Malzanalysendaten von Emmer-Malzen und Vergleich zu Weizenmalz [1209].

	Emmer-Malz	Emmer-Malz	Weizen-Malz
Extrakt wfr. %	84,9	88,9	86,2
Viskosität mPas	1,655	1,709	1,756
Endvergärungsgrad %	68,7		
Farbe EBC	19	2,8	3,2
Eiweißgehalt wfr. %		12,3	12,1
Eiweißlösungsgrad %	60,2	42,3	37,4
Lösl. N. mg/100 g TrS		843	725
FAN mg/100 g TrS	206	114	110
DMS ppm	1,4		
α-Amylase Akt. U/g	50		
β-Amylase Akt. U/g	830		
α-Amylase ASBC		27	24
Diastatische Kraft °WK		346	405

Emmer kann für Konsumenten mit Weizen-Allergie eine Alternative sein. Für Zöliakie-Kranke ist er jedoch ungeeignet.

10.1.5.5 Verarbeitung zu Würze und Bier, Eigenschaften von Bier

Die Würze- und Bierbereitung zeigte einen normalen Verlauf. Bei der Beurteilung wurde die leicht säuerliche, spritzige Note dieses angenehmen obergärigen Bieres vermerkt [1204, 1206].

10.1.6
Einkorn

10.1.6.1 Allgemeines

Einkorn (*Triticium monococcum* L.) ist ein diploides Spelzgetreide mit nur einem Korn beiderseits der Ährenspindel.

Es zählt zu den ältesten von Menschen angebauten Getreidearten: Die Kulturformen des Einkorns verbreiteten sich allmählich vom Gebiet zwischen Euphrat und Tigris nach Europa. Die ältesten Funde von Einkorn stammen aus dem präkeramischen Neolithikum aus Nordsyrien [1210]. Die Domestizierung des wilden Einkorns fand auf dem Karacadag, einem Bergmassiv in Anatolien statt, wo die Ursprünge der neolithischen Revolution vermutet werden [1211]. Es wird davon ausgegangen, dass die Inkulturnahme des Einkorns ca. 7600 v. Chr. begann [1212].

Einkorn wurde schon zeitig von Gerste und Nacktweizen verdrängt, konnte sich aber in einigen Regionen als Nischenprodukt erhalten. In Deutschland wird Einkorn erst wieder seit dem Ende des 20. Jahrhunderts angebaut. Die Nachfrage der Bevölkerung nach biologisch erzeugten hochwertigen und gesunden Getreidearten führte zu einem Anstieg der Anbauflächen, auch des Einkorns [1213, 1214].

10.1.6.2 Eigenschaften, Anbau, Ernte

Für den biologisch-dynamischen Anbau ist Einkorn günstig, da es wie die anderen Spelzgetreide anspruchslos, tolerant bzw. resistent gegen Pflanzenkrankheiten und Schädlingsbefall ist. Es eignet sich für extensive Bewirtschaftung. Winter-Einkorn zeigt eine, im Vergleich zu anderen Wintergetreiden, sehr langsame Keimung und wird deshalb schon relativ früh, d. h. Anfang bis Mitte September ausgesät. Einige Einkornsorten werden auch als Sommergetreide angebaut. Die Lagerneigung ist gering bis mittel, da Einkorn nur bis 120 cm hoch wird. Der Ertrag kann je nach Sorte, Klima und Anbaugebiet zwischen 12 und 37 dt/ha schwanken. Wie die anderen „Spelzweizen" wird Einkorn auch als Vesen ausgesät.

Einkorn gilt als die zierlichste aller Getreidearten. Die Halme sind am dünnsten, die Ähren mit den langen, dünnen Grannen bleiben auch bei der Reife aufrecht stehen. Das TKG beträgt nur ca. 30 g (Gerste 35–48 g).

10.1.6.3 Chemische Zusammensetzung des Einkorns

Rohstärke und Zucker machen 65–66% aus, die stickstofffreien Extraktstoffe 7,3–9,6%, Rohprotein 19,8–20,2%, Rohfett 2,7–2,9%, Roh-Asche 2,7–2,8%, Rohfaser ca. 1,8% [1215]. Andere Angaben für den Rohproteingehalt liegen bei 8,3–14,2%, im Mittel bei 10,9% (N×5,7) bzw. 12,0% (N×6,25). Das Aminosäurespektrum zeigt vergleichsweise hohe Werte an Phenylalanin, Tyrosin, Methionin und Isoleucin. Der Gehalt an β-Carotin ist hoch. Carotine werden den sekundären Pflanzeninhaltsstoffen zugezählt. Sie haben eine Vielzahl physiologischer und pharmakologischer Wirkungen, wobei die antioxidativen Eigenschaften besonders hervorzuheben sind. Der Carotingehalt liegt bei ca. 1,5 mg/100 g TrS., wobei die Sommerfrucht sogar etwas höhere Werte aufweist. Weizen hat im Vergleich nur einen Gehalt von 0,23 mg/100 g TrS. Die Mineralstoffe liegen im Vergleich zu Weizen nach Tab. 10.11 wie folgt [1209].

Bemerkenswert sind die gegenüber Weizen höheren Gehalte an Rohasche, vor allem aber an Zink und Eisen, wobei der Sommeranbau zu den jeweils höheren Werten tendiert.

Tab. 10.11 Mineralstoffgehalte von Einkorn und Weizen.

	Weizen	Sommer-Einkorn	Winter-Einkorn
Rohasche g/100 g TrS	2,07	2,71	2,45
Zink mg/100 g TrS	3,10	8,28	7,52
Magnesium mg/100 g TrS	145,50	173,30	158,60
Eisen mg/100 g TrS	3,81	5,32	4,80
Calcium mg/100 g TrS	44,20	49,30	50,60

10.1.6.4 **Die Vermälzung von Einkorn**

Die Keimbilder von Einkorn zeigt Abb. 10.37. Die CLSM-Aufnahmen der Rohfrucht (Abb. 10.38) und des Malzes (Abb. 10.39) zeigen ähnliche Verhältnisse wie die anderen Weizengetreide. Die Stärkekörner sind eingebettet in Klebereiweiß. Die Gerüstsubstanzen geben eine klare Struktur vor, die wiederum über die Keimung teilweise aufgelöst werden. Die Vermälzung des vorsichtig entspelzten Korns ist ähnlich der des Weizens, d.h. mit etwas niedrigerer Keimgutfeuchte als bei Gerste.

Die Malzanalysendaten sind nach Tab. 10.12:

Der Endvergärungsgrad liegt trotz einer normalen Verzuckerungszeit bei genügender α-Amylase-Aktivität und hoher Diastatischer Kraft relativ niedrig. Die Viskosität ist hoch. Nachdem auch der Eiweißlösungsgrad nur bei 33% liegt, hätte es einer intensiveren Keimung bedurft, um die Auflösung im Sinne einer guten Verarbeitungsfähigkeit zu beeinflussen.

Wie die Praxis zeigt, lassen sich aus Einkornmalz Würzen von normaler Zusammensetzung erzielen. Die Biere weisen eine sehr gute Schaumhaltigkeit auf und zeigen geschmacklich eine auffallend angenehme Rezens.

Abb. 10.37 Keimungsbilder von Einkorn.

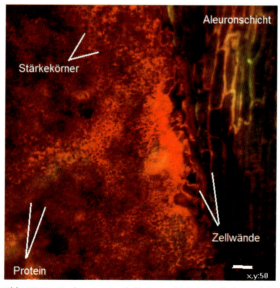

Abb. 10.38 Endosperm und Aleuronschicht von Einkornrohfrucht mittels CLSM.

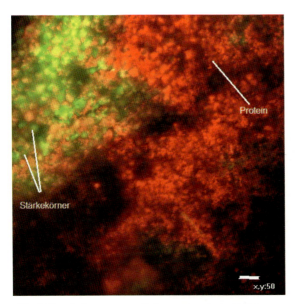

Abb. 10.39 Endosperm von Einkornmalz mittels CLSM.

Tab. 10.12 Malzanalysendaten von Einkornmalz [1204].

Extrakt % TrS	85,1
Verzuckerung min	10–15
Endvergärungsgrad %	71,3
Viskosität mPas	2,920
Eiweißgehalt % TrS	14,3
Eiweißlösungsgrad %	33,0
Lösl. N mg/100 g TrS	756
FAN mg/100 g TrS	119
Farbe EBC	3,5
Diastatische Kraft °WK	346
α-Amylase ASBC	27

10.1.7
Tetraploider Hartweizen (Kamut)

10.1.7.1 Allgemeines

Die tetraploiden Weizen der Emmer-Reihe besitzen schon 14 Chromosomenpaare und ein alloploides Genom, was sie als Hybriden ausweist. Von den Kulturarten bleiben nur beim Emmer die reifen Körner bespelzt. Die Übrigen hingegen sind Nacktweizen. Weizenfunde sind vereinzelt in Ausgrabungen von steinzeitlichen Schichten im Vorderen Orient und Mittelasien gemacht worden, wobei nicht vollständig geklärt ist, ob sie *T. durum* oder *T. aestivum* zuzuordnen sind. Die heutigen Anbaugebiete umfassen das gesamte Mittelmeergebiet über den Vorderen Orient und Mittelasien bis nach Indien sowie die Vereinigten Staaten [1210].

10.1.7.2 Vermälzung von Kamut

Die Keimbilder zeigt Abb. 10.40. Die Abb. 10.41 und 10.42 zeigen die beiden Stärkekörnergrößen von Hartweizen, die etwas vermindert, aber doch wie bei

Abb. 10.40   Keimungsbilder von Hartweizen.

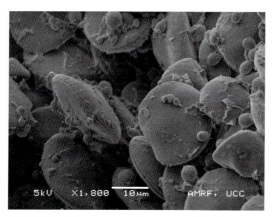

Abb. 10.41   Endosperm von Hartweizenrohfrucht.

Abb. 10.42   Endosperm von Hartweizenrohfrucht mittels CLSM.

dem anderen Weizengetreide von Klebereiweiß umgeben sind. Die großen Stärkekörner sind von einer äquatorialen Furche umgeben. Der Gesamtschnitt des Malzes (Abb. 10.43) deutet schon die vorangegangenen Lösungsvorgänge über die Keimung an, jedoch ist auch bei der CLSM- (Abb. 10.44) sowie REM-Aufnahme (Abb. 10.45) nur ein geringer Angriff der amylolytischen Enzyme zu verzeichnen. Bei den Mälzungsversuchen wurde der ursprünglich aus dem unteren Nilgebiet stammende tetraploide Nacktweizen Kamut verwendet. Kamut besitzt bemerkenswert lange Körner, die in der Mälzung eine ungleichmäßige Lösung zeigen. Dies ist aber eine Eigenschaft, die alle Hartweizen aufweisen, indem sie verlangsamt Wasser aufnehmen, obwohl sie unbespelzt sind. Infolge-

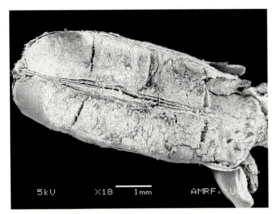

Abb. 10.43   Hartweizenmalz.

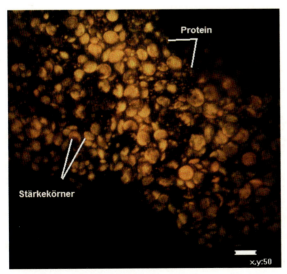

Abb. 10.44   Der Mehlkörper von Hartweizenmalz mittels CLSM.

Abb. 10.45   Endosperm des Hartweizenmalzes mit REM.

Tab. 10.13   Analysenwerte von Kamutmalz.

Extrakt a. TrS%	74,8
Verzuckerungszeit min	10–15
Viskosität mPas	1,732
Endvergärungsgrad %	69,7
Farbe EBC	2,0
Eiweißgehalt a. TrS %	15,9
Eiweißlösungsgrad %	31,3
Lösl. N. mg/100 g TrS	843
FAN mg/100g TrS	58
α-Amylase ASBC	21
Diastatische Kraft °WK	461

dessen war der Extraktwert der „Hartweizenmalze" niedrig, ebenso der Eiweißlösungsgrad, die Farbe und der Aminostickstoff. Die Vermälzung erfolgte nach standardisierter Weiche bei 13 °C Weich- und Keimguttemperatur, 47% Keimgutfeuchte und 7-tägiger Vegetationszeit [1204].

Die Malzanalysenergebnisse sind nach Tab. 10.13 wie folgt:

Der Extraktgehalt ist niedriger als bei den vergleichbaren Weizenabkömmlingen. Die Viskosität bewegt sich im Bereich von Weizenmalzen, doch ist der Endvergärungsgrad trotz sehr hoher diastatischer Kraft niedrig. Infolge des hohen Eiweißgehalts bringt der niedrige Eiweißlösungsgrad reichlich löslichen Stickstoff in die Würze ein. Ihm steht allerdings ein extrem niedriges Niveau an FAN gegenüber.

10.1.7.3 Verarbeitung zu Würze und Bier
Die Verarbeitung zu Würze und Bier war normal. Die Biere hatten einen eigenständigen obergärigen Charakter [1206].

10.1.8
Hafer (*Avena sativa* L.)

10.1.8.1 Allgemeines
Hafer (*Avena sativa* L.) entstand wahrscheinlich aus der Wildform A. *fatua* [1216]. Erste Funde in Mitteleuropa lassen sich auf die Bronzezeit zurückdatieren. Während Hafer im Mittelalter noch eine der wichtigsten Zerealien darstellte, steht er heute nur noch an sechster Stelle der Weltgetreideproduktion mit etwa 1% Marktanteil.

Wie auch bei der Gerste gibt es bespelzte Varietäten und Nacktgetreide. Die Anbaugebiete liegen zwischen 40–55° Nord und 20–40° Süd. In Gebieten, in denen ein feuchtes, nicht zu warmes Klima mit früher Möglichkeit zur Feldbestellung und nicht zu frühen Herbstfrösten herrscht, ist ein Anbau möglich [1216].

Hafer wurde im Mittelalter vielfach als Braugetreide verwendet [1217, 1218]. Verschiedentlich kam Hafermalz für billigere Biere zum Einsatz [1219, 1220]. Mit der Verkündung des Reinheitsgebotes 1516 durfte er in Bayern nicht mehr verbraut werden und geriet in Vergessenheit.

Der Zusatz von Hafermalz wurde aufgrund seines hohen Spelzengehaltes empfohlen, um der Maische eine offenere Textur zu vermitteln und damit eine rasche Würzefiltration zu ermöglichen [1197, 1219, 1221–1223]. Durch Verdünnung des Würzestickstoffs ergab sich eine bessere Vergärbarkeit [1222]. Hafer hat im Vergleich zu den anderen Zerealien etwas weniger Extrakt und lieferte „dünnere" Biere [1220]. Der Geschmack derselben war säuerlich, „trockener", verschiedentlich bitterer, so dass Hopfen eingespart werden konnte [1218]. Nachdem noch im 19. Jahrhundert die Neigung des Hafers zu trüben Bieren beschrieben wurde, begrenzte man den Anteil des Hafermalzes auf nur 9% zu 91% Gerstenmalz [1222]. Ebenso erschien der Hafer durch seinen hohen Protein-, Fett- und β-Glucangehalt zunächst wenig geeignet [1224], doch erbrachten Neuzüchtungen hier günstigere Werte, so dass er als Rohstoff für spezielle Biere sowie für funktionelle Getränke an Interesse gewinnt. Erwähnenswert ist auch sein geringeres enzymatisches Potential. Geeignete Sorten mit niedrigem β-Glucangehalten sind, z. B. Duffy [1225], Ivory und Typhon.

10.1.8.2 Zusammensetzung des Hafers
Sie ist wie folgt: Stärke 60–63%, N-freie Extraktstoffe 7,9%, Rohproteine 13–16% (N×6,25), Rohfett 5,5–8%, Rohfasern 1,2%, Rohasche 2,5% [1215, 1226].

Der Mineralstoffgehalt schlüssel sich auf in (mg/100 g): Calcium 54,5; Phosphor 548,0; Kalium 435,0; Magnesium 183,5; Mangan 4,6; Eisen 3,6; Zink 4,3 [1227].

Die wichtigsten Vitamine sind (mg/100 g): Thiamin 0,7; Riboflavin 0,18; Niacin 1,80; Pantothensäure 1,40; Pyridoxin 0,13 [1228].

Der Stärkegehalt macht 60–63% der Trockensubstanz aus. Bemerkenswert ist, dass der Fettgehalt der Haferstärke mit 1,2% viel höher ist als bei anderen Getreidestärken. Sie weist auch eine stärkere Quellung auf. Die Stärkekörner von Hafer sind klein, polygonal in der Form und kommen im Korn als Aggregate vor. Während das durchschnittliche Stärkekorn einen Durchmesser von 7–10 µm (3–12 µm) aufweist, haben die Aggregate einen solchen von 30–60 µm. Die Verkleisterungstemperatur der Haferstärken ist verhältnismäßig niedrig; so lagen 50% der Chargen bei ca. 55 °C [1229].

Der Proteingehalt liegt zwischen 11 und 16%. Das Haferprotein weist nur 10–15% Prolamin (Avenin) auf, der Globulingehalt liegt im Durchschnitt bei 55%, mit Schwankungen von 40–50%, sogar bis zu 70–80%, der Glutelingehalt durchschnittlich bei 20–25%. Die Albumine machen ca. 10% aus. Durch den hohen Globulingehalt wird dem Hafer-Eiweiß ein hoher Nährwert zugeschrieben. Besondere Bedeutung hat der hohe Lysingehalt der Globulinfraktion im Vergleich zu Prolamin und Glutelin [1230].

β-Glucan liegt in einer Menge von 7% vor, es ist in den äußeren Bereichen des Endosperms stärker konzentriert.

Hafer enthält 2,3mg/100 g an Tocopherolen, Naturstoffen mit Vitamin E-Charakter. Der Gehalt ist niedriger als bei Weizen und Gerste. Die antioxidative Aktivität ist relativ hoch; sie ist einer Reihe von phenolischen Verbindungen zuzuschreiben wie Kaffeegerbsäure, Ferulasäure und Estern von C_{26}- [1228] und C_{28}-Alkanolen [1201].

Das Tausendkorngewicht des Hafers liegt bei 28 g [1201].

Das Enzymmuster ist ähnlich dem der anderen Getreidearten.

10.1.8.3 Die Vermälzung des Hafers

In Deutschland ist ganz besonders auf die Gesundheit der Hafermuster zu achten sowie auf eine ausreichende Keimenergie. Im Ausland tritt man dem entgegen, indem Gibberellinsäure oder Wasserstoffperoxid verwendet wird. Das schlanke Haferkorn nimmt während des Weichens und der Keimung sehr schnell Wasser auf [1231], so dass eine kurze Weiche und anschließendes Aufspritzen im Keimkasten ausreicht, um den gewünschten Weichgrad zu erzielen [1232]. Die Haufenführung ist ähnlich wie bei Gerste, jedoch ist das Keimgut wegen der üppigen Spelzen lockerer. Im Rahmen von systematischen Getreide- und Pseudogetreideuntersuchungen wurden aktuelle Hafersorten auf ihre Mälzungseignung getestet [1233]. Für die Sorte Ivory ergab sich ein optimales Mälzungsprogramm mit 8 Vegetationstagen bei 46% Weichgrad und 17 °C Weich- und Keimtemperatur. Sehr ähnlich war das Programm für die Sorte Typhon, die sich nur in der ein Grad kälteren Haufenführung und dem um einen Prozentpunkt erhöhten Weichgrad unterschied. Folgende Malzmerkmale wurden für die Hafersorte Ivory erreicht (siehe Tab. 10.14)

Tab. 10.14 Malzmerkmale der Hafersorte Ivory.

Mälzung Vegetationstage [d]/Weichgrad [%]/Temperatur [°C]	8/46/17
Extrakt wfr.	74,8
EVG %	80,7
Eiweiß %	12,5
ELG wfr. %	38,0
Lösl. N mg/100 g MTrS	789
FAN %	149
Viskosität (KW) mPa×s	1,467
Viskosität (65°C-Würze) mPa×s	1,589
β-Glucan (KW) mg/l	12
β-Glucan (65°C-Würze) mg/l	107

Die Merkmale für Typhon waren ähnlich. Beide Malze zeigten jedoch nur einen kleinen Bereich des Sortenspektrums auf. Bemerkenswert waren die Unterschiede in den cytolytischen Merkmalen der Kongresswürze und 65-°C-Maische. Da bei beiden Sorten die Viskosität bei der isothermen Rast auf 65 °C anstieg, liegt der Schluß nahe, dass auch Hafer eine Art β-Glucansolubilase besitzt. Zumindest wirkt auf dieser Temperaturstufe ein cytolytisch wirksames Enzym, möglicherweise auch eine Arabinoxylansolubilase.

Abbildung 10.46 zeigt einen Längsschnitt durch ein Haferkorn. Gut zu sehen sind die Basalborsten und die Bauchfurche, die zu zwei Drittel in das Endosperm hineinragt. Die Stärkekörner des Endosperms sind noch völlig unangegriffen von den amyloytischen Enzymen (s. Abb. 10.47), wobei vorrangig eine Stärkekorngröße zu erkennen ist. Die kleineren Partikel in Abb. 10.47 konnten als Reserveeiweiß mittels der CLSM identifiziert werden (s. Abb. 10.48).

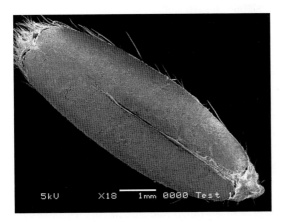

Abb. 10.46 Längsschnitt durch ein ungemälztes Haferkorn mittels REM.

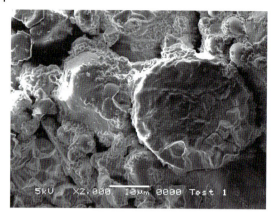

Abb. 10.47 Stärkekörner der Haferrohfrucht in der Nähe des Keimlings.

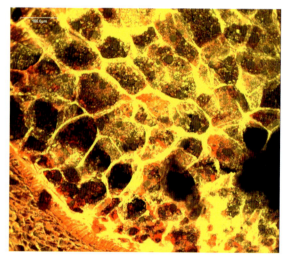

Abb. 10.48 Das Endosperm der Haferrohfrucht mit Epithelzellen (unten links).

In der Abb. 10.48 sind die fluoreszenzmarkierten Regionen des Endosperms gut sichtbar. Die β-glucanreichen Zellwände sind gelb gefärbt und hier besonders stark bei dieser Hafersorte auffällig. Die Reserveproteine sind rot gefärbt, die sich um die grünen oder dunkel gefärbten Stärkekörner fügen.

Hafer zeigt nach der Mälzung, trotz ideal ausgearbeiteter Mälzungsparameter, nur eine moderate Lösung seiner Inhaltsstoffe auf. In Abb. 10.49 ist ein Längsschnitt durch ein Hafermalzkorn zu sehen, welches sich schon durch die Anlösung schwieriger schneiden ließ (entsprechend die senkrecht zur Bauchfurche entstandenen Brüche). Es ist über dem gesamten Endosperm ein gleichmäßiges Bild entstanden, was auch die Detailaufnahmen aus dem Endosperm mit confo-

Abb. 10.49 Längsschnitt durch ein Hafermalzkorn.

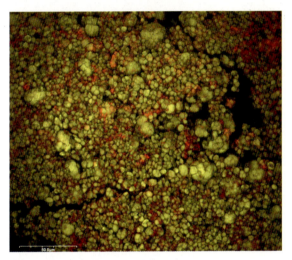

Abb. 10.50 Endosperm von Hafermalz.

calem laser scanning microscopy (CLSM, Abb. 10.50) und Rasterelektronenmikroskop (REM, Abb. 10.51) darlegen.

In Abb. 10.50 ist wieder der Bruch durch den Schnitt zu erkennen, der aber nicht durch die Mälzung entstanden ist. Die Körner haben eine sehr gleichmäßige Größe und wurden nur wenig enzymatisch angegriffen, was auch die REM-Aufnahme in Abb. 10.51 unterstreicht.

Das Keimungsbild des bespelzten Hafers ist dem der Gerste sehr ähnlich (Abb. 10.52). Nach zwei Weich- und Keimtagen spitzen die ersten Wurzelkeime,

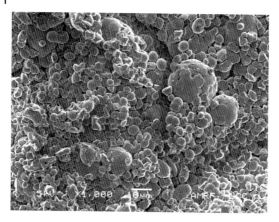

Abb. 10.51 Das Endosperm von Hafermalz.

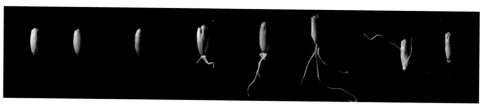

Abb. 10.52 Keimungsbilder von bespelztem Hafer von der Rohfrucht bis zum entkeimten Darrmalz.

welche sich einen Tag später gabeln. Der Blattkeim schiebt sich unter der Spelze in entgegengesetzter Richtung vor. Zu Ende der Keimung haben die Wurzeln etwa die dreifache Länge des Kornes erreicht und der Blattkeim etwa dreiviertel bis ganze Länge des Kornes. Das gedarrte und entkeimte Malz zeigt am Austritt des Wurzelkeims die typische Vergröberung.

10.1.8.4 Verarbeitung zu Würze

Würzen aus 100% Hafermalz sind vergleichbar mit Gerstenmalzwürzen. Durch den hohen Spelzengehalt muss aufgrund der hohen Verdrängung der Schüttungsanteil verringert werden. Vorteilhaft ist aber dadurch eine äußerst schnelle Abläuterung, so dass Anteile an Hafermalz, bezüglich der Spelzenanteile, durchaus als Läuterhilfe eingesetzt werden können [X10]. Die Würzen unterschieden sich hauptsächlich durch erhöhte Gehalte an Zink (bis 0,6 mg/l), β-Glucan und Tryptophan [1234, 1235].

10.1.8.5 Bier

Die Biere weisen einen hafertypischen Geschmack auf und zeigen ein gutes Reduktionsvermögen.

Biere mit einem hohen Haferanteil neigen zu ausgeprägten stabilen Trübungen. Es ist daher nicht ohne weiteres möglich, ein glanzfeines Haferbier herzustellen. Andererseits ist die Verwendung von Hafermalz zur Verbesserung der Trübungsstabilität trüber obergäriger Biere auch innerhalb des Reinheitsgebotes denkbar [1197].

10.1.9
Kleinkörnige Hirsen

In Abgrenzung zu Sorghumhirse (Sorghum), die jedoch botanisch eher dem Mais oder dem Zuckerrohr zuzuordnen ist (s. Abb. 10.1), werden die kleinkörnigen Hirsen von der Food and Agriculture Organisation (FAO) unter dem Sammelbegriff „Millets" geführt [1236]. Hierunter werden eine Vielzahl von Hirsen gerechnet, wobei aber nur die für die Bierherstellung wichtigsten nachfolgend kurz behandelt werden.

10.1.9.1 Perlhirse (*Pennisetum glaucum* (L.) R. Br.)

Die Perlhirse entwickelte sich ursprünglich in Westafrika, wo auch die ältesten datierten Funde herstammen (1000 v. Chr. Mauretanien). Mit einer Anbaufläche von 26 Mio. ha ist sie die wirtschaftlich bedeutendste kleinkörnige Hirseart. Sie wird vorrangig in Afrika südlich der Sahara angebaut. Ihre bevorzugten Jahresniederschläge zwischen 200 bis 600 mm machen sie zu der dürretolerantesten Getreideart überhaupt [X30].

Perlhirsemalz wird in einigen afrikanischen Staaten für „Opaque Beers" verwendet. Die Keimung ist nach 24 Stunden weitgehend abgeschlossen. In verschiedenen Untersuchungen wurde in Perlhirsemalz eine ähnlich hohe β-Amylasen-Aktivität wie in Sorghummalz gefunden [1237]. Optimale Mälzungsbedingungen wurden bei Sortenversuchen mit 25–30 °C und 3–5 Tagen Keimzeit ermittelt [1238]. In Malawi ist Perlhirserohfrucht die Grundlage eines lokalen Bieres [1239].

10.1.9.2 Kolbenhirse (*Setaria italica* (L.) P. Beauv.)

Das Ursprungsgebiet der Kolbenhirse ist China. Dortige Funde deuten auf einen Anbau von vor 7000 bis 8000 Jahren hin. In Deutschland gab es Anbaugebiete, wie im Rheinland und Ostdeutschland, die aber bis Anfang des 20. Jh. völlig verdrängt wurden. Wichtigster Kolbenhirseproduzent ist heute China [1237].

Auffallend in der Vermälzung ist die verglichen mit anderen Arten lange Keimzeit, die häufig zu einem inhomogenen Gut führt. Ansonsten zeigt die Kolbenhirse ein sehr ähnliches Verhalten wie die Rispenhirse.

10.1.9.3 Foniohirse (*Digitaria exilis*)

Fonio hat ein sehr kleines Korn mit 0,5 g TKG. Es ist das älteste ursprüngliche afrikanische Getreide. Sein vermuteter Ursprung und das noch heutige Hauptanbaugebiet liegen in den trockenen Savannen Afrikas. Foniohirse toleriert sehr vielfältige Anbauregionen mit jährlichen Niederschlägen zwischen 400 und 3000 mm. Opaque beers werden aus Foniorohfrucht in Togo und Nigeria gebraut. In einer Studie wurde der hohe Mälzungsschwand bei der Foniomalzbereitung bemängelt. Ein Zumischen zu anderen Hirsemalzen ergab ein ansprechendes Bier [1240]. Nach umfassenden Sortenversuchen wurden die günstigsten enzymatischen Malzparameter nach vier Tagen Keimung und Temperaturen um die 30 °C gefunden. Um das Schimmelwachstum zu unterbinden, wurde das Weichwasser mit Formaldehyd versetzt, eine Technik, die häufig für Getreide der Tropen und Subtropen angewendet wird, da sie schon während der Regenzeit gesät werden und somit der Keimdruck besonders hoch ist. Die Abdarrtemperatur liegt, wie bei vielen Hirsen üblich, nicht über 50 °C [X34], selten bei 60 °C. Dies sind zumindest die Darstellungen aus den Publikationen. Probleme mit DMS wurden nie berichtet, aber auch selten gemessen. Versuche mit *P. miliaceum* zeigten jedoch, dass einerseits durchaus ein DMS-Potenzial vorliegt und andererseits eine schonende Schwelke höhere Darrtemperaturen zulässt, ohne die Enzyme zu stark zu schädigen [1236].

10.1.9.4 Teff (*Eragrostis tef* (Zucc.) Trotter)

Die ältesten Hinweise auf Teff sind etwa 5650 Jahre alt. Der Name stammt von der geringen Größe der Körner (0,3–0,4 g TKG) und bedeutet auf amharisch, der Amtssprache Äthiopiens, „verlustig gehen". Die Art dürfte in Äthiopien erstmals domestiziert worden sein. Das Hauptanbaugebiet ist auch heute noch Äthiopien und Eritrea mit Hochlandlagen zwischen 1700 und 2800 m und 300 bis 2500 mm/a Niederschläge. In diesen Ländern wird auch Teffrohfrucht oder ungesäuertes Teffbrot für die Bereitung von „Opaque Beers" verwendet [1237, 1241].

Die chemische Zusammensetzung von Teff ist wie folgt: Kohlenhydrate 73%, Proteine (N×6,25) 11% (9,4–13,3%), Rohfaser 3% (2–3,5%), Fett 2,5% (2,0–3,1%), Asche 2,8% (2,66–3,0%).

An Mineralstoffen und Spurenmetallen sind gegeben (mg/100 g): Calcium 165,2; Magnesium 169,8; Chlorid 13, Eisen 5,7; Zink 4,8; Chrom 0,25; Kupfer 2,6; Mangan 3,0.

Die Proteine verteilen sich nach den Osborne-Fraktionen in %:

Albumine	36	(24–39)
Globuline	18	(7–34)
Prolamine	10	(3–13)
Gluteline	40	(28–42)

Der Lysingehalt ist höher als bei anderen Getreidearten; Vitamin B_1 mit 0,2 mg/100 g jedoch niedriger. Ferner sind gegeben: Vitamin C, Riboflavin, Vitamin A und Niacin.

Bei den Fetten ist zu erwähnen, dass Linolsäure (C18:2) 44% der Gesamtlipide ausmacht [1242, 1243].

Die Abb. 10.53 und 10.54 zeigen die Struktur eines Teffkorns. Das rasterelektronenmikroskopische Bild wurde in einer anderen Achse geschnitten, so dass nur in der Abb. 10.54 der große Keimlingsbereich zu sehen ist. Dominant ist das stärkereiche Endosperm, dessen einzelne Segmente von Reserveproteinen und Zellwandsubstanzen abgegrenzt sind. In dem Endosperm sind nur Stärkekörner einer Größe vorzufinden, die sehr kompakt gepackt sind (s. Abb. 10.55).

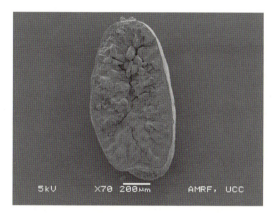

Abb. 10.53 Längsschnitt durch ein ungemälztes Teffkorn mittels REM.

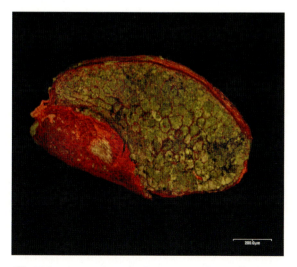

Abb. 10.54 Längsschnitt durch ein ungemälztes Teffkorn mittels CLSM.

Abb. 10.55 Detailaufnahme des Teffendosperms.

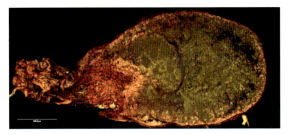

Abb. 10.56 Längsschnitt durch ein Teffmalzkorn.

Trotz seiner geringen Größe lässt sich Teff problemlos vermälzen. Das angefärbte Teffmalzkorn in Abb. 10.56 zeigt neben dem angelösten Endosperm (s. a. Abb. 10.57) noch Teile des proteinreichen Wurzelkeims. Eine Abtrennung ist notwendig, da in dem Wurzelkeim unangenehm bitternde Substanzen vorliegen. In Abb. 10.58 ist die Keimlingsentwicklung von einem Teffkorn über vier Vegetationstage aufgezeichnet. Voraussetzung für eine mögliche Vermälzung ist, dass die Anlagenbauteile, wie Hordenbleche und Entkeimer, den kleinen Korndurchmessern angepasst oder Siebe eingesetzt wurden. Optimale Mälzungsbedingungen wurden mit 24 °C Weich- und Keimtemperatur, 48% Weichgrad und vier Tagen Vegetationszeit gefunden [1244]. Die resultierenden Malze der untersuchten vier Sorten (Ivory, Dessi, und Sirgaynia in Tab. 10.15) hatten eher niedrige Endvergärungsgrade, die Sorte Brown jedoch 79,1% [1245]. Und dies bei ansonsten niedrigen Amylasenaktivitäten, wobei die Grenzdextrinasenaktivität höher als bei der Gerste ausfiel. Die im Vergleich niedrigen Extraktgehalte sind auf das noch nicht optimierte Maischverfahren zurückzuführen, welches die Grenzdextrinasen stark betonen müsste. Die vier untersuchten Sorten zeigten ihre Unterschiede vorrangig im proteolytischen und cytolytischen Bereich. Die Farben variierten um das Doppelte und die Viskosität hatte bei der Sorte Dessie auf 2,782 mPa×s den höchsten Wert und bei Brown mit 1,592 mPas den niedrigsten Wert der Versuchsreihe.

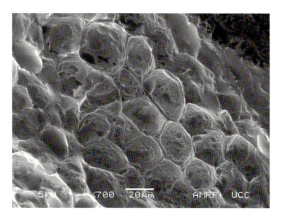

Abb. 10.57 Detailaufnahme des Endosperms eines Teffmalzes.

Abb. 10.58 Keimungsbilder von Teff von der Rohfrucht bis zum entkeimten Darrmalz (die Abbildung ist zehnfach vergrößert im Vergleich zu all den anderen Keimungsbildern).

Tab. 10.15 Malzmerkmale der Teffsorten Dessie, Ivory, Sirgaynia und Brown.

Analysenbezeichnung	Einheit	Teff Rohfrucht	Teff Malz 4 Tage/24°C/48 % WG			
			Dessie	Ivory	Sirgaynia	Brown
Extrakt	%, wfr.	k. A.	52,1	63,6	51,5	60,4
Vergärungsgrad scheinbar	%	k. A.	69,1	71,5	71,6	79,1
α-Amylasenaktivität	U/g	1	84	71	43	37
β-Amylasenaktivität	U/g	13	187	261	196	265
Grenzdextrinasenaktivität	U/kg	294	1062	792	1064	936
DMSP	mg/kg	k. A.	5,9	5,2	5,7	4,6
Farbe	EBC	k. A.	10,1	4,1	5,7	4,6
ELG	%	k. A.	39,0	26,9	30,8	22,3
FAN	mg/100 ml	k. A.	285	149	172	99
Viskosität	mPa×s	k. A.	2,782	1,784	2,099	1,592
Verkleisterungstemperatur	°C	k. A.	64,6	64,6	65,0	65,5

10.1.9.5 Fingerhirse (*Eleusine coracana* (L.) Gaertn.)

Die ältesten Funde von Fingerhirse sind auf 3000 v. Chr. datiert im heutigen Zentralsudan. Dort fand auch u. a. die Domestikation statt. Weltweit größter Fingerhirseproduzent ist Indien. In Kenia werden aus Fingerhirsenmalz und Maisrohfrucht „Opaque Beers" gebraut. Sortenversuche wurden durchgeführt, um tanninarme und amylasereiche Fingerhirsen zu selektieren [1237]. Hiervon konnten manche Sorten eine β-Amylase-Aktivität wie Gerstenmalz erreichen.

10.1.9.6 Rispenhirse (*Panicum miliaceum* L.)

Der Ursprung dieser Getreideart wird in Nordchina vermutet [1246]. Dort war sie bis zur Einführung von Gerste und Weizen die wichtigste Getreideart. Seit dem Mittelalter breitete sich die Rispenhirse bis nach Mittel- und Westeuropa aus, wo sie jedoch seit Einführung der Kartoffel an Bedeutung verloren hat [1247]. Die spärlichen Anbauflächen in Deutschland verschwanden bis zum Ersten Weltkrieg fast vollständig. Es bestehen aber vereinzelt Bemühungen, diese Art wieder in Deutschland anzupflanzen. Die Rispenhirse ist in ariden und semiariden Gebieten weit verbreitet. Als Wärme und Licht liebende Kurztagpflanze besitzt sie eine hohe Trockenheitsresistenz. Im Vergleich zu Gerste und Weizen hat sie weniger Ansprüche an den Boden [1248].

Die chemische Zusammensetzung von Rispenhirse ist wie folgt: Kohlenhydrate 69,8 %, Eiweiß 6–16 %, (N×6,25), Fett 4,1–9,0 % und Mineralstoffe 1,5–4,2 %.

In dem Längsschnitt in Abb. 10.59 ist besonders das zweiteilige Endosperm und das kräftige Perikarp auffällig.

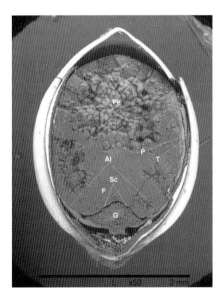

Abb. 10.59 Längsschnitt durch ein Rispenhirsekorn. Al = Aleuronschicht, F = mehliges Endosperm, G = Keimling, P = Perikarp, Pe = peripheres (gläsernes) Endosperm, Sc = Scutellum, T = Testa.

Rispenhirse besitzt drei verschieden große Stärkekörner (Abb. 10.60 und 10.61), wobei die kleinsten die beiden größeren Typen umschließen. Die Rispenhirse hat kleine Korndurchmesser, sodass bei der Keimung der Mehlkörperinhalt schnell verbraucht wird. Aufgrund ihrer verhältnismäßig dicken Spelze erfolgt die Wasseraufnahme durch das Korn relativ langsam. Weichgrade über 44% und Temperaturen von 22 °C erwiesen sich als eine günstige Haufenführung. Die Vermälzung ist somit nach fünf Vegetationstagen abgeschlossen [1249, 1250]. Entscheidend für die kleinen vermälzten Körner (s. Abb. 10.62) ist, dass nach der Darre die Wurzelkeime abgetrennt werden können, da ansonsten ein

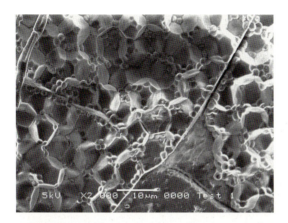

Abb. 10.60 Detailaufnahme aus dem stärkereichen Endosperm der Rispenhirse.

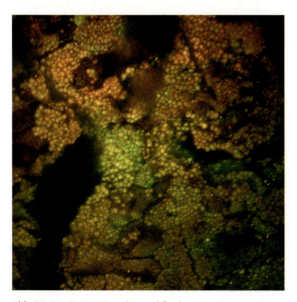

Abb. 10.61 CLSM Rispenhirserohfrucht.

zu bitterer Geschmack übertragen wird. Der Blattkeim hingegen ist unter dem Perikarp eingebettet, was in Abb. 10.63 gut zu erkennen ist. Ebenso ist in dieser Abbildung gut zu erkennen, dass die mehligen und gläsernen Zonen des Endosperms aufgrund der gleichmäßigen amylolytischen Lösung nicht mehr deutlich zu unterscheiden sind. Das Rispenhirsemalz zeigte selbst nach dem Standardmälzungsverfahren eine vollständige Verzuckerung, wie auch einen akzeptablen Endvergärungsgrad. Zu beachten ist der geringe Korndurchmesser mit 2–3 mm, der zwar nicht dazu führt, dass die Rispenhirse durch die herkömmlichen Hordenbleche schlüpft, jedoch die Schüttungshöhe um gut ein Drittel verringert. Bei intensiver Sortenauswahl zeichnete sich die braune Wildform als günstigste Sorte ab, gerade auch da sie in Mitteleuropa leicht verfügbar ist. Abdarrtemperaturen von 80 °C hinterließen immer noch eine ausreichende amylolytische Enzymaktivität (s. Tab. 10.16). Bemerkenswert ist, dass der Stärkeabbau weniger von der α- und β-Amylase, sondern von Grenzdextrinasen und wahrscheinlich auch von Amyloglucosidasen abhängig ist (die entsprechende Wirksamkeit ist an den vielen Löchern in den Stärkekörnern in Abb. 10.64 zu erkennen). Bei der Würzebereitung erfährt das Maischprogramm eine Betonung der Rasten bei 40 bis 55 °C bei gleichzeitiger Säuerung auf einen pH von 5,2. Bei der Herstellung sind sekundäre Kontaminationen seitens in glutenreicher

Abb. 10.62 Keimungsbilder von Rispenhirse von der Rohfrucht bis zum entkeimten Darrmalz.

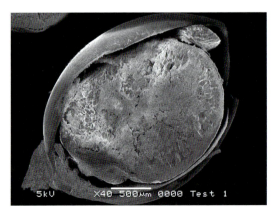

Abb. 10.63 Längsschnitt durch ein Rispenhirsemalz.

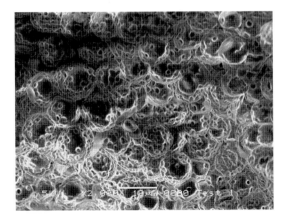

Abb. 10.64   Stark angegriffenes Endosperm von Rispenhirsemalz.

Tab. 10.16   Merkmale von Rispenhirsemalz.

Merkmale	Einheit	Rispenhirsemalz
Extrakt	%, TrS	64,1
Viskosität (8,6%)	mPa×s	1,529
Farbe	EBC	5,2
Eiweiß	%	11
löslicher N	mg/100 g	786
ELG	%	39,5
FAN	mg/100 g	219
α-Amylasenaktivität	U/g	124
β-Amylaseaktivität	U/g	107
Grenzdextrinasenaktivität	U/kg	2073
EVG	%	74,3
Verkleisterungstemperatur	°C	67,1

Würze geführter Hefe oder glutenreicher Malzmehlstaub in der Schrotmühle zu vermeiden. Umfangreiche Versuche konnten zeigen, dass mit diesem glutenfreien Getreide [1251] problemlos verschiedene Biersorten hergestellt werden können [1252–1254]. In Deutschland ist zwar eine Obergärung, für Malze aus anderen Getreidearten als Gerste, verpflichtend, trotzdem konnten ebenfalls ansprechende untergärige Biere hergestellt werden [1255].

10.1.10
Mais (*Zea mays* L.)

10.1.10.1 Allgemeines
Mais ist die größte aller Getreidearten bezüglich Wuchs und Korn und erreicht ein Tausendkorngewicht bis 240 g. Älteste Reste von Mais wurden in Mexiko

auf 5000 v. Chr. datiert, wobei über die Urform des Maises bis heute noch keine Einigkeit herrscht. Teosinte ist eine der möglichen Varianten. Inzwischen steht der Mais in der Weltproduktion an dritter Stelle und wird in sehr vielen Ländern angebaut. Mais zeigt heute eine Vielzahl an Varietäten, die je nach Stärkeeigenschaft in folgende Gruppen eingeteilt werden können: Zahn-, Hart-, Zucker-, Puff-, Wachs-, Stärke- und Spelzmais [1210].

10.1.10.2 Zusammensetzung

Die Zusammensetzung von Mais ist die Folgende: Wassergehalt 12,5%, Kohlenhydrate 64,2%, Gesamt-N% 1,47%=Proteingehalt 9,2%, Fett 3,8 (3,2–4,3)%, Faserstoffe 9,7%, Mineralstoffe 1,3%. Diese lassen sich aufschlüsseln in (mg/ 100 g TrS.): Kalium 294; Natrium 6; Calcium 8,3; Magnesium 91; Mangan 0,41; Eisen 1,5; Kupfer 0,24; Zink 1,7; Phosphor 213; Chlorid 12.

Vitamine (mg/100 g): Tocopherole 6,6; Vitamin B_1 0,36; Vitamin B_2 0,20; Nicotinamid 1,5; Pantothensäure 0,65; Vitamin B_6 0,40.

Von den Fettsäuren überwiegt die Linolsäure [1256].

Mais wird hauptsächlich als Malzersatzstoff in Rohfruchtform bei der Bierbereitung eingesetzt, wobei hier auf eine ausreichende Abtrennung des Keimlings geachtet werden muss, um so wenig Fett wie möglich in den Bierbereitungsprozess einzubringen. Der Keimling, der 5 bis 14% des Maiskorngewichtes ausmacht [1257] enthält etwa 85% des Öls [1258]. Er ist auch in der Abb. 10.65 deutlich in das Endosperm ragend zu sehen. Die beiden Detailaufnahmen aus dem Endosperm zeigen die dicht gepackten Stärkekörner einer relativ einheitlichen Größe, die von wenig Proteinen umgeben sind und von wabenähnlichen Zellwandsubstanzen in den stärkeführenden Zellen strukturiert sind (Abb. 10.66 und 10.67).

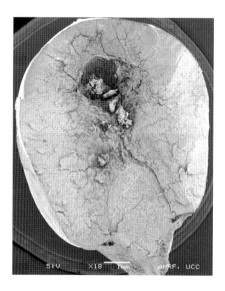

Abb. 10.65 Maisrohfrucht im Gesamtschnitt mit REM.

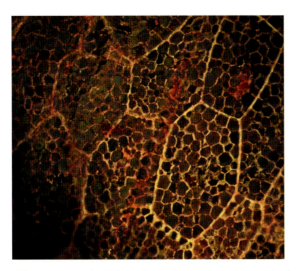

Abb. 10.66 Detailaufnahme des Endosperms von Maisrohfrucht mittels CLSM.

Abb. 10.67 Detail des Endosperms der Maisrohfrucht mit REM.

Maismalz kann als Backhilfsmittel, bei der Bierbereitung und bei der Whisky-herstellung Verwendung finden. Der hauptsächliche Zweck des Vermälzens von Mais liegt wiederum in der Enzymsynthese und in den enzymatisch katalysierten Transformationsprozessen im Getreidekorn.

10.1.10.3 Vermälzung
Der Einfluss der Maissorte auf die Malzeigenschaften wurde eingehend untersucht [1259]. Dabei wurden für die gelbkörnige nigerianische Sorte *Farz yellow* eine geringere diastatische Kraft und geringere Mälzungsverluste als bei der weißkörnigen Sorte *Farz white* gefunden, wobei der Proteingehalt der Mais-

körner der gelbkörnigen Sorte geringer war als der Proteingehalt der Mais-
körner der weißkörnigen Sorte. Der Vergleich der indischen Maissorten Vijay
(gelbkörnig) und MS1 (weißkörnig) zeigte, dass die gelbkörnige Sorte Vijay
höhere Mälzungsverluste, einen niedrigeren Eiweißlösungsgrad und eine geringere α-Amylaseaktivität als MS1 aufweist [1260]. Die diastatische Kraft der nigerianischen Maissorten wurde mit der Methode der Fehlingschen Lösung bestimmt und schwankte je nach Vorgehensweise zwischen 8° und 28°IOB, während die mit der AOAC-Methode gemessene diastatische Kraft der indischen
Maissorten je nach Verfahrensweise zwischen 7° und 28°L lag. Die Maismalz-
sorten *Terciopelo* und *Rojo Huarosanta* der aus Huaráz in Peru stammenden Sor-
tengruppe *Cancha* erreichten eine diastatische Kraft von bis zu 120°L [1261]. In
einer Untersuchung von 100 nigerianischen Maissorten wird von α-Amylaseakti-
vitäten im Maismalz zwischen nahezu nicht nachweisbarer α-Amylasenaktivität
mit Werten unter 2 U pro g Protein und Werten von über 130 U pro g Protein
berichtet [1262]. Bei der β-Amylaseaktivität schwankten die Werte zwischen
7 U pro g Protein und 130 U pro g Protein, wobei die enzymstarken Sorten sowohl weißkörnigen als auch gelbkörnigen Mais und die Erscheinungsformen
indurata, dentiformis, microsperma und *amylacea* beinhalteten. Ein Zusammenhang zwischen dem Erscheinungsbild der Körner und den Enzymaktivitäten
konnte jedoch nicht gefunden werden. Auch die Wasserempfindlichkeit und damit die optimalen Weichbedingungen sind sortenabhängig [1260]. Eine indische
Maissorte entwickelt bei einer Keimtemperatur von 25 °C und nach einer Weichdauer von 30 Stunden ein Maximum der α-Amylaseaktivität zwischen dem dritten und vierten Keimtag nach Weichende [X57], während anhand einer Untersuchung 100 nigerianischer Maissorten nach einer 65-stündigen Weiche (abwechselnd sechs Stunden Nassweiche und drei Stunden Trockenweiche) bei
27 °C und feuchtegesättigter Luft am dritten Tag nach der Weiche eine höhere
α-Amylaseaktivität festgestellt wurde als am fünften Tag nach der Weiche [1262].
Die β-Amylaseaktivitäten einiger Sorten, die sich durch hohe β-Amylasenaktivi-
täten beschreiben ließen, stiegen vom dritten zum fünften Keimtag nach
Weichende noch weiterhin an, während β-amylolytisch schwache Sorten vom
dritten zum fünften Tag hin bereits wieder eine Verringerung derselben zeigten
[1260]. Eine Erhöhung der α-Amylaseaktivität wird bei Zugabe von Gibberellinsäure (2 ppm) erreicht, wie auch eine Vorbehandlung der Körner mit Natrium-
hydroxid 0,05 N (4-stündiges Einweichen) α-Amylaseaktivität und die diastatische Kraft deutlich erhöht [1260].

Das Darren des Maismalzes zu Versuchszwecken wird oft 24 Stunden lang
unter ständiger Luftzufuhr bei 45–50 °C durchgeführt (vgl. [1259, 1260, 1262,
1263]. Nur wenige Forschergruppen wenden höhere Abdarrtemperaturen an
[1263]. Der DMS-P-Gehalt war bei 80 °C abgedarrten Maismalzen für fünf Sorten SUM 1487: 10 mg/kg, für die Sorte SUM 1716: 8,9 mg/kg, für die Sorte
SUM 1849: 18,8 mg/kg, für die Sorte SUM 1850: 5,3 mg/kg und für die Sorte
SUM 1961: 3,5 mg/kg, wobei der Richtwert für hell abgedarrtes Gerstenmalz
mit 5–7 mg/kg angegeben wurde (s. Abschnitt 9.1.7.4).

Eigene Untersuchungen zeigten, dass zum Vermälzen von Mais Temperaturen von etwa 28 °C und bis zu zwei Tage längere Vegetationszeiten benötigt werden, um ein gleichmäßiges Keimbild (s. Abb. 10.68) zu erhalten. In den Abb. 10.69 bis 10.71 ist deutlich die Auflösung der vormaligen Struktur zu erkennen. Einige Stärkekörner sind von den amylolytischen Enzymen angegriffen; zu er-

Abb. 10.68 Keimungsbilder von Mais.

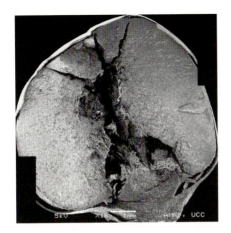

Abb. 10.69 Maismalzkorn mit REM.

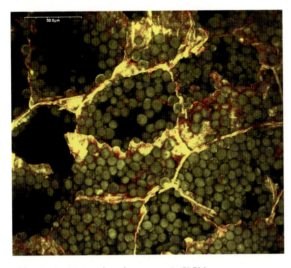

Abb. 10.70 Maismalzendosperm mit CLSM.

Abb. 10.71   Detail des Maismalzendosperms mit REM.

Tab. 10.17   Merkmale von Maismalz.

Merkmale	Einheit	Maismalz 6 d/43% WG/30°C
Extrakt	%, TrS	77,4
Viskosität (8,6 %)	mPa×s	1,335
Farbe	EBC	10
Rohprotein	%	12,6
löslicher N	mg/100 g	669
ELG	%	33,2
FAN	mg/100 g	214
α-Amylasenaktivität	U/g	50
β-Amylaseaktivität	U/g	31
Grenzdextrinasenaktivität	U/kg	280
EVG	%	61,0
Verzuckerungszeit	min	<60

kennen bei den CLSM-Bildern an den eingefallenen Oberflächen und auf den REM-Bildern an den Löchern in den Stärkekörnern, die oftmals äquatorial verdichtet auftreten. Es steigen hier aber neben der Diastatischen Kraft und der Extraktausbeute auch der Mälzungsschwand und die Gefahr der Schimmelbildung an. Bis auf den Gehalt an freien Aminosäuren sind die Werte verglichen mit Gerstenmalz deutlich ungünstiger [1204], wie auch in der Literatur beschrieben [1259]. Die Resultate dieser Versuchsreihen sind in Tab. 10.17 aufgelistet.

10.1.10.4 Verarbeitung von Maismalz, Beschaffenheit von Maismalzbieren

Dadurch, dass Maismalz nur sehr wenig α- und β-Amylasen sowie Grenzdextrinasenaktivität besitzt (s. Tab. 10.17), jedoch nach ausgiebiger Rast in der Kongresswürze verzuckerte, muss ein ausgedehntes Maischverfahren mit geringer Schüttung angewandt werden. Die Maischversuche mit und ohne Zugabe teilweise spezifischer Amylaseinhibitoren ließen darauf schließen, dass die Aktivität der α-Amylasen in verdünnter Maische offenbar im Temperaturbereich zwischen 55 °C und 65 °C am stärksten ist. Die β-Amylasen des Maises wirken im Temperaturbereich zwischen 50 °C und 60 °C am stärksten und werden bei etwa 65 °C bereits thermisch inaktiviert. Es konnten Anzeichen für eine mögliche Phosphorylasenaktivität und bzw. oder Maltasenaktivität im Temperaturbereich um 45 °C sowie für eine mögliche Maltasenaktivität im Temperaturbereich zwischen 55 °C und 65 °C gefunden werden. Eine Säuerung der Maische auf pH 5 mit Milchsäure führt offenbar im Temperaturbereich bis 56 °C zu einer weitergehenden Verzuckerung. Bei höheren Temperaturen konnte dieser Effekt nicht beobachtet werden.

Die aus Maismalz hergestellten Biere hatten einen sehr eigenständigen Charakter, der zweifelsfrei vom Mais stammt. Dies rührt von Aromen her, welche auch in anderen Maislebensmitteln für einen typischen Geruch und Geschmack sorgen.

10.1.11
Reis (*Oryza sativa* L.)

10.1.11.1 Allgemeines
Nach dem Weizen ist der Reis die wichtigste Nutzpflanze der Erde. Die ältesten Belege von kultiviertem Reis kommen aus dem heutigen Südchina von vor etwa 7000 Jahren. Hauptanbauländer sind allen voran China und Indien sowie weitgehend alle asiatischen Länder und Brasilien. Wie in Abb. 10.1 ersichtlich, gehört die Gattung Oryza ebenso wie Gerste, Weizen und Hirse zu den Poaceae. Die Gattung Oryza umfasst 25 Arten, von denen aber nur zwei erfolgreich und dauerhaft unter Kultur genommen wurden. Die eine ist die afrikanische Art *Oryza glaberrima* Steud., die auf das Nigergebiet beschränkt ist. Von der anderen, erfolgreicheren asiatischen Art *Oryza sativa* L. sind heute etwa 120 000 Varietäten bekannt [1264]. Jedoch ist sie in einem neuen Zuchtprogramm mit ihrer afrikanischen Verwandten zu dem afrikanischen Hoffnungsträger NERICA (New Rice of Africa) gekreuzt worden [1265]. Reis ist eine sehr anpassungsfähige Pflanze. So gibt es bestimmte Varietäten, die sowohl für den Trockenanbau (Bergreis) geeignet sind als auch im Nassanbau gedeihen. Nassreis-Sorten hingegen sind nicht für den Trockenanbau geeignet. Der Fettgehalt kann, neben dem sowieso wichtigen Polieren der Frucht, durch wiederholtes Waschen des Reises vermindert werden. Dies führt zu einer Abnahme der Fettabbauprodukte γ-Nonalacton und 1-Hexanol. Beide Aromakomponenten, die aus noch nicht vollständig geklärten Gründen erst nach der Fermentation auffällig in Erscheinung treten, sind als Sortenmerkmal für Reis beschrieben worden [1266]. Wenn in der Praxis sortenspezifisch gearbeitet wird, werden stark aufquellende amylopektinreiche Arten wie die Japonica-Sortengruppe als Rohfruchtlieferanten für die Bierbereitung bevorzugt, um eine schnelle und weitgehende Verkleisterung der Stärke zu erreichen. Aufgrund ihrer höheren Verkleisterungstemperaturen ist die Würzebereitung zumeist auf ein „Rohfruchtkochen" aus-

gelegt, wobei Versuche gezeigt haben, dass mit niedrig verkleisternden Sorten schonende Maischtemperaturen angewandt werden können, ähnlich bei Gerste und Triticale [1267]. Biere mit hohem Reisrohfruchtanteil haben mit oft mehr als 15 Warmtagen beim Forciertest eine hohe kolloidale Stabilität.

Reismalz wird aktuell für ein lokales Bier in Nagaland/Nordostindien eingesetzt. Das Malz wird nach dreitägiger Nassweiche, drei bis sieben Tagen währender Keimung und anschließender Lufttrocknung hergestellt [1268]. Aufgrund der vielen Varietäten wurden systematische Versuche vorab auf Sorten beschränkt, die eine weitere Besonderheit besitzen (respektive Farbe, antioxidative Kapazität, Verfügbarkeit). Hierzu wurde der schwarze Reis ausgewählt, der durch seinen hohen Anteil an Anthocyanen (50-facher Wert im Kaltauszug im Vergleich zu Pilsner Gerstenmalz) im sauren Medium eine normalerweise nur mit Beerentrauben oder roten Beete erzielbare Rotfärbung aufweist.

10.1.11.2 Zusammensetzung von Reis (poliert)
Wassergehalt: 12,9%, Kohlenhydrate 77,7%, Gesamt-N: 1,18%, folglich Proteingehalt 7,36%, Fett 0,62 (0,5–1,0)%, Faserstoffe 1,39%, Mineralstoffe 0,53%. Diese lassen sich wie folgt unterteilen (mg/100 g): Natrium 3,9; Kalium 109; Magnesium 32; Calcium 6,1; Mangan 0,99; Eisen 0,84; Kupfer 0,2; Zink 0,98; Phosphor 114.

Die Vitamine (mg/100 g): Gesamt-Tocopherole 0,8; Vitamin B_1 0,06; Vitamin B_2 0,032; Nicotinamid 1,3; Pantothensäure 0,63; Vitamin B_6 0,15 [1269].

10.1.11.3 Vermälzung
Die Vermälzung des geschälten wie bespelzten Rohmaterials (s. Abb. 10.72) ist relativ problemlos. Es muss allerdings ein Kompromiss zwischen Keimtemperatur und dem Wachstum von Lagerpilzen gefunden werden. Dies wird bei 19 °C

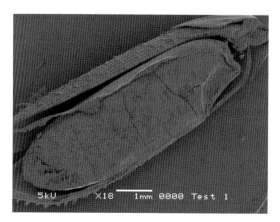

Abb. 10.72 Reisrohfrucht mit Spelze im Gesamtschnitt mittels REM.

und fünf Vegetationstagen erreicht [1250], wobei bei besonders gesundem Bestand auch Weich- und Keimtemperaturen von 30 °C mit 44% Wassergehalt über acht Tage sich als optimale Mälzungsparameter erwiesen [1269]. Die Abb. 10.73 und 10.74 lassen die kompakte Stärkekörnerpackung des Reises klar erkennen. Beide Bilder sind Detailaufnahmen aus dem Endosperm. Die Rohfrucht hat noch sehr kompakte, an Basalt erinnernde Strukturen, die in dem Malz (Abb. 10.75 und 10.76) weitgehend nicht mehr aufzufinden sind, wobei die Detailaufnahme (Abb. 10.76) eine intensivere Lösung nach diesem intensi-

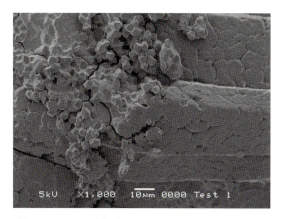

Abb. 10.73 Reisrohfruchtendosperm mit REM.

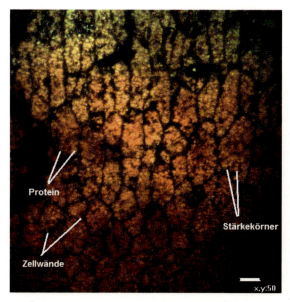

Abb. 10.74 Endosperm von Reisrohfrucht mittels CLSM.

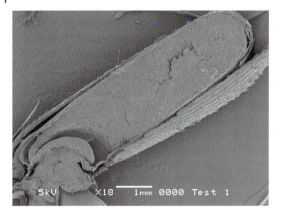

Abb. 10.75   Reismalz mit Wurzel- und Blattkeim mit REM.

Abb. 10.76   Reismalz Endosperm REM.

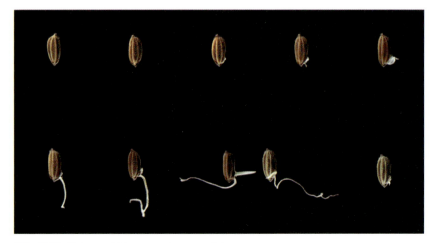

Abb. 10.77   Keimungsbilder von schwarzem Reis.

Tab. 10.18   Merkmale von zwei schwarzen Reismalzsorten (8 d/30 °C/44% WG).

Merkmale	Einheit	Khaw Chao Dam	Khaw Niew Dam
Extrakt	%, TrS	61,5	58,6
Viskosität (8,6%)	mPa×s	1,363	1,39
Farbe	EBC	5,8	6,8
löslicher N	mg/100 g	376	291
ELG	%	21	21
FAN	mg/100 g	117	100
α-Amylasenaktivität	U/g	72	73
β-Amylaseaktivität	U/g	76	73
Grenzdextrinasenaktivität	U/kg	3972	3759
EVG	%	89,3	82,2

ven Mälzungsverfahren vermissen lässt. Die zwei schwarzen Reissorten (s. Tab. 10.18) fallen durch ihre geringe Eiweißausstattung auf; der Extrakt ist verglichen mit Gerstenmalz relativ niedrig, wobei beide Sorten einen hohen Endvergärungsgrad erzielten (bis 89% EVG!). Dies ist ein Resultat der sehr hohen Grenzdextrinasenaktivität, während die Aktivitäten der beiden Amylasen unterdurchschnittliche Werte erzielten.

10.1.11.4 Weitere Verarbeitung des Reismalzes, Bierbeschaffenheit

Die Maischarbeit ist stark abhängig von der Verkleisterungstemperatur des Reismalzes sowie von dem Schüttungsanteil. Ist die Erstere deutlich über 67 °C, muss die Maische getrennt behandelt werden. Entweder bis zu 40% der Teilmaische über der Verkleisterungstemperatur einmaischen mit anschließender 30-minütiger Rast und dann auf die verbliebene entsprechend kalt eingemaischte Restmaische auf 50 °C aufmaischen. Oder wenn die Reismalzschüttung über 40% beträgt und die Verkleisterungstemperatur über 67 °C, dann müssten exogene α-Amylasen der Reisteilmaische zugegeben werden. Es reicht jedoch, diese Maische nur knapp über der Verkleisterungstemperatur zu halten und nicht zu kochen.

Die Biere aus schwarzem Reismalz ergaben ein besonderes und ansprechendes Aromaprofil, das aber nicht mit den üblichen Reisaromen vergleichbar war. Zusätzlich hatte es eine intensive rote Farbe! Normale Langkornreisarten müssen jedoch in einem hohen Schüttungsanteil verarbeitet werden, um das doch eher neutrale Reisaroma auch in das fertige Bier mit zu übertragen.

10.1.12
Sorghum (*Sorghum bicolor* L.)

10.1.12.1 Allgemeines

Sorghum stammt möglicherweise aus Äthiopien und wird heute in weiten Teilen Afrikas und Indiens sowie in Südostasien, Australien und den Vereinigten

Staaten angebaut. Die erstmalige Erwähnung wird noch diskutiert (etwa vor 3000–5000 Jahren). Sorghum ist eine sehr dürreresistente Pflanze, die selbst in Gegenden noch wächst, die für Mais zu trocken sind. Weltweit wurden 65 Mio. t geerntet.

Die Pflanze wird bis zu 4,50 m hoch. Die Samenkörner von Sorghum variieren in ihrer Farbe von kalkig-weiß, gelblich, rötlich bis dunkelbraun [1271].

Sorghum ist als Malzsurrogat weltweit nach Mais und Reis an dritter Stelle.

10.1.12.2 Zusammensetzung von Sorghum

Die Zusammensetzung von Sorghum ist im Durchschnitt wie folgt:

Kohlenhydrate 74%, Stärke 58%, Proteine 11,6% (8,1–16,8%), Lipide 3,4%, Mineralstoffe 2,2%, Rohfaser 2,7%.

Die Stärke von Sorghum besteht durchschnittlich zu 75% aus Amylopektin und zu 25% aus Amylose [1272]. Die Verkleisterungstemperatur der Sorghumstärke liegt im Durchschnitt bei 75–80 °C, bei manchen Sorten sogar bei 95 °C. Sie ist von Sorte und Herkunft abhängig [1273].

Die Zellwände von Sorghum bestehen aus 28% β-Glucan, 4% Pentosan und 62% zugehörigem Eiweiß. Bei Gerste liegen die entsprechenden Werte bei 70, 25 und 5%. Der Gesamt-β-Glucangehalt ist mit 0,1% nur gering [1272].

Die Proteinfraktionen teilen sich durchschnittlich auf in 5,7% Albumine, 7,1% Globuline, 52,7% Prolamine (Kafirine) und 34,4% Gluteline [1274–1276]. Sorghum enthält kein Gluten. Es ist arm an Lysin; Tryptophan fehlt ganz [1272].

Die Enzymausstattung des ungemälzten wie auch des gemälzten Sorghums ist je nach Sorte, aber auch je nach Herkunft sehr stark schwankend [1277]. Sie wird aber auch durch die Lagerung des ungemälzten Sorghums, je nach Dauer und Temperatur wesentlich beeinflusst. So ließ eine Lagerung bei 12–23 °C über zwei Jahre hinweg den Anteil der löslichen Amylasen deutlich steigen, was jedoch bei einer dreijährigen Lagerung bei 7 °C nicht im selben Ausmaß der Fall war. Die Fähigkeit zur Bildung von amylolytischer Aktivität stieg mit zunehmender Lagerung an [1277]. Als Ursache kann eine Oxidation von Polyphenolen und anderen Keimungsinhibitoren während der Keimruhe bzw. der Lagerzeit gesehen werden [1277].

Bei der Lagerung von Sorghum können hohe Temperaturen und Luftfeuchtigkeiten, wie sie an den meist tropischen Anbau- und Verarbeitungsorten herrschen, das Auftreten von Schimmelpilzen fördern, so z. B. *Aspergillus flavus*, der Aflatoxin B1 bildet. Durch den Mälzungsvorgang kann der Prozentsatz der befallenen Proben deutlich steigen. Es ist deshalb auf den hygienischen Status des Sorghums besonders zu achten [1273].

Es gibt tanninreiche Sorghumarten, wobei das Tannin besonders in der Samenschale lokalisiert ist. Diese ist dadurch dunkel pigmentiert; sie bestimmt damit die Farbe des Sorghumkorns. Die tanninarmen Arten weisen dagegen eine sehr dünne und helle Testa auf. Das Endosperm teilt sich auf in einen mehligen und einen wachsigen Mehlkörper. Letzterer schließt an die Aleuronschicht an und zeigt eine sehr feste Struktur gegenüber dem mehligen Endosperm.

Dies ist in Abb. 10.78 deutlich zu erkennen. Das wachsige Endosperm weist nach Abb. 10.79 die dicht gepackten Stärkekörner (Größe 9–15 µm) auf, die von vielen kleinen Kügelchen aus globulären Strukturen umgeben sind. Das mehlige Endosperm nach Abb. 10.80 zeigt dagegen deutlich die Wände der stärkeführenden Zellen.

Das Sorghum-Malzkorn (Abb. 10.81) ist durch einen vergrößerten Bereich des mehligen Endosperms gekennzeichnet. An der Basis ist noch ein Rest des abgetrennten Wurzelkeims zu sehen. Abbildung 10.82 zeigt den Abbau der Zellwände und Abb. 10.83 die von Amylasen angegriffenen Stärkekörner.

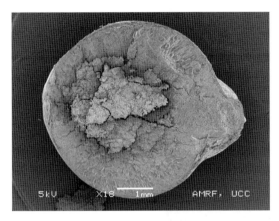

Abb. 10.78   Sorghumrohfrucht mit REM.

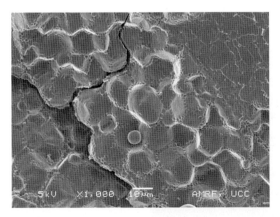

Abb. 10.79   Amylopektinreicher Endosperm der Sorghumrohfrucht mittels REM.

Abb. 10.80   Endosperm der Sorghumrohfrucht mittels CLSM.

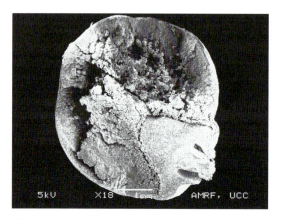

Abb. 10.81   Sorghummalz Gesamtschnitt mittels REM.

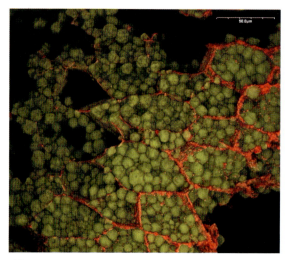

Abb. 10.82   Endospermausschnitt von Sorghummalz mit CLSM.

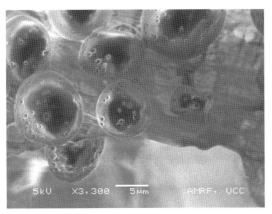

Abb. 10.83   Stärkekörner im Endosperm von Sorghummalz mittels CLSM.

Abb. 10.84   Keimungsbilder von Sorghum.

10.1.12.3 Das Vermälzen von Sorghum

Wie schon erwähnt ist die Enzymausstattung und die Lösungsfähigkeit des Sorghums von Sorte zu Sorte, aber auch je nach Herkunft, sehr unterschiedlich [1278]. Dabei haben australische Sorghumsorten generell ein geringeres Potenzial hinsichtlich der diastatischen Kraft und der β-Amylase als z. B. die nigerianischen Sorten. Von diesen bringen wiederum die traditionellen Sorten mehr Enzymkraft mit als die sogenannten verbesserten Sorten [1279]. Aus diesen Gegebenheiten heraus wurden empirisch die Mälzungsverfahren – auch je nach Kontinent – entwickelt. So liegen über geeignete Verfahren zahlreiche Veröffentlichungen vor.

Das Weichen von Sorghum: Da Sorghum auch schon in der Regenzeit gesät werden kann, ist es möglich, dass der Infektionsdruck sehr hoch wird. Daher werden in der Praxis Chemikalien eingesetzt, um das Schimmelpilzwachstum einzuschränken. Formaldehyd ist das geläufigste Mittel in einer Konzentration von 0,1%. Bei 0,3% kann allerdings die Keimfähigkeit leiden. Eine zusätzliche Gabe aus 0,375% Borax mit 0,375% Borsäure ergab sehr gut gelöste Malze [1280].

Ein gängiges Verfahren hat zwei Naßweichen von insgesamt 10 Stunden sowie eine Trockenweiche von 25 Stunden bei 15–18 °C. Das Weichen in 30 °C warmem Wasser über 18–22 Stunden hinweg erbrachte einen Weichgrad von 44–48%, welcher optimal für die Ausbildung der Enzymkapazitäten ist. Ein Ansteigen des Weichgrades bei zunehmender Weichdauer von 12–20 Stunden bei

30 °C stellte sich als annähernd proportional zur diastatischen Kraft, zu den reduzierenden Zuckern und folglich auch zum Extraktgehalt heraus [1281]. Es ist somit abzuleiten, dass die derzeit, vor allem in Südafrika sehr häufig praktizierte Weichdauer von nur 16 Stunden oder sogar weniger offensichtlich zu kurz ist, um ein entsprechend gelöstes Malz zu erhalten.

Die Versorgung der Körner mit Sauerstoff ist wichtig zur Bildung sowohl der α-Amylase als auch der Peptidasen. Zu viel CO_2 hemmt die Bildung dieser Enzyme, selbst wenn sonst eine ausreichende Sauerstoffversorgung gegeben ist (s. Abschnitt 5.1.3). Die Gefahr einer Unterversorgung des Weichgutes mit Sauerstoff besteht umso mehr, je länger die Nassweichen sind und je wärmer das Weichwasser ist. Ein mikrobieller Befall der Körner verstärkt dieses Problem zusätzlich. Allerdings fördern eine starke Belüftung, vermehrte Trockenweichen und warmes Weichwasser einen höheren Mälzungsschwand [1281]. Durch eine abschließende Warmwasserweiche bei 40 °C über eine Dauer von 1,5–3 Stunden resultieren höhere α- und β-Amylasengehalte, aber auch vermehrt proteolytische Enzyme. Eine längere Weiche bei 40 °C, von bis zu 7,5 Stunden beschränkte das Wurzelwachstum und damit auch den Mälzungsschwand [1282].

In einem Beispiel wurde das mit 10 h Naßweiche und 25 h Trockenweiche behandelte Gut (s. o.) 36 h lang bei 25–28 °C in der Keimanlage geführt, wobei 84–94% der Körner keimten. Auch hier war es durch eine abschließende Warmwasserweiche möglich, Sorghummalze mit einer, den Gerstenmalzen ebenbürtigen Proteolyse herzustellen [1283].

Die oben genannten Chemikalien verbessern den mikrobiologischen Status. Die α-Amylasenaktivität kann auch durch alkalische Weichen gestärkt werden. Als Alkalien kommen NaOH, KOH und $Ca(OH)_2$ in Konzentrationen von jeweils 0,1% (Gew./Vol.) in Betracht. Die Steigerung der Enzymaktivität könnte einerseits durch die Ca^{2+}-Ionen entstanden sein, da bei $Ca(OH)_2$-Gabe ein auffällig starker Anstieg zu vermerken war. Andererseits kann es aber auch sein, dass durch die Alkalien Inhibitoren der α-Amylase (z. B. Tannine, Polyphenole) inaktiviert werden [1284].

Bei Anwendung von Gibberellinsäure (GA_3 0,02 und 0,2 ppm) und Natriumbromat (15 und 150 ppm) zum Weichwasser, wenn 90% der Körner spitzten, ergaben sich keinerlei signifikante Auswirkungen auf die Bildung der wichtigsten Enzyme des Brauprozesses [1285]. Dies betraf sowohl Versuche mit *S. bicolor* der kenianischen Arten Andivo (rot) und Ingumba (weiß) [1286] und ebenfalls weitere Untersuchungen mit der Sorte KSV13.

So wurde weder durch GA_3 die Bildung bzw. Aktivität der amylolytischen und proteolytischen Enzyme induziert, noch durch $NaBrO_3$ die Keimschwand reduziert. Es wird in diesem Zusammenhang auch auf frühere Untersuchungen verwiesen, bei denen festgestellt wurde, dass durch Gibberellinsäure sogar ein Hemmeffekt auf die Ausbildung der diastatischen Kraft von Sorghum zu beobachten war.

Die Enzymausstattung (α- und β-Amylase, diastatische Kraft) von Sorghummalzen, die bei 30 °C keimten, war generell besser als die der bei niedrigeren Temperaturen erzeugten Malze.

Rohsorghum besitzt im Gegensatz zu Roggen und Triticale noch so gut wie keine α-Amylase und im fertigen Malz beträgt ihr Anteil maximal 25% (bei den enzymstärksten Sorten) der durchschnittlich in Gerstenmalzen gefundenen Mengen. Bei einigen wenigen (aus diesem Grunde ungeeigneten) Sorten ist sie nicht einmal im Malz nachweisbar. Zur optimalen Ausbildung der β-Amylase scheint eine Keimtemperatur von 30 °C am besten zu sein, für die α-Amylase dagegen ergaben sich bei 25 °C die höchsten Werte [1287]. Je wärmer die Keimtemperatur und je länger die Keimdauer, desto höher war die α-Glucosidaseaktivität. Der höchste Wert wurde bei 30 °C am fünften Tag gemessen [1288]. Beim Proteinabbau sind wieder größere Unterschiede zwischen Gerste und Sorghum zu erkennen. Höhere Keimtemperaturen forcieren die Proteolyse im Sorghumkorn stärker als dies im Gerstenkorn der Fall ist, was möglicherweise auf die unterschiedlichen physiologischen Eigenschaften von Zerealien aus tropischen und aus gemäßigten Zonen zurückzuführen ist. Im Gegensatz zu Gerste muss Sorghum während der Keimung unbedingt intensiv gespritzt werden, um den Wassergehalt über den Weichgrad zum Zeitpunkt des Ausweichens hinaus weiter zu erhöhen. Denn nur so werden auch die äußeren verhornten Bereiche des Endosperms für den enzymatischen Zellwandabbau zugänglich gemacht. Der Zellwandabbau und auch die amylolytische Auflösung der Stärkekörner beginnen innen im mehligen Bereich des Endosperms (s. die kompakte Formierung des Stärkekörpers in den Abb. 10.78 bis 10.80 und die stark angelösten Fraktionen in den Abb. 10.81 bis 10.83) bereits zu einem Zeitpunkt, zu dem in den harten Außenbereichen noch keinerlei erkennbare Anzeichen einer Auflösung zu erkennen sind. Ist der Wassergehalt im Korn zu niedrig, so bleibt dieses Missverhältnis weiterhin bestehen bzw. das Auflösungsgefälle wird sogar noch verstärkt, denn erst durch zusätzliches Wasser beginnt auch in den harten Außenbereichen die Auflösung [1281, 1289].

Die in der Praxis angewandten Abdarrtemperaturen für Sorghummalze liegen zwischen 45 °C und 100 °C, wobei die Mehrheit der gewerblichen Mälzereien, die Braumalz herstellen, nur mäßig warme Temperaturen von bis zu 50 °C wählt. Was die Bildung des DMS-Precursors und die Gehalte an DMS sowie

Tab. 10.19 Sorghummalzmerkmale verschiedener Sorten [1290].

	Framida	Framida (Ghana)	Framida (Burkina Faso)	Kadaga (Ghana)	Landsorte rot (Uganda)
Extrakt, %	83,7	72,9	73,1	79,9	71,7
Viskosität, mPa s, (8,6%)	1,29	1,75	1,37	1,51	1,54
EVG%	95,0	80,5	90,3	81,8	73,0
Farbe, EBC	3,1	8,0	2,2	15,6	5,3
Eiweißgehalt %	9,7	12,0	12,5	9,9	7,2
ELG %	37,9	21,0	20,7	35,3	24,1
Diastatische Kraft WK	57	12	53	61	60
α-Amylase, DU	63	12	62	58	46

DMS-P im fertigen Sorghummalz bzw. in den daraus gewonnenen Würzen angeht, so bestehen hier die gleichen Zusammenhänge, wie sie bereits vom Gerstenmalz her bekannt sind. Die niedrigen Abdarrtemperaturen, wie sie bei Sorghummalzen angewandt werden, werden durch längere Darrzeiten kompensiert. Durch die Anwendung eines Dekoktionsmaischverfahrens und anschließend einer ausreichend langen Kochzeit kann der DMS-Gehalt in der Würze weiter reduziert werden.

10.1.12.4 Weitere Verarbeitung und Biereigenschaften

Sorghum wurde sogar ausschließlich zur Bierbereitung verwendet, als in Nigeria einen Importstop für Malz verhängt wurde. Die dortigen Brauereien mussten fast vollständig auf Sorghumrohfrucht umstellen [1291]. Wenn auch ein kleinerer Teil des Sorghums vermälzt wurde, so war es doch nötig, eine entsprechende Menge an exogenen Enzymen einzusetzen, um einen reibungslosen Brauprozess zu ermöglichen (s. Bd. II). Die erzielten Biere hatten einen eigenständigen Charakter. Einige Ergebnisse grundlegender Forschungsarbeiten stammen aus dieser Zwangssituation [1292]. Obwohl der Malzimport zwischenzeitlich wieder möglich ist, ist Sorghumbier nach wie vor gefragt.

10.1.13
Tritordeum (hexaploid)

Tritordeum wurde Ende der 1970er Jahre aus der Wildgerste *Hordeum chilense* und Hartweizen gekreuzt. Insgesamt gibt es heute eine größere Anzahl an künstlichen Kreuzungen, wie z.B. Tritinaldia (eine Kreuzung aus *Triticum aestivum* bzw. *turgidum* und *Hynaldia villosa* Schur) und Triticale (s. Abschnitt 10.1.3). Bisher ist aber einzig Triticale erfolgreich auf dem Markt, der augenblicklich, wenn überhaupt mit Tritordeum belebt werden könnte. Morphologisch, agronomisch und in den Broteigenschaften ist diese Körnerfrucht dem Weizen sehr ähnlich [1277].

Das Malz, welches nach dem üblichen Standardverfahren (s. Kapitel 11) hergestellt wurde (Weiche: 5 h nass/14,5 °C, 19 h trocken, 4 h nass/14,5 °C, 20 h trocken durch Aufspritzen auf 45% Weichgrad; Keimung: 6 d/15 °C; Darre: 16 h/50 °C, 1 h/60 °C, 1 h/70 °C, 5 h/80 °C) fällt besonders durch die enorm hohe diastatische Kraft und die höchste α-Amylase-Aktivität auf. Ansonsten ist auch hier die Verwandtschaft zum Weizen bemerkbar, obwohl bei einem um drei Prozentpunkte höheren Rohproteingehalt die Viskosität niedrig bleibt [1194].

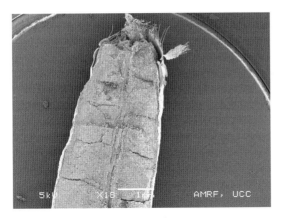

Abb. 10.85   Tritordeumrohfrucht mittels REM.

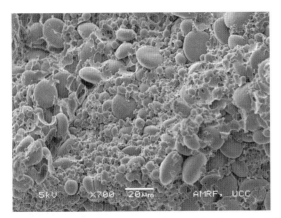

Abb. 10.86   Endosperm der Tritordeumrohfrucht mittels REM.

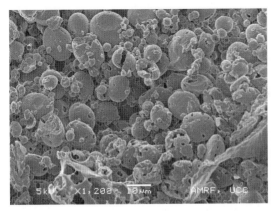

Abb. 10.87   Tritordeummalzendosperm mittels REM.

Abb. 10.88 Keimungsbilder von Tritordeum.

10.1.14
Wildreis (*Zizania aquatica* L.)

Die Wildreisgattung *Zizania aquatica* ist ein jahrtausendealtes Getreide, welches schon in prähistorischer Zeit den Ureinwohnern Nordamerikas als Nahrungsmittel diente. Das natürliche Vorkommen war bis 1952, als die ersten Kultivierungen begannen, auf das Gebiet der Großen Seen im Nord-Osten der USA und Kanada beschränkt. Rivalisierende Indianerstämme der Chippewas und Sioux kämpften erbittert um die Gebiete des heutigen nördlichen Minnesota, wo noch heute der qualitativ hochwertigste Wildreis wächst. Der siegende Stamm der Chippewas gab dem Reis den Namen Manomin. Heute ebenfalls gebräuchliche Namen sind unter anderem Kanadischer Reis, Squawreis, Indianerreis oder Nordamerikanischer Wasserreis.

Die traditionelle Ernte erfolgt mit einfachsten Mitteln. Dabei fahren zwei Personen mit Kanus durch die mit Wildreis bewachsenen Gewässer und biegen die Halme über das Boot. Mit Zedernholzstöcken werden dann die reifen Körner herausgeschlagen. Der hohe Anteil an zurück ins Wasser fallenden Samen und die uneinheitliche Fruchtreife sichern dabei den Fortbestand der Art. Heute wird die Ernte teilweise mit modernen Luftkissenbooten durchgeführt. Für die Malzbereitung ungeeignet ist der traditionell präparierte Wildreis, da er mittels Darrfeuer haltbar gemacht wird und dabei seine Keimfähigkeit verliert.

Aus diesem traditionellen Anbau, der etwa 50 kg Wildreis pro Hektar Anbaufläche an Ertrag bringt, werden heute in Kanada etwa 2000 t Wildreis höchster Qualität gewonnen. Die gestiegene Nachfrage kann dadurch jedoch schon lange nicht mehr befriedigt werden. Schon 1952 begann man daher in den USA mit ersten erfolgreichen Experimenten den Wildreis zu kultivieren.

Wildreis ist bisher nicht vermälzt worden, da eben die Keimfähigkeit durch den Darr- und Röstprozess verloren geht. Jüngere Bestrebungen zeigen jedoch, dass sich Wildreis ebenfalls vermälzen lässt, wobei aktuell noch keine Merkmale des entstandenen Malzes vorliegen. Keimungsversuche jedoch zeigten unter aeroben Bedingungen nach 14 Tagen Keimung bei 27 °C und 16 Stunden Befeuchtung ca. 3,7 cm lange Wurzeln und 4,6 cm lange Triebe, während unter anaeroben Bedingungen lediglich 2,3 cm lange Triebe und keine Wurzeln ausgebildet waren [1293]. Spannend kann es durchaus noch werden, da das Getreide einen eigenen nussigen Charakter besitzt und glutenfrei ist.

Neben der Verwendung als reines Nahrungsmittel begann eine Brauerei in Wisconsin in den späten 1980er Jahren den weniger teuren, kultivierten Wildreis als Rohfrucht ihrem Bier beizugeben. So entstand ein Wild Rice Lager auf einer Basis von hellem Malz dem ca. 10–20% Wildreis als Rohfrucht zugegeben wurden [1294].

10.2
Pseudogetreide (Pseudozerealien)

10.2.1
Körneramarant (hauptsächliche Arten: *Amaranthus cruenteus*, *A. hypochondriacus* und *A. caudatus*)

10.2.1.1 Allgemeines

Amarant gehört zur Familie der Fuchsschwanzgewächse. Diese ursprünglich aus den Tropen kommenden Früchte sind wärmeliebend. Die ersten Funde aus Mexiko sind auf 6700 v. Chr. datiert. Inzwischen sind auch Kulturarten in Europa verbreitet. Der gezielte Anbau erfolgt jedoch in Südamerika, China, Afrika, Indien und den USA. Die Art mit den besten Geschmackseigenschaften ist *Amaranthus hypochondriacus*, die ebenfalls ursprünglich aus Mexiko stammt, entsprechend spätreifend und frostempfindlich ist [1295].

10.2.1.2 Zusammensetzung

Amarant enthält 62% Stärke, 3% Zucker und N-freie Extraktstoffe, 17% Rohprotein, 9% Rohfett, 6% Rohfaser und Ballaststoffe sowie 3% Asche. Die Mineralstoffe verteilen sich wie folgt (mg/100 g TrS.): K 657; Ca 178; Mg 275; Mn 3,2; Fe 7,0; Zn 2,2; Ni 0,2; Cu 0,5 [1201, 1296]. Der hohe Proteingehalt ist durch die im Verhältnis zum Rest des Korns sehr große Keimanlage bestimmt. Die Wertigkeit der Proteinkomplexe liegt mit 75% über der des Weizens, der nur 52% bezogen auf Casein mit 100%, erreicht. 46–49% des Gesamtproteins sind Albumine und Globuline, wobei Amarant als Besonderheit einen hohen Albumin-2-Gehalt aufweist. Glutenine machen 30–33% des Rohproteins aus, Prolamin (Gliadin) dagegen nur 3%. Amarant enthält kein Gluten, ist also für Zöliakie-Kranke geeignet. Auffallend ist auch der hohe Anteil an Lysin, der zwei- bis dreimal so hoch ist wie bei Gerste oder Weizen [1297]. Der Fettgehalt von Amarant ist sehr hoch, wobei die ungesättigten Fettsäuren rund 80% (vor allem Linolsäure) ausmachen. Die antioxidative Wirkung von Amarant ist vergleichsweise hoch.

10.2.1.3 Vermälzung

Eine Auffälligkeit, die besonders für die Malzbereitung zu beachten ist, ist das sehr niedrige Tausendkorngewicht von 0,6 g (wie in der Abb. 10.89 ersichtlich ist). Die Keimung ist deshalb vorzugsweise auf einem Tennenboden möglich. Sämtliche Siebböden in der Weiche bis hin zur Darre müssten dem sehr kleinen Korndurchmesser angepasst werden. Zusätzlich ist die schnelle und starke

Wasseraufnahme aufgrund der großen spezifischen Kornoberfläche zu beachten. Die Schütthöhe ist um 80% niedriger als bei Gerste. Die Temperaturen während der Weich- und Keimarbeit können auch über 30 °C liegen, wobei das Keimgut vorher ausreichend gewaschen werden muss, um Schimmelbildung zu vermeiden.

Im stärkehaltigen Bereich, der bei Amarant, wie auch bei Quinoa Perisperm genannt wird, ist die Stärke in runden, polygonalen Zellen eingelagert. Die Stärkekörner sind hier dicht gepackt (s. Abb. 10.90 und 10.91 sowie im Detail Abb.

Abb. 10.89   Keimungsbilder von Amarant.

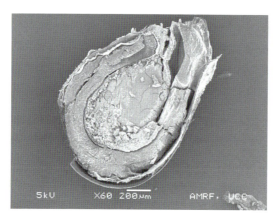

Abb. 10.90   Amarantrohfrucht mittels REM.

Abb. 10.91   Amarantrohfrucht mittels CLSM.

10.92). Sie sind sehr klein (0,8–1,0 μm). Der Amyloseanteil liegt je nach Sorte bei 7,8–34,3%, im Durchschnitt bei 19%. Die Verkleisterungstemperatur liegt höher als bei den Getreiden.

Bei der Keimung entwickelt sich der Wurzelkeim, während der Blattkeim in vier Keimtagen kein Wachstum zeigt. Wie Abb. 10.93 zeigt, ist nach der Vermälzung in der Mitte des Korns ein sehr lockeres Perispermgewebe zu sehen.

Die vermälzten Körner (s. Abb. 10.93 und 10.94) zeigen eine leichte rötliche Färbung, die beim Einsatz in fermentierten Lebensmitteln zu einer kräftigen Eigenfärbung beitragen kann [1298]. Die Kongresswürzen zeigten eine rosa Farbe. Das standardisiert hergestellte Malz hatte zwar ausreichend lösliches Eiweiß und freien Aminostickstoff, jedoch eine mit den gängigen Methoden nicht nachweisbare amylolytische Ausstattung und in diesem Vergleich den niedrigsten Endvergärungsgrad (Tab. 10.20, 10.21). Ein optimiertes Verfahren erzielte

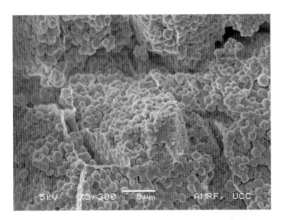

Abb. 10.92 Perisperm der Amarantrohfrucht mittels REM.

Abb. 10.93 Amarantmalz mittels REM.

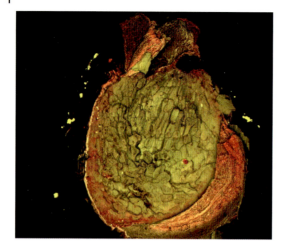

Abb. 10.94 Amarantmalz mittels CLSM.

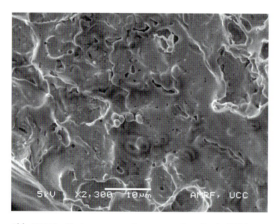

Abb. 10.95 Perisperm von Amarantmalz mittels REM.

mit den Keimungsparametern 8 °C Weich- und Keimtemperatur, 8 Vegetationstage und 54% Weichgrad ebenfalls niedrige amylolytische Aktivitäten bei relativ
hohem Extraktgehalt, aber auch hoher Viskosität [1250]. Aus dieser Versuchsreihe stammt auch die Abb. 10.95, die eine Detailaufnahme aus dem stärkehaltigen Perisperm zeigt, wo die vormals (s. Abb. 10.92) klar strukturiert vorliegenden Stärkekörner stark verschmolzen sind.

10.2.1.4 Weitere Verarbeitung zu Würze und Bier

In vorverkleisterter Form kann Stärke aus Amarantrohfrucht bis zu 20% problemlos zur Gerstenmalzschüttung zugegeben werden [X78]. Ansonsten wird Amarantrohfrucht, wie auch Amarantmalz, nur durch zusätzliche amylolytische Enzyme

exogener bzw. endogener (z. B. Gerstenmalz) Natur problemlos verflüssigt. Kein Mälzungsverfahren war geeignet, dass die amarantmalzeigenen amylolytischen Enzyme ausreichten, um genügend Extrakt prozessfähig in Lösung zu bringen. Die mit zusätzlichen Enzymen hergestellten Biere hingegen hatten einen eigenständigen Charakter und waren in ihrer Art rein. Die anfänglich rötliche Würzefarbe verschwand wieder. Auffallend war der sehr intensive und stabile Schaum.

10.2.2
Buchweizen (*Fagopyrum esculentum* Moench)

10.2.2.1 Allgemeines
Die Heimat des Buchweizens sind die Steppen der hoch gelegenen Gebirgsländer Zentral- und Ostasiens. Die Sommer sind dort warm, aber nur kurz. An diese kurzen Vegetationszeiten ist Buchweizen angepasst: Er reift innerhalb von 10–12 Wochen. Wegen der Kälteempfindlichkeit des Gewöhnlichen Buchweizens (er stirbt bei +2 °C ab), kann dieser nur als Sommerfrucht angebaut werden. Die Aussaat kann erst Ende Mai, Anfang Juni erfolgen, da die Keimung genügend Bodenwärme braucht. Auch sein weiteres Gedeihen ist stark witterungsabhängig. Deshalb ist er in Europa unsicherer im Ertrag als alle anderen Feldfrüchte.

Der Buchweizen ist ein Knöterichgewächs und hat botanisch nichts mit der Buche oder dem Weizen gemein, auch wenn für die Back- und Destillationsanwendung die „Deutsche Gesetzgebung" Buchweizen als Getreide aufführt. Namensgebend waren sicherlich die Ähnlichkeiten der bespelzten Fruchtform mit den Bucheckern und des hellen Mehls mit dem Weizenmehl. Der Buchweizen wird trotz einer Produktion von etwa 3,2 Mio. t weltweit nicht nur züchterisch, sondern auch anbauseitig zu den vernachlässigten Pflanzen gezählt [1299]. Vermutlich kommt der Buchweizen aus Südchina und Tibet, wo Handelswege ihn auch schon sehr früh nach Japan gebracht haben (etwa 5000 v. Chr.). In Deutschland wurde er erstmals 1396 in einem Nürnberger Archiv urkundlich erwähnt [1300] und verbreitete sich als Nutzpflanze weit bis in das 19. Jahrhundert. Die heutigen Hauptanbaugebiete sind China, Russland, Ukraine und Polen. In Deutschland wird er vereinzelt als Zwischenfrucht oder Grünfutterlieferant genutzt.

10.2.2.2 Inhaltsstoffe
Die Inhaltsstoffe des Buchweizens sind im geschälten Korn [1301]: Wassergehalt 13%, Kohlenhydrate 72,4%, Protein 9–11%, Fett 1,4–2,0%, Mineralstoffe 1,6–1,9%, Faserstoffe 1,5–1,6%. Die Mineralstoffe verteilen sich wie folgt (mg/ 100 g Tr.S): Kalium 392; Magnesium 142; Calcium 20; Mangan 1,5; Eisen 3,5; Kupfer 0,58; Zink 2,7; Phosphor 294, Chlorid 12. Von den Vitaminen sind genannt (mg/100g Tr.S): Vitamin E 0,844; B_1 0,240; B_2 0,150; Nicotinamid 2,9; Pantothensäure 1,2.

Das Tausendkorngewicht beläuft sich auf 20 g [1144].

10.2.2.3 Vermälzung

Bei ungeschältem Buchweizen (die bespelzte Variante ist in der Abb. 10.96 über die Keimung zu sehen) ist bei manchen Sorten während der Weicharbeit die Aufplatzneigung und die damit einhergehende Verschleimung der Stärke zu beachten. Hier empfehlen sich besonders kurze Weichzeiten, da die Wasseraufnahme sehr schnell ist [1249], wobei unter diesem Aspekt auch eine besonders starke Sortenabhängigkeit aufgezeigt wurde [1302]. Ein β-Amylasemaximum wurde bei einer Keimtemperatur von 20 °C erreicht [1303]. Bei der Keimung entfaltet diese Frucht ihr besonderes nussiges, teilweise an Pistazien erinnerndes Aroma, welches sich teilweise bis in das fertige Bier überführen lässt. Die Abb. 10.97, 10.98 und 10.99 zeigen die Buchweizenrohfrucht. Der zentrale Keimling ist vom stärkehaltigen Endosperm umgeben, welches eine kompakte, charakteristische Struktur hat. Diese Struktur bleibt auch bis zum Ende der Mälzung erhalten (s. Abb. 10.100 und Abb. 10.101), jedoch sind die einzelnen Stärkekörner schon sehr stark von den amylolytischen Enzymen angegriffen. Die Löcher treten wahllos über das ganze Stärkekorn auf und nicht äquatorial, wie bei den Getreiden. Das Grün- bzw. Darrmalz muss sehr behutsam gefördert werden, da sonst das Korn verschmiert bzw. zerbröselt. Die Kongresswürze und Maische sind wegen der enorm hohen Viskosität extrem schlecht zu filtrieren (s. Tab. 10.20). Dieses Problem kann allerdings durch eine vorgeschaltete Sepa-

Abb. 10.96 Keimungsbilder von bespelztem Buchweizen.

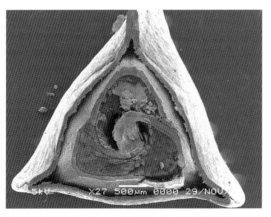

Abb. 10.97 Buchweizenrohfrucht mittels REM [1304, 1305].

Abb. 10.98 Endosperm von Buchweizenrohfrucht mittels REM [1304, 1305].

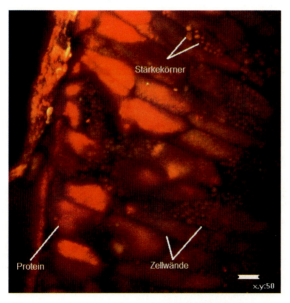

Abb. 10.99 Endosperm der Buchweizenrohfrucht mittels CLSM.

ration weitgehend behoben werden oder durch den Einsatz von exogenen
a-Amylasen. Trotz der ansonsten wenig günstigen Merkmale des Standardmal-
zes (Tab. 10.20, 10.21) sind neben der Glutenfreiheit der Frucht auch sekundäre
Pflanzeninhaltstoffe Ansporn für intensivere Beobachtung des Keimverhaltens
von Buchweizen. Rutin ein Flavonoid und Glycosid des Quercetins mit antioxi-
dativer Wirkung, wie auch weitere Gerbstoffe, konnten durch Variation der Mälzungsparameter auf den siebenfachen Gehalt gehoben werden [1303].

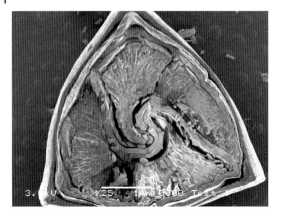

Abb. 10.100   Buchweizenmalz mittels REM [1304, 1305].

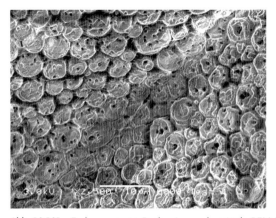

Abb. 10.101   Endosperm von Buchweizenmalz mittels REM [1304, 1305].

10.2.2.4 Weitere Verarbeitung zu Würze und Bier

Der Buchweizen zeigte als Rohfrucht wie auch vermälzt ein besonderes Phänomen: Seine Maische war fast sämig und ließ sich nicht abläutern. Diese hohe Viskosität ließ sich nur mit einem erhöhten Einsatz von exogenen α-Amylasen beheben, die exogen oder von enzymstarken Malzen eingesetzt wurden. Ob allein die α-Amylasen dafür Sorge trugen, die Prozessfähigkeit der Maische zu erhalten, ist noch nicht geklärt, da ja die verwendeten kommerziellen exogenen Enzymprodukte wie natürlich auch das Malz viele enzymatische Nebeneffekte besitzen, die ebenfalls viskositätsmindernd sind. Die daraus resultierenden Biere waren hingegen von einem angenehmen, eigenen Charakter, der jedoch in durchgeführten Versuchen das auffallend nussige Aroma der Würze nicht erkennen ließ.

10.2.3
Quinoa (*Chenopodium quinoa* Willd.)

10.2.3.1 Allgemeines

Quinoa ist eine Pseudozerealie, die zu den Gänsefußgewächsen gehört. Ihr Ursprung liegt in den Andenregionen von Südamerika. Die ersten Kultivierungen stammen aus Peru vor etwa 7000 Jahren. Quinoa war die Hauptkomponente der Ernährung der Inkazivilisation. Die Anbaugebiete können bis zu 4000 m hoch liegen. Quinoa ist frostresistent und bringt auch Ertrag in Regionen mit geringem Niederschlag [1306].

Als glutenfreies Nahrungsmittel hat Quinoa im letzten Jahrhundert weltweit an Bedeutung gewonnen. Neben Peru (vornehmlich in der Andenregion) wird die Frucht auch in den USA, in Kanada, in Brasilien, aber auch in Europa angebaut. Es ist auch in deutschen Märkten als Lebensmittel verfügbar.

10.2.3.2 Inhaltsstoffe

Die Zusammensetzung ist wie folgt: Stärke 57–65%, freie Zucker, hauptsächlich Saccharose 2,8%, Proteine mit einer Spanne von 14–21%, Fett 5,04%, Faserstoffe 6,64%, Mineralstoffe 3,33%. Letztere teilen sich auf in (mg/100 g TrS.): Natrium 9,6; Kalium 804; Magnesium 276; Calcium 80; Mn 2,8; Fe 8,0; Kupfer 0,8; Zink 2,5; Aluminium 8,7; Phosphor 318. An Vitaminen werden B_1 mit 0,17 und Nicotinamid 0,450 erwähnt [1307].

Die Stärke weist winzige polygonale Granulate auf mit einem Durchmesser von 1,0–2,5 µm, durch Zusammenlagerung entstehen ovale Strukturen mit einem Durchmesser von 6,4–32 µm. Die Quinoastärke enthält nur wenig Amylose von 11–12%. Die hohen Amylopectingehalte führen bereits bei 57–64 °C zu stärkerer Gelbildung,.

Die Proteine haben eine hohe Qualität: 48% des gesamten Eiweißes bestehen aus essentiellen Aminosäuren. Der Lysingehalt ist höher als bei Getreide. Auch der Methioningehalt liegt hoch. Quinoa ist, wie oben schon erwähnt, glutenfrei. Der Tanningehalt kann bis zu 0,5% betragen.

Die Lipide enthalten einen hohen Anteil an ungesättigten Fettsäuren (hauptsächlich Ölsäure und Linolsäure). Diese begünstigen das Auftreten eines ranzigen Geruchs. Dies wird durch Vitamin E verhindert oder verlangsamt.

Quinoa enthält auch Bitterstoffe in der Samenschale: Saponine, die sich physiologisch ungünstig auswirken können [1308]. Saponin ist eine chemische Verbindung zwischen einem Zucker und einem Steroid bzw. einem Steroidalkaloid oder einem Triterpen. In der Natur dienen die Saponine als Abwehrstoffe gegen Vogelfraß, Insekten, Bakterien und Pilze. Sie können durch Polieren oder Schälen der Quinoafrucht deutlich verringert werden. Durch Selektion konnte Quinoa nahezu saponinfrei gewonnen werden. Bitterschmeckende Quinoafrüchte haben Saponingehalte von 0,47–1,13 g/100 g, nicht bittere dagegen nur 0,02–0,05 g/100 g [1309].

Der Quinoasame ist sehr klein. Das Tausendkorngewicht beträgt nur 1,85–4,17 g.

Die Quinoafrucht hat keine Keimruhe, doch ist die Keimfähigkeit deutlich temperaturabhängig [1310].

10.2.3.3 Vermälzung

Entscheidend für die weitere Verarbeitung ist eine schonende Schälung des Kornes, um die in der Schale befindlichen Saponine abzutrennen, ohne den Keimling zu verletzen. Durch das Verwerfen des Weichwassers werden zusätzlich Saponine entfernt. Die Stärke ist wie bei Amarant im Perisperm, welches zentral im Korn angeordnet ist (s. Abb. 10.102 bis Abb. 10.104). In Abb. 10.104 sind die etwa 1 μm großen Stärkekörner zu erkennen. Der Keimling umschließt den Perisperm und entrollt sich während der Keimung (s. Abb. 10.105). Bei Quinoa beginnt die Keimung schon bei Temperaturen um die 8 °C sehr schnell und intensiv und kann nach drei bis vier Tagen Vegetationszeit als abgeschlossen gelten. Das Perisperm zeigt starke Auflösungserscheinungen mit im Detail stark

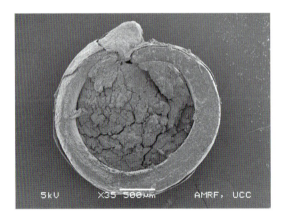

Abb. 10.102 Quinoarohfrucht mittels REM.

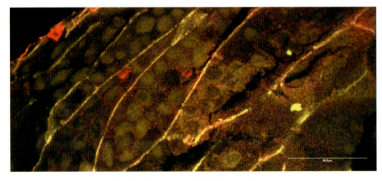

Abb. 10.103 Perispermdetail der Quinoarohfrucht mittels CLSM.

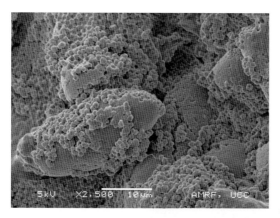

Abb. 10.104 Perisperm von Quinoarohfrucht mittels REM.

Abb. 10.105 Keimungsbilder von Quinoa.

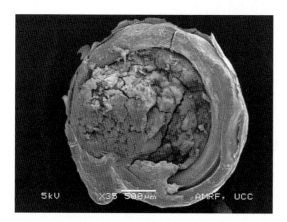

Abb. 10.106 Quinoamalz mittels REM.

verschmolzenen Stärkekörnern (s. Abb. 10.106 bis 10.108). Selbst das Standardmalz zeigt schon günstige Extraktausbeuten und Eiweißlösungswerte [1311]. Bemerkenswert sind die rote Farbe der Maische, die auf ein β-Cyanin-Pigment (wie in Amarant) [1312] zurückgeht, und ein deutlich erhöhter Zinkgehalt [1313]. Unter den Pseudogetreiden hatte Quinoamalz den höchsten Endvergärungsgrad (s. Tab. 10.20).

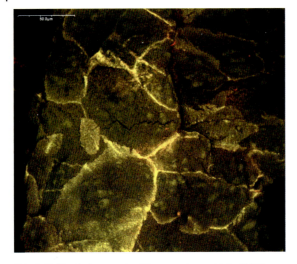

Abb. 10.107   Perisperm des Qiunoamalzes mittels CLSM.

Abb. 10.108   Perisperm von Quinoamalz mittels REM.

10.2.3.4   **Weitere Verarbeitung zu Würze und Bier**

Quinoa hatte dasselbe Problem wie auch die beiden vorgenannten Pseudogetreide. Kein Mälzungsverfahren war so ausgewogen, dass ein Malz allein aus dieser Frucht ausreichte, um zu verzuckern, problemlos zu läutern und anschließend eine Würzequalität zu garantieren, dass eine störungsfreie Fermentation stattfinden konnte. Eine Maische aus reinem Quinoamalz, mit dem für Gerstenrohfrucht etablierten kommerziellen Enzymcocktail, ergab eine völlig problemlos zu verarbeitende Frucht, die ein besonderes Bier erzielte, welches sich von den anderen alternativen Getreiden und Pseudogetreiden durchaus angenehm ab-

Tab. 10.20 Malzmerkmale der Pseudogetreide Amarant,
Buchweizen und Quinoa (n.v. = nicht verzuckert).

Merkmale	Einheit	Amarant	Buchweizen	Quinoa
Extrakt, wfr.	%	79,7	52,9	83,2
Viskosität	mPa×s, 8,6%	1,969	3,507	1,520
Farbe	EBC	5,6	2,5	5,0
Eiweißgehalt, wfr.	%	15,2	15,4	13,7
Verzuckerungszeit	min	n.v.	n.v.	n.v.
löslicher Stickstoff	mg/100 g MTrS	1022	713	888
Kolbachzahl	%	42,0	29,7	40,5
FAN	mg/100 g MTrS	187	111	206
DK wfr.	WK-Einheiten	88	77	81
α-Amylase wfr.	ASBC	1	6	2
EVG scheinbar	%	22,4	46,4	63,5

hob. Auch hier war wieder ein ungewöhnlich stabiler Schaum zu verzeichnen. Die Farbe der Würze konnte aber nicht wieder im Bier aufgefunden werden.

10.2.4
Schlußfolgerungen zu den Kapiteln Malze aus anderen Getreidearten und Pseudozerealien

Die Zahl der vermälzten Getreidearten war bisher überschaubar.

Es konnte aber gezeigt werden, dass unter der Voraussetzung einer sachgemäßen Behandlung (z. B. Lagern, eventuell Trocknen, Entspelzen) durch Beobachtung der Keimeigenschaften Malze aus einer Vielzahl von Getreide- und Pseudogetreidearten hergestellt werden können. Dabei sind die Mälzungsbedingungen in einem relativ engen Bereich anwendbar, um verarbeitungsfähige Malze zu erhalten.

Nach dem Vorläufigen Biergesetz sind in der Bundesrepublik Deutschland nicht alle dieser geschilderten stärkereichen Körnerfrüchte für die Bierbereitung zugelassen. Sie können aber zu anderen Getränkekategorien verarbeitet werden. Sie müssen nach dieser Vorgabe obergärig vergoren werden. Durch ihre Inhaltsstoffe bzw. ihre Zusammensetzung sind sie für die Herstellung von physiologisch günstigen Produkten – unter der Bezeichnung „Bier" oder nicht – geeignet. Dies ist am Beispiel glutenfreier Malze für Zöliakie-Kranke genauso möglich wie für Malze mit anderen, besonders funktionellen Eigenschaften.

Wenn auch die meisten dieser besonderen Biere oder funktionellen Getränke sicher nur einen kleinen Anteil, gemessen an der gesamten Produktion von Bier ausmachen werden, so vergrößern sie doch die Vielfalt der derzeitigen Bierarten und erschließen neue Konsumentenkreise.

Sicher erbringen die Malze aus den verschiedenen kohlenhydratreichen Körnerfrüchten je nach Intensität der Auflösung und der durch die Darrung erzielten Farb- und Aromastoffe spezifische, interessante Geschmacksmerkmale.

Entscheidend für den letztlichen Charakter des Bieres ist neben dem Prozess der Würzebereitung und der Hopfung nach Menge und Sorte/Herkunft vor allem die verwendete (obergärige) Hefe. Hierbei werden sich Ale-, Kölsch- und Altbierhefen eher neutral verhalten, während die typischen Weißbierhefen sehr spezifische Geschmacksnoten vermitteln, die über die Eigenarten der „besonderen Malze" dominieren können.

Um nun abschließend einen Eindruck über die einzelnen Malze aus den beschriebenen kohlenhydratreichen Körnerfrüchten im Vergleich zu Gerstenmalz zu geben, sind diese alle in Tab. 10.21 aufgeführt.

Die Malze wurden nach dem bekannten und in Kapitel 11 beschriebenen „Standardverfahren" hergestellt (Weiche 5 h nass, 14,5 °C, 19 h trocken, 4 h nass, 14,5 °C, 20 h trocken, durch Aufspritzen auf einen Weichgrad von 45% eingestellt, Keimung 6 Tage 15 °C, entsprechend insgesamt einer 8-tägigen Vegetation, Darre: 16 h 50 °C, 1 h 60 °C, 1 h 70 °C, 5 h 80 °C). Die Analytik erfolgte nach den für Gerstenmalz üblichen Methoden [1197]. Aus diesen Malzen wurden in der Kleinbrauanlage – ebenfalls nach dem Standardverfahren – Würzen hergestellt. Diese wurden mit der obergärigen (Weißbier-)Hefe Stamm W 68 mit 10 Mio. Hefezellen/ml angestellt und bei 20 °C vergoren. Nach Erreichen der Endvergärung erfolgte ein Zusatz von 10% „Speise" zur Nachgärung und Reifung auf Flaschen. Eine Filtration der Biere wurde in diesem Rahmen nicht durchgeführt. Sie wäre auch bei etlichen dieser Malze mit hohen Viskositätswerten nicht möglich gewesen, bzw. hätte die Ergebnisse verfälscht. Bemerkungen über diese Versuche sind bei den einzelnen Rohstoffen mit aufgeführt.

Von manchen dieser Früchte sind dies die einzigen Daten, die deshalb auch schon bei den einzelnen Getreide- oder Pseudogetreidearten mit dargestellt wurden.

10.3
Spitz- und Kurzmalze

Diese Malze werden hergestellt, um die Verluste während des Mälzungsprozesses durch frühzeitiges Abbrechen der Keimung zu verringern. Dies erfolgt bei *Spitzmalzen* nach dem gleichmäßigen Ankeimen, d. h. „Spitzen" des Korns, was bei modernen Weichverfahren bereits am zweiten Weichtag der Fall ist. Die Mälzungsverluste betragen hier nur 1–2% auf Trockensubstanz berechnet. *Kurzmalze* verzeichnen zusätzlich noch eine Keimzeit von 2–3 Tagen, wodurch Malze beliebig abgestufter Auflösung hergestellt werden können. Die Mälzungsverluste betragen hier 3–4% (s. Abschnitt 8.3.3.1).

Derartige Malze haben den Charakter der Rohfrucht mehr oder weniger stark behalten. Ihre Verarbeitung in größeren Anteilen ist nur mit Hilfe sehr intensiver Maischverfahren möglich. Sie werden aber auch verschiedentlich mit verwendet, um eine zu weitgehende Auflösung des normalen Braumalzes zu kompensieren. So sollen Spitzmalzgaben von 10–15% den Bierschaum verbessern, doch steigt mit der Menge an hochmolekularem Stickstoff auch die Viskosität

Tab. 10.21 Standardmälzungsdaten kohlenhydratreicher Körnerfrüchte. Farbwerte in *kursiver* Schrift werden explizit in den Unterkapiteln beschrieben.

Parameter Methode	Einheit	Gerste	Hafer	Rispenhirse	blauer Mais	schwarzer Reis	Roggen	Sorghum	Dinkel	Einkorn	Emmer	Kamut	Triticale	Tritordeum	Weizen	Amarant	Buchweizen	Quinoa
Extrakt, wfr.	%	82,0	64,4	63,6	60,7	87,4	89,2	73,9	84,3	85,1	88,9	74,8	88,0	81,4	86,2	79,7	52,9	83,2
Verzuckerungszeit	min	<10	<10	<25	keine	keine	<10	keine	<10	<10	10–15	10–15	10–15	10–15	10–15	keine	keine	keine
Farbe	EBC	2,9	3,7	2,1	3,9	7,6	7,7	7,5	3,1	3,5	2,8	2,0	6,1	4,4	3,2	5,6	2,5	5,0
Eiweißgehalt, wfr.	%	10,5	12,6	13,6	14,6	8,4	10,4	7,8	13,6	14,3	12,3	15,9	10,6	15,1	12,1	15,2	15,4	13,7
Viskosität	mPa×s, 8,6%	1,453	1,511	1,404	1,407	1,842	6,467	1,959	2,034	2,920	1,704	1,732	2,219	1,587	1,756	1,969	3,507	1,520
löslicher Stickstoff	mg/100 g MTrS	682	681	604	481	283	964	426	654	756	843	797	840	898	725	1022	713	888
Kolbachzahl	%	40,7	33,8	27,8	20,6	21,1	57,9	34,1	32,7	33,0	42,3	31,3	49,5	37,2	37,4	42,0	29,7	40,5
FAN	mg/100 g MTrS	140	145	75	119	58	121	119	97	119	114	58	123	143	110	187	111	206
DK wfr.	WK-Einheiten	311	269	78	72	82	177	83	367	304	346	461	430	466	405	88	77	81
α-Amylase wfr.	ASBC	55	24	11	7	6	18	8	18	27	24	21	21	50	20	1	6	2
EVG scheinbar	%	82,1	77,3	80,9	57,5	51,4	68,4	79,7	79,3	71,3	69,1	69,7	75,9	79,2	80,2	22,4	46,4	63,5

der Würze und mit ihr der Gummistoffgehalt der Würzen und Biere. Dies kann zu Störungen bei der Bierfiltration führen. Der Vorteil besserer Schaumhaltigkeit der Biere nimmt nach mehreren Führungen der Hefe im gleichen Milieu ab, wie auch die Biere oftmals geschmacklich nicht voll befriedigen [1314].

Bei Kurzmalz werden größere Schüttungsanteile aus den gleichen Überlegungen verwendet. Auch hier ist zu prüfen, wie die Würze nach mehreren Hefeführungen vergoren wird und ob dann der Biergeschmack noch entspricht [1315].

Knapp gelöste Malze zur Schaumkorrektur können auch mit niedrigerer Keimfeuchte (ca. 38%) und einer zum Ausgleich längeren Keimzeit (5–6 Tage) hergestellt werden. Diese sind gleichmäßiger beschaffen als die „Spitzmalze" und lassen sich besser verarbeiten.

Ein Schritt in eine andere Richtung eröffnen *"Spitz-Grünmalze"*, die ebenfalls nach 48–50 Stunden „pneumatischer Weiche" in einem Anteil von 10–20% zur normalen Malzschüttung in einer Naßschrotmühle zerkleinert werden. Bei guten Schaumeigenschaften werden die Biere geschmacklich nicht nachteilig verändert. Sie fallen weit besser aus als z. B. solche aus gedarrten oder getrockneten Spitzmalzen [1316]. Bei höheren Viskositätswerten bleibt jedoch nach wie vor das Problem der Filtration der Biere bestehen.

Eine weitere Variante für diese kurz gekeimten Malze sind die *Gerstenmalzschrotflocken*. Zu ihrer Herstellung wird die Gerste normal geweicht und nach der Ankeimung über dampfbeheizte Walzen in Flockenform übergeführt. Das Korn wird auf diese Weise mechanisch und physikalisch aufgeschlossen, wodurch es sich beim Maischen leichter verarbeiten läßt.

10.4
Grünmalze

Um größere Mengen an Rohfrucht (60–70% ungemälzte Gerste, Reis, Mais, Weizenmehl) verwenden zu können, wird verschiedentlich vorgeschlagen, 30–40% Grünmalz als Enzymträger zum Maischen zu verwenden. Da Grünmalz wie auch das im vorigen Kapitel erwähnte „Spitzgrünmalz" leicht verderblich ist, kann es bereits von dieser Seite einen fremdartigen Geschmack an Würze und Bier abgeben. Auch die Malzkeime dürften an diesem Geschmack beteiligt sein [1317, 1318, 1319, 1320].

Aus diesem Grunde ist es naheliegend, mit Hilfe des Wiederweichverfahrens ein Grünmalz zu bereiten, bei dem das Wurzelkeimwachstum so weit unterdrückt wird, dass die Körner nur spitzen, obgleich die Stoffumwandlungen weiter gediehen sind. Dieses Malz läßt sich ohne Nachteil verarbeiten, doch sind die Enzymkräfte noch nicht so stark entwickelt, dass die oben genannten Rohfruchtmengen ohne Zusatz von normalem Malz verkleistert und verzuckert werden können [1321].

10.5
Karamellmalze

Wie z. B. das Spitzmalz durch Zufuhr von höhermolekularen Eiweißkörpern und Gummistoffen Vollmundigkeit und Schaumhaltigkeit eines Bieres verbessern soll, so dienen Karamellmalze unterschiedlicher Farbtiefe dazu, dem Bier nicht nur eine erhöhte Vollmundigkeit, sondern auch einen mehr oder weniger betonten malzigen Charakter zu verleihen. Zu diesem Zweck wird zur Schüttung heller Biersorten 3–5% helles Karamellmalz, bei dunklen Bieren bis zu 10% helles oder dunkles Karamellmalz zugesetzt. Karamellmalz wird aus Grünmalz sehr guter Auflösung mit einem Wassergehalt von 45–48% hergestellt. Am Ende der üblichen Keimzeit wird die Temperatur des Gutes durch Abschalten der Belüftung auf 40–45 °C angehoben, um so innerhalb von 12–18 Stunden einen intensiven Eiweiß-, Zellwand- und Stärkeabbau zu erreichen. Dieser wird anschließend in der Rösttrommel bei 68–70 °C weitergeführt, wobei eine Verflüssigung und Verzuckerung der Stärke „im ganzen Korn" vor sich geht. Dabei nimmt der wasserlösliche Extrakt zu, wenn er auch das Ausmaß der Umsetzungen beim Maischen nicht erreicht. Dies ist auf die wesentlich anderen Extrakt: Wasserverhältnisse von 1 : 0,6 im Vergleich zum Maischen mit 1 : 2,5–4 zurückzuführen, wobei sich hier andere, d. h. höhere Optimalbereiche der einzelnen Enzyme ergeben. Bei guter Vorbereitung im Keimapparat reichen hierfür 60–90 Minuten. Der Effekt ist an der Verflüssigung des Korninhalts zu verfolgen, wo bei leichtem Drücken des Korns eine klare Flüssigkeit herausspritzt. Die früher geübte Verwendung von Darrmalz, das durch entsprechendes Weichen auf 44% Feuchtigkeit gebracht wurde, erforderte eine längere Rast in der Rösttrommel von 150–180 Minuten bei 60–75 °C, um die oben erwähnten Enzymsysteme zur Wirkung zu bringen. Generell werden bei bei den Verfahren die Umsetzungen von der Lösung der Kornpartien und von der Verteilung der Enzyme beeinflußt, wodurch sich die Forderung nach einer möglichst weitgehenden und homogenen Auflösung ergibt.

Der Herstellung der Karamell- und Röstmalze dienen sog. *Rösttrommeln*. Diese können über eine Brennkammer direkt mit Öl oder Gas beheizt werden, wobei der Einsatz eines Nieder-NOx-Brenners möglich ist. Auch eine indirekte Beheizung mittels eines Kassetten-Lufterhitzers (s. Abschnitt 7.3.3.3) kann Verwendung finden. Die Rösttrommel ist doppelwandig und mit schräg angeordneten Leisten nebst Paddeln versehen, um je nach Umdrehungsgeschwindigkeit: langsam=wenden/mischen oder schnell=beschicken/entleeren zu können. Die Verteilung des Heißluftstromes geschieht durch Ausgleichsventile (Abb. 10.109). Während der Verflüssigungs-/Verzuckerungsphase ist die Trommel dicht geschlossen und die Heißluft bestreicht lediglich die Trommelwandung von außen. Beim Aufheizen und Rösten wird die Heißluft durch das Gut geleitet. Im Anschluß an den Röstprozeß ist das Malz rasch abzukühlen. Dies geschieht entweder in offenen, flachen Horden mit mechanischem Rührwerk oder in geschlossenen, automatisch arbeitenden Zweihorden-Systemen.

Abb. 10.109 Rösttrommel (Meteor).

Im Anschluß an die Verflüssigungs- und Verzuckerungsphase wird in 60–90 Minuten bei Lufttemperaturen über 100 °C getrocknet und bei 120–160 °C, je nach gewünschter Farbe, karamelisiert. Durch das rasche Aufheizen werden reichlich Aromastoffe wie Streckeraldehyde, Furfural und auch heterocyclische Verbindungen mit den Dampfschwaden entfernt. Dies zeigen die Vergleichsanalysen zwischen hellem Karamellmalz und gleich dunklem Münchner Malz in den Tab. 10.23 und 10.24.

Die gewählten Temperaturen und Zeiten für die Karamellisierung bestimmen den Typ des Karamellmalzes nach Farbe, Geschmack und Aroma.

Systematische Versuche in einer Rösttrommel im 5 kg-Maßstab mit 2000 W-Infrarotstrahlern verzeichneten nach einer 60-minütigen Verzuckerung bei 70 °C und einem Wassergehalt von 43% bei drei verschiedenen Karamellisierungsverfahren („mild" 125 min bei 120 °C Lufttemperatur, „mittel" 85 min bei 150 °C und „intensiv" 85 min bei 180 °C) folgende Ergebnisse:

Das Aufheizen auf die drei verschiedenen Temperaturen geschah nach erfolgter Trocknung in ca. 60 Minuten. Die Farbzunahme betrug bei 120 °C 3,5 EBC-Einheiten pro Minute, wobei die Kurve im Verlauf der Karamellisation etwas abflachte und einen Endwert von 230 EBC erbrachte. Die Farbkurven von 150 und 180 °C liefen bis zu 120 Minuten etwa parallel mit 15 EBC-Einheiten pro Minute, wobei die erstere Temperatur bis zum Ende der Karamellisierungsphase einen Anstieg der Farbe bis zu 750 EBC erreichte. Bei einer Lufttemperatur von 180 °C war nach 50 Minuten ein Maximum von 590 EBC gegeben; nach einem Abfall auf rund 500 EBC blieb die Farbe annähernd konstant. Diese, im Vergleich zur mittleren Karamellisierungstemperatur geringere Farbebildung ist durch die Reaktion der Maillardprodukte zu Melanoidinen höheren Molekulargewichts (> 70 kD) mit verringerter Löslichkeit in Würze bedingt [1322].

Im Verlauf des speziell überprüften intensiveren Röstverfahrens stellten sich zuerst gelbliche, dann rötliche Farbtöne ein. Nach den jeweiligen Peaks fielen diese Schattierungen wieder ab [1322]. Die Erkenntnis kann zur Herstellung „roter" Cara-Malze genutzt werden.

Bei diesen Röstprozessen bilden sich Karamellsubstanzen aus Zuckern, wobei auch andere Inhaltstoffe eine Veränderung erfahren. Hierauf wird bei der Besprechung der Eigenschaften von Cara- und Röstmalzen und im Vergleich zu hellen und dunklen Darrmalzen im Zusammenhang mit den Tab. 10.22, 10.23 und 10.24 eingegangen.

Bei diesem Röstprozeß bilden sich die typischen Karamellsubstanzen aus den Zuckern. Die Enzyme werden inaktiviert, die Eiweißkörper weitgehend verändert.

Bei der Entleerung der Rösttrommel ist das Korn noch weich und zäh. Nachdem die Temperatur nicht zu hoch gewählt und auch nicht zu lange eingehalten werden darf, sind die Substanzverluste bei der Herstellung des Karamellmalzes relativ gering. Der Trocken-Schwand liegt 4–5% über dem des hellen Malzes, der wasserfreie Extraktgehalt bewegt sich je nach Intensität der Farbe bei 74–79%. Bei der Schnittprobe füllt der hart und glasig erscheinende Inhalt

Tab. 10.22 Analysendaten von Karamell- und Röstmalzen im Vergleich zu hellem Standard-(EBC-)Malz.

Malztyp	EBC-Malz	sehr hell	Karamellmalze hell	dunkel	Röstmalz
Wassergehalt %	5,2	8,4	8,4	6,7	7,7
Extrakt wfr. %	80,8	77,9	77,3	75,9	70,4
Eieißgehalt wfr. %	10,2	12,4	12,5	12,1	11,9
lösl. N mg/100 g MTrS	651	665	643	609	551
Eiweißlösungsgrad %	39,8	33,5	32,2	31,5	28,9
Viskosität mPas	1,51	1,57	1,60	1,57	–
pH	5,49	5,75	5,48	5,30	5,07
Titrationsacidität ml n/1 NaOH	12,8	13,6	15,6	16,5	17,2
Farbe EBC	3,3	4,4	22,5	126	1450

Tab. 10.23 Malzaromastoffe von Karamell-, Melanoidin-, dunklem und hellem Malz [1337]. Aromastoffe, Angaben in ppb.

Malztyp	helles Malz	dunkles Malz	helles Caramalz	dunkles Caramalz	Melanoidin-Malz
Farbe EBC	4,7	23	21	120	70
TBZ	12,3	92	113	370	343
3-Methyl-butanal	1,65	18,2	7,0	26,2	33,9
2-Methyl-butanal	0,77	11,8	3,9	20,9	21,6
Furfural	0,32	3,9	1,0	7,1	4,9
Phenylethanal	2,75	9,3	1,4	1,0	6,9
5,5 dime-2(3,4)-Furanon	0,02	0,41	0,74	3,2	5,0
Hexanal	0,77	1,3	1,0	0,9	1,6

Tab. 10.24 N-Heterocyclen in hellem, dunklem, Karamell- und Farbmalz (Angaben in ppb).

N-Heterocyclen	Hell	Dunkel	helles Caramalz	Röstmalz
Pyrazin	+	168	61	338
Thiazol	31	71	24	1540
2-Me-pyrazin	15	790	397	38260
4-Me-thiazol	nn	+	+	465
2,5-Dimethylpyrazin	6	395	219	1954
2,6-Dimethylpyrazin	3	141	245	4819
Trimethylpyrazin	13	240	1148	2267
2-E-3,6-Dimethylpyrazin	1	196	37	375
2-E-3,5-Dimethylpyrazin	+	28	85	362
Pyrrol	30	163	451	733
2-Acetylpyridin	12	70	44	850
2-Acetylthiazol	42	80	22	1269
Nicotinsäure-Me-ester	6	57	4	117
Benzothiazol	6	6	7	66
2-Acetylpyrrol	366	4585	2305	6553
Indol	8	17	10	70

+=vorhanden, aber <1 ppb; nn=nicht nachweisbar.

das Korn nur mehr zum Teil aus. Der Geschmack ist malzig, röstaromatisch, manchmal honigartig.

Karamellmalze können auch auf der Einhordendarre hergestellt werden. Nach entsprechender Vorbereitung im Keimkasten (s. oben) wird das Gut in der Darre einem rund zwei- bis dreistündigen Verflüssigungs- und Verzuckerungsprozeß bei 65–68 °C durch vollen Rücklufteinsatz ausgesetzt. Anschließend erfolgt das Trocknen bzw. Rösten bei Temperaturen von 80–100 °C, je nach der gewünschten Farbentiefe.

Die Farbe der hellen Karamellmalze liegt zwischen 20–40 EBC-Einheiten, wobei die Farbabstufungen 20–30 EBC und 30–40 EBC betragen [1323].

Dunkle Karamellmalze weisen durch die längere Einwirkung der Rösttemperaturen etwas höhere Verluste durch den Röstprozeß auf, wodurch der wasserfreie Extrakt um weitere 1–1,3% abfällt. Die Farbe liegt in einem sehr weiten Bereich zwischen 80 und 160 EBC-Einheiten, wobei Farbtiefen in Intervallen von 80–100, 110–130 und 140–160 EBC hergestellt werden. Bei dunkleren Farben besteht die Gefahr eines brenzligen Geschmacks (s. Tab. 10.22, 10.23).

Verschiedentlich werden auch bernsteinfarbene Malze (Farbe 50–70 EBC), also mit mittlerer Färbung und Aromaausprägung, gefertigt.

Weizenkaramellmalz stellt ein sehr kräftig färbendes, aromatisches Produkt mit Farben zwischen 150–250 EBC dar [1323].

Sehr helle Karamellmalze, die auch zur Herstellung von Pilsener Bieren Verwendung finden, haben eine Färbung von 3,5–6 EBC-Einheiten. Sie werden 60–90 min in Röstapparaten bei 60–80 °C zur Verflüssigung und Verzuckerung der Stärke gehalten und anschließend auf einer Darre bei Temperaturen von

60–65 °C getrocknet. Ein Vorschlag geht dahin, sogar Kurzmalz zur Herstellung von sehr hellem Karamellmalz zu verwenden [1324].

10.6 Röstmalz

Es dient der Erzielung einer bestimmten, mehr oder weniger dunklen Farbe bei dunklen oder sonstigen Spezialbieren. Wie schon in Abschnitt 7.5 erwähnt, reicht die Farbe des dunklen Malzes (15–20 EBC) allein nicht aus, um dunklen Bieren (Münchener, Kulmbacher) oder dem „Schwarzbier" die gewünschte Farbe zu verleihen. der Zusatz beträgt in der Regel nur 0,5–2% zur Schüttung, kann jedoch bei besonderen Bieren auch höher sein.

Zur Herstellung des Röstmalzes wird angefeuchtetes, helles Darrmalz normaler Beschaffenheit verwendet. Der Wassergehalt soll zum Ablauf der Färbereaktionen um 5–10% erhöht werden. Dies geschieht durch eine 30–45 Minuten während kontinuierliche Rotation der Trommel ohne Luftzug bei Temperaturen von 70–80 °C („Verzuckerungsrast"). Anschließend wird in 90–120 Minuten auf 180 °C aufgeheizt und im Bereich bis 220 °C 60–90 Minuten geröstet. Das angefeuchtete Malz bräunt bereits bei relativ niedrigen Temperaturen, da die präexistierenden und die bei 70–80 °C gebildeten Zukker reagieren. Unter 160 °C ändert sich die Malzstärke kaum; erst bei 200 °C tritt zuerst eine kräftige Melanoidinbildung, dann aber auch die Bildung von brenzlig-bitteren Geschmacksstoffen ein. Zum Erzielen der gewünschten dunklen Farbe wird eine Temperatur von 220 °C so lange eingehalten bis sich, anhand der Schnittprobe bestimmt, eine dunkle, kaffeebraune, matte Farbe ergibt. Anschließend wird der Brennvorgang abgebrochen, die Trommel entleert und das Röstmalz in einem, mit einem Bodensieb versehenen Kasten, oftmals mit Hilfe eines Rührwerks abgekühlt. Bei 250 °C tritt ein Zersetzen der Stärke ein, bei 260 °C bläht sich das Korn auf und *verkohlt* unter Gasentwicklung. Derartige überhitzte Röstmalze laufen nicht mehr trocken aus der Trommel, sondern sintern zusammen.

Infolge der hohen Rösttemperaturen von 220 °C treten im Malzkorn tiefgreifende Veränderungen ein. Der Wassergehalt sinkt bis auf 1–2%, die Enzyme werden vernichtet. Eiweißkörper erfahren z. T. eine Koagulation, z. T. einen Abbau zu niedermolekularen Verbindungen. Fette werden teilweise angegriffen und Fettsäuren freigesetzt. Die Stärke wird durch die Hitzeeinwirkung zu Dextrinen depolymerisiert, weswegen Röstmalzauszüge oftmals mit Jod eine Rotfärbung geben. Hemicellulosen gehen in das zum Teil flüchtige Furfurol über.

Durch den Röstvorgang ändern sich die physiologischen und diätetischen Eigenschaften des Röstmalzes. Es entstehen pflanzliche Röstprodukte, die eine physiologisch einwandfrei feststellbare Wirkung auf Magen und Darm ausüben können. Darüber hinaus besitzen die wasserlöslichen Röststoffe kolloide Eigenschaften, wodurch sie als Schutzkolloide die Stabilität dunkler Biere zu heben vermögen [1325].

Der beim Röstmalzbrennen auftretende Brenz- und Bittergeschmack ist z. T. wasserdampfflüchtig. Aus diesem Grunde wird Röstmalz entweder in Vakuumtrommeln geröstet oder es werden nach Erreichen der Höchsttemperatur, kurz vor Beendigung des Röstens, einige Liter Wasser in die Apparatur gegeben und so eine Verflüchtigung dieser Stoffe angestrebt (s. Bd. II).

Die Verluste beim Röstmalzbrennen setzen bereits bei Temperaturen von 160–165 °C ein (46%). Sie betragen am Ende des Prozesses ca. 10%. Aus diesem Grunde hat Röstmalz nurmehr einen Extraktgehalt, der zwischen 68–72% (wasserfrei) liegt. Das Volumen nimmt beim Brennen etwas zu, so dass die Hektolitergewichte – je nach Farbe – zwischen 42 und 49 kg betragen. Der Mehlkörper des Röstmalzes soll gleichmäßig mürbe und dunkel, kaffeebraun, aber nicht glänzend sein, während die Spelzen selbst einen Glanz aufweisen sollen. Aufgetriebene, geplatzte oder miteinander verklebte Körner deuten auf Fehler beim Brennen hin.

Die wichtigste Eigenschaft des Röstmalzes ist seine Färbekraft. Sie beträgt je nach den vorbereitenden Schritten und der Intensität des Röstvorganges 800–1500 EBC-Einheiten, wobei die Malze in drei Farbstufen verfügbar sind: 800–900 EBC, 1000–1300 EBC, 1300–1600 EBC.

Ein Spezialprodukt stellt das *geschälte Röstmalz* dar: Dem Darrmalz wird vor dem Beschicken der Rösttrommel mittels einer Gerstenschälmaschine ein Großteil der Spelze sowie der Samenschale entfernt. Hierdurch läßt sich eine geringere Röstbittere im fertigen Produkt erzielen. Die Farbeinteilung ist dieselbe wie beim „normalen" Röstmalz.

Weizenröstmalz darf in Deutschland nur zur Herstellung obergäriger Biere verwendet werden. Bei gleicher Herstellungsweise vermittelt es infolge Fehlens der Spelzen einen milderen Geschmack. Die Extraktwerte sind etwas höher als bei den entsprechenden Gerstenmalzprodukten, etwa bei 74% wfr. Die Farben bewegen sich zwischen 900 und 1500 EBC, wobei auch hier wieder in zwei Kategorien getrennt wird: Typ I 900–1000 EBC, Typ II 1300–1500 EBC.

Roggenröstmalz ist ebenfalls nur für obergärige Biere zugelassen; es kann sich bei der Herstellung von Roggenbier als nützlich erweisen. Es verzeichnet eine Farbe von 500–700 EBC-Einheiten [1323, 1326].

Wie schon eingangs erwähnt, darf nur normales, einwandfreies Darrmalz (oder Schwelkmalz) zur Herstellung von Röstmalz verwendet werden. Fehlerhafte Malze oder solche mit Ausbleibern liefern oftmals unbefriedigende und geschmacklich abträgliche Röstmalze. Ungemälzte Gerste darf nach dem deutschen Biersteuergesetz nicht zur Röstmalzherstellung herangezogen werden.

Einen Vergleich zwischen dem EBC-Vergleichsmalz und den verschiedenen „Schattierungen" der Karamellmalze sowie dem Röstmalz bietet Tab. 10.22.

Zu diesen Zahlen ist ergänzend zu bemerken, dass die Karamellmalze und das Röstmalz aus anderen Gersten gewonnen wurden als das EBC-Malz. Dennoch sind die Extraktverluste durch den Karamellisierungs- oder Röstprozeß deutlich. Die Wassergehalte zeigen relativ hohe Werte, die sich jedoch aus der Herstellungsweise der Malze erklären lassen. Der sehr niedrige Wassergehalt des Röstmalzes zieht von 1–2% auf 3–4% an. Durch eine nicht immer ganz sachgemäße Lagerung sind auch im Röstmalz eher höhere Wassergehalte gegeben. Mit Zunahme der Farbe ist eine Verringerung des Würze-pH und eine Erhöhung der Titrationsacidität abzuleiten.

Die Charakterisierung der verschiedenen Aromaabstufungen geht aus Tab. 10.23 hervor.

Die N-heterocyclischen Verbindungen sind in Tab. 10.24 dargestellt. Der Vergleich zwischen dem dunklen „Münchener" und dem hellen Karamellmalz zeigt bei Pyrazin, den Thiazolen, 2-Methylpyrazin, 2,5-Dimethylpyrazin sowie 2-Acetylpyridin, 2-Acetylpyrrol, Indol und Nicotinsäure-Methylester eine Abnahme um teilweise mehr als 50%. Dies ist auf die kräftige Wasserdampfentwicklung beim raschen Aufheizen auf die Rösttemperaturen zurückzuführen.

Bei der Herstellung von Röstmalz entstehen vermehrt heterocyclische Verbindungen, die sich aus der Reaktion von Zuckern mit Prolin ableiten. Unter diesen befinden sich auch Komponenten, die einen bitteren Geschmack verleihen können [872]. Einen Eindruck über die Bildung von Pyrrolizinen gibt Tab. 10.25.

Auch hier zeigt das (helle) Karamellmalz einen geringeren Gehalt dieser Verbindungen auf, was auf die oben erwähnten Verdampfungseffekte zurückzuführen ist.

Helle Karamellmalze enthalten im Vergleich zu normalem hellen Malz weniger Glukose und Fruktose doch mehr Saccharose [1327]. Der süße Geschmack von Karamellmalzen kommt jedoch von Maltol und anderen Maillardprodukten [1328, 1329, 1330], wobei helle Karamellmalze mehr Sauerstoffheterocyclen (Pyrone, Furane) aufweisen, dunkle Karamellmalze aber mehr Stickstoffheterocyclen [1331, 1332]. Die Bildung von Melanoidinen und anderen aromaintensiven Substanzen ist in Abschnitt 7.2.4.5 beschrieben, die heterocyclischen Verbindungen sind in Bd. II, Abschnitt 5.6.3 erklärt.

Die Aminosäuren nehmen ebenfalls ab, im Durchschnitt um ca. 65%, einige jedoch um bis zu 80% und Lysin um 90%. Auch die phenolischen Substanzen zeigen ein differenziertes Verhalten. Während Catechin und Ferulasäure gegenüber dem hellen Lagerbier- oder Ale-Malz um ca. 50% abnehmen, findet sich in Karamell- und Röstmalzen Vanillinsäure, im Röstmalz sogar 4-Vinylguajacol [1333].

Durch die Bildung von Farb- und Aromasubstanzen tritt auch eine Erhöhung der antioxidantischen Eigenschaften der Karamell- und Röstmalze ein. Nachdem aber die phenolischen Verbindungen bei hellen Karamellmalzen nur noch etwa halb so hoch sind wie in vergleichbaren Lager- und Alemalzen, ist die höhere antioxidantische Wirkung der Karamellmalze vornehmlich auf Maillard-

Tab. 10.25 Pyrrolizine in Darr- und Röstmalzen [941].

Typ	Hell	Dunkel	helles Cara	Röstmalz
5-Acetyl-2,3-dihydro-1H-pyrrolizin	33	499	384	13490
5-Formyl-6-methyl-2,3-dihydro-1H-pyrrolizin	170	193	5	24240
5-Acetyl-6-methyl-2,3-dihydro-1H-pyrrolizin	12	38	16	2300
Malzoxazin	62	298	166	1815

produkte zurückzuführen [1335]. Röstmalze mit Farben von über 800 EBC zeigen wohl die höchste antioxidantische Aktivität, doch war ihre Relation zur EBC-Farbe am geringsten. Dies hat insofern Bedeutung, als diese Malze nur in Anteilen von 0,5–5% – je nach Biertyp – zur Schüttung gegeben werden, aber dennoch beachtliche antioxidantische Eigenschaften einbringen. Helles Karamellmalz kommt dem hellen Darrmalz in dieser Relation am nächsten, doch überwiegt beim Karamellmalz das Reduktionsvermögen der Maillard-Produkte das der (um 50% niedrigeren) Polyphenole [1333]. Wie schon in Abschnitt 7.2.4.8 geschildert wurde, ergaben bei hellen Bieren helle Karamellmalze in einer anteiligen Gabe von ca. 5% eine bessere Geschmacksstabilität als allein verbraute, sog. „Wiener" Malze, die dem Bier die gleiche Farbe vermittelten.

Über Schadstoffe wie z. B. Chlorpropanol, Acrylamid und Furan liegen Untersuchungen vor (s. Abschnitt 7.2.4.9), die jedoch aufzeigen, dass bei den geringen Dosagen der Karamell- und Röstmalze keine Probleme bestehen. Mykotoxine wie Desoxynivanelol und seine Metaboliten lagen in Karamellmalzen im Vergleich zu Pilsener Malzen deutlich niedriger [1334].

Abschließend zum Thema „Karamell"- und „Röstmalze" werden Bilder von Pilsner, Münchner, dunklem Karamellmalz und Röstmalz im Längsschnitt gezeigt (Abb. 10.110). Beim dunklen Malz ist der Blattkeim (wunschgemäß) stär-

Abb. 10.110 Längsschnitte von Darr-, Karamell- und Röstmalzen [1336], (A Pilsner Malz, B Münchner Malz, C dunkles Karamellmalz, D Röstmalz).

ker entwickelt als beim hellen Malz, auch zeigt die leicht bräunliche Färbung die Spuren der Maillard-Reaktion. Das dunkle Karamellmalz läßt die kristallisierten Zucker-/Maillardprodukte erkennen, die in der Hitze verflüssigt und beim Abkühlen auskristallisiert wurden. Die Strukturen des Blattkeims sind hier nicht mehr zu erkennen. Beim Röstmalz dagegen sind diese Strukturen noch in „karbonisierter" Form erhalten [1335, 1336].

Eine anwendungsfreundliche Art von Röstmalz ist ein sog. „Instant"-Produkt, das in Farbentiefen zwischen 30 und 500 EBC angeboten wird. Bei der Herstellung desselben wird im Anschluß an Verflüssigung/Verzuckerung und Röstprozeß geschält, um Spelzen, Frucht- und Samenschale sowie einen Teil des Aleuron (insgesamt 10–15% der Kornsubstanz) zu entfernen. Nach dieser Bearbeitung wird das Malz gemahlen und in einem speziellen Gerät mit Rührer mit Dampf von 110 °C fünf Sekunden lang agglomeriert. Durch den Zuckergehalt verkleben die Partikel des fein gemahlenen Röstmalzes zu solchen von 100–250 μm Korngröße.

Das Produkt kann gegen Ende des Maischprozesses, während des Abläuterns der Vorderwürze oder zur Pfannenwürze in den üblichen Mengen zugegeben werden [1338]. Bei den beiden späteren Gaben ist die Jodnormalität der Würze bzw. des Bieres zu kontrollieren.

10.7
Brühmalz

Es wird angewendet zur Herstellung besonders aromatischer und vollmundiger dunkler Biere. „Dunkles" Grünmalz, vorzugsweise mit mehr Eiweiß (>11,5%) und einer hohen Keimgutfeuchte von ca. 48% wird während der letzten 36 Stunden einer rund 7-tägigen Weich- und Keimzeit auf Temperaturen von 40–45 °C gebracht. Nachdem der Temperaturanstieg im Keimkasten nach dem Ausschalten des Ventilators einige Stunden in Anspruch nimmt, wirken die genannten Temperaturen ca. 20 Stunden lang ein. Die gebildete Kohlensäure fällt in den Raum unter der Horde und zieht damit Luft aus dem Keimkastenraum nach. Es hat also die untere Schicht mehr CO_2 als die obere. Das Keimlingswachstum kommt bei ca. 40 °C zum Erliegen, die Enzyme arbeiten aber weiter und es kommt so zu einer Anhäufung von niedermolekularen Abbauprodukten wie Glukose, Fruktose, Aminosäuren und niedermolekularen Peptiden. Der Korninhalt erfährt eine Veränderung seiner Konsistenz; er wird teilweise flüssig.

Beim Schwelken bestehen nun zwei Möglichkeiten: entweder es wird ein Verfahren für helle Malze mit Schwelktemperaturen von 50–55 bis 60–65 °C durchgeführt, das in 10–12 Stunden den „Durchbruch" erreicht oder es wird mit 50 °C und 55 °C jeweils mit 75–80% Rückluft weiter „gebrüht" (s. Abschn. 7.5.2.2). Bei diesem Verfahren wird dann in 2–3 Stunden bei 65 °C der Trocknungsvorgang mit 80% Frischluft eingeleitet, in einer Stunde auf 70 °C aufgeheizt, eine Stunde gehalten und schließlich vorsichtig auf die Abdarrtemperatur von 80–90 °C erhitzt, wobei der Frischluftanteil bis auf 25% zurückgenommen wird. Die Abdarrung nimmt 3–4 Stunden in Anspruch, so dass der übliche Zyklus einer Einhordendarre genügt. Es reichen Abdarrtemperaturen von 80–90 °C je nach der Intensität der Vorbehandlung im Brühhaufen oder bei der Schwelke), um Farben von 30–40 EBC-Einheiten zu erreichen. Beim Abdarren kann 80—90% Umluft eingesetzt werden. Bei zu schnellem Aufheizen und bei höheren Abdarrtemperaturen als 85–90 °C tritt eine Schädigung der Enzyme ein, weil doch die Trocknung des teilweise flüssigen Mehlkörpers recht zögernd erfolgt und das Aufeinandertreffen von Temperatur und Feuchte zu einem Glasigwerden des Malzes führen kann. Die Analysendaten im Vergleich zu einem dunklen (Münchener) Malz zeigt Tab. 10.26.

Durch die reichlich vorhandenen niedermolekularen Abbauprodukte entstehen viele färbende und aromatische Substanzen. Nachdem die Herstellung dieser Malze durch die Führung im Keimkasten und auf der Einhordendarre weitaus besser regelbar ist als früher auf der Tenne, treten keine unkontrollierbaren Vorgänge mit z. T. unerwünschten Stoffwechselprodukten mehr ein. Es läßt sich deshalb ein wesentlich größerer Anteil an Brühmalz (bis zu 50%), entweder zusammen mit hellem Malz oder einem Gemisch aus hellem und dunklem Malz ohne Nachteile verarbeiten; wenn die Verzuckerung von Teilmaischen und Gesamtmaische sichergestellt ist. Dies Malze finden weiterhin Verwendung zur Verbesserung des Aromas dunkler Malzschüttungen (ca. 25%) zum Ersatz von Röstmalz, Röstmalzbier oder Zucker-Couleur bei Malz- oder Altbieren sowie in weiten Grenzen für alkoholfreie und Leichtbiere.

Die Produktion von Brühmalz bedarf keiner besonderen Einrichtungen; sie ist billig, wenn auch durch einen Verlust an Mälzungsausbeute gekennzeichnet. Brühmalz hat auch eine um 1–1,5% geringere Extraktausbeute als dunkles Malz aus derselben Gerstencharge.

Eine ähnliche Herstellungsmethode wird bei *Melanoidin-Malzen* oder bei *rH-Malzen* angewendet. Die reichlich vorhandenen Abbauprodukte der Stärke, des Eiweißes und der Hemicellulosen reagieren nach sorgfältiger Trocknung bei niedrigeren Abdarrtemperaturen von 65–75 °C zu Vorläufern der Melanoidinbil-

Tab. 10.26 Malzanalysen von dunklem Malz und Brühmalz [1339].

Typ	dunkles Malz	Brühmalz
Wassergehalt %	3,2	4,9
Extrakt wfr. %	81,4	80,3
MS-Diff. EBC	0,8	1,5
Viskosität mPas	1,55	1,56
Eiweiß wfr. %	9,6	10,1
ELG %	45,5	46,6
Vz45 °C %	45,0	51,0
Farbe EBC	14,0	34,0
pH	5,64	5,54
Verzuckerung min.	10–15	15–20

dung, die z. T. schon reduzierende Eigenschaften haben. Dies wirkt sich in einer Verbesserung der „Beschwerung" der Biere, in günstigeren ITT-Werten und somit in einer verbesserten chemisch-physikalischen und geschmacklichen Stabilität der Biere aus [1340]. Diese Ergebnisse sind jedoch nicht unumstritten [1340]. Die rH-Malze haben Farbentiefen von 16–18 EBC-Einheiten.

10.8
Sauermalze

Sie dienen in einer Menge von 2–10% zur Korrektur des Maische-pH, wodurch eine Verbesserung der Wirkung einer Reihe von hydrolytischen Enzymen bewirkt wird (s. Bd. II). Der wirksame Bestandteil dieser Spezialmalze ist Milchsäure, die nun dem Malz auf unterschiedliche Weise zugeführt wird:

a) Normal keimende Grünmalze werden mit einer biologisch gewonnenen Milchsäurelösung besprengt und anschließend abgedarrt. Die Milchsäure wird von den, ohnedies auf dem Malz vorkommenden Milchsäurebakterien, die nach besonders genehmigten Verfahren vermehrt wurden, in Vorderwürze erzeugt. Durch den Schwelk- und Darrprozeß konzentriert sich die Milchsäure, so dass ein derartiges Sauermalz einen Milchsäuregehalt von 3-4% aufweisen kann.

b) Helles Darrmalz (einer nicht geschwefelten Partie) wird in einem thermostatisch beheizten Behälter (z. B. in einer isolierten Weiche) so lange bei einer Temperatur von ca. 47 °C geweicht, bis sich die auf dem Malz befindlichen Milchsäurestäbchen entsprechend vermehrt haben und eine Milchsäurekonzentration von 0,7–1,2% erreicht ist. Malz und „Weichwasser" schmecken deutlich sauer. Nach Ablassen der „Mutterlösung" wird das Malz vorsichtig bei niedrigen Temperaturen getrocknet und anschließend bei 60—65 °C ein Wassergehalt von ca. 5,5% angestrebt.

Die gestapelte Milchsäurelösung kann einige Male zum Säuern der nächsten Partien wiederverwendet werden. Um zu dunkle Farben der Sauermalzwürze oder des Sauermalzauszuges zu vermeiden, ist der oben erwähnte Prozeß in gewissen, nicht zu langen Abständen zu wiederholen: Der Milchsäuregehalt des Malzes liegt bei diesem Verfahren zwischen 3 und 4%.

Sauermalz vermittelt dem Auszug bzw. der aus ihm hergestellten Kongreßwürze einen pH von 3,8–4,2; die Farbe beträgt 3–6 EBC-Einheiten, je nach der Herstellungsweise.

Um die Handhabung im Sudhaus zu vereinfachen, kann Sauermalz auch in Form von Schrot ausgeliefert werden.

Wie schon erwähnt, ist es möglich, mit Hilfe von Sauermalz den pH einer Maische auf 5,5–5,6 einzustellen und damit die in diesem Bereich wirkenden Enzyme zu fördern (s. Bd. II). Seine Verwendung ist nicht nur bei harten, hydrogencarbonathaltigen Brauwässern lohnend, sondern auch bei solchen von geringer Restalkalität [1342, 1343]. Nachdem u. a. die Wirkung der Phosphatasen gesteigert wird, erfahren Maische und Würze eine verstärkte Pufferung, so dass u. U. der pH-Abfall bei der Gärung nicht ganz im gewünschten Sinne verläuft und ein höherer Bier-pH resultiert als erwartet. Um dieses zu vermeiden, wird z. B. für kleine Brauereien der Vorschlag gemacht, aus Sauermalzschrot (das auch als solches bezogen werden kann) einen Malzauszug (Sauermalz : Wasser = 1 : 5) herzustellen. Die überstehende, feststofffreie Flüssigkeit wird der abgeläuterten Würze beim Aufheizen zum Kochen zugegeben, während der „Satz" beim Einmaischen der pH-Erniedrigung der Maische dient [1341].

Würzen, die aus Schüttungen mit Sauermalz stammen, weisen eine etwas hellere Farbe, eine stärkere Eiweißlösung sowie vor allem mehr α-Amino- und Formol-Stickstoff auf. Neben einer Reihe von positiven Eigenschaften nimmt auch die Menge der reduzierenden Substanzen zu, so dass die Biere eine etwas bessere Sauerstoffstabilität aufweisen [1344]. Wenn auch die Sauermalzgabe bei größeren und automatischen Sudwerken durch die in einer eigenen Gäranlage gewonnene biologische Milchsäure ersetzt wird (s. Bd. II), so können doch neu zu entwickelnde Spezialbiere wie Leichtbier oder alkoholfreies Bier (mit gestoppter Gärung) größere Milchsäuremengen erforderlich machen als sie eine vorhandene biologische Anlage zu erbringen vermag.

11
Die Kleinmälzung

Die Methode der Kleinmälzung hat sich in den letzten Jahrzehnten sehr verbreitet, da sie es ermöglicht, mit einer bestimmten kleinen Menge Gerste (zwischen 100 g und 1 kg) unter stets gleichen Bedingungen Malz zu erzeugen. Damit kann der Mälzungs- und Brauwert einer Gerste besser überprüft und dargestellt werden als dies anhand der Gerstenanalytik, selbst bei Anwendung von NIR und NIT (s. Abschnitt 1.6.3) nebst den hierfür entwickelten Rechenprogrammen möglich ist. Die Kongreßanalyse des „Kleinmalzes" gibt nicht nur eine Aussage über den Extraktgehalt, sondern ermöglicht es anhand von Standardanalysen, aber auch von Sonderuntersuchungen, eine Bewertung einer Gerste vorzunehmen.

Die Kleinmälzung ist nicht nur ein unentbehrliches Mittel zur Bewertung von Gersten und anderen Zerealien (s. a. Abschnitt 10), sondern auch zur Beurteilung der Mälzereitechnologie im weitesten Sinn:
a) zur Beurteilung des Brauwertes von Gerstenneuzüchtungen,
b) zur Berteilung der Mälzungseignung und des Brauwertes von anderen Getreide- und Pseudogetreidearten,
c) zur (frühzeitigen) Darstellung der Mälzungseigenschaften eines Gerstenjahrgangs,
d) zur Ermittlung der Mälzungseigenschaften von Importgersten,
e) zur Überprüfung der Wirkung von Methoden der Gerstenkonditionierung, z. B. zur raschen Überwindung der Keimruhe (s. Abschnitt 3.4.3),
f) zur Erarbeitung des optimalen Mälzungsverfahrens für bestimmte Gerstenpartien,
g) zur Erarbeitung des optimalen Mälzungsverfahrens für andere Getreidearten etc.,
h) zur Kontrolle der Mälzereiarbeit im Ganzen oder in ihren verschiedenen Abschnitten (s. Abschnitt 6.3.36).

Die *Überprüfung des Brauwertes von Gerstenneuzüchtungen* ist naturgemäß von großer Wichtigkeit, da es auf diese Weise möglich ist, bereits bei kleinen Gerstenproben die technologisch wichtigen Eigenschaften von neuen Zuchtstämmen zu erkennen, und, falls diese nicht den gewünschten Erfordernissen entsprechen, von einem weiteren Verfolg dieser speziellen Züchtung abzusehen. Zu

Die Bierbrauerei Band 1: Die Technologie der Malzbereitung. Achte Auflage.
Ludwig Narziß und Werner Back.
© 2012 WILEY-VCH Verlag GmbH & Co. KGaA. Published 2012 by WILEY-VCH Verlag GmbH & Co. KGaA

diesem Zweck wurden Mikromälzungsanlagen für Proben von jeweils 100 g entwickelt [245], um aus jungen Kreuzungsgenerationen vieler Stämme pro Züchter (200–500 jährlich) insgesamt 2000–3000 Proben pro Jahr verarbeiten zu können.

Eine weitere Anlage für eine gleichgroße „Schüttung" wurde geschaffen, um aus den gewonnenen Malzen in einer Mikrobrauerei Biere herzustellen. Hierbei können neben der Beobachtung des definierten Prozeßablaufs gaschromatographische Untersuchungen der Aromastoffe vom Malz über die (ungekochte, ungehopfte) Würze bis zum frischen und gealterten Bier durchgeführt werden. So ist es möglich, unerwünschte, spezifische Geschmacksausprägungen ebenso zu erkennen wie auch Erkenntnisse über die Geschmacksstabilität der Biere zu gewinnen [34, 685].

Die ursprüngliche Kleinmälzungsanlage für eine Gerstenmenge von 1 kg diente der Untersuchung von Gersten bei der sog. „Wertprüfung" (WP) zur Zulassung neuer Sorten beim Bundessortenamt. Während die Wertprüfung 1 im ersten Prüfungsjahr über die Mikromälzung (100 g) läuft, werden WP2 und WP3 jeweils im 1 kg-Maßstab vermälzt und nach der klassischen Malzanalyse (mit entsprechenden Ergänzungen) bewertet. Diese Anlage wird auch für weiterführende Untersuchungen verwendet, um z. B. Malz für Kleinsude nach dem sog. „Berliner Programm" [1347] bereitzustellen.

Diese, nunmehr schon „klassische" Methode der Kleinmälzung ist standardisiert worden und weist – verbindlich für die befaßten Mälzerbünde und Institute – sowie nach den Richtlinien der Mitteleuropäischen Brautechnischen Analysenkommission (MEBAK) folgende Arbeitsmethoden auf [1345, 1346]:

Es wird 1 kg lufttrockene, vorgereinigte und auf dem 2,5 mm Sieb vorsortierte Gerste nach folgendem Schema bei 14 °C±0,1 °C geweicht:
5 Stunden Naßweiche, 19 Stunden Luftrast, 4 Stunden Naßweiche, 20 Stunden Luftrast, 2 Stunden Naßweiche. Nach insgesamt 72 Stunden wird das Gut gewogen und der Weichgrad – ohne Berücksichtigung des bis dahin entstandenen Schwandes – auf genau 45% eingestellt. Nach 48 Stunden Weichzeit, also vor der dritten Naßweiche ist bereits durch eine Probewägung festzustellen, ob die Gerste nicht durch eine dritte Naßweiche einen zu hohen Weichgrad erhalten würde. In diesem Falle ist der Weichgrad von 45% durch Spritzen einzustellen.

Die Weich- und Keimzeit dauert insgesamt 6 Tage = 144 Stunden bei 14 °C Lufttemperatur, wobei die Haufentemperatur gleichbleibend bei 14,5 °C±0,5 °C liegt. Die relative Feuchte der Keimluft muß konstant gehalten werden; sie ist bei der stillen Keimung auf 98–99% einzustellen. Kondensat- und Tropfenbildung auf dem Keimgut ist auszuschließen. Bei der pneumatischen Keimung wird übersättigte Raumfeuchtigkeit gefordert. Das Keimgut ist – mit Ausnahme der Trommelmälzerei – täglich 1–2mal zu wenden (die Wendehäufigkeit muß vermerkt werden). Der Grünmalzwassergehalt muß bei Darrbeginn 45–45,5% betragen. Das Darrschema ist wie folgt:

Schwelken 16 Stunden bei 50 °C (Wassergehalt soll unter 10% liegen).
Aufheizen in 2 Stunden auf 80 °C.
Darren bei 80 °C, mindestens 3 Stunden bzw. so lange bis ein Endwassergehalt
von 4,0±0,5% erreicht ist.

Die Temperaturen, unter der Horde gemessen, dürfen nicht mehr als um ±1 °C
abweichen.

Bei der Entkeimung müssen die Keime technisch einwandfrei entfernt werden, ohne die Spelzen zu beschädigen.

Diese Verfahrensweise, die ursprünglich in der „Weihenstephaner Klimakammer" entwickelt wurde [1348], kann naturgemäß auch in anderen Systemen wie Trommeln, Weich- und Keimschränken, auch computergesteuert durchgeführt werden. Dabei ist es wichtig, dass die genannten Mälzungsparameter reproduzierbar eingehalten werden können, besonders auch die Keimgutfeuchte.

Es hat schon in den 1980er Jahren nicht an Hinweisen gefehlt, dass das ursprüngliche Standard-Kleinmälzungsverfahren bei korrekter Durchführung (vor allem bei Erhaltung der einmal eingestellten Keimgutfeuchte) sehr häufig zu „überlösten" Malzen führte. Dies war besonders bei den enzymstarken Sorten, ab z. B. „Alexis" (Zulassung 1984) der Fall, die bei sehr guter Zellwandlösung überaus hohe Eiweißlösungsgrade lieferten. Diese führten dann auch beim „Standard-Brauverfahren" zu einer unbefriedigenden Bierbeschaffenheit, vor allem im Hinblick auf Schaum, Geschmack und Geschmacksstabilität (s. Abschnitt 9.2). Gewichtige Gründe sprachen zunächst für die Beibehaltung der bisherigen Arbeitsweise, wie z. B. die Vergleichbarkeit mit früheren Jahrgängen und die Fülle der daraus gewonnenen Daten. Doch überwog für die Herstellung von Bier mittels Kleinsud – und später auch im Pilotmaßstab – die Forderung nach praxisnäheren und folglich besser auswertbaren Ergebnissen. So wurde zunächst unter Beibehaltung des Basis-Schemas die Keimgutfeuchte auf 42,5% abgesenkt. Nachdem dies aber wiederum weniger den Gegebenheiten der Mälzereipraxis entsprach, wurde – wiederum bei einem Weichgrad von 45% – die Weich- und Keimzeit von 7 Tagen auf 6 Tage verkürzt.

Weiter werden nun im Rahmen des Berliner Programms [1347, 1349] mit den neu zugelassenen Sorten auch Versuche unter Variation der Mälzungsbedingungen durchgeführt: Keimgutfeuchte 45% und 43%, Keimtemperatur 14 °C konstant oder von 18 °C auf 14 °C fallend. Hierbei ergeben sich Hinweise über die Lösungsfähigkeit und die Enzymkapazität der Gersten, wie auch verdeckte Schwächen frühzeitig erkannt werden können [889 e].

Außerhalb dieser standardisierten Mälzungssysteme ist eine Reihe von Spielarten gegeben, die sehr unterschiedlich sein können. Die bekannteste davon ist die sog. „Bremer Kleinmälzungsanlage", der eine andere Mälzungsweise zugrunde liegt, da sie stets das gleiche Weichschema (6 Stunden Naßweiche, 18 Stunden Luftrast, 3 Stunden Naßweiche, 21 Stunden Luftrast, 3 Stunden Naßweiche, 21 Stunden Luftrast bei 15 °C) anwendet. Der am Ende vorliegende Wassergehalt entspricht dem „Quellvermögen" der Gerste (s. Abschnitt 1.6.2.8). Die weitere Führung des zu diesem Zeitpunkt bereits kräftig keimenden Gutes erfolgt dann noch 5 Tage bei 10 °C in einer „leichten Kohlensäureatmosphäre". Anschließend wird schonend getrocknet und gedarrt [401].

Der Unterschied zwischen beiden Verfahrensweisen ist, dass im ersteren Falle die sich unter standardisierten Bedingungen einstellende Malzqualität resultiert, während beim zweiten Verfahren die auf dem jeweiligen Quellvermögen der Gerste basierende Auflösung erzielt wird. Nachdem das Quellvermögen aber von einer Reihe von Faktoren beeinflußt ist (s. Abschnitt 3.4.1.4), können Differenzen zwischen den einzelnen Sorten bei beiden Verfahren u. U. verschieden ausfallen.

Die größeren Malzmengen, die bei den geschilderten Kleinmälzungsmethoden erzielt werden, erlauben die Durchführung des vollen Analysenspektrums und besonders interessierender Spezialuntersuchungen. Damit steht Material für wissenschaftliche Untersuchungen, bei Parallelmälzungen auch für Kleinsude zur Verfügung, die ebenfalls nach genau definierten Verfahren bis zum Bier verarbeitet werden [890, 891, 892].

Die *Überprüfung der Mälzungs- und Braueigenschaften* eines neuen Gerstenjahrgangs oder von Importgersten usw. gibt frühzeitige Verfahrenshinweise, die sonst nur durch Probemälzungen in der Praxis erhalten werden können. Dabei ist es möglich, noch im Kleinversuch eine Optimierung der Verarbeitung dieser Gersten zu erproben und diese auf die Praxis zu übertragen.

Der *Abbau der Keimruhe und Wasserempfindlichkeit* (s. Abschnitt 3.4.3) durch eine besondere Behandlung der Gerste kann bereits im Kleinversuch durchgeführt und das Ergebnis durch eine Mikromälzung überprüft werden.

Die *Kontrolle der Mälzereiarbeit* durch Vergleich des Kleinmälzungs- mit dem Praxisergebnis liefert sehr wertvolle Hinweise über die Qualität der Weicharbeit, über die Haufenführung nach Temperatur, Feuchte und CO_2-Gehalt der Haufenluft (s. Abschnitt 4.2.3). Es ist bezeichnend für die Fortschritte in der Mälzereitechnologie – die letztlich durch die Pionierarbeit auf dem Gebiet der Kleinmälzung ausgelöst wurden – dass vielfach die Praxismalze die Daten der „Kleinmalze" nicht nur erreichen, sondern verschiedentlich sogar übertreffen [831].

Die abschnittsweise Kontrolle – z. B. Weiterführung des im Betrieb geweichten Gutes in der Kleinmälzung oder Darren des Betriebsgrünmalzes in der Labordarre – vermag Fehler in den einzelnen Abschnitten des Mälzungsprozesses aufzuzeigen (s. Abschnitt 6.3.3.6).

Die *Beobachtung des Mälzungsschwandes* zeigt in der Kleinmälzung stets zu hohe Werte; dies ist wahrscheinlich durch die geringen Schichthöhen, durch die günstigeren Sauerstoffverhältnisse, sowie durch die wesentlich stärkere Auswirkung von verbessernden Maßnahmen wie z. B. der stufenweisen Wasserzugabe usw. bedingt. Dennoch können die erhaltenen Schwandzahlen wenn auch nicht absolut, so doch in der Relation verglichen werden.

Gerade die moderne Großproduktion mit immer größeren Mälzungseinheiten, die mit Gersten aus oftmals ungewohnten Provenienzen beschickt werden müssen sowie die gesteigerten – oder mindestens besser definierten – Ansprüche an die Qualität der Malze, lassen die Kleinmälzung zu einem wertvollen, ja vielleicht unentbehrlichen Hilfsmittel eines überlegt geführten Betriebes werden.

11.1
Die Statistik-Mälzung

Eine besondere Bedeutung hat die Kleinmälzung in den letzten Jahren durch die sog. „Statistik-Mälzung" erfahren. Diese Versuchsplanung beruht auf der Response Surface Methodology (RSM), welche zur Optimierung von Mälzungsversuchen mit Braugetreiden angewendet wird. Ebenso für neue Gersten- und Weizensorten oder andere Getreide- bzw. Pseudogetreidearten, wie sie in Kapitel 10 beschrieben sind. Hier sind auch bei einigen Körnerfrüchten Beispiele aus der RSM aufgeführt. Für diese Methode der statistischen Versuchsplanung dient die Software „Design Expert" der Fa. Stat-Ease [1354, 1355].

Dabei werden 25 Kleinmälzungen mit verschiedenen Variationen der Keimungsparameter (Keimdauer, Keimtemperatur, Keimgutfeuchte), die würfelförmig zueinander angeordnet sind, durchgeführt. Dabei werden in der Versuchsdurchführung zur Absicherung die Mälzungen für die Extrempunkte einmal und für den Zentralpunkt dreimal wiederholt. Abbildung 11.1 zeigt das Würfelmodell (Face Centered Design). Die resultierenden Malze werden auf bestimmte Qualitätsmerkmale geprüft. Nach Eingabe dieser Qualitätsmerkmale errechnet die Software den mathematischen Zusammenhang zwischen den Parametern und Merkmalen innerhalb dieses würfelförmigen Versuchsplans. Beispielhaft ist hier in Abb. 11.2 der Einfluß der Keimtemperatur und -zeit auf den Endvergärungsgrad bei 47% Wassergehalt von der Hafersorte Ivory auf-

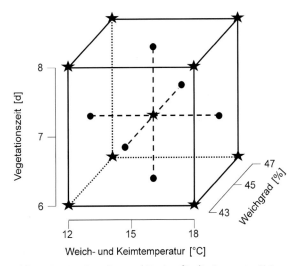

Abb. 11.1 Ein Face Centered Design für die Parameter Keimdauer, Keimtemperatur und Keimgutfeuchte.

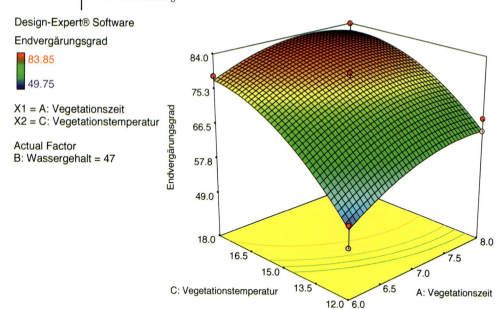

Design-Expert® Software

Endvergärungsgrad

83.85

49.75

X1 = A: Vegetationszeit
X2 = C: Vegetationstemperatur

Actual Factor
B: Wassergehalt = 47

Abb. 11.2 Einfluß der Keimtemperatur und -zeit auf den Endvergärungsgrad bei 47% Wassergehalt auf die Hafersorte Ivory.

geführt. Niedrige Temperaturen in Kombination mit kurzen Vegetationszeiten bedingen einen niedrigen EVG, sowie die Steigerung beider Parameter zu einem Endvergärungsgrad führt, der bei etwa 84% liegt.

Anhang

Der Anhang beinhaltet zwei Übersichten, die einen tieferen Einblick in die Entwicklung der Sommerbraugerstensorten geben: Einmal die Saatgutvermehrungsflächen der als Braugersten zugelassenen Sorten, zum anderen die seit Kriegsende vom Bundessortenamt zugelassenen Braugerstensorten.

Anhang I zeigt alle Sorten nach ihrer Vermehrungsfläche über die in Tab. 1.3 genannten Hauptsorten in zwei Jahrgängen [1356] hinaus. Hiervon ist die Bewegung des Sortenspektrums zwischen 2005 und 2010 abzuleiten. Diese ist heutzutage wesentlich stärker und kurzfristiger als in früheren Jahrzehnten. Weiterhin ist der starke Rückgang der Vermehrungsflächen von 2009 auf 2010 auffällig. Er ist nicht nur auf die Unsicherheiten in der Qualitäts- und Ertragssituation bei Sommerbraugersten zurückzuführen, sondern vor allem auf den vermehrten Anbau von Früchten, die der Gewinnung von erneuerbaren Energien dienen. Dieser ist weniger risikoreich und verspricht höhere Erlöse pro Hektar.

Anhang II enthält alle Sommerbraugerstensorten, die seit Ende des Zweiten Weltkrieges zugelassen wurden. Ihre Bedeutung geht aus dem Zeitraum zwischen Zulassungseintrag und Zulassungslöschung hervor. Das Bundessortenamt wurde erst 1954 geschaffen. Sorten, die bereits früher im Markt eingeführt waren, wurden ab 1954 in die Sortenliste aufgenommen. Es handelt sich in der Tabelle um alle jene Sorten, die zu ihrem Namen noch den Namen des Züchters tragen, wie z. B. die bekannten Sorten „Breuns Wisa", „Heines Haisa II", „Strengs Franken III" und andere. Der Überblick über die früheren Sorten ist deswegen von Bedeutung, weil diese bei den grundlegenden Forschungsarbeiten der früheren Jahrzehnte in Kapitel 4 erscheinen und deren Namen – bis auf wenige – in Vergessenheit geraten sind [1357] Die Züchter bzw. Anmelder der Sorten sind hier nur stark verkürzt wiedergegeben. Sie können aber beim Bundessortenamt angefragt werden [1357, 1358].

Anhang I

Entwicklung der Vermehrungsfläche von Sommergerste 2010 (ha)

Lfd Nr.	Sorte	2005	2006	2007	2008	2009	2010
1	Quench	–	–	449	2227	2425	1594
2	Marthe	–	220	2635	5578	3359	1482
3	Grace	–	–	–	–	528	1445
4	Sunshine	–	–	–	–	222	559
5	Tocada	775	938	880	854	698	528
6	Simba	611	591	429	430	566	501
7	Braemar	2790	1755	1638	1557	913	382
8	Propino	–	–	–	–	58	345
9	NFC Tipple	89	688	415	812	492	224
10	KWS Bambina	–	–	–	–	–	188
11	JB Flavour	–	–	–	256	334	183
12	Eunova	85	127	105	144	134	164
13	Adonis	589	600	357	319	190	138
14	Sebastian	–	359	456	362	226	129
15	Barke	1744	821	224	124	182	91
16	Steffi	68	67	75	44	86	79
17	Streif	–	–	–	161	867	62
18	KWS Aliciana	–	–	–	–	–	53
19	Ingmar	–	–	108	132	65	46
20	Belana	165	1022	1382	984	59	39
21	Conchita	–	–	–	319	82	31
22	Margret	230	130	116	57	16	24
23	Krona	24	48	20	18	17	20
24	Primadonna	–	–	9	53	29	18
25	Lawina	3	2	4	4	7	18
26	Armada[a)	–	–	–	–	10	13
27	Posada[a)	–	–	–	–	–	12
28	Jenga[a)	–	–	–	–	–	11
29	Lotos	–	–	–	5	14	10
30	Gladys[a)	–	–	–	–	–	7
31	Marnie	33	65	28	51	–	7
32	Djamila	66	122	52	54	45	6
33	Victoriana	–	–	–	51	8	6
34	Auriga	2630	2030	991	523	32	6
35	Estana[a)	34	19	8	6	5	5
36	Umbrella[a)	–	–	–	–	–	4
37	Power	–	410	499	96	36	3
38	Beatrix	22	47	35	83	11	2
39	Henrike				10	27	2
40	Thuringia[a)	–	–	–	–	–	2
41	Calcule[a)	–	–	–	–	0,2	0,3
42	Philadelphia[a)	–	–	3	2	0,2	0,2
	Sonstige	135	282	529	529	324	187
	Gesamt	**15033**	**14171**	**12684**	**18136**	**12523**	**8660**

[1356]: Blatt für Sortenwesen Jahrg. 2010, H.11 S. 274 f.
a) Sorten nach §55 SaatG (Saatgutverkehrsgesetz).

Anhang II

Liste der zugelassenen Braugerstensorten [1357, 1358]

Kenn-nummer	Sorten-bezeichnung	Anmelder	Zulassungs-eintrag	Zulassungs-löschung
2	Isaria Nova	ACKERMANN	16.02.1955	31.03.1966
3	Ackermanns Donaria	ACKERMANN	16.02.1955	29.12.1971
4	Ackermanns MGZ	ACKERMANN	16.03.1954	31.12.1976
6	Haarer Isdania	HAAR	11.03.1955	31.03.1960
7	Strengs Franken III	STRENG	11.03.1955	31.12.1967
9	Strengs Aurea	STRENG	22.10.1954	31.03.1962
10	Lichtis Astra	LICHTI	22.06.1955	07.01.1957
16	Hauters Pfälzer	HAUTER	22.06.1955	31.03.1964
20	Müllers Franken II	MUELLER	11.03.1955	30.03.1961
21	Hohenfinower	FRAENKIS	11.03.1955	31.03.1962
22	Breuns Franken III	BREUN	15.10.1959	31.03.1963
23	Breuns Wisa	BREUN	16.02.1955	31.12.1976
24	Peragis	KWS	22.11.1955	26.01.1963
25	Firlbecks III neu	FIRLBECK	16.02.1955	20.01.1965
26	Firlbecks Regia	FIRLBECK	16.03.1954	31.03.1958
28	Union	FIRLBECK	11.03.1955	31.12.1981
34	Volla	BREUN	12.02.1957	26.02.1975
36	Amrigschwander verbesserte Schwarzwälder	ALBIEZ	16.02.1955	05.06.1958
37	Amrigschwander zweizeilige Schwarzwälder	ALBIEZ	11.03.1955	31.12.1970
38	Ingrid	WEIBULL	23.04.1959	12.03.1976
43	Heines Haisa II	LOCHOW	16.02.1955	21.12.1971
44	Heines Pirol	HEINE	11.03.1955	31.03.1964
45	Heines Piroline	LOCHOW	12.02.1957	21.12.1971
49	Morgenrot	NORDAGRA	22.11.1955	11.07.1962
51	Francks Hohenloher	FRANCK	22.06.1955	31.03.1958
52	Kocherperle	FRANCK	21.05.1959	30.04.1976
54	Breustedts Frisia	BREUSTEDT	11.03.1955	30.04.1968
57	Akme	KWS	01.12.1960	17.01.1967
62	Ackermanns Ceresia	ACKERMANN	12.09.1957	31.12.1962
69	Stankas Frühgerste	LBAY TUMW	16.03.1954	21.03.1975
72	Amsel	LOCHOW	02.03.1960	17.12.1975
73	Swallow	LOCHOW	02.03.1960	21.12.1971
75	Sunna	SCHMIDT	17.02.1959	23.12.1964
78	Julia	SCHWEIGER	17.02.1959	16.02.1966
82	Ara	HEGE	02.03.1960	22.01.1968
88	Frankonia	MUELLER	02.03.1960	13.12.1967
91	Maia	LICHTI	22.02.1961	05.05.1967
96	Bido	ACKERMANN	02.03.1960	15.11.1977

Kenn-nummer	Sorten-bezeichnung	Anmelder	Zulassungs-eintrag	Zulassungs-löschung
103	Hella	SCHWEIGER	21.02.1962	31.03.1966
110	Una	FIRLBECK	28.03.1962	30.06.1973
111	Ulme	FIRLBECK	17.02.1965	11.04.1972
114	Nota	BREUN	21.02.1962	28.01.1974
117	Irma	ACKERMANN	17.12.1959	31.03.1962
136	Peroga	KWS	22.02.1961	31.05.1966
141	Eli	BREUN	28.02.1963	31.03.1968
144	Alouette	LOCHOW	22.02.1961	21.12.1971
148	Johanna	SCHWEIGER	28.02.1963	19.01.1973
150	Britta	TOEPFER	13.02.1964	30.01.1970
153	Gerda	LICHTI	28.02.1963	14.07.1979
156	Brevia	HEGE	17.02.1965	05.12.1979
160	Urte	FIRLBECK	13.02.1964	10.03.1969
169	Amei	NORDAGRA	16.02.1966	07.11.1967
170	Allasch	NORDAGRA	28.02.1963	18.06.1971
172	Bella	STRENG	02.07.1964	31.05.1969
192	Alma	MUELLER	17.02.1965	18.12.1972
195	Impala	NORDAGRA	13.02.1964	09.05.1972
201	Ammer	LOCHOW	16.02.1966	30.01.1970
210	Inis	ACKERMANN	01.03.1967	31.12.1975
224	Asse	BREUSTEDT	01.03.1967	22.10.1986
226	Matura	ACKERMANN	01.03.1967	30.04.1973
232	Osiris	STRENG	01.03.1967	22.01.1971
233	Quantum	BURGENLAND	15.04.1969	05.02.1979
241	Columba	RUEMKER	15.02.1968	30.12.1981
247	Emir	LOCHOW	13.03.1969	06.12.1976
250	Ortolan	LOCHOW	14.02.1968	19.09.1980
251	Fitis	LOCHOW	14.02.1968	30.01.1970
253	Contra	HEIDENREICH	14.02.1968	31.12.1973
260	Felda	SCHWEIGER	14.02.1968	04.09.1973
270	Aspa	STRENG	14.02.1968	30.06.1975
272	Villa	BREUN	14.02.1968	25.08.1987
284	Oriol	LOCHOW	15.08.1969	27.12.1979
285	Lisa	LICHTI	13.03.1969	06.01.1976
291	Perfekta	BURGENLAND	15.04.1969	02.01.1973
303	Nackta	STRENG	13.03.1969	17.01.1974
324	Hornisse	HEGE	06.03.1970	28.12.1979
328	Julia	LOCHOW	06.03.1970	22.11.1976
339	Aspana	STRENG	06.03.1970	08.12.1980
342	Ararat	NORDAGRA	06.03.1970	12.01.1972
348	Carina	ACKERMANN	03.03.1971	15.12.1993
355	Medusa	MUELLER	30.06.1971	08.01.1976
364	Vuni	SCHWEIGER	30.06.1971	31.12.1977
388	Drossel	LOCHOW	29.02.1972	14.12.1976

Kenn-nummer	Sorten-bezeichnung	Anmelder	Zulassungs-eintrag	Zulassungs-löschung
441	Askania	NORDAGRA	29.02.1972	22.02.1980
450	Hilde	SCHWEIGER	15.02.1973	05.05.1983
454	Diva	BEZIRK MITTELFRANKEN	19.02.1974	27.12.1977
458	Mazurka	LOCHOW	15.02.1973	27.12.1979
461	Hils	BREUSTEDT	19.02.1974	23.01.1975
474	Elgina	NUNGESSER	15.02.1973	23.12.1981
493	Multum	BURGENLAND	15.02.1973	15.12.1987
499	Canova	HEIDENREICH	15.02.1973	27.12.1984
504	Aramir	LOCHOW	19.02.1974	03.12.1991
516	Flavina	WEIBULL	19.02.1974	15.02.1979
519	Adorra	FIRLBECK	19.02.1974	26.11.1980
527	Ode	BREUNSTEDT	19.02.1974	12.12.1978
528	Camila	HEIDENREICH	24.09.1974	31.12.1980
530	Christa	HEIDENREICH	19.02.1974	31.12.1976
533	Varunda	NORDAGRA	26.02.1975	15.12.1978
536	Dissa	ECKENDORF	14.08.1975	29.11.1977
538	Claudia	HEIDENREICH	04.03.1975	31.12.1985
544	Kiebitz	LOCHOW	26.02.1975	09.09.1981
546	Zeisig	LOCHOW	26.02.1975	30.01.1978
561	Aura	BREUN	26.02.1975	31.12.1996
564	Frankengold	BREUN	26.02.1975	15.01.1982
566	Nudinka	MUELLER	14.08.1975	31.12.1984
567	Tosca	MUELLER	26.02.1975	30.12.1981
580	Gitte	LOCHOW	12.03.1976	29.11.1983
590	Combi	BREUN	12.03.1976	30.01.1979
593	Hebe	HEIDENREICH	12.03.1976	31.12.1979
602	Trumpf	NUNGESSER	03.05.1973	04.07.1995
604	Plenum	BURGENLAND	25.07.1977	29.11.1983
610	Welam	WEIBULL	09.03.1977	26.04.1985
611	Tanja	MUELLER	09.03.1977	11.12.1978
612	Tirana	MUELLER	09.03.1977	30.12.1981
638	Georgie	NICKERSON	09.03.1977	21.12.1983
654	Irania	ACKERMANN	10.03.1977	22.12.1988
676	Harry	WEIBULL	10.03.1978	25.03.1992
717	Europa	HEGE	01.03.1978	29.12.1988
727	Mylitta	NORDAGRA	14.03.1978	06.07.1981
755	Hora	BAYER. PFLANZENZUCHT	17.12.1980	10.12.1993
772	Ideal	HEGE	15.03.1979	21.12.1983
781	Gimpel	LOCHOW	10.09.1979	18.12.1997

Kenn-nummer	Sorten-bezeichnung	Anmelder	Zulassungs-eintrag	Zulassungs-löschung
806	Evelyn	NORDAGRA	15.03.1979	21.05.1982
822	Koral	LOCHOW	26.02.1980	03.12.1992
823	Birka	WEIBULL	26.02.1980	21.12.1987
833	Steina	BREUN	26.02.1980	31.12.1990
851	Luna	SAATRING	26.02.1980	26.11.1986
879	Atem	NORDAGRA	26.02.1980	18.04.1983
906	Kym	NICKERSON	20.01.1981	03.12.1985
907	Cerise	NICKERSON	20.01.1981	04.12.1989
909	Roland	WEIBULL	20.01.1981	31.12.1991
913	Gunhild	LOCHOW	19.01.1981	19.12.1984
930	Perle	FIRLBECK	20.01.1981	30.04.1984
943	Golda	LOCHOW	17.09.1982	21.12.1983
954	Severa	STRENG	19.01.1982	23.12.1985
966	Grit	NORDAGRA	30.05.1979	23.07.1997
967	Arena	SCHWEIGER	01.03.1983	23.12.1991
970	Cytris	INRA	11.08.1983	29.10.1991
987	Apex	INOSEED	04.03.1983	17.11.2003
998	Helena	ACKERMANN	15.02.1983	20.12.1988
1011	Caroline	BREUSTEDT	30.01.1984	21.12.1987
1013	Marlies	WEIBULL	23.01.1984	21.12.1987
1015	Beate	SAATRING	23.01.1984	17.12.1992
1018	Golf	NICKERSON	23.01.1984	31.12.1994
1021	Berolina	HEGE	23.01.1984	12.12.1990
1022	Ultra	FIRLBECK	24.01.1984	27.10.1992
1043	Camelot	HEIDENREICH	23.01.1985	10.11.1989
1045	Clivia	HEIDENREICH	07.05.1985	10.11.1989
1050	Efron	INOSEED	22.01.1985	22.12.1987
1051	Hockey	NICKERSON	20.01.1986	13.12.1991
1053	Klaxon	NICKERSON	21.01.1985	14.12.1993
1054	Nemex	WEIBULL	21.01.1985	16.01.1990
1060	Ursel	FIRLBECK	23.01.1985	28.12.1987
1078	Lerche	LOCHOW	22.01.1985	03.12.1992
1081	Dorett	SCHWEIGER	21.01.1985	18.12.1989
1095	Cordula	HEIDENREICH	23.01.1985	31.12.1986
1098	Ballerina	SCHWEIGER	10.09.1986	27.12.1989
1100	Amazone	BREUN	20.01.1986	27.04.1993
1102	Alexis	BREUN	20.01.1986	22.12.2008
1113	Lilo	ACKERMANN	21.01.1986	31.12.1987
1117	Toga	FRANCK	20.01.1986	29.10.1991
1121	Regatta	NICKERSON	22.01.1987	13.12.1991
1125	Comtesse	NORDAGRA	23.01.1987	05.03.1993
1128	Cheri	BAYER. PFLANZENZUCHT	21.01.1987	31.12.1995

Kenn-nummer	Sorten-bezeichnung	Anmelder	Zulassungs-eintrag	Zulassungs-löschung
1132	Defra	NORDAGRA	29.05.1984	05.03.1993
1135	Aphrodite	HEGE	10.04.1987	31.12.1997
1138	Cirstin	HEIDENREICH	21.01.1987	18.12.1992
1159	Princesse	NORDAGRA	28.01.1988	05.03.1993
1169	Teo	NICKERSON	28.01.1988	25.10.1996
1177	Perun	MORESAAT	13.07.1988	03.03.1995
1179	Phantom	HADMERSLEBEN	02.06.1988	09.12.1992
1205	Stella	NEW FARM	01.02.1989	11.12.1992
1208	Baronesse	NORDAGRA	30.01.1989	25.02.2008
1213	Ismene	HEGE	31.01.1989	28.12.1992
1219	Fink	LOCHOW	30.01.1989	31.12.1996
1228	Lenka	HADMERSLEBEN	11.06.1985	17.01.1996
1234	Steffi	ACKERMANN	30.01.1989	
1249	Nancy	WEIBULL	30.01.1990	30.12.1993
1251	Nomad	NICKERSON	30.01.1990	14.12.1993
1253	Maresi	LOCHOW	05.06.1986	23.12.2005
1255	Fergie	NEW FARM	30.01.1990	29.12.1998
1256	Libelle	BREUN	30.01.1990	20.01.1998
1265	Claudine	HEIDENREICH	20.02.1990	30.12.1996
1266	Cora	HEIDENREICH	30.01.1991	25.11.1993
1267	Pompadour	LOCHOW	30.01.1990	27.12.1993
1269	Meise	LOCHOW	30.01.1991	27.12.1993
1271	Sissy	STRENG	29.01.1990	20.12.2000
1319	Minna	BREUN	22.01.1992	29.12.2000
1320	Korinna	HADMERSLEBEN	02.06.1988	08.11.1996
1338	Otis	LOCHOW	22.01.1992	13.01.2003
1354	Ditta	ACKERMANN	02.11.1992	22.12.1995
1364	Meltan	LANTMÄNNEN	02.11.1992	31.12.2002
1390	Alondra	FRANCK	28.01.1993	07.02.1997
1413	Katharina	NORDAGRA	23.05.1990	30.12.1997
1414	Marina	LOCHOW	26.09.1990	18.12.1997
1420	Diamalta	HADMERSLEBEN	28.01.1993	09.10.1997
1427	Bitrana	IG SAATZUCHT	23.05.1990	26.11.1996
1428	Krona	HADMERSLEBEN	23.05.1990	31.12.2010
1430	Larissa	HADMERSLEBEN	16.06.1989	08.11.1996
1431	Derkado	NORDAGRA	09.06.1987	25.02.2003
1435	Ilka	HADMERSLEBEN	29.05.1984	09.12.1992
1436	Femina	HADMERSLEBEN	29.05.1984	02.01.1991
1442	Chariot	MONSANTO	02.02.1994	03.04.2003
1496	Polygena	SW SEED	01.02.1994	24.09.1998
1523	Thuringia	SAATZENTRUM	25.01.1995	31.12.2005
1524	Halla	ACKERMANN	26.04.1995	06.12.2000
1543	Scarlett	BREUN	26.01.1995	31.12.2005

Kenn-nummer	Sorten-bezeichnung	Anmelder	Zulassungs-eintrag	Zulassungs-löschung
1546	Brenda	SW SEED	25.01.1995	31.12.2005
1565	Sigrid	SAATNORD	24.01.1996	31.12.2004
1582	Barke	BREUN	25.01.1996	
1603	Mentor	LANTMÄNNEN	25.01.1996	25.11.1998
1612	Madras	LOCHOW	30.01.1997	26.03.2003
1614	Madonna	LOCHOW	30.01.1997	23.12.2005
1618	Caminant	FRANCK	29.01.1997	20.04.1998
1641	Escada	LIMAGRAIN	25.03.1997	09.12.1998
1643	Hanka	HADMERSLEBEN	29.01.1997	13.12.2007
1672	Pasadena	LOCHOW	27.01.1998	
1679	Charlotte	SAATNORD	28.01.1998	07.03.2003
1680	Ricarda	NICKERSON	26.01.1998	31.12.2006
1702	Extract	CEBECO	26.01.1998	17.11.2003
1709	Ria	HADMERSLEBEN	25.08.1998	31.12.2008
1710	Madeira	HADMERSLEBEN	26.03.1998	08.08.2007
1725	Aspen	NICKERSON	27.01.1999	31.12.2006
1726	Chantal	SCHWEIGER	27.01.1999	10.10.2003
1749	Annabell	ACKERMANN	27.01.1999	
1750	Viskosa	NORDAGRA	27.01.1999	21.11.2002
1783	Neruda	LIMAGRAIN	26.01.2000	31.12.2006
1786	Havanna	BREUN	21.11.2000	31.12.2010
1795	Danuta	NORDSAAT	26.01.2000	06.02.2009
1823	Saloon	CEBECO	27.01.2000	17.11.2003
1836	Prestige	EGER	22.01.2001	31.12.2005
1854	Birte	NORDAGRA	23.01.2001	16.12.2004
1871	Pewter	CEBECO	22.01.2001	17.11.2003
1881	Hendrix	LOCHOW	29.01.2002	22.12.2004
1885	Adonis	LIMAGRAIN	29.01.2002	
1897	Ursa	NORDSAAT	28.01.2002	
1915	Auriga	ACKERMANN	28.01.2002	
1924	Cellar	CEBECO	28.01.2002	23.12.2005
1926	Braemar	CEBECO	28.01.2002	
1954	Bellevue	LIMAGRAIN	24.03.2003	13.12.2005
1958	Margret	STRENG	23.01.2003	
1978	Denise	BREUN	23.01.2003	22.12.2004
1979	Marnie	BREUN	23.01.2003	
1981	Josefin	SECOBRA	22.09.2003	
1997	Tocada	LOCHOW	16.12.2003	
2001	Class	DIECKMANN KG	16.12.2003	22.12.2009
2003	Berras	LIMAGRAIN	17.12.2003	22.07.2009
2019	Xanadu	NORDSAAT	16.12.2003	
2020	Belana	NORDSAAT	16.12.2003	

Kenn-nummer	Sorten-bezeichnung	Anmelder	Zulassungs-eintrag	Zulassungs-löschung
2039	Carafe	CEBECO	17.12.2003	18.12.2008
2047	Germina	LOCHOW	22.12.2004	09.05.2007
2052	Mauritia	LOCHOW	22.12.2004	
2070	Isotta	BREUN	22.12.2004	24.07.2009
2076	Beatrix	NORDSAAT	22.12.2004	
2092	Cristalia	CEBECO	21.12.2004	18.12.2008
2093	Carvilla	CEBECO	21.12.2004	18.12.2008
2094	NFC Tipple	CEBECO	21.12.2004	
2110	Westminster	LIMAGRAIN	19.12.2005	
2125	Marthe	NORDSAAT	20.12.2005	
2126	Sophie	ACKERMANN	20.12.2005	22.12.2006
2136	Power	STRENG	19.12.2005	
2137	Sebastian	STRENG	19.12.2005	
2161	Primadonna	FIRLBECK	15.12.2006	
2164	Lisanne	LIMAGRAIN	14.12.2006	
2192	Publican	CEBECO	15.12.2006	
2194	Quench	CEBECO	15.12.2006	
2216	Conchita	LOCHOW	17.12.2007	
2221	Victoriana	LOCHOW	17.12.2007	
2224	Henrike	NORDSAAT	18.12.2007	
2226	Jennifer	ACKERMANN	18.12.2007	
2257	Streif	STRENG	18.12.2007	
2258	Kangoo	LIMAGRAIN	19.12.2007	
2282	Yukata	LOCHOW	16.12.2008	
2291	Concerto	LIMAGRAIN	15.12.2008	
2298	Grace	ACKERMANN	16.12.2008	
2323	Steward	STRENG	15.12.2008	
2364	KWS Aliciana	LOCHOW	17.12.2009	
2369	KWS Bambina	LOCHOW	17.12.2009	
2385	Despina	NORDSAAT	16.12.2009	
2395	Propino	CEBECO	17.12.2009	
2398	Sunshine	BREUN	16.12.2009	
2400	Iron	BREUN	16.12.2009	
2453	Jazz	LIMAGRAIN	15.12.2010	
2457	SY Taberna	CEBECO	15.12.2010	
2465	Zeppelin	INTERSAAT	14.12.2010	
2466	Natasia	SEJET	15.12.2010	
2474	Traveler	SECOBRA	19.01.2011	

Literaturverzeichnis

1   Brouwer, W., Handbuch des speziellen Pflanzenbaues. Verlag Paul Parey, Berlin und Hamburg (1972) S. 273.
2   Barley Varieties EBC, 3. Auflage, Elsevier Publishing Comp. (1968) S. XV.
3   Aufhammer, G., Brauwiss. 22 (1969) 1.
4   Günzel, G., Zeitschrift f. Acker- und Pflanzenbau 143 (1976) 83.
5   Günzel, O., Fischbeck, G., Braugerstenjahrbuch (1975) 131.
6   Schildbach, R., Burbidge, M., Monatsschrift f. Brauerei 32 (1979) 470.
7   Deichl, A., Donhauser, S., EBC Proceedings (1985) 611.
8   Vogeser, G., Geiger, E., Brauwelt 135 (1995) 2077.
9   de Souza, C. S., Ilberg, V., Vogeser, G., Heidenreich, B., Jacob, F., Friess, A., Parlar, H., EBC Proceedings (2007) 14.
10 Aufhammer, G., Neuzeitlicher Getreidebau, DLG-Verlag, Frankfurt/M. (1963).
11 Lüthe-Entrup, R., Oehmichen, J., Lehrbuch des Pflanzenbaus Bd. II, Verlag Th. Mann Gelsenkirchen (2000).
12 Klapp, E., Lehrbuch des Acker- und Pflanzenbaues, Verlag P. Parey, Berlin, Hamburg (1967).
13 Fischbeck, G., Heyland, K. U., Knauer, N., Spezieller Pflanzenbau. Eugen Ulmer, Stuttgart (1982) S. 25.
14 Ulonska, E., Die Braugerste, DLG-Verlag, Frankfurt/Main (1959).
15 Fischbeck, G., Reiner, L., Brauwelt 107 (1967) 593.
16 Narziss, L., Durgun, T., Brauwiss. 25 (1972) 324.
17 Aufhammer, G., Fischbeck, O., Reiner, L., Brauwiss. 21 (1968) 179.
18 Weinfurter, F., Fischbeck, G., Wullinger, F., Reiner, L., Piendl, A., Brauwiss. 21 (1968) 17.
19 Piendl, A., Reiner, L., Brauwelt 108 (1968) 1785.
20 Fischbeck, G., Heyland, K. U., Knauer, N., Spezieller Pflanzenbau, Eugen Ulmer, Stutlgart (1982) S. 71, 337.
21 Reiner, L., Brauwelt 113 (1973) 1887.
22 Bergmann, W., Ernährungsstörungen bei Kulturpflanzen 3. Aufl. Verlag G. Fischer, Jena (1993).
23 Baier, A., Diss. TU-München-Weihenstephan (1965).
24 Brouwer, W., Handbuch des speziellen Pflanzenbaus. P. Parey, Berlin (1972) S. 354.
25 nach Keydel, F., Bayer. Landesanstalt für Bodenkultur und Pflanzenbau. Richtlinien für den integrierten und kontrollierten Anbau von Braugerste (SG) und Brauweizen. – Mitteilungen des Bayer. Brauerbundes vom 1.6.1994.
26 Schildbach, R., Brauwelt 131 (1991) 420–424.
27 Heyland, K. U., Zeitschrift für Acker- und Pflanzenbau, Bd. 126, H 2 (1967) 101–108.
28 Heyland, K. U., DLG-Mitteilungen Bd. 105, H 3 (1990) 128–131.
29 Baumer, M., Top Agrar, Nr. 2 (1983) 82–86.
30 Schmieder, W., Brauwelt 131 (1991) 434–440.
31 Swanston, J. S., Newton, A. G., Hoad, S. P., Spoor, W., J. Inst. Brew. 111 (2005) 144–152.

Die Bierbrauerei Band 1: Die Technologie der Malzbereitung. Achte Auflage.
Ludwig Narziß und Werner Back.
© 2012 WILEY-VCH Verlag GmbH & Co. KGaA. Published 2012 by WILEY-VCH Verlag GmbH & Co. KGaA

32 Hoffmann, W., Mudra, A., Fischbeck, G., Lehrbuch der Züchtung landwirtschaftlicher Kulturpflanzen, Bd. 2. P. Parey, Berlin (1985) S95.

33 v. Wettstein, D., EBC Proceedings (1979) 587.

34 v. Wettstein, D., Larsen, J., Jende-Strid, B., AhrenstLarsen, B., Sørensen, J. A., Erdal, K., Brauwelt 121 (1981) 760.

35 Narziss, L., Gromus, I., Brauwiss. 34 (1981) 273.

36 Back, W., Forster, C., Krottenthaler, I., Lehmann, I., Sacher, B., Thum, 8., Brauwelt 137 (1997) 1677.

37 Skadhauge, B., Knudsen, S., Lok, F., Olsen, O., EBC Proceedings (2005) 76.

38 Mannonen, L., Kurten, U., Ritala, A., SalmenkallioMarttila, M., Hanuus, R., Aspegren, K., Teeri, T., Kauppinen, V., EBC Proceedings (1993) 85.

39 Enari, T., EBC Proceedings (1995) 1.

40 McGregor, A. W., Journ. Inst. Brew. 102 (1996) 97.

41 Baumer, M., Brauwelt 135 (1995) 1227.

42 Kipp, A., Baumer, M., Schweizer, G., Dissertation Bayer. Landesanstalt f. Bodenkultur und Pflanzenbau (1998).

43 Krumnacker, K., Dissertation, WZW-TU München (2009).

44 Voetz, M., Fechter, H., Rath, F., EBC Proceedings (2005) 135.

45 Dietschmann, Dissertation TU-München-Weihenstephan (1989).

46 Krottenthaler, M., Dissertation TU-München- Weihenstephan (1992).

47 Li, Y., Mc Craig, R., Egi, A., Edney, M., Rossnagel, B., Sawatzki, K., Izydorcik, M., J. ASBC 64 (2006) 111–117.

48 Vaculova, K., Psota, K., EBC Proceedings (2003) 20.

49 Gastl, M., Brauwelt 150 (2010) 125–129.

50 Rath, F., Braugerstenjahrbuch (2009).

51 Mader, F., Dissertation TU-München-Weihenstephan (1998).

52 König, W., Gastl, M., Rath, F., Brauwelt 150 (2010) 1084–1086.

53 Baumer, M., Pichlmaier, K., Wybranietz, I., Braugerstenjahrbuch (1995) S49.

54 Sacher, 8., Krottenthaler, M., Stich, St., Back, W., Braugerstenjahrbuch (1995) 147, 233.

55 Sacher, B., Monatsschr. f. Brauwiss. 52 (1999).

56 König, W., Ernteergebnisse über die Braugerstenernte 2009 in Deutschland. Braugerstengemeinschaft (2009).

57 Hofnagel, D., Sommergerste in Europa, Agrarzeitung (2009).

58 EBC Barley & Malt Committee Results Field Trials Harvest (1996).

59 MacGregor, A. W, EBC Proceedings (1991) S. 37.

60 Narziss, L., Reicheneder, E., Brauchle, R., Daebel, U., Brauwelt 127, 2086 (1987).

61 Briggs, D. E., Barley, Chapman & Hall, London (1978) S. 12.

62 Bacic, A., Stone, B. A., Austr. J. Plant Physiology 8 (1981) 453.

63 MacLeod, A., Johnston, C. S., Duffus, I. H., J. Inst. Brew. 70 (1964) 303.

64 Aastrup, S., Outtrup, H., Erdal, K., Carlsberg Res. Comm. 49 (1984) 105.

65 Cochrane, M. P., Duffl.ls, C. M, Ann. Bot. 44 (1979) 67.

66 Lüers, H., Die wissenschaftlichen Grundlagen von Mälzerei und Brauerei. Verlag H. Carl, Nürnberg (1950) S. 13.

67 May, L. H., Buttrose, M. S., Australian J. of Biological Sciences 12 (1959) 146.

68 Bathgate, G. N., Clapperton, I. F., Palmer, G. H., EBC Proceedings (1973) S. 183.

69 Le Corvaisier, H., Dissertation Paris (1939).

70 Bathgate, G. N., Journ. Inst. Brew. 79 (1973) 357.

71 Banks, W., Greenwood, C. T., Stärke 23 (1971) 300–314.

72 Rundle, R. E., Journ. Am. Chem. Soc. 69 (1947) 1769–1772.

73 Fredrikson, H., Silverino, J., Anderson, R., Eliasson, A. C., Aman, P., Carbohydrate Polymers 35 (1998) 119–134.

74 MacGregor, A. W., Fincher, G. B., in Barley: Chemistry and Technology, St. Paul American Association of Cereal Chemists (1993) 73–130.

75 Reeves, R. E., J. Am. Chem. Soc. 72 (1950) 1499.

76 Belitz, H.-D., Grosch, W., Lehrbuch der Lebensmittelchemie, 4. Aufl., Springer, Berlin (1992) S. 289.

77 Bailey, J. M., Whealan, W. J., J. biol. Chem. 236 (1961) 969.

78 Belitz, H.-D., Grosch, W., Lehrbuch der Lebensmittelchemie, 4. Aufl., Springer, Berlin (1992) S. 291.

79 Manners, D. J., Carbohydrate Polymers 11 (1989) 87–112.

80 Li, J. H., Vasanthan, T., Rossnagel, B., Hoover, R., Food Chemistry 74 (2001) 395–405.

81 Berthoft, F., Carbohydrate Polymers 57 (2004) 221–224.

82 Gallant, D. J., Bouchet, B., Baldwin, P. M., Carbohydrate Polymers 32 (1997) 177–191.

83 Banks, W., Greenwood, C. T., Walker, J. T., Stärke 23(1971) 12–15.

84 Schuster, K., Narziss, L., Kumada, I., Brauwiss. 20 (1967) 185.

85 Forrest, I. S., Wainwright, T., EBC Proceedings (1977) 401.

86 Bamforth, C. W, Martin, H. L., Wainwright, T., Joum. Inst. Brew. 85 (1979) 334.

87 Preece, I., A. Hobkirk, R., J. Inst. Brew. 60 (1954) 490.

88 Ducroo, P., Delecourt, R., Wall Lab. Comm. 35 (1972) 219.

89 Erdal, K., Gjertsen, P., EBC Proceedings (1971) S. 295.

90 Clarke, A., Stone, B. A., Biochem. J. 99 (1966) 582.

91 Bathgate, G. N., Dalgliesh, C. E., ASBC-Proceedings 33 (1975) 32.

92 Aspinall, G. O., Ferrier, R. J., J. Chem. Soc. 10 (1957) 4188.

93 Fincher, G. B., Journ. Inst. Brew. 82 (1976) 347.

94 Fincher, G. B., Journ. Inst. Brew. 81 (1975) 116.

95 Nordkvist, E., Salomonosson, A. C., Aman, P., J. Sci. Food Aguc. 35 (1994) 657.

96 Pomeranz, Y., Advances in Cerial Science and Technology, Band 8, American Association of Cereal Chemists, St. Paul, Minnesota/USA (1985).

97 Preece, I. A., Wall. Lab. Comm. 11 (1948) 119.

98 Meredith, W. O. S., Anderson, I. A., Cereal Chem. 32 (1955) 183.

99 Preece, I. A., Mackenzie, K. G., J. Inst. Brew. 58 (1952) 353.

100 Jørgensen, K. G., Jensen, S. A., Hartler, P., Munck, L., EBC Proceedings (1985) 403.

101 Jørgensen, K. G., Krag-Andersen, S., Munck, L., Haagensen, P., Rasmussen, J. N., EBC Proceedings (1987) 361.

102 Narziss, L., Esslinger, M., Monatsschrift f. Brauwiss. 40 (1987) 9.

103 McCleary, B. V., Glennie-Holmes, M., J. Inst. Brew. 91 (1985) 285.

104 Lehnartz, E., Einführung in die chemische Physiologie. Springer-Verlag, Berlin (1959) S. 54.

105 Hough, J. S., Briggs, D. E., Stevens, R., Malting and Brewing Science. Chapman & Hall, London (1971) S. 83.

106 Libbert, E., Lehrbuch der Pflanzenphysiologie. Gustav Fischer, Stuttgart (1973).

107 Metzner, M., Biochemie der Pflanzen, F. Enke Verlag, Stuttgart (1973).

108 Osborne, T. B., The Vegetable Proteins, London und New York (1924).

109 Waldschmidt-Leitz, E., Hochstrasser, K., Hoppe-Seylers Z. f. Physiologische Chemie 324 (1961) 243.

110 Enari, T. M., Mikola, J., EBC Proceedings (1961) S. 62.

111 Drawert, F., Radola, B. J., Müller, W., Görg, A., EBC Proceedings (1971) S. 482.

112 Mazeron, P., Krischer, J., Metche, M., Horn, P., Urion, E., EBC Proceedings (1965) S. 70.

113 Hejgaard, J., J. Inst. Brew. 83 (1977) 94.

114 Heigaard, J., J. Inst. Brew. 84 (1977) 43.

115 Bamforth, C. W., J. Inst. Brew. 91 (1985) 383.

116 Jegou, S., Douliez, J.-P., Molle, D., Boivin, P., Marion, D., J. Agr. Food Chem. 49 (2001) 4942–4949.

117 Perrocheau, L., Bakan, B., Boivin, P., Marion, D., J. Agr. Food Chem. 54 (2006) 3108–3113.

118 Quensel, O., Svedberg, I., C.R. Lab. Carlsberg, série chimique 22 (1937) 441.

119 Lundin, H., Wschr. f. Br. 55 (1938) 55.

120 Schuster, K., Donhauser, S., Krüpe, M., Ensgraber, A., Brauwiss. 20 (1967) 135.

121 Biserte, G., Scriban, R., Bull. Soc. Chim. biologique 32 (1950) 959.

122 Waldschmidt-Leitz, E., Kirchmeier, O., Chemie der Eiweißkörper. Ferd. Enke, Stuttgart (1967) S. 134.

123 Vaag, P., Bech, L., M., Cameron-Mills, V., Svendsen, I., EBC Proceedings (1999) 157–166.

124 Hao, J., Li, Q., Dong, J., Yu, J., Gu, G., Fan, W., Chen, J., Journ. ASBC 64 (2006) 166–174.

125 de Villier, Laubscher, E.W., EBC Proceeding (1989) 203.

126 Goerg, A., Postel, W., Weiss, W., Electrophoresis 13 (1992) 759–770.

127 Goerg A. Postel, W., Baumer, M., Weiss, W., Electrophoresis 13 (1992) 192–203.

128 Waldschmidt-Leitz, E., Mindemann, R., Keller, L., Hoppe-Seylers Z. f. physiol. Chemie 323 (1960/61) 93.

129 Krause, J., Müller, U., Belitz, H.-D., Z. Lebensm. Unters. Forsch. 186 (1988) 388.

130 Belitz, H.-D., Grosch, W., Lehrbuch d. Lebensmittelchemie, Springer, Berlin (1992) S. 616.

131 Roberts, R.R., EBC Proceedings (1975) 453.

132 Reiner, L., Ref.: Brauwelt 114 (1974) 1486.

133 Aufhammer, G., Fichbeck, G., Brauwelt 107 (1967) 725.

134 Reiner, L., Brauwiss. 25 (1972) 1.

135 Reiner, L., Brauwiss. 26 (1973) 4.

136 Schildbach, R., Mschr. f. Brauerei 27 (1974) 217.

137 Sacher, B., Dissertation TU-München-Weihenstephan (1997).

138 Reiner, L., Fischbeck, F., Ulonska, F., Braugerstenjahrbuch (1971) S. 147.

139 Schildbach, R., EBC Proceedings (1971) S. 83.

140 Narziss, L., Brauwelt 107 (1967) 654.

141 Narziss, L., Brauwelt 111 (1971) 47.

142 Schildbach, R., Mschr. f. Brauerei 22 (1969) 361.

143 Aufhammer, G., Brauwelt 109 (1969) 579.

144 Reiner, L., Ulonska, E., Lenz, W., Fritz, A., Brauwiss. 26 (1973) 69.

145 Fischbeck, G., Brauwiss. 18 (1965) 1.

146 Fink, H., Kunisch, G., Wschr. f. Fr. (1937) 201.

147 Bishop, L.R., Wschr. f. Br. (1928) 325 (1929) 340.

148 Fritz, A., Ulonska, E., Braugersten-jahrbuch 1969/1970, S. 134.

149 Waldschmidt-Leitz, E., Kling, H., Brauwiss. 19 (1966) 17.

150 Waldschmidt-Leitz, E., Braugersten-jahrbuch 1958/59, S. 40.

151 Narziss, L., Heiden, L., Brauwiss. 22 (1969) 452.

152 Drost, B.W, van Eerde, P., Hoekstra, S.F., Strating, J., Proc. EBC Proceedings (1971) S. 451.

153 Krauß, G., Zürcher, Ch., Holstein, H., Mo. f. Br. 25 (1972) 113.

154 Belitz, Grosch, Lehrbuch der Lebensmittelchemie, Springer, Berlin (1992) S. 633.

155 Becker, G., Acker, L., Fette – Seifen – Anstrichmittel 74 (1972) 324.

156 Krüger, E., Strobl, M., EBC Proceedings (1985) 347.

157 Röttger, W., Diplomarbeit TU-München-Weihenstephan (1969).

158 Kolbach, P., Rinke, W., Mschr. f. Brauerei 16 (1963) 11.

159 Scriban, R., Bass. 24 (1969) 489.

160 Mändl, B., Hopulele, T., Piendl, A., Brauwiss. 26 (1973) 307.

161 Kieninger, H., Boeck, D., Brauwiss. 32 (1979) 316.

162 Jakob, F., Dissertation TU-München-Weihenstephan (1985).

163 Briggs, D.E., „Barley", Chapmann & Hall, London (1978) 612.

164 Voss, H., Piendl, A., MBAA Techn. Quarterly 15 (1978) 215.

165 Gramshaw, J.W., J. Inst. Brew. 74 (1968) 455.

166 Pomeranz, Y., Advances in Cereal Science and Technology Band 8. American Association of Cereal Chemists, St. Paul, Minnesota USA.

167 Massart, L., Hilderson, H., Van Sumere, Ch., EBC Proceedings (1959) S. 7.

168 Urion, E., Metehe, M., Haluk, I.P., Brauwiss. 16 (1963) 211.

169 Fox, G. P., Panozzo, J. F., Li, C. D., Lance R. C. M., Inkerman P. A., Henry, R. C. M., Austr. Journ. Agr. Res. 54 (2003) 1081–1101.

170 Skadhauge, B., Thomsen, K., Wettstein, von D., Hereditas 126 (1997) 147–160.

171 Zimmermann, B. F., Galensa, R., Eur. Food Res. Techn. (2007) 385–393.

172 Kloos, G., Brauwiss. 14 (1961) 223.

173 Waldschmidt-Leitz, E., Kloos, G., Brauwiss. 16 (1963) 459.

174 Belitz, W.-D., Grosch, W., Lehrbuch der Lebensmittelchemie, 4. Aufl. Springer, Berlin (1992) S. 744.

175 Belitz, W.-D., Grosch, W., Lehrbuch der Lebensmittelchemie, 4. Aufl. Springer, Berlin (1992) S. 743.

176 Chapon, L., Chollot, B., Urion, E., Brasserie 15, 432, 73 (1981).

177 Moll, M., Vin That, Schmitt, A., Parisol, M., Journ. ASBC 187 (1976).

178 Goupy, P., Hugues, M., Boivin, P., Amiot, M. J., EBC Proceedings (1999) 445–451.

179 Kretschmer, K. F., Brauwelt 110 (1970) 1827.

180 Schuster, K., Raab, H., Brauwiss. 14 (1961) 246.

181 Narziss, L., Bellmer, H. G., Brauwiss. 29, 9 (1976).

182 Rasch, S., Lie, S., EBC Proceedings (1971) S. 9.

183 Narziss, L., Brauwelt 109 (1969) 33.

184 Dvorakova, M., Guido, L., Dostalek, P., J. Inst. Brew. 114 (2008) 27–33.

185 Dvorakova, M., Douanier, M., Jurkowa, M., Kellner, V., Dostalek, P., J. Inst Brew. 114 (2008) 150–159.

186 Derdelinckx, G., Cerevisia, 33 (2008) 174–187.

187 Boivin, P., Cerevisia 33 (2008) 188–195.

188 Acworth, I. N., McCabe, D. R., Maher, T. J.: The Analysis of Free Radicals, their Reaction Products, and Antioxidants. In: Baskin, S. I., Salem, H.: Oxidants, Antioxidants, and Free Radicals. Washington: Taylor & Francis (1997) 23–77.

189 Ames, J. M.: Cerevisia 26 (2001) Nr. 4, 210–216.

190 Andersen, M. L., Outtrup, H., Skibsted, L. H., Journal of Agricultural and Food Chemistry 48 (2000) Nr. 8, 3106–3111.

191 Anese, M., Manzocco, L., Nicoli, M. C., Lerici, C. R., Journal of the Science of Food and Agriculture 79 (1999) Nr. 5, 750–754.

192 Back, W., Ausgewählte Kapitel der Brauereitechnologie. Nürnberg: Fachverlag Hans Carl GmbH (2005).

193 Belitz, H.-D., Grosch, W., Schieberle, P., Lehrbuch der Lebensmittelchemie, 5. Aufl., Berlin: Springer-Verlag (2001).

194 Deshpande, S. S., Handbook of Food Toxicology. New York, Basel: Marcel Dekker, Inc. (2002).

195 Drost, B. W., Duidam, J., Hoekstra, S. F., Strating, J., Technical Quarterly – Master Brewers Association of the Americas 11 (1974) Nr. 2, 127–134.

196 Elstner, E. F., Der Sauerstoff: Biochemie, Biologie, Medizin. Mannheim: BI-Wissenschaftsverlag (1990).

197 Frankel, E. N., Meyer, A. S., Journal of the Science of Food and Agriculture 80 (2000) Nr. 13, 1925–1941.

198 Hashimoto, N., Journal of the Institute of Brewing 78 (1972) Nr. 1, 43–51.

199 Hashimoto, N., Journal of the Intitute of Brewing 78 (1972) Nr. 1, 43–51.

200 Irwin, A. J., Barker, R. L., Pipasts, P., Journal of the American Society of Brewing Chemists 49 (1991) Nr. 3, 140–149.

201 Lugasi, A., Hóvári, J., Nahrung – Food 47 (2003) Nr. 2, 79–86.

202 Owusu-Apenten, R. K.: Introduction to Food Chemistry. Boca Raton, CRC Press (2005).

203 Powell, S. R., Zinc as a Cardioprotective Antioxidant. In: Baskin, S. I., Salem, H., Oxidants, Antioxidants, and Free Radicals. Washington: Taylor & Francis (1997) 143–166.

204 Reische, D. W., Lillard, D. A., Eitenmiller, R. R., Antioxidants. In Akoh, C. C., Min, D. B., Food Lipids. Chemistry, Nutrition, and Biotechnology. Second Edition, Revised and Expanded. New York: Marcel Dekker (2002) 489–516.

205 Sahu, S.C., Green, S., Food Anti-oxidants: Their Dual Role in Carcinogenesis. In: Baskin, S.I., Salem, H.: Oxidants, Antioxidants, and Free Radicals. Washington: Taylor & Francis (1997) 327–340.

206 Savel, J., Technical Quarterly – Master Brewers Association of the Americas 38 (2001) Nr. 3, 135–144.

207 Shahidi, F., Wanasundara, P.K., Critical Reviews in Food Science and Nutrition 32 (1992) Nr. 1, 67–103.

208 Ternay, A.L.J., Sorokin, V.: Redox, Radicals, and Antioxidants. In Baskin, S.I., Salem, H.: Oxidants, Antioxidants, and Free Radicals. Washington: Taylor & Francis (1997) 1–22.

209 Vanderhaegen, B., Neven, H., Verachtert, H., Derdelinckx, G., Food Chemistry 95 (2006) Nr. 3, 357–381.

210 Wijewickreme, A.N., Kitts, D.D., Journal of Food Science 63 (1998), Nr. 3, 466–471.

211 Franz, O., Dissertation WZW – TU München (2004).

212 Report of the Comission on Enzymes of the International Union of Biochemistry. Pergamon Press, Oxford (1984).

213 Grimmer, G., Biochemie, Hochschultaschenbuch Nr. 187/187a. Bibliographisches Institut Mannheim-Wien-Zürich (1969).

214 Wieland, Th., Mechanismen enzymatischer Reaktionen. Springer, Berlin (1964).

215 Belitz, W.-D., Grosch, W., Lehrbuch der Lebensmittelchemie, 4. Aufl. Springer, Berlin (1992) S. 111.

216 Belitz, W.-D., Grosch, W., Lehrbuch der Lebensmittelchemie, 4. Aufl. Springer, Berlin (1992) S. 128.

217 Karlson, P., Biochemie, Thieme, Stuttgart (1965).

218 Piendl, A., Brauwissenschaft 21 (1968) 453.

219 Fischbeck, G., Heyland, K.W., Knauer, N., Spezieller Pflanzenbau, E. Ulmer, Stuttgart (1982) 13.

220 Piendl, A., Brauwiss. 22 (1969) 175.

221 Piendl, A., Brauwiss. 23 (1970) 249.

222 Karlson, P., Lehrbuch der Biochemie, Thieme, Stuttgart (1967) S. 189.

223 Grill, W., Püspök, J., EBC Proceedings (1977) 195.

224 Scriban, R., Ann. Nutr. Alim. 21 (1967) 281.

225 Narziss, L., Sekin, Y., Brauwiss. 27 (1974) 311.

226 MacLeod, A.M., Duffus, J.H., Johnston, C.S., J. Inst. Brew. 70 (1964) 521.

227 Narziss, L., Sekin, Y., Brauwiss. 27 (1974) 320.

228 Ballance, O.M., Meredith, W.O.S., J. Inst. Brew. 82 (1976) 64.

229 Bamforth, C.W, Martin, H.L., Wainwright, T., J. Inst. Brew. 85 (1979) 334.

230 Yin, X.S., MacGregor, A.W., J. Inst. Brew. 95 (1989) 105.

231 Martin, H.L., Bamforth, C.W., J. Inst. Brew. 86 (1980) 216.

232 Bartolome, B., Garäa-Conesa, M.T., Williamson, G., Biochemical Society Transactions (1996) 24, 379S.

233 Bamforth, C.W, Moore, J., McKillop, D., Williamson, G., Kroon, P.A., EBC Proceedings (1997) 75.

234 Fincher, G.B., Stone, B.A., in: Barley: Chemistry & Technology (Editoren MacGregor, A.W., Bhatty, R.S.). American Society of Cereal Chemists (1993) Kap. 6.

235 Moll, M., Beers and Coolers Intercept. Ltd. Andover, England (1994) S. 31.

236 Daussant, J., Skakoun, A., Niku-Paavola, M.L., J. Inst. Brew. 80 (1974) 55.

237 Byrne, H., Harmey, M.A., EBC Proc. (1987) 297.

238 Dawson, G.V., Olson, W.J., ASBC-Proc. (1962) S. 54.

239 Verbeck-Wyndaele, R., Echo-Brass. 21 (1965) 364.

240 Scriban, R., Fermentatio (1965) S. 111.

241 Narziss, L., Durgun, T., Brauwiss. 25 (1972) 289.

242 Preece, J.A., Brewers Digest (1950) S. 47.

243 Meredith, W.O.S., ASBC-Proc. (1966) 32.

244 Cooper, A. H., Pollock, I. R. A., J. Inst. Brew. 63 (1957) 24.

245 Nummi, M., Daussant, J., Niku-Paavola, M. L., Kalsta, H., Enari, T. M., Journal Sc. Food Agr. 21 (1970) 258.

246 Waldschmidt-Leitz, E., Grafinger, L., Westphal, H., Hoppe-Seylers, Z. f. Phys. Chem. 339 (1964) 36.

247 Evans, D. E., MacLeod, L. C., Larree, R. C.M., EBC Proceedings (1995) 225.

248 Cook, A. H., Barley and Malt. Academic Press, Oxford (1962) S. 620.

249 Eglinton, J. K., Langridge, P., Evans, D. E., J. Cereal Sci. 28 (1998) Nr. 3, 301–309.

250 Gunkel, J., Voetz, M., Rath, F., J. Inst. Brew. 108 (2002) 355–361.

251 Greg, G. G., J. Inst. Brew. 69 (1963) 412.

252 Longstaff, M. A., Bryce, J. H., EBC Proc. (1991) 593.

253 MacGregor, A. W., Macri, L. J., Schroeder, S. W., Bazin, S. L., Journal of Cereal Science (1994) 20, 33–41.

254 MacGregor, A. W, Makcri, L. J., Bazin, S. L., Sadler, G. W., EBC Proceedings (1995) 185.

255 Stenholm, K., Home, S., Lauro, M., Perttula, M., Suortti, T., EBC Proceedings (1997) 283.

256 Stenholm, K., Home, S., J. Inst. Brew. 105 (1999), 205–210.

257 Cook, A. H., Barley and Malt. Academic Press, Oxford (1962) S. 622.

258 Manners, D. J., Spana, Y. L., J. Inst. Brew. 72 (1966) 360.

259 Myrbäck, K., Willstaedter, E., Arkiv Kemi 8 (1955) 367.

260 Prentice, N., Journ. of Agricultural and Food Chemistry 20 (1972) 764; Ref.: J. Inst. Brew. 79 (1973) 171.

261 Martin, H., Bamforth, C. W., J. Inst. Brew. 86 (1980) 216.

262 Bamforth, C. W., Moore, I., Proudlove, M. O., Bartholome, B., Williamsen, G., Monatsschrift f. Brauwissensch. 50 (1997) 90.

263 Manners, D. J., Wilson, G., Carbohydrate Research 48 (1976) 255.

264 Manners, D. J., Marshall, I. J., J. Inst. Brew. 75 (1969) 550.

265 Erdal, K., Gjertsen, P., EBC Proc. Congr. (1967) S. 295.

266 Ballance, G. M., Meredith, W. O. S., Journal of the Inst. of Brewing 82 (1976) 64.

267 Reece, J. A., Mandels, M., Can. J. Mikrobiol. 5 (1959) 173.

268 Preece, J. A., MacDougall, M., J. Inst. Brew 64 (1958) 489.

269 Narziss, L., Durgun, T., Brauwiss. 25 (1972) 357.

270 Preece, J. A., Garg, N. K., J. Inst. Brew. 67 (1961) 267.

271 Grassmann, W., Stadler, R., Bender, R., Ann. d. Chemie 502 (1933) 20.

272 Pringsheim, H., Leibowitz, J., Hoppe-Seylers Z. f. physiol. Chemie 131 (1923) 262.

273 Narziss, L., Friedrich, G., Brauwiss. 23 (1970) 133.

274 Mändl, B., Wullinger, F., Fischer, A., Piendl, A., Brauwiss. 23 (1970) 175.

275 Bull, A. T., Chesters, C. G. C., Advances in Enzymology 28 (1966) 326.

276 Hough, J. S., Briggs, O. E., Stevens, C., Malting and Brewing Science. Chapman & Hall, London (1971) S. 73.

277 Fujii, T., Horie, Y., Report Res. Lab. Kirin-Brewery 13 (1970) 37.

278 Lee, J. W., Ronalds, J. A., J. Sci. Food Agric. 23 (1972) 199.

279 Enari, T. M., Puputti, E., Mikola, J., EBC Proceedings (1963) 37.

280 Enari, T., Mikola, J., EBC Proceedings (1967) 9.

281 Jones, B. L., Journal of Cereal Science 42 (2005) 139–152.

282 Hammerton, R. W., Plant Physiology 80 (1986) 692–697.

283 Koehler, S., Ho, T.-H. D., Plant Physiology 87 (1988) 95–103.

284 Koehler, S., Ho, T.-H. D., Plant Physiology 94 (1990) 251–258.

285 Phillips, H. A., Wallace, W., Phytochemistry 28 (1989) 3285–3290.

286 Poulle, M. A., Jones, B. L., Plant Physiology 88 (1988) 1454–1460.

287 Zhang, N., Jones, B. L., Planta 199 (1996) 565–572.

288 Zhang, N., Jones, B. L., Journ. Cereal Sci 21 (1995) 145–153.

289   Zhang, N., Jones, B. L., Cereal Chemistry 76 (1999) 134–138.

290   Zhang, N., Jones, B. I., Journ. Cereal Sci 22 (1995) 147–155.

291   Enari, T., EBC Monograph Symposium on the Relationship between Malt and Beer (1980) 88.

292   Narziss, L., Durgun, T., Brauwiss. 25 (1972) 322.

293   Enari, T. M., Valtion Teknillinen, Tutkimuslaitos Staatl. Techn. Forschungsanst. Finnland, Tiedotus Sarja IV-Kemia 103 (1969).

294   Visui, K., Mikola, J., Enari, T. M., Europ. Journ. Biochemistry 7 (1969) 193.

295   Mikola, J., Abhandlungen der Akademie der Wissenschaften der DDR, Abb. Mathematik, Naturwissenschaften und Technik (1981).

296   Heijgaard, J., Bøg Hansen, T. C., Journal Inst. Brew. 80 (1974) 436.

297   Sopanen, T., Mikola, J., Plant Physiology 55 (1975) 807.

298   Sopanen, T., Plant Physiology 57 (1976) 867.

299   Lintz, B., Dissertation TU-München-Weihenstephan (1975).

300   Mikola, J., Pietilä, K., Enari, T. M., EBC Proceedings (1971) S. 21.

301   Belohlawek, L., Getreide und Mehl (1965) S. 9.

302   Narziss, L., Rusitzka, P., Stippler, K., EBC Proc. Congr. (1973) S. 85.

303   Narziss, L., Sekin, Y., Brauwiss. 27 (1974) 121.

304   Antrobius, C. J., Large, P. J., Bamforth, C. W., J. Inst. Brew. 103 (1997) 227.

305   Narziss, L., Sekin, Y., Brauwiss. 27 (1974) 155.

306   Scriban, R., Dupont, D., EBC Proc. Congr. (1973) S. 57.

307   Karlson, Lehrbuch der Biochemie (1970) S. 181.

308   Steiner, K., Schweiz. Br. Rundschau (1968) S. 245.

309   Yabuchi, S., Amaha, M., Phytochemistry (1975) 2569.

310   Baxter, D., Journ. Inst. Brew. (1982) 390.

311   Bamforth, C. W., Clarkow, S. P., Large, P. J., EBC Proceedings (1991) 617 624.

312   Derdelinckx, G., Cerevisia 33 (2008) 174–187.

313   Schwarz, P., B., Pyler, P. B., ASBC Journal 42 (1984) 47–51.

314   Billaud, C., Garcia, R., Boivin, P., Nicolas, J., EBC Proceedings (1997) 159–166.

315   Kanauchi, M., Milet, J., Bamforth, C. W. J. Inst Brew. 115 (2009) 232–237.

316   Doderer, A. et al.: Biochemica and Biophysica Acta (1992) 97.

317   Kretschmer, H., Diss. TU-München-Weihenstephan (1995).

318   Van Waesberghe, J. M. W., Brauwelt 137 (1997) 2114.

319   Mück, E. (1985) Diss. TU-München-Weihenstephan.

320   MEBAK, Brautechn. Analysenmethoden (1984).

321   Jensen, S. A., Heldved, F., Carlsberg Res. Comm. 47 (1982) 297.

322   Jensen, S. A., Heldved, F., Carlsberg Res. Comm. 48 (1983).

323   Baumer, M., Fink, K., Braugerstenjahrbuch (2005) 95–100.

324   Großmann, O., Baumer, M., Back, W., Mschr. Brauwiss. 54 (2001) 226–231.

325   Herz, M., Fink, K., Braugerstenjahrbuch (2007) 95–100.

326   Baumer, M., Großmann, O., Miedaner, H., Sacher, B., Graf, H., Brauwelt 138 (1998) 1496.

327   Anger, H.-M. (Hrsg.) MEBAK, Brautechnische Analysenmethoden (2006) Bd. Rohstoffe, S. 56.

328   Weideneder, A., Dissertation TU-München-Weihenstephan (1992).

329   Niessen, L., Dissertation TU-München- Weihenstephan (1993).

330   Asselmeyer, F., Entleutner, S., Brauwiss. 22 (1969) 317.

331   Niessen, L., Donhauser, S., Weideneder, A., Geiger, E., Vogel, H., Brauwelt 132 (1992) 702.

332   Donhauser, S., Weideneder, A., Winnewisser, W., Geiger, E., Brauwelt 129 (1989) 1658.

333 Niessen, L., Advances in Food and Nutrition Research 54 (2008) 81–138.

334 Böhm-Schraml, M., Dissertation TU-München-Weihenstephan (1994).

335 Donhauser, S., Weideneder, A., Winnewisser, W., Geiger, E., Brauwelt 129 (1989) 1658.

336 Donhauser, S., Weideneder, A., Winnewisser, W., Geiger, E., Brauwelt 130 (1990) 1317.

337 Anger, H.-M. (Hrsg.) MEBAK, Brautechnische Analysenmethoden (2006) Bd. Rohstoffe, S. 260.

338 Garbe, L.-A., Nagel, R., Rauschmann, M., Lammers, M., Ehmer, A., Tressl, R., EBC Proceedings (2007) Nr. 7.

339 Home, S., Wilhelmson A., Tammisola, J., Husman, J., J. ASBC 55 (1997) 47–51.

340 Home, S., Stenholm, K., Olkku, J., EBC Proceedings (1999) 365–375.

341 Ulonska, E., Lenz, W., Fritz, A., Braugerstenjahrbuch (1972) S. 5.

342 Schuster, K., Kieninger, H., Brauwelt 98 (1958) 1453.

343 Jsebaert, L., Brauwelt 110 (1970) 161.

344 Chapon, L., Brauwiss. 17 (1964) 1.

345 Psota, K., Veirazka, K., Famera, O., Hreka, M., J. Inst. Brew. 113 (2007) 80–86.

346 Analytika-EBC Amsterdam (1963) S. 158.

347 Reicheneder, E., Narziss, L., Brauwelt 128 (1988) 1894.

348 Riis, P., Bang-Olsen, K., EBC Proceedings (1991) S. 101.

349 Riis, P., Meiling, E., Peetz, J., J. Inst. Brew. 101 (1995) 171.

350 Anger, H.-M. (Hrsg.) MEBAK, Brautechnische Analysenmethoden Bd. Rohstoffe (2006) S. 49.

351 Reiner, L., Brauwiss. 22 (1969) 47.

352 Pollok, J.R.A., Kirshop, B.H., Essery, R.E., J. Inst. Brew. 60 (1954) 473.

353 Hartong, B.D., Kretschmer, K.F., Brauwelt 109 (1969) 1785.

354 Weinfurtner, F., Wullinger, F., Piendl, A., Reiner, L., Brauwiss. 21 (1968) 61.

355 Hagen, W., Drawert, F., Monatsschrift f. Brauwiss. 40 (1987) 240.

356 Mikschik, E., Mitt. Versuchsst. Gärungsgew. Wien 26 (1972) Nr. 4, 69.

357 Lenz, W., Brauwelt 113 (1973) 1888 + Brauwelt 115 (1975) 1369.

358 MEBAK (1984) S. 155.

359 de Groen, A., Monatsschrift f. Brauerei 33 (1980) 131.

360 Donhauser, S., Geiger, E., Linsenmann, O., Faltermeier, E., Monatsschrift f. Brauwiss. 3 (1983) 474.

361 Bishop, L.R., Wschr. f. Br. (1932) 242.

362 Barley Varieties. Elsevier, Amsterdam (1968) S. 15.

363 Grauf, R., Baumer, M., Fischbeck, G., Monatsschrift f. Brauwiss. 43 (1990) 232.

364 Fritz, A., Ulonska, E., Brauwelt 110 (1970) 410.

365 Schuster, K., Eppinger, H., Brauwiss. 12, S. 15.

366 Kieninger, H., Graf, H., Brauwelt 113 (1973) 643, 706.

367 NN Brauwelt 137 (1997) 1332.

368 Hauser, G., Lübbe, G., Monatsschrift f. Brauwissenschaft 38 (1985) 432.

369 De Clerck, Lehrbuch der Brauerei, Berlin (1964) S. 174.

370 Mitteilungen der Fa. Bühler, Braunschweig, 2010.

371 Lüers, H., Studien über die Reife der Cerealien, Springer-Verlag, Berlin.

372 Cuvellier, G.F., Brauwiss. 35 (1982) 146.

373 Jacobsen, J.V., Plant Physiology 51 (1973) 198.

374 Ritchie, S., Gilroy, S., Proc. Natl. Acad. Sci. USA, 95 (1998) 2697–2702.

375 Ziegler, H., in: Straßburger, Lehrbuch der Botanik, Springer, Berlin (1983).

376 Dadic, M., Brewers Digest 4 (1980) 30.

377 MacMurrough, I., EBC Biochemistry Group Meeting, London (1980).

378 Reiner, L., Payman, B., Mschr. f. Br. 20 (1967) 321.

379 Fischbeck, G., Reiner, L., Brauwelt 106–112 (1966–1972), jährliche Berichte.

380 Aspinall, D., J. Inst. Brew. 72 (1966) 174.

381 Bishop, L.R., J. Inst. Brew. 64 (1958) 484.

382 Pollock, I.R.A., Kirshop, B.H., Essery, R.E., EBC Proceedings (1955) S. 211.

383 Kudo, S., Yoshida, T., Research Lab. Kirin Brew. (1958) S. 39.

384 Van Sumere, C., Echo Brasserie 15 (1959) 1212.

385 Belderok, B., J. Inst. Brew. 74 (1968) 333.

386 MacLeod, A. M., J. Inst. Brew. 73 (1967) 146.

387 Roberts, E. H., Physiol. plant 17 (1964) 30.

388 Essery, R. E., Pollock, I. R. A., J. Inst. Brew. 63 (1957) 221.

389 Gordon, A. G., J. Inst. Brew. 74 (1968) 355.

390 Vermeire, H. A., Klopper, W. J., Brauwiss. 22 (1969) 195.

391 MacLeod, A. M. in: Pollock, J. R. A., Brewing Science Vol. 1, Academic Press, London, S. 174.

392 Pollock, I. R. A., Barley and Malt, hrsg. von Cook, A. H., Oxford (1962) S. 306.

393 Pollock, I. R. A., Kirshop, B. H., Essery, R. E., J. Inst. Brew. 61 (1955) 295.

394 Krauß, G., Djalali, M. A., Mschr. f. Brauerei 22 (1969) 248.

395 Gaber, S. D., Roberts, E. H., J. Inst. Brew. 75 (1969) 299.

396 Blum, P. A., Gilbert, S. G., ASBC. Proc. (1957) S. 22.

397 Grabb, D., Kirshop, B. H., J. Inst. Brew. 75 (1969) 254.

398 Reiner, L., van Sumere, C. F., Brauwiss. 27 (1974) 16.

399 Narziss, L., Kieninger, H., Brauwelt 107 (1967) 1569.

400 Narziss, L., Brauwelt 127 (1987) 1568.

401 Hartong, B. D., zitiert durch Kretschmer, KF: Tagungsbroschüre Verband ehemaliger Ulmer (1960) S. 14.

402 Weinfurtner, F., Wullinger, F., Piendl, A., Brauwiss. 20 (1967) 471.

403 Kreyger, J., Mout. en Brouw. 3, 75 (1958/59); Ref.: Brauwelt 99 (1959) 1216.

404 Jouin, C., Getreide und Mehl 14 (1964) durch Miller, A., Brauwiss. 26 (1973) 311.

405 Heidt, A., Bolling, H., Die Mühle (1965) Hefte 10, 11, 12 durch Miller, A., Brauwiss. 26 (1973) 311.

406 Mohs, K., Tztg. f. Br. 58 (1935) 165.

407 Schmorl, K., Ref.: Wschr. f. Br. (1934) 191.

408 Schildbach, R., Hühn, G., Brauwelt 137 (1997), 1144–1149.

409 Woonton, B. W., Jacobsen, J. V., Sherkat, F., Stuart, E. M., J. Inst. Brew. 111 (2005) 33–41.

410 Baumgartner, E., Braugerstenjahrbuch 1958/59, S. 154.

411 Nuret, H., Bull. Anc. EI. Ecole Française de Meunerie (1959) Nr. 170, S. 61.

412 Miller, A., Brauwiss. 26 (1973) 311.

413 Kieninger, H., Brauer u. Mälzer 19 (1966) Heft 14, S. 3.

414 Woods, J. L., McCallum, O. J., J. Inst. Brew. 106 (2000) 251–258.

415 Robson, E. J., Woods, J. L., J. Inst. Brew. 107 (2001) 389–397.

416 Brunner, H., Technische Rundschau Sulzer 4 (1989).

417 Brunner, H., Brauwelt 135 (1995) 219.

418 Pensel, S., Brauwelt 107 (1967) 562.

419 Schuster, K., Jung, O. M., Brauwiss. 14 (1961) 359.

420 Macey, A., EBC Proceedings (1965) S. 41.

421 Narziss, L., Reicheneder, E., Dürr, P., Eder, J., Brauwiss. 33 (1980) 253, 295.

422 Riis, P., Aastrup, S., Hansen, J. R., EBC Proceedings (1989) 195.

423 Aastinger, S., Riis, P., Hansen, J. R., EBC Proceedings (1989) 171.

424 Hartmann, K., Gastl, M., Schüll, F., Lehrstuhl f. Techn. d. Brauerei I, Weihenstephan 2006–2010.

425 Isebaert, K., van der Beken, R., Ingels, A., Int. T. Brouw. Mout. 26 (1966/67) 164.

426 Theimer, O. F., Tabelle zur Belüftung von Lagergetreide mit natürlicher Außenluft, Verlag M. Schäfer, Detmold (1964).

427 Briggs, D. E., J. Inst. Brew. 108 (2002) 395–405.

428 DUBBEL Taschenbuch für den Maschinenbau, 17. Auflage, Herausg. Beitz, W., Küttner, K. T., Springer-Verlag Berlin (1992).

429 Tabelle nach Sprenger aus Franzky, G., Tztg. f. Br. 60 (1963) 199.

430 Helmbrecht, G., Miag-Nachrichten „Speicher- und Umschlagtechnik", S. 37.

431 Helmbrecht, G., Brewer's J. 102 (1966) 220.

432 Kaiser, A., Brauer und Mälzer 19 (1966) Heft 10, S. 10.

433 Olsen, A., Brauwelt 108 (1968) 1129.

434 Kieninger, H., Brauwelt 100 (1960) 1829.

435 Veldhuizen, H. van, Tztg. f. Brauerei 61 (1964) 873.

436 Thirionnet, H., Bull. Anc. E. Brass., Louvain 54 (1958) 127.

437 Klug, H., Miag-Nachrichten „Speicher und Umschlagtechnik", S. 86.

438 Haikara, A., Mäkinen, V., Hakulinen, R., EBC Proceedings (1977) 35.

439 Amaha, M., Kitabake, K., Nakagawa, A., Yoshida, J., Harada, T., EBC Proc. Congr. (1973) 381.

440 Blum, P. H., Wallerstein Lab. Comm. 17 (1954) 16.

441 Pedersen, H., Process Biochem. 3 (1968) 46.

442 Boivin, P., EBC Proceedings (2009) 52.

443 Back, W., Farbatlas und Handbuch der Getränkebiologie Teil II, Fachverlag Hans Carl, Nürnberg (2000) S. 162.

444 Hernandez, M. C., Sacher, B., Techn. Seminar (1997).

445 Kitabatake, K., Bull. Brew. Sci. 24 (1978) 21.

446 Carr, S.A., Block, E., Costello, C. E., J. Org. Chem. 50 (1985) 2854.

447 Burmeister, H. R., Vesonder, R. F., Peterson, R. E., Costello, C. E., Mycopatholog. 91 (1985) 53.

448 Winkelmann, L., Brauwelt 144 (2004) 749–751.

449 Burkert, B., Dissertation WZW TU München (2006).

450 Sarlin, T., Vilpola, A., Kotaviita, E., Olkku, J., Haikara, A., J. Inst. Brew. 113 (2007) 147–153.

451 Hippeli, S., Elstner, E. F., Z. Naturforschung 57 (2002) 1–8.

452 Niessen, L., Hecht, D., Zapf, M., Theisen, S., Vogel, R. F., Elstner, E. F., Hippeli, S., Brauwelt 146 (2006) 570–572.

453 Hinzmann, E., Brauwelt, 148 (2008) 894–896.

454 Hippeli, S., Hecht, D., Brauwelt 148 (2008) 900–904.

455 Gastl, M., Zarnkow, M., Back, W., Brauwelt 148 (2008) 896–899.

456 Back, W. (Hrsg.) Ausgewählte Kapitel der Brauereitechnologie, Fachverlag Hans Carl, Nürnberg (2008) S. 165–167.

457 Narziss, L., Back, W., Reicheneder, E., Simon, A., Grandl, R., Mschr. f. Brauwiss. 43 (1990) 296.

458 Yin, X. S., MacGregor, A. W., Clear, R. M., J. Inst. Brew. 95 (1989) 195.

459 Niessen, L., Vogel, H., EBC Proceedings (1997) S. 61.

460 Fubal, L., Prosek, J., Rabosowa, A., Monatsschrift f. Brauwiss. 43 (1990) 212.

461 Tressl, R., Hommel, E., Helak, B., Monatsschrift f. Brauwiss. 42 (1989) 331.

462 Gjertsen, P., Myken, F., Krogh, P., Hald, B., EBC Proc. Congr. (1973) 373.

463 Nummi, N., Niku-Paavola, M. L., Enari, T. M., Brauwiss. 28 (1975) 130.

464 Anli, E., Alkis, M., J. Inst. Brew. 116 (2010) 23–32.

465 Munton & Fison Ud. Stowmarket, Suffolk/England, „Insect pests in stored cereals", Ref.: Brauwelt 99 (1959) 1283.

466 Mändl, B., Brauwelt 96 (1956) 25.

467 Covallo, F., Birra e Malto 14 (1967) 295.

468 Rohrlich, M., Hertel, W., Meuser, F., Die Mühle 106 (1969) 551.

469 Storey, C. L., Pomeranz, Y., Lat, F. S., Standridge, N. N., Brewers Digest (1977) 52 (10) 40.

470 Baxter, E. D., Proudlove, M. O., Dawe, C. J., EBC Proceedings (1991) 85.

471 MacLeod, A. M., Palmer, G. H., J. Inst. Brew. 72 (1966) 580.

472 McLeod, A. M., Sci. Prog. 57 (1969) 99.

473 MacLeod, A. M., EBC Proceedings (1977) 63.

474 Gibbons, G. C., Nielsen, E. B., J. Inst. Brew. 89 (1983) 8.

475 Munck, L., Gibbons, G., Aastrup, S., EBC Proceedings (1981) S11.

476 Briggs, D.E., in Brewing Science, edited by Pollock, I.R.A., Akademic Press, London (1987) 3,441.

477 Briggs, D.E., Journ. Inst. Brew. 70 (1964) 14.

478 Palmer, G.H., Shirakashi, T., Sanusi, L.A., EBC Proceedings (1989) 63.

479 Van Roey, G., Hupe, J., EBC Proceedings (1955) S. 158.

480 Edelman, J., Shibko, S.J., Keys, A.J., J. exper. Bot. 10 (1959) 178.

481 Palmer, G.H., EBC Proceedings (1971) S. 59.

482 Manners, D.J., Palmer, G.H., Yellowlees, D., J. Inst. Brew.77 (1971) 127.

483 Ram Chandra G., Duynstee, E.E., Proc. 6th Intern. Conf. Plant Growth Substances (1967), 793.

484 Vamer, J.E., John, M.M., Proc. 6th Intern. Conf. Plant Growth Substances (1967), S. 723.

485 Canadian Grain Research Laboratory Annual Report (1971).

486 Brookes, P.A., Martin, P.A., J. Inst. Brew. 81 (1975) 357.

487 Donhauser, S., Der Weihenstephaner 62 (1994) 199.

488 Eger, C., Diplomarbeit TU-München-Weihenstephan (1989).

489 Piendl, A., Brauwiss. 21 (1968) 227.

490 Kuntz, R.J., Bamforth, C.W., J. Inst Brew. 113 (2007) 196–205.

491 Palmer, G.H., J. Inst. Brew. 75 (1969) 505.

492 Latzko, E., Kotze, J.P., Brauwiss. 28 (1965) 93.

493 Slack, P.T., Wainwright, T., J. Inst. Brew. 86 (1980) 74–77.

494 Sun, Z., Henson, C.A., Plant Physiology 94 (1990), 320–327.

495 Fannon, J.E., Hauber, R.J., Bemiller, J.N., Cereal Chemistry 69 (1992), 284–288.

496 Smith, A.M., Zeeman, S.C., Smith, S.M., Annual Review of Plant Biology 56 (2005), 73–98.

497 Bathgate, G.N., Palmer, G.H., Stärke 24 (1972), 336–341.

498 Bertoft, E., Kul, S.E., J. Inst. Brew. 92 (1986), 69–72.

499 Mac Gregor, A.W., Balance, D.L., Cereal Chemistry 57 (1980), 397–402.

500 Bertoft, E., Henriksmas, H., J. Inst. Brew. 88 (1982), 261–265.

501 Palmer, G.H., J. Inst. Brew. 78 (1972), 326–332.

502 Manners, D.J., Bathgate, G.N., J. Inst. Brew. 75 (1969) 169.

503 Bathgate, G.N., Clapperton, J.F., Palmer, G.H., EBC Proceedings (1973) S. 183.

504 Palmer, G.H., J. Inst. Brew. 78 (1972) 330.

505 Harris, G., Barley and Malt, edited by Cook Academic Press, London (1962) S. 431.

506 Lindeboom , N., Chang, P.R., Tyler, R.T., Starch/Stärke 56 (2004) 89–99.

507 Tester, R.F., Karkalas, J., Qui, X., J. Cereal Sc. 39 (2004), 151–165.

508 Tester, R.F., Morrison, W.R., Cereal Chemistry 67 (1990) 551–557.

509 Narziss, L., Friedrich, G., Brauwiss. 23 (1970) 167.

510 Narziss, L., Hellich, P., Brauwelt 106 (1966) 801.

511 Narziss, L., Friedrich, G., Brauwiss. 23 (1970) 265.

512 Schüll, F., Technologisches Seminar des Lehrstuhls für Brau- und Getränketechnologie Weihenstephan (2010) Seminarhandbuch, Vortrag 9.

513 Narziss, L., Hellich, P., Brauwiss. 24 (1971) 1.

514 Weith, A., EBC Proceedings (1967) S. 251.

515 Narziss, L., Hellich, P., Brauwelt 106 (1966) 885.

515 Weith, L., Klaushofer, H., Mitt. Vers. Stat. Gär. Gew Wien 17 (1963) 36.

517 Piendl, A., Brauwiss. 232 (1970) 303.

518 Suh, D.S., Verhoeven, T., Denyer, K., Jane, J.L., Carbohydrate Polymers 56 (2004) 85–93.

519 Frandsen, T.P., Svensson, B., Plant Molecular Biology 37 (1998) 1–13.

520 Im, H., Henson, C.A., Carbohydrate Research 277 (1995) 145–159.

521 Herrmann, M., Back, W., Sacher, B., Krottenthaler, M., Mschr. f. Brauwiss. 56 (2003) 99–106.

522 Frandsen, T. P., Lok, F., Mirgorods-kaya, E., Röpstorff, P., Svensson, B., Plant Physiology 123 (2000) 275–286.

523 Manners, D. J., Rowe, K. J., J. Inst. Brew. 77 (1971) 358.

524 Manners, D. J., Yellowlees, D., Die Stärke 23 (1971) 228.

525 Stenholm, K., Dissertation Helsinki, University of Technology (1997).

526 Mac Gregor, A. W., et al, J. Cereal Sci. 30 (1994) 33–41.

527 Ross, H. A., Sungurtas, J., Ducreux, L., Swanston, J. S., Davies, H. V., McDougall, G. J., J. Cereal Sci. 38 (2003) 325–338.

528 Heisner, C. H., Bamforth, C. W., J. Inst. Brew. 114 (2008), 122–124.

529 Longstaff, M. A., Bryce, J. H., Plant Physiol. 101 (1993) 881.

530 Cafferty, C. A., et al., J. ASBC 58 (2000) 47–50.

531 Huang, X., Monatsschrift f. Brauwiss. 56 (2003) 132–133.

532 Zhang, N., Jones, B. L., J. Cer. Sei 21 (1995) 145.

533 Manners, D. J., Yellowlees, D., J. Inst. Brew. 79 (1973) 377.

534 Jörgensen, O. B., Acta Chemica Scandinavia 19 (1969) 1614.

535 Narziss, L., Reicheneder, E., Fried-rich, J., Drexler, H. P., Schuster, J., Brauwissenschaft 31 (1978) 301.

536 Methods of Analysis ASBC (1958) S. 169.

537 Analytica EBC, 4. Ausgabe, Zürich (1987).

538 Pawlowski-Schild, Die Brautech-nischen Untersuchungsmethoden, Nürnberg (1961) S. 185.

539 Donhauser, S., Winnewisser, W., Deichi, A., Brauwissenschaft 35 (1982) 270.

540 Agu, A. C., Brosnan, J. M., Bringhurst, T. A., Palmer, G. H., Jack, F. R., J. Agric. Food Chem. (2007) 3702–3707.

541 Preece, I. A., J. Inst. Brew. 69 (1963) 154.

542 Kanauchi, M., Bamforth, C. W., J. Agric. Food Chem. 49 (2001) 883–887.

543 Bamforth, C W, EBC Proceedings (1981) 335.

544 Preece, I. A., Aitken, R. A., Dick, I. A., J. Inst. Brew. 60 (1954) 497.

545 Boume, D. T., Pierce, J. S., J. Inst. Brew. 76 (1970) 328.

546 Kuusela, P., Hämäläinen, J. J., Reinikainen, P., Olkku, J., J. Inst. Brew. 110 (2004) 309–319.

547 Rath, F., Voertz, M., Fechter, I., Brau-gerstenjahrbuch (2003) S. 115–123.

548 Weith, L., Brauwiss. 13 (1960) 214.

549 Kessler, M., Dissertation WZW-TU München (2006).

550 Preece, J. A., MacDougall, M., J. Inst. Brew. 64 (1958) 489; durch Hough, J. S., Briggs, D. E., Stevens, R., Malting and Brewing Science, Chapman & Hall, London (1971).

551 Sungurtas, J., Swanston, J. S., Davies, H. V., McDougall, G. J., J. Cereal Sci. 39 (2004) 273–281.

552 Luchsinger, W. W., English, H., Kneen, E., ASBC-Proc. 24 (1958) 40.

553 Sparrow, D. H. B., Meredith, W. O. S., J. Inst. Brew. 75 (1969) 237.

554 Krahl, M., Müller, S., Back, W., Brauwelt 148 (2008) 248–252.

555 Palmer, G. H., ASBC Proc. Congr. (1975) S. 174.

556 Aastrup, S., Erdal, K., Carlsberg Res. Lab. Comm. 45 (1980) 369.

557 Aastrup, S., Gibbons, G. C., Munck, L., Carlsberg Res. Comm. 46 (1981) 71.

558 Heltved, F., Aastrup, S., Jensen, O., Gibbons, G. C., Munck, L., Carlsberg Res. Comm. 47 (1982) 291.

559 Leiters, R., Byrne, H., Doherty, M., EBC Proceedings (1985) 395.

560 Wagner, N., Krüger, E., Monatsschrift f. Brauwiss. 43 (1990) 328.

561 Wagner, N., Krüger, E., Monatsschrift f. Brauwiss. 43 (1990) 401.

562 Kolbach, P., Mschr. f. Br. 14 (1961) 41.

563 Zürcher, C., EBC Proceedings (1973) S. 445.

564 Baxter, E. D., O'Farrell, D. D., J. Inst. Brewing 89 (1983) 210.

565 Mader, F., Diplomarbeit TU-Mün-chen-Weihenstephan (1991).

566 Heppes, P., Diplomabeit TU-Mün-chen-Weihenstephan (1993).

567 Narziss, L., Esslinger, H. M., Monatsschrift f. Brauwiss. 40 (1987) 118.

568 Narziss, L., Reicheneder, E., Edney, M. J., Monatsschrift f. Brauwiss. 42 (1982) 277, 430.

569 Melcher, W., Vamer, J. C., J. Inst. Brew. 77 (1971) 456.

570 Kitahara, M., Saito, W., Okada, Y., Kaneko, T., Asakura, T., Ito, K., J. Inst. Brew. 108 (2003) 371–375.

571 Yano, M., Tsuda, H. Imai, T., Ogawa, Y., Ohkochi, M., J. Inst. Brew. 114 (2008) 230–238.

572 Sundblom, N. O., Mikola, J., Physiologia Plantarum 27 (1972) 281.

573 John, M., Schmidt, J., Dellweg, H., Monatsschr. f. Brauerei 28 (1975) 14.

574 Narziss, L., Lintz, B., Brauwiss. 28 (1975) 239.

575 Enari, T. M., Mikola, J., EBC Proceedings (1967) S. 9.

576 Jones, B. L., Wrobel, R., Marinach, Zhang, N., EBC Proc. (1993) 53.

577 Weith, L., Mitt. d. Vers. Stal. Gär. Gew. Wien (1961) S. 141.

578 Massart, L., EBC Proc. Congr. (1949) S. 7.

579 Narziss, L., Friedrich, G., Brauwiss. 23 (1970) 229.

580 Bishop, L. R., Wschr. f. Br. (1933) 391, durch Hough, J. S., Briggs, D. E., Stevens, R., Malting and Brewing Science, Chapman u. Hall, London (1971).

581 Weinfurtner, F., Wullinger, F., Piendl, A., Wagner, D., Brauwelt 107 (1967) 1459.

582 Jones, M., Pierce, J. S., EBC Proceedings (1963) S. 101.

583 Rusitzka, P., Diplomarbeit TU-München-Weihenstephan (1967).

584 Jones, M., Pierce, J. S., J. Inst. Brew. 73 (1967) 577.

585 Drawert, F., Radola, B., Müller, W., Görg, A., Bednar, J., EBC Proceedings (1973) 463.

586 Klose, C., Schehl, B., Arendt, E. A., Brauwelt International 26 (2008) 278–279.

587 Donhauser, S., EBC Proceedings (1967) 323.

588 Narziss, L., Reicheneder, E., Barth, D., Brauwiss. 35 (1982) 275.

589 Wallace, W., Lance, R., J. Inst Brew. 96 (1988) 379.

590 Steiner, E., Dissertation WZW-TU München (2012).

591 Baxter, D. E., Wainwright, T., EBC Proceedings (1979) 131.

592 Van den Berg, R., Muts, G. C. J., Drost, B. W., Graveland, A., EBC Proceedings (1981) 461.

593 Sommer, G., EBC Monographie II Barley and Malting Symposium (1975).

594 Narziss, L., Mehltretter, A., Brauwiss. 24 (1971) 273.

595 Lüers, H., Die wissenschaftlichen Grundlagen der Mälzerei und Brauerei, Carl, Nürnberg, S. 193.

596 Narziss, L., Miedaner, H., Eßlinger, H. M., Monograph VII EBC Flavour-Symposium (1981) 157.

597 Jones, B. L., Budde, A. D., Journ. Cereal Sci 41 (2005) 95–106.

598 Niefind, H.-J., Späth, G., EBC Proceedings (1975) 97.

599 White, F. H., Wainwright, T., J. Inst. Brew. 82 (1976) 46.

600 Narziss, L., Miedaner, H., Bourjau, T., Brauwissenschaft 32 (1979) 62.

601 Dickenson, C. H., Chemistry and Industry (1979) 896.

602 Dufour, J. P., Journal of ASBC 44 (1986) 1.

603 Widmann, J., Diplomarbeit TU-München-Weihenstephan (1989).

604 Wackerbauer, K., Narziss, L., Brauwiss. 34 (1981) 1.

605 Lie, S., Rasch, S., EBC Proceedings (1969) 193.

606 Wackerbauer, K., Toussaint, H. J., Monatsschrift f. Brauwiss. 37 (1984) 364.

607 Narziss, L., Reicheneder, E., Über, M., Mück, E., Monatsschrift f. Brauwiss. 37 (1984) 258, 390.

608 Slack, P. T., Wainwright, T., J. Inst. Brew. 87 (1981) 259.

609 Narziss, L., Reicheder, E., Rusitzka, P., Hunkel, L., Brauwelt 115 (1975) 901, 975.

610 MacLeod, A. M., White, H. B., J. Inst. Brew. 68 (1962) 487.

611 Ketterer, M., Dissertation TU-München- Weihenstephan (1994).

612 Lulai, E. C., Baker, Ch. W, ASBC Proc. Congr. (1975) S. 154.

613 Narziss, L., Mück, E., Monatsschr. f. Brauwiss. 39 (1986) 184.

614 Wackerbauer, K., Meyna, S., Mschr. f. Brauwissenschaft 55 (2002) 52–57.

615 Wackerbauer, K., Meyna, S., Westphal, M., Mschr. f. Brauwissenschaft 56 (2003) 27–33.

616 Wackerbauer, K., Meyna, S., Mschr. f. Brauwissenschaft 55 (2002) 110–114.

617 Rutgersson, A., Toukkuri, V.-M., Reinikainen, P., Ungert, H., Cereal Chemistry 77 (2000) 407–413.

618 Gastl, M., Spieleder, E., Hermann, M., Thiele, F., Burberg, F., Kogin, A., Ikeda, H., Back, W., Narziss, L., Mschr. Brauwiss. 59 (2006), 163–169.

619 Narziss, L. Abriss der Bierbrauerei, 7. Auflage, Verl. Wiley-VCH (2004) S. 323, 410.

620 Doderer, A., Skarhauge, B., Banks, D., EBC Proceedings (2005) Nr. 8.

621 Hirota, M., Ito, K., Takeda, K., EBC Proceedings (2005) Nr. 3.

622 Tubaro, F., Fontana, M., Buialty, S., EBC Proceedings (2007) Nr. 11.

623 Steiner, K., Schweizer Br. Rundschau 80 (1969) 259.

624 Meng, D. J., Lu, J., Fan, W., Dong, J.-J., Lin, Y., Shan, L., J. Inst Brew. 113 (2007) 365–373.

625 Antrobius, C. J., Large, T. J., Bamforth, C. W., Journ. Inst. Brew. 103 (1997) 233.

626 Narziss, L., Sekin, Y., Brauwiss. 27 (1974) 277.

627 Narziss, L., Kessler, H., Brauwiss. 23 (1970) 333.

628 Narziss, L., Reicheneder, E., Biermann, U., Brauwelt 121 (1981) 1301.

629 Jerumanis, J., Brauwiss. 25 (1972) 313.

630 De Clerck, J., Jerumanis, J., Vancraenenbrock, R., Der Weihenstephaner (1972) Heft 1, S. 33.

631 Moll, M., Flayeux, R., Vinh Tat, Bartin, M., EBC Proceedings (1975) 39.

632 Sacher, B.

633 Mändl, B., Hopulele, T., Piendl, A., Braugerstenjahrbuch (1973) S. 155.

634 Mändl, B., Brauwelt 115 (1975) 1565.

635 Hopulele, T., Piendl, A., Brew. Digest 50 (1975) Nr. 6, S. 54.

636 Sommer, D., Diplomarbeit TU-München-Weihenstephan (1989).

637 Flanningham, B., Brewing Microbiology 2nd Edition Chapman & Hall, London (1996) S. 83–125.

638 Etchevers, G., Banasik, O., Watson, C., Brew. Dig. 52 (1977) 46–53.

639 Laitila, A., Wilhelmson, A., Kotaviita, E., Olkku, J., Home, S., Juvonen, R., J. Ind. Microbiol. Biotechnol. (2006) 33953–966.

640 Schwarz, P. B., Jones, B. L., Steffenson, B. J., Journ. ASBC, 60 (2002) 130–134.

641 Zalewska-Sobczak, J., Biochemie und Physiologie der Pflanze 180 (2007) 169–175.

642 Pekkarinen, A., Sarlin, T., Laitila, A., Haikara, A., Jones, B. L., Journ. Cereal Sci. 37 (2003) 349–356.

643 Raulio, M., Wilhelmson, A., Salkonja-Salonen, M., Laitila, A., Food Microbiology 25 (2009) 437–443.

644 Van Nierop, S. N. E., Rautenbach, M., Axcell, B. C., Cantrell, I. C., J. ASBC 64 (2006) 69–78.

645 Laitila, A., Raulio, M., Wilhelmson, A., Salkinoja-Salonen, M., EBC Proceedings (2009).

646 Mayer, F., Diplomarbeit TU-München-Weihenstephan (1982).

647 Narziss, L., Reicheneder, E., Iwan, H. J., Monatsschrift f. Brauwiss. 39 (1986) 4.

648 Gelhof, G., Schlosser, A., Piendl, A., Techn. Quart. MBAA 9 (1972) 144.

649 Gelhof, G., Piendl, A., Braugerstenjahrbuch (1971) S. 170.

650 Schneider, K., Piendl, A., Braugerstenjahrbuch (1972) S. 145.

651 Narziss, L., Kieninger, H., Braugerstenjahrbuch (1972) S. 76.

652 Narziss, L., Brauwelt 107 (1967) 1725.

653 Lie, S., Rasch, S., EBC Proceedings (1969) S. 193.

654 Engerth, H., Brauwelt 97 (1957) 1711.

655 Kieninger, H., Habilitationsschrift TU-MünchenWeihenstephan (1967).

656 Hackensellner, T., Brauwelt 137 (1997) 2234.

657 Schu, G. F., Brauwelt 137 (1997) 27.

658 Sims, R. C., J. Inst. Brew. 65 (1959) 46.

659 Chapon, L., Bull. Ecol. Brass. Nancy 11 (1963) 327.

660 Pollock, I. R. A., EBC Proceedings (1959) S. 10.

661 MacWilliam, I. C., Griffilhs, C. M., Reynolds, T., EBC Proceedings (1965) S. 81.

662 Reynolds, F., MacWilliam, J. C., J. Inst. Brew. 72 (1969) 166.

663 Kirshop, B. H., Proc. Irish Maltsters Conference, Dublin (1966) 37.

664 Acxell, B., Janbowsky, D., Morral, P., Brewers Digest 58 (1983) 20.

665 Kirshop, B. H., Reynolds, T., Griffiths, C. M., J. Inst. Brew. 73 (1967) 182.

666 Narziss, L., Brauwelt 105 (1965) 1506.

667 Briggs, D. E., J. Inst. Brew. 73 (1967) 33.

668 Navarro, J., Brandao, J. L. N., EBC Proceedings (1971) S. 73.

669 Ulonska, E., Lenz, W., Brauwiss. 34 (1981) 8.

670 Sommer, G., Monatsschrift f. Brauerei 30 (1977) 272.

671 Wischmann, H., Dissertation TU Berlin (1986).

672 Narziss, L., Reicheneder, E., Schwill-Miedaner, A., Mück, E., Freudenstein, L., Monatsschrift f. Brauwiss. 41 (1988) 115.

673 Waller, H., Mschr. f. Brauerei 18 (1965) 130.

674 Graham, G., Proceedings Conv. Inst. Brew. Melbourne 22 (1992) 193.

675 Rath, R., Dissertation TU Berlin (1993).

676 Kretschmer, K. F., Mitteilung aus dem Laboratorium der Haake-Beck Brauerei Bremen.

677 Chapon, L., Brauwiss. 14 (1961) 457.

678 De Preter, L., De Clerck, J., Mschr. f. Br. 16 (1966) 106.

679 Wilhelmson, A., Laitila, A., Heikkilä, J., Räsanan, J., Kotaviita, E., Olkku, J., Home, S., EBC Proceedings (2003) Nr. 18.

680 Wilhelmson, A., Laitila, A., Olkku, J., Kotaviita, E., Vilpola, A., Fagerstedt, K., Home, S., EBC Proceedings (2005) Nr. 5.

681 Eyben, D., Van Droogenbroeck, L., Int. T. Brouw. Mout 29 (1967/70) 129.

682 Cantrell, I. C., Anderson, R. G., Martin, P. A., EBC Proceedings (1981) 39.

683 Aalbers, V. J., Drost, B. W., Peesman, L., Technical Quarterly MBAA 20 (1983) 74.

684 Methner, F.-J., Vortrag am 26. 6. 2006 bei Holland Malt.

685 Kelley, L., Briggs, D. E., Journ. Inst. Brew. 98 (1992) 329.

686 Gibbons, G., Carlsberg Res. Comm. 48 (1983) Nr. 1, 35, 36.

687 Kitamura, Y., Yumuto, T., Monatsschr. f. Brauwiss. 43 (1990) 310.

688 Kitamura, Y., Yumuto, T., Monatsschr. f. Brauwiss. 43 (1990) 372.

689 Kleber, W., Runkel, U. D., Steinhoff, W., Brauwiss. 14 (1961) 159.

690 Kosav, K., Kvasny Prumysl 35 (1989) 97, Ref.: Brauwiss. 43 (1990) 158.

691 Wilhelmson, A., Laitila, A., Vilpola, A., Huttumen, N., Räsenen, F., Kotaviita, E., Home, S., EBC Proceedings (2007) Nr. 16.

692 Eyben, D., Van Droogenbroeck, L., EBC Proceedings (1969) S. 107.

693 Möbius, J., Vortrag anläßlich der 35. Mälzereitechnischen Arbeitstagung der Doemens Lehranstalten (1996).

694 Yamada, K., Agricultural and Biological Chemistry 49 (1985) 429.

695 Briggs, D. E., Techn. Quarterly MBAA 41 (2004) 390–393.

696 Hornschild, R., Diplomarbeit TU-München-Weihenstephan (1980).

697 Leberle, H., Technologie der Malzbereitung, Ferd. Enke, Stuttgart (1938) S. 259.

698 Pöhlmann, R., Brauwelt 98 (1958) 1837.

699 Kaiser, A., Brauwelt 99 (1959) 886.

700 Gloetzl, J., Brauwelt 100 (1960) 876.

701 Macey, A., Stowell, K. C., EBC Proc. Congr. (1959) S. 105.

702 Davidson, D. E., Jangaard, N. O., ASBC Journal (1978) 51.

703 Sommer, G., Mschr. f. Br. 24 (1971) 205.

704 Zastrow, K., Mschr. f. Br. 22 (1969) 325 .

705 Narziss, L., Friedrich, G., Brauwiss. 23 (1970) 133.

706 Razga, Z., Brauwiss. 15 (1962) 307.

707 Schildbach, S., EBC Proceedings (2005) Nr. 151.

708 Kühbeck, G., Kühbeck, F., Brauwelt 141 (2001) 1588–1594.

709 Guiga, W., Boivin, P., Allasio-Quarnico, N., Fick, M., EBC Proceedings (2007) Nr. 3.

710 Davies, N., Brewer & Distiller International 5 (2009), Nr. 4, 34–37.

711 De Preler, L., De Clerck, J., Mschr. f. Brauerei 18 (1965) 235.

712 Van der Beken, R., Devos, A., Huygens, R., EBC Proceedings (1975) S. 15.

713 Halbein, G., Intern. Brewers J. 105 (1969) 1241.

714 Siebei, u., Diplomarbeit TU-München-Weihenstephan (1976).

715 Brauchle, R., Diplomarbeit TU-München-Weihenstephan (1985).

716 Narziss, L., Brauwelt 129 (1989) 939, 953.

717 De Clerck, E., Zeitg. f. Brauerei (1972) 840.

718 Bitter, H., Brauereitechniker 19 (1967) 1.

719 Gunkel, J., Brauwelt 138 (1998) 679.

720 Jäger, T., Lindemann, J., Getränkeindustrie (2000) Nr. 10 Sonderdruck.

721 Kaiser, A., 3. Brautechn. Arb.-Tagung VeU (1960) Tagungsbroschüre, S. 86.

722 Steinecker-Nachrichten Heft 11 (1956), S. 1.

723 Plietsch, A., Kältetechnik 16 (1964) 130.

724 Miller, A., Brauwiss. 26 (1973) 372.

725 Schu, C. F., Brauwelt 137 (1997) 27.

726 Hackensellner, T., Brauwelt 137 (1997) 2234.

727 Waller, H., Kauder, H., Brauwiss. 19 (1966) 89.

728 Bährlehner, G., Brauwelt 96 (1956) 326.

729 Niederdräing, K., Mschr. f. Br. 28 (1975) 151.

730 Brauwelt 108 (1968) 81.

731 Narziss, L., EBC Proc. Congr. (1969) S. 77.

732 Narziss, L., Brauwelt 111 (1971) (2019).

733 Brauwelt 110 (1970) 1240.

734 Schuster, K., Franz, E., Brauwirtschaft 17 (1964) 12.

735 Reitzel, E., Brauwelt 104 (1964) 55.

736 Pool, A.A., Pollack, J.R.A, EBC Proc. Congr. (1967) S. 241.

737 Ringrose, D.W., Mschr. f. Br. 21 (1968) 85.

738 Griffin, O.T., Pinner, B.C., J. Inst. Brew. 71 (1965), Brauwelt 106 (1966) 583.

739 Nachtmann, H., Brauwelt 111 (1971) 19.

740 Schlimme, G., Brauwelt 112 (1972) 1859.

741 Hauner, R., Brauereitechniker 25 (1973) S. 18.

742 Willmar, A., Der Weihenstephaner 41 (1973) 177.

743 Marquart, P., Brauindustrie 95 (2010) 1, 9–11.

744 N.N. Brauwelt 146 (2006) 33, 36.

745 Stoddart, W.E., Graesser, F.R., Weson, J.P., EBC Proc. Congr. (1961) S. 105.

746 Stoddart, W.E., II. Internat. Symposium Gärungsindustrie Leipzig (1968) S. 901.

747 Mauclaire, D., EBC Proceedings (1977) S. 105.

748 Kropf, H., Wschr. f. Br. 47 (1927) 552.

749 Leberle, H., Z. f. d. ges. Brauw. 46 (1923) 89.

750 Windisch, W., Wschr. f. Br. 21 (1900) 265.

751 Isebaert, L., Mschr. f. Br. 16 (1963) 203.

758 Kretschmer, K. F., Brauwelt 114 (1974) 915.

759 Zastrow, K., Tztg. f. Br. 65 (1968) 117.

760 Sommer, G., Antelmann, H., Mschr. f. Br. 19 (1966) 337.

761 Leberle-Schuster, Technologie der Malzbereitung, Ferd. Enke, Stuttgart (1963) S. 336 ff.

762 Lubert, D.J., Pool, A.A., J. Inst. Brew. 70 (1964) 145.

763 Pool, A.A., Brew. Guild. J. 53 (1967) 188.

764 Lopez-Perea, P., Figuera, J. D. C., Sevilla-Panuga, E., Roman-Guterriez, A., Reynoso, R., Martinez-Perniche, R., J. ASBC 66 (2008) 203–207.

765 Kurosawa, J., Nat. Hist. (Formosa) 16 (1926) 312.

766 Pollack, I. R. A., J. Inst. Brew. 65 (1959) 334.

767 Sandegren, E., Beling, H., EBC Proceedings (1959) S. 278.

768 Kleber, W., Lindemann, M., Schmid, P., Brauwelt 99 (1959) 1781.

769 Kleber, W., Lindemann, M., Brauwelt 110 (1960) 542.

770 Ault, R. G., J. Inst. Brew. 67 (1961) 391.

771 MacWilliam, J. C., Reynolds, T., J. Inst. Brew. 72 (1966) 171.

772 Ruppert, A., Brauwelt 100 (1960) 1573.

773 Stadler, H., Kipphan, H., Gallinger, S., Brauwelt 100 (1960) 1361.

774 Kieninger, H., Brauwelt 112 (1972) 636.

775 Narziss, L., Kieninger, H., Wörner, L., Brauwiss. 18 (1965) 465.

776 Weith, L., Brauwiss. 13 (1960) 288.

777 Pool, A. A., J. Inst. Brew. 70 (1964) 221.

778 Home, S., Linko, M., EBC Proceedings (1997) 91.

779 Macey, A., Sole, S. M., Stowell, K. C., EBC Proc. Congr. (1969) S. 121.

780 Palmer, G. H., J. Inst. Brew. 75 (1969) 536.

781 Baxter, E. D., Booer, C. D., Palmer, G. H., J. Inst. Brew. 80 (1974) 549.

782 Northam, P. C., Button, A. H., EBC Proc. Congr. (1973) S. 99.

783 Kieninger, H., Brauwelt 116 (1976) 1317.

784 Palmer, G. H., Barett, J., Kirshop, B. H., J. Inst. Brew. 78 (1972) 81.

785 Sparrow, D. H. B., J. Inst. Brew. 71 (1965) 523.

786 Pollock, I. R. A., Pool, A. A., ASBC Journal (1979) 38.

787 Northam, P. C., EBC Proceedings (1985) 635.

788 Maule, A. P., Northam, P. C., Pollock, I. R. A, Pool, A. A., Procdings (1987) 257.

789 Griffiths, C. M., MacWilliam, J. C., J. Inst. Brew. 71 (1965) 316.

790 Massart, L., Verbeck-Wyndaele, R., Echo Brass. 22 (1966) 736.

791 Kieninger, H., Monatsschrift für Brauwiss. 36 (1983) 352.

792 Haikara, A., Uljas, H., Suurnakki, A., EBC Proceedings (1993) 163.

793 Klaenhammer, T. R., Biochirnie (1988) 70, 337.

794 Lindgren, S. E., Dobrogosz, W. J., FEMS Microbiol. Rev (1997) 87, 149.

795 Laitila, A., Tapani, K.-M., Haikara, A., EBC Proceedings (1997) 137.

796 Boivin, P., Malanda, M., Technical Quarterly 34 (1997) 96.

797 Burnett, G. A., Payne, R. W., Yarrow, C., „Yeast: characteristics and identification". Cambridge University Press, London (1990) 367.

798 Kelly, L., Briggs, D. E., J. Inst. Brew. 98 (1992) 395–400.

799 Briggs, D. E., McGuiness, G., J. Inst. Brew. 99 (1993) 249–255.

800 Reinikainen, P., Peltola, P., Lampien, R., Haikara, A., Olkku, J., EBC Proceedings (1999) 551–558.

801 Gylland, H., Starmarck, L., Martinson, E., EBC Proceedings (1977) 245.

802 Laitila, A., Schmedding, D., van Gestel, M., Vlegels, P., Haikara, A., EBC Proceedings (1999) 559–566.

803 Angelino, S. G. A. F., Bol, J., Proc. Chair J. de Clerck IV, Leuven (1990).

804 Linko, M., Haikara, A., Ritala, A., Penttilä, M., J. Biotech, 65 (1998) 85–98.

805 Lowe, D. P., Dissertation, The National University of Ireland, Department of Food And Nutritional Sciences, University College Cork (2005).

806 Lowe, D. P., Arendt, E. K., Soriano, A. M., Ulmer, H. M., J. Inst. Brew. 111 (2005) 42–50.

807 Schehl, B. D., Soriano, M. A., Arendt, E. K., Ulmer, H. M., Technical Quarterly MBAA, 44 (2007) 84–97.

808 Boivin, P., Malanda, M., EBC Proceedings (1997) 117.

809 Home, S., Maunula, H., Linko, M., EBC Proceedings (1983) 385.

810 Heitzelmann, F., Diplomarbeit TU-München-Weihenstephan (1988).

811 Macey, A., StowelI, K. C., EBC Proc. Congr. (1961) S. 85.

812 Tahara, S., Bull. Brew. Sc. 18 (1972) 1.

813 USA-Patent 3149053, erteilt (1964).

814 USA-Patent 3168449, erteilt (1965).

815 Spillane, H., Briggs, D. E., J. Inst. Brew. 72 (1966) 398.

816 Ponton, J. D., Briggs, D. E., J. Inst. Brew. 75 (1969) 383.

817 Yamada, K., Rep. Res. Lab. Kirin Brewery Co 27 (1984) 39.

818 Kosark, Psota, V., Vitkova, H., Klicora, S., Kvasny prumysl 35 (1989) 163.

819 Laitila, A., Kotaviita, E., Peltola, P., Home, S., Wilhelmson, A., J. Inst. Brew. 113 (2007) 9–20.

820 Noots, I., Deryke, V., Jensen, H. E., Michiels, C., Delcour, J. A., Coppens, T., J. Cereal Sci. 37 (2003) 81–90.

821 De Clerck, J., Isebaert, L., Petit J. Brasseur (1959) 300, 318.

822 US-Patent 3149052 durch Brew. Guild J. 51 (1965) 573.

823 Hartong, B., Kretschmer, K. F., Brauwelt 108 (1968) 517.

824 Gromus, J., Kretschmer, K. F., Bellmer, H. G., Brauwiss. 24 (1971) 81.

825 Reinibainen, P., Räsänen, E., Olkku, J., Monatsschr. f. Brauwiss. 49 (1996) 280.

826 Lüers, H., Nishimura, S., Z. f. d. ges. Brauwesen 47 (1924) 21.

827 Isebaert, L., EBC Proc. Congr. (1965) S. 36.

828 van Waesberghe, J. W. M., Brauwelt 137 (1997) 1804.

829 Morgan, K., J. Inst. Brew. 77 (1971) 509.

830 Piendl, A., Brauwelt 109 (1969) 783.

831 Rusitzka, P., Dissertation TU-München-Weihenstephan (1976).

832 Hämäläinen, J. J., Reinikainen, P., J. Inst. Brew. 113 (2007) 157–167.

833 Scriban, R., Dupont, D., EBC Proceedings (1973) S. 57.

834 Bamforth, C. W., Clarkson, S. P. W., EBC Proceedings (1991) 617–624.

835 Lüers, H., Nishimura, S., Wschr. f. Br. 42 (1925) 7.

836 Kaukovirta-Norja, A., Reinikainen, P., Laakso, S., Olkku, J., EBC Proceedings (1995) 193.

837 Hämäläinen, L. J., Kaukovirta-Norja, A., Reinikainen, P., Olkku, J., EBC Proceedings (1995) 201.

838 Kolbach, P., Schild, E., Wschr. f. Br. 52 (1935) 129.

839 Stippler, K., Diss. TU-München-Weihenstephan (1975).

840 Grenwood, C T., Thomson, J., J. Inst. Brew. 65 (1959) 346.

841 MacWilliam, I. C., J. Inst. Brew. 78 (1972) 76.

842 Kumada, J., Diss. TU-München-Weihenstephan (1967) S. 135.

843 Grünewald, J., Brauwelt 94 (1954) 1373.

844 Windisch, W., Kolbach, P., Wentzel, Wschr. f. Br. 42 (1925) 313.

845 Kaiser, A., EBC Proceedings (1969) S. 61.

846 Narziss, L., Röttger, W., Brauwiss. 26 (1973) 217.

847 Tressl, R., Bahri, D., Silwar, R., EBC Proc. (1979) 27–41.

848 Kossa, T., Bahri, D., Tressl, R., Monatsschrift f. Brauerei 32 (1979) 249.

849 Lüers, H., Traitteur, H., Schweizer Brauerei-Rundschau 65 (1954) 35.

850 Holtermand, A., Brewers Digest (1966) 58.

851 Holtermand, A., EBC Proceedings (1963) 135.

852 Hodge, E., Agric. and Food Chem. 1 (1953) 928.

853 Baltes, W., Lebensmittelchemie 47 (1993) 9.

854 Belitz, H-D., Grosch, W., Lehrbuch der Lebensmittelchemie. Springer, Berlin (1992) 245.

855 Pischetsrieder, M., Dissertation Ludwigs-Maximilians-Universität München, Fak. Für Chemie und Pharmazie (1994).

856 Yaylayan, V. A., Huyghues-Despointes, A., Critical Reviews in Food Science and Nutrition 34 (1994) 321–369.

857 Coghe, S., Derdelinckx, G., Delvaux, F. R., Mschr. f. Brauwiss. 57 (2004) 25–38.

858 Frandrup-Kuhr, O., Dissertation Westf. Wilhelms-Univ. Münster, FB. Chemie, Pharmazie, der Math.-Naturwiss. Fakultät (2004).

859 Benzing-Purdie, L.M., Ripmeester, J.A., Ratcliffe, C.I., J. Agric. Food Chem. 33 (1985) 31.

860 Nursten, H.E., Food Chem. 6 (1981) 263.

861 Baisier, W.M., Labuzzua, T.B., J. Agric. Food Chem. 40 (1992) 707.

862 Przybilski, R., Kaminski, E., Nahrung 27 (1983) 487.

863 Yeo, H., Shibamoto, T., J. Agric. Food Chem. 30 (1991) 370.

864 Maillard, M.-N., Berset, C., J. Agric. Food Chem. 43 (1995) 1789.

865 Eiserich, J.P., Macku, C., Shibamoto, T., J. Agric. Food Chem. 40 (1992) (1982).

866 Tressl, R., Monatsschrift f. Brauerei 32 (1979) 240.

867 Seaton, J.C., EBB Proceedings (1987) 177.

868 Tressl, R., Grünwald, K.G., Kersten, E., Rewicki, D., J. Agric. Food Chem. 34 (1986) 347.

869 Tressl, R., Grünwald, K.G., Silwar, R., Helak, B., EBC Proceedings (1981) 391.

870 Tressl, R., Grünwald, K.G., Helak, B., Flavour '81. Walter de Gruyter & Co., Berlin (1981) 397.

871 Tressl, R., Helak, B., Martin, N., EBC Proceedings (1985) 355.

872 Tressl, R., Rewicki, D., Helak, B., Kamperschröer, H., Martin, N., J. Agric. Food Chem., 33 (1985) 919.

873 Tressl, R., Helak, B., Kersten, E., J. Agric. Food Chem. 41 (1993) 547.

874 Yaylayan, V.A., Mandeville, S., J. Agric. Food Chem. 42 (1994) 1841.

875 de Rijke, D., van Dort, J.M., Boelens, J., Flavour '81. Walter de Gruyter & Co., Berlin (1981) 417.

876 Thang, Y., Do, C.-T., J. Agric. Food Chem. 39 (1991) 760.

877 Shibamoto, T., Bernhard, R.A., J. Agric. Food Chem. 24 (1976) 847.

878 Wong, J.M., Bernhard, R.A., J. Agric. Food Chem. 36 (1988) 123.

879 Oh, Y.-C., Hartman, T.G., Ho, C.T., Agric. Food Chem. 40 (1992) 1878.

880 Hwang, H.I., Hartman, T.G., Rosen, R.T., Ho, C.T., J. Agric. Food Chem. 41 (1993) 2112.

881 Miharas, Masuda H., J. Agric. Food Chem. 36 (1988) 1242.

882 Chiu, E.-M., Kuo, M.-C, Brucchert, L.J., Ho, C.-T., J. Agric. Food Chem. 38 (1990) 58.

883 Oh, Y.-C., Shu, C.-K., Ho, C.-T., J. Agric. Food Chem. 39 (1991) 1553.

884 Ledl, F., Hiebl, J., Severin, T., Z. Lebensm. Unters. Forschung 177 (1983) 353.

885 Feather, M.S., Nelson, D., J. Agric. Food Chem. 23 (1984) 1428.

886 Skan, R., Rubinszain, Y., Nissenbaum, A., Kaplan, I.R., in: Ikan, R., The Maillard- Reaction, Consequences for the Chemical and Life Sciences, Chichester, John Wiley & Sons Ltd. (1996) S. 1–26.

887 Inui, T., Tada, N., Kageyama, N., Takaoka, S., Kawasaki, Y., Brauwelt 144 (2004) 1488–1499.

888 Komarek, D., Dissertation TU-München, Fak.f. Chemie (2001).

889 Ho, C.-T., The Maillard-Reaction, Consequences for the Chemical and Life Sciences, Chichester, John Wiley & Sons Ltd. (1996) S. 27–54.

890 Pokorny, J., in Ericsson C., Maillard-Reactions in Food, Progress in Food and Nutrition Science Vol. 5 Oxford, Pergamon Press (1981) S. 421–428.

891 Whitfield, F.B., in: Critical Reviews in Food Science and Nutrition 31 (1992) 1–58.

892 Belitz, H.-D., Grosch, W., Schieberle, P., Lehrbuch der Lebensmittelchemie, 5. Aufl. Springer Verlag, Berlin (2001).

893 Nursten, H., The Maillard Reaction. Chemistry, Biochemistry and Implications, Cambridge: The Royal Society of Chemistry (2005).

894 Coghe, S., Cheeraert, B., Michiels, A., Delvaux, F.R., J. Inst. Brew. 112 (2006).

895 Lignert, H., Ericsson, C., E., Progress in Food and Nutrition Science Vol. 5, Oxford Pergamon Press (1981) S. 453–456.

896 Waller, G.R., Beckel, R.W., Adeleye, B.O., in Waller, G.R., Feather, M.S., The Maillard Reaction in Foods and Nutrition, Washington, American Chemical Society (1983) S. 125–140.

897 Cremer, D.R., Eichner, K., Food Chemistry 71 (2000) 37–43.

898 Martins, S.I.F.S., Dissertation Universität Wageningen (2003).

899 Milic, B.L., Grjic-Injac, B., Piletic, M., Lajsic, S., Kolarov, L.A., J. Agr. Food Chemistry 23 (1975) 960–963.

900 Coca, M., Garcia, M.T., Gonsalez, G., Pena, M., Garcia, J.A., Food Chemistry 86 (2004) 421–433.

901 Rizzi, G.P., J. Agr. Food Chemistry 52 (2004) 953–957.

902 Hashimoto, N., Koike, K., Rep. of. Res. Lab. Kirin Brewery 14 (1971) 1.

903 Kieninger, H., Biková, V., Mitt. d. Vers. Stat. f. d. Gär Gew. Wien 27 (1973) 212.

904 Yoshida, T., Horie, Y., Kuroiwa, Y., Rep. of. Res. Lab Kirin Brewery 15 (1972) 45.

905 Lüers, H., Lampl, P., Brauwiss. 8 (1955) 218.

906 Jones, M., Pierce, J.S., J. Inst. Brew. 73 (1967) 342.

907 Lüers, H., Die wissenschaftlichen Grundlagen von Mälzerei und Brauerei, Carl, Nürnberg (1950) S. 260.

908 Barrett, J., Griffiths, C.M., Kirshop, B.W., J. Inst. Brew. 73 (1967) 445.

909 Spieleder, E., Dissertation WZW TU München (2006).

910 Preuss, T., Dissertation WZW TU München (2001).

911 Forster, C., Dissertation TU-München-Weihenstephan (1996).

912 Narziss, L., Miedaner, H., Lustig, S., Mschr. f. Brauwiss. 52 (1999) 164–175.

913 Van Waesberghe, J., Brauwelt 137 (1997) 1804–1810.

914 Wackerbauer, K., Meyna, S., Pahl, R., Brauwelt International 22 (2004) 159–164.

915 Ueda, T., Sasaki, K., Itagaki, H., Inomoto, K., Kagami, N., Kawatsura, K., World Brewing Congress San Diego Calif. (2004).

916 Guido, L.F., Boivin, P., Benismail, N., Goncalves, C.R., Barras, A.A., EBC Proceedings (2005) Nr. 77.

917 Van Jersel, M.M., Lustig, S., Meersmann, E., Dekkers, F., EBC Proceedings (2005) Nr. 78.

918 Spieleder, E., Krottenthaler, M., Back, W., Frank, O., Lenczyk, M., Hofmann, T., Mschr. Brauwiss. 59 (2006) 105–112.

919 Liegeois, C., Collins, S., EBC Proceedings (2003) Nr. 70.

920 Zimmermann, L. Schwabenmalz GmbH, persönliche Mitteilung.

921 Hashimoto, N., Report of Res. Lab. Kirin Brewery 15 (1972) 7.

922 Lustig, S., Dissertation TU-München-Weihenstephan (1994).

923 Borelli, R.C., Mennella, C., Barba, F., Russo, M., Russo, G.L., Krome, K., Erbesdobler,H.F., Faist, V., Fogliano, V., Food and Chemical Toxicology 41 (2003) 1367–1374.

924 Cheftel, J.C., Ericsson, C.E., Labuza, T.C., in Ericsson, C.E., Maillard Reactions in Food, Progress in Food and Nutrition Science, Vol. 5, Oxford, Pergamon Press (1981) 464–469.

925 Wagner, K.H., Derkits, S., Herr, M., Schuh, W., Elmadfa, I., Food Chemistry 78 (2002) 375–382.

926 Hayase, F., in Ikan, R., The Maillard Reaction: Consequences for Chemical and Life Sciences, Chichester, John Wiley & Sons Ltd. (1996) S. 89–104.

927 Cantrell, I.C., Griggs, D.L., Techn. Quarterly MBAA 33 (1996) 82–86.

928 Manzocco, L., Calligaris, S., Mastrocola, D., Nicoli, M.C., Lerici, C.R., Trends in Food Science and Technology 11 (2001) 340–346.

929 Morales, F.J., Jiminez-Perez, S., Food Chemistry 72 (2001) 119–125.

930 Woffenden, H.M., Ames, J.M., Chandra, S., Journ. Agr. Food Chemistry 49 (2001) 5524–5530.

931 Andersen, M.C., Outtrup, H., Skipsred, L.H., Journ. Agr. Food Chemistry 48 (2001) 3106–3111.

932 Franz, O., Dissertation WZW TU-München (2004).

933 Savel, J., Techn. Quarterly, MBAA, 38 (2001) 135–144.

934 Hofmann, T., Bors, W., Stettmaier, K., Journ. Agr. Food Chemistry 47 (1999) 391–396.

935 Namiki, M., Hayashi, T., in Ericsson, C. E., Maillard Reactions in Food. Progress in Food and Nutrition Science Vol. 5 Oxford Pergamon Press (1981) S. 81–92.

936 Namiki, M., Hayashi, T., in: Waller, G. R., Feather, M. S., The Maillard Reaction in Foods and Nutrition. Washington: American Chemical Society (1983) 21–46.

937 Pischetsrieder, M., Rinaldi, F., Gross, U., Severin, T., Journ. Agr. Food Chemistry 46 (1998) 2945–2950.

938 Hashimoto, N., Rpt. Res. Lab. Kirin Brewery Co., Ltd. 15 (1975) 43–51.

939 Hashimoto, N., Kuroiwa, Y., ASBC Proceedings 33 (1975) 104–111.

940 Hashimoto, N., Rpt. Res. Lab. Kirin Brewery Co., Ltd. 19 (1976) 1–8.

941 Narziss, L., Miedaner, H., Koch, M., Monatsschrift f. Brauwiss. 42 (1989) 232.

942 Narziss, L., Miedaner, H., Schwill, A., Schmidt, R., Monatsschr. f. Brauwiss. 38 (1985) 128.

943 Narziss, L., Brauwelt 114 (1974) 355.

944 Kolbach, P., Brauerei, Wiss. Beilage 3 (1950) 49.

945 White, F. H., Wainwright, T., J. Inst. Brew. 83 (1977) 224.

946 Dickenson, C. J., Anderson, R. G., EBC Proceedings (1981) 413.

947 Parsons, R., Wainwright, T., White, F. H., EBC Proc. (1977) 115.

948 Hyde, W. R., Brookes, P. A., J. Inst. Brew. 84 (1978) 167.

949 Nakajima, S., Narziss, L., Brauwissenschaft 31 (1978) 145.

950 Schröder, C., Semester-Arbeit TU-München-Weihenstephan (1990).

951 Baltes, W., Lebensmittelchemie 47 (1993) 9.

952 Narziss, L., Miedaner, H., Kattein, U., Monatsschrift f. Brauwiss. 38 (1985) 439.

953 Anness, B. J., Bamforth, C. W., Wainwright, T., J. Inst. Brew. 85 (1979) 364.

954 Anderson, P. J., Clapperton, J. F., Crabb, D., Hudson, J. R., J. Inst. Brew. 81 (1975) 208.

955 Dickenson, C. J., J. Inst. Brew. 89 (1983) 41.

956 White, F. H., Brewers Digest 52 (1977) 38.

957 Wackerbauer, K., Balzer, U., Ohkochi, M., Monatsschr. f. Brauwiss. 42 (1989) 272.

958 Kessler, H. G., Lebensmittel- u. Bioverfahrenstechnik, Selbstverlag Freising (1988).

959 Forster, C., Miedaner, H., Narziss, L., Back, W., EBC Proceedings (1995) 475.

960 Thomas, D. A., Journ. Inst. Brew. 92 (1986) 65.

961 Kieninger, H., Brauwelt 110 (1970) 746.

962 Graff, A. R., Techn. Quart. MBAA 9 (1972) 18.

963 Witt, P. R., Techn. Quart. MBAA 9 (1972) 80.

964 Narziss, L., Reicheneder, E., Pichlmaier, K., Brauwelt 111 (1971) 1544.

965 Narziss, L., Reicheneder, E., Kroiher, A., Brauwiss. 34 (1981) 33.

966 Narziss, L., Reicheneder, E., Nothaft, H., Brauwelt 122 (1982) 502.

967 Wainwright, T., J. Inst. Brew. 92 (1986) 49.

968 Lehrstuhl für Technologie der Brauerei I, Abschlussbericht für das Projekt 409 (2009).

969 Flad, W., Brauwelt 128 (1988) 768.

970 Basařova, G., Kvasný prumysl 27 (1981) 6.

971 Aalbers, V. J., Drost, B. W., van Eerde, P., Brauwelt 120 (1980) 719.

972 Kellner, V., Spinar, B., Culkik, J., Frantik, F., Kvasný prumysl 30 (1984) 145.

973 Wainwright, T., O'Farrell, D. D., Hoggan, R., Tempone, M., J. Inst. Brew. (1986) 232.

974 O'Farrel, D. D., J. Inst. Brew. 93 (1987) 33.

975 Baxter, E. D., Booer, C D., Muller, R. E., Norman, E. C., Slaiding, R., EBC Proceedings (2005) Nr. 157.

976 Mottram, D.S., Wedzicha, B.L., Dodson, A.C., Nature 419 (6906) (2002) 448–449.

977 Stadler, R.H., Blank, I., Varga, N., Robert, F., Hau, J., Nature 419 (6906) (2002) 449.

978 Channell, G.A., Yahya, H., Wulfer, F., Cook, D.J., EBC Proceedings (2007) Nr. 143

979 Baxter, E.D., Booer, C.D., Muller, R.E., Shaugnessy, G., Slaiding, I.R., EBC Proceedings (2005) Nr. 163.

980 DeClerck, J., Lehrbuch der Brauerei, Verlag VLB Berlin (1964) S. 280.

981 DeClerck, J., BIOS (1970) Nr. 1, S. 3.

982 Thomas, D.J., J. Inst. Brew. 92 (1987) 65–68.

983 Bößendörfer, G., Thalacker, R., Brauwelt 143 (2003) 1502–1505.

984 Sacher, B., Brauwelt 143 (2003) 1092–1096.

985 Bundesministerium für Ernährung, Landwirtschaft und Forsten (Hrsg.): Statistisches Jahrbuch über Ernährung, Landwirtschaft und Forsten der Bundesrepublik Deutschland, Münster-Hiltrup, Landwirtschaftsverlag, Jahrgang (1996).

986 Hackensellner, T., Habilitationsschrift TU-München-Weihenstephan (1997).

987 Baehr, H.D., BWK 44 (1992) 337.

988 Pensel, S., Brauwelt 121 (1981) 71.

989 Pensel, S., Eckart, P., Brauwelt 121 (1981) 839.

990 Macey, A., Marsh, J.O., Stowell, K.C EBC Proc. Congr. (1975) S. 85.

991 Narziss, L., Abriß der Bierbrauerei, F. Enke, Stuttgart (1995) S. 66, 75.

992 Saito, K., Kodama, N., Diagramm N. 103 (1992) 20–22.

993 Tschirner, M., Der Doemensianer 26 (1986) 256.

994 Narziss, L., Der Weihenstephaner 58 (1990) 177.

995 NN, Brauwelt 128 (1988) 24.

996 Kling, H., Brauwelt 133 (1993) 645.

997 Grandegger, K., Traber, U., Brauwelt 131 (1991) 2373.

998 NN, Brauwelt 127 (1987) 1415.

999 Hackensellner, T., persönliche Mitteilung (1997).

1000 Schuster, K., Grünewald, J., Brauwelt 97 (1957) 1446.

1001 St. Johnston, J.H., J. Inst. Brew. 60 (1954) 318.

1002 Sfat, M.R., Brewers Digest (1965) 50.

1003 Sfat, M.R., Brauereitechniker 19 (1967) 171.

1004 Schlenk, R., Wschr. f. Br. 44 (1927) 217, und 45 (1928) 415 durch DeClerck, J., Lehrbuch der Brauerei, VLB Berlin (1964) S. 301.

1005 Mykew, F., Beretning om det 16. Skandinaviska Bryggeritekniske Møde i København 14.–16. Febr. (1972) S. 130–149.

1006 Grünewald, J., Brauwelt 106 (1966) 577.

1007 Mohr, J., Diplomarbeit TU-München-Weihenstephan (1974).

1008 Mälzerei-Seminar 1987 des Lehrstuhls für Technologie der Brauerei I, Seminarhandbuch.

1009 Pensel, S., Brauwelt 114 (1974) 675.

1010 Pensel, 5., persönl. Mitteilungen.

1011 Pensel, S., Brauwelt 114 (1974) 915, 993.

1012 Huymann, E., Brauwelt 114 (1974) 915.

1013 Weyermann, H., Brauwelt 115 (1975) 59. Deutsche Patentanmeldung Nr. P 2424472.2.

1014 Kieninger, H., Narziss, L., EBC Proc. Congr. (1975) S. 29.

1015 Sommer, G., Schilfarth, H., Mschr. f. Br. 28 (1975) 5.

1016 Hackensellner, T., persönl. Mitteilung.

1017 Mönch, D., Müller, M., Brauwelt 141 (2011) 18–21.

1018 Schuster, K., Berg, F., Fuchs, R.A., Brauwissenschaft 17 (1964) 388.

1019 Aime, F., Jolibert, F., EBC Proceedings (1995) 217.

1020 Ruß, W., Sobiech, B., Meyer-Pittroff, R., Krottenthaler, M., Back, W., Jolibert, F., Brauwelt 138 (1998) 1480.

1021 Baumann, A., Z. f. d. ges. Brauwesen (1916) 363 durch Lüers, H., Die wissenschaftl. Grundlagen aus Mälzerei und Brauerei, Carl, Nürnberg (1950) S. 296.

1022 Knauer, R., Diplomarbeit TU-München-Weihenstephan (1991).

1023 Kaukovirta-Norja, A., Reinikainen, P., Laalso, S., Olkku, J., EBC Proceedings (1995) S. 193–200.

1024 Zürcher, J., Dissertation WZW TU-München (2003)

1025 Schnellbacher, K. K., persönl. Mitteilung.

1026 Sommer, G., Monatsschrift f. Brauerei 29 (1976) 21.

1027 Kretschmer, K. F., Brauwelt 107 (1967) 929.

1028 DeClerck, J., Lehrbuch der Brauerei, Verlag VLB Berlin (1964) S. 334.

1029 Enders, C., Wschr. f. Br. 56 (1939) 1.

1030 Paukner, E., Brauwiss. 4 (1951) 138.

1031 Kretschmer, K. F., Chapon, L., Brauwiss. 31 (1978) 274.

1032 Chapon, L., Maucoust, J. M., Gobert, J. P., Monatsschrift f. Brauerei 32 (1979) 160.

1033 Greif, P., Tageszeitung f. Brauerei 77 (1980) 66.

1034 Wackerbauer, K., Hardt, R., Hirse, U., Monatsschr. f. Brauwiss. 49 (1996) 220.

1035 Zahn, T., EBC Proceedings (1991) 169.

1036 Wackerbauer, K., Anger, H. M., Kölsch J., Brauwelt 125 (1985) 1758.

1037 Narziss, L., Brauwelt 129 (1989) 1792.

1038 MEBAK Brautechnische Analysenmethoden, 2. Auflage (1984).

1039 Aastrup, S., Erdal, K., Carlsberg Res. Comm. 45 (1980) 369.

1040 Aastrup, S., Gibbons, C., Munck, I., Carlsberg Res. Comm. 46 (1981) 77.

1041 Aastrup, S., J. ASBC 46 (1988) 37.

1042 Drost, B. W., Aalbers, V. J., Pesman, L., EBC Monograph VI, Symposium on the Relationstrip between Malt and Beer (1980) 224.

1043 Aalbers, V. J., Monatsschr. f. Brauerei 33 (1980) 212.

1044 Van Eerde, P., J. Inst. Brew. 89 (1983) 195.

1045 Rath, F., Erdmann, B., EBC-Proceedings (2003) Nr. 4.

1046 Litzenburger, K., Mitteilungen Österr. Getränkeinstitut 45 (1991) 36.

1047 MEBAK Brautechn. Analysenmethoden Bd. I (1997) 220.

1048 Schild, E., Müller, W., Hagen, W., Brauwelt 107 (1967) 1321.

1049 Moll, M., Monatsschrift f. Brauwiss. 49 (1996) 92.

1050 Moll, M., Monatsschrift f. Brauwiss. 49 (1996) 171.

1051 Krauß, G., Kremkow, C., Mschr. f. Br. 21 (1968) 5.

1052 Kolbach, P., Zastrow, K., Mschr. f. Br. 16 (1963) 25.

1053 Weith, L., Brauwiss. 18 (1965) 209.

1054 Narziss, L., Brauwelt 108 (1968) 1501.

1055 Kolbach, P., Zastrow, K., Mschr. f. Br. 16 (1963) 44.

1056 Runkel, U. D., Mschr. f. Br. 23 (1970) 250.

1057 Narziss, L., Reiner, L., Brauwiss. 25 (1972) 149.

1058 Kremkow, C., Krauß, G., Mschr. f. Br. 20 (1967) 396.

1059 Thalacker, R., Bößendörfer, G., Birkenstock, B., Brauwelt 138 (1998) 421–425.

1060 Bößendörfer, G., Thalacker, R., Brauwelt 143 (2003) 1502–1505.

1061 Narziss, L., Kunz, A., Brauwiss. 25 (1972) 261.

1062 Kolbach, P., Brauerei, Wiss. Beilage 10 (1957) 15.

1063 Mändl, B., Beurteilungssschema der Staat!. Brautechnischen Prüf- und Versuchsanstalt Weihenstephan.

1064 Kolbach, P., Zastrow, K., Monatsschr. f. Brauerei 18 (1965) 289.

1065 Lie, S., J. Inst. Brew. 96 (1990) 192.

1066 MEBAK Brautechn. Analysenmethoden (1997) 225, 242.

1067 Angerer, H.-M. (Hrsg.), MEBAK, Brautechnische Untersuchungsmethoden Bd. I Rohstoffe (2006) 145.

1068 Narziss, L., Miedaner, H., Küster, M., Brauwelt 106 (1966) 394.

1069 Narziss, L., Brauwelt 112 (1972) 1337.

1070 Bärwald, G., Brauwelt 113 (1973) 1872.

1071 Scholz, R., Diplomarbeit TU-München-Weihenstephan (1997).

1072 Bellmer, H. G., Brauwiss. 27 (1974) 215.

1073 Zürcher, C., Diss. T. U. Berlin (1970).

1074 Bourne, D. T., Wheeler, R. E., Jones, M., EBC Proceedings (1977) 139.

1075 Pierce, J., EBC Monograph VI Relationsship between Malt and Beer (1980) 179.

1076 Munck, L., Jörgensen, K. G., Ruud-Hansen, J., Hansen, K. T., J. Inst. Brew. 95 (1989) 79.

1077 McCleary, B. V., Codd, R., J. Science Food Agriculture 55 (1991) 303.

1078 Miedaner, H., Brauwelt 138 (1998) 1005.

1079 Kolbach, P., Wschr. f. Br. 50 (1993) 343.

1080 DeClerck, J., Bull. Anc. Et. Brasserie Louvain 55 (1959) 185.

1081 Narziss, L., Brauwelt 107 (1967) 1725.

1082 Schilfarth, H., Sommer, G., Kremkow, C., Mschr. f. Br 23 (1970) 177.

1083 Narziss, L., Röttger, W., Brauwiss. 26 (1973) 261.

1084 Krauß, G., Kremkow, C., Mschr. f. Br. 20 (1967) 413.

1085 Narziss, L., Reicheneder, E., Voigt, J. C., Brauwelt 134 (1994) 360.

1086 Yanagi, K., Ishibashi, Y., Kondo, H., Oka, K., Uchida, M., Brauwelt 137 (1997) 841.

1087 Lie, S., durch Kretschmer, K. F., Brauwelt 107 (1967) 929.

1088 Narziss, L., Ireks-Nachrichten durch Brauwelt 114 (1974) 726.

1089 Eyben, D., Fermentatio (1966) S. 221.

1090 Kremkow, C., Mschr. f. Br. 26 (1973) 131.

1091 Schur, F., Brauwelt 125 (1985).

1092 Ullmann, F., Anderegg, P., Pfenninger, H., Schur, F., EBC Proceedings (1987) 273.

1093 MEBAK Brautechn. Analysenmethoden I, 3. Aufl. (1997) 278.

1094 Anderegg, P., Pfenninger, H., Schweizer Brauerei-Rundschau 97 (1986) 221.

1095 Sacher, B., Gahr, A., Stamm, M., Back, W., Braugerstenjahrbuch (1996) 149, 233.

1096 Briggs, D. E., Hough, J. S., Stevens, R., Young, T. U., Malting and Brewing Science Vol. 1, Chapman & Hall, London (1981).

1097 Moll, M., Monatsschr. f. Brauwiss. 49 (1996) 283.

1098 Moll, M., Monatsschr. f. Brauwiss. 50 (1997) 12.

1099 Steiner, K., Schweizer Brauerei-Rundschau 77 (1966) 403.

1100 Chapon, L., Brauwelt 110 (1970) 395.

1101 Narziss, L., Gromus, J., Brauwiss. 34 (1981) 273, 320.

1102 Narziss, L., Gromus, J., Brauwiss. 35 (1982) 80.

1103 Narziss, L., Miedaner, H., Eichhorn, P., Lustig, S., Mitteilungen Österr. Getränkeinstitut (1997).

1104 Schwill, A., Dissertation TU-München-Weihenstephan (1984).

1105 Sacher, B., Diplom-Arbeit TU-München-Weihenstephan (1988).

1106 Thalacker, R., Birkenstock, B., Brauwiss. 35 (1982) 133.

1107 Kieninger, H., Boeck, D., Brauwiss. 29 (1976) 197.

1108 MEBAK Brautechnische Analysenmethoden 3. Auflage (1997) 282.

1109 Baumer, M., Aigner, A., Braugerstenjahrbuch (1989) 275.

1110 Dietschmann, J. E., Dissertation TU-München-Weihenstephan (1989).

1111 Krottenthaler, M., Narziss, L., Miedaner, H., Dietschmann, J. E., EBC-Proceedings (1991) 93–100.

1112 Narziss, L., Abriss der Bierbrauerei, Geschmack des Bieres, Wiley-VCH (2005) S. 309.

1113 Mader, F., Dissertation TU-München-Weihenstephan (1998).

1114 Narziss, L., Abriss der Bierbrauerei, Geschmacksstabilität des Bieres, Wiley-VCH (2005) S. 323, 414.

1115 Narziss, L., Back, W., Miedaner, H., Lustig, S., Monatschr. F. Brauwiss. 52 (1999) 192–206.

1116 Back, W. (Hrsg.) Ausgewählte Kapitel der Brauereitechnologie H. Carl, Nürnberg, 2. Aufl. (2008) Geschmacksstabilität, S. 211–248.

1117 Forster, C., Miedaner, H., Narziss, L., Back, W., EBC-Proceedings (1995) 475–482.

1118 Franz, O., Back, W., EBC-Proceedings (2003) 941–951.

1119 Forster, C., Narziss, L., Back, W., EBC-Proceedings (1997) 561–568.

1120 Narziss , L., Abriss der Bierbrauerei Wiley-VCH (2005) S. 315, 407.

1121 Back, W. (Hrsg.), Ausgewählte Kapitel der Brauereitechnologie, H. Carl, Nürnberg 2. Aufl. (2008) Bierschaum, S. 173–186.

1122 Voigt, J. C., Dissertation TU München-Weihenstephan (1991).

1123 Narziss, L. Abriss der Bierbrauerei, Chemisch-physikalische Stabilität, Wiley-VCH (2004) S. 316.

1124 Gromus, J., Dissertation TU München-Weihenstephan (1981).

1125 Narziss, L., Gromus, J., Brauwiss. 34 (1981) 273–281, 320–325.

1126 Kreisz, S., Wagner, F., Back, W., EBC Proceedings (2001) 226–235.

1127 Back, W. (Hrsg.), Ausgewählte Kapitel der Brauereitechnologie Fachverlag H. Carl, 2. Aufl. (2008) Filtrierbarkeit, S. 157–172.

1128 Kreisz, S., Dissertation WZW-TU München (2001).

1129 Narziss, L., Abriss der Bierbrauerei, Filtrierbarkeit des Bieres, Wiley-VCH (2005) S. 328, 416.

1130 Zangrando, T., Brauwelt 114 (1974) 519, 659, 733.

1131 Zangrando, T., EBC Proceedings (1973) 43.

1132 Kremkow, C., Mschr. f. Br. 16 (1963) 161.

1133 Narziss, L., Brauwelt 123 (1983) 1651.

1134 Narziss, L., Brauwelt 121 (1981) 208, 246.

1135 Bellmer, H. G., Brauwelt 116 (1976) 598.

1136 Röllig, W., Das Bier im Alten Mesopotamien, Gesellschaft für die Geschichte des Brauwesens e. V., Berlin (1970).

1137 Demain, A. L., Solomon, N. A., Scientific American, 245 (1981) 67–75.

1138 BGB (1993) Biersteuergesetz, S. 2150–2158.

1139 Gerstenberg, H., Vorläufiges Biergesetz, Vol. 104, Verlag C. H. Beck München (1999).

1140 Rehm, S., Hirse. Stuttgart, Ulmer (1971) S. 281–298.

1141 Hansen, J., Mitteilung der Deutschen Landwirtschafts-Gesellschaft, Deutsche Landwirtschafts-Gesellschaft, Frankfurt a. Main (1912).

1142 Strasburger, E., Lehrbuch der Botanik für Hochschulen, Gustav Fischer Verlag, Stuttgart (1998).

1143 Zarnkow, M., Schwarz, C., Burberg, F., Back, W., Arendt, E. K., Kreisz, S. and M. Gastl, Application of Alternate Cereals and Pseudocereals as a Raw Material with Functionality for the Brewing Process and Final Beer, World Brewing Congress, Honolulu, USA (2008).

1144 Aufhammer, W., Getreide- und andere Körnerfruchtarten: Bedeutung, Nutzung und Anbau, Eugen Ulmer, Stuttgart (1998) S. 175

1145 Deutscher Brauerbund, Berlin Geschäftsbericht (2009).

1146 Kelch, K., Brauwelt 150 (2010) 895

1147 Bayerischer Brauerbund, Geschäftsbericht (2009)

1148 Bayer. Landesanstalt für Landwirtschaft, Bericht „Weizen" (2009).

1149 Narziss, L., Kieninger, H., Brauwiss. 18 (1965) 429.

1150 Narziss, L., Kieninger, H., Brauwiss. 19 (1966) 479.

1151 Sacher, B., Dissertation TU-München-Weihenstephan (1997) S. 173, 179.

1152 Narziss, L., Kieninger, H., Brauwiss. 18 (1965) 429; Brauwiss. 19 (1966) 479.

1153 Cerning, J., Guilbot, A., in Inglett, G., Wheat: Production and Utilization, Westport CT, Avi Publ. Co (1974) S. 146–185.

1154 Abdel-Aal, E.-S., Wood, P., Speciality Grains for Food and Feed, St. Paul Minnesota, USA, AA-CC (2005).

1155 Laszity, R. Cereal Chem. 29 (1996) 407–413.

1156 Narziss, L., Kieninger, H., Brauwiss. 22 (1969) 53.

1157 Hoeser, K., Kieninger, H., Brauwiss. 24 (1971) 339.

1158 Belitz, H. D., Grosch, W., Lehrb. d. Lebensmittelchemie. Springer, Berlin (1992) 614.

1159 Günzel, G., Z. Acker- und Pflanzenbau 143 (1976) 83.

1160 Schuster, K., Kieninger, H., Brauwiss. 10 (1957) 150.

1161 Belitz, H.D., Grosch, W., Lehrb. d. Lebensmittelchemie. Springer, Berlin (1992) 612.

1162 Pomeranz, Y., Advances in cereal science and technology, Bd. 8, AACC, St. Paul Minnesota, USA (1985).

1163 Wood, P., Cereal Polysaccharides in technology and nutrition, St. Paul Minn. USA, AACC (1984) 35–78.

1164 Krahl, M., Dissertation, WZW TU-München (2010).

1165 Hoseney, R.C., in: Principles of Cereal Science and Technology 2nd ed. St. Paul, Minnesota, USA, AACC (1994) 65–80.

1166 Souci, S., Fachmann, W., Kraut, H., Zusammensetzung der Lebensmittel, Nährwert-Tabellen CRO Press, Boca Raton/London/New York/Washington DC., 6. Aufl. (2000) S. 563–564

1167 Pomeranz, Y., Wheat: Chemistry and Technology, Vol. 1 St. Paul, Minnesota, USA, AACC (1988).

1168 Jin, Y, Zhang, K., Du, J., J. Inst. Brew. 114 (2008) 289–293.

1169 Palmer, G. J., Inst. Brew. 88 (1972) 145–153.

1170 Faltermaier, A. E., Dipl.-Arbeit WZW TU-München (2009).

1171 Faltermaier, A. E., Bericht zum Forschungsprojekt Qualitätsbrauweizen, Ernte (2009).

1172 Winter, P., Diplomarbeit TU-München-Weihenstephan.

1173 Freitag, R., Diplomarbeit TU-München-Weihenstephan.

1174 Forschungsbericht des Lehrstuhls für Brau- und Getränketechnologie „Qualitätsbrauweizen" (2010).

1175 MEBAK Brautechn. Analysenmethoden, 3. Aufl. (1997) 299.

1176 Narziss, L., Abriß der Bierbrauerei, Ferd. Enke, Stuttgart (1995) S. 354.

1177 Hudson, J., Monograph I EBC. Wortsymposium (1974) 106.

1178 Back, W., Diener, C., and B. Sacher, Brauwelt 28/29(137) (1998) 1279–1284.

1179 Hermann, M., Entstehung und Beeinflussung qualitätsbestimmender Aromastoffe bei der Herstellung von Weißbier, in Lehrstuhl für Technologie der Brauerei I (1992) TU München: Freising.

1180 Nitzsche, W., Untersuchungen zur Bildung phenolischer Komponenten bei der Herstellung von bayrischem Weizenbier, in: Lehrstuhl für Technologie der Brauerei I (1992) TU München: Freising-Weihenstephan.

1181 Aufhammer, G., Neuzeitlicher Getreidebau, DLG-Verlag, Frankfurt/Main (1959) S. 14.

1182 Helbing, J., Diplomarbeit WZW TU-München, Lehrstuhl für Technologie der Brauerei (2009) S. 54–59.

1183 Braun, F., Diplomarbeit TU-München-Weihenstephan, Lehrstuhl für Technologie der Brauerei I (1998).

1184 Schifferl, L., Hopfensitz, H., Stippler, K., Offenlegungsschrift DE 3927315A1 (1988)

1185 Zarnkow, M. et al., Kvass – a Russian Fermented Cereal Beverage, in: 32nd International Congress European Brewery Convention. (2009) Hamburg: Hans Carl Verlag.

1186 Zarnkow, M., et al., Gluten free beer from malted cereals and pseudocereals. in: Proceedings of the European Brewery Convention (2005) Prague.

1187 Bahns, P., Michel, R., Becker, T. and M. Zarnkow, Brauwelt International, 28, (2010) 96–100.

1188 Narziss, L., Hunkel, L., Brauwiss. 21 (1968) 96.

1189 Tschermak-Gerstenegg, E. v., Züchter 5 (1933) 123–128.

1190 Lindschau, M., Oehler, E., Züchter 7 (1935) 228–233.

1191 Malter, R., Dissertation TH Köthen (1993).

1192 Dennert, J., Fischbeck, G., Getreidemagazin 4 1998 (3) 11–119.

1193 Degner, J., Hahn, K. A., Lühe, H., Leitlinien zur effizienten und umweltfreundlichen Erzeugung von Triticale, Thüringer Landesanstalt für Landwirtschaft (Hrsg.), Jena, 3. Auflage. (1998) S. 4–11.

1194 Zarnkow, M., 1. Rohstoffseminar, Lehrstuhl für Technologie der Brauerei I (2003) Nr. 17.

1195 Schultze, M., Diplomarbeit WZW TU-München (2008) Kapitel Triticale.

1196 Schuchert, W., Triticale. 2005 [cited 2005 24.06], Available from: http://www2.mpiz-koeln.mpg.de/pr/garten/schau/Triticale/Triticale(d).html.

1197 Zarnkow, M., Einfluss verschiedener Zerealien und Pseudozerealien auf die Bierbereitung, ed. W. Back, Freising – Weihenstephan (2007).

1198 Feldman, M., Sears, E. R. The Wild Gene Resources of Wheat, Sci Am. 244 (1981) 102–112.

1199 Körber-Grohne, U., Nutzpflanzen in Deutschland, Hamburg, Nikol (1995) S. 68–70.

1200 Souci, S., Fachmann, W., Kraut, H., Zusammensetzung der Lebensmittel, Nährwert-Tabellen CRO Press, Boca Raton/London/New York/Washington DC, 6. Aufl. (2000) S. 537.

1201 Aufhammer, W. Getreide- und andere Körnerfruchtarten: Bedeutung, Nutzung und Anbau, Eugen Ulmer, Stuttgart (1998) S. 164.

1202 Helbing, J., Diplomarbeit, WZW-TU München, Lehrstuhl Techn. d. Br. I (2009) 32–34.

1203 Munoz Insa, A., Salciano, H., Zarnkow, M., Becker, T., Gastl, M. (2011) LWT – Food Science and Technology, eingereicht.

1204 Back, W., Ausgewählte Kapitel der Brauereitechnologie, Fachverlag Hans Carl, Nürnberg (2005).

1205 Zarnkow, M., Salciano, H., Grastl, M., The Use of Response Surface Methodology to Optomise Malting Conditions of Spelt. Lehrstuhl BGT Weihenstephan (2011).

1206 Zarnkow, M., Alternative Rohstoffe zur Herstellung obergäriger Biere, W. Back, Ed., 1. Rohstoffseminar – Weihenstephan, Freising-Weihenstephan (2003).

1207 Jantsch, P., Dipl.-Arbeit, Univ. GH Kassel, Fachbereich Landwirtschaft, Internationale Agrarentwicklung und Ökologische Umweltsicherung, Fachgebiet Ökologischer Landbau (1995).

1208 Jantsch, P., Trautz, D., Die Einführung von Einkorn und Emmer in den ökolog. Landbau, Infomappe FH Osnabrück, FB Agrarwissenschaften, Fachgebiet Umweltschonende Landbewirtschaftung (2000).

1209 Palmanshofer, R., Seminararbeit, Lehrst. Techn. d. Br. I, Weihenstephan (2007).

1210 Körber-Grohne, U., Nutzpflanzen in Deutschland, Hamburg, Nikol (1995).

1211 Heun, M., Borghi, B. and F. Salamini, Science (1998) 303–304.

1212 Heun, M., Schäfer-Pregl, R., Klawan, D., Castagna, R., Accerbi, M., Borghi, B., Salamini, F., Science, Vol. 278 (1997) 1312–1314.

1213 Körber-Grohne, U., Nutzpflanzen in Deutschland, Hamburg, Nikol (1995) S. 324.

1214 Lohberg, R., Bierlexikon.

1215 Körber-Grohne, U., Nutzpflanzen in Deutschland, Hamburg, Nikol (1995) S. 27.

1216 Zade, A., Der Hafer: Eine Monographie auf wissenschaftlicher und praktischer Grundlage, Gustav Fischer, Jena (1918).

1217 Hornsey, I. S., Brewing, Royal Society of Chemistry, Cambridge (1999).

1218 Speckmann, W. D., Brauerei-Journal, 110 (1992) 348–350.

1219 Both, F., Gerstensaft und Hirsebier, 5000 Jahre Biergenuss, Isensee, Oldenburg (1998).

1220 Unger, R. W., A History of Brewing in Holland 900–1900, Economy, Technology and the State, Brill, Leiden (2001).

1221 Habich, G. E., Die Praxis der Bierbraukunde. Illustriertes Hand- und Hülfsbuch für Brauer, Wilhelm Knapp, Halle a. S. (1883).

1222 Peltz, E. and R. Habich, Praktisches Hand- und Hülfsbuch für Bierbrauer und Mälzer, Friedrich Vieweg und Sohn, Braunschweig (1876).

1223 Briggs, D. E., Malts and Malting, Blackie Academic & Professional, London (1998) S. 728.

1224 Belitz, H. D., Grosch, W. and P. Schieberle, Lehrbuch der Lebensmittelchemie, Springer-Verlag, Berlin, Heidelberg, New York, ed. 5 (2001).

1225 Zarnkow, M. and W. Back, Acceptability of oat varieties for the brewing process, P. Peltonen-Sainio and M. Topi-Hulmi, Eds., 7. International Oat Conference, Helsinki, MTT Agrifood Research Finland, (2004) S. 2008.

1226 Faltermeier, A. E., Diplomarbeit WZW-TU München und UCC Irland (2009).

1227 Peterson, D., Smith, D., Crop Sci. 16 (1976) 67–71.

1228 Hoseney, R. C., Principles of cereal sciences and technology, 2nd edition, St. Paul, Minnesota, USA, AACC (1994).

1229 Webster, F., Chemistry and technology, St. Paul, Minnesota, USA (1986).

1230 Vasenthan, T., Termelli, F., Food Research International 41 (2008) 876–881.

1231 Briggs, D. E., Malting and Brewing, Blackie Academic & Professional, London (1998) S. 729.

1232 Weichherz, J., Die Malzextrakte, Springer, Berlin (1928).

1233 Zarnkow, M., Munoz, A., Burberg, F., Back, W., Arendt, E. K., and M. Gastl, The Use of Response Surface Methodology to Optimise Malting Conditions of Oat (*Avena sativa* L.) as a Raw Material for Alternate Fermented Beverages, World Brewing Congress, Honolulu, USA (2008).

1234 Hanke, S., Zarnkow, M., Kreisz, S., and W. Back, Brauwelt 145 (2005) 216–219.

1235 Hanke, S., Zarnkow, M., Kreisz, S., and W. Back, Monatsschr. f. Brauw. 58 (2005) 11–17.

1236 Zarnkow, M., Mauch, A., Burberg, F., Back, W., Arendt, E. K., Kreisz, S., and M. Gastl, Brewing Science, 62 (2009) 119–140.

1237 Obilana, A. B., Millets, ed. P. S. Belton and J. R. N. Taylor. Berlin, Springer (2002) S. 204–206.

1238 Zeller, F. J., Journal of Applied Botany – Angewandte Botanik, 74 (2000) 42–49.

1239 Rao, S. A., Mengesha, M. H., Sibale, P. K., and C. R. Reddy, Economic Botany, 40, (1986) 27–37.

1240 Nzelibe, H. C., Obaleye, S., and P. C. Onyenekwe, European Food Research and Technology, 211(2000) 126–129.

1241 Zeller, F. J., Journal of Applied Botany – Angewandte Botanik, **77** (2003) 47–52.

1242 Boulton, G., Taylor, J. R. N., Encyclopedia of Grain Science III, Elsevier, Akadem. Press (2001) S. 281–290.

1243 Helbing, J., Diplomarbeit WZW-TU München (2009) S. 8–10.

1244 Zarnkow, M., Almaguer, C., Burberg, F., Back, W., Arendt, E. K., and S. Kreisz, Brewing Science, 61 (2008) 94–104.

1245 Zarnkow, M., Geyer, T., Almaguer, C., Lindemann, B., Burberg, F., Back, W., Arendt, E. K., Kreisz, S., and M. Gastl, Der Weihenstephaner, 76 (2008) 19–24.

1246 Li, H., Economic Botany, 8 (1970) 3–19.

1247 Böckler, W., Zeitschrift für Agrargeschichte und Agrarsoziologie, 2 (1954) 22–40.

1248 Hoffmann-Bahnsen, R. and J. Plessow, Mitteilungen der Gesellschaft für Pflanzenbauwissenschaften, 15 (2003) 31–33.

1249 Zarnkow, M., Kessler, M., Burberg, F., Back, W., Arendt, E. K. and S. Kreisz, J. Inst. Brew. 113 (2007) 280–292.

1250 Zarnkow, M., Keßler, M., Burberg, F., Kreisz, S., and W. Back, Proceedings of the Congress – European Brewery Convention, 30th (2005) 104/1–104/8.

1251 Zarnkow, M., Kreisz, S. and W. Back, Brauindustrie, 90 (2005) 26–28.

1252 Zarnkow, M., Arendt, E. K., Back, W., Burberg, F., Keßler, M. and S. Kreisz, Gluten-free beer from proso millet malt (Panicum miliaceum), 1. International Symposium on Gluten-free Foods and Beverages, Cork, Arendt, E. K. (2007).

1253 Zarnkow, M., Entwicklung von glutenfreiem Bier am Beispiel Rispenhirse, ed. B. Lindemann. Geisenheim (2007) FH Wiesbaden – Geisenheim.

1254 Zarnkow, M., Arendt, E. K., Back, W., Burberg, F., Keßler, M. and S. Kreisz, Gluten-free beer from proso millet malt (Panicum miliaceum), 120. Anniversary Convention of the Master Brewers Association of the Americas, Nashville, (2007) S. 42.

1255 Zarnkow, M., Department of Food and Nutritional Sciences, University College Cork (2010) 1–216.

1256 Souci, S., Fachmann, W., Kraut, H., Zusammensetzung der Lebensmittel, Nährwert-Tabellen CRO Press, Boca Raton/London/New York/Washington DC, 6. Aufl. (2000) S. 549.

1257 Lásztity, R., The Chemistry of Cereal Proteins, CRC Press, Boca Raton (1984).

1258 Mounts, T. L. and R. A. Anderson, Corn Oil Production, Processing and Use., ed. P. J. Barnes (1983) New York, Academic Press, S. 373–387.

1259 Eneje, L. O., Ogu, E. O., Aloh, C. U., Odibo, F. J. C., Agu, R. C. and G. H. Palmer, Process Biochemistry, 39 (2004) 1013–1016.

1260 Maiti, R. and P. Wesche-Ebeling, Maize Science, Science Publisher, Enfield (1998).

1261 Velásquez, M. R., Diplomarbeit, Universidad Nacional Agraria La Molina (1982).

1262 Awoyinka, O. A. and O. O. Adebawo, Master Brewers Association of the Americas Technical Quarterly, 44 (2007) 252–255.

1263 Malleshi, N. G. and H. S. R. Desikachar, Qual. Plant. Plant Foods Hum. Nutr., 36 (1987) 191–196.

1264 Ramseyer, U., Reis. Konsequenzen des Geschmacks, St. Gallen (1988).

1265 Taylor, J. N. N., Developments in Africa's cereal crops – potential sustainable resources for brewing in tropical and sub-tropical countries, T. I. o. B. a. D. A. Section, Ed., 12th Scientific and Technical Convention (2009) Champagne Sports Resort, Kwazulu Natal, South Africa, (2009) S. 1–10.

1266 Zarnkow, M. and W. Back, Brauwelt, 144, (2004) 391–396.

1267 Zarnkow, M., Arendt, E. K., Back, W., Burberg, F., Gastl, M., Herrmann, M., Keßler, M. and S. Kreisz, Cerevisia – Belgian Journal of Brewing and Biotechnology, 32 (2007) 110–119.

1268 Teramoto, Y, Yoshida, S. and S. Ueda, Ferment, 13 (2000) 39–41.

1269 Souci, S., Fachmann, W., Kraut, H., Zusammensetzung der Lebensmittel, Nährwert-Tabellen CRO Press, Boca Raton/London/New York/Washington DC, 6. Aufl. (2000) S. 559.

1270 Usansa, U., Burberg, F., Geiger, E., Back, W., Tea-umroong, N., Wanapu, C., Arendt, E. K., Kreisz, S. and M. Zarnkow, The Use of Response Surface Methodology to Optimise Malting Conditions of Two Black Rice Varieties (Oryza sativa L.) as a Raw Material for Gluten Free Foods, E. K. Arendt, Ed., 1. Symposium for Gluten-free Foods and Beverages, Cork, Ireland (2007).

1271 Zeller, F. J., Die Bodenkultur, 51 (2000) Heft 1, 71–81.

1272 Palmer, G. H., Process Biochemistry, 27(3), (1992) 145–153.

1273 Dufour, J. P., Melotte, L. ASBC J. (1992) 110–119.

1274 Aragau, Ayele Gugoa, Diss. TU Berlin (2001).

1275 Dendy, A. V., Am. Soc. Cereal Chemists, St. Paul Minnesota, USA (1994).

1276 Wrigley, C., Encyclopedia of Grain Science III, Elsevier, Academic Press (2004).

1277 Jani, M., Annemüller, G. and R. Schildbach, Brauwelt 139(23), (1999) 1062–1065.

1278 Owuama, C. I., J. Inst. Brew. 105(1), (1999) 23–34.

1279 Muoria, J. K., Linden, J. C., and P. J. Bechtel, Journal of the American Society of Brewing Chemists, 56(4), (1998) 131–135.

1280 Ajerio, K. O., Booer, C. D. and M. O. Proudlove, Ferment, 6(5), (1993) 339–341.

1281 Dewara, J., Taylor, J. R. N. and P. Berjakc, Journal of Cereal Science, 26(1) (1997) 129–136.

1282 Okolo, B. N. and L. I. Ezeogu, J. Inst. Brew. 101(7/8), (1995) 267–274.

1283 Okolo, B. N. and L. I. Ezeogu, J. Inst. Brew. 102(5/6) (1996) 167–177.

1284 Enzeogu, L. and B. N. Okolo, J. Inst. Brew. 105 (1999) 49–54.

1285 Nout, M. J. R. and B. J. Davis, J. Inst. Brew. 88 (1982) 157–163.

1286 Agu, R. C. and G. H. Palmer, Process Biochemistry, 32 (1997) 501–507.

1287 Taylor, J. R. N. and D. J. Robbins, J. Inst. Brew. 99 (1993) 413–416.

1288 Agu, R. C. and G. H. Palmer, J. Inst. Brew. 103 (1997) 25–29.

1289 Morrall, P., Boyd, H. K., Taylor, J. N. and W. H. van der Walt, J. Inst. Brew. 92 (1986) 439–445.

1290 Seidl, P., Brauwelt, 132, (1992) 688–700.

1291 Publication of the Beer Sectoral Group of the Manufacturer's Association of Nigeria (MAN) 1986; Available from: http://www.nigerianexporter.org/.

1292 Figuero, J. D. C., Martinez, B. F. and E. Rios, Journal of the American Society of Brewing Chemists 53(1) (1995) 5–9.

1293 Campiranon, S. and W. L. Koukkari, Physiol. Plant, 41 (1977) 293–297.

1294 Fisher, T., Fisher, D., Wild Wild Rice! (2000) Available from: http://www.byo.com/stories/articles/indices/38-ingredients/1665-wild-wild-rice.

1295 Aufhammer, W. Getreide- und andere Körnerfruchtarten: Bedeutung, Nutzung und Anbau, Eugen Ulmer, Stuttgart (1998).

1296 Souci, S., Fachmann, W., Kraut, H., Zusammensetzung der Lebensmittel, Nährwert-Tabellen CRO Press, Boca Raton/London/New York/Washington DC, 6. Aufl. (2000) S. 582.

1297 Paredeslopez, O. and R. Moraescobedo, Journal of Food Science, 54 (1989) 761–762.

1298 Yue, S. and H. Sun, The Development of Food Products of Grain Amaranth, Proceedings of the International Symposium on New Approaches to Functional Cereals and Oils, Bejing, Chinese Cereals and Oils (1997) S. 188–191.

1299 Zeller, F. J., Bodenkultur, 52 (2001) 259–276.

1300 Reinhardt, L., Kulturgeschichte der Nutzpflanzen, Ernst Reinhardt, München (1911).

1301 Souci, S., Fachmann, W., Kraut, H., Zusammensetzung der Lebensmittel, Nährwert-Tabellen CRO Press, Boca Raton/London/New York/Washington DC, 6. Aufl. (2000) S. 525.

1302 Wijngaard, H. H., Ulmer, H. M. and E. K. Arendt, J. Am. Soc. Brew. Chem. 64 (2006) 214–221.

1303 Wijngaard, H. H., Ulmer, H. M. and E. K. Arendt, J. Am. Soc. Brew. Chem. 63 (2005) 31–36.

1304 Wijngaard, H. H., Renzetti, S. and E. K. Arendt, Ultra structure of buckwheat and barley during malting observed by confocal laser scanning microscopy and scanning electron microscopy. Cork, Ireland (2006).

1305 Wijngaard, H. H., Renzetti, S. and E. K. Arendt, J. Inst. Brew. 113 (2007).

1306 Johnson, D. L., New Grains and Pseudograins, Janick, J. and J. E. Simon, Eds., Advances in new crops, Portland, Timber Press (1990) S. 122–127.

1307 Souci, S., Fachmann, W., Kraut, H., Zusammensetzung der Lebensmittel, Nährwert-Tabellen CRO Press, Boca Raton/London/New York/Washington DC, 6. Aufl. (2000) S. 555.

1308 Ritter, E., Dissertation, Universität Bonn (1986).

1309 Belton, P., Taylor, J., Pseudocereals and Less Common Cereals, New York (2002) S. 13–15, S. 93–122.

1310 Geyer, Thomas, FH Wiesbaden, FB Geisenheim, Studiengang Weinbau und Getränke-Technologie Diplomarbeit (2010).

1311 Zarnkow, M., Geyer, T., Lindemann, B., Burberg, F., Back, W., Arendt, E. K. and S. Kreisz, Brewing Science (2007) 118–126.

1312 Mabry, T. J., Taylor, A. and B. L. Turner, Phytochemistry, 2 (1963) 61–64.

1313 Whali, C., Quinua hacia su cultivo commercial, Latinreco, Quito (1990).

1314 Kolbach, P., Mschr. f. Br. 10 (1957) 147.

1315 Narziss, L., Hunkel, L., Lintz, B., Brauwelt 114 (1974) 59.

1316 Narziss, L., Kieninger, H., Reichen-eder, E., Brauwelt 108 (1968) 605.

1317 Duff, S.R., J. Inst. Brew. 69 (1963) 249.

1318 Jahresbericht B. R. I. F., J. Inst. Brew 69 (1963) 92.

1319 Hudson, J.R., EBC Proc. Congr. (1963) S. 422.

1320 Cook, A.H., Hudson, J.R., ASBC Proc. (1964) S. 29.

1321 MacElevey, C., Diplomarbeit TU-München-Weihenstephan (1966).

1322 Coghe, S., Gheeraert, B., Michiels, A., Delvaux, F., R., J. Inst. Brew. 112 (2006) 148–156.

1323 Produktspezifikationen der Fa. Mich. Weyermann & Co. KG, Malzfabrik.

1324 Janatka, F., Kvasný průmysl 9 (1963) 257.

1325 Lüers, H., Mediz. Klinik. (1930) S. 295.

1326 NN, Brauwelt 136 (1996) 213.

1327 Coghe, S., D'Hollander, H., Verach-tert, H., Delvaux, F.R., J. Inst. Brew. 111 (2005), 51–60.

1328 Moir, M., J. Inst. Brew. 98 (1992), 215–220.

1329 Techakrienkrai, I., Paterson, A., Pigott, J.R., J. Inst. Brew. 110 (2004), 360–366.

1330 Hofmann, T., Münch, P., Schieberle, P. J. Agric. Food Chem. 48 (2000) 434–440

1331 Coghe, S., Martens, E., D'Hollander, H., Dirink, J.P., Delvaux, F.R., J. Inst. Brew. 110 (2004) 94–103.

1332 Forster, C., Narziss, L., Back, W., Tech. Quart. MBAA, 35 (1998) 73–77.

1333 Samaras, T.S., Camburn, P. A., Chandra, S.X., Gordon, M.H., Ames, J.M., J. Agric. Food Chem. 53 (2005) 8068–8074.

1334 Kostelanska, M.J., Hajslova, M., Zacharlasova, A., Malachova, K., Kalachova, J., Poustka, J., Fiala, P., Scott, F., Berthiler, F., Krska, R., J. Agric. Food Chem. 57 (2009) 3187–3194.

1335 Meußdoerffer, F., persönliche Mitteilung (2011).

1336 Meußdoerffer, F., Fotos mit frdl. Genehmigung der Fa. Ireks GmbH, Kulmbach

1337 Walter, G., Semester-Arbeit TU-München-Weihenstephan (1994).

1338 Produktspezifikationen der Fa. Weißheimer.

1339 Kieninger, H., Thamm, L., Brauwelt 120 (1980) 833.

1340 Schild, E., Huymann, M., Brauwiss. 2 (1949) 49.

1341 Narziss, L., Heiden, L., Brauwelt 111 (1971) 135.

1342 Narziss, L., Heiden, L., Brauwelt 112 (1972) 335.

1343 Narziss, L., Kieninger, H., Brauwelt 113 (1973) 70.

1344 Narziss, L., Reicheneder, E., Hunkel, L., Brauwelt 113 (1973) 1423.

1345 Kuhn, D., Brauwiss. 24 (1971) 238.

1346 Anger, H.-M. (Hrsg.) MEBAK, Brau-techn. Analysenmethoden (2006) Bd. Rohstoffe, S. 75.

1347 Bellmer, H.-G., Braugerstenjahrbuch (1998) S. 5–6.

1348 Schuster, K., Braugerstenjahrbuch (1953) S. 81–85.

1349 Kreisz, S., Hartmann, K., Back, W., Brauwelt 145 (2005) 316–317.

1350 Rath, F., Burbidge, M., Creydt, G., Schildbach, R., Braugerstenjahrbuch (1998) S. 91–99.

1351 DeClerck, J., Techn. Quart. MBAA 2 (1965) 183.

1352 Narziss, L., Heissinger, H., Brauwiss. 22 (1969) 331.

1353 Moll, M., Flayeux, R., Carnielo, M., Journ. ASBC 40 (1982) 155.

1354 Stat-Ease Inc. 2021 E. Hennepin Avenue Ste 480, Minneapolis, MN, 55413–2726, Version 6.0.11.

1355 Kraber, S., Whitcomb, P., Andersen, M., Handbook for Experimentals (2005), Minneapolis, MN

1356 Bay. Landesanstalt für Landwirtschaft, Blatt für Sortenwesen, Jahrg. 2010, H11 S. 274f.

1357 Sortenliste 1955–2011 Bundessorten-amt.

1358 Bundessortenamt, Referat 202, Osterfelddamm 80, D-30627 Hannover.

Sachregister

a

Abbau
- Eiweiß *siehe* Eiweißabbau
- Hemicellulosen/Gummistoffe   254, 262
- Keimung   227, 278, 313
- Phosphate   287
- Stärke *siehe* Stärkeabbau
- Stütz-/Gerüstsubstanzen   254
Abcisin/säure (ABA)   10, 174, 487
Abdarren   494–536, 563
- Bierschaum   712
- Brühmalz   827
- Farbe/Aromastoffe   544
- Maisgrünmalz   786
- Malzlagerung   648
- Sorghum   799
- Triticale   750
- Vertikaldarre   621 ff
Abfall/Malzkeime   645
Abgabesilos   655
Abkühlung   641, 819
    siehe auch Temperaturen, Belüftung
Abluft
- Automatisierung   625
- Brauweizen   733
- Einhordenhochleistungsdarren   568
- Gerstentrocknung   189
- Kastenmälzerei   417
- Kontinuierliche-Darren   587
- pneumatische Mälzerei   382, 394
- Vertikaldarre   621
Abputz   163, 675
Abräumen   638
Abschleifen   474
- + Gibberellinsäure   475 ff
Abstammung, Dinkel/Weizen   752
Abwasserkennzahlen   371
Acetobacter   714
Acetylpyrrol   541, 547

Acidität   697
Acrylamide   560, 826
Acylglyceride   71, 292
Acyllipide   725
Adenin   66, 89
Adenosinmono/triphosphat (AMP/
    ATP)   53, 73
Adventivwurzeln   9
Aflatoxine   221
Agglomeration von Eiweiß   744
Ähre
- Dinkel   752
- Einkorn   762
- Emmer   757
- Gerste   5, 9 ff, 33
Aktivatoren   86 f, 465, 470 ff
Alanin
- Braugerste   56 f
- Darren   521, 534
- Maillard-Reaktion   532
- Strecker-Aldehyde   530
Albumine
- Braugerste   64, 103
- Brauweizen   723
- Keimung   270, 278
- Körneramarant   803
- Teff   776
Albumosenstickstoff   690
Aldehyde   530, 649
Aleuronschicht
- Braugerste   7, 38, 51 ff, 98
- Brauweizen   726, 729
- Dinkel   754
- Einkorn   764
- Fettstoffwechsel   291
- Gibberellinsäurebehandlung   471
- Keimung   227–255, 270, 470
- Lipaseaktivität   294

Die Bierbrauerei Band 1: Die Technologie der Malzbereitung. Achte Auflage.
Ludwig Narziß und Werner Back.
© 2012 WILEY-VCH Verlag GmbH & Co. KGaA. Published 2012 by WILEY-VCH Verlag GmbH & Co. KGaA

– Lipide   71
  Wassergehalt   328
Alkohole
– Brauweizen   737
– Aroma   524 ff
– Malzlagerung   649
– Weichen   333
alloploides Genom   765
allosterische Enzymaktivität   87
Altbier   720
Alternaria des Bieres, Gerste   219
Alterung
– Darren   539
– Keimung   298
– Maillard-Reaktion   534
– Malzeigenschaften   708 f
Amadori-Umlagerung   526, 534
Amarant (*Amaranthus cruenteus/hypochon-
   driacus/caudatus*)   3, 803
Amide   279, 521
Amine   285, 522
Aminobuttersäure   530, 536
Aminogruppen   55
Aminoketone   528
Aminopeptidasen   274, 648
Aminosäuren
– Abdarren   604
– Braugerste   53 ff, 57, 91
– Brauweizen   723
– Brühmalz   827
– Darren   519, 534
– Dunkles Malz   608
– Einkorn   763
– Keimung   279
– Malzeigenschaften   691
– Osborne-Fraktionen   66
– pneumatische Mälzerei   379
– Roggen   739
– Säureanwendung   486
– Strecker-Abbau   530
– Triticale   745
Aminostickstoff
– Brauweizen   725
– Darren   523
– Dinkel   756
– Keimung   278 ff, 281 f
– Malzeigenschaften   690
– Viermaischenmethode   695
  siehe auch freier Aminostickstoff (FAN)
Ammoniak   384, 485, 521
Ammonium   123
Amylasen
– Amarant   815
– Braugerste   64, 83, 97 ff

– Brauweizen   721 ff
– Buchweizen   808 f
– Darren   494 ff, 504, 515
– Darrmalzlagerung   648
– Dinkel   756
– Einkorn   764
– Emmer   760
– Fingerhirse   780
– Gerste   174, 181, 221
– Gibberellinsäurebehandlung   471
– Keimung   227–246, 278
– Kohlensäurerastverfahren   466
– Mais   788
– Malzeigenschaften   681, 686, 694
– mittelfarbige Malze   611
– Perlhirse   774
– Quinoa   815
– Reis   793
– Rispenhirse   782 f
– Sommergersten   24
– Sorghum   794 f, 799
– Starterkulturen   481
– Teff   778
– Triticale   748 f
– Tritordeum   800
– Weichen   356, 359, 485
– Wintergersten   26
Amylopectin   45, 239 f, 811
Amylose   18 ff, 42, 805, 811
Analysendaten
– Brauweizen   723
– Brühmalz   828
– Darren   640
– Karamellmalze   821
– Roggenmalzes   743
– Triticalemalze   750
– Weizenmalz   734
  siehe auch Merkmale, chemische Zusam-
  mensetzung
Anbau
– Braugerste   12, 16, 70
– Dinkel   752
– Einkorn   763
– Emmer   758
– Roggen   738
– Sommergersten   33 ff
– Triticale   745
– Weizen   722
Angärzucker   693
Anilinzahl   563, 684
Anionen   123, 308
Ankeimung
– Keimverfahren   338, 418 ff
– Roggen   743

– Sommergersten 32
– Weichen 334
– Wiederweichverfahren 428, 468
anorganische Substanzen 659
Anthocyanogene
– Braugerste 76
– Brauweizen 736
– Darren 555
– Keimung 305 ff
– Kongreßwürze 697
– Triticale 746
Antioxidantien 79 ff, 739, 770, 809
antiradikalische Aktivität 298
Arabinose 50, 101, 532
Arabinoxylan
– Braugerste 21, 75
– Brauweizen 735
– Dinkel 754
– Hafer 771
– Keimung 261, 266
– Roggen 739
Arbeitsweise
– Einhordenhochleistungsdarren 600
– Keimdarrkasten 611
– klassische Zweihordendarren 621
– pneumatische Mälzerei 381
– Triflex-Darre 618
– Zweihordenhochleistungsdarren 615
Arginin 57, 279, 532, 746
Aromastoffe
– Darren 495, 526–539
– Darrmalzlagerung 649
– Eiweißlösung 283
– Karamellmalze 820
– Kleinmälzung 832
– Malz 491, 537, 673, 708
– Reis 793
– Schwelken 526–539
aromatische Aminosäuren 56, 522
  siehe auch Aminosäuren
Arrheniusdiagramm 554
Aschenbrödel Abscheider 655
Ascomyceten 312
Asparagin
– Braugerstenproteine 66
– Keimung 279
– Maillard-Reaktion 532
– Triticale 746
Aspartat-Peptidasen 102
Aspergillus 219
Aspirator 147
Assimilate 16
Assmannsches Psychrometer 191
ATEX-Richtlinie 162

Atmung
– Dinkel 755
– Keimung 300, 320, 225
– Kohlensäurerastverfahren 466
– Kornsubstanz 178
– pneumatische Mälzerei 381 f
– Säureanwendung 485
– Schwand 659, 667
– Verluste 674
– Weichen 333, 374
Aufbewahrung *siehe* Lagerung
Auflösung
– Bierschaum 711
– Brauweizen 730
– Grünmalz 488 ff
– Keimung 319
– Korn 316
– Malz 675 ff
– Malzschwand 661
– Wintergersten 25
aufrechtstehende Gerste 6
Aufsaugeepithel 35
Ausbleiber
– Braugerste 116
– Darren 562
– Darrmalzlagerung 655
– Filtrierbarkeit 713
– Gerstenvermälzung 173
– Glucan-Analyse 268
– Malzeigenschaften 678
Auslaugung 374, 658
Ausleseblech 146, 154, 646
Ausräumwagen 433
Aussaat 9 ff
Aussehen
– Braugerste 108
– Grünmalz 489
– Malz 673
– Weichgut 366
  siehe auch Merkmale
Aussetzzeiten 639
Austrocknung 442
Auswascheffekt 371
Ausweichen 378, 730
Auswuchs 109, 187
Automatisierung
– Darrarbeit 625
– Temperatursteuerung 397
– Waagen 172
Avenin 770

b

B 72–5 Gen 21
Bakterien
– Gerste 221
– industrielle Mälzung 311
– Starterkulturen 479
Bakterizidzusatz 487
Bandförderer 133
Basalborste 5 f
basische Aminosäuren 57
  siehe auch Aminosäuren
Bauchfurche 7
bauliche Ausführung *siehe* Aufbau
Becherwerke 135, 438
Beeinträchtigungen 218
Befeuchtung 389, 442
Befruchtung 5, 9
Begasung 224
Beheizung 565
Beimengungen 143, 146 f
Beizen 15
Bekämpfung (Schädlinge) 223
Beladevorrichtung
– Darren 565, 635
– Einhordenhochleistungsdarren 570
– Flachbodenweichen 343
– Turmmälzerei 462
– Wanderhaufenmälzerei 449
– Weichen 344
– Zweihordenhochleistungsdarren 582, 615
Belichtung 377
Belüftungseinrichtungen
– Darren 568
– Einhordenhochleistungsdarren 576
– Kastenkeimtrommel 405
– Kastenmälzerei 412
– Keimdarrkasten 577, 611
– kontinuierliche Darren 587
– Mehrhordendarren 591
– pneumatische Mälzerei 382
– Silolagerung 214
– Sorghum 798
– Trocknungsvorgang 594
– Trommelmälzerei 401
– Turmmälzerei 450
– Wanderhaufenmälzerei 442 f, 446
– Weichen 345, 349
– Zweihordenhochleistungsdarren 582
Belüftungstabelle (Theimer) 198 ff
Berliner Verfahren 120, 832
Beschwallungsvorrichtung 344
Beschwerung 829
Bestockungsknoten 9, 722

β-Glucan/asen *siehe* Glucan/asen
Betonschalen-Bauweise (Turm) 460
Betonsilos 212
Bewertungsmethoden
– Braugerste 107, 120
– Malz 673 ff, 673
Bier/Eigenschaften
– Amarant 806
– Braugerste 18 ff
– Brauprozeß 703 f
– Brauweizen 724
– Buchweizen 810
– Darrmalz Entkeimen 642
– Dinkel 757
– Emmer 762
– Hafer 774
– Kamut 769
– Keimung 280
– Malz 705, 710
– Quinoa 814
– Reismalz 793
– Sorghum 800
Biosynthese
– Polypeptidkette 90
– Proteinketten 62
– Saccharose 239
Bishop-Formel 120
Bitterstoffe 72, 715, 811
Blattkeim 9 f, 226 f, 315
– Braugerste 35
– Brauweizen 730
– Emmer 759
– Grünmalz 489
– Hafer 772
– Körneramarant 805
– Malzeigenschaften 680
– Quetschen 478
– Reis 792
– Rispenhirse 782
– Röstmalz 826
Blockheizkraftwerke 627, 633
Blocklet 48
Bodenbelüftung 209
Bodenbeschaffenheit 2–15, 722
Bodenlagerung 208, 650
Bonitierungssysteme 120
Brabender-Härteprüfer 115, 319, 677
Brauen/Malz 1–849
Braugerste 5–120
– Neuzüchtungen-Malzqualitätsindex 701
– Enzymeinteilung 82
– zugelassene Sorten 837
Bräunungsreaktion 526 ff
Brauweizen 720

Brauwert 831
Brechhaufen 378
Bremer Weichverfahren 354
Brennstoffe 565–589, 627
Brühen/Schwelken 606
Brühmalz 738, 744, 827
Brunnenwasser 126
Buchweizen (*Fagopyrum esculentum* Moench) 3, 807

c

Calcium 124
Calcofluortest (Carlsberg) *siehe* Carlsberg Calcofluor-Test
Cancha Mais 786
Cara-Malze 560, 821
Caramelisierung 527, 561
Carbohydrasen 96
Carbonylverbindungen 526
Carboxylgruppe 55, 534
Carboxypeptidasen
– Braugerste 103
– Darren 501
– Keimung 255, 274 ff
– Malzlagerung 648
Carlsberg Calcofluor-Test 679
– Braugerste 111, 563 f
– Brauweizen 734
– Cytolyse 267
Carotingehalt 71, 758, 763
Carter-Trieur 156
Catechin-Biosynthese 20
Cellobiase
– Braugerste 101, 174
– Darren 505
– Keimung 259
Cellobiose 50
Cellulasezusatz 482
Cellulose 40, 49
Chapon Friabilimeter 678
Chapon Mürbimeter 115
Charakter *siehe* Bier/Eigenschaften, Geschmack, Aroma
Chelat 80
chemische Veränderungen 493 f, 524–562, 647
chemische Zusammensetzung
– Amarant 803
– Braugerste 41, 118
– Brauweizen 723
– Buchweizen 807
– Dinkel 753
– Einkorn 763
– Eiweiß 55

– Emmer 758
– Hafer 769
– Mais 784
– Malz 681
– Quinoa 811
– Reis 790
– Rispenhirse 780
– Roggen 739
– Sorghum 794
– Teff 776
– Triticale 745
– Wasser 122
Chlorierung 372
Chlorophyll 10, 41, 226
Chlorpropanole 560
Chromoproteide 65
Citrat 309
Cladosporium 219
Clathrate 72
Claviceps purpurea 218
Cluster-Modell 47
Coomassie-Blau Färbung 70
Cumarin 76
Cyanin-Pigmente 813
Cystein
– Braugerste 56
– Fundamentalkeimruhe 176
– Maillard-Reaktion 532
– Peptidasen 102
– Proteinase-Inhibitoren 271
– Strecker-Aldehyde 530
– Triticale 746
Cytolyse
– Bakterizidzusatz 487
– Bierschaum 710
– Braugerste 18 ff
– Brauweizen 722, 732 ff
– Dunkles Malz 608
– Eiweißlösungsgrad 283
– Enzymzusatz 482 f
– Hafer 771
– helle Malze 542
– Keimung 254, 267
– kontinuierliche Mälzung 464
– Malzeigenschaften 684, 701
– Nacktgersten 27
– Roggen 743
– Sommergersten 27 f
– Starterkulturen 480
– Tauchweiche 363
– Teff 778
– Weichen 356
– Wintergersten 25
Cytoplasmaproteine 279, 723

Cytosin   66, 89

d

Dari Spezialmalze   717
Darren
– Bierschaum   711
– Brauweizen   725, 733
– Gerstenvermälzung   193, 205
– Grünmalz   491–656
– Keimung   287
– Kleinmälzung   832
– Körneramarant   803
– Mais   786
– Malzeigenschaften   675
– Malzschwand   657
– Malztypen   600
– pneumatische Mälzerei   454
– Saturnmälzerei   465
– Sauermalze   829
– Schwelk-Kombination   577
– Tritordeum   800
– Turmmälzerei   457
– Wanderhaufenmälzerei   447
– Wiederweichverfahren   469
Darrfestigkeit   680, 684
Darrglasigkeit   492, 562, 678
Darrmalz   1, 550
– Buchweizen   808
– Gerste   6, 129
– Keimung   243
– Rösten   823
Degradation   238
Denaturierung   63
Denny-Stutzen   653
Deoxynivanelol (DON)   221
Desoxyosone   527
Desoxyribonucleinsäuren (DNS)   66, 89
Dextrinase
– Emmer   760
– Keimung   227
– Mais   788
– Reis   793
– Rispenhirse   782 f
– Teff   778
– Triticale   749
  siehe auch Grenzdextrinase
Dextrine   45, 238, 249, 264
Diaphanoskop   115
Diastasemalz   2, 244, 686
Diastatische Kraft
– Abcisinsäureanwendung   487
– ammoniakalischs Weichen   485
– Brauweizen   721
– Dinkel   757

– Einkorn   764
– helle Malze   542
– Keimung   253
– Mais   786
– Malzeigenschaften   694, 714
– Roggen   743
– Sorghum   797 ff
– Trocknungsvorgang   598
– Quetschen   478
Dichlor-Diphenyl-Trichloräthan (DDT)   7
Dichtstromförderung   140
Dihaploidtechnologie   19
Dimethylsulfid (DMS)
– Abdarren   605
– Darren   549 ff
– Emmer   761
– Keimung   286
– Sorghum   800
Dimethylsulfid (DMS)-Vorläufer
– Anstellwürze   553
– Brauweizen   733
– Malzeigenschaften   698
– Roggen   743
– Triticale   749
– Trocknungsvorgang   599
Dimethylsulfoxid (DMSO)   551 f
Dinkel (*Triticum spelta* L.)   2, 751 f
Dipeptidasen
– Braugerste   103
– Darren   501
– Keimung   275 ff
– Malzlagerung   648
diploides Spelzgetreide Einkorn   762
Disaccharid Cellobiose   49
Disaccharid Maltose   42, 47
Dispersitätsgrad   494, 518
DLFU-Mühle   734, 685
DNA (Gerste)   7
Domalt-System   463
Doppeldarre   580 f
Dormanz   92, 174, 487
Drahtwurm   15
Drehhorde   448 ff
Drehmantelschnecken   131
Drehrohrverteiler   142
Dreieckspaternosterwerk   438
Dreiwegdrehschieber   349
Druckluft
– Förderanlagen   139
– Hochleistungsdarren   568
– Kastenmälzerei   416
– pneumatische Mälzerei   395 f
– Trommelmälzerei   402
– Weichen   349

Druckschlauchfilter   158
Düngung, Braugerste   7, 13, 123, 722
Dunkles Malz
– Brauweizen   734
– Darren   491, 512, 543, 606
– Zweihordendarren   623
Durchbruch/Durchtreten
– Brauweizen   733
– Brühmalz   827
– Darren   492, 600 f
Düsenfilter   159 f, 390

e
Edelstahl-Weichen   340
Edestin   64
Effektor   91
Eigenschaften
– Braugerste   62, 107
– Dinkel   757
– Einkorn   763
– Emmer   758, 762
– Malz   673–714
– Reismalz   793
– Weizen   723
– Weizenmalz   723
Einheitlichkeit/Mischen   112
Einhordendarren   564
– Brauweizen   733
– Dunkles Malz   608
– Malzabkühlung   641
Einhordenhochleistungsdarren
– Amylase   495
– Automatisierung   625
– Bautechnik   565, 580
– Beladung   636
– Enzyme   512, 519
– gekoppelte   580
– Gerstentrocknung   205
– mit Rückluftverwendung   542, 601
– ohne Rückluftverwendung   600
Einkorn (*Triticium monococcum* L.)   2, 762
Einlagern *siehe* Lagerung
Eisen   123
Eiweiß
– Bausteine/Elemetaranalyse   53–64
– Körper   562, 823
Eiweißabbau   70
– Darren   517
– dunkle Malze   543
– Keimung   270
– Malzeigenschaften   686
– Sommergersten   27
– Zweihordendarren   618
eiweißarme Gersten   68

Eiweißbittere   707
Eiweißgehalt   2
– Amarant   815
– Braugerste   13, 18, 66, 119
– Brauweizen   724
– Brühmalz   827
– Buchweizen   815
– Dinkel   753
– Gerste   7, 218
– Keimung   245
– kolloidale Stabilität   712
– Malz   681, 689
– Malzschwand   658
– Quinoa   811, 815
– Rispenhirse   780, 783
– Schnellbestimmung   128
– Sorghum   794, 799
– Triticale   745
– Wintergersten   25
Eiweißlösungsgrad
– Abcisinsäureanwendung   487
– Dinkel   756
– Dunkles Malz   608
– Einkorn   764
– Emmer   760
– Enzymzusatz   483
– Geschmacksstabilität   708
– Keimung   278
– Kohlensäurerastverfahren   466
– kolloidale Stabilität   712
– Körneramarant   805
– Malzeigenschaften   689
– Malzqualitätsindex   701
– Nacktgersten   27
– quantitativer Verlauf   278 f
– Roggen   743
– Sauermalze   830
– Starterkulturen   480
– Triticale   749
– Trocknungsvorgang   598
– Weizenmalz   721, 731, 734
elektrischer Energiebedarf   398 ff, 576
elektronische Waagen   172
Elektrophorese   71, 278
Elevator   137
Embryo
– Fettstoffwechsel   291
– Gerste   10, 35
– Weichen   334
– Weizen   726
Emissionen   635
Emmer (*Triticum dicoccum* Schübl.)   2, 757
Emulsionskolloide   62
Endo/Exo-Glucanase *siehe* Glucanase

Endo-Enzyme *siehe* Enzyme
Endopeptidasen
– Braugerste 102
– Darren 498
– Keimung 270
– Malzlagerung 648
Endosperm
– Braugerste 20, 35 ff, 52
– Brauweizen 723, 726 ff
– Buchweizen 809
– Dinkel 753
– Einkorn 764 f
– Emmer 759 f
– Hafer 770 f
– Hemicellulosen 254
– Kamut 766
– Keimung 227 ff, 249, 265, 270
– Lipide 71
– Mais 784, 787
– Reis 791
– Rispenhirse 780 ff
– Roggen 739 ff, 744
– Sorghum 795
– Teff 777 ff
– Triticale 747 ff
– Tritordeum 801
– Wassergehalt 328
Endo-Xylanase 101
Endvergärungsgrad
– Darren 516
– Dinkel 755
– Einkorn 764
– Kamut 768
– Kongreßwürze 253
– Malz 681, 692, 701
– Quinoa 813
– Sommergersten 32
– Statistik-Mälzung 836
– Teff 778
Energiebedarf
– Darren 626 f
– Keimkastenventilation 398
– Wirbelschichttechnik 640
Engerlinge 15
englische Malze 552
Enterobacter 221, 714
Entfeuchtung 631
    siehe auch Trocknung
Entgranner 150
Entkeimung 642 ff, 673
Entladevorrichtung
– Darren 637
– Einhordenhochleistungsdarren 570
– Flachbodenweichen 343

– Malzlagerung 652
– Turmmälzerei 462
– Wanderhaufenmälzerei 449
– Zweihordenhochleistungsdarren 615
Entmischung 651
entspelzte Gerste 474
Entstaubung
– Gerstenlagerung 216
– Gerstenvermälzung 142, 156
– Malzentkeimung 645, 646
Entwässerung des Grünmalzes 492
enzymatische Phase 493 f
Enzyme 1, 93 f
– Aktivatorenbehandlung 475
– Bierschaum 711
– Braugerste 12, 42, 89, 104
– Brühmalz 827
– Darren 495–509, 601
– Emmer 758
– Gerste 7, 82
– Gibberellinsäurebehandlung 471
– Grünmalze 818
– Hafer 770
– Keimung 227 ff, 237, 249, 255, 261
– Kleinmälzung 833
– Kohlensäurerastverfahren 466
– kontinuierliche Mälzung 464
– Körneramarant 806
– Mais 785 ff
– Malz 694
– Malzlagerung 648
– mikrobielle 107
– Oxido-Reduktasen 300
– Quinoa 814
– Reis 789
– Rispenhirse 782
– Sauermalze 829
– Sommergersten 27
– Sorghum 794, 797
– Substrat-Komplex 84
– Zusatz 482
Epithelzellen 38, 772
Erdgas 571
Ernte
– Braugerste 17
– Einkorn 763
– Emmer 758
– Gerste 182
– Sommergerste 11
– Wildreis 802
Ester 737
Esterasen 50, 94, 292
Ethanol 335 f
Ethylenpräparate 16, 20

European Brewery Convention (EBC)
– Brauweizen 733 f
– Malzeigenschaften 683
– Roggen 743
Exopeptidasen 273
Extrakt 1
– Aktivatorenbehandlung 476
– Amarant 815
– Braugerste 12, 18 ff, 119
– Buchweizen 815
– Darren 492
– Dinkel 755
– Einkorn 763
– Emmer 758
– Hafer 769
– Kamut 768
– Mais 788
– Malz 424, 427, 429, 476, 563, 681, 701
– Nacktgersten 26, 32 f
– Quinoa 815
– Reis 793
– Rispenhirse 783
– Roggen 743
– Sommergersten 23
– Sorghum 799
– Teff 778
– Weichen 356
– Weizenmalz 721, 734
– Wintergersten 25
Exzenter-Siebwerk 146

f
F. avenaceum 219
F. culmorum 480, 723
F. graminearum 312
Face Centered Design Statistik-Mäl-
　zung 835
Fallrohre 129, 142
Fällungsreaktionen 70
Farbe
– Abdarren 536
– Aktivatorenbehandlung 476
– Amarant 815
– Braugerste 108
– Brühmalz 829
– Buchweizen 815
– Darren 492 ff, 544
– Dinkel 756 f
– Emmer 760
– Grünmalz 491 ff
– Karamellmalze 820
– kohlenhydratreiche Körnerfrüchte 817
– Kongreßwürze 683
– Körneramarant 805

– Maillard-Reaktionsprodukte 531 ff
– Mais 788
– Malz 540, 544, 564 ff, 674, 705
– Oxido-Reduktasen 300
– Quinoa 815
– Reis 793
– Rispenhirse 783
– Roggen 743
– Röstmalz 824
– Sommergersten 24
– Sorghum 799
– Teff 778
– Triticale 750
– Trocknungsvorgang 598, 604
– Weizenmalz 736 f
Farinatom-Querschneider 676
Farz white/yellow Mais 785
Fassungsvermögen
– Keimkästen 411
– Weichbehälter 341
Feinmehlmühle 677
Feinschrot 681, 685
Feldflora 218
Fenton Reaktion 80
Fermente *siehe* Enzyme
Ferricyanid-Reduktions-Potential (FRP) 79
Ferulasäure 75 f, 255, 736 ff
Feruloyl-Esterase 96
Fettgehalt
– Braugerste 36, 71 ff
– Buchweizen 807
– Dinkel 753
– Einkorn 763
– Emmer 758
– Hafer 769
– Körneramarant 803
– Quinoa 811
– Reis 789 f
– Teff 777
– Keimung 297
Fettsäuren 524, 649, 784
Fettstoffwechsel 291–300
Feuchtigkeit
– Braugerste 12, 118
– Brauweizen 731
– Darren 631
– Dunkles Malz 606
– Gerstenlagerung 178, 180
– Gerstentrocknung 204 f
– Grünmalz 488, 490 ff
– helles Malz 602
– Keimung 225, 242 ff, 322, 730, 740,
　750, 754, 770
– Malzschwand 660

– pneumatische Mälzerei   377
– Trocknung   593 ff
– Trommelmälzerei   404
– Turmmälzerei   450
– Wanderhaufenmälzerei   442
– Weiche   327, 331, 353 ff
   siehe auch Keimfeuchtigkeit
Filter-Staubsammler   158
Filtrierbarkeit
– Gerste   2 ff
– Malzeigenschaften   268 f, 681, 713 f
– Schwandverminderung   663
– Wintergersten   25
Fingerhirse (*Eleusine coracana* (L.)
   Gaertn.)   780
Flachbodenweichen   335–342, 344, 368,
   375
Flavobakterien-Arten   481
Flavonoidgerbstoffe   77
Fliehkraftabscheider   157
Fluorochrom   679
Flüssiggas   571
Flutweiche   354, 360, 484
Foniohirse (*Digitaria exilis*)   776
Förderanlagen   129–133, 440
Formaldehyd   530
Formolstickstoff/ titration   71, 518, 690 f
Fraktionierung   690
Fraßverlust   221
freier Aminostickstoff (FAN)
– Amarant   815
– Brauweizen   721 ff, 734
– Buchweizen   815
– Dinkel   756
– Gerste   284
– Malz   282 ff, 524, 544, 549, 691, 709
– Quinoa   815
– Reis   793
– Rispenhirse   783
– Starterkulturen   482
– Triticale   750
Friabilimeterwert
– Braugersteneigenschaften   21
– Darren   563, 599, 618
– Enzymzusatz   483
– Keimung   265 f
– Malzeigenschaften   678, 701
– Mehlkörper   116
– Sommergersten   30
– Starterkulturen   480
– Weichen   338, 363
– Wintergersten   26
– Weizenmalz   734
– Zweihordendarren   618

Frischluft   393
– Automatisierung   626
– Darren   600
– Einhordenhochleistungsdarren   568
– kontinuierliche Darren   587
– pneumatische Mälzerei   382, 397
– Wanderhaufenmälzerei   446
   siehe auch Belüftung
Fritfliege   15
Fruchtfolge
– Braugerste   13
– Brauweizen   722
– Roggen   739
– Triticale   745
Fruchtschale (Pericarp)
– Braugerste   5, 35, 40 f
– Brauweizen   726
– Quetschen   478
– Triticale   748
Fructose
– Braugerste   53
– Brühmalz   827
– Darren   513, 534
– Keimung   247
– Maillard-Reaktion   532
Fuchsschwanzgewächs Körneramarant   803
Fundamentalkeimruhe   175
Fungizide   15, 17, 487
Furane   524 ff, 537, 560, 649
Furfural   539, 543
Fusarium culmorum/F. graminearum   111,
   219, 479 ff, 722 f
Futtergerste   163, 257

g
Galaktose   532
Gallandtrommel   399 ff
Gamma-Strahlen   20
Gänsefußgewächs Quinoa   811
Ganzglasigkeit   678, 744
Gärung
– Brauprozeß   704
– Brauweizen   738
– Darrmalzlagerung   655
– Dauer   714
   siehe auch Endvergärungsgrad
Gasatmosphäre   333
Gasgesetze   196
Gas-Otto-Motoren   635
Gelbreife   10, 27, 722
Gel-Elektrophorese   7
Gelfiltration   71
Gelproteine   280
Genomanalyse/Gentechnologie   20 f

genuine Proteine 64, 278, 724, 770
Geotrichum candidum 480
Gerbstoffe
– Braugerste 77
– Buchweizen 809
– Darren 556
– Keimung 306
Gerste 1–120
– Anbau–Ernte 9–17
– Aufwuchs/Pflege 14
– Bitterstoffe 72
– Eiweiß 53–71
– Enzyme 93–107
– Fette 71 f
– Keimung 225–326
– Kleinmälzung 831
– Kohlenhydrate 42–53
– Korn, Gestaltskunde 35
– Lagerung 173 ff
– Mineralstoffe 74
– Neuzüchtungen (MQI) 18, 701
– Phenolische Substanzen 75
– Phosphate 72
– Sorten 24, 26, 242, 250 f, 708
– Stärke 42–49
– Stangen 49–52
– Stütz- und Gerüstsubstanz 49–52
– Vermälzung 127–224
– Weichen 327–376
– Weichen 330
– Zucker 53
Gerstengenom 22
Gerstenmalzschrotflocken 818
Gerstentrockner 200
Geruch
– Braugerste 109
– Grünmalz 489 ff
– Maische 684
– Malz 674, 706
– Weichgut 366
Gerüstsubstanzen 254
geschältes Röstmalz 824
Geschmack 1
– Braugerste 53
– Darrmalze 642, 674
– Grünmalze 491
– Karamellmalze 820
– Maische 684
– Malz 674, 706
– Stabilität 20, 708
geschrotete Gerste 476
Gewebeeiweiß *siehe* Eiweiß
Gewicht
– Darren 492 f

– Darrmalzlagerung 648
– Gerste 113
– Gerstenannahme 128, 172
– Gerstenlagerung 218
– Grünmalz 493
– Malz 674 f
– Malzschwand 657, 668
Gibberella fujikuori 470
Gibberelline 174–178, 244
Gibberellinsäure
– Braugerste 90
– Cellulasezusatz 482
– Darren 563
– Gerstenvermälzung 174
– Hafer 770
– Keimung 227 ff, 251, 270, 470 ff
– Kongreßwürze 697
– Malzeigenschaften 683
– Oxido-Reduktasen 301
– Säureanwendung 486
– Schwandminderung 665
– Sorghum 798
– spezielle Mälzungsmethoden 465
– Wiederweichverfahren 469
Glasigkeit
– Gerste 115
– Malz 562, 676
– Mehlkörper 115
– Roggen 744
Glasplatten-Wärmetauscher 628
Gleichmäßigkeit (Braugerste/Malz) 114, 662
Gliadin 803
Globuline
– Braugerstenproteine 64
– Brauweizen 723
– Hafer 770
– Keimung 270, 278
– Körneramarant 803
– Teff 776
Glucanase
– Bakterizidzusatz 487
– Braugerste 20, 100
– Darren 494, 504, 601
– Enzymzusatz 482 f
– Gerstenlagerung 181
– Gerstenvermälzung 174
– Gibberellinsäurebehandlung 471 ff
– Keimung 227 ff, 255–268, 324
– Malzeigenschaften 686
– Quetschen 478
Glucangehalt
– Braugerste 20 f, 50
– Brauweizen 725, 729

- Darren   495, 598, 618
- Dinkel   753 ff
- Filtrierbarkeit   714
- Hafer   769 ff, 774
- Keimung   255 ff
- Malz   678 ff, 687 ff
- Malzlagerung   648
- Nacktgersten   27
- Roggen   739
- Sorghum   794
- Starterkulturen   480
- Triticale   746
- Wintergersten   26
Glucodifructosen   53
Gluconat   309
Gluconobacter   714
Glucose
- Braugerste   42, 49, 53
- Brühmalz   827
- Darren   513, 536
- Keimung   228, 236 ff, 247
- Maillard-Reaktion   532
- Mälzungszusätze   487
Glucuronsäure   50
Glutamin
- Braugerste   58, 65
- Brauweizen   723
- Darren   521
- Keimung   279
Glutelingehalt
- Braugerstenproteine   65
- Keimung   278
- Hafer   770
- Teff   776
Gluten   2, 723, 811
Glycingehalt   520, 530, 534
Glycoproteide   65, 279 f, 711
Gramin   287, 558
Grannen   5, 40, 763
Greifhaufen   379
Grenzdextrinase
- Braugerste   21
- Darren   497
- Emmer   760
- Keimung   249
- Mais   788
- Reis   793
- Rispenhirse   782 f
- Teff   778
- Triticale   749
  siehe auch Dextrinase
Grießgewinnung   647
Grobschrot   681, 685, 694
Grundwasser   121

Grünmalz   1, 488, 818
- Buchweizen   808
- Darren   550, 606, 635, 640
- Förderanlage   635
- Gerstenvermälzung   129
- Geschmack   707
- Kastenmälzerei   426
- Keimung   252, 270
- Kleinmälzung   832
- Kohlensäurerastverfahren   468
- kontinuierliche Mälzung   463
- Malzschwand   657
- Mälzungszusätze   487
- pneumatische Mälzerei   397
- Trocknungsvorgang   593
- Wanderhaufenmälzerei   447
Guanin   66, 89
Gummiarabicum   488
Gummistoffe
- Braugerste   49
- Darren   517
- Gersten   264
- Karamellmalze   819
- Keimung   254, 262
- Malzeigenschaften   681
- Spitz/Kurzmalze   818
Gurtförderer   133
Gushing   111, 219, 700, 723, 736

h

h,x-Diagramm   190, 195
Haber–Weiss Reaktion   80
Hafer (*Avena sativa* L.)   2, 769
Halbkörner Trieur   153
Halbtagesfelder   438
Halme   9, 16
Haltbarkeit   1
Handbonitierung   673
Härte   123, 677
Hartong-Kretschmer Viermaischen-
  methode   686, 695
Hartweizen (*Triticum durum*)   720, 765
Haufenführung
- Druckbelüftung   418 ff
- Grünmalz   489
- Hafer   770
- Kastenkeimtrommel   405
- Kastenmälzerei   431
- Keimung   266, 320
- Kohlensäurerastverfahren   468
- Rispenhirse   781
- Schwandverminderung   663
- Tenne   378
- Trommelmälzerei   402

– Turmmälzerei 450
– Wanderhaufenmälzerei 442, 446
Haufenluft 243, 247, 322, 661
Haufentemperatur 730, 832
  siehe auch Temperaturen
Haufenziehen
– Einhordenhochleistungdarren 580
– Enzymzusatz 483
– Kastenmälzerei 433
– pneumatische Mälzerei 456
Hauner Weich-/Keim-/Darreinheiten
  459
Hauptwürzelchen 226
Hefe
– Braugerste 53
– Brauprozeß 703
– Brauweizen 738
– Filtrierbarkeit 714
– Gerste 220
– industrielle Mälzung 311
– Keimung 284
– Pseudozerealien 816
– Reinheitsgebot 717
– Starterkulturen 479
– Vitamine 74
Heißluftventilator 569
Heißwasser-Einhordendarre 567
Heißwasser-Weichen 338
Heizsysteme
– Darren 571, 639
– direkte 571
– Einhordenhochleistungdarren 572
– indirekte 574
– Mehrhordendarren 591
– Öl 571
– pneumatische Mälzerei 384
Hektarertrag 16 ff
Hektolitergewicht
– Braugerste 113
– Darrmalz 492, 648
– Gerste 6
– Malz 675
Helles Malz
– Darren 491, 512, 537 ff, 600
– Zweihordendarren 621
Hemicellulasen
– Darren 504, 517
– Keimung 254, 262, 317
– Braugerste 37–49, 96, 100
– Brauweizen 735
– Darren 562
– Keimung 237
Hemmstoffe-Verbot 484, 488, 665
Heptanon 538

Heterocyclen
– Darren 529 f, 537, 546
– Darrmalzlagerung 649
– Karamellmalze 822 ff
– Malzlagerung 649
– Röstmalze 825
Hexanal 538
Hexanol 789
hexaploider Spelzweizen 752
hexaploides Tritordeum 800
Hexosen 43, 53, 248 f, 515, 693
Heyns-Umlagerung 526
Hirsen 3, 775
Histamin 287, 522
Histidin
– Enzyme 84
– Keimung 279
– Maillard-Reaktion 532
– Triticale 746
histologisches Eiweiß 53
Hochblätter 5
Hochdruckflüssigchromatographie
  (HPLC) 71
Hochleistungdarren 541, 564, 571–591
Hochtemperatur-Kurzzeit-Darren 542
Holzböden/-silo-Gersten-/Malzlage-
  rung 209 ff, 650
Homogenität 677
Homoserin 549
homozygote Braugerste 19
Hordein
– Braugerste 7, 21, 65
– Keimung 278
– kolloidale Stabilität 712
Horden 205, 565 ff, 577
– Brauweizen 733 f
– Einhordenhochleistungdarren 569
– Kastenkeimtrommel 405 ff
– Mehrhordendarren 591
– Reinigung 375, 451
– Schwelkprozeß 622
– Temperaturen 607
– Triflex-Darre 618
– Turmmälzerei 450, 461, 578
– Wanderhaufenmälzerei 438, 443, 448,
– Weichen 344
– Zweihordenhochleistungdarren 615
Hordenin 287, 558, 734
Hordeum distichon/H. vulgare 5
Horizontal-(Plan)Darren 565
Hormone 94
Husaren
– Grünmalz 488
– Kastenmälzerei 407

– Keimung 315
– Malz 680
Hybriden 752, 765
Hydratationswasser 63
Hydrolasen 82, 93, 743
Hydrolyse 84
Hydroperoxysäuren 79 f, 526
Hydrophobine 219
Hydroxybenzoesäuren 75
Hydroxycumarine 75
Hydroxyfettsäuren 649
Hydroxylgruppe 56
Hydroxymethylfurfural (HMF) 534, 683, 699
Hydroxyzimtsäuren 75
Hygroskopizitätspunkt 196, 492

i

Imamalt Keimanlage 453
Iminogruppe 56
immunchemische Antigene 7
Indolylessigsäure (IAA) 174
Inhaltsstoffe *siehe* chemische Zusammensetzung
Inhibitoren
– Enzyme 87
– Keimruhe 174
– Keimung 229, 249
– Weichen 328, 338
  siehe auch Hemmstoffe
Insektenschädlinge 15
Instandhaltung
– Darren 639
– Weiche 375
integrierter Gerstenanbau 16
Internodien 9
intramolekulare Atmung 318
Invertase 247
isoelektrischer Punkt 55, 62, 64, 278
Isoenzyme 83
Isokestose 53
Isoleucin 57, 530, 763
Isolierung der Darre 632
Isomaltose 46, 238
Isomerasen 82

j

Jahresniederschlag 12
Jahrgang 27, 68
Jakob–Monod Schema 92
Jodfärbung 45, 49, 694

k

Käfer 221

Kali/Kaliumversorgung 13, 74
Kaliumbisulfit Säureanwendung 486
Kaliumbromatzusatz 474, 484, 666
Kalk 14, 122
Kälteanlage/mittel 185, 385, 399
Kaltlufttrocknung 208
Kamut 765
Kapazität der Siloanlage 217
Kapillarwürzelchen 226
Karamelisierung 527
Karamellmalze 548, 706, 711, 819
Kassetten-Lufterhitzer (System Lausmann) 575
Kastenkeimtrommel 404
Kastenmälzerei 399–408
Katalase
– Braugerste 104
– Darren 509
– Enzyme 83
– Keimung 300
Kationen 123
Keimanlagen
– Brauweizen 725
– Keimdarrkasten 453–577, 611, 641
– Keimkasten 406
– pneumatische Mälzerei 399
– Saturnmälzerei 464
– Trommeln 399
– Wanderhaufenmälzerei 438
Keimbedingungen 244, 322 ff
– Brauweizen 732
– Kastenmälzerei 405, 431
– Malzschwand 667
– Nacktgersten 27
– pneumatische Mälzerei 381
– Trommelmälzerei 404
– Turmmälzerei 450
– Wanderhaufenmälzerei 442, 446
Keimfähigkeit
– Braugerste 9, 107, 116
– Malz 680
– Quinoa 811
– Wildreis 802
Keimgutfeuchte 323
– Amylasen 245
– Brühmalz 827
– Dinkel 755
– Einkorn 764
– Eiweißlösung 281
– Emmer 760
– Enzymaktivierung 242
– Exopeptidasen 273
– Kastenmälzerei 431
– kontinuierliche Mälzung 463

– Oxido-Reduktasen 300
– Phosphatabbau 291
– pneumatische Mälzerei 382
– Roggen 743
– Stärkeabbau 253
– Triticale 749
– Wanderhaufenmälzerei 440
Keimindex 117
Keimkasten 298, 407, 425
– Brauweizen 731
– Hafer 770
– Schwandverminderung 664
– Wanderhaufenmälzerei 443
Keimling
– Aktivatorenbehandlung 474
– Braugerste 35, 226
– Brauweizen 726
– Dinkel 753
– Emmer 758
– Hafer 772
– Säureanwendung 485
– Wassergehalt 121, 328
Keimruhe
– Braugerste 18, 92, 116, 173
– Gerste 10
– Gerstenlagerung 186
– Roggen 739
Keimschwand 659 f
Keimtemperaturen 256, 322
– Amylaseaktivität 243
– Gibberellinsäurebehandlung 472
– Malzschwand 660
– Schwandverminderung 665
– Sorghum 799
Keimturm (Optimälzer) 452
Keimung 1, 225–326
– Bierschaum 710
– Braugerste 117
– Brauweizen 721, 730
– Enzymzusatz 483
– fallende Temperatur 422
– Gerste 9, 177
– Kastenmälzerei 407
– Kleinmälzung 832
– Kongreßwürze 267
– Körneramarant 803
– Malz (Bewertung) 673
– Malzschwand 657, 662
– pneumatische Mälzerei 456
– Pseudozerealien 816
– Quetschen 478
– Reis 791
– Statistik-Mälzung 835
– Tritordeum 800

– Vorgänge 226 ff
– Wanderhaufenmälzerei 448
– Weichen 359
– Wintergersten 25
– Wuchsstoffe 478 f
Keimungsbilder
– Brauweizen 726
– Buchweizen 808
– Dinkel 755
– Einkorn 764
– Emmer 759 f
– Hafer 773 f
– Kamut 766
– Körneramarant 804
– Mais 787
– Quinoa 813
– Rispenhirse 782
– Roggen 739 ff
– Röstmalz 826
– schwarzer Reis 792
– Sorghum 797
– Teff 779
– Triticale 746 ff
– Tritordeum 802
Keimungsinhibitoren 10, 328, 487
Keimzeit 225, 243, 661
– Enzymzusatz 483 f
– pneumatische Mälzerei 379
– Tenne 378
Kestose 53
Ketone 524 ff, 649
Kettenkonformation 45, 59 f, 531
Kieselgele 712
Kieselsäure 40, 123
Kipphorden 205, 566, 638
Kistenpalettentrocknung 205
Kjeldahl-Methode 119
Klappschaufelwender 592
Klärung der Würze, des Bieres 682 ff
Klebereiweiß
– Braugerste 38, 53
– Brauweizen 730
– Dinkel 754
– Emmer 759
– Kamut 767
– Triticale 748
kleinkörnige Hirsen 775
Kleinmälzung 120, 358, 427, 737, 831 ff
Klima/Boden Ansprüche 2–13
Knöterichgewächs Buchweizen 807
Koagulation
– Abdarren 604
– Braugerstenproteine 63
– Darren 494, 519

– Malz 699
Koch'sche Ausräumung 436
Kochfarbe
– Brauweizen 733
– Darren 540, 563
– Kongreßwürze 537
– Malzeigenschaften 683, 705
  siehe auch Farbe
Kohlendioxid
– Brauweizen 730
– Einhordenhochleistungsdarren 573
– Haufenführung 321
– Kastenmälzerei 414, 431
– Keimung 243, 322 f
– Malzschwand 661
– Wanderhaufenmälzerei 443
– Wasser 122
Kohlenhydrate
– Braugerste 42
– Brauweizen 723
– Buchweizen 807
– Darren 513
– Körnerfrüchtee 717
– Mais 784
– Malzqualitätsindex 701
– Reis 790
– Rispenhirse 780
– Sorghum 794
– Standardmälzungsdaten 817
– Triticale 745
Kohlensäure
– Brühmalz 827
– Kastenmälzerei 418
– pneumatische Mälzerei 381 f
– Schwandverminderung 663 f
– Weichen 334 ff, 350
kohlensaurer Kalk 122
Kohlensäurerastverfahren 465 ff, 663 f
Kohlendioxidgehalt 267, 299
Kolbachzahl
– Amarant 815
– Buchweizen 815
– Keimung 278
– Malz 689
– Quinoa 815
– Sommergersten 31
  siehe auch Eiweißlösungsgrad
Kolbenhirse (*Setaria italica* (L.) P.
  Beauv.) 775
kolloidale Stabilität des Bieres 712
kolloidalen Lösungen 62, 648
Kolloid-Rehydration 683
Kölsch 720
kompetitive Hemmungsenzyme 87 f

Kompressions-Wärmepumpe 630
Kondensatbildung 184
Kondensator, luftgekühlter 628
Kongreßwürze
– Ablauf 682
– Analyse 681
– Brauweizen 731
– Buchweizen 808
– Darren 515 ff, 525, 537, 563
– Dinkel 756
– Emmer 760
– Farbe 540
– Gerbstoffe 556
– Keimung 252, 278, 307
– Körneramarant 805
– Malzlagerung 648
– Phosphatabbau 291
– Roggen 743
– Sauermalze 829
– Viskosität 686, 715
Kontaktkühlung 384
Kontaminanten 111, 218, 312, 699, 714,
  737
kontinuierliche Darren 587 ff, 620, 641
kontinuierliche Mälzungssysteme 463
Kontroll-/Regeleinrichtungen 432, 625,
  639
kontrollierter Braugersteanbau 16
Konusweiche 350
konventionelle Weichverfahren 358 ff
– Kornanomalien 110, 699
Kornausbildung
– Braugerste 18, 110 f
– Darren 492
– Sommergerste 11
– Wassergehalt 328
Körneramarant 803
Körnerkühlgeräte 183
Kornfeuchte 178
Kornhärte 115
Kornkäfer 221
Kornschwitzen 200
Kornstruktur 69, 330 f
Kornumhüllung 53
Kosten, Brauprozeß 703, 714
Kraft-Wärme-Kopplungs-Anlagen 627, 633
Krankheitsbonitur 15
Kreuzstromwärmeübertrager 577, 583,
  628 f
Kreuzungen
– Braugerste 19 ff
– Dinkel 751
– Gerste/Hartweizen (Tritordeum) 800
– Roggen/Weizen (Triticale) 744

Kropff Kohlensäurerastverfahren   468, 664
Krummschnäbel   6, 673
Kühlung
– pneumatische Mälzerei   384, 393
– Saturnmälzerei   464
– Wanderhaufenmälzerei   442
Kurzmalze   816
– Kongreßwürze   697
– Schwandverminderung   662
Kwass   738, 744

l

Laboratoriumswürze   681
Labortreber-Jodwert   694
Lactobacillus amylolyticus   482
Lactobacillus plantarum   312, 479, 667
Lactone   524 ff, 649
Lagerbiere   705
Lagerung
– Darrmalz   647 ff
– Gerste   10–16, 173–181, 208, 218 ff
Laminaribiase   101, 261
Laminaribiose   50
Landgersten   7
Längsbelüftung   442
Laser-Scanning-Mikroskop Bilder   718 ff
Läuterung   703, 714, 741, 774
Leguminosen   16
Lehmboden   12
Leistungsdaten
– Einhordenhochleistungsdarren   576
– klassische Mehrhordendarren   593
Leucin
– Darren   521
– Dunkles Malz   608
– Keimung   274, 279
– Strecker-Aldehyde   530
– Triticale   746
Leucinaminopeptidase   274, 500
Licht   226
Ligasen   83
Lignin   40, 49
Linientrennung   19
Linolensäure   71, 106, 526
Linolsäure
– Braugerste   71, 106, 526
– Mais   784
– Teff   777
Lipasen   94, 292, 506
Lipide
– Aromastoffe   526
– Braugerste   38, 71
– Brauweizen   725
– Darren   524

– Gerstenlagerung   181
– Geschmacksstabilität   708 f
– Keimung   295
– Oxidation   541 f
– Sorghum   794
– Stoffwechsel   537, 710
Lipid-Transferproteine   64 f, 219
Lipoxidasen   296 f, 302, 526
Lipoxidationspotential   298
Lipoxygenasen
– Braugerste   106
– Darren   512
– Darrmalzlagerung   649
– Keimung   294 ff
– LOX-1-Aktivität   20
– Malz   680
– Oxido-Reduktasen   302
Littmann Silos   216
lockerährige Gerste   5 ff
löslicher Stickstoff
– Malzeigenschaften   689
– Reis   793
  siehe auch Eiweißlösung, freier Amino-
  stickstoff
Lösungseigenschaften
– Braugerste   18, 317
– Eiweiß   53
– Enzyme   87
– Hemicellulose   49
Lösungskästen   467
Luft *siehe auch* Belüftung, Ab-, Frisch-,
  Rückluft
Luftbedarf   349, 351, 396, 415, 425, 576,
  594
Luftbefeuchtung   389
Luftdruck   625
luftgekühlter Kondensator   628
Luftleitklappen   639
Luftrast
– Brauweizen   729
– Sprühweichen   360
– Triticale   750
– Turmmälzerei   451
– Weichen   336, 355
– Wiederweichen   469
Lufttemperatur Trocknungseffekt   593
Lufttrocknung   189–209
Luftumkehrdarren (Zweihordenhochleis-
  tungsdarren)   565, 583, 616, 632
– Automatisierung   625
– Isolierung   632
– Malzabkühlung   641
Luftumwälzweiche   335, 464
Luftvorwärmen   202, 627

Lundin Stickstoff-Fraktion
– ammoniakalischs Weichen 485
– Braugerstenproteine 70
– Darren 519
– Malzeigenschaften 690
Lyasen 82
Lysin
– Cystein-Lysin-Sequenzen 220
– Körneramarant 803
– Maillard-Reaktion 532
– Teff 777
– Triticale 746
Lysozym-Molekül 63

m
Magnetapparat 150
Mähdrescher 18, 182
Maillardprodukte
– Abdarren 545, 604
– Acrylamid 561
– Darren 526–533
– dunkle Malze 543, 604
– Karamellmalze 820
– Malz 683, 705
– Röstmalz 826
Mais (*Zea mays* L.) 717, 783, 788
Maischen
– Bierschaum 710
– Brauweizen 738
– Buchweizen 810
– Darren 492
– Dinkel 756
– Eiweißlösung 283 f
– Hafer 769
– Hartong-Kretschmer Methode 695
– Karamellmalze 819
– Keimung 252
– Lipaseaktivität 95
– Mais 788
– Malzeigenschaften 681
– Quinoa 813
– Reis 793
– Rispenhirse 782
– Roggen 744
– Röstmalz 827
– Sauermalze 829
– Triticale 751
– Wasser 124
Maltase
– Braugerste 99
– Keimung 249
– Mais 789
Maltose
– Braugerste 43, 53, 98

– Darren 513
– Keimung 236
– Malz 681, 693
Maltotriase 251
Maltriose 693
Malz 1 ff
– Buchweizen 808 ff
– Darren 564 ff
– Dinkel 754 f
– Einhordenhochleistungsdarren 565
– Eiweißkörper 64
– Emmer 759
– Entkeimung 643
– Glucangehalt 266
– Keimung 226, 645 f, 673
– Kohlenstoffdioxid-Anreicherung 299
– Körneramarant 805
– Lagerung 647–655
– Mineralstoffgehalte 308
– Nachdarren 641
– Pseudozerealien 815
– Quinoa 813
– Reis 792
– Rispenhirse 782
– Säureanwendung 486
– Sorghum 794 ff
– Triticale 748
– Tritordeum 800
– Trocknungsvorgang 597
– Weiche 328
– Wuchstoff-Zugabe 469
Malzanalysen
– Brauweizen 722, 751
– Brühmalz 828
– Dinkel 757
– Einkorn 764
– Emmer 762
– Gerstenlagerung 187
– Hafer 771
– Kamut 768
– Sommergersten 27
Malzaromastoffe
– Darren 543, 549
– Geschmacksstabilität 708
– Lagerung 649
Malzkästen 650
Malzmerkmale 673–714
– Amarant 815
– Buchweizen 815
– Glucanasen/Gibberellinsäure 483
– Hafer 771
– Härte 21
– Quinoa 815
– Sorghum 799

– Teff 779
Malzqualität
– Brauprozeß 703
– Brauweizen 724
– Gerstengenom 22
– Gersten-Neuzüchtungen (MQI) 701
– Gerstenlagerung 181
– Kohlensäurerastverfahren 467
– Mischgerstenanbau 17
– Starterkulturen 480
– Wanderhaufenmälzerei 443
– Weichemethodik 362 ff
Malzschwand 657–672
– Kleinmälzung 834
– Kohlensäurerastverfahren 466
– Wiederweichverfahren 29, 473
Malzstaub 655
Malztypen 600
Mälzung
– Aktivatorenbehandlung 476
– Atmungs-/Keimschwand 660
– Brauweizen 731 ff
– Cytolyse 268
– Eiweißabbau 282
– Gerste 7
– Gibberellinsäurebehandlung 473
– Hafer 772
– Klein- 831 ff
– Lipidabbau 296
– Mälzungsreife 17
– Reis 791
– Roggen 744
– Stärkeabbau 240
– Starterkulturen 480
– Statistik- 835
– Verlustverringerung 816
– Wintergersten 25
– Zusätze 482–487
Mälzungsverfahren 377–490
– Kongreßwürze 253
– Quinoa 814
– Sorghum 797
– Tenne 377
  siehe auch Mälzung
Marker-Gene 21
MEBAK-Analysen 674–685, 734
mechanische Bodenbearbeitung 14
mechanische Fördermittel 129, 433, 635
mechanische GerstenWeichgut-Bearbei-
  tung 470
mechanische Untersuchungen 113, 319,
  674
Mehlkörper
– Braugerste 7, 21, 35 f, 49 ff, 115

– Brauweizen 726 f
– Buchweizen 809
– Carboxypeptidasen 274
– Darren 494
– Dinkel 753
– Emmer 760
– Gibberellinsäurebehandlung 471
– Glasigkeit 69
– Hafer 772
– Hartweizenmalz 767
– Keimung 227, 314
– Malzeigenschaften 676
– Quetschen 478
– Roggen 740
– Sorghum 794
– Triticale 747
– Wasser 121
– Weichen 333
– Wintergersten 25
Mehlkörperlösung *siehe* Filtrierbarkeit
Mehl-Schrotdifferenz
– Brauweizen 734
– Darren 601
– Enzymzusatz 483
– Filtrierbarkeit 713
– Keimung 267
– Malzeigenschaften 684 f, 714
– Roggen 743
Mehltau 15
Mehrfachkreuzungen 19
Mehrfachweiche 469
  siehe auch Wiederweiche
Mehrhordendarren 580, 589, 614
mehrzeilige Gerste 5
Melanoidine
– Darren 530, 547, 604
– Karamellmalze 820
– Kongreßwürze 697
– Maillard-Reaktion 533 f
– Malz 706, 828
Merkmale
– Amarant 815
– Buchweizen 815
– Gerste 46
– Gerstenmalz 673 ff
– Hafer 771
– Kolloide 62
– Mais 788
– morphologische 6
– Quinoa 815
– Reis 793
– Rispenhirse 783
– Roggen 751
– Sorghum 799

– Treff   779
– Triticale   750 f
– Weizen   733, 737
messenger-RNS   90
Metall-Peptidase   102
Methional   549
Methionin   530, 763
Methylamin   522
Methylbutanal   538 f
Methylenblau-Färbung   679
Methylmethionin   530
Miag-Grobschrotmühle   677, 685
Michaelis-Konstante   86
Micrococcus   221
Mikrobialtest   693
mikrobielle Enzyme   107
Mikromälzung   832
Mikroorganismen
– Braugerste   20, 41
– Filtrierbarkeit   714
– Gerstenlagerung   180, 218
– industrielle Mälzung   311
– Starterkulturen   479
– Weichen   333
Mikrowellen Bestrahlung   470
Milchreife   10, 27
Milchsäure
– industrielle Mälzung   311
– Sauermalze   829
– Starterkulturen   479, 481
Millets Hirsen   774
Milo   717
Mineraldüngung   13, 722
Mineralstoffgehalt
– Braugerste   38, 74
– Brauweizen   725
– Buchweizen   807
– Dinkel   753
– Einkorn   763
– Emmer   758
– Hafer   769
– Keimung   307
– Körneramarant   803
– Mais   784
– Quinoa   811
– Reis   790
– Rispenhirse   780
– Roggen   739
– Sorghum   794
– Teff   776
Mischen/Einheitlichkeit   112
Mischgerstenanbau   17
Mischluft-Darren   542, 606, 631
Mischzellen   651

Mitochondrien   228
mittelfarbige Malze   611
Mittelkorn   6
mlo-Resistenz-Gen   15
Molekulargewicht
– Albumine   64
– Amylopectin   48
– Amylose   49
– Braugerste   42
– Eiweißkörper   62
– Globuline   64
– Hemicellulosen/β-Glucan   50
– Keimung   278
– Maillard-Produkte   534
– Peroxidasen   105
Mollier h,x-Diagramm   190, 193 ff
morphologische Merkmale   6
Münchner Malz   549, 606 f, 623
Mürbigkeit   675, 677
Mutationen   20, 751
Mutterkorn   218
Mutterlösung (Sauermalze)   829
Mycelien   218, 481
Mycotoxine   219, 700, 826
Myo-Inosit   73

n

Nachlesetrieur   155
Nachreife   173, 177
Nachtrunk des Bieres   707
Nacktgerste   2, 5, 26
Nackthafer   769
Nadelfilzfilter   160
Nah-Infrarot-Transmissions-Spektroskopie
   (NIT)   118
Nährstoffgehalte   14
Naßschrotung   647, 703
Naßweiche   328, 355
– Brauweizen   729
– Kastenmälzerei   418
– Kleinmälzung   832
– Mais   786
– pneumatische Mälzerei   378
– Sorghum   797
– Turmmälzerei   451
Natriumazid   20
Natriumbisulfit Säureanwendung   486
Netzflecken   15
neutrale Aminosäuren   56
Neuzüchtungen   264
N-Heterocyclen *siehe* Heterocyclen, Stick-
   stoff
nickende Gerste   6
niedermolekulare Kohlenhydrate   53

niedermolekularer Stickstoff   691
Niederschlagseinfluß   30 ff
Ninhydrin-Methode   691
NIR-Spektroskopie   679
Nitrat /Nitrit   123
Nitrosamine   287, 524, 558
Nitrosodimethylamin (NDMA)   488, 558, 699
Nivalenol   221
Nonalacton   547, 708, 789
Notreife   10
Nucleinsäuren   66 f
Nucleoproteide   65
Nuret Diagramm   182

o

Oberflächenwässer   126
obergärige Biere   2, 717
 – Emmer   762
 – Kamut   769
 – Triticale   751
 – Weizen   737
Ochratoxin A   2210
ökologischer Braugerstenanbau   16
Ökoweiche   345
Ölsäure   72
Opaque Beers   774, 780
Operatorgene   91
Optimälzer   396, 451, 467
organische Säuren   309, 524
organische Schwefelverbindungen   549
Osborne-Bishop Fällung   64, 70
Osborne-Fraktionen   724, 776
Osmose   125, 372
Ostertag Wanderhaufenanlage   439
Oxalatgehalt   310, 524, 736
Oxalat-Oxidase   107
Oxalsäure   310
Oxazine   530, 538
Oxidasen   300 ff, 733, 743
Oxidoreduktasen   82, 104, 509
Oxyaminosäuren   56

p

Palmitinsäure   72
Partikel-Größen-Index (PSI)   115
Paternosterwender   440
pathogene Keime   126
Pediococcus pentosaceus   479
Pendelschieber   400
Penicillium   219
Pentanon   546
Pentosan
 – Arab(in)oxylan   51, 261 f, 725, 735

 – Braugerste   40
 – Hydrolyse Enzyme   261
 – Roggen   739
 – Sorghum   794
Pentosanasen   480
Pentosen   50, 66
Pentyl-Furan   526
Peptidasen
 – Braugerste   102
 – Darren   494, 498
 – Keimung   317
 – Malzlagerung   648
Peptide
 – Braugerste   5, 55, 59
 – Brühmalz   827
 – Keimung   270–280
 – Malzeigenschaften   691
Perikarp
 – Braugerste   41
 – Brauweizen   726
 – Rispenhirse   780
  siehe auch Fruchtschale
Perisperm   805, 812 ff
Perlhirse (*Pennisetum glaucum* (L.) R. Br.)   775
Permanent-Magnet   150
Peroxidase
 – Braugerste   105
 – Darren   510
 – Keimung   295, 301
Pflanzenauslese   19
Pflanzenseuchen   13
pflanzliche Schädlinge   218
Pflege
 – Darren   639
 – Keimkästen   451
 – Sortieranlagen   173
 – Weiche   375
phänotypische Selektion   19
Phenolcarbonsäure   75, 96, 161, 531
 – Aromastoffe   75, 531
Phenole
 – Braugerste   38, 75
 – Malzeigenschaften   700
 – Wasser   123
Phenoloxidase   174
Phenolzahl   725
Phenylalanin   521, 530, 763
Phenylglycin   530
Phosphat   72, 123, 290 f, 524
Phosphatasen
 – Braugerste   96
 – Darren   494, 507, 524
 – Gibberellinsäurebehandlung   471

- Keimung 228, 288
- Sauermalze 829
Phosphoproteide 65
Phosphor 13
Phosphorsäure 71, 74
pH-Wert
- Braugerste 14, 96–104
- Darren 526, 556
- Enzyme 86, 97–103
- Karamell-Malze 821
- Kongreßwürze 525, 556, 697, 821
- Maillard-Reaktion 533
- Maismaische 789
- Malzeigenschaften 681, 691
- Röstmalze 821
- Sauermalze 829
physikalische Methoden, Keimungbeeinflus-
    sung 470
physikalische Veränderungen 492, 524–
    562, 647
physikalischen Eigenschaften *siehe* Merk-
    male
physiologische Reaktionen 121, 227
Phytin (Myo-Inosit-Hexaphosphat) 73, 290
Phytinsäure 38
Pilsener Biere/Malze 68, 705, 822
Pilzerkrankungen 15, 311
Plansichter 167 ff
pneumatische Förderanlagen 136 ff, 436,
    635
pneumatische Malzentkeimung 644
pneumatische Mälzerei 377, 382, 397
pneumatische Weiche 356–365
- Brauweizen 729
- Keimung 291
- Luftumwälzung 336
- Malzschwand 659
- Roggen 743
- Spitz/Kurzmalze 818
- Triticale 750
polare Lipide 71
Polieren
- Darrmalz 646
- Malzeigenschaften 675
- Reis 789
Pollen 5
Pollock Tests 117
polycyclische aromatische Kohlenwasser-
    stoffe (PAK) 560
Polymerase Chain-Reaction (PCR) 7, 21
Polymerisationsgrad 47
Polypeptide 89, 712
Polyphenole
- Braugerste 20, 38, 78

- Brauweizen 725, 736
- Keimung 305
- kolloidale Stabilität 712
- Kondensation 78
- Malzeigenschaften 697, 707
- Röstmalz 826
- Schwelken/Darren 555
- Triticale 746
- Weizen 735
Polyphenoloxidasen
- Braugerste 105
- Darren 510
- Geschmacksstabilität 709
- Keimung 304
Polysaccharide 725
Polyvinylpolypyrrolidon (PVPP) 712
Poppsche Keimzelle 453, 467
Porositätszahl 676
Proanthocyanidin-Biosynthese 20, 77
Procyanidin-freie Gersten 20, 306, 712
Produktionszeiten 456, 464
Profildrahthorde 566, 587
Prolamine
- Braugerste 65
- Hafer 770
- Keimung 278
- Körneramarant 803
- Teff 776
Prolin
- Braugerstenproteine 65
- Darren 522
- Keimung 285
- Maillard-Reaktion 530 ff
- Röstmalze 825
- Triticale 746
Pronyl-L-Lysingehalt 548
Prooxidantien 79 ff, 534
prosthetischen Gruppen 83
Proteasen
- Braugerste 102
- Brauweizen 723
- Gibberellinsäurebehandlung 471
- Keimung 229, 270 ff
  siehe auch Proteolyse
Proteide 65, 86, 279, 711
Proteine/Gehalt
- Braugerste 7, 21, 37, 55–66
- Brauweizen 722 f
- Buchweizen 807
- Dinkel 753
- Einkorn 763
- Emmer 758
- Hafer 769 f
- Keimung 232, 237

– Körneramarant 803
– Mais 784
– Malzeigenschaften 694
– Quinoa 811
– Reis 790
– Roggen 739
– Sommergersten 24, 32 f
– Sorghum 794
– Spezialmalze 717
– Teff 776
– Tritordeum 800
– Z Albumin 64, 98
Proteolyse
– Bierschaum 710
– Braugerste 18 ff
– Brauweizen 721
– Keimung 319
– Malzeigenschaften 689
– Malzlagerung 648
– Malzqualitätsindex 701
– Nacktgersten 27
– Sommergersten 31
– Teff 778
Protonen-Donator/-Acceptor 84
Prozeßablauf
– Brauen 703 f
– Kastenmälzerei 432
– Maillard-Reaktion 533
– Oxido-Reduktasen 302
Pseudogetreide (-zerealien) 2, 717, 803,
  815
Pseudomonas 221
Psychrometerformel 191
Pumpen 348
Punkte-Summen (MQI) 701
Putzen 143, 162–173, 646
Putzmaschinenkeime 645
Pyranone 527
Pyrazine 530, 539, 543
Pyrazol 537
Pyridine 530
Pyrrole 530
Pyrrolidin 522
Pyrrolizine 530, 825

q
Qualität
– Brauweizen 721
– Kastenmalze 432
– Malz 1
  siehe auch Malzqualität
Quellvermögen
– Braugerste 62, 113, 118
– Gerste 177, 333

– Keimung 241
Querbelüftung 442
Querschneider 676
Quetschen 478
Quinoa (*Chenopodium quinoa* Willd.) 3,
  811

r
Radialventilatoren 394
Radikale 79, 299
Raffinose 53, 237, 516
Ramularia 15
Random-Coil 45
Rank-Silo 214
Rast
– Brauweizen 735
– Darren 551
– dunkle Malze 544
– Karamellmalze 819
Raster-Elektronenmikroskop Keimungs-
  bilder 231–236
Rauchmalz 700
Reaktionsspezifität 82
rechteckige Keimdarrkasten 453, 565,
  577 ff
rechteckige Weiche 340, 344
Recycling (Weichwasser) 372
Redler (Förderelement) 132, 433, 456
Reduktone 698
Reduplikation 90
Regulatorgene 91
Reife, Gerste 9 f
Reinheitsgebot 717
Reinheitsgrad 109, 673
Reinigung
– Gerste 146, 337 ff
– Gerstenlagerung 216
– Keimkästen 451
– Malzschwand 659
– pneumatische Mälzerei 382
– Sortieranlagen 173
Reis (*Oryza sativa* L.) 717, 789
R-Enzym 251
Repressoren 91, 94
Reserveproteine
– Braugerste 53
– Brauweizen 723
– Hafer 772
– Keimung 249, 270
– Teff 777
Resistenzen 15–21
Restriktionsenzyme 7
Rhizopus-Arten 487
Rhynchosporium 15

Riboflavin 75
Ribonucleinsäure (RNS) 53, 90
Ribose 532
Ribosome 53
Rieselspeicher 209
Rispenhirse (*Panicum miliaceum* L.)
    780
Roggen (*Secale cereale* L.) 2, 738
Rohasche 763, 769
Rohfettgehalte *siehe* Fettgehalte
Rohfrucht
– Buchweizen 808
– Dinkel 753
– Einkorn 764
– Emmer 759
– Gerste 5, 143, 163
– Hafer 772
– Kamut 766
– Körneramarant 804
– Mais 784
– Malzeigenschaften für Rohfruchtverarbei-
    tung 705
– Quinoa 812
– Reis 789 ff
– Rispenhirse 781
– Sorghum 795
– Spitz/Kurzmalze 816
– Triticale 745 ff
– Tritordeum 801
– Weizen 723
– Wildreis 802
Rohmaterialien 2
Rohproteingehalt *siehe* Proteingehealt
Rohrschnecken 131
Röntgen-Strahlen 20
Röstmalz 823
– Brauweizen 738
– Darren 560
– Dinkel 757
– Dunkles Bier 608
– Eigenschaften 706
– Karamellmalze 819
– Roggen 743
Rotationszerstäuber 391
Rotfärbung 789
Rückenspelze 6
Rückluft
– Abdarren 604
– Brauweizen 733
– Darren 600
– Einhordenhochleistungsdarren 568
– Kastenmälzerei 417, 427
– pneumatische Mälzerei 384, 392 f
– Wanderhaufenmälzerei 446

Ruhezeiten
– Kastenmälzerei 414, 432
– Kohlensäurerastverfahren 468
– Kontinuierliche Darren 587
Runddarren 565, 580
runder Keimkasten 447 ff

S
Saatgut 23
Saatmenge 9
Saccharase, Braugerste 99, 174, 247
Saccharose
– Braugerste 53
– Darren 513
– Keimung 228, 236, 247
– Malzeigenschaften 693
– Quinoa 811
Sacktrocknung 208
Saladinkästen 406, 412, 437, 450
Salzlösungen 64, 121, 328
Samenschale 35, 40 f, 327
Sammelbelüftung 431
Saponine 811
Sättigungsdampfdruck 192
Saturnmälzerei 464
Sauermalze 829
Sauerstoff
– Braugerste 79
– Fundamentalkeimruhe 176
– Kastenmälzerei 431
– Keimbeeinflussung 470
– Keimung 225, 247, 256, 322 f
– Lipoxidationspotential 295
– Sauermalze 830
– Sorghum 798
– Wasser 123
– Weichen 335
Saugbelüftung 412
Sauglufförderanlagen 137
Saugschlauchfilter 158
Saugventilation 395
Säureanwendung 485
Schachttrockner 204
Schädlinge 13 ff, 218–224, 651
Schadstoffe 699
Schalenfrucht 35
Schaufelwender 411
Schaumeigenschaften 2
– Braugerste 53, 64
– Darren 604
– Einkorn 764
– Karamellmalze 819
– Keimung 280
– Malze 690

– Spitz/Kurzmalze 663, 818
scheinbare Volumenerhöhung (SVE) 676
Schichten/Schichthöhe 599–611
Schildchen
– Braugerste 35 ff
– Keimung 227
– Roggen 740 ff
– Wassergehalt 328
Schill Darrkasten 454
Schimmelpilze
– Braugerste 17, 41, 107 ff
– Brauweizen 722, 730
– Fungizidenzusatz 487
– Gerste 180, 218
– industrielle Mälzung 312
– Keimbeeinflussung 470
– Körneramarant 804
– Malz 673 f
– Sorghum 794
– Starterkulturen 479
– Weichen 338
Schleimablagerungen 451
Schleuderbandförderer 636
Schlitzweiten
– Keimhorden 408
– Sortiersiebe 163
Schmetterlinge 221
Schmidt-Seeger Keimkasten 461
Schnecken 635
Schneckentrog 368
Schneckenwender
– Brauweizen 731
– Kastenmälzerei 410, 436
– pneumatische Mälzerei 453
– Wanderhaufenmälzerei 448
Schnellbacher Entmischung 654
Schnellfeuchtigkeitsbestimmer 366
Schnittprobe 676
Schokoladen-Malz 562
Schönfeld Keimtrichterprobe 117, 359
Schossen 9, 11, 722
Schroten 476, 647
Schrumpfung 492, 562
Schule-Ausleser 655
Schünemann Wanderhorde 435
Schüppchenformen 5, 8
Schürraum 568
Schütthöhen 184
Schüttwaggons 128
Schutzkolloide 533, 823
Schwandersparnis 467, 484, 665, 667
schwarzer Reis 789
schwefelhaltige Aminosäuren 58
Schwefelverbindungen 549, 556, 574

Schweißbildung *siehe* Schwitzen
Schwelken 491–656
– Brauweizen 733 f
– Brühmalz 827
– helles Malz 600
– Kleinmälzung 832
– Malz 550, 612 ff, 675
– Mälzungszusätze 487
– Sauermalze 829
Schwelkprozeß
– Einhordenhochleistungsdarren 565
– Vertikaldarre 620
– Wiederweichverfahren 469
– Zweihordenhochleistungsdarren 582
Schwimmgerste 347, 374, 659
Schwingförderer 133
Schwingsiebe 148
Schwitzen
– Acrylamid 561
– Braugerste 17
– Grünmalz 489
– Kastenmälzerei 407
– Keimung 314, 321, 378
– pneumatische Mälzerei 8, 382, 455
– Tenne 378
Scutellum 35 ff
Seitenkörner 6
Selbstbefruchtung 5, 9, 720
Semipermeabilität 327
Serin 530
Serin-Peptidasen 102
Siebe 114, 146, 170, 642
Silolagerung 182, 210, 650 ff
Silotrocknung 205
Silowagen 127
Sinkertest 676
S-Methylmethionin (SMM)
– Abdarren 605
– Brauweizen 733
– Darren 549 ff
– Keimung 285
Solubilasen 100, 255, 261
Sommerbetrieb 396, 631
Sommerbuchweizen 807
Sommereinkorn 763
Sommeremmer 758
Sommergerste 11, 23
– Oxido-Reduktasen 301
– Sorten-Entwicklung 837 ff
Sommerroggen 738
Sommerweizen 720
Sondermalze 717–830
Sorghum (*Sorghum bicolor* L.) 3, 717,
  793

Sorptionsisothermen 189, 193
Sorten
– Braugerste 7, 12, 33, 70
– Glucan-Veränderungen 262 ff
– Keimung 245 ff
– Malzeigenschaften 675
– Sommergersten 23
– Weizen 721
– Wertprüfung 250
Sortenliste, Gersten 837 f
Sortieren 143, 162–173
Spaltsiebe 578
Spatzen 407, 488
Spelzen
– Abrieb 451
– Braugerste 5, 40, 51, 110 ff
– Buchweizen 808
– Darrmalzlagerung 648
– Dinkel 752
– Emmer 758
– Einkorn 769, 774
– Hafer 763
– Keimung 226, 315
– Malzeigenschaften 675, 681
– Nacktgersten 26
– Wassergehalt 328
– Weichverluste 374
Spelzweizen Dinkel 752
Spelzweizen Einkorn 762
Spelzweizen Emmer 758
Spezialmalze 717–830
spezielle Mälzungsmethoden 465
spezifisches Gewicht, Malz 675
Sphärokristalle 42
Spindeln 5, 753, 758
Spitzenglasigkeit 563
Spitzmalze 662, 816 ff
Sprühvorrichtungen
– pneumatische Mälzerei 389 f
– Turmmälzerei 450
– Wanderhaufenmälzerei 449
– Weichen 352, 361 ff
Sprung Psychrometerformel 191
Stabilisierung
– Darren 519
– Malz/kollodiale Bierstabilität 712 ff
– Oxido-Reduktasen 300
– Röstmalz 823
Stahlbetonsilos 209 ff
Stahlblechsilos 213, 651
Stahl-Holz-Fertig-Silos 211
Standardmälzungsdaten 817
Standfestigkeit 16 ff

Standorte 250
Stärkeabbau
– analytische Methoden 252, 692
– Brauweizen 736
– dunkle Malze 543
– Enzyme 14, 96, 495
– Keimung 236, 240 f
– Malzeigenschaften 692
– Sommergersten 27
Stärkegehalt
– Braugerste 36, 41 ff, 68, 119
– Brauweizen 723
– Darren 513
– Dinkel 753
– Emmer 758
– Gerstenlagerung 218
– Hafer 769
– Körneramarant 803
– Quinoa 811
– Roggen 739
– Sorghum 794
– Triticale 745
Stärkekörner
– Braugerste 37, 232 f
– Brauweizen 729
– Buchweizen 808
– Einkorn 764
– Emmer 759
– Hafer 770 f
– Kamut 767
– Körneramarant 804
– Mais 784
– Quinoa 812
– Rispenhirse 781
– Roggen 741
– Sorghum 795
– Teff 777
– Triticale 748
Starterkulturen 479
statische Mälzerei 453
statische Rundmälzerei 565
statische Turmmälzerei 457, 578 ff, 612
Statistik-Mälzung 759, 835
Staub 144
– Explosionen 156, 162 ff
– Kammern/Sammler 156 ff
– Malzeigenschaften 673
– Malzentkeimung 644
Steinausleser 152
Steinecker Doppeldarre 580
Steinmalz 655
Sterine 71
Steroidalkaloid 811

Stetigförderer   129
Stickstoff
- Amarant   815
- ammoniakalische Weiche   485
- Braugerste   13, 66 ff
- Brauweizen   724
- Buchweizen   815
- Darren   494, 517, 601
- Dinkel   753
- Düngung   25
- Einkorn   763
- Emmer   762
- Hafer   769
- Keimung   270, 278
- Malzeigenschaften   689
- Malzschwand   658
- Quinoa   815
- Reis   793
- Rispenhirse   783
- Wasser   123
- Weichen   334 ff
  siehe auch freie Aminostickstoffe (FAN)
Stickstoff-Heterocyclen *siehe* Heterocyclen
Stoffabbau *siehe* Abbau, Eiweissabbau, Stär-
  keabbau etc
Stoffgruppen   307, 513
Strecker-Aldehyde
- Abdarrtemperaturen   546, 549
- Darren   528, 530, 538
- dunkle Malze   543, 549
- Geschmacksstabilität des Bieres   708
Strömungsreiniger   149
Struktur
- Gene   91
- Gerstenenzyme   83
- Gibberelline   471
- Teff   777
Stützsubstanzen   254
Substanzverluste *siehe* Malzschwand
Substratkonzentration   86
  siehe auch Enzyme
Substratspezifität   82
Sudhaustechnologie   681–685, 706–714
Suka Silo   216
Sulfhydrylenzyme   270
Sulfhydrylgruppen   87, 176
Super-Helix Modell   48
Superoxid-Dismutase (SOD)   104, 302
Superoxidradikal-Anion   79 f

t
Tageschargen   618
Tagesfelder   438
Tageskasten   587

tailing   677
Tanningehalt   794, 811
Tannoide
- Braugerste   78
- Darren   555
- Keimung   305
- kolloidale Stabilität   712
- Malzeigenschaften   698
Tauchweiche   362 f
Tausendkorngewicht (TKG)
- Braugerste   16, 114
- Buchweizen   807
- Dinkel   753
- Einkorn   763
- Hafer   770
- Körneramarant   803
- Mais   783
- Malzeigenschaften   674
- Malzschwand   669
- Quinoa   811
Taxonomie   717 ff
Technik (Technologie)
- Darren   576
- Gerstenlagerung   182
- Mälzungsschwandverminderung   662
- Sudhaus   681–685, 706–714
- Weichen   353
Teff (*Eragrostis tef* (Zucc.) Trotter)   776
Teigbildung (Roggen)   744
Tennenmälzerei   314, 378, 663, 803
Terpene   537
Testa   312, 327
tetraploider Hartweizen (Kamut)   765
Theimer Diagramm/Tabelle   188, 198 ff
Theorie
- Darren   491–656
- Keimung   226 ff
- Weichen   327 ff
thermische Toxine   562
thermisch-oxidativer Linolensäure-Ab-
  bau   526
Thiobarbitursäurezahl (TBZ)
- Darren   538 f, 545 f, 554, 563
- helle Malze   683
- Malzeigenschaften   699, 705
- Trocknungsvorgang   598
Thiolgruppen   241
Thioredoxin   249
Threonin   279, 530
Thymin   66, 89
Tiefbunker   127
tierische Schädlinge   218
Tigerung   556, 574, 673
Titrationsacidität   697

Tocopherole   770, 784, 790
Topf Kastenkeimtrommel   405
Totreife   10, 17
Totweiche   335
Toxine   221, 562, 700
Transferasen   82
Transfer-Ribonucleinsäuren (t-RNS)   90 f
Transporteinrichtungen   127 ff
Treber   2, 694
Triacylglyceride   526
Trichoderma reesei   20, 482
Trichoderma viride   262
Trichothecene   221
Trichterweichen   337, 342
Trieur   153
Triflexdarre   565, 585, 618
Triglyceride   95, 524
Trilinoleate   296
Triterpen   811
Triticale/Malze   2, 743 f, 751
Tritordeum (hexaploid)   800
Tritrationsacidität   525
Trockenschwand   658
Trockenstreßtoleranz   18
Trockensubstanz   41, 674
Trockenweiche   351, 419
Trockenweiche, Mais   786
Trocknung   1, 593 ff
– Braugerste   18
– Darren   542, 565, 631
– Dunkles Malz   607
– Gerstenlagerung   216
– Gerstenvermälzung   182, 189–208
– Grünmalz   491–656
– Vertikaldarre   620
Trogkettenförderer   132, 583
Trommelmälzerei   399
Trübungen   45, 774
Tryptophan   746, 774
Turmmälzerei   452, 457–461
Twindarre   565, 581
Tyramin   522
Tyrosin   279, 530, 763

u
Überlösung   317, 649
Überschäumen   736
    siehe auch Cushing
Umhüllung der Gerste   35, 40 f
Umlagerung   216, 615
Umluft *siehe* Rückluft
Umsetzkasten   406, 443 ff
Umsetzungen bei der Keimung   227, 471
umweltrelevante Substanzen   699

Unimälzer   458
Unkrautbekämpfung   14
untergärige Biere   717
Unterlösung   317, 707
Uracil   66
Uronsäuren   50

v
Vakuumtrockner   204 f
Valin
– Darren   521, 534
– Dunkles Malz   608
– Maillard-Reaktion   532
– Strecker-Aldehyde   530
Vanilinsäure   76
Vegetationsbedingungen
– Gerste   2, 10
– Keimung   227
– Statistik-Mälzung   836
– Weiche   327
Vegetationszeit
– Brauweizen   721, 735
– Emmer   760
– Gerste   7 ff
– Keimung   245, 265
– Körneramarant   806
– Mais   787
– pneumatische Mälzerei   455
– Quinoa   812
– Reis   790
– Teff   778
Ventilatoren
– Automatisierung   626
– Brauweizen   733
– Brühmalz   827
– Einhordenhochleistungsdarre   603, 568
– Gerstenlagerung   214
– Gerstentrocknung   200
– Kastenmälzerei   412
– Keimdarrkasten   577
– pneumatische Mälzerei   394 f
– Trocknungsvorgang   594
– Turmmälzerei   578
– Zweihordendarren   615, 621
Verarbeitung der Malze
– Amarant   806
– Buchweizen   810
– Dinkel   757
– Emmer   762
– Gerste   703 ff
– Hafer   774
– Kamut   769
– Mais   788
– Quinoa   814

– Reis 793
– Roggen 744
– Sorghum 800
– Triticale 751
– Weizen 737
Verbrennungsprodukte 565, 573
Verdampfungsoberfläche 598
Verdunstungskühlung 384, 393
Vergärbarkeit 769
Verhältniszahl (Vz) 695, 735
Verkleisterungstemperatur
– Darren 517, 562
– Dinkel 756
– Hafer 770
– Keimung 241, 252 ff
– Körneramarant 805
– Malzeigenschaften 693
– Reis 793
– Rispenhirse 783
– Sorghum 794
– Teff 779
Verluste
– Gerstenlagerung 218
– Kurzmalze 816
– Röstmalz 824
– Weichen 374
  siehe auch Malzschwand
Vermälzung
– Amarant 803
– Buchweizen 808
– Dinkel 755
– Einkorn 764
– Emmer 759
– Gerste 224–326, 491 ff
– Hafer 770
– Kamut 766
– Mais 785
– Quinoa 812
– Reis 790
– Rispenhirse 781
– Roggen 739
– Sorghum 797
– Triticale 746
– Weizen 725
– Nacktgersten 27
Vermehrungsflächen, Sommergersten 23, 837
Verschleißerscheinungen bei Darren 639
Verschnitt, Darrmalzlagerung 651, 688
Vertikaldarre 565, 587 ff
– kontinuierlich arbeitende 620
– Mehrhordendarren 593
Verunreinigungen
– Gerstenaufbereitung 127, 143

– Wasser 122
– Weichverluste 374
Verzuckerung
– Amarant 815
– Buchweizen 815
– Kongreßmaische 253, 610, 682, 828
– Mais 788
– Malzeigenschaften 681 f, 692, 714
– Quinoa 815
– Röstmalz 823
Viermaischenmethode (Hartong-Kretsch- mer) 695
Vierwegdrehschieber 349
Viskosität
– Amarant 815
– Brauweizen 721–735
– Buchweizen 808 ff, 815
– Darren 495
– Dinkel 756
– Einkorn 764
– Emmer 761
– Enzymzusatz 483
– Filtrierbarkeit 713
– Hafer 771
– Kamut 768
– Kongreßwürze 267, 686
– Malzeigenschaften 686
– Quinoa 815
– Reis 793
– Rispenhirse 783
– Roggen 739, 743
– Sommergersten 24, 27 f
– Sorghum 799
– Starterkulturen 480
– Teff 778
– Tritordeum 800
– Wintergersten 25
Vitamine
– Braugerste 74
– Buchweizen 807
– Hafer 769
– Mais 784
– Malzkeime 646
– Reis 790
– Teff 777
Vollreife 10
Vollweiche 450
Volumenänderung
– Darren 492
– Darrmalzlagerung 647
– Erhöhung beim Mälzen 676
– Malzschwand 657
– Weiche 367

Vorbereitung zur Gerstenvermälzung   127–224

Vorläufiges Biergesetz   717

Vorreinigungsmaschinen   128, 146

w

Waagen   172, 667

Wachstum
– Darren   493
– Haufen (Tenne)   378
– Keimung   227, 313
– Sommergersten   10, 28 ff
– Temperaturen   598, 618

Wanderhaufenmälzerei   406, 438, 441, 443

Wanderhorde   406, 433, 463

Wandprofile   407 f, 460

Wärmebehandlung   176 f

Wärmeeinsparung   627 ff

Wärmeentwicklung   320

Wärmepumpen/tauseher   630

warmes Schwelken   543, 606

Wärmestarre   493

Wärmeübertrager   565–589

Warmlagerung   179, 186

Warmlufttrocknung   200

Warmwasserweiche   338, 473

Waschschnecke   338, 361, 368 f, 463

Waschtrommel   370

Wasser-/bedarf   121–127, 366 ff
– Aufbereitung   327, 371
– Brauweizen   722
– Haufenführung   321
– Kastenmälzerei   432
– Mälzereibetrieb   125
– Ökoweiche   346
– pneumatische Mälzerei   389 ff
– Wanderhaufenmälzerei   447
– Weichen   347, 366

Wasseraufnahme
– Braugerste   40, 68
– Korn   328
– Malzlagerung   648
– Trommelmälzerei   404
– Weichenvorgang   328 f, 354 f

wasserdampfflüchtige Phenole   700

Wasserdampfpartialdruck   190

Wasserempfindlichkeit
– Braugerste   117
– Gerstenlagerung   185
– Gerstenvermälzung   176
– Kleinmälzung   834

Wasserentzug   595
    siehe auch Trocknen, Darren

wasserfreie Schwandwerte   658, 665

Wassergehalt
– Braugerste   18, 41 f, 62, 107, 118
– Brauweizen   723
– Buchweizen   807
– Darren   513
– Darrmalz   631, 647
– Dunkles Malz   606
– Endvergärungsgrad   692
– Gerstenlagerung   182
– Gerstentrocknung   189
– Grünmalz   490 f, 593 ff
– Keimung   225 ff, 379, 421
– Kleinmälzung   832
– Maillard-Reaktion   532
– Mais   784
– Malzeigenschaften   681
– Malzschichten   609
– Malzschwandermittlung   667
– Reis   790
– Roggen   743
– Röstmalz   825
– Schnellbestimmung   128
– Statistik-Mälzung   836
– Tauchweiche   363
– Triticale   750
– Turmmälzerei   450
– Wanderhaufenmälzerei   440
– Weiche   327
– Wintergersten   26
– Zweihordendarren   623

Wassergrube   391

Wasserstoffbrücken   60

Wasserstoffperoxid   176

Weichen   327–376
– ammoniakalische Lösung   485
– Brauweizen   725, 729
– Gerste   327–376
– Kasten   339, 453, 578 ff
– Keimung   279, 291, 295, 320
– Körneramarant   803
– Mais   786
– Malzschwand   657, 667
– Mikroorganismen   311
– pneumatische Mälzerei   456
– Pseudozerealien   816
– Quetschen   478
– Quinoa   812
– Reis   791
– Roggen   743
– Saturnmälzerei   464
– Sauermalze   829
– Starterkulturen   479
– Sorghum   797
– Spitz/Kurzmalze   816

- Triticale 750
- Tritordeum 800
- Trommelmälzerei 403
- Wanderhaufenmälzerei 447
- Wasser 124, 371, 480 ff
- Zusätze 474
Weichgrad
- Analyse 364 ff
- Emmer 760
- Glucanase-Aktivität 259
- Hafer 770
- Keimung 245, 265
- Kleinmälzung 832
- Malzschwand 659
- Rispenhirse 781
- Weichen 329
Weichweizen (*Triticum aestivum*) 720
Weihenstephaner Verfahren 120, 833
Weißbier 2, 720
Weizen (*Triticum aevestivum* L.) 2, 720
- Biergeschmack 737
- Karamellmalz 822
- Röstmalz 824
- Vermälzung 725 f
Wenden
- Brauweizen 730
- Galland-Trommel 400
- Kastenmälzerei 408 ff, 421, 429 ff
- Kontinuierlich-Darren 587
- kontinuierliche Mälzung 463
- Mehrhordendarren 592
- pneumatische Mälzerei 381, 396
- Schnecken 361
- Spiralen 435
- Turmmälzerei 578
- Wanderhaufenmälzerei 438, 443
- Weichen 344
- Zweihordendarren 623
Wertprüfung (Kleinmälzung) 831
Wiederweiche 360, 468, 664
- Darren 601
- Gibberellinsäurebehandlung 473
- Grünmalze 818
- Kastenmälzerei 429
- physikalische Mälzerei 465
- Wanderhaufenmälzerei (Umsatzkasten) 444, 447
Wiener Malz 548, 611
Wildreis (*Zizania aquatica* L.) 802
Windisch-Kolbach Kraft 253
Winterbetrieb der Darre 396
Winterbrauweizen 721
Wintergersten 6, 12, 18, 25
- Antigene 7

- Malzeigenschaften 694
- Oxido-Reduktasen 301
winterharte Triticale 745
Winterroggen 738
Wirbelschichttechnik 640
Wirkungsweise, Enzyme 84 ff
Witterungsbedingungen
- Braugerste 70, 173
- Brauweizen 722
- Dinkel 752
- Sommergersten 27
- Wintergersten 25
Wuchsstoffe 479
- Gibberellinsäurebehandlung 472
- Schwandverminderung 665
- Verbot 488
Würfelmodell (Statistik-Mälzung) 835
Wurzelkeim 226, 314
- Braugerste 13, 35
- Brauweizen 730
- Darren 491
- Emmer 759
- Grünmalz 4898
- Grünmalze 818
- Hafer 772
- Keimung 314
- Körneramarant 805
- Malzschwand 660
- Reis 792
- Rispenhirse 781
- Sorghum 795
- Teff 778
- Trocknung 597
- Weiche 328

x

Xylanase 261, 487
Xyloacetat 255
Xylobiase 101, 262
Xylose 50, 532

z

Zellteilung 225
Zellwand-/lösung
- Bierschaum 711
- Braugerste 21
- Brauweizen 722
- Cellulasezusatz 482
- Darren 494
- Filtrierbarkeit 713
- Keimung 232–265, 317
- Malzeigenschaften 694
- Polysaccharide 725
- Roggen 2, 743

– Sommergersten   23, 27
– Sorghum   794 ff
Zentrifugalpumpe   418
Zentriklon   156
Zerealien-Spezialmalze   717
Zerreiblichkeit   488 ff
Zöliakie   2, 815
Züchtungen   18, 264, 300, 304
Zucker
– Aminosäureverbindungen   534
– Braugerste   53
– Darren   513, 526
– Einkorn   763
– Karamellmalze   821
– Keimung   238, 309
– Kohlensäurerastverfahren   466
– Körneramarant   803
– Maillard-Reaktion   532
– Malzeigenschaften   692 ff
– Mälzungszusätze   488

– pneumatische Mälzerei   379
– Quinoa   811
– Säureanwendung   486
– Triticale   745
zugelassene Sommerbraugersten   837
zusammengesetzte Eiweißkörper *siehe* Proteide
Zusammensetzung *siehe* chemische Zusammensetzung
Zweihordendarren   492, 564, 590, 615–632
– Hochleistungsdarren   581
– übereinanderliegende   581 ff
Zweikorn   758
zweizeilige Gerste   5
Zwergrost   15
Zwiewuchs   111
Zwischenprodukte   657
Zyklon   156, 644
zylindrisch-konische Weiche   341, 352